Jochen Brennecke

Geschichte der Schiffahrt

sigloch edition

Projektleitung: Rudolf Werk
Bildredaktion und Layout: Günther Schmidt
Satz und Druck: J. Fink, Ostfildern bei Stuttgart
Reproduktionen: Otterbach Repro, Rastatt
Papier: 135 g/qm BVS der Papierfabrik Scheufelen, Lenningen
Einbandgestaltung: Ruedi Becker
Einbandarbeiten: Buchbinderei Sigloch, Künzelsau · Leonberg

Auslieferung an den deutschen Buchhandel: Stürtz Verlag, Würzburg
ISBN 3 8003 0169 5

Das Meer ist die Mutter aller Dinge – so lautete eine Lebensphilosophie des Thales von Milet im 6. vorchristlichen Jahrhundert. Er wertete das Wasser als den Urstoff dieser Erde, wofür ihm allerdings die wissenschaftlichen Beweise fehlten. Für das Thema dieses Buches aber ist das Wasser auf jeden Fall das entscheidende, unabdingbare Element – die Basis für die faszinierende Geschichte der Schiffahrt.

Die Abbildung auf Seite 2 zeigt einen alten Kompaß und ein hölzernes Handrad gegen den aus Meer und Himmel gebildeten Hintergrund.

Vorwort

Wer das erste Schiff gebaut hat, wo und wann das war und wie es aussah, wird man wohl niemals erfahren. Was auch immer Menschen bewogen haben mag, sich mit einem schwimmenden Gefährt auf das Wasser zu wagen - sei es Hunger, Angst, Abenteuerlust oder Kampfeseifer gewesen -, immer werden sie unter der Faszination jener geheimnisvollen Kräfte der Natur gestanden haben, die in der Stärke und der Richtung des Windes und vor allem im Widerstand der weiten See den Ausgang der Fahrt bestimmten.
So ist es nicht verwunderlich, daß der Schiffbau und die Seefahrt in der Mythologie der Völker auf mancherlei Weise Ausdruck finden: Noah baute seine Arche nach der Anleitung Jahwes, und die griechische Göttin Pallas Athene sandte den Gefährten des Odysseus einen günstigen Wind. Uralt ist das Meer, das freie Meer, das den Menschen durch seine Schönheit, seine Größe und Weite, aber auch durch seine urweltliche Kraft und seine diabolischen Schrecknisse in seinen Bann zieht. Schlimmer noch, jenes Meer, aus dem die schaumgeborene Göttin Aphrodite aufstieg, hat - kosmisch stets jenseits von Leben und Tod und von Gut und Böse - im Laufe seiner Geschichte Tausende von Schiffen verschlungen.
Das älteste Fahrzeug war offenbar ein mit primitiven Steinwerkzeugen oder auch mit Feuer ausgehöhlter Baumstamm. Im holzarmen Ägypten wurde Papyrus, in Babylonien Korbgeflecht zum Bootsbau verwendet. Die Assyrer bliesen Tierhäute auf und strampelten, bäuchlings darauf liegend, auf dem Wasser vorwärts, und die Inder bauten Flöße aus leeren Tonkrügen, die sie in einen Holzrost legten. Nach neuesten Forschungen sollen schon um 10000 v. Chr. die Urgermanen auf Flüssen und Seen in Einmannfellbooten den Rentieren nachgesetzt haben. Dies aber alles liegt mehr oder weniger im dunkeln, und so sind wir in vielen dieser Fragen mehr auf Vermutungen als auf handfeste Beweise angewiesen.
Unbestreitbar jedoch ist, daß das Meer und die Schiffahrt für den Menschen, seine geschichtliche und gesellschaftliche Entwicklung von außerordentlicher Bedeutung war und immer noch ist. Aus diesem Grund ist auch das Thema der Geschichte der Schiffahrt so komplex und umfangreich, daß auch das hier vorliegende Buch mit seinen fast 500 Seiten nur das Wichtigste und Wesentliche aufzeigen kann. Spezielle Gebiete, wie zum Beispiel die moderne Automation und Regeltechnik in Schiffbau und Schiffahrt, die großen Häfen und ihre Entwicklung, spezielle Frachtschifftypen, die Binnenschiffahrt, der Yachtbau und das Yachtsegeln oder andere, aber nicht minder wichtige Gebiete, wie das Seerecht, die Seeversicherungen oder das Lotsen- oder Bergungswesen usw. konnten nur gestreift werden.
Wir sind überzeugt, daß dieses Buch, auch mit seiner Fülle an instruktiven Bildern jedem Leser, ob jung oder alt, ob Laie oder Experte, einen Eindruck von der faszinierenden Geschichte der Schiffahrt vermitteln wird.

Autor und Verlag im Oktober 1981

Inhalt

Die prähistorische Zeit	9
Die Antike	12
Das frühe Mittelalter	37
Das Hochmittelalter	48
Unruhiges Spätmittelalter	64
Die Epoche der Entdeckungsreisen	76
Die Macht der Hanse	102
Weitere Entdeckungsreisen	113
Prestigeschiffe dieser Epoche	133
Die Türken im Mittelmeer	140
Die Vernichtung der Armada	154
Die Hanse des 16. Jahrhunderts	160
Kriegsschiffe und Marine	165
Die Handelsfahrer	174
Unruhige Gewässer	179
Entdeckungen und Handel im 17. Jahrhundert	188
Europäisches Mosaik	194
Wegweiser über See	201
Die Anfänge der russischen Seemacht	210
Kriege in Europa und Übersee	214
Auf allen Meeren	241
Schiffbau und Wissenschaft	247
Dampf und Eisen	261
Weltweiter Handel entsteht	273

Sternstunde und Ende der Segelschiffahrt 282

Technik und Sicherheit 307

Dampfer auf allen Meeren 317

Neue Kriege – neue Techniken 331

Die Seekriege im 20. Jahrhundert 374

Friedliche Schiffahrt im 20. Jahrhundert 400

Technik rund ums Schiff 439

Dankwort 465

Bildquellen 468

Register der Schiffsnamen 469

Personen- und Sachregister 473

Abkürzungen

BRT = Bruttoregistertonne, Raummaß für die Vermessung von Handelsschiffen, gemessen in Registertonnen (2,8315 m³) des gesamten geschlossenen Schiffsraums einschließlich Aufbauten
kn = Knoten = Seemeile in der Stunde = 1,852 km/h, nautisches Geschwindigkeitsmaß
NRT = Nettoregistertonne, Raummaß für die Vermessung von Handelsschiffen, gemessen in Registertonnen (2,8315 m³) des für die Fracht und die Passagiere zur Verfügung stehenden Schiffsraums
PS = Pferdestärke = 75 mkg/sec = 736 W (1,36 PS = 1 kW), Maß für die Maschinenleistung
PSe = effektive PS bei Motoren, am Ende der Schraubenwelle auf die Schiffsschraube wirkend
PSi = indizierte PS bei Kolbenmaschinen, mit einem Indikator an der Maschine gemessen
PSw = Wellen-PS bei Turbinen, wie PSe an der Schraubenwelle gemessen
sm = Seemeile (1852 m), nautisches Längenmaß, entsprechend der Länge einer Bogenminute auf der Erde
t = Tonne = 1000 kg, Gewichtsmaß, in der Schiffahrt vor allem bei Kriegsschiffen neben ts verwendetes Maß für das Gewicht des vom Schiff verdrängten Wassers
tdw = *tons deadweight,* Gewichtsmaß für das vom Schiff einschließlich Ladung, Bunker- und Ausrüstungsvorräten sowie der Besatzung verdrängte Wasser, gemessen in *long tons* (1016,047 kg), i. a. in der Kauffahrteifahrt nur bei Tankern üblich
ts = *tons* (1 engl. *long ton* = 1016,047 kg), Gewichtsmaß, in der Schiffahrt vor allem bei Kriegsschiffen verwendet für die Angabe der Wasserverdrängung; von zwei durch Schrägstrich getrennten Zahlen gibt die vordere die Typverdrängung nach den Bestimmungen der Seerüstungsabkommen an (voll ausgerüstet, aber ohne Brennstoff- und Kesselspeisewasservorrat), die hintere die Höchstverdrängung des voll ausgerüsteten Schiffes; bei U-Booten bezeichnet die vordere Zahl die Wasserverdrängung bei Überwasserfahrt, die hintere die in getauchtem Zustand.

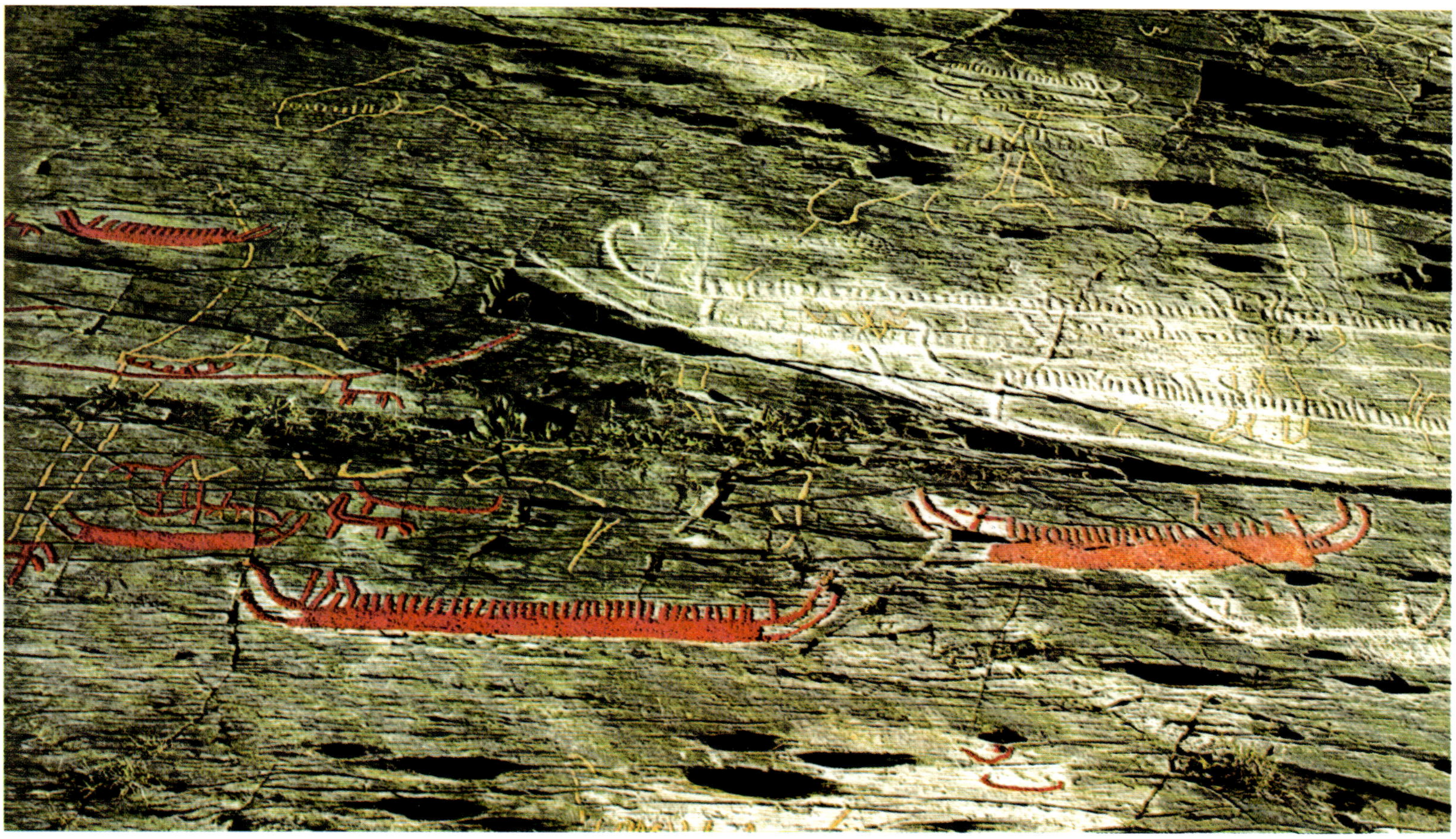

Die prähistorische Zeit

»Das Meer ist die Mutter aller Dinge«, war die Lebensweisheit des in der ersten Hälfte des 6. Jahrhunderts v. Chr. lehrenden griechischen Naturphilosophen Thales von Milet. Er, einer der Sieben Weisen, wertete das Wasser als den Urstoff dieser Erde - doch mehr aus seiner naturphilosophischen geistigen Welt heraus, weniger, weil er wissenschaftliche Beweise dafür gehabt hätte. Wenn das Meer die Mutter aller Dinge ist, so müßte es auch die Urstätte des Lebens schlechthin und damit auch des Menschen sein. Erst in jüngster Zeit haben Wissenschaftler die Entwicklung vom Fisch, als dem ersten, vor 500 Millionen Jahren entstandenen Wirbeltierwesen, über den Lurch, der als Zwitter zwischen Fisch und Landtier aufs Trockene kroch, untersucht und Schlüsse gezogen zum Menschen hin. Irgendwo und irgendwann war er dann da, der Mensch, der *homo sapiens*.

Seine Bindung zum Meer war von Anfang an spürbar. Fischskelette, die man in den Abfallhaufen der Urmenschen fand, sind unleugbare Zeugen dafür, daß diese ersten Menschen, jene im hohen, noch eisigen Norden und jene in südlichen Zonen, auch Fische aus dem Meer verzehrt haben müssen. Der Größe und Art nach konnten sie nicht unmittelbar aus Strandnähe stammen, was zu dem Schluß führt, daß sich diese ersten Menschen auf die von jeher unheimliche, feindselige, unberechenbare See hinausgewagt haben müssen.

Sie bedienten sich dabei der verschiedensten aufschwimmenden Untersätze. Von diesen ersten Wasserfahrzeugen gibt es keine Zeugen, höchstens Zeichnungen irgendwo an Felswänden. Diese ersten Fahrzeuge waren den Gesetzen der Ökologie angepaßt, Schwimmkörper nach dem System der Gerüstboote, wie etwa Baumstämme, die man hier und dort bereits zu Flößen zusammenband. Anderswo, am Weißen Nil etwa, benutzte man die Zweige vom Ambatsch genannten Korkeichenbaum, wieder anderswo bündelte man Papyrus oder Bambus oder Hanfbalgbündel, Kürbisse und sogar Tontöpfe zusammen. Der eine Weg führte zu den Flößen, zu den aus drei bis fünf Holzstämmen zusammengebundenen Katamaranen der indischen Koromandelküste bis zum jungsteinzeitlichen, sogar kursstabilen und hochseegängigen Floßboot aus 50 und mehr über 3 m langen Lärchenstämmen. Der andere Weg ging zu hölzernen Gestel-

Aus der Bronzezeit, etwa 1500 v. Chr., dürften diese in Felswänden eingeritzten Zeichnungen von frühen Wasserfahrzeugen im Norden von Europa stammen. Man fand sie in Bardal in der Nähe von Trondheim in Norwegen. Die Zeichnungen lassen erkennen, daß offensichtlich eine große Zahl von Ruderern diese Schiffe vorwärtstrieben, die noch nicht mit einem Kiel, sondern mit einer Art von Kufen stabilisiert wurden. Die Zeichnungen wurden ursprünglich farblos in den Fels geritzt; die farbige Auszeichnung wurde in unserer Zeit vorgenommen, um eine bessere Übersichtlichkeit der Darstellung zu erhalten.

len, mit Häuten und Fellen umhüllt, woraus beispielsweise im irländischen Gebiet, in Wales und in Schottland das kreisrunde Coracle entstand. Beachtung verdienen im Zweistromland auch die runden Cufas oder Guffas, abgedichtete Weidenkorbboote, wie sie auch heute noch auf dem Tigris und Euphrat benutzt werden. Auch die Umiaks der Eskimos oder die Kanus der Indianer sind vom selben System. Sogar zugenähte und aufgeblasene Tierhäute von Ochsen oder Schweinen erfüllten ihren Zweck als Schwimmkörper.

Einbäume und Boote aus Holzplanken

Schließlich lernte der Mensch, sich Werkzeuge zu schaffen, um Holz zu bearbeiten. Zunächst und für lange Zeit waren diese Werkzeuge aus Stein, ab 1400 v. Chr. mit der Ausbreitung der durch die Hethiter im vorderen Orient entwickelten Eisentechnik aus Eisen. Die Entwicklung vom Holzstamm zum Einbaum war die logische Folge, und bis heute hat sich der Einbaum bei vielen Völkern behauptet.
Zu Beginn der Eisenzeit werden, beispielsweise in Ägypten, erstmals Boote und Schiffe aus Holz mit Seitenwänden, Deck und Bänken für die Ruderer hergestellt. Sie lösen die in der Nilfahrt bis dahin gebräuchlichen Papyrusboote nach und nach ab.
Die Technik macht schnelle Fortschritte. Dübel und Nieten werden erfunden, Steuerruder achtern angebracht. Dieses Entwicklungsbild ist eigentlich vom System und von der Technik her auf alle Küstenstriche anzuwenden, auch etwa auf den nordeuropäischen Bereich, wo die Germanen saßen. Doch gibt es hier weniger überlieferte Dokumente als im Mittelmeerraum, wo die seefahrenden Völker, die Sumerer und die Ägypter, die Kreter oder die Phönizier, die Techniken erfanden und verfeinerten, Schiffe aus Holzbohlen und bald auch aus Holzplanken seefest zusammenzufügen. Das vollzog sich in einem geographischen Bereich, in dem auch die ersten wirtschaftlichen Bedürfnisse für einen Austausch und Handel von Waren über See deutlich wurden. Denn erst mit der See direkt verbundene geschlossene Volksgruppen oder Gemeinwesen bieten die Voraussetzungen für das, was wir heute unter Schiffahrt und Seehandel verstehen. Fuhr man auch am Mittelmeer, ebenso wie im Norden, zur See nur am Tage und auch nur in Sichtweite der Küste, so wagten sich doch einige besonders mutige Männer weit über den scheinbar endlosen Seehorizont auf das Meer hinaus bis zu den Gestaden ferner Inseln und Küsten. Und es waren damals auch schon die Gestirne, die ihnen den Weg hin und zurück gewiesen haben. Wir dürfen heute davon ausgehen, daß die Anfänge einer nicht ganz unbedeutenden Handelsschiffahrt im Mittelmeerraum schon um 3000 v. Chr. oder gar noch früher anzusetzen sind. Wie sonst kamen die Liparitgesteine von den vor Sizilien liegenden Liparischen Inseln in die Grabanlagen der ersten Dynastien Ägyptens. Andererseits ist bis heute ungeklärt, wie denn Halbedelsteine aus Ägypten in die Megalithgräber der Bretagne gelangt sind. Und was neuerdings die Forschungen um und über Siziliens Schiffahrt offenbaren, könnte völlig neue Erkenntnisse fördern. Hier ist jedenfalls noch alles im Fluß, auch was die Herkunft der Dolmen vor allem an west- und südeuropäischen Küsten betrifft, die man sogar mit einer Küstenschiffahrt um 6000 v. Chr. in Verbindung bringt. Im 3. Jahrtausend jedenfalls hat es in westeuropäischen Meeren mit Sicherheit eine rege Schiffahrt gegeben.

Bild oben: Uralt ist die Methode, Boote aus Tierhäuten, die um ein Gerüst aus Ästen und Stangen befestigt werden, herzustellen. Noch heute finden solche Boote, aus den Fellen des asiatischen Hochgebirgsrindes Yak gefertigt, auf den Flüssen Tibets Verwendung. Ein bereits vor hundert Jahren entdecktes spantähnliches Mittelstück eines Rentiergeweihs bietet heutigen Schiffsarchäologen die Theorie an, daß altsteinzeitliche Rentierjäger in den holzlosen Tundren am Rande der zurückweichenden Eiszeitgletscher bereits Rentiergeweihe als »Gerüste« für Fellboote genutzt haben könnten. Zeitlich könnten diese Fisch- und Jagdfahrzeuge für den Raum Schleswig-Holstein zwischen 16 000 und 10 000 v. Chr. einzuordnen sein. So das Deutsche Schiffahrtsmuseum.

Bild unten: Ein beliebtes Fortbewegungsmittel zu Wasser sind im Norden Perus die aus Schilf gefertigten Boote, die die Einheimischen dort Caballito (kleines Pferd) nennen.

Die Antike

Die Sumerer

Wohl als die ältesten Seefahrer des vorderen Orients sind die Sumerer in Babylonien anzusehen. Ihre Schiffe zum Transport von Getreide, Mehl, Fleisch, Wein, ihre Miet-, Kampf- oder Königsschiffe, gerudert und gesegelt, spiegeln sich auf den im Zweistromland gefundenen Rollsiegeln wider. Bewiesen ist der sumerische Handel mit Indien und Ostafrika, mit Elfenbein, Gold, Holzbalken und ab 2814 v. Chr. auch mit indischer Baumwolle. Zumindest ein Teil der Güter wurde über See transportiert. Dafür spricht, daß König Sargon sich um 2350 v. Chr. mit stolzen Worten rühmte, daß am Kai seines Palastes Schiffe von Melukha, Tilmun und Nagan festmachten. Die sumerische Indien- und Ostafrikafahrt wirft ohnehin keine navigatorischen Probleme auf. Die Schiffe können den vom Dezember bis März wehenden NO-Monsun für den Anmarsch- und den im April einsetzenden SW-Monsun für den Rückweg nutzen und die 3000 km in 12 bis 14 Tagen bewältigen.

Die Ägypter

Die Ägypter, an sich keine berufenen Seefahrer, haben ihre Nilschiffe zuerst aus Papyrus in Weberspulenform gebaut. Eine in Hierakonpolis gefundene Schiffsdarstellung von 5000 v. Chr., ein Papyrusboot mit hochgebogenem Skorpionschwanzheck und nur leicht nach oben gewölbtem, relativ also abfallendem Vorschiff, beweist es. Andere Funde ebenso, so eine Totenurne aus Luxor, die das Bild eines aus Papyrus gefertigten Schiffes mit einem Segel an einem Mast zeigt.
Um 3000 v. Chr. (seit dieser Zeit ist uns ägyptische Geschichte schriftlich überliefert) werden erstmals auch seegehende Schiffe der Ägypter genannt, mit denen sie Syriens Küste überfielen: Fahrzeuge mit 24 Paddeln und einem Rahsegel im vorderen Teil, ohne Kiel, ohne Bug, ohne Achtersteven und ohne Spanten und wegen der am Ort nur verfügbaren knorrigen Akazien- und Sykomorenbäume einfach aus dicken, etwa zwei Ellen (104 cm) kurzen Plankenstücken gefügt, so wie man Ziegelsteine auf- und nebeneinanderlegt, und mittels Doppelkeilen verkeilt. Bei im Wasser aufquellendem Holz stoßen die Planken eng aneinander und dichten ab.
Mit solchen oder ähnlichen Schiffen müssen die Ägypter auch nach Kreta gefahren sein. Der früheste ägyptische Fund auf Kreta, eine Schale aus ägyptischem Diorit, gehört in die 4. Dynastie von 2600 v. Chr. Umgekehrt sind kretische Erzeugnisse weit nilaufwärts gewandert.
Aus der Zeit um 2600 v. Chr. ist uns das Cheopsschiff aus der Cheopspyramide bekannt. Es ist aus Zedernholz gebaut, 43,40 m lang und 5,90 m breit. Die 13 bis 14 cm starken Planken sind teils verdübelt, teils genäht, ebenfalls ein Schiff ohne Kiel und ohne Spanten.
Man sieht bald ein, daß man statt der erwähnten Raubzüge nach Syrien das begehrte Zedernholz für den Schiffbau wie auch das Öl der Zedern durch friedlichen Handel und gelenkten Warenaustausch billiger und bequemer bekommt. Um 2600 v. Chr. schickt der Pharao Snofru eine Flotte von 40 bis zu 50 m langen Schiffen aus, um Zedernholz aus Kepen, dem späteren Byblos, zu holen. Daß er um diese Zeit schon 40 Schiffe entsenden kann, läßt darauf schließen, daß die Vorentwicklung der ägyptischen »Hochsee«-Schiffahrt um etwa 3500 v. Chr. begonnen haben muß. Im übrigen braucht man für die 300 Seemeilen lange Strecke von der Nilmündung bis Kepen, dem Sitz der Werften, bei normalem Wetter etwa vier Tage.
Um die Mitte des 3. Jahrtausends wird die Mittelmeerfahrt durch die Kreter weiter belebt, hinter deren maritimen Leistungen die Ägypter abfallen. Ab 2000 v. Chr. sind dann seegehende, segelführende Ruderschiffe für Handels- und Kriegszwecke im Mittelmeer allgemein verbreitet.
In Ägypten werden die Schiffe mit den nun regulären Importen von Zedernholz bald größer und länger. Sie werden nicht mehr von Paddeln, sondern nun von Riemen (Rudern) bewegt. Charakteristisch für die längeren Schiffe sind die vom Bug zum Heck gespannten Taue, sogenannte Sprengtaue, die ein Auseinanderbrechen dieser Schiffe verhindern sollen.
Ab 1500 v. Chr. sind bei den Ägyptern, die

sich eigentlich viel lieber der Seeleute und auch der Schiffe der Phönizier und der sogenannten »Seevölker« bedienen, drei verschiedene Schiffstypen für die Handelsschiffahrt und nach und nach in verstärktem Maße auch für Kriegszwecke zu unterscheiden:

- der *seket* für das Rote Meer,
- der nach dem Hafen Kepen benannte, später 63 m lange *kepen*,
- der *keftion*, ein Schiff kretischer Konstruktion.

Geschichte macht die Königin Hatschepsut (1490–1468 v. Chr.). Sie entsendet erstmals zunächst fünf *sekets* auf dem Roten Meer zum legendären Land Punt, das wahrscheinlich mit dem heutigen Somaliland identisch ist. Weitere Unternehmen, bei denen man Weihrauch, Edelhölzer, Elfenbein, Metalle, Vieh und auch Eingeborene einkauft und über See nach Theben transportiert, der Hauptstadt des Neuen Reiches, werden dann zur Regel.

Anfang des 12. Jahrhunderts v. Chr. entbrennt eine echte Seeschlacht, die indessen nicht, wie vielfach behauptet, die erste in der Geschichte ist: Die Flotte von Pharao Ramses III. mit Schiffen eigener und phönizischer Konstruktion, mit aus Bronze gefertigtem Rammsteven und festem Schanzkleid als Schutz, besiegt die vereinigten Flotten der Seevölker und die aus Kreta stammenden, in Palästina lebenden Philister im Nildelta bei Pelusium. Ägypten wird dadurch vor einer Invasion bewahrt. Pelusium wird neben Salamis und Aktium richtungweisend für das Schicksal der antiken Welt.

Die Seevölker hatten übrigens schwach gerundete, fast eckige Segelschiffe mit senkrecht aufgesetzten, von Vogelköpfen verzierten Steven eingesetzt, die ägyptische Marine Segelschiffe, die auch gerudert werden konnten.

Die Kriegsschiffe hatten nach wie vor einen flachen Boden. Noch immer gibt es keinen Kiel, wohl aber haben die Schiffe beider Parteien einen hohen Setzbord und Stände

Oben: Modell eines ägyptischen seegängigen Handelsschiffes aus der Zeit der Königin Hatschepsut (1490–1468 v. Chr.). Deutlich sind die durch die Schiffswand ragenden Querverbände, die Decksbalken, zu erkennen – eine aus jener Zeit stammende technische Neuerung, die zur Versteifung des Bootskörpers wesentlich beitrug. Um das Boot vor den großen Belastungen bei rauher See zu schützen, brachten die alten Ägypter ein vom Vorder- bis zum Achtersteven laufendes starkes Sprengtau an, das durch einen Drehknüppel ständig unter Spannung gehalten wurde. Diese konstruktive Idee findet man noch bis weit in das 19. Jahrhundert hinein bei den großen Mississippidampfern. Markant bei den Booten der Hatschepsut ist auch das große Rahsegel mit den gebogenen Rahen für eine optimale Nutzung des Windes.

Nächste Doppelseite: In dem berühmten Terrassentempel Dair Al Bahri der Königin Hatschepsut fand man eine Reliefdarstellung über die Expedition der Königin ins legendäre Land Punt. Dieses Relief gibt eine in Zeichnungen und Hieroglyphen ausgedrückte hervorragende Darstellung über jene denkwürdige Expedition, die zu wesentlichen Erkenntnissen über die Schiffahrt der alten Ägypter führten.

für den Kommandanten, den Rudergänger und die Seesoldaten. Gekämpft wird auch, das ist neu, vom Mastkorb aus. Neu sind auch die Gordinge und Geitaue an den Segeln. Die reinen Handelsschiffe sind breiter, sie liegen tiefer im Wasser und haben einen viereckigen Laderaum.
Von besonderer Bedeutung in zweifachem Sinne ist, daß der Pharao Necho II. 609 v. Chr. nicht nur die erste Afrikaumsegelung in unmittelbarer Küstennähe befiehlt, sondern auch, daß er dazu eine phönizische Flotte engagiert. Die Schiffe kehren vier Jahre später zurück mit Berichten über »tiefschwarze Menschen«. Sonderbar genug, daß es über diese weltbewegende Fahrt nur einen kurzen Bericht gibt, fast möchte man meinen, diese Fahrt war ein Wunschbild ihrer Zeit, mehr nicht.
525 v. Chr. endet mit der Eroberung Ägyptens durch die Perser nach der zweiten Schlacht bei Pelusium auch die kurze Zeit Ägyptens als Seemacht im östlichen Mittelmeer.

Die Seemacht Kreta

Die Kenntnisse über die frühen seefahrtlichen Aktivitäten der Kreter sind, besonders was die Ära der minoischen Kultur seit etwa 2500 v. Chr. angeht, ausgesprochen mager. Die Insel scheint in der ersten Hälfte des 2. Jahrtausends v. Chr. ein einheitliches, von Knossos aus beherrschtes Seereich gebildet zu haben und war der Mittelpunkt des Ägäischen Meeres.
Die Kreter, deren Schiffe bereits Kiel und Spanten hatten und daher sehr viel widerstandsfähiger und vor allem seetüchtiger waren, sind wohl die eigentlichen Entdekker des Mittelmeerraumes gewesen. Sie haben vor und um 2000 v. Chr. auch die Straße von Gibraltar durchfahren und Handelsbeziehungen mit Andalusien, das in Kreta als das Silberland galt, aufgebaut. Die Beziehungen zu den Iberern schaffen auch die Handelsbrücke mit der Bretagne, Irland und dem britischen Cornwall mit seinem für die Bronzeherstellung so wichtigen Zinn, das aus diesem Grund um diese Zeit kostbarer als Silber war. Westspanien und die britischen Inseln waren die Mittelpunkte des vorgeschichtlichen atlantischen Seeverkehrs, während Kreta unzweifelhaft die erste politische Großmacht zur See darstellte.

Die Iberer

Ungefähr zwischen 2500 und 2000 v. Chr. müssen die Iberer, und zwar besonders die Bewohner von Tartessos (einem Hafen an der spanischen Südwestküste), bereits über See zu den britischen Inseln gelangt sein. Hier zogen die Gold- und Zinnlager von Irland die metallhungrigen Völker des Mittelmeerraumes mit nachgerade magischer Kraft fast 2000 Jahre lang an. Die Zinnschiffahrt setzte übrigens erst ein, nachdem man in Spanien gelernt hatte, Bronze herzustellen, wofür man außer dem in Spanien in der Sierra Morena gefundenen Kupfer

Linke Seite: Der Nil und sein Delta waren die Lebens- und Verkehrsadern des alten Ägypten. Und da zudem während der dreitausendjährigen Pharaonenzeit ein ausgeprägter Totenkult herrschte, wundert es nicht, daß sich die Ägypter auch für die Fahrt ins Jenseits das Schiff als Transportmittel vorstellten. Oft schon zu Lebzeiten ließen Adlige und hochgestellte Persönlichkeiten Grabkammern anlegen, in denen auf Wandmalereien ihre spätere Fahrt ins Totenreich des Osiris und dessen heilige Stadt Abydos abgebildet wird. Diese Wandzeichnung fand sich in der Grabkammer des Huje, Vizekönig von Kusch (Nubien), im berühmten Tal der Könige vor den Toren Thebens. Das Schiff zeigt in der Mitte den für die damalige Zeit typischen, trichterförmig auslaufenden Stevenüberhang, wohl eine Lotosblüte darstellend. Die anderen Schiffe transportieren Neger und Tiere, und es darf angenommen werden, daß es sich hier nicht um Totenschiffe, sondern um Tributschiffe aus der Kolonie Kusch handelt.

Oben: Kriegsschiff des ägyptischen Pharaos Ramses III. (1220–1190 v. Chr.), wie es in der Seeschlacht bei Pelusium Anfang des 12. Jahrhunderts v. Chr. eingesetzt wurde. Das rahgetakelte Schiff weist erstmals auch Geitaue und Gordinge auf, Tampen, mit denen das Segel zur Rah hin aufgeholt und zusammengezogen und somit leichter gerefft werden konnte. Das Schiff konnte zusätzlich gerudert werden und war damit manövrierfähiger. Deutlich ist der Mastkorb zu erkennen, von dem aus Pfeile abgeschossen und die Kampfhandlungen gelenkt werden konnten. Eine Besonderheit ist auch der als Löwenkopf ausgebildete Vorsteven, der – eine Art psychologische Kriegführung – einen Menschenkopf im Maul hat, ein Symbol für den zu erwartenden Sieg.

das in nennenswerten Mengen nur in der Bretagne und in Irland vorkommende Zinn benötigte. Nur so ist es zu begreifen, daß um 1100 v. Chr. in unmittelbarer Nähe des durch den Zinn-, Silber- und Goldhandel reich gewordenen Tartessos (das oft mit Atlantis in Verbindung gebracht wurde) »des leichteren Handels wegen« die phönizische Kolonie Gades (Cádiz) gegründet wurde.
Auch andere Mittelmeervölker waren in der Seefahrt aktiv, so die Zyprer mit ihrem Handelsschiffsverkehr mit Ägypten (brieflich belegt durch den König von Alasia um 1360 v. Chr.), die Schelekesch (Sikeler), die Schirdanas (Sardinier) und die Turuschas (Tyrrhenier), die um 1190 v. Chr. zusammen mit Trojanern einen Feldzug ins Nildelta unternahmen, wo sie von Ramses' III. Kriegsschiffen in der erwähnten Schlacht bei Pelusium geschlagen und wieder vertrieben wurden. Die Teilnahme und der Verlust einer trojanischen Flotte könnte zur Vermutung anregen, daß erst durch diese Schwächung die Griechen zum Zuge nach Troja ermutigt wurden. So gesehen, war der berühmte Trojanische Krieg, der der Sage nach einen überseeischen Feldzug All-Griechenlands (der Achaier) gegen Troja VI um 1200 v. Chr. darstellte, durchaus kein isoliert dastehendes Ereignis. (»... Nachts stiegen die Helden aus dem Bauch des trojanischen Pferdes heraus, riefen die Flotte aus Tenedos durch Feuerzeichen zurück und öffneten das Tor von Troja ...«) Er hat sicher manchen ähnlich bedeutenden Vorläufer gehabt, nur verhalf ihm kein Homer zum Weltruhm. Von ihm wissen wir, daß das griechische Kriegsschiff von Troja ein schwarzgestrichenes Fahrzeug mit 32 Ruderbänken auf nur einer Reihe war, die Steuerruder in Ledermanschetten, vorn ein Rammsporn aus Bronze mit drei Zacken, *enbolon* genannt.

Oben: Modell eines Kriegsschiffes der Philister, die zu den sogenannten Seevölkern zählten, die Anfang des 12. vorchristlichen Jahrhunderts eine Invasion Ägyptens versuchten, aber im Nildelta von der Flotte Ramses III. vernichtend geschlagen wurden. Die Herkunft der Philister liegt im dunkeln, möglicherweise stammen sie aus Kreta und haben sich an der Küste Palästinas niedergelassen. Ihre Schiffe waren schwach gerundet, fast eckig, mit senkrecht aufgesetzten, von Vogelköpfen verzierten Steven.

Links: Im Totentempel des Pharao Ramses III. in Medinet Habu zeigt ein Wandrelief in sehr eindrucksvoller Weise die Schlacht gegen die Seevölker bei Pelusium Anfang des 12. Jahrhunderts v. Chr. Erstaunlich ist, daß die Schiffe der angreifenden Seevölker nur rahbesegelt waren und offenbar über keine Ruderer verfügten (Schiffe in der Bildmitte, das vordere ist gerade gekentert). Möglicherweise waren die zusätzlich geruderten ägyptischen Schiffe im engen Nildelta durch ihre größere Beweglichkeit entscheidend im Vorteil.
Nach mehreren Schlachten zu Land und zur See unterlagen schließlich die Seevölker, und »alle erkannten die Allmacht des Pharao«, heißt es in den eingemeißelten Hieroglyphen in Medinet Habu. Allerdings brachten die Kämpfe mit den Seevölkern auch Ägypten an den Rand des Niederganges, die Flotte zerfiel, und für spätere seefahrtliche Unternehmen mußte man Schiffe und Besatzungen bei den Phöniziern mieten.

Die Phönizier

Die legendären Phönizier, Bewohner der syrischen Küste, treten erst verhältnismäßig spät ins Panorama der antiken Seefahrt ein. Unter assyrischem Druck ab etwa 1100 v. Chr. und infolge der beschränkten Expansionsmöglichkeiten in das Hinterland wenden sich die Phönizier dem Meer zu. Sie gründen Handelskolonien mit Märkten und Stapelplätzen an den Mittelmeerküsten, auf Zypern, Sardinien, Sizilien und Malta, in Südspanien und Nordafrika, wo sie später als Punier bezeichnet werden. Homer nennt sie Sidonier, sie selbst nen-

Ab etwa 1100 v. Chr. übernahmen die Phönizier die führende Rolle in der mittelmeerischen Seefahrt. Wahrscheinlich wandten sie sich infolge der beschränkten Expansionsmöglichkeiten im syrisch-libanesischen Hinterland dem Meer zu und trieben regen Handel von Zypern bis an die Südküste Spaniens mit der legendären Silberstadt Tartessos. Sie fuhren durch die Meerenge von Gibraltar, dessen Felsen sie »die Säulen des Melkart« nannten, ihrem Hauptgott zu Ehren.

Linke Seite oben: Modell einer frühen phönizischen Galeere, bei der der aus dem Rumpf herausgearbeitete Rammsporn besonders auffällt

Linke Seite unten: Darstellung eines phönizischen Handelsschiffes auf einem Sarkophag in Sidon mit stark gewölbtem Rumpf, etwa dreißig Meter lang und fast zehn Meter breit. Bei Herodot kann man nachlesen, daß diese Schiffe auf Kiel und Spanten gebaut waren und ihr Vorsteven in einem Pferdekopf endete, der hintere in einer Art Fischschwanz.

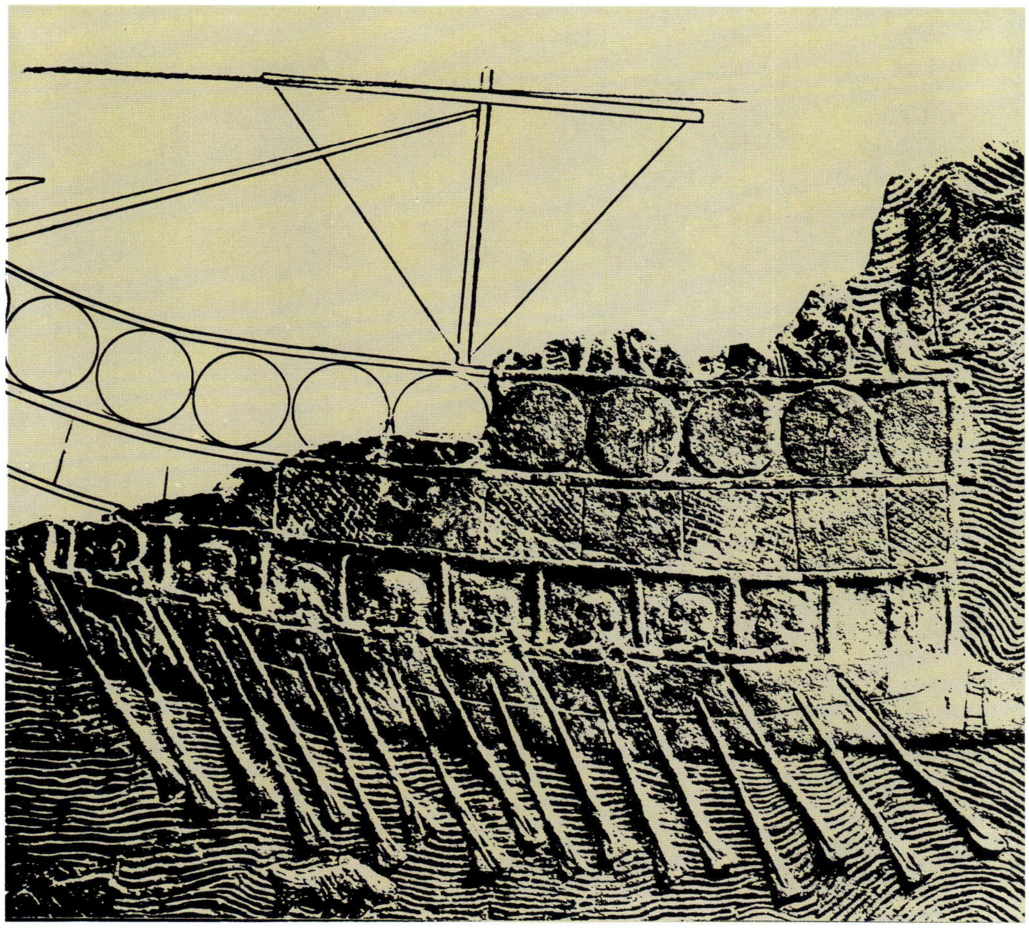

Rechts: Die Bedeutung der Phönizier als Seefahrervolk wird möglicherweise überbewertet, eines aber ist unbestreitbar: Sie haben mit der Bireme das erste Mehrruderschiff entwickelt. Ein Relief am Palast des assyrischen Königs Sanherib in Ninive aus dem 7. Jahrhundert v. Chr. zeigt eine solche phönizische Bireme, die die Flucht des Königs Lulis aus Tyron im Jahre 701 v. Chr. darstellt.

nen sich Kanaanäer. Natürlich betreiben sie diese Kolonisation über See; dennoch: der legendäre Seefahrerruhm, der den Phöniziern nachgesagt wird, ist übertrieben. Daran ändert auch eines der größten Werke der Weltliteratur, die Homerischen Gesänge, nichts. Die Phönizier sind mehr oder weniger die Erben der Kreter. Als deren Rolle um 1400 v. Chr. mit der Eroberung der Insel durch die Achaier ausgespielt war, legten sich die Phönizier ins fertig gemachte Bett. So sind sie denn auch nur ein knappes halbes Jahrtausend das führende Seevolk des Mittelmeeres gewesen. Bereits seit etwa 700 v. Chr. werden sie von ihrer Tochterkolonie Karthago einerseits und den Griechen andererseits verdrängt. Die Phönizier waren gewiß vortreffliche Seeleute und sehr gewiegte Händler. Abenteurernaturen, etwa im Sinne der Normannen, Germanen, Briten, Kreter, Griechen und Karthager allerdings waren sie nicht. Sie haben fast ausschließlich nur solche Meere befahren und nur solche Länder besucht, die bereits von den Sumerern, Kretern oder Ägyptern jahrtausendelang vor ihnen über See aufgesucht worden waren, wozu man auch das Rote Meer und den Indischen Ozean wie auch, der Bibel zufolge, Ophir (das heutige Mozambique) an der südostafrikanischen Küste oder das südarabische Saba zählen darf.

Konkurrenz von den aufstrebenden Griechen haben die Phönizier anfangs nicht zu befürchten. Die Griechen überlassen ihnen neidlos den einträglichen Handel in fernen Ländern. Dann aber beweisen sie im Zug nach Troja, zu welchen Leistungen sie auch auf See fähig sind. Von Bedeutung ist, daß um 1180 v. Chr. als Folge des Trojanischen Krieges die Dardanellen für den Handel geöffnet werden. In der Argonautensage wird übrigens der erste griechische Versuch poetisch verherrlicht, ohne phönizische Vermittlung nach dem goldfördernden Küstenland ins Gebiet des Rion zu gelangen. Hier seien auch gleich Salomons berühmte Ophirexpedition unter phönizischen Kapitänen erwähnt und Homers Ilias und Odyssee. Besonders die Odyssee ist auch heute noch ein gewichtiges Thema wissenschaftlicher Forschung. Hat Odysseus Helgoland erreicht oder nicht? – eine Frage, die nach wie vor keine definitive Antwort findet, jedoch mit ziemlicher Sicherheit mit einem Ja zu beantworten ist. Andererseits ist der Versuch, einen Großteil der Irrfahrten des Odysseus ins Schwarze Meer zu verlegen, als geographisch unsinnig zu bezeichnen, ist doch die wichtigste griechische Kolonie am Nordufer des Pontus, Olbia (Nikolajewsk), erst 455 v. Chr. von den Milanesiern gegründet worden.

Homer kann von diesen Küstengebieten, die ja auch die Phönizier nie besuchten, keine Kenntnis gehabt haben. Jedenfalls enthält Homers Odyssee unter anderem eine Fülle aufschlußreicher Einzelheiten über den Schiffbau um 1100 v. Chr. So sagt die Nymphe Calypso zu Odysseus: »Ich habe weder Ruderschiffe noch Leute, aber nimm selbst die Werkzeuge aus Bronze zur Hand, fälle lange Bäume und vereinige sie zum Boden (eines Prahms). Hier, nimm ein Beil, schön in Olivenholz gefaßt, mit zwei scharf geschliffenen Schneiden, einen Meißel ... Du findest Pappeln und Kastanienbäume, zum Himmel ragende Tannen mit trockenen Früchten.«
Zwanzig Bäume schlägt Odysseus und schneidet sie zu nach Maß mit der Richtschnur. Calypso bringt den Bohrer mit dem breiten Griff herbei. Nun werden die Löcher gebohrt und die Balken mit Holzstiften aneinandergefügt, dünnwandige Bohlen bilden die Einfassung des Rumpfes. Dann wird der Mast eingesetzt und die Rahe daran befestigt. Am Heck wird das lange Ruder für die Steuerung angebracht. Dazu noch Geflecht aus Weide um den rohen Rumpf. Calypso bringt dann Gewebe herbei: Das eignet sich gut als Segeltuch. Taue und Schoten dienen der Befestigung, Rollen aus Holz erleichtern die Vereini-

Oben: Auf einer Trinkschale, geschaffen von dem attischen Töpfer Nikosthenes im 6. Jahrhundert v. Chr., werden griechische Moneren, also einreihige Ruderschiffe, gezeigt. Sie sind zusätzlich besegelt und haben einen starken Rammsporn mit einem eisenbeschlagenen Eberkopf.

Unten: Modell einer griechischen Bireme um 500 v. Chr., die deutliche Ähnlichkeit mit der Monere von Nikosthenes erkennen läßt

Rechte Seite: Griechische Bireme mit einem das »Rückgrat« des Schiffes verstärkenden Sturmdeck und beiklappbarem Mast. Typisch griechisch ist das aufgemalte Auge am Bug, das vor dem »bösen Blick« schützen oder das Schiff »sehend« machen sollte.

gung mit dem neuen Element. Odysseus verläßt mit diesem Fahrzeug das Eiland und erreicht die Insel der Phäaken in 17 bis 18 Tagen nach Überwindung einer Entfernung von 480 Seemeilen, das heißt mit einer Geschwindigkeit von 1 bis 1,5 Knoten. Er war allein an Bord, tagsüber schlafend und sich des Nachts nach den Sternen richtend, den Bär zur Linken lassend und die Bugspitze auf die Plejaden oder den Stier gerichtet. Legendär als Held der Antike gilt Odysseus auch als vielgerühmtes Abbild des vollendeten Seemanns.

Man mag die Bedeutung der Phönizier als Seefahrervolk kritisch beleuchten, eines aber ist unbestreitbar: Die Phönizier haben mit der Bireme das erste Mehrruderschiff erbaut und damit den Weg in eine viele Jahrhunderte andauernde Entwicklung der meist zusätzlich besegelten Riemenschiffe im mediterranen Raum gewiesen. Hier sind sie wirklich Pioniere.

Eine phönizische, in der Regel kriegerische Bireme ist im Kernstück eigentlich nichts weiter als ein an beiden Seiten durch schalenförmige Ausleger verbreiterter, ausgehöhlter, sehr dicker Baumstamm. In dessen naturgemäß engem Korpus saßen in Wasserspiegelhöhe die Backbord- und Steuerbord-Rojer (= Ruderer). Nach oben hin ist die Bireme durch Seitenwände zum Aufhängen der Kampfschilde vergrößert und in halber Höhe durch eine Kampfplattform abgedeckt. Der untere Ruderraum dürfte somit das erste Zwischendeck der Welt gewesen sein. Zu jedem Ruderer im Zwischendeck kommt links und rechts ein

Parallelmann, der Biremer sozusagen. Dieser sitzt in der aus Planken gefertigten auslegerähnlichen Außenschale, quasi außerhalb des eigentlichen Schiffskörpers, auf einer etwas höheren Ruderbank, damit sich die parallel arbeitenden Riemen nicht »bejemmen«. Die Schiffe haben vorn einen aus dem Rumpf herausgearbeiteten Rammsporn (eine Erfindung, die an sich den Mykenern und damit dem späthelladischen Kulturkreis zugeschrieben wird), während das Heck mit einem Steuerruder an jeder Seite konvex ausläuft. Hinzu kommen ein Mast und ein rechteckiges Rahsegel. Zu sehen sind solche langen Schiffe auf einem Relief aus Ninive, das die Flucht König Lulis aus Tyron anno 701 v. Chr. zeigt.
Während des 7. Jahrhunderts machen die Phönizier dann eine weitreichende, später von den Griechen kopierte Erfindung. Sie setzen drei Ruderbänke in einer ausgeklügelten und sinnvollen Weise übereinander, und es entsteht der Schiffstyp der Triere. Die großen phönizischen Handelsschiffe haben wie die Schiffe der ägyptischen Königin Hatschepsut auf Kiel und Spanten aus Planken gewölbt geformte Rümpfe. Später bekommen mit den länger werdenden Reisen und zunehmenden Bedrohungen durch Piraten auch die phönizischen Handelsschiffe – wie die griechischen Handelsfahrer – einen Rammsporn.
Wie gesagt, der Bau mediterraner Mehrruderschiffe hat seinen Ursprung bei den Phöniziern, bei deren noch ausgesprochen primitiver Bireme. Es liegt nahe, daß die Griechen, welche die Phönizier als Seemacht nach und nach ablösen, wie auch die Karthager phönizischer Abstammung und vor allem die nachfolgende Seemacht Roms den galeerenartigen, besegelten Ruderschifftyp laufend verbessern. Das zieht sich weiter über die Goten im Mittelmeer, die Araber, die Sarazenen, die Normannen bis hin zu Byzanz, Venedig, Pisa und Genua über nahezu 1500 Jahre. Erst dann gewinnt die Menschheit – von einigen abenteuerlichen, experimentellen Unternehmen abgesehen – neue wissenschaftliche, geographische Kenntnisse und findet nun mit sehr viel Mut Mittel und Wege für eine ozeanische Seefahrt und damit den Anfang einer weltumspannenden Schiffahrt.
Was sich hier im Mittelmeer in den nächsten Jahrhunderten vollzieht, sind zum Teil hochinteressante schiffbautechnische Entwicklungen, aber auch vom Mittelmeerraum beeinflußte Machtkämpfe unter den Anrainerstaaten, Seekriege, welche die Geschichte Europas geformt haben. Gemessen an der späteren ozeanischen Schiffahrt sind diese Entwicklungen jedoch nicht mehr und nicht weniger als das Präludium zur eigentlichen Schiffahrt, zur Hochseeschiffahrt.

Die Griechen

Sie kamen in Intervallen aus dem Norden, vom Balkan einwandernde indogermanische Stämme, meist Hirten und Bauern, die sich, obwohl seefremd, schnell den reichgegliederten Küsten und den vielen vorgelagerten Inseln der Ägäis anpaßten. Auch bei der Vermischung mit der Urbevölkerung büßten sie ihre stammesbedingten Charakteristika nicht ein. Sie gründen um 700 v. Chr. und später Kolonien im Mittelmeerraum, im Schwarzen Meer und an den Küsten Kleinasiens. Bald schon verstehen sie sich darauf, auch eigene Schiffe zu bauen, ohne die Warenaustausch über See nicht denkbar ist, der leider wiederum den Schutz von Kriegsschiffen benötigt. Um etwa 500 v. Chr. entstehen, von den Korinthern stark beeinflußt, als Kriegsschiffe die ersten griechischen Biremen, Kiel- und Spantenkonstruktionen aus »einem Stück«, welche die einbaumförmigen Kriegsschiffe der Phönizier ablösen. Diese Schalenrumpfbauten mit auf beiden Seiten überhöht plazierten »Biremern«, die (25 Mann und mehr auf jeder Seite) in unterschiedlichem Abstand zur Schiffswand rudern, sind meist 25 m lange und 3 m breite Schiffe. Sie haben in der Mitte eine das »Rückgrat« des Schiffes verstärkende Sturmbrücke und mittschiffs einen manchmal beiklappbaren Mast mit einem reff- oder aufgeibaren Rahsegel. Die Ramme am Vorsteven könnte ursprünglich nur ästhetischen Wünschen gedient haben. Erst später, bei den *naves rostratae*, den Rammschiffen, wird der Sporn mit seiner Kappe aus Erz oder Eisen zur Hauptwaffe.
Griechische Trieren, also Dreiruderschiffe, werden vom griechischen Historiker und Truppenbefehlshaber Thukydides (ca. 455

bis 396 v. Chr.) bereits für 650 v. Chr. erwähnt; ebenso bei Hipponax (um 530 v. Chr.) und Herodot (495–424 v. Chr.). Nach Thukydides waren es die Korinther, welche mit den Trieren die ersten »Schlachtschiffe« im neuzeitlichen Schiffbau konstruiert und gebaut haben. Es ist schließlich der technisch begabte Themistokles (525–460 v. Chr.), der angesichts der persischen Bedrohung die Politik einer permanenten Flotte durchsetzt. Er läßt 100 Trieren, auch Triremen genannt, für 74 Ruderer und 30 Seesoldaten bauen. Auf diesen rudern jeweils drei Rojer in einer Gruppe, zwei nebeneinander auf der oberen Bank für die Riemen auf den angebauten Auslegern und ein dritter »auf Lücke« auf dem darunter angeordneten Platz für die in der Bordwand gelagerten Riemen. Die 25 m langen und 4 m breiten Schiffe, deren Seesoldaten beim Angriff im mittschiffs gelegenen, seitlich geschützten Durchgang postiert werden, verfügen über einen massiven Rammsporn als Waffe. Rammen ist das eine der taktischen Seekriegsmanöver, das »Abscheren« der Ruder des Gegnerschiffes das andere. Gelingt weder das eine noch das andere, bleibt noch der Enterkampf an Bord.
Unmißverständlich griechisch ist das auf beiden Seiten des Bugs aufgemalte Auge. Die weitere Entwicklung führt zu den Tetreren (Quadriremen) und den Penteren (Quinqueremen) bis hin zu den Fünfzehnruderschiffen. Hier sind nicht Einzelriemen gemeint, sondern Galeeren mit vier, fünf oder mehr Ruderbänken in verschiedenen Ebenen mit wahrscheinlich nicht mehr als drei Lagen Riemen übereinander. Dabei arbeiten mehr als ein Ruderer an einem Riemen.
Die Handelsschiffe werden später rund und bauchig in der Relation 4 : 1 oder 3 : 1 gebaut und sind zunächst einmastig und fast durchweg von einem großen Rahsegel getrieben. Der Kiel ist durchgebogen, ein Decksprung ist üblich. Oft sind die Handelsfahrer gegen Piraten mit Kampftürmen ausgerüstet.
Antike Seefahrt ist fast durchweg landorientierte Küstenschiffahrt, aber auch über Strecken, die nicht in Landsicht liegen. Gefährliche Strömungen, unberechenbare Winde, urplötzlich hereinbrechende Stürme bedeuten ebenso wie Untiefen und Unterwasserhindernisse eine schwere Behinderung des Verkehrs auf dem Wasser. Es gibt noch keine Seekarten, nur wenige Leuchtfeuer oder Landmarken oder andere Navigationshilfen, so wie sie uns heute in einer kaum noch überschaubaren Vielzahl zur Verfügung stehen. Übrigens: der berühmteste Leuchtturm des Altertums war der Leuchtturm Pharos vor Alexandria, den Ptolemaios Philadelphos 279 v. Chr. vollendete. Wir wissen heute, daß dieser Turm anfangs kein Leuchtfeuer als nächtlicher Wegweiser hatte. Mit einer vermuteten Höhe von 170 m diente er den Schiffern als Landmarke und erst später auch in der Nacht durch ein weithin sichtbares Feuer. Schon während der 30. Olympiade des Altertums (um 660 v. Chr.) soll es am Vorgebirge Sigeion einen von Lesches erbauten Leuchtturm gegeben haben, und im »Neuesten Conversations Lexicon« von 1830 heißt es: »Ähnliche von sehr einfacher Struktur waren bey dem Pyräeos und vielen Häfen Griechenlands angebracht.« Wenn das stimmt, waren einige Gefahren schon frühzeitig zumindest gemindert. Dennoch ist die Homerische Odyssee eine grandiose literarische Spiegelung dieser gefahrvollen Seefahrten, die oft einem Herumirren, einem den Göttern gefälligen Getriebenwerden in einem Meer von schicksalhaften Unbekannten in der Rechnung des Schiffsführers gleichen.
Die Zahl der Seekriege der Griechen ist bemerkenswert und von der Geographie her gar nicht so ungewöhnlich, wohl auch nicht, was die Mentalität der Hellenen betrifft. Sie beginnen mit den aufgezwungenen Perserkriegen anno 495 v. Chr. Historisch von besonderer Bedeutung ist der zweite Perserzug (490 v. Chr.). Persiens König Dareios praktiziert durch das Übersetzen auch seiner Reiterei von Kleinasien nach Attika im Raum Marathon die erste echte amphibische Invasion. Für die Pferde bedient er sich dabei besonderer Transportschiffe. Allerdings waren die Schiffe und die technischen Voraussetzungen einer solchen Aufgabe nicht gewachsen. Die Transporte konnten nicht schnell genug entladen werden, um die Truppen für einen massiven Frontalangriff gegen die Griechen zu unterstützen. Im dritten Perserzug kommt

In Homers grandiosem literarischem Werk wird Odysseus zum legendären Seehelden erhoben. Diese griechische Vase aus dem 5. Jahrhundert v. Chr. zeigt ihn bei seiner Begegnung mit den Sirenen, jenen vogelartigen Meerjungfrauen, die die Seefahrer ins Verderben locken. Um ihren verführerischen Gesängen nicht zu erliegen, läßt sich Odysseus kurzerhand an den Mast binden.

»Mir erlaubt sie allein, den Gesang zu hören; doch bindet ihr mich fest, damit ich kein Glied zu regen vermöge, aufrecht stehend am Maste, mit festumschlungenen Seilen.«

Oben: Auf dieser alten Münze, die man bei Alexandria fand, ist der berühmte Leuchtturm Pharos vor Alexandria abgebildet, der zu den Sieben Weltwundern der Antike gehörte. Von Ptolemaios Philadelphos von 283 bis 279 v. Chr. erbaut, war er zunächst nur eine Landmarke ohne Feuer oder Licht. Erst später wurde der auf die enorme Höhe von 170 m geschätzte Turm mit einem Leuchtfeuer auch zum nächtlichen Wegweiser, denn der römische Geschichtsschreiber und Reisende Plinius berichtet um das Jahr 70: »Die Insel Pharos regelt jetzt durch nächtliche Feuer vom Turm aus den Lauf der Schiffe.« Der Turm wurde später auf 120 m Höhe abgetragen und diente als Moschee.

Rechte Seite: Dieser Bruchstein von einem Tempel der Akropolis zeigt eine griechische Triere, auch Trireme genannt, aus der Mitte des 4. Jahrhunderts v. Chr. Wie die Bireme war auch die Triere eine phönizische Erfindung, die von den Griechen kopiert wurde und in der Schlacht von Salamis (28. September 480 v. Chr.) eine entscheidende Rolle spielte. Trotz zahlreicher Darstellungen auf Reliefs und Vasen ist uns recht wenig über die Polyremen, die Mehrrudererschiffe, bekannt. Auch das Relief der Akropolis aus der Zeit des Höhepunkts der griechischen Seemacht kann das Rätsel nicht entschlüsseln, in welcher Position die Rojer, die Ruderer, zueinander saßen und wie die Bewegungsabläufe waren. Im Jahre 1851 ließ der berühmte Schiffbauer Dupuy de Lôme eine einfache Triere nachbauen. Eine Mannschaft von Ruderern übte monatelang, aber schon bei leicht unruhigem Wasser kamen die Riemen heillos durcheinander.

Unten: Römisches Kornschiff aus dem 2. Jahrhundert v. Chr. Römische wie griechische Handelsfahrer verzierten ihr Heck mit einem großen geschnitzten und oft vergoldeten Schwan. Um die Schwanenfigur ist eine über das Wasser hinausragende Heckgalerie zu sehen. Neben dem Hauptmast mit Rahsegel sieht man einen zweiten, allerdings wesentlich kleineren Mast, dessen Segel weniger dem Vortrieb, sondern eher als Stütze gedient haben dürfte. Ein erst im Jahre 1954 entdecktes, auf etwa 470 v. Chr. datiertes Wandgemälde zeigt eine ähnliche Segelanordnung, ein Novum für die Forscher, die für diese Zeit nur einmastige Schiffe annahmen.

Rechte Seite: Modell eines etruskischen Handelsschiffes mit überdimensionalen Ladeleitern zum Stauen und Löschen von Öl, Wein, Parfüm, Keramik, Schmuck und anderem sowie als Gangway. Die Etrusker beschränkten sich jedoch durchaus nicht nur auf den friedlichen Handel, sondern waren ein aggressives und kriegerisches Volk, das durch seine schnellen Schiffe bei allen Völkern des Mittelmeeres gefürchtet war. Möglicherweise haben etruskische Schiffbauer die ersten römischen Kriegsschiffe entworfen und gebaut.

es am 28. September 480 v. Chr. zur legendären Seeschlacht vor Salamis. Bei dieser Begegnung verlieren die zahlenmäßig weit unterlegenen Griechen dank der von Admiral Themistokles gewählten raffinierten taktischen Position im Flaschenhals der Meerenge vor der Insel Salamis nur 40 Schiffe, während Persiens König Xerxes, der die Schlacht vom Land aus auf einem Stuhl beobachtet, nach dem Verlust von über 200 Schiffen den Rückzug befiehlt. Mag sein, daß ihn das Verhalten eines seiner Bundesgenossen, der Fürstin Artemisia, schockierte und beunruhigte. Denn diese, die sich bisher als klug und tapfer ausgezeichnet hatte, wechselte als Befehlshaberin des 2. Geschwaders auf dem Höhepunkt der Schlacht plötzlich die Farbe. Sie zeigte nun die Flagge Griechenlands und griff auch noch eines der persischen Flaggschiffe an, nämlich jenes unter dem ihr nicht genehmen König Damasithymos. Sie versenkte es und setzte sich ab. Die ob des Gesinnungswandels nicht minder verblüfften Griechen ließen sie ebenso ziehen wie die verratenen Bundesgenossen des persischen Königs.

Salamis ist nach der Schlacht im Nildelta die zweite Seeschlacht, die das Schicksal der antiken Welt entscheidend beeinflußt. Die nach Westen vordringenden Perser sind abgewiesen worden, und nur ein Jahr später sind es die Griechen, welche die persische Flotte bei Samos angreifen und erneut schlagen, und zwar so gründlich, daß deren Reste bei Mykale aufgelegt werden.

Die Griechen sind nun nicht nur die herrschende Seemacht im Mittelmeer, sondern auch Land- und Handelsnation Nummer eins. Allerdings erfreuen sie sich nicht allzulange dieses Ruhms. Weitere Seekriege, Intrigen, Bruderhaß und innere Gegensätze beschleunigen den Abstieg, während sich die Schwerpunkte der Macht im Mittelmeer nach Westen verlagern. Die zukünftige Landmacht heißt Rom, die neue Seemacht Karthago.

Rechts: Modell einer römischen zweimastigen Bireme aus dem 1. Jahrhundert v. Chr. Solche Schiffe setzte der römische Feldherr Marcus Vipsanius Agrippa (64–12 v. Chr.) in der Seeschlacht von Naulochus im Jahre 36 v. Chr. gegen die Flotte des Pompejus ein. Mit dem harpago genannten Enterhaken (vorn und achtern zu sehen), der mit einem Katapult abgeschossen werden konnte und mit dem Schiff durch ein Tau verbunden blieb, zog man sich an die feindlichen Schiffe heran, und die Legionäre setzten über. Quer über dem Rammsporn ist übrigens die Nachbildung eines Krokodils zu sehen, möglicherweise das Emblem einer ägyptischen Legion in römischen Diensten.

Unten: Dieses sehr schön detaillierte Modell aus dem Schiffsmuseum von La Spezia zeigt eine römische Triere mit einem dreigezackten Rammsporn, einem Hauptmast mit Rahsegel und einem Bugspriet.

Die Seemacht Rom

814 v. Chr. wird Karthago im Raum des heutigen Tunis gegründet. Nach der Eroberung Phöniziens durch die Assyrer wird Karthago Schutzmacht aller phönizischen Kolonien. Verbündet mit den Etruskern, besiegen die Karthager 540 v. Chr. bei Alalia (= Aléria auf Korsika) die griechischen Phokaier, stoppen somit das griechische Vordringen ins westliche Mittelmeer und deren Festsetzung auf Korsika. Damit sichern sie ihre Herrschaft auf See. Ihre Schiffe fallen durch Rundschilde und die typische Stevenbeendigung auf. Mit der Eroberung von Tartessos (um 510 v. Chr.) in Südspanien weitet Karthago den punischen Handel über Cádiz nach Westen bis zur Nordsee und Westafrika aus. Um 500 v. Chr. umschifft der Karthager Hanno Westafrika und segelt bis nach Kamerun. Fast zur gleichen Zeit besiegen die Flotteneinheiten des auf Sizilien gelegenen großgriechischen Syrakus die Etrusker in einer Seeschlacht. Sie stoppen damit deren Ausweitung nach Süden. Das ist auch die Zeitphase, da an Land der Verfall des etruskischen Reiches und damit Roms Herrschaft beginnt. Seefahrtlich beschränken sich die Etrusker vor allem auf das Küstenland. Sie entwickeln eine typische Bireme, die ein Deck niedriger als die phönizische ist. Karthago, das Niederlassungen in Westsizilien unterhält, führt Krieg gegen den griechischen Teil der Insel. Als Antwort greift der Tyrann von Syrakus, Agathokles, in Afrika mit seinem Expeditionsheer Karthago an, und dieses ist schließlich zum Frieden gezwungen. Ihrerseits unterstützen die Punier aber dann 272 v. Chr. Rom in seinem Kampf gegen das in Süditalien gelegene griechische Tarent, das die Römer einnehmen. Da sich aber Rom hinterher in die Kriege um Sizilien einmischt, werden die Karthager, denen Rom die Vorherrschaft im westlichen Mittelmeer vertraglich überlassen hatte, böse: Der Erste Punische Krieg (264–241 v. Chr.) bricht aus. Er ist an sich ein Landkrieg. Um aber die Insel zu erobern, braucht Rom eine Flotte. Als Muster für die ersten römischen Kriegsschiffe dient eine gestrandete punische Pentere. 260 v. Chr. besiegt die aus dem Boden gestampfte römische Flotte bei Mylae in ihrer ersten Seeschlacht die gleichstarken und auf See kampferprobten Karthager vernichtend. Die Römer überraschen mit einer für die Punier veralteten Taktik – mit dem Enterkampf. Sie haben jedes Schiff, und das ist ein Novum, vorn mit einer *corvus* (= Rabe) genannten Enterbrücke ausgestattet. Diesen *corvus* hat man vorn mit einem schnabelartigen Dorn versehen, der sich beim Fallenlassen der Brücke im Gegnerschiff festkrallt. Die schwerbewaffneten und im Kampf Mann gegen Mann erprobten Legionäre steigen jeweils zu dritt in der herkömmlichen Schildphalanx über. Sie entscheiden die Seeschlacht zugunsten Roms. Der Karthager Hannibal verliert die Vormachtstellung zur See.

Die römischen Kriegsschiffe sind schwerer und breiter als jene der Griechen und Karthager. Sie verfügen, auswechselbar, über einen Großmast, einen Dolonmast und einen Vormast und sind in leichte, mittlere und schwere Einheiten zu unterteilen. Hierbei unterscheiden sich die Schlachtschiffe von der Quadriremis (Tetrere) bis zur Hexeris (Hexere) nur durch ihre Größe und Bewaffnung. Großkampfschiffe sind meist mit Bronzeplatten gepanzert, während die Griechen im 4. Jahrhundert v. Chr.

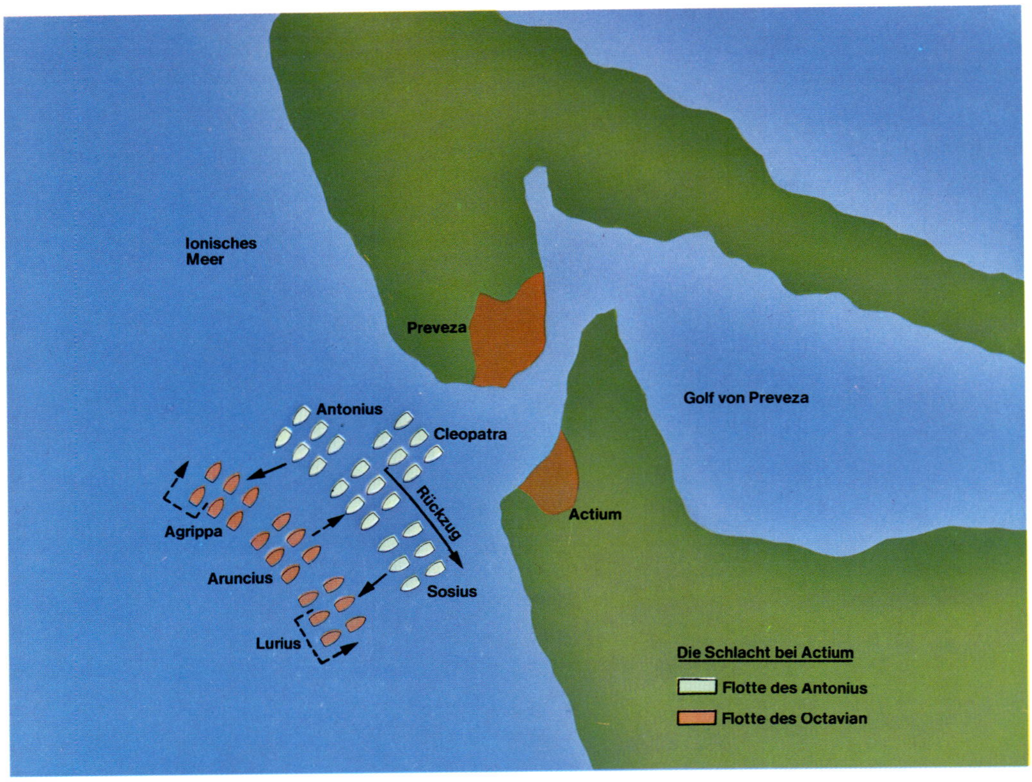

Links: Schlachtordnung beim Seegefecht von Actium am 2. September 31 v. Chr. zwischen den Flotten des Octavian, geführt von dessen Schwiegersohn Agrippa, und Antonius, der durch die Frachtsegler der ägyptischen Herrscherin Cleopatra unterstützt wurde

Rechte Seite oben: Dieses Wandgemälde aus dem Hause der Vettier in Pompeji zeigt eine Naumachie (griech. naus *= Schiff,* mache *= Schlacht), eine theatralische Darstellung einer Seeschlacht. Im Jahre 46 v. Chr. ließ Caesar ein Amphitheater unter Wasser setzen, um sich an diesem Kriegsspiel zu erfreuen.*

Rechte Seite unten: Römisches Fresko mit der Darstellung des Hafens von Pozzuoli, der um die Zeitwende der bedeutendste römische Hafen für den Handel mit dem Orient und Ägypten war

Schutz durch Decken aus Segeltuch oder Lederplanen erhofften.
Hier ist nicht der Raum, die verschiedenen Ruderschifftypen zu analysieren. Aber für Laien wie auch für Fachleute wird die Zahl der Typen erstaunlich sein, welche die römische Flotte in Dienst hielt. Generell sind zwei Grundtypen zu unterscheiden: die Moneren als Schiffe mit einer Riemenreihe und die Polyremen mit mehreren Riemenreihen. Bei den Polyremen ist zunächst die Bireme zu nennen, die bei der römischen Marine als Liburne Geschichte macht. Ihr folgt die bereits beschriebene Triere, dann die vierrangige Quadrireme, die fünfrangige Quinquereme, die sechsrangige Hexere. Später, nach den Punischen Kriegen, werden noch die siebenrangige Septireme, die achtrangige Oktore, die neunrangige Ennere und die zehnrangige Decemreme als Großkampfschiffe in Dienst gestellt. Außerdem sind die überschweren Großkampfschiffe griechischer Bauart zu nennen, nämlich die Hendekere (11rangig), die Triskaidekere (13rangig), die Pentekaidekere (15rangig) und die Hekkaidekere (16rangig).
Die Moneren im 4. Jahrhundert n. Chr. unterscheiden sich in Trikontoren (Kreuzer) und Pentekontoren (Schlachtkreuzer). Die Moneren im 6. Jahrhundert n. Chr. differenzieren sich in leichte Dromonen (Kreuzer) und schwere Dromonen (Schlachtkreuzer).
Es folgen noch viele kleine Typen, die man als leichte Kampfschiffe, als Avisos, Spähkreuzer, Schnelltransporter, Truppentransporter, Pferdetransporter oder als Schiffsbrückenfahrzeuge bezeichnen könnte. Allein die bloße Aufzählung der Typen weist auf die Größe und Bedeutung der römischen Flotte hin. Auch die Waffenentwicklung ist beeindruckend, so zum Beispiel der Schleuderenterhaken, die bereits erwähnten Enterbrücken, die Katapulte oder Wurfgeschosse und die später aufgekommenen Feuerwerfer, zu denen dann das Griechische Feuer kommt.
Bei den römischen Frachtern und Transportern sind uns zwei Typen bekannt: der *ponto,* ein Handelssegler mit konkavem Vorsteven, der in verschiedenen Größen als Einmaster, aber auch als Zwei- und sogar als Dreimaster mit je rechteckigem Rahsegel gebaut wird, und die mit einem schrägen Vorsteven versehene, achtern rundgebaute *corbita* mit einem Hauptmast und einem kleinen Vormast. Besonders verbreitet waren die 55,00 m langen und 14,00 m breiten Kornfrachter mit 13,50 m Raumtiefe.
Roms Seemacht beherrscht das Mittelmeer, die Handelsflotte den Mittelmeerhandel, und ab 30 v. Chr. nehmen römische Schiffe auch den Seehandel im Indischen Ozean auf, während sich im Norden die römische Schiffahrt über den Kanal bis in die Nordsee hinein ausdehnt. Es gibt zwei Hauptflotten und siebzehn Provinzialflotten, alle auf verschiedene Stützpunkte verteilt. Dazu kommen noch vier selbständige Flottillen und später die Euphratflottille.
Entsprechend ist die Zahl der Seekriege Roms, unter denen die drei Punischen Kriege schließlich mit der endgültigen Niederlage Karthagos enden. Roms Flotte säuberte das Mittelmeer von Piraten. Roms Flotte schützt nicht nur den Handel, sondern vor allem auch die Seetransporte der unbesiegbaren Legionäre, der Hauptwaffe der Römer an Land wie auch auf See.
Zwei Höhepunkte seien hier für Roms maritime Fähigkeit zu nennen: Caesars Großneffe, der Westkaiser Octavian, versucht mit einer eigenen Flotte, dem Sextus Pompejus die Seeherrschaft im westlichen Mittelmeer zu entreißen. Dabei enthüllt Octavians Seebefehlshaber Agrippa in der Seeschlacht bei Naulochos 36 v. Chr. eine Geheimwaffe. Hier, wo sich je 300 Schiffe gegenüberstehen, versetzt sich Agrippa mittels des *harpago* in die Lage, wieder die bewährten Infanteriepraktiken anzuwenden. Der *harpago* ist ein schwerer Pfahl mit einem Enterhaken an der Spitze und einem langen Tau am Ende. Das Tau wird an Bord gelegt, während der *harpago* aus einem Katapult abgeschossen wird. Hat er sich in ein feindliches Schiff gehakt, holt man das Tau mit einer Winde ein. Die Legionäre stürzen sich an Bord des so herangezogenen Schiffes. Kurzum: Als die Kapitäne des Pompejus sahen, daß ihre Schiffe »aufgespult« wurden, ergriffen sie ebenso die Flucht wie die Karthager vor dem *corvus* bei Mylae. Pompejus selbst entkam nach Asien.
Einen zweiten Höhepunkt der Seekriege im Mittelmeer stellt die Seeschlacht bei Actium 31 v. Chr. dar. Sie hatte ihre

Ursache in der viel zitierten und besungenen Liebesaffäre des Antonius, der seine Gattin Octavia, Schwester des Octavian, zugunsten oder zuliebe der ägyptischen Königin Cleopatra verließ, um im Osten ein orientalisches Reich aufzubauen. Dabei ernennt er Caesarion, den Sohn Cleopatras und Caesars, zum Mitregenten und schenkt der schönen Cleopatra römisches Reichsgebiet. Die hochexplosiven Spannungen mit Octavian führen zum Krieg. Und am 2. September 31 v. Chr. wird die 200 Schiffe starke Flotte des Antonius, von Cleopatra mit 60 Segelschiffen zum Kampf gedrängt, durch Agrippas 260 Schiffe starke Flotte bei Actium besiegt. Kreuzerkrieg und Blockadekrieg werden geschickt geführt, mitentscheidend aber war der Einsatz von Brandgeschossen in Form von »weitreichenden« Holzkohletöpfen. Als Octavian in Ägypten landet, nehmen sich Antonius und Cleopatra das Leben.
Rom bleibt weiterhin Mittelpunkt des Römischen Reiches und für die nächsten fünf Jahrhunderte die beherrschende Macht im Mittelmeer. Octavian baut eine stehende Flotte auf. Mit 800 Schiffen bleibt sie die größte und stärkste in Roms Geschichte.

Ein anderes Ereignis von besonderer Bedeutung wird aus dem Jahr 255 v. Chr. während des Ersten Punischen Krieges überliefert. Die römische Flotte gerät, nachdem sie über die Punier mit ihren 364 Kampfeinheiten gesiegt hat, auf der Höhe von Camarina südöstlich von Sizilien in einen schweren Sturm. Nur 80 Schiffe überstehen ihn, der Rest und über 100 000 Mann bleiben auf See. Dieser Schiffbruch ist bis heute die größte Katastrophe in der Geschichte der Seefahrt.
Eine andere spektakuläre Aktion ist Roms Krieg gegen die Seeräuber im gesamten Mittelmeerbecken, vor allem gegen Korakesion (Alaja, Türkei), ihren Hauptstützpunkt mit 120 Felsenburgen. Anno 67 v. Chr. geht Pompejus mit 470 Kriegsschiffen und 120 000 Mann zu Fuß sowie 500 Mann zu Pferde gegen Korakesion vor. Die Aktion endet mit der Erbeutung oder Auslieferung von 370 Schiffen der Piraten, die 10 000 Tote und 20 000 Gefangene verlieren.
Es interessiert noch die Eroberung Galliens (58–51 v. Chr.). Hier begegnen Caesars Schiffen in den Gewässern der südlichen Bretagne erstmals die hochbordigen, stark gebauten, mit emporgezogenem Steven versehenen reinen Segelschiffe der keltischen Veneter. Diese haben unangefochten den nahen Atlantik und die Gewässer um Gallien und Britannien beherrscht. Allerdings sind die venetischen Schwerwetterschiffe als Nursegler den römischen Ruderschiffen unterlegen, als es 56 v. Chr. in der Bucht von Quiberon zur Schlacht kommt. Windstille bringt den Römern den Sieg. Ein Jahr später erfolgt die erste römische Invasion Britanniens unter unmittelbarem Befehl von Julius Caesar.
Nach Caesars Tod setzen die Römer ihre Vorstöße im Norden fort. Anno 19 v. Chr. steht Agrippa am Rhein, und anno 12 v. Chr. läßt Drusus am Rhein 1000 Schiffe bauen, um die Friesen und Chauken in der Nordsee anzugreifen. Bei Borkum greifen die mit ihren leichten und kleinen, selten über 12 m langen Kriegsfahrzeugen hoffnungslos unterlegenen Friesen die Römer an, werden geschlagen und müssen sich unterwerfen. Im Jahre 5 v. Chr. stößt Tiberius sogar bis Lauenburg vor, andere Römer segeln »bis zum Volk der Kimbern«, wahrscheinlich bis Kap Skagen. Nach der Herbststurmkatastrophe anno 16 n. Chr. verliert

Relief aus der zweiten Hälfte des 1. Jahrhunderts v. Chr. vom Tempel der Fortuna Primigenia in Praeneste, dem heutigen Palestrina östlich Roms. Die Legionäre gehen in voller Rüstung von der turmbewehrten Kaimauer aus an Bord. Einer von ihnen stellt einen Schrein mit einer Büste – vielleicht ist es Fortuna als Patronatsgöttin – an den vorgesehenen Platz. Diese Götterbildnisse, die man als Vorläufer der später aufkommenden Galionsfiguren auffassen kann, befanden sich nur auf Kriegsfahrt des Schiffes an Bord und wurden die übrige Zeit im Tempel der Gottheit aufbewahrt.

Germanicus auf dem Weg von der Ems zum Rhein fast die gesamte Flotte, 1000 Schiffe mit acht Legionen samt Reiterei und Hilfstruppen an Bord. Germanicus selbst kann sich auf eine Triere retten und bei den Chauken landen. Roms Flotte verzichtet auf weitere Vorstöße nach Norden, erobert zwar Britannien, kann sich jedoch den Friesen gegenüber nicht behaupten. Sonst aber sind römische Seestreitkräfte in allen bekannten Seegebieten erfolgreich, bis nach Schottland und im ganzen Mittelmeer. Ab 155 n. Chr. operieren römische Schiffe sogar im Indischen Ozean.

Nordeuropa maritim

Blenden wir noch einmal zurück: Nördlich der Alpen gab es Waldbestände mit für den Bau eines Einbaums brauchbaren Stammdurchmessern erst ab 7200–7000 v. Chr. Bis zu diesem Zeitpunkt mußten die Jäger, Fischer und Sammler ihre Fahrzeuge aus anderem, leichtem Material herstellen. Das galt zunächst für die Rentierjäger der »Hamburger Kultur«. Später, als Skandinavien eisfrei wurde, kam die Maglemose-Kultur (7500–6000 v. Chr.) hinzu. Ihr verdanken wir für den Norden die ersten maritimen Funde. Gefischt wurde mit Haken und Harpune. Beim schleswig-holsteinischen Duvensee fand man ein dieser Kulturgruppe zuzuordnendes Paddel, das Archäologen auf 6850 v. Chr. datiert haben. Das in England bei Star Carr gefundene Paddel wird sogar auf das Jahr 7360 v. Chr. geschätzt. Nur ein paar Jahrhunderte jünger ist der 3 m lange und nur einen knappen halben Meter breite Einbaum von Pesse bei Groningen in Holland. Man hat inzwischen Hunderte von Einbäumen gefunden. Sie unterscheiden sich in Form und Aussehen, im Grundtyp aber nicht. Auch verband man der besseren Stabilität wegen oft zwei Einbäume miteinander. Und mit den ersten, bereits kentersicheren, weil mit flachem Boden gebauten Einbäumen (ab 3000 v. Chr.) beginnt die Entwicklung der flachbodigen Boote. Um das Boot zu vergrößern, wird spätestens 2600 v. Chr. der Setzbord genannte Plankengang auf die Einbaumform aufgesetzt und befestigt. Wahrscheinlich um 4000 v. Chr. wurde auch in der Ostsee und den schmalen westlichen Meeresteilen Schiffahrt in kleinstem Umfang betrieben, die sich von 3000 bis 1000 v. Chr. rasch weiterentwickelte. Schließlich spielt der von der Nord- und Ostsee stammende jütländische und samländische Bernstein für den frühzeitigen Handelsverkehr eine außerordentliche, auch kulturhistorische Rolle. Seine chemische Zusammensetzung weist ihn als nordischen Bernstein aus. Salz, Gold, Kupfer, Bronze, Eisen sind für den Tauschhandel über Land und auch in regionalen »Sprüngen« über See die wichtigsten Handelsgüter. Allerdings ist sicher, daß in der vorchristlichen Zeit kein einziger Mittelmeerbewohner über See bis in die Ostsee oder gar zum Samland vorgedrungen ist, auch Pytheas von Massilia nicht. Erst anno 5 v. Chr. gelangten die Römer bei einem Flottenvorstoß vom Rhein bis Kap Skagen und zum Südteil Skandinaviens, wahrscheinlich Telemarken, und lernten »durch Hörensagen ein ungeheueres Meer kennen«: die Ostsee oder aber auch nur das Kattegat.
Die Germanen der Nord- und Ostsee besaßen um diese Zeit – nach dem heutigen Stand der Forschung – nur leichte und kleine Fahrzeuge: für die Fischerei, den Seetransport und auch für kriegerische Auseinandersetzungen. Die segellosen Boote wurden mit Paddeln fortbewegt. Es waren aus wenigen Planken zusammengelaschte, offene Fahrzeuge ohne Kiel, wie das auf Alsen in Nordschleswig gefundene Hjortspringboot aus der Zeit zwischen 350 und 300 v. Chr. Dieses 16 m lange und 2 m breite Boot ist ein Rundbodenboot aus fünf überlappenden, geklinkerten Planken, die mittschiffs 51 cm breit waren. Auf zehn Duchten hatten 20 Paddler Platz in diesem Fahrzeug, das wahrscheinlich kriegerischen Zwecken gedient hat. Meist waren diese Boote weniger als 12 m lang. Das später bei North Ferriby gefundene Boot war allerdings 14 m lang, das aus 100 v. Chr. stammende schwedische Björkeboot indessen nur 7 m. Von Tacitus erfahren wir später, daß die svionischen oder skandinavischen Fahrzeuge – im Gegensatz zu den römischen – vorn und hinten gleich geformt und vor allem lang, schmal und leicht sind.

Auf dem Weg nach Indien

Auch in einigen anderen Seegebieten sind die ersten Anfänge der Schiffahrt von regionalen Besonderheiten beeinflußt. Vieles ist hier noch hypothetisch und ungeklärt und wäre es wert, endlich in einer großangelegten Forschungsarbeit auf internationaler Ebene erschlossen zu werden. Allein der Indische Ozean ist ein solches Forschungsrevier, von dem Professor Hennig sagt: »So gewagt die Vermutung erscheint, daß Inder schon in grauer Vorzeit weite Seefahrten im Indischen Ozean unternahmen, so kommt ihr die innere Wahrscheinlichkeit entgegen, daß indische Schiffe oft auch gegen ihren Willen durch den NW-Monsun bis an Afrikas Küsten verschlagen worden sind.« Möglicherweise sind die Inder noch vor den Sabäern, deren Reich im heutigen Jemen um 1200 v. Chr. gegründet wurde, oder sogar noch vor den Vor-Sabäern im westlichen Indik aktiv gewesen. Den Indern wird auch die Besiedlung der dem Golf von Aden vorgelagerten Insel Sokotra unterstellt. Auf dem Indus finden sich um 2500 v. Chr. ebenfalls besegelte Schilfbündelflöße. Indische Schiffe belegt auch eine Urnenscheibe der Induskultur aus Mohenjo Daro im 3. Jahrtausend v. Chr. Die Sabäer indessen müssen in einer nicht näher zu bestimmenden vorgeschichtlichen Zeit zwischen Indien, Ophir, Sansibar (Rhapta) und dem Mittelmeergebiet einen eifrigen Zwischenhandel betrieben haben. Zumindest waren dem König Salomon (etwa 960–925 v. Chr.) Seereisen nach Indien bekannt. Danach, im 7. Jahrhundert v. Chr., haben Psammetich I. in Ägypten und Nebukadnezar in Babylon den Zwischenhandel zwischen Mittelmeerraum und Indischem Ozean belebt. Und in den Tagen der höchsten Blüte des Reiches der Perser hat offenkundig auch dieses Volk Schiffahrt vom Persischen Golf nach Indien und bis zum Roten Meer betrieben. Wozu sonst hätte Dareios I. (521–485 v. Chr.) den Schiffahrtskanal zwischen dem oberen Nil und dem Roten Meer vollenden lassen. Hier sei auch die von Dareios befohlene Erkundungsfahrt des Skylax an die Küsten vom Indus bis zum Roten Meer erwähnt. Der Indus spielt auch bei Alexander dem Großen (336–323 v. Chr.) eine Rolle. Auf ihm erreichte er auf einer im Lande erbauten Flotte 325 den Indischen Ozean, wobei er und seine Seeleute erstmals mit salzigem Wasser und mit der im Mittelmeer unbekannten Ebbe und Flut konfrontiert wurden. Sein Jugendfreund, der griechische Admiral Nearchos, erhielt den Auftrag, die Flotte zum Euphrat zu segeln. Dazu brauchte er 130 Tage. Seinen erschauernden Zeitgenossen berichtete er danach über ungeheuerliche, entsetzliche Meeresungeheuer, die »man mit Trompetenstößen vertreiben konnte, ehe sie die Schiffe zerstörten«. Womit nichts weiter als an sich harmlose, verspielte Wale gemeint waren, die vorher noch keiner von ihnen gesehen hatte.

Nach der Gründung der Stadt Alexandria auf ägyptischem Boden im Jahre 332 v. Chr. sind es vor allem griechische Kaufleute, die sich als Indienfahrer betätigen. Jahrhundertelang aber führen diese Reisen nicht über die Malabarküste und über Ceylon hinaus nach Osten. Erst im 1. Jahrhundert n. Chr. berichtet ein »Periplus«-Fahrer von seiner Reise über Ceylon hinaus über den Bengalischen Golf bis nach Hinterindien.

Katamarane und Auslegerboote aus dem indonesischen Raum. Das Wort Katamaran kommt aus dem Indischen und bedeutet soviel wie zusammengebundene Bäume. Obwohl die Forschung in den Gebieten, in denen Katamarane verbreitet sind, noch recht lückenhaft ist, dürfte sicher sein, daß die ersten Doppelrumpfboote um 550 im Königreich Shrividschaja (Indonesien) erbaut wurden. Die Grundkonstruktion des Katamaran ist genial einfach und verbindet hohe Stabilität mit großer Geschwindigkeit. Heute ist der Katamaran nicht nur als Sportboot beliebt, sondern wird auch mit Hilfe moderner Technik in der Binnen- und Fährschiffahrt mit Einheiten von fast 3000 BRT und 28 kn Fahrt genutzt.

Das von Konstantinopel aus regierte Ostrom konnte bis Mitte des 7. Jahrhunderts n. Chr. fast uneingeschränkt das Mittelmeer beherrschen. Aber die Araber drängen fast unaufhaltsam nach Norden und Westen vor. Und im 9. Jahrhundert stoßen auch die germanischen Rus oder Waräger über die großen Flüsse zum Schwarzen Meer und bis Konstantinopel vor, zunächst friedlich, ab etwa 860 aber auch mit Kriegsflotten, wie auf dieser byzantinischen Abbildung dargestellt. Bei ihrem dritten Angriff im Sommer 941 werden sie mit Griechischem Feuer abgewehrt.

Das frühe Mittelalter

Das Ende der römischen Seemacht

Für die Schiffahrt bringt die neue Zeitrechnung, abgesehen von einigen wissenschaftlichen Arbeiten des Astronomen und Mathematikers Ptolemäus, zunächst keinerlei Sensationen. Die vorhandenen Grundtypen im mittel- und südeuropäischen Raum ändern sich nur wenig. Nach wie vor dominieren bei den Kriegsschiffen die Riemenschiffe, die zur Unterstützung des Vortriebs zum großen Teil auch Segel führen, aber eben keine Segelschiffe sind. Die meisten Handelsfahrer sind zwar bereits segelnde Schiffe mit vornehmlich nur einem Hauptmast und hier und dort wegen der Piratengefahren auch zusätzlich mit ein paar Riemen ausgerüstet. Sie haben jedoch weder größenmäßig noch von den Antriebstechniken her bemerkenswerte Neuerungen. Bei den Arabern wird etwa im 8. Jahrhundert das bisher rechteckige Hauptrahsegel durch ein Lateinsegel oder, wie im indischen Raum, durch Luggersegel ersetzt. Nach und nach führen sich auf dem Heck und dem Bug beziehungsweise dem Vorschiff – vornehmlich für den Kampf gegen die Seeräuberei – auf vielen Schiffen Kampfplattformen ein, die man Kastelle nennt.
Während der Schiffbau und die Schiffstypen im Mittelmeer wie auch in den Revieren zwischen der Bretagne, Irland und Schottland stagnieren, gehen von den Küstenländern des südostasiatischen Raumes, also auch Indiens, belebende Impulse aus. So beschreibt zum Beispiel Plinius d. Ä. (23–79 n. Chr.) und später das erste Segelhandbuch für den Indischen Ozean, der »Periplus Eritraei«, unter anderem: Schiffe mit längsaxial ausgetuchten Schratsegeln an mehreren Masten; hochrechteckige, in asymmetrischer Balance getrimmte Segel, Luggersegel. In diesen Seeräumen werden im 2. und 3. Jahrhundert n. Chr. Zweimaster und im 5. Jahrhundert auch Dreimaster bekannt, große Schiffe, die bis zu 3000 Amphoren (Krüge) laden können. Solche Luggerriggs sind auch im Gebiet zwischen Ceylon und Neuguinea zu finden. Inwieweit diese Besegelung schon vor der Erschließung dieses Raumes durch die Europäer gegeben war, ist ungeklärt. Ziemlich sicher ist, daß um 550 n. Chr. im heutigen indonesischen Raum (dem damaligen Königreich Shrividschaja) noch ein anderes schiffbautechnisches Novum auftaucht: das Doppelrumpfboot, der Katamaran, der später in seiner höchsten Vollendung als der Großsegler Ozeaniens bezeichnet werden darf. Bei 40 m Länge und 200 bis 300 Mann Besatzung ist das eine erstaunliche Leistung.
Über die Anfänge der Seefahrt im ostasiatischen, das heißt im chinesischen Raum wird einiges in Verbindung mit Marco Polo gesagt. Wohl wurde auch dort bereits recht früh Schiffahrt betrieben, aber Seereisen beispielsweise vom Roten Meer nach China sind erst ziemlich spät durchgeführt worden. Im südostasiatischen Raum ist eine echte maritime Kultur eng mit der Bronzekultur von Dongson im 1. Jahrtausend v. Chr. verbunden. Sie hat uns viele Schiffsabbildungen aus den Küstengebieten bis Malaya und den Philippinen überliefert. Hier wurden um diese Zeit Plankenboote in Schalenbauweise gefertigt. Die kraweelverzimmerten Bordplanken hat

Links: Um 670 n. Chr. erfindet ein nach Konstantinopel geflohener syrischer Ingenieur namens Kallinikos eine neue Waffe: Das im Nahen Osten an verschiedenen Stellen an die Erdoberfläche sickernde Erdöl vermischt er mit Pech, Schwefel oder ungelöschtem Kalk. Später kommt Salpeter hinzu. Die Masse wurde in Tontöpfe gefüllt und mit Katapulten auf das gegnerische Schiff geschleudert. Die sich selbst entzündende Mischung breitete sich nach allen Seiten aus. Auch in Form regelrechter Flammenwerfer setzte man das Griechische Feuer ein.

Rechte Seite: Gegen Ende des 10. Jahrhunderts gelangten die Araber nach Osten bis an die Küsten Chinas und Insulindiens, und ihre Handelsniederlassungen in Afrika erstreckten sich an den Küsten des schwarzen Kontinents bis Madagaskar. Die Araber waren ebenso gute Seeleute wie Krieger. Diese Miniatur aus dem zweiten Teil der »Cosmographie von Kazevini« zeigt arabische Handelsschiffe vor Madagaskar.

man, je nach regionaler Eigenart, durch Dübel oder Heftnägel verbunden.

Auf den pazifischen, nord- und südamerikanischen Raum einzugehen, würde zu weit führen. Zudem sind zur Schiffbaugeschichte dieser Räume noch viele Seiten unbeschrieben.

Doch zurück ins Mittelmeer. Hier hat sich Rom als die noch immer größte Seemacht des Abendlandes mehr und mehr dem Ansturm barbarischer Völker an seinen Grenzen zu erwehren. Auch innenpolitisch kündigen sich in dem in ein östliches und westliches Kaiserreich unterteilten Römischen Imperium Verfallssymptome an. Ein Kaiser oder Gegenkaiser löst den anderen ab, einige werden entmachtet, andere ermordet. Von Bedeutung ist der 324 entbrennende Endkampf um die Alleinherrschaft zwischen Kaiser Licinius, dem Herrn über den Orient, und Kaiser Konstantin. Nach der Seeschlacht am Hellespont, wo Konstantins Flotte unter Crispus den Weg nach Byzanz blockiert und ein Sturm die Hälfte der Schiffe des Licinius vernichtet, fällt bei Adrianopel und Chrysopolis die Entscheidung. Konstantin siegt über Licinius und wird somit Alleinherrscher des riesigen Reiches. Byzanz gleicht er als Konstantinopel seinem Namen an und erhebt es zur zweiten Hauptstadt des Römischen Reiches, das im Laufe der nächsten Jahrzehnte im Sturm der Völkerwanderungen zerfällt. Die Goten drängen nach Süden und Westen, die Vandalen nach Gallien, Spanien und Nordafrika, wo sie unter Geiserich 429 ein unabhängiges Germanenreich gründen und nach der Eroberung von Karthago und der römischen Getreideflotte die Seeherrschaft im westlichen Mittelmeer beanspruchen. Sie erobern Sizilien und Rom. Seegefechte mit den Vandalen bringen nur Teilentscheidungen, aber 533 (das weströmische Kaiserreich ist seit 476 erloschen) bedrängt der oströmische Feldherr Belisar die Vandalen mit 15 000 Mann auf 800 Schiffen bei Sousse in Tunesien. Monate später hat er das Vandalenreich erobert und für Ostrom, sprich Konstantinopel, die alleinige Seeherrschaft im Mittelmeer wieder erzwungen.

Derselbe Belisar bekämpft ab 535 auch die Ostgoten, die versuchen, die Seeherrschaft mit einer neuerbauten Flotte zu gewinnen. Sie unterliegen aber 551 in der Seeschlacht von Sena Gallica. Danach erobert Ostrom Südspanien.

Seit 395 endgültig vom römischen Westreich getrennt, hat sich das Reich der Rhomäer, das heißt der Byzantiner, gefestigt und wird mehr als tausend Jahre Bestand haben. Daran ändern auch die von Osten andrängenden Perser oder die Slawen aus dem Norden nichts, wenn im Westen auch Spanien (711) wieder verlorengeht. Bis dahin besorgen die in Konstantinopel durch ihre Handelsniederlassungen vertretenen Syrer völlig ungestört den Welthandel über ihre Kontore in Ravenna, Rom, Marseille, Bordeaux und anderen Städten. Sie liefern ägyptischen Papyrus, syrische Trockenfrüchte, Weine und vor allem Gewürze, Seide und Perlen aus dem Orient, ferner Kaviar von der Krim, Pelze, Wachs und Sklaven, und sie bringen Wein, Salzfische und anderes mit zurück.

Erst nach und nach gewinnen im Mittelmeerhandel einige Stadtstaaten an maritimem Einfluß, zunächst das aus einer etruskischen Siedlung hervorgegangene Pisa. Hier beginnt man, veranlaßt durch Sarazeneneinfälle, im 9. Jahrhundert mit dem Aufbau einer Flotte, die Expeditionen ins östliche Mittelmeer, zur afrikanischen Küste, zu den Balearen und die Errichtung von Handelsniederlassungen ermöglicht. Erst später, im 10. Jahrhundert, macht das bereits 205 v. Chr. gegründete Genua als Stadtstaat und Seehandelsmetropole von sich reden. Venedig beginnt, nach der Seeniederlage von Tarent durch die Sarazenen 841, mit einer Flottenrüstung, zunächst nur mit dem Ziel, die Adria zu beherrschen, obwohl es sich bereits seit 726 dem byzantinischen Einfluß entzogen hatte. Erst im 12. Jahrhundert wird es sich – neben Genua – im östlichen Mittelmeer eine wirtschaftliche Monopolstellung auch im byzantinischen Reich erobern.

Um die Mitte des 7. Jahrhunderts hat inzwischen der Islam zum »Heiligen Krieg« mobil gemacht. Mit dem Schwert den islamischen Glauben zu verbreiten, ist eine der unerbittlichen Maximen des Propheten Mohammed (570–632). Damaskus (635), Jerusalem (638), das Sassanidenreich (636/642), Ägypten (bis 646) werden erobert. Alexandria wird von Byzanz geräumt, doch weiter nördlich stoppt das oströmische Reich den islamischen Ansturm auf dem Festland. Nun aber bedrohen sarazenische und arabische Flotten die byzantinische Seeherrschaft und damit den Lebensnerv seiner Weltgeltung. Das Schlachtschiff dieser Zeit ist die Dromone, eine gedeckte Galeere mit zwei Ruderreihen und 200 bis 300 Mann Besatzung. Zypern und Rhodos werden 649 erobert. Doch in der Ägäis setzen christliche Galeerensklaven 652 eine arabische Flotte in Brand. Aber: In der »Seeschlacht der Masten« vor Kleinasiens Küsten überwinden 655 n. Chr. nur 200 ara-

جز اشارت چو هیچ نشنیدند
زان محل هردو باز گردیدند
چونکه آخر بساحل افتادند
آنگه آن زن بشوهری دادند

Die Wikinger oder Normannen, jene nordgermanischen Seefahrer, suchten im 8. Jahrhundert der Enge ihrer Heimat zu entfliehen. Sie waren ein wilder und verwegener Stamm, und ihre Seezüge waren begleitet von Raub, Mord und Plünderungen. Sie benützten stabile Boote, von denen man eines gut erhalten 1880 auf dem Gokstad-Hof beim norwegischen Sandefjord fand. Mehrfach hat man in den letzten Jahren dieses Gokstad-Schiff nachgebaut, um die legendären Seefahrten der Wikinger nachzuvollziehen und bildhaft zu machen.

bische Schiffe nach anfänglicher Bedrängnis die 500 Schiffe starke Schlachtflotte Konstans' II. In letzter Minute verbinden die Araber ihre Schiffe mit Ketten zu einer »schwimmenden Festung«, um dann mit ihren Sturmtruppen Schiff für Schiff des byzantinischen Kaisers zu nehmen. Mit dem ersten großen arabischen Seesieg ist der Weg nach Konstantinopel frei. Nach einem kurzen Frieden entbrennen die Kämpfe neu, und 674 bis 678 versuchen die Araber von Land und See her einen großangelegten Angriff auf Konstantinopel. Eine neue Waffe der griechischen Flotte dezimiert die arabischen Schiffe: Ein Syrer im Dienst Ostroms, Kallinikos mit Namen, hat einen Flammenwerfer erfunden, den man später Griechisches Feuer nennt. In Gefäßen wird ein Gemisch von Salpeter, Pech, Schwefel und Erdöl auf die arabischen Schiffe geschleudert. Die Araber brechen das Seeunternehmen ab, und was an Schiffen entkommt, wird vom Sturm vernichtet. Das christliche Konstantinopel ist gerettet.

Zur gleichen Zeit aber fallen in Afrika die letzten oströmischen Provinzen in die Hände der Araber, darunter Karthago und Tunis. Tarik, der arabische Feldherr, setzt nach Spanien über und besiegt Roderichs Westgotenheer. Fast über ganz Spanien weht die grüne Flagge des Islam.

Zwischen 717 und 718 wird Konstantinopel erneut, auch von See her, bedroht. Nach erbitterten Seekämpfen entscheidet auch hier wieder das Griechische Feuer, das übrigens 727 auch die Revolte der griechischen Provinzflotte gegen Byzanz niederschlagen hilft. 747: In der Seeschlacht von Ceramea (Zypern) werden die Araber vernichtend geschlagen. Sie müssen ihren Mangel an Seemannschaft ohnehin durch Schiffsverluste bei schwerem Wetter teuer genug bezahlen. Byzanz gewinnt die Seeherrschaft im Mittelmeer zurück, zumindest für die nächsten fünfzig Jahre. Es ereignet sich viel in der nächsten Zeit: Die Sarazenen erobern Palermo auf Sizilien (831), die Normannen landen in Spanien und plündern die Provence und Ligurien (860), die Sarazenenflotte erscheint vor Rom (846), Sarazenen plündern Illyrien und Griechenland (867). Der byzantinische Admiral Niketas Oryphas räumt mit den arabischen Seeräubern nicht nur vor Thrakien auf, sondern setzt über den Isthmus und verjagt die Sarazenenpiraten im Golf von Korinth. 880 wird die sarazenische Flotte vom griechischen Admiral Nasaris zerstört, der im gleichen Jahr auch die arabische Flotte vor Palermo in der Seeschlacht von Milazzo auf den Meeresgrund schickt. Acht Jahre später, 888, rächen sich die Sarazenen und besiegen Ostroms Flotte am gleichen Platz. 5000 Griechen ertrinken. Einen Trick lassen sich die Sarazenen 904 beim Angriff auf Thessaloniki einfallen: Sie schieben von den Schiffen an den Rahen angebrachte Kampfgondeln über die Stadtmauer der Seefront, bezwingen und plündern die Stadt. 941 wird die russische Flotte Igors von Kiew vor dem Bosporus von griechischen Schiffen besiegt. Von 956 bis 964 kommt es zum Dreimächte-Seekrieg: Byzanz und die spanischen Omaijaden auf der einen, die Sarazenen auf Sizilien und in Ifriqiya auf der anderen Seite. Dabei erobern die Sarazenen das restliche Sizilien, Byzanz aber holt sich Kreta und damit die Vormachtstellung im östlichen Mittelmeer zurück. 964 vernichtet eine arabische Flotte die von Sizilien kommende byzantinische Evakuierungsflotte von Admiral Niketas völlig. Erstmals werden von Arabern Kampfschwimmer eingesetzt, welche nachts an die griechischen Dromonen heranschwimmen und diese anzünden. Aber die Kampfkraft der Sarazenen erlahmt. Weitere Seezüge gegen Griechenland scheitern. Anfang des 11. Jahrhunderts werden dann die Christen gegen die Araber offensiv.

Germanische Seezüge

Mit Beginn der Völkerwanderung dringen ab 377 West- und Ostgermanen in die Gebiete des zerfallenden Römischen Reiches ein. Besiedelt werden ab 400 n. Chr. die Britischen Inseln zunächst von Angeln, Sachsen und Jüten, während die Briten nach Schottland, Cornwall, Wales und in die Bretagne ausweichen. In Rußland brechen die Waräger ein. Andere Wikinger wagen sich mit ihren gegenüber den großen Schiffen des Südens relativ kleinen, flachen Kielbooten immer weiter über See zu sommerlichen Beutezügen. Die seefränkische und die ebenfalls sehr alte friesische Schiffahrt dehnen sich nach dem Schwinden der Römerherrschaft und nach der endgültigen Festigung des Frankenreiches im 6. und 7. Jahrhundert auf den gesamten Bereich zwischen Biskaya und Ostsee aus. Die Frachter der Basken, der Bretonen, Franken und Friesen stützen sich dabei auf Häfen wie San Sebastián, Bayonne, La Rochelle, London, Birka am schwedischen Mälarsee und Haithabu. Dieses Haithabu, das im 8. Jahrhundert an der Schlei gegenüber dem heutigen Schleswig gegründet worden war, liegt am Handelsweg vom

Niederrhein über die Nordsee zur Ostsee. Es wird um 900 von schwedischen Wikingern besetzt und 934 von König Heinrich I. erobert. Es war ein bedeutender Umschlagplatz vor allem für die friesischen Kaufleute. An der südlichen Ostseeküste werden Wollin am Oderhaff und das im Nogatdelta gelegene pruzzische Truso in dieses Netz der frühen mittelalterlichen Schiffahrtslinien einbezogen. Mit welchen Schiffen, ist noch nicht genau ergründet. Vor allem ist für den friesischen Raum die Kaag zu nennen, die durch ihre »kantigen« Profile überrascht. In Friesland wird sie interessanterweise auch als Kogge bezeichnet (Ortsnamen mit »Kogg«, »Kugg«) und könnte ein früher Vorläufer der hansischen Kogge sein. Im Norden belegt als ältester Fund das aus dem 5. bis 6. Jahrhundert stammende westnorwegische Kralboot den Ersatz der bisherigen flachen Kielplanke durch einen T-Träger-Kiel mit dem Ziel, die Längsfestigkeit zu erhöhen. Zu dieser Zeit gab es bei den nordeuropäischen Schiffen noch keine Segel. Sie waren auch keine Kampfschiffe, sondern »Truppentransporter« für Kämpfe an Land.
Rahsegel sind erst für das 7. Jahrhundert auf Gotländer Bildsteinen nachweisbar.
In der ersten Phase der Züge der Wikinger erschrecken und erschüttern Raubzüge mit schweren Brandschatzungen die ganze christliche Welt. Dorset, Lindisfarne und Jarrow waren nur der Anfang der Massaker an der Nordostküste Englands, wo diese Horden zunächst in kleinen Gruppen im Sommer auftauchen, um dann im Winter wieder zu verschwinden. Später kommen sie in großen Verbänden, die auch den Winter über im überfallenen Land verbleiben. Noch vor 800 n. Chr. haben sie sich auf den Orkney-Inseln, den Shetlands, den Färöers niedergelassen. Sie kommen nicht allein aus Raub- und Mordlust, sie suchen auch aus der Enge ihrer Heimat zu entfliehen, um Land zu besiedeln und zu kolonisieren. Während die norwegischen Wikinger vor allem Nordschottland, die Inseln Man und Irland zum Ziel haben, lassen die dänischen Wikinger ihre Raublust und Angriffswut an Frankreich und England aus. Die schwedischen Wikinger dringen über die Ostsee nach Osteuropa, wo sie die Stadt Nowgorod gründen und von hier aus über die Wolga bis zum Kaspischen Meer und nach Bagdad reisen. Kiew wird mit seinen Großfürsten dabei zur politischen Drehscheibe der Waräger, die bis ins byzantinische Reich vordringen. Normannen gelangen 859 bis 862 bis nach Spanien und Portugal, andere durch die Straße von Gibraltar bis an die Küsten der Provence und der Toskana, bis nach Lucca und Pisa. In England gelingt es dem angelsächsischen König Alfred dem Großen, die Normannen wenigstens auf den Nordosten des Landes zu beschränken. Er baut die erste englische Flotte mit Schiffen, die den Drachenbooten der Dänen überlegen sind. Schließlich kommen die nordischen Abenteurer nach einigen Niederlagen Anfang des 10. Jahrhunderts erst einmal zur Ruhe. Allerdings lassen die Nachfolger Alfreds später, um 1000 n. Chr., die Flotte verkommen, und die Dänen dringen erneut in England vor.
Noch bevor um 990 eine neue Welle von Wikingerzügen einsetzt und ihren Höhepunkt in der St.-Brictius-Nacht findet, in der alle Dänen in Südengland ermordet werden, gab es einige seefahrtlich aufsehenerregende Entdeckungen:
982 landet Erik der Rote auf Grönland, das er ab 985 besiedeln läßt. Diese Normannensiedlung bleibt bis zum 16. Jahrhundert bestehen und ist dann wohl infolge einer Klimaverschlechterung oder wegen der vordringenden Eskimos erloschen. Um 1000 entdeckt Leif Erikson Amerika, eine Besiedlung des Vinlandes scheitert indes-

sen. Im Jahre 1962 werden Wikingersiedlungen auf Neufundland entdeckt und ausgegraben.
Möglich sind solche Seefahrten nur mit jenen stabilen Booten, wie man sie unter anderem 1880 auf dem Gokstad-Hof beim norwegischen Sandefjord oder 1904 auf dem bei Tönsberg gelegenen Oseberg-Hof fand.
Es gab aber auch noch größere Boote, oder besser Schiffe. Die »Christusgaleere« des Königs Magnus VI. Lagaboetir (1263–1280) besaß 37 Ruderplätze für 74 Riemen. Diese Langschiffe, die man sich alle als extrapolierte Typen des Gokstad-Schiffes vorstellen muß, wurden in ihrer Größe nach der Anzahl der »Räume« zwischen den Decksbalken gemessen. Jeder »Raum« entsprach dem Platz für je ein Paar Riemen und je eine Ducht. Skeide, der größte norwegische Typ, beispielsweise war wahrscheinlich 30räumig, das heißt er hatte 60 Riemen. An oberster Stelle der Schiffsrangliste der Wikinger steht das Drachenschiff (Dragger oder Drakker geheißen) mit 60 und mehr Riemen. Das im 10. Jahrhundert erbaute Schiff ORMEN LANGE (die lange Schlange) war 34räumig bei 68 Riemen. In den Sagas wird sogar ein 60räumiger Dragger erwähnt, das legendäre Kriegs-

Linke Seite: Modell des Gokstad-Schiffes. Das Original war etwa 20 t groß, 23,30 m lang und 5,20 m breit. Es war aus Eichenholz gebaut mit 16 Planken an jeder Seite. Es hatte einen T-förmigen Balkenkiel und einen etwas vor der Mitte aufgestellten, umlegbaren Mast für ein Rahsegel, das angebraßt werden konnte, um auch »am Wind« segeln zu können. Das Schiff hatte 16 Riemen auf jeder Seite, also 32 insgesamt. Typisch war die an der Unterkante der Reling innen angebrachte Holzleiste mit ihren Aussparungen, in welche die Schilde der Krieger eingehängt werden konnten.

Oben: 1904 fand man auf dem bei Tönsberg gelegenen Oseberg-Hof ein weiteres Wikingerschiff von 21,40 m Länge und 5,20 m Breite. Es war ebenfalls aus Eiche auf einem starken, T-förmigen Kiel und aus nur 12 Planken auf jeder Seite gefügt. Es hatte 15 Ruderpaare und einen 13 m hohen Mast, der auf einem auf dem Kiel ruhenden Klotz stand. Der formschöne, sanft gerundete und in eine Spiralform auslaufende hölzerne Bug ist wie das gleichgeformte Heck reich mit Schnitzwerk verziert.

Rechts: Gotländer Bildstein aus dem 8. Jahrhundert, auf dem erstmals für den nordischen Bereich Rahsegel nachweisbar sind

schiff des Königs Knut, das demnach 120 Ruderer gehabt haben müßte. Legt man den Riemenabstand des Gokstad-Schiffes zugrunde, kommt man bei König Knuts Schiff auf eine Länge von rund 80 m.
Die Kampfschiffe der Wikinger waren die größten Einheiten bei einer Mindestlänge von 28 m und hatten zwischen 26 und 40 Riemen. Man darf sie mit ihrem hohen und scharfen Achterschiff und dem breiteren, flachen Mittelteil als die schönsten, elegantesten und schnellsten Boote ihrer Zeit bezeichnen. Allerdings war das Leben auf diesen Schiffen unsagbar hart. Die Männer der Besatzungen müssen außerordentlich widerstandsfähig gewesen sein, um den Unbilden der rauhen Witterung der Nordmeere zu trotzen. Wir können ihren Einsatz nur verstehen, wenn wir die permanente Landnot in Skandinavien und einen charakterlich bedingten ungeheuerlichen Tatendrang für den Wagemut der Besatzungen werten. Der französische Admiral Barjot erfand wohl den treffendsten Vergleich, wenn er sagte: »Für den Wikinger bedeutete sein Schiff soviel wie für den Hunnen oder Tataren das Pferd.«
Nach den Skuldelev-Funden in Dänemark im Jahre 1962 hatten die Wikinger auch ein hochseegängiges Handelsschiff. Dieses verfügte über einen Lastraum in der Schiffsmitte vor und hinter dem Mast. Rundseln für Riemen zum Rudern des über einen Mast besegelten Schiffes finden sich nur im Bereich von Bug und Heck. Hier aber waren sie mit einem eingezogenen Deck versehen. Die Knorr oder Knörr, von der Bildsteine auf Gotland kunden, war dagegen nur ein Küstensegler. Das Schiff hatte senkrechte Steven mit einer »Wamme« vorn und achtern. Zwar ließen sich die flachgehenden Wikingerboote bis in den kleinsten Fluß vor Ort manövrieren (und auch bei Landüberquerungen leicht transportieren), ihre Ladekapazität aber war bei den großen Typen mit nur sieben bis acht Tonnen rund um den Mast außerordentlich begrenzt.

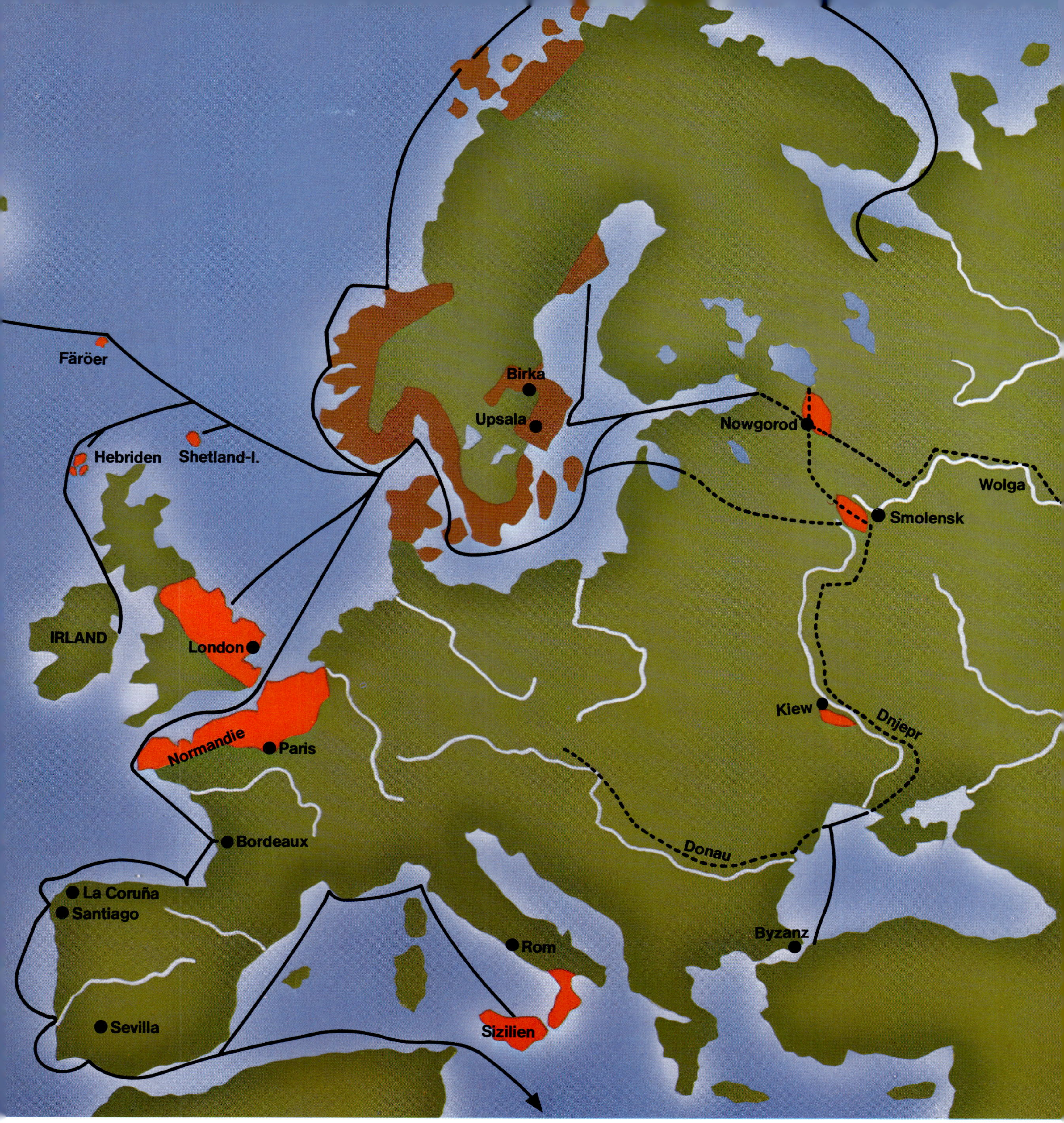

Mit ihren von Mord, Totschlag, Brandschatzungen und Plünderungen begleiteten Raubzügen schockierten die Wikinger die ganze christliche Welt. Ende des 8. Jahrhunderts kamen sie an die Küsten Britanniens, Anfang des 9. Jahrhunderts stießen sie weiter südlich vor und überfielen Aachen, Köln, Metz und Paris. 859 dringen sie in den Mittelmeerraum ein, und 862 gründen die schwedischen Waräger Nowgorod und fahren über die Wolga zum Kaspischen Meer und weiter nach Bagdad. Über den Dnjepr gelangen sie ins Schwarze Meer bis Byzanz. 982 landet der berüchtigte Erik der Rote auf Grönland, und um 1000 entdeckt Leif Erikson Nordamerika. Die dauerhafte Besiedlung der Ostküste Nordamerikas, das Leif Erikson Vinland nennt, scheitert jedoch. Im Jahre 1962 findet man bei Ausgrabungen Reste jener ersten Siedlungen.

Nächste Doppelseite: Ein Volk, das so mit dem Meer verwurzelt ist wie die Wikinger, bezieht naturgemäß das Schiff auch in seinen Totenkult mit ein. Und so waren Begräbnisse im Schiff jahrhundertelang die Bestattungsart der Häuptlinge und hohen Krieger. Lange Zeit war es üblich, daß die lebende Gattin dem Toten folgte und mitsamt dem Schiff verbrannt wurde. Später wurde das Schiff zum Sarkophag, und zahlreiche solcher Schiffsgräber sind im Norden Europas noch zu finden. Auch bootsförmige Steinsetzungen gehörten zum Totenkult der Wikinger, wie hier auf Jütland, in der Nähe von Lindholm Hoje.

Kriegszüge der Wikinger

- ursprüngliches Siedlungs gebiet
- spätere Siedlungen
- Vorstöße zur See
- Vorstöße zu Land oder auf Flüssen

Der berühmte Teppich von Bayeux, eine über 70 m lange Tapisserie, gestickt von den Nonnen eines irischen Klosters. Der Normanne Wilhelm I., genannt der Eroberer, brachte ihn kurz vor seinem Tod nach Frankreich. Er zeigt die Überfahrt und Invasion Wilhelms im Jahre 1066, aber unter anderem auch in vielen schönen Details den Bau der Schiffe.

Das Hochmittelalter

Ein Normanne wird englischer König

In der Geschichte der Normannen ist das Jahr 1016 von historischer Bedeutung: Knut der Große, König von Dänemark, wird König von England und vereinigt beide Länder zu einem Nordsee-Imperium. Fünfzig Jahre später schlägt die Geschichte der Normannen ein neues bedeutsames Blatt der bewegten Chronik auf. 1066 landet mit Zustimmung des Papstes der aus der Normandie über den Kanal kommende Herzog Wilhelm als der ursprünglich vorgesehene englische König ein starkes Normannenheer an Englands Südküste, wobei zu vermerken ist, daß diese geglückte Invasion die letzte in England bleiben wird. In der Schlacht bei Hastings besiegt er Harolds II. Truppen. Wilhelm der Normanne wird als Wilhelm I. mit dem Beinamen »der Eroberer« nun doch englischer König. Noch heute verherrlicht im normannischen Bayeux eine 70 m lange Tapisserie, der »Teppich von Bayeux«, mit in Leinen gestickten lebensnahen Szenen die Überfahrt, die Landung und die Schlacht mit dem überragenden Sieg bei Hastings, vor allem aber die Fakten der Invasion.

Im 11. Jahrhundert breiten sich die Normannen auch in Süditalien und auf Sizilien aus. Und da die Araber durch dynastische Kontroversen die Seeherrschaft im westlichen Mittelmeer vernachlässigen, leisten sie den Normannen kaum Widerstand.
Das ist die Zeit, da die Stadtrepubliken Amalfi, Pisa, Genua und Venedig im ganzen Mittelmeerraum immer mehr erstarken und den Handel mit nichtbodenständigen Gütern beleben. Voraussetzung dafür war der Aus- und Aufbau der Kriegsmarine. 1004 hatte Venedigs Kriegsflotte vor Bari die Flotte der Sarazenen vernichtet, im selben Jahr besiegt Pisas Flotte die der Araber bei Messina, 1016 erobern die vereinigten Flotten von Genua und Pisa die von den Arabern besetzten Inseln Korsika und Sardinien. Aber erst 1081 gelingt den Venezianern bei Durazzo ein Erfolg über die noch immer aktiven Normannen, deren Flotte diese zum byzantinischen Reich gehörende Hafenstadt blockierte. Byzanz belohnt Venedig für seine maritime Hilfe vor Albanien mit diversen Handels- und Justizprivilegien im byzantinischen Reich, wo man sich ohnehin an einer Seeherrschaft im östlichen Mittelmeer nicht mehr sonderlich interessiert zeigt.

Süditalien ist unter Robert Guiscard, dem der Papst auf der Synode zu Melfi (1059) die Lehnshoheit zuerkannte und der den Titel eines Herzogs annahm, normannisch geworden. Ebenso Sizilien, das Roberts Bruder Roger Stück für Stück, so 1072 auch Palermo, den Arabern entriß. Die normannischen Kräfte in Süditalien haben inzwischen das Herzogtum Apulien und die Großgrafschaft Sizilien gebildet, die Roger II. (1101–1154) zu einem normannischen Reich vereinen wird. Dieses zeichnet sich wie die anderen normannischen Staatengründungen durch eine straffe zentrale Verwaltung aus. Hier ist die Keimzelle der modernen Nationalstaaten zu suchen, die im Gegensatz zu der unbeweglichen Konstruktion des fränkischen und staufischen Reiches stand.
Inzwischen haben die Türken bei Mantzikert 1071 einen Sieg über Byzanz erstritten. Papst Urban II. appelliert auf der Synode in Clermont 1095 erneut an die Christenheit des Abendlandes. Er ruft zum Kampf gegen die Mohammedaner auf. Oberstes Ziel ist Jerusalem, das unter dem Kalifen Omar ab 638 El Kuda (= das Heiligtum) heißt und dem damals aufblühenden arabischen Weltreich eingegliedert worden war.

TRAN
SIVIT

Die Kreuzzüge

Urbans Kreuzzugpredigt mit der Maxime *»Deus le volt«* (Gott will es) findet fanatischen Widerhall. »... Gemeine und Edle, Laien und Priester, Fürsten und Bischöfe, Männer und Weiber drängen sich hinzu, um das Kreuz zu nehmen und, wenn nicht Ehre und Schätze, wenigstens den Märtyrertod zu finden ...« Typisch für die Berichte über die einzelnen Kreuzzüge ist, daß der maritime Anteil daran kaum oder nur knapp behandelt wird, obschon er durch die Versorgung über See eine wichtige Komponente in diesen sieben Glaubenskriegen war. Außerdem hat es in dieser Zeit bedeutsame Seezüge nach Kleinasien und in das moslemische Nordafrika gegeben, Unternehmen allerdings, für die es bedauerlicherweise keine verfügbaren verläßlichen Unterlagen gibt. Daß sich die rivalisierenden Stadtstaaten Pisa, Genua und Venedig nicht aus purer Christenfreundlichkeit engagiert haben, ist wohl sicher. Alles hatte, mit dem Zeichen des Kreuzes verbrämt, am Ende handelspolitische und egozentrische Interessen. Dabei waren sich diese drei Partner untereinander ohnehin nicht grün. Zunächst einigten sich Venedig und Genua gegen Pisa, ehe es schließlich hieß: Genua oder Venedig. Maritim gesehen, kam es bei den Kreuzzügen weder zu bemerkenswerten Seeschlachten noch zu spektakulären Landeunternehmen, wenn man von jener Aktion der Franzosen beim 6. Kreuzzug absieht, bei dem diese mit 1800 Schiffen nach Ägypten segelten, wohl um Palästina vom Süden her zu befreien. Diese Aktion scheiterte jedoch genauso wie der spätere Seezug nach Tunis, den dieses Mal die Genuesen mit einem Blick auf die Seeherrschaft im Mittelmeer durch die Bereitstellung einer Flotte »finanzierten«.

Die Schiffstypen dieser Zeit

Um bei den Kreuzzügen zu bleiben, so ist anzumerken, daß wir auch über die beteiligten Schiffstypen nur wenig Konkretes wissen. Zeitgenössische, schematisierte Bilder von San Marco lassen für den Mittelmeerraum auch dreimastige, lateinbesegelte Schiffe mit rundem Bug und rundem Heck und Doppelruder an Backbord wie auch an Steuerbord erkennen. Auf einem anderen Schiff ist sogar ein einmastiger Klinkerbau zu sehen, sonst aber herrschen wohl Zweimaster mit Lateinsegeln vor.
An Kriegsschiffen werden für den maritimen Raum in den Genueser Annalen jene kurzen, aber beweglichen Galeonen mit nur einer Reihe Ruderern genannt. Daneben gibt es die langen, schmalen und etwas niedrig gehaltenen riemengetriebenen Galeeren (35,60 m lang, 3,70 m breit, 2,00 m Tiefgang, 2 x 54 Ruderer) mit ihrem für das Mittelmeerkriegsschiff jetzt typischen, über dem Wasser montierten Rammsporn. Ob darunter auch die doppelriemige, lateinbesegelte Dromone verstanden werden darf, ist wissenschaftlich umstritten, nicht aber, daß Richard Löwenherz 1191 (beim Dritten Kreuzzug) einen schweren Kampf mit einer Sarazenen-Dromone zu bestehen hatte. Er beschrieb sie als Dreimaster und als viel größer als die derzeit üblichen Schiffe. Außerdem ist auch von einem Typ Selander die Rede, der ebensogut eine große wie auch eine kleine Dromone gewesen sein könnte.
Aus dem nordischen Raum sind neben den Schiffen der Veneter oder der Bretonen für die Kreuzfahrerzeit auch die Schiffe der Cinque Ports zu nennen. Es sind vorn und achtern rundgebaute Typen mit einem Mast mit Rahsegel, mit Vor- und Achterkastellen, die zwar linienförmig angepaßt, aber noch nicht voll integriert sind (einige sogar am Mastende mit einem Toppkastell), und mit einem Seitenruder. Auffallend ist bei einem Schiff auf einem Relief der Winchester-Kathedrale (um 1180) ein hinten angebrachtes flächiges Gebilde, das einem (Heck-)Stevenruder gleicht. Dieses Charakteristikum finden wir später auch bei den Hansekoggen.
Problematisch wird es mit den Typenbezeichnungen dieser nordischen Periode, denn bereits um 950 n. Chr. werden kleinere Fischerboote auf dem Zuidersee als Coghen bezeichnet. Das in Utrecht ausgegrabene Boot – ein 14,50 m langes und 3,50 m breites seegehendes Friesenschiff – erscheint später unter dem Begriff Holk, der eigentlich dem größeren Nachfolger der Hansekogge vorbehalten sein sollte.

Die ersten Hansen

Der Seehandel im europäischen Bereich hat sich auf zwei Brennpunkte konzentriert:
1. das Mittelmeer mit Byzanz und seiner bedeutsamen Rolle beim Umschlag von Orientwaren sowie mit den Stadtstaaten Venedig, Genua und Pisa,
2. die Nord- und Ostsee, worunter in erster Linie Gotland, Nowgorod, Sigtuna in Schweden und Schleswig (und später Lübeck) zu verstehen sind; ferner England, Flandern, aber auch Köln und Bremen.
Die Drehscheibe zwischen der Schiffahrt aus dem Mittelmeer und jener aus dem Nord- und Ostseebereich ist Flandern. Kontinental gesehen, sind zwei Achsen erkennbar, welche die genannten Zentren miteinander verbinden: Die östliche Route führt von Byzanz über das Schwarze Meer, dann aber über die Donau und hat Parallelrouten im Rhein- und im Rhonelauf, die Flandern mit Oberitalien verbinden. Von hier führen Routen nach England, Skandinavien und Gotland.
Der Süden lebt vor allem vom Export von Gewürzen und anderem orientalischem Luxus. Der Norden exportiert bevorzugt Pelze, aber auch Sklaven und, den orientalischen Herrschern zu Diensten, vor allem Sklavinnen in Blond. Der jeweils örtliche Handel über See hat vielerlei Waren im Angebot. Immer stärker spielen im Norden die Hansen eine Rolle.
Das Wort Hanse geht auf das althochdeutsche *hanse* zurück, das schon in der Bibelübersetzung des Goten Ulfila auftaucht und eigentlich soviel wie Kriegsschar oder streitbare Schar bedeutet. Es wird aber auch zum Begriff für einen Zusammenschluß von Männern zu einer Vereinigung oder zu einer Gemeinschaft. Diese Männer, Hansen oder im Französischen *hanseurs* genannt, verbinden gleiche Zielsetzungen und gleiche Rechte, etwa das Recht des Waffentragens. Nach und nach bezieht sich das Wort immer ausgeprägter auf eine Schar von Kaufleuten, die sich zu gemeinsamer Fahrt zusammentun, um am Ziel – jeder für sich – den Geschäften nachzugehen. Gemeinsam kehren sie wieder zurück. Die Aufnahme verleiht das Recht, an auswärtigen Plätzen Handel zu treiben. Im Gegensatz dazu steht die Gilde, in der sich Kaufleute nur innerhalb einer Stadt zusammenschließen.
Vom 11. Jahrhundert an sind mehrere Hansen bekannt. Die älteste bilden die *hanseurs* der Scheldestadt Valenciennes, das 1070 durch seine Webereien die Hauptstadt der Grafen von Hennegau geworden ist. In London gibt es im 12. und 13. Jahrhundert sogar fünf Hansen, so unter anderem jene aus St. Omer, jene aus Köln und anderen

Rechte Seite: Die Entwicklung des mittelalterlichen Handelsschiffes im Spiegel von Stadtsiegeln deutscher Ostseestädte

Lübeck um 1250

Danzig 13. Jahrhundert

Wismar 1256

Stralsund 1329

Elbing um 1350

Kiel 14. Jahrhundert

niederrheinischen Städten mit dem Sitz in der *gildhalla civium de Colonia*.
1230 wird eine Hanse der 17 Städte erwähnt, eine Gruppe flandrischer, lothringischer und nordfranzösischer Städte, die sich die Regelung des Handels auf der Champagner Messe zur Aufgabe gemacht hat. Und in Bergen gibt es eine Hanse Bremer Kaufleute.
In diese Ära fällt die von dem Welfenherzog Heinrich dem Löwen befohlene Neugründung der 1157 durch Brand völlig zerstörten Stadt Lübeck, zunächst als Burg mit einem befestigten Ort, und zwar im Zuge der Kolonisierung des nahezu menschenleer gewordenen Raumes des ostholsteinischen Gebietes. Lübeck, das übrigens Vorbild für viele Städtegründungen im Ostseeraum wird, entwickelt sich schnell zum Ostseehandelsplatz, wozu nicht zuletzt auch die Zerstörung von Schleswig beiträgt.
Bedeutsam für die spätere Hanse ist das Eingreifen Heinrichs in den Streit deutscher und skandinavischer Kaufleute auf Gotland. Er bestätigt den Gotländern ihre Privilegien in seinem Herzogtum, verlangt aber als Gegenleistung, daß die Skandinavier beim Handel mit den Sachsen Lübeck anzulaufen haben. Die deutschen Kaufleute, denen völlige Gleichberechtigung mit den gotländischen Händlern zugesprochen wird, finden sich in der »Genossenschaft der Gotland besuchenden Deutschen« zusammen, die zur Keimzelle der eigentlichen Deutschen Hanse werden wird. Auf dem Festland kommt es bald zu kriegerischen Auseinandersetzungen mit den östlichen Nachbarn, den Wenden. Doch bald schon herrscht der Welfe, zum Teil mit Unterstützung der Dänen, über »befriedetes« slawisches Land von der Schlei bis zur Peene. Lübeck, Pommern und Mecklenburg bilden den Kern deutscher Machtentfaltung im Ostseeraum. Während Lübeck von Kaiser Friedrich II. die Würde einer *»civitas imperii«*, einer Reichsstadt also, verliehen erhält, sehen die deutschen Kaufleute in Gotland nur eine Etappe: Das Endziel heißt Nowgorod. Hier werden Seide, Brokat und Gewürze aus dem Orient und russische Produkte wie Holz, Asche, Pech, Honig oder Felle zusammen mit den vornehmlich auf dem Seewege der einstigen Wikinger herangeschafften Tuchen, mit Lüneburger Salz aus Lübeck und auch Waffen und so weiter gehandelt und umgeschlagen.
1189 treten die Kaufleute der deutschen Kolonie in Nowgorod erstmals als selbständige Vertragspartner neben den Gotländern auf. Seitdem Lübeck die Führung der »gotländischen Genossen« an sich gerissen hat, muß der Ältermann als Boß der deutschen Kolonie ein Bürger aus dieser Stadt an der Trave sein. Und als die Deutschritter zum Kreuzzug gegen die baltische Heidenfront aufrufen, sind auch die Lübecker und die Gotländer dabei.
Im eroberten Land werden 1201 Riga und um 1230 Dorpat und Reval gegründet. Und in Smolensk baut man eine eigene Genossenschaft auf – und sofort eine Kirche. Der Vertrag, den die deutschen Fernkaufleute 1229 mit dem Smolensker Fürsten schließen, weist den Weg in die weitere Entwicklung.
Nach und neben Rußland und Livland ist Skandinavien eine Zielgruppe der deutschen Fernkaufleute. Hier interessieren besonders der seit altersher bei Schonen gefangene Hering, der nach dem Chronisten Saxo Grammaticus »in solchen Mengen vorkommt, daß er mit bloßen Händen gefangen werden kann und sogar die Schifffahrt behindert ...«, und das schwedische Eisenerz, das von Stockholm und Kalmar ausgeführt wird.
Im nach 1250 gegründeten Stockholm werden Lübeck und Hamburg Handelsprivilegien gewährt, werden weitere deutsche Kaufleute ein Zentrum ökonomischer und politischer Macht aufbauen.
Gegen Ende des 12. Jahrhunderts segeln neben den Bremer Schiffen nun auch lübische Kaufleute nach Norwegen, wo man sich in Bergen mit den Vertretern vieler fremder Seenationen trifft und wo Stockfisch neben Robbenfellen und Landtierpelzen das begehrteste Handelsobjekt ist. Im Gegenzug werden Getreide, Mehl und Malz angeboten. In London prallen die »Österlinge« auf den alteingesessenen Handel der Kölner, der Bremer und der Westfalen. Die Kölner, die hier das Sagen haben, verteidigen ihre Rechte und machen den Mitgliedern der »Gotländer Genossenschaft« das Leben schwer.
In Flandern gibt es keine Schwierigkeiten, statt dessen schnell Einfluß und Macht. Inzwischen hat sich, also noch vor der Ausrufung der *dudeschen*, also der deutschen Hanse, die Schiffahrt auf den größeren Tonnagebedarf umgestellt. Wann genau das geschah, ist wohl kaum oder nie zu belegen, allerdings werden von dem fränkischen Dichter Wolfram von Eschenbach im Jahre 1220 in seinem »Parzival« bereits Koggen als »große, starke Seeschiffe« beschrieben.
Schließlich ist diese große Kogge, die als Hansekogge in die Geschichte der Seefahrt eingeht, nicht von heute auf morgen als solche auf die Welt gekommen. Sie ist vielmehr das Ergebnis einer jahrhundertelangen Entwicklung. Die deutschen Schiffbauer haben sich jedenfalls, als die deutschen Fernkaufleute nach einem größeren, ökonomisch günstigeren und gleichzeitig sichereren Schiffstyp suchten, die Merkmale vorgegebener Konstruktionen zu eigen gemacht, jene Längskonstruktion mit steilem Vorsteven, dem langgestreckten Kiel und dem steilen, winklig angesetzten Achtersteven. Diese kantige Form ist für die noch ungeübten deutschen Schiffbauer einfacher als die wohlgefälligere Rundform, wie man sie im skandinavischen Norden, in England oder im Mittelmeer bevorzugt.
Ein geschlossenes Deck über dem Schiffsraum verhindert das Eindringen von Meerwasser bei überkommenden Seen wie überhaupt von Nässe bei Regen, Schnee oder Nebel. So etwas ist ein Novum im Norden. Mehr Schutz gewähren auch die Kastelle vorn und vor allem achtern: Sie bieten den Verteidigern auf einer festen Plattform einen erhöhten Standort.
Die Frage nach den ersten großen nordischen Koggen drängt sich erneut auf. Aufgrund ihrer kantigen Formen und des Stevenruders sind hier zeitlich zu belegen die Schiffe der Siegel von Elbing (1242), von Wismar oder von Harderwijk. Noch klarer kommen die geradlinig abwärts zum Kiel verlaufenden Steven bei dem späteren Siegelschiff von Elbing (1350) für die Kogge mit dem jetzt offiziellen Beinamen Hanse zum Ausdruck. Schließlich präsentiert uns das Danziger Siegel aus dem 14. Jahrhundert eine einmastige Hansekogge in neuzeitlicher Form. Die Kastelle sind nunmehr Teile des Schiffskörpers geworden. Abgesehen davon, daß man diese großen Gerüstbauten des Nordens nun nicht mehr über die Landbrücken im Süden der Kimbrischen Halbinsel transportieren kann und daß sich ihnen auch der immer mehr versandende Limfjord versagt, bleibt die Fahrt »zwischen den Meeren« die noch immer gefürchtete und zudem zeitraubende Fahrt um Kap Skagen. Hier verliert der bezeichnende Name »Jammerbucht« auch für die seetüchtigeren Koggen nur wenig von seiner makabren Bedeutung, einer der größten Schiffsfriedhöfe der Welt zu sein.
Die Fahrt durch den Belt oder den Sund bleibt so lange ohne Probleme, solange die Hanse in der Ost- und Nordsee die Seeherrschaft für sich beanspruchen kann.
Über die Größe der »normalen« Koggen herrschten bis zum Fund in Bremen (von dem auch nicht abzuleiten ist, ob es sich um ein kleines, mittleres oder größeres Exemplar dieser Gattung handelt, zumal

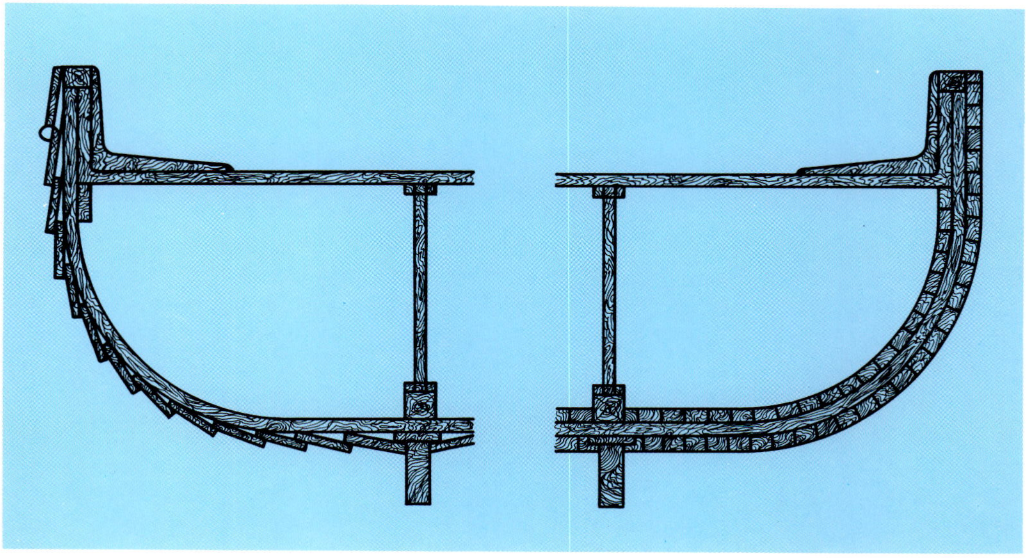

Die Klinkerbauweise (links), bei der die Planken dachziegelartig überlappen, beherrschte den Schiffbau im europäischen Norden bis ins 15. Jahrhundert hinein. Der Kraweelbau (rechts) dagegen stammt aus dem Mittelmeerraum und wurde auch in Portugal, Nordspanien und Frankreich (Karavellen) angewendet.

diese Kogge vermutlich in der Fischerei verwendet wurde) Unklarheiten und Zweifel. Nach einem Dokument aus dem Jahre 1188 errechnete ein Schiffahrtshistoriker als Beladungsmöglichkeit dieser neuartigen »dicken Pötte« in der Kreuzzugfahrt 375 Kreuzfahrer je Schiff plus Proviant für drei Jahre, woraus sich ein Beladungsgewicht von 472 t je Schiff ergibt. Selbst bei Lebensmitteln für nur ein Jahr kommt man auf immerhin noch 166 t. Sicherlich sind diese optimalen Zahlen übertrieben wie vieles andere in dieser Frage. Fest steht aber, daß die Koggen den skandinavischen und anderen Handelsschiffen des nordischen Raumes, deren Größen sich bis 25 t bewegten (das Gokstad-Schiff konnte ja nur neun Tonnen laden), von ihrer Transportkapazität her weit überlegen sind.
Im Süden werden Koggen um 1230 in Nordspanien und Südfrankreich und Mitte des 13. Jahrhunderts in Marseille genannt. Schon für 1207 stellt Attilio Cucari eine venezianische Mittelmeerkogge, die SERENISSIMA, vor, die allerdings zwei mediterran angepaßte, das heißt zwei lateinbesegelte Masten führt. Sie hat Kastelle vorn und achtern, vorn aber ist der runde Steven in mittelmeerischer Art nach einwärts geschwungen, so daß hier mit Kogge bezeichnet wird, was mehr zum normalen Typ der Mittelmeerfrachtschiffe hin tendiert. Für 1275 wird bei Cucari die spanische Mittelmeerkogge NUESTRA SENHORA als eine *cog ronde* präsentiert. Das Schiff hat wie die spätere Ausgabe einer Hansekogge neben dem Hauptsegel am Mittelmast ein kleines Rahsegel vorn und kein Lateinsegel achtern. Es wird mit seinem clipperähnlich nach vorn springenden, geschwungenen Vorsteven, mit seinem Seitenruder und der zusätzlichen Riemenkraft als eine Synthese mediterraner und nordischer Konstruktionen bezeichnet.

Auch die gegen 1300 erbaute englische MARY FORTUNA weicht in ihren noch runden Formen und den aufgesetzten Kastellen stark von der Danziger Kogge ab, obschon ihre Seitenwände hochgezogen und Mast und Segel koggenmäßig zu nennen sind. Auch ein Heckruder ist vorhanden. Diese 132 t große MARY FORTUNA kann entweder als Kriegsschiff oder als Frachter oder auch als beides fungieren. Immerhin nennt Cucari sie eine *cog nordique*. Eine allerdings zweimastige venezianische Kogge mit hohem Achterkastell und ohne Vorkastell aus dem 13. Jahrhundert nähert sich schon eher der Form vom vielbesungenen Skamstrup-Schiff. Das ist auch der Typ, den Landström für das Jahr 1268 als eines der Schiffe rekonstruiert hat, die Ludwig IX. in Venedig und Genua hat bauen lassen. Diese Mittelmeerkoggen, so nach Cucari genannt, waren maximal 25,80 m lang, hatten einen 17,40 m langen Kiel und eine Seitenbreite von 6,60 m. Ihre Seitentiefe betrug vom Kiel bis Oberkante Reling 6,45 m, eine Höhe, die im Schiff sogar zwei komplette Decks erlaubte, achtern mit zwei kürzeren für die Kajüträume. Die Größen der Rahen waren länger angegeben als das Schiff selbst lang war. Überhaupt scheinen die Schiffbauer der südlichen Regionen um diese Zeit viel experimentiert zu haben. Einen Standardtyp unter den Handelsschiffen findet man nicht.
Vorab zur weiteren Entwicklung der Hansekogge, die noch einmal in Verbindung mit der Beschreibung der Bremer Kogge ausführlich behandelt wird, sei erwähnt, daß die Spätform der Kogge (um 1450) zwar dem Typ nach ein Einmaster bleibt, aber wie die NUESTRA SENHORA vorn ein kleines Rahsegel führt und außerdem achtern einen Hilfsmast für ein Schratsegel hat.

Kraweel hier, Klinker dort

Wichtigste Voraussetzung für die Durchführung der erstmals geplanten west- und südozeanischen Fahrten ist das hochseegängige Schiff. Dieser seefahrtlich so entscheidende Zeitabschnitt bringt die aufregend gewagten, man darf fast sagen todesmutigen Entdeckerreisen in unbekannte atlantische Räume.
Nach E. Henriot sind es drei wesentliche Merkmale, nach denen sich der Schiffbau und die Schiffe des Mittelmeeres gegenüber denen des nordeuropäischen Raumes unterscheiden:
1. Im europäischen Norden entstanden die Schiffe in Klinkerbauweise, im Mittelmeerraum baute man in Kraweel (auch Karvel oder Karviel). Erst Mitte des 15. Jahrhunderts sollen die Holländer die Kenntnis von der mittelmeerischen Kraweelbauart von bretonischen Schiffbauern mit in ihre Heimat gebracht haben. Die bei den Kraweelen angewandte Gerüstbauweise (Spantenbau), nach der zum Beispiel die Karavellen in Portugal, in Nordspanien, in der Bretagne und in der Normandie gebaut wurden und noch werden, hat man nun im nördlichen europäischen Raum häufiger vor Augen, besonders in Brügge, vor dem »Welthafen« der Hanse, in dem sich die Schiffe aus Italien, Venedig, Genua und Pisa sowie aus Kastilien mit den Koggen und Holken der deutschen Hanse, den Schiffen der Engländer und der Skandinavier treffen. Möglicherweise haben die tüchtigen und begabten flandrischen Schiffbauer bereits um 1440 oder schon früher mit dem Bau von Kraweelen begonnen.
Unbestritten aber ist, daß sich anno 1459 ein bretonischer Schiffbaumeister in Zierikzee an den Bau eines Kraweelschiffes wagt, das als das erste Schiff dieser Art

auf einem Helgen im europäischen Norden bezeichnet werden darf. Bereits ein Jahr später, 1460, übernehmen auch Schiffbauer von Hoorn in Holland die Technik der Gerüstbauweise. Die Chronik dieser Stadt, deren Name einmal mit dem in Segelschiffahrtskreisen gefürchteten südamerikanischen Kap Hoorn verbunden sein wird, vermeldet, daß es sich zimmerungstechnisch um eine »andere maniere van werc« handele: Die Bordplanken werden nicht klinkerüberlappt und danach miteinander vernietet, sondern glatthäutig und untereinander unverbunden angereiht, mit einer Naht dazwischen.

Der Kraweelbau setzt sich dann in den letzten Jahrzehnten des 15. Jahrhunderts ziemlich schnell im ganzen Seegebiet des bisher traditionellen Klinkerbaues durch. Nur im konservativen England hält man bis ins 16. Jahrhundert am Klinkerbau fest.

2. Während die Schiffe im Mittelmeer noch vielfach mit zwei seitlich angeordneten Steuerrudern fahren, hat sich im Norden allgemein bereits das Heckruder durchgesetzt.

3. Während im Mittelmeer und in den Flotten Spaniens und Portugals bereits zwei- und bald schon drei- und viermastige Schiffe gebaut werden, sind mehrmastige Schiffe im Norden erst in der ersten Hälfte des 15. Jahrhunderts vereinzelt nachweisbar, so zum Beispiel das 1419 für Heinrich V. von England gebaute 56,50 m lange (über Außenkante Steven) und 14,00 m breite Schiff von Bayonne oder die ab 1464 unter Danziger Flagge fahrende kraweelbeplankte dreimastige PETER VON DANZIG ex St. PIERRE DE LA ROCHELLE oder PETER VAN ROSSEEL, die eine Länge von 51,00/43,12 m und eine Breite auf Oberdeck von 12,14 m hat. Sie führt am Fockmast wie am Großmast je ein Rahsegel und am Besanmast ein Lateinsegel. Sie ist mit 400 Last das größte nordeuropäische Schiff des Mittelalters und wird typmäßig als Kraweel bezeichnet, obwohl sie nur kraweelbe-

plankt ist, sonst aber die Charakteristika einer Karacke zeigt. Interessant ist, daß um diese Zeit nicht die Takelage, sondern der Schiffsrumpf und die Schiffsform typbestimmend sind.

Eine reichere Besegelung zeigen dagegen mehrere Schiffe in einer dem Lord Hastings gehörenden, nicht später als 1415 entstandenen Handschrift. Die Zeichnungen dieser Schiffe fallen durch ihre ungewöhnlich naturgetreuen Abmessungen und die Schiffe selbst durch ihre Länge auf. Sie zeigen außerdem unterhalb des Bugspriets ein »Blinde« genanntes Rahsegel. Einige dieser Schiffe haben bereits ein Großtoppsegel, das sonst erst am Ausgang des 15. Jahrhunderts nachzuweisen ist. Grundsätzlich ist zum Rigg dieser Zeit zu sagen: Die Takelage besteht bei den Mehrmastern für den Groß- und Fockmast nach wie vor aus je einem großen Rahsegel, während der Besanmast ein Lateinsegel führt. Bei Viermastschiffen wird dagegen ein Schönwettermast, der sogenannte Bonaventuramast gefahren, der ebenfalls ein Lateinsegel hat.

Erst in der zweiten Hälfte des 15. Jahrhunderts kommt es erstmals zu einer Segelunterteilung: Oberhalb des Großsegels wird ein kleineres Segel, das Marssegel, gesetzt, so auch bei den Schiffen Vasco da Gamas von 1497.

Um 1450 entstand diese burgundisch-flämische Buchmalerei, die für Philipp den Guten von Burgund unter dem Titel »Die Chronik des Kreuzfahrer-Königreichs Jerusalem« angefertigt wurde. Die prachtvoll gestalteten Bilder zeigen unter anderem die Einschiffung der Kreuzfahrer auf flämischen Schiffen, die man als Vorläufer der Koggen ansehen könnte.

Rechte Seite: Dänische Kreuzfahrer kommen gegen 1200 nach Bergen, der um 1070 gegründeten Stadt in Westnorwegen. Das Stadtsiegel von Bergen aus dem Jahre 1276 zeigt einen mit diesem Bild nahezu identischen Schiffstyp. Die Zeit der typischen Wikingerschiffe neigt sich dem Ende zu. Noch erinnern die Form des Schiffskörpers und die Drachenköpfe der Steven an die großen nordischen Seefahrer, aber die Veränderungen an den Schiffen werden deutlich erkennbar. Dieser Übergang ist sehr schön dargestellt auf einem Deckengemälde in der Skamstrup-Kirche in Dänemark, von dem das rechte Bild das Original und das linke Bild das nachgefertigte Modell zeigt. Vom 13. Jahrhundert an erhalten die Schiffe auffallende kastellartige Aufbauten. Das Heckkastell reicht vom Mast bis fast zum Steven, ist aber noch nicht integrierter Bestandteil des Rumpfes und dient hauptsächlich als Kampfplattform.

Handels- und Kriegsschiffe im Mittelmeer

Die Handelsschiffe des 13. Jahrhunderts ähneln im Rumpf denen römischer Frachtschiffe. Mit ihnen kontrollieren die Stadtstaaten Genua, Pisa und Venedig zusammen mit Marseille und Barcelona den Seeverkehr der christlichen Staaten im Mittelmeer. Neu sind die »Schwingen«, das Achterkastell über dem runden Heck und das Vorkastell mit seiner Reling. Das Rigg gleicht dem eines venezianischen Kreuzfahrers mit zwei Masten. Als Segel werden Lateinsegel gefahren.

Das ändert sich bald. Nach Giovanni Villani, florentinischer Gelehrter und Diplomat im Dienste seiner Vaterstadt, sollen um 1304 gascognische Seeräuber aus Bayonne durch die Straße von Gibraltar auf Koggen ins Mittelmeer vorgestoßen sein.

Unter dem Einfluß der niederdeutschen Kogge wandelt sich sehr bald schon der bisher übliche mittelmeerische Schiffstyp, der sich auffallend dem der Kogge nähert, nur mit dem Unterschied, daß die Außenhaut auch weiterhin kraweelbeplankt wird. Um die Mitte des 14. Jahrhunderts beginnt sich immer mehr das Rahsegel durchzusetzen. Ebenso führt sich auch das von der Kogge übernommene Heckruder ein. Während bei den Handelsschiffen das Segel als alleiniges Antriebsmittel dominiert, sind im Mittelmeer unter den Kriegsschiffen neben den Biremen noch immer Triremen und vor allem Dromonen im Einsatz. Die mit einem dreieckigen Lateinsegel ausgerüsteten Dromonen Ostroms aus dem 12. und 13. Jahrhundert verfügen über je 50 Riemen an jeder Seite, die ohne Ausleger an der Bordwand heraustreten. Diese nach dem griechischen Wort *dromone*, Schnellsegler, benannten Fahrzeuge ähneln sehr stark den römischen Biremen. Sie haben am Heck zwei Schwingen, die wie Ausläufer des Schanzkleides kurvend nach oben zulaufen, offenbar, um Raum für den Ruderstock zu haben. Auffallend ist die Ramme, die nicht mehr unter, sondern über dem Wasser liegt und wahrscheinlich auch als Enterbrücke dienen soll. Bei den Galeeren im Gemälde über die Seeschlacht zwischen Venezianern und Friedrich I., das im Palazzo della Signoria in Siena hängt, liegen die Riemen dieser Biremen nicht mehr in zwei Bänken, sondern paarig dicht beieinander auf der Apostis, einem langen Balken. Die Italiener nennen eine solche Galeere mit engpaarigen Riemen *fusta*.

Um die Mitte des 15. Jahrhunderts gibt es aber auch Galeeren mit Riemengruppen zu dritt. Sie liegen bei diesem Typ einer Trireme, die man *galia sottil* nannte, alle in gleicher Ebene. Diese auch zum Transport genutzten Schiffe mit ihren 19 Gruppen Riemen an jeder Seite (114 Riemen insgesamt) sind wie die portugiesischen Karavellen getakelt. Der Flaggenstock ruht auf einer großen Gabel am Bug und ist wie bei den Dromonen möglicherweise ein Überbleibsel des Artemonmastes. Ohne die Riemen und ohne die Formgebung des Hecks erinnern diese Schiffe stark an die noch zu beschreibenden Karavellen.

Veränderungen bei den Kriegsschiffen im Norden

Im europäischen Norden sind bis zur Wende zum dreimastigen Schiff im 15. Jahrhundert keine gravierenden Veränderungen zu beobachten, das sich durchsetzende Heckruder ausgenommen. Beim Dover-Siegelschiff (Dover zählt als besonders stark befestigter Hafen zu den für die Kriegsschiffgestellungen bedeutsamen Cinque Ports) sind Vor- und Achterkastell jetzt fast in die Linien des Schiffskörpers eingefügt, außerdem ragen diese Kastelle etwas über Bug und Achterschiff hinaus. Nach Landströms Rekonstruktion scheint auch ein Bugspriet vorhanden gewesen zu sein. Bemerkenswert ist das Schiffsbild in der Kirkehyllinge-Kirche in Dänemark: Es zeigt in der Backbord-Bordwand im oberen Drittel des Mittelschiffbereichs ein rechteckig geformtes Luk, von dem man annehmen darf, daß es der bequemeren Anbordnahme von (Truppen-)Pferden gedient haben könnte. Neu sind auch die Webeleinen, die noch lange im Mittelmeer fehlen werden.

Die Karavelle

Doch zurück zur Entwicklung im Mittelmeer. Die portugiesische Karavelle, die eine der Typen der Entdeckerschiffe

Oben: Modell einer frühen portugiesischen Karacke aus dem 14. Jahrhundert. Da es schwierig war, diese dem Koggenprinzip ähnlichen Rahsegelschiffe auf Kurs zu halten, stellte man hinter dem Großmast einen zweiten, kleineren Mast auf, der mit einem Lateinsegel geriggt ist. Die Vorlage dieser zweimastigen – oder besser gesagt, anderthalbmastigen – Karacke finden wir auf einem Gemälde von Gentile da Fabriano im Vatikanmuseum vom Beginn des 15. Jahrhunderts. Die kraweelgebaute Karacke, im Mittelmeerraum auch als Nau, Não, Navis oder Nave bezeichnet, wird in den folgenden Jahrzehnten immer größer gebaut und bald zum dreimastigen, standardisierten Typ erweitert, der vor allem die enormen Transportkapazitäten der Kreuzzüge aufnehmen konnte.

Links: Der Maler Hans Memling (um 1433–1494) zeigt in seinem Gemälde »Die sieben Freuden Mariae« die Einschiffung von Kreuzfahrern auf dreimastigen Karacken.

werden soll, hat nach Unterlagen des Lissabonner Schiffahrtsmuseums ihren namentlichen Ursprung in der »Caravo of the Moors (von den Mauren)«. In Portugal selbst ist eine Karavelle anfänglich ein Fahrzeug von nur geringer Tonnage, und einige Schiffe dieses Typs sehen eher aus wie große Boote denn wie Schiffe. Die Karavelle wird daher in Portugal zunächst nur in der Fischerei verwendet. Erst der später als Heinrich der Seefahrer gefeierte Infant Dom Henrique zieht sie für seine seefahrtlichen Pläne heran. Die Karavellen, wie sie Dom Jerónimo Ozoria dann für seine Entdeckerreisen einsetzt (eine davon ist die 1460 erbaute dreimastige LATINA), sind besonders leichte Schiffe mit einer Lateinbesegelung »... intended to sail no matter from where the wind blew. When the wind blows from the flank, the sail straight in front, just as the wind blew astern. When they want to change their course, they have only to change the position of their sails, a thing which is done easily.«
Es gibt aus dieser Zeit leider keine Modelle, wohl aber Zeichnungen, die nachempfinden lassen, daß die Karavellen lange, verhältnismäßig leichte Schiffe bis zu 100 t gewesen sind. Karavellen (die man im Norden Europas übrigens fälschlicherweise dem Typ der Kraweele zuordnet) haben einen geringen Tiefgang, und sie sind schneller als die noch zu beschreibenden Karacken und andere rundbauchige Fahrzeuge. Der in jener Zeit übliche niedrige Rumpf der Karavellen hat einen gespaltenen Vorsteven und ein bis zur Mitte des Schiffes durchgezogenes Halbdeck.
Folgt man den Unterlagen aus dem Schifffahrtsmuseum in Lissabon, so sind noch die nach dem lateinischen Wort *navis* (Schiff) benannten Naus, die auch Nave oder Nef genannt werden, zu erwähnen, ebenso wie die Barken oder Barques. Nef bedeutet sowohl Schiff an sich als auch einen eigenen Schiffstyp des späten Mittelalters und der Neuzeit. Beide sind vom gleichen Typ und können im Zweifelsfalle als Karavellen angesprochen werden. Sie sind auf Handelsfahrten mit anderen Ländern ausgerichtet. Ihre abgerundeten Rumpfformen gehen selten über die Größe von 100 t Ladefähigkeit hinaus, jedoch sind die Naus größer als die Barken.

Die Karacke und die Nau

Für den Seemann dieser Zeit war es schwierig, mit den dem Koggenprinzip ähnlichen einmastigen Rahsegelschiffen den Kurs zu halten. Um ihn zu stabilisieren, wird hinter dem rahgetakelten Großmast ein kleiner Mast aufgestellt und mit einem Lateinsegel geriggt. Dieses Lateinsegel wird an einer schrägstehenden Rah, der *rute antenna,* geführt. Erste Anzeichen für diese Zweimaster, die man auch Anderthalbmaster nennen könnte, sind bereits aus dem Jahre 1367 bekannt. Anfang des 15. Jahrhunderts wird diese Takelung dann allgemein üblich.
In diese Zeit, da vor allem venezianische, aber auch genuesische Kaufleute Jahr für Jahr nach Southampton segeln, um Wein, Öl oder Früchte gegen große Ballen englischer Wolle einzutauschen, fällt auch der Begriff der Karacke. Dieser an Größe und Form ständig zunehmende, zweimastige, rahbesegelte Typ hat Ähnlichkeit mit der portugiesischen Naue oder Nau oder Não. Die Karacke ist zu erkennen an ihrem wohlgerundeten Rumpf, aus dem man mittschiffs ein riesiges Viereck »herausgeschnitten« hat, und deren hochgezogenen Vor- und Achterkastellen. Sie hat, wie alle Handelsschiffe im Mittelmeer, ein rundes Heck mit Heckruder und die oben beschriebene Bemastung und Besegelung.
Der Großmast hat oben eine runde Mars für den Ausguck, zu der eine einfache Sprossenleiter (und noch keine Want) hinaufführt. Die aus zwei miteinander gelaschten Spieren gefertigte Rah ist an zwei Toppnanten aufgehängt. Das ist eine bemerkenswerte Vorrichtung, die bei den nordischen Rahschiffen noch nicht beobachtet werden kann, die es wohl aber bereits bei den Römerschiffen gegeben haben dürfte.
Rumpfmäßig ist die Karacke der nordeuropäischen Holk nicht unähnlich. Indessen ist die Holk klinker- und die Karacke kraweelgebaut, denn die Kraweelbeplankung gibt dem Rumpf einen größeren Halt für die auf dem offenen Hauptdeck montierten Kanonen.
Eine Karacke mit zwei Masten ist das bei Landström ausführlich beschriebene Modell des Mataró-Schiffes, so benannt nach seinem Fundort nordöstlich von Barcelona, wo es um 1450 angefertigt worden sein dürfte.
Die früheste bekannte Darstellung einer dreimastigen Karacke findet sich 1416 auf einem Siegel von Ludwig von Bourbon. Eine spanisch-maurische Schale, die bereits anfangs des 15. Jahrhunderts angefertigt worden sein soll, weist das Bild eines portugiesischen Dreimasters auf. Der Schiffskörper ähnelt dem des Mataró-Modells, jedoch ist das Schanzkleid auf dem Quarterdeck gitterähnlich gebaut. Obwohl die Rah am vorderen, neuen Mast gefiert ist, wird deutlich, daß das Segel kleiner als das Kreuzsegel ist. Zudem dienen diese Segel weniger dem Vortrieb als dem Stützen.
Große viermastige Segler kommen vor allem zwischen 1460 und 1480 in Fahrt. Es sind Schiffe mit zwei Masten mit Rahsegeln und achtern mit zwei Masten mit Lateinsegeln. Der 1565 erbaute Viermaster GROSSER ADLER VON LÜBECK hat sogar eine Länge von 64,00 m gegenüber den 51,00 m der berühmten PETER VON DANZIG. Solche Viermaster finden indessen nur bis etwa 1630/1640 Verwendung. Für eine relativ lange Zeit verschwinden sie sogar völlig aus dem Bild der Häfen und von der See.
Die Schiffe der oben genannten Art sind im allgemeinen zwischen 200 und 1000 Botte groß (dieses alte Maß wird von den einen Forschern mit 0,5 ts und von anderen, darunter dem Amerikaner Lane, mit 0,6 ts bemessen), also zwischen 100 und 600 ts. Einige der schiffbaulichen Daten sind nachstehend (nach K. Grager) aufgeführt:

Quelle bzw. Typ	ts	Kiellänge	größte Breite	Tiefgang	Höhe an den Steven vorn	bis Deck	achtern
		m	m	m	m	m	m
NAVE QUADRA 1420	300	22,60	9,39	2,95–3,13	.	3,28	.
TIMBOTTA NEF 1445	150	20,86	7,13	2,95	9,39	.	6,60
TIMBOTTA NEF	300	25,21	8,69	3,82	11,82	.	8,69
TIMBOTTA NEF	420	25,21	9,74	3,82	12,52	.	7,30
TIMBOTTA NEF	600	29,56	11,82	4,17	15,82	.	12,17
VENEDIG NEF 1515	300	24,34	8,35	2,78	.	.	.

Das LB-(Längen-Breiten-)Verhältnis ist im allgemeinen 3 : 1 oder wenig darunter, alle haben ein Halbdeck, Vor- und Achtersteven sind stark gerundet, sie haben ein hohes, weit vorspringendes Vorkastell, eine offene Kuhl, das Achterkastell ist meist um ein Deck höher.
Gegen Ende des 15. Jahrhunderts hat sich der dreimastige Segler voll durchgesetzt. Der portugiesische Schiffbaumeister

Fernando Oliveira berichtet, daß etwa vom 15. Jahrhundert an die portugiesischen »Caracas«, die spanischen »Naos« und die deutschen »Holks« fast gleiche Fahrzeuge waren. Die schmaleren und leichteren, dafür auch höheren Schiffe der Iberischen Halbinsel galten jedoch als die besseren Segler gegenüber der Holk des Ostseegebietes.

Ein Unterschied der Karacken Spaniens und Portugals gegenüber den englischen ist auch noch in den überlebensgroßen Heiligenbildern und Darstellungen anderer religiöser Motive zu sehen, mit denen die Segel der von der Iberischen Halbinsel stammenden Schiffe bedeckt sind. Im Gegensatz dazu beschränkt sich die Ausschmückung der englischen Schiffe dieser Zeit auf eine leuchtende Bemalung der Decks.

Der Schritt zu einem weiteren Rahsegel, nämlich von einem am Flaggenstock über dem Großsegel gefahrenen Toppsegel bis zum regulären Marssegel, liegt nahe. Bestätigt wird dies erstmals bei der SANTA MARIA von Columbus, die keine Karavelle, sondern eine Karacke oder in der portugiesisch-spanischen Terminologie eine Não bzw. Nau gewesen ist.

Noch fortschrittlicher in der Takelung werden sich bald schon die Portugiesen zeigen, denn das Flaggschiff Vasco da Gamas, die SÃO GABRIEL, wird sich als dreimastige Nau mit je zwei Rahsegeln im Vortopp und einem achternen Lateinsegel vorstellen.

Vorige Doppelseite: Das Kaperschiff PETER VON DANZIG auf einem Gemälde von Adolf Bock aus dem Jahre 1943. Im 15. Jahrhundert begannen zwei- und vor allem dreimastige Segler die bis dahin durchweg als Einmaster getakelten Fahrzeuge zu verdrängen. Die Schalenbauweise, bei der zuerst die Bordwände in Klinkertechnik errichtet und nachträglich Spanten zur Versteifung eingesetzt wurden, wich der Gerüstbauweise, bei der man die Planken des Rumpfes kraweel – das heißt: die Planken stoßen stumpf aufeinander – auf einem formbestimmenden Spantengerüst befestigte. Mit dieser Neuerung ist im Norden in besonderem Maße das Schiff PETER VAN ROSSEEL oder PIERRE DE LA ROCHELLE verbunden, das mit einer Salzladung von der französischen Westküste kommend 1462 in Danzig eintraf und wegen seiner Größe, seiner drei Masten und der in Kraweeltechnik ausgeführten Beplankung die Bewohner der Hafenstadt in Erstaunen versetzte. Auf der Reede liegend, wurde das Schiff nun durch Blitzschlag erheblich beschädigt. Die anschließende Reparatur zog sich bis in das Jahr 1464 hin, und da die französischen Eigner nicht die hierfür erforderlichen Mittel aufbringen konnten, wurde der Frachter am 19. Mai 1464 an zwei Danziger Kaufleute verpfändet.

Nachdem die Außenstände durch den Verkauf von Schiffsinventar abgegolten waren, kümmerte man sich um das Schiff zunächst nicht weiter. Erst die Vorbereitungen der Hanse zu einem Krieg gegen England machten die Danziger 1469 erneut auf den großen Dreimaster aufmerksam. Das Schiff wurde gründlich überholt, mit einem neuen Großmast sowie Bewaffnung versehen und in PETER VON DANZIG umbenannt. Unter dem Kommando des Ratsmannes Bernt Pawest und mit 350 Mann Besatzung verließ das Schiff im August 1471 den Heimathafen und segelte nach Berschuck im niederländischen Seeland. Doch die Gegner hatten sich rechtzeitig zurückgezogen, und Bernt Pawests Schiff kreuzte wochenlang ohne Feindberührung im Kanal. Schließlich sprang die PETER VON DANZIG leck und war nur noch mit Mühe lenz zu halten. Am 12. März 1472 zog man das Schiff im Zwin vor Brügge auf Land. Mehr als 100 Handwerker waren bis Ende Juni mit der Ausbesserung des Rumpfes beschäftigt. Die zahlreichen Undichtigkeiten gingen offensichtlich auf die noch mangelhafte Erfahrung der Schiffbauer in der Kraweelbauweise bei großen Schiffen zurück. Nachdem das Schiff wieder fahrtüchtig gemacht worden war, sorgte Pawest dafür, daß Paul Beneke, ein bewährter Kaperschiffsführer, das Kommando auf der PETER VON DANZIG übernahm. Im August 1472 sicherte sie unter ihrem neuen Kapitän einen Konvoi auf der Fahrt von Flandern nach Hamburg. Im folgenden Winter wurde das Schiff an drei Danziger Kaufleute veräußert, denen die Stadt das Recht zur Kaperei auf eigene Rechnung übertrug. 1473 überwältigte die PETER VON DANZIG ein von Brügge nach London bestimmtes Schiff und brachte es nach Stade. Der Erlös aus der wertvollen Ladung sicherte der Besatzung ein hohes Prisengeld und den Eignern eine gute Rendite. Noch im selben Jahr kehrte die PETER VON DANZIG in ihren Heimathafen zurück und unternahm noch einige Handelsfahrten. In der zweiten Hälfte der siebziger Jahre scheint das Schiff abgewrackt worden zu sein.

Das Gemälde entstand während des Zweiten Weltkrieges und drückt wahrscheinlich die Sehnsucht nach Sicherheit und friedlichem Handel aus. Der Griff in die Geschichte ist schon immer auch als Legitimation gegenwärtiger Verhältnisse verstanden worden. Das Bild von Adolf Bock zeigt anschaulich ein Zentrum hansischen Handels, das im Bewußtsein seiner Zeitgenossen immer deutsch gewesen war, nämlich die Stadt Danzig. Das Stadtbild sowie die Schiffe sind Rekonstruktionen. Der Rathausturm ganz links allerdings wurde erst in der Zeit von 1556 bis 1561 erbaut, auch dürfte sich die Szene im Vordergrund gemäß den damals herrschenden Standesregeln so nicht abgespielt haben. Auch die neben der PETER VON DANZIG zu sehenden Dreimaster dürften damals nicht im Hafen von Danzig geankert haben. Hingegen ist die PETER VON DANZIG selbst sowie die lange Reihe spitzgiebliger Speicher unmittelbar an der schmalen Kaje zum direkten Umladen vom Schiff in das private Kaufmannshaus sehr schön und detailliert dargestellt. So vermittelt das Gemälde durchaus die Atmosphäre, wie sie in der zweiten Hälfte des 15. Jahrhunderts üblich gewesen sein wird.

Rechte Seite: Etwa aus der Zeit um 1450 stammt das einzige Schiffsmodell aus der Zeit zu Beginn der großen Entdeckerreisen. Es hing lange Zeit in einer Kirche in Mataró nordöstlich von Barcelona, bevor es im Schiffahrtsmuseum von Rotterdam seinen endgültigen Platz erhielt. Eigenartig ist der Aufbau des Vorkastells auf den gebogenen, geklinkerten Planken. Das Modell stellt eine Karacke mit zwei- bzw. anderthalb Masten dar, wovon der Hauptmast rahbesegelt, der Besanmast lateinbesegelt war.

Unruhiges Spätmittelalter

Die vier Kriege Venedigs gegen Genua und der Krieg um Sizilien

Dies ist die Lage im östlichen Mittelmeer: Die Mohammedaner kontrollieren alle strategisch-geographischen Positionen für den Handel des Westens mit dem Osten und dessen kostbare Güter. Die Barrieren des Islam für den Westen, dessen Städte und Handel wieder aufzublühen beginnen, können nur von wenigen Reisenden überwunden werden (so etwa von Marco Polo). Die Mohammedaner hatten sich bereits fest an den Kreuzungspunkten des Handels zwischen Ost und West festgesetzt, als die christliche Welt schwach und desorganisiert war. Nun sind die Christen vom freien Zugang zu den reichsten Quellen des Welthandels abgeschnitten, mit Ausnahme der Stadtstaaten Venedig und Genua. Nur sie verfügen über ein Monopol für den Handel mit den Mohammedanern, und das nützen sie zu ihrem Profit weidlich aus.

Es ist selbstverständlich, daß dieses Nebeneinander rivalisierender Kaufleute nicht friedvoll verlaufen kann. So erreichen die Waren des Ostens die Mittelmeerküsten über Karawanenrouten, zur See über den Indischen Ozean, das Rote Meer und Ägypten. In den östlichen Mittelmeerhäfen werden sie dann zu überhöhten Preisen an die Kaufleute aus Venedig und Genua verkauft, die für ihre Verschiffung sorgen.

Mitte des 13. Jahrhunderts entladen sich die angestauten Spannungen. Es kommt zu militärischen Auseinandersetzungen zwischen den Galeerenflotten der selbstherrlichen Stadtstaaten Venedig, Genua und Pisa. Im Jahre 1263, im ersten der vier Kriege Venedigs gegen Genua, besiegen venezianische Galeeren in der Bucht von Nauplia die Flotte der Genuesen. Ein Jahr später schon kontern die Genuesen für die venezianischen Pfeffersäcke höchst empfindlich, denn sie treffen die Achillesferse der handelsbesessenen Lagunenstädter: 1264 erobert Genua unter Simone Grillo bei Saseno vor Valona in Albanien eine reich beladene Levanteflotte. Die Rache ist gründlich, nur die Galeere ROCCAFORTE entkommt.

1266 siegt wiederum die venezianische Flotte über die Genuesen vor dem an der Nordwestküste Siziliens gelegenen Hafen Trapani.

1284 kommt es zur Seeschlacht an der unmittelbar vor der Arnomündung gelegenen Insel Meloria. Eine aus 77 Schiffen bestehende genuesische Flotte unter dem Befehl der Admirale Oberto Doria und Benedetto Zacharia zerschlägt die Flotte Pisas, die der Admiral Morosini befehligt. Damit beginnt für Pisa, das sich im 9. Jahrhundert, veranlaßt durch Sarazeneneinfälle, zum Ausbau einer eigenen Flotte entschloß und im 11. Jahrhundert durch Seesiege Sardinien und Korsika in seinen Besitz brachte, der politische, wirtschaftliche und maritime Niedergang. 1299 verliert es zuerst Korsika, dann Sardinien an Genua. Auch die erzträchtige Insel Elba geht verloren. Der Hafen von Pisa versandet.

Fast um die gleiche Zeit, 1282–1287, gibt es Krieg um Sizilien, das nach dem Tode Kaiser Friedrichs II. vom Papst als Lehen an Karl von Anjou gegeben und 1266 erobert worden war. Ab 1287 behauptet sich Aragon fest in Sizilien. Damit schaltet sich aber auch die Pyrenäenhalbinsel in den Handel des Mittelmeeres mit dem Osten ein.

1294 bricht der zweite Seekrieg zwischen Venedig und Genua aus. Die Venezianer erleiden eine schwere Niederlage.

Zwischen 1350 und 1355 folgt der dritte Krieg zwischen den beiden Stadtstaaten. Darin besiegen 1353 die vereinigten Flotten von Venedig und Aragon unter Nicolo Pisani bei Sardinien die Genueser. Diese sind wiederum 1354 bei Modon im Ionischen Meer unter Pagano Doria über die Venezianer erfolgreich. Damit entschwindet ein Endsieg abermals in weite Ferne.

Der vierte Krieg zwischen Genua und Venedig (1378–1381) bringt zunächst wechselhafte Erfolge im Tyrrhenischen Meer (1378) und bei Pola (1379). In der Seeschlacht von Chioggia im Jahre 1380 schlägt schließlich die Flotte von Venedig unter dem Dogen Andrea Contarini die Genuesen entscheidend. 1381 kommt es zum Frieden von Turin. Mit diesem Schlußstrich sichert sich Venedig die Vormachtstellung im mittleren und östlichen Mittelmeer. Von nun an beginnt für die Lagunenstadt eine glückliche Zeit. Belluno, Bassano, Feltre, Vicenza, Verona und Padua mit ihren Gebieten werden 1404 und 1405, Dalmatien und Friaul 1420 und 1421, Brescia und Bergamo 1428, Ravenna 1441, Crema 1448, die Inseln Zante und Kefallinia 1483, Rovigo 1484 Bestandteile des venezianischen Gebiets. 1489 tritt die Witwe des letzten Königs von Zypern, Caterina Cornaro, auch diese Insel an Venedig ab. Handel und Gewerbe, Wissenschaft und Künste blühen. Die Abgaben sind niedrig. Die Regierung zeigt sich bewußt mild, sofern es sich nicht um politische Belange handelt.

Die Güter des Ostens, die über Asien ihren Weg nach Syrien oder Ägypten und ins Mittelmeer finden, beginnen das Gesicht der Welt zu wandeln. Die Städte wachsen, die Menschen leben freier und leichter dahin. Der Luxus nimmt zu. Und damit verändern sich auch die sozialen, kulturellen und politischen Verhältnisse.

Genuesen drängen ins westliche Mittelmeer

Etwa gegen Ende des 14. Jahrhunderts, also nach den venezianisch-genuesischen Kriegen, beginnt sich der Mittelmeerhandel langsam von Osten nach Westen zu verlagern. Vor allem genuesische Galeeren fahren jetzt fast regelmäßig durch die Straße von Gibraltar bis zu flandrischen und englischen Häfen, wo die Deutsche Hanse die Weiterbeförderung der Güter betreibt.

In dem von den Italienern zum erheblichen Teil beherrschten Zwischenhandel der atlantischen Küstenländer spielen die Genuesen bald eine führende Rolle. Dies vor allem deshalb, weil sie von ihrer venezianischen Konkurrenz, die noch immer ein echtes Monopol im ägyptischen Orienthandel besitzt, gezwungen werden, neue Märkte im Westen zu erschließen. Später, Mitte des 15. Jahrhunderts, ist es die militärische Expansion des ottomanischen Türkenreiches im östlichen Mittelmeer und am Schwarzen Meer, die hier die genuesischen Handelskolonien bedroht. Türkische Truppen plündern 1476 die genuesischen Handelsfaktoreien auf der Krim. Die Handelsposition der Genuesen in der Levante bricht zusammen. Statt dessen haben die Genuesen bald wertvolle kommerzielle Positionen im Westen, vor allem in Nordafrika, in Spanien (Sevilla) und Portugal aufgebaut. Cádiz wird Ende des 15. Jahrhunderts sogar »das zweite Genua« genannt.

In Lissabon reicht die Tätigkeit italienischer Seehandelskaufleute bis ins 13. Jahrhundert zurück. Sie haben zum großen Teil die Fäden des portugiesischen Außen-

Venedig war schon vom 9. Jahrhundert an der bedeutendste Handelspartner von Byzanz und der Levante. Die auf vielen flachen und eng beieinander liegenden Inseln gegründete Republik entwickelte sich in den folgenden Jahrhunderten zur stärksten Seemacht des Mittelmeeres, und nach dem Sieg in der Seeschlacht bei Chioggia im Jahre 1380 gegen Genua strebt Venedig unbehindert dem Höhepunkt seiner Macht und seines Reichtums zu. Aus jener Zeit stammen die meisten der zahlreichen Baudenkmäler und Kunstschätze, die Venedig neben seiner einzigartigen geographischen Lage zu einem Hauptanziehungspunkt von Touristen aus aller Welt machen. Als Vasco da Gama 1498 den westlichen Seeweg nach Indien findet, geht die Bedeutung Venedigs rasch zurück.

Rechts: Eine Ansicht Venedigs aus dem 14. Jahrhundert

Unten: Venezianische Schiffswerft aus dem 15. Jahrhundert. Im Bau befindet sich eine große Karacke.

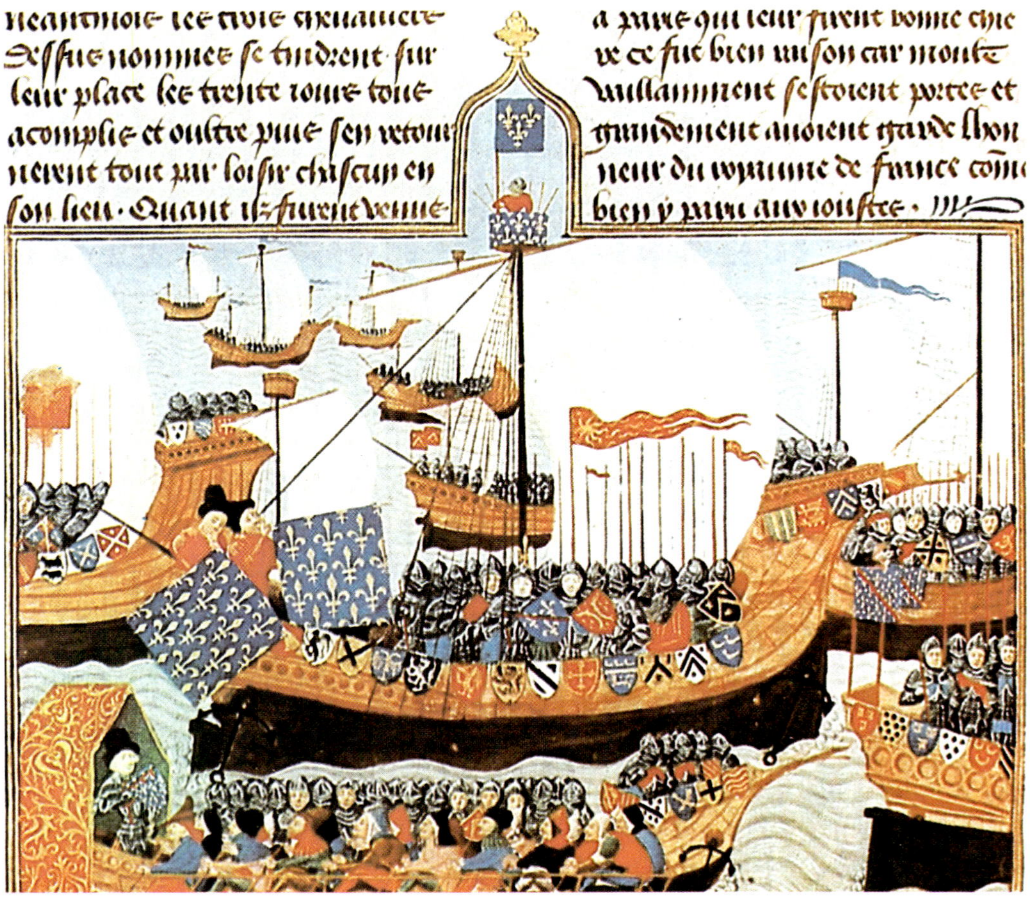

Neben Venedig war Genua im späten Mittelalter die mächtigste Stadt im westlichen Mittelmeer. Als Geburtsort des Christoph Columbus, Wirkungsstätte des großen Andrea Doria, noch heute in der Verschwörung des Fiesco lebendig, und als ein Zentrum des Schiffbaus ist der Name Genuas mit der Geschichte verbunden. Während der Kreuzzugzeit beteiligte sich Genua sehr aktiv an den Unternehmungen gegen die Ungläubigen. Unser Bild aus dem 15. Jahrhundert zeigt ein Ritterheer, das auf genuesischen Karacken und Galeeren zum Kampf gegen maurische Korsaren in See sticht. Das Lilienbanner weist auf Frankreich hin, zu dessen Einflußgebiet Genua lange Zeit gehörte.

handels in der Hand. Zu Schiff führen sie Südfrüchte, Weine und Leder nach England, Irland und den Niederlanden aus, und das genuesische Handelshaus der Lomellini erwirbt 1456 sogar das Monopol der portugiesischen Korkausfuhr.

Portugiesen und Spanier, Katalanen und Basken – und die See

Es sind keine von außen her beeinflußten Improvisationen, wenn sich im 15. Jahrhundert erst portugiesische und dann auch spanische Seeleute in die unerforschten Weiten des Atlantik wagen. Bereits seit Ende des 12. Jahrhunderts betreiben portugiesische Seeleute über den Atlantik, die Biskaya und den Ärmelkanal den unmittelbaren Handel mit den Niederlanden, der Bretagne und der Normandie, wo sie Faktoreien errichten. 1293 schließen sich Kaufleute der Westküste Portugals für den Handel mit Nordeuropa sogar zu einer Handelsgemeinschaft zusammen. Dennoch ist es bei all diesen portugiesischen Aktivitäten kein Zufall, wenn 1317 ein Genuese, der Kaufmann Manuel Pessagno, zum Admiral der portugiesischen Flotte ernannt wird.

Auch die Anfänge der spanischen Handels- und Seemacht sind älter als die der Niederlassungen der Italiener in Spanien. So kann sich beispielsweise Barcelona im Kampf gegen Genua einen nicht unbeträchtlichen Anteil am Orienthandel sichern, und seit 1296 gibt es einen Bund der kastilischen Städte, die *Hermandad de las Villas de la Marina de Castilla,* die der Deutschen Hanse nicht unähnlich ist.

Es sei auch auf die Handelsfahrten kantabrischer und andalusischer Schiffe aus atlantischen Häfen ins Mittelmeer verwiesen, auf baskische Fischerboote, die bis Neufundland zum Kabeljaufang hinauffahren, ferner an die baskischen Schiffbauer und die ausgedehnten Seefahrten der Basken, die sich in fast allen andalusischen Seestädten, besonders aber in Cádiz niedergelassen haben.

In Kastilien helfen Genuesen beim Aufbau der Handelsschiffahrt, indem sie eine größere Zahl an Schiffen liefern. Kastilische Kaufleute lassen sich in wachsender Zahl in französischen, niederländischen und englischen Seehandelsplätzen nieder, vor allem führen sie hier kastilische Wolle und andere Landesprodukte ein. Es ist also nicht so, daß Kastilien (bisher eine reine Landmacht) erst durch den Zufall und wider Willen eine See- und Kolonialmacht

wird, als ein unruhiger genuesischer Abenteurer den kastilischen Königen seinen Plan zur Entdeckung des westlichen Seeweges nach Indien anbietet.
In Aragon haben die Katalanen bemerkenswerten Anteil an der Schiffahrt nach Nordafrika und über Sizilien nach der Levante gewonnen. Man handelt mit Gewürzen und Drogen aus dem Orient und zahlt mit Sudan-Gold aus dem nordafrikanischen Handel.
Als Ceuta durch die Portugiesen erobert wird, verliert die katalanische Schiffahrt hier an Bedeutung – ebenso wie im afrikanischen Atlantikraum, wo sich die Kastilier ausbreiten. Da Katalonien Ende des 15. Jahrhunderts, vor allem nach dem Bürgerkrieg 1462–1472, eine wirtschaftliche Baisse erlebt, tritt es während der Epoche großer Entdeckungen kaum in Erscheinung.
Auch die Franzosen und Engländer werden (vorerst jedenfalls) an den wagemutigen Seereisen in unbekannte Welten weder interessiert noch beteiligt sein.
Statt dessen mischt einer der Franzosen unter den genuesischen, katalanischen, portugiesischen und vor allem venezianischen Seehandelsherren kräftig beim Mittelmeerhandel mit. Es ist der 1395 geborene Jacques Cœur, der für seinen Handel mit 30 Plätzen im Mittelmeer eine Vielzahl an Schiffen für die Transporte seiner Waren auf seinen eigenen Werften in Montpellier im Süden Frankreichs bauen läßt. Sein Einkommen ist so groß, daß ein Fünftel der Steuern, die der König von Frankreich Jahr für Jahr erhält, von ihm stammt. Seine Schiffe haben insbesondere einen guten Ruf bei den Arabern, die sie nicht belästigen. Cœur, der Marseille fast im Alleingang zum führenden Handelshafen des Mittelmeers macht, wird später in Intrigen verstrickt und der Begünstigung opponierender politischer Gruppen durch große Geldmittel verdächtigt. Er wird auch des versuchten Mordes an Agnes Sorel, der Geliebten des Königs, beschuldigt und, da Karl VII. die Ränke gegen ihn nicht durchschaut, in den Kerker geworfen. Er kann fliehen, stirbt aber 1456 in Chios.
Für die Schiffe aus dem Norden indessen bilden auch im 16. Jahrhundert die atlantischen Häfen der Iberischen Halbinsel im allgemeinen den Endpunkt. Die ersten, die die Grenze durchbrechen, sind die Engländer. Schon in der zweiten Hälfte des 15. Jahrhunderts gelangen ihre Fahrzeuge ins Mittelmeer, und zu Beginn des 16. Jahrhunderts ist Chios bereits ein bedeutender Anlegeplatz englischer Schiffe.

Marco Polo und die Dschunken

Erstmals erfährt die westliche, genauer gesagt die mittelmeerische Welt detaillierte Einzelheiten über das geheimnisumwitterte, Kathei genannte China, als der Venezianer Marco Polo nach vielen Jahren heimkehrt. Er übernimmt im Kriege Venedigs gegen Genua das Kommando einer Galeere, wird von den Genuesen gefangengenommen und diktiert im Gefängnis seinem Mitgefangenen Rostichello seine wundersamen Abenteuer.
Es begann 1271: Marco Polo ist 17 Jahre alt, als er mit seinem Vater und seinem Onkel nach Kambuluk (dem heutigen Peking) aufbricht. Vater und Onkel stammen aus einer vornehmen venezianischen Händlerfamilie und waren schon vorher – ohne Marco – bis zum Gelben Fluß gereist. Sie hatten es auch gewagt, bis zum Kublai Chan, dem mächtigen und geheimnisumwitterten obersten Fürsten der Tataren, weiterzufahren.
Die drei Reisenden fahren nun zunächst nach Jerusalem, um für Kublai Chan das ihm versprochene heilige Öl zu holen. Sie kommen auf ihrem weiteren Weg nach Hormos vor der Nordküste des Persischen Golfes. Ständig bringen Schiffe Gewürze, Edelsteine, Perlen, Gold, Elfenbein, Seide und andere exotische Waren. Als die Polos jedoch die schwachen, seeuntüchtig erscheinenden Boote sehen, ändern sie ihren Plan vom Seeweg und setzen ab hier die Reise auf dem Landweg fort. Nach vier Jahren erreichen sie über das »Dach der Welt« in Shangtu ihr Ziel. Kublai Chan, Herrscher über nahezu die halbe bekannte Welt, bereitet den Fremden erneut einen herzlichen Empfang. Er ist von Marco Polo, der bald drei asiatische Sprachen fließend sprechen, lesen und schreiben kann, derart beeindruckt, daß er ihn als Vertrauten und Beamten mit verschiedenen Geheimmissionen auf Reisen schickt. Dadurch kommt Marco Polo bis Tibet, Burma und Indien.
Besonderes Augenmerk widmet Marco Polo in seinem späteren Bericht dem »Wunder des Kaiserkanals«, jenem riesigen künstlichen Fluß, der nach dem Jangtsekiang der wichtigste Wasserweg Chinas ist. Dieser Kanal wurde in der Zeit um 600 geschaffen. Ein Phänomen bietet sich in Tsining, denn hier fließt ein Teil des Flußwassers des Wen mit der Kanalströmung nach Norden, also »flußaufwärts«, während der übrige Fluß parallel zum Kanal nach Süden strömt. So bewegen sich denn die Schiffe, von der Strömung getrieben, ohne weiteren Antrieb auf dem Kanal und dem Fluß in beiden Richtungen zwischen den Städten hin und her. Erst im 19. Jahrhundert bestätigen europäische Reisende, was in Polos Berichten bislang immer angezweifelt wurde. Ähnlich unwahrscheinlich schienen Polos Schilderungen über den Jangtsekiang, »der hinsichtlich der Schiffe alle von Christen befahrenen Flüsse übertraf. Ich gebe mein Wort, daß ich in dieser Stadt (Jcheng) zu einem Zeitpunkt fünftausend Schiffe sah, die alle im Fluß lagen. Der Fluß fließt durch mehr als 16 Provinzen, und an seinen Ufern liegen mehr als 200 Städte mit mehr Schiffen als in Jcheng. Jedes Jahr fahren 200 000 Schiffe flußabwärts und ebenso viele kehren, an Schlepptauen von Pferdegespannen gezogen, wieder zurück.«
Polo berichtet in Verbindung mit dem 1,6 Kilometer breiten Huangho, »daß die Städte an den Ufern 15 000 Kriegsschiffe des Chans beherbergten. Jedes von ihnen hatte eine zwanzigköpfige Mannschaft und konnte bis zu 15 Reiter mitsamt Pferden und Vorräten an Bord nehmen.« Mit einer solchen Armada versuchte der Chan 1281 Japan zu erobern.
Was die Handelsfahrten über See angeht, so hatte China laut Marco Polo bereits vom 7. Jahrhundert an regelmäßig Dschunken nach Indien und darüber hinaus geschickt. Unter der Ming-Dynastie (ab 1368) fährt eine Flotte von sogar mehr als 60 Schiffen nach Indien. Im Verlauf der darauf folgenden 20 Jahre laufen sieben Flotten verschiedene Häfen an, von Aden bis zur afrikanischen Ostküste. China beherrscht in der Tat den Indischen Ozean. Dann, am Ende des 15. Jahrhunderts, gibt es einen politischen Wechsel in Peking, und der ozeanische Handel erlebt ein jähes Ende. Daneben schließt sich mit der Eroberung Konstantinopels durch die Türken im Jahre 1453 und dem Aufbau eines mohammedanischen Reiches am östlichen Mittelmeer das Haupttor des Überlandweges nach dem Fernen Osten. Erst im 17. Jahrhundert wird China über die stärkste Missionswelle der Europäer, die je über See anrollte, erneut erschlossen.
Wir wissen heute mehr als Marco Polo über die frühen Seefahrten der Chinesen. Schon der Herrscher Fu Hsi soll nach einer Niederschrift aus dem Jahre 2852 v. Chr. sein Volk die Kunst des Bootsbaus und den Gebrauch von Netzen für den Fischfang gelehrt haben. Fu Hsi dürfte indessen in das Traumreich der Mythologie zu verweisen sein, denn die reale Geschichte chinesischer Herrscher beginnt erst mit der Shang-Dynastie der Jahre 1766

Linke Seite: Auf seiner Reise nach China kommt Marco Polo auch nach Hormos, das damals noch auf einer Insel lag, die der Stadt ihren Namen gab. Geringe Reste der alten Festung sind noch heute vorhanden. Hormos war zur Zeit Marco Polos eine der reichsten Handelsstädte der Welt. Von hier aus wollte Marco Polo auf dem Seeweg nach China weiterreisen, aber er änderte seinen Plan, als er feststellte: »Die Fahrzeuge, die man in Hormos baut, sind primitiv, und es ist gefährlich, sich ihnen anzuvertrauen.«

Rechts: Auf dem Landweg nach China, der zunächst durch Persien führt, kommt Marco Polo an diesem Turm des Schweigens vorbei. Hier setzten die Parsen ihre Verstorbenen den Aasvögeln aus, eine für uns zivilisierte Menschen makabre Luftbestattung, angesichts der enormen Hitze in jener Zone aber aus hygienischen Gründen durchaus verständlich.

Unten: Schon Marco Polo berichtete von jener Reise nach China über flußaufwärtsfahrende, mit Menschen- oder Pferdekraft gezogene Schiffe. Dieses Treideln ist noch heute in China üblich, wie hier am Lijiang bei Yangshou.

bis 1122 v. Chr. Aus dieser Epoche sind uns in Knochen eingravierte Bilder von Booten bekannt.

Obwohl China über eine verhältnismäßig lange Seeküste verfügt, ist und bleibt es ein Bauernvolk, lediglich von den Küstenplätzen aus entwickelt sich ein Handel über See. Hierzu lehrt die Geschichte einen alten Grundsatz Chinas: Solange Fremde einen regen Seehandel mit dem Land unterhalten und regelmäßig nach China fahren, kann die eigene Seeschiffahrt unbedeutend bleiben. Versiegt aber dieser Strom der Fremden, so vollbringen die Chinesen selbst ansehnliche Leistungen bei weiten Reisen über See.

Der Ansatzpunkt zu den ersten echten Seefahrten dürfte jedoch erst im 12. Jahrhundert v. Chr. zu suchen sein, als erstmals chinesische Boote über das Kap Jangtse hinaus in das inselreiche Vorfeld der ostchinesischen See auslaufen.

In der wohl ältesten detaillierten Beschreibung einer chinesischen Dschunke ist nachzulesen: »Wir müssen mit der Beschreibung der Handelsschiffe beginnen, die aus Tannenholz erbaut sind. Sie haben ein einziges Deck, und der Raum darunter ist unterteilt in 60 Kämmerchen - mehr oder weniger, je nach Schiffsgröße -, und jedes stellt den winzigen Wohn- und Schlafraum eines Kaufmannes dar. Jede Dschunke besitzt nur ein Steuerruder und vier Masten mit ebenso vielen Segeln, einzelne haben zwei weitere, die nach Bedarf

geheißt und gefiert werden. Außer der erwähnten Einteilung in Kämmerchen sind größere Dschunken im Rumpf durch dicht gefugte Planken in dreizehn Abteilungen unterteilt zu dem Zweck, das Fahrzeug zu sichern, wenn es leck springt durch Auflaufen auf einen Felsen zum Beispiel oder beim Zusammenstoß mit einem Walfisch, was keineswegs so selten vorkommen soll ...«

Es bleibt zu diesen topplastig scheinenden und für westliche Begriffe ungewöhnlichen, wenn nicht gar »lächerlichen« Hochseedschunken zu sagen, daß sie verhältnismäßig breit und kurz und daher in ihrer Form plump und schwerfällig wirken. In Wirklichkeit aber sind sie bemerkenswert leistungsfähige Schiffe, von denen man insgesamt 70 verschiedene Typen gezählt hat. Die nordchinesischen Dschunken haben einen breiten Bug und einen flachen Kiel, die südchinesischen verfügen über einen größeren Tiefgang. Sie unterscheiden sich in vielen weiteren Merkmalen, aber die Grundprinzipien sind bei allen ähnlich:

Sie haben für gewöhnlich einen aufwärts gekrümmten Bug und ein ebenso aufwärts gekrümmtes hohes Heck, während das Mittelschiff niedrig ist. Die Dschunken sind aus starken Planken in Kraweelbauweise gebaut, und die Schotte sind aus Hartholz, zum Beispiel Kampfer. Das massive Heckruder befindet sich in einem Rumpfgehäuse und kann, wenn nötig, hochgezogen werden. Über die ganze Länge des flachen, floßartigen Rumpfes läuft ein Bohlendeck. Eine Reihe von Luken deckt bei den frachtfahrenden Dschunken mittschiffs die Öffnungen zu den zahlreichen Laderäumen ab. Kapitän wie Besatzung wohnen – wie zum Beispiel auf der langen Petschil-Dschunke aus Nordchina – unter dem Quarterdeck.

Die japanischen Dschunken, die sich in vielerlei Hinsicht von den chinesischen unterscheiden, sind erheblich breiter und schwerer. Ihre Segel haben keine Bambus-

Man hat die plump wirkenden chinesischen und japanischen Dschunken in Europa lange belächelt, ehe genauere Untersuchungen zeigten, daß diese Schiffe in ihrer genialen Einfachheit den europäischen Schiffen bis mindestens zum 15. Jahrhundert weit voraus waren. Die an den stengenlosen Pfahlmasten befestigten Segel, die von einer bedeutenden Autorität als die Vollendung höchstmöglicher aerodynamischer Wirksamkeit beschrieben wurden, sind eine Art rechteckige Sturmsegel, die aus Bambusmatten (und später aus Leinen) gefertigt sind. Sie bestehen aus länglichen, mittels Bambusleisten versteiften Bahnen und arbeiten nach dem Prinzip einer Jalousie, das heißt, sie legen sich beim Herunterlassen ganz einfach in Falten zusammen. Es gibt keine Stagen und keine Wanten, jede Bahn hat aber ihr eigenes, um den Mast herum führendes »Halsband« und ihren eigenen Tampen, der zur Großschot führt, so daß alle Bahnen auseinander- oder zusammengezogen werden können und das Reffen bei aufkommendem schlechtem Wetter zu einer einfachen Sache wird. Oben sehen wir die typisch südchinesische Dschunke mit bogenförmiger Ober- und Achterkante, rechts eine nordchinesische Dschunke mit rechteckigen Segeln und zahlreichen Zwischenrahen.

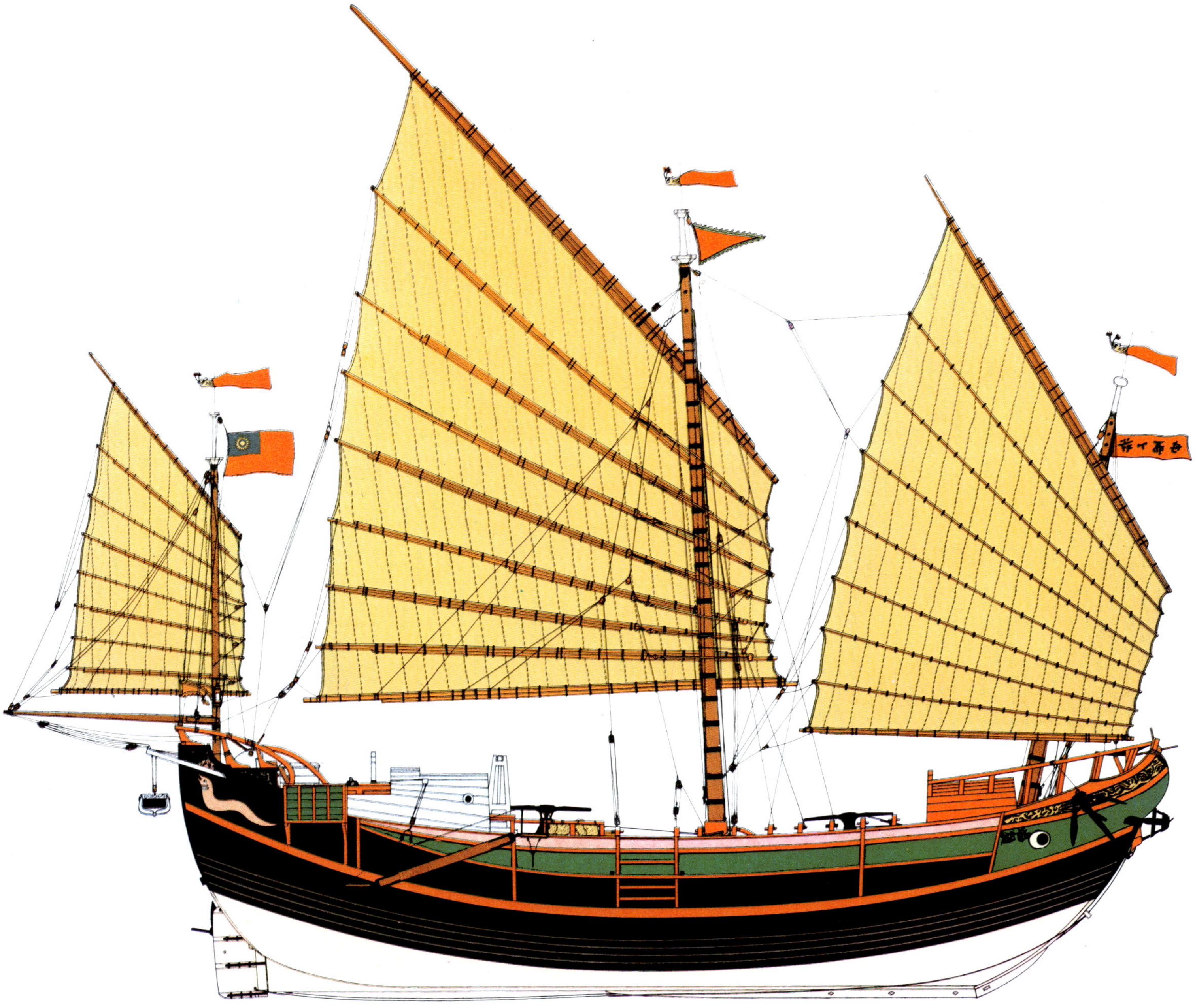

Oben: Modellzeichnung der berühmten farbenfrohen Futschou-Dschunke, die nahezu seit eintausend Jahren ohne wesentliche Änderungen gebaut wird

Unten: Das reich bemalte Heck einer Futschou-Dschunke

leisten, sondern sind an Rahen befestigte Rechtecke aus Matten oder Stoff. Das Ruder ruht in einem zum Wasser hin offenen Well.
Dschunken der verschiedensten Art haben sich bis zum heutigen Tag erhalten. Erwähnung verdient die Futschou-Dschunke, die man heute noch gerne für Touristen baut und die einst als *jock junk,* als Stangenholzdschunke, bekannt war. Typisch für das Futschou-Schiff war das reich und farbenfroh bemalte Heck. Der Phönix, Symbol der Unsterblichkeit, war die beherrschende Figur, von Drachen umgeben und mit den Symbolen von Macht, Größe, Reichtum und Unabhängigkeit geschmückt. Ein blutrotes Seeungeheuer am Quarterdeck weist auf die Heimat, auf die Provinz Fukien hin.

Der Hundertjährige Krieg zwischen England und Frankreich

Wie im Mittelmeer, wo sich Venedig und Genua um die kommerzielle Vormachtstellung bekämpfen, gibt es auch in Mitteleuropa um fast die gleiche Zeit einen Konfliktstoff mit maritimen Auswirkungen. Anfang des 14. Jahrhunderts bricht zwischen England und Frankreich Krieg aus, denn der territoriale Besitz der englischen Könige auf französischem Festland ist ein ständiges Ärgernis zwischen beiden Ländern. Der Krieg geht als »Hundertjähriger Krieg« (1339–1453) in die Geschichte ein, obwohl der Konflikt schon fast das ganze 13. Jahrhundert währte. Zum Zeitpunkt des Ausbruchs der Feindseligkeiten verfügen

weder die Engländer noch die Franzosen über reguläre Flotten. Beide Seiten setzen daher bewaffnete Handelsschiffe mit dem Ziel der gegenseitigen Invasion ein.
1213 konzentrieren die Franzosen im Hafen von Damme (Brügge) eine 1300 oder gar 1700 Schiffe starke Flotte, die gegen den von den Engländern unterstützten Grafen von Flandern und damit gegen Gent vorgehen soll. Die Engländer schicken eine Flotte von 500 Schiffen zur Unterstützung des Grafen. Da aber die vor Damme ankernden französischen Schiffe wegen der Belagerung des nur 6 Kilometer entfernten Gent schwach bemannt sind, erobern die Engländer spielend 300 Schiffe, die sie nach England schicken, während sie 100 weitere verbrennen.
Die an Land gehenden englischen Soldaten können sich aber gegen die herbeieilenden Truppen des Königs Philipp nicht behaupten. Sie werden gezwungen, wieder an Bord zu gehen. Philipp jedoch findet seine Restflotte derart beschädigt vor, daß er sie kurzerhand am Strand verbrennen läßt. Es waren ohnehin Fahrzeuge einfachster Art und leicht zu ersetzen.
1216 kämpft der französische Dauphin Louis in Südengland mit Hilfe englischer Barone um die englische Krone. Die Franzosen schicken zur Unterstützung eine Flotte von 80 großen bewaffneten Handelsschiffen und 600 kleineren Fahrzeugen unter der Führung von Eustach dem Mönch von Calais nach England. Doch ein Nordoststurm zerstreut diese Flotte, und Louis geht so ziemlich allein an der Themse an Land, wo er samt seinen englischen Anhängern am 27. Mai 1216 von königstreuen Engländern erschlagen wird. Auf diese Nachricht hin schifft Eustach der Mönch von Calais auf den erhalten gebliebenen 80 Schiffen Hilfstruppen ein. Diese Flotte wird von der 40 Schiffe starken Flotte der königstreuen »Cinque Ports« (das sind die englischen Häfen Dover, Romney, Hythe, Hastings und Sandwich) unter Hubert de Burgh in der Kanalenge von Dover gestellt. Burgh wendet erstmals in der Geschichte der Seekriege eine Segeltaktik an. Er passiert mit seinen Schiffen die auf Nordostkurs liegenden Franzosen, geht auf Gegenkurs, dreht in das Kielwasser der Franzosen ein und greift die französischen Schiffe nacheinander von hinten an. Da deren Besatzungen keine Schützen für ein Ferngefecht an Bord haben, werden sie durch die Geschosse der englischen Bogenschützen niedergehalten.
Beim Kampf Bord an Bord benutzen die Engländer mit bester Wirkung auch ungelöschten Kalk, den der Wind den verblüfften, hilflosen Franzosen in die Augen treibt.
Mehr noch der Raffinessen: Die englischen Enterer kappen als erstes die Fallen, so daß die Segel den französischen Mannschaften wie Netze über die Köpfe fallen. Nur 15 der französischen Roggen entkommen.
Auf beiden Seiten ist man inzwischen bemüht, das Schiffsmaterial zu verbessern. In Frankreich gibt Philipp, genannt der Schöne, 1292–1294 Weisungen für den Bau von Schiffen in Marseille wie auch für den Kauf von Galeeren in Genua. Der Genuese Enrico Marchese entwirft Pläne für den Bau des ersten französischen Arsenals in Rouen. Fertiggestellt, wird es zu einem der Kernstücke der im Aufbau befindlichen französischen Flottenorganisation. Das zentrale Hafenbecken wird von hohen Wällen und einem Graben umgeben, während die eigentliche Galeerenwerft nur durch eine Schleuse zugänglich ist. Auf dieser Werft können 17 Schiffe gleichzeitig gebaut werden. Bis 1295 hat die Werft 50 Schiffe gebaut, von denen die RICHESSE das Flaggschiff wird.
Mit der neuen Flotte ausgestattet, entschließt sich der schöne Philipp, von seinem genuesischen Befehlshaber Benedetto Zaccaria angeregt, 1297 zu einer Blockade der englischen Insel. Er bringt 200 Galeeren, 100 große bewaffnete Handelsschiffe mit zusammen 50000 Mann auf die Beine beziehungsweise auf die See. Admiral Michel du Mans befehligt die stolze maritime Streitmacht, die er nach des Königs Befehl mit dem Schlachtruf anführt: »Fegt die Engländer von den Meeren hinweg!« Tatsächlich wird der mit den Schiffen betriebene Handel mit England derart nachhaltig unterbunden, daß die Flamen ihre mit England bestens florierende Wollindustrie gefährdet sehen und rebellisch werden.
Im August 1304 belagert der von England unterstützte Graf von Flandern mit seiner starken flämischen Flotte die auf der Insel Schouwen in der Scheldemündung gelegene Stadt Zierikzee vom Wasser und mit seinem Heer auch zu Lande. Die Franzosen kommen dem bedrängten Grafen von Flandern mit einer Entsatzflotte zu Hilfe. Der Kampf um Zierikzee tobt zwei Tage. Die flämische Flotte, die angeblich 40000 Mann Truppen an Bord hat, wird besiegt. In dem engen Fahrwasser manövrieren die Galeeren viel wendiger als die Segelschiffe. Auch das Entern ist den Flamen noch unbekannt. Das Gemetzel unter den unerfahrenen Soldaten des flandrischen Grafen ist zeitgemäß grausam. Der Graf selbst, dessen Flaggschiff verlorengeht, wird gefangengenommen.
Als 1328 Edward III. von England Ansprüche auf den französischen Thron erhebt und sich ab 1337 selbstherrlich König von Frankreich nennt, eröffnet König Philipp VI. von Frankreich neue Kampfhandlungen. Mit einer gemieteten genuesischen Flotte jagt er 1338 die englischen Schiffe im Kanal. Unter diesen fallen den Franzosen die großen Schiffe CHRISTOPHER und EDWARD in die Hände. 1339 kontern die Engländer. Schiffe der »Cinque Ports« greifen ein französisches Raubgeschwader vor Dover an. Sie hetzen und verfolgen es bis nach Boulogne, wo sie die hier liegenden Schiffe zerstören. Zwölf der Kapitäne hängen sie auf.
Am 24. Juni 1340 kommt es zur Schlacht bei Sluis, als Edward III. an Bord der Kogge THOMAS eine Landung in Frankreich versucht. Zur Verfügung stehen ihm eine Flotte von 200 Schiffen sowie das nördliche Geschwader unter Admiral Marley mit zusammen 250 Schiffen. Sluis ist um diese Zeit, seitdem der nahe Hafen Damme versandet ist, der Mittelpunkt des nordischen Welthandels geworden, an dessen Besitz Edward III. viel gelegen ist. Edward III. sieht sich in der Westerschelde einer in drei Geschwader unterteilten französischen Flotte von etwa 400 Schiffen gegenüber. Sie liegen hier, bemannt mit 35000 Mann, in Erwartung des Feindes im engen Fahrwasser vor Anker. Sie sind geschwaderweise mit Ketten verbunden, die großen Schiffe vorn, die Galeeren als Reserve dahinter.
Dank seiner Beweglichkeit überwindet Marley mit seinen Einheiten von den Schiffen der ersten feindlichen Linie eines nach dem anderen. Die Schiffe der zweiten und dritten Linie der Franzosen verzichten daraufhin auf weiteren Widerstand. Viele werden von ihren Besatzungen kampflos verlassen. Dennoch sind die Menschenverluste unter den Franzosen ungeheuerlich. Es sollen 30000 Mann umgekommen sein. Die Engländer hingegen verlieren nur 4000 Mann, aber kein einziges Schiff.
1347 nimmt Edward III. in seinem letzten maritimen Sieg Calais ein, das er fast ein Jahr lang blockiert hat. Seine Flotte ist 120 Schiffe stark, und die Franzosen haben dem nichts entgegenzusetzen.
Zu jener Zeit gilt auf fast allen Handelswegen, also auch im Ärmelkanal, das Recht des Stärkeren. Im Kanal üben die Engländer die Seemacht jedoch nur bedingt aus, denn die Schiffe der kastilischen Marine – sie ist noch immer die stärkste Seemacht der Welt in dieser Zeit – sparen nicht mit Kaperungen englischer Schiffe und Plünderungen englischer

Küstenstädte. Kein Wunder, daß das die Engländer ergrimmt, besonders die letzten Vorkommnisse: 40 spanische Handelsfahrer, zum Handel wie zum Gefecht gleichermaßen ausgerüstet, hatten auf ihrem Weg zum Löschhafen Sluis ohne Rücksicht auf den ausgerufenen Friedenszustand mehrere englische Schiffe genommen und deren überlebende Besatzungen skrupellos über Bord geworfen. Eduard III. erwartet auf der einmastigen, 250 t großen Kogge THOMAS mit seinem Sohn und Thronfolger, dem »Schwarzen Prinzen«, mit 50 Schiffen die wertvollen und tiefabgeladenen Spanier bei Winchelsea. Don de la Cerda, der Führer des spanischen Konvois, erfährt zwar rechtzeitig von den geheimen Absichten der Engländer, geht aber stolz wie ein Spanier mit seinen Schiffen den auf Lauer liegenden Engländern nicht aus dem Wege.

Am 29. August 1350 bekommt die vor einer frischen Nordostbrise laufende spanische Flotte die englischen Schiffe in Sicht. Edward III. befiehlt, die Anker zu lichten, und segelt dem Feind entgegen. Entsprechend der mit seinem Kommandanten abgesprochenen Taktik läßt er einen Spanier mit großem Bug geradewegs gegen den Bug seines Schiffes anrennen, während seine Bogenschützen auf dem gegnerischen Deck tüchtig aufräumen. Der Rammstoß ist derart heftig, daß der Mast des Spaniers mitsamt den Kriegern in der Mars über Bord geht, die THOMAS indessen ist leckgesprungen. Da des Königs Schiff vornehmlich mit kampfgewohnten Rittern bemannt ist, wird die spanische Besatzung bei der Enterung überwältigt und – wie üblich – ob tot, verwundet oder noch kerngesund über die Reling geworfen.

Währenddessen ist die havarierte THOMAS tiefer und tiefer gesunken und plötzlich weggesackt, so daß auch Edward III. auf der spanischen Prise ausharren muß.

Ähnlich erging es inzwischen dem »Schwarzen Prinzen«. Da auch das Schiff des Thronfolgers beim Rammstoß leck geworden ist, versinkt es längsseit des genommenen Spaniers.

Die Niederlage der Spanier ist komplett. Mehr als 20 ihrer Schiffe wurden in diesem ersten Seegefecht der englischen Geschichte als Prisen genommen. Auf englischer Seite hat man nur die beiden gesunkenen Koggen zu beklagen, jedoch viele Männer der mutigen Entermannschaft verloren.

Dieses Gefecht ist übrigens noch aus anderen Gründen bemerkenswert, so zum Beispiel wegen des Zusammenstoßens von Schiffen, die nicht zum Rammen gebaut oder geeignet waren. Daß die Flotte persönlich vom König und dessen Kronprinz kommandiert wird, beide aber ihre Schiffe verlieren und sich an deren Stelle ersatzweise feindliche Schiffe erkämpfen, dürfte in der maritimen Geschichte ein einmaliger Fall sein. Dieses Gefecht ist bezüglich des Seehandels und des Seeverkehrs ein Beispiel dafür, daß das Kapern von Schiffen – da kein Kriegszustand, kann man es als Seeraub apostrophieren – zur Zeit Edwards III. in großem Maßstab und gleichzeitig als königlicher Sport betrieben wurde.

Um die Blockade Englands zu verstärken, löst Karl V. von Frankreich, der Weise genannt, 1364 seine Mittelmeerflotte auf. Zusammen mit Kastilien konzentriert er die französischen Schiffe auf den Raum der Biskaya und den Ärmelkanal.

1368 antwortet Edward III. mit der Diskriminierung ausländischer Schiffe. Ein Gesetz wird verabschiedet, nach dem für den Seetransport englische Schiffe zu bevorzugen sind. Dieses Gesetz wird auch in die spätere Navigationsakte aufgenommen und bleibt über 500 Jahre rechtswirksam. Auch die übrigen Schiffahrtsnationen machen von dieser Regelung Gebrauch, und die Flaggendiskriminierung wird bald zum Charakteristikum des Seehandels in Europa.

Ein Versuch der Engländer, am 22. und 23. Juni 1372 das von den Franzosen belagerte La Rochelle durch eine Flotte unter Graf Pembroke zu entsetzen, endet nach einem Gegenangriff einer hier stationierten, aber von Pembroke nicht vermuteten französisch-kastilischen Flotte unter Admiral Ambrosio Bocanegra mit der Vernichtung der englischen Flotte. Pembroke wird gefangengenommen. Guyenne, zusammen mit der Gascogne seit Mitte des 12. Jahrhunderts durch die Heirat von Eleonore von Aquitanien und Heinrich II. mit England verbunden, fällt als Folge dieser Niederlage an Frankreich zurück. 1375 hat Karl V., der auch auf französischem Boden Krieg gegen die Engländer führt, die Engländer bis auf die festen Plätze Bayonne, Bordeaux und Calais vertrieben.

1377 wird England noch stärker als bisher auch im Ärmelkanal bedrängt. Aus französischen Häfen heraus operieren Franzosen und Schotten gemeinsam gegen englische Häfen. Am 29. Juni wird Rye in Brand gesteckt, im Juli Folkestone, Portsmouth, Dartmouth, Hastings und Yarmouth und weitere Städte.

1386 hingegen hat England Glück, denn eine große Invasionsflotte der Franzosen – man spricht von 1300 Schiffen und 60000 Mann an Bord – wird im Kanal von einem schweren Sturm überrascht und fast ganz vernichtet, ehe auch nur ein Mann englischen Boden betreten kann.

Die Ohnmacht zur See trägt in England dann nachhaltig zum Sturz des schwachen Königs Richard II. durch seinen Vetter Bolingbroke bei, der 1399 aus der Verbannung zurückkehrt und mit einem kleinen Geschwader ungehindert in Yorkshire landen kann, wo man ihn als Befreier heftig feiert.

Nach einer kurzen Phase relativer Ruhe wird neuer Konfliktstoff zwischen den beiden Ländern aufgebaut. 1406 wird in England, in dem jetzt Heinrich IV. regiert (1399–1413), die Position eines Lord-Admirals von England geschaffen. Der erste Träger dieses Titels ist John Beaufort. England besinnt sich nun immer stärker auf eine eigene Flotte, und im Jahre 1410 wird das Schiff CHRISTOPHER OF THE TOWER erwähnt. Es hat drei eiserne Kanonen mit eigener Ladebuchs und damit die ältesten bekannten Hinterlader an Bord.

Der 24. September 1415 ist für die erwachende englische Seemacht ein bemerkenswerter Tag. Heinrich V., seit 1413 König von England, nutzt den in Frankreich ausgebrochenen Bürgerkrieg und landet mit einer Flotte von 1400 Schiffen und 30000 Soldaten östlich von Le Havre bei Harfleur in der Seinemündung. Nach der am 25. Oktober 1415 erfolgten Invasion gewinnt er die als besonders blutig bezeichnete Schlacht bei Azincourt über das fast doppelt so starke französische Heer König Karls VI., dem man später den Beinamen »der Wahnsinnige« gibt. Ohne Rechtsanspruch maßt sich Heinrich V. den Titel eines Königs von Frankreich an und besetzt ganz Nordfrankreich.

Die Insel Mont St. Michel, der heute so berühmte Wallfahrtsort, verteidigt sich 30 Jahre lang gegen die Engländer, und die Seeleute in St. Malo erwerben sich bei der Verteidigung ihrer Stadt unsterblichen Ruhm.

Unter Karl VII. (1422–1461) endet der Hundertjährige Krieg, der sehr wesentlich von den Seeoperationen und Invasionen bestimmt worden ist. Der Endkampf beginnt 1429 mit Jeanne d'Arc und findet 1453 sein Ende. Die Engländer können sich lediglich noch in Calais behaupten, das sie bis 1558 behalten.

In seinen berühmten »Chroniques«, entstanden zwischen 1373 und 1400, beschreibt der französische Geschichtsschreiber Jean Froissart auch die Seeschlacht von Sluis am 24. Juni 1340.

Quant le roy dan
gleterre z ses ma
reschaulx eurent
ordonnees leurs
batailles et leurs nauires
moult richement z sagement
Ilz firent tendre et traire
les voiles contremõt et vin
drent au vent de quartier
sur destre pour auoir lauantage
du souleil qui en venant
leur estoit ou visaige. Si
sauiserent que ce leur pouoit
trop nuyre et destournerent vng

pou et tournoyerent tant qlz
leurent a leur voulente. Les
normans qui les veoient
tourner sesmerueilloient
pour quoy ilz le faisoient z
disoient ilz resoingnet et
recullent Car ilz ne sont
pas gens pour combatre a
nous. Bien veoient les nor
mans par les banieres q le
roy dangleterre y estoit per
sonnelement. Si misrent
leurs vaisseaulx en bon estat
Car ilz estoient saiges en

Die Epoche der Entdeckerreisen

Auf diesem Meer treibt man keine Schiffahrt

Vielfach ist nachzulesen, daß Portugals Infant Dom Henrique, der später als »Heinrich der Seefahrer« in die Geschichte eingegangen ist, der geistige Urheber der ozeanischen Entdeckungsreisen des 15. Jahrhunderts gewesen sei. Man läßt das überseeische Entdeckungszeitalter erst mit dem portugiesischen Infanten beginnen und bezeichnet ihn als den Gestalter dieser Epoche. Er – als fünftes Kind des portugiesischen Königs Jão I. und dessen englischer Gattin Philippa von Lancaster 1394 in Porto geboren – sei es allein gewesen, »der den Samen für die stolzen Erntetage eines Columbus, eines Vasco da Gama, eines Magellan ausgestreut hat«. Ohne die Leistung des Infanten schmälern zu wollen, bleibt jedoch festzustellen, daß die Zeit in mehrfacher Hinsicht reif geworden war für solche atlantischen Unternehmungen, vor denen die seefahrenden Araber noch in der ersten Hälfte des 11. Jahrhunderts warnten: »Auf diesem Meer treibt man keine Schiffahrt wegen der Dunkelheit der Luft, der Dicke des Wassers, der Verwirrung der Fahrstraßen und wegen der vielen Möglichkeiten, sich zu verirren, ungerechnet die nur geringen Vorteile, die man bei einer Rückkehr von einer so weiten Reise heimbringen kann.«

Wenn man einmal von den bereits behandelten phönizischen (punischen) Fahrten rund um den schwarzen Erdteil von Westen her und den nordatlantischen Entdeckerfahrten der Wikinger absieht, dann sind solche Seereisen in den südlicheren Teil des damals bekannten Atlantik wahrscheinlich von der abergläubischen Phantasie der Seeleute im Mittelmeer gebremst worden.

Dessenungeachtet rüsten anno 1291 die genuesischen Brüder Ugolino und Vadino Vivaldi mit Unterstützung der Bürger Genuas und Tedisio d'Orla's zwei »aufs beste mit Lebensmitteln und Trinkwasser und anderen Notwendigkeiten ausgerüstete« Galeeren für eine atlantische Expedition aus. Vermutlich geschah dies aus der Handelsrivalität mit Venedig heraus, das ja 20 Jahre zuvor Marco Polo nach China entsandte. Einige Quellen sprechen sogar davon, daß es das Ziel dieser Schiffe gewesen sei, Afrika zu umrunden, um die indischen Länder auf dem Seewege zu erreichen. Die Vorteile einer solchen Seeverbindung gegenüber dem venezianischen Karawanenhandel waren nicht zu übersehen.

Die Schiffe segelten im Mai 1291 über Mallorca in Richtung Ceuta. Nach dem Umschiffen des Kaps Noun blieben die Seefahrer jedoch verschollen. Der Sohn des Ugolino suchte 1325 nach den Spuren seines Vaters, unter anderem auch an der ostafrikanischen Küste, wodurch sich die Vermutung ergab, eine der Galeeren sei erst nach dem Umfahren von Afrika an der Küste von Somaliland gestrandet. Die Schiffbrüchigen habe man ins Land Abdesselib (Abessinien) verschleppt, wo man vornehme Christen gefangenhalte.

Im Jahre 1341 starten auf Befehl des portugiesischen Königs Alfonso IV. Italiener und Portugiesen eine gemeinsame Unternehmung in den Atlantik. Nach einem angeblich von Boccaccio verfaßten Manuskript berichteten florentinische Kaufleute aus Sevilla: »Am 1. Juli dieses Jahres liefen zwei Schiffe, die vom portugiesischen König mit allem Bedarf ausgestattet worden waren, und mit ihnen ein gut armiertes, mit Florentinern, Genuesen, kastilischen Spaniern und anderen Spaniern bemanntes kleines Schiff aus und gewannen die hohe See.« Anführer sollen der Florentiner A. del Teggio de Corbizz und der Genuese N. da Recco gewesen sein. Sie erreichten die Kanaren nach fünf Tagen, betrieben Tauschhandel und nahmen vier Kanarier gewaltsam mit.

Die Katalanen, ebenso tüchtige Kaufleute wie Seefahrer, schalten sich weiterhin ein. Ziel der aus Mallorca auslaufenden Schiffe ist hauptsächlich die Insel Gran Canaria. Schließlich versucht der Normanne Jean de Béthancourt zusammen mit G. de la Salle im Einvernehmen mit dem kastilischen König Heinrich III. die systematische Besiedelung der Kanarischen Inseln Lanzarote, Fuerteventura und Hierro. Diese Inseln sind bereits im 11. Jahrhundert von Arabern und im 14. Jahrhundert von französischen Schiffen angelaufen worden.

Astronomische Voraussetzungen

Es war eingangs die Rede von der Zeit, die »reif« war für die Entdeckungen. Dazu zählen auch wissenschaftliche, technische, nautische und schiffbauliche Leistungen der jüngsten Zeit. Erinnert sei an die Fortschritte, die bereits die Araber, beflügelt durch den Griechen Claudius Ptolemäus und dessen Buch »Syntaxis mathematike«, in der Astronomie erzielt haben. Dieses astronomische Lehrbuch wurde unter dem von den Arabern gegebenen Namen »Almagest« weltberühmt und zur allgemein verbindlichen Lehre der Astronomie bis zur Zeit des Kopernikus Mitte des 16. Jahrhunderts. Danach befindet sich die Erde in Kugelgestalt im Mittelpunkt des sphärisch gewölbten Himmels. Der in Toledo und Córdoba wirkende Astronom Azarquiel hatte inzwischen neue Theorien über die Fixsterne und die elliptischen Bahnen der Planeten aufgestellt. Von Ma-sa-allah sind aus dem 8. Jahrhundert und von Aben Assafar aus dem 11. Jahrhundert Arbeiten über den Bau und den Gebrauch des schon von Ptolemäus als Astrolabium (= Sternerfasser) beschriebenen Geräts zum Messen von Höhenwinkeln der Gestirne bekannt. Inwieweit die Araber dieses Gerät auch in der Schiffahrt verwendet haben, steht dahin. In der europäischen Welt sollen erst in der Mitte des 15. Jahrhunderts die Ärzte Roderich und Josef und auch Martin Behaim aus Nürnberg auf die Möglichkeit hingewiesen haben, »auch ohne Magnetnadel auf See wissen zu können, in welcher Gegend man sei«.

Es ist bekannt, daß die erwähnten Berichte von Ma-sa-allah und Assafar auf Befehl des Königs Alfons X., König von León und Kastilien, ins Lateinische übersetzt wurden. Er übernahm sie in die von ihm verfaßten »Libros del Saber de Astronomia«. Alfons X. versuchte, die Ptolemäischen Planetentafeln, deren Abweichungen man

Im 14. Jahrhundert war die Zeit endgültig reif für das große Abenteuer einer Schiffsreise in die Weiten des südlichen Atlantik. Die Wissenschaftler hatten inzwischen ausreichende Erkenntnisse gewonnen, Ptolemäus wußte, daß die Erde eine Kugel sein muß, die Alfonsinischen Tafeln lagen vor, und es gab eine Reihe brauchbarer nautischer und astronomischer Instrumente.

Rechts: Arabisches Astrolabium aus dem 11. Jahrhundert. Mit diesem »Sternerfasser«, der schon von Ptolemäus erwähnt wird, können die Höhenwinkel der Gestirne bestimmt werden, es ist aber nicht bekannt, ob die Araber das Astrolabium auch in der Schiffahrt verwendet haben.

Nächste Doppelseite: Zwei Seiten aus dem Katalanischen Atlas von Abraham Cresques aus dem Jahre 1375 – teils bekannte Wirklichkeit, teils Wunschbild

ORGANA
NUBIA

schon seit längerer Zeit erkannte, zu verbessern, und lud 1248 über 50 der berühmtesten Astronomen seiner Zeit nach Toledo ein. Die neuen Tafeln, die als Alfonsinische Tafeln weltbekannt wurden, sollten die aus dem 11. Jahrhundert stammenden Toledischen Tafeln des spanisch-arabischen Astronomen Azarquiel ersetzen. Andere, teilweise noch viel ältere Instrumente werden den Chinesen nachgesagt, so vor allem das Gnomon. Auch auf das von Ptolemäus beschriebene, Triquetium genannte parallaktische Lineal und das zuerst von den Arabern benutzte geometrische Quadrat sei hingewiesen. Ebenso auf den Quadranten, einen aus Hartholz gefertigten Viertelkreis, an dessen Rand sich zwei Peillöcher befinden, durch die man das Gestirn anvisiert. Das Ablesen mußte dabei von einem zweiten Mann vorgenommen werden, da der Beobachter genug Mühe hatte, das Gestirn anzuvisieren. Wenn das Schiff dann noch stampfte oder rollte, war eine Beobachtung praktisch unmöglich. 1342 wird von Levi ben Gerson der Jakobstab entwickelt.
Zweihundert Jahre nach den Alfonsinischen Tafeln, zwischen 1473 und 1478, wird der spanische Jude Zacuto aus Salamanca durch seinen Almanach Perpetuum bekannt. An dieser Stelle sei auch der portugiesische König Johann II. erwähnt, der eine Kommission von Mathematikern und Astronomen zusammenrief, um praktische Tabellen für die Sonnendeklination an den einzelnen Tagen des Jahres zu erarbeiten. Von diesen *Regimentos* gibt es in der Münchner Staatsbibliothek einen erhalten gebliebenen Frühdruck.
In Portugal und Spanien werden auch die Ephemeriden bekannt, die Johannes Müller von Königsberg, genannt Regiomontanus, 1472/74 in Nürnberg drucken läßt und in denen dieser die Positionen der Sonne, des Mondes und der damals bekannten Planeten für die Jahre 1475 bis 1506 vorausberechnet. Zacutos Almanach und Regiomontanus' Ephemeriden sind jedoch so kompliziert, daß selbst die besten Seeleute jener Zeit damit nichts anzufangen wußten.
Es wird jedenfalls auch zur Zeit des Columbus nur eine Methode der Längenbestimmung geben: die zeitliche Beobachtung der Eklipse, also der Sonnen- und Mondfinsternis. Die genannten Unterlagen geben die vorausberechneten Stunden von Totalfinsternissen in Salamanca beziehungsweise in Nürnberg an. Wenn man diese nun – gleich an welchem Ort – mit der beobachteten Stunde der Finsternis bei örtlicher Sonnenzeit vergleicht und den Unterschied mit 15 multipliziert, um die Stunde in Grade zu wandeln (eine Zeitstunde = 15 Längengrade), ergibt sich die gesuchte Länge westlich vom Meridian des Almanach- oder Ephemeridenverfassers. Das scheint nicht allzu schwierig, dennoch wird Columbus in zwei Fällen (1494 und 1504) alles ganz hübsch durcheinanderbringen; ein Glück für ihn, daß er sich an Bord in gelehrter Gesellschaft befindet.

Kartographen und Kosmographen

Auch die arabische Geographie hatte bis dato bedeutende Werke hervorgebracht, darunter als besondere Leistung die Weltkarte des Gelehrten Idrisi. Danach werden dann auch aus nichtarabischem Raum Weltkarten bekannt, so 1230 die Ebstorfer Weltkarte als die größte und inhaltsreichste Radkarte des Mittelalters mit Jerusalem als Mittelpunkt. 1311 entwirft Pietro Vesconte die älteste datierte Seekarte, und 1351 erscheint die Insel Madeira auf einer florentinischen Karte der Medici.
Neben den Italienern sind die Katalanen die eigentlichen Begründer der modernen Kartographie. Besonders richtungweisend und schöpferisch wirkt die Kartographenschule von Palma de Mallorca, um diese Zeit eine Handelsstadt mit weltweiten Verbindungen. Berühmt werden die Karten von Angelino Dulcert (1339) und die Katalanische Weltkarte des Juden Abraham Cresques (1375). Diese Karten sind Weltbilder und Wunschbilder zugleich, enthalten sie doch neben den bekannten auch vermutete Länder und Inseln. Beispielhaft dafür ist die Weltkarte des Florentiner Physikers, Mathematikers und Amateurkosmographen Paolo da Pozzo Toscanelli. Von dieser Karte, die Kosmographen und erfahrene Seekapitäne kommentieren: »Was gut daran ist, ist nicht neu, und was neu ist, ist nicht gut«, fertigt sich später Columbus heimlich eine Kopie an.

Oben: Die genaue Zeitmessung ist für die Navigation die wichtigste Voraussetzung. Bis zur Erfindung des Chronometers durch den Engländer Harrison Mitte des 18. Jahrhunderts waren die Seefahrer auf unzuverlässige Uhren oder noch früher auf einfache Sanduhren angewiesen, wie diese aus der Zeit von Columbus.

Rechts: Der Kompaß in seiner einfachsten Form war den Chinesen schon zu Beginn unserer Zeitrechnung bekannt. Im 9. Jahrhundert kannten ihn auch die Araber, und 1181 wird er erstmals in Europa erwähnt als eine auf einem Strohhalm schwimmende Magnetnadel zum Bestimmen der Himmelsrichtung, die sogenannte Wasserbussole. 1302 entwickelt der aus Positano im Königreich Neapel stammende Flavio Gioja einen Kompaß mit Windrose und schwingender Magnetnadel. Dieser Seekompaß wird um die Mitte des 15. Jahrhunderts allgemein üblich.

Astronomie und Nautik, Kompaß und Sanduhr

Die astronomische Wissenschaft ist sehr spät der Nautik nutzbar gemacht worden, denn noch dienten solche Berechnungen vornehmlich dem Erstellen begehrter Horoskope. Während bei den Entdeckerfahrten die Schiffsführer sehr bald gezwungen wurden, die geographische Position zu bestimmen, führte sich die astronomische Navigation im Mittelmeer im 16. Jahrhundert ein. Dennoch kosten die spanischen Amerikafahrten jener Zeit beträchtliche Verluste an Menschenleben durch die zum Teil mangelhafte theoretische Ausbildung der Steuerleute. Seemännische Erfahrung allein genügte nicht, um in atlantischen Gewässern zu navigieren.
Ob der von den Chinesen Ende des 11. Jahrhunderts für navigatorische Zwecke benutzte Kompaß von den Arabern übernommen und an die Christen weitervermittelt wurde, ist nicht zu beweisen. Wohl ist nach E. Wiedemanns Forschungen unzweifelhaft, daß die Araber um 854 den Kompaß gekannt haben müssen. Eine erste Erwähnung in Europa findet der Kompaß erst Ende des 12. Jahrhunderts in dem Gedicht »La bible« des provenzalischen

Pon.
Gar
Ostr.
O
M
T
G

Troubadours Guyot de Provins, der hier eine Wasserbussole beschreibt. Dies ist eine auf einem Strohhalm schwimmende Magnetnadel zum Bestimmen der Himmelsrichtung. Ein maurischer Gelehrter aus Kisgak gibt 1242 eine Beschreibung, nach der sich die Seefahrer des syrischen und indischen Meeres der Magnetnadel als Wegweiser bedienten. Sie ließen eine magnetische Eisenröhre oder einen auf ein Holzkreuz gelegten Magnetstein in einer Schale mit Wasser schwimmen. Der Seekompaß, dessen nach Windstrichen geteilte Kompaßrose 1302 von Flavio Gioja aus Positano im Königreich Neapel erstmals mit einer schwingenden Magnetnadel versehen wird, dürfte erst um die Mitte des 15. Jahrhunderts allgemein gebräuchlich geworden sein.
Weitere Hilfsmittel sind das Relingslog und die Sanduhr, die man außer für astronomische Navigation auch für die Messung der Zeit braucht, die ein Schiff benötigt, um über die Länge der Schiffsreling einen über Bord geworfenen schwimmenden Gegenstand zu passieren. Für das Loggen, also die Bestimmung der Fahrtgeschwindigkeit, mag die Sanduhr genau genug sein, für die Tageszeit und damit die astronomische Navigation ist sie jedoch nicht ohne Probleme. Zudem oblag die Bedienung dieser Uhr normalerweise einem Matrosen oder gar nur einem Schiffsjungen. Klagen der Schiffsführer über nachlässiges Umkehren der Uhr gehörten daher zum täglichen Sorgenrepertoire der Kapitäne.

Der Infant von Portugal, Dom Henrique (1394–1460), genannt Heinrich der Seefahrer, faßte schon im Alter von 21 Jahren den Plan zur Erkundung des sagenumwobenen afrikanischen Kontinents. Sein Ziel ist die Umschiffung Südafrikas und der Seeweg nach Indien. Heinrich geht zielbewußt und umsichtig vor, das heißt, er möchte so wenig wie möglich dem Zufall überlassen. Die wissenschaftlichen Grundlagen und die navigatorischen Instrumente sind zwar vorhanden, aber es fehlt an der intensiven Ausbildung der Schiffsbesatzungen. So gründet er auf dem besonders günstig gelegenen Kap Sagres 1420 die erste Seefahrtschule und läßt 1421 die erste portugiesische Sternwarte erbauen. Die heute noch vorhandene, im Durchmesser dreißig Meter große Kompaßrose (rechtes Bild) ist lebendiges Zeugnis aus jener Zeit.

Heinrich der Seefahrer

Wie im vorstehenden Kapitel gezeigt, war zwar die nautische, seemännische und auch schiffbautechnische Voraussetzung für ozeanische Entdeckerfahrten gegeben, aber es bedurfte erst einer energischen Persönlichkeit, das verstreute Wissen zu koordinieren. So mußten gezielt Schiffe für ozeanische Entdeckerfahrten entwickelt und Schiffsführer methodisch ausgebildet werden, um sie mit dem neuesten Stand der Nautik vertraut zu machen.
Dieses Verdienst kommt unbestreitbar Dom Henrique, dem Infanten von Portugal, zu. Er war ein Mann, der damals kaum eine Chance hatte, den Königsthron zu besteigen, der sich aber im Gegensatz zu anderen hohen Prinzen nicht damit begnügte, Kriege zu führen oder dem genüßlichen Hofleben zu frönen. Er faßte schon mit 21 Jahren den Plan, seine Zukunft einem einzigen Problem zu widmen: der Erkundung des sagenhaften südlichen Kontinents, »um seine portugiesischen Landsleute aus ihrer bisherigen bescheidenen Lage herauszuführen und sie zu Beherrschern der Meere zu machen«.
Der junge Infant will unter Umgehung des islamischen Herrschaftsbereiches in Nordafrika und Vorderasien an die Quellen des Reichtums des Orients, also über eine Umschiffung Südafrikas auf dem Seeweg nach dem sagenhaften Indien gelangen.
Bei dieser Gelegenheit sollte auch ein alter Wunschtraum der westeuropäischen christlichen Länder in Erfüllung gehen. Heinrich hofft, in direkten Kontakt mit dem legendären, in Mittelafrika lokalisierten christlichen Großpriester Johannes zu treten, unter dessen Einflußbereich wir uns das koptische Abessinien vorstellen dürfen.
Zwei glückliche Zufälle spielen dabei eine große Rolle: 1419 wird Heinrich, nachdem er sich ein zweites Mal in Ceuta bei der Verteidigung der Stadt gegenüber maurischen Belagerern ausgezeichnet hat, zum Gouverneur der südlichen Algarveprovinz ernannt. Zum zweiten gelingt es ihm zu dieser Zeit, als Infant Großmeister des Christus-Ordens zu werden, der in Portugal Nachfolger des 1312 aufgelösten, aus den

Kreuzzügen hervorgegangenen Templerordens geworden ist.
Mit dem raffinierten Schachzug der Gründung dieser speziell portugiesischen Kongregation konnte in Portugal der reiche Besitzstand dem Klerus und dem Vatikan entzogen und für die Krone gerettet werden. Damit verfügt Heinrich über eine nach Süden offene Provinz mit guten Häfen und über reiche finanzielle Hilfsquellen. Sie erlauben ihm, seine Pläne mit der Entdeckung des Seewegs nach Indien und die Vereinigung mit dem christlichen Priesterkönig Johannes in die Tat umzusetzen.

Die erste Seefahrtschule

Heinrich wählt das für seine Unternehmungen besonders günstig gelegene Kap Sagres, wo 1420 die erste Seefahrtschule und 1421 die erste portugiesische Sternwarte errichtet wird. Von ihnen sind heute nur noch wenige Grundmauern erhalten, aber die dreißig Meter Durchmesser aufweisende, großartige Kompaßrose dürfte ein lebendiges Zeugnis aus jener Zeit sein. An diesem Ort versammelt Heinrich die erfahrensten Schiffsführer, hier empfängt er Gelehrte, Kaufleute und Geographen aus allen Ländern, hier hat aller Wahrscheinlichkeit nach kein Geringerer als der Nürnberger Martin Behaim geweilt, der sich später an der Entdeckungsreise des Diego Cão beteiligt hat. Hier breitet auch der berühmte spanisch-jüdische Kartograph Magister Jacobus Cresques die bereits erwähnten Land- und Seekarten vor Heinrich aus, die er von seinem in Mallorca geborenen noch berühmteren Vater Abraham übernommen hat. In dieser Akademie werden zum ersten Mal in der Geschichte Entdeckungsreisen nach wissenschaftlichen Prinzipien geplant, organisiert und durchgeführt. Waren die seitherigen Entdeckungen in der Regel Zufallsfunde, häufig mit Legenden der abenteuerlichsten Art durchwebt, so beginnt Heinrich eine systematische Erschließung des südlichen Nordatlantiks und der afrikanischen Küste.

Schon bevor Heinrich Gouverneur der Algarve wurde, hatte er seine erste Expedition 1416 nach den Kanarischen Inseln durchgeführt, die bereits seit dem Altertum bekannt waren. Heinrich gab dieser Expedition die Aufgabe, die Strömungen genau zu erforschen und ihre Durchschiffung zu versuchen, was im übrigen ohne Schwierigkeiten gelang.

Ein neuer Schiffstyp

Die Forschungstätigkeit kommt jedoch ins Stocken, da sich bald herausstellt, daß die den Portugiesen zur Verfügung stehenden Schiffe für die geplanten weiten Reisen nicht genügen. Heinrichs Mitarbeiter entwickeln einen neuen, besonders seegehenden und leicht navigierbaren Schiffstyp, die portugiesische dreimastige Karavelle. Daneben werden mit neuartigen Seekarten, in die als sogenannte »Portolani« auch Kursanweisungen und Kompaßhinweise eingetragen werden, die wissenschaftlich-nautischen Grundlagen für die Erkundung der afrikanischen Küste geschaffen. Noch immer – und das trotz anderer Erkenntnisse – gilt das biblische, vorptolemäische Weltbild von der Erde als einer Scheibe, die wie ein Kompaß in einer Flüssigkeit in dem unendlichen Okeanos schwimmt. Am Rande dieses die gesamte Welt umspülenden großen Meeres gebe es einen sogenannten Katarakt, durch den jedes Schiff, das sich dieser Grenzlinie nähert, unweigerlich in den Abgrund gerissen würde. Im christlichen Mittelalter ist Jerusalem, wie uns noch die berühmte Ebstorfer Weltkarte zeigt, Mittelpunkt der Welt. Für den Islam ist dies Mekka, und alle Orientierung geht von diesen heiligen Stätten aus. Bis zu Heinrich dem Seefahrer gilt die alte Theorie, daß der Indische Ozean ein riesiges Binnenmeer sei und die Landmassen Afrikas und Asiens mit einer *terra australis* verbindet. Es könnte also auch sein, daß Heinrich ursprünglich gar nicht an die Umschiffung dieser riesigen Landmasse dachte, weil ja die Gefahr bestand, über den Katarakt am Ende des Weltmeeres hinunterzustürzen. Möglicherweise wollte er auch Schritt für Schritt versuchen, an der Westküste Afrikas nach Süden vorzudringen, um die sagenhaften Goldländer Mali und Ghana zu entdecken, von denen vielerlei Kunde nach Portugal gedrungen war. Von dort aus wäre es vielleicht auf dem Landweg gelungen, mit dem Priesterkönig Johannes in Verbindung zu kommen oder gar Indien zu erreichen. Es ist andererseits aber auch durchaus naheliegend, daß sich Heinrich sehr gründlich mit Aristoteles und Ptolemäus befaßt hat und die Erde nicht mehr als Scheibe, sondern als Kugel ansah, womit sein Plan der Umschiffung des afrikanischen Kontinents realistischer erscheint.

Forschungsreise mit System

Zitieren wir hier Professor Dr. Hans Schadewald: »Systematisch werden nun von 1427 an weitere Forschungsreisen, alle von Heinrich mit dem Vermögen des Christus-Ordens, aber auch durch Aufnahme hoher Kredite finanziert, ausgerüstet, um vor allem einen Punkt, den gefährlichsten, wie es damals schien, zu erkunden, das an der heutigen afrikanischen Goldküste gelegene Kap Bojador. Denn zu den Vermutungen, daß die Weltscheibe von einem Katarakt umgeben sei, kommt noch die feste Überzeugung, daß die Sonne um so heißer scheinen würde, je südlicher man sich bewege. Die bereits bekannte Libysche Wüste gibt ja schon einen Vorgeschmack der Gefahren, die man in den *terrae remotae* erwarten darf, und es wird allen Ernstes die Befürchtung laut, daß ein Weißer, der sich auch nur wenige Stunden in der brütenden Hitze des Südens aufhalten würde, sofort eine schwarze Färbung annehmen könnte.
Diese unerhört heißen Gegenden sollen am Kap Bojador beginnen, zu dem gelegentlich mutige Seefahrer vorgedrungen waren und das heute noch für die Navigation große Schwierigkeiten bietet, weil einmal das aus reinem Sand bestehende Kap von See aus schwer auszumachen ist und zum anderen eine über sieben Seemeilen lange Sandbank sich von der Küste ins Meer erstreckt und die Schiffe zu Umwegen zwingt, die sie manchmal die Landsicht verlieren lassen.«
Eine starke südliche Meeresströmung und der dort nicht seltene Schirokko, der mit Sandstürmen die Sicht bis auf wenige Meter verdunkeln kann, führen zusätzlich dazu, daß dieses Kap als das Kap der

Schrecken und als Endpunkt der menschlichen Seefahrt angesehen wurde. Diese Frage läßt Heinrich nun untersuchen, und bei den sehr vorsichtigen Expeditionen gelangt man auch zu den Azoren. Diese werden bald als willkommene Stützpunkte und Versorgungsplätze von den portugiesischen Seefahrern geschätzt. Aber erst als Heinrich der Seefahrer Gils Eannes kennenlernt, gelingt es nach zwanzigjährigen Versuchen, 1435 das Kap Bojador zu umrunden. Zur größten Überraschung der ängstlich gespannten Seeleute kann man in genügendem Abstand von der Küste fünfzig Meilen südlich segeln, ohne – wie dies alle älteren Geographen befürchtet hatten – in der nun beginnenden *zona torrida* von der Sonnenhitze geröstet oder schwarzgefärbt zu werden.

Gils Eannes ist vorsichtig genug, nicht weiter nach Süden vorzustoßen. Er setzt ein Boot aus und findet nichts als eine öde, unbewohnt scheinende Sandküste und einige Gräser vor. Seine Tat, die Um-

Die »Genuesische Weltkarte« von 1457 beweist die fortgeschrittenen Kenntnisse von der Erdoberfläche. Auf der linsenförmigen Karte sind die Berichte der 25jährigen Asienreise von Nicolo de Conti ausgewertet, die Asien und Rußland als ein ungeheuer großes Gebiet ausweisen. Die Gebiete um das Mittelmeer und das Rote Meer sind schon sehr genau dargestellt.

segelung des seit Jahrhunderten als Ende der Navigation angesehenen Kaps, ist eine Leistung ersten Ranges. Mehr noch: Das schwerste und größte Hindernis, der Aberglaube, ist überwunden. Auch eine zweite Reise des Eannes verläuft ohne Probleme, man kommt sogar noch 50 Meilen südlicher voran. Eines ist offenbar wahr: In diesen heißen Gebieten gibt es keine Lebewesen, weder Mensch noch Tier. Nun kann Heinrich systematisch weitere Schiffe – er hat bis zum Jahre 1440 51 nach Afrika ausgesandt – die südlichere Küste erkunden lassen. Dabei ist er stets vorsichtig, zeigt Geduld und Toleranz gegenüber seinen Kapitänen. Die Eannes folgenden Kapitäne bekommen daher auch die Order, nur wenige hundert Meilen weit zu segeln und dann zurückzukehren.

Von nun an geht es Schlag auf Schlag bei der Erkundung des Seeraumes vor Westafrika. Während Dom Henrique in seiner Residenz eine Seemannsschule errichtet, wird das Kap Blanco entdeckt (1441), dann die Azoreninsel São Miguel, 1445 dringt Diniz Diaz bis zum Kap Verde vor, und 1446 findet Nunho Tristão den Rio Grande und Guinea.

In dieser Periode läßt Heinrich auf Madeira und anderen benachbarten Inseln Versorgungsstützpunkte einrichten, um die Operationsbasis seiner Schiffe zu erweitern.

1446, elf Jahre bevor die »Genuesische Weltkarte« in Florenz entsteht, erreicht Alvaro Fernandez das Nordende der Küste von Sierra Leone. 1449 werden weitere Azoreninseln entdeckt.

1453 erringen die Türken unter Mehmed II. (1451–1481) mit der Einnahme Konstantinopels den Endsieg auf dem Balkan. Sie zerschlagen damit das griechische Reich, den exponierten Posten des Abendlandes, und damit auch die Landbrücke zu den Schätzen von Fernost. Ein Grund mehr für die Portugiesen, die Anstrengungen zu vervielfachen, den Seeweg nach Indien zu finden. Inzwischen werden im Raum des westlichen Afrika durch mutige Seereisen weitere Entdeckungen gemacht, und Afrika ist zum ertragreichen Gebiet für den Negerhandel geworden. Tragisch genug, denn Heinrich hatte aus anderen Gründen auf »möglichst viele Gefangene« gedrängt. Er will sie zu Dolmetschern und Verbindungsleuten umerziehen – und er glaubte, Gott zu dienen, wenn er sie zum Christentum bekehrte und sie von der ewigen Verdammnis erlöste. Solche edlen Gedanken lassen ihn die vielen Toten, all die Schrecken und die verwüsteten Dörfer leichter verschmerzen. Ein besonderer Ablaß des Papstes entlastet alle, die an solchen Fahrten zur höheren Ehre Gottes teilnehmen.

1460 stirbt Heinrich der Seefahrer in Sagres an der Algarve. Es ist ihm nicht vergönnt, die Krönung seiner Bemühungen zu erleben: den Seeweg nach Indien zu finden.

1471 dringen portugiesische Entdeckerschiffe über den Äquator hinaus bis zum Kap Katarina vor, 1484/85 findet Diego Cão auf 6°6′ einen riesigen Fluß, den er Kongo nennt; 1484 entdecken portugiesische Seefahrer die Guinea-Inseln.

1486 bis 1488 umrundet Bartolomeo Diaz, 26 Jahre alt und ein Nachkomme des Bezwingers des Kap Verde, das Kap der Stürme, das von nun an das Kap der Guten Hoffnung (Cabo da boa esperanza) geheißen wird.

Beim Kap selbst werden seine Schiffe von einem schweren Sturm angefallen, der ihnen dreizehn Tage zu schaffen macht. Auch Nebel bedrängt die mutigen Männer. Vorsichtshalber hat Bartolomeo Diaz das Versorgungsschiff an der sicheren Küste zurückgelassen. Am 14. Tag, als die See ruhiger wird, stellt er fest, daß er den süd-

Links: Die Belagerung von Konstantinopel durch Mehmed II. im Jahre 1453 (zeitgenössische französische Miniatur)

Oben: Vasco da Gama (1469–1524) entdeckte 1497 den Seeweg nach Indien um das Kap der Guten Hoffnung.

lichen Punkt des afrikanischen Festlandes umrundet hat. Er segelt, da die Küste nach Backbord abbiegt, nun in Richtung Norden weiter und geht an einer geschützten Stelle an Land. Die Portugiesen nennen dieses Land wegen der hier weidenden großen Rinderherden Bahio dos Vaqueiros, heute Mosselbai.

Diaz setzt seine Fahrt nach Norden in der Hoffnung fort, die in Fachkreisen viel besungene Verbindung von Ostafrika zur Malabarküste Indiens zu finden, obwohl seine Männer an Skorbut erkrankt und physisch wie psychisch total erschöpft sind. Nach drei Tagen, als er den Great Fish River ansteuert, meutert seine Mannschaft. Diaz fügt sich und tritt die Heimreise an. Er umrundet das Kap der Stürme in erholsamer Ruhe, um schließlich wieder mit dem zurückgelassenen Versorgungsschiff, auf dem nur vier Mann die Strapazen überlebt haben, zusammenzutreffen. Bartolomeo Diaz trifft nach anderthalbjähriger Abwesenheit in Lissabon ein. Seine mutige Fahrt wird sehr wesentlich zum Gelingen von Vasco da Gamas Unternehmen beitragen. Er selbst kommt nach einer Reise mit Pedro Alvares Cabral nach Brasilien bei der erneuten Umrundung des Kaps der Guten Hoffnung mit seinem Schiff in einem Orkan um. Es bilden sich Gerüchte, wonach Diaz aus Gram über den Tod seines Sohnes dieses Schicksal gesucht habe, und andere, die besagen, er sei vor Anbrechen des Orkans auf Befehl des Königs oder Vasco da Gamas ermordet worden.

Vasco da Gamas Reise nach Indien

Im Jahre 1497 macht sich Vasco da Gama auf die Reise, um auf des Königs Befehl den langersehnten Seeweg von Lissabon zur Malabarküste zu finden. Die Versuche des Königs, den Indienhandel des Islam, des Hauptfeindes des Christentums, stören zu können, sind fehlgeschlagen. Der in Ostafrika vermutete christliche Verbündete konnte nicht gefunden werden. Auch die Ratschläge bedeutender Gelehrter des Abendlandes, unter ihnen Martin Behaim, schaffen keine Klarheit. Die für 70 Millionen Golddukaten angeschafften Bücher und Handschriften sind in dieser Hinsicht nutzlos.

Vasco da Gama wurde 1469 in Sines, einem Fischerstädtchen 100 km südlich von Lissabon, geboren. Hier, unmittelbar am Atlantik, verbrachte er seine Jugend. Hier sah er den wortkargen Fischern mit ihren wettergegerbten Gesichtern in dem schmalen Hafen zu, wenn sie ihre Fänge entluden und für neue Fahrten rüsteten. Hier kroch er in den braunroten, gischtumtobten Felsen beim Kap Sines herum, wo die See nagt und selbst das härteste Gestein auf die Dauer zerbricht. In der Luft der Möwen Schrei, aber auch das Dröhnen und Rumoren einer urweltlichen See, gültiges Gleichnis von Leben und Tod. Diese Umgebung prägte seinen Charakter und seinen Lebensweg. Die See ließ ihn nicht wieder los, und bereits im Alter von 28 Jahren sehen wir ihn als Oberbefehlshaber einer Flotte, die König Manuel der Große hatte ausrüsten lassen. Sie soll für die unter Bartolomeo Diaz gegründete Handelsgesellschaft vollenden, was der Entdecker des Kaps der Guten Hoffnung begann und versuchte.

Am 8. Juli 1497 verabschiedet sich Vasco da Gama von seinem König und dessen Hofstaat und sticht mit den vier Schiffen, mit besten Navigationshilfsmitteln ausgerüstet, in See.

Vorher hatte er sich die Erfahrungen von Bartolomeo Diaz und von seinem zweiten

Kapitän, Jean Infantes, zunutze gemacht. So bevorzugt er breite, rahgetakelte Schiffe anstatt der schlanken Karavellen, die für die Bevorratung nicht genügend Platz bieten. Zwei seiner Schiffe sind speziell für diese Reise gebaut worden, darunter auch sein Flaggschiff, die rahgetakelte dreimastige Nau São Gabriel. Beide sind zwischen 100 und 120 t groß, stärker und höher und besser geeignet, sich auf das »hohe Meer« hinauszuwagen. Zudem hat der Hofastronom des Königs, der Jude Zacuto, das Astrolabium verbessert.
Das Geschwader mit der São Gabriel und der São Raphael, der kleineren, 50 t großen Berio und einem Versorgungsschiff segelt zunächst bis zur Insel St. Helena, wo man am 4. November 1497 vor Anker geht. Hier gönnt Vasco da Gama sich und seinen 150 Männern zwölf Tage Ruhe. Am 16. November erreichen die Schiffe das heutige Kapstadt, wo Vasco da Gama erneut für einige Tage ankern läßt. Was Bartolomeo Diaz nur unfreiwillig gelungen war, erzwingt Vasco da Gama wissentlich. Am 22. November 1497 umschifft er das Kap und segelt am 25. in São Brás ein, der heutigen Mosselbai. Hier, wo die Neger ein Fest mit Musik und Tanz feiern, war Diaz zehn Jahre vorher gelandet. Man gibt das Proviantschiff auf und verteilt die Vorräte auf die anderen Schiffe. Die ostafrikanische Küste entlangsegelnd, passiert die Flotte nach schweren Unwettern, widrigen Winden und Strömungen und dann wieder schönen Tagen am 16. Dezember Padrão. Dies war der letzte von Diaz an der Küste errichtete Stützpunkt. Am 25. Dezember sichtet Vasco da Gama jenen Küstenstreifen, den er wegen des Festes sinnigerweise Natal (= Weihnachten) nennt und an dem Diaz von seinen meuternden Männern zur Umkehr gezwungen worden war. Am 10. Januar 1498 werfen die Schiffe nördlich von Lourenço Marques in der Bucht eines kleinen Flusses Anker, dessen Hinterland Vasco da Gama wegen der Freundlichkeit der eingeborenen Bantuneger *Terra da Boa Gente,* soviel wie »Land der guten Leute«, nennt. Am 22. Januar gelangen die Schiffe, nachdem sie die Höhe von Sofala trotz des ausdrücklichen Rats ohne Landkontakt passiert haben, in die Mündung des Quilimane, eines Nebenarms des Sambesi. Hier, wo sie von meist nackten, friedlichen Negern ohne Scheu in ihren Einbäumen begrüßt werden, werden die Besatzungen vom Skorbut bedroht, der aber schnell wieder schwindet. Offenbar gelang es, Vitamin-C-reiche Gemüse und Früchte bei den Eingeborenen einzutauschen, so daß die Portugiesen die Mündung des Quilimane *Rio dos bon Signaes,* den »Fluß der guten Zeichen«, heißen.
Am 1. März erreicht Vasco da Gama Moçambique, wo die hier residierenden Araber den Portugiesen gegenüber zunächst herzliche Gastfreundschaft zeigen. Bald aber kommt es zu offenen Feindseligkeiten, als die in Leinwand und feine Baumwolle gekleideten Mohammedaner erkennen, daß die Fremden keine Türken, sondern christliche Portugiesen sind. Die Portugiesen laufen aus, werden aber von Gegenwinden zurückgetrieben und müssen sich mit Waffengewalt Respekt verschaffen und die Stadt beschießen. Anfang April erreichen sie das nördlich von Mombasa gelegene Melinda, wo vier Schiffe aus Indien liegen. Hier werden sie vom hiesigen Herrscher freundlich begrüßt. Die Freundlichkeit des Königs von Melinda, der in den Fremden Bundesgenossen gegen den Erbfeind in Mombasa erhofft, geht sogar so weit, daß er Vasco da Gama einen erfahrenen Lotsen nach Indien zur Verfügung stellt. Dieser, Melemo Cana, alias Ahmed ibn Majid, führt Vasco da Gamas Schiffe navigatorisch souverän nach Calicut an Indiens fruchtbarer Malabarküste. Dort werfen die Schiffe am 28. Mai 1498 Anker. Nach Überwindung einiger Hindernisse (man belächelt die bescheidenen Geschenke der Portugiesen an Land) glückt es, mit dem Samurin, dem König von Calicut und der Malabarküste, den ersten portugiesisch-indischen Handelsvertrag abzuschließen. Dennoch verweigert der launenhafte Samurin Vasco da Gama die Erlaubnis, an Bord zurückzukehren. Die maurischen Kaufleute befürchten offensichtlich Konkurrenz, aber Vasco da Gama erteilt der zurückgebliebenen Besatzung den Befehl zum Klarmachen der Schiffsartillerie. Diese Maßnahme zwingt den Samurin zum Einlenken.
Am 8. Oktober tritt Vasco da Gama die Rückreise an. Mit der Berio erreicht er am 16. Juli 1499 Lissabon und bringt eine wertvolle Ladung von Gewürzen aller Art mit. Am 9. September empfängt König Manuel den ruhmreichen, aber erschöpften Vasco da Gama am Restelo in Lissabon und ernennt ihn zum Admiral des Indischen Ozeans. Insgesamt hat Vasco da Gama auf dieser Fahrt, die man als Entdeckungs- und Erkundungsreise und nicht als Raubzug werten darf, 24 000 nautische Meilen zurückgelegt.
Heinrichs des Seefahrers Ziel, Portugals Macht bis Indien auszudehnen, ist erreicht. Der Einbruch in das seit 400 Jahren bestehende islamisch-arabische Seehandelsmonopol mit Indien ist gelungen. Jeder investierte Cruzadoe der Handelsgesellschaft kann mit 60 Cruzadoes Gewinn aufgewogen werden. Der Preis des Pfeffers sinkt mancherorts um die Hälfte. Nicht wenige Handelshäuser in Venedig, Genua und Pisa müssen Konkurs anmelden. Lissabon bestimmt jetzt die Preise für asiatische Gewürze, Drogen und Färbemittel.

Christoph Columbus

In der zweiten Hälfte des 15. Jahrhunderts ist Spanien immer noch die erste und stärkste Seemacht. Trotzdem bleibt es von den Entdeckerreisen vorerst ausgeschlossen, da es noch zu sehr mit Kriegen gegen die Mauren und durch das Vordringen der Türken im Mittelmeer beschäftigt ist. Erst zwischen 1478 und 1496 wird es im Atlantik tätig, als spanische Eroberer im Auftrag der Katholischen Könige (Isabella von Kastilien und Ferdinand von Aragonien) die Bewohner der kanarischen Hauptinseln Gran Canaria, La Palma und Teneriffa unterjochen. Im Frieden von Alcaçovas

Seemannsalmanach aus dem 15. Jahrhundert. Diese kalendarischen Darstellungen informierten über astronomische Daten wie beispielsweise Sonnen- und Mondbahnen.

NORT
NORTH
NORTZ
PA
SVD
SOVTH
SVZ

(1479) anerkennt Portugal die kastilischen Rechte auf den Kanaren, die einmal eine große Rolle für die spanischen Entdeckerfahrten und die spanische Kolonisation haben werden.
Erst mit Christoph Columbus beginnt die spanische Geschichte der Entdeckungsreisen. Dieser Christoph Columbus wurde 1451 in Genua, einem der größten Schifffahrtszentren seiner Zeit, als der jüngste Sohn einer einfachen, aber geachteten Weber- und Schankwirtsfamilie geboren. Er hat sich vermutlich schon sehr früh nach seiner Schulzeit, wahrscheinlich um das Jahr 1461, von den Webstühlen seines Vaters zu den Fischerbooten im Hafen weggestohlen. Er führt vermutlich schon seit seinem 14. Lebensjahr ein richtiges Seemannsleben und verfügt im Jahre 1471 über so viel selbstverdientes Geld, daß er seinem Vater in den häufigen finanziellen Schwierigkeiten wirksam zu Hilfe kommen kann.
Fragen drängen sich auf: Wo lernte er so gut Latein? Wo so gut Mathematik? Wo so gut Astronomie, wenn er bereits mit so jungen Jahren zur See gefahren ist?
Nun, Columbus' wirkliche Schule war die See, »... ein fast endemischer Kriegszustand für ständige Beispiele für Mut, Wagnis und Abenteuer«. So Salvador de Madariaga in seinem aufschlußreichen Buch über den Entdecker der Neuen Welt. Auf dem häufig fast stillen Mittelmeer wird sich der junge Columbus auch mit dem für das Lesen wissenschaftlicher Werke notwendigen Latein befaßt und die Seemannsalmanache oder andere Astronomiebücher gelesen haben. Und was er dort nicht finden konnte, hat er sich sicherlich bei den Mauren und Juden zusammengesucht. Kurzum: Die See war seine Universität.
In Lissabon, wo in den Werften von Ribeira Nova unter dem Dröhnen der Hämmer und dem Kreischen der Sägen die hölzernen Skelette der Entdeckerschiffe in den Himmel wuchsen, heiratet Christoph Columbus die Doña Felipa Muniz de Perestrello. Über deren Verwandtschaft öffnen sich ihm Beziehungen bis in die höchsten Kreise von Krone und Geistlichkeit.
Immer deutlicher entwickelt sich in ihm der Sinn dafür, ein Auserwählter zu sein, um einen Auftrag der Vorsehung zu erfüllen. 1502 schreibt er in einem Brief an die Katholischen Könige: »Wie ich schon sagte, halfen mir bei der Ausführung meines Unternehmens weder der Verstand noch die Mathematik, noch die Weltkarte, es ging ganz einfach das in herrliche Erfüllung, was schon Jesajas lehrte.«

Links: Christoph Columbus, 1451 in Genua geboren, gestorben am 20. Mai 1506 in Valladolid, wird allgemein als der Entdecker Amerikas angesehen, obwohl neue Forschungen mit großer Sicherheit zeigen, daß die Wikinger schon rund 500 Jahre vor Columbus in Nordamerika gelandet sind.

Rechts: Kartenskizze des italienischen Geographen Alessandro Zorzi, angefertigt nach Angaben von Bartolomeo Columbus, dem Bruder von Christoph. Dieser glaubte ja bis zu seinem Tod, daß er Indien gefunden hätte und nicht Inseln, die zu einem neuen Kontinent gehörten. Deshalb vermerkt die Karte an der Stelle Nordamerikas noch den Begriff Asien und vermutet die »Neue Welt« (Mondo Novo) im Süden.

Anfangsschwierigkeiten

Seinen inzwischen ausgereiften Plan, Indien über die See von Westen her zu entdecken, unterbreitet er 1483 Johann II., dem König von Portugal. Dieser leitet das Aktenstück einer »Mathematikerkommission« zu, die es mit einer ungünstigen Stellungnahme zurückreicht. Wir wissen heute, daß die berechnete Entfernung des ozeanischen Westweges zwischen Portugal und Indien falsch, weil zu kurz war. Vielleicht aber sind dem König, der sich der Absage anschließt, auch die Ansprüche von Columbus zu hoch gewesen. Er verlangte das »Recht zum Tragen der Goldenen Sporen«, den Titel »Großadmiral der Ozeanischen Meere« und alle möglichen Arten von Beteiligungen, Provisionen und Belehnungen. Indien ist zudem ein weiter, dehnbarer Begriff, und seine mythischen Grenzen umfassen ebenso gut Äthiopien wie Guinea und überhaupt alles, was weit entfernt liegt und verlockend glänzt.
Nach der Ablehnung begibt sich Columbus nach Spanien, in der Tasche über seinem Herzen die heimlich kopierte Karte und den abgeschriebenen Brief Toscanellis aus dem Besitz der portugiesischen Könige. Sein Weg führt zu dem mächtigen Herzog von Medina Sidonia, Don Enrique de Guzmán, bei dem er ebenfalls scheitert. Dann versucht er es beim Herzog von Medinaceli, Don Luís de la Cerda, der sofort auf den Werften von El Puerto den Bau von drei Karavellen befiehlt. Der Bau wird begonnen, dann aber eingestellt, »... als ich einsah, daß ein solches Unternehmen der Königin vorbehalten sei«. Im Frühjahr 1486 tritt dann Columbus, hier Christobal Colón genannt, erstmals Ferdinand und Isabella gegenüber. Sie handeln so wie Portugals König: Sie übergeben die Angelegenheit einer Kommission von Gelehrten und Seefahrern, deren Vorsitz der Beichtvater der Königin hat, Fray Hernando de Talavera.

Hier der Heilige, dort der Held

Zwei einander unverständliche Welten mit unvereinbaren Auffassungen prallen aufeinander. So fällt denn, wie nicht anders zu erwarten, Jahre später auch der Spruch dieser Kommission ablehnend aus, trotz der mächtigen Freunde, die Columbus bei Hofe hat. Madariaga sagt dazu: »... Wie hätte es anders sein können? Da waren die Männer mit gesundem Menschenverstand und allgemeiner Lebenserfahrung wie Fray Hernando und gewiegte Fachleute in Fragen der Meeres- und Himmelskunde, die er zugezogen hatte. Colón besaß genaue, höchst elementare Angaben, die ihnen erlaubt hätten, sich ein zutreffendes Urteil darüber zu bilden, was dieser ebenso verschwiegene wie phantasiebegabte Ausländer eigentlich wolle; aber er versteifte sich darauf, gerade diese wichtigsten Angaben für sich zu behalten.«

Zwei Dokumente schmelzen das Eis

Daß Columbus überhaupt den Entschluß faßt, noch ein weiteres Mal den Kampf gegen die ablehnenden Ratgeber der Köni-

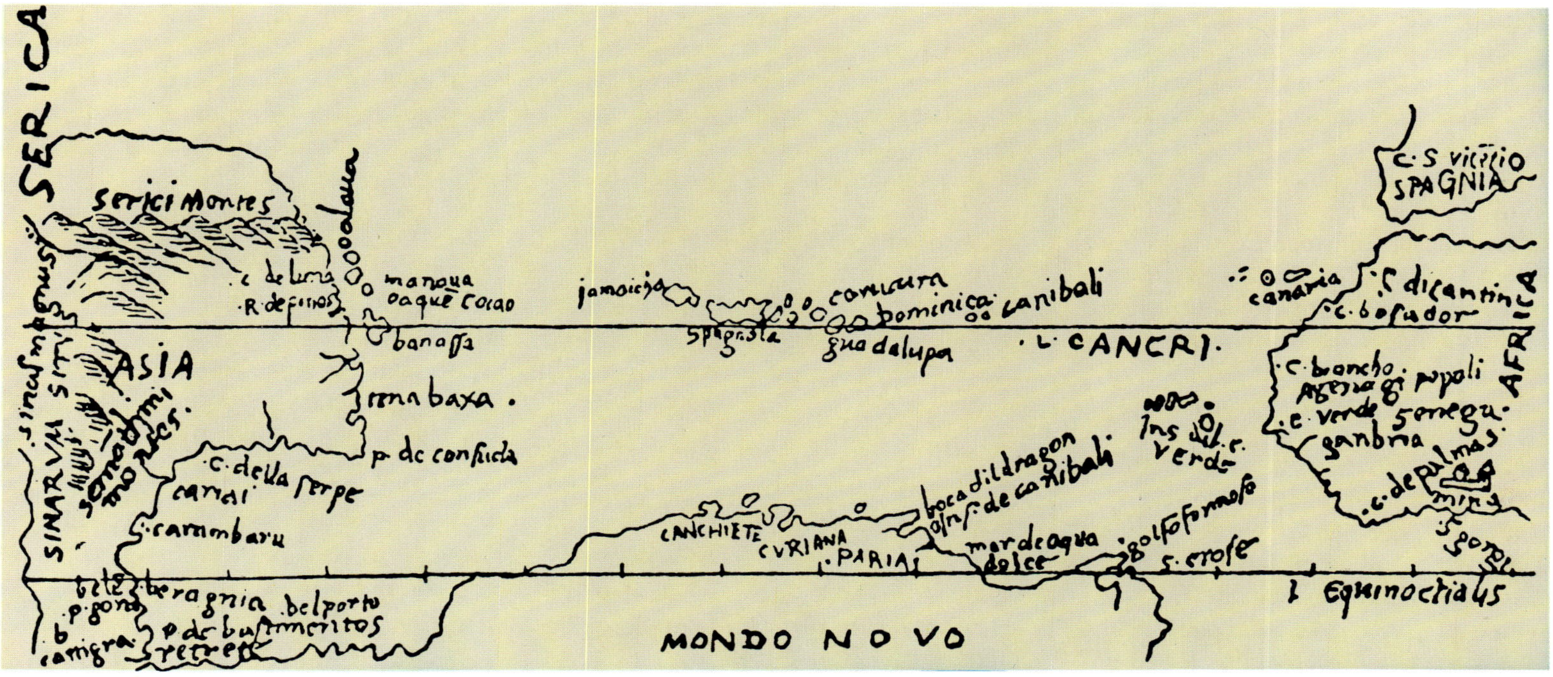

gin aufzunehmen, muß in dem ersten Zusammentreffen Columbus' mit dem in Palos wohnenden Kapitän Martín Alfonso Pinzón zu suchen sein. Auch diesen hatte das Entdeckungsfieber gepackt. Durch ihn hat Columbus erfahren, daß ein Freund der Pinzóns, ein Kosmograph, der an der Kurie von Papst Innozenz VIII. tätig ist, gesagt haben soll, daß es »immer noch Länder zu entdecken gebe«. Er habe auch eine Karte mit den noch zu entdeckenden Ländern vorgezeigt.
Es ist der Frater Juan Pérez, der Guardian des Klosters, der nun nach einer vertraulichen Unterhaltung mit Columbus eine Botschaft an die Königin schickt. In dieser Botschaft berichtet Pérez nicht nur von der »päpstlichen« Karte, sondern auch, »daß Colón die Kopie einer Weltkarte und eines Briefes von Toscanelli besitze, der an den kosmographischen Berater von Portugals König Johann II. gerichtet war«.
Die Katholischen Könige zeigen sich positiv gestimmt, aber die Ansprüche von Columbus sind zu hoch. So wird er denn ein weiteres Mal abschlägig beschieden.
Als sich Columbus nun mit dem Gedanken trägt, sein Glück in England oder in Frankreich zu suchen, verwenden sich mächtige Freunde bei der Königin für ihn: Fray Diego de Deza, Erzbischof von Sevilla und Generalinquisitor, der Marquis Andreas Cabrera, dessen Ehefrau eine vertraute Freundin der Königin Isabella ist, und vor allem Baron Luís de Santángel, der Verwalter der Pfründe bei Hofe.
Die Königin widerruft ihren Beschluß, als Columbus Granada bereits verlassen hat. Er überschreitet gerade die Pinienbrücke, zwei Meilen von Granada entfernt, als ihn der Bote der Königin mit der Bitte um Rückkehr erreicht. Columbus schwankt, aber dann wird ihm klar, daß »dies ein Bote ist, den der Herr ihm schickt«. Und so macht er sich auf den Weg nach Santa Fé – und zur Unsterblichkeit.
Im April 1492 unterschreibt Juan de Coloma zwei Urkunden, die zur Grundlage der Entdeckung Amerikas werden. Es ist derselbe Coloma, der auch das Dekret über die Judenvertreibung aus Spanien unterzeichnet hat.
Der Anlaß zum Vertrag ist nicht wissenschaftliche Neugier oder Entdeckerlust – er heißt Gold. Und Gold ist allen Fürsten dieser Zeit als Lebensnerv ihrer Machtpolitik willkommen. Man spendet auch hier großzügige Vorschüsse für ein Abenteuer, das wissenschaftliche Kommissionen abgelehnt haben.
In der ersten Urkunde erhält Columbus folgende Rechte: Er wird zum Vizekönig der noch zu entdeckenden Neuen Welt ernannt, zum Großadmiral mit erblichen Rechten befördert und als oberster Richter für alle Streitigkeiten zwischen Spanien und den künftigen Kolonien eingesetzt; er erhält den Titel Don und das Recht, Waffen zu tragen. Außerdem erhält er ein Zehntel aller Handelseinnahmen aus den zu entdeckenden Gebieten zugesichert.
In der zweiten Urkunde wird der Stadt Palos der Bau und die Ausrüstung von zwei Karavellen auferlegt. Doch hier »ist man zwar gehorsam, das heißt, man weigert sich nicht, aber man führt es auch nicht aus«. Ein neuer Befehl richtet sich an die Behörden der ganzen andalusischen Küste. Nunmehr werden nicht nur zwei, sondern drei Schiffe gefordert.

Problem Nummer eins: Besatzungen

Das nächste Problem sind die erforderlichen Besatzungen. Da Columbus als Ausländer keine Steuer- und anderen Seeleute für sein gefährliches Unternehmen zusammenbekommt, will er Verbrecher aus den Gefängnissen anheuern. Die Pinzóns verhindern diesen aus unglücklicher Verzweiflung geborenen Entschluß. Martín Alfonso Pinzón, der große Seemann aus La Palos, der ebensoviel Ansehen wie Vertrauen genießt, bringt dann ziemlich schnell drei Besatzungen aus ordentlichen Seeleuten zusammen. Sie bestehen aus insgesamt neunzig Mann – Steuermänner, Matrosen und Schiffsjungen. Hinzu kommen noch weitere zwanzig oder dreißig Personen, unter diesen einige Ritter aus dem Hofstaat des Königs und persönliche Bekannte von Columbus. Frauen gehen nicht an Bord und – was verwundert – auch keine Geistlichen.
Am 2. August 1492 geht Columbus an Bord seines Flaggschiffes Santa Maria. Das Schiff, das Columbus selbst als *»la nao«* bezeichnet, wird immer wieder fälschlicherweise als Karavelle eingestuft, obwohl sich Sachverständige inzwischen einig sind, daß es sich hier um eine kleine Karacke gehandelt haben muß. Dieses nach der Arche Noah wohl bekannteste Schiff der Welt dürfte eine Länge von ungefähr 39 m über alles gehabt haben. Die begleitende Pinta war etwa 17 m lang und gehörte den Pinzóns. Sie war eine echte moderne *Caravella redonda,* also eine Rahsegelkaravelle. Die etwas kleinere Niña führt zunächst noch die übliche

Lateinbesegelung, wird aber auf den Kanaren ebenfalls zu einer *Caravella redonda* umgerüstet. Das Kommando der Santa Maria übt Columbus persönlich aus, das der Pinta Martín Alfonso Pinzón und das der Niña Vicente Yánez Pinzón. Dieser wird später einmal der größte Seefahrer seiner Epoche. Steuermann an Bord der Santa Maria ist der berühmte Juan de la Cosa, dem dieses Schiff nicht nur gehört, sondern der auch ein Kosmograph von hohem Rang ist. Später wird er die berühmt gewordene Karte von Amerika zeichnen.

Für das tägliche Brot hat Diego de Valera an Mindestmengen ausgerechnet: »Pro Mann und Tag einen Zwieback und einen Nösel Wein; an Fleisch und Fisch nur zwei Pfund auf drei Mann, denn an ihrer Stelle kann man manchmal Käse, Zwiebeln und Trockengemüse essen, woran die Schiffe stets einen guten Vorrat mit sich führen sollen. Auch Essig und Öl ist nicht zu vergessen, denn beides sind Dinge, die der Seefahrt sehr not tun.«

Alle drei Schiffe sind mit leichter Artillerie jener Zeit ausgerüstet, mit vierzölligen Bombarden, die mit viel Anstrengung, noch mehr Lärm und schwarzem Rauch runde Granitkugeln zu schleudern haben, ferner mit Hakenbüchsen für Bleigeschosse. Diese Stein- und Bleigeschosse für die Artillerie dienen den Schiffen zugleich als Ballast.

Auslaufen unter Tränen

Es ist der 3. August 1492, eine halbe Stunde vor Sonnenaufgang, als Columbus den Befehl zum Ankerlichten gibt. Über dieses Ereignis hat Salvador de Madariaga mit anteilschweren Worten ein farbiges Bild gezeichnet:

»Eine frische Morgenbrise wehte.

Sie traf auf die drei anmutigen Karavellen und blähte die Segel, auf deren Leinwand das Kreuz der Nächstenliebe seine Arme ausbreitete. Alle Einwohner von Palos standen an der Küste und betrachteten bewegt, wie die drei leichten Schiffe allmählich im Schlund von Raum und Zeit versanken.

Wie viele Herzen mögen da ängstlich geklopft haben! Wie viele Augen vergossen bittere Tränen!

Den Rio Tinto hinab zogen sie, und als sie auf der Höhe von Saltes angekommen waren, da färbte das erste Tageslicht ihre weißen Segel rosenrot. Jetzt waren sie in der Meerenge. Von allen Ecken her hörte man die herzzerreißenden Klagerufe des ewig wandernden Volkes. Aber fern im Westen, dunkel und geheimnisvoll, noch verborgen hinter den Schleiern der zurückweichenden Nacht, lag eine neue Welt und wartete. Sie wußte ebensowenig wie die Besatzung der drei Entdeckerschiffe, die sie suchen ging, welch ungeheure Zukunft sich in diesem Augenblick der Menschheit eröffnete.«

Ein Zeitalter geht zu Ende

Über die Reise selbst ist viel geschrieben worden. Ihr Verlauf, der über die Kanarischen Inseln als Zwischenstation führt, ist hinreichend bekannt. Columbus segelt entschlossen auf dem von ihm ausgewählten 28. Breitengrad im Bereich der günstigsten Winde nach Westen, also nicht wie üblich parallel zur Küste. Dabei trägt er am 13. September eine weniger bekannte Bemerkung in sein Tagebuch ein: »Die Kompaßnadeln weichen nach Nordwesten ab.« Damit hat er die magnetische Abweichung der Erde entdeckt, was Alexander von Humboldt »eine denkwürdige Tatsache in den großen Leistungen der Seeastronomie der europäischen Welt« nennt.

Am 17. September, einem Montag, stellen auch die Steuermänner fest, daß die Kompaßnadeln um ein gutes Viertel nach Nordwesten abweichen. Angst befällt sie, aber es gelingt Columbus mit seiner bekannten Geistesgegenwart, eine plausible Erklärung zu finden. Er gibt dem sich offenbar bewegenden Polarstern die Schuld, »... denn die Kompaßnadeln weisen immer richtig«.

Weniger bekannt ist auch, daß Columbus eine konsequente, geheime Rechnung über die zurückgelegten Entfernungen betreibt. Nach seinen Angaben tut er das, um die Mannschaft im Glauben zu lassen, weniger weit vorangekommen zu sein, also sich noch nicht so weit von der im Osten zurückbleibenden Küste entfernt zu haben. In Wahrheit aber will er den Schlüssel zum Geheimnis seiner Entdeckerreise für sich behalten.

Auch mit einer Verschwörung der nach und nach beunruhigten, verängstigten und schließlich verzweifelten Männer wird er mit Unterstützung der Pinzóns fertig. Die Männer merken, daß hinter Columbus' Samthandschuh die eiserne Faust von Martín Alfonso Pinzón droht, der jeden Aufrührer an die Rah hängen will.

Es ist die Pinta, auf der am 12. Oktober, 30 Tage nach dem Auslaufen von den Kanaren, der Matrose Rodrigo de Triana alias Juan Rodríguez Bermego Land entdeckt. Diese Meldung bezieht später Columbus in seiner Eitelkeit, Ruhm- und Selbstsucht vor den Königen auf sich, während der wahre Entdecker als armer Matrose in den Dunstkreis des Vergessenwerdens versinkt.

Im Morgengrauen sehen sie es alle: den schneeweißen Strand, auf dem sich die Wellen leichtfüßig verspielt verlaufen, und das Grün seltsamer Bäume unter dem tiefen Blau eines leuchtenden Himmels. Eine Handvoll Menschen stürzt aufgeregt an den Strand beim Anblick der für sie gespenstisch groß wirkenden Schiffe.

Salvador de Madariaga schreibt über den ersten Landgang:

»Der Admiral verließ mit seinen beiden Kapitänen das Schiff; andere Befehlshaber und die leitenden Personen der ganzen Flotte begleiteten sie. Er war mit großem Prunk gekleidet und trug die Königsstandarte in seiner Hand. Martín Alfonso und Vicente Yánez trugen ebenfalls jeder eine Fahne, die auf der einen Seite das grüne Kreuz und die Buchstaben F und I, auf der anderen nur das Kreuz trug. Bei dieser seltsamen und ungleichen Begegnung von Mensch mit Mensch lieh das Meer die weißen Farbtöne, das Land die braunen. In der Mitte der Szene standen Colón, die Pinzóns, der Schriftführer der Flotte, Rodrigo de Escovedo, und der Inspektor, Rodrigo Sánchez aus Segovia. Sie führten Papier und Tinte mit sich, um eine genaue Aufzeichnung jenes Ereignisses zu verfassen. Um sie herum stand eine bewaffnete Begleitmannschaft mit den drei Fahnen. Eine Menge von Eingeborenen, alle jung, alle schön und nackend, drängte sich um die Spanier. Was mögen wohl damals jene zivilisierten Menschen zu jenen Wilden gesagt haben? Welche symbolischen Bewegungen mögen ihnen eingefallen sein, um die Kluft zu überbrücken, die sich da vor zwei Teilen der Menschheit auftat? Der Admiral rief die beiden Kapitäne und die anderen, die mit ihm an Land gegangen waren; ferner Rodrigo de Escovedo, den Schreiber der ganzen Flotte, und Rodrigo Sánchez aus Segovia; sie alle rief er mit Namen auf und bat sie folgendes zu bezeu-

Sein Flaggschiff Santa Maria – hier ein Modell – bezeichnete Columbus selbst als »la não«, und es dürfte sich tatsächlich um eine Karacke und nicht um eine Karavelle gehandelt haben.

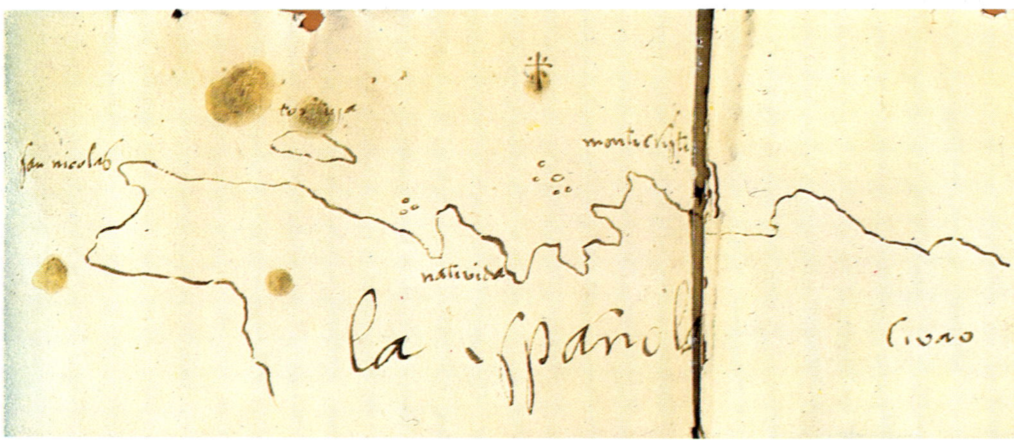

Oben: Dieser Holzschnitt um 1500 gilt als die erste Darstellung der Landung von Christoph Columbus am 12. Oktober 1492 auf einer Insel, die er selbst San Salvador nennt, die heutige Bahamainsel Watling Island.

Darunter: Mit Sicherheit stammt diese Zeichnung der Nordküste Haitis (La Española/Hispañola) von Columbus persönlich. Links der Hafen San Nicolas, den er zuerst anlief, dann die Insel Tortuga und Nativida oder Navidad, wo am Weihnachtstag 1492 die SANTA MARIA strandete.

Rechte Seite: Nachbau der NIÑA durch den Amerikaner Robert F. Marx, der ein Unternehmen finanzierte, mit dem die Reise des Christoph Columbus so weit wie möglich unter den damaligen Voraussetzungen nachvollzogen wurde.

gen und zu beurkunden, daß er gekommen sei, um von dieser Insel Besitz zu ergreifen, und dies hiermit im Namen seines Königs und seiner Herrin vollzöge, unter Beachtung der für diesen Vorgang notwendigen feierlichen Erklärungen.«

Es war wohl ein glücklicher Umstand, daß es die Verschiedenheit der Sprache gab. Denn so konnten die Eingeborenen den feierlichen Akt der Eindringlinge wenigstens als symbolischen oder magischen Akt deuten. Denn eine Besitzergreifung, um die es sich ja hier zweifellos handelte, wäre diesen Menschen, die überhaupt keinen Sinn für Eigentum hatten, völlig unbegreiflich gewesen.

Mit dem Kreuz beginnt die Sklaverei

Das Land, das Columbus entdeckte, war ja bekanntlich nicht das amerikanische Festland, sondern die zur Bahama-Gruppe gehörende Insel Guanahani (heute Watling Island). Die Insel liegt genau an der Stelle, an der die phantasievolle Kosmographie des Columbus Indien und Kathei in die Karte eingezeichnet hat. Columbus notiert angesichts der unbeschwerten Insulaner: »Es sind Menschen, die von Waffen nichts verstehen. Das werden Eure Hoheiten an sieben von ihnen sehen können, die ich ergreifen ließ, um sie mitzunehmen und unsere Sprache zu lehren.«

Eine andere Insel, auf die Columbus auf der Weiterfahrt stößt, nennt er zu Ehren des spanischen Königs Fernandina. Dort bewundern die Spanier erstmals eine Hängematte, die die Eingeborenen *hamac* nennen. Schließlich sichten und betreten sie die von den Indianern Kuba genannte Insel. Hier aber meint Columbus, er sei auf dem Festland gelandet, auf Kathei, dem Land des Groß-Khan, zu dem er einen Bekehrten namens Luís de Torres schickt, der außer Spanisch auch Hebräisch, Arabisch und angeblich auch Chaldäisch spricht. Er kehrt nach Tagen unverrichteter Sache zurück. Nach Kuba findet Columbus Haiti, wohin Martín Alfonso Pinzón auf dem Umweg über die Insel Bebeque vorausgefahren ist und wo er am 6. Dezember eintrifft. Er nennt es La Española. Hier verspricht ein verschmitzter Indianer hundert weitere Inseln mit Gold im Überfluß, so viel, um es schaufeln zu können, als »wäre es Kies«.

In Haiti verliert der Entdecker eines Nachts sein Schiff, als man entgegen seinem strikten Befehl einen Schiffsjungen mit der Nachtwache betraut hatte. Eine plötzliche Strömung um die Mitternachtsstunde des Weihnachtstages 1492 treibt die Santa Maria auf den Strand. Da die überzählige Besatzung angeblich nicht an Bord der beiden anderen Schiffe unterzubringen ist, entsteht die erste Besiedlung in der Neuen Welt, die befestigte Weihnachtsstadt »Villa de la Navidad«. Hier bleiben unter dem Befehl von Admiral Diego de Arana, einem Verwandten von Columbus, 38 Mann zurück. Am 9. Januar 1493 tritt Columbus an Bord der Niña zusammen mit der Pinta die Rückreise an. Am 4. März geht man in der Bucht des Tejo vor Anker. Daß Columbus nach Portugal zurückfand, verwundert bei seinen navigatorischen Fähigkeiten nicht, wohl aber, daß er bei der Rückfahrt zunächst nach Nordosten fuhr, bis er den Breitengrad der Azoren erreichte. Erst von hier aus nahm er genauen Kurs nach Osten. Das war das Handeln eines Seemannes, der genau wußte, was er wollte und konnte, denn auf beiden Reisen war es ihm durch die Wahl seiner Generalkurse gelungen, die günstigsten Windströmungen auszunutzen.

Der rücksichtslose Held

Nach Spanien zurückgekehrt, wird der Entdecker der Neuen Welt von den Katholischen Königen als Vizekönig der überseeischen Besitzungen empfangen. Er stellt dabei die von den Inseln entführten Eingeborenen als Untertanen des Groß-Khans vor. Mit Martín Alfonso Pinzón hat er sich in seiner skrupellosen Selbstherrlichkeit inzwischen entzweit, da er diesem die Schuld an allen Fehlschlägen aufgebürdet hatte.

Columbus wird die stolze Summe von 335 000 Maravedis ausbezahlt. Ihm, dem maßlos ehrgeizigen Ausländer, wird eine Rente zugestanden, die sich eigentlich der Matrose Rodrigo de Triana verdient hätte. Papst Alexander VI., als Rodrigo de Borja Spanier von Geburt, erklärt als *Dominus orbis* den überseeischen Besitz für rechtsgültig, und im gleichen Jahr teilt er in der Bulle *Inter caetera divinal* mit einer Linie 100 Meilen westlich der Azoren alle noch nicht unter christlicher Herrschaft stehenden Gebiete zwischen Spanien und Portugal auf.

Diese einseitige Handlung wiederum findet ihren Niederschlag in dem Tordesillas-Vertrag vom 7. Juni 1494. In der gleichnamigen Stadt einigen sich Spanien und Portugal über Besitzansprüche der entdeckten Gebiete wie auch der künftigen Entdeckungsräume.

Fast restlos finanziert von Herzog Medina Sidonia, rüstet Columbus 17 Schiffe für eine zweite Fahrt aus. Die Flotte segelt mit 1500 Mann an Bord am 25. September 1493 von Cádiz aus ab. Zwanzig Bauern sind an Bord, und die Aufgaben lauten auf systematische Besiedlung, Bekehrung der Insulaner zum Christentum und Aufnahme diplomatischer Beziehungen zum Groß-Khan.
Columbus entdeckt die Kleinen Antillen, die Inseln Jamaika und Puerto Rico. Als er aber wieder in Haiti landet, findet er La Navidad zerstört. Von der Besatzung fehlt jede Spur. Er errichtet ein zweites Fort mit dem Namen der Königin und beauftragt Pater Boyle mit der Verwaltung. Da die Inselbewohner den physischen Anstrengungen einer systematischen Nutzbarmachung der Ländereien nicht gewachsen sind, wird mit der »Einfuhr« von Negern der Grundstein zur Sklaverei in der Neuen Welt gelegt. Es gibt Kontroversen mit den spanischen Siedlern, deren Ursachen man auch höheren Orts im Führungsstil von Columbus sucht. Dieser kehrt nach Spanien zurück, um sich zu rechtfertigen, und man läßt daraufhin bei Hofe die Anschuldigungen gegen ihn fallen.

Unbestrittene Rechte, aber verweigerte Privilegien

Zu seiner dritten Fahrt, die ohne Komplikationen verläuft, verläßt Columbus mit sechs Schiffen am 30. Mai 1498 den Hafen Sanlúcar de Barrameda. Am 31. Juli sichtet er die Insel Trinidad (von ihm Isla de Gracia genannt) und bei deren Umsegelung die Mündung eines weit in das Meer hinausströmenden Flusses. Es ist der Orinoco, und Columbus hätte dabei beinahe den südamerikanischen Kontinent entdeckt.
Auf Haiti schlägt Columbus Unzufriedenheit der Siedler entgegen. Die Könige entsenden zur Untersuchung der administrativen Mißstände eine Kommission, die Columbus rigoros als Urheber der Mißstände bezeichnet und in Ketten legen läßt. Columbus kann sich in Spanien, wo man ihn sofort von den Ketten befreit, rehabilitieren. Er wird von den Katholischen Königen als willkommener Gast empfangen, während man den Leiter der Kommission, Bobadilla, seines Amtes enthebt.
Obwohl rehabilitiert, zieht sich Columbus in das Kloster Zurbia bei Granada zurück und zeichnet eine Karte von seinen Entdeckungen, von der es in Istanbul noch eine von dem Türken Piri Reis angefertigte Kopie gibt.

Schließlich tritt er am 11. Mai 1502 dann doch noch eine vierte Reise an. Er sucht mit vier Schiffen nach einer Meeresstraße nach Indien und landet am 15. Juni auf Martinique, dann auf Santa Lucia. Er berührt, vom Sturm vertrieben, Mittelamerika in der Gegend des heutigen Panama, wo er vergebens nach Vertretern des Groß-Khans forscht. Über Kuba kommt er nach Jamaika und tritt danach, am 12. September 1504, von der Gicht geplagt, den Heimweg an. Die Könige bestreiten zwar nicht die Rechte des Columbus als Großadmiral, Vizekönig und Generalgouverneur der Indischen Lande, beschneiden ihm aber doch gewisse Privilegien. Am 20. Mai 1506 stirbt Columbus in Valladolid, verarmt und verbittert.

Daß Amerika schon viel früher entdeckt worden sein soll, taucht neben den ungenutzten Wikingerfahrten immer wieder in Publikationen auf. So erst kürzlich in einer 1978 veröffentlichten Behauptung des deutschen Forschers von Wuthenau. Danach sollen Japaner, Chinesen und Afrikaner schon lange vor Columbus in Mexiko gelandet sein.

Ein Genuese namens John Cabot

Nach dem Bekanntwerden der kühnen Tat des Christoph Columbus werden auch andere Staaten und Männer vom Entdekkungsfieber wie von einem Virus infiziert.

Man sucht eine Nordwestpassage nach dem legendären Cipango und nach Kathei. Einer von diesen Männern ist John Cabot, ein um 1455 in Genua, möglicherweise auch in Venedig geborener Italiener, der sich 1495 mit Frau und Söhnen als Levantekaufmann in Bristol niedergelassen hat. Er macht Heinrich VII. von England den Vorschlag, ihm über die legendäre Nordwestpassage aus China Pfeffer, Nelken und Muskatnuß zu holen. Der sehr interessierte König, der den englischen Handel wiederbelebt und mit dem Aufbau einer eigenen Flotte begonnen hat, gibt ihm am 5. März 1496 ein Patent. Danach ist Cabot berechtigt, mit fünf Schiffen »Regionen der Provinzen der Heiden und Ungläubigen« entdecken zu dürfen, und dies trotz des Vertrages von Tordesillas und trotz der Bulle des Papstes.

Doch Cabot kann nur ein Schiff, die MATTHEW, auftreiben. Er segelt, begleitet von seinen drei Söhnen Ludovico, Sebastiano und Snazio, am 2. Mai 1497 aus Bristol ab und gelangt mit ziemlich primitiver Navigationsmethode zur Nordspitze von Neufundland, das er »Terra de prima vista« nennt. Cabot nimmt das Land im Namen seines Königs in Besitz.

Von Einheimischen bekommt er kaum etwas zu sehen. Möglicherweise segelte er durch die Straße von Belle Isle, die Labrador von Neufundland trennt. Danach dringt er in den St.-Lorenz-Golf ein, und als er hier Tiefen von fast 200 Metern lotet, glaubt er, die Nordwestpassage entdeckt zu

Der spanische Seefahrer und Kartograph Juan de la Cosa (1460–1510) begleitete Columbus auf dessen erster und zweiter Fahrt. Er soll auch Amerigo Vespucci 1499 und 1500 begleitet haben, als die nördliche Küste Südamerikas entdeckt wurde. Aus dem Jahre 1500 stammt auch seine berühmte Weltkarte (1,83 x 0,96 m groß), in der er die Entdeckungen von Columbus, Hojeda, Vespucci und Cabot einzeichnet. Sehr exakt ist hier erstmals der Verlauf des afrikanischen Kontinents dargestellt.

haben. Er kehrt, da seine Vorräte zur Neige gehen, zunächst zurück, um eine größere Expedition auszurüsten.
Die Heimreise verläuft glatt. Der König, der nach den im Freibrief getroffenen Vereinbarungen ein Fünftel aller von Cabot gemachten Entdeckungen für die Krone beanspruchen darf, ist zufrieden und belohnt ihn mit - sage und schreibe - 20 Pfund, dazu einer Jahresrente in gleicher Höhe. Außerdem wird Bristol der Heimathafen der Expedition und erhält das Monopol für den Import und den durch die Cabots betriebenen Handel zugesprochen.
Im Frühjahr 1498 erhält Cabot die Erlaubnis, nach Japan, also nach Cipango, zu segeln, wo er einen Handelsposten errichten soll. Der König leiht ihm ein Schiff samt Besatzung und Ausrüstung, während Kaufleute aus Bristol vier andere Schiffe mit Handelsgütern beladen. Die Expedition segelt im Mai ab, wobei ein Schiff gleich in Schwierigkeiten gerät und umkehren muß. Die anderen erreichen im Sommer 1498 über Grönland das amerikanische Festland und segeln die amerikanische Küste entlang nach Süden bis Kap Hatteras. Cabot findet zwar auch nicht den Seeweg nach Indien, dafür aber die ertragreichen Fischereigründe von Neufundland, die sich einmal als eine echte Goldgrube erweisen sollen und schon vom 16. Jahrhundert an mehr Reichtum bringen als die unerschöpflich scheinenden Silberminen im spanischen Amerika.
Übrigens wagten sich auch die Portugiesen nach Norden, um festzustellen, wie weit sich das ihnen im Vertrag von Tordesillas zugestandene Gebiet ausdehnen läßt. Im Jahre 1500 entdeckt Gaspar Cortereal Grönland, nur meinte er, daß dieses Land jenseits der Scheidegrenze liegt. Ein verständlicher Irrtum beim damals schwierigen Errechnen der Längengrade.
Zurück zu Cabot: Sein Sohn Sebastiano, der an den Reisen seines Vaters teilnahm, wandert 1512 nach Spanien aus und dient hier erst König Ferdinand, dann Karl I. (als Kaiser Karl V.). In spanischem Auftrag erforscht er anno 1527 auf der Suche nach dem Westweg zu den Molukken Brasilien und den Rio de la Plata. Die Expedition ist privat finanziert. Dabei soll ihm der Fuggerfaktor Sebastian Kurz geholfen haben, denn damals gehörte Spanien ja zum Weltreich Karls V. Im Auftrage des Fuggerkonzerns nimmt auch ein Deutscher teil, der Fuggerangestellte Hans Prunberger. Was man am La Plata findet, sind fremde Tiere und unbekannte Pflanzen, vom legendären Gold jedoch keine Spur.
Gold findet man auch nicht auf der zweiten Expedition, die auf der Nordroute nach Yucatán führt, wo Cortez so große Beute machte. Mit von der Partie war der englische Kaufmann Roger Barlow aus Sevilla, der nach der Umkehr am La Plata ein eigenes Schiff, die Savior, ausrüstet, um auf der Nordroute den Weg nach Kathei zu suchen. Er stirbt aber, bevor er und sein Freund Thorne ausfahren können, Thorne begnügt sich 1541 mit einer Denkschrift über die Nordroute, die er Heinrich VIII. überreicht. Der König legt sie zu den Akten, die Gelehrten jedoch erregt sie. 1544 entwirft Cabot seine berühmte Weltkarte und wird, zurückgekehrt nach England, auf Weisung des Königs Eduard VI. auf Lebenszeit Direktor der Gesellschaft der »Merchant Adventurers«. Hier veranlaßt er anstelle der Erforschung einer nordwestlichen Durchfahrt die Suche nach einem nordöstlichen Weg, die dann, wie noch berichtet wird, 1557 den Seehandel mit Rußland begründet.

Erstmalige Entdeckungen in Südamerika

Und da ist noch der aus einer florentinischen Patrizierfamilie als dritter Sohn entstammende Amerigo Vespucci. Er wurde am 9. März 1451 in Florenz geboren, von seinem Oheim Antonio großgezogen und besonders in Physik, nautischer Astronomie und Erdbeschreibung unterwiesen. 1490 tritt er als gelernter Kaufmann in Sevilla in die Leitung des Handelshauses Berardi ein, das er nach dem Tod des Inhabers im Jahre 1495 allein übernimmt. 1497 wird er mit der Ausrüstung der dritten Columbus-Flotte beauftragt. Es ist ziemlich sicher, daß Amerigo Vespucci den spanischen Admiral auch persönlich gekannt hat und daß dieser es war, der ihn zu gleichen Taten anregte. Die Quellen über den weiteren Lebensweg von Amerigo Vespucci gehen nun verschiedene Wege. Am 10. Mai 1497 soll er nach Salentiny von Cádiz aus auf seine erste Entdeckungsreise mit Kurs in den westlichen Atlantik gegangen sein. Dabei soll er folgerichtig ein Jahr früher als Columbus das südamerikanische Festland entdeckt haben. Ebenfalls nach Salentiny macht er sich dann 1499 zusammen mit dem spanischen Seefahrer Vicente Yánez Pinzón auf die zweite Reise, während der er die Mündung des Amazonas findet. Eine andere Quelle behauptet, er habe 1497 bis 1500 Entdeckungsreisen nach der Küste von Honduras und zur Nordostküste von Südamerika unternommen. In wiederum einer anderen Quelle ist zu lesen, daß Amerigo Vespucci zusammen mit dem Admiral Alonso de Hojeda 1499 bis 1500 die Küste Südamerikas zwischen der Halbinsel Guajira und 6° Südbreite befuhr und dabei den Amazonasstrom entdeckte. Im Brockhaus von 1882 wird die erste Expedition von Vespucci auf den 20. Mai 1499 datiert, und zwar abgehend von Santa Maria bei Cádiz unter Admiral Alonso de Hojeda. Nach 24 Tagen sei die Expedition an der Küste von Surinam unter 3° Nordbreite, also 200 Seemeilen südöstlich von Kap Paria, gelandet. Mühselig genug, durch die Widersprüche durchzufinden und zu entscheiden, wer wo wirklich zuerst war und wer was zuerst entdeckte, denn schließlich ist auch noch Pedro Alvares Cabral zu nennen, der als Entdecker Brasiliens im Jahre 1500 gilt.

In mehrfacher Hinsicht wurde die Weltkarte von Martin Waldseemüller aus dem Jahre 1507 berühmt. Sie vereint das ptolemäische Weltbild mit den spanisch-portugiesischen Entdeckungen in Amerika und Südafrika. Noch hat er die Überzeugung, daß Amerigo Vespucci größere Bedeutung zukomme als Columbus. Das Entscheidende aber an dieser Karte ist die Tatsache, daß hier zum erstenmal der Name Amerika auftaucht. Sein Vorschlag, die Neue Welt dem Amerigo zu Ehren Amerika zu nennen, fand allgemeinen Anklang, vielleicht auch deshalb, weil Columbus sich durch seine maßlosen Forderungen auf Distanz zum spanischen Königshaus brachte. Lange galt daher in jener Zeit die Leistung Vespuccis als die größere gegenüber der von Columbus. Die Abbildung zeigt die beiden Teilblätter mit Südamerika aus dem einzigen erhaltenen, im Schloß Wolfegg befindlichen Exemplar des zwölfteiligen Kartenwerks.

Nächste Doppelseite: Weltkarte der wichtigsten Entdeckungsreisen des späten Mittelalters

TOTA ISTA PROVINCIA INVENTA EST PER MANDATVM REGIS CASTELLE
TERRA VLTRA INCOGNITA
OCCIDENTALIS OCCEANVS
EQVINOCT
CANCRI
CAPRICO
AFRICVS

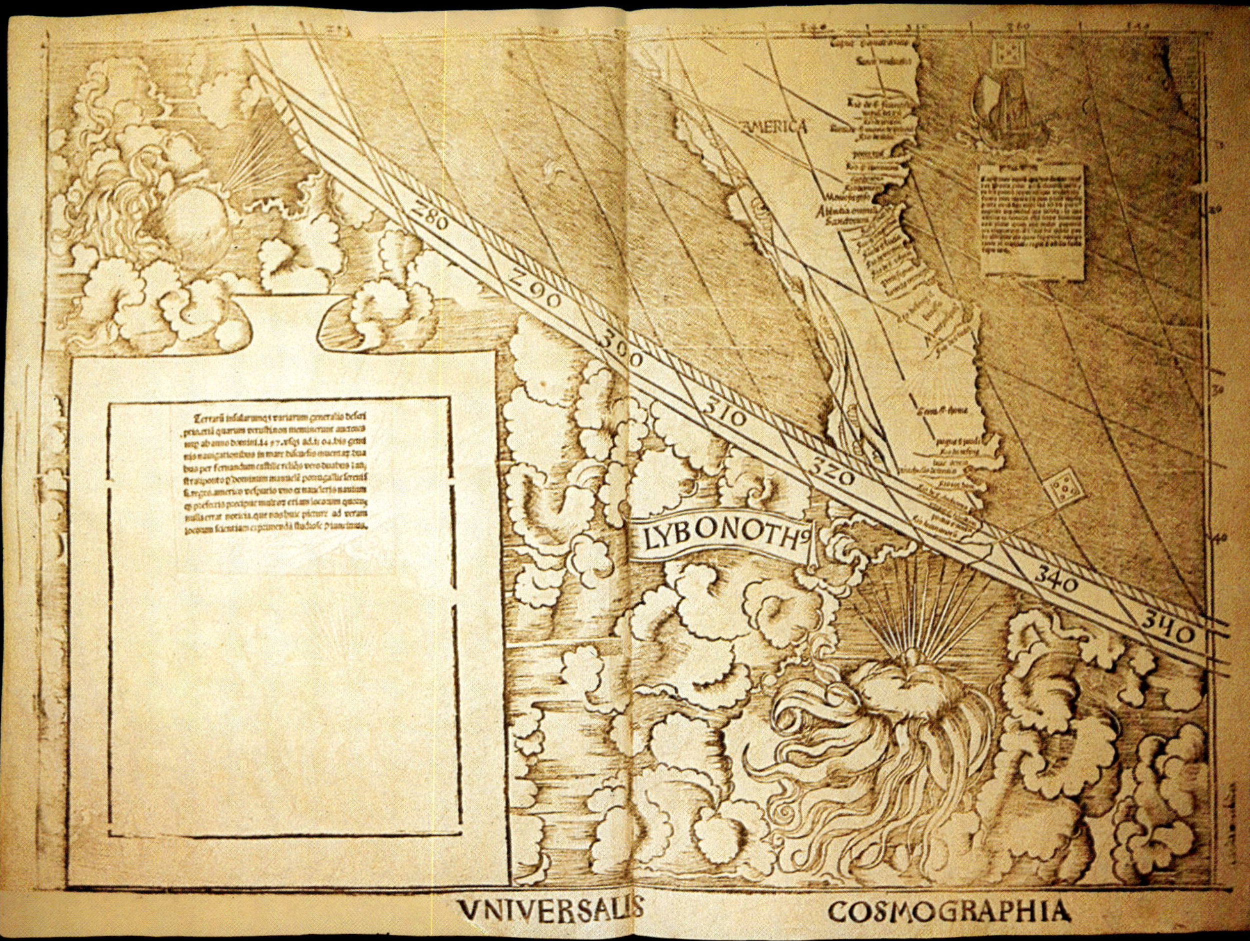
AMERICA
280
290
300
310
320
340
340
LYBONOTH9
VNIVERSALIS COSMOGRAPHIA

NORD-
AMERIKA
Atlantischer Ozean
HISPANIOLA
Pazifischer Ozean
SÜD-
AMERIKA
Atlantischer Ozean
FEUER-
LAND

A
meer
PERSIEN
CHINA
ARABIEN
INDIEN
PHILIPPINEN
GEWÜRZ-
INSELN
Indischer Ozean
Die frühen Entdeckungsreisen
Marco Polo, 1271–1295
Columbus (erste Reise), 1492–1493
Batholomeu Diaz, 1487–1488
Vasco da Gama, 1497–1498
John Cabot, 1498
Cabral, 1500
Vespucci, 1501–1502
Magellan, 1519–1522
Cartier, 1534–1535
Frobisher, 1576–1578
Drake, 1577–1580
Hudson, 1610–1611
Tordesillas-Linie 1494

Die Macht der Hanse

Das Aus für die Gotländer Genossenschaft

Wenden wir uns wieder den deutschen Hansen zu. 1241 und 1255 kommen Lübeck und Hamburg überein, die Handelsstraßen zwischen Nord- und Ostsee von Straßenräubern freizuhalten. 1259 vereinigen sich Lübeck, Rostock und Wismar zum gemeinsamen Kampf gegen See- und Straßenräuber. 1266 werden Hamburg und 1267 Lübeck wie zuvor bereits Köln eine eigene Hanse bilden. Erstmals wird der Begriff Hanse für die Vereinigung norddeutscher Kaufleute sozusagen amtlich. Um 1290, als die Gotländer Genossenschaft den Schutz ihrer Mitglieder nicht mehr ausreichend wahrnehmen kann, verpflichten sich Lübeck und das gotländische Wisby, ihre Kräfte zum Schutz deutscher Kaufleute in der Nowgorodfahrt zusammenzulegen. Dieser Zielgebung schließt sich bald auch Riga an. Damit wird der Urzelle der Hanse der deutschen Städte, der Gotländer Genossenschaft, die eigentliche und vom Herzog unterstützte Aufgabe entzogen.
Am 13. Juni 1283 schließen die deutschen Städte an der Ostsee mit den Herrschern der Ostseeländer des Reiches ein Bündnis zum Schutz des Land- und Seefriedens in diesem Raum. Sie planen die Bildung einer gemeinsamen »Baltischen Reichsflotte«, zu der die Städte die Schiffe und Seeleute und die Länder die militärischen Besatzungen stellen sollen.
Kurze Zeit später verwehren die sogenannten wendischen Städte dem »gemeinen Kaufmann« das Recht, das Dienstsiegel der Genossenschaft, die Lilie, zu benutzen. Das ist das Ende der Gotländer Genossenschaft. Von nun an führt der Weg hin zur »Hanse der deutschen Städte«. Diese Hanse organisiert sich zwar grundsätzlich als Städtebund, jedoch gibt es auch Mitgliedschaften einzelner Kaufleute. Die Hanse ist keine Gesellschaft mit Gemeineigentum und gemeinsamen Geschäften, in ihr bleibt jeder Kaufmann selbständig. Sie hat keine Verfassung, keine eigenen Finanzen, keine Beamten, keine Siegel und mit Ausnahme des Hansetages, der Lübeck zum Mittelpunkt hat, auch keine Institutionen, die sie als fest etablierten Verband ausweist. Dennoch handelt sie auf der politischen Bühne wie ein souveräner Staat.

Die Machtstellung der Hanse beruht einerseits auf der Überlegenheit des deutschen Kaufmanns und der hansischen Organisation und andererseits auf den vielfältigen Privilegien, die ihr gewährt werden. Damit kann sie eine eigene Wirtschaftsgemeinschaft entwickeln, die den gesamten Handel zwischen Nowgorod und Brügge, zwischen London und Lübeck beherrscht. In Nowgorod, Brügge, London und Bergen hat die Hanse ihre großen Kontore und Stapelplätze eingerichtet. Sie sind die Handelsmittelpunkte, über die nach der Vereinigung der Nord- und Ostseeländer zu einem Wirtschaftsbereich zwischen dem Gewerbe des Westens und den Naturschätzen des Ostens sowie zwischen dem Getreideüberschuß Ostdeutschlands und dem Fischreichtum Bergens vermittelt wird. Darüber hinaus ist die Hanse auch in England, in Boston, Hull, York, Norwich und anderweitig tätig. In den Niederlanden hat sie trotz mancher Privilegien zwar mit einer scharfen Konkurrenz der Städte zu kämpfen, dennoch ist ihr Umsatz gut. Nicht unerheblich ist selbst der Handel in Frankreich, wo in Honfleur, Harfleur, La Rochelle, Rochefort und Bordeaux Faktoreien bestehen. Von Brügge aus werden sogar Seefahrten bis nach Venedig unternommen.

Bis zu 170 Städte in der Hanse

1347 werden erstmals Satzungen niedergelegt. Der Bund wird räumlich in drei Gruppen eingeteilt: 1. Lübeck mit den Städten an der Nord- und Ostsee, 2. Westfalen und Preußen, 3. Gotland, Livland und Schweden. Die auf den Hansetagen in Lübeck, das als »Oberhof« Appellationsinstanz für alle mit lübischem Recht belegten Städte ist, gefaßten Beschlüsse sind auch für nicht erschienene Mitglieder verbindlich. Eine Nichtbeachtung kann mit Ausschluß geahndet werden.
Die Zahl der Mitglieder schwankt. Sie bewegt sich für die Dauer des Bestehens der Hanse zwischen 160 und 170 Städten, darunter sind praktisch alle maßgebenden Städte und Häfen an der Nord- und Ostseeküste, aber auch Städte außerhalb des Reiches zu zählen. Um ihre wirtschaftlichen Ziele durchzusetzen, führt die Hanse Handelskriege, so etwa gegen Norwegen, dem im Juli 1285 die lebenswichtigen Getreidelieferungen gesperrt werden, um es zu zwingen, widerrechtlich beschlagnahmte Schiffe der Hanse herauszugeben und Schadenersatz zu leisten. Gegen Dänemark greift man sogar zu den Waffen, da man dort den für die Hanse so wichtigen Seeverkehr durch den Sund und durch den Belt behindern oder gar sperren kann. Als sich der dänische König Waldemar IV. 1361 der Insel Gotland bemächtigt und mitten im Frieden die Stadt Wisby plündert, versammelt man unter Führung von Johann Wittenborg, Lübecker Bürgermeister, Heerführer und Flottenchef in einer Person, auf der Höhe von Rügen eine Armada von 52 Schiffen. An Bord sind 2140 »Marineinfanteristen«, Söldner und hansestädtische Bürger. Zwar lautet das erste Angriffsziel Kopenhagen, doch wendet man sich dann auf Bitten der Verbündeten in Norwegen und Schweden der Kopenhagen gegenüberliegenden Sundfestung Hälsingborg zu. Das Heer geht an Land und belagert die Festung, während die Schiffe auf der Reede im Sund vor Anker liegen. Man wartet auf die Verbündeten, denn ohne die Freunde aus Norwegen und Schweden ist man zu schwach, um die starke Festung zu stürmen. Doch statt der befreundeten Skandinavier erscheinen die Dänen und liefern den ankernden Hanseschiffen ein Seegefecht. Ein Dutzend Hanseschiffe wird versenkt, andere erbeutet. Johann Wittenborg bleibt nur ein Weg: Er bietet einen Waffenstillstand an. Daß er später, 1363, wegen erwiesenen Schmuggels und Blockadebruchs (er hatte während der Flandernsperre mit flandrischen Tuchen gehandelt) hingerichtet wird, steht auf einem anderen Blatt, beweist aber, wie streng die Bräuche der Hanse sind.
Waldemar indessen setzt sich über den Waffenstillstand hinweg. Er kapert auch weiterhin hansische und preußische Schiffe. Nun drängt auch der Deutsche Ritterorden auf eine kriegerische Endlösung. Der Hansetag in Köln – eine erstaunliche Ausnahme unter den Hansetagen – schließt mit der »Kölner Föderation« das bisher engste Bündnis zwischen Lübeck und Köln. Die Finanzierung des Krieges gegen Waldemar ist eine beschlossene Sache, wenn sie sich auch über Jahre hinzieht.

Diese Hafenszene aus Hamburg nach einer Miniatur aus dem Hamburger Stadtrecht von 1497 zeigt die Zollstelle, Treffpunkt der Seefahrer und Reeder. Die Ladung der Schiffe, Fässer, wird mit geruderten Leichtern zum Kai gebracht, um vom Kran gelöscht zu werden.

Blütezeit nach dem Frieden von Stralsund

Ostern 1368 sammeln die Hansestädte erneut eine Flotte, die mit nur 37 Schiffen zwar sehr viel kleiner als jene des unglückseligen Johann Wittenborg ist, dafür aber vom Ziel Kopenhagen nicht wieder abweicht. Im Mai 1368 wird die dänische Hauptstadt erobert und der Hafen durch versenkte Schiffe unbrauchbar gemacht. Man erobert auch Schonen mitsamt den Städten dieser Provinz und die anderen dänischen Inseln. Zur gleichen Zeit plündert die niederländische Flotte die norwegische Küste hinauf bis nach Bergen. Einige Monate später wird auch die Festung Hälsingborg angegriffen und eingenommen. Damit beherrscht die Hanse den Sund wieder uneingeschränkt, und das Ziel ist erreicht.
Als man am 24. Mai 1370 in Stralsund den Friedensvertrag mit den Dänen unterzeichnet, welcher der Hanse die wichtigsten Plätze am Sund einräumt, zwei Drittel der Einkünfte Schonens auf 15 Jahre verpfändet und den rebellischen Dänen das Versprechen abnötigt, daß fortan kein König anerkannt werden soll, der die Privilegien der Hanse nicht bestätigt, darf sich die Hanse nicht nur als Wirtschaftsmacht, sondern auch als militärische Großmacht feiern. Die »Kölner Föderation« hat ihren Zweck erfüllt und wird aufgelöst. Das nun folgende Jahrhundert aber geht als die Blütezeit der Hanse in die Geschichte ein. In allen Städten, mit denen die Hanse im Ausland verbunden ist, sind inzwischen deutsche Kaufleute eingebürgert worden. In Bergen zum Beispiel leben sie zusammen mit deutschen Schiffern und Handwerkern in einem besonderen Stadtteil. Die Kaufleute – junge, kräftige Männer und immer bereit, ihre Interessen mit dem Schwert zu verteidigen – dürfen im fremden Land nicht heiraten und kein Bürgerrecht annehmen.

Auf dem Gipfel der Macht

Die weiteren Aktivitäten der Hanse, deren historisches Verdienst es ist, Nordeuropa aus dem wirtschaftlichen Dämmerschlaf gerissen zu haben, seien in Form einer Zeittafel aufgeführt:
Im Oktober 1375 lehnt die Hanse anläßlich des Besuches Kaiser Karls IV. in Lübeck direkte Handelsbeziehungen seines Erblandes Böhmen mit den nordischen Staaten ab. So mächtig ist sie jetzt.
Am 14. August 1376 kommt es zum Friedensvertrag zwischen der Hanse und dem streitbaren Norwegen.
Im Juni 1377 beschließt der Bund die Ausrottung der zu einer ernsten Gefahr für die Handelsschiffahrt in der Ostsee gewordenen Seeräuber.
1385 rüstet die Hanse, die inzwischen wieder einmal Schwierigkeiten mit Brügge und mit Nowgorod hat, ein Geschwader Fredekoggen zur Bekämpfung der Seeräuber in der Ostsee aus.

Störtebekers Ostseemafia

Und nun passiert etwas Ungewöhnliches: Die Königin Margarete von Dänemark besiegt König Albrecht von Schweden nebst seinem Sohn Erich anno 1389 bei Falköping und nimmt sie gefangen. Zwei Jahre später belagert sie Stockholm, und nun rüsten die Verwandten des Königs, die Herzöge von Mecklenburg, in Rostock und Wismar Freibeuter gegen die nordischen Reiche aus. Und weil diese Scharen mit ihren Schiffen insgeheim und fleißig Stockholm mit Viktualien, das heißt Proviant versehen, heißen sie gar bald »Viktualienbrüder« oder auch »Vitalienbrüder«. Wegen der gleichen Verteilung ihrer Beute nennt man sie gelegentlich auch Likendeeler. Die Erfolge gegen die Dänen und die Schweden und deren Schiffe vermehren die Zahl der räuberischen Brüder, 1391 sind sie sogar so stark, daß sie die Insel Gotland mitsamt dem Hafen Wisby erobern können. Auch moralisch gestärkt durch ihre Maxime »Gottes Freunde, aller Welt Feinde«, werden sie immer aktiver. So aktiv, daß der Deutsche Orden seinen Seehandel mit England wegen der Übergriffe auf hansische Handelsschiffe einstellen muß. Am 18. März 1398 holen die streitbaren Ordensbrüder zum Gegenschlag aus. 80 Schiffe unter dem Befehl des Hochmeisters Konrad von Jungingen erobern Wisby von den Seeräubern zurück und vertreiben sie aus Gotland. Ein Teil der Vitalienbrüder kehrt in die Heimat zurück, andere indessen, unter ihnen Klaus Störtebeker und Godecke Michels, wenden sich in die Nordsee. Dort, bei friesischen Häuptlingen, finden sie freundliche Aufnahme und beträchtlichen Zulauf, so daß sie nunmehr munter die Nordseeschiffahrt beunruhigen. Während der Ostertage des Jahres 1400 vernichtet ein Geschwader von 20 Hanseschiffen auf der Oster-Ems eine große Zahl der Seeräuberschiffe. 1401 kommt es zu einer erneuten Begegnung bei Helgoland, an der auch zwei Schiffe des Hamburger Neubürgers und Kaufmannes Simon von Utrecht teilnehmen. Dessen BUNTE KUH dient als Flaggschiff der Hamburger. Der Führer der Vitalienbrüder, der legendäre Klaus Störtebeker, und andere prominente Seeräuber und Galgenvögel – 70 insgesamt – werden gefangengenommen und nach einem fairen Prozeß am 20. Oktober 1402 in Hamburg auf dem Grasbrook öffentlich hingerichtet. 1407 richtet sich der nächste Schlag gegen das trotz der Hinrichtung von Störtebeker und Michels noch immer nicht beseitigte

Seeräuberwesen in der Nordsee. Die Friesen werden von der Hanse massiv gezwungen, jede Art von Begünstigungen der Vitalienbrüder einzustellen. Dies fällt den konservativen Friesen gar nicht so leicht, denen man nachsagt, aber nur schwer beweisen kann, daß sie Schiffe durch Versetzen der Landmarken oder Löschen eines warnenden Leuchtfeuers auf den Strand locken und ausrauben.
1411 geht die Hanse gegen Oldenburg vor, und 1422 erobert man die Seeräuberstützpunkte Esumersiel und Dokkum in Friesland.
1425 werden die Niederländer, die sich inzwischen von der Hanse losgesagt haben, von der Ostseefahrt ausgeschlossen. Es wird immer häufiger beobachtet, daß sie direkt nach Schweden, Rußland und zu den preußisch-livländischen Häfen segeln und Lübeck, das eine Art Stapelzwang geltend macht, als Hauptstapelplatz nachgerade provokativ übersehen und meiden. Schon vorher, 1420, als sich nach Ansicht

Modell einer Hansekogge um 1450. Die dreimastige Takelung weist auf eine Großkogge hin, wobei die Übergänge zur Holk oder Hulk, dem schweren Lastenschiff der Hanse, fließend sind. Die eigentliche Holk hat später ein Spiegelheck, also ein völlig plattes Heck, und ein Lateinsegel am Besanmast.

der Hanse auch der englische Handel in der Ostsee zu sehr »selbständig« ausgeweitet hatte, war das Danziger Kontor der englischen Merchant Adventurers geschlossen und der Gouverneur ins Gefängnis geworfen worden.
1425/26 entbrennt ein Krieg der Hanse gegen die drei nordischen Reiche, zunächst allerdings nur gegen die Dänen, nachdem diese eigenmächtig den Sundzoll erhöht haben und die Festung Helsingör offensiv befestigen, um den Sund bequemer sperren und kontrollieren zu können. Beide Parteien genieren sich nicht, auch Seeräuber in ihre Dienste zu nehmen.
1427 verheert die Hanse mit Hilfe ihrer Flotte die dänischen Inseln Mön, Bornholm, Falster und Arö. Wenig später kollidiert ein hansischer Flottenverband im Sund mit einem skandinavischen Geschwader. Die Hamburger Schiffe geraten auf Grund. Man bricht das Gefecht vernünftigerweise ab und zieht sich zurück. Das hat aber zur Folge, daß ein für Preußen bestimmter Konvoi von 30 Salzschiffen, die aus der Biskaya kommen und sich des Schutzes durch hansische Schiffe sicher glauben, die leichte Beute der erbosten Dänen wird.
Am 7. April 1429 greifen 260 hansische Schiffe Kopenhagen vergeblich an, vor dessen Hafen man aber Schiffe zur Blockade versenkt, ehe man mit Erfolg Bornholm attackiert und plündert. Am 31. März 1429 erobert ein Verband von sieben Hanseschiffen das norwegische Bergen und vernichtet dabei über 100 Fischereifahrzeuge. Am 4. Mai des gleichen Jahres verbrennt ein Verband von 70 Dänenschiffen einen Teil der Stralsunder Flotte, wird aber vier Tage später von einem Geschwader der Hanse vernichtend geschlagen. Im gleichen Jahr machen noch einmal die Vitalienbrüder von sich reden. Sie plündern Bergen und brennen es nieder. Danach verschwindet ihr Name aus der Geschichte.
A propos Salz: Die Lüneburger Vorräte reichen auf die Dauer nicht für die am

Heringsfang beteiligten Hafenstädte. Hier nun bot sich eine Bedarfsdeckung durch die sogenannte Baienfahrt in die Bucht zwischen der Loire und Gironde an, wo man Meersalz gewinnt und an Land Getreide, Wachs und Honig aus dem Osten braucht. Die Schiffe werden ganz offiziell »Baienschiffe« und die Besatzungen »Baienfahrer« genannt. Später dehnt man die Salzfahrt bis nach Portugal aus.

Zunehmender Unfriede

Am 17. Juli 1435 stellen die drei nordischen Reiche im Friedensvertrag zu Vordingborg die Rechte der Hanse wieder her. Und da anno 1438 niederländische Kriegsschiffe 23 Handelsschiffe der Hanse aufbringen, werden ab sofort die Niederländer von hansischen Kriegsschiffen konsequent und ohne Nachsicht gekapert. Erst 1441 tritt mit dem Abschluß eines zehnjährigen Waffenstillstandes wieder Ruhe ein. Indessen bleibt der Sundzoll bestehen. Die Hanse beherrscht nach wie vor den Handel und Fischfang im Norden Europas. Sie gestattet nur ihren Schiffen, in den nordischen Meeren zu verkehren, dennoch vermag sie ein weiteres Eindringen der Niederländer in den Ostseehandel nicht zu verhindern. Die bisher festgefügte hansische Einheit wird ernsthaft bedroht. Einige Städte suchen ihre eigenen Wege, Vorboten des drohenden Zerfalls.

Am 18. Mai 1447 erläßt der Bund Bestimmungen zum See- und Handelsrecht in der Nord- und Ostsee sowie für ihre Handelskontore. Unter anderem wird festgelegt, daß jedes hansische Schiff ab etwa 200 NRT 20 Bewaffnete an Bord haben muß.

Am 12. Mai 1456 schließen die Hanse und Portugal einen Handelsvertrag, nachdem schon 1452 eine hansische Niederlassung in Lissabon eingerichtet worden ist. Die erste Weiche für einen Handel mit Übersee ist gestellt, sie wird aber später – aus welchen Gründen auch immer – zum Nachteil des Bundes nicht genutzt.

Auch mit den Engländern bricht Unfrieden aus: Am 29. Mai 1448 überfällt ein Verband von 12 englischen Handelsschiffen 18 hansische Handelsfahrer, die sich so entschlossen wehren, daß der Gegner mit einem Verlust von sechs Einheiten zurückgeschlagen wird. Als 1468 in London der Mob den Stalhof plündert und in diesem Zusammenhang die Kölner Kaufleute die Guilthall besetzen und als weitere Handelsschiffe der Hanse von englischen Schiffen angegriffen und aufgebracht werden, bleibt ein Krieg des unmittelbar betroffenen Brügge gegen die Engländer nicht aus. Das Brügger Kontor schickt zwei Kriegsschiffe auf Feindfahrt, und während sich die Hanse noch abwartend verhält, beteiligen sich Danzig und andere preußische Städte an der Rauferei. Danzig schickt die mit 18 Kanonen bestückte, mit 50 Seeleuten und 300 Seesoldaten bemannte Peter von Danzig ex Pierre de la Rochelle unter dem Kommando des Danziger Ratsherrn Bernt Pawest und später des schon damals berühmten Paul Beneke in den Kanal. Von 1472 bis 1474 greifen hansische Kriegsschiffe englische Küstenstriche an, versenken eine Anzahl englischer Schiffe, bis endlich zu Utrecht ein »Ewiger Frieden«

Linke Seite: Modell einer flämischen Karacke nach einem Gemälde des flämischen Meisters W. A. Kraeck von 1470. Das Schiff weist zwei Vorkastelle mit darübergezogenem Schutzdach, ein langes, neues Deck über dem Quarterdeck mit einem Schutzdach hinter dem Besanmast auf. An jeder Seite des Quarterdecks sind fünf Geschütze angebracht. Alle Masten haben Marsen, an der Fock- und Großmars sieht man Speere, in der Mars des Besantopps sogar ein drehbares Geschütz.

Oben: Diese Miniatur aus einem flämischen Gebetbuch, um 1500 entstanden, stellt eine Weinverladung in Brügge dar. Kräne waren um jene Zeit noch selten und wurden wie hier durch Tretmühlen bewegt.

Am 8. Oktober 1962 stößt man im Weserschlamm unweit von Bremen auf die Reste eines offenbar sehr alten Schiffes. Nach der mühseligen Bergung der über 2000 Einzelteile und nach mehrjähriger Restaurierung steht unzweifelhaft fest: Dies ist eine relativ gut erhaltene Hansekogge vom Ende des 14. Jahrhunderts. War man bislang auf Rekonstruktionen und Vermutungen angewiesen, so zeigt der Bremer Fund nun eine Kogge, wie sie wirklich aussah. Danach war die Kogge viel schlanker, als man bisher annahm. Das Bremer Schiff war 23,40 m lang (über alles) und 7,00 m breit. Der Zusammenbau der Fundstücke glich einer Puzzlearbeit. Aus der Lage der Bohrlöcher ermittelte die Arbeitsgruppe, wohin die Planken und Spanten gehörten, wenngleich einige der vor 600 Jahren gebogenen Spantbalken sich inzwischen in ihre Normallage zurückgezogen hatten. Beim Zusammenbau häuften sich trotz solcher Schwierigkeiten die Beweise für die These, daß das Schiff auf der Bauwerft bei einer Sturmflut losgerissen und nach kurzem Abtreiben gestrandet und gekentert sein muß. »Wir fanden Eichenplanken, die von den Handwerkern zwar angebohrt«, so der Restaurator Werner Lahn, »aber mit keinem Nagel durchstoßen waren.« Offenbar war der Schiffszimmermann beim »Anheften« des oberen Plankenganges unterbrochen worden. Auch die Kollegen, die das Deck nageln sollten, haben nur auf einer Schiffsseite gehämmert. Benutzungsspuren gab es lediglich an dem 3,20 m langen und 0,55 m dicken Eichenstamm, der als Bratspill diente. Ein solches Bratspill, dessen Name von dem sich drehenden Bratspieß abgeleitet worden ist, wurde als Winde für das Aufhieven der Ankertaue benutzt.
In einem Bad aus speziellen Konservierungsstoffen soll nun die Bremer Kogge im Schiffahrtsmuseum zu Bremerhaven vor weiterem Zerfall geschützt werden, damit auch spätere Generationen einen Eindruck von der Blütezeit der Hanse und ihrem so erfolgreichen Handelsschiff vermittelt bekommen.

Nächste Doppelseite: Im Jahre 1568 zeichnete Melchior Lorichs aus Flensburg eine über zwölf Meter breite Karte der Elbe vom Mündungsgebiet stromaufwärts bis über Hamburg hinaus. Die Abbildung zeigt die beiden rechten, südöstlichen Viertel der Karte zwischen der Insel Pagensand, damals Pagenwarder genannt (oben links), bis Geesthacht (unten rechts).

geschlossen wird. Die vom englischen König Eduard IV. aufgehobenen Privilegien werden wieder bestätigt. Die Merchant Adventurers sind, jedenfalls für die nächsten hundert Jahre, aus dem Ostseeraum verbannt.
Zur Ruhe kommt die Hanse auch im nächsten Jahrhundert nicht. Sie, die Initiator einer blühenden Städtekultur ist, von der noch heute Rathäuser, Kirchen, Lager- und Bürgerhäuser zeugen, geht immer deutlicher dem Niedergang entgegen. Ein weitgreifender Schritt dazu ist das Jahr 1494. In diesem Jahr, schließt Rußlands Zar Iwan III. Nowgorod als Handelsplatz der Hanse und nimmt die 49 hansischen Kaufleute gefangen. Um dieselbe Zeit errichten die rührigen Brüder Ulrich, Georg und Jacob Fugger ungehindert auch in Lübeck eine Bank, und ihr Vertreter Georg Wige-

rinck organisiert den Kupferhandel im Ostseegebiet, wo Danzig zum Hauptausfuhrhafen erkoren wird.

Die hansische Kogge

Mit Hilfe der Kogge und ihrer überlegenen Handelsorganisation konnten die Hansekaufleute die friesische und skandinavische, aber auch die britische und niederländische Konkurrenz vom 13. Jahrhundert an verdrängen. Erst heute, nach 600 Jahren, ist es durch den Fund einer Kogge bei Bremen, durch die mühsame Bergung der im Weserschlamm eingelagerten über 2000 Einzelteile und deren nicht minder mühsamen und schwierigen Zusammenbau im »Koggehaus« des Deutschen Schiffahrtsmuseums in Bremerhaven möglich geworden, eine Hansekogge vorzustellen, wie sie wirklich war. Nach siebenjähriger Arbeit mußte sich der sachkundige Restaurator Werner Lahn eingestehen: »Mit diesem Anblick habe ich nicht gerechnet.«
Die Kogge im Deutschen Schiffahrtsmuseum zeigt auf der Steuerbordseite gut erhaltene eichene Schiffsplanken, die einen relativ völligen Rumpf bilden, der bei rund 23 m zwar nicht länger als der der Wikingerschiffe war, wohl aber mit etwa 7 m eine größere Breite aufwies und hochbordiger (mittschiffs: 4,30 m) war.
Der Rumpf ist im Bodenbereich kraweel- und an den Seiten klinkerbeplankt. Die Planken haben bei einer Dicke von 5 cm Abmessungen bis zu 8 x 0,65 m. Das Holz wurde, wie sich mit Hilfe der Dendrochronologie feststellen ließ, um 1380 im Weserbergland geschlagen. Die typische Rumpfform der Kogge ergibt sich aus den winklig am Kiel ansetzenden, geraden Steven, dem flachen Boden und den geraden, schräg ausfallenden Seitenwänden, aus denen die Enden der Querbalken ragen. In dem großen Laderaum konnten bis zu 80 Tonnen englischer Tuche, Brabanter Spitzen, venezianischer Gläser oder dänischer Heringe geladen werden. Dennoch sind die beiden unter Wasser liegenden Schiffsenden, Bug und Heck, so schnittig gebaut, daß die Kogge gute Segeleigenschaften gehabt haben muß. Im Verlaufe der Entwicklungsgeschichte der Kogge wanderte das ursprüngliche Seitenruder an den Achtersteven und wurde zu dem bis heute üblichen Heckruder.
Das Kastell der Hansekogge, dessen Deck sogar wasserdicht kalfatert gewesen ist, markiert auf den nördlichen Meeren eine

STADE

MELCHIOR LORICHS
FLENSBVRGENSIS HOLSA
TVS ANTIQVITATIS STVDI
OSISSIM: FACIEBAT ANNO
CHRIST: M·D·LXVIII·CA
LEND: MART:

wichtige Epoche: Erstmals erheben sich Aufbauten auf dem Rumpf und verschaffen dem Kapitän eine bessere Sicht. Der Rudergänger, der unter dem Kastdeck stand, erhielt ein schützendes Dach und die streitbaren Mannen, die militärische Besatzung an Bord, eine standfeste Plattform zum Kämpfen.
Zur gleichen Zeit, als die Bremer Kogge gebaut wurde, gab es auch schon Koggen und andere Schiffstypen, die nicht nur achtern, sondern auch vorn ein Kastell besaßen, wie schon das Siegel von Danzig aus dem Jahre 1299 zeigt.

An Bord der Kogge

Wie es um die Zeit der Hanse in der Christlichen Seefahrt zuging, das schildert Dieter Zimmerling höchst plastisch in seinem Buch über die Hanse im Kapitel »Mit der Ambrakugel ins Mannschaftslogis«:
»Auch ohne Seeräuber, die nie gänzlich von den Meeren verschwanden, war so eine Seefahrt alles andere als lustig. Meist begann schon der Ärger, bevor noch ein Frachter die Leinen loswarf. Für den Kaufmann, der kein eigenes Schiff und auch keine Anteile, das heißt keine Parten besaß, stellte sich die dringliche Frage nach einem vertrauenswürdigen Schiffsführer. Denn von dessen Erfahrung, Geistesgegenwart und Mut hing es ab, ob die Ware auch den Bestimmungshafen erreichte.
Vor dem 22. Februar jeden Jahres durfte kein Schiff segeln, so hatte es die Hanse verfügt. Die Winterpause, die zu Martini, am 11. November, begann, wurde regelmäßig zur Instandsetzung des Schiffes genutzt. Es mußte neu kalfatert werden, alte Planken wurden durch neue ersetzt, überall gab es etwas auszubessern und zu reparieren. Die Werften in den Hafenstädten hatten Hochbetrieb. Unterdessen begann der Kapitän, fast ausnahmslos Miteigner des Schiffes, die ›Schiffskinder‹, seine Besatzung, anzuheuern. Am liebsten war es ihm, wenn er seine alten, erprobten und verläßlichen Matrosen wieder irgendwo auflesen konnte, irgendwo auf dem Land oder in der Stadt oder besser noch, sie meldeten sich bei ihm wieder für die neue Fahrzeit zurück. Sonst mußte er mit ungelernten Seeleuten vorlieb nehmen, Männern, die oft genug nicht die geringste Ahnung von der Seefahrt hatten und die Disziplin an Bord auf eine harte Probe stellten.
Wenn das Eis brach und das Schiff für die Fahrt gerüstet wurde, traten eines Tages diese wetterfesten Gestalten in ihrer Seemannstracht an Deck an. Manch einer schleppte eine riesige Seekiste mit sich herum, vollgestopft mit Wäsche, mit einem kurzen, faltigen Wams und den allgemein üblichen Strumpfhosen und der Gugel, jener bekannten Kapuze mit Schulterkragen. Meist befand sich auch noch ein Harnisch, eine Armbrust, später sogar noch ein Schießprügel darin, denn der Janmaat war zugleich auch ein Krieger zur See – wegen der Seeräuber unumgänglich notwendig.
Deswegen auch wurden weit mehr Leute angeheuert, als zur eigentlichen Seefahrt notwendig waren. Eine Kogge von 200 Tonnen Tragfähigkeit hatte etwa 20 Mann Besatzung, die Hälfte von ihnen hätte genügt, das Schiff sicher ans Ziel zu bringen.
War nun die Mannschaft vollzählig versammelt, teilte der Kapitän oder in seiner Vertretung der Steuermann die Wachen ein und wies die Quartiere zu. Zwanzig und mehr Mann an Bord eines Schiffes von Kuttergröße: Es herrschte eine drangvoll fürchterliche Enge in den Logis, und es dürfte nicht übertrieben sein, wenn von einem Schiffsoffizier berichtet wird, daß er den Mannschaftsraum nur mit einer Ambrakugel in der Hand betrat.
Die Schiffskinder hausten im ›Roof‹ vor dem Mast, und die ersten Streitereien entzündeten sich beim Gerangel um die günstigsten Plätze für die Hängematte, bis der Kapitän, der inzwischen seine Kajüte auf dem Achterdeck bezogen hatte, mit einem Machtwort dazwischenfuhr, und die Mannschaft bekam zum erstenmal einen Vorgeschmack dessen, was ihnen bei Disziplinlosigkeiten bevorstand.
Nur sehr zögernd hatte sich das Seerecht der seit der hansischen Frühzeit erheblich veränderten Schiffahrt angepaßt. Noch war der genossenschaftliche Gedanke nicht gänzlich verdrängt, wonach der Schiffer, der Kapitän also, eher der *primus inter pares* war als ein absoluter Herrscher an Bord. Und sogar das wisbysche und Hamburger Schiffsrecht von 1497 bestimmte noch ganz im Sinne der *Roles d'Oleron,* daß in Zweifelsfällen der Schiffsrat, zusammengesetzt aus den Offizieren, mitfahrenden Kaufleuten und der Mannschaft, nach seiner Ansicht über Wind und Wetter befragt werden mußte.
Daß sich diese Art Mitbestimmung an Bord als höchst unpraktikabel erwies, nimmt nicht wunder. Mit zunehmender Schiffsgröße aber und mehr Leuten an Bord war eine straffe Führung durch den Kapitän unerläßlich, um so mehr, als im 14. und 15. Jahrhundert die Klagen über Vergehen der Mannschaft unerträglich zunahmen.
Häufig verschwanden die Matrosen ganz einfach, sie desertierten, wozu sie bei den langen Liegezeiten in den Häfen genügend Gelegenheiten hatten. Oder sie meuterten. Mehr als einmal mußte der Schiffer vor seiner Mannschaft in das Toppkastell flüchten und hatte oft nicht einmal mehr die Genugtuung, sie bestraft zu sehen. Das mindeste, womit Befehlsverweigerung geahndet wurde, war Entzug der Heuer. Für schwerere Vergehen bestimmte die Hanse seit 1418 Gefängnis, rückfällige Täter wurden außerdem gebrandmarkt.«

Das 16. Jahrhundert war geprägt von einer außerordentlichen Aktivität in den überseeischen Entdeckungsreisen. Vor allem Spanien und Portugal bemühten sich nach Kräften, möglichst viele neue Länder und damit Quellen für erhofften Gold- und Silbersegen im Namen ihrer jeweiligen Herrscher in Besitz zu nehmen.
Unsere Abbildung zeigt aus der Darstellung »berühmter, volkreicher, blühender Städte unter spanischem Schutz« Olinda de Pernambuco zu jener Zeit.

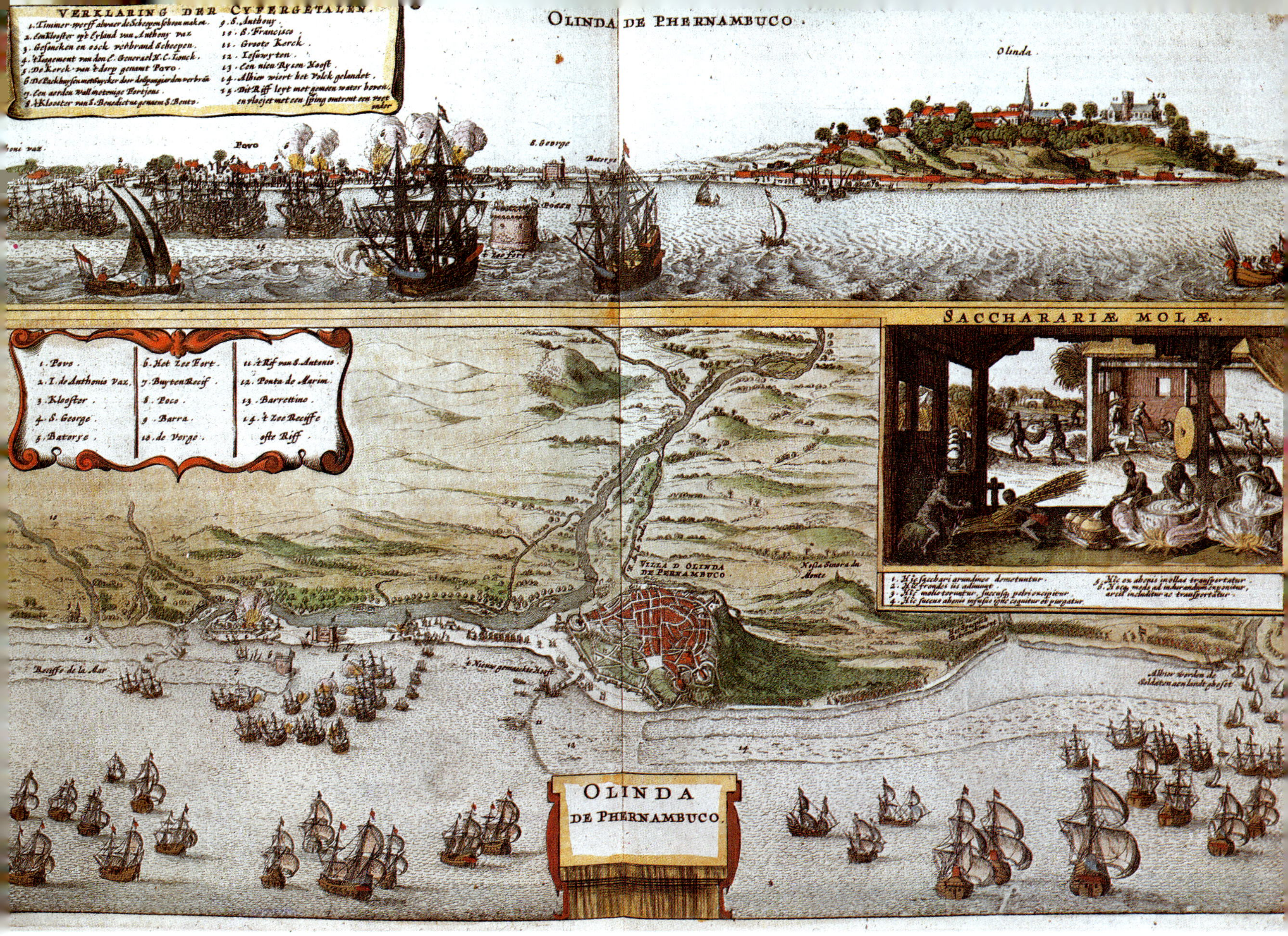

Weitere Entdeckungsreisen

Die Deutschen und ihre Privatkolonien

Wie zu erwarten war, vervielfältigen die Verantwortlichen in Portugal und Spanien, und mit ihnen nun auch die Engländer, die Franzosen und die Niederländer, mit Anbeginn des neuen Jahrhunderts ihre Anstrengungen, in Übersee neue Länder zu entdecken. Dagegen steht man im Heiligen Römischen Reich Deutscher Nation, wo doch die Hanse mit ihrer Kogge den Beweis schiffbaulicher und auch nautischer und seemännischer Tüchtigkeit erbracht hat, im Abseits. Die von den Historikern kaum beachtete Tatsache der 1487 vermerkten Einrichtung einer Reichsadmiralität in den Niederlanden durch den mit Kaiser Friedrich III. von 1486 bis 1493 durch eine Doppelregierung verbundenen König Maximilian I. hatte keine Reichsflotte zum Ziel, sondern sollte mehr oder weniger nur die Seeunternehmungen der Fugger begünstigen. Lediglich die geschäftstüchtigen, in Augsburg beheimateten Welser schließen 1503 mit Portugal einen Vertrag über die Gründung einer deutschen Handelsgesellschaft mit dem Ziel, Importe aus Brasilien auf portugiesischen Schiffen einzuführen. Sie arrangieren dann auch 1505/06 die erste deutsche Handelsfahrt nach Ostindien. Die Welser dürfen jedenfalls als die Pioniere deutschen Überseehandels auf neuentdeckten Weltmeeren bezeichnet werden. Die Ernüchterung über diesen mutigen Anfang aus einer so seefernen Stadt wie Augsburg folgt auf dem Fuße. Ein halbes Dutzend Jahre später, 1512, verfügt der deutsche Reichstag, daß sich kein Deutscher am Handel mit den neuentdeckten Erdteilen und Ländern beteiligen darf. Dahinter steckte wohl der sanfte, aber fühlbare Druck der päpstlichen Weisung über die Einteilung der Neuen Welt und der Hinweis auf den Vertrag von Tordesillas. So lehnt es anno 1529 auch die Deutsche Hanse konsequent ab, sich an den Welser-Unternehmen in Venezuela zu beteiligen. Mit Karls V. Genehmigung jedoch rüstet Bartholomäus Welser V., der die Firma seit 1519 leitet und sie zur bedeutendsten Warenhandels- und Reedereifirma ihrer Zeit entwickelt hat, drei Schiffe mit gemischten spanisch-deutschen Besatzungen in Spanien aus. Sie stehen unter dem Befehl des aus Ulm stammenden Ambrosius Dalfinger und segeln nach Amerika. Geschäftstüchtig und weitblickend, wie die Welser sind, ziehen sie bald schon auf den nächsten Fahrten nach Amerika die ersten Gewinne aus betriebseigenen Zuckerrohrplantagen.

Diese haben sie im Kielwasser ihrer Amerikafahrten auf den Kanarischen Inseln angelegt. Dalfinger reist noch im gleichen Jahr nach Coro, wird Statthalter eines Gebiets, das sich in der Breite der Küste Venezuelas über ganz Südamerika erstreckt. Er führt 1530 die Expedition zum Rio Magdalena durch und wird 1532 auf dem Zuge nach Neugranada tödlich verwundet.

Als Karl V. die oberdeutschen Kaufleute im März 1528 um eine Großanleihe von 100 000 Gulden angeht, sieht der Augsburger Fugger-Konkurrent endlich die Chance, im großen Stil ins Kolonialgeschäft einzusteigen. Fugger und Welser teilen sich die gewaltige Summe im Verhältnis 6 : 4. Fugger selbst sieht auf kolonialem Sektor seine Chance erst später kommen.

Um diese Zeit aber muß es gewesen sein, daß sich auch der Konzernchef Jacob Fugger international zu betätigen begann, denn er steckt 100 000 Dukaten in die Ausrüstung einer aus acht Schiffen bestehenden spanischen Gewürzflotte. Dadurch wird der Schwabe zusammen mit dem spanischen Edelmann Diego de Haro zum Leiter eines Entwicklungsprojektes ernannt,

1c
H.M. COMMISSIONER IN
ANGUILLA
EIIR
BATTLE FOR ANGUILLA 1796
ANGUILLA
BATTLE FOR ANGUILLA 1796
3c
15c
H.M. COMMISSIONER IN
ANGUILLA
EIIR
BATTLE FOR ANGUILLA 1796
H.M.S Lapwing engaging French ships Le Desius and La Vaillante
25c
ANGUILLA
EIIR
BATTLE FOR ANGUILLA 1796
H.M. COMMISSIONER IN
ANGUILLA
EIIR
BATTLE FOR ANGUILLA 1796
$1
$1·50
H.M. COMMISSIONER IN
ANGUILLA
EIIR
BATTLE FOR ANGUILLA 1796
Burning of French frigate Le Desius
CHILE
$20
PRIMERA ESCUADRA NACIONAL
BICENTENARIO NACIMIENTO LIBERTADOR
GENERAL BERNARDO O'HIGGINS R. 1778-1978
PARAGUAY
Gs.1.
CORREO
"BUNTE KUH" 1402
WALTER ZEEDEN
PARAGUAY
Gs.2.
CORREO
"WAPPEN VON HAMBURG" 1667
JOCHEM WICHMAN
LITO NACIONAL - PORTO - PORTUGAL
PARAGUAY
Gs.3.
CORREO
"KAISER LEOPOLD" 1667
JOCHEM WICHMAN
LITO NACIONAL - PORTO - PORTUGAL
PARAGUAY
Gs.4.
CORREO
"DEUTSCHLAND" 1848
POLLACK
LITO NACIONAL - PORTO - PORTUGAL
PARAGUAY
Gs.5.
CORREO
"HUMBOLDT" 1851
C.J. FEDELER
LITO NACIONAL - PORTO - PORTUGAL
PARAGUAY
Gs.10.
AEREO
"BORUSSIA" 1855
GUSTAV W. SEITZ
LITO NACIONAL - PORTO - PORTUGAL
PARAGUAY
Gs.15.
AEREO
Bild
CONCURSO
BILD ZEITUNG
HINRICH STROH
"GORCH FOCK" 1958
LITO NACIONAL - PORTO - PORTUGAL
PARAGUAY
Gs.20.
AEREO
"GROßHERZOGIN ELISABETH" 1902
HANS BOHRDT
LITO NACIONAL - PORTO - PORTUGAL
Dominica
ER
1/2 cent
SHIPS TIED TO DOMINICA'S HISTORY
Dominica
ER
1cent
SHIPS TIED TO DOMINICA'S HISTORY
Dominica
ER
2cents
SHIPS TIED TO DOMINICA'S HISTORY
Dominica
ER
20cents
SHIPS TIED TO DOMINICA'S HISTORY
Dominica
ER
45cents
SHIPS TIED TO DOMINICA'S HISTORY
Dominica
ER
$2
SHIPS TIED TO DOMINICA'S HISTORY
ST.HELENA
£1
ST. HELENA – G. H. BELLASIS 1815.
BARBADOS
Early Mail Steamer
12c
BARBADOS
'QE 2' in Deep Water Harbour
25c
BARBADOS
'Ra II' nearing Barbados
50c
BARBADOS
Early Mail Steamer
$1

20F POLYNESIE FRANÇAISE RF
POSTES
J. COMBET

50F POLYNESIE FRANÇAISE RF
POSTES
J. COMBET

85F POLYNESIE FRANÇAISE RF
POSTES
J. COMBET

KAROLINEN
5 PFENNIG 5

Captn James Cook
Hawaii 1778
13c USA

120F POLYNESIE FRANÇAISE RF
POSTES
J. COMBET

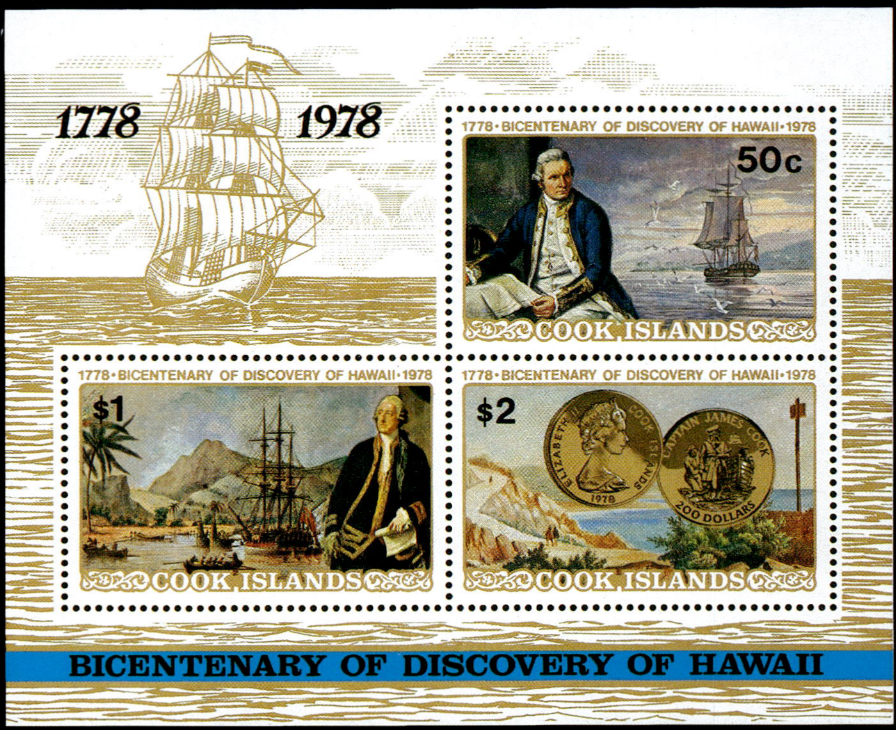
1778
1978
1778 • BICENTENARY OF DISCOVERY OF HAWAII • 1978
50c
COOK ISLANDS
1778 • BICENTENARY OF DISCOVERY OF HAWAII • 1978
$1
COOK ISLANDS
1778 • BICENTENARY OF DISCOVERY OF HAWAII • 1978
$2
1978
200 DOLLARS
COOK ISLANDS
BICENTENARY OF DISCOVERY OF HAWAII

Republic of Maldives
CAPT. JAMES COOK
250th ANNIVERSARY
OF BIRTH
H.M.S. "Endeavour"
3L

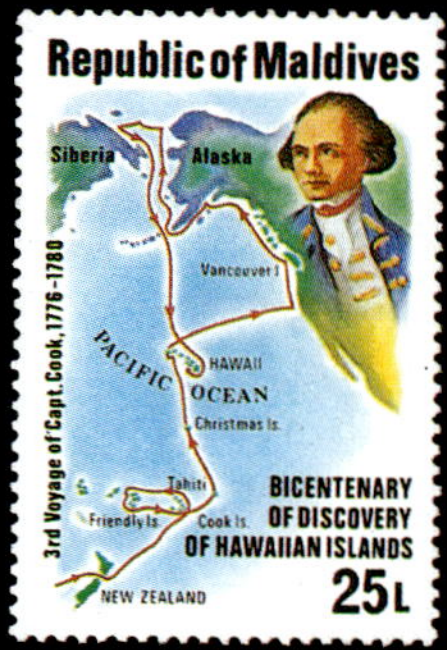
Republic of Maldives
Siberia
Alaska
Vancouver I.
PACIFIC OCEAN
HAWAII
Christmas Is.
Tahiti
Friendly Is.
Cook Is.
NEW ZEALAND
3rd Voyage of Capt. Cook, 1776–1780
BICENTENARY
OF DISCOVERY
OF HAWAIIAN ISLANDS
25L

75L
HAWAIIAN ISLANDS
Republic of Maldives
The ships Resolution & Discovery
250th ANNIVERSARY OF BIRTH OF CAPT. J.COOK

Mauritius
10c
PIERRE LOTI 1953-1970

Mauritius
15c
SECUNDER 1907

Mauritius
50c
HINDOOSTAN 1842

Mauritius
60c
ST. GERAN 1740

Mauritius
R2.50
MAEN 1638

2.70
1872-1876. EXPEDITION DU "CHALLENGER" ILES CROZET ET KERGUELEN 1874
RF
POSTE AERIENNE
TERRES AUSTRALES ET ANTARCTIQUES FRANÇAISES

1978
ΕΛΛΑΣ HELLAS ΔΡ. 0.50

1978
ΕΛΛΑΣ HELLAS ΔΡ. 2.50

1978
ΕΛΛΑΣ HELLAS ΔΡ. 4

1978
ΕΛΛΑΣ HELLAS ΔΡ. 5

1978
ΕΛΛΑΣ HELLAS ΔΡ. 7

1978
ΕΛΛΑΣ HELLAS ΔΡ. 50

mit dem die Spanier das portugiesische Monopol zu brechen hoffen. Der erste Gouverneur der Welser, Ambrosius Ehinger, alias Dalfinger, landet im Februar 1529 im venezolanischen Coro. Ein Jahr später folgt ihm Hans Seissenhofer mit einer noch größeren Flotte. Unter den Neuankömmlingen befinden sich auch die ersten deutschen Frauen, die Südamerika betreten. Unter den Waren, welche inzwischen die Welser-Schiffe aus dem Pachtland Venezuela herausschleppen, zählen neben Gold und Sklaven vor allem Perlen, Farbstoffe wie Indigo, Edelhölzer, Drogen und Medikamente zu den gewinnträchtigen Artikeln. Auch Coca-Blätter, deren berauschende Wirkung der Spanier Monardes entdeckt hat, sind als Exportware sehr begehrt. Auch hat man Chinin als Heilmittel gegen Fieber entdeckt, und vom Tabak verspricht man sich Heileffekte. Ein Bestseller eigener Art ist das Guajakholz, von dem spanische Ärzte sagen, daß es am besten jene schreckliche Krankheit in ihren Auswirkungen verhindere, von der vor allem die Matrosen und Soldaten in Übersee befallen werden, wenn sie mit einem Indiomädchen sich eingelassen haben. Obwohl Paracelsus vor dem Guajakholz warnt und statt dessen die Einnahme von Quecksilber gegen die Lues empfiehlt, verdienen die Welser und später auch die Fugger gut und reichlich an dieser Pharmaspezialität.
Im übrigen beweist den Umfang des Handels des welserischen Kolonialunternehmens und ihre genauen geographischen und nautischen Kenntnisse die eigens für die Welser angefertigte Weltkarte des Diego Ribeiro aus dem Jahre 1530.
Anno 1530 beteiligt sich auch Anton Fugger, angeregt durch die positiven Berichte aus dem Welser-Haus, am Kolonialgeschäft. Er findet in dem in Lissabon im Überseehandel tätigen Veit Hörl einen brauchbaren Kontaktmann zu dem an sich ausländerfeindlichen spanischen Gremium für Kolonialprojekte, der »Concejo de las Indias«. Schließlich ist auch der deutsche Kaiser in seiner Eigenschaft als spanischer König auf die schwäbische Geldaristokratie angewiesen. Als Karl V. wieder einmal Geld braucht, dieses Mal sind es 1,5 Millionen Gulden, unterbreitet Veit Hörl dem Concejo Anton Fuggers Vorstellungen vom Gegenwert, den er als Sicherheit für diese Großanleihe erwartet: die gesamte südamerikanische Pazifikküste von Chincha in Peru bis hinunter nach Feuerland, und zwar in einer Tiefe von 200 Meilen, dazu alle Inseln, die Magellan während seiner Weltumsegelung im Pazifik berührt hatte. Karl V. stimmt dem schlecht und recht unverschämten Verlangen des Anton Fugger voll zu, und der Concejo baut in den Vertrag die verpflichtende Klausel ein, das Haus Fugger habe wenigstens drei Flotten mit 500 Mann auszurüsten und die ersten drei Schiffe binnen eines Jahres in See gehen zu lassen. Vom Erfolg dieses Voraustrupps wird der Terminplan für die weitere Kolonisierung dieses riesigen Gebietes abhängig gemacht. Setzt das Haus Fugger innerhalb einer bestimmten Probezeit seine Amerikafahrten nicht fort, so darf der König die eroberten Gebiete in Besitz nehmen und sie jederzeit an Privatleute verpachten. Die Kolonialrechte werden für drei Generationen, also für 100 Jahre vergeben. Außer dem Recht, auch Eingeborenengräber mit deren Schätzen plündern zu dürfen, beansprucht Anton Fugger ein Achtel des gesamten Kolonialgebietes als Privatbesitz.
Das Südamerikaprojekt ist jedoch auch für die reichen Fugger um einige Nummern zu groß, und so verschwindet es bald vom Tisch der Zentrale am Augsburger Weinmarkt und macht realeren Projekten Platz. Auch sah man wohl in Augsburg ein, daß es in den eigenen Reihen an Männern fehlte, wie der rücksichtslose Pizarro einer war, der weit ins Hoheitsgebiet der Fugger nach Süden eingedrungen war. Die Chancen der Fuggerschen Angestellten gegenüber solchen routinemäßigen Eroberern scheinen gleich Null. Obwohl die Welser mit immer neuen Erfolgsmeldungen aus dem Venezuelaraum überraschen, hat das Haus Fugger mit seinem Projekt nur Verdruß.
Inzwischen erfreut der Kriegsheld Pizarro, sonderbarerweise von Karl V. zum Gouverneur von Peru ernannt, den Kaiser laufend mit kostbaren Geschenken aus seinem Beuteschatz. Im Süden marschiert Diego de Almagro, Pizarros bestgehaßter Rivale, immer weiter in Fuggersches Hoheitsgebiet hinein. Juristisch ist diesen vom Kaiser bewunderten Berufsplünderern nicht beizukommen. Anton Fugger verliert schließlich die Lust an diesem nebulösen Geschäft, und aus der tödlichen Rivalität zwischen Pizarro und Almagro den einzig möglichen Nutzen für die Kolonisation Südamerikas zu ziehen, paßt nicht ins Konzept des zwar geschäftstüchtigen, sonst aber doch eher bieder-braven Schwaben. Die Fugger schreiben den riesigen Besitz in Übersee ab, vom Kaiser mit der Versicherung bestärkt, den Verlust zu ersetzen.
Was Venezuela angeht, so werden die Welser bereits nach 20 Jahren ihrer Besitzung durch Gewalttaten der Spanier beraubt.

Portugiesische Karte des südlichen Atlantik aus dem »Atlas Miller«, um 1519. Dieser Atlas wurde vermutlich von den damals führenden portugiesischen Kartographen Pedro Reinel und dessen Sohn Jorge sowie von Lopo Homem geschaffen. Dargestellt sind die portugiesischen Entdeckungen zu Anfang des 16. Jahrhunderts in zahlreichen Einzelheiten. Das Augsburger Handelshaus der Welser schließt übrigens 1503 mit Portugal einen Vertrag mit dem Ziel, Importe aus Brasilien auf portugiesischen Schiffen einführen zu dürfen. Ein anderer berühmter portugiesischer Kartograph, Diego Ribeiro, fertigt 1530 für die Welser eine eigene Weltkarte an, was das damalige Interesse der Schwaben für den Kolonialhandel beweist.

Die Firma indessen betreibt weiterhin Handel, bis sie 1614 den Folgen der Staatsbankrotte Frankreichs und Spaniens und der Religionskriege in den Niederlanden erliegt.

Noch einmal Amerigo Vespucci

Der Vorschlag, die Neue Welt Amerika zu nennen, ging übrigens von Martin Waldseemüller aus Radolfzell aus. Dieser Kartograph brachte 1507 eine zwölfteilige Weltkarte und eine zur Herstellung eines Globus vorgesehene, in Sektoren aufgeteilte Karte heraus. Angeregt durch einen Brief Amerigo Vespuccis von seiner dritten Reise, den Mathias Ringmann 1504 in St. Dié veröffentlicht hatte, bezeichnete er den neuentdeckten Kontinent auf seinen Karten als »America«. In dem beschreibenden Text zu der Weltkarte, der »Universalis Cosmographia secundum Ptolemai traditionem et Americi Vespucci aliorumque lustrationes« (Universalkosmographie aufgrund der Überlieferung des Ptolemäus sowie der Reisen Amerigo Vespuccis und anderer), wird ausdrücklich vorgeschlagen, die Neue Welt Amerigo Vespucci zu Ehren Amerika zu nennen. Obwohl Waldseemüller selbst in einer neuen Weltkarte von 1516 die Bezeichnung »Terra Nova« statt »Ame-

rica« einsetzt, findet sein Vorschlag allgemeinen Anklang. Schon auf der 1520 gestochenen Welttafel des Appianus, in der Ausgabe des Pomponius Mela von Joachim Vadianus und auf einer Karte zu der 1522 in Straßburg erschienenen Ausgabe des Ptolemäus ist dieser Name übernommen, den bald alle Gelehrten annahmen, so daß die Spanier nachgeben mußten.

Cabrals Brasilien-Entdeckung – ein Zufall

Es ist die Zeit um die Jahrhundertwende, als der 1460 in Belmonte geborene portugiesische Seefahrer Pedro Alvares Cabral vom König Manuel von Portugal beauftragt wird, die gesamte Küste von Malabar für Portugal in Besitz zu nehmen. Für dieses Vorhaben wird ihm eine stattliche Flotte von 13 Schiffen mit insgesamt 1250 Mann und zeitentsprechender Artillerie zur Verfügung gestellt. Als er am 8. März 1500 den Hafen von Lissabon verläßt, sind außer Bartolomeo Diaz auch sechs unter der Leitung von Pater Henrique stehende Franziskaner an Bord. Ohne besondere Vorkommnisse erreicht die Flotte die Kap Verden. Beim Umsegeln dieser Inselgruppe jedoch werden die Schiffe von einem schweren Sturm überfallen. Ein Schiff geht verloren, die anderen werden auseinandergetrieben. Nach dreißig Tagen kommt das Land einer Bartolomeo Diaz unbekannten Küste in Sicht. Tags darauf segelt Cabral in eine große Bucht hinein, der er den Namen Porto Seguro gibt, während er das Land selbst für den König Portugals in Besitz nimmt. Er nennt es *»Terra de Santa Cruz«* oder *»Isla de la Vera Cruz«*. Der Platz Porto Seguro, der zwischen Pernambuco und dem Fluß San Francisco zu suchen ist, hat nichts mit dem heutigen zwischen Bahia und Caravellas gelegenen gleichnamigen Hafen zu tun. Cabral, ein gewissenhafter Mann, schickt vor der Weiterreise den Historiker und Chronisten Pedro Vaz de Caminha mit einem ausführlichen Bericht über die Landnahme auf einem seiner Schiffe nach Lissabon zurück. Er selbst macht sich auf den Weg zum fernen Indien.

Die naheliegende Frage steht an, ob er den Abstecher nach Brasilien wollte oder nicht, denn aus irgendeinem Grunde war er nach den Kap Verden zu weit nach Südwesten gesegelt. Vielleicht wollte er die häufig im Golf von Guinea auftretenden Windstillen ausmanövrieren, oder aber er hatte bestimmte Anweisungen seines Königs an Bord. Mag sein, daß der König sicher gehen wollte, daß die neuentdeckte Route um das Kap nicht in Widerspruch mit dem Vertrag von Tordesillas geriet.

Zunächst scheint das Glück dem Seemann Cabral günstig gesonnen zu sein, denn achterlicher Wind bringt die Flotte gut voran. Doch dann naht Unheil. Am 29. Mai 1500 verliert sie, kurz vor Erreichen des legendären Kaps der Stürme, in einem orkanhaften Wetter gleich vier der Schiffe, darunter auch jenes, auf dem Bartolomeo Diaz eingeschifft ist.

Nach der Zwischenlandung in Melinda segelt der Admiral ohne weitere Probleme bis nach Calicut, wo ihn der indische Fürst mit asiatischer Freundlichkeit empfängt. Doch die Ruhe an Land ist nur scheinbar. Bei einem von den eifersüchtigen arabischen Kaufleuten angestifteten Aufstand werden 60 Portugiesen brutal erschlagen oder zu Tode gemartert. Zur Bestrafung läßt der Admiral die Häfen von Calicut, Cochin und Cananore beschießen, wobei die arabischen und indischen Schiffe das Hauptziel sind.

Danach breitet sich eher erschrockene Besonnenheit als Versöhnung und Frieden aus. Der Samurin sorgt dafür, daß Cabrals Schiffe mit den im fernen Abendland ersehnten Gewürzen und anderen östlichen Kostbarkeiten großzügig und schnell beladen werden. Cabral legt in den genannten Hafenplätzen noch Faktoreien an, ehe er sich beim indischen Fürsten zum Abschiedsdinner meldet.

Aber auch die Heimfahrt kostet Opfer. Vor

Sofala verliert der nur noch aus sieben Schiffen bestehende Verband einen weiteren Segler, so daß Cabral nur noch mit sechs Schiffen am 23. Juli 1501 in die vertrauten Arme des heimatlichen Tejo segelt.

Blutige Gewürze

In den von Cabral errichteten Faktoreien der Portugiesen in Indien ist es zunächst noch ruhig. Der Kanonendonner verhallt in den Ohren der sanftmütigen Inder jedoch nicht so schnell.
Man hat inzwischen die Würde eines Statthalters von Indien dem aus der gräflichen Familie der Abrantes stammenden Don Francisco d'Almeida übertragen.
Aber die Ruhe ist nur scheinbar. In Collam werden zurückgebliebene Portugiesen ermordet, in Quilsa stirbt der von d'Almeida eingesetzte Sultan an Gift, in Moçambique brennt das von den Portugiesen errichtete Hospital ab, auf der Insel Anchedira geht eine portugiesische Kirche in Flammen auf.
Cabral soll noch eine zweite Reise nach Südamerika unternommen haben, auf der er das breite Delta eines machtvoll ins Meer strömenden Flusses fand, den er Rio de Janeiro, Januar-Fluß, nannte. Ob es nun Cabral oder Pinzón oder Hojeda war, der die hier an Land typischen roten Farbhölzer, die *Guilandina echinata,* heimbrachte und damit den Namen Brasilia fand, ist nicht mit Sicherheit zu ergründen.
Eine weitere Reise nach Indien unternimmt João da Nova. Er kommt ohne Geschenke. Seine Soldaten fallen wie Heuschrecken ein und beladen die Schiffe mit ihrer Beute, 1000 Zentner Pfeffer, 500 Zentner Zimt, 50 Zentner Ingwer. Aber die Mohammedaner erholen sich schnell von ihrem Schrecken. In Calicut schießen sie mit den von Cabral zurückgelassenen Kanonen zurück. Sie haben auch Kugeln gegossen, ja sogar bessere Kugeln. 50 Zentner Ingwer sinken auf den Grund des Meeres. 46 Tote bleiben vor der Stadt zurück. Lissabon erkennt, daß Krieg geführt werden muß. Vasco da Gama erscheint, vernichtet die feindliche Flotte, zerstört Calicut. Er errichtet eine Festung. Kaum sind die Portugiesen abgesegelt, wird die Festung angegriffen. Nach drei Wochen ist die 500 Mann starke Besatzung aufgerieben.
Neue Expeditionen folgen, ohne entscheidenden Erfolg. König Manuel schickt nun seinen »besten Mann«, Francisco d'Almeida, einen Mann ohne Skrupel. Wo immer er an der Malabarküste auftaucht, gibt es keine Gefangenen. In Cananore läßt er 40 Bewohner an rasch errichteten Galgen hinrichten, nur, weil den Portugiesen ein Pferd gestohlen wurde. Der Haß auf die Portugiesen wächst. Schließlich kommt es vor Cananore zur Seeschlacht: Hier 40 Schiffe und 125 Prauen der Mauren, dort elf portugiesische Schiffe, die Lourenço d'Almeida, der Sohn des späteren Vizekönigs, befehligt. Es wird eine entsetzliche, eine blutige Schlacht, die zwei Tage und zwei Nächte dauert. Die Entscheidung fällt an Land, wo ein Portugiese namens Fernando de Magellan sich an die Spitze stellt und die Entscheidung erzwingt.

Macht von Hormos bis zur Malabarküste

Am Hofe erzogen und in den Kämpfen mit den Türken (1480) und in Nordafrika (1489) bewährt und ausgezeichnet, segelt Alfonso d'Albuquerque anno 1503 mit einer kleinen Flotte aus drei Schiffen nach Indien, wo er im Gebiet des befreundeten Herrschers von Cochin eine Festung erbauen soll. 1504 kehrt er mit seinen mit Gewürzen vollbeladenen Schiffen nach Portugal zurück. 1506 begleitet er Tristão da Cunha mit einer Flotte nach der Ostküste Afrikas, trennt sich aber von diesem und erobert 1507 die kleine, aber reiche Insel Ormus, auch Hormos genannt. Sie wird die »Perle des Orients« genannt und ist, am Eingang des Persischen Golfs gelegen, der Stapelplatz aller Waren des Ostens. Der Herrscher von Hormos zeigt sich auffallend untertänig und anerkennt die portugiesische Oberhoheit.
Im Oktober 1509 wird d'Albuquerque mit dem Titel eines Generalkapitäns ausgezeichnet. Er wird zum Vizekönig von Portugiesisch-Indien ernannt und übernimmt als Nachfolger von de Almeida die Statthalterschaft. In dieser Eigenschaft erobert er die Malabarküste und am 25. November 1510 Stadt und Hafen Goa, die er zum Mittelpunkt der portugiesischen Besitzungen erhebt. Goa, wo der Sieger alle Einwohner niedermacht, unterwirft sich, denn auch das eilends herangeführte indische Entsatzheer wird geschlagen, denn »zerstörte man ein Schiff, kamen drei andere hinterher; erschlug man einen Portugiesen, traten fünf andere an seine Stelle«. Ganz Indien ergibt sich. 1511 unternimmt d'Albuquerque einen Zug gegen Malakka, den wichtigsten Stapelplatz von Hinterindien, wo chinesische und arabische Kaufleute ihre Waren tauschen. Als dieser Platz am 11. August 1511 in seine Gewalt kommt, befestigt er ihn und schafft derart zweckmäßige Einrichtungen, daß die fremden Kaufleute noch zahlreicher als ehedem herbeiströmen.
Bald schon ist der Ruhm, der d'Albuquerque umgibt und der ihm den Beinamen »der Große« oder der »Portugiesische Mars« einbringt, so verbreitet, daß sich die Herrscher von Siam, Java und Sumatra um seine Freundschaft bewerben. Nach seiner Rückkehr von Malakka muß er indessen die von den Indern bedrängte Handelsmetropole Goa (1512) erneut befreien und befrieden. Dabei nimmt er auch die starke Festung Benstarin ein. Auch im Raum Hormos lehnen sich einheimische Kaufleute auf. 1515 beschließt die erneute Eroberung von Hormos die lange Reihe der glänzenden Unternehmungen des Vizekönigs.
Alfonso d'Albuquerque, ein stattlicher Mann, gebildet, streng und eigenwillig, aber auch selbstlos, wehrhaft, tapfer und freigiebig, hat Goa inzwischen zum wirtschaftlichen und politischen Zentrum von Portugiesisch-Indien ausgebaut. Seine politische Macht in seinem Imperium, das von Hormos über die Malabarküste bis nach Insel-Indien reicht, beruht auf der Überlegenheit der portugiesischen Waffen, insbesondere der Schiffsartillerie und der schnellen Truppenbeförderung. Alfonso d'Albuquerque baut das Schulwesen aus. Die Justiz und Finanzen liegen in Händen

Eine andere Darstellung aus dem Atlas Miller von 1519 zeigt die portugiesischen Entdeckungen und Eroberungen im Indischen Ozean. In den ersten Jahren des 15. Jahrhunderts breiten sich die Portugiesen hier überall aus, gründen Niederlassungen, Faktoreien und legen Festungen an. Der legendäre Alfonso d'Albuquerque wird Vizekönig von Indien, und als er 1515 stirbt, ist Portugal die führende Wirtschaftsmacht der Erde. Es beherrscht den größten Teil des Indiks, Teile des Atlantischen Ozeans und des westlichen Pazifiks, und der lukrative Gewürzhandel ist fest in seiner Hand.

der einheimischen Beamten. Heiraten zwischen Portugiesen und Inderinnen sind erlaubt, wenn sich die Partner zum Christentum bekennen. Die Verbreitung der portugiesischen Sprache wird im Indien-Imperium mit aller Macht gefördert.
Als Alfonso d'Albuquerque 1515 in Goa auf seinem auf Reede liegenden Schiff stirbt, ist Portugal die erste Wirtschaftsmacht auf der Erde. Es beherrscht einen Teil des Atlantik, des Indik und des westlichen Pazifik.

Entdeckungen am laufenden Band

Blenden wir nach diesem Vorgriff in den südostasiatischen Raum zurück in den Atlantik. 1500 und 1501 unternimmt der Portugiese Gaspar Cortereal zwei Reisen in den Norden mit dem Ziel, die Nordostpassage zu finden. Seit 1501 gilt er als verschollen. 1502 entdeckt J. da Nova die Insel St. Helena. 1505 kommen erstmals Portugiesen auf die bereits den Griechen und Römern bekannte Insel Ceylon. 1505 werden erstmals Negersklaven in die Neue Welt nach Haiti transportiert, wo man sie wie Vieh verkauft. 1506 findet der Admiral Tristão (oder auch Tristan) da Cunha im Südatlantik Inseln, denen er seinen Namen gibt. 1506 findet der Portugiese Fernando Soares die schon von Marco Polo im 13. Jahrhundert erwähnte Insel Magastar oder Madaigascar (Madagaskar), die den Arabern seit dem 12. Jahrhundert als Dschasirael-Komr = Mondinsel bekannt ist. 1506 fahren Schiffe der Welser und Fugger nach Westindien und den Molukken. 1507 entdeckt Spaniens Seefahrer Mascarenhas die Inseln Mauritius und Réunion im Indik. Portugiesen gründen in Moçambique die erste portugiesische Siedlung Schwarzafrikas. 1507 bis 1508 dringt der Portugiese V. Y. Pinzón bis zur mexikanischen Halbinsel Yucatán vor. 1509 erreicht der Portugiese Sequeira Malakka und die Philippinen. In Cádiz und Sevilla werden Stützpunkte für Westindienfahrer eingerichtet. 1510 wird mit dem im östlichen Mittelamerika gelegenen Santa Maria de la Antigua del Darién die erste europäische Siedlung auf dem südamerikanischen Halbkontinent gegründet. 1513 entdeckt der spanische Conquistador Ponce de León Florida. 1513 erblickt erstmals ein Europäer von Mittelamerika aus den Pazifik: der Spanier Vasco Nuñes de Balboa, der sich mit 190 Spaniern und zahlreichen Bluthunden durch den Urwald bis zur Bucht von San Miguel am Pazifik durchkämpfte. Das unbekannte Meer nennt er *»Mar del Sul«*. Später wird er vom neuen spanischen Gouverneur Don Pedro Arias de Avila, obwohl er zur Beilegung des Konflikts dessen Tochter geheiratet hatte – des Hochverrats bezichtigt und 1517 enthauptet. 1515 beginnt Juan Díaz de Solís, Nachfolger des verstorbenen Chefpilots Vespucci der Indiengesellschaft in Sevilla, der *Casa de la Contratación,* die brasilianische Südküste zu erforschen. Er findet den La Plata und wird von den Eingeborenen durch Zeichen eingeladen, im Boot an Land zu kommen. Sie erschlagen, braten und verzehren ihn. Die Spanier auf den Schiffen der nun führerlosen Flotte, die in der meerähnlichen La-Plata-Mündung eine Durchfahrt nach Westen, also in den Pazifik erhofft hatten, lichten entsetzt die Anker und segeln heim. 1519 erkundet der spanische Seefahrer A. A. de Pineda die amerikanische Küste von Florida bis zum mexikanischen Tampico. 1520 befährt ein von Vásquez de Ayllón ausgesandtes Schiff die Ostküste von Nordamerika bis zu 33°5′ Nordbreite.

Fernando de Magellan entdeckt die »Straße der Jungfrauen«

Das Jahr 1519 nimmt in der Geschichte der internationalen Seefahrt einen bevorzugten Platz ein. Genau am 20. September macht sich der 1480 in Sabrosa (Tras os Montes) geborene portugiesische Seefahrer Fernando de Magellan (auch Magallanes oder Fernão de Magalhães genannt), von Sanlúcar de Barrameda ausgehend, mit fünf Schiffen auf den ungewissen Weg einer

langen Unternehmung, auf der es für ihn selbst keine Heimreise gibt. Sie wird dennoch nach einem erfolgreichen Ende als die erste Weltumsegelung für immer mit seinem Namen verbunden bleiben. Bereits seine Jugend, von der wir annehmen dürfen, daß er viel Zeit davon auf Schiffen und an der See verbracht haben wird, ist voller Unruhe: 1505 tritt er in den Dienst der portugiesischen Marine. Fünf Jahre dient er dabei unter Portugals Vizekönig d'Albuquerque in Indien und zeichnet sich 1511 nach vorheriger Teilnahme am Kampf um Goa durch seinen Mut, aber auch durch seine Umsicht bei der Eroberung von Malakka aus. Als ihn d'Albuquerque bittet, die Islas Especieirias mit suchen zu helfen, befährt er den den Europäern noch unbekannten Pazifik über eine Strecke von sechshundert Seemeilen. Er sichtet viele Inseln, die auf keiner Karte verzeichnet sind, namenlose Inseln für ihn, aber die erhofften Gewürzinseln sind es nicht.
Warum er sich danach mit seinem Arbeitgeber, dem Vizekönig, überwirft, ist im Detail nie erforscht worden. So viel aber ist erwiesen: Er tritt vom Dienst in der Indien-Flotte zurück und segelt mit dem nächstfälligen Schiff nach Portugal. Hier aber dient er tapfer und einsatzbereit wie zuvor weiter seinem Lande und wird bei der Erstürmung der maurischen Festung Azamur sogar verwundet. Erneut gibt es Ärger, der dem Vernehmen nach auch den portugiesischen König Manuel I. beschäftigt haben soll, denn Magellan ist ein Portugiese aus adligem Geschlecht. Auch hier tappt man über das Warum und Wieso im dunkeln.
Nun aber kündigt er – seinem großen Vorbild Columbus getreu – seine portugiesische Staatsangehörigkeit auf und begibt sich 1517 nach Spanien. Hierhin folgt ihm sein Landsmann Ruy Falero, der über fundierte Kenntnisse in der Geographie und Astronomie verfügt.
Den inzwischen ausgereiften, tollkühn scheinenden Plan, nämlich um die Erde, um das südliche Südamerika herum, zu segeln, unterbreiten die beiden Ex-Portugiesen nunmehr dem spanischen König und späteren Kaiser Karl V. Für Magellan und seinen Freund Falero ist, obwohl von vielen noch immer bestritten, die Erde selbstverständlich eine Kugel. Der kluge Monarch stimmt interessiert zu, unter der Bedingung, daß man mindestens sechs rohstoffreiche Inseln entdecken und in spanischen Besitz nehmen müsse. Als Lohn stellt er Fernando de Magellan den Titel eines Gouverneurs und das Recht, Waffen zu tragen, in Aussicht. Außerdem winkt er mit einem Zwanzigstel vom Gewinn des Unternehmens, einem Fünftel des Einkommens zweier Inseln und einem Fünftel der heimgebrachten Ladungen an Produkten und Rohstoffen. Das alles wird, namentlich und wohlwollend unterstützt vom Leiter der indischen Angelegenheiten, dem Bischof von Burgos, Fonseca, im Vertrag von Valladolid ratifiziert, gegeben anno 1518, am 22. März.
Einerseits stellen sich sowohl Geldverleiher wie auch spanische Granden hinter Magellans Plan, andererseits mehren sich die Stimmen von Gegnern des Vertrages,

Linke Seite: Der spanische Maler Alejo Fernández (1470–1545) schuf für die Kapelle der »Casa de la Contratación« das berühmte Gemälde »Madonna der Seefahrer«. Diese 1503 in Sevilla gegründete Institution war für alle Fragen des Handels und Verkehrs mit den neuentdeckten Gebieten zuständig, rüstete die Schiffsexpeditionen aus und kontrollierte die aus den neuen Besitzungen kommenden Güter. Die Madonna breitet schützend ihren Mantel über Meer, Schiffe und Seeleute aus.

Oben: Porträt des Fernando de Magellan (1480–1521), dem in den Jahren 1519–1521 die erste Umsegelung der Erde gelang, in deren Verlauf er allerdings sein Leben lassen mußte

die es – stolz wie die Spanier nun einmal sind – unter der spanischen Würde erachten, einen »Fremden« mit einer solch bedeutsamen Expedition zu betrauen.
Das ändert jedoch nichts an den besiegelten Fakten, denn dem König ist der entschlossene Wille und die solide und so gar nicht euphorische Zuversicht auf den Erfolg, die Fernando de Magellan ausstrahlt, wichtiger als das kleinbürgerliche, engstirnige Denken einiger seiner Untertanen.
Er weist dem Neuspanier kurzerhand fünf Schiffe zu, die Magellan vorher schon einmal gründlich überholen läßt. Es sind dies die TRINIDAD als sein Flaggschiff, die SAN ANTONIO unter dem Kommando von J. de Cartagena, die CONCEPCIÓN unter Queseda, die VICTORIA unter L. de Mendoza und die SANTIAGO unter J. Serrano. Man schreibt den 20. September 1519, als die kleine Flotte mit einer Besatzung von 265 Mann und dem Historiographen Antonio Pigafetta an Bord den Hafen Sanlúcar de Barrameda verläßt. Die Überfahrt zum südamerikanischen Kontinent ist stürmisch, und man ist froh, Ende November die brasilianische Küste in Höhe von Pernambuco in Sicht zu bekommen. Am 13. Dezember steht der Verband vor dem Rio de Janeiro und am 10. Januar, immer der Küste in südlicher Richtung folgend, in Höhe des La Plata. Als man am 31. März 1520 mit der Bucht von San Julián fast den 50. Südbreitengrad und damit den Vorhof der stürmischen und besonders im Winter unwirtlichen Südregion erreicht, läßt Fernando de Magellan in Erwartung des heraufziehenden Südwinters vorsichtshalber die Lebensmittelrationen drastisch kürzen. Diese rigorose Maßnahme ist der Initialfunke für den Ausbruch einer nun offenen Meuterei, an der sich auch die Kapitäne Mendoza und Queseda beteiligen.
Magellan jedoch ist unbarmherzig und entschlossen, von seinem Vorhaben nicht abzulassen, und »beseitigt« – um es vornehm auszudrücken – die beiden Kapitäne. Der Kapitän der SAN ANTONIO, Cartagena, der mehr Mitläufer als Täter bei der Rebellion war, wird zusammen mit einem französischen Besatzungsmitglied ohne Regung von Mitleid und Gnade an Land ausgesetzt.
In der Bucht von San Julián überwintert das Geschwader, von dem während dieser Zeit zwei Schiffe verlorengehen. Das eine strandet ohne einen Verlust an Menschenleben, das andere wird aufgegeben, weil es nicht mehr seetüchtig ist. Nach fünf Monaten geht man mit weiterem Südkurs ankerauf. Nun aber weigert sich der neue Führer

Rechts: 1545 entstand diese Karte, die sehr anschaulich die Weltumsegelung Magellans wiedergibt. Der Erkenntnisstand über Kontinente und Meere ist schon recht weit fortgeschritten, doch fehlt noch immer die Antarktis als Kontinent, und über die Größe und die Umrisse Feuerlands ist man sich im unklaren.

Oben: Hundert Jahre nach Magellan unternehmen die Brüder Garcia de Nodal eine Expedition zur Südspitze Südamerikas und erforschen das dortige Gebiet. Der Kartograph Diego Ramírez de Arellano hielt die Ergebnisse dieser Reise in einem Kartenwerk fest.

der SANTIAGO, Kapitän Gomez, noch weiter nach Süden zu segeln. Er wendet und nimmt Kurs nach Spanien. Jetzt stehen Magellan nur noch zwei Schiffe zur Verfügung.

Gomez Befürchtungen waren so falsch nicht, denn das Wetter wird immer böser, so schrecklich wie noch nie, und die Stimmung an Bord ist entsprechend.

Am 21. Oktober 1520 entdeckt Fernando de Magellan eine 22 Kilometer breite Bucht zwischen den (später so genannten) Kaps de la Virgenes im Norden sowie Santa Catalina und Espíritu Santo im Süden. Weiter östlich schließt jene Meeresstraße an, welche die südlich vorliegende Inselgruppe mit der Hauptinsel Feuerland vom südamerikanischen Festland trennt. Die Meerenge, die der Entdecker zunächst »Straße der 11 000 Jungfrauen« und später – wohl als Danksagung dafür, noch einmal davongekommen zu sein – ehrfurchtsvoll »Allerheiligenstraße« nennt, gliedert sich in drei Teile, die durch ihre Richtung, ihr Klima, die Beschaffenheit der Küsten und der Vegetation voneinander verschieden sind.

Daß Fernando de Magellan dieses seemännisch-nautische Abenteuer mit seinen kleinen Segelschiffen in 27 Tagen übersteht, grenzt fast an ein Wunder. Denn noch später kann man in Handbüchern nachlesen: »Die Abkürzung zwischen dem Atlantik und dem Pazifik schien früher für von Osten kommende Segelschiffe durch die hier fast unausgesetzt mit großer Heftigkeit wehenden westlichen Winde vollkommem illusorisch gemacht, weshalb man den Weg ums Kap Hoorn vorzog. Erst die Dampfschiffahrt brachte diese Straße wieder in Aufnahme.«

Wie das wohl in den Ohren derer nachklingt, die das gefährlichste Kap auf Segelschiffen umrundeten. Ein vollendeter Romanstoff, diese Fahrt der Magellan-Flotte durch diese zwei Ozeane verbindende Straße. Mit den vielen plötzlich auftretenden knallharten Böen mit Wind-

stärken 12, 13 und mehr. Mit seinen tückischen, verborgenen, den Entdeckern ja völlig unbekannten Untiefen. Mit unerwarteten Stromversetzungen und trügerischen Fahrtrinnen. Mit einem Gezeitenhub, der zur Springzeit stellenweise 13 m erreicht, und mit Gezeitenströmen, die bis zu 4 m/sec betragen.

Für Magellans Schiffe bedeutete diese Durchfahrt Hunderte von Wendemanövern, Hunderte von Halsen und ständiges Kurswechseln. Und das mit vom Hunger und Skorbut und Mangel an erholsamem Schlaf geschwächten Besatzungen, mit Männern, die auch seelisch am Ende waren, weil ohne Glauben und ohne Hoffnung für ein Gelingen und eine glückliche Rückkehr.

Nach dem *»paeso«,* wie diese später auf Magellans Namen getaufte Meeresstraße genannt wird, nimmt der Verband Nordostkurs in das *»El Pacífico«* genannte Meer. Während der etwa 5 000 Kilometer langen, von Durst, Hunger und Skorbut gezeichneten Strecke kommen endlich am 18. März 1521 die Philippinen in Sicht, nachdem er zuvor die Ladronen oder Diebsinseln entdeckt hat. Auf der Insel Cebu geht Magellan an Land, freundlichst begrüßt von Humabon, dem Häuptling dieser Inselgruppe. Dieser und sein Volk haben gegen eine Bekehrung zum Christentum nichts einzuwenden. Jedoch lehnt sich einer seiner Vasallen, der Beherrscher der Insel Matan, gegen die Fremden auf. Magellan entschließt sich zu einer Strafexpedition, bei der er selbst den Tod für Spaniens Flagge findet.

Magellans Nachfolger, der Baske Juan Sebastián Elcano, segelt nach dem Verlust der TRINIDAD mit der VICTORIA ebenfalls zu den Molukken, wo man auf der Insel Tidore eine volle Ladung Pfeffer verladen kann, genug, um damit später die gesamten Kosten der Reise einschließlich jener für die vier verlorenen Schiffe decken zu können. Von den fünf Schiffen hat nur eines die Risiken dieser ersten Welt-

Aus dem Seeatlas von 1563 des portugiesischen Kartographen Luis Lazaro stammt diese Karte von Florida und Kuba.

umsegelung überstanden, und von den Besatzungen, die so hoffnungsfroh in See gegangen waren, sind mit der VICTORIA am 22. September 1522 nur 18 Mann wieder heimgekehrt.

Entdeckung einer Meeresströmung

Das Jahr 1519 ist noch wegen einer anderen Unternehmung für die Geschichte der Schiffahrt von Bedeutung: Am 10. Februar verläßt der Spanier Hernando Cortez den kubanischen Hafen La Habana. Cortez war Alcalde von Santiago auf Kuba und als solcher über die 1518 in Mexiko gefundenen und in Kuba angelandeten Gold- und Silberschätze bestens informiert. Er sticht mit 10 Schiffen, 100 Matrosen, 10 Feldgeschützen und 4 Falkonetten in See, um das Land der Azteken zu erobern. Dort, wo er landet, gründet er den Ort Veracruz. Um jeden Fluchtversuch seiner Leute zu verhindern, läßt er alle Schiffe versenken. Bis 1521 unterwirft er das ganze Aztekenreich. Dabei ließ er für die Eroberung der aztekischen Hauptstadt Tenochtitlán eine Flotte kleiner Schiffe bauen, um die Lagunenstadt auch vom See her bekämpfen zu können. Die Stadt fiel dennoch erst nach 85 Tagen in die Hände der christlichen Spanier, die sie in Schutt und Asche legten.
Cortez nimmt das Land, dessen Herrscher Montezuma er sich bemächtigt und das einmal Kernland des heutigen Mexiko wird, für Spaniens Krone in Besitz. Cortez gibt Anregungen zu zwei 1530 und 1532 unternommenen Seefahrten zur Erkundung Kaliforniens und kehrt, der Bevormundung durch die ihm nun übergeordneten Beamten überdrüssig, nach Spanien zurück.
Während der Reise von Kuba nach Veracruz wurde von Alamainas, dem Steuermann von Cortez' Schiff, eine besonders starke und auffallend warme Meeresströmung entdeckt, die dieser Floridastrom nennt und die 1772 durch Benjamin Franklin den Namen Golfstrom erhält.

Erstmals Franzosen und Deutsche

Die weiteren Aktivitäten der ersten Hälfte des 16. Jahrhunderts in chronologischer Reihenfolge: 1523 dringt A. A. de Pineda tief in das Delta des Mississippi, den »Fluß des Heiligen Geistes« ein. 1524 bis 1525 erkundet der Spanier F. Pizarro Ekuadors und Perus Küsten. 1524 segelt der Italiener G. Verrazzano auf der von der französischen Marine entliehenen LA DAUPHINE die nordamerikanische Küste von Florida bis dort hinauf, wo später New York entsteht. 1525 erforscht der Portugiese E. Gomez die nordamerikanische Küste bis Kap Cod (südlich des heutigen Boston). 1526 erkundet der Portugiese J. de Menezes die Küste des von d'Abreu 1511 entdeckten Neu-Guinea; sein Pilot findet um die gleiche Zeit die Sandwich-Inseln und der Portugiese V. Lourenco Borneo. 1527/28: Saavedra überquert den Pazifik von Mexiko bis zu den Molukken. 1528 landen die Franzosen J. und R. Parmentier auf Sumatra. Sie kommen beim Kampf mit Eingeborenen um. 1532 landet der Spanier F. Pizarro in Tumbez und gründet die Kolonie S. Miguel de Piura. 1532 bis 1535: F. Pizarro erobert das Inkareich und zerstört die Inkakultur. 1535: Ganz Peru ist von den Spaniern unterworfen. 1535 besetzt P. de Mendoza auf seiner Karacke SANTA CATALINA und elf weiteren Schiffen mit anderthalbtausend Mann das Gebiet am Rio de la Plata. Hier am »Silberstrom« gründet er der »Mutter von den Guten Winden« zu Ehren die Stadt Buenos Aires, die er aber, von Indianern belagert, nicht halten kann. 1535 unternehmen erstmals auch Deutsche überseeische Entdeckerfahrten: Der aus Speyer (oder Memmingen) stammende Conquistador Georg Hohermut(h) und der Conquistador Philipp von Hutten (ein Neffe des berühmten Humanisten Ulrich von Hutten) suchen im Dienste der Welser bis 1538 nach dem

Goldland im Inneren Venezuelas im Kulturbereich von Chibcha, das auch El Dorado (»das Goldene«) genannt wird. 1536: Nikolaus Federmann, Stellvertreter und Generalkapitän des im kolonialen Venezuela residierenden Statthalters A. Dalfinger, zieht auf eigene Faust erneut ins Innere von Venezuela und erreicht im Frühjahr 1539 das Hochland von Bogotá, das aber bereits von den Spaniern besetzt ist. 1541 bis 1544: Philipp von Hutten tritt eine neue Expedition in den Süden und Südosten Venezuelas an. Er erreicht wieder den Oberlauf des Guaviare und wird 1546 bei der Rückkehr von J. de Caravazil ermordet. Mit ihm erlischt die Herrschaft der Welser in Venezuela. 1542 gelangt Cabrillo bis etwa 42° Nordbreite, wo weitere Erkundungen bis zur Reise Cooks (1776 bis 1778) lückenhaft bleiben.

Das Ende zeichnet sich ab

Das ist die Zeit, da Spanien und damit die von ihm durch Gold und Silber finanzierte Universalmonarchie Karls V. seine Kräfte erschöpft. Spanien ist nicht nur europäische Großmacht – durch Neapel und Sizilien mit dem Geschick Italiens verbunden, wird ihm 1535 noch das Herzogtum Mailand angegliedert; in Deutschland und in den Niederlanden werden spanische Truppen eingesetzt –, es herrscht auch über ganz Mittelamerika mit Mexiko und den Antillen sowie über das südliche Nordamerika und die Philippinen. 1580 erreicht Spanien seine größte territoriale Ausdehnung und als Vormacht des Katholizismus seinen universellen Höhepunkt. Nunmehr aber bedrohen die aufstrebenden neuen Kolonialmächte Niederlande und England die Spanier, während Frankreich sich anschickt, das Erbe Spaniens als Vormacht in Europa anzutreten. Die Vernichtung der spanischen Armada ist ein Markstein auf dem Abstieg vom Thron der Weltherrschaft.

Ein Franzose entdeckt Kanada

Der 1491 in St. Malo geborene Franzose Jacques Cartier ist 34 Jahre alt, als ihn der Abt vom Mont St. Michel dem König von Frankreich, Franz I., vorstellt. Diesem entwickelt er den Plan, in der Neuen Welt unbekannte Gebiete für Frankreich zu entdecken und die ersehnte Nordwestpassage für den kürzesten Weg nach Kathei zu finden. Cartier überzeugt. Er erhält aus der königlichen Schatulle 6000 Livres zur Ausrüstung von zwei Seglern. Mit 61 Leuten bemannt, verlassen Cartiers Schiffe am 20. April 1534 den Hafen von St. Malo. Als Flaggschiff dient die 118 t große Karacke LA GRANDE HERMINE. Man sichtet am 10. Mai bei Mondlicht das Kap Bonavista auf Neufundland, segelt durch die enge Straße von Belle Isle und erforscht die Südküste von Labrador, wobei man den ganzen Golf von St. Lorenz umrundet. Cartier dringt auch etliche Meilen in den St.-Lorenz-Strom ein. Auf der Gaspé-Halbinsel geht er an Land und errichtet als Zeichen der Inbesitznahme des Landes für die Franzosen ein zehn Meter hohes Kreuz. Er trifft auf »wilde und ungezähmte« Indianer, und eine Flotte von 40 bis 50 Kanus besucht die für sie fremden Schiffe. Die Indianer sind jedoch friedliche Leute. Sie schwenken Felle, die sie eintauschen wollen. Wegen der fortgeschrittenen Jahreszeit tritt Cartier die Rückreise an und trifft am 5. September wieder in St. Malo ein. Für eine zweite Expedition leiht ihm die französische Marine drei Schiffe, und der König steuert 3000 Livres bei. Die Reise hat weniger politische als ökonomische Ziele, erhofft man doch große Gold- und Silbervorkommen in dem neuen, unbekannten Land.
Cartier segelt den alten Kurs, und mit großer Mühe kommt er den St.-Lorenz-Strom hinauf. Unterhalb des Felsens des späteren Quebec, im Indianerdorf Stadacone, läßt er ein Fort errichten. Hier harren die Männer im metertiefen Schnee aus, während der Strom die Schiffe mit einer bis zu vier Meter dicken Eisdecke bis zum April umklammert hat. Skorbut macht den Männern schwer zu schaffen.
Im Frühjahr stößt Cartier auf dem St.-Lorenz-Strom mit leichten Booten bis zu einem Ort namens Hochlega vor, aus dem einmal später die Stadt Montreal erwachsen wird.
Cartier findet den Ottawa River und den ersten der Großen Seen, und der freundliche, phantasiebegabte Huronenhäuptling Donnaconna aus dem Kanata Stadacone erzählt ihm vom Königreich »Saguenay«, das märchenhaft reich an Gold und anderen Schätzen sei.
Aus dem Wort Kanata, das nach dem Sprachschatz der Huronen und Irokesen soviel wie Dorf oder Gemeinschaft bedeutet, wird übrigens einmal die Bezeichnung Kanada für das gesamte Land auf Labradors Breitengraden.
Jacques Cartier findet keine Unze Gold, jedoch bekommt er jede Menge wertvoller Biberpelze angeboten. Er entführt den Indianderfürsten und weitere zehn Indianer als lebende Zeugen für seinen König nach Frankreich. Keiner der Indiander wird die Heimat wiedersehen.
Der König zeigt sich hocherfreut über die Felle, die Indianer, den Eisenkies und die glitzernden Steine, und Jacques Cartier erhält 3500 Livres als Entschädigung und 100 Livres für die Huronen als Präsent.
1541 tritt Jacques Cartier seine dritte Reise an. Man sucht über den Umweg von Neufundland den alten Ankerplatz auf, wo sich die Indiander feindselig zeigen, hatten sie doch inzwischen engeren und wenig angenehmen Kontakt mit den Europäern gehabt. Es gelingt zunächst nicht, das Land zu kolonisieren. Es vergeht noch ein gutes halbes Jahrhundert, ehe es Samuel de Champlain, einem französischen Offizier, gelingt, in Ostkanada festen Fuß zu fassen, um das neue Land, die »Nouvelle France«, zu kolonisieren.

Durch die Nordostpassage nach Kathei?

Als am 10. Mai 1553 drei Schiffe von London aus die Themse hinabsegeln, herrscht Begeisterung an den Ufern. Ein Aufbruch nach unbekannten und auf keiner Seekarte verzeichneten Gewässern ist mehr als eine romantische Flußfahrt. Seit einigen Jahren ist die Nachfrage nach Wolltuch, Englands Hauptausfuhr, zurückgegangen, und es wird immer dringender, neue Märkte zu finden. Englands Handelsherren sehen mit wachsender Besorgnis auf das Monopol der Hanse in Nordeuropa. Durch das iberische Monopol sind sie von den sicheren Routen ausgeschlossen, und die Nordeuropäer beginnen nun, den Osten durch die Nordwestpassage an der Nordküste Amerikas entlang zu suchen. Als ihnen dies nicht gelingt, interessieren sie sich für die umgekehrte Richtung: den Weg entlang der arktischen Küste Asiens. Es gilt, in den kühleren Ländern neue Absatzmärkte für englisches Tuch aufzubauen. Zu diesem Zweck wird 1552 von den »Merchant Adventurers« eine Handelsgesellschaft für Übersee gegründet. Sie bringt 6000 £ zur Ausrüstung einer Handelsflotte auf, wählt Sir Hugh Willoughby zum Leiter der Expedition und ernennt den Bristoler Richard Chancellor zum Chefnavigator der ganzen Unternehmung.
Das Schiff BONA ESPERANZA (120 ts) wird Willoughby anvertraut, die EDWARD BONAVENTURE (160 ts) erhält Chancellor. Kapitän des dritten Schiffes, der BONA CONFIDENTIA (90 ts), wird Cornelius Durfoorth. Die Expedition besteht aus 108

HONI SOIT QUI MAL Y PENSE
20 40 60 90
20 40 60 90
THE MARINERS MIRROVR
Wherin may playnly be ſeen the courſes, heights, diſ-
tances, depths, ſoundings, flouds and ebs, riſings of
lands, rocks, ſands and ſhoalds, with the marks for th'en-
trings of the Harbouroughs, Havens and Ports of the
greateſt part of Europe: their ſeueral trafficks and
commodities: Together w.th the Rules and inſtrumẽts
of NAVIGATION.
First made & set fourth in diuers exact Sea-Charts, by that famous
Nauigator LVKE WAGENAR of Enchuiſen And now fitted with neceſſarie
additions for the uſe of Engliſhmen by
ANTHONY ASHLEY.
Heerin alſo may be underſtood the exploits lately atchiued by the right
Honorable the L. Admiral of Englād with her Ma.ties Nauie and ſome
former ſeruices don by that worthy Knight
S.r FRA: DRAKE.

Seeleuten und 11 Kaufleuten. Sie sind mit Vorräten für 18 Monate ausgerüstet.
Als die norwegische Küste bei 66° Nordbreite in Sicht kommt, nimmt man Kurs auf die Lofoten. Die drei Schiffsführer kommen überein, daß sie ihre Fahrt nach Vardø auf der Varanger-Halbinsel einzeln fortsetzen wollen, falls sie sich aus der Sicht verlieren sollten. Schon Stunden später kommt ein böser Sturm auf, der die Schiffe im schweren Seegang umherwirbelt. Willoughby brüllt Chancellor zu, er möge sich in seiner Nähe halten, doch fast im selben Augenblick treibt die BONA ESPERANZA davon und verschwindet im düsteren Wetter zusammen mit der BONA CONFIDENTIA.
Allein steuert Chancellor weiter und gelangt auf schwierigem Kurs bis Vardø. Eine Woche lang wartet Chancellor besorgt in dem norwegischen Hafen. Als er nicht mehr an das Erscheinen der beiden anderen Schiffe glaubt, verläßt er Vardø und segelt nach Nordosten, »über ein gewaltiges, mächtiges Meer«, wobei er die letzten hellen arktischen Nächte nutzen kann. Dann wendet er sich nach Süden und dreht in eine große Bucht ein, die Bucht von St. Nikolaus, wie ihm Fischer versichern. Er ist in das Weiße Meer geraten. Ende August ankert er an der Mündung der Dwina, an einem weltentlegenen Fleck, über den sich noch die mächtige Hand Iwans des Schrecklichen reckt.
Das Schiff ist mit seiner Mannschaft in ein Land geraten, das für viele Engländer als von Barbaren und Kannibalen bewohnt gilt. Sogar der abenteuerlustige Chancellor ist niedergeschlagen, als er am 2. September an der Stelle an Land geht, wo heute Archangelsk liegt. Sein Mißtrauen wächst, als sich die Russen weigern, mit ihm zu handeln, und nichts anderes für ihn tun, als die Ankunft eines englischen Schiffes in Moskau zu melden. Der Engländer wird ungeduldig und zwingt schließlich die Russen, ihm Schlitten und Führer zu geben. Er macht sich auf die zweieinhalbtausend Kilometer lange Reise in die Hauptstadt. Chancellor erscheint vor dem Zaren, der alle Pracht entfaltet hat und sich präsentiert »in einem langen Gewand aus Blattgold, eine Kaiserkrone auf dem Haupt und in der Rechten einen Stab aus Kristall und Gold«. Chancellor legt die Briefe König Edwards vor, die »freie Fahrt, Hilfe und Handel für diese unsere Diener« verlangen, und erhält zwei Stunden später die für einen Fremden außergewöhnliche Ehrung einer Einladung zum Essen. Nun erblickt der Engländer die feudale Prachtentfaltung des russischen Hofes. Während er gebratenen Schwan von einem massiv goldenen Teller ißt und Wein aus einem massiv goldenen Becher trinkt, bemerkt der Engländer, daß die Adligen zwar einigermaßen ungehobelt wirken, der Zar aber bei weitem nicht: Sein staatsmännischer Blick und seine Klugheit beschäftigen Chancellor während der langen Wintermonate, die er im Kreml verbringt. Als Chancellor im Februar 1554 Moskau verläßt, trägt er Briefe des Zaren mit sich, die König Edward auffordern, einen seiner Minister nach Moskau zu einem förmlichen Vertragsabschluß zu schicken. Was Chancellor nicht weiß: Edward ist gestorben, und seine Halbschwester Maria regiert jetzt England. Ebenso wenig weiß er, daß Willoughby und seine Gefährten, deren Schiffe vom Eis eingeschlossen worden waren, in der furchtbaren Kälte des Winters im Januar 1554 erfroren sind.
Wenn Chancellor auch nicht die Nordostpassage entdeckt hat, so ist man doch begeistert von dem, was er erreicht hat, als er im Sommer 1554 nach England zurückkehrt. Die Merchant Adventurers gründen die Muscovy Company und erhalten von Königin Maria und ihrem spanischen Ehemann Philipp ein Monopol für den Handel mit Rußland. Man rüstet sogleich eine neue Flotte aus, und am 1. Mai 1555 segelt Chancellor mit den beiden Schiffen EDWARD BONAVENTURE und PHILIPP AND MARY wieder ab, diesmal mit einer Fracht Zucker und Tuch und zwei Agenten der Muscovy Company.
Die EDWARD BONAVENTURE läßt das Begleitschiff in Vardø zurück und segelt allein in die Dwinamündung. Chancellor und vier Kaufleute landen und fahren in das rund 900 km von Moskau entfernte Wologda, wo sie ihre Waren in Lagerhäusern unterbringen. Am 4. Oktober erreichen sie Moskau, und als sie die Briefe von Maria und Philipp dem Zaren vorlegen, gibt es keinen Zweifel, daß der Herrscher über Chancellors Rückkehr erfreut ist. Am 20. November schließt man ein Handelsabkommen, das den Engländern freien Zugang zu russischen Häfen, freien Handel und die Freiheit, sich nur nach ihrer eigenen Gesetzgebung zu richten, garantiert.
Chancellor schifft sich wieder auf der EDWARD BONAVENTURE ein, zusammen mit dem russischen Gesandten Ossip Nepea und dessen sechzehnköpfigem Gefolge.
Nach vier Monaten harter Seefahrt kommt im November 1556 Pitsligo Bay in Sicht, aber plötzlich bringt ein Sturm so gewaltigen Seegang, daß die EDWARD BONAVENTURE auf die Klippen getrieben wird. Ankern hilft nichts, die Leinen brechen. Mit entsetzlichem Krachen des splitternden Holzes zerbricht das Schiff auf der felsigen Küste. Chancellor will die Russen retten und rudert sie mit einem kleinen Boot an die Küste. Doch das Boot kentert, Chancellor und sieben Russen finden den Tod im Wasser. Schotten retten den Gesandten Nepea und halten ihn vier Monate gefangen. Als er endlich freigelassen wird, zieht er in London am 26. März 1557 als erster russischer Gesandter ein. Der Vertrag, den er bekräftigen soll, hält mehr als 30 Jahre lang zum ungeheuren Vorteil der englischen Kaufleute, die wohl noch lange hätten warten müssen, um ähnliche Reichtümer aus Kathei zu empfangen.

Aktivitäten auf allen Meeren

In der zweiten Hälfte des 16. Jahrhunderts ist auch an anderen Orten noch einiges Interessante festzuhalten. 1556 fällt der an die Welser verpfändete Teil Venezuelas an Spanien zurück. 1558 durchsegelt der Spanier J. Ladrillos die Magellanstraße erstmals von Westen nach Osten. 1564 bis 1567 erobert der spanische Seefahrer Legazpi im Westpazifik eine Inselgruppe, die er seinem König Philipp II. zu Ehren Philippinen nennt. Zur gleichen Zeit wird auch Manila gegründet. Er findet auch die Route über den Pazifik von Asien nach Amerika zurück. Von nun an fahren die mächtigen Manila-Galeonen von Acapulco in die Südsee und nach Westen und kehren mit Gold, Silber, Edelsteinen, Seide, Gewürzen, Elfenbein, Amber und anderem zurück. 1569 entsteht Gerhard Mercators berühmte Weltkarte. 1576 macht der britische Seefahrer Sir Martin Frobisher auf drei Reisen den vergeblichen Versuch, um Amerika herum die nordwestliche Durchfahrt nach China zu finden.

Zu den bekanntesten Kartographen des 16. Jahrhunderts zählt zweifellos Lucas Janszoon Waghenaer (1534–1593) aus Enkhuizen in Holland. Dieser ehemalige Lotse war einer der ersten, der hydrographisches Material mit Navigationshilfen sinnvoll verband und sogenannte Kurskarten schuf. Sein berühmter Atlas »De Spieghel der Zeevaerdt« erschien 1584 in Leyden und wurde in vielen Auflagen verlegt. Die englische Ausgabe wird 1588 unter dem Titel »The Mariners Mirrour« herausgegeben, von dem wir das Titelbild mit der Widmung an Sir Francis Drake sehen. Die Karten sind in Kupfer gestochen, die Zeichnungen im Text in Holz geschnitten. Sie zeigen die gebräuchlichsten nautischen Instrumente der damaligen Zeit.

Francis Drake – von kleiner Statur

1577 macht erstmals ein englischer Seefahrer im internationalen Kreis der Entdecker von sich reden: Henry Francis Drake, der die Erde von Osten nach Westen umsegeln und mit großer Beute nach England heimkehren wird.
Drake war acht Jahre alt, als ihn sein Vater den Umtrieben religiöser Fanatiker entziehen wollte und ihn von seinem Geburtsort Tavistock auf eine alte Holk brachte, die bei Chatham in Kent auf dem Medway schwamm. Hier, wo der Fluß ins Mündungsgebiet der Themse eingeht, verbrachte er seine Kindheit auf Booten und unter Schiffern. Eine Beschreibung schildert ihn als »von kleiner Statur, starken Gliedmaßen, breiter Brust, mit rundem Kopf, angenehmen Gesichtszügen, gutem Auftreten«. Im Alter von zwölf Jahren wurde er Schiffsjunge beim Eigner eines alten Küstenfahrzeuges, das Waren von England nach Holland und Frankreich schleppte. Hier kam er in eine rauhe und harte Lehre, die ihm aber echte Seemannschaft vermittelte.

Korsar und Volksheld

Als er zum erstenmal 1567/68 selbst ein Schiff als Kapitän führte, kam es zum Zusammenstoß mit den Spaniern. Bei San Juan de Ulua in Mexiko griffen sie mit großer Übermacht an. Drei Schiffe, eines aus dem Besitz der Königin, gingen verloren. Die Erfahrung, wie Spanier mit gefangenen »ketzerischen« Seeleuten umgingen, prägten in Drake unauslöschlichen Haß auf Spanien ein.
Im Frühjahr 1572 rüstet er in Plymouth mit der heimlichen Zustimmung der Königin zwei kleine Schiffe aus, die für Abstecher an die Küste Pinassen an Deck haben. Am 24. Mai segelt er nach Westen. Er erobert und plündert den Hauptplatz der Spanier an der Landenge von Panama, die Stadt Nombre de Dios, wo das Silber aus den Minen verschifft wird. Bei Cartagena kapert er noch zwei spanische Schatzschiffe und segelt nach dreiwöchiger Fahrt über den Atlantik am Morgen des 9. August 1573 den Sund von Plymouth hinauf. Es ist Sonntag, und die Pastoren müssen sich mit der Predigt beeilen, denn die Schiffe Drakes, über alle Toppen mit Wimpeln und Flaggen geschmückt, locken das neugierige Volk aus den Kirchen.
Nach einigen Abenteuern in der Irischen See ermuntert ihn Königin Elizabeth, »ins Meer des Südens« vorzustoßen, um mit den Spaniern in koloniale Konkurrenz zu treten.

Abschied mit Parfüm und Bonbons

Inzwischen 40 Jahre alt geworden, erhält Drake für diesen Plan zusammen mit finanzieller Unterstützung der Königin den Oberbefehl über fünf Schiffe. Sein Flaggschiff, die PELICAN, ist mit 18 Kanonen ausgestattet. Er tauft sie während der Reise in GOLDEN HIND um. Vom Typ her ist sie eine französische Galeone. Sie wird von der ein Drittel kleineren ELIZABETH begleitet, ferner von den beiden Sloops SWAN und MARY GOLD sowie einem noch kleineren Schiff, CHRISTOPHER mit Namen. An Deck der großen Schiffe werden Pinassen mitgeführt.
Mit 164 Mann Elitetruppen an Bord und von der Königin mit Parfüm und Süßigkeiten beschenkt, segelt Drake am 13. Dezember 1577 aus Plymouth ab. Querab von den Kap Verden bringt er das portugiesische Schiff MARIA auf, wahrscheinlich illegal. Sie ist eine wertvolle Prise, nicht nur wegen ihrer reichlichen Vorräte, sondern auch, weil ihr tüchtiger Steuermann Nuño da Silva für Drake eine große Hilfe und schließlich zum unerschütterlichen Freund werden wird. Nach schneller Reise mit nordöstlichen Winden erreichen sie die brasilianische Küste und segeln südwärts bis zum Hafen San Julián in Patagonien. Hier läßt Drake zwei der weniger seetüchtigen Schiffe und die Prise MARIA abtakeln, um die Mannschaft auf die drei restlichen Einheiten zu verteilen. So füllt er die inzwischen durch Krankheiten und Unfälle entstandenen Lücken auf. Dann segelt Drake in die berühmt-berüchtigte Magellanstraße ein. Auch er hat von dieser Straße keine Karte an Bord, doch helfen ihm sein Geschick und seine seemännische Erfahrung. Mit viel Glück und Instinkt gelangen die Schiffe nach zweiwöchigen Anstrengungen in den Pazifik.

Oben: Sir Francis Drake (1540/45–1596), von den einen als Seeheld gefeiert, von den anderen als rücksichtsloser Korsar gefürchtet. Im Dezember 1577 lief er zu seiner Weltumsegelung aus Plymouth aus, mit dem Auftrag, die Magellanstraße zu erforschen. Drake findet den legendären Südkontinent auch nicht, denn er muß feststellen, daß südlich von Feuerland nicht die vermutete Landmasse, sondern wieder offene See liegt. Seine Reisen waren eine Mischung aus Forschung und Seeräuberei, und schon die bloße Nennung seines Namens löste bei den Spaniern Angst und Schrecken aus.

Rechte Seite: Das Aquarell aus dem Nationalen Marine-Museum in London dürfte dem wirklichen Aussehen der GOLDEN HIND ziemlich nahe kommen. Sie war eine schlanke, schnelle Galeone, sehr sorgfältig gebaut und als PELICAN getauft. Im September 1579 tauft Drake das Schiff in Celebes auf GOLDEN HIND um. Bei einer Größe von 98 t führte der Zweidecker 18 Kanonen an Bord. Zwei Millionen Goldpfund betrug der Wert der bis in die letzten Winkel des Schiffes gestopften Beute, als Drake am 26. September 1580 wieder in Plymouth einlief.

Nur ein Schiff bleibt übrig

Dann aber braust ein Taifun heran und treibt die GOLDEN HIND unter Topp und Takel erst nach Norden, dann tief in den Süden. Eine der kleinen Sloops fegt davon. Sie wird nie mehr gesehen. Der größeren ELIZABETH ist es gelungen, zu ankern, dann aber wird sie in die Magellanstraße zurückgetrieben, wo sie mehrere Wochen vergeblich auf Drake wartet und schließlich die Heimreise nach England antritt. Drake gibt sie verloren. Er läuft mit dem ihm verbliebenen Schiff an der Küste von Chile und Peru nach Norden, kapert spanische Schiffe, plündert Städte, darunter Valparaiso und Callao, und verbreitet ringsum so viel Schrecken, daß sein bloßer Name die Spanier in Panik versetzt. Seine kostbarste Prise, die NUESTRA SEÑORA DE LA CONCEPCIÓN, die er nach langer Jagd kapern kann, ist eines der spanischen Schatzschiffe. Sie hat viel Gold und Silber in ihrer Last. Im Norden landet er in der

Bucht von San Francisco, tauft den Küstenstreifen auf den Namen New Albion und nimmt ihn im Namen der englischen Königin in Besitz. Im September 1579 segelt er von Celebes aus nach Westen. Auf den Molukken wird er vom Sultan herzlich empfangen. Während er einen Vertrag aushandelt, stopft seine Mannschaft das Schiff bis in die letzten Winkel voll mit kostbaren Gewürzen.

57 von 164 überleben

Auf der Weiterfahrt kommt er zu einer unbewohnten, schönen Insel, auf der er ein Fort errichtet und sich einen Monat Ruhe gönnt. Doch als er weitersegelt, kommt die GOLDEN HIND hart auf ein Riff auf. Drake muß acht Kanonen und die Hälfte der kostbaren Gewürzladung opfern, um das Schiff wieder aufschwimmen zu lassen. Mitte Juni umsegelt er das Kap der Guten Hoffnung und erreicht nach fast drei Jahren, am 26. September 1580, wieder Plymouth. Er ist der fünfte Seemann und der erste Engländer, der den Globus umrundet hat. Er bringt nur noch 57 Mann, aber viel Gold und viel Silber mit.

Ihre Majestät begibt sich selbst nach Deptford, um die GOLDEN HIND zu besichtigen. Um Philipp von Spanien ihre Verachtung zu zeigen, schlägt sie Drake auf seinem eigenen Schiff und mit seinem eigenen Schwert zum Sir. Auf Befehl der Königin wird die GOLDEN HIND in einem Trockendock für die Nachwelt aufbewahrt, verfällt aber schon nach hundert Jahren.

Königlich konzessionierte Kaperfahrten

1585 setzt Drake, Volksheld, Stratege und Korsar in einer Person, mit 25 Schiffen seine königlich konzessionierten Kaperfahrten fort. 1587 überfällt er mit der Staatsgaleone BONAVENTURE (550 t) und Lord Howard of Effinghams LION sowie 18 weiteren Schiffen den Hafen von Cádiz und verbrennt die dort ankernden Schiffe. In der Folgezeit stehen immer mehr Schiffe, Häfen und Städte auf seiner Eroberungsliste. 1588 trägt er als Vizeadmiral unter Großadmiral Lord Howard wesentlich zur Vernichtung der spanischen Armada bei.

Nach einem Unglücksfall erkrankt er 1596 an der Ruhr. Schweres Fieber setzt am 20. Januar seinem bewegten Leben ein Ende. Salentiny kommentiert: »Die Spanier können aufatmen.«

Der gehenkte Held

Unter den Persönlichkeiten, die die Neue Welt kolonisierten, ist auch Sir Walter Raleigh zu nennen. Er wurde 1552 in Devonshire geboren und diente schon mit

Die Zeit der geruderten Galeeren ging ihrem Ende entgegen. Zum einen wurde es immer schwieriger, Galeerensklaven zu rekrutieren, und Freiwillige setzten sich schon gar nicht auf die harten Ruderbänke. Zum anderen war die immer mehr geforderte starke Bewaffnung für Galeeren zu schwer, als daß sie noch wendig und schnell hätten manövrieren können. Unter Heinrich VIII. entwickelt daher die Royal Navy den neuen Typ der Kriegsgaleone, die dem Inselstaat zur weltbeherrschenden Großmacht verhelfen wird. Die segelnden Galeonen erreichen ihren Höhepunkt während der Regierungszeit von Elizabeth (1558–1603) und in der Schlacht gegen Spaniens Armada (1588). Aus jener Zeit stammt die hier im Modell gezeigte Galeone, für die die geometrischen, farbenfrohen Verzierungen typisch sind. Die Linienführung war schnittig und elegant, und das niedrige Vorschiff machte die Galeone schnell und gut manövrierbar. Die schweren Geschütze ruhten in Stückpforten, eine Erfindung des Franzosen Descharges zu Anfang des 16. Jahrhunderts, die von den Engländern verschließbar gemacht wurden.

17 Jahren als Freiwilliger in der hugenottischen Armee in Frankreich. Nachdem er an der irischen Unterdrückung teilgenommen hatte, räumt ihm sein Charme einen Platz bei Hofe ein.
Dort überzeugt er Königin Elizabeth vom Nutzen einer Besiedelung der Neuen Welt. Eine erste Expedition, die er ausschickt, ist jedoch von vornherein zum Scheitern verurteilt, da sie nur aus Männern besteht. Außerdem führen Streitigkeiten mit den Indianern fast zu einem Massaker, das nur dadurch verhindert werden kann, daß Francis Drake und Martin Frobisher im letzten Moment mit ihrer Flotte erscheinen und die Indianer vertreiben.
Beim zweiten Versuch im Jahre 1587 schickt Raleigh ganze Familien nach Amerika. 100 Männer, Frauen und Kinder werden mit einer Galeone, der Red Lion, einer Fleute und einer Pinasse auf die Reise geschickt. Aber auch dieses Unternehmen wird ein Mißerfolg, und das Schicksal dieser Menschen bleibt ungeklärt.
Ab 1590 ist Raleigh dann ausschließlich mit der Ausrüstung von Kaperschiffen beschäftigt. 1591 sammelt er eine Flotte gegen die Spanier, wird aber als deren Befehlshaber von der Queen zurückgerufen, da diese Kenntnis von einer Affäre mit ihrer Ehrendame Elizabeth Throgmorton erhalten hat. Der Günstling, Sir Raleigh, landet im Tower.
Als er sich mit der Queen versöhnt und frei wird, durchsegelt er den Atlantik. Er will das sagenhafte El Dorado finden. 1596 erhält er das Kommando über eines der Geschwader, die unter Howard of Effingham und dem Earl of Essex einen Zug gegen die Spanier unternehmen. Raleigh selbst führt das Vorgeschwader nach Cádiz. Alle spanischen Schiffe werden dort zerstört und geplündert, Raleigh selbst wird verwundet. Schon 1597 zieht er wieder in den Krieg gegen Spanien, jedoch ohne Erfolg, wenn man von der Eroberung der Azoreninsel Fayal absieht.
Dies war Raleighs letzter Kampf, denn der neue König, Jakob I., zeigt keine Sympathien für ihn. Sir Raleigh, dem wahrscheinlich zu Unrecht die Teilnahme an einer Verschwörung zugunsten der Arabella Stuart vorgeworfen wird, wird zum Tode verurteilt, aber zu Gefängnis im Tower begnadigt. Hier, in Gegenwart seiner ebenfalls gefangenen Ehefrau, schreibt er seine »History of the World«.
Nach Jahren der Gefangenschaft kommt er wieder frei, und Jakob I. schickt ihn mit 14 Schiffen in die Neue Welt, um Gold für den König zu finden. Er hat die strenge

Weisung, Feindseligkeiten mit den Spaniern aus dem Wege zu gehen. Die Flotte wird in einem furchtbaren Sturm auseinandergetrieben. Der Rest ist eine traurige Geschichte von verlorenen oder desertierten Schiffen, von meuternden Seeleuten, von Männern, die am Skorbut oder am Fieber sterben. Trotzdem greift der Rest dieser Flotte eine spanische Stadt in Guayana an und verbrennt sie. Raleigh kehrt nicht nur mit leeren Händen zurück, er ist auch dem Vorwurf ausgesetzt, den Angriff auf die Spanier geplant zu haben. Der ungnädige Monarch läßt nunmehr das 1603 ausgesprochene Todesurteil vollstrecken. Dies ist zweifellos ein bitteres Ende für einen Mann, den die Geschichte später als Helden feiern wird.

Erstmals Handel mit Japan

Um diese Zeit werden erstmals auch die Holländer aktiv. 1594 segeln Willem Barents und van Schouten bis zur Insel Nowaja Semlja. Doch ihr Ziel, die Nordostpassage zu finden, müssen sie aufgeben. 1595 unternimmt Willem Barents eine zweite Expedition, die ergebnislos verläuft. 1596 und 1597 findet er zusammen mit Jacob van Heemskerk und Jan Cornelisz Rijp die Bäreninsel und Spitzbergen. 1597 erfriert Willem Barents, nach dem später die Barentssee benannt wird. 1598 bis 1600 umsegelt erstmals ein Holländer die Erde, und 1599 lassen sich Holländer in Japan nieder und beginnen den holländisch-japanischen Handel.
Soviel über die wichtigsten Entdeckungen und Seefahrten im 16. Jahrhundert.

Die spanischen Flotas

Nach den Portugiesen haben sich die Spanier um die Jahrhundertwende zum bedeutungsvollsten Entdeckervolk entwickelt. Acht Jahrhunderte, nachdem die Mauren Spanien erobert hatten, wurden diese 1502 endgültig aus dem verwüsteten Land vertrieben.
Die über Generationen andauernden ständigen kriegerischen Verwicklungen mit den islamischen Feinden hatten geradezu eine neue Rasse hervorgebracht, die völlig bedenkenlos, unsagbar kühn und dabei fanatisch »christlich« war. Sie zerbricht brutal und ohne Skrupel die indianischen Kulturen Mittel- und Südamerikas. Diese an Gold und Silber, Edelsteinen und Edelhölzern so reichen Länder führen zu Spaniens Blüte und Untergang zugleich. Ohne »Indiens Schätze« hätte die Nation kaum überleben und ganz gewiß keinen führenden Platz unter den europäischen Staaten einnehmen können. Doch der importierte Reichtum wird zur Last, als andere Länder ihren Anteil fordern, bereit, darum zu kämpfen. Spanien wird derart abhängig von diesen Importen des Reichtums, daß eine nur vorübergehende Unterbrechung des Stroms über den Atlantik Regierung und Handelshäuser dem Chaos nahe bringen. Verteidigt von den besten Soldaten ihrer Zeit, steht Spaniens Gloria dennoch auf tönernen Füßen. Alles ist von der Herrschaft zur See abhängig, die Spanien zumindest im Atlantik nicht besitzt. Es gibt bis dahin keine nationale Seemacht, es gibt nur Galeerengeschwader auf dem Mittelmeer. Und auch diese gehören den Provinzen und nicht dem Land als Ganzem. Immer wenn eine Flotte gebraucht wird, muß sie aus verschiedenen Geschwadern der Provinzen zusammengestellt werden. Dieses System dauert bis in die Anfänge des 18. Jahrhunderts, und als man endlich beginnt, Kriegsschiffe auch für die Ozeanfahrt zu bauen und eine nationale Marine nach französischem Vorbild ins Leben zu rufen, ist es zu spät.
Seit 1503 ist die *Casa de la Contratación* in Sevilla für alles, was mit dem Westindienhandel zusammenhängt, verantwortlich. Die Karacken und Karavellen segeln entweder einzeln, zu zweit oder zu dritt. Es würde zu lange dauern, eine große Flotte zusammenzustellen.
Französische Korsaren, vor allem aus der Normandie und der Bretagne, sind die ersten, die der Reichtum auf dem Meer anlockt. Sie lauern vor den Azoren oder vor Kap St. Vincent auf die Heimkehr der spanischen Schiffe aus Amerika. Was die Piraten brauchen, sind schwerbewaffnete, schnelle Schiffe mittlerer Größe. Die französischen Schiffbauer verstehen sich meisterhaft darauf, solche Wünsche zu erfüllen, und in Dieppe betet man: »Herr, wir bitten nicht um Schätze – zeig uns nur, wo sie sind!«
1522 wird das Gebet erhört: Ein Geschwader aus Korsarenschiffen unter Jean Fleury aus Dieppe überfällt drei Karavellen und bringt zwei als Prisen auf. Die Schiffe sind mit aztekischen Schätzen beladen, die Fernando Cortez bei seiner Eroberung Mexikos geraubt hat – Götterfiguren, Tempel- und Palastgefäße, Juwelen, Schätze von Millionenwert. Doch noch viel wertvoller wird das Versäumnis der spanischen Offiziere auf einem dieser Schiffe. Sie hatten die Aufzeichnungen und Karten nicht zerstört. Den Franzosen offenbaren sie das ganze System zum Einsammeln und Transportieren der Beute, alle Wege zu Land und zur See sind von der Casa sorgfältig verzeichnet und den Kapitänen mitgegeben worden. Nun ist den Korsaren klar, wo die Schätze zu finden sind.
Als der Verlust der Geheimpapiere endlich offenbar wird, gibt die Casa eiligst neue Anordnungen heraus. So darf künftig kein Schiff unter 100 t mehr Handel mit Amerika treiben. Jedes Fahrzeug hat 20 bewaffnete Soldaten mitzuführen. Auch die Seeleute und Passagiere müssen bewaffnet sein.
Trotz der neuen Bestimmungen werden die Verluste eher größer als geringer. 1526 beschließt man, daß die nach Amerika segelnden Schiffe nur noch im Verband fahren dürfen. Diese Anordnung ist bei den See- und Kaufleuten nicht beliebt, weil sie die Nachteile des Konvois hat, aber dennoch nicht ausreichenden Schutz bietet. Man stellt große, schwerbewaffnete Karacken als »Armada von Kantabrien« zusammen und läßt sie in Geschwadern an den von Korsaren bevorzugten Routen vor St. Vincent entlang patrouillieren. Bis 1543 zeigt sich, daß sich das Patrouillensystem nur halbwegs bewährt, denn die Franzosen haben laufend die Seetüchtigkeit ihrer schnellen Korsarenschiffe verbessert. Nun rüstet man die größeren Karacken der Handelsflotte völlig als Kriegsschiffe aus.
Als die Franzosen fortfahren, den Spaniern mitten auf dem Ozean aufzulauern und Nachzügler abzufangen, müssen immer mehr der besten Karacken zum Begleitschutz abgestellt werden. Der Bau neuer Schiffe, ihre Ausrüstung mit Soldaten und Waffen belastet die Wirtschaft des Landes immer mehr. Zu den Verlusten durch die Feinde kommt die Gewalt der Elemente. Die Hurrikane Westindiens wirken sich verheerend aus. Ohne die Gold- und Silberimporte aber kann Spanien als europäische Großmacht nicht mehr bestehen, ja kaum seine Bürger versorgen. Unter der Herrschaft Elizabeths I. von England, von 1558 bis 1603, wird alles noch schlimmer, weil die Engländer nun, ob mit oder ohne königliche Erlaubnis, den Franzosen nacheifern und sich bald zu den schlimmsten, waghalsigsten und konsequentesten Korsaren entwickeln.
Nach Sanlúcar wird Cádiz der Hafen der inzwischen größer gewordenen Flotas. Zuerst segelt eine einzige Flota nach Cartagena und Nombre de Dios, um die Fracht aus Südamerika, dann weiter nach Veracruz, um die Ladung aus Mittelamerika aufzunehmen. Später gibt es zwei Flotas, die eine für Mexiko, die andere für

Tierre Firme, das spanische Festland. Sie überqueren aber oft gemeinsam den Atlantik, steuern erst die Kanaren an, um dort die Passatwinde nutzen zu können. Sie gelangen durch die Mona-Passage zwischen Española, dem heutigen Haiti, und Puerto Rico in die Karibische See und trennen sich.

Die Ankunft der Flotas bietet Gelegenheit zu einem Markt, auf dem Waren Europas mit denen Amerikas getauscht werden. Europa bietet an, was die Siedler in ihrer Weltverlassenheit am meisten entbehren: Bücher, Samt, Wein, Musikinstrumente und Leinwand, Briefe und Nachrichten. Amerika liefert Gold, Silber, Schmuck, Leder, Bauholz, Mahagoni, Guajakholz, Kakao, Indigo, Koschenillfarbe und Tabak. Die Flota-Märkte sind die monatelang erwarteten großen Feste der Kolonien.

Im Pazifik brauchen die Flotas keinen Schutz, weil sich die Korsaren nicht durch die Magellanstraße wagen. Der erste Seeraub im Pazifik wird 1575 John Oxenham zugeschrieben. Aber seine Expedition wird aufgebracht, die Leute werden hingerichtet. Man verzichtet auf Vorsichtsmaßnahmen, bis plötzlich 1579 dieser Drake auftaucht.

Korsarenschiffe als Vorbilder

Als 1585 der offene Krieg gegen England ausbricht, schlägt der Marquese von Santa Cruz vor, eine große Armada gegen England zu schicken. Es erweist sich als schwierig, genügend Schiffe und Soldaten dafür zusammenzubringen, und es wird überhaupt nur möglich, wenn man einen Teil der Flotas heranzieht.

Andererseits ist man aber gerade für die Kriegführung auf die Importe aus Amerika angewiesen. Die Lösung bringt ein Schreiben des Herzogs von Medina Sidonia und des Antonio de Guevara. Sie schlagen den Bau von einem Dutzend kleiner, schneller Fahrzeuge vom Typ der Korsarenschiffe vor, bei denen die Geschwindigkeit wichtiger als schwere Bewaffnung ist. Mit ihnen soll eine leichte Armada zur Beförderung der amerikanischen Schätze gebildet werden, während gewöhnliche und weniger wichtige Frachten von irgendwelchen Schiffen transportiert werden können, die übrigbleiben, wenn Santa Cruz seine Schiffe für das »Unternehmen England« zusammengesucht hat.

Trotz der Warnungen vieler Fachleute führt man den Plan durch, überraschenderweise sogar mit großem Erfolg. Die schnellen Schatzschiffe sind sicher in Spanien, bevor die Feinde auf der Suche nach der erwarteten Flota ausgelaufen sind. Eine Änderung der Zeitpläne läßt die Piraten nun auch die gewöhnlichen Flotas verpassen. Spanien kann seine Vorbereitungen für die Invasion Englands beschleunigen.

Was die weitere Entwicklung der Flotas angeht, so sei vorausgeschickt, daß ihr definitives Ende nach schweren und schwersten Verlusten an Schiffen und Besatzungen mit Beginn des 18. Jahrhunderts zu vermerken ist.

Ein prachtvoller englischer Dreidecker mit reich verziertem goldenem Heck segelt vor dem Wind. Die Schiffe hatten bei all ihrer Prachtentfaltung oft Ähnlichkeit mit schwimmenden Renaissanceschlössern.

Prestigeschiffe dieser Epoche

Heinrich VIII. schockiert seine Schiffbauer

Im Norden Europas ist der alte Streit zwischen den Franzosen und den Engländern keineswegs begraben, und als Heinrich VIII. (1491–1547) im Jahre 1509 als König von England inthronisiert und von seinem von der Habsucht seines Vaters geplagten Volk mit viel Jubel begrüßt wird, tritt er zwei Jahre später der Heiligen Liga bei. Papst Julius II., Ferdinand der Katholische sowie die Republik Venedig hatten sie gebildet, um die Franzosen aus Italien zu vertreiben. Heinrich VIII. sieht seinen Anteil an der auf ein gemeinsames Ziel hinarbeitenden Gruppe im Aufbau einer starken Flotte, denn das, was er von seinem Vater an *royal ships* übernahm, war mit sieben Einheiten dürftig genug für eine Nation, deren Sein oder Nichtsein von der Stärke auf dem Meer abhing. In knapp fünf Jahren wird die Flotte mehr als verdreifacht. Dabei kauft der englische König auch lübische und Danziger Schiffe auf, die seinen Schiffbauern als Vorbild dienen sollen. Neue Werften und Docks werden inzwischen gebaut.

Man sagt Heinrich VIII. nach, daß er auch gründlich über die Schiffsartillerie unterrichtet ist, die neue Impulse erhalten hat, seitdem der französische Ingenieur Descharges 1500 erstmals »Stückpforten« genannte Geschützscharten in den oberen Teil der Bordwände von Kriegsschiffen hat schneiden lassen. Hieraus ergibt sich die Möglichkeit einer massenhaft und dabei gesicherten Geschützaufstellung auf mehreren Decks übereinander. Bisher konnten die Schiffsgeschütze nur an Oberdeck und nur in beschränkter Zahl aufgestellt werden. Descharges wandte die neuen Stückpforten erstmals auf der CHARENTE an, wo er neben großen Mengen kleiner Kanonen auch 14 auf Rädern unterbrachte.

Indessen dürstet es Heinrich VIII. noch vor dem regulären Ausbau seiner Flotte nach Ruhm, als er im April 1512 in Übereinstimmung mit den Mitgliedern der Heiligen Liga nach langer Vorbereitung mit einer *army by sea* an der französischen Küste landet. Er möchte das ehemals englische Aquitanien, das seit 1453 der französischen Krone einverleibt ist, attackieren. Es wird ein kurzer und unblutiger Feldzug, denn die englischen Heeresoffiziere beginnen angesichts des schlechten Wetters unbekümmert ob ihrer Befehle und Aufgaben, ihre Zelte abzubrechen, um Schutz in den nahen Ortschaften zu suchen. Die Unteroffiziere und Mannschaften gehen auf die Schiffe zurück, die sie nach England bringen. Der Lordadmiral, Sir Edward Howard, dagegen stürmt indessen unbehindert mit seinen Kriegsschiffen durch den Kanal.

Das Schiff als Ziel des Kampfes

1512 will Heinrich VIII. erneut versuchen, Aquitanien zurückzuerobern. Fast täglich inspiziert er die Docks, um die Fortschritte beim Bau neuer Schiffe zu überwachen, besonders der Karacke HENRY GRÂCE À DIEU, besser bekannt als GREAT HARRY, einem Ungetüm von einem Schiff, das er aus purer Rivalität zur GREAT MICHAEL seines Cousins Jakob IV. von Schottland in Bau gegeben hatte.
Es ist Mitte März, als eine Flotte von 45 Schiffen unter Admiral Sir Edward Howard Brest ansteuert. Die französische Flotte, deren 39 Schiffe von Sieur Porsmoguer (einem Walliser, dessen richtiger Name Sir Piers Morgan lautet) kommandiert werden, stellt sich bei Le Conquêt zum Gefecht. Beide Flotten sind erstmals mit schwerer Artillerie bestückt. Erstmals in der Geschichte der Seekriege versuchen die Schiffe, sich auf Distanz durch Breitseitenfeuer aus ihren Kanonen zu vernichten. Lediglich Sir Thomas Knivett entert mit der REGENT das gleichgroße Flaggschiff von Porsmoguer, die MARIE DE LA CORDELIÈRE, während die Kanonen beider Schiffe weiterfeuern. Der Franzose explodiert, sinkt und nimmt die REGENT mit sich. An Bord beider Schiffe gehen 1600 Mann unter. Das Gefecht brachte keine endgültige Entscheidung, zeigte aber erstmals die Überlegenheit des Geschützkampfes gegenüber der bisherigen, veralteten Entertaktik. Von nun an ist das Schiff das vorrangige Ziel des Kampfes und nicht mehr die Besatzung.

Die Entwicklung der englischen Galeone

In diese und die folgende Zeit fällt die Entwicklung der englischen Galeone. Sie ist ohne eine Rückblende nicht in vollem Umfang zu verstehen.
Als die Engländer begannen, ihren Handel im Mittelmeer gegen Ende des 15. Jahrhunderts in eigene Regie zu nehmen und sich nicht mehr vornehmlich italienischer Schiffe bedienten, kam es zum Austausch vieler Ideen im Schiffbau. Das traditionelle Kriegsschiff des Mittelmeeres war die niedrige, geruderte Galeere. Unter den dortigen windstillen Verhältnissen konnte sie ein gefährlicher Feind werden und ohne Schwierigkeiten die langsamen, bauchigen Frachtensegler ausmanövrieren. Geschütze konnten den Galeeren nur gefährlich werden, wenn man ihre Geschosse nahe genug der Wasseroberfläche ins Ziel bringen konnte. Da die Galeeren meistens von vorn oder achtern angriffen, kamen nur wenige Kanonen zum Zuge, und sie waren zu leicht, um wirklichen Schaden anzurichten. Man brauchte aber nicht nur schwerere Geschütze, sondern auch wendigere Schiffe, die rasch drehen und ihre Breitseite gegen den Feind abfeuern konnten. Die Italiener entwickelten nun große Galeeren aus dem Typ ihrer Handelsgaleeren: Schiffe mit starker Holzverkleidung, nach vorne gerichteten und auch einigen seitlich über den Ruderern angebrachten Kanonen. Diesen Typ nennt man Galeassen, er konnte sich aber nicht durchsetzen. Die schweren Schiffe, mit denen versucht wurde, hohe Manövrierfähigkeit bei Unabhängigkeit vom Wind und hoher Widerstandskraft des Rumpfes zu kombinieren, waren zu schwer zu rudern und im Vergleich zu normalen Galeeren zu langsam. Was man aber im Norden, insbesondere im England Heinrichs VIII. braucht, ist eine Verbindung zwischen der Karacke und der Galeere. Doch bis sie entwickelt wird, vergehen viele Jahre.
1497 wird die englische Flotte nun um die Schiffe MARY FORTUNE und SWEEPSTAKE bereichert. Sie sind nach dem Maß ihrer Zeit nur etwa 80 t groß, aber seegängige Fahrzeuge mit hohen, seetüchtigen Rümpfen. Sie haben 52 beziehungsweise 60 Riemen und lassen sich schnell fortbewegen. Die Bewaffnung ist leicht, sie haben nur vier Kanonen mit kleinem Kaliber. Beide Schiffe werden um 1511 umgebaut und schließlich als »Ruderbarken« *(rowbarges)* bezeichnet. Die Franzosen ahmen die Bauweise nach, verdrehen die Bezeichnung in *»roberges«*.
Heinrichs VIII. Vorliebe für Schiffe spielt eine wichtige Rolle für das Entstehen der englischen Seemacht. Wenigstens theoretisch versteht er mehr von Schiffen als alle anderen englischen Könige. Er trägt eine Art Prachtsausgabe der Seemannstracht und an goldener Kette die Bootsmannspfeife – Vorrecht der Seeoffiziere – aus einem »Einhorn«, dem Horn eines Narwals. Er behauptet, viele Typen selbst entworfen zu haben, aber er wird wohl seinem Schiffbaumeister James Baker die Ideen vorgetragen und dem Praktiker die Ausführung überlassen haben.
Die Engländer übernehmen die Entwürfe des Franzosen Descharges. Sie machen die Pforten aber rund statt viereckig, wobei man die Kanonen ganz in den Schiffsrumpf hineinzieht, um die Pforten verschließen zu können. Eine Verbesserung, die man James Baker zuschreibt.
Da die Franzosen zur Sommerzeit mit ihren Galeeren aus dem Mittelmeer heraufzukommen pflegen, um durch schnelle Überfälle auf die englische Küste zu imponieren, braucht auch Heinrich VIII. schnelle Ruderfahrzeuge, denn die Franzosen suchen sich für diese Überfälle möglichst windstille Zeiten aus, in denen ihnen die schwerfälligen Karacken nicht nahe genug kommen können – sie rudern einfach aus der Reichweite der englischen Geschütze heraus. Bis 1530 wird herumexperimentiert, ein Typ nach dem anderen entworfen, hergestellt, erprobt und verworfen. Doch man gewinnt sehr viel an Erfahrung. Immerhin bauen die 1541 ins Land gerufenen italienischen Galeerenschiffbaumeister eine Galeere für mehr als 200 Ruderer – geeignet nur für ein Land, das Galeerensträflinge einsetzen kann. In England setzt man aber keine Sklaven ein, Freiwillige jedoch finden sich kaum. Heinrichs englische Ruderschiffe verbringen ihre Zeit auf See daher meist unter Segeln, und die Mannschaft ist gewöhnt, nur in kurzen Perioden der Windstille und beim Anlaufen eines Hafens oder beim Auslaufen zu rudern.
Der bedeutendste französische Beitrag zur Entwicklung der segelnden Galeonen sind die Kaperschiffe, besonders die des Schiffseigners Jean Ango aus Dieppe, dessen Fahrzeuge die spanischen Schatzschiffe plündern. Er baut zu diesem Zweck schnelle, niedrige »Korsaren«, und eine davon, die »Galeone von Dieppe«, wird 1524 von den Engländern aufgebracht. Sie hat Heinrich und seinem Schiffbaumeister sicherlich neue Ideen vermittelt.
1545 bringt Heinrich VIII. zwei Schiffe von rund 450 t zu Wasser, in denen nun alle Erfahrungen und Bemühungen gipfeln. Während der Bauzeit der GRAND MISTRESS und der ANNE GALLANT bezeichnet man sie als Galeonen, doch in ihrer Dienstzeit werden sie unter die Galeassen eingereiht. In Wirklichkeit aber sind es echte segelnde Galeonen, ein Typ, der bis in die Regierungszeit von Elizabeth nicht verbessert wird.

Nicht erkannte Vorteile

Nach der Reformation gerät auch England in eine düstere Situation. Vorsichtshalber läßt Heinrich VIII. alle Verteidigungsanlagen an der Küste überholen und neue anlegen. Als beunruhigende Nachrichten über neue Invasionsabsichten der Franzosen 1545 immer konkreter werden, befiehlt Heinrich VIII., eine Kette von Feuerstellen

Die Galeone HART *war eines jener schnellen, glattgedeckten Schiffe, die unter Heinrich VIII. in England gebaut wurden. Der Monarch erkannte, daß England als Insel von einer starken Flotte abhängig war, und holte mit Energie und Sachverstand nach, was seine Vorgänger versäumt hatten. Ganze sieben Einheiten übernahm er von seinem Vater, eine Flotte von 85 Schiffen hinterläßt er bei seinem Tod im Jahre 1547 seiner später nachfolgenden Tochter Elizabeth.*

an den Küsten bereitzuhalten. Mitte Juni 1545 besichtigt Frankreichs König Franz I., dem der Papst England zugesprochen hatte, die für eine Landung an Englands Küste vorgesehene Flotte. Es sind 200 Zwei-, Drei- und Viermastschiffe, Nefs und Karacken sowie Galeeren. Den Oberbefehl der Franzosen hat der Admiral d'Annebaut, der die englische Flotte schlagen, Portsmouth nehmen und wenn möglich auch auf London vorgehen soll.
Bemerkenswert ist, daß der Franzose seine Flotte in drei ziemlich kleine Geschwader von je 30 bis 36 Schiffen geteilt hat und sich selbst das Zentrum vorbehält. Das war zwar schon im Altertum üblich, findet aber hier bei Segelschiffen erstmals Anwendung, während er die Galeeren als leichtes Geschwader gesondert einsetzen will.
Vor Spithead, wo die englische Flotte liegt, werden vier vorpreschende Galeeren am 18. Juli abgewiesen, weil ein für die Engländer günstiger Wind weht. Am 19. Juli, als Windstille herrscht, greifen die Galeeren der Franzosen wieder an und beginnen unter diesen für sie besonders günstigen Umständen ein Feuergefecht. Dabei sollen oder wollen sie auch die schwerbestückte große englische MARY ROSE versenkt haben, während aber Beobachter, darunter Heinrich VIII. und Lord Lisle auf der GREAT HARRY, beobachtet haben, daß dieses Schiff mit seinen sehr niedrigen Stückpforten in einer plötzlichen Bö hart überkrängte und sank. 415 der 700 Mann Besatzung kommen um. Mit der nunmehr aufkommenden Brise nehmen die Engländer wie tags zuvor Fahrt auf die Galeeren, die, da sie über keine Heckkanonen verfügen, erneut den Rückzug antreten. Draußen aber wartet d'Annebaut vergeblich auf die Engländer, die in der Enge zurückbleiben. Die Franzosen halten Kriegsrat, am Ende aber hat man genug, setzt Segel und zieht mit Ostkurs ab.
Drei Wochen später kommt es zur Schlacht von Shoreham. Auch die Engländer haben sich in drei Geschwader geteilt, und die Ruderschiffe werden als schnellste Einheiten eingesetzt. Ihnen teilt man aber die GRAND MISTRESS und die ANNE GALLANT zu, ein Beweis, daß man ihnen zutraut, sich neben den geruderten Fahrzeugen behaupten zu können. Bei geringer Windstärke ist die See zunächst ruhig, das rechte Wetter für die französische Flotte. Diese greift am 15. August 1545 an und wird schwer hergenommen. Die beiden Galeonen der Engländer sind den Galeeren mehr als gewachsen, wenn sie Kanonen und Rammsporn richtig einsetzen. Die neuen Schiffe leisteten also das, was Heinrich sein Leben lang angestrebt hatte – aber er erkannte es nicht. Er hatte sie bei ihrem Einsatz bei Shoreham nicht selbst gesehen, sondern nur die französischen Galeeren bei Spithead beobachtet. Statt nun mehr Schiffe vom Typ der beiden bewährten Einheiten zu bauen, sieht das Programm für 1546 zunächst vier Galeassen eines wenig bewährten Typs und 14 Ruderbarken vor.

Heinrich VIII. gründet das Navy Board

Als Heinrich VIII. 1547 stirbt, hinterläßt er eine Flotte von insgesamt 85 Schiffen, abgesehen von 13 Ruderbarken, die für den Einsatz auf der Themse bestimmt sind. Außerdem aber hinterläßt er, ohne es zu ahnen, mit dem neuen Typ der Galeone ein Schiff, dessen Nachfolger mit wenigen Veränderungen dem kleinen Inselstaat helfen, zur weltbeherrschenden Großmacht zu werden.
Neben dem Aufbau einer starken Flotte ist es wahrscheinlich das größte Verdienst Heinrichs VIII., mit dem Navy Board das Marineministerium gegründet zu haben. Diese Grundidee vom Navy Board mit einem see- und kriegserfahrenen Mann als Lord High Admiral an der Spitze bleibt bis zum Jahre 1832 erhalten. Danach wird zum Ersten Lord der Admiralität ein Parlamentarier gewählt. Außerdem ist es Heinrich VIII. zuzuschreiben, daß er den Grundstein für ein besonderes Seeoffizierkorps legte und damit ein festes und sachgemäßes Fundament für eine echte Kriegsflotte schuf.

Schotten und Franzosen als Schrittmacher

Den Anfang mit den Prestigeschiffen machte Jakob IV. von Schottland. Er hatte sich zwar mit der Tochter Heinrichs VII.

von England vermählt, später aber mit Frankreich gegen die Engländer verbündet und fällt 1513 in der Schlacht bei Flodden. Jakob hatte seinen Freund und Schiffahrtsberater Andrew Barton auf See geschickt – angeblich zur Jagd auf flämische Piraten. Doch 1511 beklagen sich englische Kaufleute, Barton sei ja noch viel schlimmer als die Seeräuber. Heinrich VIII. läßt zwei Schiffe ausrüsten, um Barton aufzuspüren. Nach verzweifeltem Kampf fällt Barton. Der ergrimmte Jakob aber bereitet sich auf einen Krieg mit England vor.

Dieses rachedürstige Ansinnen will er auch optisch untermauern, und zwar mit dem an seine Schiffbauer gegebenen Auftrag für eine geradezu gigantische Viermast-Karacke, die das größte und mächtigste Schiff der Welt werden soll. Zwar hätte er mit zwei oder drei Karacken mäßiger Größe bedeutend mehr ausrichten können, so aber beflügelt sein großes Schiff die Phantasie auch anderer Europäer. Er verhext für die nächsten 25 Jahre mit seiner Idee regelrecht die Schiffbauer und deren Auftraggeber, und es erhebt sich eine Brut von Ungeheuern aus den Nestern der Werften. Für die damalige Zeit wird die von Jakob IV. in Auftrag gegebene GREAT MICHAEL ein vielbestauntes Wunderwerk.

Links: Anfang des 15. Jahrhunderts begannen die führenden Herrscher in Europa, sich mit Prestigeschiffen gegenseitig zu beeindrucken. Der schottische Regent Jakob IV. gab den Bau der GREAT MICHAEL in Auftrag, deren Holzbedarf so enorm war, daß er nicht nur die kargen Wälder Schottlands leerfegte, sondern noch riesige Mengen teures Holz importiert werden mußten. Die Maße des Giganten klingen nahezu unglaubhaft: 72 m lang und 17 m breit, fast 3 m dicke Wände sollen vor feindlichen Kanonenkugeln schützen. Selbst verfügt die GREAT MICHAEL über 315 meist kleinere Geschütze.

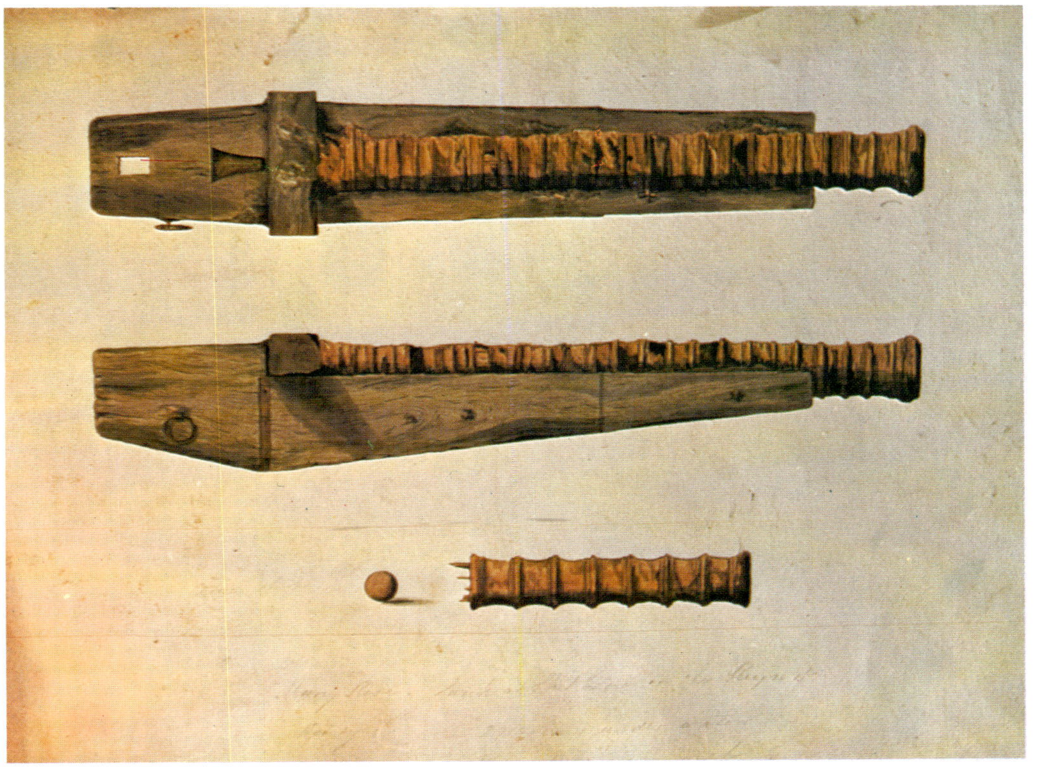

Rechts: Eiserne Kanonen, wie sie auf der MARY ROSE installiert waren. Diese große Galeone aus der Flotte Heinrichs VIII. sank am 19. Juli 1545, als sie von einer Bö zur Seite gedrückt wurde und das Wasser durch die offenen Stückpforten eindringen konnte. Das Wrack des Flaggschiffes von Sir Edward Howard wurde 1965 rund einen Kilometer von Spithead entdeckt, und seitdem bargen Taucher wertvolle Gegenstände aus jener vergangenen Zeit, wie eiserne und bronzene Kanonen, Steinkugeln, den Seesack eines Besatzungsmitglieds, einen alten englischen Zinnkrug und zahlreiche menschliche Knochen.

Der Franzose Jacques Tarrat erhält den Auftrag, den komplizierten Bau zu überwachen, denn ein derart großes Schiff kann nur in Kraweelbauweise gefertigt werden. In diese aber müssen die schottischen Schiffbaumeister, die sich nur auf den Klinkerbau verstehen, erst eingewiesen werden. Ein großer Teil des Holzes wird eingeführt, weil Schottlands karge Wälder für die benötigten Mengen nicht ausreichen. Die Ausmaße des Schiffes, wie sie von den Zeitgenossen angegeben werden, klingen geradezu unglaublich: Das Schiff wird 72 m lang und »innerhalb der Wände« fast 11 m breit. Seine gesamte größte Breite beträgt fast 17 m. Zum Schutz gegen Einschläge von Kanonenkugeln hat man die Schiffswände 3 m dick gefertigt. Es ist kein Wunder, daß man am Ende schon von Glück sprechen kann, sie ohne Unfall ins Wasser zu bringen. Die 40 000 Pfund, die sie gekostet haben soll, sind für ihre Zeit eine gewaltige Summe. Die GREAT MICHAEL ist mit 315 Geschützen bestückt, meistens leichte Kanonen, aber auch mit einigen »Basilisken«, die Geschosse von 200 Pfund Gewicht abfeuern. Zur Besatzung gehören 120 Kanoniere, 300 Seeleute und 1000 Soldaten.

Heinrich VIII. und der weiße Elefant

Das schottische Wunderschiff hat Heinrich VIII. von England mit tiefer Eifersucht aufgeladen. Er will die Schotten unbedingt übertreffen. Sein neues Schiff wird im September 1512 auf Kiel gelegt und vom Schiffbaumeister Bond nach einem Entwurf von Robert Brygandine gebaut. Auch dieses Schiff, die HENRY GRÂCE À DIEU, ist eine Karacke und mit dem charakteristischen Vorkastell und dem überhängenden Heck der GREAT MICHAEL recht ähnlich. Die genauen Maße sind leider nicht bekannt. Dagegen wissen wir, daß über 3900 t Holz für den Bau geschlagen werden mußten. Da Heinrich wie alle Tudors ungern mehr eigenes Geld auszugeben pflegt als unbedingt nötig, fordert er seine Lords und Edelleute auf, ihm Material zu liefern. Auf diese Weise kam dann auch rund die Hälfte des immensen Holzbedarfes »kostenlos« zusammen.

Der neue Stern am Himmel der königlichen Flotte läuft im Juni 1514 vom Stapel. Die HENRY GRÂCE À DIEU hat vier Masten, nämlich Vortopp, Groß- und Kreuzmast und Bonaventura-Kreuzmast, von denen die drei vorderen bereits mit Mars- und Bramstengen getakelt sind. Der Kreuz- und Bonaventura-Mast sind mit Lateinsegeln bestückt. Soviel wir wissen, war es das einzige Schiff seiner Zeit, das an mehr als einem Mast mehr als drei Segel übereinander führte. Doch wird die HENRY GRÂCE À DIEU selten in aller Pracht gezeigt.

Die großartige Takelage sollte das Schiff vermutlich nur majestätischer erscheinen lassen.

Die GREAT HARRY, wie man sie allgemein bald nannte, muß tatsächlich ein bemerkenswertes Schiff gewesen sein, falls Sir William Fitzwilliam nicht nur dem königlichen Eigner schmeicheln wollte, als er mit dick aufgetragener Begeisterung am 4. Juni 1522 berichtete, sie segle besser als jedes andere Schiff der Flotte und sei luvgieriger als alle mit Ausnahme der MARY ROSE. Daß eine normale, hochgebaute, zu übertriebenen Ausmaßen aufgeblähte Karacke ein schneller und noch dazu luvgieriger Segler sein sollte, ist mindestens erstaunlich. Und so ist auch bemerkenswert, daß sie 1539 umgebaut und wesentlich kleiner gemacht wurde, so daß sie nur noch 1000 t (nach Tudor-Maß) hatte. Die Bemannung bestand bis zum Umbau aus 301 Seeleuten, 50 Mann Geschützbedienung und 349 Soldaten. Alle Männer hatten ihren genau festgelegten Platz an Bord, und die Gefechtsrolle ist die erste ihrer Art, die bekannt ist.

Wie die anderen großen Schiffe ihrer Zeit ist sie eher ein weißer Elefant, besser geeignet, Reichtum und Pomp ihres Landes in friedlichem Sommerwetter vorzuführen als in den Ernst eines Seekrieges einzugreifen. So kommen im 16. Jahrhundert die großen Schiffe nur bei besonderer Gelegenheit ins offene Wasser, und im Verlauf der 38 Jahre, in denen die GREAT HARRY ex HENRY GRÂCE À DIEU Dienst tut, nimmt sie nur einmal an einer Schlacht teil: 1545 bei Spithead.

Heinrich VIII. merkt sehr rasch, daß Riesenschiffe kein Vorteil, sondern vielmehr eine Belastung bedeuten, denn die GREAT HARRY ist für die meist kleinen und flachen Häfen viel zu groß.

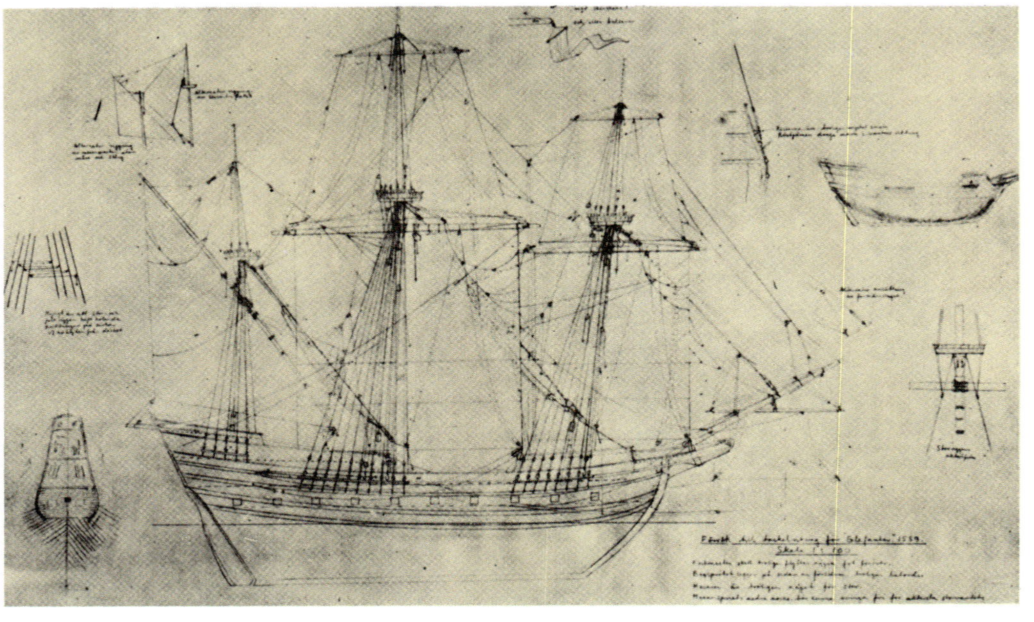

Links: Planskizze der Takelage für das Prestigeschiff ELEFANT, das 1532 für den schwedischen König Gustav Wasa vom Stapel lief

Rechts: Der seefahrtbesessene Heinrich VIII. konnte natürlich nicht im Abseits bleiben, als sein wenig geliebter Vetter Jakob IV. von Schottland die GREAT MICHAEL baute. Heinrich VIII. ließ daher die GREAT HARRY oder HENRY GRÂCE À DIEU in Auftrag geben, ein Riesenschiff, von dem es eine Fülle von Gemälden und Stichen gibt, die indessen in vielen Details voneinander abweichen. Auch die genauen Maße der GREAT HARRY sind nicht überliefert. Das Schiff hatte ursprünglich acht Decks und war mit 184 Kanonen bestückt, zumeist altmodischen Hinterladern, aber auch schon hochmodernen, bronzenen Vorderladern. Heinrich VIII. merkte bald, daß solche schwerfälligen Schiffe kein Vorteil waren, zumal die meisten Häfen nicht die notwendige Tiefe hatten. Die GREAT HARRY wird daher 1539 umgebaut und wesentlich verkleinert.

Das erste gepanzerte Schiff

1523 lassen sich die Malteserritter in Nizza die SANTA ANNA bauen. Da die mittelmeerischen Schiffbauer viel Erfahrung im Bau großer Fahrzeuge haben, gerät die SANTA ANNA zu einem hervorragenden, fast vollendeten Vertreter des Karackentyps. Als sie 1533 vom spanischen Chronisten Friar Don Juan de Funes besichtigt wird, begeistert er sich an ihren »Herrlichkeiten«. Er vermerkt, daß sie nicht nur ein großes Kriegsschiff ist, sondern zeitweilig auch bis zu 900 t Weizen transportiert. Von den sechs Decks sind die beiden untersten mit Blei beschlagen und mit Bronzenägeln versehen. Vor allem aber hat man das Unterwasserschiff mit Bleiplatten gepanzert. Die Bewaffnung ist für 500 Soldaten ausgelegt. Die große Hütte der Offiziere hat Eßräume und Messen, und es gibt sogar einen regelrechten Garten mit grünen Pflanzen und blühenden Blumen, die in erdgefüllten Kästen auf den Heckgalerien wachsen. Die Besatzung erhält - welch sozialer Fortschritt - frisch gebackenes Brot statt des madenzermürbten Schiffszwiebacks, denn man hat eine Windmühle und Backöfen an Bord. In einer Schmiede sind drei Waffen- und andere Schmiede an der Arbeit.

Auch andere Nationen nehmen am Renommierspiel teil

Auch Schwedens König Gustav Wasa macht die Mode mit und läßt 1532 die ELEFANT zu Wasser. Sie ist gut 52 m lang bei einer größten Breite von 12 m. Sie hat eine kraweelbeplankte Außenhaut, die um diese Zeit in Schweden noch ein Novum ist.
Um sich nicht ganz und gar übertrumpfen zu lassen, beschließt Franz I. von Frankreich, die GRANDE NEF D'ECOSSE durch ein größeres Schiff zu ersetzen, nämlich durch die kolossale fünfmastige Karacke LA GRANDE FRANÇOISE. Sie wird in dem neuen Hafen Francispolis - heute Le Havre - von 1521 bis 1527 gebaut, doch als sie im September 1533 erneut in die offene See entlassen werden soll, setzt sie auf den Mündungsbänken der Seine auf Grund und blockiert so die Hafeneinfahrt. Unter großen Schwierigkeiten wird sie wieder flottgemacht, kentert jedoch am 14. November 1533 bei einem Nordoststurm. Lange versperrt das Wrack erneut den Hafen, bis man es schließlich auseinandernimmt und das Holz zum Hausbau in der Stadt friedlichen Zwecken nutzbar macht.
Portugal bringt seinen Giganten, die SÃO JOÃO, 1534 zu Wasser, ein Schiff mit 336 Geschützen, das aber den anderen nicht mehr gleicht: Es ist keine Karacke, sondern ein frühes Beispiel des aufkommenden neuen Typs der Galeone. Ihr Vorkastell ist für die damalige Zeit niedrig, sie hat nicht den Karackenbug, sondern einen erschreckend gefährlich wirkenden Rammsporn. Bei langem Mittschiff trägt sie ein mäßig hohes Kastell, ohne den starken Sprung, den man sonst bei Karacken findet. An jeder Seite sind knapp über der Wasserlinie fünf schwere Kanonen montiert. Zwei Reihen leichter Kanonen stehen auf dem Vor- und dem Achterkastell.
Alle Giganten, mit Ausnahme der unglücklichen FRANÇOISE, kommen irgendwann einmal zum Kampfeinsatz, ohne sich dabei Schlachtenruhm einzuhandeln. Sie sind ihrem ganzen Wesen nach Prunkschiffe, die durch Größe und Majestät beeindrukken sollen.

Die Türken im Mittelmeer

Modon und Koron – Venedigs Seemacht sinkt

Das europäische Mittelmeer, das, so Kurt Grager, seit ehedem ein Zentrum des Seehandels war, ist jetzt auch ein Zentrum internationaler Politik. Seit dem Ende des 14. Jahrhunderts sind auf einer langen Westwanderung turktatarische Stämme an die östlichen mediterranen Küsten vorgestoßen. Einer von ihnen waren die nach dem Khan Osman († 1326) benannten Osmanen. Sie bildeten einen kleinen Staat und drängten das verrottete, tausendjährige byzantinische Reich zurück. Mitte des 14. Jahrhunderts setzen sie, bei Gallipoli die Dardanellen kreuzend, nach Europa über. Vor Konstantinopel haben sie schon von ihren 40 Schiffen alle bis auf vier verloren. Vor Rhodos werden sie abgewiesen. 1352 wird eine ihrer Flotten, 42 Einheiten stark, von 15 venezianischen Schiffen bei Gallipoli geschlagen. 1401 greift Sultan Bajesid Konstantinopel von Land her an, kann die Stadt aber nicht nehmen, weil er über keine Flotte verfügt. Auch ein zweiter Angriff durch Murad II. scheitert. Dann aber, 1453, erobern die Osmanen die Stadt, wobei sie nicht nur das Landheer, sondern auch eine etwa 400 Schiffe starke Flotte einsetzen. Das ist das Ende des byzantinischen Reiches.
Sultan Mehmed II., der Eroberer von Byzanz, stellt den während der letzten byzantinischen Phase ziemlich verfallenen Kriegshafen wieder her und sichert sich somit eine vortreffliche Flottenbasis am Bosporus. Er, der übrigens auch die Dardanellen befestigt und den Handel im Marmarameer, mit Konstantinopel und dem Pontus monopolisiert, legt damit den Grundstock zur türkischen Seemacht. Zwar waren die Türken bei ihrem zweiten Zusammentreffen mit Venedigs Seemacht anno 1416 bei Gallipoli entscheidend geschlagen worden, aber einige Jahrzehnte später entreißen sie Venedig wertvolle Kolonien, so 1463 Argos, 1470 Negroponte und 1479 Lemnos.
Aus nichtigem Anlaß bricht der nächste Krieg aus, in dem die junge osmanische Flotte ihre Bewährungsprobe besteht. 1499 umrundet in einem zweimonatigen Zug ihre 200 Schiffe starke Transportflotte Morea, wie auf neugriechisch die Halbinsel Peloponnes genannt wird. Die Einheit segelt, geschützt von 100 Galeeren und anderen Ruderschiffen, quer durch die venezianischen Geschwader.
Lepanto – das alte Naupaktos im Golf von Patrai – ist das Ziel der Flotte. Lepanto – bereits seit zwei Monaten von 150 000 Mann belagert – ergibt sich beim Herannahen der Schiffe. Der Admiral der untätig gebliebenen venezianischen Schiffe, der 65jährige Antonio Grimani, wird in Ketten nach Venedig gebracht und zur Verbannung verurteilt. Er wird später begnadigt und sogar noch Doge. Im Sommer belagert das überlegene türkische Heer die beiden wichtigen venezianischen Flottenstützpunkte Modon und Koron. Die osmanische Flotte schneidet den Nachschub von See her ab. Hart werden beide Festungen bedrängt. Ihre Lage wird immer schwieriger, Proviant und Munition gehen zur Neige. Die Verteidiger sind bereits alle verwundet. Den venezianischen Flottenchef erreicht eine letzte Botschaft der höchsten Beamten der Stadt Modon: »Wir haben gehungert und mehr getan, als uns möglich war. Wir können nicht mehr. Es stehen 500 Geschütze rings um uns. Die Übermacht ist nicht zu zählen. Darum schnellster Entsatz. Wir sind aber bereit, für das Wohl des Vaterlandes mit dem Schwert in der Hand zu sterben!«
Daraufhin versuchen fünf venezianische Galeeren das unmöglich Scheinende: Sie wollen den dichten Belagerungsring durchbrechen. Eine Galeere, deren Ruderer meutern, kehrt um, die vier anderen kommen durch und erreichen den Hafen am Sonntag, dem 9. August 1500. Die Bevölkerung, ja sogar die Soldaten eilen an den Strand. In dieser Situation erklettern Janitscharen, die Elite der osmanischen Heere, die unbewachte Mauer und öffnen das Tor. Nach schweren Kämpfen ist die Stadt in ihrer Hand. Die Türken töten fast die gesamte Besatzung und auch die Bevölkerung – »als warnendes Beispiel für Koron«. Koron ergibt sich noch im selben Monat. Die »Augen des venezianischen Seereiches«, wie die beiden Festungen genannt wurden, sind in Feindeshand, sichtbares Zeichen des Niedergangs der venezianischen Seemacht und des venezianischen Kolonialreichs.
Die Alarmstimmung in dem nun folgenden Jahrhundert hält bei den Staaten des christlichen Abendlandes unvermindert an, ja sie nimmt zu, je mehr sich der Islam nach Europa hinein ausdehnt und je tiefer die Türken von Ost nach West ins Mittelmeer eindringen. Sie erobern auch den Balkan, Ägypten, Syrien und Teile von Rußland. Sie weiten ihren Machtbereich nach Süden in den Irak, bis zum Persischen Golf und sogar bis nach Aden aus, von wo sie versuchen, der Vorherrschaft der Portugiesen im Indik die Stirn zu bieten.
Die Bedrohung des christlichen Europa wird noch beängstigender, als die Türken in die Ägäis und in das Schwarze Meer einbrechen und sich über die nordafrikanische Küste auszudehnen beginnen. Die türkische Mittelmeerflotte überrascht durch ihre zunehmend selbstsichere Angriffslust. Zu ihren bekannten Opfern zählen die Ritter des Johanniterordens, die 1522 nach heroischem, sechs Monate währendem Widerstand von Rhodos vertrieben werden und denen Karl V., Kaiser des Heiligen Römischen Reiches Deutscher Nation, auf der Insel Malta eine neue Heimstatt gewährt.

Vom Seeräuber zum Admiral

Ein Seeräuberboß namens Chaireddin, wegen seines roten Bartes auch Barbarossa genannt, ist eine weitere moslemische Kraft im Mittelmeer. Dieser handfeste Seemann, ein Grieche germanischer Abstammung aus Mytilini, betätigt sich schon seit geraumer Zeit in dieser Branche. Kluza, wie Chaireddin eigentlich hieß, eroberte ab 1516 mit seinem älteren Bruder Arudsch und mit Unterstützung durch aus Spanien vertriebene Mauren und Juden einige nordafrikanische Länder mit Algier als Zentrum und unterstellte sich freiwillig der türkischen Pforte. Das Ziel dieses Barbarenreiches war der Kampf gegen die Christen, so den Johanniterorden auf Rhodos und ab 1531 auf Malta. Das von Arudsch gegründete Reich wurde von Spanien sofort bekämpft: 1518 fiel Arudsch, 1525 mußte Kluza auf See ausweichen. Die Pforte schickt Chaireddin, dem nunmehr rechtschaffenen Korsaren, der kein Pirat mehr ist, Schiffe, Soldaten und Geld. So ausgerüstet, erobert er 1529 den spanischen Stützpunkt auf einer Insel vor Algier, zerstört diesen und baut auf den Trümmern den geschützten Hafen Al Dschesirelis, wo es vorher nur einen unsicheren Schiffsliegeplatz gab.
Von hier aus beunruhigt er das ganze westliche Mittelmeer, insbesondere die Küsten von Spanien, Frankreich und Italien. Er kämpft wiederholt gegen christliche Flotten und hat Erfolg und Glück dabei. Selbst gegenüber dem berühmten Genueser Seemann und Flottenführer Andrea Doria

behauptet er sich mit seinen Schiffen. Auch sonst ist es im Mittelmeer unruhig. Als 1521 der Krieg zwischen Franz I. von Frankreich und Karl V., dem deutschen Kaiser und König von Spanien, um die Herrschaft Italiens ausgebrochen war, belagern die Kaiserlichen die Hafenstadt Marseille, die sich aber dank der Hilfe durch die französische Flotte bis zum Entsatz halten kann.

Kurz nach dem Friedensschluß von Madrid (1526) gibt es erneut Krieg mit Frankreich und nun auch mit England. 1528 wird Neapel zu Lande vom französischen Heer und von der Seeseite her von der Flotte Genuas unter dem Befehl von Andrea Doria blockiert. Die zum Entsatz Kaiser Karls V. herbeieilende spanische Flotte wird von Doria bei Amalfi gestellt und geschlagen. Doch dann tritt der genuesische Admiral auf die Seite des Kaisers, und Neapel ist gerettet. Frankreich weiß sich keinen anderen Rat, als die türkische Kriegsmarine um Hilfe anzugehen. Darauf kommt es zum Treffen bei den Balearen, bei dem Chaireddin die spanische Flotte besiegt. Trotzdem muß Franz I. von Frankreich im Frieden von Cambrai auf Italien verzichten.

1533 wird der Boß der Mittelmeermafia von Sultan Suleiman, dem es an einem tüchtigen Führer für seine Flotte fehlt, nach Konstantinopel gebeten: Suleiman erhebt Chaireddin kurzerhand zum Beglerbeg (= Herr der Herren, Oberbefehlshaber der Marine). In dieser Eigenschaft führt er von den Dardanellen aus Krieg gegen die Macht Kaiser Karls V. sowie gegen die Genueser und die Venezianer. Er ist kühn und taktisch klug zugleich, so daß er überall, wo er auftaucht, Erfolge hat und zum Schrecken aller Mittelmeerländer wird.

Oben: Noch scheint diese Darstellung Venedigs aus der Mitte des 16. Jahrhunderts des italienischen Astronomen und Kosmographen Egnazio Danti (1536–1586) die ganze Macht und Größe Venedigs auszustrahlen, aber der Stern des Mittelmeeres ist schon längst im Sinken. Vasco da Gamas Seeweg nach Indien trifft die handelspolitische Ader der Lagunenstadt und die Einnahme der Flottenstützpunkte Modon und Koron durch die Türken im August 1500 die militärische.

Rechts: Der Hafen von Modon (innen) und Pilgergaleeren im Hafen von Rhodos, einem weiteren Stützpunkt der Christen, der das Ziel der Eroberungszüge der Barbaren im ersten Drittel des 16. Jahrhunderts ist. Beide Holzschnitte stammen übrigens aus der berühmten Beschreibung einer Reise ins Heilige Land des Mainzer Domherrn Bernhard von Breydenbach (1440–1497).

Recogese el exercito mas: y las trincheas y rreparos se acercan ala goleta para asentar la artilleria. Enestos dias
apretados confuego: ves copeteria y puestos en gran necesidad: son socorridos del empetador con parte delos
algual traia el empetador consigo para proueer ē las otras cosas consu consejo. Tambien el galeon y carauelas portuguesas.
animo. Defienden ala goleta conmas de quatro cientas pieças de artilleria seis mill turcos: y dos mill moros. Estan par a
mill alemanes: Derribada parte del muro arremeten y toman lagoleta. Mueren dos mill turcos y moros y delos nuestros menos de
QUI SPECULAM SERUAT CUSTOS URGENTE
POENO. PREBET OPEM CAESAR PELLITQUE
QUASSATUR GOLETTA MARI TERRAQUE
IMPETU SED CREBRIS IACULIS DEPUGNAT ET

Karl V. vor Tunis. Die Machtausdehnung der Türken im Mittelmeer unter ihrem Flottenchef Chaireddin wird den Spaniern allmählich unheimlich, und so rüstet Karl V. 1535 zu einem Angriff auf Tunis. Mit 500 Schiffen belagert er den Hafen La Goulette, um den Raubzügen der übermütig gewordenen arabischen Korsaren Einhalt zu gebieten. Auf spanischer Seite nimmt auch die berühmte maltesische Karacke Santa Anna an den Kämpfen teil, das erste bleigepanzerte Kriegsschiff der Geschichte. Karl V. hatte eigens einen Maler mit an Bord, der die Kampfszenen festhalten sollte. (Heute würden wir das einen Kriegsberichterstatter nennen.) Nach dessen Skizzen wurden wertvolle Wandteppiche gestickt, die heute noch in Wien – oder wie der hier abgebildete, von Juan Cornelio Vermeyen gefertigte Gobelin – im Alcázar in Sevilla zu besichtigen sind.

Kaiser Karls V. Invasion in Algier

1535 realisiert Kaiser Karl V. das schon länger geplante Vorhaben gegen den Hafen und die Stadt Tunis. Er läßt den Platz mit einer spanischen Flotte von etwa 500 Schiffen, unter denen auch die berühmte, mit Blei gepanzerte Karacke SANTA ANNA ist, angreifen, um endlich die von hier ausgehenden Raubzüge der übermütig gewordenen arabischen Korsaren zu beenden. Über 100 Schiffe und mehr als 300 schwere Geschütze werden die Beute der Spanier. Chaireddin entkommt nach Algier. Spanien besetzt den vor Tunis gelegenen Stützpunkt La Goulette und baut ihn zu einer starken Festung aus.
Übrigens war die im Schrifttum gefeierte Schlacht von Prevesa (1538), bei der die unter dem Oberbefehl von Chaireddin stehende Flotte die Flotte der verbündeten Venezianer, Genuesen und des Papstes besiegt haben soll, an sich keine Seeschlacht. Vielmehr handelte es sich um ein mehrtägiges Manövrieren der beiden Flotten. Zudem gingen handfeste Gerüchte um, daß auf Betreiben Andrea Dorias Verhandlungen mit Chaireddin eingeleitet worden seien, um ihm zu einem nordafrikanischen Königreich unter spanischer Oberherrschaft zu verhelfen. Chaireddin, der an Kräften unterlegen war, schien zu zögern, und erst am letzten Tag gab es einige unbedeutende Gefechte mit Verlusten auf der Seite der Christen, die aber geringfügig waren.
Zu einer Katastrophe wächst sich der von Karl V. 1541 befohlene Feldzug gegen Algier aus, an dem er wie bei Tunis persönlich teilnimmt. Ein großer Teil der 370 Schiffe starken Invasionsflotte und der beteiligten Truppen (20000 Mann zu Fuß, 6000 Reiter) geht dabei verloren, ein Teil bereits am 24. Oktober nach der Landung durch einen von Erdbeben und Regengüssen begleiteten fürchterlichen Sturm. Nach Kämpfen mit den fanatischen Moslems und dem Verlust von 14 Kriegs- und 150 Transportschiffen kann sich der Kaiser am 27. Oktober 1541 wieder einschiffen. Erst am 25. November erreicht er, erneut vom Sturm bedrängt, Cartagena. »Das ist Allahs Sieg«, so feiert der ganze Islam des Kaisers Niederlage. Das Mittelmeer gehört nun den Moslems.

Die Türken im westlichen Mittelmeer

Es wird immer deutlicher, daß die Türkei zur stärksten Seemacht im Mittelmeer heranwächst, obwohl sie im westlichen Mittelmeer mit Toulon nur einen strategisch wichtigen Hafen zur Verfügung hat. Der bereits erwähnte Anschluß Frankreichs an die Türkei ist keineswegs eine vorübergehende Erscheinung. Und gerade diesem Umstand verdanken die Türken ihre Erfolge zur See, denn einer Vereinigung aller christlichen Flotten würden sie nicht standhalten. Ein Kriegshafen im Westen des Mittelmeeres ist für sie daher von allerhöchstem Wert.
Die islamischen Eroberungen im Mittelmeer rollen wie eine Lawine gen Westen. Und Venedig, geschäftstüchtig wie immer, schließt einen Sonderfrieden mit den Türken. Deren Schiffe werden übrigens nicht von Türken, sondern von Griechen und sogar von Venezianern gebaut, obwohl es diesen bei Todesstrafe verboten ist. Meist sind es Renegaten, die in türkischer Sklaverei ihrem Glauben abgeschworen haben und jetzt zu leitenden Stellen in Schiffbau und Marine gelangt sind.
1560 gibt es auf See einen neuen schweren Rückschlag für die christlichen Flotten. Gianandrea Doria, der neue Flottenchef, wollte Tripolis erobern. Er war mit seinen vielen Schiffen bei der Insel Djerba zwischen Tunis und Tripolis erschienen, da er von hier aus, in der Kleinen Syrte, den günstigsten Ansatz für einen Angriff auf die Küste und damit auf Tripolis sah. Überraschend wird er mit seinen spanisch-genuesischen Schiffen von einer türkischen Flotte unter Piali Pascha (Chaireddin ist 1546 verstorben) angegriffen und vernichtend geschlagen. Nur wenige Schiffe retten sich. Aus den Köpfen und Gebeinen der

Linke Seite außen: Chaireddin (1467–1546), wegen seines angeblich rötlichen Bartes auch Barbarossa genannt, war griechischer Abstammung und zunächst als Seeräuber tätig, ehe er 1533 zum Oberbefehlshaber der türkischen Flotte ernannt wurde.

Linke Seite innen: Im Jahre 1565 greift die türkische Flotte Malta an, aber die Johanniter unter ihrem Führer Jean de la Valetta (nach dem später Stadt und Hafen benannt werden) wehren sich vier Monate lang verbissen, und die Türken müssen sich zurückziehen.

gefallenen Christen wird eine Pyramide errichtet.

Wie schlecht es mit der Sicherheit im westlichen Mittelmeerraum jetzt bestellt ist, geht aus einer in den Cortes zu Toledo erhobenen Klage hervor: »Nur selten entkommen Kauffahrer den Seeräubern, so daß der ganze Seehandel darniederliegt. Nicht das allein, die ganze spanische Küste wird von Perpignan bis zur portugiesischen Grenze durch die Piraten unsicher gemacht. Niemand wagt, bis auf 15 Meilen vom Strand Land anzubauen, so daß auch das Land dort unbestellt bleibt.«

Doch es zeichnet sich ein wenn auch unbedeutender Wendepunkt ab. Ein 1565 von der türkischen Flotte mit großer Kraft unternommener Angriff auf die Insel Malta scheitert an dem verbissenen Widerstand der Johanniter. Deren Führer ist der Hochmeister Jean de Valetta, nach dem die Hauptstadt und der Hafen La Valetta genannt wird. Bei den harten Kämpfen fällt den Türken zwar das Fort St. Elmo in die Hände, doch die Hafenschlösser St. Angelo und St. Michel erobern sie nicht, weil es ihnen nicht gelingt, die den Hafen sperrende Kette zu sprengen. Auch Belagerungen von der Landseite haben keinen Erfolg. Als Entsatz vor allem aus Spanien landet, ziehen sich die Türken zurück. Dieser wichtige Stützpunkt an der Nahtstelle zwischen östlichem und westlichem Mittelmeer bleibt in christlicher Hand.

Initialzündung Zypern

Die Situation im Mittelmeerraum bleibt dennoch kritisch: Die Türken stellen im östlichen und mittleren Seeraum auch weiterhin eine latente Bedrohung dar, zumal Spanien als einzig kompetente Seemacht mit anderen Aufgaben engagiert ist. Dennoch findet die entscheidende Konfrontation zwischen Christen und den noch mit den Russen beschäftigten Türken nicht statt. Auch die Franzosen bremsen. So kann denn Zypern noch über 80 Jahre im Besitz des großen Handelsreiches der Venezianer bleiben. Für Venedig erweist sich die Insel als eine zwar sehr einträgliche, aber gleichzeitig auch höchst gefährliche Erwerbung. Ihre strategische Lage auf der wichtigen Seeroute zwischen Konstantinopel und Alexandria macht die Insel zu einem permanenten Gefahrenherd. Zudem scheut man in Venedig neuerdings die Ausgaben für eine starke Flotte. Auch zeigt man sich gern bereit, einen Frieden oder einen Kompromiß notfalls unter ungünstigen oder gar demütigenden Bedingungen zu erkaufen, wenn es nur ein Frieden ist.

Als die Türken 1569 den letzten ihrer Pläne zur Auseinandersetzung mit Rußland aufgeben und der französische Einfluß auf sie schwindet, je mehr sich Frankreich in innere Unruhen stürzt, desto mehr wachsen die Kriegsgefahren. König Philipp II., jetzt Herr über Spanien, Sizilien und Neapel, steht vor einer ernsten Revolte der Morisken, des Überrestes der Mauren, die einmal Spanien regiert hatten, und in Venedig wird am 12. September 1569 vermutlich durch Sabotage das Arsenal durch eine Explosion zerstört. Am Bosporus ist man sicher, daß das Unglück auch den größten Teil der venezianischen Flotte vernichtet hat. In Wirklichkeit sind nur vier Galeeren verbrannt.

Den Türken scheint die Zeit gekommen, Zypern zu erobern. Zunächst versuchen sie es auf dem Verhandlungswege. Im Februar 1570 fordern sie von Venedig die sofortige Abtretung der Insel. Die Venezianer lehnen ab. In ihrer Haltung werden sie noch durch den päpstlichen Nuntius bestärkt, dessen Herr und Gebieter, Pius V., gute und gewichtige Gründe hat, die Kreuzzugstimmung gegen die Türken anzuheizen. Seit seiner Wahl zum Papst im Jahr 1566 hat er sich bemüht, Spanien, Frankreich, Venedig und die italienischen Teilstaaten zu einer Heiligen Liga zu verschmelzen. Der Gedanke stieß von Anfang an auf wenig Gegenliebe, denn die Rivalitäten und Zwistigkeiten zwischen den einzelnen christlichen Nationen sind um diese Zeit besonders heftig.

Die Zypernkrise führt schließlich auf dramatische Weise zu einem Stimmungsumschwung, als im Juli 1570 die Türken mit ihrer 360 Schiffe starken Flotte unter Piali Pascha auf der Insel landen, ein starkes Heer von etwa 50000 Mann zu Fuß und 2000 Reitern an Land setzen, Nikosia erstürmen, niederbrennen und 2000 Menschen ermorden. Sie besetzen Kyrenia und belagern Famagusta. Die Stadt ergibt sich im Juni 1571. Die Bewohner und die Besatzung haben dafür freien Abzug erbeten. Entgegen einem Versprechen wird der Kommandant, Bragadius, umgebracht. Die Türken schneiden ihm Nase und Ohren ab, binden ihn an einen Pfahl und foltern ihn zu Tode. Seine Haut stopfen sie aus und schicken sie nach Konstantinopel.

Die Venezianer wenden sich hilfesuchend an den Papst, der sofort eine Eilbotschaft an Philipp II. sendet. Philipp II. findet sich binnen acht Tagen bereit – für diese Zeit ein ungewöhnlich schneller Entschluß –, der von Pius V. propagierten Heiligen Liga beizutreten. Venedig selbst machte nicht einmal den Versuch, Zypern zu retten. Man war zwar mit den Schiffen des Geschwaders von Philipp II. bis Kreta gefahren, hatte sich aber hier, ohne etwas zu unternehmen, getrennt und war heimgefahren.

Die Heilige Liga gegen die Macht der Türken

Endlich, am 25. Mai 1571, findet man sich in Rom zum förmlichen Bündnis zwischen Papst Pius V., Philipp II. und Venedig zusammen und beschließt, Krieg nicht nur gegen den Sultan selbst, sondern auch gegen dessen Vasallenstaaten Algier, Tunis und Tripolis zu führen. Am Abkommen beteiligt sind Spanien mit seinen italienischen Vizekönigreichen Neapel und Sizilien, die Seerepubliken Venedig und Genua, der Papst und verschiedene italienische Fürstentümer.

Das Abkommen sieht eine gewaltige Seestreitmacht von 200 Galeeren, 100 Transportern und anderen Fahrzeugen, 50000 Soldaten und 4500 Mann Kavallerie vor. Ein Sechstel der Kosten soll vom Papst, ein Drittel von Venedig und eine Hälfte von Spanien getragen werden. Die Spanier als größter Finanzier dieses Unternehmens dürfen den Oberbefehlshaber ernennen. Philipp II. wählt hierfür seinen illegitimen Halbbruder Prinz Johann von Österreich, bekannt geworden auch als Don Juan de Austria (1547–1578), aus.

A
B
C
D
E
Poop
Ruderbänke
Herdstelle
Deck
Laufgang
Hauptmast
Glockenstuhl
Beiboot
Fußbrett

Die königliche Galeere oder Reale, das Flaggschiff Juan de Austrias in der Schlacht von Lepanto, Seitenansicht und Details.
Reale war die Bezeichnung der königlichen Galeere, und ein entsprechender Prunk in Ausstattung und Gestaltung war selbstverständlich. Bei den Franzosen bürgerte sich der Begriff La Réale ab 1526 für alle Flaggschiffe der Befehlshaber der Galeerenflotte ein.
Dieser formvollendete Galeerentyp hielt sich nach Lepanto (1571) noch viele Jahrzehnte in fast unveränderter Form, und in Frankreich lief die letzte Réale immerhin noch im Jahre 1720 vom Stapel.
Das Schiff Juan de Austrias wurde genau nachgebaut und ist heute im Marinemuseum zu Barcelona zu bewundern. Es ist rund 50 m lang, 6,5 m breit, 300 t groß und wurde von 300 Ruderern angetrieben, unterstützt von zwei Lateinsegeln mit 565 m^2 bzw. 126 m^2 Fläche. Der Hauptmast ragte 22 m hoch über das Deck, der Fockmast immerhin noch 15 m. Die Rah des Hauptsegels war 50 m lang, die des Focksegels 26 m. Bestückt war die Reale mit fünf Geschützen. Das größte schoß mit 36pfündigen Kugeln, zwei weitere mit 8 Pfund und die restlichen zwei mit 6 Pfund. Alle Kanonen waren fest in Fahrtrichtung verankert, so daß die Schußrichtung nur durch Manövrieren des Schiffes bestimmt werden konnte. Damals freilich steckte die Schiffsartillerie noch in ihren Anfängen, und die ganze Taktik galt dem Enterkampf Mann gegen Mann.
Die königlichen Realen trugen stolzen Flaggenschmuck, die Standarte des Königs, den Wimpel des Befehlshabers und eine Schmuckfahne. Die Flaggen der Reale von Juan de Austria sind alle erhalten geblieben und werden heute im Museum Santa Cruz in Toledo aufbewahrt.
Ein weiteres Zeichen von Macht und Ehre waren die Laternen über dem prächtigen Sonnenzelt, die in der Nacht als Erkennungszeichen dienten.
Die Galeere lag bei vollzähliger Mannschaft tief im Wasser, und bei rauher See – ohnehin nicht das Wetter der Galeeren – saßen die Ruderer oft bis zur Hüfte im Wasser. Wahrlich kein Vergnügen!

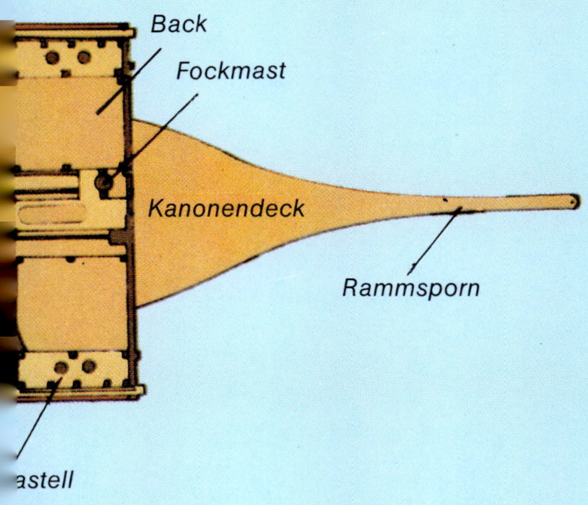

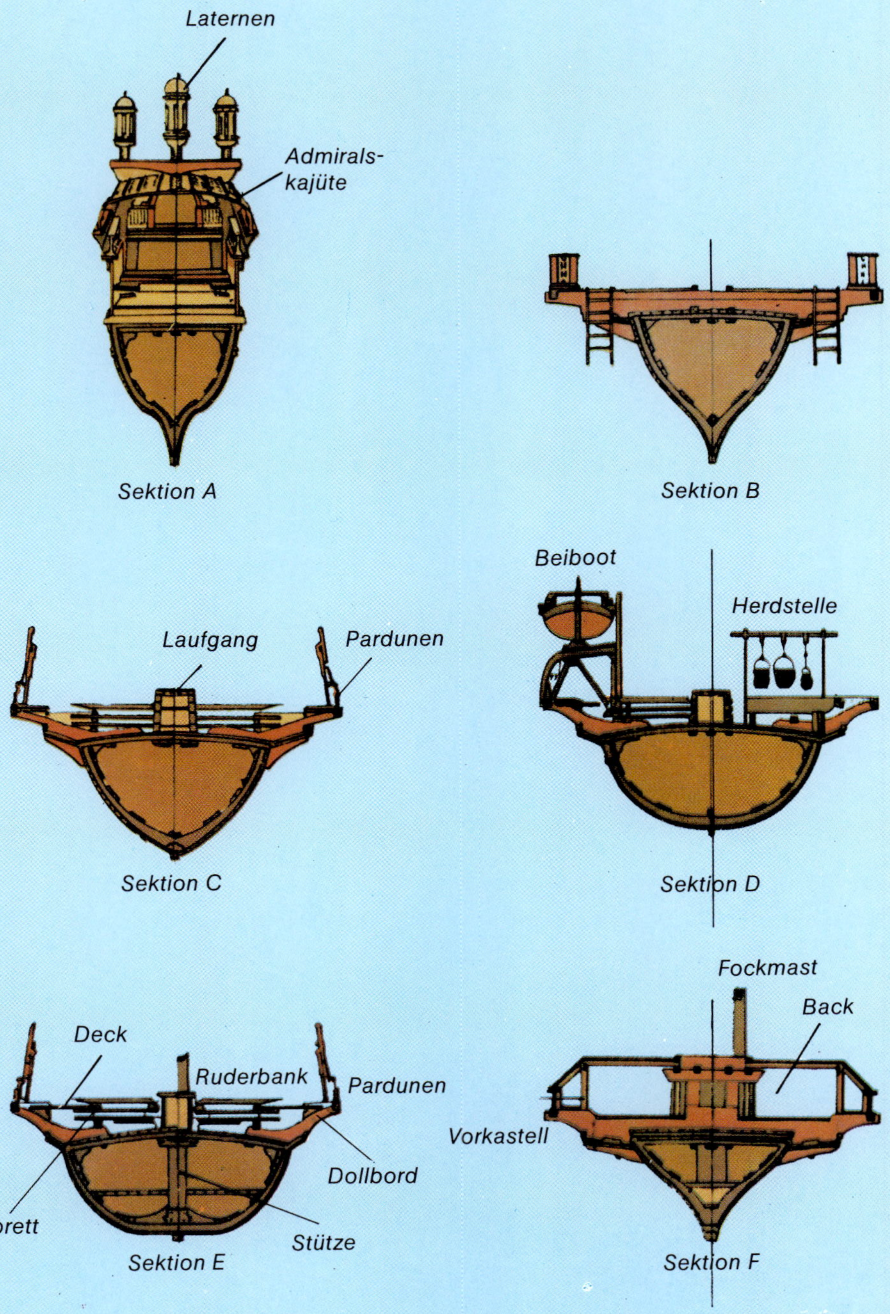

Anfang Oktober 1571 kam es zur Seeschlacht bei Lepanto, einer der größten und blutigsten in der langen Seekriegsgeschichte. Lepanto war gleichzeitig das letzte große Aufeinandertreffen mittelmeerischer Galeeren, von denen die Heilige Liga und die Türken je 250 Einheiten einsetzten. Allerdings nahmen auch sechs schwerbewaffnete, neuartige venezianische Galeassen am Kampf teil, und sie sollten eine entscheidende Rolle spielen.
Aus den Gallerie delle Carte Geografiche im Vatikan stammt diese zeitgenössische Darstellung der Schlachtordnung im Golf von Korinth am frühen Morgen des 7. Oktober 1571.

Rechte Seite: Schlachtordnung von Lepanto, wie sie sich aufgrund neuerer Forschungen ergibt

Don Juan ist ein ungestümer, 24 Jahre junger Mann, der erst drei Jahre zuvor als Führer einer Flotte gegen afrikanische Seeräuber wie auch im Kampf gegen den Aufstand der Morisken in Granada (1568–1570) Kampferfahrungen gesammelt hatte. Seine Wahl ist eine gute Entscheidung für ein Unternehmen, das in gewissem Sinne einem verspäteten Kreuzzug gleichkommt. Wie Elizabeth von England besitzt er die seltene Führereigenschaft, die ihm anvertrauten Männer, unter Zurückstellung ihrer persönlichen Differenzen, für eine gemeinsame Sache zu begeistern.
Am 25. August fährt Don Juan, gefolgt von 19 Galeeren, auf seiner prächtig geschmückten Reale, der größten Galeere seiner Flotte, in Messina ein. Diese Schiffe und die weiteren 57 spanischen Galeeren – Linienschiffe, die im Bug eine Plattform mit fünf bis acht Geschützen haben – sind die bestausgerüsteten, bestbemannten und bestgebauten Schiffe der gesamten christlichen Flotte. Hinzu kommen noch 106 Galeeren aus Venedig, sechs schwer armierte venezianische Galeassen, zwölf päpstliche Galeeren und neun Galeeren, die von Genua, Savoyen und den Johannitern gestellt werden. Zusammen ergibt das eine Schlachtflotte von 210 Schiffen mit etwa 80 000 Mann an Bord. Dazu treten noch 70 leichtere Fahrzeuge und 24 Transportschiffe.
Die 106 venezianischen Galeeren liegen indessen weit unter dem spanischen Standard. Sie sind derart unterbesetzt, daß spanische und italienische Infanterie an Bord gebracht werden muß, um die Besatzungen aufzufüllen.
Inzwischen hatten türkische Galeeren unter dem Flottenchef Ali Pascha die italienische Küste bis 300 Seemeilen vor Venedig gebrandschatzt und geplündert. Die Stadt selbst wurde nur durch die Nachricht gerettet, daß sich die Flotte der Heiligen Liga bei Messina versammle.

Die Seeschlacht von Lepanto

Anfang Oktober 1571 ziehen die Türken etwa 250 Galeeren in der Bucht von Lepanto zusammen, in jener Wasserstraße zwischen dem Golf von Patrai und dem Golf von Korinth. Am 3. Oktober läuft die jetzt 250 Schiffe starke christliche Flotte aus Korfu aus. Das Ziel ist die Entscheidungsschlacht mit den Türken im Mittelmeer. Am 6. Oktober ankern die Schiffe der christlichen Flotte am Eingang zum Golf von Patrai, nur 20 Seemeilen von der türkischen Flotte entfernt. Bei Tagesanbruch verlassen die Türken Lepanto und fahren mit Südkurs in den Golf von Patrai ein. Zwei Seemeilen vor der Küste drehen sie nach Westen und beginnen sich, wie üblich, in Halbmondformation zu ordnen. Die Schiffe der Heiligen Liga nähern sich zu dieser Zeit dem an der Nordwestecke des Golfes von Patrai gelegenen Kap Skropha.
Don Juan läßt seine Flotte in einer langen Dwarslinie in Sichelform in drei Treffen aufstellen. Das Zentrum unter Don Juans persönlichem Befehl wird dabei aus 37 Schiffen Venedigs und Spaniens gebildet, der linke, 63 Galeeren starke, etwas vorgezogene, sich bis an die Untiefen der Küste erstreckende Flügel aus Venezianern unter Barbarigo, der rechte, ebenfalls etwas vorgezogene Flügel aus 64 Schiffen Venedigs und Spaniens unter dem Befehl des Genuesen Gianandrea Doria. (Die genaue Schlachtordnung erläutert die Skizze auf der Seite gegenüber.)
In der Zwischenzeit nimmt die türkische Reserve ihre Positionen ein. Dann, mit dem Wind in ihren bunten Segeln und der grünen Flagge des Propheten an den Mastspitzen, stoßen die Türken gegen die christliche Flotte vor. Es ist ein gefährlicher Augenblick, denn noch haben nicht alle christlichen Schiffe ihre Stellung bezo-

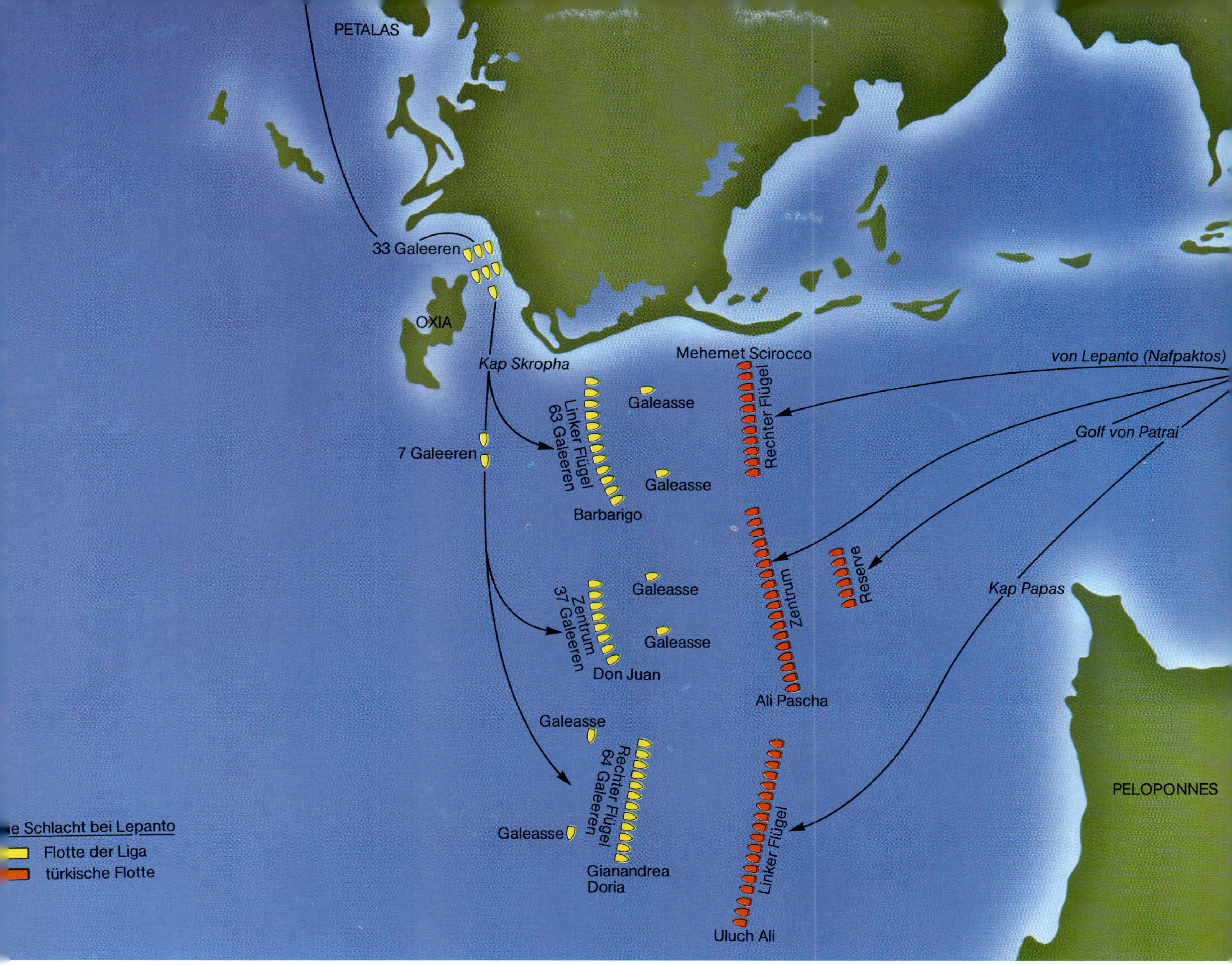

gen. Dennoch läßt Juan ein Geschütz das Angriffssignal feuern und den rotgoldenen Wimpel, der ihm vom Papst verliehen worden war, vom Großmast der Reale entfalten. Doch plötzlich erstirbt der Wind. Die Segel werden schlaff und sind nutzlos. Die Christen gewinnen kostbare Minuten, um sich zu formieren. Auf der anderen Seite erhöhen die Türken den Schlagrhythmus ihrer Ruderer und nehmen erneut Kurs auf den Feind. Die großen venezianischen Galeassen werden gegen die türkischen Linien geschleppt, gefolgt von 164 Galeeren. Sie eröffnen das Feuer. Eine Anzahl türkischer Galeeren wird getroffen, zwei werden versenkt, andere schwer beschädigt. Als sich die Galeeren mit schnellen, harten Ruderschlägen zwischen den Galeassen hindurchzwängen, werden die Türken von oben mit Geschützfeuer und Musketenkugeln und einem Hagel von Pfeilen eingedeckt. Um die Mittagszeit ist die türkische Front bereits zerrissen. Im Zentrum und bei den nördlichen Flügelgeschwadern beginnt der Enterkampf. Doch als Doria zunächst nach Süden ausweicht, stößt in diese Lücke Uluch Ali hinein. Als routinierter Seemann und Beglerbeg von Algerien hat er sofort die sich ihm bietende Blöße entdeckt und die Gunst des Augenblicks genutzt. Dieses Manöver bringt die Christen in eine schwierige Lage. Nur der Einsatz von Reserven kann die Vernichtung des Zentrums verhindern. Am Nordflügel gelingt es den Türken unter Führung ortskundiger Leute, im abflachenden Gewässer das venezianische Geschwader von außen zu umfassen. Dabei fallen die Geschwaderführer Barbarigo und Mehemet Scirocco.

Im Zentrum, wo der heftigste Kampf tobt und wo die Kanonaden der Galeassen viel Verwirrung stiften, ist es der christlichen Partei inzwischen gelungen, das Übergewicht zu erzwingen. Nun dirigiert Ali Pascha, der türkische Befehlshaber, seine Galeere direkt auf Don Juans Reale zu. Unter einem dichten Vorhang aus wirbelndem Rauch und lodernden Flammen rammt Ali Pascha mit seiner Capitana Don Juans Reale, worauf Türken und Spanier aus kürzester Entfernung einen gewaltigen Pfeilhagel gegeneinander abfeuern. Danach entern spanische Ritter und Pikeniere die türkische Galeere. Sie führen einen erbitterten Kampf Mann gegen Mann. Ali Pascha zieht sich auf das Vorschiff zurück, wo ihn Don Juan nur schwer angreifen kann. Der päpstliche Admiral Colonna, dessen Galeere in der Nähe fährt, kommt zu Hilfe. Er rammt das Heck von Ali Paschas Schiff. Während Colonnas Arkebusiere unmittelbar in die dichtgedrängte Masse der türkischen Truppen feuern, stürmen seine Soldaten an Bord des feindlichen Schiffes. Sie kämpfen, bis jeder Türke an Bord gefallen ist. Ali Pascha stirbt mit seinen Soldaten.

Um die Mittagszeit fällt auch der Chef des rechten türkischen Flügels, Mahomet Siloc, und etwa 30 seiner Galeeren kommen fest. Panik bricht aus. Leute springen über Bord und waten an Land. Der Schrekken und die Angst springen wie Funken auch auf die anderen Galeeren über.

Beim Handgemenge nach dem Anfahren der beiden Schlachtgruppen waren übrigens die spanischen Soldaten – die spanische Infanterie galt als die beste der Welt – den türkischen Soldaten, auch den vielgerühmten und gefürchteten Janitscharen, überlegen. Dasselbe gilt für die Arkebusiere, die meist besser bewaffnet waren als die nur mit Armbrust oder Bogen ausgerüsteten Gegner. So fiel nach mehrstündigem heißem Ringen bereits nachmittags um 4.00 Uhr der Sieg den Christen zu. Die Türken verlieren praktisch ihre gesamte Flotte. Die Alliierten erobern über 190 Galeeren und Galioten, von denen 60 wegen zu großer Schäden an Ort und Stelle verbrannt werden. 15 weitere werden versenkt oder verbrennen während der

Die Schlacht bei Lepanto auf ihrem Höhepunkt. Die Galeeren beider Parteien haben sich ineinander verkeilt, die venezianischen Galeassen feuern aus nächster Distanz. Die vereinigten christlichen Flotten (Spanien, Vizekönigreich Neapel und Sizilien, Venedig, Genua, der Vatikan und verschiedene italienische Fürstentümer, die Johanniter von Malta) errangen einen totalen Sieg und vernichteten praktisch die gesamte osmanische Seestreitmacht. Der Preis war hoch: Rund 30 000 Tote bei den Türken und 10 000 Tote bei der Liga waren zu beklagen. Die christlichen Parteien aber nutzten den Sieg nicht aus, sondern verloren sich wieder in die alten Rivalitäten und Eifersüchteleien. Die Türken hingegen brachten ihre Flotte innerhalb von nur vier Jahren wieder auf die Beine und hielten weiterhin ganz Nordafrika besetzt. Venedig verzichtete 1573 sogar auf die Insel Zypern, wegen der es noch zwei Jahre zuvor überhaupt zur Schlacht von Lepanto gekommen war.

Schlacht. Die Türken verlieren 30 000 Mann, darunter etwa 5000 Gefangene. Nur rund 30 Galeeren können mit Uluch Ali das Weite suchen. Die Heilige Liga verzeichnet 7500 Tote, 20 000 Verwundete, von denen noch 2500 sterben. Sie hat aber nur 12 Galeeren, darunter 8 venezianische, verloren. Auf St. Maura wird die Beute geteilt: Von den 117 Galeeren, 13 Galioten, 117 Laufganggeschützen, die größten der Galeeren, 17 Mörsern, 256 kleinen Stücken und 3486 Sklaven erhält Spanien den größten Anteil. Die schönste Beute aber sind 12 000 Christensklaven, die von den Alliierten befreit werden.
Über den Sinn und Nutzen des total zu nennenden Sieges von Don Juan de Austria bei Lepanto ist viel gestritten worden. Zumindest aber leitete er den Niedergang der türkischen Machtstellung ein. Die Spannung zwischen Spanien und Venedig und auch die Eifersucht Philipps II. auf die Erfolge seines Halbbruders Don Juan lähmten die weiteren Aktionen. Schon 1573 schloß Venedig einen Sonderfrieden mit der Pforte. Spanien kämpfte noch einige Jahre weiter, dann verlagerte sich sein Interesse aber in Richtung Portugal und England. Der Atlantik wird zum Meer der Zukunft. Die Bedeutung des Mittelmeeres verblaßt.

Die Galeere dieser Zeit

Die Galeere war ein leicht gebautes, schnelles Schiff von etwa 45 m Länge von Steven zu Steven und 6 m Breite und etwa 2,5 m Tiefe im Raum, der Tiefgang lag bei über 1 m, das Verhältnis Länge : Breite bei 8 : 1. Der vorspringende Sporn war 7 bis 8 m lang, die Länge über alles betrug somit rund 53 m. Die Zahl der etwa 11 m langen Riemen, auch Remen genannt, wird mit 25 bis 26 auf jeder Seite angegeben. Je Riemen benötigte man bis zu fünf Mann, von denen die inneren nicht sitzen konnten, sondern hin- und hergehen beziehungsweise laufen mußten. Auf großen Galeeren waren bis zu 250 Ruderer an Bord. Dafür wurden Sklaven oder Kriegsgefangene eingesetzt, später hauptsächlich Verbrecher, nachdem zu diesem Zweck die Galeerenstrafe eingeführt worden war. Um Ersatz sicherzustellen, wurden die Gerichte angewiesen, möglichst viele Angeklagte auf die Galeeren zu schicken. In Frankreich wur-

den zur Zeit der Hugenottenverfolgungen auch Protestanten zur Galeerenstrafe verurteilt. Dieses Strafmaß darf wohl als die schwerste Verurteilung bezeichnet werden, die seinerzeit möglich war. Unser heutiges Zuchthaus ist ein Kinderhort dagegen. Galeerensklaven führten ein unvorstellbar unmenschliches, ein entsetzliches Dasein. Sie waren an ihre Duchten (Sitzbänke) festgekettet und blieben so unter freiem Himmel, ohne jeden Schutz gegen die Witterung, in Schmutz und Ungeziefer, Tag und Nacht, solange die Galeere sich außerhalb des Hafens befand. In früherer Zeit waren diese bedauernswerten Menschen völlig nackt, vom 16. Jahrhundert ab erhielten sie wenigstens eine einfache Kleidung, ein Leinenhemd und Hose für den Sommer, eine wollene Hose und einen Mantel für den Winter. Bei sehr kaltem Wetter auch eine wollene Decke. Außerdem eine rote wollene Kappe. Ihre Nahrung bestand aus 30 Gramm Brot und Bohnensuppe. Dabei wurden größte Anstrengungen von ihnen gefordert: bis zu 10 Stunden, ja manchmal 20 Stunden Schwerstarbeit. Wer nicht stramm genug pullte, bekam die Peitsche. Dafür waren zwei bis drei Comitu (Steuerleute) vorn, mittschiffs und achtern stationiert. Wurde einer der Galeerensklaven vor Hunger, Anstrengung oder Schmerz ohnmächtig, warf man ihn ohne viel Umstände und Gewissensnot über Bord. Machte einer aus irrer Verzweiflung nur den Versuch, sich zu befreien oder sich aufzulehnen, wurde er von Posten zusammengeschlagen oder ohne Urteil niedergeschossen.

Die Takelage dieser Galeeren bestand aus zwei Masten, weit nach vorn stehend, mit lateinischen Segeln. Zum Steuern diente um diese Zeit bereits das heutige in einem Ruderzapfen hängende Ruder. Als Armierung führte die Galeere 3 bis 5 Geschütze im Bug, das mittlere war ein 36-Pfünder, ferner zwei 8-Pfünder und zwei 4-Pfünder. Außerdem gab es noch Steinmörser, um Steine von 30 bis 80 Pfund Gewicht über kleine Entfernungen werfen zu können.

Bei der mangelhaften Ausbildung der Artillerie, die sich erst in der zweiten Hälfte des 16. Jahrhunderts wesentlich zu verbessern begann, diente zum Gefecht für Angriff und Abwehr hauptsächlich der militärische Teil der Besatzung. Bei der Bewaffnung der Soldaten waren zur Zeit der Schlacht von Lepanto Feuerwaffen gerade in der Einführung begriffen. Sie waren noch sehr unvollkommen, schwer, umständlich zu bedienen, daher langsam, und ihre Treffgenauigkeit war gering – immerhin waren sie im Nahkampf wertvoll. Vielfach waren aber auch noch Bogen und Armbrust im Gebrauch. Bei der beschränkten Leistungsfähigkeit der Schußwaffen mußten die Schiffe der Flotten in der Schlacht so nahe wie möglich Bord an Bord aneinander heranscheren. Daher gab fast immer noch der Enterkampf den Ausschlag. Der 7 bis 8 m lange Schnabel diente dabei als Enterbrücke. Zahl und Ausrüstung und Tapferkeit der regulären Soldaten an Bord hatten somit einen hohen Stellenwert. Den kleineren Galeeren des 14. Jahrhunderts hatte man ständig nur 10 bis 25 Soldaten als militärische Besatzung an Bord gegeben, im 16. Jahrhundert aber schickte man hundert und mehr Mann auf die Schiffe, zu denen dann noch die Seeleute kamen. Die Besatzung der großen Galeere dieser Zeit belief sich also auf insgesamt rund 400 Köpfe. Die langen und niedrigen, flachgehenden und leichten Schiffe besaßen natürlich nur eine bedingte Seefähigkeit. Schlechtem Wetter waren sie auch im Mittelmeer nicht gewachsen. Man mußte daher beim Navigieren vorsichtig sein und blieb ungern über Nacht in See. Ließ sich das nicht vermeiden, so wurde beigedreht und der Bug möglichst entlastet, indem man die beweglichen Gewichte nach achtern brachte. Daher war die Leistungsfähigkeit der Galeere auch strategisch nur gering, viel kleiner als beispielsweise die der athenischen Triere.

Die Galeasse

Die Galeasse stammt aus der Mitte des 16. Jahrhunderts, als die Bedeutung der Artillerie zunahm. Ein Venezianer hat das erste Schiff dieses Typs erbaut. Daher tritt sie zunächst auch nur bei den Venezianern auf. Die 30 bis 50 Riemen hatten eine Länge von etwa 16 m und wurden durch 5 bis 8 Mann bedient, so daß zur Besatzung bis zu 400 Ruderer gehörten. Außerdem waren noch 200 bis 300 Seeleute und Sol-

daten an Bord. Die Takelage bestand aus drei Masten mit Lateinsegeln. Zum Steuern diente außer dem festen Ruder noch je ein breiter Steuerriemen auf der Seite wie bei den Trieren und ähnlichen Typen des Altertums. Die Galeassen waren zwar sehr rank, legten sich aber bei seitlichem Wind auch bald über und schlingerten heftig, segelten aber immerhin viel besser als die Galeeren. Die Armierung war auf Bug und Heck verteilt, im Bug aber war sie am stärksten. Mittschiffs stand hier das kalibermäßig schwerste Geschütz, ein 50- bis 80-Pfünder. In späterer Zeit führten die Galeassen bis zu zehn schwere Bugkanonen in zwei Lagen übereinander und acht Heckkanonen, außerdem noch eine Menge leichter Kanonen in der Breitseite, selbst zwischen den Riemen, so daß sie bis zu 72 Stück an Bord hatten. Bereits zur Zeit von Lepanto war die artilleristische Leistung der venezianischen Galeassen derjenigen der Galeeren derart überlegen, daß sich die Kommandanten ohne Sorgen und Bedenken verpflichteten, den Kampf mit je fünf Galeeren aufzunehmen.

Die Galeasse bildet übrigens den Übergang zur Galeone, einem anfangs schwerfälligen Schiff mit noch immer hohem Bug und Heck, bei dem die Geschütze auch noch hauptsächlich im Bug und Heck übereinander aufgestellt werden und das noch immer nur wenige Kanonen in der Breitseite führt.

Linke Seite: Venezianische Galeere von 1539. Dieses Modell ließ Admiral Fincati in Venedig anfertigten. Es stellt ein langes, schmales Fahrzeug mit geringem Tiefgang, niedrigem Freibord bei kombiniertem Antrieb durch Riemen und ein Lateinsegel dar. Die Länge maß 41,60 m, die größte Breite 5,20 m, der Tiefgang 1,50 m. Die Größe schätzt man auf 180–200 t, die Besatzung auf 225 Mann.

Oben: »Die Ausrüstung der Galeeren« ist dieser kolorierte Stich aus dem Museo Maritimo in Barcelona betitelt. »Jetzt muß man wiederum zur Arbeit sich bequemen, und die Galleere wird gebührend außgerüst, Da muß man große Last auf seine Schuldern nehmen, Bis daß das ganze Schiff damit beladen ist.«

Die Vernichtung der Armada

Schwächere Spanier, aufstrebende Niederländer

Für die Entwicklung der Schiffahrt ist die nun folgende Zeit nicht überall günstig. Es ist die Zeit des Kampfes der römischen Kirche und der ihr ergebenen Fürsten gegen die Reformation, auf deren Seite die Engländer und der größte Teil der Niederländer stehen, während Philipp II. seinen niederländischen Provinzen weder konfessionelle noch politische Freiheiten gewährt. Überall gibt es Unruhen, und vielfach werden Bürgerkriege daraus.
Die französische Marine verfällt während der Hugenottenkriege nahezu vollkommen und tritt erst 1625 in Verbindung mit Kardinal Richelieu wieder in Erscheinung. Spanien ächzt unter der Schreckensherrschaft Philipps II. und der Inquisition, die sich auch auf die Niederlande ausdehnt, wo Herzog Alba im Jahre 1567 den Blutrat genannten »Rat der Unruhen« einrichtet. 1572 erobern die seetüchtigen Seegeusen Briel an der Maasmündung. In Holland und Seeland erhebt man sich nun gegen die spanische Herrschaft und ernennt Wilhelm von Oranien zum Statthalter.
Die niederländische Schiffahrt entwickelt sich trotz des langen, unter furchtbaren Opfern geführten Unabhängigkeitskampfes gegen das noch mächtige Spanien erstaun-

Modell eines Kriegsschiffes vom Ausgang des 16. Jahrhunderts. Ab 1550 trägt man im Kriegsschiffbau den neuen Anforderungen Rechnung. Die Schiffe werden länger und schlanker, die turmhohen Aufbauten vorn und achtern abgeschwächt, schwere Kaliber lösen die vielen leichten Geschütze ab. Die Besegelung wird komplizierter, um das Schiff schnell und wendig zu machen. Wieder sind es vor allem die Engländer, die revolutionäre Ideen verwirklichen, die ihnen im Kampf gegen Spaniens Armada die entscheidenden Vorteile bringen werden.

lich rasch. 1532 beträgt die Zahl der holländischen Kauffahrer »400 groote schepe«, 30 Jahre später sind es schon 800 Kauffahrer von 180 bis 300 Last Tragfähigkeit. Holländische Flotten, quasi als Nachfolger der tüchtigen Hanse, versorgen im 16. Jahrhundert fast den gesamten Handel von Spanien bis zur Ostsee. Was jedoch die Fahrten der Holländer ins Mittelmeer anbetrifft, so ist dieser Törn allein wegen der Fahrt durch die Meerenge von Gibraltar für sie, die »Rebellen« gegen die spanische Herrschaft, recht gefahrvoll.
Spanien jedoch zeigt Degenerationserscheinungen. Die großen Möglichkeiten, die sich dem Land mit seinen von der kalifornischen Küste bis zu den Philippinen reichenden überseeischen Besitzungen in Verbindung mit dem lukrativen Seehandel zwischen den Kolonien für die Entwicklung und den Ausbau der eigenen soliden, modernen Schiffahrt anbieten – eine Gelegenheit wie nie zuvor und nie wieder in der Geschichte Spaniens und anderer Seenationen –, bleiben mehr oder weniger ungenutzt.
England – gegenüber Spanien ein kleines, überbevölkertes Land – hat unter Eduard VI. (1547–1553) wie auch unter Maria der Katholischen (1553–1558) im Hinblick auf Schiffahrt und Marine eine schlechte Zeit. Als sich das unter Elizabeth I. (1558–1603) zumindest von der Einsicht her ändert, fehlt es an Geld, nicht aber an Kraft, moralischer Stärke und nationalem Wollen. Seit den 1530er Jahren haben die Engländer zudem wegen der Schwierigkeiten und Gefahren ihre Fahrten ins Mittelmeer eingestellt. 1552 wird eine letzte Reise nach Candia und Chios vermerkt.
Erneut beginnen dann solche Fahrten, nachdem die Schlacht von Lepanto die Verhältnisse geklärt hat und sich neue Marktchancen für Fisch, Tuche und Kriegsmaterial im Mittelmeergebiet eröffnen. 1581 wird eine »Levant Company« ins Leben gerufen, die künftig ihre Tuche vor allem nach Konstantinopel, Smyrna und Aleppo schickt, um Malvasier, Baumwolle und anderes zurückzubringen. 1583 schließt sich eine »Venice Company« an. Außerdem wird spätestens seit 1561 klar, daß England es nicht zulassen wird, durch Spanien von den Reichtümern Amerikas ausgeschlossen zu werden.
Man trägt im Schiffbau den modernen Anforderungen der Zeit Rechnung, denn die Schiffe werden etwas länger und schlanker, so daß sie, ohne an der im Holzschiffbau noch immer kritischen Längsfestigkeit zu scheitern, die starke Breitseitarmierung tragen können und mit verbesserter Takelage schneller segeln und auch besser am Wind liegen. Es werden unter anderem lose Stengen mit heiß- und fierbaren Marssegeln eingeführt. Die turmhohen Aufbauten vorn und achtern – bisher als Windfänger mehr hinderlich als nützlich und wegen einer vermehrten Abtrift wenig beliebt – werden drastisch vermindert.
Die Zahl der vielen leichten Geschütze wird mit der Einführung schwerer Kaliber geringer.
Der Bau von Kriegsschiffen läuft gegenüber den Handelsschiffen bereits in völlig anderen und eigenen Bahnen, während die spanischen Galeonen, die später das Gros der Armada bilden werden, ein vier bis sechs Fuß hohes Spantenwerk haben und über je 52 Kanonen verfügen. Sie haben ein sehr hohes Heck und eine große Schiffsbreite und können somit mehr Soldaten aufnehmen.

Fortschritte im englischen Schiffbau

Die Theorie der Engländer sieht schnittige, leicht manövrierbare Schiffe für den Kampf auf See vor. Nicht mehr der Enterkampf, sondern das Geschützfeuer aus größerer Reichweite soll entscheidend sein. Ende der 70er und Anfang der 80er Jahre entwickelt John Hawkins, der Treasurer beim Navy Board, neue, revolutionäre Galeonen. Nach seiner taktischen Philosophie reduziert man die vorderen und achteren Kastellaufbauten, welche die herkömmlichen Galeonen so topplastig und unhandlich machen. Die neuen Schiffe sind im Mittelteil schlanker und haben flachere Decks. Das Pit, die tiefe Grube in der Mitte, wo man bislang die Reservetruppen sammelte, wird durch zwei Decks mit schweren Kanonen ersetzt. Auch die Treffsicherheit der Geschütze ist gegenüber den unhandlichen Kanonen der Spanier wesentlich besser. Philipp II. ist der drastische Unterschied zwischen seinen und den neuen englischen Galeonen sehr wohl bekannt, auch die daraus resultierenden unterschiedlichen Taktiken. Aus den Instruktionen an seine Marinebefehlshaber geht aber nicht hervor, daß er auch die Folgerungen daraus gezogen hat.

Spaniens Irrtum, Spaniens Haß

Trotz der erwähnten finanziellen Behinderungen entfaltet sich auf der englischen Insel der kaufmännische und maritime Tätigkeitsdrang immer stärker. Man sucht nach neuen Organisationsformen und überseeischen Märkten. Die Muscovy Company betreibt bald Handel mit Weißrußland und erweitert den Warentransit über Moskau bis Persien. Der Ostsee- und Levantehandel gewinnt zunehmend an Bedeutung. Die westafrikanischen Küstengebiete bringen im Sklavenhandel bereits enorme Gewinne. Vor allem lockt die atlantische Westküste. Da sind Männer wie Drake, Hawkins, Davies, Frobisher, Raleigh und andere. Für sie gibt es Gelegenheit genug – versehen mit königlichem Kaperbrief –, sich gegenüber den verhaßten Spaniern hervorzutun.
Die Spannungen zwischen Engländern und Spaniern, die glauben, daß der liebe Gott persönlich hinter ihrer Sache stehe, werden immer bedrohlicher. Als die Spanier 1562 26 Engländer durch die Inquisition verbrennen lassen und Philipp II. in seinem Haß auf die ketzerischen Insulaner 1585 alle englischen Schiffe in seinem Reich beschlagnahmt, antwortet Elizabeth mit Drakes Raubzug nach Westindien.
Um diese Zeit beschließt Philipp II., auf den früher von Don Juan de Austria als Generalgouverneur der Niederlande gemachten Vorschlag zurückzukommen, das in den Niederlanden stehende Heer von 30 000 bis 35 000 Mann nach England überzusetzen und das Inselreich zu erobern. Um sich die dafür notwendige Seeherrschaft zu sichern, ordnet Philipp II. die Ausrüstung einer Flotte von noch nie dagewesener Stärke an. Zum Führer des gesamten Unternehmens bestimmt er den Marquese von Santa Cruz, einst der Führer der Reserve vor Lepanto.

Maria Stuart Opfer der spanischen Seerüstung

Spanien rüstet. Alle geeigneten Schiffe werden in den spanischen und portugiesischen Häfen festgehalten. Aber auch neapolitanische und venezianische Segel- und Ruderschiffe zieht man ein und sogar einige Hansekoggen. Lissabon wird zum gigantischen Sammelplatz einer schier unübersehbaren Flotte.
Es sind wohl diese massiven Rüstungen, die mit Anlaß dafür geben, daß die katholisch gebliebene Maria Stuart 1587 hingerichtet wird, wenn auch als offizieller Grund die Verbindung zu einer Verschwörung genannt wird. Es kommt zu einem Geheimvertrag zwischen Papst Sixtus V. und Philipp II., der später zum offiziellen Krieg gegen England führt.

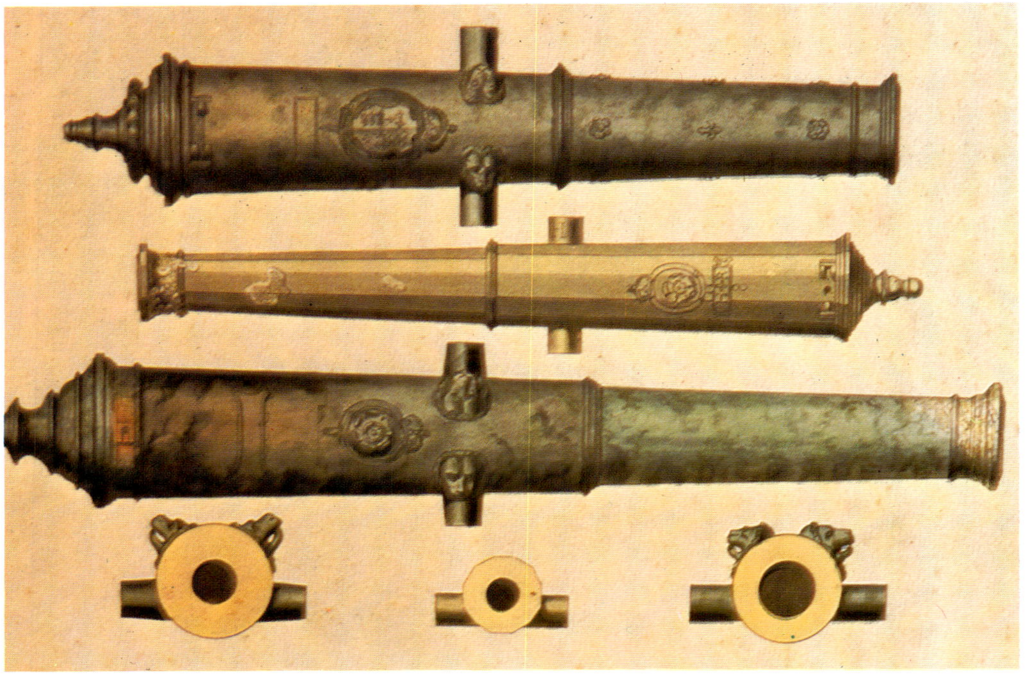

Die Engländer entwickeln in der zweiten Hälfte des 16. Jahrhunderts Kanonen mit wesentlich gesteigerter Treffsicherheit. Elizabeth I. bestand konsequent auf der Verwendung besten Materials. Die Vorderlader werden aus Bronze gegossen und haben eine beachtliche Reichweite. Die Spanier hingegen verwenden nach wie vor aus Eisen geschmiedete und von Ringen zusammengehaltene Rohre. Wahrscheinlich entspringt diese stiefmütterliche Behandlung der Geschützwaffe der spanischen Mentalität, die den Enterkampf Mann gegen Mann vorzieht und die Kanone als unwürdige Waffe ansieht.

Drake zwingt Philipp II. zur Verschiebung des Angriffs

Spanien rüstet unter ungeheueren Anstrengungen gegen England. Das jedenfalls ist die Situation, als Drake am 19. April 1587 mit etwa 20 Schiffen im Hafen von Cádiz erscheint, die dort ankernden Schiffe, darunter sechs über 1000 t, zerstört und vor Lissabon den Generalkapitän der spanischen Flotte, Santa Cruz, zum Kampf auffordert, was dieser ablehnt. Dieses typisch Drakesche Unternehmen, das den Engländern so tollkühn erschien, daß Elizabeth einen – allerdings zu spät eingehenden – Rückrufbefehl erläßt, wirft den spanischen Angriffstermin um ein volles Jahr zurück. Und da der von Philipp schlecht behandelte Santa Cruz vor Gram stirbt, fällt die Wahl für einen neuen Chef der Flotte nun auf den Herzog von Medina Sidonia, der kaum etwas vom Seewesen und von Schiffen versteht.
Anfang Mai 1588 ist die Riesenflotte des neuen Generalkapitäns klar. Das Ziel ist die Küste Hollands, wo Alexander Farnese, der Herzog von Parma und Oberbefehlshaber der spanischen Truppen in den Niederlanden, sich mit dem bereitgestellten Heer im Schutz der Armada auf flachgehenden Prähmen einschiffen soll, um gemeinsam die Invasion zu erzwingen.
Die Engländer haben dieser gewaltigen Streitmacht anfangs nur 64 Schiffe gegenüberzustellen, von denen obendrein nur 24 Kampfschiffe sind. Später wächst die Flotte auf 193 Schiffe mit insgesamt 15 000 Mann Besatzung an, die meisten aber sind nur kleine Küstenfahrer mit 80 bis 120 t Wasserverdrängung.

Die Kampfflotten stehen sich wie folgt gegenüber:

Segelschiffe	Spanier	Engländer
über 1000 t	7	2
zwischen 500 und 1000 t	50	11
zwischen 100 und 500 t	20	150
bis 100 t	25	30

Allerdings: Die Bedienungen der relativ schwach bestückten spanischen Schiffe sind in der Handhabung ihrer Geschütze wenig geübt. Die englischen Schiffe dagegen sind verhältnismäßig viel stärker bewaffnet, vor allem die kleinen Einheiten. Hierzu noch einige interessante Vergleiche zwischen je einem der größten und je einem der mittleren Schiffe auf beiden Seiten:

Spanien: NUESTRA SEÑORA DE ROSARIO
1150 t, 422 Mann, 41 Kanonen 20-Pf.
England: TRIUMPH
1100 t, 500 Mann, 44 Kanonen 34-Pf.
Spanien: ANUNCIATA
703 t, 275 Mann, 26 Kanonen 6-Pf.
England: NONPAREIL
500 t, 250 Mann, 40 Kanonen 23-Pf.

Auch die Munitionsausrüstung der spanischen Schiffe ist knapp bemessen, denn für die Spanier, die nach wie vor den mannhaften Enterkampf lieben, ist die Kanone eine unwürdige Waffe. Die Schießpforten bei den Spaniern sind zudem zum Schutz gegen das feindliche Feuer sehr klein gehalten. Kraß ist auch der Unterschied im Geschützmaterial selbst. Elizabeth I. hatte beim Aufbau der Flotte konsequent darauf bestanden, nur bestes und modernstes Material zu verwenden. Die englischen Schiffe sind durchweg mit gegossenen bronzenen Vorderladern ausgerüstet, mit »Langrohrkanonen«, die eine weit größere Reichweite und Treffsicherheit aufweisen als die spanischen. Bei diesen handelt es sich noch um jene aus Eisenstangen geschmiedeten und von Ringen zusammengehaltenen Rohre, wie man sie bereits im 15. Jahrhundert verwendete. Allerdings haben diese Kanonen auch ihre positive Seite. Die kurzrohrigen, großkalibrigen Geschütze haben eine ähnliche Wirkung wie jene der späteren Karronaden. Ein Geschoß mit langsamer Anfangsgeschwindigkeit (V-Null) und von großem Kaliber schlägt in die feindliche Bordwand ein viel größeres und zudem stark splitterndes Loch als eine kleine »schnelle« Kugel aus einer langrohrigen Kanone. Nur muß man eben mit den alten Kanonen erst einmal nahe genug an den Feind herankommen.
Die Besatzungen der Spanier sind mittelmeerische und atlantische Schönwetter-Seeleute. Auch sind auf den spanischen Schiffen die Besatzungsetats sehr knapp bemessen, da man ja für das Entern weniger Seeleute, dafür aber mehr Soldaten braucht. Noch immer meint man in Spanien, das ohne jeden Zweifel über die besten Landsoldaten der Welt verfügt, eine Schlacht zur See – wie etwa einst die Römer in den Punischen Kriegen – in einen »landähnlichen« Enterkampf Mann gegen Mann verwandeln zu müssen. Diese Lehrmeinung wird für den Herzog von Medina Sidonia auch durch die Erfolge bei Lepanto erhärtet.
Ganz anders bei den Engländern. Ein angemessener Teil der Besatzungen ist an der Kanone ausgebildet worden. Liegt bei

den Spaniern das Verhältnis von Seeleuten zu Soldaten etwa bei 1 : 3, so ist es auf den englischen Schiffen genau umgekehrt. Dies wirkt sich natürlich recht günstig auf die Seetüchtigkeit und Manövrierfähigkeit der Schiffe aus.

Zwei Majestäten, zwei Fehler

Der in der Seefahrt unerfahrene Medina Sidonia, der nach seinem Auslaufen aus Lissabon am 30. Mai 1588 wegen ungünstiger Winde und auch wegen der durch verdorbenen Proviant ausgebrochenen Durchfallerkrankungen zunächst nur bis La Coruña kommt, ist mehr oder weniger nur ein Lakai von Philipp II. Der König nimmt Einfluß auf die Formation der Schiffe, bestimmt auch höchstpersönlich die Rationen für die Mannschaften, er gibt Vorschriften über ihr sittliches Verhalten und ihre Religionsübungen. Die wichtigste seiner militärischen Instruktionen sagt: »Medina soll direkt nach dem Englischen Kanal fahren, sich dort unter der englischen Küste halten und nach North Foreland (Downs) gehen, von wo aus er sich mit Parma in Verbindung zu setzen habe, mit dem er sich dann in stetem Einvernehmen halten soll. Im Falle eines starken Widerstandes der englischen Flotte läßt er ihm aber die Alternative, Wight zu nehmen und zu befestigen und Spithead und den Solent zu beherrschen, um dadurch einen Druck auf Elizabeth auszuüben.« Auf englischer Seite versucht Francis Drake, die Königin zu überzeugen, selbst offensiv zu werden. Man solle die Spanier in ihren Häfen angreifen: »Sink, burn and destroy!« Doch die unentschlossene Königin geht darauf nicht ein.

Erste spanische Verluste

Zur ersten Begegnung kommt es am 19. Juli 1588 westlich von Eddystone, wo die englische Flotte in Luv gesichtet wird. Da die in zwei Gruppen aufmarschierenden und dann sich vereinigenden Engländer besser und viel schneller segeln, bleiben sie in Luv, wo sie an der Nachhut der klassisch sichelförmig formierten Spanier vorübersegeln. Nachdem die kleine, 80 t große englische Pinasse Disdain den Eröffnungsschuß abgegeben und die Herausforderung von High Admiral Lord Howard überbracht hat, beschießen sie Admiral de Recaldes Flaggschiff Santa Ana mit großer Wirkung. Die auf der Santa Ana wollen entern, aber die Engländer weichen mit Leichtigkeit aus, halten Abstand und feuern mit dreifacher Geschwindigkeit aus ihren schweren, weittragenden Kanonen auf die Spanier.
Einen ernsten Angriff unterläßt Howard. Er will abwarten, bis sich die ganze spanische Flotte vereinigt hat. Im Augenblick will er vor allem eine mögliche Landung verhindern. So zu handeln, erfordert Geduld und viel Zeit. Aber Howard hat sich und seine Kommandanten in der Gewalt, er kennt die Stärken und Schwächen seiner Gegner. Er folgt den Spaniern, bei denen die beschädigte Großgaleone Santa Ana nicht mehr Schritt halten kann. Der besorgte Divisionschef Pedro Váldez kommt ihr mit der großen Nuestra Señora de Rosario zu Hilfe. Dabei kollidiert er mit seinem Hintermann und wird manövrierunfähig.
Wohl aus purer Bosheit signalisiert ihm Medina »Weiterfahren«. Zu allem Unglück gibt es auf einem der großen Schiffe, auf der Nuestra Señora de Rosa, eine Explosion, Hunderte von Spaniern werden in die See geschleudert. Beide havarierten Schiffe, die Nuestra Señora de Rosa und die Nuestra Señora de Rosario, bleiben zurück und fallen am nächsten Tag, am 1. August, den Engländern in die Hände. Die Spanier haben nicht nur zwei ihrer größten Schiffe, sondern damit auch zwei Flaggschiffe verloren. Inzwischen nutzen die Engländer die Zeit, um ihre Munitionsbestände aufzufüllen.
Noch zweimal, am 2. August auf der Höhe von Portland und am 4. August vor der Insel Wight, wo Medina vergeblich eine Landung versucht, greifen die Engländer unter Howard auf seinem Flaggschiff Ark Royal in offener Formation an. Sie übersäen die dicken spanischen Schiffsrümpfe mit runden Geschoßeinschlägen. Sie feuern aus einer Entfernung, in der sie selbst vor den das Holz zersplitternden Kanonenkugeln der Spanier sicher sind. So allerdings sind sie nicht in der Lage, der Armada den entscheidenden Schlag zuzufügen. Am 4. August strandet übrigens die schwer beschädigte, vorher von Drake vergeblich verfolgte, aber von spanischen Galeassen verteidigte Santa Ana bei Le Havre. Medina hatte inzwischen den Plan einer Landung bei Spithead aufgegeben. Die übrige Armada segelt in guter Ordnung auf Calais zu, wo sie am 6. August vor der Reede ankert, leicht angekratzt und durcheinandergebracht. Die Engländer verstärken sich inzwischen durch das Themse-Geschwader Lord Seymours, ergänzen die erschöpften Munitionsvorräte und gehen wachsam im Wind vor Anker.

Gegen Philipps II. Befehl

Philipp II. zufolge hätte Medina Sidonia nach den Downs gehen, hier ankern und Parmas Invasionsflotte erwarten sollen. Dagegen spricht aber, dann Howard, Drake und Seymour zwischen sich und der niederländischen Küste zu haben. Sonderbarerweise wendet sich Medina aber auch nicht der durch vorgelagerte Bänke geschützten Reede von Dünkirchen mit dem spanischen Heer im Hinterland zu. Er ankert vielmehr vor der neutralen französischen Küste, ohne allen Schutz und in der phantastischen Hoffnung, der Herzog von Parma würde morgens mit seiner aus flachgehenden Prähmen bestehenden Transportflotte zu ihm stoßen. Noch immer ist man in England voll großer Sorge vor der Invasion.
Indessen nimmt der seeunerfahrene Medina an, daß Wind und Flut die englischen Schiffe zwischen seine Flotte treiben würden. Er irrt. Die Engländer sind zu gute Seeleute, und sie haben zu gute Ankergeschirre. Sie gehen in Luv in 1 bis 1,5 Seemeilen vor Anker, während Medina, um nicht bei Ebbe mit unklarem Anker auf Howards Schiffe zuzutreiben, des beengten Raumes wegen die Flotte vertäuen, das heißt mit zwei Ankern sichern läßt. Noch immer sind die Spanier überlegen, trotz der drei Großen, die sie verloren haben. Nicht aus Dünkirchen, sondern aus Brügge hört Medina von Parma: Die Transportschiffe in Dünkirchen seien noch lange nicht zum Einschiffen bereit. Sie seien leck. Das zu beseitigen, dauere viele Tage. Anstatt nun wenigstens den gefährlichen Ankerplatz vor Calais zu räumen, bleibt der Chef der größten Flotte der Welt wie gelähmt liegen.

Nachts, als die Brander kamen

Für die Armada gab es nun eigentlich gar keine Alternative als die Rückkehr nach Hause. Es würde ohnehin eine gefährliche Heimfahrt werden, denn man muß den Weg durch die wilde und heimtückische Nordsee und dann um die berüchtigten schottischen Inseln herum wählen. Die Engländer und der ungünstige Wind blokkieren ein Entkommen durch den Kanal. Nach Osten zu segeln, hätte einen glatten Freitod auf den bösartigen Seelandbänken bedeutet.
Doch schon in jener Nacht entdecken die Spanier, daß sie nicht ungeschoren davonkommen werden: Vom 7. auf den 8. August

gegen Mitternacht sehen die Männer der stolzen Armada das Aufleuchten der Glut von Brandern. Zuerst schwach, dann heller. Acht mit leicht brennbaren Stoffen beladene alte Segler treiben mit dem Wind auf sie zu. Dem Anblick dieser unheimlichen, von loderndem Feuer umgebenen Silhouetten, deren Geschütze vernagelt und bis zum Explosionspunkt erhitzt sind, halten die Nerven der Spanier nicht stand. Sie geraten in Panik. Sie kappen die Leinen und schwärmen in einer formationslosen Masse davon. Kein Schiff wird auch nur angesengt, denn alle Brander verfehlen ihr Ziel. Sie haben dennoch ihren Zweck erfüllt.
Die englischen Schiffe greifen nun einen an Material und Moral schwer erschütterten Gegner an. Sie kommen zum erstenmal näher heran. Sie halten aber gerade noch so viel Abstand, daß die spanischen Enterhaken sie nicht erreichen. Sie sind aber nahe genug, um tödliche Breitseiten in die spanischen Schiffsrümpfe feuern zu können. Die Kanonenkugeln der Engländer bohren sich durch die hohen, dicken Wände der spanischen Schiffe. Sie übersprühen die Spanier mit Splittern und zerschmettern deren Kanonen. Bald ist die einst als unbesiegbar gefeierte Armada nur noch ein zerfetzter Haufen leckgeschossener und entmasteter Hulks.
Dann aber – endlich – trifft die Spanier ein Strahl der Barmherzigkeit. Die Engländer brechen den Kampf ab, da der Wind böig wird und nach Südwesten umspringt. Dies ermöglicht es den noch schwimmenden spanischen Schiffen, von der Leeküste freizukommen und nach Norden zu drehen, um in tieferes Wasser zu gelangen.

Nur 66 Schiffe der Armada können sich retten

Der Heimweg nach Spanien ist mehr eine Flucht denn ein Rückzug. Er führt über die lange, windgepeitschte Strecke um das Kap Wrath im nordwestlichen Schottland herum, in den offenen Atlantik hinaus. Viele Schiffe, die der direkten Zerstörung durch die Engländer entkommen sind, werden auf den spitzen Felsen aufgeschlitzt und zu Wracks zusammengeschlagen, von mächtigen Sturzseen des Atlantik küstenwärts gepreßt und zerschmettert, oder sie sinken ganz einfach, wenn sich das von Schüssen durchlöcherte Holz der See ergibt und die überlasteten Fugen auseinandersplittern. Tausende von Spaniern ertrinken, Tausende erliegen dem Typhus, der Ruhr, dem Hunger, der Entkräftung, der Schwermut. Oder sie sterben durch englische oder irische Hand, wenn sie voller Verzweiflung an die unwirtlichen Küsten taumeln. Von den 5000 Mann, die Mitte Oktober zusammen mit dem gedemütigten Medina Sidonia in 66 Schiffen, dem Rest der 130, die vor Wochen den Tejo verließen, die Heimat erreichen, sterben noch zwei Drittel innerhalb eines Monats.
Die Engländer verfolgen die fliehende Armada noch vier Tage lang. Sie sind sich zunächst nicht bewußt, was sie erreicht haben. Der September neigt sich dem Ende zu, bis der englische Sieg in seiner ganzen Tragweite erkannt wird. Europa sieht nun zu seinem Erstaunen und, je nach protestantischen oder katholischen Sympathien, zu seinem Entzücken oder Widerwillen, wie sehr die souveräne, goldbegründete Macht und der sprichwörtliche Stolz Spaniens erniedrigt worden sind.
Die Niederlage brennt sich den Spaniern tief unter die Haut ein. Nun endlich beginnen sie, ihre Flotte zu modernisieren und die englische Schiffbaumethode zu übernehmen. Die zukünftigen Schatzschiff-Flotten werden bald von schlankeren, beweglicheren Schiffen gegen Angriffe geschützt, und die Schätze werden in Zukunft nicht mehr mit schwerfälligen Karacken oder Galeonen befördert. Außerdem lernen die Spanier, daß ihre ausländischen Kolonien von befestigten Wällen und Geschützbatterien besser geschützt werden als von arroganten Instruktionen gegenüber Fremden.
Die Engländer aber retteten zweifellos ihr Land, ihre protestantische Religion und ihre protestantische Königin. Es wird sich erweisen, daß die Taktik, die die Spanier besiegt hatte, auch als Modell für alle Seegefechte bis zur Schlacht von Trafalgar im Jahre 1805 dienen wird. Vor allem gab der eine ganze Woche dauernde Kampf auf dem Kanal im Jahre 1588 Kenntnis von Englands zukünftigem Format als einer vollendeten Seemacht und damit seiner imperialen Zukunft.

Die aufgestauten Spannungen zwischen England und Spanien entladen sich schließlich 1588, als Spanien eine gewaltige Armada gegen England in See schickt. Stolz nennen die Spanier ihre Flotte La Armada Invencible, die Unbesiegbare. Aber schon die ersten Feindberührungen im Juni 1588 zeigen, daß die Engländer zwar zahlenmäßig unterlegen, aber an den Geschützen weit besser ausgebildet sind. Anfang August ist die Armada schon so geschwächt, daß ihr eigentlich nur noch der Rückzug bleibt. Doch die Engländer blockieren den Kanal. In der Nacht vom 7. auf den 8. August lassen sie acht alte Segler mit leicht brennbaren Stoffen auf die Armada zutreiben (Bild). Unter den Spaniern bricht eine Panik aus, und die englische Flotte vernichtet die einst stolze spanische Armada fast völlig.

Die Hanse des 16. Jahrhunderts

Das Ende der Kalmarer Union

Die neuen Zeitumstände bedrängen die handelspolitische Gemeinschaft der Hanse. Die Versuchung ihrer Glieder oder ganzer Gruppen wird größer, sich einer benachbarten deutschen oder gar fremden Macht anzuschließen, so wie das schon Danzig 1466 getan hatte, allerdings ohne Aufgabe der Hanse. Die Bevölkerungszahlen nehmen rapide zu. Im Zeitalter des beginnenden Merkantilismus wächst der Bedarf an Rohstoffen und Produkten. Allmählich beginnt sich auch die Neue Welt, Amerika, mit neufundländischem Stockfisch, mit westindischem und virginischem Tabak, mit bestimmten Hölzern, hauptsächlich aber mit von Europa und Afrika eingeführten Erzeugnissen (Zucker, Vieh, Viehprodukte) an der überseeischen Ökonomie zu beteiligen.
Zwar regiert in der Ostsee de facto noch immer die Hanse als Ausdrucksform der Selbsthilfe und urwüchsigen Lebenskraft niederdeutschen Bürgertums. In der Schiffahrt aber, wo jetzt die größere und geräumigere Holk vorherrscht, wird immer mehr die direkte Fahrt angestrebt. Die Westorientierung zum Beispiel der Städte am Niederrhein wird immer aktiver und deren Ausscheiden aus dem Städtebund häufiger. Die der Hanse angeschlossenen livländischen Städte zeigen sich über die Zeitverluste bei der »statutenmäßigen Frachtschiffahrt« mit livländisch-russischem Stapelgut über Lübeck und Hamburg verbittert und beginnen ebenfalls, direkt mit England und den Niederlanden zu handeln.
Kriegerische Auseinandersetzungen mit den Dänen und deren hollandfreundlichem König Johann bleiben auch jetzt nicht aus. 1509 erobert zwar ein Verband von Hanseschiffen Bornholm und die Insel Mön. Aber König Johann vergilt's, indem er eine Revaler Retourflotte durch seine Kaper angreifen läßt. 1510 wiederum kapern hansische Kriegsschiffe 45 dänische Schiffe im Sund und belagern Kalmar.
O ja, die Hanse ist noch eine Macht! Und eine Seemacht dazu.
1512, im gleichen Jahr, in dem der deutsche Reichstag beschließt, daß sich kein Deutscher am Handel mit den neuentdeckten Erdteilen und Ländern beteiligen darf, gibt es zu Malmö mal wieder Frieden zwischen den Dänen, den Niederländern und der Hanse. Den erhofften Gewinn bringt der Vertrag nicht. Dänemarks neuer König Christian II. (1513–1523) entwickelt sich zu einem bemerkenswerten Vertreter des nationalstaatlichen Merkantilismus. Er will eine dänische Handelsherrschaft über den ganzen Osten. Er will Holstein und Lübeck unterwerfen.
1518 erteilt Kaiser Maximilian I. Brandenburg das Recht der freien Durchfahrt auf der Elbe durch Hamburg zur Nordsee. Die brandenburgischen Schiffe brauchen nicht mehr wie bisher ihre Waren in Hamburg auszuladen und zum Verkauf zu stellen.
Der niederländische Seehandel breitet sich durch den mit einer Schwester Kaiser Karls V. verheirateten Christian II. von Dänemark bis in die Ostsee hinein aus.
Die Hanse aber ist mit ihren verbliebenen tätigen Mitgliedern (den sogenannten wendischen Städten, die mit Lübeck gleiche Interessen haben), mit Hamburg, Lüneburg und vor allem Lübeck noch immer mächtig genug. Sie erobert mit einem Flottenverband Stockholm (1523) und beseitigt die dänische Herrschaft, verheert Bornholm, verbrennt Helsingör, erobert Kopenhagen (1524) und Malmö. Neuer dänischer König wird mit lübischer Hilfe in Kopenhagen Herzog Friedrich von Schleswig-Holstein als Friedrich I. von Jütland (1523), der sich durch die Verpfändung von Bornholm für 50 Jahre an die Lübecker für die Hilfe in Kopenhagen und Wisby erkenntlich zeigt.
In Schweden setzt die Hanseflotte Gustav I. Wasa (1523–1560) auf den schwedischen Thron. Schweden ist damit wieder eine selbständige Macht. Immerhin erteilt Gustav I. der Hanse das Privileg, daß »ausländische Nationen (insbesondere die Holländer) auf ewige Zeiten von der Fahrt durch den Sund und den Belt ausgeschlossen seien«. Das gilt zumindest von Juni 1522 bis Juni 1524.

Aufstieg und Fall des Jürgen Wullenweber

1531 eröffnen die Lübecker wieder den Kaperkrieg gegen die Niederländer, die Christian II. helfen wollen, seinen Thron erneut besteigen zu können. Doch der deutsche Kaiser Karl V., der sich den Holländern näher verbunden fühlt als den protestantischen Hanseaten, verhindert das Durchreiseverbot für holländische Stapelwaren.
Aber da ist noch der protestantische, um 1492 in Hamburg geborene Lübecker Kaufmann Jürgen Wullenweber.
Ihm, einem Vertreter der auf unteren und mittleren Volksschichten fußenden radikalprotestantischen und demokratischen Richtung, gelingt es, die patrizische Stadtverwaltung zu stürzen. 1533 wird er erst in den Rat der Stadt, dann als Bürgermeister gewählt. Seine hochgesteckten politischen Ziele sind den Lübeckern Balsam in den Ohren: Er will die Vormachtstellung Lübecks in der Ostsee und am Sund wiederherstellen, das bedrohte Evangelium schützen und in Dänemark und Schweden

nur noch Könige von Lübecks Gnaden einsetzen, den Ostseehandel der Holländer unterbinden und schließlich die Ausbreitung des Protestantismus fördern.
Im Krieg gegen die Holländer, die über die offiziell noch nicht aufgehobene Sundsperre böse sind, kommt er nicht recht voran, wohl aber gegen die Dänen. Wullenweber schließt mit 21 Schiffen Kopenhagen ein. Sie nehmen eine Anzahl dänischer und holländischer Schiffe, plündern und erheben den leidigen Sundzoll. Malmö öffnet sich, ebenso die Häfen auf Seeland. Aber Christian von Holstein, der die Krone aus Wullenwebers unbefugter Hand verweigert, wird vom dänischen Adel 1533 zum König gewählt. Er gibt den Kampf gegen die Hanse nicht auf. Mit den Schiffen Gustavs I. von Schweden und des herzoglich-preußischen Admirals Johann Peine liefert er mit 37 Einheiten der hansischen Flotte mit 26 Schiffen bei Bornholm ein Gefecht, das unentschieden ausgeht. Die nach der radikalen Volksbewegung

Die Macht der Hanse neigt sich ab Mitte des 16. Jahrhunderts dem Ende zu. Noch einmal unternimmt vor allem Lübeck verzweifelte Anstrengungen, die alte Herrlichkeit wiederherzustellen. 1566 läuft der Grosse Adler von Lübeck vom Stapel, ein für damalige Verhältnisse riesiger Dreidecker mit rund 3000 t Wasserverdrängung, vier Masten mit einem 62 m hohen Großtopp und einer 34 m langen Großrah. Die Länge über alles betrug 64 m, die Breite 14 m. Die Besatzung bestand aus 1500 Mann. Dieses größte und am stärksten armierte Schiff der Hanse hatte 122 Geschütze, davon 68 schwere Kanonen an Bord.

eingetretene Disziplinlosigkeit schwächt jedoch nachhaltig die Hanseflotte, und ein zweites Gefecht im Kleinen Belt endet mit einer Niederlage der Hanse. Weitere Verluste folgen, und die Junitage des Jahres 1535 versetzen Lübecks politischer Macht tödliche Schläge. Die Hanse verliert die meisten ihrer Handelsprivilegien. Wullenwebers neuartige Verwaltungsideologie wird durch eine Entscheidung des Reichskammergerichts bedroht. Die Lübecker sind eingeschüchtert, sie führen die alte patrizische Stadtverwaltung schleunigst wieder ein und setzen Wullenweber ab. Er geht außer Landes und wird später vom Bischof von Bremen zum Tode verurteilt und gevierteilt. Mit seinem Sturz ist die Handelsherrschaft der Hanse in Skandinavien gebrochen.
Karl V. ist auch sonst kein Freund der Hanse, obschon bei seinem Zug nach Tunis (1535) auch hansische Schiffe sowie Partenreeder aus Lübeck und Riga beteiligt sind, die noch 1540 Bezahlung für ihre Leistungen verlangen. Er trennt die Niederlande vom Reich und bringt sie – mit der Küste von der Ems bis Dünkirchen, mit den Rhein-, Maas- und Scheldemündungen – in enge Kontakte mit Spanien. Überhaupt liegen die Dinge in Deutschland anders, was die merkantilistischen und nationalstaatlichen Bestrebungen der Musterländer Spanien, Portugal, Frankreich, Niederlande, ja sogar Polen und Rußland angeht. Die Schließung des hansischen Kontors in Nowgorod ist beispielsweise eine rein nationalökonomische Maßnahme. Die Hanse wird immer mehr von einer ihr fremden Welt fürstlich-nationaler Gewalten umgeben, die dem Handel Schranken ziehen und nur dem ihnen genehmen nationalen Kaufmannsstand Vorteile bieten. Die Machtmittel der Hansestädte halten mit den Nationalstaaten nicht Schritt, von der konfessionellen Entfremdung zwischen den Hansestädten und dem nach der Reformation katholisch bleibenden Kaisertum ganz abgesehen.
Auch ist die Hanse nicht wachsam, als die Portugiesen nach der Entdeckung des Seeweges nach Indien neben Lissabon auch Antwerpen zu ihrer Niederlassung machen. Antwerpen wird für nahezu ein Jahrhundert der Hauptsitz der europäischen Großspekulation für Pfeffer, Tuche, Alaun, Kupfer und tausend andere Dinge, später vor allem auch in Geldsorten, Anleihen und Wertpapieren. Antwerpen wird zur ersten »Weltbörse«.
Lissabon wie Antwerpen entwickeln sich schnell zu glänzenden Großstädten. Hier finden die Fürsten, was sie suchen: einen großen Geldmarkt für Vorschüsse und Anleihen. 1569 vollendet die Hanse in Antwerpen noch »ein mächtiges Kontorgebäude von würdevoller Schönheit«, wenn es auch bei dem Zerfall der Hanse seinem eigentlichen Zweck kaum je dienen kann.
Zum unmittelbaren Schaden wirken sich die überseeischen Entdeckungen und der damit aufkommende Kolonialhandel für die Hanse jedoch nicht aus, obwohl es unbegreiflich erscheint, daß die Hanse bezüglich eigener überseeischer Seefahrt keine Initiativen zeigt. Die von Brügge über Antwerpen oder über Hamburg einströmenden überseeischen Waren werden einfach in den Handelsverkehr sowohl nach Norden wie nach Westen und Süden einbezogen.

Weitere Tiefschläge für die Hanse

Hamburg und Lübeck, bisher unzertrennlich, entfremden sich in handelspolitischen Fragen. Während Lübeck in der Bergenfahrt dominiert, schaffen sich die Hamburger für den Stockfischabsatz in der konkurrierenden Islandfahrt mit großen Schiffen bei geringeren Frachtkosten Vorteile. Zwar bleibt die Einfuhr von Getreide, Mehl, Tuchen, Wein und Honig sowie der norwegische Stockfischhandel noch hundert Jahre in den Händen des hansischen Kontors, aber in die norwegische Holzausfuhr brechen die Holländer jetzt mit Hunderten von Schiffen von insgesamt 80 000 t Tragfähigkeit ein.
Der dritte Tiefschlag für die Lübecker Hanse ist die Nachricht über die britisch-russischen Handelsbeziehungen in der Weißmeerfahrt. Zudem fürchtet man, die Engländer könnten die Russen, die vor den Grenzen des livländischen Ordensstaates stehen, über diesen Weg mit Kriegsmaterial versorgen.

Die deutschen Ostseeprovinzen gehen verloren

Das Ansehen Lübecks ist inzwischen so weit gesunken, daß Gustav I. Wasa die Privilegien aufhebt, um die sich Christian III. schon lange nicht mehr kümmert. Die vor vierhundert Jahren gewonnenen deutschen Ostseeprovinzen gehen verloren: Iwan III. von Rußland erobert Narwa und Dorpat (1558) und verbietet der Hanse die Schifffahrt nach Livland. Estland unterwirft sich Erik XIV. von Schweden, und Kurland

wird polnisches Lehen. Der seit 200 Jahren bestehende Ordensstaat in Kurland, Livland und Estland existiert nicht mehr.
Ein besonders harter Schlag trifft die Hanse in England, wo sie bisher noch ein solches Übergewicht hat, daß sie 44 000 Stück englischer Tuche, die Engländer selbst nur 1100 Stück exportieren. Schließlich, nach zum Teil blutigem Kampf, fordert Elizabeth I. für ihre Untertanen dieselben Vergünstigungen, welche die Hanse vor anderen Völkern in England genießt. Als dies die Hanse zurückweist, beschränkt die Königin den Export ungefärbter Tuche, selbst gegen Entrichtung eines höheren Zolls, auf nur noch 5000 Stück. Der Hansetag beantragt beim Reichstag, den Engländern allen Verkehr mit Deutschland und den Verkauf englischer Güter in Deutschland zu untersagen. Doch vergebens. Und während Lübeck die Aufrechterhaltung der alten Privilegien fordert, schließt Hamburg bei der veränderten Weltlage einen Separatvertrag mit England und nimmt die englische Kompanie der Adventurers bei sich auf.

Lübeck und Dänemark im Krieg mit Schweden

Nicht genug der Sorgen: Mitten im Frieden, am 9. Juni 1563, kapern die Schweden 32 lübische Handelsschiffe und unterbinden den hansischen Seeverkehr nach Rußland. Lübeck verbindet sich mit seinem alten Erbfeind, den Dänen, die 1563 den Schweden den Krieg erklären. Der angeführte Grund ist läppisch: Es ist der Streit um das Recht, drei Kronen im Wappen führen zu können. Der wahre Grund ist die Sorge und Angst vor einer schwedischen Vorherrschaft in der Ostsee. Die übrigen

Linke Seite: Vorderladergeschütz eines hansischen Handelsfahrers aus der zweiten Hälfte des 17. Jahrhunderts. Eine geübte Mannschaft konnte nahezu jede Minute einen Schuß abfeuern.

Rechts: Modell eines Heringsschiffes von 1584. Die ständig wachsende Bevölkerung in Europa verlangte nach entsprechend mehr Konsumgütern und Nahrungsmitteln. Um die Fischgründe in der Nord- und Ostsee entspann sich ein erbitterter Machtkampf zwischen den skandinavischen Ländern, Holland und der Hanse. Die Niederländer verdanken einen Großteil ihres Reichtums dem Heringsfang. Sie waren im 16. Jahrhundert die führende Fischereination, und bis zu 10 000 holländische Fischereischiffe tummelten sich zu jener Zeit in der Nordsee. Amsterdam, die blühende Hauptstadt, sei auf Fischgräten erbaut worden, sagen die Historiker symbolisierend.

Hansestädte bleiben neutral. Der Bund ist kein Bund mehr.
Lübecks militärisches Engagement in seinem letzten Seekrieg dagegen verdient Bewunderung. Man baut unter anderem vier große Kriegsschiffe, die man von der Aufgabenstellung her mit Recht als die ersten deutschen Linienschiffe bezeichnen kann: die ENGEL, die JOSUA, die MORIAN und die ADLER VON LÜBECK, ein Dreidecker von rund 3000 t Wasserverdrängung, armiert mit 68 schweren Kanonen. Ein Gefecht dänisch-lübischer Seestreitkräfte gegen schwedische Schiffe im gleichen Jahr endet unentschieden.
Am 31. Mai 1564 stehen sich bei Gotland die lübisch-dänische Flotte unter dem dänischen Admiral Herluf Trolle und dem lübischen Admiral Friedrich Knebel und die schwedische Flotte gegenüber. Dabei versenken sie das große schwedische Flaggschiff MAKELÖS, das vom Schwedenadmiral Jacob Bagge befehligt wird. Das Schiff fliegt regelrecht in die Luft. Die Verbündeten dagegen verlieren ihr Führerschiff MORIAN, das auf den Klippen von Gotland strandet. Herluf Trolle ist übrigens der erste Seebefehlshaber im Norden, der den Versuch jener besonderen taktischen Flottengliederung vornahm: Er teilte seine Schiffe in drei Gruppen. Einem größeren gab er stets zwei kleinere bei. Die Gruppen formierte er so, daß das stärkste Schiff in der Mitte und die beiden anderen Einheiten in etwa 4 bis 6 Strich (das heißt in 45° bis 67°) segelten. Die Führerschiffe der einzelnen Gruppen bildeten eine genaue Kiellinie, und deren Trabanten schlossen sich dabei staffelförmig an, so daß die beiden kleineren Fahrzeuge jeder folgenden Gruppe immer weiter von ihrem Führerschiff abstanden. Die ganze Flotte erhielt hierdurch die Form eines spitzen Keils mit großer Tiefe. Indessen mißlang der Versuch einer solchen Formaltaktik wegen der Verschiedenheit der in Eile zusammengeklaubten Kauffahrteischiffe, der mangelnden Ausbildung der Besatzungen und ihrer zu geringen Zahl. Der Keil löste sich zu Beginn der Schlacht sofort auf. Es kam zu Einzelkämpfen, bei denen man wieder dem altbewährten Entern den Vorzug gab. Erfolg oder Mißerfolg Trolles sind zwar umstritten, aber sein Vorgehen ist ein Stück Geschichte der Seetaktik.

Das Ende der lübischen Flotte

Am 4. Juni 1565 gibt es ein weiteres ergebnisloses Gefecht der Lübecker und Dänen gegen die Schweden zwischen Öland und Gotland. Am 7. Juli 1565 bekriegen sich zwischen Rügen und Bornholm 46 Schweden unter General Clas Horn und 36 lübisch-dänische Schiffe unter Rud, von denen Lübeck 14 Einheiten stellt. Es gibt sehr große Verluste mit rund 7000 Toten und Verwundeten, aber keine definitive Entscheidung.
Tragisch endet im Juli des nächsten Jahres ein erneutes Aufeinandertreffen. Im Sturm und bei hohem Seegang kommen 6000 Mann ums Leben, elf dänische und sechs lübische Schiffe gehen verloren. Damit endet Lübecks Rolle zur See.
Ein Friedensvertrag in Stettin vom 13. Dezember 1570, geschlossen zwischen Lübeck, Dänemark und Schweden (König Johann), beendet den Orlog. Er erscheint angesichts der Verhältnisse für Lübeck nicht ungünstig. Der Vertrag garantiert

Lübeck Schadenersatz, Bestätigung der schwedischen Privilegien und freie Narwafahrt. Aber alles bleibt Papier. Schwedens König Johann III. verbietet 1572 der Hanse nicht nur den Handel mit Rußland, er nimmt ihr erneut die Narwaflotte weg, während er die Holländer aus Rücksicht auf das mächtige Spanien schont. Der Livländer Ordensstaat fällt teils an Schweden, teils an Polen. Der deutsche Kaiser rührt keinen Finger, um die alte deutsche Ostkolonie zu retten. Die Schweden übernehmen 1580 das Gebot der Dänen, von anderen Nationen durch Fieren der oberen Segel zuerst gegrüßt zu werden.
Vorher hatte es die Hanse versäumt, der Bitte der Niederländer um Hilfe beim Aufstand gegen Philipp II. von Spanien (1567) nachzukommen. Auch die lutherischen Fürsten versagten. Später verbieten die enttäuschten Holländer der Hanse die Fahrt nach Spanien, und da sich die Engländer mit ihnen solidarisch fühlen, nehmen diese der Hanse 1589 im Tejo bei Lissabon eine Flotte mit der durchaus nicht so abwegigen Begründung weg, sie würden die spanische Armada unterstützen. Als 1598 Engländer aus Deutschland vertrieben werden, zwingen sie die Hanse, den Stalhof zu schließen. 600 Jahre lang war dieses Kontor der Mittelpunkt des deutschen Handels in England. Über Nacht endet ein Refugium für die einen, ein Reptil für die anderen.

Niedergang der Hanse

Hier nun kurz das Wesentliche über die weitere Entwicklung der Hanse und ihrer Flotte: Verfügte die hansische (im wesentlichen deutsche) Handelsschiffahrt früher anteilmäßig über die größte Flotte, so wird sie nun, im 16. Jahrhundert, durch die Niederlande überflügelt. Sie bleibt aber bis zum Tode Cromwells (1658) noch immer auf dem zweiten Platz, ehe sie hier von England verdrängt wird.
Der Dreißigjährige Krieg gibt der Hanse den Todesstoß. Nur noch Hamburg, Lübeck und Bremen, die sich schon 1630 zu einem engeren Bund zusammengeschlossen haben, wahren die Überlieferungen der Hanse. Sie werden im Ausland auch als die alten Stätten der Hanse gewertet. Der Stalhof in London und das Haus der Osterlinge in Antwerpen werden von ihnen gemeinsam verwaltet. 1853 wird der Stalhof an die Stadt London verkauft, das Haus in Antwerpen an den belgischen Staat, und um die Wende vom 19. zum 20. Jahrhundert löst sich auch das Kontor in Bergen, »Die Deutsche Brücke«, auf. Was bleibt, ist das Attribut des Wortes Hanse als Gütesiegel der Seestädte Bremen, Hamburg und Lübeck.

Erste Pläne des Reiches

Erstmals deuten sich im 16. Jahrhundert deutsche Seegeltungsbestrebungen an. Schon der Deutsche Orden, dessen Gründungen ja ausnahmslos von der Seeseite her vorgenommen wurden, schuf eine eigene Flotte, mit der der Hochmeister Konrad von Jungingen 1398 Gotland in Besitz nahm, mit 80 Schiffen und 40 Rittern, 400 Reitern und 4000 Mann an Bord. Schließlich zerstörte 1463 eine Flotte der preußischen Städte die 45 Schiffe der Ordensflotte auf dem Frischen Haff, und 1525 fand die Ordensherrschaft in Preußen endgültig ihr Ende.
So ganz seefremd war man bei der hohen Obrigkeit nicht, denn schon König Maximilian I. richtete ja in den Niederlanden 1487 eine »Reichsadmiralität« ein, und Kaiser Karl V. vergab anno 1528 bis 1546 die so wichtige Kolonial-Gerechtsame in Venezuela an die Welser. 1539 erhielt das Haus Fugger, das zum Teil Entdeckungsreisen Kaiser Karls V. mitfinanzierte, Chile als Pfand sowie Teile Argentiniens und Brasiliens.
1570 berät man im Reichstag zu Speyer das sogenannte Admiralswerk in zwei Kommissionen. Man debattiert über die Schaffung einer Reichsflotte mit einem Ober- und einem Unteradmiral. Die Flotte soll in der Nordsee eingesetzt werden.
Im Reichstag zu Regensburg 1576 wird in Anbetracht der russischen und polnischen Gewaltmaßnahmen in der Ostsee die Aufstellung einer Kriegsmarine erneut diskutiert. Der Plan wird aber endgültig verworfen, weil die Reichsstädte die Macht eines künftigen Reichsadmirals fürchten, der »... bei auswärtigen Fürsten dem Reich allerhand Verlegenheiten zuziehen könne und es in Deutschland nie üblich gewesen sei, einen Reichsadmiral zu haben. Außerdem würden Flotten und Admiral zuviel kosten.«
In der Nordsee und im Atlantik kommt schließlich als Folge einer nicht vorhandenen eigenen Marine bei zunehmenden Piraten- und Kapergefahren die Konvoischiffahrt auf. Die Handelsschiffe der Ostseestädte schließen sich jedoch meist den Konvoigeschwadern anderer Staaten an.

Rechte Seite oben: Schnittzeichnung einer elizabethanischen Galeone um die Wende vom 16. in das 17. Jahrhundert. Dieser auf den europäischen Meeren allgemein verbreitete Kriegsschifftyp war der Vorläufer der späteren 74er-Linienschiffe.

Nächste Doppelseite: Im Mittelmeer halten sich Segelruderschiffe wie Galeere und Galeasse noch weit über hundert Jahre nach Lepanto (1571). 1645 kommt es zu einer langanhaltenden Auseinandersetzung zwischen Venedig und den Türken um die Insel Kreta. Die Erfolge wechseln. Unser Bild zeigt venezianische Galeeren unter dem Befehl von Francesco Morosini bei der Verfolgung der fliehenden Türken. Erst 1699 kommt es zwischen den beiden Mächten zum Friedensvertrag von Karlowitz, der Venedig die Souveränität zur See bestätigt. Noch immer waren Galeeren und Galeassen die Kriegsschiffe im mediterranen Raum.

Kriegsschiffe und Marine

Der Schiffbau

Beim Schiffbau und den Schiffstypen dieser Zeit ist festzustellen, daß wissenschaftliche Erkenntnisse kaum berücksichtigt werden. Man betreibt den Schiffbau noch immer empirisch. Man beharrt – auch in den Niederlanden, die, obwohl ohne Wald, in der Schiffahrt wie auch im Schiffbau jetzt die führende Nation genannt werden dürfen – konsequent auf dem Althergebrachten. Nur auf die überlieferten Erfahrungen komme es an. Nur auf sie, die man allenfalls noch als Handskizzen mit entsprechenden Formeln in Notizbüchern als Berufsgeheimnis aufbewahrt, könne man sich verlassen. Der Bau eines Schiffes nach einem zeichnerischen Entwurf steht kaum zur Debatte. Ein Schiffbauzimmermann preist sich »glücklich, wenn ein Bauteil unmittelbar paßt«. Kennzeichnend ist, daß in Lübeck erst 1642 von einem Schiffszimmermann verlangt wurde, daß er einen Spantenriß anfertigen könne, während uns beispielsweise Zeichnungen und skizzenhafte Anleitungen aus der zweiten Hälfte des 16. Jahrhunderts aus Memel (vermutlich für Herzog Johann Albrecht von Mecklenburg-Schwerin) bekannt sind. Bezeichnend ist auch, daß die Schiffbauer um diese Zeit noch nicht in der Lage sind, die Größe des Schiffes bei geforderter Lastenzahl im voraus zu bestimmen.

Die Galeeren und Galeassen

Bei der Betrachtung der Schiffstypen dieser Zeit und bei der Frage nach etwa noch vorhandenen Segel-Ruderschiffen stößt man insbesondere auf die mediterrane Galeasse als einen Typ, der sich in den hundert Jahren nach der Schlacht von Lepanto immer noch erhalten und kaum verändert hat. Was die Galeeren angeht, so ist bei den Franzosen zunächst die galeerenartige Réale zu nennen, deren Name darauf hinweist, daß sie königliches Eigentum ist. Ab 1526 wird sie zum Flaggschiff des französischen Galeerenbefehlshabers, und auch Don Juan de Austria wählt sie als Flaggschiff aus. Wenn man zum Beispiel die französischen Galeeren in gewöhnliche mit 26 Duchtenpaaren und außergewöhnliche Typen mit bis zu 33 Duchtenpaaren klassifiziert, so haben die größten Galeeren, die königlichen Réalen nämlich, bis zu sieben Ruderer je Ducht, was einer Gesamtsumme von 462 Sklaven gleichkommt. Wirksam können Galeeren grundsätzlich nur sein, wenn sie bei ruhiger See und wenig Wind vor den Breitseiten der schwerbewaffneten Kriegsschiffe wegpullen und sich ihre Angriffsposition selbst bestimmen können. Bereits bei leichter See kommt bei den tiefliegenden Schiffen Wasser an Deck. Beim Segeln liegt dann die ganze Leeseite im Wasser, darin die Ruderer oft bis zum Gürtel. Bei steiferen Winden setzt man Galeeren daher erst gar nicht ein, keinesfalls jedoch besegelt. Und da sie relativ leicht armiert sind, bedarf es immer einer gewissen Anzahl, um Aussicht auf Erfolg gegenüber den schwerer bewaffneten Kriegsschiffen des 16. und 17. Jahrhunderts haben zu können. Die Verwendung von Kanonen auf Galeeren wird erst vom 16. Jahrhundert an üblich. Besonderen Ruf genossen die venezianischen Segelgaleeren aus dem 16. Jahrhundert. Hierzu existiert eine Handschrift des Galeerenbauers Pre Theodoro Nicolo in der Biblioteca Nazionale Venedig. Er errechnet zum Beispiel unter den verschiedenen Größenordnungen für Galeeren eine Fusta mit 27 m Länge über alles, 4 m Breite und 1,50 m Tiefgang. Eine leichte Galeere gibt er mit 40 m Länge über alles, 9 m Breite, 1,70 m Tiefgang an. Interessant ist hier der relative Abstand zwischen der 0,83 m breiten Corsia, dem Laufgang zwischen den Duchten, und der Apostis. Er beträgt 4,40 m.
In Frankreich hat man vielfach versucht, König Ludwig XIV. die nicht mehr zeitgemäßen Galeerenflotten auszureden, zum Beispiel mit dem Hinweis, daß die nur kleine 26-Kanonen-Fregatte Lion Couronne sich vier Stunden lang gegen elf Galeeren behaupten konnte oder daß die Le Bon 1684 sogar 35 Galeeren besiegte.

FRAN:CO MOROS:NI CAP:N GNALE INSEGVIS
NVMEROSA ASSAI DELLA VENETA ARR
PRENDE.

ARMATA TVRCA, CHE FVGGE SEBENE PIV
OVE DELLE PIV GROSSE GALERE, E LE
PRILE 1659.

Letztmalig sieht man im Mittelmeer französische Galeeren anno 1717 im Kampf bei Kap Matapán. Die letzte französische Réale wird indessen noch drei Jahre danach erbaut.
Galeeren werden übrigens noch in der Ostsee von den Schweden und Russen in den Jahren 1700 bis 1721 im Großen Nordischen Krieg verwendet, denn kein anderes Kriegsschiff ist in den schwierigen Gewässern der Schären leichter und besser zu manövrieren als eben die windunabhängige, ruderbetriebene Galeere. Russische Galeeren spielen noch 1770 im russisch-türkischen Krieg eine Rolle, wo sie in Verbindung mit der Seeschlacht bei Tscheschme erwähnt werden.

Die Galeone als Großkampfschiff

Einer der wichtigsten Schiffstypen des Mittelalters ist die Galeone, die, von den Portugiesen übernommen, bereits in Verbindung mit der englischen Schiffbauentwicklung zur Sprache kam. Der Ursprung des Begriffs ist allerdings verschwommen, und der in einer venezianischen Handschrift von 1550 vermerkte Hinweis »un galion che voga a remi« (eine Galeone, durch Riemen getrieben) betrifft diesen Schiffstyp wahrscheinlich nicht. Die ersten mit einer Galeone in Verbindung gebrachten Bilder und Modelle, so das Modell von 1540 im Madrider Marine-Museum, zeigen den Typ als reines Segelschiff, in der LB-Relation 4 : 3 : 1, gegenüber beispielsweise der Karacke von 3 : 2 : 1. Die Galeone ist also schlanker.
Bei der Galeone ist der im Gegensatz zum Hinterschiff relativ niedrige Vorschiffaufbau, das Vorkastell also, quasi aus dem Schiffskörper herausgewachsen. Landström drückt das so aus: »Auf den Karacken stießen die Aufbauten des Vorkastells weit über den Bug hinaus. Bei den Galeonen bleibt der Aufbau innerhalb des Bugs, das heißt, die Beplankung endet über dem Galion in einem Querschott.«
Jedoch vom Rumpf her – gleichsam als eine Fortsetzung von Oberdeck und Schanzkleid – springt eine Art Balkon hervor, später eben das Galion genannt. Im Frühstadium ähnelte dieser Vorsprung wohl der Ramme der Galeeren oder ist ein Überbleibsel davon. Später, bei den letzten Segelschiffen, wo sich das Vorkastell wieder zum echten Vorschiffteil reduziert, verbleibt lediglich figurenhaftes Schmuckwerk als Galionsfigur, nicht selten von hohem künstlerischem Wert.

Die erwähnten, zum Teil gewaltigen Heckaufbauten führen später zu Konstruktionen bis zu sechs Decks. Die spanische Galeone Madre de Dios (1592) hatte bei einer Gesamtlänge von 50,30 m, einer Breite von 13,80 m und einer Wasserverdrängung von etwa 1600 t sogar sieben Decks, wobei die Halbdecks im Vor- und Achterschiff voll zu zählen sind. Typisch ist auch, daß die Schiffsseiten bis zum Ende der Segelschiffzeit nach oben stark eingezogen sind, um ein Überspringen von Entermannschaften zu erschweren. Im übrigen bildete das Heck mit seinen vielen Fenstern und barocken Galerien einen noch schwächeren Schiffsteil als das Vorschiff. Es war daher das Traumziel aller Kriegsschiffkommandanten dieser Ära, das feindliche Heck von achtern her mit einer Breitseite zu treffen.
Ab Ende des 16. Jahrhunderts, als im April 1595 vier holländische Schiffe erstmals über Lissabon direkt weiter nach Ostindien segeln und drei davon 1597 zurückkehren und den Grundstock zu Hollands mächtigem Kolonialreich legen, sind bis zu den Tagen Nelsons fast alle größeren Segelschiffe vom Typ her Galeonen, besonders die Kriegsschiffe. Ihre Hochseetüchtigkeit bleibt indessen durch die dicht über Wasser liegenden Stückpforten eingeschränkt. Galeonen sind unter anderem die nachstehend im Detail behandelte französische Saint Louis, die englischen Sovereign of

THE SEAS und PRINCE, die französischen LA COURONNE und LE ROYAL LOUIS, die schwedische WASA oder die spanische SANTA TERESA.
Während bei den Kriegsschiffen im 17. Jahrhundert die Engländer und Franzosen monströse Dreidecker bauen, belassen es die Holländer - allein schon wegen des notwendigen geringen Tiefgangs - bei nur wenigen solcher Einheiten. Ihre Schiffe sind leichter und auch besser zu manövrieren. Sie segeln schneller, obwohl sie wegen ihrer leichteren Bauweise bei Treffern empfindlicher sind. Es sind aber gute Schiffe, sogar so gut, daß der russische Zar Peter der Große den holländischen Schiffbau vor Ort studiert. Der Große Kurfürst bestellt seine Schiffe ebenfalls in den Niederlanden.
Auch äußerlich unterscheiden sich die holländischen Kriegsschiffe von den englischen und französischen. Im Laufe des 17. Jahrhunderts wird das Galion bei den Neubauten immer höher geschwungen. Diese Veränderung bringt größere Festigkeit, auch sind die Linien harmonischer. Im Jahre 1653 sieht die britische Admiralität nach vorausgegangenen Taktiken eines Befehlshabers übrigens amtlich vor, daß sich die Kriegsschiffe in Zukunft in einer Schlachtlinie zu ordnen haben, um die Breitseiten voll zur Wirkung bringen zu können. Voraussetzung dafür aber sind Schiffe gleicher Geschwindigkeit und glei-

Unklar ist die Herkunft der Galeone. Man sucht gewöhnlich ihren Ursprung in Spanien und Portugal im frühen 16. Jahrhundert. Aber auch in England und Italien kannte man um diese Zeit offenbar schon die Galeone. In einer venezianischen Handschrift von 1550 taucht der Begriff auf, denn es heißt dort »un galion che, voga a remi«. Also eine Galeone, durch Riemen bewegt. Seltsamerweise zeigen aber die frühen portugiesischen und spanischen Darstellungen keinerlei Ansätze von Riemen, sondern waren ausnahmslos besegelte Schiffe, wie auch das hier gezeigte spanische Modell, das aus dem Jahre 1540 stammen dürfte.
Die Galeone jedenfalls ist einer der wichtigsten und verbreitetsten Schiffstypen des späten Mittelalters. Die meist kunstvoll ausgestattete Verstärkung des Bugs wurde nach dem Schiffstyp das Galion genannt.

cher Armierung. Man teilt daher die Schiffe nach *rates* ein. Ein *first rate ship* hat danach 90 und mehr Kanonen und etwa 1550 t, ein *second rate ship* 80 Kanonen und ein *third rate ship* etwas über 50 Kanonen. Diese Schiffe sind in der Lage, »in der Linie« zu kämpfen, und heißen daher von dieser Zeit an Linienschiffe. Vom Typ her sind sie es allerdings noch nicht. Danach folgen die kleineren Einheiten.

Die SAINT LOUIS, ein Franzose aus Holland

Als Kardinal Richelieu 1624 die Ministerialgewalt übernimmt, hat Frankreich kein einziges echtes Kriegsschiff, das den modernen englischen oder niederländischen Einheiten auch nur annähernd ebenbürtig ist. Und auch keine Werften, um solche Typen zu bauen. So bestellt er zunächst fünf größere und einige kleinere Einheiten in Holland, von denen eine von einem holländischen Kupferstecher im Bild festgehalten worden ist. Wahrscheinlich handelt es sich hierbei um die SAINT LOUIS aus dem Jahre 1626; vom Grundtyp her eine Galeone mit drei Masten – zwei davon rahgetakelt, der Besan mit Besanmarssegel und Lateinsegel, dazu Oberblinde – und zwei Batteriedecks für 60 Kanonen. Da der Enterkampf nicht mehr die Regel ist, sind Enternetze nicht mehr nötig. Dafür hat man ein Grätingsdach über das Deck montiert, um die Besatzung vor herabfallendem Gut zu schützen.

Die SOVEREIGN OF THE SEAS

Die SOVEREIGN OF THE SEAS wird vom englischen König ausdrücklich als »größtes Schiff, das die Welt je sah«, gefordert. Mit 38,70 m im Kiel und 14,20 m in der Breite und einem beladenen Tiefgang von 6,75 m nicht nur sehr viel größer als üblich, sondern wohl auch ziemlich unhandlich für britische Gewässer. Für den Bau des Schiffes, das Phineas Pett für den König entwirft und das im gleichen Jahr von seinem Sohn Peter erbaut wird, müssen über 4000 Eichenstämme geschlagen werden. Nach einem mißglückten Versuch am 25. September 1637 kommt der Prachtbau mit dem gebieterischen Namen am 13. Oktober – nach einer verhältnismäßig kurzen Bau-

Linke Seite: Am 26. Juni 1634 forderte Englands König Karl I. von dem Schiffbaumeister Phineas Pett ostentativ den Bau des größten Schiffes der Welt. Phineas Pett entwirft das Schiff, sein Sohn Peter, hier dargestellt mit dem prachtvollen Dreidecker, vollendet das Werk, die Sovereign of the Seas.

Rechts: Auf der Königlichen Werft in Woolwich entsteht das größte Schiff des 17. Jahrhunderts, die Sovereign of the Seas. Sie ist 38,70 m lang (im Kiel), 14,20 m breit und hat einen Tiefgang von 6,75 m. 104 auf drei Decks verteilte Kanonen verleihen dem Schiff eine gewaltige Feuerkraft. Die Holländer, die sich etliche Male mit dem Engländer herumschlagen mußten, nannten den Giganten Goldener Teufel, denn alles an ihm blitzte und blinkte golden. In vielen Seeschlachten behauptete sich Englands maritimer Stolz, aber eine simple umgestürzte Kerze besiegelte 1696 das Schicksal der Sovereign of the Seas – sie ging in Flammen auf.

zeit – zu Wasser. Die Sovereign of the Seas, die ein vom Bug bis Heck nicht unterbrochenes Glattdeck hat, verfügt erstmals über 104 auf drei Decks verteilte Kanonen. In den Kajüten befinden sich Aussparungen zum Abfeuern von Musketen. Bei späteren Umbauten verringert man die achteren Aufbauten ziemlich rigoros und verkürzt sowohl die Back als auch das hintere Halbdeck. Die Takelage hat sich wesentlich verändert: Der Bonaventuramast ist entfallen, die Segelflächen im Vortopp und Großtopp tragen außer Mars- und Bramsegeln auch Royals, also erstmals ein viertes Segel. Am Besanmast wird über dem Besan- auch ein Kreuzmars- und ein Kreuzbramsegel geführt.
Ansonsten spart man nicht mit verschwenderischer Pracht am und im Schiff. Die Holländer, die sich mit der Sovereign of the Seas in manchen Seetreffen herumzuplagen haben, nennen sie respektvoll und bewundernd zugleich Goldener Teufel. Denn alles an ihr blitzt und funkelt. Das Heck ist eine Orgie goldener Figuren. Am Bug herrscht als Galionsfigur ein König zu Pferde über anderen Königen in einem Überfluß an Details, die den vergoldeten Schnitzereien achtern entsprechen. Dazwischen Figuren allegorischen, historischen und biblischen Charakters und noch viele andere Verspieltheiten. Die kunstvollen Schnitzereien bedecken jedes freie Fleckchen, natürlich auch die Schiffsseiten, an denen goldene Friese mit Tierkreiszeichen, Uniformstücken und Musikinstrumenten entlanglaufen, auch über die Deckel der Kanonenpforten. Allen Schmuck aber überragt die riesige vergoldete Hecklaterne, in der, so heißt es, zehn Mann aufrecht stehen können.
Im englischen Schiffbau hat man inzwischen begonnen, fortschrittlich-ökonomisch zu arbeiten, und man fertigt vor dem Bau stets ein Modell an. Als eines der ältesten dieser Admiralty-Modelle ist das des 100-Kanonen-Schiffes Prince (1670) zu erwähnen, das im Science Museum in South Kensington aufgestellt ist. Das Schiff wirkt schwerer und tiefgehender als die früheren Großkampfschiffe, denn es sollte eine stabile Plattform für die Artillerie bieten.

Erstmals Schiffbauwissenschaft

Die Franzosen, bestrebt, die Grande Nation gegenüber den Insulanern auch auf See zu demonstrieren, beantworten die Sovereign of the Seas mit dem fast ebenso großen Zweidecker La Couronne. Er hat zwar nur 72 Kanonen an Bord, aber er segelt besser, und sein Breitseitenfeuer ist mindestens ebenso stark wie das der zu tief gehenden Sovereign of the Seas. Die Besatzung umfaßt über 600 Mann, und nimmt man die Fläche des unteren Decks mit etwa 300 Quadratmetern an, zieht die klobigen Bauelemente, Kanonen und die andere Schiffsausrüstung davon ab, bleibt den armen Seeleuten kaum noch die Luft zum Atmen. Wenn man sich dazu noch an die einseitige und meist schlechte Kost erinnert, verwundert es nicht, daß Matrosen oft aus Kerkern heraus an Bord geholt werden müssen.
In Frankreich tritt mit dem Tode Kardinal Richelieus im Jahre 1642 wieder ein maritimes Vakuum ein. Richelieu hatte nicht nur den ersten Platz für die französische Marine angestrebt, sondern auch mit der Gründung der Académie Française erstmals eine technisch-wissenschaftliche Grundlage geschaffen. Erst Colbert erkennt wieder den Wert einer Flotte und beginnt nach 19 nutzlosen Jahren mit gewaltiger Initiative von vorn. Auch er will die Nummer eins für Frankreichs Marine. Er geht vom rein handwerklichen Schiffbau ab. Er sucht und findet die wissenschaftlichen Wege für den bisher nur auf Erfahrungen und Überlieferungen fundierten Schiffbau.
Interessant und wichtig ist, daß sich der Abstand zwischen den bauchigen Bordwänden nach oben hin verjüngt. Sie haben am achteren Schanzkleid ihren engsten Punkt und sind hier fast bis zur Hälfte der größten Breite zusammengezogen. Diese Verjüngung, die im 16. und 17. Jahrhundert dominiert, verliert sich mit der Zeit mehr und mehr, macht aber erst im 19. Jahrhundert fast senkrechten Bordwänden Platz.
1666 gründet Colbert in Paris die Académie de Sciences, und er vergibt Preise für hervorragende Arbeiten auf dem Gebiet des Schiffbaus. Sehr bald hat er damit richtungweisende Grundlagen initiiert, darunter Werke von Dassié, Renault, Hoste, Bernoulli und anderen. Es entsteht auch der »Atlas de Colbert«.
Erstmals findet der Berufsbegriff Schiffbauingenieur Erwähnung. Laut königlichem Erlaß dürfen die Erbauer der Schiffe Seiner Majestät des Königs von

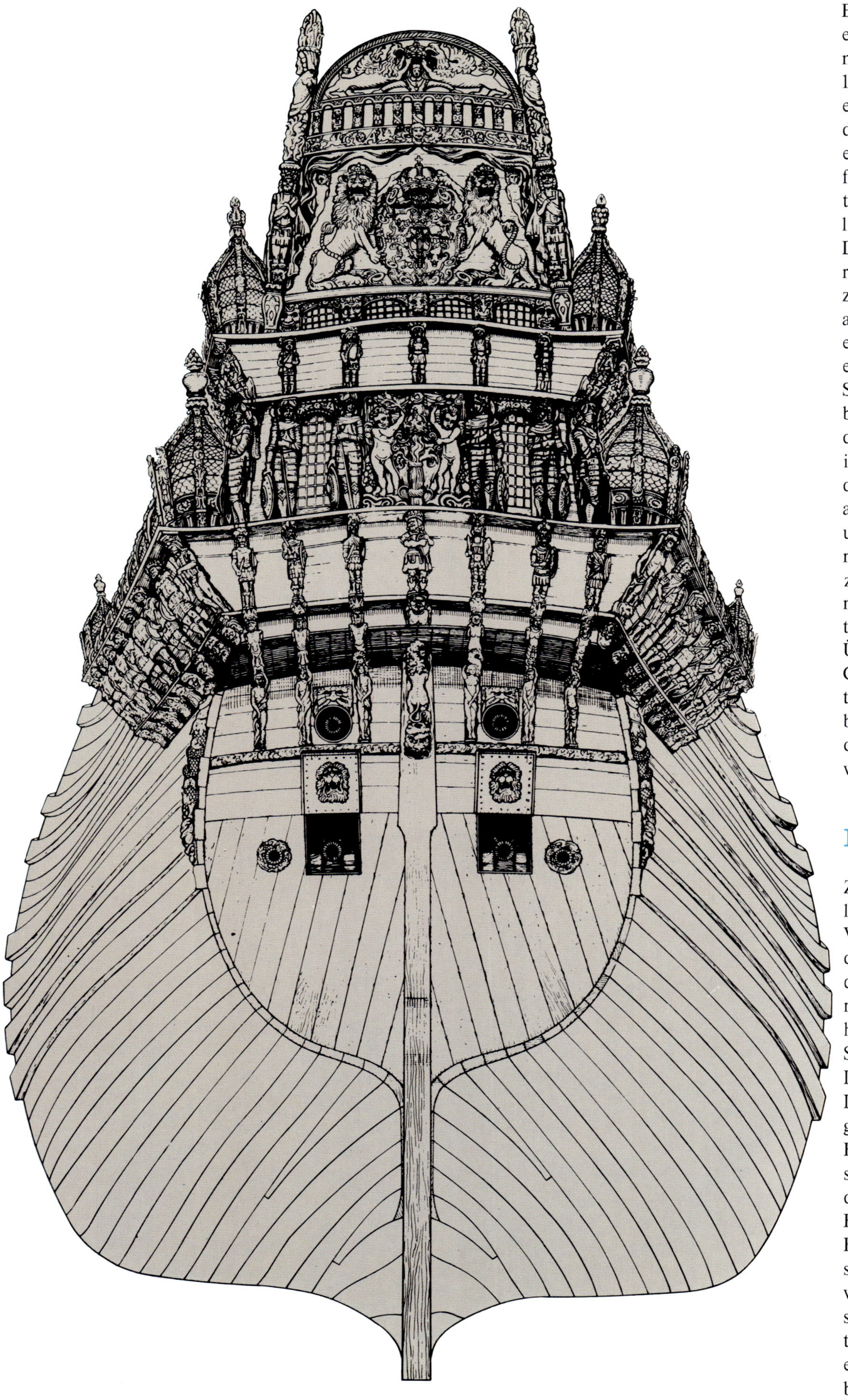

Frankreich den Titel eines *»Ingenieur constructeur de la marine«* führen.
Einer der ersten französischen Neubauten, ein 1663 in Dienst gestellter Zweidecker mit 70 Kanonen, hat ein Unterdeck, das 1,20 m über der Wasserlinie liegt, während es bei schmaleren und daher tiefergehenden englischen Schiffen mit 0,90 m gerade eben über der Wasserlinie schwimmt. Gilt für französische Dreidecker 13,40 m Breitenmaß als die Regel, so haben die englischen Schiffe nur 12,80 m aufzuweisen. Die größere Breite gewährt nicht nur eine ruhigere Geschützplattform, dieser Typ zeigt auch bessere Segeleigenschaften. Vor allem der französische Zweidecker SUPERBE, ein 12,20 m breites 74-Kanonen-Schiff, erregt anläßlich eines Besuches auf der Spithead-Reede Aufsehen, denn der Freibord ist höher als bei irgendeinem Schiff der britischen Flotte. Englands seefahrtlich interessierter König Karl II. erkennt den daraus resultierenden Nutzen und veranlaßt sofort einen Nachbau. Als dieser unter dem Namen HARWICH mit 70 Kanonen 1674 in Dienst kommt, sind die Vorzüge derart überzeugend, daß man rasch neun weitere Einheiten dieses Typs in Auftrag gibt.
Übrigens haben die Franzosen mit dem Gedanken an Kampfhandlungen mit mediterranen Galeeren Wert auf eine Rundumbewaffnung gelegt. Sie haben die Geländer des Galion für einen freien Bestreichungswinkel nach vorn tiefer als früher gehalten.

Die schwedische WASA

Zu den Großen gehört auch das unglückliche schwedische »Real«-Schiff NYA VASSAV, allgemein WASA genannt. Schwedens König, dessen Land zu einer führenden Macht in Europa geworden ist und nach der Hanse nun die Ostsee beherrscht, hat einen erfahrenen niederländischen Schiffbauer, Henrik Hybertsson, in seine Dienste genommen, als er während des Dreißigjährigen Krieges die Verbündeten gegen den Kaiser anführte. 1625 bekommt Hybertsson den Auftrag für vier Kernschiffe der schwedischen Flotte. Eines davon ist die WASA.
Es bietet sich ein prächtiges, farbenfrohes Bild, als die WASA am 10. August 1628 zwischen 3 und 4 Uhr nachmittags den Kai von Longarden unterhalb des Königsschlosses unter dem Kommando von Kapitän Söfring Hannson verläßt. Plötzlich fällt eine Bö ein, die WASA krängt nach Backbord, eine zweite Bö läßt sie noch härter überlegen, und da die unteren Stückpforten

noch offenstehen und das Schiff infolge der relativ geringen Breite und des hochliegenden Segelschwerpunktes keine ausreichende Stabilität hat, kam, was kommen mußte: Die WASA, die 100 000 Riksdaler gekostet hat, kentert und »sinkt wie ein Stein in die Tiefe . . .«. Mit ihr die größte Kupfergeldsammlung, die später je in Schweden gefunden wurde, 64 reichverzierte Kanonen aus Bronze sowie eine beispiellose Fülle an Werkzeug, Geschirr, Messerwaren, Schnitzereien und Kleidern. 1961 wurde die WASA geborgen und wieder hergerichtet und ist nun Zeuge einer versunkenen Schiffbauzeit. Ein Glück für das Schiff, daß das Wasser mit seinem niedrigen Salzgehalt hier frei ist von den *Teredo navalis* und sonstigen Wassertermiten, die in anderen Gewässern auch hartes Eichenholz in kürzester Zeit zernagen.

Die Fregatte

Anfang des 17. Jahrhunderts kommt neben den »Großkampfschiffen« ein neuer Typ auf, die Fregatte. Sie ist ein kleines, leichtes, schnelles und wendiges Schiff mit drei Masten und voller Takelung. Es hat zunächst sechs bis zwölf Kanonen in nur einem Deck. Der Typ ist dazu bestimmt, in der zweiten Reihe, also hinter den Linienschiffen zu stehen, um beim glücklichen Ausgang eines Treffens flüchtigen Schiffen des Gegners nachzusetzen. Die Fregatte führt sich schnell in allen Seenationen ein, später auch bei der brandenburgischen und der österreichischen Marine.

Im Prestigekampf der Prunkschiffe wollte auch Schwedens König Gustav II. Adolf (1594–1632) nicht zurückstehen. Der holländische Schiffbauer Henrik Hybertsson baut in seinem Auftrag ein 66,22 m langes (über Steven), 12,96 m breites und 1400 ts großes Schiff, das der Schwedenkönig seinem Großvater zu Ehren WASA nennt. Am 10. August 1628 läuft das Schiff zu seiner Jungfernreise aus, als eine Bö es zur Seite drückt, Wasser durch die offenen unteren Stückpforten eindringt und der teuere Spaß versinkt, bevor er auch nur das geringste für sein Land tun konnte.

Linke Seite: Zeichnung des reichverzierten Hecks der WASA

Oben und Mitte: 1961 wird die guterhaltene WASA in einer spektakulären Aktion gehoben und im Trockendock konserviert.

Unten: Blick in das untere Geschützdeck der WASA

Die Handelsfahrer

Die Fleuten

Von den Anfang des 17. Jahrhunderts eingetragenen niederländischen Schiffen nimmt die Fleute den Hauptanteil ein. Dieses Schiff, ursprünglich als kleines Boot auf der Vlyj gedacht, ist ein flachbordiges, ziemlich schmales Rundgattschiff, das nach und nach vergrößert wird und für die Fahrt in europäischen Gewässern dient. Schließlich kann es drei Masten tragen und ist mit Fock-, Großmast und Besan wie eine Bark getakelt.
Typisch ist auch, daß bei den Fleuten die monströsen Aufbauten fehlen. Kastellburgen wie bei den Karacken oder Galeonen sind nicht mehr vorhanden. Selbstverständlich gibt es hierbei Ausnahmen. So können sich die Franzosen im 17. Jahrhundert von prunkvollen Heckaufbauten nicht trennen. Zusammen mit der Galiot setzt sich die holländische Fleute, welche die Holländer zu den »Fuhrleuten Europas« macht, auch in der deutschen Schiffahrt durch, wobei man sich bei der Bezeichnung nicht ganz einig ist. Manches größere Fahrzeug, das eigentlich eine Fleute ist, wird, besonders bei drei Masten, als Dreimastgaliot bezeichnet. Das erste deutsche Fleutschiff wird übrigens 1618 in Lübeck erbaut.

Die Fleuten gelten bald überall als die wirtschaftlichsten Schiffe ihrer Zeit. Sie sind auch in der atlantischen und westindischen Fahrt zu finden, gelegentlich auch in den Konvois der Ostindienfahrer.

Das Boot-Schiff für den Walfang

Im niederländischen Walfang, bei dem in der Arktis Fleuten als Mutterschiffe für die Fangboote eingesetzt werden, entwickelt sich Ende des 17. und zu Beginn des 18. Jahrhunderts eine zweckmäßigere, modernere Fleutenform mit breiterem Deck, die schließlich dem sogenannten Boot-Schiff weichen muß, einem Typ, der einen Rumpf wie eine Galiot und einen reichgeschmückten Heckspiegel hat und sechs bis acht Fangboote aufnehmen kann.

Die Pinaß oder Pinasse

Es ist unter den neueren Schiffstypen weiter die Pinaß zu nennen, ein gegenüber der Fleute nur etwas kleinerer Vollrigger mit normalerweise ebenfalls ein oder zwei durchgehenden Decks, die fast horizontal verlaufen. Sie haben ein kurzes Halbdeck, mit Poop und Vorderkastell. Später wird man unter einer Pinaß nur noch eine kleine Schaluppe verstehen.

Die Galiot

Doch nun zu den bereits erwähnten Galioten. Hierbei handelt es sich um auf Kiel gebaute, breite, bauchige Seeschiffe mit etwas schärferen Formen im Unterwasserschiff als die Kuffen. Vorn und achtern sind sie bei vorn gebogenen und hinten geraden Steven breit und rund geformt. Das Rundheck gilt als nordisch. Der Tiefgang ist relativ gering, denn das normal etwa 30 m lange Schiff soll zwar auch größere Seereisen unternehmen, aber auch in die Flußmündungen einfahren können. Normalerweise sind die Galioten dreimastig geriggt, es gibt aber auch solche mit zwei voll getakelten Masten vom Briggtyp und auch Anderthalbmaster mit einer Takelung, wie sie die früheren Bojer hatten.

Linke Seite: *Kunstvolle Darstellung holländischer Fleuten und Walfangboote um 1700 auf Delfter Fliesen. Die Holländer haben mit der Fleute einen vor allem für arktische Gewässer hervorragend geeigneten Typ geschaffen.*

Rechts: Modell einer Pinaß aus dem 17. Jahrhundert. Dieser Typ wurde bevorzugt in den englisch-holländischen Konflikten jener Zeit eingesetzt. Die um das Schiff umlaufende, feste Reling gibt ihm ein geschlossenes, harmonisches Aussehen. Charakteristisch ist das Spiegelheck, während die Fleute stets ein rundes Heck, ein Rundgatt aufwies.

Ostindienfahrer und der East Indiaman

Aus der gegenüber der Galeone etwas kleineren Pinaß hat sich das sogenannte Ostindische Compagnieschiff der Niederländer und der britische East Indiaman entwickelt. Diese Schiffe sind wieder etwas dicker, das heißt breiter und daher geräumiger geworden. Auch die leichteren und schnelleren Fregatten haben diesen Typ durch die hohe Takelage beeinflußt. Zwar führen die später rundgatt gebauten Ostindienschiffe jetzt Gaffelsegel am Besanmast, die beiden vorderen, oft aus drei Stengen geriggten Masten sind aber wie die Fregatten mit Rahen versehen.
Greifen wir der Zeit voraus, so bleibt zu sagen, daß der englische Ostindienfahrer Anfang des 19. Jahrhunderts seine größte Vollendung erreicht, so zum Beispiel mit der 1417 t großen Earl of Balcarass, die 1815 in Bombay erbaut wird, 20 Kanonen führt und 130 Mann Besatzung hat.
Nach dem Vorbild der East Indiamen werden zwei andere Gattungen geschaffen: die West Indiamen für die Fahrt nach Mittelamerika und die als Bark getakelten Freetraders in der freien Frachtfahrt der Ostindienroute außerhalb der Monopolstellung der East India Company und der Fahrt nach den neuen chinesischen Häfen.

Die nordeuropäische Galeasse, die Schnauen und Brigantinen

Die schon erwähnte Galeasse ist als europäischer Küstenfahrer ein gutes Beispiel für die Wandlung von Typennamen, denn die Galeasse des Nordens hat mit dem früheren geruderten Segelfahrzeug des Mittelmeeres nichts als den Namen gemein.
In der Takelung ähneln die bauchigen, völligen Galeassen den Galioten: zwei Masten, von denen der hohe, mit festen Stengen versehene Großmast auf etwa ein Drittel der Schiffslänge vorn steht und außer den Gaffelsegeln noch Rahsegel trägt. Die Spieren der Rahsegel können verlängert werden, um Leesegel zu fahren. Der weit achtern stehende Besanmast hat nur Gaffel- und Toppsegel. Später gibt es hier Variationen. Deutsche Galeassen werden erst Ende des 18. Jahrhunderts bekannt.
Ende des 17. Jahrhunderts entwickeln sich kleine zweimastige Rahschiffe, die man, ohne klare Klassifizierung, mit dem Namen Schnauen und Brigantinen belegt. Sie im Detail zu beschreiben, würde wegen der schiffbaulichen Differenzierungen zu fachlich ausfallen und zu weit führen.
Übrigens erhält die oft mit dem Kurznamen Brigg bezeichnete Brigantine um die Mitte des 19. Jahrhunderts noch eine dritte Bezeichnung als Schonerbrigg, weil die Brigg zwei vollgetakelte Masten und die Brigantine nur einen hat.

Der Schoner, die Bark und die Pink

Schließlich ist da noch der für die Hochseeschiffahrt wie auch für die Küstenfahrt benutzte Schoner zu nennen, ein Typ, den die Amerikaner wegen seiner Eigenschaft, hoch an den Wind gehen zu können, zur höchsten Vollendung entwickeln. Ob die ersten kleinen holländischen zweimastigen Yachten im 17. Jahrhundert, jene offenen Vergnügungsboote auf den Strömen und Kanälen, oder die Schiffe mit der ersten, 1628 in Holland und England abgebildeten Gaffelschonertakelung in ihrer einfachen Form die Geburt dieses Typs angeregt haben, ist umstritten. Umstritten ist auch, ob die Entwicklung des eigentlichen Schoners an der Neuenglandküste, wo sich im Schiffbau des 17. Jahrhunderts besonders starke holländische Einflüsse nachweisen lassen, seinen Anfang nahm. Fest steht, daß man unter einem sozusagen »normalen« Schoner ein Schiff mit zwei nicht vollgetakelten Masten (also nur mit Gaffelsegeln) zu verstehen hat, dessen achterer Mast nicht kürzer ist beziehungsweise

1

2

3

6

7

8

11

12

13

16

17

18

4

5

9

10

14

15

19

20

Die ehemalige portugiesische Kolonie Moçambique an der ostafrikanischen Küste brachte vor einigen Jahren eine sehr schön gestaltete Briefmarkenserie heraus, auf der die Entwicklung besegelter Schiffstypen recht anschaulich zu verfolgen ist.

Die einzelnen Marken stellen dar:

1 Portugiesische Barca von 1430. Mit diesen einfachen Schiffen begann unter Heinrich dem Seefahrer das Zeitalter der großen Entdeckungen.

2 Karavelle von 1436. Dieser Schiffstyp, von dem Heinrich der Seefahrer sagte, daß es die besten Segelschiffe jener Zeit seien, spielt bei den Entdeckungsreisen des 15. Jahrhunderts eine dominierende Rolle.

3 Die dreimastige Karavelle Latina von 1460 mit Lateinbesegelung, die von Dom Jerónimo Ozoria für seine Entdeckungsreisen benutzt wurde und die er charakterisiert, sie sei »gebaut, um zu segeln, gleichgültig, woher der Wind weht«.

4 Die Nau São Gabriel, mit der Vasco da Gama 1497 zu seiner berühmten Reise nach Indien aufbrach

5 Eine andere portugiesische Nau, wie sie in der Zeit der Regentschaft von König Manuel I. (1495–1521) zum Transport von Gewürzen aus Indien eingesetzt wurde

6 Kriegsschiff aus der Zeit Manuels I.

7 Die Nau Flor de la Mar war das Flaggschiff von Alfonso d'Albuquerque bei seiner Eroberung von Malakka im Jahre 1511.

8 Die Karavelle Redonda von 1519 verkörpert den allgemein üblichen Schiffstyp der Kriegsmarinen des 16. und 17. Jahrhunderts mit Rahsegeln an Haupt- und Fockmast und Lateinsegeln an den übrigen Masten.

9 Eine 800 ts große Nau, Anfang des 16. Jahrhunderts. Im Norden Europas ist dieser Schiffstyp auch als Karacke bekannt geworden.

10 Dreimastige Galeasse aus Portugiesisch-Indien von 1521

11 Die Galeone Santa Teresa von 1639 war zu ihrer Zeit eines der größten Kriegsschiffe mit 60 Kanonen und 1000 Mann Besatzung.

12 Die portugiesische Nau Nossa Senhora de Conceicão, mit 80 Kanonen bestückt, nahm als Flaggschiff an der Schlacht gegen die Türken am 19. Juli 1717 am Kap Matapán teil.

13 Die Galeone Nossa Senhora do bom Sucesso (1764–1822) lief 1764 vom Stapel und hatte 64 Kanonen und 633 Mann Besatzung.

14 Bombenlancha, wie sie im Juni 1784 beim Angriff auf Algier eingesetzt wurde

15 Die Brigg Lebre (1788–1821), die an den Auseinandersetzungen um Malta 1793 teilnahm, trug 24 Kanonen und hatte 133 Mann Besatzung.

16 Korvette Andorinha (1797–1810), ebenfalls 24 Kanonen, 166 Mann Besatzung

17 Toppsegelschoner Maria Teresa von 1820, bestückt mit 14 12-Pfündern, 60 Mann Besatzung

18 74er-Galeone Vasco da Gama (1841–1873), 61,48 m lang, 14,70 m breit, 1829 ts groß, 650 Mann Besatzung

19 Die Fregatte Dom Fernando II e Gloria wurde in Indien gebaut und lief im November 1843 vom Stapel. 48,77 m lang, 1849 BRT groß, diente sie noch bis 1963 als Wohnschiff für Schiffsjungen auf dem Tejo.

20 Das Segelschulschiff Sagres wurde 1896 in Geestemünde gebaut und auf den Namen Rickmers getauft. Nach abenteuerlichen Fahrten wurde es schließlich 1924 portugiesisches Segelschulschiff und dient heute als Santo Antonio als Wohnschiff.

Die Galiot (auch Galeote) geht auf die kleine, von 16 bis 24 Ruderern bewegte Galeere der Italiener und Spanier zurück. Der Begriff deckt sich mit dem griechischen Wort galeos *= Haifisch oder* galeotes *= Schwertfisch, Bezeichnungen für mittelalterliche Langschiffe mit scharfer Linienführung. Im 16. Jahrhundert haben die Holländer den Namen Galiot für einen Schiffstyp übernommen, der äußerlich etwas rund und bauchig wirkt, aber durch seine schärferen Formen im Unterwasserschiff und den niedrigen Tiefgang so recht geeignet war für die Belange der Niederländer. Die Bemastung und Besegelung der Galiot reichen vom Anderthalbmaster mit Bojertakelung über Galioten mit zwei vollgetakelten Masten als Briggtyp bis zum dreimastigen Vollschiff. Unser Bild zeigt die Galiotbrigg* Hermann, *ein Modell aus dem Focke-Museum in Bremen.*

sogar auch etwas länger als der vordere sein kann.
Neben dem Zweimastschoner ist aber auch zu unterscheiden zwischen den Zwei-, Drei- und Viermastgaffelschonern, den Toppsegel- und Rahschonern, den Viermastschonern sowie später den Fünf-, Sechs- und sogar Siebenmastschonern, die als amerikanisch-monströse Supersegler mit kleinster Besatzung in Dienst kommen. Es ist ferner zu unterscheiden zwischen Schonergalioten, Schonerbriggen oder auch Briggschonern oder Schoneryachten und Dreimast- und Viermastschonerbarken, die auch Barkantinen genannt werden und von denen der erste der drei oder mehr Masten vollgeriggt ist.
Von besonderem Interesse ist noch der Baltimore-Schoner, der wegen seiner extrem scharfen Formen auch Baltimore-Clipper genannt wird und um die Mitte des 18. Jahrhunderts von Seeräubern, Schmugglern und auch von der amerikanischen Marine verwendet wird. Später wird er als ausgesprochener Schnellsegler gern mit *perichable cargo* beladen, worunter man nicht nur Früchte, sondern mit einem Augenzwinkern auch »lebende Waren« versteht, Sklaven nämlich.
Es ist umstritten, ob der Baltimore-Clipper damals nur eine reine Schonertakelung führte. Auch wird oft argumentiert, daß dieser Typ, den man so gern als Urahn der späteren, berühmten Clipper bezeichnet, seine typische, so scharfe Formgebung auf Steven und Kiel von dem französischen Lougre erfahren hat.
Unter den zahlreichen Küstenfahrern, die insbesondere von den Holländern in der zweiten Hälfte des 15. und 16. Jahrhunderts geschaffen wurden, sind neben der Galiot zu nennen: die Kuff, die Tjalk, der Kutter oder auch der französische Lougre (= Lugger oder Logger) mit all ihren Variationen – ein zwar hochinteressantes, aber den Rahmen dieses Buches sprengendes Thema.
Erwähnen wir abschließend noch die Bark und die Pink. Die Begriffe sind vielfältig, und so kann eine Barca, Barge, Bark alles mögliche sein: eine klassische Polacka des Mittelmeeres, Schuten, Leichter, Kähne oder Galleyas, die nur gerudert werden. Später aber, vom Ende des 18. Jahrhunderts an, ist eine Bark (die übrigens im Unterschied zur Fregatte, Pink oder Fleute kein Galion führt) eindeutig ein dreimastiges Segelschiff mit zwei vollgeriggten Masten und einem Besanmast an Bord. Dieses gängige Typenunterscheidungsmerkmal zwischen einem Vollschiff (Fregattschiff) und einer im Bug recht bauchigen Bark war indessen nicht immer verbindlich, wenn man einmal die Gesamtentwicklung der Barkschiffe vorwegnimmt. Ursprünglich unterscheiden sich beide Typen nämlich nicht in der Takelung, sondern in der Bauart des Schiffskörpers.
Im Mittelmeer ist die Pink oder Pinque ein großes Fahrzeug mit drei Masten mit Lateinsegeln, in nordischen Gewässern aber ein aus der Fleute hervorgegangener, mit Rundgatt und eingezogenen Oberplanken versehener Rahsegler, der sich als Kauffahrteischiff von einem Barkschiff dadurch unterscheidet, daß er unten schärfer und hinten schmaler und höher gebaut ist. Die Engländer nennen daher später jedes Schiff, das hinten hoch ist und schmal zuläuft, *pink storned.*
Die Mittelmeerpinken haben die gleiche Takelung wie die Schebecken, da sie aber nur für die Handelsschiffahrt gebraucht werden, haben sie einen bedeutend platteren Boden und führen auch keine Riemen. Am häufigsten sind die Pinken bei den Neapolitanern und Spaniern zu finden.

Unruhige Gewässer

Seekrieg um die Freiheit der Niederlande

Die alte Feindschaft zwischen den Niederländern und den Spaniern schwelt wie ein Glimmbrand unaufhörlich weiter. 1621 endet der Waffenstillstand zwischen beiden Ländern, der, 1609 geschlossen, immerhin zwölf Jahre dauerte. Während die tatkräftigen Holländer ihren Handel und ihre Niederlassungen über die ganze ostindische Welt ausgedehnt haben und sich nun zielstrebig und mit seemännischem Merkantilismus zum ersten Handelsvolk der Welt aufschwingen, machen die Spanier in Antwerpen 1631 eine stattliche Flotte von 90 Schiffen gegen die Niederlande mobil. Als man die Holländer bei einem nächtlichen Überfall zu überraschen versucht, wird die spanische Flotte fast vollkommen vernichtet. Die Spanier aber lassen nicht locker: 1639 rüsten sie unter Admiral Oquendo eine neue Flotte aus, darunter mehr als ein Dutzend Schiffe, die größer als 1000 ts sind. Sie haben insgesamt 1700 Kanonen und über 24 000 Mann an Bord. Sie erscheinen im Kanal, angeblich mit der Absicht, die Dänen in ihrem Krieg gegen die Schweden zu unterstützen. In Wirklichkeit aber wollen sie die aufständischen niederländischen Provinzen bestrafen. Die Holländer, die aus falscher Sparsamkeit nur wenige Schiffe im Dienst haben, verlegen der spanischen Flotte mit 20 Schiffen im Kanal den Weg, an ihrer Spitze Admiral Marten Tromp (1598–1653), ein tüchtiger Seemann und beliebter Führer. Die Holländer drängen die Spanier am 16. und 17. September 1639 an die englische Küste. Am 21. Oktober morgens ist Tromp bei den Downs auf seinem Flaggschiff AMELIA bereit zum Angriff. Er teilt seine Flotte in sechs Geschwader ein und schickt den Spaniern zunächst seine elf Brander entgegen. Die Spanier sind verblüfft, daß sie in unmittelbarer Gegenwart der Engländer angegriffen werden, zudem noch bei für sie günstigem Wind. Kaum bleibt ihnen Zeit, die Ankertaue ihrer Schiffe zu kappen. Es entsteht eine heillose Verwirrung. Schiffe explodieren, brennen, sinken. Schließlich entkommt nur ein knappes Dutzend von ihnen. Die Spanier haben 7000 Tote, 1800 Verwundete und neben den vernichteten Schiffen 14 als Prisen zu beklagen. Tromp dagegen braucht nur ein einziges Schiff abzuschreiben und hat 500 Tote.
Ein Jahr später, 1640, fällt Portugal von Spanien ab. Spaniens Glanz als Seemacht ist endgültig abgeblättert. 1648, im Westfälischen Frieden, erkennt Spanien die Unabhängigkeit der Niederländer an. Die sieben bisher nicht selbständigen Provinzen nennen sich von nun an Generalstaaten.
Als sich übrigens 1640 Portugal von Spanien löste, leistete ein holländisches Geschwader Hilfe. Dabei zeichnete sich ein Mann namens Michael de Ruyter aus. 1641 tritt dieser in den Staatsdienst ein. Im dritten Krieg gegen England (1672–1674) wird er mit seinen Seesiegen Holland vor dem Untergang retten.
De Ruyter schließt Verträge mit Portugal, die ihm freien Handel und freien Besitz auf den reichen Gewürzinseln in Indonesien zusichern. Holland, gestützt auf seine Flotte, festigt so seinen Kolonialbesitz, gründet große Handelskompanien, besiedelt Neu-Amsterdam (das spätere New York) und setzt sich, 1652, endgültig am Kap der Guten Hoffnung fest.

Kriege im Ostseeraum

Im Verlauf des Dreißigjährigen Krieges, der sich auf deutschem Boden austobt, überfluten das Heer der Liga unter Tilly und das neue kaiserliche Heer unter Wallenstein auch Norddeutschland und das zugunsten der protestantischen Seite eingreifende Dänemark. Vorher schon, 1619, hatten die Dänen Glückstadt zur Festung ausgebaut, um die hamburgische Schiffahrt auf der Elbe zu stören. Zwei dänische Kriegsschiffe bringen 1620 zwei Hamburger Kauffahrer auf.
1627 erobert Wallenstein Mecklenburg, Holstein, Schleswig und Jütland. 1628 auf dem Hansetag in Lübeck schlägt der Gesandte Ferdinands II. gemeinsame militärische Maßnahmen zur Sicherung des Seehandels vor. Die Hanse lehnt den Vorschlag ab, da sie fürchtet, der Kaiser könnte zu mächtig werden. Andererseits würdigt er Wallensteins Verdienste nicht nur durch die Belehnung mit den Herzogtümern Mecklenburg und Sagan, er ernennt ihn auch zum »Generalkapitän des oceanischen und baltischen Meeres und der aufhabenden Armada«. Unter Leitung des Flottillen-Inspizienten de Roy und des Obristen de Waghy werden Wismar und Rostock Stützpunkte für die angekauften und gecharterten Schiffe. Der Plan, die Schweden zur See zu bekämpfen oder ihren Nachschub zu stören, scheitert jedoch. Die Schiffe werden von den Schweden in Wismar blockiert. Das Flaggschiff KÖNIG DAVID muß sich während einer Unternehmung gegen die schwedische Küste zurückziehen und das neutrale Lübeck anlaufen. Das pommersche Stralsund wird von Wallenstein vom 13. Mai bis 24. Juli 1628 vergeblich belagert. Nur durch den Landsieg bei Wolgast gegen Christian sichert Wallenstein Pommern und setzt 1629 schließlich den Lübecker Frieden mit Dänemark durch.
Im gleichen Jahr fordert König Gustav II. Adolf von Schweden Kaiser Ferdinand II. auf, alle Befestigungen an der Nord- und Ostseeküste zu schleifen, keine Flotte auslaufen zu lassen und alle ausgerüsteten Schiffe abzutakeln, da »die Herrschaft über die Ostsee von alters her den Schweden und Dänen gebührt«. Wohl gleichsam als demonstrative Antwort besichtigt Wallenstein im Juni 1629 seine Flotte in Wismar und kann Monate später, im Dezember, ein für die Schweden verlustreiches Seegefecht bei Wismar verbuchen. 1630 muß Wallenstein jedoch vorübergehend abdanken, während Gustav Adolf in Pommern landet und nach Süden vordringt.
Im Norden gärt es aber auch andernorts. Im Streit um die Vorherrschaft in der Ostsee bekämpfen sich Schweden und Dänemark. Ohne eine Entscheidung endet eine Schlacht im Juli 1644 bei Fehmarn, aber am 23. Oktober 1644 vernichten 42 Schwedenschiffe bei Laaland das dänische Geschwader mit 17 Einheiten. Der Friede von Brömsebro bringt den Schweden hohen Gewinn. Sie erhalten Gotland und Ösel und werden vom Sundzoll befreit. 1648, im Westfälischen Frieden, erhält Schweden dann auch noch Besitzungen in Norddeutschland.

Holland wird führende Seemacht in der Welt

Einerseits schwächen die Kriege die übrigen Seemächte, andererseits entwickeln die Holländer einen bemerkenswert konsequenten Handelsgeist. So kommt es schließlich zur Vormachtstellung der kleinen Niederlande in der Ost- und Nordsee, im Mittelmeer, im Atlantik bis nach Ostindien und Ostasien. Hollands wachsender Handel zur See ist vor allem den Engländern ein Dorn im Auge, sind doch die Insulaner auf See noch immer relativ

schwach und im Gegensatz zu den Niederländern auch kaum gegen das in hoher Blüte stehende Seeräubertum aktiv, das der Kauffahrtei schwere Schäden zufügt.
Jedenfalls muß – von der Hanse ganz abgesehen, die sich um diese Zeit bereits auf dem Wege zum tiefen Verfall befindet – nach England auch Frankreich gegenüber den Niederländern auf den bislang erschlossenen Weltmeeren zurückstehen.
Die wirtschaftliche Macht der niederländischen Schiffahrt veranschaulicht eine Statistik für das Jahr 1670:

	Schiffe	Last
Ostseefahrt (einschl. dem Verkehr nach Frankreich, Portugal England usw.)	735	103 500
Norwegenfahrt	200	20 000
Archangelskfahrt	25	4 500
Küstenfahrt	1 000	20 000
Mittelmeerfahrt	200	36 000
Guinea-Westindienfahrt	100	20 000
Ostindienfahrt	150	30 000
Grönlandfahrt	150	20 000
Heringsfischerei	1 000	30 000
	3 560	284 000

Das Gesamtbild der europäischen Handelsflotten ist von der Zahl der Schiffe her nicht belegt, wohl aber ungefähr in der Größen- bzw. Lastzahl, wie sie nachstehende Tabelle ausweist:

Land	Tragfähigkeiten in Lasten		
	um 1470	um 1570	um 1670
Deutschland	30 000	55 000	52 000
Niederlande	30 000	116 000	284 000
England	?	21 000	47 000
Schottland	?	5 000	5 000
Frankreich	?	40 000	40 000

Wie schnell sich jetzt durch die Bedürfnisse einer rasch wachsenden Bevölkerung im nördlichen Europa die Zahl der Schiffe vervielfacht und damit der weltweite Handel über See sich ausweitet, beweisen noch andere Angaben aus jener Zeit: Im Jahr 1497 passieren 567 Schiffe den Sund, 1646 sind es mit 2204 bereits viermal soviel.

Oliver Cromwell und Raleighs Maxime

In England hat inzwischen der 1599 geborene Puritaner Oliver Cromwell, anfangs Rebell und Feldoberst in der republikanischen Armee, im Bürgerkrieg zwischen Krone und seinem Parlamentsheer gesiegt. Karl I. wird hingerichtet, England wird von 1649 bis 1660 Republik, ein Wort, das man vermeidet und daher durch den Begriff Commonwealth ersetzt. Cromwells Außenpolitik richtet sich sofort gegen Hollands Vormachtstellung im Handel. In Holland, wo 1650 der letzte Statthalter, der tüchtige Wilhelm II. von Oranien, stirbt, gewinnt wie in Venedig die republikanische Partei der großen Handelsherren an Macht. Die Kriegsflotte wird vermindert, der gemeinsame Oberbefehl der fünf Seeprovinzen fünf Admiralitäten übertragen, die sich nicht vertragen.
Cromwell folgt der Maxime Raleighs: »Wer die See beherrscht, beherrscht den Handel der Welt; wer den Handel beherrscht, verfügt über die Reichtümer der Welt und beherrscht damit sie selbst.«
Er sorgt bis 1649 zunächst auch für eine ozeantüchtige Flotte mit dem Ziel, sie im Kampf gegen die niederländische Handelsrivalität einzusetzen. 1651 erläßt er die berühmt-berüchtigte, selbstherrliche Navigationsakte, die auch als Magna Charta Maritima bekannt ist. Sie ist hauptsächlich gegen den holländischen Zwischenhandel und damit auch gegen die holländischen Reeder gerichtet. Sie sieht vor, den Verkehr mit den überseeischen Ländern soweit wie möglich den englischen Schiffen vorzubehalten. Danach darf die Einfuhr aller aus englischen Kolonien in Afrika, Amerika und Asien stammenden Waren nur auf englischen Schiffen erfolgen. Güter aus dem sonstigen Ausland können mit Schiffen des Ursprungslandes in England eingeführt werden. Die geänderte Akte von 1661 aber behält diese Bestimmung nur für die aus Rußland und der Türkei stammenden und für eine Anzahl besonders aufgezählter Güter bei. Die Einfuhr einer großen Reihe von Waren aus Holland und Deutschland wird 1662 gänzlich verboten. Der Verkehr nach den Kolonien darf nur durch englische Agenten von englischen Häfen aus vermittelt werden, und die Küstenschiffahrt ist ebenfalls ausschließlich den englischen Schiffen vorbehalten.
Milderungen dieser Gesetzgebung werden erst später den unabhängig gewordenen Vereinigten Staaten zugebilligt. 1823 erfolgt eine Revision, und 1849 kommt es zum letzten Akt, zur Aufhebung.
Über die rein handelspolitischen Vorschriften hinaus verlangt Cromwell 1651: Alle fremden Kriegsschiffe müssen in englischen Gewässern – und zwar in den *four seas* (Nordsee, Kanal, Irische See, Biskaya) – englische Kriegsschiffe zuerst grüßen (eine Forderung, die übrigens bereits König Johann 1202 erhoben hatte). Ferner verfügt er, welch ein raffinierter Trick, das Durchsuchungsrecht holländischer Schiffe nach royalistischen Kaperern, weil viele dieser Schiffe in Holland ausgerüstet werden.
In Holland nimmt man das alles vorerst gar nicht so tragisch. Gewinn steht höher als nationale Ehre. »Besser ein Friede mit Beschwerlichkeit als ein Krieg mit Gerechtigkeit.«

England verstärkt seine Flotte

England verstärkt die Flotte ab 1649 weiter planmäßig. Es verfügt bis 1654 über 86 Linienschiffe, meist Zweidecker mit 60 bis 80 Kanonen, aber auch über vier Dreidecker. Es sind tiefgehende, aber schlanke, zum Teil stark überarmierte Schiffe, die schneller segeln als die plumperen Holländer.
Holland hat nur 60 meist kleine Linienschiffe mit 40 bis 50 Kanonen. Die Überlegenheit der Engländer an Größe und Bewaffnung ist überzeugend. Holland dagegen ist durch seine Kriegserfahrungen aus den Befreiungskriegen und durch den großen Stamm wetter- und see-erprobter Seeleute im Vorteil.
Ein Novum ist auch, daß Cromwell nicht auf die Admirale zurückgreifen kann, da sie dem König treu bleiben. Er macht den besten seiner Generäle, Robert Blake, zum *general at sea*, einen Mann, der zunächst Gelehrter war, ehe er Offizier in der republikanischen Armee wurde. Bald wird er sich den Ruf als bester englischer Taktiker zur See erwerben.
Man segelt nur noch im Konvoi durch den Kanal. Nach einem Geplänkel am 29. Mai 1652, als der holländische Admiral Tromp die Aufforderung des britischen Geschwaderchefs Robert Blake nach einem Flaggengruß vor Dover mit einer Breitseite beantwortet, ist der Krieg da, ohne daß er erklärt worden ist. In dem mehrstündigen Gefecht verlieren die Holländer zwei Einheiten, denn Robert Blakes Schiffe wüten mit ihrer überlegenen Artillerie. Admiral Tromp muß seinen Hut nehmen, Admiral de Witt löst ihn ab.
Zwei Monate später kommt es zur offiziellen Kriegserklärung. Am 26. August 1652 greift ein überlegenes englisches Geschwader aus 40 Schiffen und 5 Brandern einen kleinen, von 30 Kriegsschiffen und 6 Brandern gesicherten, von Admiral Michael de Ruyter gelenkten holländischen Konvoi vor Plymouth an. De Ruyter jedoch drängt die Engländer nach Plymouth zurück. Den Geleitzug bringt er sicher durch den Kanal. Am 8. Oktober kommt es zu einem Zusammentreffen der holländischen Flotte unter

Admiral de Witt und der mit etwa 65 Schiffen gleichstarken englischen Flotte unter Admiral Blake, die, von den Downs kommend, den Holländern entgegensegelt. Die großen englischen Schiffe zeigen sich den schlecht ausgerüsteten holländischen Einheiten überlegen. In der Seeschlacht vor Kentish Knock, einer Untiefe vor der Themsemündung, verlieren die Holländer drei Schiffe, der Rest wird zum Teil schwer beschädigt.

Die Engländer stellen nach diesem Sieg ihre Flotte bis auf 45 in den Downs verbliebene Schiffe zum Handelskrieg in die Nordsee und den westlichen Kanal ab. Wenig glückhaft für die Engländer endet der Versuch Robert Blakes im Dezember 1652, einen von 70 Schiffen gesicherten holländischen Konvoi mit nur 37 Schiffen anzugreifen. Blake verliert in dieser Seeschlacht von Dungeness am 10. Dezember fünf Schiffe und räumt das Feld. Admiral Tromp, wieder in Amt und Würden, bringt sein Geleit sicher nach La Rochelle und ein anderes von 150 Schiffen zurück. Admiral Blake, von Cromwell beeinflußt, will es 1653 genau wissen. Er hat seine Flotte erneut auf 70 Schiffe gebracht. Unterstützt von den Vizeadmiralen Penn und Monk greift Robert Blake Ende Februar 1653 die Holländer in Höhe von Kap de la Hague (Cotentin) an, wo Tromp seinen Konvoi beidrehen läßt. Es wird sehr hart gekämpft, eine Entscheidung fällt aber nicht. Tromp nimmt mit seinen Schutzbefohlenen in der Nacht die Fahrt wieder auf und schiebt sich dabei sichernd zwischen die Engländer und seine Konvoischiffe. Am 2. März greift Blake auf der Höhe von Beachy Head Tromp erneut an. Dieser verfügt nur noch über 30 voll einsatzfähige Einheiten mit reduziertem Munitionsbestand. Mit ihren schnellen Fregatten gehen die Engländer bei den

Um die Mitte des 17. Jahrhunderts schwingt sich Holland zur führenden Seemacht in der Welt auf. Das kann den erfolggewohnten Engländern nicht recht sein. Es kommt zu einer ganzen Reihe von Seegefechten, beginnend am 24. Mai 1652, als der holländische Admiral Tromp die Aufforderung des englischen Geschwaderchefs Robert Blake nach einem Flaggengruß mit einer Breitseite beantwortet. Unsere Zeichnung zeigt ein weiteres Geplänkel zwischen den beiden verfeindeten Seefahrtnationen am 8. Oktober 1652. Die Holländer unter Admiral de Witt unterliegen vor Kentish Knock den Engländern unter Admiral Blake.

schwerfälligen holländischen Schiffen längsseit und nehmen eine ganze Anzahl Frachtsegler weg. Plötzlich bricht Blake, der ziemlich schwer verwundet worden ist, das Gefecht ab. Immerhin haben die Holländer in den drei Tagen 11 Kriegsschiffe und fast 2000 Mann verloren, die Engländer dagegen nur ein einziges Schiff.
Mit Robert Blake ist ein Mann ausgefallen, der 1653 eine taktische Instruktion herausgegeben hatte, die als Kampffront die Linie bestimmte. Sie empfiehlt außerdem die Luvstellung, also das Heranführen der Flotte an den Feind von derjenigen Seite her, von der der Wind weht, denn von hier aus ist ein Einbruch in das feindliche Geschwader am leichtesten und sinnvollsten. Verkannt wird indessen nicht, daß die häufig in die Flotte eingereihten Kauffahrer die taktischen Manöver und den Kampf behindern.
Vizeadmiral Monk führt von nun ab die englische Flotte. Die Holländer sind zahlenmäßig nur gering im Nachteil, und so steht es wieder einmal pari. Tromp ist es jedoch trotz eines glücklich nach den Shetlands gelenkten Geleitzuges klar, daß erst die Erkämpfung der absoluten Seeherrschaft Behinderungen der Handelsschifffahrt vermeidet oder zumindest einschränkt.

Letzte Rettung hinter den Sänden

Am 12. Juni 1653 trifft man nordöstlich der Themsemündung bei der Untiefe Outer Gabbard (North Foreland-Newport) erneut aufeinander. Daraus entwickelt sich eine der heftigsten Seeschlachten der bisherigen Seekriegsgeschichte. Die Berichte über die Schlacht weichen teilweise so gravierend voneinander ab, daß hier wohl nur eine gründliche Forschungsarbeit Ordnung schaffen könnte. Es scheint indessen richtig zu sein, daß Monk mit seinen drei Geschwadern konsequent die Luvseite gewinnen und dank der weit stärkeren Armierung in einem Artillerie-Ferngefecht die erste Kraft des Gegners lähmen kann. Nachmittags »wird das Gefecht allgemein«, und danach gerät das dritte, unter Vizeadmiral Lawson stehende Geschwader durch ein raffiniertes Manöver Tromps in eine gefährliche Situation. Bei aufkommender neuer Brise läßt Tromp nämlich seine Schiffe durch Ruderboote auf den anderen Bug zerren und bringt Lawson zwischen sich und die holländische Nachhut unter de Ruyter, abgetrennt von den beiden anderen englischen Geschwadern.
Zwar gehen Monk und Penn sofort über Steuerbordbug, können aber Lawson, dessen Schiffen von den konzentrierten Holländern übel mitgespielt wird, nur unter Mühen und Opfern vor deren völliger Vernichtung retten. Bei den Gruppenkämpfen glückt es Tromp beinahe, Monks Flaggschiff, die RESOLUTION, zu entern. Erst nach Stunden kann sich die Hauptmasse der Engländer aus dem dicken Pulverdampf, der jeglichen Überblick verhindert, nach luvward herausmanövrieren. Inzwischen ist der wiedergenesene Blake mit 18 Schiffen zur englischen Flotte gestoßen, und deren Überlegenheit ist nunmehr absolut. Sie kommt jedoch nicht zum Tragen, da der Wind eingeschlafen ist.
Aber am nächsten Morgen wirkt sich die englische Übermacht doch aus. Die Holländer ziehen sich nach den ersten Verlusten hinter die flachen Sände vor Flanderns Küste zurück, wohin die tiefergehenden Engländer nicht folgen können. Die Holländer haben 20 Schiffe verloren, 1400 Mann sind tot, verwundet oder gefangen. Die Engländer verloren kein einziges Schiff, 120 Mann sind gefallen, 240 verwundet.
Der größere Erfolg für die Engländer liegt jedoch darin, daß sie erstmals die holländische Küste und damit den Handel über See blockieren können. Die Not wird zur Lawine.
Inzwischen rüsten die Holländer zäh und unverdrossen neue Geschwader in der Maas und in Texel aus. Am 8. August 1653 will sich Admiral Tromp mit seinen 82 Schiffen und 5 Brandern mit den 24 Einheiten des Admiral de Witt bei Texel vereinigen. Aus der Maas auslaufend, trifft Tromp bei Katwyk mit der Blockadeflotte des Admiral Monk zusammen, der über 100 Schiffe verfügt. Sturm behindert die Kampfhandlungen, und Tromp und de Witt können sich am nächsten Abend vereinigen.
Tags darauf, inzwischen der 10. August, beginnt bei leichtem Südwestwind die Schlacht. Die Flotten passieren mehrere Male. Die Kiellinien sind schlecht geordnet, aber der Vorstoß der Holländer aus der Luvseite in Teile der englischen Flotte ist gekonnt. Verluste auf beiden Seiten in dem nun beginnenden Nahkampf, in dem Tromp, von einer Musketenkugel getroffen, fällt. Schiffe sinken, einige explodieren. Die Flaggschiffe von de Ruyter und Evertsen fallen aus. Mehr als 20 Schiffe der Holländer ergreifen angesichts dieses Gemetzels die Flucht. De Witt sichert den restlichen Schiffen den Rückzug nach Texel. 15 Schiffe muß er als verloren melden. Monk hat zwar taktisch gesiegt, hat aber an seinen Schiffen so schwere Schäden erlitten, daß er nach England zurücksegeln muß. Die Blockade ist dadurch gebrochen. Die Holländer bringen eilig einige Konvois aus dem Sund und aus Norwegen ein. Weiterhin aber leidet der holländische Handel unter den englischen Kapern schwer.

Frieden zu Westminster, aber Krieg mit Spanien

Am 15. April 1654 schließt man den Frieden zu Westminster. Das Durchsuchungsrecht holländischer Schiffe entfällt. Aber im übrigen wird die Navigationsakte kaum geändert. Der Flaggengruß wird weiter gefordert. England darf mit Ostasien handeln, Holland muß St. Helena als Wasserstation abtreten. Der Weg zur englischen See- und Handelsmacht bahnt sich an. In Nordamerika engagieren sich die Engländer, um das Land zu kolonisieren.
Der Kriege nicht genug: Zwischen 1654 und 1659 führen die Engländer mit Spanien wegen dessen Handelsmonopol in Westindien eine Art Privatkrieg. 1655 überfallen sie Santo Domingo und setzen sich in Jamaika fest. Erst jetzt erklärt Cromwell offiziell den Krieg. Vor Cádiz nehmen sie zur Jahreswende 1655 auf 1656 eine ganze Silberflotte im Wert von mehr als 1 Million Pfund.
Im Mittelmeer verschafft Blake Englands Flagge wieder Ansehen. Er greift Tunis an, verbrennt neun Schiffe der davorliegenden Korsarenflotte, erzwingt eine Landung und tötet mit einem 1000 Mann starken Landungskorps 3000 Türken. Er wendet sich Algier und Tripolis zu, landet auch hier und befreit die in Sklaverei gehaltenen Engländer. Mit Venedig und der Toskana schließt er Bündnisse. Blakes Angriff auf die 22 Galeonen starke Silberflotte im Hafen von Santa Cruz auf Teneriffa am 20. April 1657 bringt den Spaniern zwar schwere Verluste, den Silberschatz der vernichteten Schiffe aber haben sie an Land in Sicherheit gebracht. Immerhin: Alle Galeonen sind vernichtet, die Strandbatterien zerstört. Robert Blake aber, einer der größten Seehelden Englands, stirbt auf der Heimreise. Cromwell läßt den Admiral in der Westminsterabtei beisetzen.
Ansonsten benutzt Cromwell den Krieg mit den Spaniern, um ihnen 1658 mit Hilfe der verbündeten Franzosen nach der Schlacht in den Dünen das seit drei Jahrhunderten umstrittene Dünkirchen zu entreißen.

Die Seeschlacht von Lowestoft

1665 bricht der Zweite Englisch-Niederländische Krieg aus. Cromwell ist seit 1658 tot. Die Monarchie wird 1660 wiederhergestellt. Karl II., mit dem Hause Oranien verwandt, sitzt auf Englands Thron. Er hat durch seine portugiesische Heirat Bombay und Tanger an die englische Krone gebracht, dafür aber Dünkirchen, nach Calais Englands letzter Brückenkopf auf dem Festland, an Ludwig XIV. von Frankreich zurückgegeben. Der Handelsneid gegenüber den von Jan de Witt regierten Niederländern wächst und gedeiht, und wo man kann, nehmen die Engländer den Holländern ihre Besitzungen weg: 1664 an der Guineaküste und das Gebiet von Neu-Amsterdam in Nordamerika. Admiral de Ruyter erobert mit seiner Mittelmeerflotte die afrikanischen Kolonien zurück, um dann befehlsgemäß nach Nordamerika zu segeln. So kommt es, daß er nicht in heimatlichen Gewässern schwimmt, als hier die ersten Kampfhandlungen beginnen: Am 29. Dezember 1664 überfällt ein englisches Geschwader in der Gibraltar-Straße einen holländischen Smyrna-Konvoi, und als die Holländer Gegenmaßnahmen ergreifen, antwortet Karl II. 1665 mit einer Kriegserklärung. In diesem Zweiten Englisch-Niederländischen Orlog kann eine Entscheidung nur in den Narrow Seas beiderseits der Kanalenge fallen. In England hat sich der see-erfahrene Königsbruder Herzog von Kent der Flotte angenommen. Er hat vor allem für ein einheitliches Seeoffizierkorps gesorgt, das aus dem trivialen Schiffer den gentlemanliken Seeoffizier macht. Schiffsgrößen und Anzahl der Kanonen hat er systematisch gesteigert. So ist er unter anderem verantwortlich für die ersten Dreidecker mit 92 Kanonen, darunter vielen 42-Pfündern, denen die Holländer nur Zweidecker mit höchstens 70 bis 80 Kanonen entgegenzusetzen haben. Blakes Taktikinstruktionen hat er in das Fahren in Linie für die ganze Flotte und nicht nur für einzelne Geschwader umgearbeitet. Die Geschwader werden durch farbige Flaggen unterschieden: das Weiße als Vorhut, das Rote in der Mitte und das Blaue als Nachhut. Das Festhalten an der starren Gefechtskiellinie wird den Engländern, die erst unter Rodney davon abweichen, jedoch mehr als einmal zum Nachteil.
Die Holländer haben als Novum die schnellsegelnden Eindecker, die Fregatten, vermehrt und für den Nachrichten- und Beobachtungsdienst die Avisyachten entwickelt. Der erste englische Blockadeversuch der holländischen Küste Anfang Mai 1665 scheitert aber wegen schlechten Wetters. Danach kommt es zur Schlacht bei Lowestoft. Es stehen sich am 13. Juni 1665 gegenüber: 109 in drei Geschwader unterteilte Schiffe unter Lord High Admiral Herzog von York mit 4200 Kanonen und 22 000 Mann und 103 noch nicht voll ausgerüstete Holländer, meist bewaffnete Kauffahrteischiffe, mit 4900, also mehr, aber leichteren Kanonen und 21 000 Mann. Als nach laufenden Artillerieduellen in den Nachmittagsstunden einige Einheiten aus der Mitte der holländischen Geschwader abdrehen und fliehen, stoßen die Engländer in die Lücke nach. Die Verluste der Holländer durch Enterung, Artilleriebeschuß und Brander sind ungeheuerlich. Admiral Evertsen d. Ä. und Vizeadmiral Tromp d. J. decken nun den Rückzug des Restes. 17 Schiffe, darunter auch das Flaggschiff EENDRAGT des holländischen Flottenchefs Obdam van Wassenaer, gehen verloren, drei Admirale fallen, 4000 Mann sind tot. Die Engländer verlieren zwei Schiffe, zwei Admirale und 800 Mann. Aber den zur gleichen Zeit im Hafen von Bergen liegenden Geleitzug von 70 Schiffen bringen die Holländer unter de Ruyter dennoch durch die englischen Linien. Nur zehn Nachzügler fangen die Engländer ab.

Die Viertageschlacht

1666 kommt es zur Viertageschlacht im Kanal, die an Dramatik und Höhepunkten so reich ist, daß der Stoff für ein eigenes Buch ausreichen würde. Die Uhr zeigt etwa die 16. Stunde des 11. Juni, als der zahlenmäßig etwas unterlegene Admiral Monk auf seinem wegen der nahen flandrischen Küste gebotenen Westkurs mit de Ruyters Zentrum und Evertsens Vorhut ins Gefecht kommt. Die Holländer verfügen unter de Ruyter auf seinem Flaggschiff DE ZEVEN PROVINCIËN über 84 Schiffe mit 4600 Kanonen und 22 000 Mann Besatzung. Die Engländer unter dem gemeinsamen Oberbefehl von Monk und Prinz Rupert, der mit seinen 20 Schiffen aber noch nicht zur Stelle ist, setzen 78 Schiffe mit 4500 Kanonen und 21 000 Mann ein. »Nun wirkt sich die größere Zahl der Holländer aus. Die englische SWIFTSURE wird genommen, auf ihr fällt Vizeadmiral Berkley. Vizeadmiral Harman auf der HENRY führt einen heroischen Kampf, weist den Angriff von mehreren holländischen Linienschiffen und Brandern ab, läßt die schon brennende Takelage löschen, tötet mit der letzten Salve seiner dezimierten Artillerie Admiral Evertsen und bringt sein zerschossenes Schiff in Sicherheit. Bis zum Abend verlieren beide Seiten noch mehrere Schiffe. In der Nacht bessern die Flotten ihre Schäden aus, kampfunfähige Schiffe werden entlassen. Die holländische Vorhut übernimmt Vizeadmiral de Vries.« (Pemsel)
Am 12. Juni muß der zahlenmäßig mit nur 47 Schiffen unterlegene Monk den Kampf gegenüber 77 Holländern trotz günstiger Position abbrechen. Am 13. Juni zieht er sich mit nun nur noch 30 kampffähigen Schiffen weiter nach Westen zurück, wobei ihn de Ruyter mit seinen beschädigten Schiffen nicht einholen kann. Allerdings gerät das Flaggschiff des englischen Admirals Ayscue, die ROYAL PRINCE, eine der stärksten Einheiten, auf Grund und wird von den Holländern umstellt. Es streicht die Flagge und wird verbrannt. Monk aber kann sich abends mit Prinz Rupert und dessen 20 frischen Schiffen vereinigen und verstärken.
Am Morgen des 14. Juni will die eine wie auch die andere Seite ein Ergebnis erzwingen. Tromp d. J. und de Ruyter brechen aus der Luvseite in eine manövermäßig entstandene Lücke der englischen Linie ein und gehen um deren Ende herum. Nun, von zwei Seiten angegriffen, brechen die Engländer nach weiteren Verlusten den Kampf ab.
Damit endet eine der größten Schlachten der Seekriegsgeschichte. Die Engländer verloren 17 Schiffe, hatten 5000 Tote, 3000 Verwundete und Gefangene. Die Holländer verloren 6 Schiffe und 2000 Tote.

Nächste Doppelseite: Zeitgenössisches Gemälde von Abraham Storck (1644–1705), die sogenannte Viertageschlacht vom 11. bis 14. Juni 1666 darstellend. Sie endet nach erbittert geführtem Kampf mit schweren Verlusten der Engländer unter Admiral George Monk. Die Holländer mit ihrem großen Seehelden Michael de Ruyter (1607–1676) an der Spitze der Flotte haben wieder die Oberhand gewonnen.

Das St.-James-Gefecht

Anfang August 1666 hat sich die englische Flotte erholt. In der Seeschlacht bei North Foreland, dem sogenannten St.-James-Fight, stoßen beide Flotten mit je 90 Schiffen und 20 Brandern aufeinander. Im Gefecht fallen sämtliche Admirale der holländischen Vorhut, deren Geschwader flieht, während Tromp noch mit seiner Nachhut Jagd auf einige abdrehende Engländer macht. De Ruyter, der mit seinem Zentrum allein gegenüber der überlegenen englischen Flotte steht, deckt mit 20 Einheiten den Rückzug aller noch verfügbaren holländischen Schiffe hinter die flachen Sände der holländischen Küste meisterhaft ab, während Tromp mit seiner abgesetzten Nachhut einen Tag später folgt. Er rettet damit zwar die holländische Flotte vor der Vernichtung, die Seeherrschaft aber im Kanal behaupten nach St. James zunächst die Engländer. So vernichten sie gleich drei Tage später, am 8. August 1666, mit einem kleinen Geschwader vor der Insel Vlieland bei Texel 150 holländische Handelsfahrer.
Am 10. September 1666 bricht in London ein verheerender Brand aus. Dazu wütet die Pest. Und da sich die Hofhaltung kostenmäßig übernommen hat, legt man die Linienschiffe auf und führt Handelskrieg nur noch mit kleinen Einheiten. Das Blatt hat sich wieder gewendet zugunsten der Holländer.

Sinkende Schiffe vor London

In dieser Phase taucht de Ruyter sogar auf der Themse auf, mit 24 Linienschiffen, 20 kleinen Einheiten und 15 Brandern. Die Fahrt den Medway hinauf hat für die Engländer verheerende Folgen: Strandbatterien werden zusammengeschossen, Flußsperren beseitigt, neun Linienschiffe genommen oder verbrannt. Monks Flaggschiff, die Royal Charles, wird als Prise nach Holland gebracht. De Ruyter blockiert die Themsemündung. Der Fluß ist voll von fliehenden Schiffen und Booten, sinkenden Wracks und brennenden Trümmern. Als de Ruyter am 6. Juli 1667, um die Friedensverhandlungen zu beschleunigen, noch einmal bis vor Gravesend segelt, bricht in London eine Panik aus.
Im Frieden von Breda erreicht Holland eine Lockerung der Navigationsakte. Die Einfuhr deutscher Waren nach England wird erlaubt. Dafür tritt Holland Neu-Amsterdam ab.

Admiral de Ruyter verhindert Landung in Holland

Es gibt von 1672–1674 noch einen dritten Seekrieg zwischen England und Holland, in dem dieses nun auch gegen die englische Koalition kämpfen muß (Frankreich, Schweden und die Fürstbischöfe von Köln und Münster). Dem jungen Wilhelm III. von Oranien obliegt nach dem gewaltsamen Tode von Jan de Witt die Leitung des Staates. Außer der englischen Flotte steht er jetzt auch noch Colberts neuer französischer Flotte gegenüber, die zwar stark ist, aber noch ohne Kriegserfahrungen.
Noch vor der Kriegserklärung greift ein englisches Geschwader mit 12 Linienschiffen 72 aus Smyrna heimkehrende, von 5 Kriegsschiffen gedeckte holländische Kauffahrteifahrer im Kanal an. Der Kampf dauert zwei Tage, und die holländische Gegenwehr ist so heftig, daß die Engländer nur drei Handelsschiffe wegnehmen und eines der Kriegsschiffe versenken können.
In der nun am 7. Juni 1672 folgenden Seeschlacht in der Solebay verhindert de Ruyter eine geplante Landung in Holland, nachdem er die zur Proviant- und Wasserübernahme liegende Flotte der Verbündeten (150 Schiffe) in breiter Formation mit 130 Schiffen angreift. Diese Seeschlacht und das Eingreifen Preußens in die Landkämpfe retten Holland.
De Ruyter nimmt wieder seine Wartestellung hinter den Untiefen der holländischen Küste ein. Als die inzwischen verstärkten Verbündeten am 7. Juni 1673 vor Schooneveldt die neue Landung in Holland planen, kommt es erneut zur Schlacht. Tage später, als der Wind nach Osten umspringt, greift de Ruyter an. Die Verbündeten werden von ihm zur englischen Küste abgedrängt. Die Landung ist endgültig vereitelt. De Ruyter erscheint erneut vor der Themse. Eine der Folgen ist: Konvois kommen wieder nach Holland durch.

Die Seeschlacht bei Texel

Im August 1673 wollen die Verbündeten die Holländer, deren Kriegslage sich an den Landfronten verschlechtert hat, endgültig mit 20000 Mann Landungstruppen in die Knie zwingen. Am 21. August erscheinen sie zur Deckung der Landeoperationen mit 91 Schiffen vor Texel, aber de Ruyter schiebt sich bei Ostwind noch in der Nacht zwischen den Gegner und die nahe Küste und steht bei Gefechtsbeginn in Luv. Am Abend, nach harten Kämpfen, segelt die englische Flotte, bei der zwölf Schiffe entmastet sind, heim. Die Schlacht, nach der ein großer Ostindienkonvoi sicher durchgebracht werden kann, war ein voller strategischer und taktischer Erfolg de Ruyters. Und da sich beim Kampf die Franzosen sichtlich zurückgehalten hatten, ist England über die französischen Verbündeten verärgert und schließt mit Holland 1674 den zweiten Frieden zu Westminster.
Karl II. kann seine früheren übertriebenen Forderungen nicht mehr durchsetzen, wohl aber zum ersten Male die ausdrückliche Anerkennung der Vorherrschaft Englands auf dem Meere. Holland aber kann sich nun energisch mit Frankreich befassen. De Ruyters Flotte segelt nach Westindien, wo Admiral Binkes 1676 die Insel Tobago erobert. Eine andere Flotte unter Tromp blockiert und brandschatzt die französische Biskayaküste.

Der Frieden von Breda am 31. 7. 1667 war nicht von langer Dauer. Zu sehr brannte den Engländern die von den Holländern zugefügte Schmach auf der Haut. Vor allem der geniale Handstreich Michael de Ruyters einige Wochen zuvor auf die Werft von Chatham, wo man in aller Ruhe das ruhmbedeckte Flaggschiff Admiral Monks, die Royal Charles, in Schlepp nimmt und nach Holland bringt, verletzt tief den Stolz der Engländer. 1672 flammen die Kampfhandlungen wieder auf, und nach verschiedenen Gefechten ohne klare Entscheidung kommt es am 21. August 1673 zur Seeschlacht bei Texel. Sie wird erneut ein strategischer und taktischer Erfolg de Ruyters, und die geplante Invasion Hollands durch die verbündeten Engländer und Franzosen ist gescheitert. Am 22. April 1676 wird Michael de Ruyter bei einem Gefecht bei Augusta nördlich von Syrakus tödlich verwundet. Mit ihm verliert Holland einen Mann, von dem Ludwig XIV. bewundernd sagte: »Er hat mit Herz und Kopf Taten verrichtet, die Menschenkraft übersteigen.«
Doch die Holländer kommen nicht zur Ruhe. Wiederum vor Texel, diesmal am 29. Juni 1694, greift der tollkühne französische Kaperführer Jean Bart einen mit überlegenen Kräften gesicherten holländischen Geleitzug an (Bild). Jean Bart schießt kurzerhand das Flaggschiff des Admirals de Vries zusammen, entert es und treibt die anderen Holländer in die Flucht.

Der holländisch-französische Krieg im Mittelmeer

Im Herbst 1675 segelt de Ruyter auf die Bitte von Spanien hin, das sich mit eigener Kraft nicht mehr der französischen Seemacht erwehren kann, und auch zur Rettung Siziliens ins Mittelmeer. Dort ist er

den Franzosen zahlenmäßig unterlegen. In der Seeschlacht bei Stromboli – die Spanier unterstützen de Ruyter kaum – benutzt dieser zum ersten Mal die später in der französischen Marine stets bevorzugte Leestellung gegenüber einem von der Windseite her in ungeordneter Dwarslinie angreifenden Feind mit Erfolg. Am 22. April 1676 kommt es zur Seeschlacht bei Augusta. 13 Holländer und 4 Spanier stehen 29 Franzosen gegenüber. De Ruyter kann sich zwar behaupten, gerät aber dann zwischen zwei Feuer, wobei er tödlich verwundet wird. Er stirbt, 70 Jahre alt, an Bord seines Flaggschiffes EENDRAGT nach einem an Siegen so reichen Leben. Er war zweifellos einer der größten Seehelden aller Zeiten. Ludwig XIV., sein erbitterter Feind, gibt den Befehl, das holländische Kriegsschiff mit seinem Sarg an Bord überall frei passieren zu lassen und zu salutieren, wo man ihm begegnet.

Die Flotte der Holländer und Spanier zieht sich nach dem Tode des großen Führers zu Reparaturen nach Palermo zurück, wo man ziemlich sorglos vor Anker geht. Die Franzosen erscheinen prompt mit 60 Schiffen. Die Verbündeten verlieren, vor allem durch Brander, fast die gesamte Flotte: 6 Linienschiffe, 2 Galeeren und weitere kleine Fahrzeuge. 6 Admirale sind tot, 2000 Mann gefallen oder verwundet. Fast ohne eigene Verluste haben die Franzosen die Seeherrschaft im Mittelmeer an sich gerissen.

Der Friede von Nimwegen 1678 beendet den Koalitionskrieg. Holland kommt in einem Handelsvertrag mit Frankreich sogar günstig davon. Inzwischen aber hat sich England in Hollands überseeischem Besitz eingenistet. Während sich die Holländer mit dem Begriff »Seegeltung« begnügten, hatten die Engländer den Begriff »Seemacht« erfaßt und ausgespielt. Auch stürzen sich ganze Geschwader von französischen Freibeutern auf die holländischen Kauffahrer, während sich der englische Seehandel frei entfalten kann.

Entdeckungen und Handel im 17. Jahrhundert

Erste Besiedlungen

Es ist unmöglich, all die vielen kleinen und großen maritimen Entdeckungen dieses Jahrhunderts aufzuzählen. Sie spiegeln aber bereits die Verschiebungen der Machtverhältnisse auf den Meeren der Welt wider und die daraus resultierenden Feindseligkeiten. Hier die wichtigsten Ereignisse in Stichworten:
1601 landet der Portugiese Godinho de Eredia an der Nordküste Australiens. 1605 entdeckt Pedro de Quirós Tahiti und andere Südseeinseln. 1606 entdeckt der Spanier Louis Vaz de Torres die Niedrigen Inseln und die nach ihm benannte Torresstraße.
1607: Die Geschichte Henry Hudsons (1550–1611) ist bei diesen Fahrten ins Ungewisse wohl die tragischste. Sein Name taucht zuerst im Zusammenhang mit einer Reise auf, als er mit der Bark Hopeful versuchte, den Nordpol und die Nordwestpassage im Auftrag der Muscovy Company zu entdecken. Mit zehn Mann und seinem Sohn segelt er im April 1607 aus Gravesend ab, um nördlich von Grönland die legendäre Passage nach Indien zu suchen. Er scheitert, denn ein Durchkommen ist nicht möglich. Er kehrt an die Themse zurück, versucht es trotz allem im nächsten Jahr wieder – und wieder vergeblich. Die Company verliert ihr Interesse. Immer noch hoffnungsvoll, knüpft er 1608 eine erfolgreiche Verbindung zur holländischen Ostindienkompagnie an. So kann er von Amsterdam aus mit dem Schiff Half-Moon erneut nach Nova Scotia segeln. Nachdem er den Fluß erkundet hat, der später seinen Namen tragen wird, kehrt Hudson im September nach England zurück. Im April 1610 reist er wieder aus, diesmal mit der auf private Kosten ausgerüsteten 55-Tonnen-Bark Discovery. Ende Juni hat er sich durch die nach ihm benannte Straße getastet, und in den kommenden Monaten erforscht er die große Bucht, in die er gelangt ist – »ein Labyrinth ohne Grenzen«, wie er über diese »Hudson-Bay« schreibt.
Er segelt die Discovery in die James-Bay, wo Land den weiteren Weg nach Süden versperrt. Hier überwintert er. Als die Nahrungsmittel knapp werden, bricht Streit aus, und als das Eis schmilzt, kommt es zu einer Meuterei. Hudson wird gefesselt und mit seinem Sohn John und acht weiteren Leuten in ein Boot gesetzt, das man treiben läßt. Sie bleiben verschollen. Einige Meuterer werden beim Versuch, an Land Rentiere zu töten, von Eskimos umgebracht. Doch ein ehemaliger Maat, Robert Bylot, segelt die Discovery nach England zurück, wo er mit nur drei Überlebenden ankommt. Später unternimmt Bylot zusammen mit William Baffin zwei Reisen in den hohen Norden mit der Discovery. Beim zweiten Versuch finden sie den Lancaster-Sund von der Baffin-Bay aus und haben damit die Tore zur Nordwestpassage gefunden.
1615 entdeckt Samuel de Champlain, der Gründer Quebecs, den großen kanadischen Seenkomplex, von dem die erste Kunde von Cartier gegeben worden war.
1616 entdecken die Holländer Jacob Le Maire und Willem Cornelius Schouten die Le-Maire-Straße, passieren die schwierige Enge und umsegeln mit ihrem Schiff Hoorn das Südende von Feuerland, dessen südlichsten Zipfel sie Kap Hoorn nennen, ein düsteres, drohendes Felsenmassiv in der eisigen, grünblauen See. Sie ahnen nicht, welche Rolle dieses Kap einmal in der Geschichte der Seefahrt spielen wird, als Drehscheibe für die Kalifornien-Clipper, für die Salpeter- und Guanosegler, vor allem aber für die aus Stahl erbauten Schwerwettersegler in der Endphase des Schwanengesangs der Windjammerfahrt.
Am 6. September 1620 verläßt die als Bark getakelte, dreimastige Galeone Mayflower mit puritanischen Pilgern an Bord

Links: Diese Karte von 1748 aus dem Besitz der berühmten, 1670 gegründeten Hudson Bay Company zeigt in noch ziemlich phantasievollen Umrissen Nordamerika mit der Hudson-Bay und Hudson-Straße im nordöstlichen Kanada. »Ein Labyrinth ohne Grenzen« nannte Henry Hudson dieses Gebiet, das er 1610 erkundete.

Unten: Bereits im Jahre 1609 findet Henry Hudson (1550–1611) den nach ihm benannten Hudson-River. Das Modell zeigt die Half-Moon, mit der er im Auftrag der Niederländer den Fluß im Osten des heutigen Staates New York erkundet und dessen Gegend er daher Nieuw Amsterdam nennt.

– 73 Männer und 29 Frauen – den Hafen von Plymouth mit dem Ziel, in der Neuen Welt eine Kolonie zu gründen, wo sie ihrem in der Heimat suspekten Glauben ungehindert nachgehen können. Zwei Monate später, am 20. November, landen sie bei Kap Cod in Massachusetts in der Nähe einer bereits vorhandenen Kolonie. Nur fünfzig überleben den langen und ungewohnt harten Winter. Zurück, wo sie verfolgt werden, wollen sie jedoch nicht: Die Neue Welt öffnet sich jetzt und für immer für Verfolgte. Sie ist eine freie Welt.

1639 gründen Engländer ein Handelskontor in Madras. 1641 wird als einzigen Fremden den Niederländern gestattet, in Japan zu leben. 1642 entdeckt der holländische Seefahrer Abel Janszoon Tasman das Vandiemensland, das in Wirklichkeit eine Insel ist, die später Tasmanien benannt wird. Er umsegelt als erster Seefahrer Australien und vermerkt, daß dieses Land tatsächlich ein neuer Erdteil ist, daß aber das hier angenommene große Südland nicht existiert.

Er findet 15 Längengrade östlich noch die Westküste Neuseelands.

1643 entdeckt der Holländer de Vries die Ostküste Japans, die Kurilen und Sachalin. 1648 umfährt der Kosak und Seefahrer Semjon Deschnjew das Ostkap Asiens und dringt durch die Beringstraße bis zum Fluß Anadyr vor, wodurch die Trennung der Alten von der Neuen Welt bewiesen wird. 1651 begründen in Windau beheimatete kurländische Kriegsschiffe auf Veranlassung von Herzog Jakob von Kurland an der Mündung des Gambia-Flusses in Westafrika die Niederlassung Jakobsfurt. Jakob erwirbt auch die St.-Andreas-Insel und die kleine Antilleninsel Tobago, die aber später von den Holländern besetzt werden.

1652: Die holländische Ostindische Compagnie richtet im Raum von Kapstadt eine Siedlung mit dem Ziel ein, die Ostindienfahrer während ihrer langen Reise hier mit frischem Gemüse, Obst, Wasser und dergleichen zu versorgen, vor allem, da man erkannt hat, daß der gefürchtete Skorbut seine Ursache in mangelhafter Ernährung, vor allem ohne Citrusfrüchte hat. Und da es sich hier quasi um einen medizinischen Fall handelt, hat man den Aufbau und die Leitung der Siedlung einem Arzt, nämlich Jan van Riebeeck, übertragen, der als Gründer der Kapkolonie gilt.

1655 besetzen die Engländer Jamaika. 1658 vertreiben die Holländer die Portugiesen aus Ceylon. 1661 treten die Portugiesen Bombay an die Engländer ab, das 1693 die Holländer den Franzosen abnehmen. 1667 erwerben die Holländer Guayana. 1674 etablieren sich die Franzosen mit einem Handelskontor in Pondicherry (Ostindien), das ihnen die Holländer 1693 wieder abnehmen. 1682 nimmt René Robert de la Salle das Mississippidelta, von Norden kommend, für Frankreich in Besitz und nennt es »Louisiana«. Wiederentdeckt wird das Delta erst 1699 durch den Franzosen La Moine d'Iberville. 1699: Der Engländer William Dampier umsegelt das Kap der Guten Hoffnung zur Westküste Australiens und erleidet 1701 auf der Rückreise Schiffbruch.

Die Englische Ostindische Compagnie

Zu den wohl spektakulärsten Ereignissen des 17. Jahrhunderts sind die Gründungen der Ostindischen Handelscompagnien zu zählen. Den Regierungen ist nicht nur die Verbreitung des Christentums ein Anliegen, sie streben auch nach außerheimischem Grundbesitz und haben eine fast

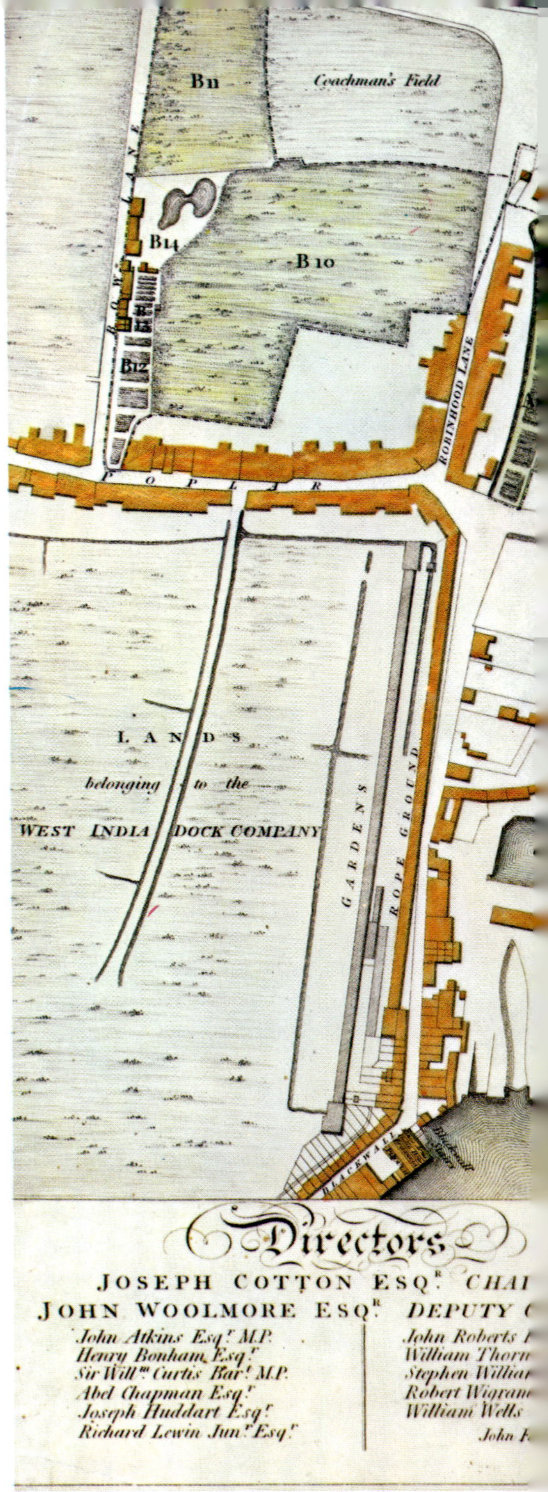

ungesunde Gier nach Edelsteinen, Gold und anderen Edelmetallen. Hierzu stehen die Handelsgesellschaften wenigstens bei ihrer Stiftung in entschiedenem Gegensatz. Ihnen geht es ausschließlich um möglichst große merkantile Vorteile aus dem kolonialen Handel.

In der noch relativ jungen südostasiatischen Fahrt kommt es fast ausschließlich auf Gewürze an, als im September 1569 Sir Stephen Soame, Lord Mayor von London, den Vorsitz über eine Versammlung besorgter Handelsherren übernimmt, weil diese sich über die steigenden Preise beklagen. Man müsse, so argumentieren sie alle, gemeinsam gegen das holländische Monopol vorgehen. Das Ergebnis ist einmütig. Man gründet eine Interessengemeinschaft: die Compagnie Londoner Kaufleute für den Ostindienhandel.

Die betagte Königin Elizabeth gewährt aber erst durch die Akte vom 31. Dezember 1600 dem Earl of Cumberland und 215 Adligen, Ratsherren und Handelsherren ein Privileg für die ostindischen Gewässer. Das Handelsgebiet ist nicht kleinlich abgesteckt: Es umfaßt »alle Teile und Orte in Asien, Afrika und Amerika zwischen Kap Cod und der Magellanstraße«.

Das Direktorium der Gesellschaft kauft nach Verkündung der königlichen Akte mit einem Kapital von 72 000 Pfund sofort fünf Schiffe, darunter einen bemerkenswert stattlichen Segler, der den herausfordernden Namen Red Dragon erhält. Während inzwischen andere Schiffe der Compagnie vergebens nach der Nordwestpassage suchen, segelt die Red Dragon mit drei kleineren Schiffen 1601 die Themse hinunter. Ihr Reiseziel ist Ostindien, auf dem langen Weg ums Kap der Guten Hoffnung herum, angeführt von Sir James Lancaster, einem erfolgreichen Seefahrer, nach dem der Lancaster-Sund in der Arktis benannt worden ist.

Die Red Dragon hat 36 Kanonen, die Begleitschiffe je 24. Die Agenten an Bord sollen Handelsniederlassungen gründen. Die Schiffe haben als Tauschgüter Eisen, Blei, Zinn und Tuch geladen und Geschenke im Wert von 15 000 Livres für »indische Fürsten« mitgenommen.

Links oben: Am 6. September 1620 verließ die Dreimastbark Mayflower mit puritanischen Pilgern an Bord den Hafen von Plymouth, um in der Neuen Welt ungehindert ihrem Glauben nachgehen zu können. 1957 baut der Australier Alan Villiers die Mayflower exakt nach und macht die Reise der Pilgerväter nach Massachusetts unter den seinerzeitigen Bedingungen noch einmal.

Rechte Seite: Mit Dekret vom 31. Dezember 1600 gewährt die englische Königin Elizabeth 215 Adligen und Ratsherren ein Privileg auf den Handel in ostindischen Gewässern, um das Monopol der Holländer zu brechen. Die Englische Ostindische Compagnie ist gegründet und entwickelt sich im Laufe der folgenden Jahrzehnte zu einer so mächtigen Organisation, daß sie fast einem souveränen Staat gleichzusetzen ist. In London unterhält die Englische Ostindische Compagnie große Hafenanlagen (oben), in Deptford eine eigene Werft (unten).

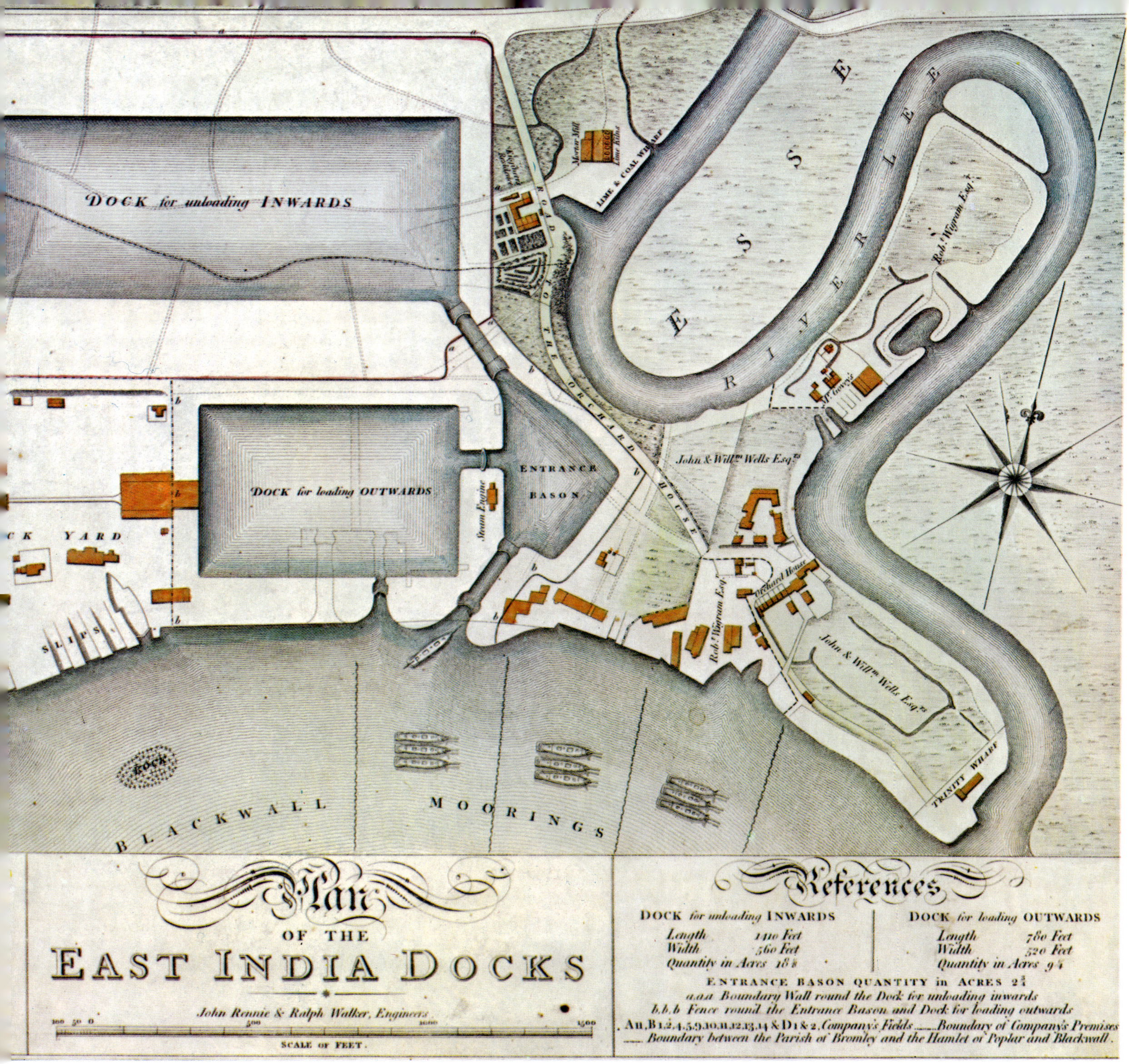
DOCK for unloading INWARDS
DOCK for loading OUTWARDS
ENTRANCE BASON
Steam Engine
SLIPS
BLACKWALL MOORINGS
RIVER LEE
ESSEX
LIME & COAL WHARF
ORCHARD HOUSE
John & Willm. Wells Esqrs.
Robt. Wigram Esq.
TRINITY WHARF
Plan
OF THE
EAST INDIA DOCKS
John Rennie & Ralph Walker, Engineers
100 50 0 500 1000 1500
SCALE OF FEET.
References
DOCK for unloading INWARDS
Length 1410 Feet
Width 560 Feet
Quantity in Acres 18⅛
DOCK for loading OUTWARDS
Length 780 Feet
Width 520 Feet
Quantity in Acres 9¼
ENTRANCE BASON QUANTITY in ACRES 2¾
a.a.a Boundary Wall round the Dock for unloading inwards
b.b.b Fence round the Entrance Bason and Dock for loading outwards
. A11, B1.2.4.5.9.10.11.12.13.14 & D1 & 2, Company's Fields ___ Boundary of Company's Premises
___ Boundary between the Parish of Bromley and the Hamlet of Poplar and Blackwall.

Auf dem Weg nach Süden jagen sie so nebenbei zwei portugiesische Karavellen und bringen sie auf. Skorbutfälle zwingen die RED DRAGON in die Tafelbai, wo man die Kranken an Land in Zelten unterbringt und mit frischem Obst und Zitronensaft zu heilen sucht.

Kaum ist ein Teil der Besatzung genesen, setzt Lancaster die Reise fort, zuerst zu den Nikobaren, dann nach Sumatra, wo ihn zu seiner Verwunderung holländische Agenten willkommen heißen. In Atjim auf Sumatra begeistert er mit viel Prunk und Paradieren den eingeborenen König und läßt zwei Agenten zurück, die Pfefferfrachten besorgen sollen. Auf der weiteren Reise kapert er erneut eine portugiesische Karavelle, die so viel geladen hat, daß es sechs Tage dauert, bis ihre Fracht auf den englischen Schiffen verstaut ist. Lancasters Rückkehr nach England wäre ein Triumph gewesen, hätte er nicht von insgesamt 480 Mann 180 unterwegs verloren, die meisten an Skorbut.

Der zweiten Reise von 1604 folgt dann eine dritte im Jahre 1610, auf der englische Schiffe zum ersten Mal in Surate bei Bombay Handel treiben: Sie erbringt mit 234 Prozent einen phantastischen Gewinn. Dann aber dreht sich der Wind. Amsterdam läßt die englischen Agenten derart massiv bedrohen, daß König Jakob 1617 eine Strafexpedition unter Sir Thomas Dole in Marsch setzt. Zur Warnung kapert dieser im überfüllten Hafen von Batavia ein holländisches Indienschiff mitsamt seiner kostbaren Ladung Pfeffer. Zur demonstrativen Vergeltung plündert der holländische Gouverneur gleich zwei englische Schiffe, und ohne Skrupel läßt er eine englische Handelsniederlassung niederbrennen. Schließlich inszenieren die Niederländer das Massaker von Amboina: Sie lassen zehn englische Kaufleute aufknüpfen. Und so kommt es zum erzwungenen Rückzug der Engländer von Java, Sumatra und den vielen gewinnträchtigen Inseln ringsum.

1612 segelt Captain Thomas Best mit der RED DRAGON und der HOESANDER erneut nach Surate, wo er sich tapfer und rigoros gegen vier portugiesische Schiffe behauptet. Er fährt unbeirrt und allen Widerständen zum Trotz fort, Handelsniederlassungen in diesem Gebiet zu gründen, womit sich einerseits das Ende der portugiesischen Expansion in Indien und andererseits der unaufhaltsame Aufstieg des englischen Handels abzuzeichnen beginnt. Infolge der oppositionellen Haltung der Holländer finden die Engländer in Madras und am Hoogly, das heißt in Kalkutta, aber erst sehr spät Gelegenheit, die wichtigsten ihrer Besitzungen zu gründen.

Die britische Ostindiencompagnie unterhält zu dieser Zeit 30 Schiffe. Manche dieser Indienschiffe, ob englisch oder holländisch, sehen wie Kriegsschiffe aus, denn man hat ihnen als Attrappe ein Portenband von Geschützpforten aufgebracht. Der Indische Ozean ist nicht nur wegen seiner Seeräuber berüchtigt, sondern auch wegen der zeitweise französischen, zeitweise holländischen Kaper, die auf ein reich beladenes Ostindienschiff hoffen. Die Kapitäne dieser Indienschiffe bilden eine Klasse für sich. Sie werden später oft als Elite der Seefahrt und bedeutende Leute geehrt. Wer eine Anzahl Reisen als Erster Offizier hinter sich gebracht hat, kann gegen eine hübsche Summe sein Kapitänspatent kaufen. Wenn er als Kapitän in Indien landet, hat er ein Anrecht auf 13 Salutschüsse, und die Wache »tritt ins Gewehr«. Dieser Privilegien nicht genug. Sehr viel wichtiger ist, daß der Kapitän seine geräumige Kajüte und die Achterhütte für 500 Pfund an einen wohlhabenden Passagier vermieten und ihn zu entsprechenden Preisen verköstigen darf. Doch die Hauptsache sind die »Zugeständnisse«: Bei Auslandsreisen stehen dem Kapitän und den Offizieren 56½ von 97 t Frachtraum zur eigenen Nutzung zu. Der Kapitän eines Ostindienfahrers schätzt seinen Gesamtgewinn aus drei Reisen von je 18 bis 20 Monaten auf reichlich 18 300 Pfund. So mancher feudale Landbesitz entstammt diesen Privilegien.

Die Gesellschaft ist schließlich fast einem souveränen Staat gleichzusetzen. Sie verfügt über eine eigene Armee, eine eigene Handels- und Kriegsflotte, über eigene Behörden, eine eigene Münze und eine eigene Gerichtsbarkeit. Die East India Company büßt erst 1858, nach dem großen Aufstand in Indien, ihre politische Macht ein. 1874, nach 274 Jahren, hört die »Ehrenwerte britische Ostindiencompagnie« auf zu existieren.

Die Holländische Ostindische Compagnie

Fast gleichzeitig mit der englischen entsteht die Holländische Ostindische Compagnie durch den Zusammenschluß mehrerer kleinerer Gesellschaften, die 1595–1602 für den Handel mit Ostindien gestiftet wurden. Die Gründung erfolgt im März 1602. Sie ist mit der Verleihung des Handelsmonopols jenseits der Magellanstraße und des Vorgebirges des Kaps der Guten Hoffnung verbunden. Und sie hat das Recht, im Namen der Generalstaaten Bündnisse und Verträge zu schließen, Festungen anzulegen, Kaperbriefe auszustellen, Kolonien zu gründen, Gouverneure und andere Beamte anzustellen und ihre innere Organisation nach eigenem Gutdünken einzurichten. In kurzer Zeit erlangen die Holländer, welche sich vorzugsweise auf die ostindischen Inseln beschränken, das Übergewicht über die Portugiesen, Spanier, ja selbst über die Engländer. Ihr Handel erreicht ungeahnten Umfang.

Für die im allgemeinen zwei Jahre dauernde Rundreise fahren die Schiffe der holländischen Ostindischen Compagnie in drei Flotten von den Niederlanden aus: Die erste oder Osterflotte segelt im April oder Mai, die zweite im September, die dritte im Dezember oder Januar. Historiker haben die Flotte der holländischen OIC um 1670 auf 75 bis 100 Schiffe veranschlagt und die Größe auf je 300 Last, was eine Gesamttragfähigkeit von maximal 30 000 Last ergibt. Ohne Schulden hält sich die Compagnie bis 1697, dann aber entzünden sich Probleme durch die kostspielige Verwaltung, die Demoralisierung der Beamten, besonders aber durch die wachsende Konkurrenz der Engländer, bis schließlich ihre Besitzungen ins Eigentum der Nation einfließen, ihre Monopole vernichtet und die Schulden als Nationalschulden passiviert werden.

Die Französische und die Dänische Ostindische Compagnie

Die Französische Ostindische Compagnie ist, im August 1664 gegründet, keine freie Handelsgesellschaft. Sie ist von Anbeginn ein Staatsunternehmen, das versucht, sich in Madagaskar, dann in Ceylon und in Surate (1675) festzusetzen. An der Küste von Koromandel (Ostküste Indiens) erwirbt sie eine kleine Besitzung. Es werden Verbindungen mit China, Siam und so weiter angeknüpft, die man im Krieg mit den Holländern wieder verliert. Wenige Jahre darauf erleidet sie durch Spekulationen neue Verluste, von denen sie sich mit großer Mühe erholt. Zuletzt führen die Kriege zwischen den Engländern und Franzosen am 13. August 1769 ihre Auflösung herbei. Die Krone nimmt das Eigentum an sich und gibt den Handel nach Ostindien frei.

Die 1618 errichtete Dänische Ostindische Compagnie treibt eine Zeitlang einen nicht unbedeutenden Handel mit Ostindien, muß sich aber auflösen, als Holländer und Engländer dort immer mächtiger werden. Zwar 1670 neu konstituiert, sieht sie sich genötigt, alle ihre Rechte und Besitzungen an den Staat wieder abzutreten, als dieser 1732 eine Dänische Asiatische Compagnie gründet, die aber kaum die Kosten deckt und ihre Besitzungen schließlich im Jahre 1845 an England verkauft.

Die Holländische Westindische Compagnie

Von Bedeutung ist neben der Ostindischen auch die Westindische Compagnie der Holländer, die anno 1621 das Handelsmonopol für die Westküste Afrikas und für ganz Amerika verliehen erhält. Diese Compagnie hat in den ersten Jahren seit ihrer Gründung insgesamt 220 Schiffe aufgekauft mit insgesamt 30 000 Last. Allerdings ist diese Anzahl nicht gleichzeitig in Fahrt: Höchstens zwei Drittel werden jeweils ausgerüstet und in See geschickt. Als die Holländer 1654 Brasilien und 1667 Neu-Amsterdam verlieren, verbleiben damit auch der Compagnie nur noch die wenig oder gar nicht kultivierte »wilde Küste« in Guayana, ein paar kleine westindische Inseln und die mit holländischen Forts bestückte Guineaküste. Diesen Niedergang verkraftet die Gesellschaft nicht. Sie, die sich hauptsächlich in der Salzfahrt, dem Kolonial- und Sklavenhandel betätigte, wird 1674 aufgelöst.

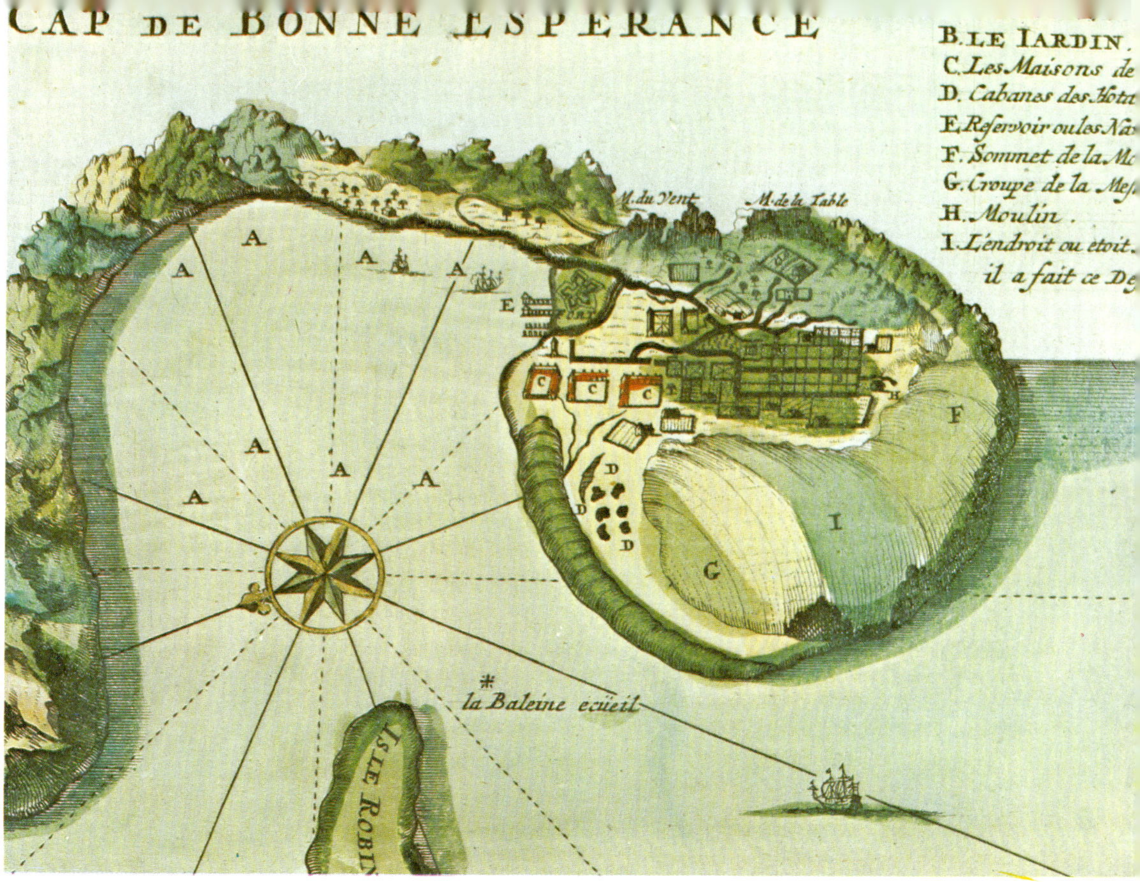

Oben: Der Weg von den niederländischen Häfen bis zu den Besitzungen der Holländisch Ostindischen Compagnie in Celebes, Sumatra, Java und den Gewürzinseln ist weit, und bis zur Rückkehr der Schiffe vergehen zwei Jahre. Die mangelnde Hygiene und einseitige Ernährung an Bord fordert viele Opfer, vor allem durch Skorbut. Daher entsendet die Compagnie 1651 den Arzt Jan van Riebeeck, um am Kap der Guten Hoffnung eine Anlaufstation für die Schiffe zu gründen, damit sie dort mit frischem Obst und anderen Nahrungsmitteln versorgt werden können. Aus dieser Siedlung erwächst später die Millionenstadt Kapstadt.

Unten: Heck des Modells der Disco, eines Schiffes der Dänischen Asiatischen Compagnie mit der typischen Schwalbenschwanzflagge. Die Dänische Asiatische Compagnie wurde 1732 gegründet und trieb vor allem Handel mit China, mußte aber schon 1845 ihre Besitzungen aus Kostengründen an England verkaufen.

Europäisches Mosaik

Kurbrandenburg zur See

1579 meinte Kaiser Rudolf II.: »Die Admiralschaft in den nordischen Meeren gebührt der Kaiserkrone.« Aber da dies nur eine dynastische und konfessionelle kaiserliche Politik der Wiener war, zerfielen diese maritimen Pläne wieder wie ein Kartenhaus.
Der deutsche Seehandel – unter der Hanse einst so mächtig und selbstbewußt – gerät in eine immer bedrohlichere Lage, nachdem auch die deutschen Ostseeküsten Beute der Fremden geworden und die großen Flußmündungen der Weichsel, der Oder, der Elbe und der Weser in ihrer Gewalt sind.
Einzig und allein Kurfürst Friedrich Wilhelm von Brandenburg – der 1651 mit Dänemark einen Vertrag zum Ankauf von Tranquebar (Indien) schloß, ihn allerdings aus Geldmangel nicht erfüllen konnte – sieht eine dringende Notwendigkeit, die brandenburgischen Besitzungen über See mit Preußen zu verbinden. Seine Erfolge sind gleich null. Auch noch den schmalen Streifen am rechten Oderufer muß er 1653 an Schweden abtreten. 1657 erlaubt ihm das hochmütige Schweden auf der Ostsee wenigstens ein paar Kriegsschiffe zu halten. In Pillau wird unter dem Oberbefehl des Reiterobersten Hille eine Flottille von drei Fahrzeugen mit 34 Kanonen und 140 Mann Besatzung aufgestellt, die man später erst auf zehn, dann um einige weitere Fahrzeuge vergrößert. Sie leistet im Krieg bis 1660 auf dem Frischen Haff und an dessen Ufern gegen die Schweden sehr gute Dienste. Zum Beispiel kämpfen 1658 brandenburgische Kriegsschiffe gemeinsam mit Landetruppen die Schanze »Bollwerk« des von den Schweden besetzten Elbing nieder. Sie beeinflussen ferner die Operationen des Heeres gegen die von Schweden besetzten Befestigungen an der Weichsel und der Nogatmündung. Sie sichern den Übergang der verbündeten Truppen nach Alsen oder unterstützen 1659 die Landeunternehmen gegen die Schweden im Raum Danzig/Elbing. Nach dem Frieden von Oliva wird die jetzt 30 Einheiten starke brandenburgische Kriegsflotte auf zunächst 6 und schließlich auf nur noch ein Schiff reduziert.
Der am 21. Juli 1661 unternommene Versuch des Großen Kurfürsten, die deutschen Fürsten zur gemeinsamen Verteidigung des Reiches zu gewinnen, wobei er auch eine Reichskriegsflotte plant, schlägt fehl. Er geht daher seine eigenen Wege und schließt zunächst mit England einen Handels- und Schiffahrtsvertrag. 1667, zwei Jahre vor der endgültigen Auflösung der Hanse, gründet er die Orientalische Handlungs-Compagnie in Wien für den Wirtschaftsverkehr mit der Türkei.
Als es 1672 zum Krieg Frankreichs und Schwedens gegen die Niederlande kommt und die Schweden nach ihrem Einfall in Brandenburg vom Kurfürsten bei Fehrbellin geschlagen und zur Küste gedrängt werden, erinnert sich der Kurfürst des Holländers Benjamin Raule. Unter dessen Regie kommen nun drei kleine Fregatten mit 16 bis 20 Kanonen und zwei weitere Fahrzeuge in Dienst. Die Schiffe kapern in der Nordsee zwar 19 schwedische Kauffahrer, die aber auf holländischen und englischen Druck gegenüber dem kleinen Rivalen wieder freigegeben werden müssen. Nach der Einnahme der Odermündung schließt der Kurfürst einen neuen Vertrag mit Raule, nachdem jetzt fünf Schiffe gemietet werden, die nun als »kurbrandenburgische Kriegsschiffe« gelten. Sie haben 469 Mariniers genannte Seesoldaten an Bord. Der Angriff auf die schwedische Festung Karlsberg in der Geestemündung am 19. September 1675 mißlingt. Drei Schiffe segeln nach Holland zurück, den beiden anderen glückt es, in Wolgast an der Peenemündung einzulaufen. 1676 chartert der Große Kurfürst drei Fregatten und drei Fahrzeuge mit 67 Kanonen und 287 Mann, wofür er an Raule für vier Monate 40 000 Taler zahlen muß. In Ostpreußen werden zwei Schiffe zum Schutz von Pillau und zum Kaperkrieg gegen Schweden ausgerüstet. Zwei der Schiffe und eines der kleineren Fahrzeuge nehmen an der Seeschlacht dänischer und niederländischer Kriegsschiffe bei Bornholm teil. Sie erobern die Fregatte LEOPARD und einen Brander. Auch sonst sind die Schiffe erfolgreich, zum Beispiel beim Gefecht gegen schwedische Kriegsschiffe bei Ösel, bei der Blockade Rügens und bei der Eroberung des immer noch schwedischen Stade am 16. August 1676. 1677 chartert Brandenburg von Raule drei Fregatten und drei kleinere Fahrzeuge, die sich zusammen mit sechs niederländischen Schiffen an der Belagerung von Stettin beteiligen. Im Juni erobern die Brandenburger beim Seegefecht brandenburgisch-dänisch-niederländischer Einheiten bei Mön die Fregatte MOHRIAN. Und als am 11. September 1678 fünf französische Kriegsschiffe vor der Elbemündung einen

von Grönland kommenden Hamburger Geleitzug anzugreifen versuchen, vernichtet die sichernde LEOPOLDUS PRIMUS (auch als KAISER LEOPOLD I. bekannt) unter Kapitän B. J. Karpfanger zwei der Angreifer, während die anderen flüchten.
Am 23. September 1678 landen brandenburgische Truppen in 360 von Raule gecharterten Booten unter dem Schutz von sieben Kriegsschiffen bei Wittow auf Rügen. Am 25. Oktober 1678 erobern brandenburgische Land- und Seestreitkräfte Stralsund und wenig später, am 16. Novem-

ber, auch Greifswald, womit ganz Schwedisch-Pommern in brandenburgischem Besitz ist.
Im Frühjahr 1679 kapern vier brandenburgische Kriegsschiffe zum Eintreiben von Schulden sieben hamburgische Schiffe auf der Niederelbe. Im Juni muß Brandenburg im Frieden von St. Germain den eroberten Teil Pommerns an Schweden zurückgeben.
1680 werden die Brandenburger sogar im Ausland aktiv. Sechs Fregatten und ein Brander bringen vor Ostende zur Eintreibung seit 1674 rückständiger Hilfsgelder die burgundische Fregatte CAROLUS II. auf und senden sie im Geleit nach Pillau. Die anderen Schiffe segeln nach Westindien, kapern hier zwei spanische Frachter und treffen 1681 wieder in Pillau ein. Inzwischen ist Benjamin Raule zum Generaldirektor der kurbrandenburgischen Marine ernannt worden. Am 20. Februar 1681 schließt Kapitän Blonck, der mit zwei brandenburgischen Fregatten am Kap der drei Spitzen von Westafrika auftaucht, mit drei Eingeborenenfürsten Handelsverträge

Nachdem alle bedeutenden Mächte Europas im 17. Jahrhundert eine mehr oder weniger aktive Kolonialpolitik betreiben und Niederlassungen am laufenden Band in Übersee gründen, will der Große Kurfürst, Friedrich Wilhelm zu Brandenburg (1620–1688), nicht zurückstehen. Am 17. März 1682 wird die Brandenburgisch-Afrikanische Compagnie in Berlin gegründet, und am 1. November 1683 hissen die Fregatten MOHRIAN und CHURPRINZ am Kap der drei Spitzen an der Guineaküste die kurbrandenburgische Flagge (Bild).

ab. Am 30. September lauern sechs brandenburgische Fregatten der spanischen Silberflotte vor Cádiz auf, müssen sich aber vor der Übermacht des spanischen Geschwaders nach Lagos zurückziehen.
Am 13. November strandet die brandenburgische Fregatte FUCHS auf der Reise nach Westafrika.
Am 17. März 1682 wird mit staatlicher Beteiligung die Brandenburgisch-Afrikanische Compagnie in Berlin gegründet. Mit Florenz, Malta und dem Kirchenstaat werden neue Handelsverträge abgeschlossen. Im gleichen Jahr wird Emden brandenburgischer Marinestützpunkt an der Nordsee.
Am 1. November 1683 hissen die brandenburgischen Fregatten MOHRIAN und CHURPRINZ nach entsprechenden Schutzverträgen mit den Häuptlingen am Kap der drei Spitzen die kurbrandenburgische Flagge und legen den Grundstein zum Fort Groß-Friedrichsburg, der ersten deutschen Besitzung in Übersee.
Im April 1683 erhalten die Emder Walfänger das Recht, die brandenburgische Flagge zu führen. 1685 wird eine Westindische Compagnie gegründet und von dieser ein Teil der Insel Saint Thomas als Sklavenmarkt erworben. 1687 besetzt die Afrikanische Compagnie Teile der Senegalküste, legt auf der westafrikanischen Insel Arguin bei Kap Blanco ein Fort an und schließt Handelsverträge mit den Eingeborenen. Indessen werden alle diese Unternehmungen durch holländische Kaufleute und Reeder gestört.
Trotz der schlechten finanziellen Lage gründet der Große Kurfürst in Emden eine stehende Flotte. Für eine Summe von 110 000 Talern kauft er von Raule neun Schiffe mit insgesamt 176 Geschützen: fünf Fregatten mit 10 bis 54 Kanonen (die größte ist eigentlich ein Linienschiff zu nennen), drei Fahrzeuge mit vier bis fünf Kanonen und eine nichtarmierte Schoneryacht. Bis auf zwei Einheiten sind das alles neue Schiffe von deutschen Werften.
Errichtet werden in Kolberg der Prisengerichtshof, weitere Werften in Emden, Pillau, Berlin, Kolberg und Havelberg. In Rügenwalde wird der Hafen ausgebaut.

Der Große Kurfürst und der Handel mit Übersee

Am 28. August 1684 legt der Große Kurfürst in einer Instruktion seine Ansichten über den Wert und die Bedeutung des Überseehandels für sein Land dar. Sie lassen einen Weitblick erkennen, mit dem er dem damaligen kontinentalen Denken in Deutschland weit voraus ist. Am 28. Juli 1685 wird die Compagnie de Marine auf ein Bataillon zu drei Kompanien vergrößert und heißt ab jetzt Marinebataillon. 1688, als der Große Kurfürst stirbt, hat die kurbrandenburgische Flotte 35 Schiffe mit 210 Kanonen und 40 Fahrzeuge mit 80 Kanonen zur Verfügung. Hauptflottenstation ist Greetsiel bei Emden. Im Januar 1701 stiftet König Friedrich I. die preußische Kriegsflagge, und am 20. August erhält das Marinebataillon eine 4. Kompanie. 1711 aber erklärt Friedrich I. die Brandenburgisch-Afrikanische Compagnie für aufgelöst. 1725 wird die letzte Besitzung unter dem Druck des englischen Einflusses und holländischen Handelsneids in Afrika aufgegeben. Des Großen Kurfürsten Neuschöpfung ist nur von kurzem Bestand. Schon vor seinem Tode gab es Probleme, da man die Verwaltung der Marine mit der Verwaltung der afrikanischen Compagnien vereinte und die Kriegsschiffe oft zu merkantilen Zwecken benutzte. Gewinn durch den Seehandel war wichtiger als Seegeltung. Berlin zeigte kein Verständnis für eine Flotte, von Unglücksfällen, Veruntreuungen und Seeraub ganz abgesehen.
Und Benjamin Raule wandert für dreieinhalb Jahre ins Gefängnis, dann stirbt er in Hamburg.

Frankreichs Politik vergißt das Meer

Als Jean Baptiste Colbert Marquis de Seignelay am 6. September 1683 in Paris stirbt, sind 96 Linienschiffe und 42 Fregatten kriegsbereit. Er war der klassische Vertreter des Merkantilismus und seit 1669 Marineminister Ludwigs XIV., Schöpfer einer starken französischen Flotte und der eigentliche Begründer der überseeischen Machtstellung Frankreichs. Die französische Flotte steht weder der englischen noch der holländischen in irgendeiner Hinsicht nach. Und doch erkennt die kostspielige Kontinentalpolitik des Sonnenkönigs und seines Kriegsministers Marquis de Louvois die Bedeutung dieser Flotte nicht. Diese Politik, die das Meer vergißt, das Frankreich von drei Seiten umfließt, bringt die Nation um entscheidende Positionen.
In England ist Jakob II. seit 1685 König. Der zweite Sohn Karls I. befehligte unter der Regierung seines Bruders Karl II. mit Erfolg die englische Flotte gegen die Niederlande. 1672 trat er zum Katholizismus über. 1679 wurde er aus England ausgewiesen, kehrte aber 1682 zurück und wurde 1685 nach Karls Tod König. Als er die Wiedereinführung des Katholizismus betreibt, rufen die parlamentarischen Führer nach seinem Schwiegersohn, Wilhelm III. von Oranien. Jakobs Regierungszeit endet bereits 1688 durch die Flucht nach Frankreich. In diesem Jahr landet Wilhelm III. von Oranien an der englischen Küste und wird 1689 König von England. Obwohl der katholische Regent Frankreichs, Ludwig XIV., noch 77 Linienschiffe mit jeweils über 50 Kanonen im Dienst hat, schätzt er die Entwicklung völlig falsch ein und hat nun nicht nur England, sondern auch Holland zum Gegner. Dabei ist die englische Flotte Wilhelms von Oranien noch nicht einsatzbereit und die holländische Flotte nur zum Teil in Dienst, während die französische Flotte unter dem Befehl des Grafen Tourville fast uneingeschränkt die Seeherrschaft im Kanal ausübt.

»Fleet in being«

Während der Folgezeit rüstet man zunächst die Flotten auf beiden Seiten wieder auf und aus. Die Franzosen haben in Brest ihre Atlantik- und Mittelmeerflotte vereinigt, um mit 70 Linienschiffen und 4600 Kanonen und 28 000 Mann die Herrschaft im Kanal zu verteidigen. Demgegenüber verfügt der englische Admiral Herbert über 57 Linienschiffe, darunter 21 Holländer, mit 3850 Kanonen und 23 000 Mann. Herbert, sich seiner Unterlegenheit bewußt, entwickelt eine neue Taktik, die der *»fleet in being«*. Es ist die Form einer strategischen Defensive unter Vermeidung von Kampfhandlungen, aber doch jederzeit bereit zum Eingreifen. Dieser Begriff, der *»fleet in being«* wird dann auch in der Terminologie der Seekriegsgeschichte allgemein gebräuchlich. Aber die Queen, die ihren inzwischen in Irland gegen den dort gelandeten Jakob II. kämpfenden Gemahl vertritt, fordert Admiral Herbert im Sommer 1690 energisch zum Kampf auf, als er gerade östlich der Insel Wight bei Beachy Head steht. Dieser zieht sich daher nicht, wie von ihm vorgesehen, hinhaltend zurück und die Franzosen hinter sich her, sondern greift befehlsgemäß am 10. Juli Tourvilles 69 Linienschiffe in Lee mit seinen nur 54 Linienschiffen an. Und da nur die Holländer in Herberts Flotte offensiv werden, die anderen jedoch zögern, entsteht eine Lücke, in die Tourville sofort einbricht. Das holländische Geschwader wird nahezu aufgerieben, nur wenige Schiffe können sich absetzen. Tourville

Es war das Erbe von Jean Baptiste Colbert, Marquis de Seignelay (1619–1683): die starke französische Flotte, die gegen Ende des 17. Jahrhunderts unter ihrem Befehlshaber Graf Tourville fast uneingeschränkt die Seeherrschaft im Kanal ausübt. Dies ist natürlich den Engländern ein Dorn im Auge, haben sie sich doch gerade erst der holländischen Vormacht erwehren müssen. Aber der Sonnenkönig hatte keine so rechte Einstellung zum Meer, und Intrigen taten ein übriges, das Werk Colberts zerbröckeln zu lassen. Am 29. Mai 1692 kommt es bei Kap Barfleur zum folgenschweren Aufeinandertreffen der Franzosen mit den Engländern und den inzwischen mit diesen verbündeten Holländern. Obwohl die Franzosen unter Admiral Tourville nur halb so stark sind, greifen sie sofort an und schlagen sich außerordentlich tapfer. Doch abendlicher Nebel läßt jede Übersicht verlorengehen, und am nächsten Morgen findet Tourville nur noch 35 Schiffe vor. Die Engländer beginnen eine gnadenlose Jagd und verbrennen schließlich 12 französische Linienschiffe am Strand von La Hougue und 3 bei Cherbourg. Und mit dem Feuer erlischt auch Frankreichs Kampfmoral zur See.

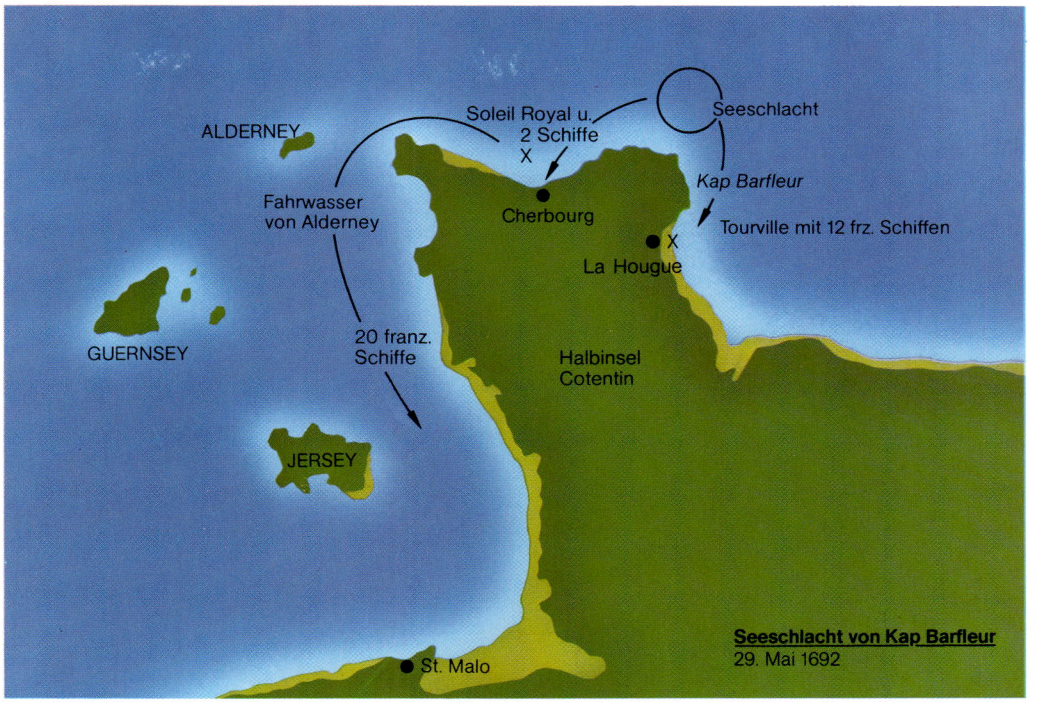

folgt aber nicht, obschon er die fliehenden Schiffe mit Leichtigkeit hätte vernichten können.
Das nächste Jahr, in dem beide Parteien ihre Flotten erneut aufrüsten, gilt mehr oder weniger dem Handelskrieg. In Frankreich hat der seefremde Pontchatrin den verstorbenen Marineminister Seignelay, einen Sohn Colberts, abgelöst. Er will einen großen Smyrna-Konvoi kapern und unternimmt die berühmte *»champagne au large«* weit auf den Ozean hinaus. Hier weicht er, verfolgt von der englisch-holländischen Flotte, jeder Schlacht geschickt aus, schützt dadurch die französischen Küsten und hält den Kanal für den Kaperkrieg auf die Irlandtransporte frei. Er legt die verbündete Flotte durch diese Taktik einfach lahm und erschöpft sie.

Frankreichs Marine zerfällt

1692 will Ludwig XIV. die Entscheidung erzwingen, meint er doch, die Engländer hätten keine rechte Lust mehr zu kämpfen und manche von ihren Führern würden wieder zu Jakob II. halten. Allerdings muß Tourville auf die Mittelmeergeschwader verzichten, da die Schiffe auf den dortigen Werften unter dem blauen Sonnenhimmel zu langsam überholt und ausgerüstet werden. So geht er mit nur 45 Linienschiffen, 13 Fregatten und Brandern, mit 3240 Kanonen und 21000 Mann in See. Die Verbündeten dagegen verfügen über 88 Linienschiffe, darunter 26 Holländer, 37 Fregatten mit 6750 Kanonen und 39000 Mann. Als man sich am 29. Mai bei Kap Barfleur trifft und Tourville gemäß seiner Order trotz zahlenmäßiger Unterlegenheit sofort angreift, endet die Schlacht ohne Entscheidung im aufkommenden Nebel. Als sich Tourville vom Gegner löst, ist nur sein Flaggschiff SOLEIL ROYAL beim erbitterten Kampf mit gleich drei Gegnern beschädigt worden.
Am nächsten Morgen aber kann er nur noch 35 seiner Schiffe sammeln, denn der Rest ist versprengt oder nach Brest ausgewichen. Der englische Admiral Russel setzt zur mitleidlosen Jagd an, und nur 20 Franzosen gelingt es, die schwierige Passage zwischen der Halbinsel Cotentin und den Normannischen Inseln zu durchsegeln. Die SOLEIL ROYAL und zwei Linienschiffe kommen bei Cherbourg fest. Die anderen werden bei La Hougue hoch auf den Strand gelegt. Dann unternimmt der britische Vizeadmiral Rooke einen nächtlichen Bootsangriff. Alle aufliegenden französischen Linienschiffe werden verbrannt. Zeuge dieses Vorgangs ist der bei der Armee an Land anwesende Jakob II.
Das ist der Wendepunkt des Krieges und der Beginn des Verfalls der Marine Frankreichs, das an Land über eine gewaltige Armee verfügt. Es sind weniger die 15 Linienschiffe, die verlorengingen, es ist vielmehr der Zusammenbruch der Kampfmoral.
1693 greift Tourville nochmals einen großen Smyrna-Konvoi an. Von 140 Schiffen nimmt er 80 weg. Dann aber wird es still auf See und im Kanal. Es kommt zum Frieden von Rijswijk, in dem Frankreich alle jüngsten Eroberungen außer Straßburg herausgeben muß.

Kaperkrieg und die rechtliche Seite

Colberts Streben nach der Maxime »Handel ist die Quelle des Reichtums, und Reichtum ist der Nerv des Krieges« ist folgerichtig nicht nur auf den reinen Seekrieg ausgerichtet gewesen. Es drängte ihn, auch den feindlichen Handel so nachhaltig wie möglich zu stören. So organisiert er neben der Kriegsflotte auch den Kaperkrieg nach bestimmten Reglements. Kaperbriefe, das heißt von der Landesregierung ausgestellte Erlaubnisscheine zum Betrieb der Kaperei, waren bereits früher üblich. Naturgemäß wurde damit von jeher viel Mißbrauch getrieben. So ließen sich zum Beispiel Kapitäne von Kaperschiffen Kaperbriefe von fremden Regierungen ausstellen. Sie nahmen Kauffahrer aller Flaggen weg und handelten nach eigenem Belieben mit Schiffen, Besatzungen und der Ladung.
Um diesem wüsten Treiben endgültig Einhalt zu gebieten, wurde eine Kaperordnung entworfen und als rechtsverbindlich erklärt:

1. Ein Kaperführer darf nicht mehr als einen Kaperbrief haben, sonst wird er als Seeräuber behandelt, das heißt gehängt.
2. Er darf einen Kaperbrief von einer fremden Regierung nur mit Erlaubnis der eigenen Regierung annehmen.
3. Kaper unterstehen der Militärgerichtsbarkeit, obgleich das Personal nicht der Marine angehört und der Führer sein Schiff ganz selbständig und auf eigene Gefahr hin ausrüstet.
4. Kaper dürfen bei Annäherung falsche

Flagge zeigen, haben aber vor Beginn der Feindseligkeiten die richtige Landesflagge zu setzen.

5. Der Wegnahme durch Kaper sollen unterworfen sein:
   a) Schiffe eines feindlichen Staates, Schiffe ohne Papiere, die ihre Nationalität verheimlichen,
   b) Schiffe, die ihre Flagge zu zeigen oder zu dippen sich weigern (beziehungsweise die nicht beidrehen), ohne Rücksicht auf Nationalität,
   c) neutrale Schiffe mit Ladung für den Feind.
6. Die Prise darf nicht geplündert werden, es sollen vielmehr die Ladung und sonstige Wertsachen unter Verschluß gelegt und die Prise in einen Hafen mit Prisengericht zur Aburteilung gebracht werden. Auch Ranzionieren (redemito) = Loskaufen der Prisen ist verboten.
7. Wird die Prise vom Gericht nicht für rechtmäßig erkannt, so ist der Kapitän für allen Schaden am Schiff, an der Mannschaft und an der Ladung haftbar. Zur Sicherung hat er vor dem Auslaufen 15 000 Francs Kaution oder Bürgen zu stellen.
8. Ist die Prise gut, so wird sie mit der Ladung meistbietend verkauft und der Erlös geteilt: Vom Ganzen werden erst alle Unkosten, die im Hafen entstanden sind, abgezogen (Löschen, Bewachen, Gericht, Versteigerung), dann ein Zehntel für den Großadmiral abgenommen, der Rest verteilt:
   a) ein Drittel dem Eigner des Kapers, der Schiff, Inventar und Waffen geliefert hat,
   b) ein Drittel dem, der die Verbrauchsgegenstände, also Lebensmittel, Material, Munition geliefert hat,
   c) ein Drittel dem Führer des Kapers und der Mannschaft.

Diese ausführliche Darstellung des Kaperwesens soll ein Phänomen erklären helfen, das heute kaum vorstellbar ist.

In vierzig Jahren 4350 Prisen

Die französischen Kaper haben dem englischen Handel mehr Schaden zugefügt, als es die französische Kriegsflotte vermochte. Auch der berühmte französische Festungsbauer Marschall Vauban befürwortete diese Art der Schädigung der gegnerischen Wirtschaft. Dabei scheute man sich nicht, auch Kriegsschiffe für Kaperzwecke »auszuleihen«. Den Umfang der Kaperei belegen einige Zahlen: Allein in den vier Jahrzehnten zwischen 1656 und 1693 haben Kaperer aus Dünkirchen 4350 Prisen mit 34 750 Mann Besatzung gemacht. Sie wurden für 158 175 270 Francs verkauft. Und da der Wert von Schiffen und Ladung am Bestimmungsort viel höher anzusetzen gewesen wäre, darf die direkte Schädigung des Feindes auf rund das Doppelte geschätzt werden. Die Schäden am englischen Handel sind derart groß, daß in den Jahren 1689 und 1690, als Herbert als erster und zugleich unfähiger Seelord fungiert, Versicherungen und Handelshäuser zusammenbrechen, Tausende ohne Arbeit sind und ein großes Elend herrscht.

Jean Bart und Duguay-Trouin

Zu den bedeutendsten französischen Kaperkapitänen sind Jean Bart aus Dünkirchen und Duguay-Trouin aus St. Malo zu zählen. Jean Bart trieb es bereits mit zwölf Jahren auf die See, ohne Schulbildung, ohne Lehre. 1666 bis 1672 diente er bei der holländischen Flotte unter de Ruyter als Matrose und Seeoffizier. Schon um diese Zeit fällt er durch seine geschickte Seemannschaft, aber auch durch seinen Mut auf. 1672, während des Krieges zwischen Holland und Frankreich, zieht es ihn nach Dünkirchen zurück. Als Steuermann mustert er auf einem Freibeuter an, bereits Anfang 1674 ist er Kapitän auf einem solchen Schiff. Und da Holland gerade einmal mit England im Frieden lebt und seine Flotte nach Westindien schickt, sind die heimischen Gewässer ohne Schutz. Bald ist kein holländischer Kauffahrer und Fischer mehr vor den französischen Kapern sicher. Ein Lugger, ein *chassée-marée,* mit zwei Kanonen und 36 Mann ist Jean Barts erstes Kaperschiff. Es ist ein wendiger Schnellsegler, ein Typ, von dem man heute sogar sagt, er sei die Urgroßmutter für die späteren legendären Clipper gewesen. Gleich in den ersten sechs Monaten fallen sechs Prisen an. Dann übernimmt Jean Bart eine Zehn-Kanonen-Brigantine. Und da er weitere Erfolge hat, bekommt er jedes Jahr ein neues und größeres Schiff, auch, als 1678

Nach dem Trauma von La Hougue ist es weniger die französische Kriegsflotte, die dem englischen Handel Schaden zufügt, als vielmehr die tolldreisten französischen Kaper. Vom Korsarennest Dünkirchen aus operieren sie, und am 21. September 1694 bombardiert ein englisch-holländisches Geschwader die Stadt, aber Jean Bart, einer jener legendären Korsaren, wehrt mit seinen einfachen Schiffen den Angriff ab.

VEUE
DE LA FLOTTE ANGLOISE
ET HOLLANDOISE
Lors-quelle Parut Deuant
DUNQUERQUE
Pour le Bombarder le
21 Septembre 1694 dont
ils n'eurent aucun Succez.
A. Machines Infernales.
B. Deux Machines qui Eschoüent sans Effet.
C. Galliottes à Bombes.
D. Barques longues.
E. Gros Vaisseaux qui Escortent le Detachem.
F. chasteau vert et chasteau gaillard.
G le Rüsban.
H. chasteau de Reuers.
I. Batterie de Campagne.
Eschelle de 1000 Toises.
50 100 200 300 400 500 1000
BANC BRACK
Detachement de la Flotte Ennemie.
DUNKERQUE
la Citadelle
Faux bourg des Matelots

sein Segler bis zur Seeuntüchtigkeit zusammengeschossen wird. Schließlich beherrschen die Dünkirchener den Kanal derart konsequent, daß die Holländer ihre Schiffe auf den beschwerlichen und gefahrvollen Weg um Schottland herum schicken.

Adelsprädikat für Jean Bart

Es würde zu weit gehen, all die einzelnen Taten von Jean Bart zu schildern. Aber noch wichtigere Dienste als bei solchen Raubzügen leistet er in den Jahren 1694 bis 1696, als es in Frankreich an Getreide mangelt und Hunger herrscht. Er bringt trotz aller Hindernisse große Kornflotten aus dem Flekkefjord, dem Sammelplatz der aus der Ostsee kommenden Getreideflotten, nach Dünkirchen. Einmal trifft er dabei auf eine weit überlegene holländische Flotte unter Admiral de Vries. Er entert kurzerhand das Flaggschiff. Der Admiral fällt und mit ihm 300 Mann. Mit dem Flaggschiff, zwei weiteren Prisen und einer großen Kornflotte läuft Jean Bart in Dünkirchen ein. Ludwig XIV. läßt eine Gedenkmünze prägen und verleiht ihm den Adelstitel. Weitere Erfolge bringen 1697 die Beförderung zum *chef de l'escadre* und Kommandeur über alle französischen Schiffe in flandrischen Häfen. 1702 erkrankt er und stirbt im Alter von nur 52 Jahren. Im Dom zu St. Malo erinnert eine Grabplatte an den großen französischen Seemann, der weder lesen noch schreiben konnte, aber unendlich viel für sein Land getan hat.

Links: 25seitige Sonnenuhr aus dem 17. Jahrhundert. Künstlerisch ist dieses Gerät durchaus ansprechend, zur Zeit- und Positionsbestimmung war es jedoch nur bedingt geeignet, ebenso die Sanduhr, die man häufig umzudrehen vergaß. Es sollte noch bis zum Jahre 1761 dauern, als der Engländer John Harrison einen wirklich genau gehenden Chronometer als eine der wichtigsten Voraussetzungen für eine exakte Navigation konstruiert.

Rechte Seite: Der große alexandrinische Astronom, Mathematiker und Geograph Claudius Ptolemäus (ca. 100–160) schuf das Ptolemäische Weltbild mit der kugelförmigen Erde als Mittelpunkt. Er konzentrierte seine Forschungen, wie im »Almagest«, nicht nur auf das Weltall, sondern auch auf die Erde selbst, die er in einem weiteren bedeutenden Werk, der »Geographike hyphegesis«, später kurz »Geographie« genannt, niederschreibt. Er gibt darin Hinweise zum Zeichnen von Karten, wobei es ihm um die Darstellung der Erde oder einzelner Teile davon in der Ebene geht. Neben mathematischen Untersuchungen weist er auf Methoden der Vermessung und Einteilung der Erdoberfläche hin und setzt geographische Längen und Breiten. Obwohl sein Wissen sich auf die damals noch bescheidenen Entdeckungen und spärlichen Reiseberichte stützen mußte und seine geographischen Beschreibungen und Karten daher beträchtliche Irrtümer aufweisen, war seine »Geographie« schlechthin die Grundlage für die Kartographie bis ins 17. Jahrhundert hinein. Er verfaßte auch einen Katalog von etwa 8000 Ortsnamen, der die älteste Quelle für eine ganze Reihe geographischer und ethnologischer Begriffe wie terra australis *für den vermuteten Südkontinent oder Friesen, Sachsen, Langobarden und anderer Benennungen ist. Durch die Erfindung der Druckerkunst erlebten die Ptolemäischen Manuskripte eine wahre Renaissance, und viele Karten entstanden aufgrund seiner Angaben. Die hier abgebildete Darstellung wurde 1661 von Andreas Cellarius nach der Vorlage der Ulmer Ausgabe der Ptolemäischen Weltkarte von Nicolaus Germanicus aus dem Jahre 1482 veröffentlicht.*
Die Bedeutung des Werkes von Ptolemäus geht auch daraus hervor, daß erst um 1700 der französische Kartograph Guillaume Delisle sich von den Positionsbestimmungen des Ptolemäus freimachte und neue astronomische Ortsbestimmungen einführte.

Wegweiser über See

Bücher und Atlanten

Das Zeitalter der großen Entdeckungsreisen hat inzwischen das Bedürfnis nach brauchbaren Unterlagen über die navigatorischen Gefahren in fremden Gewässern immer größer gemacht. Schon bald beginnen Seefahrer und Lotsen auf ihren Reisen schriftliche Unterlagen über Untiefen und Strömungen, über Lotungen und Ankerplätze anzufertigen, statt sich nur auf ihre Erfahrungen und Erinnerungen zu verlassen. Man kann sich gut vorstellen, wie die Kapitäne mit ihren Maaten in den Hafenkneipen beisammensaßen und Informationen austauschten, die allmählich zu einem Schatz nautischen Wissens anwuchsen. Um das Jahr 1550 war bereits eine Reihe kleiner Bücher erschienen, in denen Navigationshinweise für die Seestraßen zwischen Island und Cádiz enthalten waren – also für die Gewässer, in denen sich damals der nichtmediterrane Seemann gewöhnlich bewegte. Diese Hinweise beschränkten sich fast ausschließlich auf Informationen über Häfen und Gezeiten. Sie waren durch kleine Skizzen von Kirchen und anderen Landmarken illustriert. Einer der ersten, der dieses hydrographische Material mit Navigationshilfen für die Küstenschiffahrt systematisch sammelt – sogenannte Kurskarten –, ist der holländische Lotse Lucas Janszoon Waghenaer aus Enkhuizen. In den Jahren 1584 bis 1585 veröffentlicht er den ersten Teil seines Buches »De Spieghel der Zeevaerdt«, das einen Atlas aus Seekarten und Navigationsanweisungen für ein großes Gebiet westlich und östlich der Zuider See enthält. Das Buch ist bei den holländischen Seefahrern sehr beliebt. Bereits im nächsten Jahr folgt ein zweiter und ebenso begehrter Band. Beide Atlanten erleben mehrere Auflagen und werden in viele Sprachen übersetzt. Die englische Ausgabe wird 1588 unter dem Titel »The Mariners Mirrour« herausgegeben. Es ist ein großer, prächtiger Band mit schön koloriertem Titelbild, das mit Darstellungen verschiedener Navigationshilfsmittel umgeben ist. In den folgenden Jahren werden sechs holländische und drei französische Ausgaben der 1592 von Waghenaer publizierten Edition »Tresoor der Zeevaerdt« veröffentlicht. Nur wenige Exemplare sind erhalten geblieben. Eines der französischen Ausgabe, datiert 1601, befindet sich im Britischen Museum. Es bietet Stiche des Engländers Benjamin Wright, enthält 25 doppelseitige Seekarten, die in Kupferstich ausgeführt worden sind, sowie eine Anzahl von Holzschnitten im Text. Am Ende des Bandes wird von dem wachsenden Interesse

Links: Zwei Darstellungen aus »The Mariner's Mirrour«, der englischen Ausgabe von Lucas Janszoon Waghenaer's berühmten »De Spieghel der Zeevaerdt« (1585 niederländisch, 1588 englisch). Das obere Bild zeigt die Küste der Bretagne zwischen St. Malo und dem Hafen von Roscoff, das untere die flandrische Küste.

Rechte Seite: Karte aus dem nautischen Atlas von Juan Oliva, Messina 1592. Die Olivas waren eine sehr bekannte Familie von bedeutenden Kartographen, die eine Reihe hervorragender Seekarten schufen.

gesprochen, das man in Holland den ostindischen Inseln entgegenbringt. Der Band enthält ferner Anweisungen für die Fahrt um Afrika herum, Bemerkungen über die Häfen und den Handel mit und in Indien, mit Ostindien und sogar mit China, sowie eine Abhandlung über die fünf möglichen Routen von England in den Fernen Osten.

Weiter wäre hier die 1545 erschienene Schrift von Pedro de Medina »El arte de navegar« zu nennen, der sich in seiner Dedikation an den Prinzen von Spanien bitter beklagt, daß aus Mangel an Büchern und Lehren über die Schiffskunst fast täglich Schiffe verlorengehen. 1551 erscheint Martin Cortes' »Breve Compendio de la Sphera y del Arte de navegar, con nuevos instrumentos y Reglas«. 1569 verbessert G. Mercator die konische Projektion des Ptolemäus. Da sind die Werke von Nonius (1537) oder William Bourne (um 1575), von Michael Coignet, das 1581 zuerst in plattdeutscher Sprache erschien, von Robert Norman (1581) oder von Captain John Davis »The Seamen's Secret« (1594). Da beklagt sich Edward Wright in seinem Werk »The Correction of Certaine Errors in Navigation« über die Hartnäckigkeit der Seeleute, »bey denen es so schwer fällt, Verbesserungen in ihrer Kunst vorzunehmen«. 1646/47 erscheinen die Bücher »Arcano del Mare« von Roberto Dudleo. Es sei noch auf das 364 Seiten starke Buch von van Yk (Delft 1697) sowie auf die Edition »Architectura Navalis« des Ulmers Joseph Furttenbach aus dem Jahre 1629 hingewiesen. Da gibt der Verfasser, der sich mit den im Mittelmeer gebräuchlichen Schiffen *(bergantino, filucca, liude, polacca, piatta, tartana, barchetta)* befaßt, »die italienischen Kunstwörter in sehr auffallender Weise wieder. Denjenigen Dingen aber, die er nicht auf italienisch zu benennen wußte, gibt er deutsche Namen, die in der Seesprache gänzlich unbekannt sind ...«

Von Bedeutung sind auch die Editionen über Seegesetze und Seerecht, die es schon sehr früh gab. Da sind die *Lex Rhodia* aus dem Jahr 44 n. Chr. und die bereits noch früher bekannte Kontribution zu erwähnen; außerdem das Seerecht zu Rom im Jahre 1075, dasjenige zu Ocri in Kalabrien um 1111, auf der Insel Mallorca von 1112, zu Pisa 1118, zu Marseille 1162. Oder es sei erinnert an die *Rules of Oléron* des Richard Löwenherz von 1200, das berühmte *Consulado del Mar*, das 1502 in katalanischer Sprache unter dem Titel »Leys e Ordinacions de Actes maritims mercantivals« erschien. Für diese Zeit sei auch an das 1505 in Kopenhagen in altdeutscher Sprache gedruckte wisbysche Seerecht erinnert, das 1545 in dänisch, 1636 in englisch, 1549 in schwedisch, 1565 in holländisch und 1597 in französisch erscheint. 1542 wurde das alte rigaische Seerecht publiziert: »Dat Rigische Recht und de gemenen Stichtischen Rechte vm Sticht van Riga«.

Vom 18. Jahrhundert an mehren sich die Titel über Navigation, Schiffbau, Seefahrtkunst oder Seerecht. Sie aufzuzählen, sprengt den Rahmen dieses Buches, weshalb wir uns auf die wichtigsten Veröffentlichungen beschränken mußten.

Kartographie, Navigation, Ozeanographie

Auch auf den Gebieten der Kartographie, der nautischen Hilfsmittel, der Meteorologie und Ozeanographie gibt es viele Neuerungen. Um 1700 macht sich Guillaume Delisle als erster frei von den Positionsbestimmungen des Ptolemäus. Er legt seinen Karten die neueren astronomischen Bestimmungen zugrunde. Seine Europakarte vom 1725 gibt erstmals ein natur-

MARE OCCEANO
FRANCIA
SPAGNA

Links: Alte chinesische Instrumente zur Navigation, ein Kompaß und eine Art Astrolabium. Darunter ein hängender Kompaß von 1760. Im 18. Jahrhundert schmückten die Kapitäne größerer Schiffe gerne ihre Kajüten mit solchen kronenverzierten Instrumenten, wohl um auch äußerlich zu dokumentieren, wer Herr auf dem Schiff ist. Der Kompaß in seiner Urform stammt übrigens höchstwahrscheinlich von den Chinesen, und der Herrscher Hoang-Ti soll schon im 3. Jahrtausend vor Christus in seiner Staatskarosse Magnete zur Richtungsfindung benutzt haben.

Rechte Seite: Ein Hadleyscher Oktant aus dem 18. Jahrhundert aus Messing und Ebenholz mit zwei Spiegeln (oben und links) und dem Beobachtungsschlitz (rechts). Oktanten dienten den Seefahrern zum Messen der Höhenwinkel der Gestirne und somit zur eigenen Positionsbestimmung. Der eigentliche Erfinder des Oktanten ist Isaac Newton, doch bekannt wurde vor allem der Oktant des englischen Mechanikers und Astronomen John Hadley, der 1751 einen Spiegeloktanten entwickelte, der weite Verbreitung fand und aus dem später der Sextant hervorging, der in seiner Funktion noch heute unübertroffen ist.

getreues Bild dieses Erdteils und seiner Meere. 1701 bringt William Whiston die erste Isoklinenkarte für den Englischen Kanal und das südliche England zustande. 1737 entwirft Philippe Buache eine Karte des Englischen Kanals, in der er die Punkte gleicher Linien durch Kurven (Isobathen) darstellt. Charles F. Beautemps-Beaupré entwickelt 1793 aus perspektivischen Handzeichnungen von Küstenstrichen topographische Pläne.
J. I. von Felbinger gibt 1773 die Anregung zur Herstellung synoptischer Karten, die heute die Grundlage der Wettervorhersage sind.
1701 hat Isaac Newton (1643–1727) Vorstellungen von einem Spiegelsextanten und sendet 1742 eine Zeichnung an John Hadley. Dieser verwirklicht Newtons Prinzip im Jahre 1751 als Oktant, und der britische Marineoffizier Campbell verbessert das Winkelmeßgerät 1757 in einen Sextanten. 1770 erkennt Johann Tobias Mayer d. J. die Mängel des Spiegelsextanten und kommt zur Erfindung des Spiegelkreises, der von Borda noch verbessert und 1833 von Steinheil in einen mit großen Vorzügen ausgestatteten Prismenkreis umgewandelt wird. 1777 verbessert Jesse Ramsden den Sextanten. Die Alhidade und der drehbare Spiegel erhalten einen gleichmäßigen und sicheren Gang, der Lumbus und der Nonius werden mit seiner Kreisteilmaschine viel genauer geteilt.
1767 werden die von Johann Tobias Mayer d. Ä. aus Göttingen entwickelten Tafeln zum Feststellen der bei der astronomischen Navigation gebrauchten Greenwich-Zeit als britischer »Nautical Almanac« herausgegeben. 1773 wird dem Engländer John Harrison der seit 1714 ausgeschriebene Preis von 20000 Pfund für den zur genauen Navigation unerläßlichen zuverlässigen Chronometer zuerkannt. Es ist James Cook, der die Präzision von Harrisons Chronometer während seiner Reisen bestätigt. 1745 werden von A. da Ulloa erstmals Südlichter am Kap Hoorn beobachtet, die später für Cook eine alltägliche Sache sind.
1766–1768 führt Samuel Wallis während einer Weltumsegelung die erste Längenbestimmung nach Mondabständen aus, wie sie schon von Vespucci vorgeschlagen worden war, aber erst praktiziert werden konnte, nachdem die Mondtafeln von J. T. Mayer erschienen waren. 1741 erkennt O. P. Hjörter den störenden Einfluß des Nordlichts auf die Magnetnadel. 1735 findet der Physiker G. Hadley das Hadleysche

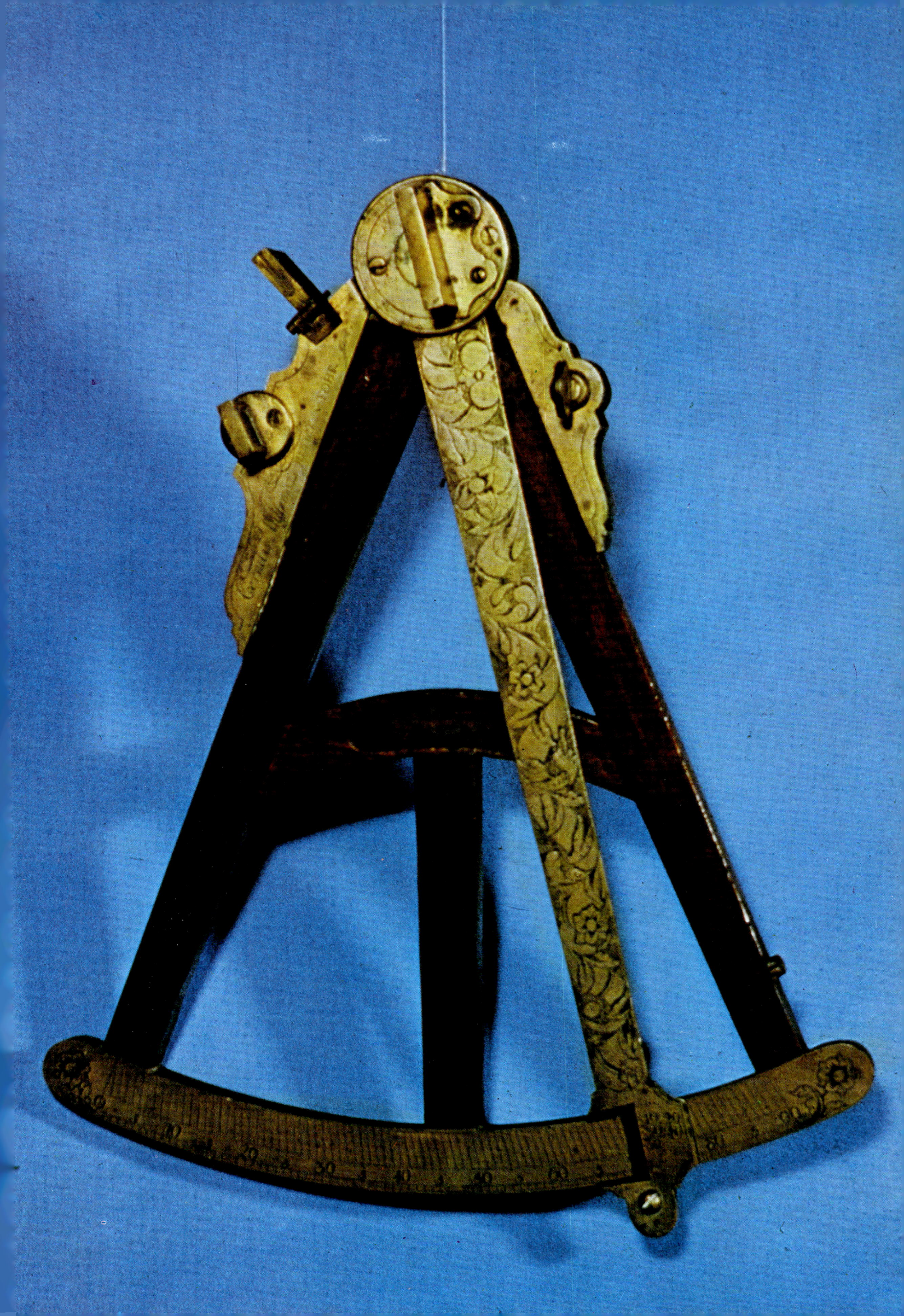

Links: Bis weit in das 18. Jahrhundert hinein plagte das sogenannte Längenproblem die Kapitäne der Segelschiffe. Sie konnten zwar mit Hilfe von Sonne, Mond oder Sternen die geographische Breite ihrer Position bestimmen, nicht aber die geographische Länge. Hier machte ihnen die Eigenbewegung der Erde einen fast unlösbaren Strich durch die Rechnung, oder anders ausgedrückt, nur eine sehr genau gehende Uhr konnte auch eine genaue Längenposition ermitteln helfen. Als exaktestes Zeitmeßgerät galt damals lange die von dem Schweizer Jost Bürgi um 1585 konstruierte Uhr mit einer Ungenauigkeit von rund einer Minute pro Tag. Das aber hätte bei einer einmonatigen Schiffsreise mehrere hundert Meilen Abweichung bedeutet. Die Briten als mächtigste Seenation verloren unzählige Schiffe durch fehlerhafte Navigation, so daß das Parlament in London 1714 einen Preis von 20 000 Pfund aussetzte für denjenigen, der eine Methode erfinden würde, den Längengrad auf einer Reise nach Westindien mit einer Abweichung von weniger als einem halben Grad zu ermitteln. Der in Yorkshire 1693 geborene John Harrison, ein autodidaktisches mechanisches Genie, widmete sich praktisch sein ganzes Leben lang der Konstruktion einer exakten Uhr und stellte 1737 seinen TIME KEEPER NO. 1 vor (im Hintergrund) und kassierte dafür vom BOARD OF LONGITUDE 500 Pfund. Das gesteckte Ziel war noch fern, und erst 1761 war Harrison mit seiner H 4, einem 13 Zentimeter großen Chronometer, zufrieden (vorn Mitte) und legte ihn der Kommission vor. Die folgenden Testreisen erbrachten eine dreimal höhere Genauigkeit, als von der Kommission gefordert, und nach einer Anzahlung im Jahre 1765 erhielt Harrison schließlich 1773 den Rest der gewaltigen Summe. Von seiner Uhr wurden übrigens zwei Kopien von Larcum Kendall angefertigt, die James Cook auf seiner zweiten Reise 1775 zur vollsten Zufriedenheit testete (links), während die andere jener berühmt-berüchtigte William Bligh auf der BOUNTY benützte (rechts).

Rechte Seite: Eine farbenfrohe Ansammlung maritimer Flaggen aus dem 18. Jahrhundert

Gesetz der Passate, nach dem alle Windströmungen durch die Erdrotation abgelenkt werden.
1749 mißt J. Ellis die Wärme größerer Meerestiefen. 1772 bestimmt Benjamin Franklin durch Thermometerbeobachtungen die »Ufer des Golfstromes« und veröffentlicht 1785 die erste Karte dieser heute völlig neu und völlig anders bewerteten Meeresströmung. 1774: P. S. de Laplace weist nach, daß die Erdrotation ein wesentlicher Faktor der Gezeiten ist.

Leuchtfeuer, Feuerschiffe, Rettungsmittel

Nachdem der 1698 von H. Winstanley entworfene und auf den gefährlichen unterseeischen Eddystone Rocks (23 km südwestlich von Plymouth) erbaute hölzerne Eddystone-Leuchtturm 1703 im Sturm zerstört worden war, erbaut J. Smeaton 1757–1759 einen neuen Turm aus Stein. Der Leuchtturm wird als eines der kühnsten Wasserbaukunstwerke seiner Zeit bezeichnet, auch wenn er schließlich derart von der Brandung unterspült wird, daß er 1878 abgerissen und durch einen Neubau ersetzt werden muß. 1732 wird in der Themse-Mündung eine »schwimmende Leuchte«, das Nore-Feuerschiff, eine umgebaute niederländische Galiote, ausgelegt, eine Navigationshilfe, die noch kurz zuvor als die Idee eines Irren verlacht wurde.
In Deutschland begnügt man sich mit einem erstmals 1774 mit einer Signallaterne ausgerüsteten behelfsmäßigen »Leuchtschiff« auf der Unterelbe. Erst 1815 wird das Eiderfeuerschiff, eine Eidergaliote, als Leucht- und Lotsenschiff auf 54° 14,5 N und 8° 35,4 O verankert. Es hat ein Öllampenfeuer, das im Großmast als »Wippfeuer« emporgeheißt wird.
Nach einer Schiffsstrandung im Tyne, bei der angesichts Hunderter zur Hilflosigkeit verurteilter Küstenbewohner die ganze Besatzung umkommt, wird ein Preis für die Konstruktion eines Rettungsbootes ausgesetzt. Er wird dem Engländer Henry Greathead 1789 für seine besondere Konstruktion des Seenotbootes ORIGINAL, das 40 Jahre im Dienst bleibt, zugesprochen.
1792 schlägt der Artillerieleutnant Cell dem englischen Gewerbeverein vor, mit einem Mörser eine an einem Seil befestigte Kugel auf ein gestrandetes Schiff zu schießen, um so eine Verbindung mit dem Havaristen herzustellen und die Besatzung zu retten, was später über die Hosenboje auch geschieht.
Die Bedeutung solcher neuartigen Ret-

tungsmittel vermag man noch eindringlicher zu ermessen, wenn man weiß, daß im Englischen Kanal allein im Jahre 1703 während eines der bisher schwersten Stürme in diesem Revier binnen 24 Stunden etwa 150 englische Handelsschiffe und 13 Kriegsschiffe, vornehmlich bei den berüchtigten Goodwin Sands, verlorengingen.

Kommunikation auf See

Anfänglich verständigte man sich mit bunten Stoffetzen oder, bis ins 17. Jahrhundert, mit Segeln. Bei Salamis (480 v. Chr.) zum Beispiel soll Themistokles als Angriffszeichen einen roten Überwurf an einem aufzurichtenden Riemen vereinbart haben. Ein echtes Flaggensystem wird aber erst Ende des 18. Jahrhunderts erarbeitet, ein Zehn-Ziffern-System mit »vorangesetzten« Ja- oder Nein-Flaggen. 1782 und 1790 werden von Sir Home Popham für die englische Marine zwei Signalbücher entwickelt und später um das eigentliche Marinevokabular ergänzt. Das berühmte Nelson-Signal bestand aus zwölfmaligem Heißen einer Flaggengruppe. Popham hatte zwar für das erste Wort »England« ein Signal vorgesehen (2-5-3), aber nicht für das folgende, von Nelson beabsichtigte »vertrauen«, so daß der Admiral das berühmte »erwartet« *(expects)* wählen mußte. Dann ging es reibungslos weiter, bis zum letzten Wort *»duty«* (Pflicht), denn auch das gab es nicht in Pophams Vokabular und mußte mit einzelnen Flaggen signalisiert werden: »England erwartet, daß jeder Mann seine Pflicht tun wird...« Zwanzig Minuten später folgte dann das kurze, aber entscheidende Signal Nr. 16: »Feind angreifen!«

Solche Flaggensignale waren in Kriegszeiten bislang geheim. Lief ein Schiff Gefahr, aufgebracht zu werden, mußten sofort die bleibeschwerten Codebücher über Bord geworfen werden. Die kriegerischen Signale werden später, 1817, aus dem Code entfernt, den Captain Frederick Marryat für die Bedürfnisse der Handelsschiffahrt zusammenstellt. 1857 ist sein Vokabular zu eng geworden, und das britische Handelsministerium gibt das erste internationale Signalbuch heraus, das sich vor allem auf alphabetische Flaggen bezieht, aber auch Ziffern kennt. Der Code wird weiterentwickelt, bis er 1948 78 Flaggen umfaßt.

Nachts behalf man sich früher anfangs mit Kerzenlicht oder akustischen Signalen, bis die im 19. Jahrhundert eingeführte Elektrizität eine grundlegende Wandlung schuf.

Oben: Der hölzerne Eddystone-Leuchtturm, erbaut 1698 23 km südwestlich von Plymouth. Schon fünf Jahre später zerstört der schwerste im Kanal je registrierte Sturm die Konstruktion. 1757 bis 1759 baut J. Smeaton einen steinernen Turm auf dem gefährlichen Riff, der als eines der kühnsten Wasserbauwerke seiner Zeit gefeiert wird.

Rechts: Auf einer Intarsientafel im Palazzo Pitti in Florenz ist diese bunte Ansicht des Hafens von Livorno zu sehen, den der Brockhaus von 1838 ebenso farbig beschreibt: »Der Hafen, ein Freihafen, wird durch auf zwei Felsenklippen stehende Thürme und ein altes Castell geschützt. Für Kriegsschiffe hat dieser der Verschlämmung ausgesetzte Hafen nicht hinreichende Tiefe, und jene müssen daher auf der Rhede anlegen. Um den Hafen geht ein 600 Schritt langer Molo, welcher oben gepflastert ist und zum Fahren gebraucht wird. Vor dem innern Hafen liegt ein Platz, auf welchem die marmorne kolossale Bildsäule des Großherzogs Ferdinand III. steht. Vor dem Hafen steht auf einer Klippe im Meere ein Leuchtthurm.«

Die Anfänge der russischen Seemacht

Kosaken am Stillen Ozean

In Rußland herrschten bislang ohne Unterbrechung die Nachkommen jenes legendären Normannen Rurik, der 862 den ersten Staat gründete. Knapp 200 Jahre lang wurden die Rus zentral regiert, zuerst von Nowgorod, später von Kiew aus. Dann zerbrach die Einheit in Teilfürstentümer, die untereinander um die Vormacht stritten. Den Sieg trug schließlich Moskau davon. Großfürst Iwan III. brachte in der zweiten Hälfte des 15. Jahrhunderts den gesamten Norden und Nordwesten unter seine Gewalt und nahm nach der Heirat mit der Nichte des letzten byzantinischen Kaisers den Titel Zar an. Russische Schifffahrt wurde früher fast nur vom Freistaat Nowgorod betrieben. Hauptziel der russischen Politik blieb es, den im 14. Jahrhundert an Polen und Litauen verlorenen Westen dem Reich wieder einzufügen. Iwan der Schreckliche (1533–1584) scheiterte an dieser Aufgabe, machte aber durch die Zerstörung der Tatarenkhanate an der Wolga den Weg nach Sibirien frei. Er richtete Rußland aber so weit zugrunde, daß es in der »Zeit der Wirren« zu Beginn des 17. Jahrhunderts die Beute von Thronräubern und Abenteurern wurde.

Während dieser Entwicklungsphase segeln russische Schiffe bereits nahezu regelmäßig bis nach Grönland und ins Weiße Meer. Rußland wird zu dieser Zeit für das übrige Europa überhaupt erst entdeckt. Man erkennt aber auch gleichzeitig die von dort drohende Gefahr. Sein Vorstoß unter dem ersten Romanow wird zurückgewiesen, und nach dem 1617 mit Schweden abgeschlossenen Frieden von Stolbowo wird Rußland wieder aus der Ostsee verdrängt. 1643 bietet sich durch eine Verlobung der 13jährigen Tochter des Zarewitsch Alexei Michailowitsch (Zar 1645–1676) mit dem holländischen Prinzen Waldemar der Versuch an, durch Ankäufe im Ausland eine Flotte aufzubauen. Dieser Plan aber scheitert und auch, durch den Druck der Kirche, die Heirat.

1629 erreicht erstmals ein Russe den Stillen Ozean, der Kosak Iwan Moskwitin. 1632 entsteht Jakutsk, das zum Zentrum der Erschließung Ostsibiriens wird. 1633 fahren Kosaken von der Lenamündung mit Booten über das Eismeer nach Osten und errichten Stationen an den Mündungen der Flüsse Jana, Indigirka und Kolyma. 1648 gelangt Semjon Deschnjew durch die Beringstraße (die ihren heutigen Namen erst im 18. Jahrhundert erhält) in die Anadyr-Bucht. Kosaken spielen auch in der Vorgeschichte der russischen Seefahrt eine Rolle. 1669 besiegen Stenka Rasins Rebellen bei Baku eine persische Flotte. Im gleichen Jahr läßt Rasin das erste im eigenen Land erbaute russische Schiff, die ORJOL (ADLER) im Hafen von Astrachan anstecken. Dieses für den Zaren Alexei Michailowitsch von holländischen Schiffbauern konstruierte und für den Dienst im Kaspischen Meer bestimmte bewaffnete Handelsschiff (25,50 m lang, 6,30 m breit, 2,20 m Tiefgang) wurde übrigens 1668 auf einer Werft bei Dedinowa aufgelegt und 1669 in Dienst gestellt.

Nicht als erster, aber weitaus energischer als andere, bemüht sich Peter I. um die Überbrückung der Kluft zwischen seinem Land und Europa. Er hat die Kraft und das Geschick, die Träume seiner Vorfahren zu vollenden. Am 30. Mai 1672 geboren, gelangt er mit 17 Jahren zur Selbstherrschaft. Eines Tages bekommt der sechzehnjährige Peter ein Astrolabium, das der Fürst Jakob Dolguruki aus Frankreich mitgebracht hat. Ein gewisser Franz Timmermann unterweist ihn im Gebrauch des Instruments, woraus sich ein regelrechter Unterricht in Mathematik, Geometrie, Ballistik und Festungsbau entwickelt. Timmermann und seine deutschen Landsleute Karsten und Brand helfen Peter, ein altes englisches Segelboot instand zu setzen, das man in der Hinterlassenschaft seines Großonkels Nikita Romanow gefunden hatte. Weitere Boote werden gebaut, und im Sommer 1689 schwimmt auf dem See von Perejaslawl Salesskij nördlich von Moskau Peters erste Flotte. Seine Leidenschaft für alles, was mit Schiffahrt zusammenhängt, wird ihn nie wieder verlassen.

Als Peter im Sommer 1691 Archangelsk besucht, um sich hier die ein- und auslaufenden englischen Handelsfahrer anzusehen, gibt er den Bau eigener Schiffe in Auftrag. Bereits 1692 liegen in Archangelsk die ST. PAUL und eine aus Holland gelieferte Fregatte vor Anker, wozu noch seine Yacht ST. PETER als drittes brauchbares Schiff hinzukommt.

Zar Peter stampft eine Flotte aus dem Boden

Als 1695 der lang erwartete Krieg mit den Türken ausbricht, widersteht die Festung Asow allen Angriffen. Peter muß sich zurückziehen. Er gibt aber nicht auf und rüstet zum zweiten Feldzug. Das Hauptübel sieht er darin, Asow nicht auch von der Seeseite her angreifen zu können. Er braucht eine Flotte, und zwar innerhalb kürzester Zeit, nämlich bis zum Frühjahr 1696. Das ist nur mit Begeisterung und viel Zuversicht zu schaffen. Peter hat beides im Überfluß.

In Woronesch, am gleichnamigen Nebenfluß des Don, gibt es eine Bootswerft. Sie wird in größter Eile erweitert. 26 000 ungeübte und in der Mehrzahl auch unwillige Leute müssen unter englischen und holländischen Meistern mitten im Winter mit dem Bau von Schiffen beginnen. Peter selbst arbeitet mit, wahrscheinlich mit Abstand der Fleißigste von allen. In anderen Städten entstehen drei weitere Werften. Das Wunder geschieht: Bis Mai 1696 sind 29 Galeeren und über 1000 Barken fertiggestellt, mehr, als man vorgesehen hat. Das erste Schiff tauft Peter PRINCIPIUM.

Der Zar nimmt den Krieg wieder auf. Ende Mai 1696 schließt er Asow mit 70 000 Mann von der Landseite her ein. Die neue Flotte blockiert den Hafen, nachdem Kosakenboote die herannahenden türkischen Schiffe vertrieben haben. Am 18. Juni kapitulieren die Türken.

Rußlands Tor zur Welt ist die Ostsee

1697 beginnt Peter seine Erkundungsreisen, bei denen er dem Schiffbau besondere Aufmerksamkeit schenkt. In Libau und Pillau sieht er zum erstenmal die Ostsee. Sie wird von nun an seine Politik bestimmen. In Holland verdingt er sich als Schiffszimmermann bei der Firma Rogge und arbeitet danach in Amsterdam auf der Werft der Ostindischen Compagnie. Er nimmt an Flottenmanövern teil und interessiert sich für die Volkswirtschaft, soweit sie in Beziehung zur Seefahrt steht. Nur Kriegsschiffe wollen ihm die Holländer nicht liefern, um Ludwig XIV. durch den Bau von Schiffen für einen russischen Krieg gegen die Türken nicht zu reizen. Aber eine ganze Anzahl holländischer Seeoffiziere und Matrosen finden sich bereit, unter dem Zaren zu dienen. In England lernt Peter, was er in Holland vermißt: den konstruktiven, mathematischen Schiffbau, während die Holländer ja noch immer empirisch bauen. Englands Konstrukteur, Admiral Carmarthen, hilft und berät, wo er nur

Seit 1471 ist die Stadt Asow im Mündungsdelta des Don am Asowschen Meer in türkischer Hand. Für den agilen Zaren Peter den Großen ist dies natürlich ein Dorn im Auge. 1695 berennen seine Truppen die Festung Asow vergeblich, und Zar Peter merkt sehr schnell, daß ohne gleichzeitigen Angriff von See her gegen die Festung nichts auszurichten ist. In unglaublich kurzer Zeit stampft der Zar eine Flotte von 29 Galeeren und über 1000 Barken aus dem Boden, wobei er selbst mitarbeitet. Ende Mai 1696 schließt er Asow von Land her ein und blockiert gleichzeitig mit seiner neuen Flotte den Hafen (Bild). Am 18. Juni kapitulieren die Türken, und Asow wird für immer russisch.
Zar Peter hatte eine ausgeprägte Leidenschaft für das Meer und die Schiffahrt. So begann er auch mit dem Bau des heute so wichtigen 110 km langen Ladogakanals, unter seiner Anweisung entsteht die 54-Kanonen-Fregatte POLTAWA, *das erste Schiff, das auf der neuen Petersburger Werft vom Stapel lief, mit der Unterstützung des Zaren begann der russische Schiffszimmermann Nikanow mit dem Bau eines ersten U-Bootes, und als 1725 Peter der Große starb, verfügte Rußlands Flotte über 48 Linienschiffe und 900 Galeeren mit insgesamt 28 000 Mann Besatzung.*

kann, und der Zar belohnt ihn mit dem russischen Tabakmonopol.
Peters weitere Reise führt ihn nach Wien, und nach einer Zusammenkunft mit August dem Starken weiß er es: Nicht über das Schwarze Meer und den Bosporus führt der Weg in die Welt, sondern über die Ostsee. Hier aber regieren die Schweden.
Schweden ist zu dieser Zeit auf der Höhe seiner Macht. Um 1700 wird das Heer von 60 000 auf 100 000 Mann verstärkt. Mit dem Besitz von Wismar, Stralsund, Stettin, Rügen, Reval und Narwa beherrscht Schweden die Ostsee fast vollständig.
Als 1700 der Große Nordische Krieg um die Ostsee begann, waren vielerlei militärische und diplomatische Aktionen vorausgegangen: Zar Peter der Große will – gestützt auf eine Allianz mit Dänemark – die Vormachtstellung der Schweden im Ostseeraum brechen. Am 19. August 1700 erklärt er Schweden den Krieg. Die Begründung ist fadenscheinig: Der schwedische König habe geduldet, daß der Zar in Riga beleidigt worden sei.
Sehr viel mehr kann Peter auch nicht vorbringen, denn der Handel mit Schweden verläuft im wesentlichen reibungslos, und der Transit durch Estland und Livland funktioniert. Einen Anspruch auf die Rückgabe Kareliens und Ingermanlands kann Peter, der noch vor kurzem die alten Friedensverträge bestätigt hat, nicht gut erheben.
Dänemark wird von den Schweden durch die Landung eines Heeres mehr oder weniger unblutig zum Frieden gezwungen. Danach bricht der schwedische König Karl XII. den sächsischen Belagerungsring um Riga auf, landet mit nur 8000 Mann in Pernau und besiegt die durch Nachschubschwierigkeiten demoralisierte russische Belagerungsarmee von Narwa und Iwangorod. Dann wendet sich Karl XII. gegen Polen, wo er 1706 August den Starken zum Verzicht auf Polen zwingt. Doch bereits beim Asow-Feldzug hatte Peter bewiesen, daß ihn eine Niederlage nicht umwerfen kann. Während Karl XII. in Polen engagiert ist, rüstet er für den Vergeltungsschlag. Er verwüstet das den Polen zugesprochene Livland und Estland und stürmt mit 12 000 Mann die schwedische Inselfestung Nöteborg am Ladogasee. Er nennt es in deutscher Sprache Schlüsselburg, soll es doch für ihn der »Schlüssel zur Ostsee« werden. Den noch fehlenden Hafen läßt Peter im Mündungsdelta der Newa erbauen. Der 16. Mai 1703 gilt als der Gründungstag des von Peter holländisch ausgesprochenen St. Piterburch. Man stampft auf dem gegenüberliegenden Ufer die erste Werft aus dem Boden, dort, wo später die Admiralität entsteht. Bereits im November 1703 kann das erste Schiff aus Holland im neuen Hafen vor Anker gehen.
1710 erobern russische Truppen Elbing, im gleichen Jahr besetzen sie das von der Pest zermürbte Riga, nehmen Pernau ein, landen auf der Insel Ösel und zwingen Reval zur Übergabe. Sie erobern Karelien und auch Wiborg.
Am 4. Oktober 1710 kommt es zur Seeschlacht in der Kjögebucht zwischen Dänemark mit 26 Linienschiffen und Schweden mit 21 Linienschiffen, wobei die stolze dänische DANEBROG in die Luft fliegt. Am 28. September 1712 vernichtet eine dänische Flotte Teile der schwedischen Transportflotte mit Truppen und Material für Rügen im Gefecht bei Arkona. Am 27. Juli 1714 bringt eine von Peter I. geführte Flotte bei Hangö am Eingang des Finnischen Meerbusens zehn schwedische Schiffe auf. Am 6. August besiegen 100 Galeeren des Zaren eine Flottille der Schweden. Die nunmehr schutzlosen Ålandinseln werden besetzt.
1717 plündert die russische Galeeren- und Kanonenbootflotte Dörfer und Städte im Norden und Süden von Stockholm. 1720 gibt es noch ein Gefecht zwischen der russischen Schärenflottille und von diesen in die engen Schärengewässer gelockten schwedischen Linienschiffen und Fregatten bei den Ålandinseln. Vier Schwedenfregatten werden zerstört, aber 43 russische Galeeren sind bis zur Unbrauchbarkeit beschädigt worden, zwei gesunken.
Nach den Friedensverhandlungen von 1719 bis 1721 kommt es zum »Ewigen Friedens- und Freundschaftsvertrag«. Alle Forderungen der Russen werden erfüllt. Livland, Estland sowie die Inseln Ösel und Dagö kommen an die Russen, und die »alten russischen Gebiete« Ingermanland und Ostkarelien mit Wiborg und Kexholz werden zurückgegeben. Finnland wird nach vier Wochen geräumt. Rußland ist in der Ostsee zur stärksten Seemacht angewachsen.

Die russisch-türkischen Seekriege

Es ist die weiteren Romanows folgende deutschblütige Katharina II. (1762–1796), die, später »Die Große« und »Mutter des Vaterlandes« genannt, nicht ohne landeseigene Absichten den im Schwarzmeerraum gegen die Russen kämpfenden Griechen mit einer russischen Flotte hilft. Die erste Begegnung in diesem nun russisch-türkischen Seekrieg (1770–1774) endet in der Bucht von Tscheschme mit einer totalen Niederlage der Türken, die elf Schiffe und 9000 Mann verlieren. 1774 schließt man Frieden. Als Katharina II. 1783 die autonome Krim annektiert und den Kriegshafen Sewastopol gründet, gibt es erneut Krieg seitens der Türken (1787–1791). Obwohl die türkische Flotte zahlenmäßig stets überlegen ist, wird sie immer wieder geschlagen, 1788 in der Dnjeprmündung, 1790 bei Sinope, Samsun und Ahapa, dann erst beim Treffen vor der Halbinsel Kertsch, dann in der Seeschlacht von Tendra und 1791 beim Kap Kaliakra. Und immer sind die Verluste der Russen gering, obschon die Türken erbittert kämpfen. Nach dem Frieden von Jassy (1792) verfügt Rußland über einen Großteil der Nordküste des Schwarzen Meeres.

Der schwedisch-russische Krieg

Als Schwedens König 1788 den Russen den Krieg erklärt, verfügen beide Länder über eine Galeerenflotte beträchtlicher Stärke. Die Schweden haben außerdem 15 Linienschiffe und 11 Fregatten und für den Schärenkampf speziell geeignete vier verschiedene Schaluppentypen. Die Russen können 17 Linienschiffe mit 1450 Kanonen und 8 Fregatten in den Kampf bringen.
In der Seeschlacht von Hogland im Finnenbusen werden am 17. Juli 1788 die vorstoßenden Schweden gestoppt. Jede Seite verliert ein Linienschiff, die Schweden 1200, die Russen 1800 Mann. Im Juli 1789 prallen beide Flotten mit je 21 Linienschiffen und 8 beziehungsweise 10 Fregatten bei Öland erneut aufeinander. Es kommt zu keinem ernsthaften Gefecht, weil der russische Admiral Tschitschagoff einem Kampf ausweicht, dafür aber die nach Karlskrona gelaufenen Schweden blockiert. Am 24. August sind es die Russen unter Admiral Prinz von Nassau-Siegen, welche mit 86 Fregatten, Galeeren, Kanonenschaluppen und zusammen 1280 Kanonen die Galeerenflotte der Schweden unter Admiral Ehrensvaerd mit 50 Fahrzeugen und 680 Kanonen im Svensksund in zwei Gruppen angreifen. Dabei wird die südliche Gruppe abgewiesen, die östliche aber durchbricht die Verteidigungsstellung. Die fliehenden Schweden verlieren sieben Einheiten und 800 Mann, die Russen drei Einheiten und 1000 Mann.
Ein Jahr später, am 13. Mai 1790, greifen 22 schwedische Linienschiffe und zwölf Fregatten ein auf der Reede von Reval ankerndes russisches Geschwader mit acht Linienschiffen und sechs Fregatten an. Doch der stark auffrischende, von Steuerbord fast quer einkommende Wind bringt Verwirrung in die schwedische Schlachtlinie, als sie, aus allen Rohren schießend, gerade an den Russen vorbeisegeln will. Die Schweden verlieren die manövrierunfähig gewordene PRINS KARL und ein gestrandetes Linienschiff und haben 130 Tote und Verwundete zu beklagen. Die Russen haben kaum Verluste.
Auch die Seeschlacht in der Bucht von Kronstadt Anfang Juni 1790 endet ohne Entscheidung. Als das russische Reval-Geschwader unter Admiral Tschitschagoff auf der Kampfstätte erscheint und man sich den ganzen Tag über beschießt, ziehen sich die Schweden nach Wiborg zurück, wo ihre Galeerenflotte liegt. Von den Russen blockiert, versuchen die zahlenmäßig stark unterlegenen Schweden auf Befehl des bei der Galeerenflotte eingeschifften schwedischen Königs durch die russischen Linien auszubrechen. Die enorme russische Streitmacht besteht aus 31 Linienschiffen und 24 Fregatten. Dennoch gelingt den Schweden der Ausbruch am Westflügel, wenn auch unter großen Opfern.
Einen Monat später trifft man sich wieder im Svensksund zur letzten größeren Seeschlacht der Welt, die zwischen Ruderfahrzeugen ausgefochten wird. Die Schweden haben 195 Fahrzeuge mit 1200 Kanonen und 14 000 Mann, die Russen 140 Einheiten mit 1500 Kanonen und 18 500 Mann. Die Russen werden vom Artilleriefeuer der in L-Form verankerten schwedischen Schärenflotte derart eingedeckt, daß sie sich zurückziehen. Nun endlich fällt eine Entscheidung: Die Russen müssen 50 Fahrzeuge, 6000 Gefangene und 3000 Tote und Verwundete abschreiben. Die schwedischen Verluste sind minimal.

Katharina II. stationiert 1770 im Zuge der Unterstützung der Griechen bei deren Aufstand gegen die Türken eine Flotte im Schwarzen Meer. In der Nacht zum 7. Juli 1770 unternehmen die Russen einen nächtlichen Branderangriff gegen die Türken in der Tscheschme-Bucht und fügen ihnen eine vernichtende Niederlage zu.

Kriege in Europa und Übersee

Der Spanische Erbfolgekrieg

In Spanien besteigt 1701 Philipp von Anjou, ein Enkel Ludwigs XIV., den spanischen Thron. Dadurch kommt das riesige spanische Kolonialreich in Amerika und in Spanisch-Ostindien unter französischen Einfluß.

England kann diese Entwicklung nicht gleichgültig sein. Mit Holland, Preußen, Hannover, später auch Portugal, dem Deutschen Reich und Savoyen gründet es die »Große Haager Allianz« gegen Frankreich und Spanien, die andererseits mit den Bayern und Kurköln verbündet sind. Im Frühjahr 1702 kommt es zu den ersten Kampfhandlungen im Spanischen Erbfolgekrieg. Für die Seemächte der Allianz ist der Kolonialkrieg nebensächlich, der Krieg im Mittelmeer jedoch von entscheidender Wichtigkeit. Deshalb muß zum kombinierten Land- und Seekrieg noch der Handelskrieg treten. Beide Seiten werden 1500 Handelsschiffe verlieren. Während England diese Verluste verschmerzen kann, ruinieren sie den französischen überseeischen Handel und bringen das Land in größte finanzielle Schwierigkeiten.

Von den Flotten ist die englische in gutem Zustand, die 65 großen und 44 kleineren Linienschiffe sind absolut frontbereit. Die holländische Marine hat nur bedingten Wert, die 74 Linienschiffe sind zum Teil überaltert. Die französische Flotte ist nach dem Frieden von Rijswijk nicht erneuert worden, denn für Ludwig XIV. ist die Flotte nur eine Gelegenheitswaffe. Steter Geldmangel zwingt dazu, Schiffe und Werften zu vernachlässigen. Nur wenige der listenmäßig erfaßten 100 Linienschiffe sind kriegsbereit.

Von den maritimen Einzelaktionen ist der Versuch des kränklichen und unentschlossenen englischen Admirals Sir George Rooke zu erwähnen, im August 1702 den

Ansicht von Gibraltar aus dem 18. Jahrhundert. Am 4. August 1704 erobern britische Marinesoldaten unter Admiral Rooke und Prinz Georg von Hessen-Darmstadt die Felsenfestung, Gibraltar wird im Frieden von Utrecht 1713 englisch und ist heute noch britische Kronkolonie. Schon in der Antike war der Felskoloß an der Südspitze Spaniens von Sagen und Legenden umwoben, aber auch als strategischer Schlüsselpunkt erkannt. Mit dem gegenüberliegenden Felsklotz von Abyla (Ceuta) bildete Gibraltar für die Phönizier die Säulen des Melkart, hinter denen das Ende der Welt liege. In Wirklichkeit streuten die gerissenen phönizischen Kaufleute dieses Gerücht wissentlich aus, um ungestört Handel mit der Silberstadt Tartessos treiben zu können, denn sie verstanden es vortrefflich, zwischen diesen Säulen hindurchzusegeln. Die Griechen nannten die Felsen von Gibraltar und Ceuta ihrem Volkshelden zu Ehren die Säulen des Herkules. Gibraltar selbst ist nach dem maurischen Feldherrn Tarik benannt, der um 711 nach Christus die Meerenge überquerte und auf dem Felsen eine Burg errichten ließ. Und so bedeutet Gibraltar Dschabal At Tarik – Berg des Tarik. Auch im Zeitalter der modernen Kriegsmaschinerie hat Gibraltar nichts von seiner strategischen Bedeutung eingebüßt – zumindest weigern sich die Briten hartnäckig, den Felsen an Spanien zurückzugeben.

Nächste Doppelseite: Der Spanische Erbfolgekrieg (1701–1714) beginnt für die mit den Spaniern verbündeten Franzosen mit einer neuen, schweren Niederlage zur See. Am 23. Oktober 1702 greift Admiral George Rooke eine spanische Silberflotte vor Vigo an, die durch ein französisches Geschwader gedeckt wird. Die Engländer durchbrechen die aus Balken und Flößen errichtete Hafensperre und nehmen fünf Silbergaleonen der Spanier und sechs Linienschiffe der Franzosen. Alle anderen Schiffe verbrennen oder versenken sie.

wichtigen spanischen Handelshafen Cádiz zu nehmen. Er scheitert und denkt auf der ROYAL SOVEREIGN an die Heimreise, als er auf Drängen des holländischen Admirals Almonde umkehrt, um mit seinen 203 Schiffen der vereinigten britischen und holländischen Flotte eine unter französischer Bedeckung einlaufende spanische Silberflotte in Vigo anzugreifen. Am 23. Oktober glückt es ihm, fünf der Silbergaleonen sowie sechs Linienschiffe zu nehmen. Alle übrigen Schiffe werden verbrannt. Vigo selbst aber nimmt er nicht. Der sekundäre Erfolg aber wiegt schwerer: Portugal tritt an die Seite der Großen Allianz und schließt mit England den Methuen-Vertrag, der das gesamte Wirtschaftsleben Portugals in die englische Hand gibt. So stehen England nunmehr auch die Goldfunde Brasiliens zur Verfügung. Brasilianisches Gold macht die Bezahlung von Heer und Flotte und auch von Subventionen für die Verbündeten möglich. Und erneut ist es mehr Zufall als taktische Einsicht, daß Admiral Rooke am 4. August 1704 das von nur 500 Mann verteidigte Gibraltar einnimmt. Es war in Wirklichkeit der tatkräftige Prinz Georg von Hessen-Darmstadt, der den Handstreich plante und energisch vorantrieb. Der französische Flottenchef Graf von Toulouse will den Felsen und damit die Schlüsselposition des Weges vom Atlantik ins Mittelmeer zurückerobern. Es kommt zur Seeschlacht von Malaga. Sie endet mit schweren Verlusten auf beiden Seiten. Gibraltar aber bleibt unter englischer Kontrolle.

Eine englische Flotte unter Admiral Shovel bringt 1705 schließlich ein Heer von 10 000 Mann und den habsburgischen Thronanwärter Karl III. nach Barcelona, das mitsamt Katalonien an die Habsburger fällt. Graf von Toulouse, der natürliche Sohn Ludwigs XIV., hatte vorher mit seiner Flotte den Hafen verlassen, statt ihn zu verteidigen.

Als Ende Juni 1707 die verbündete Flotte vor Toulon erscheint, um den Vormarsch von Prinz Eugen an Land zu unterstützen, versenken sich die französischen Schiffe selbst. Noch allerdings ist die französische Flotte nicht geschlagen, denn in einem Geleitzugkampf im Oktober 1707 nehmen die Franzosen mit 12 Kriegsschiffen den Engländern 4 der 5 Linienschiffe und 15 Transporter weg. An dieser Aktion war außer Forbin auch der bekannte französische Kaperführer Duguay-Trouin beteiligt. 1708 werden für Karl III. Sardinien, das wichtige Menorca mit Port Mahon erobert.

Der Friede von Utrecht beendet schließlich im Jahre 1713 den Krieg, wobei England in geheimen Abmachungen mit Frankreich zum Schaden seiner Verbündeten Gewinne einstreicht. Gemäß der *balance of power* darf der Bourbone das spanische Reich behalten, aber ohne die für Englands Seemacht bedrohlichen flandrischen und italienischen Besitzungen, die zumeist den Habsburgern zufallen. Frankreich muß seine wertvollsten nordamerikanischen Küstenländer – Arkadien, Neufundland und das Hudsonbay-Gebiet – an England abtreten, das für den Seehandel so gefährliche Dünkirchen schleifen und einen wenig vorteilhaften Handelsvertrag mit den Seemächten abschließen. England behält Gibraltar und Menorca, die Zwingburgen des Mittelmeers.

Die Anson-Story

1738 scheint ein neuer Krieg zwischen England und Spanien unvermeidlich. Spanien hat lange genug den Handel mit Westindien und Südamerika gestört, es hat zahlreiche Übergriffe gegeben. Im Herbst 1739 wird der Krieg offiziell erklärt, doch haben beide Seiten längst Wind von den Absichten des Gegners bekommen. Admiral Vernon ist mit einem britischen Geschwader nach Mittelamerika unterwegs. Ein zweites soll unter dem 43jährigen Kommodore George Anson in den Pazifik segeln, um die spanischen Kolonien anzugreifen. Ansons Geschwader geht am 18. September 1740 in See. Um den Engländern den Weg zu verlegen, haben die Spanier unter Admiral Pizarro, einem Nachkommen des Conquistadors, ebenfalls ein Geschwader in Marsch gesetzt. Den britischen Einheiten mit insgesamt 236 Kanonen und 1939 Mann stehen fünf spanische Kriegsschiffe mit 284 Kanonen und 2708 Mann gegenüber. Vergeblich jedoch sucht man sich, mehr von Krankheiten als vom Feind verfolgt, im Atlantik.

Bis Madeira haben sie auf Ansons Schiffen zwei Tote gehabt. An Weihnachten 1740, vor der brasilianischen Insel Santa Catarina, sind schon 90 Mann verblichen. Weitere 300 werden sterbenskrank an Land gebracht. Aber das Geschwader folgt dem königlichen Befehl. Noch einmal wird in einer einsamen Bucht Patagoniens geankert, während die Spanier von Buenos Aires aus nachsetzen. Aber wieder verfehlt man sich, und Anson schickt sich an, Kap Hoorn zu umrunden. Man gerät im März und April 1741 in die unruhigste Jahreszeit. Die Schrecken der Wirklichkeit übertreffen alle Befürchtungen. Das Kaprevier wird zum Inferno. Furchtbare, eisige Weststürme zerfetzen die Segel. Die See geht bergehoch. Die teils entmasteten Schiffe lecken wie ein Sieb. Anson macht unbeirrt weiter. Seine dezimierten Besatzungen sterben wie die Fliegen. Tote werden mitsamt ihren Hängematten über Bord geworfen. Als das Flaggschiff CENTURION, das am Treffpunkt, der chilenischen Insel Socorro, keines der anderen Schiffe vorfindet, am 10. Juni 1741 die Insel Juan Fernández erreicht, hat es über die Hälfte seiner 520 Mann eingebüßt.

Nach monatelanger Erholungspause eröffnet Anson 1741 den Kreuzerkrieg an der

Rechts: Nach jahrelangen, abenteuerlichen Raubzügen und Kreuzfahrten kehrt Kommodore George Anson am 15. Juni 1744 nach Spithead heim und wird triumphal empfangen, denn die Kaperung der legendären Manila-Galeone am 20. Juni 1743 brachte ihm und damit England die wohl größte Kriegsbeute aller Zeiten. Experten schätzen den Wert des Schatzes auf 50 bis 100 Millionen Pfund, gerechnet nach heutigen Maßstäben. Da läßt es sich leichter vergessen, daß von den 1900 Mann, die im September 1740 in See gegangen sind, nur noch 104 zurückkehren.

Gegenüberliegende Seite: Toulon, der bedeutendste französische Kriegshafen, war in seiner bewegten Geschichte mehrfach Schauplatz feindlicher Belagerungen, so 1706, als sich die schwache französische Flotte angesichts der englischen Übermacht selbst versenkt, oder 1742, als ein spanisches Geschwader fast zwei Jahre von den Engländern blockiert wird, oder gar im geschichtsträchtigen Jahr 1793, als Hafen und Stadt den Engländern übergeben wurden, aber ein gewisser Leutnant Napoléon Bonaparte den Briten dann doch noch einen Strich durch die Rechnung machte.

Westküste: Er unterbricht den Handel, kapert Schiffe. Die Stadt Paita wird überfallen und gebrandschatzt. Da vertrauliche Nachrichten besagen, daß die Expedition Admiral Vernons nach Mittelamerika völlig fehlgeschlagen ist, erübrigt es sich für Anson, in Panama zu landen. Unter der mexikanischen Küste sucht er die legendäre Manila-Galeone, das einzige zum Handel zwischen den Philippinen und Acapulco von der Krone Spaniens zugelassene Schiff, dem die riesigen Entfernungen nur eine Rundreise im Jahr ermöglichen. Anson kommt zu spät, die Galeone liegt schon im sicheren Hafen. Nach kurzer Blockade setzt sich Anson mit seinen beiden letzten Schiffen, der CENTURION und der GLOUCESTER, Anfang 1742 befehlsgemäß nach China ab. Als er nach 191 Tagen im Hafen von Macao ankommt, sind vom Anson-Geschwader nur noch ein Schiff und etwa jeder zehnte Mann übriggeblieben. Anson segelt trotzdem noch einmal nach den Philippinen zurück, wo er auf sein Traumschiff, die Silbergaleone, lauert. Sie läuft ihm am 20. Juli 1743 schicksalhaft in die offenen Arme. Die Galeone ist den Engländern unterlegen, sie wird aus kürzester Entfernung zusammengeschossen. Der Wert des Schatzes beträgt nach zeitgenössischen Berichten mehr als 800 000 Pfund, nach heutigen Maßstäben sind dies etwa 50 Millionen Pfund. Es ist wohl die größte Kriegsbeute, die je einem Kaperschiff zuteil wurde. Nach dem Verkauf der wracken Galeone bringt Anson ohne weitere Zwischenfälle seinen Schatz auf der CENTURION nach Hause, wobei er noch in letzter Minute im nebelverhangenen Englischen Kanal mitten durch ein feindliches französisches Geschwader segelt. Am 15. Juni 1744 heißt es vor Spithead »Fallen Anker«. Nach drei Jahren und neun Monaten kehren von den 1900 Mann, die einmal ausgezogen waren, nur noch 104 zurück.

Der Österreichische Erbfolgekrieg

Und wieder einmal ist eine Thronfolge die Ursache für eine kriegerische Auseinandersetzung. Durch die Thronfolge von Maria Theresia, Tochter des letzten Habsburgers, kommt es 1740–1748 zur Konfrontation zwischen Spanien, Frankreich, Preußen und Bayern auf der einen und Österreich, England und Holland auf der anderen Seite. England ist um diese Zeit mit 80 Linienschiffen gegenüber der Flotte Frankreichs mit etwa 45 Linienschiffen zahlenmäßig weit überlegen. Spanien, das aus Geldmangel und seestrategischem Unverstand seine Flotte verkümmern ließ, kann nur knapp 24, dazu noch schlecht ausgerüstete Linienschiffe vorzeigen. Den Franzosen mit ihren ausgesucht aristokratischen, auf Grund der Colbertschen Reform hervorragend geschulten Seeoffizieren mangelt es an Besatzungen mit seemännischer Praxis und Können. Die Engländer dagegen, deren Offiziere ihren Wert in guter Seemannschaft und weniger in nautischer Wissenschaft sehen, haben unter den Seeleuten durch das »Pressen« der Matrosen zwar »den Auswurf der Gefängnisse«, somit aber auch handfeste, fast skrupellose Burschen an Bord. Unverständlicherweise führen die zur See so überlegenen Engländer kaum Seekrieg gegen das schwache Spanien oder dessen westindische Besitzungen. Man nimmt zwar Porto Bello, den Ausgangshafen der spanischen Silberflotten, bleibt aber bei Unternehmen gegen Cartagena und Santiago wegen Führungsfehlern ohne Erfolg.

Als 1742 ein spanisches Geschwader in Toulon einläuft, vermag es Admiral Matthews mit seinen 28 Linienschiffen fast zwei Jahre zu blockieren. Dann erst gelingt es dem 80jährigen französischen Admiral Court de la Bruyère, mit 12 französischen und 16 spanischen Linienschiffen mit Kurs spanische Küste auszubrechen. Matthews stellt das Geschwader vor den Hyères-Inseln. Dabei greift der an sich günstig in Luv stehende Engländer trotz viel zu langer Kiellinie und schlechter Ordnung an.

Es wird nicht mit Engagement gekämpft. Die englische Nachhut beteiligt sich überhaupt nicht an der Schlacht, und nur wenige englische Kommandanten gehen auf Distanz an den Gegner heran, die anderen lassen Matthews im Stich. Andererseits scheut jedoch der betagte Franzose einen schnellen Entschluß und nutzt seine Chance nicht, wohl aber erreicht seine Flotte den Hafen von Barcelona. Admiral Matthews muß seinen Hut nehmen.
In den Folgejahren wird jedoch die französische Flotte durch Verluste im Atlantik und im Mittelmeer derart erschöpft, daß England ohne Mühe die Handelsblockade von Dünkirchen bis Gibraltar betreiben kann. Im Handelskrieg verlieren die Spanier und Franzosen 3400 Schiffe, die Engländer nicht ganz soviel. Während jedoch die Engländer ihre Verluste ersetzen können, ist, als es 1748 zum Frieden von Aachen kommt, der spanische und französische Handel fast gänzlich geschrumpft.

Der Siebenjährige Krieg

William Pitt d. Ä. (1708–1778), nach Oliver Cromwell Englands bedeutendster Staatsmann dieser Zeit, kennt nach dem unbefriedigenden Frieden von Aachen (1748) nur ein Ziel: die Vernichtung der französischen Seegewalt und als deren Ergebnis die Eroberung des französischen Kolonialreiches. Nach den ersten Kampfhandlungen in See (1754) und in der Biskaya (1755) eröffnet das mit England verbündete Preußen den Krieg gegen das um ihn gesponnene Netz der drei Regentinnen Europas: das Frankreich der Madame Pompadour, das Österreich Maria Theresias und das Rußland Elisabeths.
Allein schon wegen des im englischen Erbbesitz befindlichen Kurfürstentums Hannover ist dieses Bündnis für England ein Gebot. Der Landkrieg, in dem sich das zahlenmäßig weit unterlegene Preußen Friedrichs des Großen behauptet, spielt auch für den Seekrieg eine bedeutsame Rolle. Er schwächt einerseits die Kraft der Franzosen zum Aufbau ihrer Flotte, während sich andererseits Frankreich nicht mit voller Kraft auf Preußen stürzen kann.
Die Flotte der Franzosen verfügt zu dieser Zeit über 63 größere und 10 kleinere Linienschiffe, die Engländer haben 89 durchweg stärkere Linienschiffe. Der Seekrieg beginnt mit der Einschließung des von Engländern besetzten Port Mahon im westlichen Mittelmeer durch die Franzosen. Es kommt im Mai 1756 zur Seeschlacht bei Menorca, als eine englische Entsatzflotte unter Admiral Byng mit 11 Linienschiffen eintrifft. Die Franzosen bieten unter Admiral La Galissonnière 10 Linienschiffe auf. Die englische Linie, bei der sich nur die Vorhut näher heranwagt, das Gros aber auf Distanz kämpft, bricht beim Angriff auf die bewußt gesuchte französische Leestellung auseinander. Die Franzosen ermöglichen es Byng aber, sich dem Kampf zu entziehen. Port Mahon kann sich nicht mehr halten. Die Franzosen haben einen strategischen, wenn auch nur bedingt taktischen Sieg errungen. Admiral Byng, der sich streng an die Gefechtsordnung hielt, wird wegen Hochverrats in Plymouth erschossen. Frankreich bevorzugt seit dieser Schlacht die Leestellung.
Die Franzosen bereiten (wieder einmal) eine Invasion in England vor, stellen 30 000 Mann nördlich der Loire bereit und schicken 12 Linienschiffe der Toulon-Flotte in den Atlantik. Diese werden vom englischen Mittelmeergeschwader (13 Linienschiffe) auf der Höhe von Lagos angegriffen und fast völlig ausgeschaltet. Die Franzosen halten dennoch am Invasionsplan fest. Bei dem Marsch von Brest zur Loiremündung werden ihre 22 Schiffe unter Conflans von Admiral Hawke mit seinem Blockadegeschwader (27 Linienschiffe) am 20. November 1759 eingeholt und trotz des wegen der Insel und Riffe schwierigen Fahrwassers und aufkommenden schweren Sturms angegriffen. Die FORMIDABLE wird erobert, die SUPERBE kentert im Sturm, die schwer beschädigte HEROS

streicht die Flagge und strandet ebenso wie die Soleil Royal, die von ihrer Besatzung verbrannt wird. Eine Sturmbö läßt die Torbay und die Thésée kentern. Dieses Treffen geht als die »Sturmschlacht von Quiberon« in die Seekriegsgeschichte ein.
Die französische Hochseeflotte existiert nicht mehr. Englische Schiffe blockieren jetzt alle französischen Häfen. Es gibt keine Verbindung mehr zwischen dem französischen Mutterland und den Kolonien. Die Trikolore ist fast völlig von den Weltmeeren verschwunden.
In Übersee haben die Engländer unter Admiral Boscawen in Kanada 1758 Louisbourg und sechs französische Linienschiffe weggenommen. 1759 folgen Quebec, 1760 Montreal, in Westindien reißen sie 1759 mit einem Geschwader Guadeloupe an sich, 1761 Dominica und 1762 Martinique. Nachdem Spanien 1759 mit seiner desolaten Flotte auf die Seite der Franzosen tritt, erobern die Engländer 1762 mit 22 Linienschiffen, 30 weiteren Kriegsschiffen und 100 Transportern Kuba mit Havanna und 9 spanische Linienschiffe. Drei weitere werden versenkt. Von Vorderindien aus besetzen sie Manila und die Philippinen. In Westafrika werden sämtliche französischen Niederlassungen genommen, darunter Gorée. 1757 beginnt mit Clives' Sieg bei Plassey in Bengalen die Geburtsstunde der englischen Herrschaft in Indien.
Im Frieden von Paris und Hubertusburg, der nach dem Rücktritt Pitts und dem Regierungsantritt des noch unreifen Georg III. 1763 folgt, gewinnt England Florida und Kanada, womit fast ganz Nordamerika angelsächsisch geworden ist, sowie in Afrika Senegambien. In Indien kostet dieses Kriegsende zwar die Franzosen den Besitz in Dekhan, es beläßt ihnen aber Pondichéry und Chandernagore (bei Kalkutta). Außerdem erhalten sie die wichtigsten der von den Engländern eroberten Westindischen Inseln zurück.
Es ist eine Tatsache, daß der Georg III. beratende englische Parlamentarier Bute den Franzosen für Guadeloupe ganz Kanada zurückgeben wollte, wenn nicht Franklin, der spätere Mitbefreier Nordamerikas, das verhindert hätte. Da das westliche Mississippital (Louisiana) für Frankreich nicht zu halten war, gab es dieses Gebiet an Spanien, das dafür Florida an England abtrat und Menorca zurückgeben mußte. Außerdem mußten die Befestigungen von Dünkirchen geschleift und England ein günstiger Handelsvertrag zugestanden werden.
Die englische Flotte beherrscht die Meere der Welt – und damit die Reichtümer in Übersee. Sie hat allerdings dieses Ziel nicht ohne schwere Opfer erreicht. Es werden 1500 Tote durch Kampfhandlungen, aber 100 000 Tote durch Skorbut und Darminfektionen wegen der miserablen Hygiene an Bord gezählt.
Zusammengefaßt darf man den Siebenjährigen Krieg, der bei uns gewöhnlich als ein Kampf Friedrichs des Großen um Schlesien gegen eine erdrückende Übermacht gesehen wird, als den »ersten Weltkrieg« bezeichnen, zog er sich doch über fast alle Meere und Erdteile hin.

Der Unabhängigkeitskrieg in Nordamerika

Es gärt schon lange unter den Kolonisten in der Neuen Welt, die ihre Angelegenheiten selbst regeln wollen und denen die harte Hand der englischen Regierung zunehmend verhaßter wird. Schließlich kommt es 1773 in Boston zum Eklat: Mehrere Schiffe, vollbeladen mit ostindischem Tee, sind in den Hafen von Boston eingelaufen. Die Kapitäne aber erkennen sehr schnell, daß sie zur Zeit nicht willkommen sind. Einige segeln deshalb kurz entschlossen nach England weiter. Der Gouverneur von Boston verbietet den übrigen Schiffen auszulaufen, bevor sie die Teeladungen gelöscht haben. Diese Arbeit jedoch wird ihnen erspart, denn rund 50 als Indianer verkleidete Männer klettern an Bord der DARTMOUTH, der ELEANOR und der BEAVER und schleudern die Teekisten ins Wasser. Aufstände und Verbote folgen. Schließlich müssen die Engländer dem Druck der Kolonisten auch in Boston nachgeben.

Am 4. Juli 1776 wird namens der Kolonisten die im wesentlichen von Thomas Jefferson verfaßte *»Declaration of Independence of the United States of America«* von den Kongreßabgeordneten unterzeichnet. Erstmals wird die Flagge des neuen Staates von der ANDREW DORIA im Hafen Fort Orange in Niederländisch-Indien gezeigt und mit Salut respektiert.
George Washington, dem Oberbefehlshaber im Freiheitskrieg gegen England, mangelt es an Pulver. Er setzt seine ganze Hoffnung in die Erbeutung eines britischen Arsenalschiffes und befiehlt den Bau einer kleinen Flotte *»... with the hope of making such a fortunate capture.«* Das erste Schiff ist ein winziger Schoner namens HANNAH, der jedoch keine bemerkenswerte Prise macht. In den nächsten beiden Jahren stehen Washington 7 leicht armierte Schiffe (man nennt sie die *raggle-taggle fleet)* zur Verfügung, mit denen er 55 englische Schiffe kapert. John Manley, ein in der Royal Navy gedienter Bostoner Seemann, ist sein bester Kapitän, der zum Bei-

Im Jahre 1758 bereiten die Franzosen (wieder einmal) eine Invasion Englands vor. Der Plan verzögert sich durch die schlechte Ausbildung der riesigen Invasionsarmee, und als sich im November 1759 Admiral Comte de Conflans endlich entschließt, mit 22 Linienschiffen die Überfahrt der Truppe zu schützen, kommt er in das denkbar schlechteste Wetter. Vor Quiberon trifft Conflans auf das englische Geschwader unter Admiral Hawke, versucht aber angesichts eines aufkommenden schweren Sturmes, hinter die schützenden Kardinals-Riffe zu gelangen, wo das Fahrwasser so schwierig ist, daß er glaubt, die hier fremden Engländer könnten nicht folgen. Doch Hawke ist ein Draufgänger, und »wo ausreichend Wasser unter französischen Kielen ist, reicht es auch für englische«! So kommt es am 20. November 1759 zur Sturmschlacht von Quiberon, die mit einer vernichtenden Niederlage der Franzosen endet.

Nächste Doppelseite: Nicht nur in europäischen Gewässern wurde Frankreichs Flotte dezimiert, auch in Übersee kam es zu folgenschweren Gefechten. Im September 1759 besiegen die Engländer unter Admiral Charles Saunders die Franzosen vor Quebec unter dem Einsatz zahlreicher Brander. Mit Quebec verlieren die Franzosen das Herz und damit die Macht in Kanada und Nordamerika.

Links: Fort George und New York im Jahre 1750, von Südwesten aus gesehen. Noch hatten die Engländer ihre amerikanischen Kolonien fest in der Hand, aber die ständige Ausbeutung und Bevormundung der Kolonisten schuf eine explosive Stimmung. Im Unabhängigkeitskrieg muß England schließlich die Souveränität der Vereinigten Staaten anerkennen.

Rechte Seite: 1793 beginnen die Engländer eine Fernblockade von Brest, was zu einer drastischen Verknappung der Lebensmittel führt. Die Vereinigten Staaten von Amerika, zu deren Verbündeten Frankreich während des Unabhängigkeitskrieges zählte, helfen mit Getreidelieferungen. Ende Mai 1794 läuft ein riesiger Geleitzug Brest an, wird aber am 1. Juni von den Engländern unter Admiral Howe angegriffen. Die deckende französische Flotte wird weitgehend vernichtet, aber die Getreideschiffe erreichen Brest, und Frankreich kann neue Kraft sammeln. Die Engländer jedoch feiern den taktischen Erfolg Admiral Howes als »The Glorious First of June«.

spiel die englische Brigg NANCY und vier beladene Truppentransporter kapert.

Am 13. Oktober 1775 beschließt der Kongreß, zwei Handelsschiffe »so gut wie nur möglich« zu Kriegsschiffen umzurüsten. Diese beiden Schiffe, die ANDREW DORIA und die CABOT, finden als Kaperschiffe auf der britischen Versorgungsroute nach Kanada Verwendung. Noch im gleichen Monat werden zwei größere Schiffe für die US Navy autorisiert, und zwar die ALFRED und die COLUMBUS, die beide »für den Schutz und die Verteidigung der Küsten der vereinigten Kolonien« und nicht bloß für die Jagd auf britische Versorgungsschiffe bestimmt sind. Sie sind als die ersten echten amerikanischen Kriegsschiffe anzusprechen.

Nicht zuletzt unter dem Eindruck der britischen Überfälle entlang den Küsten der unteren Chesapeake-Bay entscheidet der Kongreß am 13. Dezember 1775 den Bau einer *»Continental Fleet«* von 13 Fregatten innerhalb der nächsten drei Monate, und zwar von 5 Vollschiffen mit 32 Kanonen, 5 mit 20 Kanonen und 3 mit 24 Kanonen. Trotzdem verfügt der amerikanische Kongreß praktisch über nichts, was sich als eine den Engländern ebenbürtige Kriegsflotte bezeichnen läßt.

Die amerikanischen Staaten werden von Anbeginn an von Frankreich unterstützt. Am 27. Juli 1778 kommt es vor der Insel Ouessant zur ersten Seeschlacht. 30 englische und 24 für den Handelskrieg eingesetzte französische Linienschiffe stehen sich gegenüber. Man trennt sich ohne Ergebnis. Dabei hätte Frankreich mit seiner Brest-Flotte den Kanal blockieren und Nordamerika vom englischen Mutterland abschnüren können.

1779 erklärt auch Spanien England den Krieg. Die Flotte der Franzosen und Spanier verfügt nun über mindestens 140 einsatzbereite Linienschiffe, die Flotte der Engländer über etwa 130, von denen die meisten allerdings überaltert und zudem überall verstreut sind. Indessen ist der Ausbildungsstand der Besatzungen der Royal Navy immer noch besser. Ein Teil der Schiffe ist zudem bereits gekupfert.

Wie im Siebenjährigen Krieg bildet das 74-Kanonen-Schiff den Kern der Schlachtflotten. Aber neben diesen »Normalschiffen« treten immer mehr große Dreidecker mit 100 und mehr Kanonen, mit bis zu 1000 Mann Besatzung und mehr als 2000 t Wasserverdrängung auf.

Die Verbündeten nutzen ihre Stärke aber nicht, denn allein im Kanal wären sie mit 60 Linienschiffen doppelt so stark wie die Engländer.

Typisch ist für diesen Krieg generell, daß die Kriegshandlungen im nordamerikanischen und westindischen Seeraum von den herrschenden Sturm- und Taifunperioden beeinflußt werden. Man sucht im Sommer die nordamerikanische Küste auf und kämpft nur im Winter in westindischen Gewässern.

In der Seeschlacht bei der von französischen Truppen besetzten Insel Grenada am 6. Juli 1779 gibt es trotz schwerer Schäden auf den englischen Schiffen des Admirals Byron keine Entscheidung, wenn er auch rund 1000 Tote zu beklagen hat.

1780 kommt es auch zur Kriegserklärung zwischen Holland und England. Der Krieg ist inzwischen zu einem globalen Seekrieg in europäischen, nordamerikanischen und westindischen sowie auch südostasiatischen Gewässern geworden.

1781 werden die englischen Truppen in Amerika bei Yorktown von den Amerikanern umzingelt. Dabei erweist sich, wie lebenswichtig die Seeherrschaft vor der Chesapeake-Bay für die Engländer und ihre Versorgung ist. Gegen Ende des Jahres 1781 verfügt der amerikanische Kongreß erst über eine winzige Flotte. Entscheidend eingreifen und die Lage beeinflussen können nur die Verbündeten, allen voran die Franzosen.

Die Landstreitkräfte von Washington und Rochambeau haben sich in der Nähe von New York vereint und bereiten sich darauf vor, entweder auf New York vorzurücken oder General Cornwallis in Virginia anzugreifen, wo sie ihn schließlich umstellen. Das erste Gefecht vor der Chesapeake-Bay (7 englische Linienschiffe unter Konteradmiral Arbuthnot, 7 französische Linienschiffe unter Kommandant des Touches) endet am 16. März 1781 unentschieden, und ein Treffen bei Martinique bleibt, von 3 schwerbeschädigten Schiffen und 300 Toten auf beiden Seiten abgesehen, ohne Erfolg. Danach aber, im September 1781, transportiert der französische Vizeadmiral Comte Paul de Grasse Verstärkungen für Washington heran. Bei Kap Henry vor der Chesapeake-Bay liegend, blockiert er den englischen Seeverkehr zu Cornwallis.

Am 5. September 1781, als der englische Admiral Graves auf seinem Flaggschiff LONDON mit seinen 19 durch die Westindienflotte verstärkten Schiffen bei Kap Henry erscheint, geht de Grasse mit seinem Flaggschiff VILLE DE PARIS und 24 Linienschiffen sofort Anker auf. Doch der jüngere Graves, dem sich Admiral Hood auf der BARFLEUR unterstellen muß,

greift den in deutlicher Verwirrung auslaufenden Gegner nicht sofort an. Er eröffnet aus viel zu weiter Distanz das Feuer. Dagegen wird die englische Vorhut auf naher Gefechtsentfernung schwer erschüttert, während die Mitte und die Nachhut wegen Flaute außer Reichweite der Artillerie bleiben. Nach zwei Stunden bricht Graves das Gefecht ohne Entscheidung ab und wagt am nächsten Tag keinen neuen Angriff. De Grasse räumt die Bucht und begibt sich wieder vor Kap Henry, wo das englische Heer weiter von der See abgeriegelt ist. Einen Monat später kapituliert das englische Heer in Yorktown. Das ist die Entscheidung im Unabhängigkeitskrieg.

Der Seekrieg verlagert sich nun nach Westindien. Hier haben die Franzosen, von den 26 Linienschiffen de Grasses gedeckt, Truppen auf der Insel St. Kitts gelandet. Hood will die Insel zurückerobern. In den nun folgenden beiden Seeschlachten am 25. und 26. Januar 1782, bei denen die günstig positionierten Engländer mit vollen Breitseiten antworten, muß de Grasse das Gefecht abbrechen. Hood kann sich mit Rodney vereinen und auf 30 Linienschiffe verstärken.

Am 9. April treffen beide Flotten in der Nähe der Insel Dominica aufeinander, als die Franzosen einen großen Truppenkonvoi von Martinique nach Kuba bringen wollen. Die Franzosen brechen den schon mit der englischen Vorhut unter Hood begonnenen Kampf ab und kümmern sich um die Transporter.

Drei Tage später, am 12. April, steht man sich erneut gegenüber. Rodney auf seinem Flaggschiff FORMIDABLE erzwingt mit 36 Linienschiffen schließlich in dieser Schlacht vor Dominica dann doch eine Entscheidung gegen die 31 Linienschiffe von de Grasse. Bei dem beginnenden Passiergefecht gelingt es Rodney durch einen glücklichen Zufall, nämlich nach Umspringen des Windes auf Südost, an drei Stellen durch Lücken der französischen Linie durchzubrechen. Die französische Flotte gerät völlig durcheinander. De Grasse, dem es nicht glückt, seine Schiffe wieder zu ordnen, muß am Ende auf seinem 104-Kanonen-Flaggschiff VILLE DE PARIS die Flagge streichen.

Frankreich hat zwar das eine große Ziel, die Befreiung der englischen Kolonien, und damit die schwerste Schädigung Englands erreicht, von seinen eigenen Sonderzielen aber keines. England andererseits hätte es nicht dazu kommen lassen dürfen, daß seine in Nordamerika kämpfenden Heere ohne Unterstützung aus der Heimat aufgerieben wurden. Auch hätte es nach Rodneys Seesieg, der in England ungeheueren Jubel auslöste, den Landkrieg von neuem ansetzen können. Aber auch in London war man kriegsmüde geworden.

Die Koalitionskriege

Frankreich wird am 21. September 1792 zur Republik ausgerufen. Dem Verlangen der Jakobiner folgend, verurteilt der Konvent König Ludwig XVI. zum Tode. Als er im Januar 1793 enthauptet wird, schließen sich Spanien und England den seitherigen Gegnern Frankreichs an. Mit Ausnahme der skandinavischen Länder, Rußlands und der Schweiz hat sich nun praktisch ganz Europa gegen Frankreich verbündet. Während das französische Heer trotz der vorangegangenen Wirren durch die Revolution Erstaunliches leistet, befindet sich die französische Flotte in einem Zustand völli-

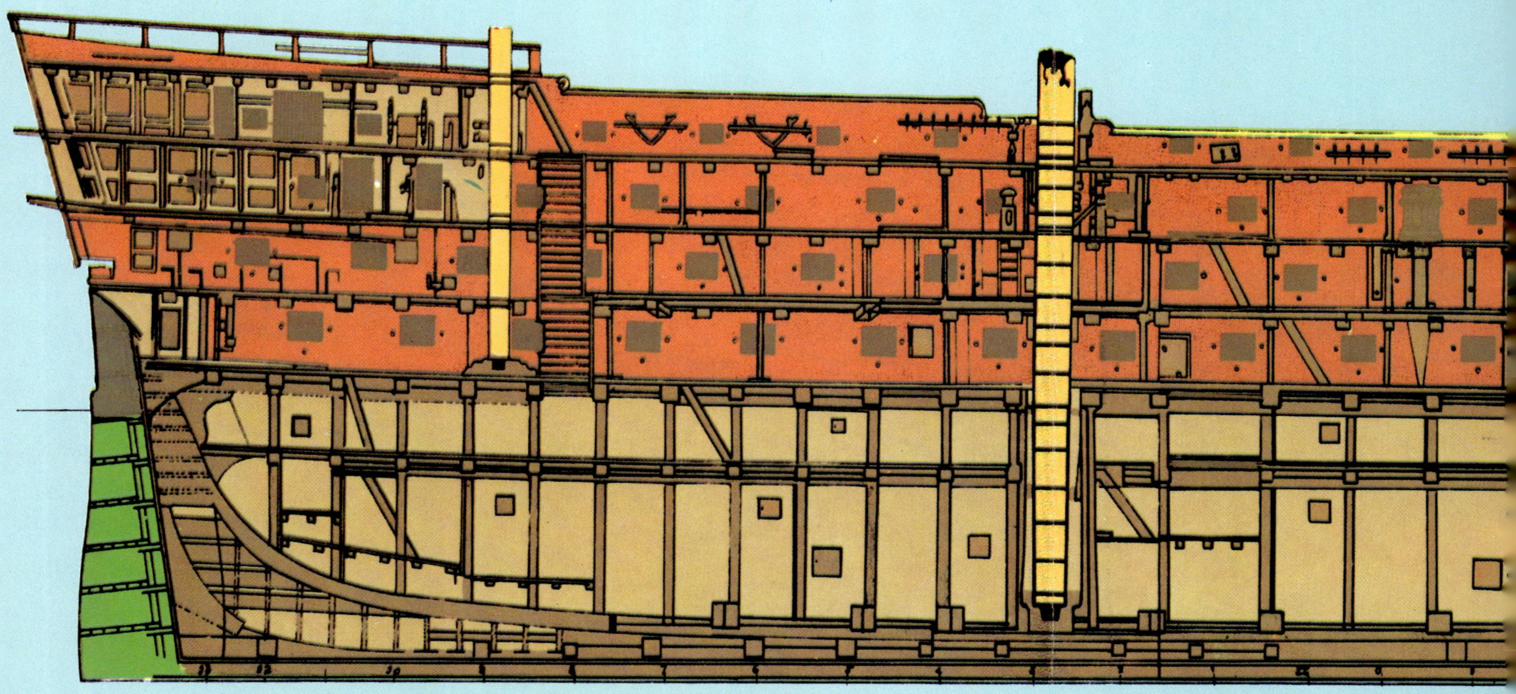

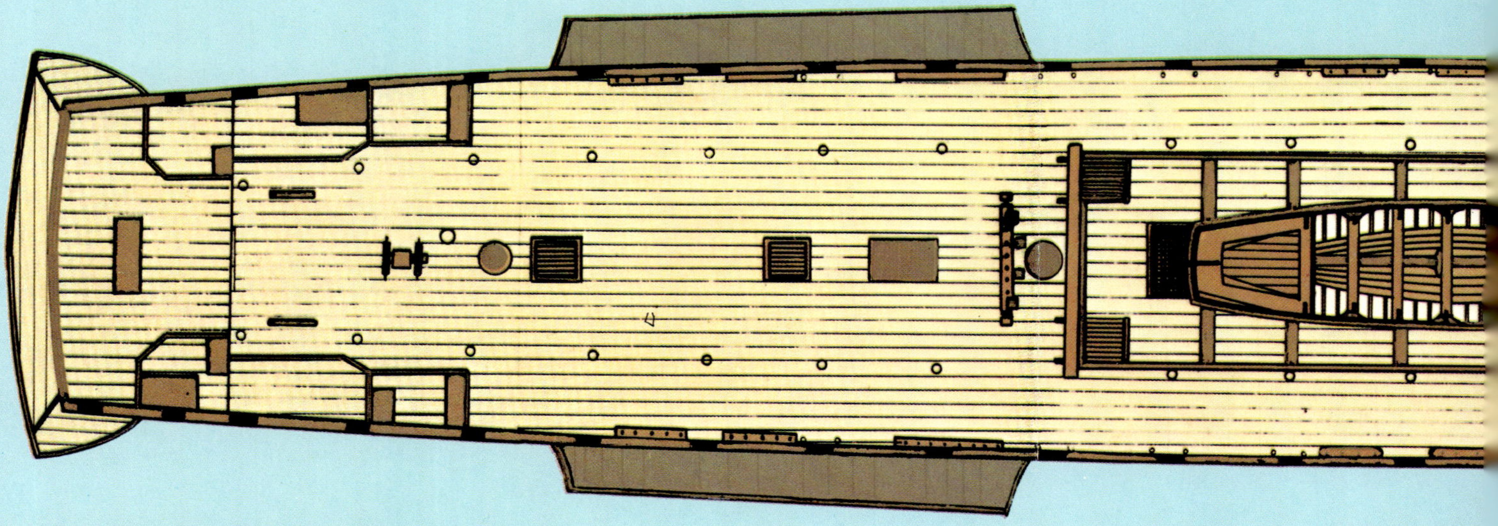

Das spanische Kriegsschiff SANTÍSIMA TRINIDAD, Aufrisse und Details. Die SANTÍSIMA TRINIDAD wurde 1769 in La Habana (Kuba) erbaut und 1770 nach El Ferrol in Nordspanien überführt. Der riesige Vierdecker war rund 59 m lang, 16 m breit, hatte einen Tiefgang von fast 8 m und eine Wasserverdrängung von 2800 t. Er segelte allerdings schlecht und wurde mehrfach umgebaut, so 1795 mit einer Verlängerung um 2 m und einer Vergrößerung auf 3100 t, einem vierten Batteriedeck mit nun 140 statt 116 Geschützen, ohne daß sich sein Verhalten allerdings wesentlich verbessert hätte. In der Schlacht von St. Vincent am 14. Februar 1797 ist die SANTÍSIMA TRINIDAD Flaggschiff von Admiral Don José de Córdoba und wird schwer beschädigt, wobei die schlecht geschulte Besatzung allerdings die enorme Feuerkraft des Schiffes nicht nutzen kann. Man will daher die SANTÍSIMA TRINIDAD außer Dienst stellen und nur als schwimmende Festung zur Verteidigung des Hafens von Cádiz verwenden, aber der Ruhm des Schiffes war zu groß, und so wird es bis 1803 wieder instand gesetzt.

Noch in der Schlacht von Trafalgar (1805) war die SANTÍSIMA TRINIDAD das größte Kriegsschiff der Welt, aber durch seine Schwerfälligkeit nicht effektiv genug. In dieser denkwürdigen Schlacht ist sie Flaggschiff des spanischen Geschwaderchefs Don Baltasar Hidalgo de Cisneros und wird von den Engländern gnadenlos zusammengeschossen. Von der Besatzung mit 1048 Mann sterben während der Schlacht 312, und ein zeitgenössischer Bericht gibt eine ebenso eindrucksvolle wie grauenhafte Schilderung der Geschehnisse an Bord der SANTÍSIMA TRINIDAD wieder:

»Es war infernalisch. Die englischen Geschosse hatten unsere Segel zerfetzt. Es sah aus, als hätten riesige Krallen an ihnen gerissen. Bruchstücke von Spieren, Holzsplitter, dicke Hanftaue, die zerschnitten waren wie Getreide von der Sichel, herabgefallene Blöcke, Segeltuchfetzen, Eisenteile und Hunderte anderer Gegenstände, die durch die feindlichen Geschosse abgerissen worden waren, häuften sich auf dem ganzen Deck. Blut floß in Rinnsalen über das Deck, sie liefen durch das Schlingern des Schiffes trotz des ausgestreuten Sandes bald hierhin und bald dorthin, so daß auf den Planken seltsame Muster entstanden.«

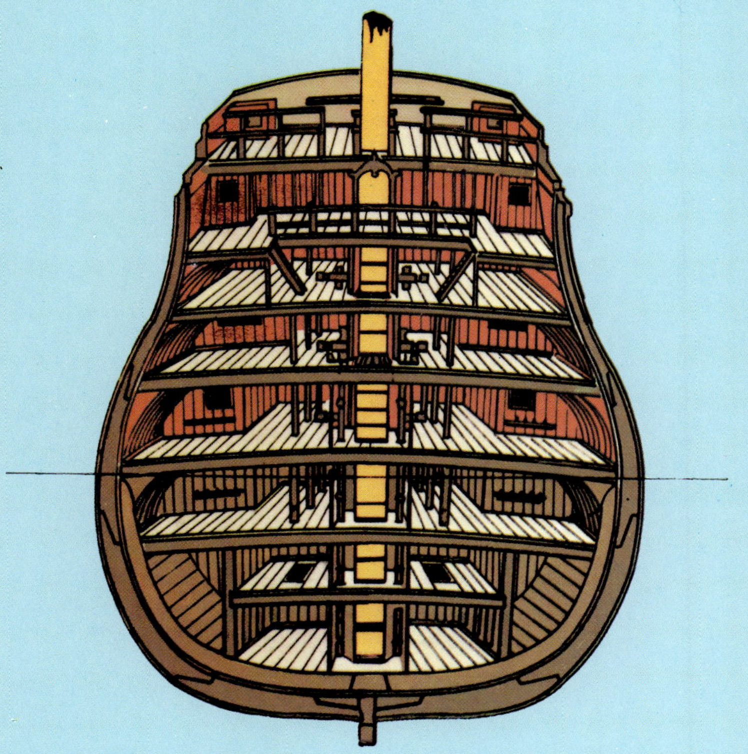

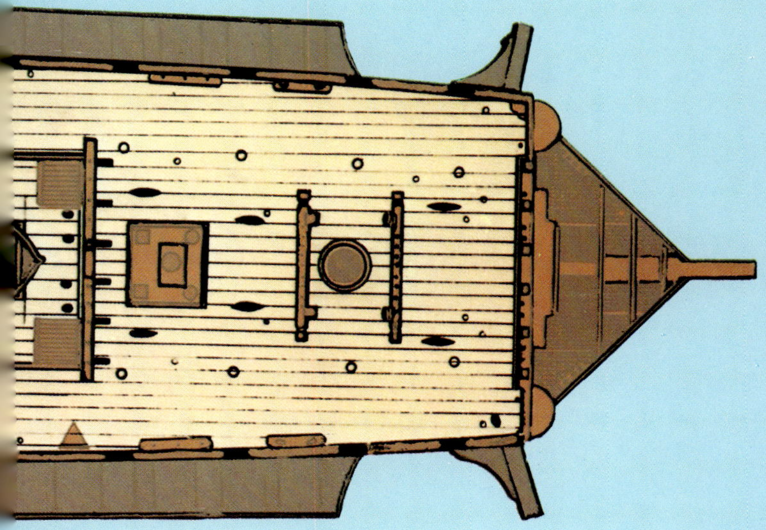

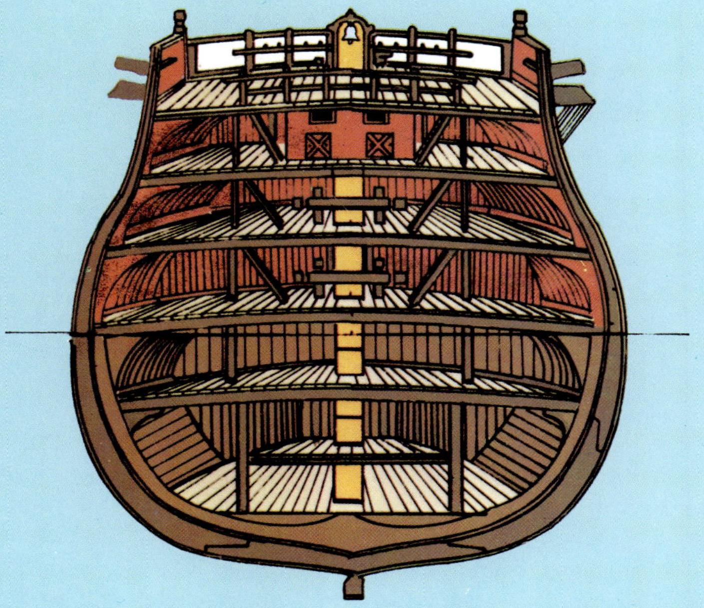

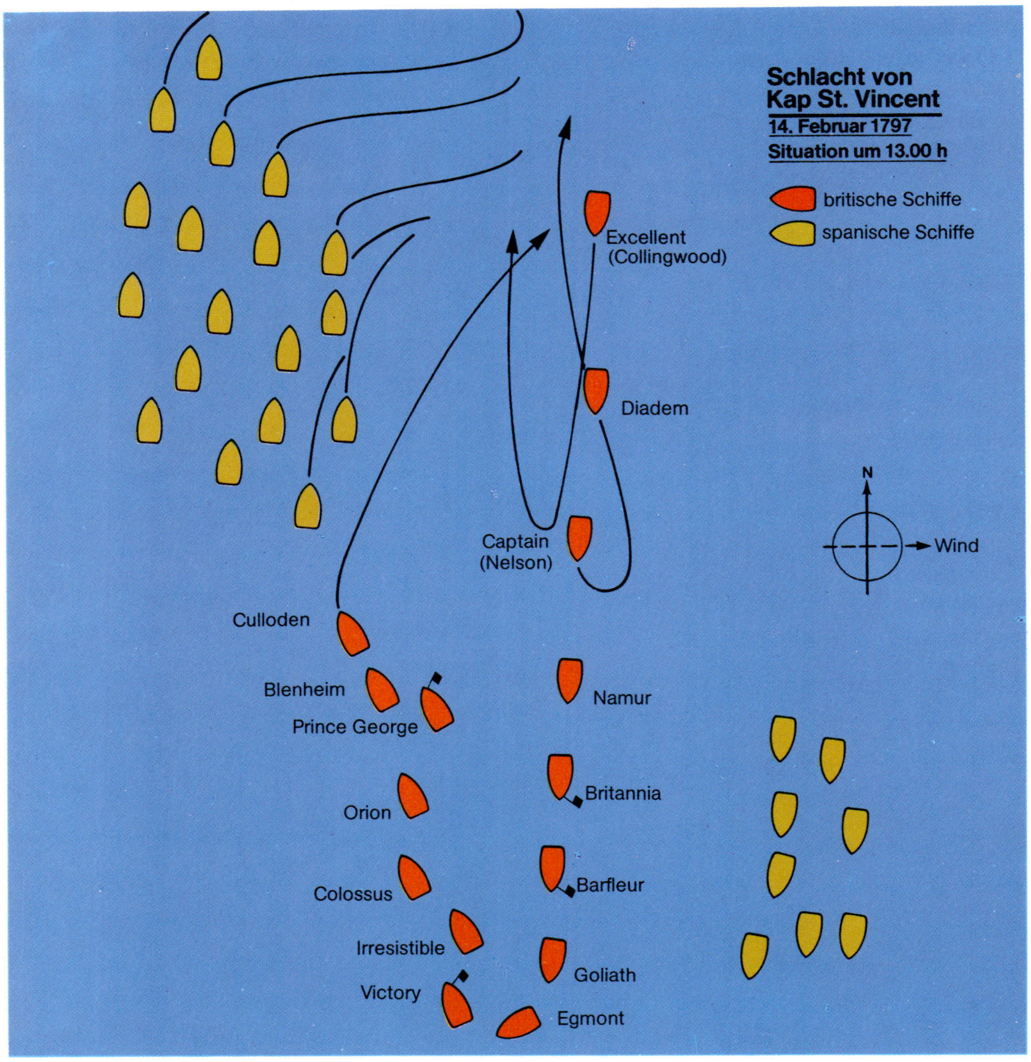

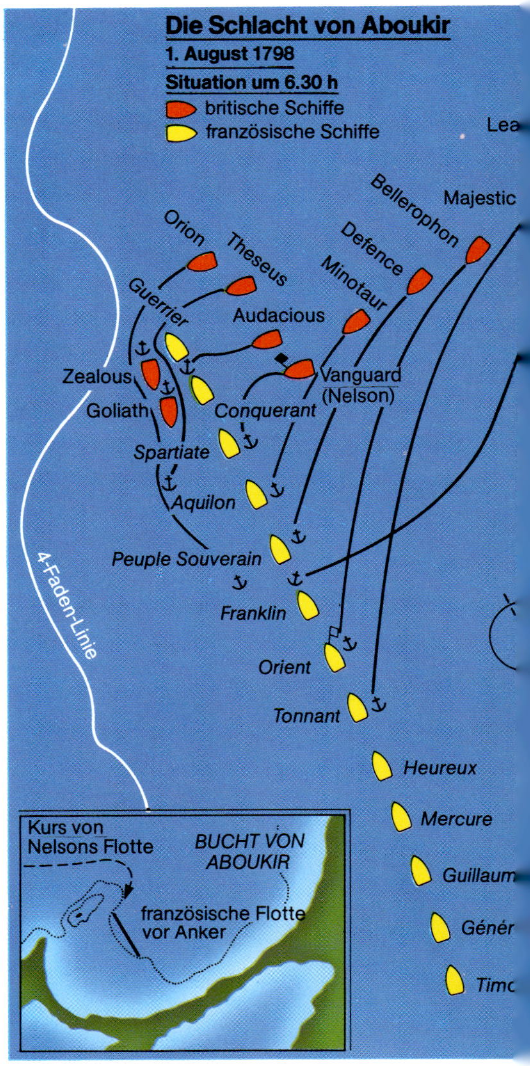

ger Auflösung. Die 86 Linienschiffe, 76 Fregatten und über 100 kleineren Einheiten sind nur teilweise einsatzbereit. Das Ziel Englands ist und bleibt die unbeschränkte Seeherrschaft, allerdings sind von den 115 Linienschiffen der Royal Navy Anfang 1793 nur 12 im Dienst, die übrigen haben keine Besatzungen.
Die mit der Koalition vereinten Spanier haben zwar 60 Linienschiffe, darunter den mit 130 Kanonen bestückten Vierdecker SANTÍSIMA TRINIDAD, das zur Zeit größte Schiff der Welt, aber die Besatzungen sind mangelhaft ausgebildet.
Die Holländer, die später auf die Seite der Franzosen gezwungen werden, haben zwar gute Seeleute, aber nur 50 kleine, für die flachen Küstengewässer bestimmte Linienschiffe von nicht bester Bauart.
Um den französischen Handel in der Ostsee zu unterbinden, schließen England und Rußland eine entsprechende Konvention, der die Franzosen die französische Navigationsakte entgegenstellen. In Toulon kommt es zur Rache der französischen Royalisten gegen die Tyrannei der Revolutionäre in Paris: Sie übergeben im August 1793 mit dem Hafen Toulon 30 intakte französische Linienschiffe den Engländern unter Admiral Hood. Doch französische Truppen, darunter der 24jährige Artilleriehauptmann Napoleon Bonaparte, erzwingen im Dezember die Räumung von Stadt und Hafen, und die Engländer können nur 3 der Linienschiffe mitnehmen und müssen 9 verbrennen.
An der Atlantikküste beginnt Admiral Howe mit einer Fernblockade von Brest. Das führt zur Lebensmittelknappheit in Frankreich und lähmt das gesamte Wirtschaftsleben. Die Franzosen versuchen Lebensmittel, vor allem Getreide, aus Amerika einzuführen. Ein Geleitzug von hundert Frachtschiffen geht von den USA nach Frankreich in See. Admiral Howes Versuch, diesen Geleitzug auf seinem Weg nach Brest zu vernichten, schlägt trotz der schweren taktischen Niederlage der schützenden französischen Brest-Flotte fehl. Der Konvoi erreicht den Zielhafen Brest.
Frankreich erholt sich zusehends und hat zu Land immer größere Erfolge. 1795 scheidet Preußen im Frieden zu Basel aus der Koalition aus. 1796 tritt Spanien im Vertrag von Ildefonso an die Seite Frankreichs. 1797 erringt General Napoleon Bonaparte Erfolge in Italien, und im gleichen Jahr räumt die englische Flotte das Mittelmeer.
Am 14. Februar 1797 stellen 15 englische Linienschiffe mit dem Flaggschiff VICTORY unter Admiral John Jervis bei Kap St. Vincent (São Vicente) die auf dem Wege nach Brest stehende spanische Flotte von 27 Linienschiffen mit dem Flaggschiff SANTÍSIMA TRINIDAD unter Admiral Córdoba. Um die Vereinigung der Spanier mit der französischen Flotte zu verhindern, schert das drittletzte Schiff der englischen Linie unter Kommodore Nelson, die 74er CAPTAIN, gefolgt von Collingwood, gegen Befehl und Tradition aus und wendet sich gegen die Spanier. Nelson entert mit dem Ruf »Tod oder Sieg« persönlich die spanischen Linienschiffe SAN NICOLAS und SAN JOSÉ. Die Spanier verlieren 4 Linienschiffe, 10 sind schwer beschädigt, 5000 Mann sind zu beklagen. Sie gehen nach Cádiz, wo sie von den Engländern blockiert werden.
Die Seeschlacht von Kap St. Vincent ist zwar Admiral Jervis' Sieg, aber Nelsons Erfolg, taktisch wie strategisch, denn Spaniens Flotte bleibt für volle zwei Jahre

außer Gefecht. John Jervis wird als Erster Seelord zum Zuchtmeister der Royal Navy, die er rücksichtslos von Korruption, Leerlauf und Nachlässigkeit säubert.
1797 erzwingt Frankreich den Frieden mit Österreich, wobei Österreich Venedig erhält und Frankreich die Ionischen Inseln sowie die Flotte Venedigs, darunter auch das Prunkschiff Bucintoro.
Frankreich erkennt die Bedrohung durch seinen einzigen noch ernstzunehmenden Gegner, England. Das Hauptziel ist nun die Niederwerfung Großbritanniens.
Hierzu plant das Direktorium die Absperrung des europäischen Kontinents gegen Englands Handel und Schiffahrt, den Seekrieg mit dem Ziel einer Landung in England und auf Vorschlag Napoleons die Eroberung Ägyptens zur Bedrohung des kürzesten Weges nach Indien als der ergiebigsten Quelle britischen Reichtums.
Unter dieser Zielsetzung erobern die Franzosen zunächst Malta, landen am 1. Juli 1798 in Alexandria, um Ägypten zu besetzen. Die Flotte unter Admiral Brueys und Konteradmiral Villeneuve umfaßt 13 Linienschiffe, darunter das Flaggschiff L'Orient mit 120 Kanonen, und 4 Fregatten – alle zusammen mit 1200 Kanonen und 10 110 Mann. Man ankert wegen der Untiefen vor Alexandria nur zögernd in der Bucht von Aboukir. Am 1. August 1798 erscheint Nelson vor Aboukir und eröffnet um 4 Uhr nachmittags das Feuer gegen die Franzosen. Diese können nicht einmal alle Kanonen bemannen, da eine große Zahl von Seeleuten an Land ist, um Wasser zu holen. Der für die Franzosen von Anbeginn an erschwerte Kampf zieht sich bis in die frühen Morgenstunden des 2. August hin. Die Franzosen verlieren bei diesem fürchterlichen Gemetzel 11 Linienschiffe und haben 1700 Tote und 1500 Verwundete zu beklagen. 3000 Mann sind gefangen, und alles, was bei Tageslicht von der Flotte des Korsen übrigbleibt, sind 2 Fregatten und 2 kleinere Einheiten sowie 2 Linienschiffe, denen die Flucht gelingt. 6 der französischen Linienschiffe schickt Nelson als Prisen nach Hause. Er selbst wird zum Earl of the Nile and Burnham Thorpe ernannt, und der Sultan wie der Zar von Rußland übermitteln kostbare Geschenke. Der Erfolg der Engländer ist überragend, denn die französische Expeditionsarmee in Ägypten ist vom Nachschub abgeschnitten.

Linke Seite außen: Skizze der Schlacht bei St. Vincent am 14. Februar 1797. Maßgeblichen Anteil am Erfolg der Engländer hatte dabei Horatio Nelson.

Linke Seite innen: Skizze der Schlacht von Aboukir am 1. und 2. August 1798

Oben: Über Ägypten sollte Napoleon auch Indien bedrohen, um die verhaßten Engländer von dort abzuriegeln. Er, der dem Meer immer fremd gegenüberstand, vergaß, daß Frankreich nicht einmal das Mittelmeer beherrschte, in das England inzwischen ein Geschwader unter Konteradmiral Nelson geschickt hatte, um die französische Expeditionsflotte zu suchen. Nelson erscheint mit 14 Linienschiffen am 1. August 1798 vor Aboukir und greift die ziemlich sorglose französische Flotte sofort an. Bis ins Morgengrauen des 2. August schießt er Frankreichs Orientflotte gnadenlos zusammen, und Bonapartes Traum von der Kontrolle des Weges nach Indien ist ausgeträumt.

Nächste Doppelseite: Bucintoro nannten die Venezianer ihre Prunkschiffe, die von 1177 bis 1795 am Himmelfahrtstag den Festzug zum Gedenken der Vermählung zwischen Adria und dem (Mittel-)Meer anführte. Die Abbildung zeigt einen der letzten Bucintori. Die Franzosen tauften eines ihrer Linienschiffe ebenfalls Bucentaure, es war in der Schlacht von Trafalgar das Flaggschiff Admiral Villeneuves.

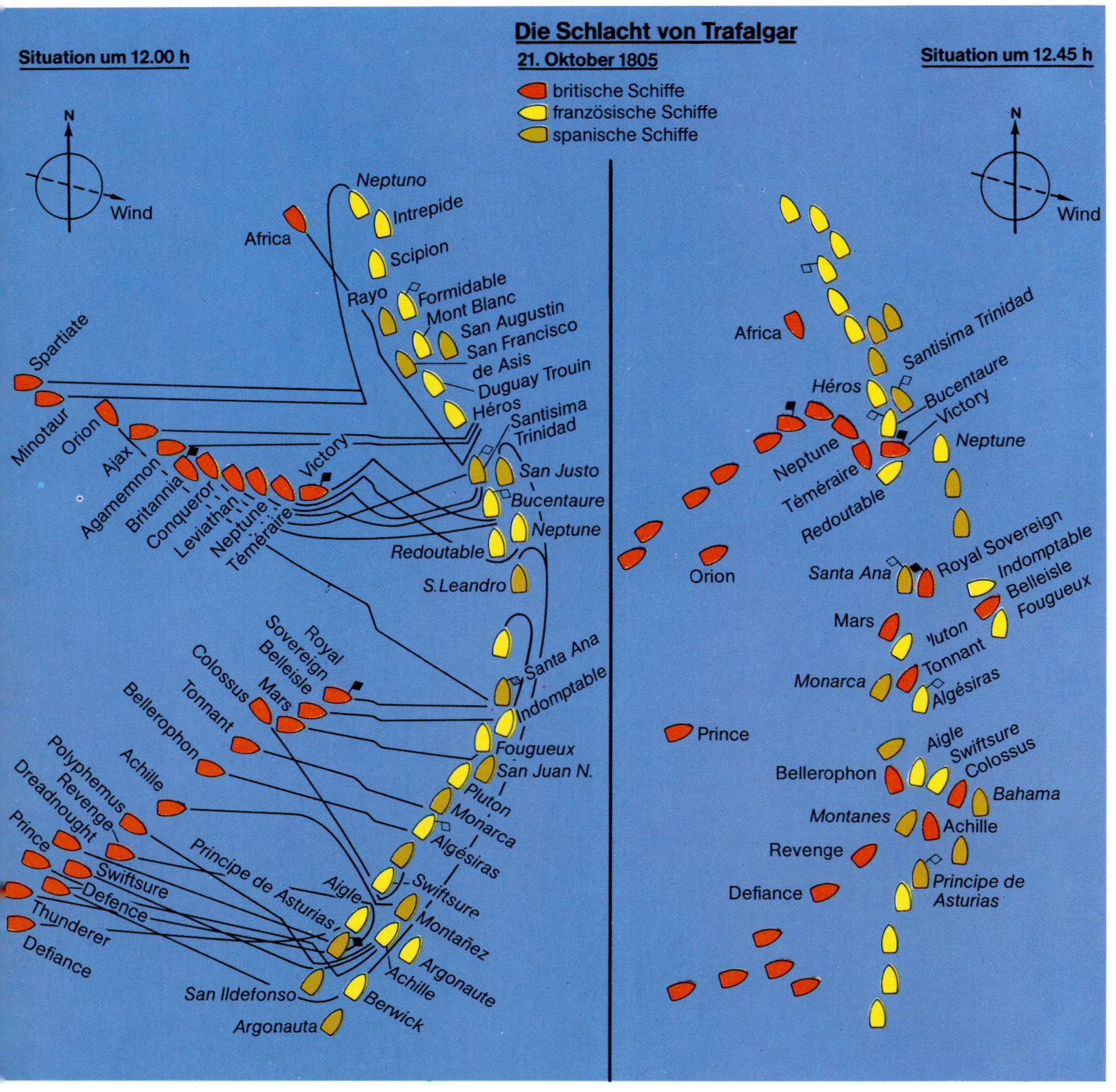

Nach dem Scheitern seiner Pläne in Ägypten denkt Napoleon wieder über das Lieblingsthema, die Invasion Englands, nach. Der Frieden von Amiens 1802 brachte nur kurze Ruhe, denn die Expansionsgelüste des Korsen sind nicht zu bremsen. Von 1803 an trifft er detaillierte Vorbereitungen für eine Invasion und zieht bis 1805 130 000 Soldaten an der Kanalküste zusammen. Er gibt seiner Toulon-Flotte unter Admiral Villeneuve den Befehl, nach Boulogne zu segeln, um die Invasionsarmee überzusetzen. »Gebt mir einen Tag die Herrschaft im Kanal, und England liegt mir zu Füßen.« Aber diesem frommen Wunsch steht der »fougueux amiral«, der ungestüme Admiral, wie man Nelson bewundernd nannte, im Weg. Er fängt die französisch-spanische Flotte am 21. Oktober 1805 auf der Höhe von Kap Trafalgar südlich von Cádiz ab, und es entwickelt sich eine der größten und bedeutendsten Seeschlachten der Geschichte.

Links: Schlachtordnung vor Trafalgar am 21. Oktober 1805

Rechte Seite oben: Nelson wird von einer feindlichen Musketenkugel tödlich verwundet.

Rechte Seite unten: Das berühmte Flaggensignal Nelsons »England erwartet, daß jedermann seine Pflicht tut« leitete die Schlacht ein, die mit dem Tod des größten Seehelden Englands endete. Auf seinem Flaggschiff VICTORY stirbt er am 21. Oktober 1805 gegen 16.30 Uhr mit den letzten Worten: »Gott sei Dank, daß ich meine Pflicht erfüllt habe. Gott und mein Vaterland.«

Nächste Doppelseite: Auch der berühmte englische Landschaftsmaler Joseph Mallord William Turner (1775–1851), der »Maler des Lichts«, widmete sich dem für England so glorreichen Thema Trafalgar und schuf dieses Gemälde mit der VICTORY im Vordergrund.

Der Weg nach Indien ist nur noch ein verblaßter Traum.
In den Folgejahren kommt es in verschiedenen Gewässern immer wieder zu Gefechten zwischen Frankreich und deren Verbündeten sowie England. Am 27. März 1802 schließt man zu Amiens Frieden. England verzichtet mit Ausnahme von Ceylon und Trinidad auf alle kolonialen Eroberungen, also auch auf die den Holländern weggenommenen Kolonien. Frankreich räumt Ägypten. Frankreichs Handelsflotte ist stark dezimiert, der spanische und holländische Seehandel ist unterbunden, die Neutralen werden von England kontrolliert.
Beide Parteien kommen trotz des Friedens zu Amiens nicht zur Ruhe. Napoleon wird 1802 Erster Konsul auf Lebenszeit, 1804 nimmt er die Kaiserwürde an. Er hat weitreichende, expansive Pläne. Er verlangt die Rückgabe von Malta, vereinigt Elba, Piemont und Parma mit dem französischen Mutterland. Genua und Lucca erhalten neue Verfassungen. In England wächst das Unbehagen wegen Frankreichs Übergewicht im Mittelmeerraum. Doch Napoleon will mehr: Von 1803 bis 1805 trifft er detaillierte Invasionsvorbereitungen gegen England, um dessen Seedespotismus zu zertrümmern. Die Engländer ihrerseits organisieren eine dritte Koalition mit Rußland, Österreich, Schweden und Neapel. Napoleon stellt bei Boulogne ein Heer von 130 000 Mann und 2000 Transportfahrzeugen wie Kanonenschaluppen, Mörserboote, Prähme, Kähne und so weiter bereit. Den Franzosen aber fehlt der Begleitschutz, was Napoleon jedoch nicht als problematisch ansieht. Er meint, daß die 16 Millionen Bäume in Frankreichs Wäldern 480 Millionen Kubikfuß Holz ergeben, genug, um 4800 Linienschiffe zu bauen. Nur beachtete er dabei nicht, daß frisches Holz als Schiffbauholz nicht taugt. England legt eine weite Blockade um die französischen Häfen. Der stärkste Flottenverband der Franzosen liegt in Toulon. Dort gelingt es Admiral Villeneuve auszubrechen und an Gibraltar vorbei nach Westindien zu segeln. Er wird von Nelson verfolgt und vor Kap Finisterre in eine Seeschlacht mit einem britischen Blockadegeschwader unter Admiral Calder verwickelt. Ein Versuch Villeneuves, sich von El Ferrol aus mit einem Geschwader aus Rochefort zu vereinigen, mißlingt, und er zieht sich nach Cádiz zurück. Nun ist es Napoleon nicht mehr möglich, den Kanal zu überqueren, und er gibt seine Invasionspläne auf und auch seinen Traum: »Gebt mir nur einen Tag die Herrschaft im Kanal, und England liegt zu meinen Füßen.«
Napoleon bezichtigt Villeneuve der Feigheit und setzt ihn ab. Dieser entschließt sich jedoch, vor Eintreffen seines Nachfolgers aus Cádiz auszulaufen, um ins Mittelmeer durchzubrechen. Die britische MARS beobachtet diesen Vorgang und meldet ihn Nelson, dem Befehlshaber der englischen Blockadeflotte im Mittelmeer.
Am Nachmittag des 20. Oktober 1805 sichtet Villeneuve die englische Flotte bei Kap Trafalgar. Villeneuve und mit ihm Don Ignatius Maria d'Alava und Don Federico Gravina wenden und gehen auf Nordkurs, um die Schlacht am nächsten Tag anzunehmen. Am 21. Oktober prallen die beiden

Oben: Ein Porträt von Sir Horatio Nelson (1758–1805), dem größten Seehelden Englands

Rechts: Nelson war ein eher schmächtiger, manchmal kränkelnder Mann, jedoch ein Bündel an Energie und Mut. Seine Eigenmächtigkeiten waren sprichwörtlich. Bei den Kämpfen um Korsika verliert er ein Auge, was er beispielsweise in der Schlacht vor Kopenhagen Anfang April 1801 (Bild) dazu benutzt, einen Befehl des kommandierenden Admirals Hyde Parker zu ignorieren, indem er das Fernglas vor das blinde Auge hält und kommentiert: »Ich habe nur ein Auge und somit das Recht, gelegentlich blind zu sein.«

Flotten aufeinander: 27 englischen Linienschiffen mit 4 Fregatten, 2000 Kanonen und 20 000 Mann stehen die Verbündeten mit 36 Linienschiffen (davon 15 Spanier) und 5 Fregatten mit 3000 Kanonen und 30 000 Mann gegenüber. Es ist 11 Uhr am 21. Oktober 1805, als Nelson in zwei Kolonnen von Westen her mit WNW-Wind als Backstagsbrise angreift. Die eine Kolonne mit 12 Linienschiffen führt er selbst auf der VICTORY, die andere mit 15 Linienschiffen befehligt Vizeadmiral Cuthbert Collingwood auf der ROYAL SOVEREIGN. Die Kolonnen segeln parallel zueinander in einem Winkel von etwa 90° der sichelförmig auf Nordkurs in Zweier- und Dreierkolonnen liegenden Flotte der Verbündeten entgegen. Nelson operiert so, wie er es in seinem Memorandum vom 9. Oktober 1805 niedergelegt und mit seinen Admirälen und Kommandanten besprochen hatte. Dabei läßt er auf seinem Flaggschiff das berühmt gewordene Signal an seine Kommandanten auswehen: »England erwartet, daß jedermann seine Pflicht tut.« Collingwoods ROYAL SOVEREIGN bricht als erstes Schiff in die feindliche Linie ein und setzt verheerende Breitseiten in das Heck des 112-Kanonen-Schiffes SANTANA, auf dem 400 Mann tot oder verletzt sind. Schiff folgt auf Schiff, wobei die VICTORY bei dem Versuch, sich in Lee neben das Flaggschiff Villeneuves, die BUCENTAURE, zu manövrieren, von der 74er Fregatte REDOUTABLE engagiert wird. Scharfschützen im Gefechtsmars der REDOUTABLE nehmen das Deck der VICTORY unter Feuer, aber Nelson und der Kommandant seines Schiffes, Thomas Hard, kümmern sich nicht darum. Sie bleiben ohne Deckung an der Backbord-Reling stehen. Da trifft eine feindliche Kugel Nelson ins Rückgrat. Er ist tödlich verwundet, lebt aber noch einige Zeit. Als er gegen 16.30 Uhr kurz vor seinem Tod erfährt, daß die Schlacht gewonnen ist, haben die Verbündeten unter den 18 Linienschiffen auch den riesigen Vierdecker SANTÍSIMA TRINIDAD und 2600 Mann verloren, während 4 Schiffe unter Dumanoir und 11 unter Gravina entkommen. Admiral Villeneuve ist mit 7000 Mann Gefangener der Engländer. Diese verlieren zwar kein einziges Schiff, die Hälfte der Flotte jedoch ist schwer beschädigt. Auch sie haben 1700 Mann an Toten zu beklagen. Darunter jenen Mann, der in seiner Bedeutung mit Themistokles und der Schlacht bei Salamis gleichzusetzen ist. Horatio Nelson und sein Sieg von Trafalgar sind

der Schlüssel zum Ende der Abenteuer Napoleon Bonapartes.
Es sei an dieser Stelle noch einmal jenes Mannes gedacht, der den Seekrieg zwischen England und Frankreich entscheidend beeinflußt hat. Horatio Nelson, den England noch immer als seinen größten Seehelden feiert, wurde am 29. September 1758 zu Burnham Thorpe in der Grafschaft Norfolk als Sohn eines Dorfpfarrers geboren. 1771 beginnt er, 13 Jahre alt, auf einem Linienschiff seine seemännische Laufbahn. Sein Onkel, Maurice Suckling, sorgt dafür, daß der Junge seine weitere Ausbildung auf einem Handelsschiff erhält. Der junge Nelson kommt in der Überzeugung zurück, ein erfahrener Seemann geworden zu sein – aber ein Seemann ohne Liebe zur See.
Nach einem Abstecher in die polare Kälte bekommt er ein Kommando auf einem Schiff in der Südsee, wo er viele Häfen kennenlernt, bis ein gesundheitlicher Zusammenbruch ihn zurück in die Heimat zwingt.
Im April 1777 besteht er, 19 Jahre alt, sein Seeoffizierexamen und wird bald First Lieutenant. Auf der Fregatte LOWESTOFT tut er sich bei der Wegnahme eines Amerikaners in der Höhe von Jamaika so hervor, daß er den Befehl über einen Schoner erhält. Admiral Parker nimmt ihn später auf sein Flaggschiff und gibt ihm 1778 das Kommando über eine Brigg. 1779 bekommt er, nunmehr Korvettenkapitän, das Kommando über die Fregatte HINCHINBROOK anvertraut. 1780 folgen Unternehmen gegen spanische Besitzungen in Übersee und dabei das Kommando über das Linienschiff JANOS. Da ihm aber das tropische Klima zu schaffen macht, kehrt er nach England zurück, wo er Kommandos für die Nordsee und später in amerikanischen Gewässern erhält. Dort gelangt er in den Befehlsbereich des berühmten Admirals Lord Hood.
1784 wird er Kommandant der Fregatte BOREAS, mit der er zu einem Stützpunkt auf den Inseln unter dem Wind beordert wird. Mehr oder weniger auf eigene Faust beginnt er hier den illegalen Handel der ehemaligen amerikanischen Kolonien mit den westindischen Inseln zu unterbinden, indem er ihre Schiffe aufbringt. Die englische Regierung duldet seine Eigenmächtigkeit. Nelson wird bald zu einer Berühmtheit, unter anderem auch, weil er trotz seiner konsequenten Härte seine Leute ausgesprochen verständnisvoll und gerecht behandelt, so daß sie ihm echte Anhänglichkeit entgegenbringen. Schließlich zieht er sich, wegen »seiner freien Sprache« auf Halbsold gesetzt, nach England ins Privatleben zurück.
1793, beim erneuten Ausbruch des Krieges mit Frankreich, wird er wieder auf See beordert, jetzt als Kommandant auf dem alten, mit 64 Kanonen bestückten Linienschiff AGAMEMNON, das zur Mittelmeerflotte unter Admiral Hood stoßen soll. Bei Kämpfen bei Korsika verliert er das rechte Auge, was er beispielsweise dazu benutzt, in der Schlacht vor Kopenhagen Anfang April 1801 einen Befehl des kommandierenden Admirals Hyde Parker zu ignorieren, indem er das Fernglas vor das blinde Auge hält und bemerkt: »Ich habe nur ein Auge und somit auch das Recht, gelegentlich blind zu sein.«
1796 wird er zum Kommodore ernannt und erhält den Befehl über das 74er Linienschiff CAPTAIN. 1797 wird Nelson mit seinem Schiff Admiral John Jervis unterstellt und leistet bei der schon erwähnten Schlacht bei Kap St. Vincent am 14. Februar Hervorragendes.
Er wird Konteradmiral und ist das Idol der Flotte geworden. Bei den Kämpfen vor Aboukir wird er am Kopf verletzt, bei einem Angriff auf Teneriffa verliert er einen Arm. Dennoch ist die Energie des nur 1,65 m großen und 60 kg schweren Nelson ungebrochen. Die Franzosen nennen ihn *»fougueux amiral«*, den ungestümen Admiral. Sie machen ja dann bekanntlich bei Trafalgar mit dem tollkühnen und doch nie die Übersicht verlierenden Nelson höchst unliebsame Erfahrungen. Diese Schlacht ist der größte Sieg Nelsons in weit über hundert Seeschlachten, die er bestritt, sie war allerdings auch seine letzte.

Österreichs maritimes Engagement

Noch während sich Preußen im Großen Nordischen Krieg mit Schweden konfrontiert, sind die Österreicher in den Jahren 1716–1718 zusammen mit Venedig in eine neue Auseinandersetzung mit der Türkei verwickelt. Am 17. August 1717 kapituliert die Festung Belgrad vor dem durch die Donauflottille unterstützten Heer des Generalfeldmarschalls Prinz Eugen von Savoyen.
Von besonderer Bedeutung ist der 2. Juni 1717, denn an diesem Tag verkündet Kaiser Karl VI. die Freiheit der Schiffahrt in der Adria. Ein Jahr später werden Triest und Fiume von ihm zu Freihäfen erklärt.
1722 wird eine Kaiserlich-Königlich Indische Gesellschaft, die Ostender Compagnie, für den Handel von den österreichischen Niederlanden aus mit Ostindien und China gegründet. Am Ganges und in Bengalen entstehen in harter Konkurrenz zu den Engländern eine Reihe von Faktoreien.
1726 erhält Österreich nach der Erwerbung von Neapel die drei Linienschiffe SAN CARLO (70 Kanonen), SANTA ELISABETTA (60 Kanonen) und SAN MICHELE (40 Kanonen), läßt in Triest drei weitere Linienschiffe, eine Fregatte und mehrere Galeeren sowie kleinere Einheiten bauen. 1728 folgt die Einrichtung eines Marinearsenals in Triest. Daneben besteht die kaiserliche Donauflottille, die auch im Krieg Österreichs und Rußlands gegen die Türkei (1736–1739) eingreift.
1775 wird die Triester Ostindische Handlungs-Compagnie gegründet.
Bemerkenswert ist dabei die Reise der JOSEF UND TERESIA, die im September 1776 in Triest begann und mit der Heimkehr im Mai 1781 endete. Sie hatte die Gründungen von Niederlassungen in Übersee, in der Delagoa-Bucht in Südostafrika, an der Malabarküste und auf den Nikobaren zum Ziel. Zehn Jahre später werden die Compagnie und ihre Niederlassungen jedoch wieder aufgelöst.
Am 4. Oktober 1786 treffen in Triest zwei in Ostende für Österreich gebaute schnellsegelnde Kriegsschiffe mit je 20 Kanonen ein. Dieses Datum wird als Geburtstag der österreichischen Marine angesehen.
Beim Krieg Rußlands mit der Türkei (1787–1792) ist auch Österreich beteiligt, danach beim Ersten (1792–1797) und Zweiten Koalitionskrieg (1799–1802) gegen Frankreich.
Im März 1797 nehmen vier kleine österreichische Kriegsschiffeinheiten im Golf von Triest weit überlegenen französischen Kriegsschiffen zwei gekaperte Handelsschiffe ab. Am 26. März 1797 werden 40 von österreichischen Seestreitkräften geleitete Handelsschiffe von überlegenen französischen Kräften angegriffen. Die Franzosen werden abgewiesen und der Konvoi sicher in den Zielhafen gebracht. Kurze Zeit später zwingen österreichische Kriegsschiffe den von den Franzosen besetzten Hafen Ancona an der Adria zur Übergabe, wobei sie drei Linienschiffe erbeuten. 1801 wird Erzherzog Karl Marineminister von Österreich (wo man inzwischen auch eine Bodenseeflottille geschaffen hat). Vizeadmiral l'Espine löst Querini als Marinekommandant ab. 1803, in dem Jahr, in dem Österreich einen Schiffahrtsvertrag mit Marokko abschließt, wird eine Dienstvorschrift für die österreichische Marine herausgegeben.

Der deutsche Seehandel im 18. Jahrhundert

Der Spanische Erbfolgekrieg (1701–1714) belastet den deutschen Seeverkehr ebenso wie die Kaperei, die in den atlantischen Randmeeren einen ihrer Höhepunkte erreicht. Dann aber zieht im Seehandel mit Spanien, Portugal, Frankreich und den anderen Ländern Ruhe ein, ebenso im *Mare Baltikum,* wo Schweden und Dänen eine Politik des Friedens vorziehen.
Hauptträger des deutschen Seehandels sind nach wie vor die vier autonomen Hansestädte, wobei zwischen dem eigentlichen Handel und der Reederei zu unterscheiden ist, wie auch der fremde Aktivhandel eine Rolle spielt. Indessen hat der englische *»court«* in Hamburg nur noch geringe Bedeutung, während die Holländer ihre Stellung in Danzig und den östlichen Ostseestädten bis ins vorletzte Jahrzehnt des Jahrhunderts behaupten.
Von der merkantilistischen Handels- und Wirtschaftspolitik des Großen Kurfürsten (1640–1688) und Friedrich Wilhelms I. (1713–1740) unterscheiden sich die Maßnahmen Friedrichs des Großen (1740–1786) grundsätzlich darin, daß sie weniger auf eine Förderung des Außenhandels bedacht sind, sondern mehr eine innere Konsolidierung und gewerbliche Aktivität anstreben.
Im Siebenjährigen Krieg (1756–1763) jedoch gibt es tiefe Einschnitte: Danzig und Stettin sind von den Kriegsereignissen unmittelbar betroffen, Lübeck wird tangiert. Der Hansestadt Hamburg dagegen bringt der Krieg durch Nachschub eine Verkehrsbelebung.

Doch der Handel mit Portugal und Spanien und vor allem Frankreich floriert. Noch am Vorabend der Französischen Revolution stehen die Hansestädte mit rund 60 Millionen Livres unter den Abnehmern französischer Exporte an erster Stelle vor den Briten und den Niederländern. Hamburg allein nimmt 5/12 des westindischen Kaffees und 30 Prozent der kolonialen Zuckerproduktion Frankreichs ab. Als Abnehmer deutscher Exporte dagegen spielt Frankreich eine geringere Rolle.
England steht mit seinen Exporten von Kolonialwaren in deutschen Häfen um diese Zeit noch immer weit hinter Frankreich und Holland zurück, hat allerdings bei einzelnen Waren, so bei Tabak und Reis, bereits die Führung gewonnen. Kohlen aus Newcastle sind für die Hamburger Zuckersiedereien unentbehrlich geworden. Dagegen sind deutsche Leinenwaren in

England, Portugal, Spanien und Frankreich gefragt. Dieser Seeverkehr läuft fast ausschließlich über die Nordsee, etwa zur Hälfte unter Beteiligung der deutschen Reeder. Wenn sich England am baltischen Handel beteiligt, dann vor allem, um Schiffbauholz für seine Kriegsflotte zu holen. Allein 1752 gehen von Danzig 102 Schiffe und rund 6000 Last Holz nach England, befördert auf 93 englischen und nur 7 Danziger Schiffen. Erst nach dem Siebenjährigen Krieg importiert England wieder Getreide; den zwei bis drei in Danzig beladenen Schiffen des Jahres 1752 stehen 123 im Jahre 1798 gegenüber. Hamburg beteiligt sich in der bedeutsamen Archangelskfahrt für nach West- und Südeuropa bestimmte Ausfuhrgüter. Die Grönlandfahrt, der einzige deutsche Schiffahrtszweig, der stetig über die atlantischen Randmeere Europas hinaus vordringt, verliert nach und nach seine Bedeutung. Aus dem Mittelmeer, genauer gesagt hinter dem Bereich von Lissabon, haben sich inzwischen deutsche Schiffe wegen der akuten Barbareskengefahr zurückgezogen. 1746/1747 fand dann auch die letzte Konvoifahrt eines Hamburger Geleitschiffes zur Iberischen Halbinsel statt. Konvoischutz ist kostspielig und zudem unzulänglich. Ein Versuch der Stadt Hamburg im Jahre 1755, mit den Barbareskenstaaten ein Abkommen zu schließen, endet mit der Drohung Spaniens, Hamburger Schiffe aus seinen Häfen auszuschließen. Und der angerufene, seefremde deutsche Kaiser tut wieder einmal nichts. Ab Mitte des 18. Jahrhunderts, als auch Friedrich der Große die Vorteile eines überseeischen Handels erkennt, kommen wieder mehr deutsche Schiffe ins Mittelmeer, sofern sie sich des Schutzes fremder Flaggen

Schon die Griechen und Römer kannten das Konvoiwesen, den Zusammenschluß mehrerer Handelsschiffe zu gemeinsamer Fahrt unter dem Schutz bewaffneter Schiffe. Erst im 17. Jahrhundert wurden die Konvoi-Einrichtungen geregelt und fest organisiert. Alle seefahrenden Nationen müssen sich des Geleitschutzes bedienen, wollen sie ihre Handelsschiffe nicht den Piraten preisgeben.
Unsere Abbildung zeigt Hamburg im Jahre 1672 von der Elbseite aus gesehen auf einem Gemälde von Elisa Galli. Im Vordergrund links die beiden Konvoischiffe WAPPEN VON HAMBURG *und* LEOPOLDUS PRIMUS.

erfreuen dürfen. Meist handelt es sich hier um reine Frachtfahrt mit fremden Waren, um »Fahrt auf Adventure«, was wir heute mit Trampfahrt bezeichnen. Besonders die im Dienste des Hamburger Handels arbeitenden Altonaer und Flensburger machen davon unter dänischer Flagge Gebrauch. Auch die Pommern und Schleswig-Holsteiner fühlen sich ungeachtet ihrer deutschen Abstammung und Sprache als Dänen oder Schweden wohler. Sie sind stolz auf ihre »dänische oder schwedische Flagge«, zumal es eine deutsche Flagge noch gar nicht gibt. Auch die Hanse kannte kein optisches Symbol.

Den größten Gewinn für die deutsche Schiffahrt, die eigentlich noch gar keine »deutsche« Schiffahrt ist, darf man in der Zeit nach dem Krieg Englands mit Amerika, also nach der Ausrufung der Unabhängigkeit der amerikanischen Kolonien suchen. Die Geburt der USA (1776) sprengt den »eisernen Ring der Monopolisierung des Außenhandels Amerikas durch die Mutterländer und Seemächte England, Spanien, Portugal und Frankreich«. Der Handelsvertrag, den Friedrich der Große 1785 mit dem neuen Staat schließt, bleibt zwar ohne besondere Wirkung auf Preußen. Er hat aber, was die »Freiheit der Meere« angeht, eine hohe symbolische Bedeutung, die aber bald wieder in sich zusammenfällt, als Napoleon 1806 mit der Kontinentalsperre »als Fundamentalgrundsatz des Kaiserreiches« seinem Land und seinen Verbündeten den Handel mit England und englischen Waren verbietet.

Als England 1807 als »die Seemacht der Welt« seine Antwort erteilt, indem es allen neutralen Schiffen verbietet, französische Häfen anzulaufen, und die Blockade über alle Häfen Frankreichs und deren Verbündete verhängt, wird die Lage der internationalen Seeschiffahrt kritisch. Darüber hinaus blüht, üppig wie tropische Sumpfpflanzen, ein ausgedehnter Schmuggel auf den Meeren und unter den Küsten auf, während sich England im Zuge dieses ersten großen Wirtschaftskrieges das Monopol im Kolonialwarenhandel sichert und den südamerikanischen Markt erobert.

Kein Seefahrer hat so ausgedehnte Entdekkungsreisen unternommen und so viele detaillierte Kenntnisse über noch unbekannte Teile der Erde vermittelt wie James Cook, geboren am 27. Oktober 1728 in Marton-cum-Cleveland, Yorkshire. Auf seiner ersten Reise von 1768 bis 1771 erkundet er Tahiti, Neuseeland und die Ostküste Australiens. Sein Schiff ENDEAVOUR war robust gebaut mit breitem Bug und geringem Tiefgang und konnte notfalls von der Mannschaft an Land gezogen und repariert werden. Am 11. Juni 1769 lief die ENDEAVOUR auf ein Riff und wurde bei der weiteren Reise so mitgenommen, daß sie in Batavia im November an Land gezogen und gründlich repariert werden mußte (Bild).

Auf allen Meeren

Captain James Cook

Kein seefahrender Entdecker hat solche umfassenden Entdeckungen gemacht und so viele Gegenden erforscht wie James Cook, der am 27. Oktober 1728 in einem Dorf in Yorkshire geboren wurde. Seine seemännische Lehrzeit absolvierte er auf einem gammeligen Kohlenschiff. 1755 tritt er freiwillig in die Marine ein. Während des britischen Angriffs auf das französische Quebec im Jahre 1759 spielt er eine besondere Rolle, denn er findet für Kriegsschiffe und Transporter einen sicheren Weg zwischen den Untiefen des St.-Lorenz-Stroms hindurch.

Als Neufundland den Franzosen entrissen wird, erhält Cook den Auftrag, die Küsten von Neufundland und Labrador zu vermessen. Er nimmt sich daneben noch die Zeit, einen Artikel über eine Sonnenfinsternis zu schreiben, den er der Royal Society zur Veröffentlichung einreicht. Die Arbeit verrät so gründliche wissenschaftliche Akribie, daß man ihn zum Leiter einer Expedition ernennt, die in die Südsee fahren und dort den 1769 erwarteten Durchgang der Venus beobachten soll.

Eine Reihe bedeutender Wissenschaftler, darunter der Astronom Ch. Green, der Naturwissenschaftler Sir J. Banks und der schwedische Botaniker D. Solander, begleiten Cook auf dessen Schiff ENDEAVOUR, das vormals als EARL OF PEMBROKE in der Kohlefahrt zwischen England und Skandinavien diente. Es gibt zunächst wenig zu berichten, bis man am 3. April 1769 mit 94 Mann an Bord und mit 10 Kanonen auf Rahmenlafetten und 12 Drehbrassen armiert Tahiti erreicht. Dort errichtet man ein Observatorium und beginnt mit den Beobachtungen. Die dabei gewonnenen Erkenntnisse dienen bis zum Ende des 19. Jahrhunderts der Entfernungsbestimmung Erde – Sonne.

Cooks nächstes Ziel ist es, den geheimnisumwitterten riesigen Kontinent zu finden, der im Südpazifik liegen soll. Er findet ihn nicht, trotz ausgiebiger und gründlicher Suche. Als er Neuseeland ansteuert, beschließt er, das Binnenland zu erkunden, doch die Maoris zeigen sich derart feindselig, daß er sich damit begnügen muß, die Küste zu vermessen. Dabei stellt er fest, daß Neuseeland aus zwei großen Inseln besteht.

Nach weiteren sechs Monaten erreicht er am 19. April 1770 die Ostküste Australiens, wo er zwar die Botany-Bay entdeckt, aber an dem Platz vorbeisegelt, an dem sich später Sydney entwickeln wird. Nach fast dreijähriger Reise kehrt er am 12. Juli 1771 nach England zurück.

Bereits ein Jahr später ist James Cook, inzwischen zum Commander ernannt, mit einer neuen Expedition unterwegs nach Australien und in die Südsee, diesmal mit der größeren RESOLUTION, die von der ADVENTURE begleitet wird. Die insgesamt

193 Mann sind besser untergebracht als die Teilnehmer der Reise mit der kleineren ENDEAVOUR, denn Cook ist fest entschlossen, nicht wieder die damals üblichen hohen Verluste an Menschenleben - auf der ersten Reise waren 30 Mann gestorben - hinzunehmen. Mit frischem Obst, wo immer es zu haben ist, und mit anderen Maßnahmen gelingt es, den gefürchteten Skorbut einzudämmen.
Vergeblich sucht er wieder nach dem rätselhaften Kontinent *terra australis* und segelt weit nach Süden bis in das Packeis hinein. Als erster dringt er in die Antarktis ein und erreicht am 30. Januar 1774 den 71. Breitengrad. Er segelt nach Neuseeland, überwintert auf den Gesellschaftsinseln, die er zu Ehren der Königlich Geographischen Gesellschaft so nennt, und steuert schließlich in einem großen Bogen nach Osten und Norden, wobei er eine Fülle kleiner Inseln entdeckt und benennt. Mit Südkurs läuft er dann die südjapanische Küste an.
Auch diese zweite Dreijahresreise bringt ihn sicher nach England heim. Dank der hervorragenden Bordhygiene verliert Cook nur einen Mann durch Krankheit und drei durch Unfälle. Cook hatte übrigens auf dieser Reise das Dreiwachensystem eingeführt.
Die dritte Reise beginnt am 12. Juli 1776 von Plymouth aus. Im Januar 1778 entdeckt er die von ihm Sandwich-Inseln genannten Hawaii-Inseln. An der Bering-Straße erweist sich das Eis als zu dick, und er kehrt zurück nach Hawaii. Die Eingeborenen scheinen friedlich zu sein, und er ankert vor der Küste. Als aber ein Eingeborener ein Boot von Cooks Schiff DISCOVERY stiehlt, entwickeln sich Streitereien am Strand, und Cook wird dabei erschlagen. Ein wahrhaft tragisches Ende eines Mannes, der als menschenfreundlich galt und niemals Gewalt anwendete.
Hier ist es vielleicht angebracht, auf die im englischen Strafgesetzbuch verankerte Deportation hinzuweisen, die mit der Entdeckung der Botany-Bay durch Cook ein neues Ziel fand, nachdem Amerika für diese Zwecke nicht mehr zur Verfügung stand. 1787 geht unter der Führung von Captain Arthur Philipp erstmals ein Konvoi von elf Schiffen mit Sträflingen an Bord nach Australien in See. An Bord befinden sich außer Sämereien auch Vieh und Geräte für die Landwirtschaft. Die ersten Deportierten treffen in Australien, das unter britische Schutzherrschaft gestellt worden ist, am 18. Januar 1788 ein. Bis 1841 werden noch mehr als 80 000 in England Verurteilte nach Australien deportiert, wo viele auf freien Fuß gesetzt werden. Andere Siedler dürfen erst 1793 einwandern.

Weitere Entdeckungen

Neben Cook gibt es noch zahlreiche andere Seefahrer und Forscher, die im 18. Jahrhundert wesentliche Entdeckungen machen. Die wichtigsten seien hier notiert: 1721 erkundet Admiral Roggeveen, ein Holländer, auf einer bemerkenswerten Reise den Südpazifik. Er segelt über Kap Hoorn hinaus, bis er auf Eisberge trifft. Er nimmt dann Kurs nach Norden bis Juan Fernández, entdeckt danach auf Westkurs die Osterinsel und kommt schließlich nach Samoa.
Eine Leistung besonderer Art ist die Reise des in russischen Diensten stehenden dänischen Seeoffiziers Vitus Bering (1680–1741), der von der russischen Admiralität in St. Petersburg den Auftrag zur »Ersten Kamtschatka-Expedition« erhalten hat, welche die Ausdehnung Sibiriens nach Osten und einen etwaigen Zusammenhang Asiens mit Amerika erkunden soll. Er bricht im Februar 1725 auf und erreicht nach der Durchquerung Sibiriens Ende 1726 Ochotsk. Im Sommer 1727 setzt die Expedition nach Kamtschatka über. An der Ostküste wird die ST. GABRIEL gebaut, mit der Bering im Juli 1728 in See geht. Am 12. August erreicht er das Nordostkap der Tschuktschenhalbinsel in der später nach ihm benannten Beringstraße. Bering glaubt, den Beweis erbracht zu haben, daß Asien und Amerika nicht zusammenhängen. Er verzichtet auf nähere Erkundungen und gibt am 15. August den Befehl zum Wenden. Am 1. März 1730 treffen die Teilnehmer wieder in St. Petersburg ein.
Im Rahmen der »Großen Nordischen Expedition« entdeckt er 1741 die Küste Alaskas und die Aleuten. Er stirbt auf dieser Reise am 8. Dezember 1741 an Skorbut. 1785 entdeckt der französische Seefahrer Jean François de Galaup La Pérouse auf seiner Weltreise die nach ihm benannte Straße zwischen Hokkaido und Sachalin. Er erforscht die nordjapanischen Inseln und die Küste der Mandschurei. 1788 erleidet er bei den Neuen Hebriden Schiffbruch, 1826 werden dort Reste seines Schiffes gefunden. Im Jahr 1792 erforscht Commander George Vancouver die Nordwestküste von Nordamerika und vermißt sie. Über Vancouver Island und dem Nootka Sound weht wieder der Union Jack. 1798 beginnt Matthew Flinders mit der Vermessung Tasmaniens und der Küste Australiens.

Oben: Porträt des Captain James Cook, der nach einer beispiellosen Reihe von Entdeckungen am 14. Februar 1779 nach Streitigkeiten mit den Eingeborenen am Strand der Kealakekua-Bay auf Hawaii getötet wird.

Meuterei auf der BOUNTY

Eine Geschichte aus jener Zeit verdient noch besondere Erwähnung, denn Buch und Film machten sie weltberühmt.
Bis zur Stunde, da er 1817 stirbt, ist für William Bligh immer noch unbegreiflich, daß man ihn den *»Bounty Bastard«* nennt. Er, dessen Name für immer mit der Meuterei auf der BOUNTY verbunden ist, stand als Seeoffizier an der Seite von James Cook, als dieser auf Hawaii ermordet wurde. Zumindest war er auch ein tapferer Mann, als er 1787 mit der BOUNTY auf die lange, beschwerliche Reise nach Tahiti ging, um dort Pflänzchen vom Brotbaum an Bord zu nehmen und nach Westindien zu transportieren, in dessen Klima man sich damit eine neue Erwerbsquelle versprach.
Der in Cornwall 1754 geborene William Bligh ist der typische Seeoffizier seiner Zeit, in der englische Kapitäne und Kommandanten ohne eine fast unbarmherzig zu nennende strenge Menschenführung die nun einmal notwendige Borddisziplin nicht aufrechterhalten konnten. Auch von den Kapitänen selbst wird viel verlangt und erwartet. So kommt beispielsweise noch heute bei der Royal Navy jeder vor ein Kriegsgericht, der ein Schiff verliert. Dieses Verfahren dient der Wahrheitsfindung und der Unfallanalyse.

In diesem Sinne ist William Bligh ein sehr strenger Mann, der nie eine Entschuldigung gelten läßt. Er ist von einem fast krankhaften Perfektionismus. Von seiner peniblen Genauigkeit künden heute noch die Karten, die er von den Küsten Hawaiis zeichnen ließ.
Als William Bligh auf der Rückreise von Tahiti ist, wo seine Seeleute die insularen Schönheiten in landschaftlicher wie menschlicher Hinsicht genossen haben, bekommt er im April 1789 in Höhe der Tonga-Inseln Schwierigkeiten mit seiner Besatzung. Ein Teil davon meutert unter Fletcher Christian, setzt William Bligh und die, die zu ihm halten, in einem kleinen, nur fünf Meter langen Boot aus. Dank seiner vorzüglichen Kenntnisse über die Winde und Strömungen im Pazifik glückt es ihm, über eine Strecke von 3600 sm die Insel Timor in Indonesien zu finden und anzulaufen. Dies war zweifellos eine seemännische Großtat ersten Ranges.
Nach seinem 1790 in London erstatteten Bericht rüstet die britische Admiralität mit der PANDORA eine Strafexpedition aus. Einen Teil der Meuterer entdeckt man auf Tahiti, wo sich die Männer, zum Teil mit eingeborenen Frauen liiert, niedergelassen haben. Sie werden nach London gebracht. Drei von ihnen werden hingerichtet, die übrigen läßt man frei. Fletcher Christian selbst findet man nicht. Er hatte sich auf die Insel Pitcairn geflüchtet.
William Bligh wird übrigens ab 1805 Gouverneur von New South Wales, wo er sich wegen seiner noch immer zu strengen Disziplin bald höchst unbeliebt macht, 1808 abgesetzt und für zwei Jahre unter Hausarrest gestellt wird. 1814 erhebt man ihn zum Vizeadmiral, und 1817 stirbt er in London. Er bleibt ein berühmter Mann, berühmter als viele andere, die sich um die Seefahrt verdient gemacht haben.

Erste Höhepunkte des Walfangs

Das 17. Jahrhundert darf wohl als der erste große Höhepunkt in der Geschichte des Walfangs bezeichnet werden, die schon bis in die Zeit um 1000 v. Chr. zurückreicht, als Phönizier im Mittelmeer Pottwale und Finnwale jagten. Und die Geschichte von »Jonas und dem Walfisch« stammt vermutlich aus dieser Epoche.
In Europa waren es die Basken, Franzosen und Spanier, die im 12. Jahrhundert als erste den Walfang als einen eigenen Wirtschaftszweig aufzogen. Die von ihnen entwickelten Methoden sind so grundlegend, daß sie bis zum Ende des 19. Jahrhunderts gültig bleiben.
Begonnen hatte es mit dem in der Biskaya lebenden Finnwal. Er war die Basis für den ersten echten Handel mit Walspeck. Aber schon im 16. Jahrhundert begannen die Basken, auch Schiffe über den Atlantik bis nach Neufundland zum Walfang zu entsenden. Bald gab es auch bei den Neufundlandbänken keine Wale mehr. Infolgedessen gingen viele Basken zur wesentlich einträglicheren Freibeuterei über.
Ende des 16. Jahrhunderts holen auch die Engländer ihren Tran aus dem Eismeer, und 1612 fahren erstmals Niederländer in den Raum von Spitzbergen. 1615 folgen die Dänen und die Franzosen. Die Suche nach einer Nordwestpassage hatte die Aufmerksamkeit auf die Wale in der Arktis gezogen und die Phantasie in London und Amsterdam beflügelt. Aber während die britischen Boote nur 50 bis 70 ts verdrängen, entsenden die Holländer Schiffe von 250 bis zu 400 ts mit etwa 50 Mann Besatzung an Bord. Walfangmutterschiffe dienen erstmals als Versorgungsbasis.
Von 1625 bis 1725 herrschen die Holländer in diesen Gewässern ziemlich uneingeschränkt, trotz »gelegentlicher Störungen« durch Schiffe anderer Länder, zu denen auch deutsche zählen. Hier ist belegt, daß bereits 1643 in Emden 70 Partizipanten die Erste Deutsche Grönlandfahrer-Compagnie gegründet haben. Wir wissen auch, daß es

der Ostfriese Jan Pieter de Jonge war, der als Kommandeur des Walfängers De Gulden Leuw 1650 erstmals in der Davisstraße jagte, während die Grönlandfahrer der großen Seemächte und der Hansestädte erst im 18. Jahrhundert den Weg westlich Grönlands in diese Straße finden.
Anfangs werden die Wale nach Spitzbergen geschleppt und in den Buchten zerlegt. Der Walspeck wird am Ufer ausgekocht. Später zerstückelt man die Wale gleich nach dem Fang. Der Walspeck wird an Bord in Fässern verstaut und am Ende der Fangsaison in die Heimat gebracht. Angenehm ist das für die Besatzungen nicht. Kein Wunder, denn nun stinkt es auf den ohnehin übelriechenden Schiffen noch mehr.
Basken werden auf englischen und holländischen Walfängern angeheuert, später werden sie durch Friesen ersetzt. Ende des 17. Jahrhunderts fahren jährlich 200 holländische Walfangboote nach Norden. Der Fang beträgt je Schiff und Saison im Durchschnitt drei bis vier Wale. Dies genügt in Anbetracht der hohen Preise für Walprodukte zum Erzielen eines beträchtlichen Gewinns.
Inzwischen werden auch unter der amerikanischen Atlantikküste Wale gejagt. Aber allmählich werden auch hier die Finnwale seltener. Man baut größere Schiffe, um die Jagd auf die hohe See zu verlegen. Bald sind es die Pottwale, die hauptsächlich gefangen werden.
Etwa um das Jahr 1760 werden Transiedereien an Bord eingerichtet, mit deren Hilfe der Walspeck gleich auf dem Schiff ausgekocht werden kann. Der Preis für Walöl steigt auf 40 Pfund je Tonne. Vorübergehend fügt der Amerikanische Unabhängigkeitskrieg dem Walfang und der Walindustrie schweren Schaden zu.
Obwohl amerikanische Schiffe auch vor den Küsten Brasiliens, der Azoren und Afrikas auf Walfang gehen, ist es ein britisches Schiff, die Emilia, die 1788 nach der Fahrt um das Kap Hoorn erstmals im Pazifik Wale jagt. 1819 entdeckt ein weiteres britisches Schiff, die Syren, die ergiebigen Fanggründe vor der Japanischen See.
Dieser Wirtschaftszweig erreicht mit enormen Gewinnen seine Blüte in den Jahren 1835 bis 1860. Als aber 1859 bei Titusville erstmals eine Quelle mit Erdöl entdeckt wird, geht die Bedeutung des Walöls zumindest als Brennstoff und Lichtspender zu Ende.
Die Walfangboote, die etwa 10 m lang und 2 m breit sind, hängen an hohen hölzernen Davits außerhalb der Schiffswand. So können sie schnell bemannt und ins Wasser gelassen werden, wenn ein Wal in Sicht kommt. Drei dieser Boote hängen an Backbord, eines an Steuerbord. Die Boote sind mit Harpunen, Speeren und einer Leine von 200 bis 250 Faden Länge (ca. 370 bis 460 m) ausgerüstet. Mast und Segel werden stets mitgeführt, damit man nicht über weite Strecken rudern muß. Matrosen sind hoch oben in dem faßförmigen Krähennest postiert. Sie melden sofort, wenn sie einen Wal sichten. Die Jagd beginnt. Zusätzlich zu den vier Ruderern gibt es zu jedem Boot den »Steuerer«, so genannt, weil er den Steuerriemen bedient, denn die Boote haben kein Ruder. Am Bug sitzt der »Harpunierer«. Das Heranrudern an eines der Ungetüme bis fast zur Berührung erfordert viel Mut und Geschicklichkeit, und der Kapitän läßt die Mannschaft nicht in Richtung auf den Wal schauen, damit sie

nicht von Angst gepackt wird.
Der anscheinend ungleiche Kampf zwischen einem über 20 m langen, viele Tonnen schweren Wal und einem offenen, aus Holz gebauten kleinen Ruderboot nimmt oft dramatische Formen an. Manchmal taucht der Wal tief unter, um gleich darauf wieder an die Oberfläche zu schießen, zuweilen unmittelbar unter dem Boot, so daß dieses nicht selten zertrümmert wird. Oder er schwimmt mit äußerster Geschwindigkeit davon und zieht das Boot in Schlangenlinien nach sich. Wenn der Wal müde geworden ist, geht das Boot längsseit, und der Offizier stößt ihm den langen Speer so oft in den Leib, bis der Wal Blut spuckt. Jetzt ist der Zeitpunkt gekommen, den Rückzug anzutreten, denn der mitleidlos tödlich verwundete Wal peitscht vor Schmerzen mit dem Schwanz das Wasser und jagt im Kreis herum, bis er schließlich still liegenbleibt. Nun befestigt die erschöpfte Mannschaft eine Leine am Kopf des Wals und schleppt ihn zum inzwischen mehrere Meilen entfernten Walfangschiff. Ist der Wal schließlich längsseit festgemacht, wird er in kleine Stücke zerlegt.
Aus dem Kopf wird der Walrat, eine gelbliche Masse, herausgeholt und in Fässer abgefüllt. Der Walspeck wird in kleine Stücke geschnitten und in der Trankocherei verarbeitet. Die Kessel werden mit nicht verwertbarem Walfisch beheizt. Ein öliger Qualm steigt auf, der Segel und Takelage schwärzt, während die Mannschaft bei der Arbeit von Tran förmlich durchnäßt wird. Sie arbeiten in Schichten Tag und Nacht. Der Gestank ist unbeschreiblich.
Ein großer Blauwal liefert im Durchschnitt 11–14 Tonnen, ein 20 m langer Pottwal 4–6 Tonnen Öl und etwa eine Tonne Walrat. Walöl oder Tran wird für Beleuchtungszwecke, als Schmiermittel, Kochfett, zur Seifenherstellung und für verschiedene andere Zwecke verwendet, während man Walrat zu Kerzen und zu kosmetischen Artikeln verarbeitet. Von 1750 bis 1900 wird das Fischbein sogar höher geschätzt als das rare Walöl, so daß es für spätere Verarbeitung an Land sorgfältig konserviert wird. Besonders in der Damenmode spielt es eine große Rolle. Die abfallenden Späne eignen sich als Stickstoffdünger.

In Europa ist Walfang seit dem 9. Jahrhundert an den flämischen Küsten und im 12. Jahrhundert bei den Basken, Spaniern und Franzosen nachweisbar. Die Wale werden seit jeher nach Entdeckung neuer Fanggebiete rücksichtslos ausgerottet, und bis auf den heutigen Tag fruchten Appelle an die Vernunft so gut wie nichts. Im 17. Jahrhundert beherrschen die Holländer den Walfang, und sie bauen auch entsprechend geeignete Schiffe.
Um das Jahr 1840 wird der Höhepunkt im Walfang erreicht, in dem nun die Amerikaner dominieren. Die Entdeckung von Erdöl und die dezimierten Bestände lassen die Bedeutung des Walfangs dann zurückgehen, und heute sind es praktisch nur noch die Japaner und die Russen, die diesen Wirtschaftszweig in der Arktis und Antarktis mit bis zu 20 000 BRT großen Fabrikschiffen betreiben. Auf diesen Walfangmutterschiffen, die von bis zu 20 Motorfangschiffen begleitet werden, wird der Wal nahezu vollautomatisch verarbeitet.

Linke Seite: Das amerikanische Walfangschiff Uncas vor dem Kap der Guten Hoffnung mit dem Tafelberg im Hintergrund, etwa aus der Zeit um 1780

Oben: Schemazeichnung des amerikanischen Walfangschiffes Alice Mandell aus der Mitte des 19. Jahrhunderts

BUSEN 5

R 3

Linke Seite: Fangschiffe in der berühmten Walfängerbucht von Grytviken in Südgeorgien. Die Bilder scheinen vieles von der tristen, harten, schmutzigen und stinkenden Arbeit in diesem Metier auszudrücken.

Rechts: Der schwedische Vizeadmiral Frederic Hendric af Chapman (1721–1808) veröffentlicht 1768 sein Werk »Architectura navalis mercatoria« und gibt 1775 eine vollständige Theorie des Schiffbaus sowie Regeln zum Ermitteln des Schwerpunktes der Schiffe, für deren Ausmessung und Belastung heraus. Das 1788 entstandene Gemälde zeigt den Chapman-Entwurf eines 60-Kanonen-Schiffes mit dem anspruchsvollen Namen WASA.

Nächste Doppelseite: Dieses Gemälde von John Cleveley zeigt sehr naturalistisch und instruktiv das englische Kriegsschiff BUCKINGHAM kurz vor dem Stapellauf am 13. April 1751 auf der Werft von Deptford.

Schiffbau und Wissenschaft

Experimente

Das 18. Jahrhundert ist gekennzeichnet durch die ständigen Fortschritte in der Technik und den Naturwissenschaften. Dies auch auf den Gebieten der Schiffahrt und der Marine. Im Schiffbau macht immer noch die Längsfestigkeit Probleme, daher müssen Kriegsschiffe relativ gedrungen gebaut werden, um auch an Bug und Heck die schweren Kanonen tragen zu können. Diese Bauformen werden auch für die Handelsschiffe übernommen, da die Konstruktionen von Kriegsschiffen richtungweisend sind.

Das Ermitteln der sogenannten Baubestecke, das heißt der erforderlichen Materialdicken, geschieht noch immer nach Überlieferung, so etwa nach denen der Schiffbaudynastie von Zwijndregt. Ein Beispiel dafür ist, daß die Länge des Großmastes als Bruchteil der Schiffslänge festgelegt wird und die Abmessungen der Rahen wiederum als Bruchteil der Mastlänge, die Stellung der Masten in Prozenten der Schiffslänge vom vorderen Lot, die Dicke beziehungsweise Höhe der Decksbalken entsprechend ihrer jeweiligen Länge als Bruchteil der Breite des Schiffes. Schrittweise jedoch werden Lösungen gefunden: 1720 erhält J. Cumberland in England ein Patent auf ein Verfahren zum Biegen von Schiffbauholz. 1746 veröffentlicht Pierre Bouguer in »Traité de navire« die eigentliche Grundlage für den theoretischen Schiffbau. 1747 erhält Leonhard Euler einen Preis der Pariser Akademie der Wissenschaften für »die beste Art, ein Schiff zu bemasten«. 1761 beginnt die Britische Admiralität versuchsweise und ab 1780 allgemein mit der Kupferbeplattung der Schiffe zum Schutz gegen Bohrmuscheln. 1763: Nach vergeblichen Bemühungen von Pardies, Newton, Bernoulli und Euler um die Probleme des Schiffswiderstandes macht der Franzose J. Ch. Borda ausgedehnte Experimente mit Schiffsmodellen, Prismen und Zylindern, die den Weg zum Aufstellen einer Widerstandsformel zeigen sollen, die aber auch über die Nachprüfung von Thévenard, Bezout, Condorcet und Bossut (noch) nicht zum Ziel führen. 1775 gibt F. H. Chapman eine vollständige Theorie des Schiffbaus sowie Regeln zum Ermitteln des Schwerpunktes der Schiffe, für deren Ausmessung und Belastung heraus. 1786 macht J. Ch. Borda ein Annäherungsverfahren zur Stabilitätsbestimmung der Schiffe bekannt, das als »Bordasche Regel« Anwendung findet. 1798 entwickelt M. Flinders eine neben dem Kompaß senkrecht stehende Stange aus weichem Eisen (Flindersstange), um dessen Vertikalinduktion im Schiffseisen aufzuheben. Eisen hat übrigens nach und nach immer mehr im Schiffbau Verwendung gefunden. Man schreibt das Jahr 1787, als J. Wilkinson das erste Schiff aus Eisen, also einem Werkstoff, der im Gegensatz zu Holz schwerer als Wasser ist, baut. Aber es werden noch Jahre vergehen, ehe 1812 und 1813 die ersten eisernen Boote für die Kanalfahrt in Staffordshire gebaut werden.

Allgemein ist zu sagen, daß die größeren Handelsschiffe jetzt fast durchweg wie Fregatten getakelt sind. Viele fahren aber noch ohne Bramsegel, nur wenige, die größten, haben Royals. Um 1700 hat sich der Klüver als Vorsegel des Vorstengestagsegels auf den Dreimastern eingeführt. Dieses Stagsegel, das auf kleinen anderthalbmastigen Seglern bereits 1650 vorhanden ist, verdrängt überwiegend und noch vor 1720 den Bugsprietmast mit der Oberblinde, die sich noch bis 1750 hält.

Ab 1708 wird erstmalig die Radsteuerung auf einem dänischen Kriegsschiff erwähnt. Sie ersetzt bald auch bei den Handelsschiffen den umständlichen Kolderstock, der seit dem 15. Jahrhundert auf Schiffen mit hohen Heckaufbauten üblich ist. Allerdings bleibt die Ruderpinne auf Glattdeckern und Schiffen unter 300 t (auch bei Voll-, Bark- und Briggschiffen) noch bis in die 40er Jahre des 19. Jahrhunderts erhalten. Auch die Einführung des Gaffelbesans auf Dreimastern (etwa 1745) ist ein Novum. Erst wird der vor dem Besanmast befind-

liche Teil des lateinischen Segels weggelassen, schließlich auch die lange Rah, die man letztmalig 1798 verwendet. Ab 1760 wird am hinteren Mast der dreimastigen Schiffe ein Kreuzbramsegel über dem Kreuzsegel angeordnet (schon 1625 erwähnt, aber vor 1760 selten gefahren). Typisch ist, daß das Überwasserschiff im 18. Jahrhundert allmählich hinten niedriger, vorne höher und seefähiger wird. Um 1800 haben die Segelschiffe eine fast waagerechte Decksflucht, wobei die Dreidecker mit vier Geschützreihen eine gewaltige Höhe über Wasser erhalten. Widmen wir uns daher zunächst den *»big-ships«* oder den *»capital ships«*, den Dreideckern also.

Glanzstück VICTORY

Eines der berühmt gewordenen First-Rate-Schiffe dieser Zeit ist der 3225 ts große Dreidecker VICTORY, der heute noch im Trockendock von Portsmouth besichtigt werden kann. Welch ein Triumph für die solide Bauart der Schiffe dieser Periode. Nelsons Flaggschiff in der Schlacht von Trafalgar wurde 1759–1765 nach den Aufzeichnungen von Chefinspektor Sir Thomas Slade auf dem Royal Dockyard in Chatham erbaut. Noch vor Trafalgar wird es zweimal umgebaut. Dabei werden die offenen Galerien im Heck gedeckt und die Rüsten auf die Höhe vom Backsdeck und Quarterdeck verlegt.

Der Standardtyp der 74er

Es wird in vielen Publikationen darauf hingewiesen, daß sich die Kriegsschiffe zwischen der Zeit der Armada und Trafalgar kaum verändert haben. Das gilt freilich nur für den grundlegenden Entwurf des dreimastigen Holzschiffes, denn Schlagkraft und Leistungsfähigkeit der einzelnen Schiffstypen haben sich zwischen 1600 und 1800 sehr wesentlich erhöht. Die REVENGE von 1577 und die SOVEREIGN OF THE SEAS von 1637 waren zu ihrer Zeit hervorragende Einheiten, hätten sich aber niemals gegen den Standardtyp aus Nelsons Zeit – das Linienschiff mit 74 Kanonen – behaupten können.

Da die Länge des hölzernen Rumpfes bautechnisch begrenzt ist, muß die gesamte Schiffslänge ausgenutzt werden, um eine möglichst lange Batterie von Kanonen aufzunehmen. Daneben bedingt das einen breiten Bug und ein breites Heck. Doch ein großes Schiff kann wiederum mehr Segel tragen und sich in schwerem Wetter besser als die kleineren behaupten, die bei weniger Wind jedoch schneller segeln. Größe und Bewaffnung stehen also in Wechselbeziehung und bilden die wesentlichen Unterscheidungsmerkmale für die Typen von Kriegsschiffen. Die größeren kämpfen in der Schlacht, die kleineren leisten Hilfsdienste, erkunden, übermitteln Botschaften, geleiten Konvois. Es ist deshalb zweckmäßig, die Schiffe nach der Zahl der Kanonen in Klassen einzuteilen. Ein Schiff mit weniger als 50 Kanonen kann kaum wirksam an einem großen Seegefecht teilnehmen. Andererseits erreicht die Schiffbaukunst ihre Grenzen, wenn ein hölzernes Fahrzeug 100 oder gar mehr Kanonen tragen soll. Da es sehr schwierig war, auf die damals übliche Weise Schiffe von mehr als 60 m Länge zu bauen, mußte

Linke Seite: Heckansicht der berühmten VICTORY, Nelsons Flaggschiff in der Schlacht von Trafalgar. Es war jedoch damals, zu Beginn des 19. Jahrhunderts, nur noch eine Frage der Zeit, bis das prunkvolle und überladene Heck mit den großen Kajüten und Fenstern als einer der schwachen Teile des Schiffes umkonstruiert wird. Noch verzögert sich diese Entwicklung, da die höheren Dienstgrade an Bord diese lichten und luftigen Räume nicht missen wollen, aber 1817 kommt dann doch das runde und stärkere Heck.

Rechte Seite: Die VICTORY wird nahezu im Originalzustand der Schlacht von Trafalgar im Hafen von Portsmouth sorgfältig gepflegt und der Nachwelt zugänglich gemacht. Natürlich läßt dieses majestätische Segelkriegsschiff noch heute das Herz jedes Jungen und jedes Seemanns höher schlagen, vor allem, wenn es ein englisches Herz ist!

Fockmars und Fockrah

Links: Schiffbauliche Einzelheiten aus dem späten 18. Jahrhundert

Rechte Seite: Kanonen auf dem Achterdeck der VICTORY. *Da die Länge der hölzernen Rümpfe einer natürlichen physikalischen Grenze unterlag, mußte eine möglichst lange Batterie von Kanonen aufgestellt werden, praktisch die gesamte Länge der Decks ausnützend, um eine ausreichende Feuerkraft zu erzielen. Die* VICTORY *hatte 30 32-Pfünder, 28 24-Pfünder, 42 12-Pfünder sowie 2 68-pfündige Karronaden, insgesamt also 102 Geschütze. Das Schiff wurde 1759 bis 1765 auf der Königlichen Werft in Chatham nach den Plänen von Sir Thomas Slade erbaut, war im Kiel 45,80 m lang, fast 16 m breit und 3225 ts groß.*

Nächste Doppelseite: Nach vielen Experimenten wurde das Linienschiff der dritten Klasse mit 74 Geschützen das Standardkriegsschiff der drei führenden Flotten, der französischen, der spanischen und der englischen. Hier ein spanischer 74er aus der Mitte des 18. Jahrhunderts.

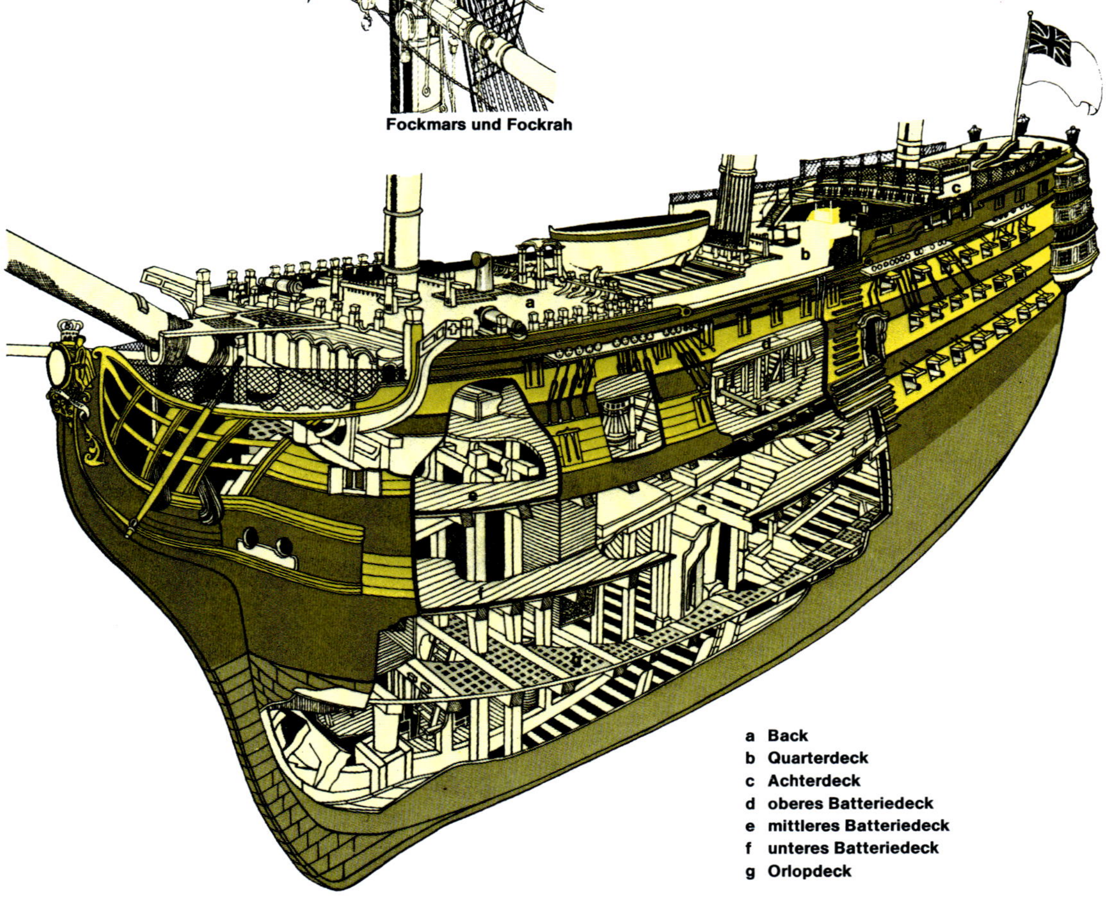

a Back
b Quarterdeck
c Achterdeck
d oberes Batteriedeck
e mittleres Batteriedeck
f unteres Batteriedeck
g Orlopdeck

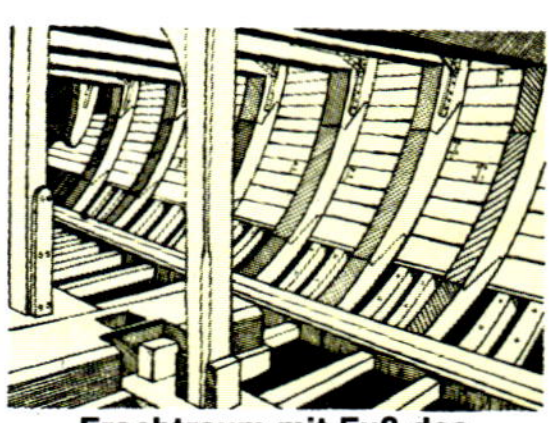

Frachtraum mit Fuß des Großmastes und Spanten

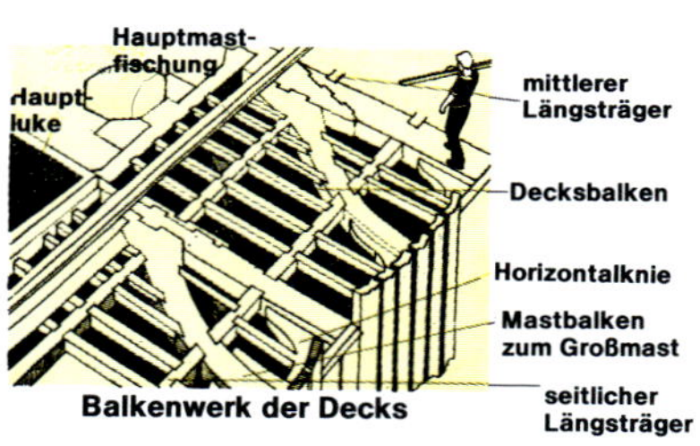

Balkenwerk der Decks

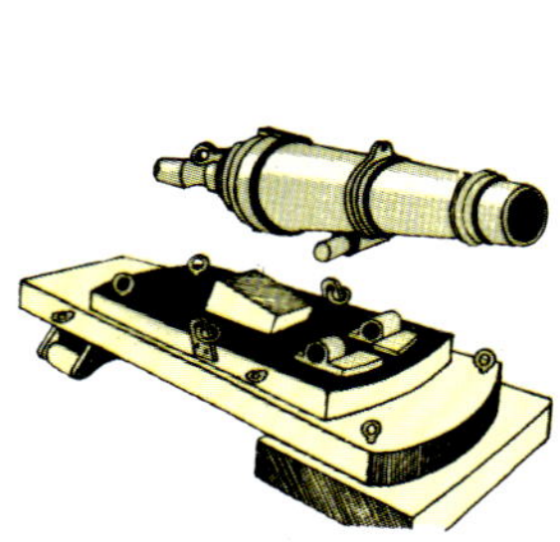

68-Pfünder-Karronade

Kielschwein mit Spanten und Laschung

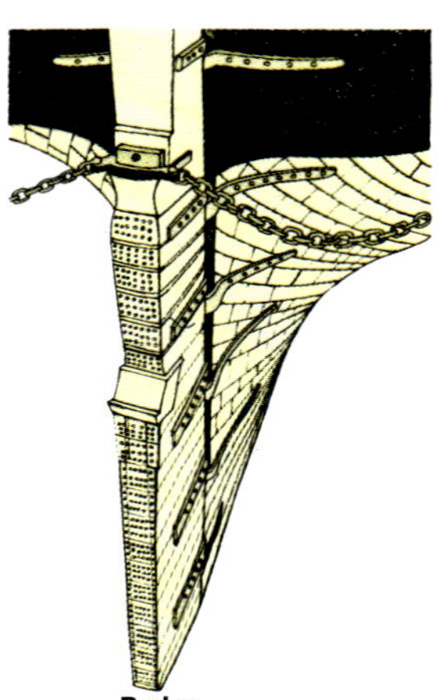

Ruder

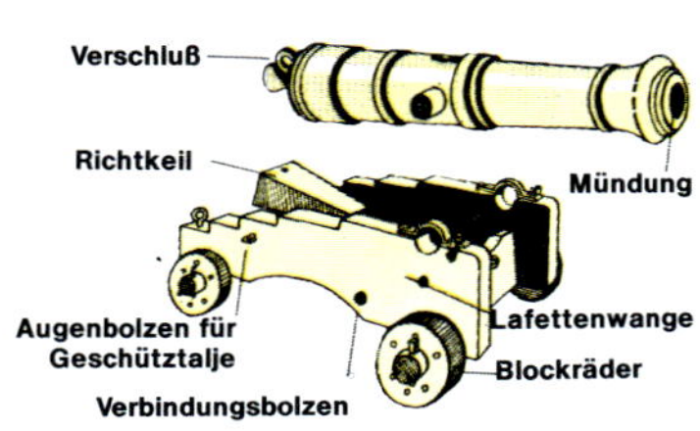

24-Pfünder-Kanone

Achtertotholz

jedes Schiff, das mit mehr als 90 Kanonen ausgerüstet wurde, drei vollständige Batteriedecks haben, also auch einen tieferen Rumpf, also auch mehr Freibord. Dabei wurde der Winddruck größer und die Wendigkeit geringer. Daß die VICTORY ein halbes Jahrhundert hindurch ein so beliebtes Flaggschiff blieb, liegt daran, daß sie als Dreidecker so gut wie ein Linienschiff mit 74 Geschützen segelte.

Nach langem Herumprobieren ist unter den Linienschiffen der dritten Klasse jenes mit 74 Geschützen das Standardkriegsschiff in den drei größten Flotten des 18. Jahrhunderts, der französischen, der spanischen und der britischen, geworden. In England führt sich diese neue Zweideckerklasse ab 1757 ein. Man hat sie hier eroberten französischen Schiffen, wie etwa der 1747 von Admiral Anson erbeuteten INVINCIBLE, nachgebaut. Der 74er ist 1800 ts groß, 53,50 m lang und 14,90 m breit.

Die kleinere Schwester des 74er, die mit 64 Kanonen ausgerüstete Galeone, ist zwar schwächer, aber von großem Nutzen beim Einsatz an entlegenen Stützpunkten und

zum Schutz von Geleitzügen. Die kleineren Schiffe der vierten Klasse verschwinden allmählich. Ab 1756 werden sie nicht mehr als Kriegsschiffe eingesetzt.
Der Rumpf eines Linienschiffes mit 74 Geschützen wird aus dickem Holz, vornehmlich aus Eiche, gebaut, so daß er auch schweren Einschlägen standhalten kann. Doch im 18. Jahrhundert werden die geeigneten Bäume – vor allem für die gebogenen Hölzer von Bug und Heck – allmählich rar. Man braucht fast zuviel Holz für den 45 cm breiten und gleich hohen, aus sieben Teilen miteinander verlaschten Kiel aus Eichenholz und für die Spanten, die beim 74er Schiff so dicht nebeneinander liegen, daß die Seite fast geschlossen ist, ehe sie noch beplankt und gedeckt wird. 3000 bis 4000 Fuhren sind normal. Ebenso gesucht wie Eichenholz oder Teak sind hohe, gerade Kiefern für die Masten. Die Takelung selbst verändert sich in der Zeit der 74er nur wenig. Der Rumpf dieses Zweideckers wird durch das Batteriedeck geteilt. Darüber liegen Räume für die Mannschaften und die Ausrüstung, darunter die Vorratsräume, Magazine und Bilgen. Vorne, an dem oberen Deck, ist der große Herd montiert, auf dem in der Regel für die ganze Besatzung gekocht wird. Die einzigen größeren technischen Hilfsmittel an Bord sind die Ankerwinde, die Pumpen und das Ruderrad – alles andere wird mit Blöcken und Taljen plus Muskelkraft bewegt. Die Mannschaft bedient Segel und Kanonen und erledigt den Feind notfalls immer noch durch Entern. Etwa 600 Mann leben manchmal jahrelang und ununterbrochen im Rumpf eines 74ers, der ein vollendetes, sehr stabiles Meisterwerk der Holzarchitektur ist.
Im Laufe des 18. Jahrhunderts werden Belüftung, Hygiene und Kost an Bord verbessert. Trotzdem sind die Verluste durch Krankheiten und Unfälle höher als die durch feindliche Aktionen. Die größten Gefahren drohen einem hölzernen Segler noch immer durch Feuer und Schlechtwetter. Beides fügt den Flotten mehr Verluste an Schiffen zu als jede Seeschlacht.
Zu den wichtigsten Verbesserungen während des Amerikanischen Unabhängigkeitskrieges gehört das Steinschloß zum Abfeuern der Kanonen. Es arbeitet viel zuverlässiger als die gewohnte Lunte, die man nur zur Reserve noch mitführt.
Bedeutsam ist die neuartige Karronade geworden. Sie kann als leichte Schiffshaubitze auch schwere Kugeln abfeuern, braucht aber weniger Bedienung. Karronaden sind problemlos unterzubringen, und sie vervollständigen daher die Bewaffnung. Ab 1779 gehören zur Ausrüstung der 74er außer den 74 Kanonen auch noch zwei 12-Pfünder-Karronaden auf der Back und sechs auf dem Achterdeck, doch der alte Name 74er bleibt, auch wenn das Linienschiff nun insgesamt 82 Geschütze trägt.
Die Standardisierung der Kriegsflotten setzt sich immer mehr durch. Kämpfte die britische Flotte bei Barfleur 1692 noch mit Schiffen von 15 verschiedenen Größen, so stehen sich 1704 bei Malaga Flotten gegenüber, bei denen die Briten nur noch 7, die Holländer 5, die Franzosen und Spanier zusammen 15 verschiedene Größentypen in die Schlacht führen. Bei Quiberon Bay 1759 hat sich in der britischen Flotte

Navio de 74 cañones aparejado, visto en las dos posiciones de Proa, y de Costa

	Diametro Pulg.	Diametro Lin.	Largo Pies	Largo pul.	Calceses D.s	Calceses p.s	Gratiles D.s	Gratiles p.s
1. Palo maior	39	6	121	3	18	3	"	
2. Martelero de Gavia	22	6	71	2	10	3		
3. Yd. de Juanete maior	12	3	51	7	espiga. 3	6	Callda. 34	4
4. Verga maior	24	8	107	0	"		98	10
5. Yd. de Gavia	17	0	86	10	"		74	2
6. Yd. de Juanete maior	10	4	57	1	"		51	11
7. Yd. de Sobre Juanete maior	5	10	36	2	"		30	3
8. Palo de Trinquete	37	6	113	4	16	5	"	
9. Martelero de Velacho	21	6	64	0	9	3		
10. Yd. de Juanete de Proa	11	8	46	5	espiga. 3	2	Callda. 31	0
11. Verga de Trinquete	22	3	96	4	"		89	0

	Diametro Pulg.	Diametro lin.	Largo Pies	Largo pul.	Calceses D.s	Calceses p.
12. Verga de Velacho	15	4	78	2	"	
13. Yd. de Juanete de Proa	9	4	51	8	"	
14. Yd. de Sobre Juanete de Proa	5	3	32	8	"	
15. Palo de Mesana	26	4	81	6	12	1
16. Martelero de Sobre mesana	15	0	50	2	7	5
17. Yd. de Juanete de mesana	8	2	37	0	espiga. 12	4
18. Mesana Cangreza	12	0	49	6	"	
19. Botavara de mesana	13	0	60	0	"	
20. Verga-Seca	14	6	74	0	"	
21. Yd. de Sobre mesana	12	0	60	0	"	
22. Yd. de Juanete de Sobre-mesana	7	3	38	9	"	

XI.

...anifiestan la proporcion, y dimensiones de su Arboladura

	Diametros Pulg.	lin.	Largos Pies	pulg.	Calceses P.	p.	Gratiles P.	p.
...Bauprés	38.	6.	78.	8.	fuera 58.	del Branque 8.	"	
...Botalon del Tok	16.	3.	51.	3.	"		"	
...Verga Cebadera	15.	4.	71.	10.	"		66.	9.
...Yd. de Sobre Cebadera	9.	4.	49.	10.	"		46.	9.
...Asta de Bandera de Popa	9.	4.	50.	4.	"		"	
...Yd. de Proa	4.	8.	25.	2.	"		"	
...Palancas de desatracar	8.	6.	50.	4.	"		"	
...Verga Vartrera baxa	7.	8.	47.	4.	"		45.	0.
...Yd. alta	6.	0.	37.	2.	"		35.	8.
...Verga de Ala de Gavia	5.	8.	26.	2.	"		24.	9.
...Yd. de Ala de Velacho	5.	0	23.	6.	"		22.	3.

	Diametro Pulg.	lin.	Largos Pies	pul.	Calceses P.	p.	Gratiles P.	p.
Verga de Ala de Juanete maior	3.	6.	18.	2.	"		17.	3.
Yd. del Juanete de Proa	3.	2.	16.	4.			15.	7.
Asta de Ymbierno maior	11.	4.	34.	8.	Espigas 7.	0.	"	
Yd. de Proa	10.	2.	31.	3.	6.	3.	"	
29. Botalones de Ala de Gavia, y Velacho	9.	4.	47.	0.	"		"	
30. Yd. de ala de Juanete mai.r y de Proa	6.	6.	35.	3.	"		"	
Verga de Maricangalla baxa	8.	4.	51.	11.	"		49.	0.
Yd. la alta	5.	9.	34.	7.	"		32.	8.

Pies de Burgos.

0 5 10 15 20 25 30 35 40 45 50

El largo de los Marteleros es medido desde el ojo de la Cuña hasta la punta.

25C.

Oben: Die Fregatte als wendiges, schnelles Schiff findet mit Beginn des 18. Jahrhunderts immer mehr Eingang in die Kriegsflotten. Sie trägt ihre Kanonen zunächst auf einem einzigen Deck. Hier die dänische Fregatte Blaa Heyeran *von 1734 mit einer detaillierten Beschreibung der Takelage.*

Links: Die Amerikaner bauten zum Ende des 18. Jahrhunderts die größten Segelfregatten, darunter auch die Constitution*, die zwar offiziell als 44-Kanonen-Fregatte bezeichnet wurde, in Wirklichkeit aber 50 und mehr Geschütze trug. Da sie außerdem sehr solide gebaut war, konnte sie es durchaus mit einem Linienschiff aufnehmen. Bei der Begegnung der* Constitution *mit der englischen Fregatte* Guerrière *im Jahre 1812 wird diese entmastet und ergibt sich (Bild).*

bereits das 74er-Linienschiff durchgesetzt, bei Saintes kämpfen mehr von diesem Typ als von allen anderen zusammen. Trafalgar wird vor allem eine Schlacht der 74er, wie die Tabelle beweist:

Kanonen je Schiff	Anzahl der Schiffe jeder Flotte Groß-brit.	Frank-reich	Spanien
140	–	–	1
112	–	–	2
100	3	–	1
98	4	–	–
84	–	1	–
80	1	3	2
74	16	15	7
64	3	–	–

Der Beginn des 19. Jahrhunderts bringt einige strukturelle Neuerungen. Der »eckige« Bug mit dem quer durch die Schiffsbreite laufenden Schott ist immer ein schwacher Punkt gewesen. Von hier lassen sich nur wenige Geschütze abfeuern, denn er ist sehr viel dünner beplankt als die massiven Seitenwände. 1804 taucht bei der NAMUR, die man von 90 auf 74 Kanonen umrüstet, der erste »runde« Bug auf. Es ist nun nur noch eine Frage der Zeit, daß das Heck mit den großen Kajüten und Fenstern als ein anderer, noch immer schwacher Teil ebenso umkonstruiert wird. Doch diese Entwicklung verzögert sich, weil die höheren Dienstgrade an Bord ihre lichten und luftigen Räume nicht missen wollen. Immerhin wird es 1817 das erste runde Heck geben, das zwar häßlicher, dafür aber stärker als seine Vorgänger ist. Noch wichtiger wird die 1805 zum erstenmal bei der 74er KENT erprobte diagonale Spantenführung. Man spart viel Holz, weil die Seitenwände nun nicht mehr durch dicht gelegte massive Spanten gestützt werden müssen, denn man erreicht große Widerstandskraft, wenn man die Hauptbalken vorn und hinten diagonal verlegt. Das ist der Übergang vom quer- zum längsgeführten Struktursystem. Die Länge des Schiffes ist praktisch nicht mehr begrenzt.

Die modernen Fregatten

Im Spanischen Erbfolgekrieg von 1701–1714 macht sich bei den Engländern das Fehlen eines schnellen und hochseetüchtigen Aufklärungsschiffes bemerkbar. Die *»genuine frigate«* wird offiziell erst 1741 mit der ADVENTURES eingeführt. Im Krieg gegen Frankreich und Spanien (1739–1748) baut man Fregatten in einer Größenordnung von 318 bis 914 ts mit jeweils 44 Kanonen, die aber für ihre Aufgabenstellung zu langsam und deren untere Kanonen in zu tiefliegenden Decks montiert sind, was sie bei schwerer See nutzlos macht. Diesen Schiffen folgen 1756 die neuen 718 ts großen Fregatten BRILLIANT und PALLAS als Gegenstück zur neuen formvollendeten französischen AURORE-Klasse mit 946 ts und 36 Kanonen. Die Franzosen überraschen im Amerikanischen Unabhängigkeitskrieg mit erneut verbesserten Fregatten, denen die Engländer eine Klasse mit 32 Kanonen von 370 bis 720 ts und eine weitere mit 600 ts und 28 Kanonen gegenüberstellen.
Es ist das Verdienst der Franzosen, die Fregatten aus ihren Uranfängen als reine Rahsegelschiffe frühzeitig zu höchster Vollendung zu bringen. Auch haben die französischen Schiffbauer bei diesem Typ bewiesen, daß Schönheit auch eine Schwester der Zweckmäßigkeit sein kann. Da aber vom 18. Jahrhundert an fast alle französischen Kriegsschiffe mit nur leicht geneigtem Vor- und Achtersteven gebaut werden, werden daraus für die Wasserlinie etwas zu schlanke konkave Formen, wie sie zum Beispiel auch die mit 30 8-Pfündern bestückte Fregatte LA FLORE (47,00 m : 39,00 m : 10,40 m bei 5,00 m Tiefgang) von 1780 erkennen läßt. Typisch sind auch die Laufgänge in Höhe der Schanzkleider der Kuhl. Dadurch bietet sich mittschiffs genügend Platz für Beiboote an. Die früher runden Marsen sind achtern weniger gerundet und schließlich rechteckig. Die Eselshäupter der französischen Schiffe gleichen sich den englischen Formen an. Eine Handelsfregatte führt manchmal auch eine Schoner- oder Yachttakelung und wird dennoch Fregattschiff genannt, so wie eben eine Bark oder eine Katt mit Fregatt- oder Brigantinentakelung eine Bark oder eine Katt bleibt. Handelsschiffe nach dem Rigg zu benennen, setzt sich erst im 19. Jahrhundert durch.
Die Amerikaner halten später hinsichtlich der Fregatten, was sie bei ihrer Vorliebe für Superlative versprechen. Als der Quäker und Schiffbauer Joshua Humphrey aus Philadelphia 1794 vom Kongreß aufgefordert wird, sechs Kriegsschiffe zu entwerfen, argumentiert er: »Da unsere Marine auf längere Zeit hinaus unterlegen sein wird, müssen wir uns überlegen, welche Art von Schiffen in Frage kommt, um dem Gegner gewachsen zu sein. Fregatten nehmen hierbei den ersten Platz ein, und keine wird über Kiel kürzer als 50 m sein.«
Ende des 18. Jahrhunderts werden drei Fregatten mit etwa 2200 ts Wasserverdrängung erbaut, die offiziell als 44-Kanonen-Fregatten klassifiziert werden. Sie sind fast 6 m länger und fast 1 m breiter als die letzten englischen 44-Kanonen-Fregatten und noch 4 m länger als die damals modernsten Franzosen, nämlich 62,20 m : 44,50 m : 13,50 m. Noch größer wird 1843 die französische BELLE POULE mit 63,70 m : 51,00 m : 14,80 m ausfallen, bei der wie bei dem gewaltigen 120-Kanonen-Schiff VILLE DE PARIS das Gittergeflecht der Galionenreling zum geradlinigen Schanzkleid wird.
Die amerikanischen Fregatten UNITED STATES, CONSTITUTION und PRESIDENT führen Skysegel und ein Gaffeltoppsegel am Besanmast. Die Schiffe haben einen langen Kiel und eine besonders schnittige Linienführung, die stark an die Baltimore-

Schoner (Clipper) erinnert. Ihre Geschützdecks sind höher als bei den britischen Fregatten.
Typisch ist, daß innerhalb der amerikanischen Besatzungen nur Freiwillige dienen, während die englischen Besatzungen einem seelenlosen Drill unterworfen werden. Bei der Begegnung der CONSTITUTION mit der englischen Fregatte GUERRIÈRE, einer alten französischen Prise, wird das englische Schiff durch das schwerere Kaliber und die bessere Schießkunst der Amerikaner entmastet, so daß es kapituliert. Dieses Gefecht ist dann die Ursache, daß die Engländer später ebenbürtige Fregatten konstruieren, so etwa 1815 die 50-Kanonen-Fregatte HMS GLASGOW, die in Algier (1816) und Navarino (1827) dabei ist, die 1269 ts große 40-Kanonen-Fregatte LIFFEY oder die 1849 gebaute 2127 ts große HMS ARETHUSA, die im Krimkrieg Odessa und Sewastopol beschießt und 1861 einen Schraubenantrieb erhält.

Ostindienfahrer und Fleuten

Was die anderen Segelschiffe dieser Zeit angeht, so sind noch immer die Ostindienfahrer die schönsten und größten Segelschiffe. Sie werden auch weiterhin als Kriegsschiffe gebaut, getakelt und bestückt. Die Schiffe haben ein Sonnendeck vor dem Poopdeck und einen modernen Lüfter auf den Halbdecks für die Tropenfahrt. Mitte des Jahrhunderts ist auch die Heckreling in Mode gekommen, die aber später wieder verschwindet.
Neben den Ostindienfahrern spielen die Fleuten weiterhin eine besondere Rolle, zum Teil auch in der Ostindien- wie in der Westindienfahrt.

Die Barken

Das Auftauchen der ersten Barken oder Barkschiffe, wie man sie auch nennt, ist so genau nicht zu belegen, fällt aber für diese großen Zweimaster sicher in die Entwicklungszeit der Fregatten. Im Vergleich zu den echten Fregatten weisen die gleichgroßen Barken eine ziemlich volle Form auf.

Dieses Kapitänsbild zeigt die englische Bark OLEANDER beim Verlassen des Hafens von Marseille im Jahre 1861. Besonders schön ist hier die klassische Barkbesegelung mit zwei vollgetakelten Masten und dem Besanmast zu erkennen.

Sie haben ein Heck wie die Fregatten und oft ein festes Zwischendeck und führen am Besanmast manchmal nur ein Gaffel- oder Marssegel. Hier sei zum Beispiel auf Cooks berühmte *»square stern bark«* ENDEAVOUR (1768) verwiesen, jenen galionslosen Zweidecker, dessen Besanmast eine Stenge für ein Marssegel hat.

Während Ende des 18. Jahrhunderts mehrere Fregattschiffe erstmals eine Kreuzbramstenge und damit ein Kreuzbramsegel und einige sogar bereits eine Kreuzroyal erhalten, gibt es auf den Barkschiffen keine Änderungen. Eine klassisch reine Barktakelung im heutigen Sinne (das heißt zwei vollgetakelte Masten und ein Besanmast achtern) ist mindestens aus dem letzten Drittel des 18. Jahrhunderts bekannt. Hier ist im Skizzenbuch des englischen Schiffszeichners Gwynn vom Jahre 1780 eine als *collier* bezeichnete Bark erhalten, die am niedrigen Besanmast lediglich ein Gaffelsegel führt.

Oben: Die schwedische Bark LOUIS *beim Löschen ihrer Ladung im Hafen von Genua (19. Jahrhundert). Interessant ist die Darstellung des löschenden Bootes, dessen Kran mittels einer Tretmühle bewegt wird.*

Rechts: Modell der CHARLOTTE DUNDAS*. Dieses Schiff gilt als das erste wirklich funktionierende Dampfboot. Seine Entstehungsgeschichte ist von einer echten schottischen Episode begleitet: Ein in Edinburgh lebender Bankier konstruierte 1787 ein Boot mit Schaufelrädern, die von mehreren Männern angetrieben werden sollten. Man macht ihn dann auf den Ingenieur William Symington und dessen Dampfmaschine aufmerksam und baut diese in das Boot ein. 1788 gelingt auf einem schottischen Landsee eine beeindruckende Probefahrt. Durch diesen Erfolg angeregt, glückt es Symington, zehn Jahre später mit dem reichen Lord Dundas einen neuen Geldgeber zu finden. Symington baut ein neues Dampfboot, das er zu Ehren der Tochter des Sponsors* CHARLOTTE DUNDAS *nennt. Der Dampfer schleppt zwei 70-ts-Lastkähne im Forth-Clyde-Kanal bei rauhem Wetter über eine Strecke von 19,25 sm bis Port Dundas und benötigt dazu 6 Stunden, was einem Stundenmittel von rund* $3\frac{1}{4}$ *kn entspricht. Unter den Ehrengästen bei dieser Demonstrationsfahrt befand sich auch ein junger amerikanischer Kunstmaler namens Robert Fulton, der sich Skizzen anfertigt und später Anregungen zu Dampfschiffen macht. Die Bedeutung Fultons wird jedoch allgemein überbewertet, und keinesfalls kann er als Erfinder des Dampfschiffes angesehen werden.*

Dampf und Eisen

Papin: »... mit Dampfkraft gegen den Wind zu rudern«

Über die Anfänge der Dampfschiffahrt, deren Vorgeschichte bis in das 18. Jahrhundert zurückreicht, sagte Professor Dr.-Ing. K. Mauel 1974 in einem Vortrag in Dortmund: »Die ersten Versuche, die Menschenkraft der Ruderer durch andere Kraftquellen abzulösen, führen, abgesehen vom Segelschiff, zunächst zu einem von Hand angetriebenen Schaufelrad. Es lag nahe, die Dampfmaschine, als sie betriebssicher geworden war, für den Antrieb derartiger Schaufelräder einzusetzen. In Wirklichkeit wurden schon weit früher Versuche unternommen, Dampfmaschinen auf Schiffen einzusetzen. Selbst heute noch kann man in geschichtlichen Darstellungen lesen, daß die erste Fahrt eines Dampfschiffes bereits im Jahre 1707 durch Papin auf der Fulda von Kassel nach Hannoversch-Münden stattgefunden habe. Papin hatte zwar eine Dampfmaschine für eine Wasserpumpanlage in Kassel gebaut, doch ohne Erfolg, und er hatte auch 1690 ausgesprochen, daß es mit Hilfe der Dampfkraft möglich sein werde, gegen den Wind zu rudern, und wie sehr die Kraft des Dampfes der der Galeerensklaven vorzuziehen wäre, um schnell zu fahren. In Briefen an Leibniz 1705 und 1707 spricht er mehrfach von Dampfmaschinen und ›... daß man ein Schiff machen kann, das eine größere Last tragen kann als eine Galeere, mit sieben oder acht Ruderreihen ohne Hilfe des Feuers, kurz, das schneller ist als die gewöhnlichen Galeeren mit 250 Mann‹.«

Wir wissen heute, daß Papin zunächst nur versuchen wollte, durch Menschenkraft bewegte seitliche Schaufelräder an einem Schiff zu erproben, um dann erst den Antrieb mit Dampfkraft zu versuchen. Derartige Schaufelräder waren damals auch in England durch Prinz Ruprecht von der Pfalz erprobt worden. Das Schiff Papins, das 1707 nach Hannoversch-Münden fuhr und dort zerstört wurde, wurde nicht von Dampf angetrieben.

Es vergingen Jahrzehnte bis zu neuen Versuchen, die Dampfkraft zum Antrieb von Schiffen einzusetzen. 1738 verweist Bernoulli auf das Reaktionsprinzip, mit dem 1787 Rumsay experimentiert. Im letzten Viertel des 18. Jahrhunderts kam es dann in Frankreich zu den ersten durchaus brauchbaren Dampfschiffkonstruktionen.

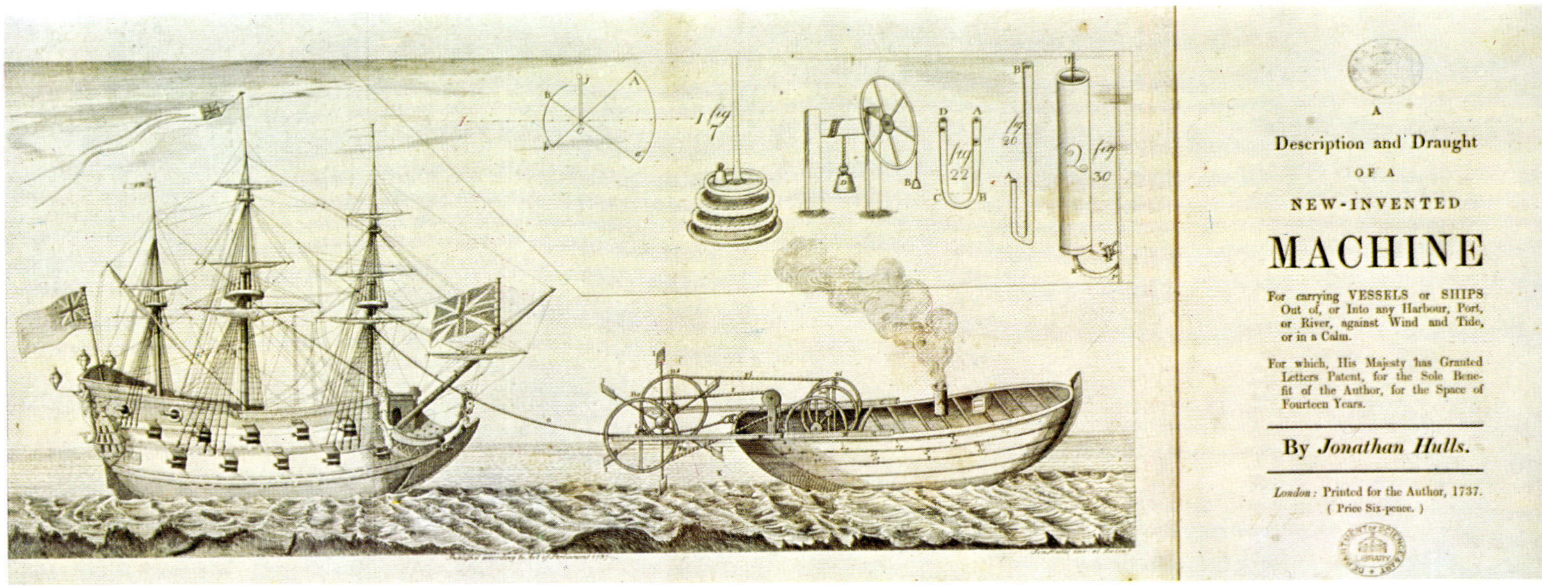

Nachdem die 1774–1775 von J. C. Périer und dem Grafen Auxiron auf der Seine in Betrieb gesetzten Dampfboote wegen ihrer Langsamkeit verworfen worden sind, unternimmt der Marquis C. de Jouffroy einen neuen Versuch auf der Saône bei Lyon. Es gelingt ihm, mit seinem Dampfboot eine volle Stunde stromaufwärts zu fahren. Dennoch wird der hohe praktische Wert nicht verstanden und die Erfindung wieder vergessen. Erst ein Dutzend Jahre später, 1788, befährt der Schotte William Symington mit einem von ihm gebauten Dampfboot einen schottischen See und den Firth of Forth. Die Maschine dieses Bootes ist im Science Museum in London noch zu sehen. Symington findet zehn Jahre später in Lord Dundas einen Geldgeber, der ihm den Bau mehrerer Dampfer für den Forth und den Clyde-Kanal ermöglicht. Der daraufhin von ihm gebaute Dampfer CHARLOTTE DUNDAS kann sechs englische Meilen in der Stunde fahren, wird 1802 in Dienst gestellt und schleppt zwei beladene 70-ts-Lastkähne mit einer Geschwindigkeit von etwa drei Knoten in sechs Stunden 19,25 Seemeilen gegen den Wind. Die Kanalgesellschaft verbietet jedoch die weitere Benutzung von Dampfern wegen drohender Beschädigung der Kanalufer durch den Wellenschlag. Versuche, mit Unterstützung des Herzogs von Bridgewater die Dampfschiffahrt wieder in Gang zu bringen, müssen unterbleiben, da der Herzog stirbt.

1799 hat auch der badische Ingenieur Johann Gottfried Tulla, der sich um die Korrektion des Oberrheins verdient gemacht hatte, den Plan zu einem mittels Dampfkraft bewegten Transportschiff. Der Markgraf von Baden, dem er den Vorschlag vorlegt, leitet diesen an die Britische Admiralität weiter, die aber keine Antwort gibt. Die Geschichte des Dampfschiffs wird in den USA fortgesetzt. Dort hat John Fitch, ein Uhrmacher aus Philadelphia, 1783 ein Patent auf ein Dampfschiff genommen und einen Schraubendampfer gebaut. Noch während der Probefahrt 1787 platzt der Kessel. Fitch baut 1788 ein zweites Schiff, die PERSEVERANCE, und macht erneut Probefahrten über eine Strecke von 32 km auf dem Delaware. Für seine Pläne findet auch er weder Verständnis noch Unterstützung. Auch verschiedene amerikanische Konstrukteure, unter ihnen Oliver Evans, versuchen Dampfschiffe zu bauen. Der Amerikaner Livingstone erhält 1798 ein Monopol für den Dampfbootbetrieb im Staate New York. Dieser Livingstone lernt in Paris den Amerikaner Robert Fulton kennen, der 1803 auf der Seine eine geglückte Fahrt mit einem Dampfschiff ausgeführt hatte (und der dem französischen Marineministerium auch Pläne von seinem U-Boot NAUTILUS vorgelegt haben soll). Das Schiff sank jedoch bei der zweiten Fahrt, und Napoleon verschloß sich weiterer Unterstützung für den Amerikaner, die er in Aussicht gestellt hatte.

Robert Fulton – tragisch-dynamische Randfigur

Fulton zog sich zunächst nach England und dann in die USA zurück, wo er nun mit Livingstones Unterstützung ein neues, 100 t großes, etwa 40 m langes und 5,50 m breites Dampfschiff, die CLERMONT, konstruiert. Eine Wattsche Einzylinder-Winkelhebe-Dampfmaschine von 20 PS wird eingebaut. Am 17. August 1807 führt er mit diesem Schiff seine berühmt gewordene Fahrt von New York nach Albany über 140 englische Meilen in 32 Stunden und auf der Rückfahrt in 30 Stunden durch. Sie wird vielleicht nur deshalb, weil sie besonders stark beachtet worden ist, zum Ausgangspunkt der Dampfschiffahrt. Fulton selbst hat kaum eines der an dem Dampfschiff wichtigen Teile erfunden, sondern hat von anderen, meist europäischen Erfindern die wesentlichen Bestandteile übernommen. Er erhält ein Patent zur alleinigen Benutzung der Dampfschiffe auf allen Flüssen der Vereinigten Staaten, aber er muß dieses Patent, weil er keine Mittel hat, es auszunutzen, für wenig Geld verkaufen. Alle diese Schiffe hatten Schaufeln, wenn auch unterschiedlicher Art. Bei einigen wirbelten sie das Wasser am Heck auf, im Stil der späteren Heckschaufler auf dem Mississippi. Seltener sah man Doppelrümpfe in der Art der Katamarane, bei denen die Maschine zwischen den beiden Rümpfen angebracht war, wie es Patrick Miller schon 1788 entworfen hatte. In England bevorzugte man je ein Schaufelrad an beiden Seiten des Rumpfes.

1809 tritt Fulton vergebens an die bayerische Regierung heran, die Donau aufwärts »ohne Pferde« zu befahren. Josef von Baader nimmt in einem Gutachten Stellung, in dem er zu beweisen versucht, daß die Verwendung von Dampfschiffen auf einigermaßen schnell fließenden Strömen gänzlich unmöglich sei. Selbst Georg von Reichenbach hält noch 1816 eine Dampfschiffahrt nur auf ruhigen Flüssen für durchführbar, allenfalls noch bei nicht zu weiten Expeditionen im Meer. In England dagegen und noch mehr im unbürokratischen, unkomplizierten Amerika hat inzwischen ein reger schaufelradbetriebener Dampfbootverkehr auf Kanälen und Flüs-

Linke Seite: Am 21. Dezember 1736 erhielt der Engländer Jonathan Hulls ein Patent auf sein mittels einer Newcomenschen Dampfmaschine und Transmission angetriebenes Heckrad. 1737 erschien eine Druckschrift, in der Hulls das Projekt sehr detailliert und phantasievoll beschreibt. Auf einer seiner Zeichnungen stellt er den Heckschaufler als Schlepper für Segelkriegsschiffe vor. Das Projekt kam allerdings über die Planung nicht hinaus.

Rechts: Diese sehr originelle Zeichnung zeigt einen dampfgetriebenen Katamaran zu Beginn des 19. Jahrhunderts, und im zeitgenössischen Text heißt es: »Diese in Amerika gebauten Dampfflöße scheinen sich durch die geringe Wassertiefe, die sie fordern, für seichte Flüsse besonders zu eignen. Sie sollen mehr als drei Meilen in der Stunde zurücklegen.«

sen, nicht aber auf dem Meer, eingesetzt. Im militärischen Bereich ist es wieder Fulton, der im Krieg Englands gegen die USA (1812–1814) das erste dampfbetriebene Kriegsschiff, die 47,00 m lange und 17,00 m breite Doppelrumpf-Fregatte FULTON THE FIRST, später Monitor DEMOLOGUS genannt, konstruiert. Sie ist mit 30 Kanonen bewaffnet und 1812 für die Verteidigung des Hafens von New York bestimmt, bewährt sich aber nicht.
Ein weiterer Markstein ist 1814 die 19,20 m lange englische MARGERY im Fährdienst zwischen London und Margate, die die entsetzte Royal Navy vor dem Nore auf der Anreise stoppt und erst nach vielen wortreichen Erklärungen weiterfahren läßt. Verkauft und in ELISE umbenannt, fährt sie ab 1816 auf der Seine. Im gleichen Jahr beginnen die Engländer mit dem Export von Schiffsdampfmaschinen. Das erste Dampfschiff, das auf dem Rhein erscheint, ist 1816 THE DEFIANCE, ein britisches schaufelradbetriebenes Schiff.
James Watt jr. selbst fährt mit einem englischen Dampfer über den Kanal und den Rhein stromauf bis über Koblenz hinaus. Dieser zweite Dampfer auf dem Rhein ist die ebenfalls mit Schaufelrädern betriebene CALEDONIA (1817), die später als das erste Dampfpassagierschiff zwischen Kopenhagen und Kiel gefeiert wird.
Das erste preußische Patent, ein sogenanntes »Einführungspatent« auf den Bau und den Betrieb von Dampfschiffen, erhält im Jahre 1815 der Engländer J. Humphrey. Sein Sohn ist es, der 1816 auf einer Wiese bei Pichelsdorf nahe Berlin den ersten deutschen (Mittel-)Raddampfer, das mit einer englischen Maschine ausgerüstete Dampfschiff PRINZESSIN CHARLOTTE VON PREUSSEN erbaut, das am 27. Oktober 1816 den Betrieb zwischen Berlin und Potsdam aufnimmt.
Der PRINZESSIN CHARLOTTE VON PREUSSEN folgt übrigens noch im gleichen Jahr vom gleichen Erbauer (der insgesamt fünf Dampfschiffe an der Havel erbaut) der Bau des Raddampfers DER KOURIER, der seine erste Reise von Berlin nach Hamburg im April 1817 antritt, während auf der Weser im gleichen Jahr, aber später (20. Mai) das dritte deutsche Dampfschiff, die mit einer Wattschen Dampfmaschine ausgerüstete DIE WESER entsteht und auf der Unterweser in Betrieb genommen wird.
Vielleicht ist noch ein Wort zum Eisen im Schiffbau angebracht. Schmiedbares Eisen wurde ursprünglich nur in relativ kleinen Mengen in mühsamen Verfahren über Holzkohlenfeuer erzeugt. Erst das um die Jahrhundertwende von Cort erfundene Puddeln erlaubte es, größere Mengen von Schweißeisen mit der in England ja reichlich vorhandenen Steinkohle zu erzeugen. Auch im Gießen von Eisen machte man beachtliche Fortschritte. Erst so wurde es möglich, die großen Zylinder der Wattschen Dampfmaschinen herzustellen, denn die frühen atmosphärischen Dampfmaschinen hatten vielfach hölzerne, mit eisernen, geschmiedeten Reifen verstärkte Zylinder. Auch die Kessel waren ja noch aus Holz.

Vom Schaufelrad zum Schraubenantrieb

Mit den ersten Experimenten, Dampfkraft auch für den Schiffsantrieb zu verwenden, mehren sich auch die Versuche, statt der ungefügen Schaufelräder zum Seiten-, Heck- oder Mittelschiffbetrieb eine Art Propellerschraube als Antriebsmittel zu entwickeln. Da ist zum Beispiel noch Bernoullis Schraubenrad, für das er 1753 einen Preis der Französischen Akademie bekommt. Jean P. Paucton erhält 1768 das erste Privileg auf eine archimedische Schraube. 1770 schlägt James Watt ein »Spiralruder« vor. Da ist der Londoner Maschinenbauer Joseph Bramah, der 1785 ein Propellerrad entwickelt, da sind der Engländer Rumsay 1792 mit seiner ummantelten archimedischen Schraube, der Kaufmann William Lyttleton 1794 mit einer dreigängigen archimedischen Schraube. Da ist die traurige Story von dem Franzosen Sauvage, der in zehnjährigem Bemühen um eine Schiffsschraube ein brauchbares Prinzip erfindet, sich dabei aber so ruiniert, daß man ihn in Boulogne ins Schuldengefängnis wirft. Während er da sitzt, brechen Diebe in sein Haus ein, stehlen Notizen und Zeichnungen und verkaufen sie. Als Sauvage 1839 entlassen wird, sieht er ein Schiff der französischen Regierung, das von der von ihm erfundenen Schiffsschraube vorwärtsgetrieben wird. Zu nennen sind auch noch E. Shorter (1800), John C. Stevens (1802–1806) und der Franzose Delisle (1823) mit ihren Schraubenpropellern, bis 1827 der Böhme Josef Ressel das Patent »für eine Schraube ohne Ende zur Fortbewegung der Schiffe« findet und 1829 mit dem Schiff CIVETTA vor Triest mit Erfolg erprobt. 1836 erwirbt der Farmer F. P. Smith aus Middlesex und kurz darauf der schwedische Ingenieur John Ericsson ein Patent für den Schraubenantrieb. 1837 nimmt mit der NOVELTY das erste schraubengetriebene Handelsschiff (Patent Ericsson) einen regelmäßigen Dienst auf, während Smith mit der englischen RATTLER 1841 das erste mit Schrauben betriebene Kriegsschiff baut. Von nun an

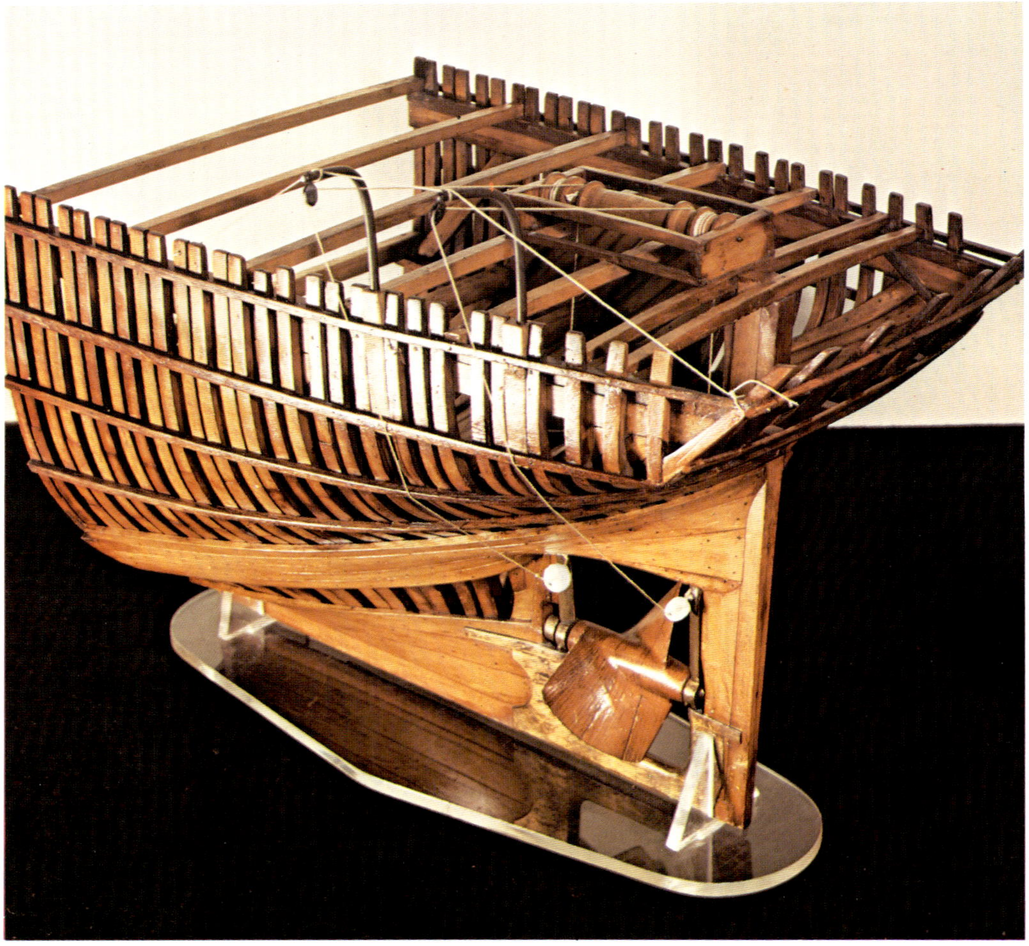

Links: Heckansicht des Modells der Novelty, des ersten schraubengetriebenen Handelsschiffes nach dem Patent des Schweden John Ericsson, gebaut 1837

Unten: Um herauszufinden, ob nun Schrauben- oder Radantrieb wirkungsvoller sei, wurde im April 1845 ein Tauziehen zwischen den Schiffen Rattler (links, 888 ts und 200 PS) und Alecto (rechts, 800 ts und 200 PS) veranstaltet. Die Rattler, übrigens das erste mit Schrauben angetriebene Kriegsschiff, war stärker und schleppte schließlich die sich heftig wehrende Alecto mit 2,8 kn Fahrt ab.

Rechte Seite oben: Schnittzeichnung eines Ostindienfahrers von 1827, in der deutlich die Verwendung von eisernen Diagonalbändern zur Entlastung der Verbandsteile zu erkennen ist

Rechte Seite Mitte und unten: Schnittzeichnungen einer Clipper-Konstruktion in Compositbauweise

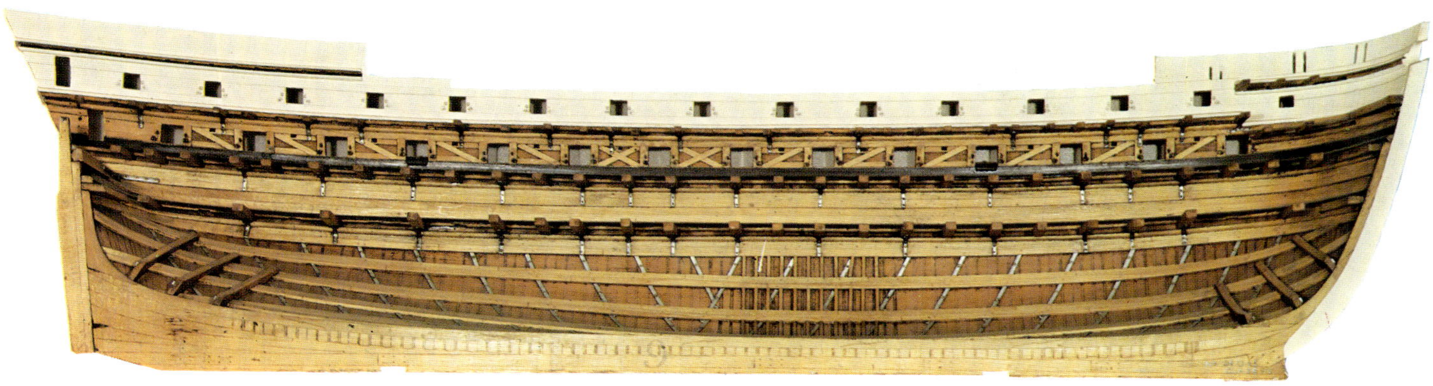

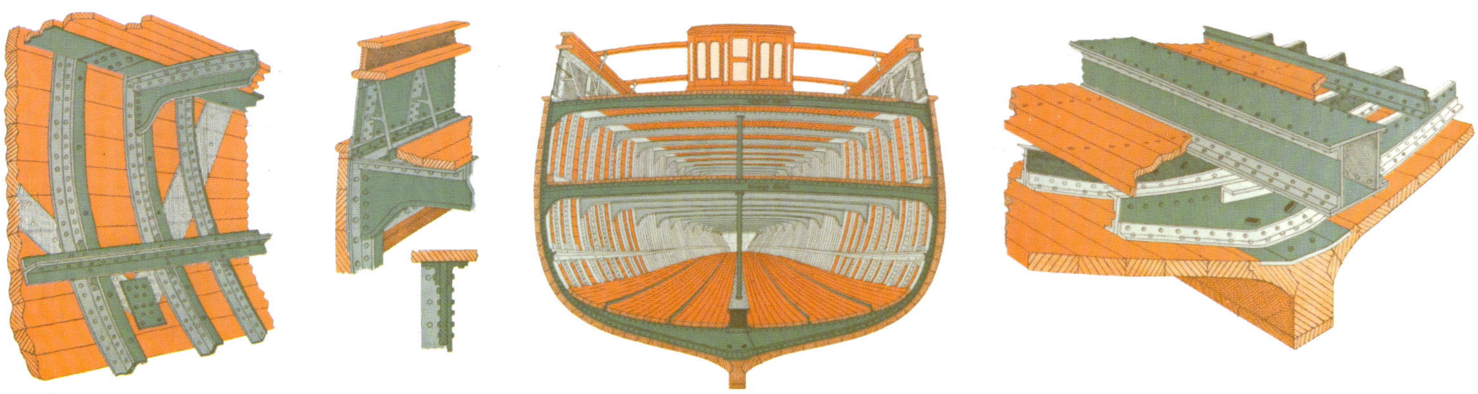

beginnt der Siegeszug der Schraube, die Schaufelräder bleiben nur noch den schwerfälligen Flußdampfern vorbehalten, und zwar bis weit ins 20. Jahrhundert hinein.

Der Schiffbau bis etwa 1850

Im Schiffbau deuten sich nach den ersten Tastversuchen immer stärkere technische Revolutionen an. Hier erstaunen die ersten praktischen Ansätze, mit denen der Dampf Wind und Muskelkraft ersetzen soll und die vermuten lassen, daß die Segelschiffe bald der Vergangenheit angehören. Ferner bietet sich im Schiffbau der feste, aber nicht schwimmfähige Werkstoff Eisen statt des leichteren Holzes als Schiffbaumaterial an. Die noch recht unvollkommenen Verfahren zum Herstellen von schmiedbarem Eisen und zur Fertigung von Blechen notwendigerweise begrenzter Dicken setzen hier jedoch zunächst Grenzen. Holz bleibt vorerst das bevorzugte Material, obschon Schiffbauholz durchaus nicht in unbegrenzter Menge zur Verfügung steht. Andererseits sind dem bisher so bewährten Holz aber schiffbauliche Festigkeitsgrenzen und auch Grenzen im Elastizitätsmodul, kurz E-Modul genannt, gesetzt, vor allem in der Länge. Ein Schiff von annähernd 100 m Länge aus Holz zu bauen – und solche Größen verlangt der Markt jetzt –, bleibt daher auch für die genialen französischen und niederländischen Schiffbauer lange Utopie. Der E-Modul gewährt hier die überzeugendsten Vergleiche. Er beträgt beim Schmiedeeisen bei Zug- und Druckspannungen 28 000 000, beim englischen Eichenholz aber nur 1 450 000, beim Teak 2 400 000 und beim englischen Ulmenholz nur 700 000. Im E-Modul ist jedenfalls die im Holzschiffbau nicht zu überwindende Grenze zu suchen. Begnügte man sich bei Thibault in Bordeaux noch im Jahre 1801 mit der L'INVENTION als Viermastvollschiff mit nur 45 m Länge, so erreicht man 1824 mit der ebenfalls noch hölzernen Viermastbark COLUMBUS die erstaunliche Länge von 91,70 m, dies aber

Links: Um das Jahr 1840 entwickelt der Engländer John Penn eine direkt wirkende Dampfmaschine mit oszillierenden Schwingzylindern als den bis dahin vollkommensten Niederdruck-Schiffsantrieb. Die Penn-Maschine war der modifizierten Wattschen Dampfmaschine erheblich überlegen. Die Abbildung zeigt das Modell einer Penn-Maschine für Schaufelradantrieb.

Rechts: Dieses Modell zeigt den berühmten Schaufelraddampfer SAVANNAH, der als erstes dampfbetriebenes Schiff vom 24. Mai bis 20. Juni 1819 den Atlantik überquerte. Allerdings lief die etwa 30 PSi starke Einzylindermaschine während der über 27tägigen Reise nur 80 Stunden. Die Schaufelräder konnten bei Fahrt unter Segeln abgenommen werden, um den Widerstand zu verringern. Als die SAVANNAH vor Cape Clear im Süden Irlands kreuzte, entwickelte die Dampfmaschine derartige Rauchwolken, daß die Küstenwache ein brennendes Schiff meldete.

nur in Verbindung mit eisernen Verstärkungen.
Um die Jahrhundertwende zeichnen sich noch andere gangbare Wege in der Anwendung von Eisen im Schiffbau ab. Robert Seppings beginnt anno 1810 zunächst die Decksbalken der Holzschiffe mit den Spanten durch eiserne Knie zu verbinden und durch eiserne Diagonalbänder die Verbandsteile zu entlasten. Der nächste Schritt - besonders bei den Clippern und beim Kriegsschiffbau - besteht in der Compositbauweise (eiserne Spanten mit Holzbeplankung), ehe man allgemein zum »Volleisenschiff« übergeht. Eisen bietet ja nicht nur größere Festigkeit, sondern auch die Möglichkeit, endlich größere Längen und schärfere Linien zu realisieren. Hat das L/B-Verhältnis beim Holzschiff bei nur 3 : 1, höchstens 4 : 1 gelegen, so sind beim Schiffbaueisen, dessen Qualität schon bald über den Puddelstahl und den Bessemerstahl zum Siemens-Martin-Stahl der siebziger Jahre führt, bei großen Schiffen Relationen von 5 : 1 bis 8 : 1 zu erwarten.
Die ersten großen Eisenschiffe waren Dampfer, erst später verwendete man Eisen auch für große Segler. Übrigens bereitete das Entwickeln befriedigender Eisenkonstruktionen keine so großen Schwierigkeiten wie der Bau der ersten Dampfmaschine. Obwohl in ihrer Nutzanwendung im Schiffbau fast gleichzeitig erkannt, sind die neuen Faktoren, Dampf und Eisen, grundsätzlich nicht voneinander abhängig.
Es wird daher in Zukunft noch viele hölzerne Schiffe mit modernstem Dampfbetrieb geben, während andererseits unter den Seglern schon so manches Schiff aus Eisen gebaut ist.
Erstmals versucht sich die Werft Jackson, Gordan & Co. in Liverpool 1838 mit einem Segelschiff aus Eisen, der 270 ts großen IRON SIDES. Das Schiff ist ein Vollschiff, das heißt, es führt an allen Masten Rahsegel, Stagsegel am Bugspriet nebst Klüverbaum und zwischen den Masten, am hinteren Mast außerdem ein Gaffelsegel. Mitentscheidend für die Zukunft aber ist, daß das Gewicht des Schiffskörpers hölzerner Schiffe 40 bis 57%, das eiserner Schiffe dagegen nur 20 bis 46% vom Gesamtgewicht beträgt.

Dampfantrieb bei Handels- und Passagierschiffen

Nach den Versuchen Fultons und anderer Pioniere wird die Atlantiküberquerung des 1818 bei Francis Picket in New York erbauten Raddampfers SAVANNAH eine echte Sensation. Die SAVANNAH ist 36,53 m lang und 7,90 m breit. Sie ist als Fregatte getakelt und verfügt nur über eine kleine Niederdruckdampfmaschine mit einem Zylinder von 30 PSi. Während der ersten Atlantikreise, die vom 24. Mai bis zum 20. Juni 1819 von Savannah in Georgia nach Liverpool führt, braucht das Schiff, das genau genommen ein Segelschiff mit Hilfsmaschine ist, 27 Tage und 15 Stunden. Aber nur 80 Stunden davon fuhr es unter Dampf, sonst aber, wie üblich und bewährt, unter Segeln.
Größter Dampfer jener Zeit ist übrigens der britische Raddampfer JAMES WATT (1822, 43,00 m lang, 7,50 m breit), der als erster Dampfer bei Lloyds versichert wird, was auch ein bemerkenswertes Ereignis ist.
Erster ganz aus Eisen erbauter Dampfer ist die 1822 bei den Horseley Iron Works erbaute 22,00 m lange, 30 PSi starke AARON MANBY, die man - quasi ein Vorläufer der im Ersten Weltkrieg so zahlreich erbauten *fabricated ships* - am Kanal zusammenbaut und auf die Seine schafft. 1822 stellt das schiffbaufreudige Holland mit der DE NEDERLAND seinen ersten Dampfer vor. Andere Staaten folgen.
Der erste hölzerne preußische Seedampfer wird 1824 in Karlskrona gebaut. Es ist der Königlich-Preußische Postdampfer PREUSSISCHER ADLER (26,92 m lang, 55 PSi) für den Fährdienst zwischen Stralsund und Ystad in Schweden.
Nach wie vor liegt der Schwerpunkt des Dampfantriebs in der Fluß-, See- und Küstenschiffahrt. 1825 stecken mutige Reeder die Ziele weiter: Die radkastenbetriebene ENTERPRISE (470 ts) segelt und dampft als Ergebnis einer zu erwartenden hohen Belohnung von Falmouth nach Kalkutta, doch braucht sie statt der verlangten 70 Tage 113 Tage. Die Belohnung wird nicht ausbezahlt.
1829 entwickelt der aus Neuwied stammende holländische Marineoffizier Gerhard Moritz Röntgen Verbundmaschinen, die sich nach und nach als Schiffsmaschinen einbürgern.
1831, als bei Lloyds in London bereits 81 durchweg besegelte Dampfschiffe eingetragen sind und England schon Schiffsdampfmaschinen exportiert, wird das erste eiserne Dampfschiff mit eisernen, wasserdichten Querschotten bei Laird in Birkenhead gebaut. Die 38,00 m lange GARRY OWENS hat 90 PSi und ist eine Konstruktion von Sir Samuel Bentham.
Der Fortschritt tut sich schwer, denn noch immer beanspruchen die unhandlichen großen Dampfmaschinen und die für ihren Betrieb riesigen Kohlenmengen (4,1 kg je PS und Stunde) wertvollen Schiffsraum, so

Oben: Die 1838 gebaute, 237 ts große Archimedes wurde von Francis Pettit Smith mit der von ihm patentierten Schraube ausgestattet und erzielte bei einer Fahrt um England eine Geschwindigkeit von 9,5 kn. Ihren Namen erhielt sie nach dem Erfinder der endlosen Schraube.

Darunter: Modell der Great Western, des ersten Riesenschiffs von Isambard Brunel, das er 1838 für den regelmäßigen atlantischen Passagierdienst konstruierte. Der aus Holz gebaute Dampfer war fast 72 m lang, und seine Schaufelräder hatten einen Durchmesser von 8,50 m. Die Great Western überquerte von 1838 bis 1844 siebzigmal den Atlantik.

Rechte Seite: Der zweite Gigant des Isambard Brunel war die Great Britain, der erste Transatlantikliner mit Schraubenantrieb. Das 1843 auf Stapel gelegte, 98,00 m lange Schiff war ganz aus Eisen gebaut und kam 1845 in Dienst (oben). 1846 lief der Gigant vor Irland auf Grund und wurde erst nach elf Monaten wieder flott (Mitte). Nach einigen Umbauten stand die Great Britain 40 Jahre im Passagier- und Frachtdienst nach Australien, wurde 1882 zum Segler umgebaut, 1886 vor Kap Hoorn schwer havariert, bei den Falklands auf Strand gesetzt und als Hulk genutzt. 1970 läßt ein »Great-Britain-Rettungsverein« das noch ansehnliche Wrack auf einem Ponton über den Atlantik nach Bristol bringen (unten), wo es heute als schwimmendes Marinemuseum dient.

daß der Dampfmaschinenantrieb vorerst nur für den Passagierverkehr und allenfalls noch für die Kriegsmarinen von bedingtem Interesse ist. Noch immer ist zudem das Problem der explodierenden Kessel nicht gelöst. Gewinnbringende Zuladung kann nur auf kurzen Strecken an Bord genommen werden. Auf längeren Törns wird auch das dauernde Nachbunkern zu einem kostspieligen Faktor. Ebenso bringt die regelmäßige Entsalzung der Kessel – in der Regel alle vier Tage – weitere Probleme. Trotzdem verspricht man sich gegenüber dem Segelschiff durch die kürzeren, weil stets direkten und vor allem fahrplanmäßigen Reisen wesentliche Zeitgewinne. Eingesparte Zeit aber ist für einen Reeder so gut wie bares Geld.

Die Dampfschiffahrt ist trotz ökonomischer Schwierigkeiten nicht aufzuhalten. In Österreich nimmt 1834 der neu gegründete Österreichische Lloyd den Verkehr mit Dampfschiffen auf. In Deutschland baut in Berlin-Moabit der Engländer Gilbert den ersten deutschen Dampfer aus Eisen, ein 33,25 m langes Schiff mit einer Maschinenleistung von 58 PSi. 1834 baut Samuel Hall einen Oberflächenkondensator, bei dem der Dampf durch ein Röhrensystem von halbzölligen Röhren geleitet wird. Damit beginnt sich eine wesentliche Verbesserung beim Betrieb dampfgetriebener Schiffe abzuzeichnen.

Weitere Fortschritte bleiben nicht aus. So konstruiert John Penn eine direkt wirkende Maschine mit »oszillierenden« Schwingzylindern als den bisher vollkommensten Niederdruck-Schiffsantrieb statt der vorherrschenden modifizierten Wattschen Dampfmaschine. Die Versuche mit dem von F. P. Smith erdachten Schraubenantrieb an der Dampfbarkasse Francis Smith führen 1838 zum Bau der 237 ts großen, 80 PSi starken hölzernen Archimedes. Dieses Schiff ist mit zwei vertikalen 2-Zylinder-Maschinen ausgestattet, die unter Zwischenschaltung von zwei Sätzen Zahnrädern mit einer Übersetzung von 1 : 5 die zweigängige Schraube von 1,50 m Durchmesser und 2,40 m Länge antreiben. Die Archimedes, so genannt nach dem archimedischen Prinzip der endlosen Schraube, macht 1840 eine Fahrt um England herum und erzielt eine Geschwindigkeit von 9,5 Knoten, womit die Brauchbarkeit der Schiffsschraube eindrucksvoll erwiesen worden ist.

Der 1840 in Greenock bei Robert Duncan & Co. erbaute hölzerne Passagierdampfer Britannia ist ein weiterer mutiger Schritt voraus. Die Britannia, ein Raddampfer mit einem Schornstein und hölzernem

ULRICH HARMS

Rumpf mit Kupferbeschlag, zwei Decks und drei Masten, kann bei 89 Mann Besatzung 115 Passagiere und 225 ts Ladung transportieren. Ihre erste Reise für die von Samuel Cunard gegründete erste transatlantische Dampferlinie, die British and North American Royal Mail Steamship Company, beginnt am 4. Juli 1840 in Liverpool und endet 14 Tage und 8 Stunden später in Boston. Dies entspricht einer Durchschnittsgeschwindigkeit von 8,19 Knoten und ist neuer Rekord auf der Transatlantikroute. Samuel Cunard erlebte ihn persönlich an Bord der BRITANNIA mit. Ein Jahr nach dieser spektakulären Reise geht übrigens der erste Dampfer im Transatlantik-Passagierdienst verloren: die 1840 für die British & American Steam Navigation Company erbaute, 1863 BRT große PRESIDENT, ein Schwesterschiff der BRITISH QUEEN. Die am 11. März 1841 ausgelaufene PRESIDENT verschwindet spurlos mit insgesamt 136 Personen an Bord.

Die Giganten des Isambard Brunel

Dann kommt die Zeit der Riesenschiffe des englischen Ingenieurs Isambard K. Brunel. Ursprünglich im Eisenbahnbau tätig, schwebt ihm später der Gedanke einer regelmäßigen transatlantischen Verbindung vor. 1838 konstruiert er für die Great Western Steamship Company in Bristol die GREAT WESTERN. Sie hatte mit 1390 ts, 71,90 m Länge und 450 PSi noch vorstellbare Maße. Das Schiff war aus Holz gebaut und hatte einen Schaufelradantrieb. Erheblich größer plante Brunel den zweiten seiner Giganten, die GREAT BRITAIN. Sie lief 1843 vom Stapel, war 3618 ts groß, ganz aus Eisen gebaut und der erste Überseedampfer mit Schraubenantrieb. Vier einzylindrige Maschinen mit insgesamt 1500 PSi trieben die GREAT BRITAIN an. Zur Sicherheit hatte man noch eine Hilfsbesegelung an sechs Masten angebracht, was sich als weise Voraussicht bestätigte. Im Juli 1845 geht Brunels Riese mit 360 Passagieren und 600 Tonnen Ladung auf seine erste Atlantiküberquerung. Der mit Schlingerkielen und einem Balanceruder versehene Neubau braucht mit 14 Tagen und 21 Stunden allerdings viel Zeit, da die Maschinen nicht die erwartete Leistung bringen. Auf der Rückreise bricht ein Schraubenflügel, und nur der Besegelung verdankt es die GREAT BRITAIN, daß sie heil heimkommt. Im September 1846 übersteht die GREAT BRITAIN, weil aus Eisen und mit einem echten Doppelboden versehen, eine Grundberührung.
1858 läuft dann Brunels dritte Konstruktion, die monströse GREAT EASTERN, vom Stapel. Mit 210,92 m Länge und 27 400 ts, angetrieben von zwei riesigen Maschinen mit je 4200 PSi Leistung, war sie in technischer, aber auch in wirtschaftlicher Hinsicht ihrer Zeit viel zu weit voraus. Das Schiff wurde von einem kombinierten

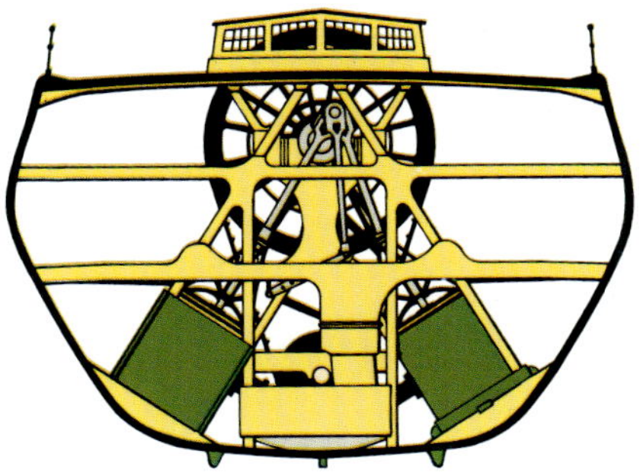

Die Skizzen des oberen Teils zeigen Seitenansicht, Heck und Maschinenanlage der GREAT BRITAIN, die unteren Zeichnungen Einzelheiten der GREAT EASTERN. War schon die GREAT BRITAIN für ihre Zeit ein Dampfer mit riesigen Ausmaßen, so übertraf die dritte und letzte Konstruktion Isambard Brunels, die GREAT EASTERN, diese Superlative noch einmal erheblich, was auch aus dem Vergleich der maßstabgetreuen Zeichnungen deutlich erkennbar ist.

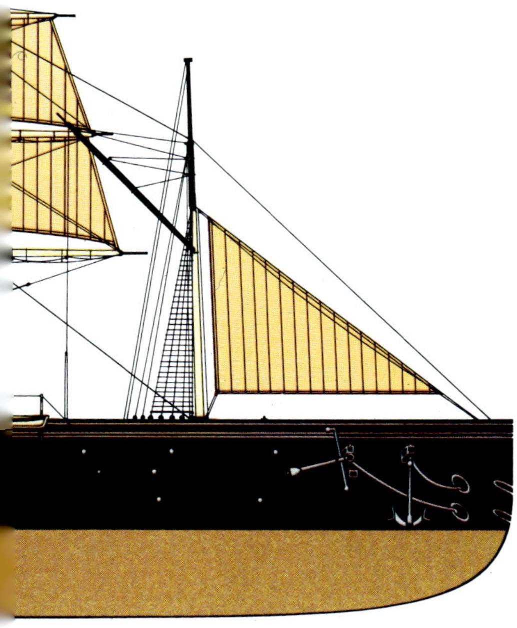

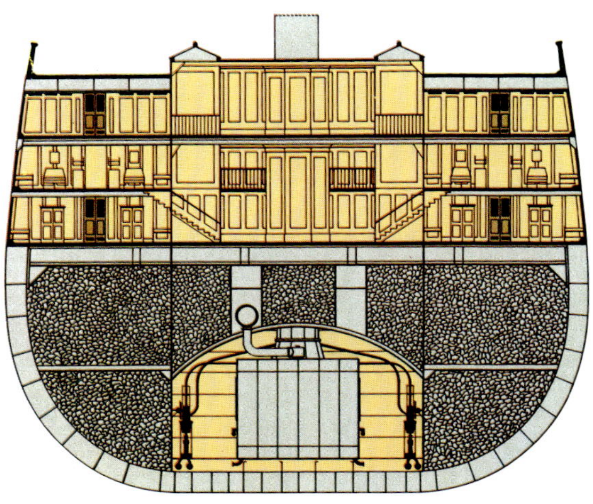

Schaufelrad- und Schraubenantrieb bewegt und hatte zudem noch eine umfangreiche Takelage. 4000 Passagiere und 6000 Tonnen Ladung konnte die GREAT EASTERN befördern, wofür aber in der damaligen Zeit einfach der Markt fehlte.

Auf einer Probefahrt kostete eine Kesselexplosion zehn Menschen das Leben, und Isambard Brunel starb kurze Zeit darauf, da er sich physisch und psychisch mit dem Bau der GREAT EASTERN total übernommen hatte. Das Schiff stand von Anfang an unter einem unglücklichen Stern. Auf der Jungfernfahrt von Southampton nach New York ertrinkt der Kapitän, auf der zweiten Reise läuft der Gigant vor New York auf einen Felsen, auf der dritten brechen die Schaufelräder und das Ruder. Die Zahl der Passagiere bleibt weit hinter den Erwartungen zurück, und ihre Gesellschaft, die Great Ship Company, geht 1864 in Konkurs. Noch jahrelang geistert die GREAT EASTERN wie ein Ungetüm als Kabelleger durch die Meere, dient als Ausstellungs- und Hotelschiff sowie als Kohlendepot und Sensationsobjekt. 1889 wird es abgewrackt. In einem Hohlraum zwischen zwei Schotten findet man dabei das Skelett eines Arbeiters, und der seemännische Aberglaube hat seinen Beweis für all das Unglück, das über dieses riesenhafte Schiff hereingebrochen war.

Kriegsschiffe mit Dampf- und Segelbetrieb

Die negativen Urteile über mit Dampf betriebene Kriegsschiffe sind ziemlich einheitlich. Man stößt sich an dem großen Maschinengewicht, an den erheblichen Betriebsunsicherheiten dieser Anlagen, ferner an dem erforderlichen, viel zu großen Schiffsraum für die notwendige Kohle und vor allem an der leichten Verwundbarkeit seiner Schaufelräder.

Als erstes echtes Kriegsschiff mit Dampfantrieb stellt sich die britische Sloop GORGON vor, die 1837 vom Stapel läuft und je ein Bug- und ein Heckgeschütz hat. Wichtig für die allgemeine Entwicklung ist hier die direkt wirkende Dampfmaschine, bei der der Zylinder unmittelbar unter der Kurbelwelle steht.

1841 stellen die Franzosen ein großes dampfbetriebenes Kriegsschiff, die 1474 ts große, 71,00 m lange Fregatte GOMER, in Dienst. Das barkbesegelte Schiff hat einen 450 PSi starken Schaufelradantrieb für 10 kn. 1842 bringen die Briten die seitenradbetriebene Dampffregatte FIREBRAND zu Wasser. Der Schwede Ericsson baut 1843/44 das erste schraubengetriebene größere Kriegsschiff der USA, die PRINCETON, deren Ericsson-Schraube aus zwei mit Schaufelblättern besetzten gegenläufigen Rädern besteht.

Die 1850 begonnene und 1855 fertiggestellte MARLBOROUGH (6050 ts), die als Ein-

Oben: Diese Fotografie vom November 1857 zeigt die Vorbereitungen zum Stapellauf der GREAT EASTERN, der zunächst mißlang. Als einziges Schiff wurde es von zwei Schaufelrädern (17 m Durchmesser) und einer Schraube (7,30 m Durchmesser) angetrieben.

Rechts: Dampfer der HAPAG und des Norddeutschen Lloyd am Anlegeplatz Hoboken, New York.

schraubenschiff über eine Dampfmaschine für 3000 PSi und 11 Knoten verfügt, ist ebenso noch aus Holz erbaut wie das nach Plänen von Dupuy de Lôme erbaute und 1850 vom Stapel gelaufene französische einschraubige 92-Kanonen-Schiff NAPOLÉON (5047 ts, 71,20 m lang, 16,20 m breit, 7,15 m Tiefgang), ein Linienschiff der II. Klasse, das bei 960 PSi und 1½ Atmosphären Anfangsdruck 13 Knoten läuft. Die Maschine ist eine liegende Anlage mit rückkehrender Schubstange und Einspritzkondensation. In Fachkreisen gilt die NAPOLÉON als Ausgangspunkt vom windgetriebenen zum dampfbetriebenen »Schlachtschiff«. Andererseits wird der Dampfbetrieb für die Linienschiffe noch immer lediglich als Hilfsantrieb gewertet, »um im Gefecht schnell und sicher die Position ändern zu können«. Die Engländer antworten 1852 mit der größeren, ebenfalls aus Holz erbauten 90 Kanonen starken AGAMEMNON, einem Dreidecker, dessen Maschine aber auch nur ein Hilfsantrieb ist. Der größte britische Schraubendreidecker wird 1859 die 6950 ts große VICTORIA. Der größte Schraubenzweidecker ist 1860 die 5706 ts große DUNCAN, und die (noch hölzerne) größte Schraubenfregatte wird 1857 die 5643 ts große ORLANDO, mit einer Penn-Anlage für 3677 PSi und 13 kn. Im Gegensatz zu den Linienschiffen haben die meist mit einer gedeckten Batterie versehenen Schraubenfregatten eine relativ große Maschinenkraft erhalten, um als schnelle Spähschiffe, Depeschenschiffe und flexible Konvoischiffe Verwendung zu finden. Daneben kommen erstmals Schraubenkanonenboote auf, die für Operationen in seichten Gewässern unerläßlich sind und zum Beispiel im Krimkrieg eine besonders wichtige Rolle spielen.

Weltweiter Handel entsteht

Zu neuen Ufern

Die Neuordnung Europas ist nach dem Napoleonischen Abenteuer durch das allseitige Streben nach Ruhe und Stabilität gekennzeichnet. Die Jahrzehnte von 1815 bis etwa 1880 werden als die Entstehungszeit der modernen Weltwirtschaft gewertet. Englands, Hollands und Frankreichs Schiffe können ihre Flaggen wieder ungehindert auf den Weltmeeren zeigen. Ein absoluter Markstein in der internationalen Seeschiffahrt ist die bereits 1807 von dem Amerikaner Th. P. Cope unter dem Namen Philadelphia Packet Line ins Leben gerufene Transatlantikfahrt. Eine andere Linie wird im Oktober 1817 im New Yorker »Commercial Advertiser« für das erste *regular sailing* zwischen der Neuen und der Alten Welt angekündigt. Am 5. Januar 1818 geht dann auch der erste echte Ocean-Liner auf die nordatlantische Reise, die nur 400 ts große James Monroe segelt mit nur acht Kajütpassieren an Bord.

Die Packetschiffe, in deren ehemaliges Kanonendeck jetzt als Zwischendeck die Rückfracht, die Auswanderer nämlich, wie das liebe Vieh verstaut werden, legen den Weg ostwärts über den Atlantik bei günstigen Winden in 20 bis 30 Tagen zurück – lange genug bei den primitiven Verhältnissen.

Die ohnehin kaum bedeutungsvolle deutsche Schiffahrt weist, durch die Franzosenzeit bedingt, einen Tiefstand auf. Die Zahlen der hanseatischen Schiffe sind stark zurückgegangen. Die Schiffahrt für fremde Rechnung kommt nur sehr langsam wieder zur Blüte. Erst die Loslösung Lateinamerikas von Spanien und Portugal bringt auch hansischen Kaufleuten die Möglichkeit zu überseeischem Handelsverkehr, nach Brasilien vor allem, das gerade vom Zuckerland in ein Kaffeeland umzurüsten beginnt. Der Schwerpunkt des deutschen Seehandels liegt jedoch noch immer in der Ostsee. Die Zeit um 1850 bringt dort sogar eine Blütezeit. Besonders einträglich sind von hier aus Fahrten ins Schwarze Meer, von wo aus man aus Odessa, Rostow und Taganrog Weizen nach England schafft.

In der Packetfahrt erwirkt Bremen 1826 die erste Segelpacketreise unter dem Sternenbanner mit einem zeitlichen Vorsprung vor der konkurrierenden Elbestadt Hamburg. Ein Jahr später, 1827, wird von Johann Smidt Bremerhaven gegründet, das sich in der nordatlantischen Packetfahrt einmal zum wichtigsten Seehafen entwickeln wird.

In der Überseefahrt betätigen sich ab 1822 vor allem auch die neuen Schiffe der Königlich-Preußischen Seehandlung, darunter die 1826 erstellte Friedrich Wilhelm III., König von Preussen, das erste deutsche »kupferfest« erbaute Schiff, oder die 1845 erbaute Preussischer Adler, ein »Fregattenschiff«, das außer den sechs sechspfündigen Karronaden, einer sechspfündigen, vorne drehbar aufgestellten Kanone und zweier Drehbassen auch noch mehrere »Quäkers« an Bord hat, hölzerne Kanonen, die aus der Entfernung stärkere Bewaffnung vortäuschen sollen. Beide Schiffe machen bis 1851 insgesamt 137 Reisen nach Westindien, New Orleans, Veracruz, Valparaiso und anderen Häfen der Neuen Welt, ja in einigen Fällen segeln sie sogar rund um die Erde.

Die Gründung der HAPAG

In Deutschland bilden sich neben den bisher üblichen Einzel- und Partenreedern, schlicht auch Eigner genannt, die ersten größeren Familienreedereien. Auch Unternehmen, deren Zweck vor allem die Wahrnehmung von Handelsbeziehungen mit den USA ist, werden aufgebaut. 1826 nimmt ein amerikanisches Segelschiff zusammen mit vier anderen, nicht näher bekannten Seglern die Packetschiffahrt zwischen Deutschland und den USA auf. 1828, während man noch an der Weser wie auch an der Elbe das Für und Wider einer nordatlantischen Linienfahrt abwägt, ist es die Firma Robert Miles Sloman, die als Schiffsmakler für »reguläre Packet-Schiffe« zwischen New York und Hamburg auftritt. 1849 gibt Robert Miles Sloman den Bau des ersten deutschen atlantischen Schraubendampfers in Hull in England in Auftrag und tauft das Schiff auf den Namen seiner Tochter HELENA SLOMAN. Das Schiff, das wie alle Hochseedampfer sicherheitshalber noch besegelt ist, und zwar als Schonerbark, ist mit seinen 580 BRT und 120 PSi nicht wesentlich größer, als es die neuen Packetsegler sind, wohl aber ein Vielfaches teurer. Zudem fehlen alle Erfahrungen im Betrieb mit solchen Schiffen, was Slomans Mut beweist. Die Leipziger Illustrierte feiert das Schiff in einem großen Bildbericht: »Alles an diesem Dampfschiffe macht den Eindruck der mit praktisch Nützlichem verbundenen Anmuth. Die See mit ihren Gefahren und Mühseligkeiten soll, soweit es in menschlichen Kräften liegt, überwunden und der Comfort, die Bequemlichkeit und das gesellige Zusammenleben des festen Landes während einer so weiten Reise zurückgezaubert werden ...«
Mit der HELENA SLOMAN beginnt die hamburgische und zugleich auch die dampfbetriebene deutsche Linienschiffahrt auf dem Nordatlantik. Dazu trägt auch die Neugründung der ersten deutschen Gesellschaftsreederei, der HAPAG, im Jahre 1847 bei, der Hamburg-Amerikanischen Packetfahrt-Actien-Gesellschaft. Ihr erstes Schiff ist das 538 BRT große, in Hamburg erbaute Vollschiff DEUTSCHLAND, als Fahrgast- und Auswandererschiff.

Die HAPAG-Gründung ist für den Elberaum ein gravierendes Ereignis, wenn man weiß, daß der Handel mit Nordamerika an Hamburg bislang vorbeigegangen ist. Bremen dagegen hat sich im Nordatlantikverkehr bereits eine starke Position geschaffen. 1837 hat Bremen schon 172 Abfahrten nach Nordamerika aufzuweisen gegenüber nur 42 ab Hamburg im Jahresdurchschnitt zwischen 1841 und 1850. Die Überlegenheit Bremens ist für August Bolten Anlaß, mit hanseatischer Beharrlichkeit die Gründung der HAPAG zu betreiben. Aber es vergehen noch zwei Jahre, ehe die HAPAG einen eigenen Dampferdienst eröffnet. Zwei Dampfschiffe werden in Auftrag gegeben: die 2026 BRT große HAMMONIA und der etwa gleich große, in England erbaute eiserne Schraubendampfer BORUSSIA. Allerdings werden diese Schiffe wegen des gerade akuten Krimkrieges und der gegenüber dem Auswanderergeschäft zu erwartenden höheren Einnahmen zunächst an Frankreich verchartert. Erst 1857, nach Beendigung des Krimkrieges, gehen sie auf die erste transatlantische Reise nach New York. Nicht unerwähnt sei, daß die HELENA SLOMAN, die ihre Ausreise nach New York in 22 Tagen und die Rückreise in 18 Tagen bewältigte, auf der Ausreise zur dritten Transatlantikfahrt im November 1850 in einen schweren Sturm gerät. Dabei wird das Ruder weggeschlagen, am Hecksteven und an der Schraube entstehen schwere Schäden. Das Ausbringen eines Notruders

Linke Seite oben: Vollschiff DEUTSCHLAND von 1848, das erste Schiff der neugegründeten Hamburg-Amerikanischen Packetfahrt-Actien-Gesellschaft (HAPAG)

Linke Seite unten: Herrensalon der 538 BRT großen DEUTSCHLAND

Oben: China, das rätselhafte, für Fremde lange Zeit verschlossene Reich der Mitte, öffnet sich erst wieder 1842 zögernd dem Handel mit dem Westen. In Kanton entstehen Faktoreien verschiedener Länder (Bild), und auch Deutschland und besonders Hamburg treiben nun regen Handel mit dem fernöstlichen Land. Die feudalen Villen, Herrenhäuser und Parks der westlichen Handelsniederlassungen auf der Insel Sha Mien im Perlfluß sind zum Teil bis heute erhalten geblieben und lassen ein wenig von der Atmosphäre jener Zeit erahnen.

mißlingt, ebenso das Setzen der Segel. Das Schiff treibt manövrierunfähig von Sable Island auf die Küste von Neufundland zu. Tag und Nacht stehen Männer der Besatzung und der Passagiere an den Pumpen, um das Schiff überhaupt noch schwimmfähig zu halten. Erst am 28. November naht Hilfe. Das von London nach New York segelnde Packetschiff DEVONSHIRE nimmt trotz des schweren Wetters die Fahrgäste und die Besatzung an Bord. Der zehntägige Kampf des leckgeschlagenen Dampfers und die Rettung fast aller Schiffsinsassen werden in aller Welt als hervorragende seemännische Leistung gefeiert.

Deutsche Schiffe in Südamerika

Die deutsche Trampschiffahrt, auch wilde Fahrt genannt, weitet sich inzwischen – zunächst fast ausschließlich mit Segelschiffen – über alle Meere der Welt aus, insbesondere im Jahre 1849 nach Aufhebung der Navigationsakte. Jetzt dürfen deutsche wie auch andere nichtenglische Schiffe in die Häfen Großbritanniens und der britischen Kolonien einlaufen.
Nach Brasilien als erstem südamerikanischem Ziel für deutsche Segler folgen noch in der ersten Jahrhunderthälfte Uruguay, Argentinien und Paraguay. 1823 schon läuft das Fregattschiff MENTOR der Königlich-Preußischen Seehandlung Valparaiso an. Im Jahre 1831 segelt erstmals ein Hamburger Schiff, die Schonerbrigg CONDOR, unter Kapitän Jacob Friedrich Galles um Kap Hoorn nach Valparaiso und Lima, um von hier aus zu untersuchen, welche Exportwaren zu welchen Zahlungsbedingungen verkäuflich sind und welche Rückfrachten gewinnbringend eingehandelt werden können. Viele Hamburger Kaufleute und Kapitäne aus Bremen und anderen deutschen Hafenplätzen haben zwischen 1825 und 1860 solche Pionierreisen gemacht und die Ausgangsbasis für einen Überseehandel ihres Heimathafens geschaffen. Neben Kupfer und Silber als Handelsgütern ist es an der Westküste vor allem der Guano, dessen große Zeit ab etwa 1850 beginnt, nachdem man ihn 1840 in England als Düngemittel probeweise und mit großem Erfolg verwendete. Dem Salpeter wendet man sich übrigens erst ab etwa 1875 zu, als die wichtigsten Guanolager erschöpft sind. In die Salpeterfahrt steigen später die Großsegler ein, vor allem die großen Viermastbarken, denen sich in dieser Fahrt bis zum Ersten Weltkrieg trotz der immer mehr zunehmenden qualmenden Konkurrenz ein lohnendes Geschäft anbietet. Die erstmals in Deutschland entwickelte Produktion von künstlichem Salpeter, die während des Ersten Weltkriegs anläuft und die Mittelmächte von diesem kriegswichtigen Rohstoff unabhängig macht, führt dann nach dem Krieg allmählich, aber konsequent zum Zusammenbruch der Salpeterfahrt mit Segelschiffen, die, soweit überhaupt noch vorhanden, in die Getreidefahrt nach Australien ausweichen.

In die Südsee, nach Australien und Asien

Die Reisen nach Fernost, Australien und Neuseeland führen nun um das weniger wilde Kap der Guten Hoffnung. 1836 tritt als erstes deutsches Schiff die Bremer Fregatte VIRGINIA die Reise zum Walfang in die Südsee an und geht nach 197 Tagen ununterbrochener Seefahrt vor dem australischen Swan River vor Anker. Anfang der vierziger Jahre sind Hamburger Segelschiffe in Südaustralien zu finden, wohin man Auswanderer mitnimmt. Als Rückfracht lädt man Kupfer aus den Burra-Minen und Schafwolle. 1845 ist das Jahr des Höhepunkts der bremischen Südseefahrt im Walfang, die 1859 endet, während er im Pazifik und nördlich der Bering-Straße noch lohnend ist.
Bis 1870 sind allein aus Hamburg 43 Reeder mit über 250 Schiffsreisen an der Australienfahrt beteiligt, 150 davon allein unter der Flagge von J. C. Godeffroy.

Politische, religiöse, meist aber ganz einfach wirtschaftliche Gründe treiben im 18. und 19. Jahrhundert Millionen von Menschen aus ihrer Heimat in neue, ferne Länder, in einen Neuanfang voller Hoffnung. Aus der Notlage der Verzweifelten machen skrupellose Schiffseigner ein unrühmliches Geschäft. Mitte des 19. Jahrhunderts setzt sich eine humanere Einstellung zu den Auswanderern durch, und der Bremer Senat erläßt beispielsweise 1847 eine Verordnung für die durchschnittliche Proviantmenge an Fleisch und Speck, an Brot, Butter, Mehl, Bohnen und anderem pro Auswanderer. In den Jahren der schweren Wirtschaftskrise 1846 bis 1854 erlebt die Auswandererwelle, vor allem nach Amerika, ihren Höhepunkt. In der »Illustrirten Zeitung« aus jener Zeit ist nachzulesen: »In Betreff der Schiffsgelegenheiten nach Amerika, namentlich den Vereinigten Staaten, bestehen in Hamburg und Bremen nebst den zahlreichen Schiffen, die man beständig dorten nach allen Richtungen der Welt gehend findet, zahlreiche Unternehmen, größtentheils auf eine solide Basis gegründet.« Zu diesen soliden und seriösen Unternehmen gehörten vor allem die HAPAG und der Norddeutsche Lloyd. Unsere Bilder aus der Zeit um 1900 zeigen links die Wartehalle des NDL in Bremerhaven und rechts Auswanderer beim Essenfassen an Deck des HAPAG-Dampfers Graf Waldersee.

Nächste Doppelseite: Silhouettenrisse der wichtigsten Segelschifftypen

In Südostasien zieht der Reis die Schiffe nach Hinterindien und der Tee ins mysteriöse China, dessen Kaufleute noch bis 1840 das chinesische Monopol des Fremdenhandels besitzen (erst 1842 werden außer Kanton auch Amoy, Futschou, Ningpo und Schanghai geöffnet). Der Ankerplatz ist Whampoa, das 50 km südlich von Kanton und 100 km nordwestlich von Hongkong liegt. Hier steht ab 1864 die Hamburger Flagge nach den Briten an zweiter Stelle, noch vor den Amerikanern.

Belebung der Nordseehäfen, Rückgang in der Ostsee

Mit der Entwicklung des Transatlantikverkehrs und der Dampfschiffahrt vollzieht sich im deutschen Bereich gleichzeitig eine umwälzende Verlagerung der Seeschiffahrt von der Ostsee nach der Nordsee mit ihrem leichteren Zugang zu den Weltmeeren. Das geschieht aber langsam, denn noch anno 1854 übersteigt die Ostseetonnage die der Nordsee. Der zwischenstaatliche Wettbewerb nimmt um die Mitte des Jahrhunderts schärfere Formen an. Es bleiben alle diejenigen Länder zurück, die sich der modernen Technologie in der Seeschiffahrt verschlossen haben, wie auch Frankreich und die im Hochsee-Dampfschiffbau noch immer zurückhaltenden Amerikaner.

Mit der Linienschiff-Reederei tritt übrigens auch die Trennung zwischen Handel und Schiffahrt ein. Anstatt vorwiegend den Beförderungszwecken des eigenen Hauses zu dienen, werden Schiffe jetzt zum Erwerbsmittel des selbständigen Reedereigewerbes.

Die Auswandererfahrt

Die mit der Entdeckung der Neuen Welt und der anderen für Europäer klimatisch erträglichen überseeischen Länder einsetzenden Auswandererwellen rollen zunächst von Spanien und Portugal, dann von Frankreich, England und Holland aus an. Erst im 17. Jahrhundert werden offiziell auch Deutsche genannt: 1677, als der Quäkerführer William Penn, Besitzer großer Ländereien im Staate New Jersey und später in Pennsylvania, nach Bremen kam und mit Bremer Ratsherren und Kaufleuten die Pennsylvania-Compagnie mit dem Ziel gründete, die menschenarmen Ländereien zu besiedeln. Allerdings mußten die Auswanderertransporte der Navigationsakte wegen noch immer über London laufen. Indessen endet die bremische Beteiligung an dieser Gesellschaft kurz nach 1700 und damit zunächst auch die Auswanderung aus deutschen Landen.
Nach dem Siebenjährigen Krieg läuft eine neue Auswandererwelle an, die jedoch 1768 durch ein Auswanderungsverbot des Kaisers Joseph II. gestoppt wird. Auch Bremen erläßt 1784 und 1792 ähnliche Anordnungen, die aber ebenso wie das kaiserliche Verbot durch illegale Auswanderung umgangen werden.
Nach dem Amerikanischen Unabhängigkeitskrieg setzt sich die Auswanderung unbehelligt auch von Deutschland aus fort. 1815 erfährt sie wegen der an Strukturschwierigkeiten leidenden Landwirtschaft sogar die Förderung durch die Landesregierungen. Ganze Dorfgemeinschaften ziehen nunmehr über den Großen Ozean. Aber auch mißliebige Untertanen, ja sogar Kriminelle werden auf diesem Wege abgeschoben. Die Ärmsten der Armen müssen sich dem Kapitän oder dem Reeder gegenüber verpflichten, im neuen Land den Preis für Überfahrt und Kost zu zahlen, viele werden sofort nach Ankunft an Amerikaner als Knechte verkauft. Eine Vergnügungsreise ist die Auswandererfahrt jedenfalls nicht. Sie ist draußen auf der atlantischen See, wo Seekrankheit und stetes »Schwanken« plagen und lebensüberdrüssig machen, von ständiger Angst überschattet und oft von furchtbaren Stunden und Tagen begleitet, wenn das Schiff in Sturm oder in Eisbergzonen gerät. Und sie ist am Ende ein Weg in eine ungewisse, nebulöse Zukunft.

Karavelle

Nordeuropäischer Bojer 16. Jahrhundert

Westeuropäische Galeone Ende 16. Jahrhundert

Holländische Fleute Mitte 17. Jahrhundert

Holländische Pinasse Mitte 17. Jahrhundert

Holländische Yacht 1678

Huker 2. Hälfte 18. Jahrhundert

Bark Ende 18. Jahrhundert

Ketsch von den Ålandinseln

Französischer Lugger

Brigantine oder Schonerbri

Mediterrane Schebecke 18. Jahrhundert

Kuff oder Kuff-Schiff

Mediterrane Felucke

Amerikanische Fregatte um 1800
(Fock, Großsegel und Bagien gerefft)

Baltimore-Clipper 1820

Fünfmastvollschiff

Amerikanischer Gaffelschoner um 1900

Brigg

Kutter

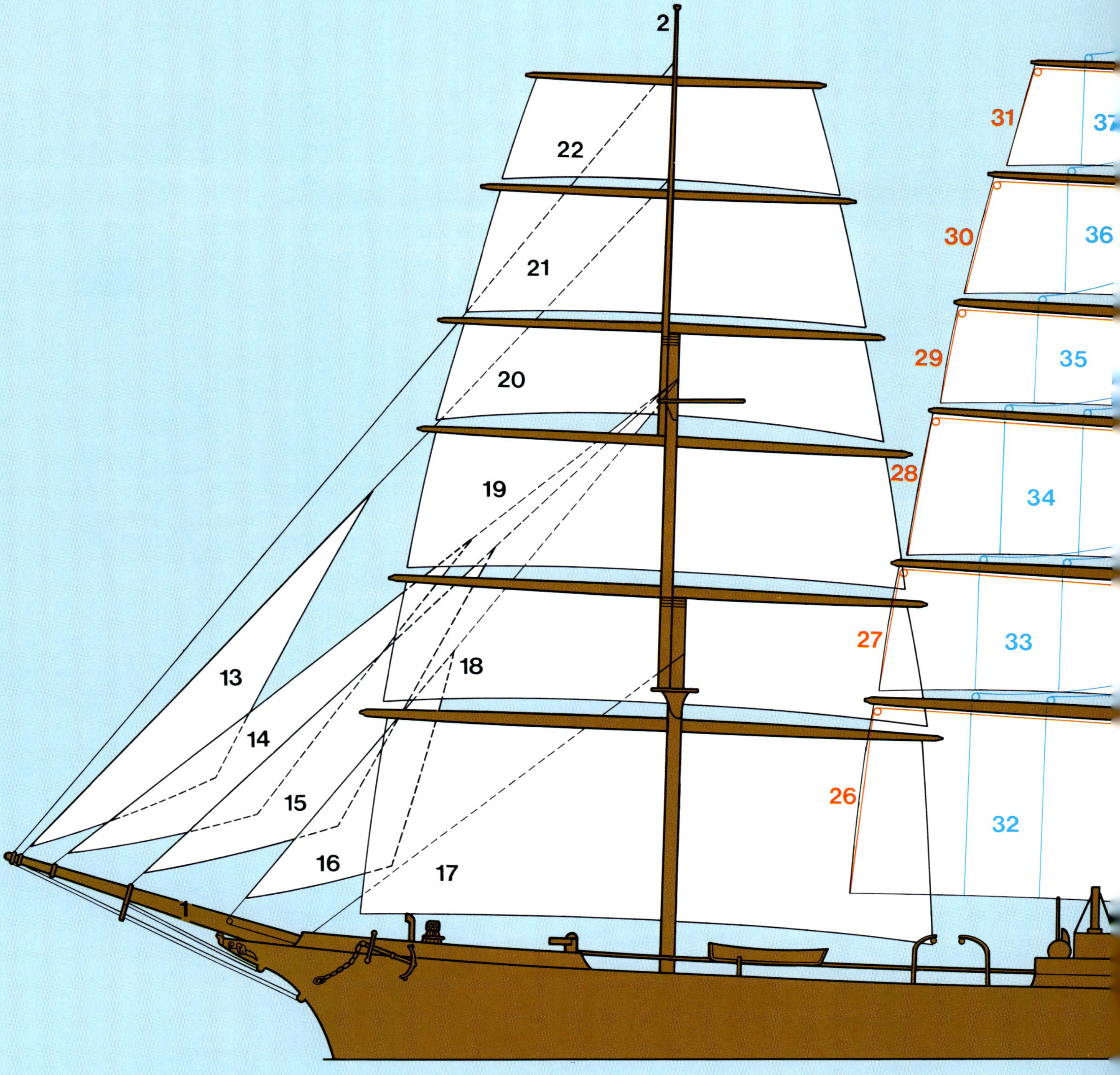

Schema einer Viermastbark

Stehendes Gut

1 *Bugspriet, hier mit dem Klüverbaum vereint*
2 *Fockmast*
3 *Großmast*
4 *Kreuzmast*
5 *Besanmast*
6 *Besanuntermast* } *ähnliche Unterteilung an den anderen Masten*
7 *Besansaling*
8 *Besanstenge*
9 *Besanflaggentopp*
10 *Besanbaum*
11 *Besanuntergaffel*
12 *Besanobergaffel*

Segel

13 *Außenklüver*
14 *Klüver*
15 *Binnenklüver*
16 *Vorstengestagsegel*

(Der Übersichtlichkeit wegen wurden in dieser Zeichnung folgende ähnlich gefahrene Segel weggelassen: zwischen Fock- und Großmast Großstengestagsegel, Großbramstagsegel, Großroyalstagsegel – zwischen Kreuz- und Großmast: Kreuzstengestagsegel, Kreuzbramstagsegel, Kreuzroyalstagsegel – zwischen Besan- und Kreuzmast: Besanstagsegel, Besanstengestagsegel, Besanbramstagsegel oder Flieger)

17 *Fock*
18 *Voruntermarssegel*
19 *Vorobermarssegel*
20 *Vorunterbramsegel*
21 *Voroberbramsegel*
22 *Vorroyal*

Mediterrane Schebecke 18. Jahrhundert

Kuff oder Kuff-Schiff

Mediterrane Felucke

Amerikanische Fregatte um 1800 (Fock, Großsegel und Bagien gerefft)

Baltimore-Clipper 1820

Fünfmastvollschiff

Amerikanischer Gaffelschoner um 1900

Brigg

Kutter

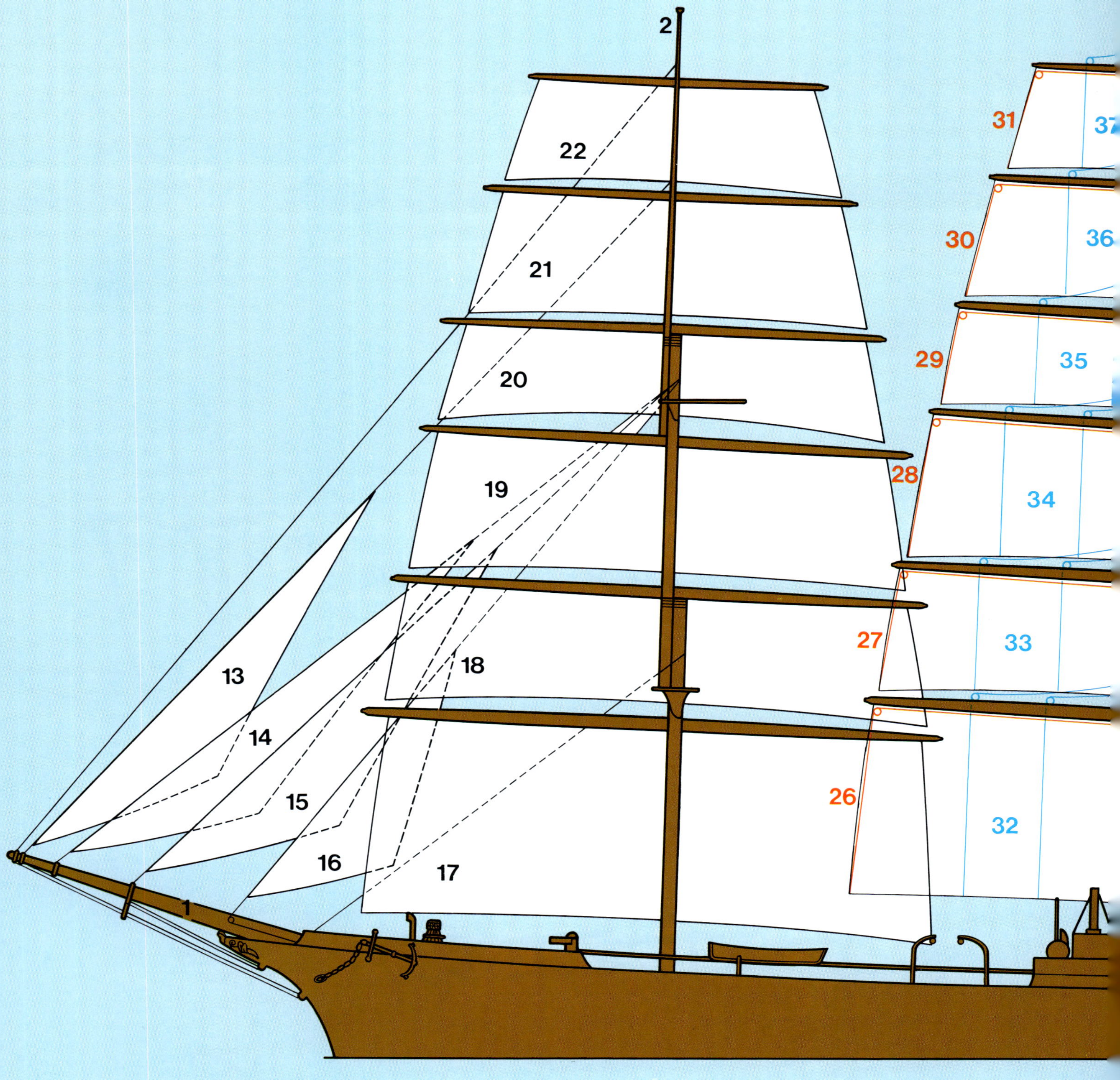

Schema einer Viermastbark

Stehendes Gut

1 *Bugspriet, hier mit dem Klüverbaum vereint*
2 *Fockmast*
3 *Großmast*
4 *Kreuzmast*
5 *Besanmast*
6 *Besanuntermast* } *ähnliche Unterteilung an den anderen Masten*
7 *Besansaling*
8 *Besanstenge*
9 *Besanflaggentopp*
10 *Besanbaum*
11 *Besanuntergaffel*
12 *Besanobergaffel*

Segel

13 *Außenklüver*
14 *Klüver*
15 *Binnenklüver*
16 *Vorstengestagsegel*

(Der Übersichtlichkeit wegen wurden in dieser Zeichnung folgende ähnlich gefahrene Segel weggelassen: zwischen Fock- und Großmast Großstengestagsegel, Großbramstagsegel, Großroyalstagsegel – zwischen Kreuz- und Großmast: Kreuzstengestagsegel, Kreuzbramstagsegel, Kreuzroyalstagsegel – zwischen Besan- und Kreuzmast: Besanstagsegel, Besanstengestagsegel, Besanbramstagsegel oder Flieger)

17 *Fock*
18 *Voruntermarssegel*
19 *Vorobermarssegel*
20 *Vorunterbramsegel*
21 *Voroberbramsegel*
22 *Vorroyal*

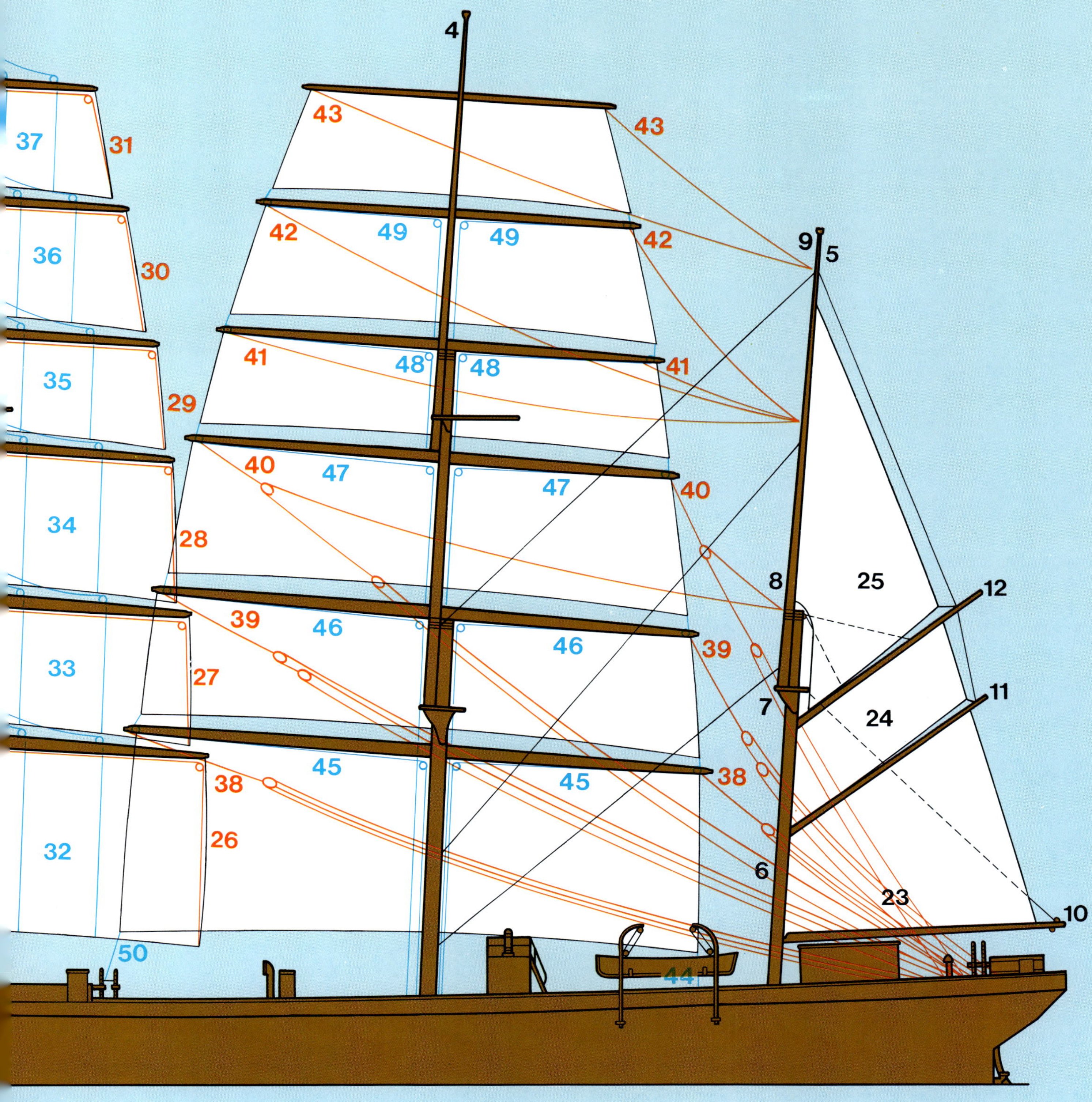

(Die Segel des Großmastes heißen von unten nach oben:
Großsegel, Großuntermarssegel, Großobermarssegel, Großunterbramsegel, Großoberbramsegel, Großroyal –
die Segel des Kreuzmastes von unten nach oben: Bagien, Kreuzuntermarssegel, Kreuzobermarssegel, Kreuzunterbramsegel, Kreuzoberbramsegel, Kreuzroyal)

23 *Unterbesan*
24 *Oberbesan*
25 *Besantoppsegel*

Laufendes Gut

Geitaue und Bauchgordinge am Beispiel des Großmastes:

26 *Großgeitau*
27 *Groß-Untermarsgeitau*
28 *Groß-Obermarsgeitau*
29 *Groß-Unterbramgeitau*
30 *Groß-Oberbramgeitau*
31 *Groß-Royalgeitau*
32 *Großbauchgordinge*
33 *Groß-Untermarsbauchgordinge*
34 *Groß-Obermarsbauchgordinge*
35 *Groß-Unterbrambauchgordinge*
36 *Groß-Oberbrambauchgordinge*
37 *Groß-Royalbauchgordinge*

Brassen und Schoten am Beispiel des Kreuzmastes:

38 *Bagienbrassen*
39 *Kreuz-Untermarsbrassen*
40 *Kreuz-Obermarsbrassen*
41 *Kreuz-Unterbrambrassen*
42 *Kreuz-Oberbrambrassen*
43 *Kreuz-Royalbrassen*
44 *Bagienschot*
45 *Kreuz-Untermarsschot*
46 *Kreuz-Obermarsschot*
47 *Kreuz-Unterbramschot*
48 *Kreuz-Oberbramschot*
49 *Kreuz-Royalschot*
50 *Bagienhals*

Sternstunde und Ende der Segelschiffahrt

Die große Zeit der Clipper

Die Holländer haben nicht nur den Rundtyp für die Küstenfahrt, sondern auch für die Hochseeschiffahrt bis zur optimalen Vollendung entwickelt. Dort aber, wo man das schärfer gebaute Langschiff mit Ausgang des 18. und Beginn des 19. Jahrhunderts einzusetzen beginnt, wird der neue Einfluß deutlich. Er wirkt sich im militärischen wie auch im ökonomischen Bereich der Schiffahrt aus.
Dieser scheinbare amerikanisch-angelsächsische Einfluß ist aber auch dort, wo man von den berühmten schnellen Baltimore-Clippern spricht, mit ziemlicher Sicherheit von europäischen Vorbildern abzuleiten. Für einige Zeit wird das Wort Clipper nur für die Baltimore-Schiffe angewendet, später, als man auch in anderen Häfen schnelle Schiffe für Handelszwecke zu bauen beginnt, werden auch diese Clipper genannt. Die ersten berühmten Baltimore-Clipper sind die LADY ADAMS (1825), die 282 BRT große Brigg JOHN GILPIN (1826), die Briggs ARGYLE, TROUBADOUR, TWEED (1834) und das Schiff ANN MCKIM.
Die sagenumwobenen, extrem vollgetakelten Clipper werden zum erstenmal um die Jahrhundertmitte gebaut. Konkave oder hohle Linien von der Schwimmebene abwärts sind die Hauptkennzeichen der schiffbaulichen Form bei diesen rassereinen amerikanischen Clippern, deren scharfe Vorschiffgestaltung unmittelbar vom Baltimore-Schoner abzuleiten ist. Zwar hat der Bau der klassischen Clipper, jener yachtähnlichen dreimastigen Schiffe mit nicht mehr U-förmigem, sondern V-förmigem Vorschiff als Vollblütler unter den Segelschiffen, den die Fachleute auch Out-and-out-Clipper nennen, offiziell in New York begonnen. Er findet seinen Schwerpunkt aber später in Boston. Hier ist er verbunden mit dem Namen Donald McKay. Dieser, ein am 4. September 1810 geborener Hochländer-Schotte, Sohn eines nach Nova Scotia ausgewanderten Farmers und Fischers, läßt sich später in den Neuengland-Staaten nieder und kommt auf Umwegen nach East Boston. Hier richtet er sich einen Helgen ein. Er ist dynamisch und fleißig, geradezu besessen vom Segelschiffbau, der rechte Mann zur rechten Zeit, obwohl er trotz aller Erfolge 1880 als armer Mann stirbt. Doch der Ruhm seiner Clipper wird ihn überleben, besonders der Glorienschein der unvergleichlichen FLYING CLOUD als das schnellste Segelschiff, das je als Tiefwassersegler die Meere durchpflügte. Und wohl auch als der schönste Square-Rigger aller Zeiten, der die 50°-zu-50°-Strecke um Kap Hoorn 1851 in sieben Tagen durchprescht und die Reise von New York nach San Francisco in knapp 90 Tagen schafft. Unvergessen die SOVEREIGN OF THE SEAS, aber auch McKays letzter Bau, der gleichsam als ein Abschiedsgeschenk an die undankbare Welt mit ihren lärmenden, schnaufenden, qualmenden Ungetümen, die sie Dampfer nennt, zu werten ist – jenes Vollschiff DONALD MCKAY. Es wird eines seiner besten Werke, eine vollendete Schöpfung an Schönheit, Eleganz und Symmetrie, das später unter die Bremer Speckflagge kommt und für N. Bartling & Sons auf die Reise geht.
Die Aufhebung der Navigationsakte ermöglicht es auch Schiffen anderer Nationen, also auch den Amerikanern, ihre Ladungen direkt nach England zu bringen. Und damit auch den hier so begehrten frischen Tee. Zu dieser Zeit werden in Kalifornien die ersten Goldfunde gemacht. Es sind die an der Ostküste gebauten großen amerikanischen Clipper, welche die gold-

Links: Dieses Gemälde von Peter Wood zeigt den berühmten Clipper FLYING CLOUD, die fliegende Wolke, das schnellste Segelschiff, das je als Tiefwassersegler die Meere durchpflügte. Diese geniale Schöpfung des Schiffbauers Donald McKay lief 1851 vom Stapel, war 73,30 m lang und 12,40 m breit.
Die FLYING CLOUD schaffte die Strecke von New York nach San Francisco in der Rekordzeit von 89 Tagen.

Rechts: Noch heute legen viele seefahrende Nationen Wert auf eine gründliche Ausbildung des nautischen Nachwuchses auf einem Segelschulschiff, obwohl die Zeit der Segler vorbei ist. Unser Bild zeigt Tauwerk am Hauptmast des italienischen Segelschulschiffes AMERIGO VESPUCCI.

hungrigen Passagiere aus dem Osten Amerikas über eine Strecke von 15 000 Seemeilen ums gefürchtete Kap Hoorn in den amerikanischen Westen transportieren und in San Francisco abliefern.
Hier nun bieten sich die leeren Schiffe geradezu ideal für einen Handel mit China-Tee nach England an. Man bringt die amerikanischen Kapitäne und Reeder schnell dazu, in China Tee für London zu laden, und zwar zu sechs und sieben Pfund je 40 Kubikfuß (1,1 m³ = 1 Tonne), sehr zum Verdruß der Briten, die für die Tonne rund zwei bis drei Pfund weniger bekommen. Auf die schiffbauliche Entwicklung bleibt das nicht ohne Einfluß. Die Briten nehmen sich die amerikanischen Clipper kurz entschlossen zum Vorbild. Sie vermessen sie heimlich und entwickeln am Ende ihren eigenen Typ. Hauptunterscheidungsmerkmale zwischen dem amerikanischen Clipper und dem britischen Schnellsegler ist die Größe. Die amerikanischen Clipper sind wesentlich größer als die englischen. Während die Amerikaner aus Holz gebaut werden, wenden die Briten die Compositbauweise an, das heißt, sie bauen die Clipper aus einem Eisenrahmen (Querverbände, Stringer und Diagonalen) und mit einer Außenbeplankung aus mit Kupfer oder Muntz-Metallblechen beschlagenem Holz gegen den berüchtigten Schiffsbohrwurm (Teredo).
Die Briten entwickeln im Gegensatz zum Baltimore-Bug den schlichten und weniger verzierten, aber weit größer überhängenden Aberdeen-Clipper-Bug, denn Aberdeen ist es, wo die meisten Segler dieses Typs gebaut werden. Andere Clipper ent-

Die Zeit der Segelschiffe ging in der zweiten Hälfte des 19. Jahrhunderts ihrem Ende entgegen. Gleichzeitig aber erreichte sie auch ihren Höhepunkt mit der Entwicklung der Clipperschiffe. Manch nostalgisches Herz wurde wehmütig beim Anblick dieser stolzen Segler unter vollem Tuch, und manche Wohnstube zierte das Porträt des Clippers, wie hier von der ELLEN RODGER.

stehen in Greenock, in Liverpool, in Sunderland, in Glasgow oder auch in London. »Hahn im Korb« ist die von der Werft Hall & Sons entworfene CAIRNGORM, die einer der schnellsten Clipper der fünfziger Jahre wird. So macht sie 1853 ihre Jungfernfahrt von Lissabon nach Hongkong in 72 Tagen, während die amerikanische COMET von Liverpool nach Hongkong immerhin 84 Tage braucht. Weltruhm erwerben sich 1854 die LIGHTNING auf ihrer 64-Tage-Reise von Sydney nach London, die 1868 in Aberdeen (als der schnellste Clipper Großbritanniens oder gar der Welt) erbaute THERMOPHYLAE und die noch heute als Museumsschiff dienende CUTTY SARK, die, 950 BRT groß, bei Scott in Greenock in Compositbauweise entstand.

Größter je in England erbauter Clipper ist die bei Alexander Hall entstandene SCHOMBERG mit ihren 2284 BRT (Länge über alles 83,84 m, Breite 15,00 m). Dieses Schiff schafft in der Australienfahrt elf Reisen unter 80 Tagen nach Melbourne und Newcastle und bewältigt eine nach Melbourne sogar in nur 69 Tagen. Diese Reise hielt die ganze Schiffahrtswelt in Atem.

Zweifelsohne: diese Clipper sind mit ihrem vielen Tuch an den Rahen und Stagen und ihren zusätzlichen Skysegeln und mit ihren elegant schnittigen, geschmeidigen Formen von Natur aus schnelle Schiffe. Mehr noch: Sie sind die am schärfsten gebauten Schiffe, sie sind, was Schnelligkeit angeht, der Höhepunkt des Segelschiffbaus schlechthin. Oft – eigentlich fast immer – sind aber ihre ungewöhnlichen Leistungen den besonderen Talenten ihrer Kapitäne zuzuschreiben, Männern, die Nerven wie Manilatampen haben müssen, unbarmherzige Härte zuerst gegen sich selbst, um einen solchen rassigen Vollblutclipper Tag für Tag und Nacht für Nacht unter vollem Tuch durch das Wasser der Ozeane zu pressen.

Auch in Deutschland versucht man sich im Clipperbau. Bei der Rickmers-Werft in Bremerhaven zum Beispiel entsteht 1853 als Vollschiff der Clipper MELISSA (648 BRT), ferner 1854 für schweizerische Rechnung das clipperähnliche Vollschiff IDA ZIEGLER. Dieses Schiff wird als Modell auf der Pariser Weltausstellung gezeigt und erhält als Synthese der Schnelligkeit amerikanischer Clipper und der Zuverlässigkeit wohlgerundeter Formen einen zweiten Preis.

Schwanengesang des Segelschiffs

Trotz der 1858 von dem Briten John Elder entwickelten ersten brauchbaren Verbundmaschine, die der Dampfschiffahrt zu kräftigen Impulsen verhalf, und trotz des laufend verbesserten Schraubenantriebs behauptet sich das windabhängige Segelschiff auch weiterhin gegenüber der »qualmenden, stinkenden, häßlich aussehenden Konkurrenz«. Mancher Packetsegler ist auf der Nordatlantikroute lange Zeit noch den Dampfern durchaus gewachsen. In den 1850er Jahren bewältigen zum Beispiel Packetsegler die Strecke London – Boston oder Liverpool – New York bei guten Reisen, das heißt bei guten Winden, nach wie vor in nur 18 bis 19 Tagen. Das ist den Dampfern gegenüber eine respektable und in manchen Fällen auch überlegene Zeit.

Auch die im Auftrage der französischen Regierung veranstaltete Enquête, aus der man 1864 die Erkenntnis formuliert, das Ende der Segelschiffahrt beginne sich nunmehr deutlich abzuzeichnen, wird in Fachkreisen als eine gewagte Spekulation zugunsten dieser scheußlichen Dampfschiffe zurückgewiesen: Man sehe ja allerorten und auf allen Werften, daß nach wie vor neue Segelschiffe aller Typen auf den Helgen entstehen. Mehr denn je.

In der Tat sind die Segelschiffe zahlenmäßig noch immer weit in der Überzahl, aber die Zuwachsrate der Dampfer steigt enorm an, wie diese Zahlen zeigen:

	1860	1880
Zahl aller Segelschiffe der europäischen Handelsflotten	92 270	127 170
Zahl aller Dampfer der europäischen Flotten	2 974	13 858

Das Jahr 1860 gilt als absoluter Höhepunkt der Segelschiffahrt. Die folgenden Jahre jedoch werden immer mehr vom Schwanengesang der Segelschiffe überschattet. Daran ändert auch die Tatsache nichts, daß die Segler nach Anwendung erst von Eisen und dann von Stahl größer und somit laderaummäßig ökonomischer werden. Allerdings finden die Segler noch lange »Lohn und Brot«. Sie fahren Frachten, wo und wohin sie solche finden. Die meisten als Tramps in wilder Fahrt. Sie sind es, die viele oft fieberverseuchte und unzugängliche Plätze für eine Schiffahrt wie auch

Vorangegangene Doppelseite: Ein Gemälde von David Cobb von hoher symbolischer Aussagekraft. Die majestätische CUTTY SARK scheint mit spielerischer Leichtigkeit das Meer zu teilen, aber im Hintergrund zeigt sich drohend schon die stinkende, qualmende Konkurrenz in Gestalt der BRITANNIA.

Links: Daß die CUTTY SARK das bekannteste aller Clipperschiffe ist, liegt nicht nur an seinen traumhaften Leistungen und seiner formvollendeten Schönheit, sondern auch weil sie der Nachwelt erhalten blieb und heute im Trockendock zu bewundern ist. Sie wurde 1868 von Hercules Linton in Schottland erbaut, um Tee aus China zu holen. Später wird sie in der Wolfahrt nach Australien eingesetzt.

Rechte Seite: Der verzweifelte Existenzkampf der Segelschiffe gegen die Konkurrenz der Dampfer trieb seltsame Blüten, wie hier der amerikanische, voll aus Stahl gebaute siebenmastige Schoner THOMAS W. LAWSON, der eine Wasserverdrängung von 5218 t hatte, 123,00 m lang und 15,00 m breit war und eine Segelfläche von über 4000 m² besaß.

Nächste Doppelseite: Der bekannte englische Marinemaler Peter Wood schuf dieses Gemälde des Vollschiffes FLORENCE, das 1877 in Bath in den USA gebaut wurde. Mit 1684 t, einer Länge von 86,00 m und einer Breite von 13,00 m gehört die FLORENCE in jener Zeit zu den größten holzgebauten Segelschiffen.

viele Landstriche überhaupt erst erschließen, indem sie die Materialien und Geräte zur Anlage neuer Häfen oder Plantagen anschleppen. Vor allem aber Kohle, damit für die Dampfer Depots angelegt werden können.
Die Segler kämpfen verbissen ums Überleben. Um diese für ihre Zeit gewaltigen Schiffsrümpfe ökonomisch, das heißt relativ schnell durch das Wasser zu treiben, sind besonders hohe Masten mit einer extrem großen Segelfläche erforderlich. Viele Schiffe haben bald bis zu sieben Rahen an jedem Mast, wodurch sie, sofern es sich um Vollschiffe oder Viermastbarken handelt, bis zu 21 Rahsegel fahren können. Der Mangel an Erfahrung beim Bau und der Führung solcher Schiffe führt zu einer großen Zahl von Mastverlusten. Da die Masten jetzt aus Eisen oder Stahl, die Takelage (vor allem Stage und Pardunen) aus Stahltrossen gefertigt sind und die Segel aus festem Tuch bisher unbekannter Stärken und Qualitäten bestehen, kann ein solches Schiff unter zu großem Segelpreß sogar kentern, wenn kein Teil der Takelage bricht oder nachgibt. Ein solches Schicksal erleidet 1875 die STUART HAHNEMANN, ein 1997 BRT großer, 83,50 m langer Segler mit Spieren und Rahen von gewaltiger Länge bei einem kirchturmhohen Großtopp von 53 m über dem Deck.
Gelten ab 1870 Segelschiffe über 1500 BRT als außergewöhnlich groß, so sind 1875 bereits viele dieser Typen im Einsatz. Das größte dreimastige, vollgetakelte Schiff, das jemals den Helgen verläßt, ist die 1891 gebaute 2901 BRT große, 94,00 m lange DITTON.
Eine sehr wichtige Änderung tritt dann 1875 mit der Einführung eines vierten rahgetakelten Mastes ein. Das erste Schiff dieser Art, die 1614 BRT große, 85,00 m lange COUNTY OF PEEBLES, entsteht auf dem Clyde bei Barclay, Curle & Co.
Die vier Masten heißen Fock-, Groß-, Kreuzmast und Jigger. Alle Rahen sind etwas verkürzt worden, die Gesamthöhe der Masten ist etwas geringer als bei einem normalen Segler, also einem dreimastigen Schiff. Im Vergleich mit dem auf der gleichen Werft erbauten, fast gleichgroßen Vollschiff MERMERUS hat die COUNTY OF PEEBLES als Viermast-Vollschiff sogar weniger Segelfläche. Von diesem viermastigen Vollschifftyp werden etwa fünfzig Einheiten gebaut. Bald schon stellt sich heraus, daß ein Schonersegel ebenso wirkungsvoll wie ein Rahsegel ist und dabei das Schiff weniger belastet. 1877 verzichtet

man bei der ebenfalls bei Barclay & Curle gebauten 1403 BRT großen TWEEDSDALE auf den vierten Rahmast und ersetzt ihn durch einen Besanmast. Das ist die Geburtsstunde der echten Viermastbark. Möglich ist diese Entwicklung der Windjammer erst durch die Stahlbauweise geworden. Hier kommen als erste größere Segelschiffe aus Stahl das 1883 erbaute Viermastvollschiff KNIGHT OF MICHAEL mit 2221 BRT oder 1882 die 2358 BRT große PINMORE in Fahrt. Zehn Jahre später sind 3000 BRT große Segelschiffe keine Seltenheit mehr.
In Amerika baut man noch bis Ende der neunziger Jahre Schiffe ganz aus Holz. Viele haben eine Wasserverdrängung von mehr als 2000 t. Angesichts der riesigen Waldgebiete ist Bauholz ja billig. Die meisten Amerikaner sind vollgetakelte Dreimastschiffe, doch kommt beispielsweise 1885 die Viermastbark FREDERICK BILLINGS mit 2628 BRT in Dienst. 1892 werden sechs Mann der Besatzung in einem Sturm vor Kap Hoorn über Bord gespült, und der Kapitän ergreift keinerlei Rettungsmaßnahmen. Das verbietet in dieser Situation, typisch fast für die Fahrt um Kap Hoorn, die Sorge um das Schiff und den Rest der Besatzung.
Beginnend mit der RAPPAHANNOCK (3054 BRT) leitet Arthur Sewall & Co. in Bath den Bau noch größerer hölzerner Viermastbarken ein. Bei der 1880 gebauten SHENANDOAH (3154 BRT) befindet sich der Flaggenknopf ihres Großmastes 66,10 m über Deck. Sie kann 5300 t Getreide laden. Und sie ist auch sonst noch interessant: 1898 armiert Kapitän Murphy die Viermastbark wegen des spanisch-amerikanischen Krieges mit zwei 10-cm-Kanonen und feuert, als er vor der irischen Küste 15 kn Fahrt macht, auf ein spanisches Kanonenboot, das mit ihm nicht Schritt halten kann.
An Größe kommt natürlich kein Schiff den stählernen Fünfmast-Rahseglern gleich, von denen aber nur sieben gebaut werden, wobei vier mit Hilfsmaschinen ausgerüstet sind. Bis 1900 sind es die von der berühmten französischen Segelschiffreederei A. D. Bordes aus Dünkirchen bei Henderson & Patrick in Glasgow georderte 3654 BRT große Fünfmastbark FRANCE I, die bei Russell & Co. in Glasgow für Rickmers in Bremerhaven 1892 erbaute, 3822 BRT große MARIA RICKMERS, ebenfalls eine Fünfmastbark, die aber, da sie einen Auxiliarmotor an Bord hat, nicht als klassischer echter Windjammer angesprochen werden kann, und die bei Tecklenborg, Geestemünde, von F. Laeisz in Hamburg in Auftrag gegebene Fünfmastbark POTOSI (4027 BRT, 1895 in Dienst gestellt).
Die Windjammer wehren sich lange gegen die Dampferkonkurrenz. Die Eröffnung des Suezkanals wird jedoch zur echten Zäsur für die Segelschiffe. Der Kanal verschafft im Asiengeschäft, vor allem im südostasiatischen Raum, nunmehr den Dampfern den Vorsprung eines um 3500 Seemeilen kürzeren Weges gegenüber den bisher üblichen Reisen auf dem langen und umständlichen Weg um das Kap der Guten Hoffnung, den die Segelschiffe nach wie vor zu wählen gezwungen sind. Seit der Kanaleröffnung kämpfen vor allem die legendären Tee- und Opiumclipper auf der berühmten Flying-Fish-Route auf verlorenem Posten. Auch dem Argument, der empfindliche Tee würde in den stinkenden Laderäumen der Dampfer einen widerlichen Geschmack annehmen, fehlt es am Ende an überzeugenden Beweisen.
Noch einmal eröffnen sich im Häute- und Kühlfleischgeschäft den Square-Riggern in der Australienfahrt neue Perspektiven, später auch in der Weizenfahrt, und das trotz des im Vergleich zur Suezkanal-Anreise der Dampfer sehr viel längeren Reisewegs um das Nadelkap. Hier können die Segelschiffkapitäne auf der Strecke vom Kap nach Australien das kraftvolle Gebläse der steten und daher »brav« genannten Sturmwinde auf der an der antarktischen Randzone gelegenen Breite der »Brüllenden Vierziger« voll nutzen. Kein Kreuzen behindert sie. Die Segler machen sich die hier fast permanent aktive Westwindtrift

zum Bundesgenossen. Hinter dem Preß der achterlichen Winde erzielen sie Geschwindigkeiten von 16 und sogar noch mehr Knoten. Das ist mehr als das Doppelte an Fahrt gegenüber den »müden« Dampfern. Mit solchen Geschwindigkeiten können die Segelschiffe auf Reisen nach Australien, Neuseeland, in die Südsee oder Japan noch immer ihre längere Reiseroute gegenüber den wesentlich kürzeren Strecken der Dampfer via Suez kompensieren.
Überall jedenfalls, wo Massengut-Fracht anfällt, lassen sich die Segler so leicht nicht verdrängen, auch nicht in der China- und Indienfahrt, auch nicht bei Reisen nach Südostasien, wo Reis und Jute noch immer eines der wichtigsten Ladegüter sind, auch nicht bis ins fernöstliche Japan. Vor allem aber nicht auf dem gefährlichen Westküstentörn um Kap Hoorn, solange es den Panamakanal noch nicht gibt. Und von Nordamerikas Westküste schleppen sie anfangs, als noch keine Eisenbahnverbindungen zwischen den nordamerikanischen Ost- und Westgebieten existieren, mit den Downeastern Getreide zur nordamerikanischen Ostküste, dann aber auch nach Old Europe, wo sich die Bevölkerung vervielfacht und landeseigene Lebensmittelrohstoffe knapper werden. Und von Südamerikas Westküste – einst das Ziel der spanischen Silberflotten und später auch der bescheidenen Kupfererzfahrt – transportieren sie auch weiterhin Guano und – ab Mitte des 19. Jahrhunderts – den als Düngemittel und Schießpulverzusatz so begehrten Chilesalpeter nach Europa. Für die Guano genannten Vogelexkremente der Kormorane, Pinguine und Möwen sind übrigens die unbewohnbaren, vollkommen trockenen Inseln Chincha, Ballestas, Lobos und Guanape die Hauptlieferanten. Die Schiffe laufen dabei immer erst Callao an, wo sie inspiziert und verproviantiert werden und ihre genaue Segelorder erhalten. Nach Haws werden zwischen 1851 und 1872 allein auf der Insel Chincha 10 Millionen Tonnen Guano, das heißt 5000 Schiffsladungen abgebaut.
Wer aus dem Atlantik mit einem Segler zur Westküste will, muß noch immer um Kap Hoorn, wenn er nicht den mühsam langen und unökonomischen Weg um Südafrika vorzieht oder das Risiko eines Totalverlustes durch Strandung auf einem der vielen Unterwasserfelsen in der navigatorisch äußerst schwierigen Magellanstraße einzugehen bereit ist, was praktisch kein Square-Rigger-Kapitän in Kauf nimmt. Der Weg zur Westküste Südamerikas um das Nadelkap ist so selten nicht, vor allem dann, wenn Schiff und Besatzung nach mehrfach vergeblichem Anrennen gegen die im Kap-Hoorn-Revier unaufhörlich von Westen heranziehenden Orkantiefs und durch die himmelhoch aufgetürmte gewalttätige See aufgeben mußten: mit zerbrochenen Rahen, geknickten Stengen, mit einer Besatzung am Rande der physischen und psychischen Erschöpfung im Banne der *»monarchs of the sea«,* jener Giganten, die an biblische Chaosdrachen erinnern. Mancher der Segler bezwingt die klassische 50°-zu-50°-Strecke von der Ostküste Südamerikas zur Westküste des Subkontinents am Pazifik, also jene Strecke, die von den bereits legendären Cap Horniers als »Kap-Hoorn-Umrundung« gewertet wird, in zehn und manchmal sogar in noch weniger Tagen. Die meisten brauchen bis zu drei Wochen, manche noch länger, wenn sie beim Gegenankreuzen weit nach Süden, oft bis in die antarktischen Eisbergdriften ausholen müssen, um am Ende erneut zurückgeprügelt zu werden. Einer der Windjammer, das deutsche Vollschiff SUSANNA, balgt sich volle 99 Tage auf dem 50°-zu-50°-Törn mit widrigen, orkanhaften Stürmen und in dieser einmalig wildwütigen See herum und geht als »Stiefkind der Hoorn« in die maritime Geschichte ein. Das Journal der SUSANNA weist für die Ost-West-Umrundung des Kaps 664 Stunden Windstärken von zehn und darüber und 145 Stunden solcher mit voller Orkanstärke aus. Was das heißt, kann vielleicht nur der ermessen, der einmal bei solchen Windstärken an Deck oder gar auf der Rah gearbeitet hat, arbeiten mußte, weil von des Schiffes Leben seines und das seiner Kameraden abhing.
Zahlreiche fast romanhaft dramatische Geschichten gibt es aus der klassischen Zeit der Windjammer zu berichten. Unsagbar die Strapazen der Besatzungen – oft

Linke Seite und oben: Die REGINA MARIS, eine 1908 in Dänemark gebaute Barkantine (Dreimaster mit einem vollgetakelten Mast), wurde 1966 renoviert und dient als Abenteuerschiff.

Nächste Doppelseite: Das Fünfmastvollschiff PREUSSEN war nicht nur eines der größten, sondern auch schönsten Segelschiffe aller Zeiten. Georg W. Claussen schuf sie auf der Werft von Johann C. Tecklenborg in Geestemünde, wo sie 1902 vom Stapel lief. 5081 BRT groß, 133,50 m lang, 16,40 m breit, 10,25 m tiefgehend waren die stolzen Maße. Die PREUSSEN hatte eine Segelfläche von 5560 m², mehr als je ein anderes Schiff. 48 Segel blähten sich an 5 Masten im Wind, und die längste Rah maß nahezu 31 Meter! Am 6. November 1910 kollidiert die PREUSSEN im Englischen Kanal mit dem Dampfer BRIGHTON und ist nicht mehr zu retten.

PREUSSEN
HAMB. FÜNF MAST VOLLSCHIFF „PREUSSEN" CAPT. B. PETRSEN. 1904.

verbunden mit Todesfällen durch Skorbut, Beriberi, durch Unfälle wie Sturz von der Rah oder Überbordgewaschenwerden.
Da wäre als Beispiel die britische CENTURION, die 1741 143 Tage von St. Catharine in Brasilien um Kap Hoorn bis nach Chile braucht. Da wäre der italienische Segler GIUSEPPE D'ABUNDO, der vom britischen Tyne bis Valparaiso ins Journal 185 Tage notiert. Da ist die britische HADDON HALL, die sich, mit Holz beladen, von Vancouver im westlichen Nordamerika bis nach Cardiff in Großbritannien 204 Tage und während einer anderen Reise von Liverpool nach Victoria in Australien 234 Tage herumquält. Eine Extremleistung eigener Art und damit einen Platz im Buch der internationalen Großsegler erschleicht sich das britische Vollschiff GARTHWRAY auf der Reise von Grangemouth in Schottland nach Iquique in Chile. Es braucht dafür sage und schreibe 559 Tage. Das Schiff wird dabei vor Kap Hoorn zweimal mit schweren Schäden am Rumpf und in der Takelage abgewiesen und zwischenzeitlich zweimal in Montevideo als Nothäfen wieder aufgeriggt. Danach hat sie die Reise um Kap Hoorn aufgegeben und ist nach Osten ausgewichen, mit Kapstadt und später, bei erneuter Krisensituation, mit Port Hobart als weiteren Nothäfen. Soviel Pech hat wohl nicht einmal der Teufel in seinem Repertoire.
Über Kap-Hoorn-Umsegelungen gibt es eine Fülle an Literatur. Hier kurz nur ein Zitat aus dem Buch von Franz Graf von Larisch-Moennich: »Sturmsee und Brandung« über eine Reise mit dem Laeisz-Vollschiff POSEN ex PREUSSEN:
»Allein, was wir kaum für möglich gehalten hätten, geschah: wir sollten das Schlimmste erst noch erleben. Der Kapitän und ich waren eben wieder an Deck gekommen, als gegen zwei Uhr nachmittags der Sturm plötzlich merklich nachzulassen schien. Zwischen einzelnen starken Böen wurde es oft sekundenlang fast still. Und dann, mit einem Mal, drehte der Wind um drei Strich nach West, und in wenigen Augenblicken wuchs er zu einer geradezu grauenerregenden Gewalt an, die alles bisher Dagewesene noch weit übertraf. Durch drei Stunden wehte aus West voller Orkan, Windstärke zwölf. Von der Stärke des Sturmes war nicht mehr zu reden; es war Wut, volle entfesselte Wut ungeheuer gigantischer Gewalten. In wenigen Augenblicken gingen alle drei Untermarssegel, die bisher dem kolossalen Druck des Sturmes tapfer widerstanden hatten, in Fransen zerrissen über Bord. Die Masten bogen sich, als wollten sie jeden

Augenblick brechen. Die rollende Bewegung des Schiffes war beinah ganz aufgehoben; das ganze Fahrzeug, zitternd und bebend in allen seinen Fugen, wurde durch die unerhörte Gewalt des Orkans platt auf die See gedrückt. Das Schiff trieb mit großer Geschwindigkeit querab acht Strich und legte sich so auf die Seite, daß das ganze Verdeck bis fast an das Luvschanzkleid unter Wasser stand und es den Anschein hatte, als ob es sich nie wieder werde aufrichten können. Die See war nur eine einzige weiße tosende Masse. Unter dem furchtbaren Druck des Orkans brachen die Kämme der Wogen nicht mehr über, sondern wurden als schäumender Gischt waagrecht davongeweht, alles in einen einzigen weißen, undurchdringlichen Schleier hüllend. Man konnte kaum eine halbe Schiffslänge weit sehen. Das furchtbare Gebrüll des Orkans und das Toben der See spotten jeder Beschreibung; es heult und pfeift, es braust und zischt in den Höhen und Tiefen, in wahrhaft sinnverwirrender Weise. Ich lag dicht neben dem Kapitän und versuchte, mit meinem

Linke Seite: Weltweites Aufsehen erregte der Fall der PAMIR. Am 21. September 1957 ging diese 1905 erbaute und zuletzt als frachtfahrendes Segelschulschiff eingesetzte Viermastbark in einem schweren Orkan 600 sm südwestlich der Azoren unter. Das 3020 BRT große, 94,48 m lange, 14,02 m breite Schiff riß 80 Menschen mit ins nasse Grab. Nur 6 konnten gerettet werden, obwohl damals die wohl größte Rettungsaktion zur See anlief, an der sich 78 Schiffe beteiligten. Besondere Erregung löste in der Öffentlichkeit der Tod von 45 jungen Schiffsoffizieranwärtern aus, und die Diskussionen über die Ausbildung auf Segelschulschiffen lebten neu auf.

Rechts: Nach dem Untergang der PAMIR wurde die Ausbildung des nautischen Nachwuchses auf Segelschiffen auf reine Schulschiffe beschränkt. Im Bild die argentinische LIBERTAD.

Nächste Doppelseite: Der norwegische Segeltrainer CHRISTIAN RADICH (links) und das deutsche Schulschiff GORCH FOCK. Das einzige zur Zeit existierende Segelschulschiff der Bundesmarine wurde am 17. Dezember 1958 als Dreimastbark mit 1700 ts Größe in Dienst gestellt.

Mund unmittelbar an seinem Ohr, mit aller Lungenkraft schreiend, ihm ein Wort zu sagen, ohne daß er einen Ton gehört hätte. Wir hätten uns nicht erheben oder uns rühren können, selbst wenn wir gewollt hätten; wir fühlten uns mit entsetzlicher Kraft auf den Boden niedergedrückt und festgehalten. Es war grauenerregend, und ich glaube, man hätte sich fürchten können, wenn man durch die vorhergegangenen Tage und Stunden nicht schon so abgestumpft gewesen wäre. Durch drei Stunden, die uns eine Ewigkeit dünkten, rasten

Linke Seite: *Wie ein wehmütiger Abschied von der abenteuerlichen und zugleich romantischen Welt der Segelschiffahrt wirkt dieser Sonnenuntergang über den Rahen der* Gorch Fock, *aufgenommen 1972 im Englischen Kanal.*

Rechts: Galionsschnitzerei an einem Eingeborenenboot der neuseeländischen Maori. Der stilisierte Vogelkopf ist Ausdruck mystischer Vorstellungen und soll dem Schiff Schnelligkeit und Unsinkbarkeit verleihen.

Wind und See um die Wette. Dann ließ allmählich die Gewalt des Sturmes nach; man konnte sich doch wieder rühren. Das Schreckliche schien überstanden. Unser braves Schiff war stark mitgenommen worden. Verschiedene festgemachte Segel hatten sich losgerissen und waren in Stücke zerfetzt worden, die Reling hatte arg gelitten, und in der Takelage bildeten Taue, Schoten, Rahen und Segelfetzen ein wüstes Durcheinander. Aber trotz allem waren wir uns bewußt, noch einmal davongekommen zu sein...«

Wenn auch nach der Inbetriebnahme des heute Nord-Ostsee-Kanal genannten Kaiser-Wilhelm-Kanals die Segelschiffahrt erneut Abstriche zugunsten des Dampfers machen muß, so behaupten sich die Segler auch noch um 1900, besonders in Frankreich. Hier subventioniert der Staat die Segelschiffahrt durch Prämien beim Bau wie auch bei der *»navigation aux longs cours et au cabotage internationale«*. In Deutschland legt man auf eine seemännische Grundausbildung des nautischen Nachwuchses auf Segelschiffen besonderen Wert. Dennoch zeigt die Welthandelsflotte eine deutliche Reduktion an Segelschifftonnage. Waren 1890 noch 16989 Segler gegenüber nur 13100 Dampfern in Fahrt, so zeigt die Tonnage der Dampfer erstmals ein Plus mit 8697601 BRT gegenüber 8137538 BRT an Segelschiffen. Im Jahre 1900 verschiebt sich das Bild auch bei der Anzahl der Segelschiffe mit nur noch 12438 Einheiten gegenüber 15706 Dampfern, und die Tonnage steigt jetzt mit 6619177 BRT zu 22297251 BRT sehr deutlich zugunsten der Dampfer an.

In Deutschland zeigt sich bei Schiffen über 100 BRT folgendes Bild: 1890 gibt es 740 Dampfer mit 828649 BRT gegenüber 1125 Seglern mit aber nur 631623 BRT. Im Jahre 1900 sind in Fahrt: 1205 Dampfer mit 2138920 BRT und 497 Segelschiffe mit nur noch 488189 BRT, also ein Verhältnis, das noch deutlicher als bei der Welttonnage die Entwicklung zeigt.

Galionsfiguren

Galionsfiguren – sind sie Symbol, Wunschbilder oder nur dekorativer Schmuck? Das zu untersuchen, ist ein besonderes Kapitel wert, denn noch heute findet man sie an den wenigen Square-Riggern, die als wohlbehütete Segelschulschiffe die Meere befahren. Die wohl berühmteste Galionsfigur eines Handelsschiffes dürfte die Hexe aus Burns Buch »Tam o'Shenter« gewesen sein. 1869 schmückte sie den Bug der berühmten Cutty Sark, die heute als Museumsschiff in England zu bewundern ist.

Galionsfiguren – sie reichen genaugenommen bis ins Dämmerlicht der Vorzeit zurück. Über ihre Bedeutung geben uns vorgeschichtliche Darstellungen und manche noch vor kurzem geübte Bräuche in einigen Teilen der Welt Aufschluß. Der Ursprung lag sicher in der Magie und Mystik, später auch in der Religion.

In Nubien fand man rund 6000 Jahre alte Felszeichnungen, die Kanus mit Stierköpfen auf den Steven der Boote darstellen. Offenbar sollten sie die gebrechlichen Fahrzeuge schützen, ist doch der Stier antikes Symbol der Kraft. Es gab sogar Urstämme, welche die Köpfe erschlagener Feinde am Steven ihrer Boote als Trophäen befestigten. Das war übrigens nicht nur bei den Wilden grauer Vorzeiten Brauch: Noch 1748 kehrte der Leutnant zur See Robert Maynard nach Barth Town in Nordkarolina zurück, am Bugspriet seiner Sloop Ranger den Kopf des erschlagenen, berüchtigten und blutdürstigen Piraten Edward Teach, der Schwarzbärtige genannt. Diese makabre Maßnahme sollte allen Piraten und Strandräubern zur Warnung dienen.

Kretische Schiffe führen um das Jahr 2000 v. Chr. Fischfiguren an den hohen Bug- oder Heckpfosten. Ägyptische Boote dieser Zeit waren oft am Bug oder am Heck mit einer nachgebildeten Lotusblumenknospe geschmückt. Aus der Zeit um 1190 v. Chr. sind uns Kriegsschiffe bekannt, die einen

an Land getragen, um die Gottheit des Ortes zu ehren. Es gab an Land besondere Altäre für fremde Götter, wo die Seeleute im Namen der Figuren und ihrer Schiffe Opfer darbringen konnten.
Jahrhunderte später dagegen mußten Wikingerschiffe vor dem Einlaufen in einen isländischen Hafen vorher ihre Drachen- und Schlangenköpfe abnehmen, »damit sie nicht den Geist des Ortes mit ihren glotzenden Augen und aufgerissenen Mäulern herausforderten«.
Zwar setzten die Normannen im Hinblick auf den Galionsschmuck die Tradition der Wikinger fort, aber sie bedienten sich, wie der Teppich von Bayeux erkennen läßt, verschiedenster natürlicher oder mythologischer Tiere. Darunter sind auch Löwen, die sich über Jahrtausende hinweg hartnäckig als beliebte Galionsfiguren behaupten.
Im Mittelalter mußte man bei einem für den Krieg auszurüstenden Schiff die Figuren entfernen, um vorne Platz für eine Plattform zu schaffen (woraus sich dann später die Back, jener von Bord zu Bord reichende Aufbau auf dem Vorschiff, entwickelt haben soll). Als die Back sich bei den Karacken zum Vorkastell ausbildet, verschwinden die Galionsfiguren. Sie werden hier und dort durch Wappenschilder ersetzt, die am Bug angebracht werden. Da dieser Schmuck den Seeleuten aber nicht zusagt, läßt man wieder einen »Schnabel« aus dem Vorkastell vorspringen und schmückt ihn mit einem Tierkopf, meist mit dem eines Reptils.
In der Marine Heinrichs VIII. werden nur wenige Karacken so ausgestattet, aber mit dem Aufkommen der Galeonen kommen Galionsfiguren wieder in Mode. In der Regel haben sie keinerlei Beziehung zu dem Namen des Schiffes. Unter Königin Elizabeth bevorzugt man die Wappen der Tudors, den Löwen und den Drachen von Wales. Eine Ausnahme bildet die WHITE BEAR. Als man sie 1598 umbaut, erhält sie einen Jupiter samt Adler. Gelegentlich werden auch Tiger oder Einhörner dargestellt.
Im 17. und 18. Jahrhundert reisen so viele Löwen als Galionsfiguren über die Meere der Welt, daß es sich einbürgert, die Galionsfigur als Löwen zu bezeichnen, was auch immer sie darstellt. Im 17. Jahrhundert unterscheiden sich die englischen von den holländischen Löwen dadurch, daß man sie hier vergoldet, dort aber rot anmalt. Die Franzosen sind weniger an Löwen interessiert, selbst dann nicht, wenn das Schiff in Holland gebaut wird. Die Franzosen bevorzugen die klassische

Löwenkopf auf der vorderen Verlängerung des Kiels trugen, die an und für sich zum Rammen diente. Andere Schiffe waren mit Vogelköpfen an Bug und Heck verziert. Griechische Schiffsdarstellungen auf Gefäßen zeigen auch Hirschgeweihe am Bug – das nicht ohne Absicht und Hoffnung, denn sie sollten dem Schiff besonders hohe Schnelligkeit verleihen. Phönizische Schiffe bedienten sich – wohl aus der gleichen Symbolik – der Köpfe von Pferden, die sie als Nachbildungen am Steven führten. Die antiken Schiffe des Mittelmeers und des Fernen Ostens waren statt figürlicher Embleme mit großen Augen bemalt. Sie sollten dem Schiff den Weg suchen, sie sollten aber auch wachen und beobachten.
Im ägyptischen Einflußbereich gingen solche Augen auf das heilige Auge des Gottes Ra zurück, das sich auch auf den Grabdarstellungen seegängiger Schiffe um 2700 v. Chr. findet. Noch heute sind Augensymbole vor allem an Fischerbooten zu finden; hauptsächlich an der Algarve in Portugal pflegt man diesen Brauch.
Im Griechenland der klassischen Zeit ließ man die Steven oft in Kriegerhelme oder Tiere oder mythologische Gestalten auslaufen. Die römischen Schiffe trugen dagegen nur an beiden Seiten geschnitzte oder bemalte Tafeln. Eine Besonderheit war die Darstellung einer Gans am Heck. Sie sollte Glück bringen, symbolisiert sie doch ein Tier, »das auf dem Wasser schwimmt und nicht untergeht«.
Römische Galeeren waren sehr sorgfältig mit bronzenen Figuren geschmückt. Oft bewehrten sie in Form wilder Tiere den Rammsporn, und darüber schmückten herausragende Schwerter oder Köpfe den hölzernen Steven. Außerdem war an Bord an beherrschender Stelle eine Büste oder die Figur des Gottes oder der Göttin aufgestellt, unter deren Schutz das Schiff fuhr. Ein geschnitztes oder gemaltes Bild, oft auf besonderen Pfosten angebracht, krönte das Fahrzeug.
Diese »Galionsfiguren«, wenn man diese Vorläufer einmal schon so apostrophieren darf, wurden, wenn sie Kriegsschiffe schmückten, nach siegreichem Kampf oft in den Tempel jener Gottheit gebracht, der man den Sieg zu verdanken glaubte.
Immer, so ist es überliefert, wenn ein Schiff der Griechen heimkehrte, wurde die Galionsfigur abgenommen und behutsam

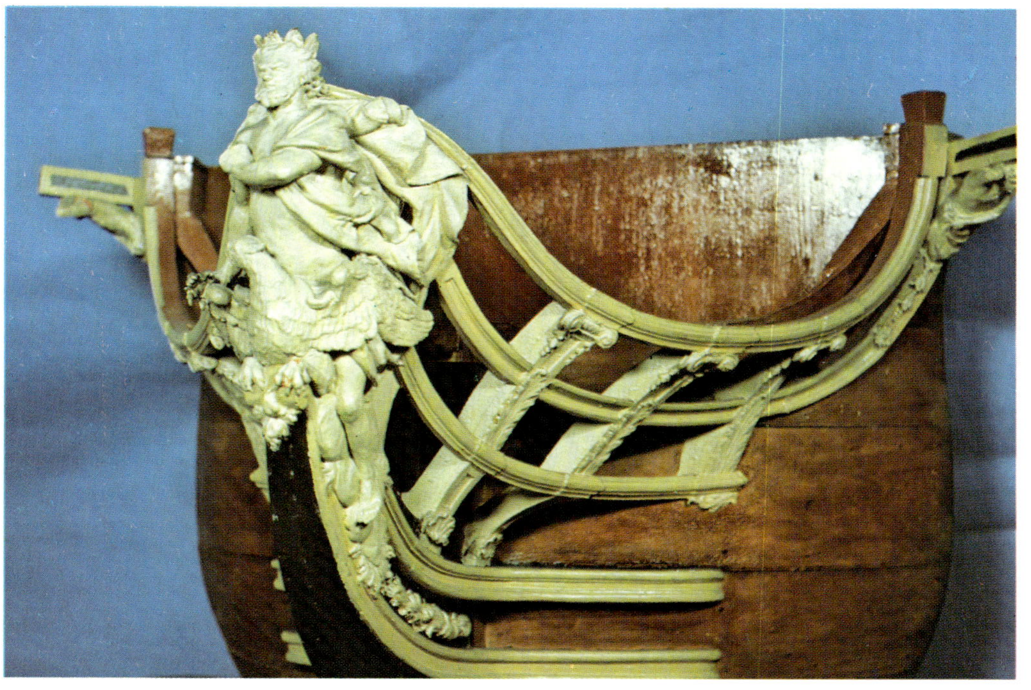

Linke Seite: Fauchender Löwenkopf aus dem Oseberggrab der Wikinger. Wahrscheinlich stammt die Figur, die möglicherweise auch einen Drachenkopf symbolisieren sollte, von einem Bett oder einem Stuhl, weist aber darauf hin, wie die Steven der Wikingerschiffe ausgeschmückt gewesen sein könnten.

Links: Der Löwe als Symbol von Mut und Kraft war über Tausende von Jahren hinweg eine äußerst beliebte Galionsfigur. Hier die Darstellung an einem dänischen Kriegsschiff aus der Mitte des 17. Jahrhunderts.

Oben: Natürlich zierten auch gekrönte Häupter die Vorsteven, besonders, wenn es sich um königliche Schiffe handelte, wie hier an der königlichen Yacht Falster aus dem Jahre 1742.

Mythologie mit Neptun und seinen Meeresrössern – und vor allem seinen barbusigen Nixen, die bei den Franzosen immer mit zwei Schwänzen auf die Welt kommen. Sonst aber wählen sie den jeweils regierenden Monarchen als repräsentativen Schmuck. Im 18. Jahrhundert werden griechische und römische Helden beliebt, und besonders wichtigen Schiffen wird das Porträt regierender Fürsten als Galionsschmuck erlaubt. Auffallend, aber nicht verwunderlich ist, daß die Galionsfiguren der Franzosen ästhetischer als die anderer Nationen sind. Sie sind einfach schön, was auch immer sie symbolisieren.
Spanische Schiffe bevorzugen bis in das 18. Jahrhundert hinein den Löwen. Danach wird er vornehmlich von Fürstenporträts abgelöst. Gegen Ende des 18. Jahrhunderts werden Heiligenfiguren beliebt. Sogar die Dreieinigkeit wird zur Galionsfigur, so auf dem Vierdecker Santísima Trinidad (1769–1805).
In England muß der Löwe schließlich bei wichtigen Schiffen weichen. Die ausgesprochen schöne Prince Royal (1610–1666) in der Flotte Jakobs I. erhält als Galionsfigur einen St. Georg, der einen Drachen tötet. Die Sovereign of the Seas, das Glanzstück Karls I., erhält einen berittenen König Edgar, der sieben Könige niederreitet. Als sich der siegreiche Cromwell die Naseby (1655–1673) bauen läßt, kopiert er die Figurengruppe der Sovereign of the Seas, läßt sich dabei aber selbst darstellen, wie er den Körper eines Engländers, eines Schotten, eines Iren, eines Franzosen und eines Holländers niederreitet, während die Figur des Ruhmes mit den Worten »Gott mit uns« einen Lorbeerkranz hochhält.
Die meisten Handelsschiffe haben einen senkrechten Steven, an dem sich eine Galionsfigur nur schlecht anbringen läßt. Viele kleinere Handels- und Kriegsschiffe lassen deshalb den Bug wie den Hals einer Violine in eine Schnecke auslaufen. Gelegentlich werden die Galionsfiguren vergoldet, meistens aber dem einfachen Seemannsgeschmack entsprechend in grellen, schreiend leuchtenden Farben angemalt.
1796 macht man in England bei der Royal Navy den Versuch, Galionsfiguren ganz abzuschaffen, um sie durch Voluten zu ersetzen. Doch kann sich eine solch unpopuläre Maßnahme nicht durchsetzen. Schließlich gestattet man wieder den Fregatten und den kleineren Schiffen Büsten und den Linienschiffen sogar ganze Figuren oder gar Figurengruppen. Auch in Frankreich versucht man die Tradition zu revidieren. Hier will man die Galionsfiguren 1785 durch Wappenschilder mit der Lilie ersetzen. Doch nach und nach schleichen sich die beliebten Figuren als Galionsschmuck wieder an Bord. Dabei werden nun auch unter anderem ziemlich ausgefallene und merkwürdige Exemplare geschnitzt: Die Fregatte Carmagnole (1793–1800) brüstet sich mit einer Guillotine; die Ça Ira ex La Couronne (1749 bis 1795) erhält sogar die echte Laterne von der Place Grève, an der während der Schreckensherrschaft so viele Leute aufgeknüpft worden waren. Andere, neu getaufte Schiffe tragen die Büsten von Helden der Revolution. Der unter Napoleon modische Klassizismus bringt dann wieder Figuren aus der griechischen und römischen Geschichte an Bord zurück.
Besonders beliebt ist in den Tagen der Clipper der Pegasus, denn das fliegende Pferd ist das Symbol für außerordentliche Geschwindigkeiten, deren sich diese Seg-

ler rühmen. Andere Clipper schmücken sich mit Porträts aus der Familie des Reeders oder mit literarischen Größen, mit orientalischen Motiven oder - in England - mit Helden aus dem Krieg im fernen Indien. In diese Ära reiht sich auch die suspekte Galionsfigur der CUTTY SARK ein. Auf Kriegsschiffen behaupten sich Galionsfiguren, solange der Bug der Schiffe eine Anbringung erlaubt. Die Figuren der beiden ersten englischen Panzerschiffe, der WARRIOR von 1860 und der BLACK PRINCE (1861), sind besonders schön und bis heute erhalten.
Doch als sich bei der Navy neue Bugformen durchsetzen, werden die Galionsfiguren endgültig durch Wappenschilder mit kunstvollem schmückendem Beiwerk ersetzt. Einige davon sind von künstlerisch hohem Wert, besonders die der in den achtziger und neunziger Jahren gebauten deutschen Kriegsschiffe. Man hält in Deutschland an diesem Schmuck vorerst auch fest, nur wird man später nüchterner und sachlicher in der Ausführung.
Im 20. Jahrhundert verzichtet man in manchen Flotten auf diese Art Bugverzierungen. Man läßt die Steven glatt und schmucklos. Doch da das Bedürfnis wach bleibt, jedem Schiff eine persönliche Note zu geben, bürgert es sich ein, auf den Geschützkappen ein Schild mit einem individuellen Emblem anzubringen. Als sich dann die Rakete durchsetzt, erhalten die Schilder einen anderen Platz an Bord. Voluten umrahmen sie und verzeichnen die Gefechte, die mit dem jeweiligen Schiffsnamen im Laufe der Jahrhunderte verbunden sind - eine Version der Marine, der üblichen militärischen Gepflogenheit entsprechend die Gefechte jedes Regiments auf seiner Fahne zu verewigen. So gesehen, ist das ein würdiger Abschluß zur langen Geschichte der Galionsfiguren.

Links: Auch erfolgreiche Seefahrer und Admirale mußten als Galionsfigur herhalten, versprach man sich dadurch doch ebenfalls Erfolg und Unbesiegbarkeit des Schiffes. Besonders häufig wählte man natürlich in England das Abbild seines größten Helden, Lord Nelson, hier mit einer deutlichen Anspielung auf das nur eine sehende Auge des Admirals.

Rechte Seite: Galionsfigur und Wappen der VICTORY, des Flaggschiffs Horatio Nelsons, der in der Schlacht von Trafalgar 1805 den Franzosen die entscheidende Niederlage beibrachte. Wie Ironie wirkt daher der auf französisch eingeschnitzte Wahlspruch auf dem Wappen: Honi soit qui mal y pense (Ehrlos sei, wer Schlechtes dabei denkt). Dieser Wahlspruch ist freilich auf den englischen König Eduard III. und den von ihm 1348 gestifteten Hosenbandorden zurückzuführen.

Oben: In der zweiten Hälfte des 19. Jahrhunderts ist England die führende Schiffbaunation. Hier ordern fast alle seefahrenden Länder ihre Handels-, aber auch Kriegsschiffe. Auch die Deutschen lassen lange in England bauen, zuletzt 1872/75 die beiden Panzerfregatten KAISER (7645/8940 t) und DEUTSCHLAND (Bild, 7645/8736 t) auf der Werft von Samuda Brothers in Poplar bei London. Es sind Kasemattschiffe Ersten Ranges, die von einfachen Expansionsmaschinen angetrieben, zusätzlich aber noch immer als Vollschiffe getakelt werden.

Unten: 1897 gelingt Charles Parsons eine entscheidende Verbesserung an der Radialturbine des 44,5 t kleinen Experimentierschiffes TURBINIA, mit dem er auf der Flottenschau vor Spithead im Jahre 1897 sensationelle 34,5 kn erzielt. Das schnellste mit Kolbendampfmaschinen angetriebene Kriegsschiff lief damals bestenfalls 27 kn. Eine neue Ära war angebrochen.

Rechte Seite: Modell der TURBINIA mit aufgeschnittener Bordwand zur Demonstration der Turbinenanlage

Technik und Sicherheit

Werkstoffprobleme

Obschon Lloyd's Register 1855 die erste Bauvorschrift für eiserne Schiffe erläßt, bleibt Eisen für den Schiffbau lange umstritten. Das erhellt auch, daß andere Klassifikationsgesellschaften trotz des werkstoffmäßigen Erfolges bei der GREAT WESTERN erst langsam nachziehen: Das Bureau Véritas in Paris folgt 1858, der 1867 gegründete Germanische Lloyd in Hamburg erst 1877, also zwei Jahre, nachdem der 1875 entwickelte Siemens-Martin-Stahl einen neuen, nunmehr grundlegenden Abschnitt für den Schiffbau einleitet.
Den schiffbautechnischen Fortschritt fördern nach den im wissenschaftlichen Bereich schon lange aktiven Franzosen nun auch englische, amerikanische und deutsche Vereinigungen: 1857 wird The Institution of Engineers and Shipbuilders of Scotland, Glasgow, gegründet. Es folgen 1860 The Institution of Naval Architects, London; 1893 The Society of Naval Architects and Marine Engineers, New York, und im Jahre 1900 die Schiffbautechnische Gesellschaft in Berlin.
England ist seit Jahrzehnten das Schiffbauland Nummer eins. Hier ordern fast alle Schiffahrtsnationen größere Handelsschiffe wie auch Kriegsschiffe.
Daß um diese Zeit Stahl, und zwar der Puddel- und Bessemerstahl, nur wenig Verwendung findet, liegt einmal an den Kosten und vor allem an der mangelnden Gleichförmigkeit im Gefüge, das heißt an der Gleichmäßigkeit seiner Festigkeit und Dehnbarkeit – dem Mangel, sich schmieden zu lassen. Stahl erfordert bei der Bearbeitung sehr viel Sorgfalt. »Seine größere Härte«, so W. H. White, »und geringere Biegsamkeit setzen ihn dort der Gefahr des Brechens aus, wo sich Eisen einfach biegen wird.« So wird in den Schiffen der englischen Marine Stahl dieser Qualitäten zunächst nur für die inneren Verstärkungen verwendet, zumal die vielseitigen Versuche mit dem weicheren, kohlenstoffärmeren Bessemerstahl nicht befriedigen. Erst der englisch *»mild steel«* genannte Siemens-Martin-Stahl erfüllt die verlangte Anwendung und Bearbeitung für den Schiffbau. Der Übergang von Eisen zu Stahl vollzieht sich nun so rasch, daß bereits 1888 bei über 90% aller unter Lloyd's Aufsicht gebauten Schiffe von diesem neuen Werkstoff Gebrauch gemacht wird. Wie schnell sich der Werkstoffwandel im Schiffbau vollzieht, macht eine Aufstellung deutlich, die die Verwendung von Stahl und Eisen belegt:

1879	10,25 % Stahl,	89,75 % Eisen
1885	48,00 % Stahl,	52,00 % Eisen
1901	95,00 % Stahl,	5,00 % Eisen

Wenn auch Flußschiffe und von den Amerikanern im Bürgerkrieg Blockadebrecher aus Stahl gebaut wurden, so wagt man sich in England, um die siebziger Jahre noch die »Großmacht in Eisen und Stahl«, erst 1877 an den Bau von stählernen Kriegsschiffen, den 3730 ts großen 2.-Klasse-Kreuzern IRIS und MERCURY. Über die ersten Überseedampfer aus Stahl ist keine verläßliche Quelle zu finden, wohl aber über den ersten Nordatlantikliner, der einen stählernen Rumpf hat: die 4005 BRT große BUENOS AIREAN der Allan Line und das erste Segelschiff aus Stahl, die britische, 1381 ts große Bark CARLETON.
Der Bann ist gebrochen, weitere Schiffe folgen nun in immer kürzeren Abständen.

Von der Dampfmaschine zur Turbine

»Ich erinnere mich gut – gerade als die alte, schäbige Königsyacht VICTORIA AND ALBERT mit der Königin an Bord anläßlich des diamantenen Jubiläums der Queen durch die Kolonnen der Schiffe der Flottenschau vor Spithead fuhr, tauchte plötzlich so ein Ding auf, weit hinten auf dem Wasserspiegel. Es flitzte, schnaufte und schäumte durch die lange Reihe der Schiffe wie ein wildgewordener Puck. Es lief schneller als alles, was bisher auf dem Wasser schwamm ...«
Soweit ein Augenzeuge im Jahre 1897 über das erste Turbinenschiff der Welt, das auch alle Torpedoboote, die es abfangen sollten, spielerisch hinter sich ließ.
Wie immer, wenn eine technische Entwicklung einen Höchststand erreicht hat, findet sich ein neuer Weg, ein neues System, eine neue Technik. Beim Stettiner Vulcan läuft 1902 der Schnelldampfer KAISER WILHELM II. (19361 BRT) vom Stapel. In ihn hat man eine riesige Kolbendampfmaschine eingebaut, die 44500 PSi leistet und so groß wie ein dreistöckiges Haus ist. Sie ist und bleibt die stärkste Anlage dieser Art, die je auf einem Schiff eingebaut wurde.
Nun wird die Fachwelt mit der von Charles Algernon Parsons 1884 erfundenen mehrzelligen Dampfturbine überrascht, für

deren maritime Anwendung 1894 in England die Marine Steam Turbine Co. gegründet wird. Noch im gleichen Jahr findet ein Modellversuch statt und wird erstmals eine Radialturbine mit 2000 PSw Leistung in ein 30 m langes und 2,75 m breites Schiff, TURBINIA mit Namen, eingebaut. Das Schiff erzielt 1897 nach Verbesserungen an der Turbine mit der neuen Antriebstechnik die sensationelle Geschwindigkeit von 34,5 kn und verblüfft damit die Besucher der Flottenschau von Spithead.
Die Briten nutzen die Chance wie eine Offenbarung. Die 33,75 kn des 1900 erbauten, versuchsweise turbinenbetriebenen Torpedoboot-Zerstörers VIPER geben ihnen recht. Allerdings geht die VIPER 1901 und der zweite Versuchszerstörer, die COBRA, mit dem gesamten Stab der Versuchsgruppe der Parsons-Gesellschaft verloren.
Dies sind harte, fast vernichtende Schläge. Doch Parsons gibt nicht auf: 1901 bekommt der britische Frachter KING EDWARD eine 3500-PSw-Turbine, 1903 das Kanalfährschiff QUEEN eine 7500-PSw-Turbine, und 1904 fahren mit 12000-PSw-Turbinen bei der Allan Line die ersten Dreischraubenliner VICTORIAN (10629 BRT) und VIRGINIAN (10754 BRT). 1905 gelingt mit dem 19566 BRT großen Cunard-Liner CARMANIA mit Brown-Turbinen für 21000 PSw der überzeugende Sprung in dieses neue System. Das Ende der alten Dampfmaschine ist nicht mehr fern. Blenden wir daher noch einmal kurz zurück und verschaffen uns einen Überblick über die Entwicklung der Dampfschiffe im 19. Jahrhundert.

1838–1856: Raddampfer / Holzrumpf; Balancierdampfmaschine, 2 Zylinder
1856–1865: Raddampfer / Eisenrumpf; Balancierdampfmaschine, 2 Zylinder
1856–1865: Raddampfer / Eisenrumpf; oszillierende Dampfmaschine, 2 Zylinder
1856–1865: Raddampfer / Eisenrumpf; Verbunddampfmaschine, 2 Zylinder
1865–1878: Einschraubendampfer / Eisenrumpf; Verbunddampfmaschine, 3–4 Zylinder
1875–1880: Einschraubendampfer / Eisenrumpf; Verbunddampfmaschine, 4 Zylinder
1880–1885: Zweischraubenschiff / Stahlrumpf; Zweifach-Expansionsmaschine, 3–4 Zylinder
1885–1895: Zweischraubenschiff / 2–3 Schornsteine; Dreifach-Expansionsmaschine, 3–4 Zylinder
1896–1906: Zweischraubenschiff / 4 Schornsteine; Vierfach-Expansionsmaschine, 4 oder 5 Zylinder
1901 und danach: Turbinen als Antrieb für Fracht-, Passagier- und Kriegsschiffe

Die ersten deutschen Werften

Die meisten deutschen Werften sind in den ersten Jahrzehnten des 19. Jahrhunderts noch immer solide handwerkliche Schiffszimmererbetriebe, wie etwa das Unternehmen der Gebrüder Schürenstedt in Bardenfleth oder die Werft und Reederei R. C. Rickmers in Bremerhaven. Aber schon zeigen sich Ansätze und Vereinigungen zu größeren, gesellschaftsgebundenen Unternehmen. 1805 beispielsweise geht aus dem Schiffbauunternehmen Johann Lange und H. F. Ulrichs der Bremer Vulkan als industrielle Werft hervor. Im gleichen Raum, in Bremerhaven, wirkt die Werft B. Wencke, die das erste deutsche Trockendock erstellt.
Da ist weiter jener Großbetrieb zu nennen, der, klein und bescheiden 1837 im westpreußischen Elbing von Ferdinand Schichau mit acht Arbeitern als Maschinenbauwerkstätte errichtet, über die Betriebe in Pillau (1889) und Danzig (1890) ein Industrie- und Werftunternehmen von Weltruf wird. Hier wird im Auftrag der Elbinger Dampfschiffahrtsgesellschaft 1854 der erste auf einer preußischen Werft erbaute eiserne Seedampfer, die 130 t große BORUSSIA, für Fahrten zwischen St. Petersburg, London und Rotterdam zu Wasser gelassen.
Die erste neuzeitliche Werft in Danzig wird 1827 von Johann Wilhelm Klawitter gegründet, dessen Familie seit Anfang des 18. Jahrhunderts hier im Schiffbau tätig ist. Klawitter, bei dem man ebenfalls relativ früh mit dem Eisenschiffbau beginnt (1855), baut übrigens 1852–1854 das erste deutsche Schwimmdock, das, aus Holz gefertigt und 76,20 m lang, 19,90 m breit und 7,46 m hoch, bis 1868 als einziges Dock der preußischen Marine zur Verfügung steht.
In Hamburg wird 1837 die Stülcken-Werft errichtet, eines der wenigen großen Unternehmen, das seine Entstehung direkt auf

Linke Seite: 1805 wird die französisch-spanische Flotte von den Engländern unter Nelson bei Trafalgar vernichtend geschlagen. Napoleon verhängt die Kontinentalsperre. In Europa herrschen Chaos und Angst. Und dennoch ist das Jahr 1805 das Geburtsjahr einer der ältesten deutschen Werften, der von Johann Lange. Zusammen mit der benachbarten Werft von Hermann Friedrich Ulrichs geht daraus im Jahre 1893 das heutige Großunternehmen Bremer Vulkan Schiffbau und Maschinenfabrik AG hervor. Unser Bild zeigt die Brigg EMMY *auf der Helling von Johann Lange im Jahre 1837.*

Rechts: Der Kupferschmied Diedrich Georg Seebeck macht sich 1876 mit einer Kupferschmiede, Gelbgießerei und Klempnerei selbständig. Zunächst fertigt er Schiffszubehör, erkennt aber sehr bald die Möglichkeiten der neuen Werkstoffe Eisen und Stahl im Schiffbau. Seebeck nutzt auch als erster die bedeutenden Vorteile des Trockendocks für Neubauten. Das Unternehmen wächst stetig und geht 1928 in der Deutschen Schiff- und Maschinenbau AG (Deschimag), der heutigen AG »Weser« auf. Das Foto zeigt die Querslipanlage der Seebeck-Werft an der Geeste vor dem ehemaligen Wencke'schen Trockendock bei Bremerhaven.

einen handwerklichen Betrieb zurückführen kann. Hier läuft auch das erste Schiff der Reederei F. L. Laeisz, die Bark PUDEL (1857) vom Stapel, die den Anfang der P-Liner macht.
1838 schließt der Kaufmann und Reeder Johann Schweffel in Kiel mit dem Maschinenmeister August Ferdinand Howaldt einen sogenannten »Societätsvertrag« für ein Industrieunternehmen mit Eisengießerei, Stahlherstellung, Maschinen- und Kesselbau, das einmal den Grundstein für die Großwerft Howaldtswerke - Deutsche Werft Aktiengesellschaft Hamburg und Kiel bilden wird. Man baut 1849 für das erste Schraubenkanonenboot der Welt, die VON DER TANN, die Maschinenanlage. 1850 entsteht bei Schweffel & Howaldt mit dem von Wilhelm Bauer entworfenen BRANDTAUCHER das erste eiserne Taucherschraubenschiff.
1843 wird in Bremen die Maschinenfabrik und Gießerei Waltjen und Leonhard mit 1,5 Millionen Taler Kapital gegründet, das heute als internationales Schiffbaugroßunternehmen unter dem Namen A. G. »Weser« Weltruf hat.
Und schließlich ist da noch die in Stettin gegründete Werft Fürchtenicht & Brock zu nennen, die 1852 bereits mit der DIE DIEVENOW das erste im Bereich der deutschen Ostseeküste gebaute eiserne Dampfschiff abliefert und 1857 in den Namen Stettiner Maschinenbau A.G. Vulcan umbenannt wird. Ihre vor allem in Verbindung mit den Atlantik-Linern und später im Tankdampferbau vollbrachten Pionierleistungen sind Marksteine im deutschen wie auch im internationalen Schiffbau. Erst Jahre später erwächst ein neuer Werftriese: Blohm & Voss, ein Unternehmen, das 1877 gegründet wird. Schon 1872 entsteht auch die Flensburger Schiffsbau-Gesellschaft, auf der bereits im Jahre 1900 das zweihundertste Schiff den Helgen verläßt.
Die neue Zeit, die auch für den Schiffbau mit der Anwendung von Eisen und später Stahl angebrochen ist, setzt sich in Deutschland nur langsam und zögernd durch. Der Bau von Kriegsschiffen für die eben erst aus der Taufe gehobene deutsche Marine sorgt unter der weitsichtigen Organisation des Generals von Stosch seit Anfang der siebziger Jahre für die industrielle Entwicklung und den Aufschwung der deutschen Werften. In diese Zeit fällt auch der Bau der Panzerschiffe PREUSSEN (1870–1876 beim Stettiner Vulcan), FRIEDRICH DER GROSSE (1869–1877 bei der Kaiserlichen Werft, Kiel) und GROSSER KURFÜRST (1868–1878 bei der Kaiserlichen Werft, Wilhelmshaven). Bemerkenswert bei diesen Projekten ist die Vergabe von einem der drei Panzerschiffe an die rein private Werft der A. G. Vulcan in Stettin, die das fast 100 Meter lange Schiff nicht nur als ein gutes Seeschiff abliefert, sondern in noch kürzerer Zeit fertig wird als die kaiserlichen Staatswerften mit den dort entstehenden Schwesterschiffen. Der Bau der PREUSSEN ist nicht nur ein Markstein im deutschen Schiffbau schlechthin, er ist auch ein Wendepunkt in der Entwicklung der deutschen Marine. Recht bald schon vertieft sich das Vertrauen auch privater deutscher Reeder, die ihre Schiffe, Dampfer vor allem, bis dato noch immer in England ordern, in den landeseigenen Schiffbau. Bald gibt es auch Exportaufträge für Kriegsschiffe für Howaldt aus Peru und China, vor allem für den Stettiner Vulcan aus China oder für die Schichau-Werft aus Rußland, Italien, Österreich, China, der Türkei und Brasilien, hier vor allem für Torpedoboote, auf die sich diese Werft spezialisiert hat.
Den Bau von Handelsschiffen über 2000 BRT von 1881 (vorher ist in Deutschland überhaupt kein Schiff über 2000 BRT gebaut worden) bis 1888 belegt eine Zusammenstellung aus diesem Jahr, nach der gebaut haben:

Blohm & Voss 14 Schiffe
die Reiherstieg-Werft 14 Schiffe
der Stettiner Vulcan 10 Schiffe
die Flensburger Schiffsbau-Gesellschaft 8 Schiffe
die Germaniawerft 4 Schiffe
die A.G. »Weser« 2 Schiffe
die Werft Tecklenborg in Geestemünde 2 Schiffe
Howaldt in Kiel 1 Schiff

Wenn die um diese Zeit größte Werft, der Stettiner Vulcan, erst an dritter Stelle erscheint, dann deswegen, weil dieses Unternehmen mit Kriegsschiffaufträgen ausgebucht ist und erst 1882 mit dem 3467 BRT großen Fracht- und Passagierdampfer RUGIA erstmals einen HAPAG-Auftrag ausführt.
In technischer Beziehung hat sich der Handelsschiffbau von 1870 an rasant weiterentwickelt. Anstelle der aus dem Holzschiff-

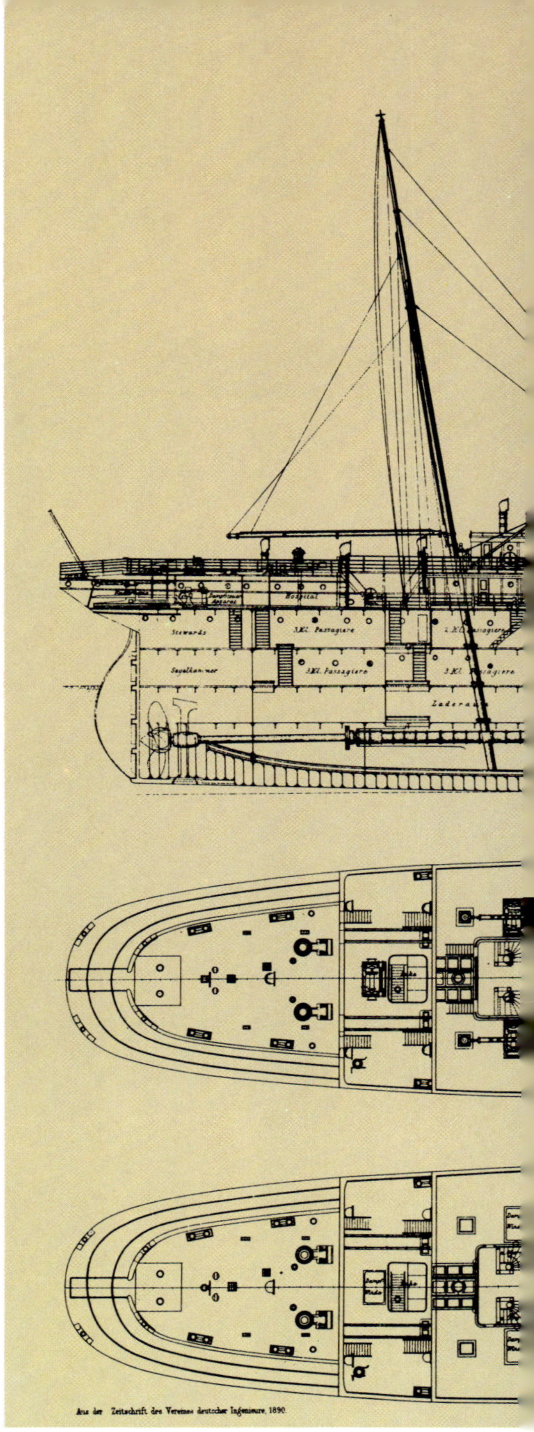

Links oben: Die deutschen Werften tun sich mit der Anwendung von Eisen und Stahl im Schiffbau zunächst schwer. Anfang der siebziger Jahre des vorigen Jahrhunderts sorgt die junge deutsche Marine unter General von Stosch, dem die Abhängigkeit von ausländischen Werften ein Dorn im Auge ist, für einen Aufschwung. Auch deutsche Werften erweisen sich nun als fähig, leistungsstarke Kriegsschiffe zu bauen. Am 20. September 1874 läuft bei der Kaiserlichen Werft in Kiel das Panzerschiff FRIEDRICH DER GROSSE *vom Stapel (Bild). Es war mit den Schwesterschiffen* PREUSSEN *(erbaut beim Stettiner Vulcan) und* GROSSER KURFÜRST *(Kaiserliche Werft, Wilhelmshaven) zusammen das erste deutsche mit Geschütztürmen ausgestattete Panzerschiff. Die Schiffe waren 6821 t groß, rund 96 Meter lang, wurden von einfachen Expansionsmaschinen angetrieben und hatten zusätzlich Vollschifftakelung.*

Links unten: Die Werftanlagen des Bremer Vulkan in Vegesack, 1903/04 erstellt

Oben rechts: Zu den renommiertesten deutschen Werften um die Jahrhundertwende zählte die Stettiner Maschinenbau A.G. Vulcan. Hier entstanden nicht nur bemerkenswerte Kriegsschiffe, sondern auch Passagier-Liner, die international keinen Vergleich zu scheuen brauchten. Unsere Abbildung zeigt die Schnittzeichnung durch den in Deutschland für die HAPAG erbauten transatlantischen Schnelldampfer AUGUSTA VICTORIA*, 1889 erbaut, 7661 BRT groß.*

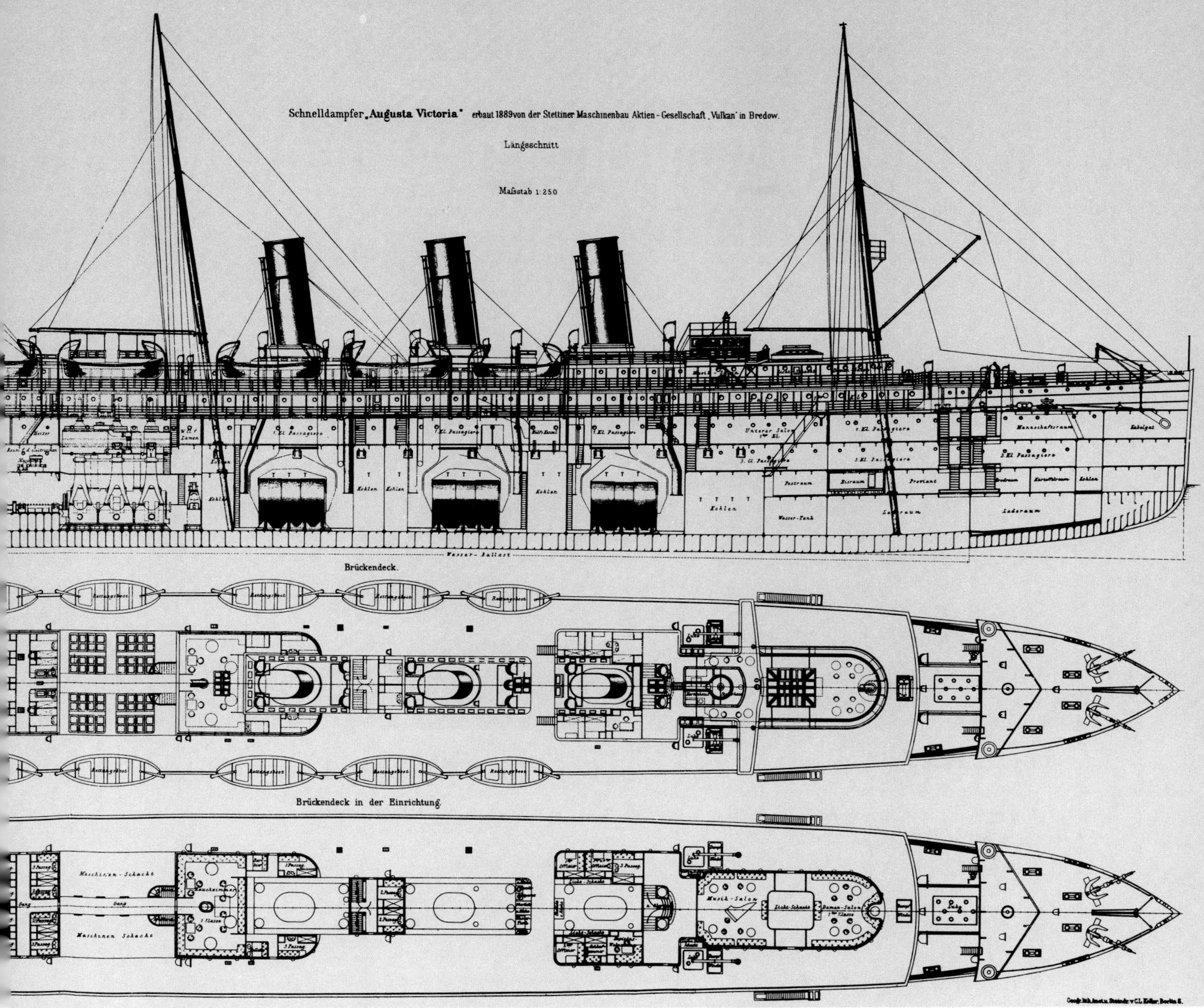

bau überkommenen Raumbalken in sechs bis acht Meter Abstand ist das Rahmenspantensystem getreten, das wiederum gegen Ende des Jahrhunderts durch das Hochspantensystem verdrängt werden wird.

Das Bestreben, weite und freie Räume zu schaffen, setzt an jeden zweiten Spant hohle Stützen aus Platten mit starken Unterzügen. Die Vernietung mit Stoßblechen wird auf den Kiel, die Scheergänge und die Stringer beschränkt. Im übrigen wird die Überlappnietung eingeführt. Die Methode, bei größeren Schiffen zwei oder drei Kimmgänge zu doppeln, hat man als irrig erkannt, während man aber sonst noch immer an der geheiligten Dreiteilung in Volldeck-, Spardeck- und Sturmdeckschiffe festhält.

1888 sind in Deutschland rund 25 000 Arbeiter im Schiffbau tätig. In ihrem Aufbau und ihrer Gliederung ähneln die deutschen Werften den britischen Unternehmen, die oft von deutschen Schiffbauern und Werftbesitzern für Studienzwecke aufgesucht werden. Daß in Deutschland eine Vereinigung von Schiffbau und Schiffsmaschinenbau angestrebt wird, ist ein bedeutsamer Unterschied zu den britischen Betrieben. Führend in dieser Entwicklung zeigt sich die Schichau-Werft, wo man bereits 1882 den Einbau der ersten dreifachen Expansionsmaschine mit Zylinderkesseln aus Stahl und 9 atm Dampfspannung in den britischen Dampfer ABERDEEN vornimmt. Eine dreifache Expansionsmaschine in die von der DDG »Hansa«, Bremen, georderte NIERSTEIN folgt 1883. Dennoch vergibt etwa der Norddeutsche Lloyd (NDL) 1881 bis 1889 seine Bauaufträge für die Schnelldampfer von der ELBE bis zur LAHN nach Großbritannien. Noch sind gewisse Mängel des in Deutschland erst beginnenden Stahlschiffbaus vielerorts ebenso unübersehbar wie in der Zulieferbranche für Fittings und Hilfsmaschinen. Bei Werkzeug- und Arbeitsmaschinen ist man noch immer auf Großbritannien angewiesen.

Von Interesse ist hier noch, daß nur die kaiserlichen Werften von Anbeginn an mit Trockendocks ausgestattet wurden, während die Schiffe der Privatwerften anfangs zur Bodenreinigung nach der Abnahmefahrt nach Großbritannien ins Dock gehen müssen, so auch der erste in Deutschland 1889 für die HAPAG erbaute transatlantische Schnelldampfer AUGUSTA VICTORIA, 7661 BRT, beim Stettiner Vulcan erbaut.

Der Ausbau der Kriegsflotte, vor allem nach dem Flottengesetz von Tirpitz aus dem Jahre 1898, bringt den großen Werften eine gleichmäßige und dauernde Beschäftigung, wenn auch die plötzlichen Steigerungen der Schiffsgrößen überraschend kommen und arge Probleme aufwerfen. Die Größenentwicklung im Handelsschiffbau ist dagegen gleichmäßig progressiv. Von 1895 bis 1899 entstehen allein beim Stettiner Vulcan, bei Blohm & Voss sowie bei F. Schichau zwanzig Riesenschiffe über 10 000 BRT, während Großbritannien in dieser Zeit mit nur acht Schiffen dieser Größe aufwartet.

Man kann sagen, daß etwa um 1895 die eigentliche Periode des deutschen Handelsschiffbaues beginnt, denn die Bestellungen der Schiffe der BARBAROSSA-Klasse durch den NDL als erste Frachtschiffe über 10 000 BRT stellen die deutschen Werften vor Aufgaben, denen nur wenige englische Werften gewachsen wären.

1897 darf sich der beim Stettiner Vulcan erbaute NDL-Schnelldampfer KAISER WIL-

HELM DER GROSSE mit seinen 14 349 BRT das größte Schiff der Welt nennen, das, ein imposanter Vierschornsteiner, auch das »Blaue Band« an sich reißt, das dann 1900 an den Vulcan-Neubau der HAPAG, die 16 502 BRT große DEUTSCHLAND mit ihren 37 800 PSi fällt. Diesen Superlativen folgen weitere Riesen für ihre Zeit, so 1902 bis 1903 die 19 361 BRT große KAISER WILHELM II. Alle haben sie mehrere Passagierdecks und vier Schornsteine. Die KAISER WILHELM DER GROSSE hat zwei vierzylindrige Dreifach-Expansionsmaschinen, 14 Kessel und bei 104 Feuerstellen einen Steinkohlenverbrauch von 20 Tonnen in der Stunde. Die KAISER WILHELM II. hat sogar vier vierfache Expansionsmaschinen und braucht zum Bedienen der Feuerstellen rund 160 Heizer und Trimmer an Bord. Die riesigen Maschinen sind technische Wunderwerke. Ihre Niederdruckzylinder haben eine Bohrung von 2850 mm. Diese Größenordnungen sind technisch und vom Schiffskörper her kaum noch zu überbieten. Sie sind und bleiben ein absoluter Höhepunkt, denn inzwischen bahnt sich mit den Turbinen Neues an.

Seeunfälle

Mit der zunehmenden atlantischen Seefahrt mehren sich die Seeunfälle, die Katastrophencharakter haben. Einige Beispiele mögen genügen. Da ist zunächst der amerikanische Segler SHENANDOAH, der 1834 auf der Mellum-Platte strandet, was 31 Auswanderern das Leben kostet. 1841 verschwindet der hölzerne *paddle-wheel* betriebene Passagierdampfer PRESIDENT (2366 BRT) und mit ihm das erste Dampfschiff auf dem Atlantik. Es soll später eine Flaschenpost gefunden worden sein mit den knappen Worten *»President sinking fast«*. 1849 geht die ROYAL ADELAIDE mit 400 Mann verloren. 1850 sind an der Westküste Irlands 200 Opfer zu beklagen, als der Auswanderersegler EDMUND sinkt. 1852 gerät das 2256 BRT große, hölzerne Postschiff AMAZON, ein *paddle steamer* der Royal Mail Line, auf der Jungfernfahrt in Höhe der Scilly's in Brand. Dabei kommen 37 Mann Besatzung und 167 Auswanderer ums Leben. 1854 verschwindet der aus Liverpool mit 480 Menschen an Bord nach New York für die Inman Line in See gegangene eiserne, als Bark getakelte Dampfer CITY OF GLASGOW. Mit Mann und Maus. Man nimmt eine Kollision mit einem Eisberg an. Mehr Glück hat die 2184 BRT große FRANKLIN der amerikanischen New York & Havre Steam Navigation Co., als sie vor Long Island aufläuft. Erfreulicherweise gibt es keine Toten. Auch die 2168 BRT große CITY OF PHILADELPHIA der Inman Line geht 1854 verloren, gleich auf ihrer Jungfernreise. Ein Glück ist es nur, daß es auch hier keine Personenverluste gibt. Als im gleichen Jahr die brandneue Bremer Bark JOHANNA vor der Insel Spiekeroog ebenfalls auf der ersten Reise Pech hat und strandet, kommen 80 Passagiere um. Sie werden von wütenden Brandungsseen über Bord gespült oder an der Bordwand von den Masten und Rahen erschlagen. In diesem Jahr sinkt auch die ARCTIC der Collins Line. Ebenfalls 1854, im August, geht der britische hölzerne Dampfer HER MAJESTY auf der Reise nach Quebec verloren. Da ist keiner, der überlebt. 1856 erwischt es wieder ein Collins-Schiff, die 2856 BRT große PACIFIC. Mit 45 Fahrgästen und 141 Besatzungsmitgliedern an Bord bleibt das Schiff auf seiner Reise von Liverpool nach New York überfällig. Niemand hat es nach dem Auslaufen noch einmal gesehen. Im gleichen Jahr sinkt der in der Nord- und Südamerikafahrt stehende französische, 1070 BRT große eiserne Schraubendampfer LYONNAIS nach einer Kollision mit der Bark ADRIATIC. 130 Menschen sind die Opfer, die meisten kommen erst in den Rettungsbooten im Sturm und Nebel um. 1857 verschwindet die nur 866 BRT große TEMPEST der britischen Anchor Line mit 150 Menschen an Bord auf ihrer ersten Fahrt zwischen Glasgow und New York in den Weiten des Atlantik. Spurlos, wie viele andere. Am 13. September 1858 gerät der HAPAG-Auswandererdampfer AUSTRIA (gebaut 1857, 2684 BRT) in Brand. 1860 endet das britische 2190 BRT große Dampfschiff HUNGARIAN von der britischen Allan Line bei Cape Sable, Nova Scotia: 267 Tote und Vermißte sind zu beklagen. Und von dem 1264 BRT großen, 1857 gebauten eisernen Dampfer UNITED KINGDOM der britischen Anchor Line mit seinen 80 Passagieren an Bord wird nie wieder etwas gehört oder gesehen.

Zahlreiche weitere Unglücke ereignen sich in rascher Folge. Nach Admiral G. H. Preble gingen in den 41 Jahren zwischen 1838 und 1879 144 Passagierdampfer verloren. Über die Zahl der dabei ums Leben gekommenen Personen sind keine Angaben überliefert.

Die Seeunfälle reißen auch später nicht ab. Darunter sind schwere und schwerste Unfälle, zum Beispiel der des HAPAG-Dampfers CIMBRIA (3037 BRT), der schuldlos auf dem Weg nach New York mit dem Kurs Elbe einkommenden britischen

Dampfer SULTAN in Nacht und Nebel kollidiert. 513 Menschen kommen ums Leben; unter den Opfern sind allein 81 Frauen und 49 Kinder. Nur 43 Menschen werden gerettet. Ähnlich schwer ist auch die Kollisionskatastrophe des 2731 BRT großen britischen Auswandererschiffes UTOPIA, das der Anchor Line gehört und 1891 mit 563 Menschen in die Tiefe sinkt. Schließlich und endlich, um diese schreckliche Aufzählung von Beispielen zu beenden, sei noch kurz auf die sogenannte ELBE-Katastrophe im Jahre 1895 verwiesen. Am 30. Januar kollidiert der in Schottland erbaute, 5600 BRT große NDL-Transatlantik-Passagierdampfer mit dem britischen Steamer CRATHIE in der Nordsee. Die ELBE sinkt in wenigen Minuten und reißt 330 Menschen mit hinab.

Aber auch der Wunsch einiger Außenseiter, schnell reich zu werden, führt zu Überladungen der Schiffe und begünstigt die Seeunfälle. Nicht selten werden praktisch

abwrackreife Schiffe überladen und bewußt als schwimmende Särge in See geschickt, den Untergang bewußt geplant. Es ist der britische Parlamentarier Plimsoll, dessen Interventionen 1875 zur »Plimsoll-Line« genannten Freibordmarke führen.

Das Geheimnis der MARY CELESTE

Eines der mysteriösesten Kapitel der Seefahrtgeschichte ist der Fall der US-amerikanischen Brigg MARY CELESTE, die, 282 BRT groß, 1861 für J.H.Winchester and others auf dem Joshua Dewis Yard, Spencer Island, Nova Scotia/Kanada, als AMAZON vom Stapel gelaufen war. 1868 kam sie unter das Sternenbanner, wurde 1869 von Captain Winchester gekauft und in MARY CELESTE umbenannt.
Diese MARY CELESTE segelt unter Captain B.S. Briggs am 7. November 1872 von New York nach Genua. Geladen hat das Schiff, auf dem neben einer siebenköpfigen Besatzung die Frau des Kapitäns und dessen zweijährige Tochter an Bord sind, 1701 Barrels an Crude-Alkohol. Die Brigg wird am 5. Dezember 1872 etwa 590 Seemeilen von Gibraltar von der Nova-Scotia-Brigantine DEI GRATIA gesichtet. Deren Kapitän Morehouse glaubt zu sehen, daß sich die offenbar treibende Brigg in Schwierigkeiten befindet. Er geht näher heran, bekommt aber auf seine Anrufe keine Antwort.
Er nähert sich bis auf einige hundert Yards und beobachtet durch sein Glas, daß das Ruder des fremden Seglers unbesetzt und auch sonst niemand an Deck ist.
Er schickt seinen Ersten Offizier mit zwei Seeleuten an Bord, die das Schiff zwar verlassen, sonst aber absolut see- und segeltüchtig vorfinden. Auffallend ist nur, daß der Chronometer des Kapitäns, der Sextant, die nautischen Tabellen und fast alle Schiffspapiere fehlen. Das Journal ist bis

Die sich stetig ausweitende internationale Seefahrt führte naturgemäß zu vermehrten Unfällen auf See. Kesselexplosionen, Kollisionen, schwere Stürme, Feuer und Strandungen forderten zahlreiche Menschenleben. Und so mancher Strand trug als traurige Zierde das Wrack eines Schiffes, so wie hier im fernen Feuerland diesen gestrandeten Raddampfer.

Es begann beim Kaffee: Im Jahre 1688 eröffnete ein gewisser Edward Lloyd in der Tower Street in London ein Kaffeehaus. Es war eines von über zweitausend in der britischen Hauptstadt, aber wenn sich anderswo Schachspieler oder Künstler trafen, so waren es bei Lloyd bald Seeleute, Reeder, Versicherungsexperten und Spekulanten. Für auslaufende Schiffe konnten die sogenannten Underwriters, die Unterschreibenden, einen Risikoanteil zeichnen, dessen Gegenwert verloren war, wenn das Schiff im Sturm kenterte oder den Piraten in die Hände fiel, der sich aber um ein Vielfaches vermehrte, wenn das Schiff vollbeladen und heil wieder heimkehrte. Edward Lloyd unterhielt einen ständigen Botendienst zur Themse, um die neuesten Nachrichten über ein- und auslaufende Schiffe seinen Gästen zu vermitteln. Heute, nachdem Lloyds of London zum größten Versicherungskonzern der Welt angewachsen ist, gilt Lloyds Office noch immer als die am besten und aktuellsten informierte Stelle der Welt, was Schiffsangelegenheiten betrifft.
Oben: Die berühmte Glocke bei Lloyds of London meldet wie eh und je mit schrillem Geläut, wenn Nachrichten über Havarie oder Untergang eines Schiffes eintreffen.
Unten: Lloyds List Nummer 560 vom Freitag, dem 2. Januar 1740, mit den Wertangaben aller damals handelbaren Spekulationsobjekte

Rechte Seite: Nach der TITANIC-Katastrophe, die für die Menschen auf diesem Schiff glimpflich verlaufen wäre, wären genügend Rettungsboote vorhanden gewesen, wird 1914 ein Vertrag zwischen den seefahrenden Nationen abgeschlossen, der die Anzahl der Rettungsboote auf einem Schiff zwingend vorschreibt. Zuvor blieb diese Frage im Ermessen des einzelnen Schiffseigners. 1788 entwickelt der Engländer Greathead das erste Rettungsboot mit Luftkästen, die es unsinkbar machen sollen. Um 1850 stellt William Teasdel in London sein Rettungsboot LOWESTOFT vor, das nicht nur mit Masten, Segeln, Paddeln und anderem Nützlichem ausgestattet war, sondern auch zwei Räder hatte, um am rettenden Ufer als Transportkarren verwendet werden zu können.

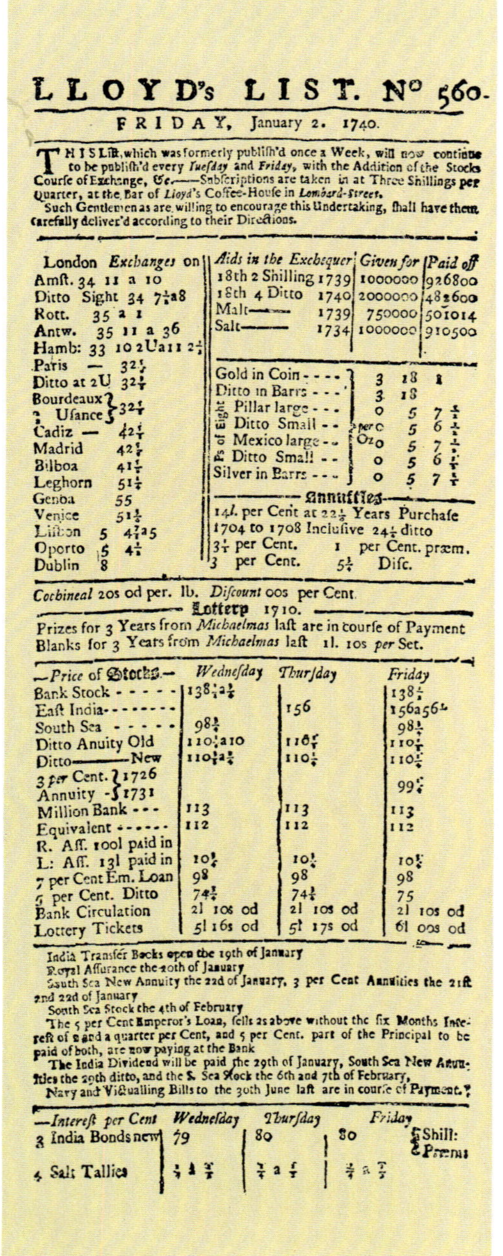

LLOYD's LIST. No 560.

FRIDAY, January 2. 1740.

THIS List, which was formerly publish'd once a Week, will now continue to be publish'd every *Tuesday* and *Friday*, with the Addition of the Stocks Course of Exchange, &c.——Subscriptions are taken in at Three Shillings per Quarter, at the Bar of *Lloyd*'s Coffee-House in *Lombard-Street*.
Such Gentlemen as are willing to encourage this Undertaking, shall have them carefully deliver'd according to their Directions.

London *Exchanges* on	
Amst.	34 11 a 10
Ditto Sight	34 7 1/2 a 8
Rott.	35 a 1
Antw.	35 11 a 36
Hamb:	33 10 2 U a 11 2 1/2
Paris —	32 1/2
Ditto at 2 U	32 1/2
Bourdeaux 2 Usance	32 1/2
Cadiz —	42 1/2
Madrid	42 1/2
Bilboa	41 1/2
Leghorn	51 1/4
Genoa	55
Venice	51 1/2
Lisbon	5 4 7/8 a 5
Oporto	5 4 1/2
Dublin	8

Aids in the Exchequer		*Given for*	*Paid off*
18th 2 Shilling	1739	1000000	926800
18th 4 Ditto	1740	2000000	482600
Malt——	1739	750000	501014
Salt——	1734	1000000	910500

Gold in Coin		3	18	1
Ditto in Barrs		3	18	
Ps of Eight Pillar large	per Oz	0	5	7 1/2
Ditto Small		0	5	6 1/2
Mexico large		0	5	7 1/2
Ditto Small		0	5	6 1/2
Silver in Barrs		0	5	7 1/2

Annuities

14*l.* per Cent at 22 1/2 Years Purchase
1704 to 1708 Inclusive 24 1/2 ditto
3 1/2 per Cent. 1 per Cent. præm.
3 per Cent. 5 1/4 Disc.

Cochineal 20s 0d per. lb. *Discount* 00s per Cent.

Lottery 1710.

Prizes for 3 Years from *Michaelmas* last are in course of Payment
Blanks for 3 Years from *Michaelmas* last 1l. 10s *per* Set.

—*Price* of Stocks.—	*Wednesday*	*Thursday*	*Friday*
Bank Stock	138 1/4 a 1/2		138 1/2
East India		156	156 a 56 1/2
South Sea	98 1/4		98 1/2
Ditto Anuity Old	110 1/4 a 10	110 1/2	110 1/2
Ditto —— New	110 1/4 a 1/2	110 1/2	110 1/2
3 per Cent. Annuity 1726 / 1731			99 1/4
Million Bank	113	113	113
Equivalent	112	112	112
R. Ass. 100l paid in			
L: Ass. 13l paid in	10 1/4	10 1/4	10 1/4
7 per Cent Em. Loan	98	98	98
5 per Cent. Ditto	74 1/4	74 1/4	75
Bank Circulation	2l 10s 0d	2l 10s 0d	2l 10s 0d
Lottery Tickets	5l 16s 0d	5l 17s 0d	6l 00s 0d

India Transfer Books open the 19th of January
Royal Assurance the 20th of January
South Sea New Annuity the 22d of January, 3 per Cent Annuities the 21st and 22d of January
South Sea Stock the 4th of February
The 5 per Cent Emperor's Loan, sells as above without the six Months Interest of 2 and a quarter per Cent, and 5 per Cent. part of the Principal to be paid of both, are now paying at the Bank
The India Dividend will be paid the 29th of January, South Sea New Annuities the 29th ditto, and the S. Sea Stock the 6th and 7th of February,
Navy and Victualling Bills to the 30th June last are in course of Payment.

—*Interest per Cent*	*Wednesday*	*Thursday*	*Friday*	
3 India Bonds new	79	80	80	Shill: Premi
4 Salt Tallies	[illegible]	[illegible]	[illegible]	

zum 24. November, 8.00 Uhr, mit einer Eintragung geführt worden. Nirgendwo gibt es an Bord Zeichen für Gewaltanwendung. Die vordere Ladeluke ist zum Teil geöffnet. Auch das bringt des Rätsels Lösung nicht, denn es ist üblich, das Schiff bei einer solch gefährlichen, explosiven Ladung von Fall zu Fall durchzulüften. Nachher, in Genua, wohin Captain Morehouse die Brigg über Gibraltar segeln wird, findet man beim Löschen der Ladung neun leere, das heißt ausgelaufene, weil undichte Fässer. Das könnte der Grund für das Mysterium sein. Die Schiffsführung hatte, nachdem sie Kenntnis vom Auslaufen des reinen Alkohols bekam, berechtigte Angst vor einer Explosion der alkoholgesättigten Luft im Laderaum. Man verließ das Schiff, um bis zur Durchlüftung und Beseitigung der Gefahr in seiner Nähe abzuwarten, wurde aber plötzlich bei aufkommender Brise schnell und unerwartet abgetrieben. Eine Überlegung, die von Wetterberichten dieses Tages untermauert wird.
Wahrscheinlich sind die Bootsinsassen in dem schweren Wetter außer Sicht der MARY CELESTE in ihren Booten gekentert und umgekommen.
Diese auch von Lloyds, London, unterstützte Theorie über den Verbleib der Besatzung ist so einleuchtend und einfach und sachkundig fundiert, daß das viel gerühmte und viel umrätselte Geheimnis der MARY CELESTE kein Geheimnis mehr ist.

Sicherheit an Bord

Parallel zur erstaunlichen Evolution im Schiffbau vollzieht sich in allen Schifffahrtsländern die Entwicklung von Sicherheitseinrichtungen an Bord. Ein tragisches Ereignis ist der Anlaß, daß man sich in Deutschland nicht wie in England über die so gravierenden Vorschläge des britischen *Bulkhead Committees* hinwegsetzt. Die großen Verluste bei der Kollision des Schnelldampfers ELBE (330 Tote) mit dem britischen Kohlensteamer CRATHIE veranlassen die deutsche Regierung, die Reedereien und die 1887 gegründete Seeberufsgenossenschaft (SBG) zur erhöhten Anstrengung auf dem zweifellos aus diesen oder jenen Gründen vernachlässigten Gebiet der Schiffssicherheit aufzufordern.
Die vom Germanischen Lloyd im Auftrage der SBG dem *Bulkhead Committee* vorgeschlagenen Schottvorschriften werden mit gewissen Änderungen ohne Rücksicht auf Erwerbseinschränkungen voll akzeptiert und in der Welt und später auch in England als eine Kulturtat gewürdigt. Die Unfallverhütungsvorschriften werden den neuesten Erkenntnissen angepaßt. Neu sind nach der britischen Plimsoll-Akte, die 1875 das Anbringen einer Tiefladelinie vorschreibt, auch die 1903 erlassenen deutschen Freibordvorschriften, die Vorschriften für Rettungsboote und Schwimmwesten, jene für den Schutz gegen infektiöse Krankheiten, wie etwa die Quarantäne an Bord. Daneben laufen allerorts Maßnahmen zur Sicherung der Schiffahrtswege, wie etwa durch Bojen, Leuchtfeuer, Feuerschiffe, Baken, Blüsen und dergleichen.
Die verpflichtenden Vorschriften, wie sie sich im 19. und 20. Jahrhundert immer stärker artikulieren, haben bei den verschiedenen Schiffahrtsnationen verschiedene Grundlagen als Ausgangsbasis. Großbritannien zum Beispiel kennt das staatliche

Board of Trade. Diese vollständig unabhängige und selbständige ministerielle Behörde verfügt über absolute Autorität. Sie kann sich und ihre den Schiffbau und die Schiffahrt betreffenden Anordnungen voll durchsetzen, soweit diese die Allgemeinheit betreffen. In den USA regelt Schiffssicherheitsfragen das staatliche *Board of Supervising Inspectors.* Auch hier herrscht absolute Unabhängigkeit vor. Ähnlich liegen die Verhältnisse in Italien, Frankreich und in der österreichisch-ungarischen Monarchie. Deutschland dagegen, wo es zwar eine Seeunfallversicherung gibt, hat keine mit Schiffssicherheitsfragen befaßte staatliche Behörde. Hier herrscht noch immer eine Art Selbstverwaltung vor, die in den Händen der Seeberufsgenossenschaft (SBG) liegt, deren Mitglieder in der Hauptsache Reeder und Vertreter der Versicherten sind. Diesen ist als Berater angeschlossen der 1867 gegründete Germanische Lloyd (GL). Wie der Name sagt, soll die Genossenschaft, deren Vertreter in ihren geschäftlichen Unternehmungen von der Konkurrenz mehr oder weniger abhängig sind, im wesentlichen die Interessen der Seeleute vertreten. Erst allmählich greift sie auch auf den Transport von Gütern und Passagieren über. Allerdings hat die SBG auch auf die Sicherheit des überseeischen Passagiers nicht unbedeutenden Einfluß. Sie prüft Vorschriften über die Schotte und die Rettungsboote der Passagierdampfer. Jedoch sagt Professor Flamm 1911 in der Zeitschrift »Deutscher Schiffbau« treffend: »Beide Kategorien sind unzulänglich. Sie werden durch die Konstruktionen der großen Passagierdampfer seitens der Reedereien selbst als weit überholt und gerade dadurch als unzulänglich gekennzeichnet. Und für die Mannschaften auf Frachtschiffen, wo das treibende Moment der Anziehung von zahlenden Passagieren nicht besteht, existieren überhaupt keine Schottvorschriften. Segelschiffe, die außer dem vorderen Kollisionsschott überhaupt kein einziges Schott besitzen, sind stets verloren, sobald sie ein Leck bekommen, gegen das die Mannschaft nicht mehr anpumpen kann.«
1854 bestimmt der *Merchant Shipping Act,* daß jeder Dampfer über 100 BRT durch Schotte in drei wasserdichte Abteilungen zu unterteilen sei, nämlich in einen Kesselraum (Mitte) und je einen Laderaum vorn und hinten. Als die Schiffe und damit die Laderäume größer werden, genügt diese Dreiteilung nicht mehr. Das *Board of Trade* hebt 1862 das Gesetz auf und überläßt die

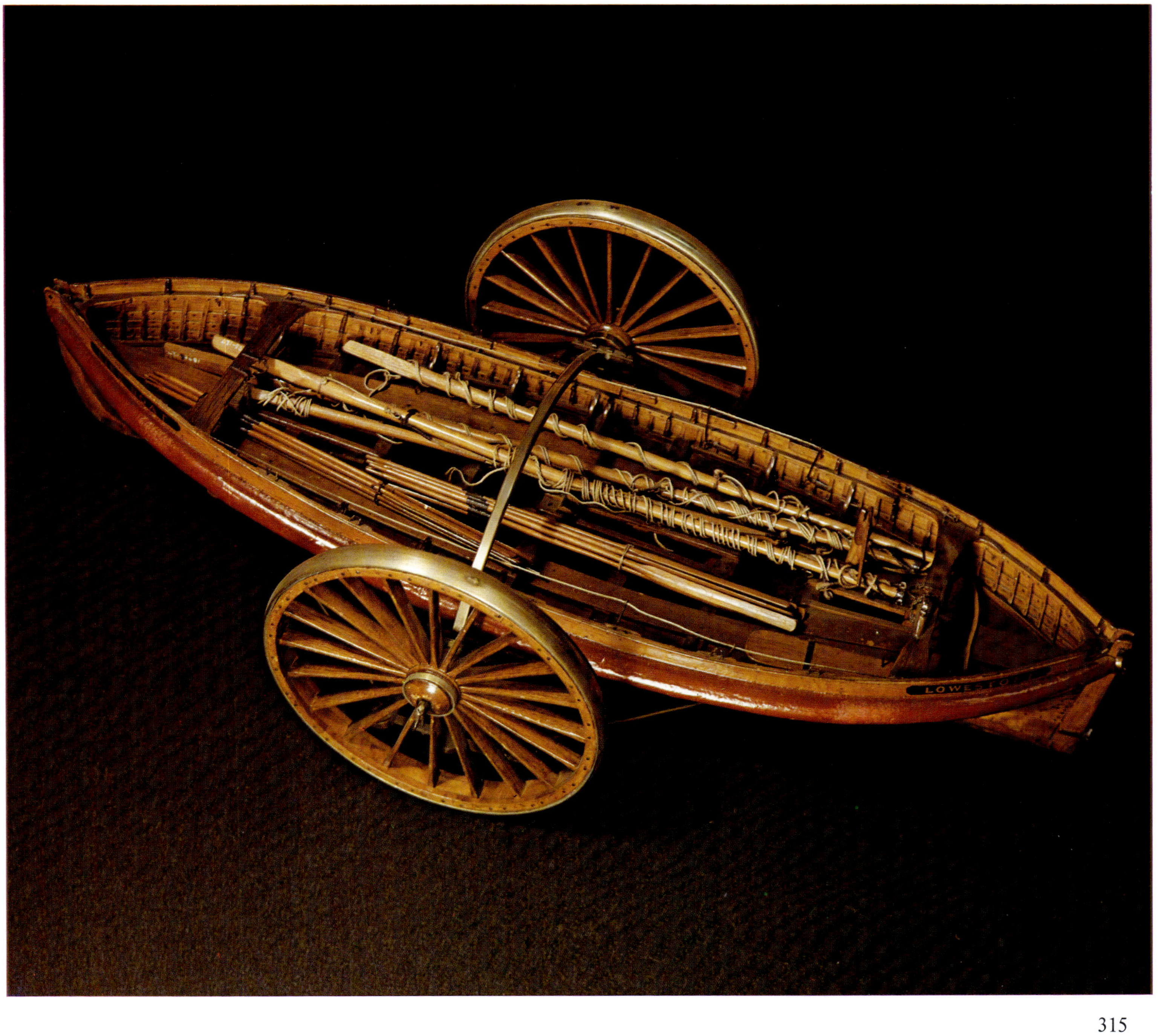

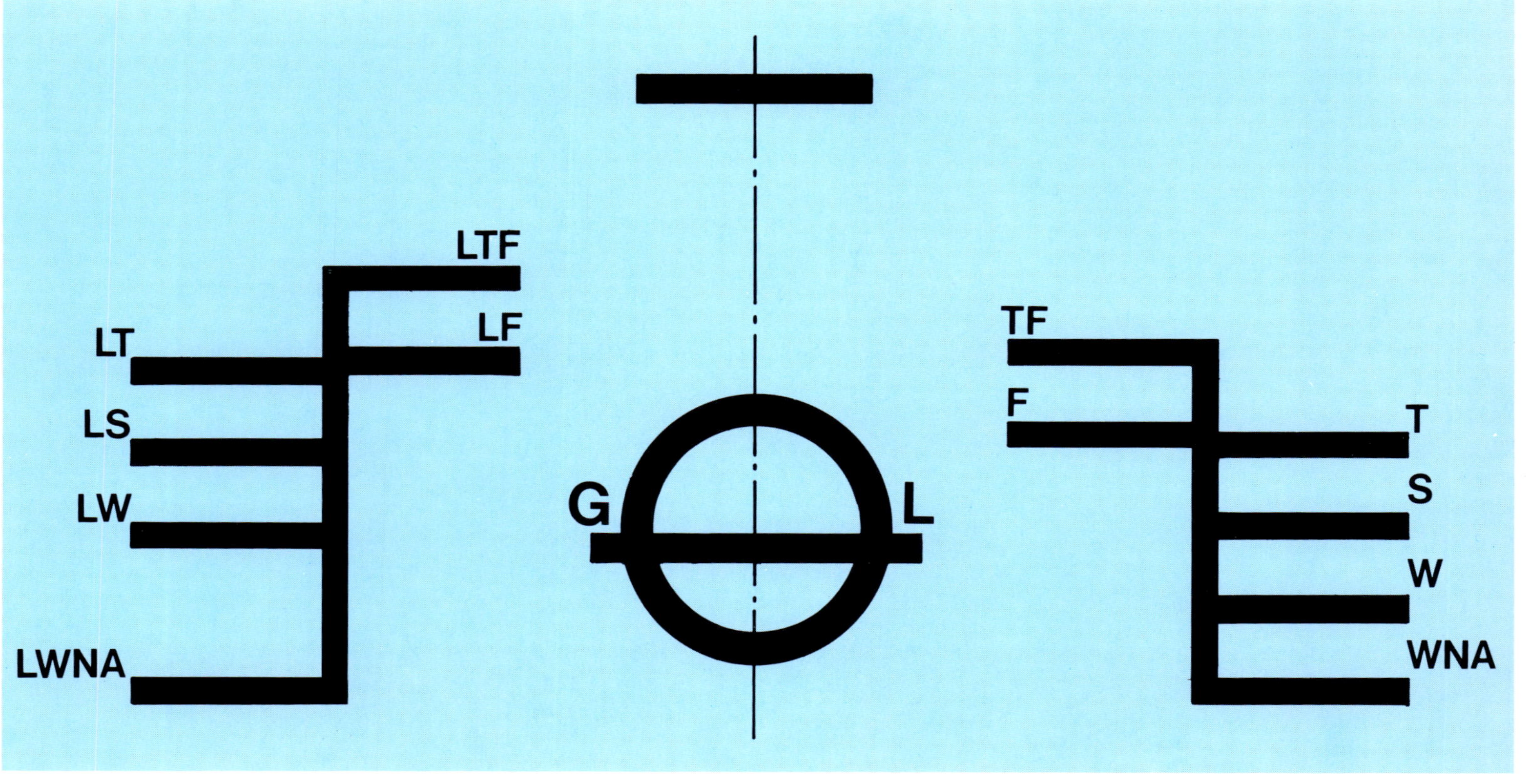

wasserdichte Unterteilung völlig den Reedereien. Dies kann indessen nicht funktionieren, da es ja mit Kosten verbunden ist. Nun aber schalten sich die aufgeschreckten Versicherer ein, praktisch ohne Erfolg. Auch der Untergang zweier Dampfer an zwei aufeinanderfolgenden Tagen zeitigt kein verbindliches Resultat. Eine gewisse Besserung tritt ein, als sich die Britische Admiralität einmischt, »... weil für Zwecke der Truppentransport- und der Postbeförderung auch Handelsschiffe von der Regierung benutzt werden«. Als man offiziell in Verbindung mit Besichtigungen der Frage nachgeht, welchen Schiffen man derartige Transporte anvertrauen könne, genügen innerhalb der britischen Handelsflotte anno 1875 noch nicht einmal 30 Schiffe einer minimalen Schottanordnung.
Zwar tritt 1890 ein englisches Schottkomitee, das schon erwähnte *Bulkhead Committee,* zusammen und erarbeitet Schottvorschriften für Schiffe aller Typen aus. Gesetzlich festgelegt werden sie indessen noch lange nicht. Die Vorschriften werden als Vorschläge gewertet. Mit welchem »Erfolg«, zeigt Jahre später drastisch der enorme Menschenverlust beim Untergang der TITANIC, der schließlich 1912 zum ersten internationalen Schiffssicherheitsvertrag für die Fahrgastschiffe führt.
In Deutschland liegen die Verhältnisse ähnlich, zumal ja die meisten Passagierschiffe bis Ende des 19. Jahrhunderts noch in England gebaut werden. Immerhin räumt die SBG 1895–1896 mit eigenen Schottvorschriften für »Passagierdampfer in außereuropäischer Fahrt« mit einem wesentlich engeren Schottnetz mit den unsicheren Zuständen auf Fahrgastschiffen wenigstens für Deutschland auf. Nicht nur das: Auch die Festigkeit der Schotte unterliegt den mit dem Germanischen Lloyd abgestimmten neuen Vorschriften.
Leider aber nimmt man in diese Vorschriften jenen verhängnisvollen Passus auf, der den Reedereien die Konzession macht: »Schiffe, welche in bezug auf die Anzahl, Stärke und Verteilung der Schotte den betreffenden Vorschriften der Seeberufsgenossenschaft für Passagierdampfer in langer und atlantischer Fahrt sowie in großer Küstenfahrt entsprechen, brauchen nur die Hälfte des vorgeschriebenen Hilfsbootsraumes (für Rettungsboote) zu haben.«
So wird denn die durch die Schottvorschriften gewonnene erhöhte Sicherheit durch den verminderten Bootsraum zum Teil wieder aufgehoben. Nach diesen Bootsvorschriften kann im Falle eines Wegsinkens eines havarierten Passagierdampfers sehr wohl der Fall eintreten, daß 25 Prozent der an Bord befindlichen Personen, auch bei völlig glatter See und gerade liegendem Schiff, nicht in den Booten untergebracht werden können, weil vorschriftsmäßig nicht genügend Boote vorhanden sind.
Das Gebiet der Schiffssicherheit betrifft nun nicht nur die Schotte und deren mechanische Verschließsysteme oder die verschiedenen Typen der Rettungsboote, deren Ausrüstung mit Schwimmwesten, nautischen Hilfsmitteln, Notproviant und Wasser sowie deren Aufhängung und Wegfiereinrichtungen in den Davits. Zur Schiffssicherheit ist unter anderem auch die bereits erwähnte Tiefladelinie, das heißt der Freibord zu zählen, der in England trotz des Widerstandes der Reeder anno 1875 als Plimsoll-Marke eingeführt wurde. Diese jedoch ist noch ein fast amüsantes Provisorium, denn es ist vor dem Board zunächst noch gleichgültig, wie hoch oder wie niedrig der britische Reeder die ihm »auferlegte« Marke anbringen läßt, mit der er seinen Seeleuten anzeigt, wie tief er sein Schiff wegzuladen beabsichtigt. Es liegt danach im »seemännischen Blick« des interessierten Matrosen oder Steuermannes, zu entscheiden, ob die Marke für seine Ansprüche und Vorstellungen die richtige Höhenlage aufweist oder nicht. Sagt sie ihm nicht zu, sucht er sich eben ein Schiff mit einer vertrauenswürdigeren Marke.
1890 setzt das *Board of Trade* diesem Auslegungsspiel mit einem energischen Gesetz zur Regelung der Freibordhöhe ein Ende. Deutschland folgt mit Freibordvorschriften erst 1903.
Das Thema Sicherheit ist sehr umfangreich und konnte hier nur gestreift werden. Trotz der immer wieder aufschreckenden Unfallmeldungen trägt die fortschreitende Perfektion der Technik zur Optimierung der Sicherheit auch in der Schiffahrt bei.

Links: Nach der Plimsoll-Akte von 1875 mußte jedes Schiff mit einer Marke an der Bordwand gekennzeichnet werden, bis zu der das beladene Schiff höchstens eintauchen darf. Inzwischen sind die ursprünglich willkürlich vom jeweiligen Reeder angebrachten Marken genau festgelegten Freibordmarken gewichen. Unser Beispiel zeigt oben die Deckslinie, in der Mitte darunter die eigentliche Plimsoll-Marke mit der Abkürzung der Klassifikationsgesellschaft, hier des Germanischen Lloyd, rechts die allgemeinen Ladelinien (TF = Tropen Frischwasser, F = Sommer Frischwasser, T = Tropen Seewasser, S = Sommer Seewasser, W = Winter Seewasser, WNA = Winter Nordatlantik). Links die entsprechenden Ladelinien für Holzfahrt mit Decksladung (mit vorgesetztem L für lat. lignum = Holz).

Rechts: Eröffnung des Suezkanals am 17. November 1869. An der Spitze der Schiffsprozession fährt die kaiserliche Yacht L'AIGLE.

Nächste Doppelseite: Nach anfänglichen Problemen wird der Suezkanal ein voller geschäftlicher Erfolg für die Kanalgesellschaft. Der Sechstagekrieg 1967 zwischen Ägypten und Israel setzt dem Leben dieser Wasserstraße ein jähes Ende, und jahrelang verstopfen Wracks und blockierende Schiffe den Kanal.

Dampfer auf allen Meeren

Zwei Kanäle zwischen den Meeren

Noch immer gelten der Suez- und der Panamakanal als die beiden wichtigsten künstlichen Verbindungen zwischen zwei Meeren. Sie haben noch eine weitere Gemeinsamkeit: Beide sind mit dem Namen des Franzosen Ferdinand de Lesseps, des Hexenmeisters der französischen Finanzen, verbunden, der eine für ihn als Symbol des Triumphes, der andere als eine Erinnerung an seine Niederlage.
Die Geschichte des Suezkanals ist fast so alt wie die mittelmeerische Seefahrt und so wechselvoll wie ein Kaleidoskop. Sie ist Stoff für einen Roman. Belebt und immer wieder verworfen, erkennt schließlich Napoleon Bonaparte die weltweite Macht, die ihm ein solcher Kanal einbringen würde, und er begibt sich im Jahre 1798 an die Stelle des alten Durchstichs aus der Zeit des Königs Dareios. Aber der Landmesser La Père, den Napoleon mit den vorbereitenden Vermessungsarbeiten beauftragt, zerstört die stillen Hoffnungen und hochgesteckten Ziele Frankreichs. Er erklärt, daß der Wasserspiegel des Roten Meeres 32 Fuß über dem des Mittelmeeres liegt. Napoleon legt den Plan ad acta.
Zwar beweist Captain Chesney 1830 einen Vermessungsfehler, aber man zieht zunächst den Bau einer Eisenbahn als Verbindung zwischen Kairo am Mittelmeer und Suez am Roten Meer vor. Ferdinand de Lesseps, Vizekonsul für Frankreich in Alexandria, durchdenkt das Kanalprojekt erneut. 1854 gewinnt er dafür den neuen Vizekönig Mohammed Said. Am 25. April 1859, als alle Widerstände beseitigt sind, beginnt die Suez-Kanal-Gesellschaft mit den Arbeiten. Das Land ist nicht eben, steigt aber auch nicht zu großen Höhen an. Port Said wird zum Hafen ausgebaut.
3000 Kamele und Esel sind im Einsatz, um Trinkwasser durch die Wüste zum Menzalasee zu schleppen. Ende 1869 sind die Baukosten auf 454 Millionen Francs geklettert. Dennoch: Am 17. November wird der 61 bis 91 m breite und rund 11 m tiefe Kanal eröffnet. An der Spitze der Prozession der Schiffe fährt die kaiserliche Yacht L'AIGLE mit der Kaiserin Eugénie, dem Khedive von Ägypten, dem Kaiser von Österreich und den königlichen Persönlichkeiten aus Preußen, Rußland und den Niederlanden an Bord. Erst 1870 empfängt die britische Königin Victoria Ferdinand de Lesseps und ehrt ihn mit dem Grand Cross of the Star of India als Symbol für die Kommunikation, die er zwischen Großbritannien und dessen Besitzungen in der östlichen Hemisphäre möglich gemacht hat.
Der Kanal wird anfangs wenig benutzt. 1870 passieren ihn nur 486 Dampfer mit 26 738 Passagieren. 1871 beträgt die Tonnage 761 000 statt der prophezeiten 1 Million Tonnen. Ein Hauptproblem bei der Passage ist die Anpassung der Besatzungen und Passagiere vom gemäßigten Klima Europas an die grausame Hitze des Roten Meeres.
Trotz allem – der Kanal rentiert sich. Ja, er wird ein voller Erfolg. Bis 1931 hat das 4-Millionen-Pfund-Aktienpaket der britischen Regierung 36 Millionen Dividende eingebracht. 1956 verstaatlicht die ägyptische Regierung den Kanal. 1967 hat der Sechstagekrieg zwischen Israel und Ägypten die vollkommene Schließung des Kanals zur Folge. Die Ägypter müssen erhebliche Einbußen in Kauf nehmen. Den Tankern bleibt nur der lange Weg ums Kap der Guten Hoffnung, eine Situation, die auch die Geburtsstunde für die Mammuttanker vom VLCC- und ULCC-Typ ist. Diese Typen sind zu groß und zu tiefgehend, um später den Kanal, als er 1975 von Präsident Anwar al Sadat wiedereröffnet wird, noch benutzen zu können. Erst langsam tastet man sich in Ausbaustufen an die Tiefgänge der Giganten, zunächst wenigstens in der Ballastfahrt, heran.
Nach dem 70/71er Krieg zwischen Frankreich und Deutschland sucht Lesseps nach einem neuen Erfolg für seine angeschlagene Nation. Er will den Panamakanal bauen, die Verbindung zwischen dem Pazifik und dem Atlantik, ein Vorhaben, dem Gelbfieber und plötzliche Überschwemmungen von tropischem Ausmaß entgegenstehen. Als Ferdinand de Lesseps

PACIFIC OCEAN
PANAMA
MIRAFLORES LOCK
PEDRO MIGUEL LOCK
CULEBRA
River Chagres
Panama Railway
GATUN LAKE
GATUN LOCKS
Dam
Spillway
Railway
French Canal
South
COLON
LIMON-BAY
North
ATLANTIC OCEAN

Linke Seite: Panoramakarte nach einer Luftaufnahme aus dem Jahre 1913, den Verlauf des damals noch nicht ganz fertiggestellten Panamakanals darstellend. Am 15. August 1914 wird diese Verbindung zwischen Atlantik und Pazifik eingeweiht, ein Bauwerk, das in Schweiß, Blut und Tränen getränkt war, denn während seiner 35jährigen Bauzeit forderte der 81,6 km lange Kanal über 40 000 Menschenleben, vor allem durch Gelbfieber in den Mangrovensümpfen.

Rechts: Auch Deutschland besitzt mit dem Nord-Ostsee-Kanal eine bedeutende künstliche Wasserstraße. 1885 bis 1897 gebaut und als Kaiser-Wilhelm-Kanal getauft, wird die Wasserstraße von 1909 bis 1914 ausgebaut und auf 98,7 km Länge erweitert. Sie ist heute der am meisten befahrene Kanal der Welt. Unser Bild zeigt den Nord-Ostsee-Kanal bei Albersdorf.

1894 stirbt, überschattet von dem Vorwurf der Korruption und des Betruges in seiner Compagnie Universelle du Canal Interocéanique, wird eine neue Gesellschaft gegründet. Diese muß 1904 an die Amerikaner verkauft werden. Bis zu diesem Zeitpunkt sind bereits durch Malaria und Gelbfieber 40 000 Tote zu beklagen. Als die Amerikaner mit den Arbeiten beginnen, versteht man wenig von dem, was man heute »Analyse des kritischen Weges« nennt.
Der Bau kostet die Amerikaner 80 Millionen Pfund. Es gibt schließlich wegen der Vergabe an unerfahrene Firmen einen gewaltigen Krach in der Regierung, und 1907 übernimmt die Armee die restlichen Arbeiten. Am 15. August 1914 wird der Kanal dann doch noch fertiggestellt. 85 000 Menschen waren die Spitze an gleichzeitig eingesetzten Arbeitskräften, 14 000 waren ständig im Einsatz.
Nun werden Kanallotsen gebraucht und elektrische Treidellokomotiven, um die Schiffe durch die Schleusen zu schleppen. 1927 werden beispielsweise auf 5475 Schiffen 27 Millionen Tonnen Ladung transportiert, 1952 sind es 63,4 Millionen Tonnen. 1964 erklären sich die USA einverstanden, den Kanal wieder unter die Oberhoheit von Panama zu stellen, nicht ohne den Hintergedanken, einen neuen, anderen Durchstich mit Hilfe von Atomenergie zu erzwingen.
Wie mit dem Namen Ferdinand de Lesseps haben beide Kanäle noch zwei andere Gemeinsamkeiten: Sie beschwören das Ende einer regionalen Segelschiffahrt herauf – der Suez jene ums Nadelkap nach Persien, Indien, Indonesien und der Panamakanal jene zu den Westküsten der beiden amerikanischen Kontinente. Es wird einsam vor Kap Hoorn.

Dampfschiffahrt in Zahlen

Bis um die achtziger Jahre versah man die Dampfschiffe noch immer mit einer wenn auch im Laufe der Zeit immer mehr reduzierten Segeltakelage. Das hatte nichts mit der konservativen Einstellung der Seeleute zu tun, sondern hatte gute Gründe. Einerseits versuchte man bei günstigen Winden Kohle zu sparen, andererseits wollte man auf die Segel wegen der noch immer unzulänglichen Betriebssicherheit der Dampfmaschinenanlagen nicht verzichten und nahm lieber eine größere Besatzung als das kleinere Übel in Kauf.
Und da anfänglich nur in wenigen Häfen Kohlenlager zur Verfügung standen, vollzieht sich die ozeanische Ausbreitung der Dampfer – trotz deren technischer Fortschritte – relativ langsam.
Die Welttonnage jedoch steigt rapide an, wie eine tabellarische Übersicht bis zur Zeit um die Jahrhundertwende zeigt:

1821	11 500 NRT
1831	43 000 NRT
1841	140 500 NRT
1851	329 500 NRT
1861	1 003 500 NRT
1871	2 443 000 NRT
1881	5 006 100 NRT
1891	9 483 100 NRT
1901	13 856 500 NRT
1903	15 431 974 NRT

Eine weitere Tabelle zeigt den Dampferbestand der Welt von 1903:

	Einheiten	BRT
1. Großbritannien	5 839	13 305 915
2. Deutschland	1 167	2 622 308
3. USA	774	1 497 253
4. Frankreich	556	1 096 120
5. Norwegen	804	863 146
6. Spanien	428	742 258
7. Italien	353	721 525
8. Rußland	523	571 902
9. Niederlande	288	560 473
10. Österreich-Ungarn	221	520 441

Für das Jahr 1903 gibt es auch eine Zusammenstellung der größten Dampferlinien der Welt. Danach rangieren zwei deutsche Unternehmen, gemessen an der Tonnage, an der Spitze:

	Einheiten	BRT
1. HAPAG, Hamburg	127	577 542
2. Norddeutscher Lloyd (NDL), Bremen	119	460 238
3. Elder Dempster & Co., Liverpool	107	414 608
4. British India, London	124	386 620
5. Peninsular and Oriental, London	58	300 874
6. Union Castle Line (D. Currie), London, Liverpool, Glasgow	53	259 751
7. White Star Line, Liverpool, London	27	246 012
8. Navigacione Generale Italiana, Genua, Neapel, Palermo	109	228 028
9. Leyland Line, Liverpool	38	226 636

	Einheiten	BRT
10. Nippon Yusen Kabush, Kaisha, Tokio	81	216318
11. Messageries Maritimes, Marseille, Bordeaux	59	214229
12. Österreichischer Lloyd, Triest	69	183397
13. Wilsons Line, Hull	81	177923
14. Clan Line, London, Glasgow, Liverpool	46	169703
15. Holt Line, Liverpool Freemantle	31	166662
16. Pacific Steam Nav. Co., Liverpool	44	157261
17. Hansa Linie, Bremen	44	151978
18. Harrison Line, Liverpool	32	151438
19. Allan and States Lines, Glasgow	33	149323
20. Compagnie Générale Transatlantique, Le Havre, St. Nazaire	54	147206
21. Det Forenede Dampfskibs Kopenhagen	128	138022
22. Anchor Line (Henderson), London, Glasgow, Liverpool	32	137634
23. Cunard Steamship Co., Liverpool	22	131934
24. HSDG, Hamburg	32	129018
...		
27. Kosmos Linie, Hamburg	29	110735
29. Deutsch-Australische, Hamburg	26	103440
45. Woermann Linie, Hamburg	35	72828
51. Deutsche Levante-Linie, Hamburg	28	62838
56. Deutsche Ostafrika-Linie, Hamburg	20	59366
57. Rob. Sloman & Co., Hamburg	15	57761
61. DAPG, Geestemünde, Hamburg	17	54204

Deutsche Dampferlinien

Bei der deutschen Handelsschiffahrt, die seit 1867, der Gründung des Norddeutschen Bundes, als einheitliche deutsche Handelsmarine mit nunmehr 5110 Schiffen mit 1,3 Millionen Tonnen Tragfähigkeit und unter der einheitlichen Flagge Schwarz-Weiß-Rot fährt, weht eine frische Backstagsbrise, wenn auch der landeseigene Schiffbau noch immer stagniert und Neubauten von Dampfern in England geordert werden. Unter den großen Reedereien ist vor allem der Norddeutsche Lloyd zu nennen. Hier weitet man neben dem Nordatlantiktörn weitere Fahrtgebiete zügig aus: Ende 1860 in der Baumwoll- und Tabakfahrt erst nach Baltimore und zum Golfhafen New Orleans und dann weiter nach Havanna. Es folgen außer den Linien im europäischen Bereich auch Linien nach Westindien und Mittelamerika. 1876 fährt man erstmals nach Südamerika (La Plata) und ab 1885 mit subventionierten Reichspostdampferlinien nach Ostasien, Australien einschließlich den Tonga- und Samoa-Inseln sowie zwischen Triest und Alexandria.

Auch macht sich der NDL um den landeseigenen Schiffbau verdient, nachdem die Konkurrenz in Hamburg, die HAPAG, 1882 zum ersten Mal bei einer deutschen Werft, nämlich beim Stettiner Vulcan, einen Fracht- und Passagierdampfer für die New-York-Fahrt, die 3467 BRT große Rugia, bestellt hat und damit sehr zufrieden ist.

Begünstigt durch das Reichspostdampfer-Subventions-Gesetz vom 6. April 1885, das eine Lizenzerteilung mit der Auflage verbindet, daß die dafür bestimmten Schiffe auf einer deutschen Werft erbaut werden müssen, ordert der NDL beim Stettiner Vulcan drei Dampfer vom 1815 BRT großen Typ Stettin für den Südsee- und Mittelmeerverkehr und drei 4577 BRT große Dampfer vom Typ Preussen für die Australien- und Ostasienfahrt.

Auch die HAPAG richtet neben ihren Fahrten nach Nordamerika Linien nach New Orleans (1867), Havanna, Mexiko und Westindien ein, hier eine direkte Dampferlinie nach St. Thomas mit Seitenkursen nach Haiti, Veracruz und Tampico, ferner 1870 nach Colon mit Eisenbahnanschluß über den Isthmus nach Panama am Stillen Ozean, von wo (bis zur Errichtung des Panamakanals) die Schiffe der Pacific Mail Steam Ship Company den Weitertransport nach Acapulco und San Francisco im Norden und Ekuador, Peru, Bolivien, Chile im Süden übernehmen. 1875 fusioniert die HAPAG mit der Adler-Linie, richtet einen Dienst Stettin - Göteborg - New York (die Scandia-Linie) ein, bedient weiter die Häfen der Nordküste Südamerikas, wird indessen 1892 durch die schwere Cholera-epidemie in Hamburg im Auswanderergeschäft schwer betroffen.

1897, 50 Jahre nach ihrer Gründung, ist die HAPAG mit 391834 BRT die größte Reederei der Welt, sie muß sogar noch weitere 157 Schiffe hinzuchartern, um der Nachfrage zu genügen. Die HAPAG beteiligt sich zunächst bei verschiedenen anderen Reedereien. Die Einsatzgebiete der nun von Albert Ballin regierten Reederei alle aufzuführen, würde zu weit führen. So viel nur zusammenfassend: Als die HAPAG 1907 auch in das Afrikageschäft eintritt, sind mit über 68 Routen außer Australien alle Erdteile erfaßt. In diesem Jahr zählt die Flotte 153 Schiffe mit 771191 BRT, weitere 141340 BRT sind im Bau. 17000 Menschen stehen im Dienst dieser Reederei, 12000 davon an Bord der Flotte.

Um die Jahrhundertwende sind verschiedene deutsche Reedereien aktiv: Nordamerika, und zwar die Ostküste der USA und Kanada, bedienen neben der HAPAG und dem NDL die Hamburger Reederei Robert M. Sloman, die Tankschiff-Reederei W. A. Riedemann, Bremerhaven (gegründet 1876), später die Deutsch-Amerikanische Petroleum-Gesellschaft (DAPG), Bremen/Bremerhaven (gegründet 1890), und die Reederei Ahrenkiel in der Großen Seen-Fahrt.

Nach Mittelamerika fahren deutscherseits außer der HAPAG und dem NDL die Deutsche Dampfschifffahrtsgesellschaft »Hansa«, Bremen (gegründet 1881), die Horn-Linie der Reederei H. C. Horn (gegründet 1882), die Reederei Zerssen & Co., Rendsburg (gegründet 1865), die Rickmers-Linie, Hamburg (gegründet 1834), die Argo Reederei Richard Adler & Söhne, Bremen (gegründet 1896), und andere.

Nach dem nördlichen Südamerika, Guayana, Venezuela, Kolumbien, fahren vornehmlich die Schiffe der HAPAG. Zur Ostküste Südamerikas (Brasilien, Argentinien, Uruguay, Paraguay bis zur Magellan-

Rechte Seite oben: 1857 wird der Norddeutsche Lloyd in Bremen gegründet. Diese Schiffahrtsgesellschaft unterhält in der Folgezeit bedeutende Linien nach Nord- und Südamerika, Australien und Ostasien. 1970 fusionierte der NDL mit der HAPAG. Das Flaggschiff des Norddeutschen Lloyds wurde stets auf den Namen Bremen getauft, so auch das erste Schiff der Gesellschaft im Jahre 1858, das am 29. Juni mit einem wahren Volksfest der Küstenbewohner seinen Dienst aufnimmt.

Rechte Seite unten: Flaggen und Schornsteinmarken deutscher Schiffahrtsgesellschaften

straße) fahren deutscherseits außer den Schiffen des NDL die Schiffe der 1871 gegründeten Hamburg-Südamerikanischen Dampfschiffahrtsgesellschaft (HSDG), damals noch mit dem gelben, später mit weißem Schornstein mit roter Kappe. Die Westküste Nordamerikas wird von der Hamburger Kosmos-Linie über den Südamerikatörn bis San Francisco wahrgenommen. Nach Südamerikas Westküste (Ecuador, Peru, Bolivien, Chile) fahren vorerst durch die Magellanstraße oder via Kap Hoorn die Schiffe der HAPAG, die Schiffe der Deutschen Dampfschiffahrtsgesellschaft, Hamburg, also der Kosmos-Linie, und ferner die der 1879 gegründeten Hamburger Reederei A. Kirsten mit ihrer Hamburg-Pacific-Dampfschiffahrts-Linie, die später die Kosmos-Linie übernimmt. Südostasien (Aden, Indien, portugiesische Kolonien, Persien, Ceylon, Burma) bedienen vor allem die Schiffe der DDG »Hansa«, Bremen, mit den Schiffen der verschiedenen Fels-Klassen, die Rickmers Rhederei A.G. (seit 1896), die Dampfer der 1888 gegründeten Hamburg-Calcutta-Linie, die Adolph Kirsten gehört, aber auch die rührige Reederei Robert M. Sloman jr., Hamburg. Ostasien (Japan, China) bedienen außer der HAPAG und dem NDL die Rickmers Rhederei, die Deutsche Dampfschiffs-Rhederei von 1889 (Kingsin Linie), die Reederei Robert M. Sloman jr., H. M. Gehrckens, Hamburg. Einen Namen in der chinesischen Küstenfahrt macht sich die Reederei M. Jebsen, Apenrade.
Australien wird angelaufen von Schiffen der Deutsch-Australischen Dampfschiff-fahrtsgesellschaft (gegründet 1888), Hamburg, einmal via Südafrika nach Melbourne und Sydney, zum anderen zurück über Niederländisch-Indien und Marseille.
In der Afrikafahrt stehen die Schiffe der privaten Woermann-Linie (gegründet 1847), der Afrikanischen Dampfschiffs-Actiengesellschaft, der Deutschen Ost-Afrika-Linie (1890), mit Liniendienst auch nach Kapstadt als »Frucht der deutschen Kolonialpolitik«. Darüber hinaus fahren die Schiffe der Deutschen Ost-Afrika-Linie auch auf der Route New York – Kapstadt sowie zwischen Ostafrika und Indien, ebenso die Schiffe der Hamburg-Bremer Afrika-Linie, Flensburger Schiffsparten-Vereinigung und andere.
Weiterhin unterhalten die deutschen Reedereien Verbindungen ins Mittelmeer, ins Schwarze Meer, nach Skandinavien und Rußland.

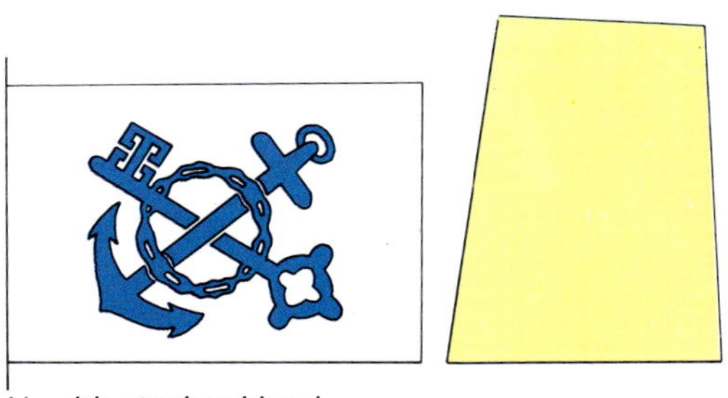

Norddeutscher Lloyd

HAPAG

Deutsche Dampfschifffahrtsgesellschaft »Hansa«

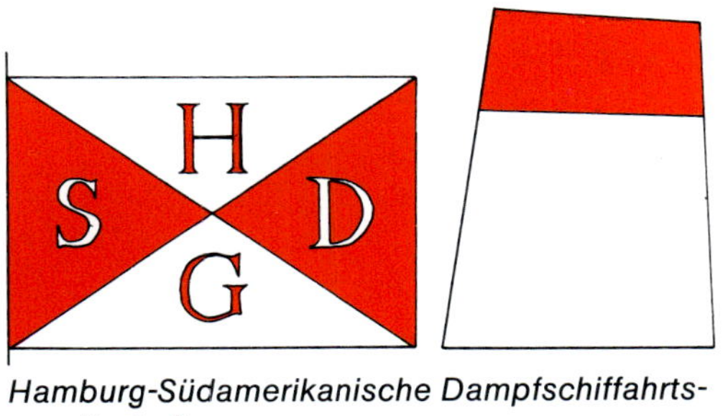

Hamburg-Südamerikanische Dampfschiffahrtsgesellschaft

Die Neue Welt lockt Auswanderer, Abenteurer und Reiselustige. Die Nordatlantikfahrt wird zum einträglichen Geschäft der Reeder, die Schiffe immer größer, schneller, luxuriöser. Ein imaginärer Wettbewerb um das sogenannte Blaue Band für die schnellste Fahrt zwischen Europa und Amerika kommt auf.

Links: Im März 1869 kommt es zu einem regelrechten Wettrennen zwischen dem seitherigen Rekordhalter City of Paris I der Inman Line, dem ersten schraubengetriebenen Oceanliner und mittschiffs gesteuerten Dampfer, und der siegreichen Russia der Cunard Line.

Rechte Seite: Wenn ein Seereisender zum ersten Mal auf einem Schiff den Äquator überquert, muß er sich den Launen des Meeresgottes Neptun stellen, der ihn mit seinem Hofgefolge einer recht anstrengenden Taufe unterzieht. Danach gibt es als Belohnung allerdings ein von Poseidon höchstselbst unterschriebenes Zertifikat. Die Äquatortaufe, heute ein belustigendes und harmloses Spiel, kam gegen 1700 in Mode, war aber in alten Zeiten keineswegs ein Gaudium, sondern eine Opferzeremonie gegen die Gefahren der See, und diese Rituale endeten oft mit schweren Verletzungen oder gar dem Tod des Betroffenen.

Der Kampf ums Blaue Band

Die Entstehung des berühmten Blauen Bandes liegt im dunkeln, denn in Wirklichkeit hat es dieses Band gar nicht gegeben. Kein Schornstein oder Bug war je mit dieser so begehrten imaginären Trophäe geschmückt. Erst 1934 stiftete der Engländer H. K. Hales einen schwülstigen silbernen Pokal, der 1,20 m hoch und 49 kg schwer war. Nur noch drei Schiffen wird er zuerkannt: 1935 der Normandie, 1936 der Queen Mary, deren Reederei ihn allerdings ablehnt, und 1952 der United States, denn dieses Schiff hält den Rekord der schnellsten Atlantiküberquerung zwischen Europa und Nordamerika bis heute. Und eben darum geht es beim Blauen Band seit 1840.

Sicher ist, daß die Erfindung des Blauen Bandes auf englische Reeder zurückgeht, denn auf der Insel war man schon immer Wetten, Rekorden und spleenigen Ideen gegenüber aufgeschlossen. So stifteten englische Reeder schon Anfang des 19. Jahrhunderts einen blauen Wimpel für die schnellste Fahrt von London nach Australien. Vielleicht wollten sie später, als es zu regelmäßigen Überquerungen des Atlantik kam, den edlen und schnellen Schiffen eine Art Hosenbandorden verleihen oder dachten an die blaue Schleife, die das schnellste Pferd eines Derby zu erhalten pflegt.

Wie dem auch sei, der Begriff des Blauen Bandes versetzte die Menschen sehr bald in große Aufregung, und immer, wenn ein neues Schiff den Versuch unternahm, den Rekord zu brechen, verfolgten Millionen die Geschehnisse. Extrablätter, Unterbrechungen von Rundfunksendungen, erregte Diskussionen begleiteten die Fahrt des Schiffes, und die nationale Begeisterung nahm oft Formen an, wie sie heute allenfalls noch bei Fußball-Weltmeisterschaften spürbar werden.

Der Kampf ums Blaue Band war natürlich stets eine Demonstration technischer Neuerungen und oft von dramatischen Ereignissen flankiert. Einige markante Gewinner und Rekordfahrten seien daher beispielhaft erwähnt.

Zunächst waren es hölzerne Raddampfer, die die ersten Rekordfahrten absolvierten. Sie trugen alle eine umfangreiche zusätzliche Takelage, denn der Ausfall der maschinellen Antriebsaggregate war damals noch an der Tagesordnung. In solchen Fällen half dann nichts anderes als die gute alte Segelkraft.

1856, als erstmals eiserne Raddampfer in den Wettstreit der Atlantik-Rekorder eingreifen, fällt die Bestmarke bis zum Jahre 1862 dem 3414 BRT großen Raddampfer Persia der Cunard Line zu. Die Persia ist überhaupt der erste Eiserne der Cunard Line. Sie hat einen Clipperbug, Briggtakelung und zwei Schornsteine. Gebaut wurde sie 1856 bei Robert Napier in Glasgow als *»paddle-wheel-steamer«* für 13,5 kn.

1862 macht die 3871 BRT große Scotia, der letzte und größte Raddampfer der Cunard Line, das Rennen. Dieser Erfolg ist gleichzeitig das Ende einer Ära: das der durch Schaufelräder betriebenen Atlantik-Liner.

1867 schafft die 2651 BRT große, später auf 3081 BRT vergrößerte City of Paris I der Inman Line als das erste mit einer Schraube angetriebene Ozeanschiff und als der erste englische Dampfer, der von mittschiffs aus gesteuert wird, die Strecke Queenstown – New York in 8 Tagen, 4 Stunden und 1 Minute, was einem Durchschnitt von 13,77 kn entspricht.

1869 macht das neue, ungewöhnlich luxuriös eingerichtete Einschraubenschiff der Inman Line, die 3081 BRT große City of Brussels, von sich reden. Sie schafft New York – Queenstown in 7 Tagen, 22 Stunden und 3 Minuten, was einem Schnitt von 14,66 kn entspricht.

1872 schaltet sich erstmals ein White Star Liner ein: das 3888 BRT große einschraubige Post- und Passagierschiff Adriatic.

1873 unterbietet die 3707 BRT große Baltic, ein Einschraubenschiff der White Star Line, den Rekord.

1875 liegt wieder ein Inman-Schiff vorne, der neue, 5491 BRT große Einschrauben-Transatlantik-Liner City of Berlin.

1879 stellt die 5147 BRT große Arizona, ein Zweischornsteiner der Guion Line genannten Liverpool & Great Western Steamship Co., einen neuen Rekord auf. Sie wird erstmals als »Atlantik-Windhund« bezeichnet.

1881 wird dann die Siebentagemarke unterschritten, mit dem ersten aus Stahl erbauten Cunarder Servia, einem 7391 BRT großen Zweischornsteiner, der Queenstown – New York in 6 Tagen, 23 Stunden und 50 Minuten, also einem Durchschnitt von fast 16 kn schafft. Von nun an wird Stahl der bevorzugte Schiffbauwerkstoff.

Taufschein

Wir Poseidon,
Dreizackschwinger und Erderschütterer, von Zeus Gnaden
Herr aller stehenden und fliessenden Gewässer mit allem was an, auf und in ihnen sich tummelt und herumtreibt, Gebieter der Fluten, Wogen und Wellen, Haben heute

Walter Samson

nachdem er auf dem von Uns sorgsam behüteten und betreuten hochbordigen Meeresschiffe

„Sierra Cordoba" Kapt. J. Reimer

dem Norddeutschen Lloyd in Bremen gehörig, Unseren Aequator unter Unserem gnädigen Schutze passiert hat, in aller Form Rechtens getauft. Allem Uns untertanen Volke, vom Haifisch bis zur Auster, und auch allen Mitgliedern des staubgeborenen Menschengeschlechtes, hohen und gemeinen, blau, braun- und schwarz-äugigen, blond-, braun-, schwarz-, grau und weisshaarigen, spitz-, und stumpfnasigen, gerade und krummbeinigen, ist dies zu Kund und zu Wissen zu bringen.

Taufname: „Adonis"

Gegeben in Unserem Korallenschlosse am Aequator
am 8. Januar 1937.
mit Unserer eigenhändigen Unterschrift:

J. Reimer

Poseidon

B. Ahrens

1884 schafft es die 7375 BRT große OREGON, ein sonderbarerweise wieder aus Eisen erbauter Zweischornsteiner der Guion Line, ein Transatlantik-Schnelldampfer und zugleich typisches Auswandererschiff. Das Schiff wird aber wegen finanzieller Schwierigkeiten der Guion Line bereits nach wenigen Monaten an die White Star Line verkauft. Der Zufall will es so, daß die White Star damit nach elf Jahren das Blaue Band zurückerhält.
1889 steigt erstmals ein Ozean-Liner über 10 000 BRT in das Nordatlantikgeschäft ein, die CITY OF PARIS II mit 10 669 BRT.
Der Neubau ist – auch ein Novum – ein Doppelschraubenschiff der Inman & International Steamship Company, das mit seinen drei Schornsteinen majestätisch überlegen und mit seinem Clipperbug dennoch elegant wirkt und dessen Innenausstattung den Passagieren äußersten Luxus bietet.
1897 erregt ein deutscher Transatlantik-Liner die maritime Welt, ein majestätisches Schiff mit gleich vier paarweise aufgestellten Schornsteinen, das für den NDL beim Stettiner Vulcan als Doppelschrauben-Schnelldampfer gebaut worden ist: die 14 349 BRT große KAISER WILHELM DER GROSSE.
Im Jahre 1900 kontert die HAPAG mit der ebenfalls in Stettin beim Vulcan vom Helgen gelaufenen 16 502 BRT großen DEUTSCHLAND, die, ebenfalls ein Vierschornsteiner und Doppelschraubendampfer mit 37 800 PSi, dem NDL das Blaue Band wieder abnimmt.
1906 ist es nochmals ein deutsches Schiff, die KAISER WILHELM II. (19 361 BRT), die – wiederum für den NDL – das Blaue Band erringt.
1907 kämpft ein Schiff erfolgreich um die begehrte Trophäe, dessen Namen noch heute manchem kalte Schauer über den Rücken jagt. Es ist die 31 550 BRT große LUSITANIA der Cunard Line, die am 7. Mai 1915 von dem deutschen U-Boot U 20 torpediert wird und innerhalb von 20 Minuten sinkt. 1198 Menschen kommen um.
Zu trauriger Berühmtheit bringt es im Jahre 1912 die TITANIC, jener Riese mit 46 329 BRT, der im Nebel vor Neufundland auf einen Eisberg aufläuft und 1500 Menschen mit ins nasse Grab reißt. Allerdings war die TITANIC nicht auf tödlicher Rekordjagd nach dem Blauen Band, wie später von vielen Seiten behauptet wurde, da diese Tragik eben einen willkommenen Stoff für eine makabre Story hergab.
1929 und 1930 reißen wieder zwei deutsche Schiffe das Blaue Band an sich, die BREMEN

Nachdem die Engländer jahrzehntelang den Schiffbau in der Welt anführten, feierten um die Jahrhundertwende plötzlich deutsche Werften einen Triumph nach dem anderen. Am 4. Mai 1897 läuft beim Stettiner Vulcan die 14 349 BRT große Kaiser Wilhelm der Grosse vom Stapel, nach ihrer Fertigstellung am 9. September 1897 das größte Schiff der Welt. Im November desselben Jahres holt es das begehrte Blaue Band nach Deutschland. Der 199,50 m lange Dampfer wird von zwei 3fach-Expansionsmaschinen mit je 4 Zylindern angetrieben, die eine Leistung von 31 000 PSi entwickeln. Die Stettiner haben nicht weniger als 14 Kessel mit 104 Feuerstellen installiert. Diese fressen täglich nahezu 500 Tonnen Steinkohle. Bei 28 Mann Ingenieurpersonal verteilen sich 160 Heizer und Trimmer auf die Wachen. Die einen schleppen Kohlen heran. Die anderen schaufeln die Kohlen in die rotglühenden Schlünde hinein, immer gedrängt, gehetzt, beschimpft und getreten, wenn der Dampfdruck auf den Manometern auch nur den Bruchteil eines Millimeters abzufallen droht. Oben auf der Brücke, im Ruderraum oder in der luftigen Nock der Kapitän, der – vor allem, wenn eine Rekordfahrt ums Blaue Band ansteht – mit Ermahnungen und Forderungen nach dem Maximum an Geschwindigkeit einheizt. Es bedarf keiner ausschweifenden Phantasie, um sich vorzustellen, was den Heizern und Trimmern auf den Schiffen dieser Zeit abverlangt wird. Gar nicht so selten ist der Job des Trimmers ein Vorhof zur Hölle, wo mancher vom Dampf verbrüht oder an den schweren Ascheeimern verbrannt wird oder unter der körperlichen Belastung ohnmächtig zusammenbricht. Das ist eine der, sagen wir es behutsam, technisch wie ökonomisch bedingten Kehrseiten vom Glanz und Ruhm der stolzen, luxuriösen Atlantikrenner.

Eine ganz andere ist das weitere Schicksal der Kaiser Wilhelm der Grosse: Am 2. August 1914 wird sie als Hilfskreuzer der Kaiserlichen Marine zweckentfremdet und am 26. August von dem britischen Kreuzer High Flyer vor dem Rio del Oro in Spanisch-Westafrika gestellt. Aus Munitionsmangel muß der deutsche Kommandant das Gefecht abbrechen und versenkt das einstmals so stolze Schiff selbst.

und die Europa, über die noch zu reden sein wird.

Eine Überraschung wird dann die 51 062 BRT große italienische Rex, die, in Genua erbaut, unter der Flagge der Italia Line im August 1933 die symbolische Trophäe auf der Strecke Gibraltar - Ambrose Light an sich reißt. Die Rex ist kein besonders schönes Schiff. Sie wirkt auch durch ihre gekringelt bemalten Schornsteine unruhig und unausgewogen.

Die Rex verliert die Spitze dann aber schon zwei Jahre später an den für die Compagnie Générale Transatlantique, Le Havre, erbauten formschönen Dreischornsteiner Normandie, der ursprünglich Président Paul Doumer heißen sollte. 1936 verliert die Normandie, deren Kapitän übrigens als erster den von dem Engländer H. K. Hales gestifteten Silberpokal überreicht bekommt, das Blaue Band an den dreischornsteinigen 81 235 BRT großen Cunard Liner Queen Mary als neuen Superlativ.

Der Zweite Weltkrieg unterbricht nun auch im Kampf ums Blaue Band für lange Zeit den aufregenden Wettbewerb, denn in Schiffahrtskreisen hat man nun Wichtigeres zu tun, als reiselustige Passagiere in Luxusdampfern über die Meere zu tragen. Nächster und zugleich letzter Primus im Kampf ums Blaue Band wird 1952 der amerikanische Zweischornsteiner United States, ein für die United States Lines in Newport News geordertes, relativ kleines Schiff mit 53 329 BRT. Die United States schafft Ambrose Light - Bishop's Rock in 3 Tagen, 10 Stunden und 40 Minuten und erzielt einen Durchschnitt von 35,59 kn. Diese Geschwindigkeit soll übrigens bei weitem nicht die wahre Leistungsgrenze der United States sein, die streng geheimgehalten wird, da das Schiff ursprünglich als Truppentransporter konzipiert wurde. Hinter der hohlen Hand spricht man von 40 Knoten, die möglich sein sollen. Jedenfalls wurde das Schiff bis zum heutigen Tage nicht höher gefordert, denn der Rekord von 1952 steht immer noch.

Es ist übrigens bemerkenswert, daß es bis 1935 in dem Wettstreit um das Blaue Band keine klar festgelegte Strecke gab. Zunächst wurde zwischen Liverpool und dem kanadischen Hafen Halifax gefahren. Dann setzte sich New York mit seiner Mole Sandy Hook als westlicher Endpunkt durch. Der östliche war während des 19. Jahrhunderts lange Zeit Queenstown in Irland. Da dieser Auswandererhafen von deutschen Schiffen kaum angelaufen

wurde, benutzte die Kaiser Wilhelm der Grosse 1897 die Needles vor der Isle of Wight als östliche Marke. Später diente die Hafenmole von Cherbourg als europäischer Endpunkt. Die italienische Rex, die natürlich von ihrem Heimathafen aus fuhr, nahm bei ihrer Rekordfahrt 1933 Punta Marroqui 15 sm westlich von Gibraltar als Startmarke. Erst 1935 setzte man klare Start- und Zielpunkte, und zwar in England den Leuchtturm Bishop's Rock an der Südwestecke Großbritanniens und in Amerika das Ambrose-Feuerschiff vor New York.

Die symbolische Trophäe wurde schlicht und einfach für die jeweils schnellste Überquerung des Nordatlantik zuerkannt. Dabei kam es auf die Durchschnittsgeschwindigkeit an, errechnet nach den Zeitangaben der Schiffsoffiziere, die anscheinend niemals angezweifelt wurden.

Es ist wohl nicht vermessen, das Blaue Band als einen schiffbautechnischen Nobelpreis zu bewerten, denn die Gewinner dieser Trophäe waren samt und sonders Spitzenleistungen der einzelnen Werften. Wenn der Stettiner Vulcan bis 1906 beispielsweise mit drei Rekordschiffen an zweiter Stelle hinter der berühmten britischen Werft Harland & Wolff Ltd., Belfast/Irland, rangiert, die fünf Gewinner konstruierte, dann ist das eine ausgesprochen ungewöhnliche Leistung für den noch relativ jungen deutschen Schiffbau jener Zeit.

Die folgende Aufstellung enthält die Namen der Schiffe, für die ihre Reedereien das Blaue Band beanspruchten (Abkürzungen: R = Raddampfer, 1S = Einschraubenschiff, O–W = Fahrtrichtung Ost-West usw.).

Jahr	Schiffsname	Land	Antrieb	BRT	Durchschnitt-Geschw. kn O-W	W-O
1840	Britannia	GB	R	1 156	10	10,6
1841	Acadia	GB	R	1 154	10,76	
1842	Columbia	GB	R	1 175		10,91
1847	Hibernia	GB	R	1 422		11,67
1850	Asia	GB	R	2 226	12,12	
1851	Pacific	USA	R	2 860		13,01
	Baltic	USA	R	2 860	13,17	
1856	Persia	GB	R	3 414	14,35	
1862	Scotia	GB	R	3 871		14,06
1863	Scotia	GB	R	3 871	14,56	
1867	City of Paris I	GB	1S	2 651	13,77	
1869	Russia	GB	1S	2 960		14,26
	City of Brussels	GB	1S	3 081		14,66
1872	Adriatic	GB	1S	3 888	14,5	
1873	Baltic	GB	1S	3 707		15,11
1875	City of Berlin	GB	1S	5 491	15,2	15,37
1876	Germanic	GB	1S	5 008	15,48	15,82
	Britannic	GB	1S	5 004		15,93
1877	Britannic	GB	1S	5 004	15,54	
1879	Arizona	GB	1S	5 147		15,95
1881	Servia	GB	1S	7 391	15,98	
1882	Alaska	GB	1S	6 400		16,04
1884	Oregon	GB	1S	7375	18,16	
	America	USA	1S	5 528		17,82
	Oregon	GB	1S	7 375		18,18
1885	Etruria	GB	1S	8 127	18,84	19,41
1887	Umbria	GB	1S	7 700	18,91	
1888	Etruria	GB	1S	8 127	19,57	

Jahr	Schiffsname	Land	Antrieb	BRT	Durchschnitt-Geschw. kn O-W	W-O
1889	City of Paris II	GB	2S	10 669		19,49
1891	Teutonic	GB	2S	9 686	20,46	
1892	City of Paris II	GB	2S	10 669	20,7	
	City of New York	GB	2S	10 449		20,1
1893	Campania	GB	2S	12 950		21,33
1894	Lucania	GB	2S	12 952	21,82	22,01
1897	Kaiser Wilhelm d. Gr.	D	2S	14 349		22,35
1898	Kaiser Wilhelm d. Gr.	D	2S	14 349	22,65	
1900	Deutschland	D	2S	16 502	23,15	23,36
1906	Kaiser Wilhelm II.	D	2S	19 361		23,58
1907	Mauretania	GB	2S	31 938		23,69
	Lusitania	GB	2S	31 550	23,99	
1908	Mauretania	GB	2S	31 938		24,51
1909	Lusitania	GB	2S	31 550	25,85	
	Mauretania	GB	2S	31 938	26,06	
1910	Lusitania	GB	2S	31 550		25,57
1911	Mauretania	GB	2S	31 938		25,89
1924	Mauretania	GB	2S	31 938		26,25
1929	Bremen	D	4S	51 656	27,83	27,92
1930	Europa	D	4S	49 746	27,91	
1933	Bremen	D	4S	51 656	28,51	
	Rex	I	4S	51 062	28,92	
1935	Normandie	F	4S	79 280	29,98	30,35
1936	Queen Mary	GB	4S	81 235	30,14	30,67
1937	Normandie	F	4S	83 423*	30,58	31,2
1938	Queen Mary	GB	4S	81 235	30,99	31,69
1952	United States	USA	4S	53 329	35,95	35,59

* nach Umbau

Vorangegangene Doppelseite: Am 26. September 1934 läuft in Schottland bei John Brown ein gigantisches Schiff vom Stapel, 81 235 BRT (nachvermessen) groß, 310,79 m über alles lang, 36,27 m breit sind die Abmessungen der Queen Mary, die auf 12 Decks nahezu 2000 Passagiere bei 1100 Mann Besatzung befördern kann. Der neue Superlativ der Cunard Line kommt jedoch erst 1936 zum Einsatz, weil die wirtschaftliche Depression eine rasche Ausrüstung verhindert. Auf der Jungfernreise, am 27. Mai 1936 von Bishops's Rock abgehend, erringt sie mit 30,14 kn Durchschnittsgeschwindigkeit das Blaue Band. Im Krieg muß auch dieses stolze Schiff als Truppentransporter dem Vaterland dienen. Am 2. Oktober 1942 kommt es zu einem schweren Seeunfall, als die Queen Mary mit 10 000 Soldaten an Bord vor der Küste Nordirlands den eskortierenden Leichten Kreuzer Curaçao mittschiffs rammt und buchstäblich in zwei Teile zerschneidet. Von 364 Mann Besatzung der Curaçao können nur 26 gerettet werden. Nach mehr als 500 000 sm im Kriegsdienst wird das Schiff wieder im Nordatlantikverkehr für friedliche Zwecke eingesetzt. Heute ist die Queen Mary in Long Beach in Kalifornien verankert und dient als Hotelschiff und schwimmendes Museum.

Die Friedensordnungsversuche des Wiener Kongresses von 1814/15 waren gerade zwölf Jahre alt, als es am 20. Oktober 1827 zur Seeschlacht von Navarino (Bild), dem antiken und heutigen Pylos an der Südwestküste des Peloponnes, kommt. Im Unabhängigkeitskampf Griechenlands greift ein englisch-russisch-französisches Geschwader die türkisch-ägyptische Flotte an und vernichtet sie, wenn auch unter schweren eigenen Verlusten. England und Frankreich fürchten weitere Verwicklungen und ziehen sich zurück, den Russen aber stehen jahrzehntelange Auseinandersetzungen mit den Türken bevor. Navarino war übrigens die letzte Seeschlacht der Geschichte, die nur mit Segelschiffen geschlagen wurde.

Neue Kriege – neue Techniken

Der Krimkrieg und die Seeschlacht bei Lissa

November 1853: England, Frankreich und Ägypten unterstützen im Religionsstreit die Türkei gegen die Bestrebungen des Zaren Nikolaus I., die eben eroberten Donaufürstentümer zu behalten, die christlichen Slawen auf dem Balkan zu schützen, seinen Machtbereich auf Konstantinopel auszudehnen und damit freien Zugang zum Mittelmeer zu gewinnen. Sultan Mahmud widersetzt sich den russischen Forderungen, gestützt auf die Anwesenheit einer französisch-englischen Flotte.
Ohne Kriegserklärung herrscht plötzlich Krieg: Es heißt, die Russen seien unter Vizeadmiral Nachimov mit einem Geschwader zum Schwarzen Meer unterwegs. Das türkische Geschwader unter Vizeadmiral Osman Pascha erhält den Befehl, den Schwarzmeerhafen Sinope anzulaufen. Das kleine Sinope hatte lange ruhige Jahre als friedlicher Handels- und Fischereihafen hinter sich. Und nun tauchen plötzlich russische Kriegsschiffe auf. Aus der Aufregung wird Sorge, als die russischen Schiffe Sinope blockieren und offenkundig auf eine Verstärkung warten. Als diese schließlich eintrifft, verfügt Nachimov über sechs Linienschiffe, zwei Fregatten und eine Brigg. Da ihm das Wetter zu rauh ist, läuft er nicht in die Bucht ein. Er wartet noch drei weitere Tage.
Am 30. November, als es weniger stürmisch ist, segeln die Russen in die Bucht und ankern nun im Halbkreis vor der Stadt. Die Dreidecker gehen vor den beiden ersten türkischen Fregatten in Stellung. Die Türken halten sich noch zurück, nur eine altmodische, aus fünf Kanonen bestehende Batterie, die halb verborgen auf einem niedrigen Felsen hockt, feuert und richtet ein wenig Schaden an. Als das Signal, mit dem der Erste Offizier der einen Fregatte seinen Admiral bittet, das Feuer eröffnen zu dürfen, keine Antwort bekommt, warten die einzelnen türkischen Schiffe nicht länger, so hoffnungslos sie zahlenmäßig und auch sonst unterlegen sind. Fast eine halbe Stunde lang feuern die Russen zu hoch. Die Geschosse gehen über das Schanzkleid der türkischen Schiffe hinweg. Dann aber richten sie nach. Eine türkische Fregatte fliegt bereits nach den ersten Salven in die Luft. Drei weitere brennen auf. Und schon ist alles vorbei wie ein Spuk. Die Türken haben alle ihre Kriegsschiffe verloren und 2960 Tote zu beklagen. Die russischen Verluste sind fast belanglos zu nennen. Möglich war der schnelle, totale Sieg der Russen nur durch die neuen Sprenggranaten nach dem Paixhans'schen System, welche zum erstenmal gegen Schiffsziele verschossen wurden.
Der Krimkrieg findet seine Fortsetzung in der Ostsee vor den Ålandinseln und weiter im Schwarzen Meer, wo ein englisch-französisches Geschwader unter den Admiralen Dundas und Hamelin einkommt. Ein Expeditionsheer wird in Varna gelandet, wobei sich die neumodischen Dampfer bewähren. Von Varna aus landen die Verbündeten auf 400 Kriegsschiffen und Transportern 68 000 Mann und 15 000 Pferde auf der Krim, während die russische Flotte in Sewastopol bleibt. An der Belagerung des Hafens beteiligen sich von See aus sechs Schraubenlinienschiffe, die von Dampfern auf Position geschleppt werden. Da die Russen mit den modernen Granaten schießen, sind die Schäden und Verluste bei den Alliierten und deren hölzernen Schiffen beträchtlich.
Der Bau von gepanzerten Schiffen wird nun oberstes Gebot. Als ein Jahr später das

Fort Kinburn vor Nikolajew angegriffen wird, sind unter den 10 Linienschiffen und 80 weiteren Einheiten drei der neuen französischen schwimmenden Panzerbatterien, die TONNANTE, die LAVE, die DEVASTATION. Sie, die man als den ersten Schritt zum späteren Schlachtschiff hin bezeichnen darf, erleiden nicht nur kaum Verluste, sondern sie bringen auch die russischen Fortbatterien zum Schweigen. Der Wettlauf Granate gegen Panzer hat begonnen.

Ein Ereignis von besonderer Bedeutung ist die in der Geschichte bislang größte Selbstversenkung einer Flotte. Am 9. September 1855, als die Russen Sewastopol aufgeben, vernichten sie ihre gesamte Schwarzmeerflotte. Unter den 117 selbstversenkten Schiffen befinden sich 14 Linienschiffe und 4 Fregatten.

1856 schließt man den Frieden von Paris, wo man übrigens mit dem Begriff »frei Schiff – frei Gut« auch die Kaperei seemännisch abschafft.

Nachdem die Italiener im Juli 1866 mit ihrer ganzen Schlachtflotte vergeblich versucht haben, eine Landeoperation bei Lissa zu decken, läuft der österreichische Konteradmiral Tegetthoff mit seiner Flotte aus Pola aus. In der Seeschlacht vor Lissa marschieren, in gepanzerte und ungepanzerte Divisionen unterteilt, bei den Italienern unter dem Befehl von Admiral Persano auf: 11 Panzerschiffe, 3 Dampffregatten und 4 Dampfkorvetten, bei den Österreichern nur 8 Panzerschiffe, 1 Schraubenlinienschiff, 5 Dampffregatten und 1 Dampfkorvette. Während der italienische Flottenchef nur die gepanzerten Schiffe kämpfen läßt, setzt der zahlenmäßig unterlegene Tegetthoff auch die Holzschiffe ein, um seine Unterlegenheit auszugleichen.

In drei Keilformationen marschieren sie gegen den Feind. In dem entstehenden Getümmel rammt Tegetthoffs Flaggschiff, die 5130 ts große Panzerfregatte ERZHERZOG FERDINAND MAX, die 5610 ts große RE D'ITALIA, die in nur wenigen Minuten sinkt. Das hölzerne Linienschiff KAISER rammt das Panzerschiff RE DI PORTOGALLO, wird dabei aber selbst schwer beschädigt. Das italienische Panzerschiff PALESTRO brennt auf und fliegt in die Luft. Persano bricht die Schlacht, die erste zwischen echten Panzerschiffen, ab. Die Schäden auf beiden Seiten sind gering.

Für die folgenden drei Jahrzehnte wird der Panzerschiffbau durch Bugfeuer und Rammsteven beeinflußt.

Der Kriegsschiffbau

Die schiffbau-, antriebs- und waffentechnische Entwicklung vollzieht sich mit der zweiten Hälfte des 19. Jahrhunderts geradezu explosiv. Bei den Schiffen eröffnet nach den ersten Anwendungen von einfachem Eisen der neue Werkstoff ungeahnte Möglichkeiten. Die neuen Waffen fordern bei den Kriegsschiffen neue Typen heraus. In den sechziger Jahren des 19. Jahrhunderts herrscht in den Flotten das, was der Seemann trefflich *whooling* nennt. Da erscheinen auf See die altvertrauten Segelschiffe aller Typen und aller Größen neben polternden Raddampfern und den schon etwas eleganteren Schraubendampfern, die aber alle noch eine zusätzliche Besegelung führen. Da ist das vielbesungene 90-Kanonen-Schraubenlinienschiff NAPOLÉON, das erste seiner Art, dem schnell die britische AGAMEMNON folgt.

Dann aber erscheinen die neuartigen schwimmenden Panzerbatterien, gebaut nach den Plänen des *Directeur de Matériel* der französischen Marine.

Die Nachricht von der Existenz dieser Schiffe schlägt im März 1858 in London wie eine Bombe ein. Was erst nur ein üblicherweise übertriebenes Gerücht der Marineküstenklatschwelle schien, ist nach dem Bericht des aus Paris eintreffenden Kuriers bittere Wahrheit. In den Etagen der britischen Admiralität und bald auch in den holzgetäfelten Kajüten der Linienschiffe herrschen Angst und Bestürzung. Im Parlament prägt einer sogar das Wort von einer Marinepanik.

Die Franzosen haben eine neue Waffe für

zeitig einsetzen zu können, findet man beim Typ der Turmschiffe in Italien bei der 11138 ts großen DUILIO, dem damals stärksten Kriegsschiff der Welt, und deren Schwester DANDALO eine diagonale Aufstellung der Türme. Hierbei wird je ein Doppelturm in der gepanzerten Zitadelle 2,34 m nach Backbord bzw. Steuerbord außen plaziert, eine Aufstellung, die von den Briten mit der 11880 ts großen INFLEXIBLE übernommen wird. Diese Panzerschiffe sind wohl beim Kampf »Panzer gegen stärkere Artillerie« notgedrungenermaßen am Gürtel vorn und achtern »entpanzert« worden und, da außer an Deck, nun nur noch im Zitadellenbereich in Höhe der lebenswichtigen »Innereien« gepanzert, als echte Zitadellenschiffe zu bezeichnen.
Auch in Deutschland wendet man sich 1878 bis 1880 den als Ausfallkorvetten bezeichneten Panzerschiffen vom Barbetteturmschiff-Typ zu, nämlich mit den vier Einheiten der in der Zitadelle mit 6 26-cm-Turmkanonen bestückten SACHSEN-Klasse (7935 ts). Interessanterweise befaßt man sich in Großbritannien erst 1880 mit dem Barbetteschiff, als man bei den ersten Schiffen der Admirals-Klasse, COLLINGWOOD (1880/87, 9500 ts) und RODNEY (1882/88, 10300 ts), zum Hinterlader übergeht. Die Aufstellung der schweren Artillerie ist für die weitere Entwicklung der Panzerschiffe prognostisch: Man verteilt sie auf das Vor- und Achterschiff und erzielt für die schweren Kanonen große Bestreichungswinkel und für den Rammangriff vorn und achtern freien Seeraum.
Bei fast allen Flotten setzen sich beim Streben nach noch mehr Kampfkraft Überlegungen durch, eine möglichst große Zahl an Großkampfschiffen gleichzeitig zu bauen und gleichwertig zu bewaffnen. Erstmals werden ab 1895 ganze Geschwader gleichen Typs auf Stapel gelegt. Schwer gepanzerte und stark bewaffnete Einheiten, die, da die beste artilleristische Wirkung noch immer in der Breitseite der schweren Artillerie zu erzielen ist, am zweckmäßigsten in Kiellinie fahren. Sie sind wie ihre Vorgänger der Segelschiffzeit Linienschiffe und werden in Deutschland auch so genannt. Typisch für die meisten dieser neuen Schlachtschiffe ist eine gewisse Ver-

Linke Seite: Mit dem Krimkrieg (1853–1856) begann eine neue Ära in der Seekriegstechnik. Die von Paixhans entwickelten eisernen Hohlgeschosse, mit Schießpulver gefüllt, lösten die massiven Kugeln ab. Die hölzernen Schiffsrümpfe wurden mit Panzerplatten versehen. Beim Bombardement der Festung Kinburn vor dem Schwarzmeerhafen Nikolajew am 17. Oktober 1855 überraschen die Franzosen die Russen mit neuen, schwimmenden Panzerbatterien, gegen die sich die Granaten des Forts als wirkungslos erweisen. Napoleon III. sandte die Entwürfe der Panzerbatterien den verbündeten Engländern, die sofort vier Einheiten bauen. Eine davon war die hier abgebildete GLATTON.

Oben: Die Verwendung von Eisen und Stahl schuf neue, ungeahnte Möglichkeiten im Kriegsschiffbau, doch manchmal auch die sonderbarsten Konstruktionen. Dazu zählte die MONITOR des schwedischen Erfinders Ericsson, der im amerikanischen Sezessionskrieg von den Nordstaaten mit dieser Konstruktion beauftragt wurde. Ihr gepanzerter Turm war drehbar und mit zwei 28-cm-Kanonen ausgestattet. Am 8. März 1862 kam es bei Hampton Roads zum Gefecht mit der MERRIMAC, einer Dampffregatte der Südstaaten. Dieses erste Aufeinandertreffen von Panzerschiffen endete nach vierstündigem Gefecht überraschend mit dem Sieg der kleinen MONITOR.

Links oben: Der Erfolg der kleinen MONITOR verhalf den Turmschiffen, wie man die mit Geschütztürmen ausgestatteten Schiffe nannte, zum Durchbruch. 1870 konstruierte der Engländer Coles die CAPTAIN mit zwei Drehtürmen, aber einem viel zu niedrigen Freibord. Durch die antiquierte Besegelung zusätzlich instabil, kenterte die CAPTAIN im September 1870 in der Biskaya und riß ihren Erbauer und 471 Mann Besatzung in die Tiefe.

Links unten: Der erfolgreiche Rammstoß von Admiral Tegetthoff in der Schlacht von Lissa (1866) führte bei allen Kriegsmarinen zum Einbau des uralten Rammstevens. Auch die englische RODNEY (10 300 ts), hier beim Stapellauf 1884, trägt diese »Bügeleisennase«.

Rechte Seite: Um mit der schweren Artillerie möglichst gleichzeitig und ungehindert nach allen Seiten schießen zu können, greifen die Italiener zuerst zu einer diagonalen Aufstellung zweier Geschütztürme bei der 11 138 ts großen, 1876 in Dienst gestellten DUILIO, dem damals stärksten Kriegsschiff der Welt, und dessen Schwesterschiff DANDALO. Mit einer fast identischen Anordnung folgen die Engländer noch im gleichen Jahr mit der INFLEXIBLE (Bild, 11 880 ts).

einheitlichung. Fast alle Linienschiffe haben als schwere Artillerie vier Kanonen in Zwillingstürmen, zwei Rohre vorn, zwei Rohre achtern. Der Platz zwischen den Türmen bleibt für die Mittelartillerie reserviert. Darüber hinaus verfügen diese Einheiten über eine relativ große Zahl an Kanonen kleinerer und kleinster Kaliber sowie über Torpedorohre.
Einige Zeit später fügt man als weitere Stärkung 20-cm-Kaliber hinzu und reduziert dafür einige Kaliber der Mittelartillerie. Diese Entwicklung wird jäh in andere Bahnen gelenkt, als die Briten die Seemächte der Welt mit der 18 200/22 500 t großen DREADNOUGHT mit nunmehr zehn Kanonen schwersten Kalibers schockieren. Um die Jahrhundertwende vertritt der Erste Lord der Britischen Admiralität, Sir John Fisher, die Auffassung, daß sich der Gefechtsabstand der *capital ships,* der bislang zwischen 1500 und 3000 m lag, auf 5000 m vergrößern wird. Doch bereits im Russisch-Japanischen Krieg eröffnen die Russen auf 18 500 m, und auf 12 000 m erzielen sie die ersten Treffer. Auch seitens der neuen Torpedowaffe werden Gefechte auf größere Distanzen erwartet.
Sir John Fishers dynamische Energie konzentriert sich aus dieser Erkenntnis auf den Bau eines völlig neuen Typs mit wesentlich vermehrter schwerer Artillerie, eines Riesenkriegsschiffes, das mit 10 30,5-cm-Kano-

nen in fünf Türmen alle Rivalen auf Distanz ausschalten soll. Was ihn an diesem Plan gleichermaßen fasziniert, ist die hohe Wirtschaftlichkeit, sind doch Turbinen statt Kolbenmaschinen vorgesehen. War es ihm 1894/1895 gelungen, mit dem Bau der 15 150 t großen MAJESTIC in nur 22 Monaten einen Baurekord aufzustellen, so will er diesen mit der neuen DREADNOUGHT, 18 200/22 500 t, erneut brechen. Die anderen Seemächte sind in der Tat schockiert, da Lord Fisher das am 2. Oktober 1905 auf Stapel gelegte Mammutschiff bereits nach 366 Tagen, nämlich am 3. Oktober 1906, in Dienst stellt.
Die 160 m lange, 25 m breite und 9,45 m tiefgehende DREADNOUGHT ist mit 21,5 kn das schnellste und mit maximal 279 mm dicken Stahlplatten das am stärksten gepanzerte, zugleich aber auch das artilleristisch stärkste Schlachtschiff der Welt. Mit seinen stark vereinfachten Aufbauten, dem massiven Dreibeinmast zwischen zwei Schornsteinen und seinem gewaltigen Rumpf ohne Kasematten für die Mittelartillerie ist dieser Typ eine Zäsur gegenüber den früheren Großkampfschifftypen. Die DREADNOUGHT wird bald schon einer ganzen neuen Generation von *capital ships* ihren Namen geben.
Die anderen Seemächte antworten schneller, als es der Erste Seelord auf der Insel erwartet hat. Bereits 1907 legen auch die Deutschen den ersten, wenn auch 15 m kürzeren, aber 2 m breiteren Typ der 18 900 t großen NASSAU-Klasse mit gleich 12, aber nur 28 cm starken Kanonen als schwere Artillerie auf Stapel. Fertiggestellt, sind die Schiffe dieser Klasse nur einen Knoten langsamer als die britischen.
Die USA planen die MICHIGAN-Klasse mit 17 900 t, und zwei Schiffe der DELAWARE-Klasse mit 22 400 t und 10 30,5-cm-Kanonen als schwere Artillerie laufen 1908 und 1909 vom Stapel.
Frankreich antwortet mit der erst 1910 auf Kiel gelegten, 23 500 t großen JEAN-BART-Klasse, mit nun aber gleich 12 30,5-cm-Kanonen als schwere Artillerie.
Auch Italien erwacht 1909/10 ziemlich spät mit dem 19 500/21 000 t großen Einzelgänger DANTE ALIGHIERI als Vertreter bester italienischer Schiffbautradition mit 12 30,5-cm-Kanonen als schwere Artillerie, und zwar erstmals in Drillingstürmen auf der Längsachse.
Es folgen Stapelläufe von »Dreadnoughts« in Japan (1911), in Österreich-Ungarn (1911), in Spanien (1912), in Rußland (1913). Andere Staaten erwerben diese Revolutionäre aus dem Ausland, genau gesagt in Großbritannien.
Die Amerikaner beschreiten 1914 mit ihren ölbeheizten Einheiten der NEVADA-Klasse neue Wege. Allein die Panzerung im Gürtel ist 342 mm, die vom Kommandoturm 406 mm dick. Die damit am stärksten gepanzerten Schiffe werden nach radikal neuen Prinzipien konstruiert. Sie sind die revolutionärsten Konstruktionen seit der DREADNOUGHT. Die Amerikaner konzentrieren sich ausschließlich auf den Schutz gegen schwere Granaten, und zwar auf eine Gefechtsentfernung von 9100 m und darüber. Dabei entdecken sie jene kritische »Immunitätszone«, die zwischen Entfernungspunkten liegt, bei denen schwere Granaten weder einen Seiten- noch einen Deckpanzer durchschlagen können.
Die für ihre Zeit außerordentlich starke Panzerung der NEVADA-Klasse ist übrigens zu einem Teil auf die Gewichtsersparnisse durch die Verwendung von Öl als Brennstoff zurückzuführen. Dasselbe gilt auch für die britische QUEEN-ELIZABETH-Klasse von 1913 (28 500/35 560 t und 8 38,1 cm als schwere Artillerie), nachdem Churchill als Erster Lord und Nachfolger von Fisher die völlige Umstellung von Kohle auf Öl angeordnet hatte.
In Deutschland steigert man bei den Panzerkreuzern mit den 1906 von Stapel kommenden Neubauten SCHARNHORST und GNEISENAU (11 616/12 985 t) nun auch Größe, Dampfstrecke und Geschwindigkeit (23,5 kn). Man armiert diese Schiffe mit gleich 8 21-cm-Kanonen als schwere Artillerie, was bereits auf die späteren Schlachtkreuzer hinweist, denn der aufklärende

Das britische Schlachtschiff Dreadnought war in Bewaffnung und Panzerung richtungweisend für die Kriegsmarinen der Großmächte vor dem Ersten Weltkrieg. Neben vielen technischen Neuerungen war die Konzeption des Rumpfes mit langem Vorschiff, großem Freibord, kastenartig verbreitertem Mittelschiff und Schlingerkielen auf möglichst ruhige Fahrt auch bei schwerem Wetter angelegt, um der Artillerie ideale Bedingungen zu schaffen. Der Bau des Schiffes wurde von der Staatswerft Portsmouth in unverhältnismäßig kurzer Zeit durchgezogen, nämlich innerhalb von zwölf Monaten von der Stapellegung bis zur Indienststellung am 3.10.1906. Allerdings waren schon große Materialmengen vor der Auftragserteilung bereitgestellt worden. Die wichtigsten technischen Daten des Schiffes:

Wasserverdrängung:	18 200/22 500 t
Länge:	160,00 m
Breite:	25,00 m
Tiefgang:	9,45 m
Geschwindigkeit:	21,5 kn
Dampfstrecke:	5800 sm bei 11 kn
Turbinenleistung:	24 700 PSw
Schrauben:	4
Wendekreis:	790 m bei 19 kn
Bewaffnung:	10 30,5-cm-Kanonen (Breitseite: 8 30,5 cm mit einem Geschoßgewicht von 3084 kg; max. 2 Schuß pro Minute; max. Durchschlagskraft 445 mm Panzerplatten auf 4570 m Distanz) 24 7,6-cm-Kanonen 5 Maschinengewehre 5 Torpedorohre
Panzerung in mm:	Deck max. 70/min. 44 Kommandoturm 279 Wasserlinie 279/102 schwere Artillerie 279
Besatzung:	ca. 800 Mann

In der Längsschnittzeichnung können nur einige markante Details gekennzeichnet werden.

Schiffstechnik

1 Ankerspill
2 Kettenkasten
3 Spillmotor
4 Kompaßplattform
5 Ladebaum
6 Lampenmagazin
7 Hauptschaltraum
8 Kessel
9 Kesselabzug
10 Fahrstand des leitenden Ingenieurs
11 Kohlenwinsch
12 Maschinenwerkstatt
13 Hochdruckturbine
14 Niederdruckturbine
15 Dampfkondensatoren
16 Ventilatoren
17 Handruderraum
18 Schrauben
19 Ruderblatt

Schiffsführung und Waffentechnik

20 Waffenkammer Handfeuerwaffen
21 Minen
22 Torpedos
23 Torpedorohre
24 Kartuschkammern
25 Granatkammern
26 Geschütztürme mit je 2 30,5-cm-Kanonen
27 7,6-cm-Kanonen
28 Gefechtsnachrichtenzentrale
29 untere Kommandozentrale
30 gepanzerter Aufgang
31 Kommandoturm
32 Brücke und Brückenkammer des Kommandanten
33 Hauptgefechtsmars
34 Brückenkammer des Admirals
35 Funkraum
36 Signalstand
37 Entfernungsmesser
38 Scheinwerfer
39 achterer Gefechtsmars
40 Munition

Unterbringung und Versorgung der Besatzung

41 Offizierskajüten
42 Offiziersmesse
43 Fähnrichsmesse
44 Kammer für Stewards
45 Vorratsmagazin
46 Magazin für Admiral
47 Brotmagazin

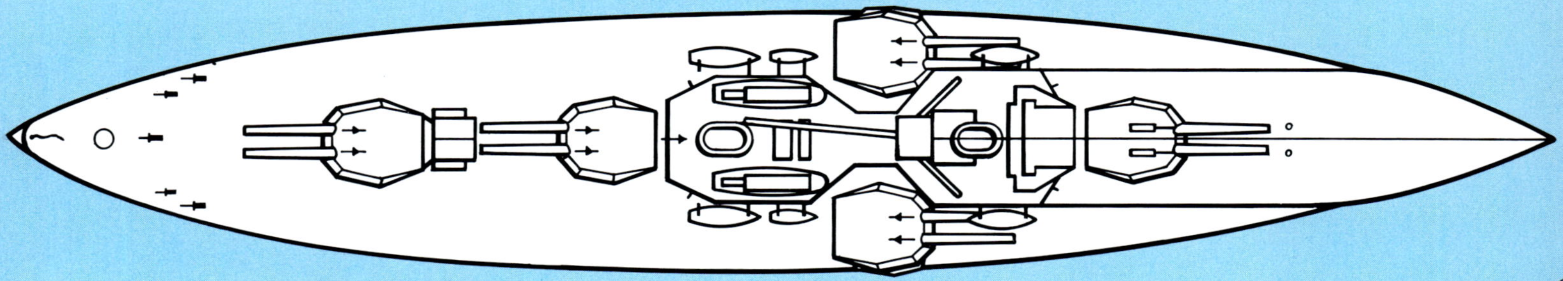

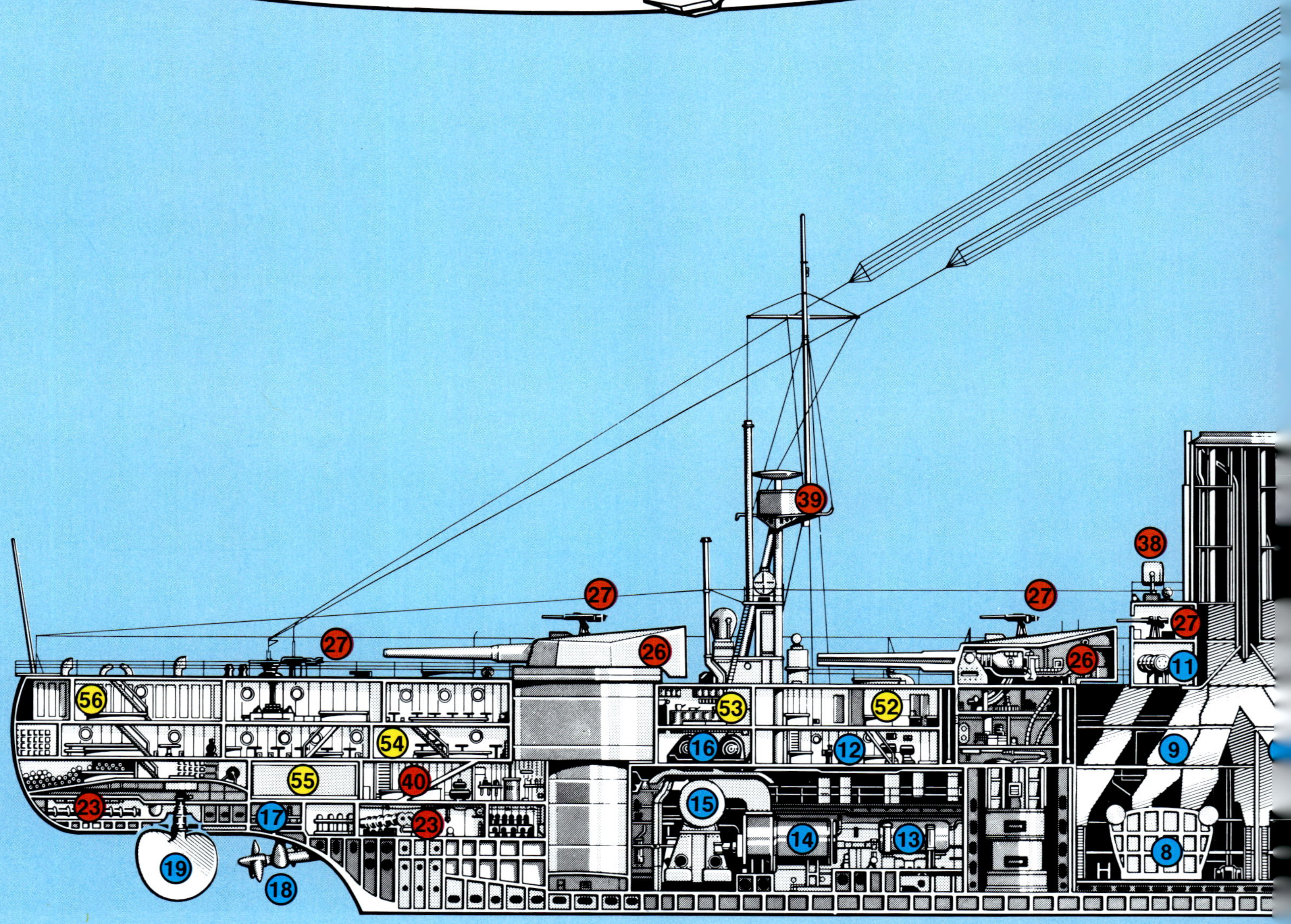

48 Admiralskajüte
49 Offizierskombüse
50 Ingenieurkammer
51 Bäckerei
52 Fourierausgabe
53 Mannschaftskombüse
54 Mannschaftsmesse
55 Frischwassertank
56 Mannschafts-WC

Barbette-Geschützturm

57 Ladekran
58 hydraulischer Ansetzer
59 Gehäuse für Ladeschale
60 Sitze für Bedienung
61 Feuerkammer im Rohr
62 Beobachtungshaube
63 Rohrmantel
64 Züge im Rohr
65 Rohrlager
66 Höhenrichtgetriebe und Druckzylinder
67 Rollenlager
68 Barbettemantel mit Verstärkungsträgern
69 Zahnkranz und Ritzel
70 Seitenrichtmaschine mit Getriebe
71 Hydraulikrohre
72 Munitionsaufzugschacht
73 Preßluftbehälter
74 Kartuschen in Kippmulde
75 Greifer für Granaten
76 Kippmulde
77 Förderband
78 Panzersprenggranaten

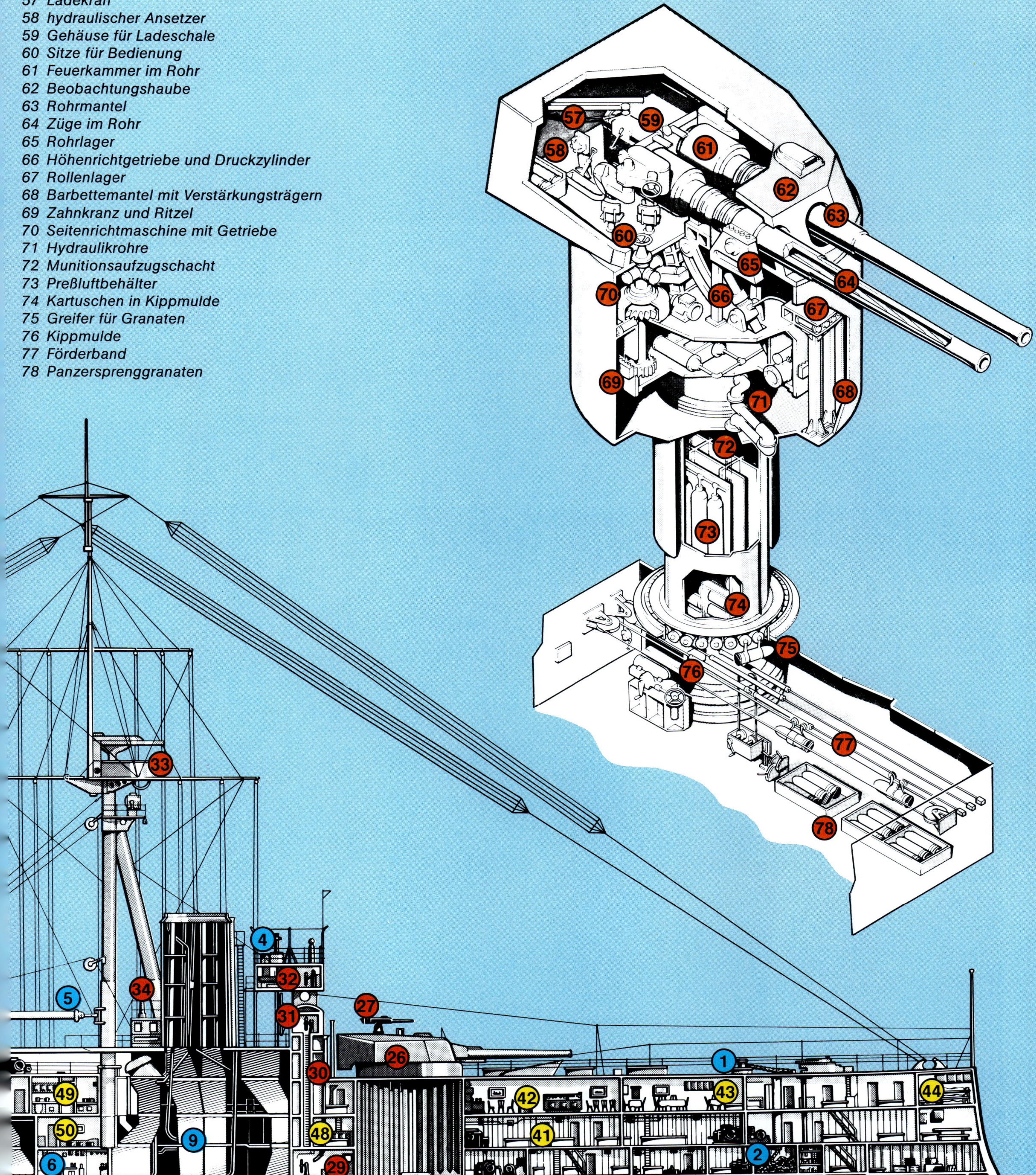

Der Kriegsschiffbau macht rasante Fortschritte: Panzerung und Kaliber werden immer stärker, die Geschwindigkeiten immer höher, die Tonnagen immer größer. Die Ereignisse des Ersten Weltkriegs werfen ihre Schatten voraus, und England ist unter dem dynamischen Ersten Seelord Sir John Fisher wieder zur richtungweisenden Seemacht geworden. Mit der legendären Dreadnought von 1906 wurde der Schlachtschiffbau in neue Bahnen gelenkt, mit der Queen-Elizabeth-Klasse, fertiggestellt 1915/16, zu der auch die Warspite (Bild oben) gehörte, wurde die erfolgreichste Schlachtschiffserie überhaupt aufgelegt. Aber auch in der Armierung leisteten die Engländer Pionierarbeit. Das Schlachtschiff Monarch (1911) der Orion-Klasse war eines der ersten Kriegsschiffe, das mit zentral geleiteter Artillerie (links unten der Ausschnitt eines Modells) ausgerüstet wurde. Ende 1912 unterbreitete Admiral Sir Percy Scott dem neuen Ersten Lord der Admiralität, Winston Churchill, entsprechende Vorschläge, die zu einer wesentlich zielsichereren und wirkungsvolleren Feuerkraft führten.

Nächste Doppelseite: England präsentierte seine geballte Macht zur See anläßlich der Krönungsfeier von König Georg V. in Spithead 1911. Hier wurden zum ersten Mal die unter Lord Fisher entwickelten turbinengetriebenen Schlachtschiffe und Panzerkreuzer der Öffentlichkeit vorgestellt.

schnelle Panzerkreuzer soll die feindliche Schlachtflotte ja nicht nur finden, sondern auch beschatten und binden.
Die Briten haben inzwischen in allergrößter Heimlichkeit unter der Regie des Ersten Seelords Sir John Fisher mit ihren drei Schiffen Invincible, Inflexible und Indomitable den Typ des turbinengetriebenen schnellen Panzerkreuzers geschaffen. Diese Schiffe sind 17 600/20 300 t groß, mit 8 30,5-cm-Kanonen in je einem Doppelturm vorn und achtern sowie mittschiffs zwei Türmen als schwere Artillerie ausgestattet und rund 26,5 kn schnell. Wenn auch die Panzerung in der Wasserlinie mit 178 mm nur »dünn« ist, so bezeichnen Fachleute diesen Kreuzer als noch revolutionärer als die Dreadnought selbst. Nur moderne, starke Schlachtschiffe können sich mit diesem Typ anlegen. Und diese sind langsamer. Eine phantastische Konzeption. Im Prinzip auch richtig, doch nur so lange, wie der potentielle Gegner nicht ebenfalls schnelle Panzerkreuzer baut.
Die deutsche Antwort kommt wieder prompt mit dem Panzerkreuzer Von der Tann (1909 bei Blohm & Voss vom Stapel gelaufen, 19 370/21 300 t groß), der als erster deutscher Schlachtkreuzer mit 8 28-cm-Kanonen als schwere Artillerie und 10 15-cm-Kanonen bewaffnet ist und als das erste deutsche Großkampfschiff mit Parsons-Turbinen eine Geschwindigkeit von 28,1 kn erzielt.
Die Schlachtkreuzer kommen nach dem Ersten Weltkrieg »aus der Mode«, einmal zugunsten der schnellen Schweren Kreuzer, zum anderen wohl auch, weil die Finanz- und Baukapazitäten sich in einem neuen Typ, dem Flugzeugträger und dem Flugzeug-Mutterschiff, erschöpfen.
Als im Jahre 1922 auf der Washingtoner Konferenz die nach dem Krieg noch verbliebenen fünf großen Seemächte mit dem Washingtoner Flottenvertrag das finanziell ungesunde Wettrüsten beenden wollen, stellt sich nach der Übereinkunft (und der Aufgabe von Großkampfschiffen von insgesamt mehr als zwei Millionen Tonnen) das Verhältnis der Schlachtflotten der USA, Großbritanniens, Japans, Frankreichs und Italiens wie 5 : 5 : 3 : 1,75 : 1,75 dar. Neubauten von Schlachtschiffen dürfen, wenn solche als Ersatz notwendig werden, maximal 35 000 ts und zunächst 38,1 cm und später 40,6 cm im Kaliber nicht überschreiten. Für Flugzeugträger trifft man eine Sondervereinbarung, da einige der begonnenen Schlachtschiffe in solche Träger umgebaut werden. Als Beispiel gilt das für Chile begonnene, 1917 von England übernommene Linienschiff Almirante Cochrane oder die 1916 in den USA begonnenen 33 000 ts-Schlachtkreuzer Lexington und Saratoga.
Dem nicht an der Konferenz beteiligten Deutschland wird im Rahmen des Artikels 190 des Versailler Vertrages die Verwendung von 28,0 cm als schweres Kaliber erlaubt.
Überdies ist praktisch von allen verbleibenden, kostenintensiven Großkampfschiffen zu vermerken, daß ihre Bedeutung zu verblassen begann, da sie doch nicht als kriegsentscheidende Waffe in Erscheinung traten. Der britische Admiral Sir Percy Scott versteigt sich 1922 gar zu der Blasphemie von den »verdammt überflüssigen Schlachtschiffen«. Neben der Gefährdung durch U-Boote droht jetzt auch noch jene aus der Luft, wie die versuchsweise Bom-

bardierung des ehemaligen deutschen Linienschiffes OSTFRIESLAND in den USA 1921 und des zum Abwracken vorgesehenen US-Schlachtschiffes WASHINGTON im Jahre 1924 durchschlagend beweisen. Obwohl auch in England ähnliche Versuche stattfinden, kommen alle Fachausschüsse zu dem Ergebnis, daß das Schlachtschiff durch die Möglichkeiten von Bombenangriffen durch Flugzeuge durchaus nicht überflüssig geworden ist, verkörpert es doch die höchste und letzte Kampfkraft der Flotte. Es hat weiterhin das Kernstück der Flotte zu sein, und es ist die Ultima ratio des Seekrieges.
Als Folge werden alle vorhandenen *capital ships* modernisiert und den neuzeitlichen Gefahren angepaßt. Dazu gehört auch die Verstärkung des horizontalen Panzerschutzes gegen Bomben, insbesondere über den Munitionsräumen.
Im Londoner Flottenvertrag von 1930, ratifiziert von Großbritannien, den USA und Japan, abgelehnt von Frankreich und Italien, wird das 1922 ausgesprochene Bauverbot für Schlachtschiffe (bis auf drei Ausnahmen für Frankreich und Italien und zwei für England) bis zum 31. Dezember 1936 erneut bekräftigt. Im Rahmen dieser Ausnahmegenehmigung bauen die Briten 1927 mit den 33950 ts großen, aber nur 23,5 kn schnellen NELSON und RODNEY mit 9 40,6-cm-Kanonen als SA die stärksten Schlachtschiffe der Welt.
Deutschland stellt inzwischen drei Panzerschiffe der DEUTSCHLAND-Klasse, DEUTSCHLAND (1933), ADMIRAL SCHEER (1934) und AMIRAL GRAF SPEE (1936), in Dienst, jedes mit 2x3 28-cm als SA. Dies löst eine Kettenreaktion aus, denn was nützen beispielsweise der NELSON die 9 40,6-cm-Kanonen, was die enormen Panzerdicken, wenn ihnen das 28 kn schnelle, dieselmotorengetriebene deutsche Panzerschiff davonläuft und dabei nicht einmal Betriebstoffprobleme hat. Nun, die Briten sind zwar über den Handelszerstörer der Deutschen erstaunt, fühlen sich aber nicht bedroht, zumal die Vorverhandlungen für den deutsch-englischen Flottenvertrag bereits laufen. Anders die Franzosen, die mit zwei schlachtkreuzerähnlichen Einheiten antworten: mit den 26500 ts großen Schiffen der DUNKERQUE-Klasse mit einer Artilleriemassierung ähn-

Nach dem Ersten Weltkrieg erkannten die wichtigen Seefahrtnationen, daß eine große und starke Flotte nicht nur das Land und seinen Handel schützen, sondern auch seiner Volkswirtschaft schaden kann. Überdies war der Wert der großen Schlachtschiffe zu einer Streitfrage geworden. Unter diesen Aspekten begann am 12. November 1921 in Washington eine Abrüstungskonferenz zwischen den USA, England, Japan, Frankreich und Italien, die am 6. Februar 1922 unter anderem mit dem Washingtoner Flottenabkommen endete. Danach werden die Flottenstärken im Verhältnis 5:5:3:1,75:1,75 festgelegt. Der Neubau von Großkampfschiffen wurde auf maximal 35000 ts und ein größtes Kaliber von 40,6 cm begrenzt. Für die Engländer war das Ergebnis des Washington-Vertrags übrigens äußerst unbefriedigend, denn jetzt war sogar vertraglich festgelegt, daß eine andere Seenation über eine gleichstarke Flotte verfügte.

Bild oben: Als Folge des Abkommens baut England 1927 die Schlachtschiffe RODNEY (Bild) und NELSON mit 33950 ts Verdrängung, 216,00 m Länge über alles, 32,30 m Breite und einer maximalen Geschwindigkeit von nur 23,5 kn. Die Armierung bestand aus 9 40,6-cm-Kanonen als schwere Artillerie, die stärkste Panzerung war 406 mm dick.

Bild Mitte: Noch im Rahmen der Bestimmungen des Washington-Vertrags, aber auch schon unter dem Eindruck eines neuen, unheilvollen Wetterleuchtens läuft in Frankreich 1935 das Schlachtschiff DUNKERQUE vom Stapel. 26500 ts groß, 29,5 kn schnell und mit 8 33,0-cm-Kanonen bestückt ist dieser Typ.

Bild unten: Am 31. Dezember 1936 läuft der Washington-Vertrag aus, und ab 1. Januar 1937 baut wieder jeder so groß, wie er will oder kann. In Italien laufen in diesem Jahr die 40724/45236 ts große LITTORIO (Bild) und VITTORIO VENETO vom Stapel. Beide Schiffe sind mit einer Armierung von 9 38,1-cm- und 12 15,2-cm-Kanonen sowie Flugabwehrwaffen ausgestattet und laufen 30,0 kn. Sie sind 236,00 m lang, 32,40 m breit und haben 1350 Mann Besatzung.

Rechte Seite: Breitseite aus den 40,6-cm-Kanonen der RODNEY

lich der NELSON, nämlich 8 33,0-cm-Kanonen als schwere Artillerie, aber 29,5 kn Geschwindigkeit. Als Antwort auf die DUNKERQUE-Klasse legt man nun in Deutschland die beiden als Panzerschiffe angekündigten Einheiten der SCHARNHORST-Klasse auf Stapel. Mit ihren 9 28,0-cm-Kanonen und ihrem starken Panzer sind sie in Verbindung mit ihrer etwas höheren Geschwindigkeit von 31,5 kn den Franzosen als gleichwertig zu bezeichnen.
Als nun mit dem 1. Januar 1937 in der ganzen Welt wieder der Bau von Schlachtschiffen freigegeben wird, beginnt die letzte große Bauwelle für Großkampfschiffe dieser Art. Von nun an vollzieht sich die weitere Entwicklung nahezu explosiv. Als in Deutschland die Kiele für die beiden Schlachtschiffe BISMARCK und TIRPITZ gelegt werden, wird deutlich, daß außer Großbritannien nicht nur Frankreich, Italien und die UdSSR neue Schlachtschiffe bauen werden. Hitler, der beim Bau der SCHARNHORST-Klasse wegen der Tatsache, daß bei deren Planung nur Frankreich mit Schlachtschiffneubauten antworten würde, einen von der Marine in Erwägung gezogenen dritten schweren Geschützturm für politisch bedenklich hielt, muß nun der Forderung, »dem Einzelschiff ein Höchstmaß an Kampfkraft« zu verleihen, Rechnung tragen. So sind die Entwürfe zur BISMARCK-Klasse kaum nur aus technischen, sondern auch aus politischen Gegebenheiten zu erklären.
Nun, da das sorgsam ausgeklügelte Gleichgewichtssystem der großen Seemächte gesprengt worden ist, einigen sich England, die USA, Frankreich und Italien auf eine Beibehaltung von 40,6 cm als Höchstkaliber und auf eine Heraufsetzung der Tonnage bis zu 45 000 ts, während sich Japan, wie erwartet, solchen Begrenzungen entzieht.
England läßt öffentlich erklären, es werde bei 35 000, höchstens 40 000 ts verbleiben, solange keine Seemacht des europäischen Kontinents diese Grenzen überschreitet. Im Rahmen der neuen, 1937 fast hektisch beginnenden Bauwelle sind die Briten zunächst mit fünf Schlachtschiffen der KING-GEORGE-V-Klasse (36 727/42 076 ts), denen 1939 die Kiellegung von zwei Einheiten der 40 550/46 300 ts großen LION-Klasse folgt, vertreten. Die Deutschen dagegen engagieren sich mit der 41 700/50 900 ts großen BISMARCK-Klasse und legen 1937 die BISMARCK und dann die TIRPITZ (42 900/52 600 ts) auf Kiel.
Auffallende Änderungen gibt es bei den Aufstellungen der schweren Artillerie. Hier fällt der hohe Anteil an Vierlingstürmen ebenso wie die stark betonte Offensivkraft auf, die der Franzosen ist bei der RICHELIEU-Klasse schon fast eine Prätention mit 2 38,1-cm-Vierlingen auf dem Vorschiff und keiner schweren Artillerie im achteren Bereich. Maßvoller zeigen sich die Briten bei den KING GEORGE's mit 2 35,6-cm-Vierlingstürmen vorn und einem Doppelturm achtern, ebenso bei der LION-Klasse mit ihren 38,1 cm als schwere Artillerie in zwei Türmen vorn und einem achtern.
In Japan kommt anno 1941 die 62 315/69 910 ts große YAMATO in Dienst, das Schwesterschiff MUSASHI folgt im Herbst 1942. Sie verfügen mit 9 46,0-cm-Kanonen als schwere Artillerie über eine ungeheuerlich starke Bewaffnung. Die Panzerung ist entsprechend, allein der Gürtelpanzer ist 450 mm dick oder der der Türme bis zu 650 mm. 150 000 PSw sorgen für eine Geschwindigkeit von allerdings nur 27,0 kn. Das später im Krieg auf Stapel gelegte dritte Schiff der Klasse, die 66 896 ts große SHINANO, wird nach dem Verlust von vier Flugzeugträgern bei der Insel Midway zum Träger umgebaut.
Die YAMATO und MUSASHI bleiben vor

Cross Section Amidships
Forecastle Deck.
Upper Deck.
Armoured Main Deck.
Lower Deck.
Platform Deck.
Quarter Deck.
Small space occupied by exhausts.
Weight saved by building armoured deck integral with hull.
Torpedo Bulkhead.
5 inch Armour.
Engines
Engines
Double Bottom.
3-11inch Guns.
After Gun House.
4 Anti-Aircraft Guns.
Probable position of Aircraft Catapult.
Engine Exhausts & Vents.
Dummy Funnel.
Searchlight.
Searchlight.
Upper Range Finder.
Control Top.
Yard.
Searchlight.
Searchlight.
Navigating Bridge.
Boat Boom.
Wheel House.
Boats.
Vent.
After Starboard 5·9 in. Guns.
Engineers' Mess.
Ship's Office.
Bulkhead.
Fresh Water Tanks
Torpedo Room.
Operating Theatre
11inch Magazines
Sick Bay.
Magazine.
Gun Trunk.
5·9 in. Magazine.
Gun Trunk.
Auxiliary Machinery.
After Starboard Engines.
Bulkhead.
After Clutch.
Starboard Gear-Box.
Port Engines.
Forward Starboard 5·9 in. Guns.
Forward Starboard Engines.
Gun Trunk.
Gun Trunk.
Petty Officers' Mess.
Seamens Mess.
Stores.
Armourer
Bulkhead.
Bulkhead.
5·9 inch Magazine.
Bulkhead.
Oil Fuel Tanks in Double Hull.
Bulkhead.
All fittings are extra light in weight & welding has been generally used for internal structure.
Welding & Rivetting Compared.
Angle Pieces Rivetted
Welded Joints.
Angle Pieces & Rivets considerably increase weight.
Profile to Scale.
Armour Belt 5 inches in thickness.
603 550 500 450 400 350 300 250 200 150 100 50 0
Feet.
Deck Plan to Scale
Beam 66 feet.
G H DAVIS

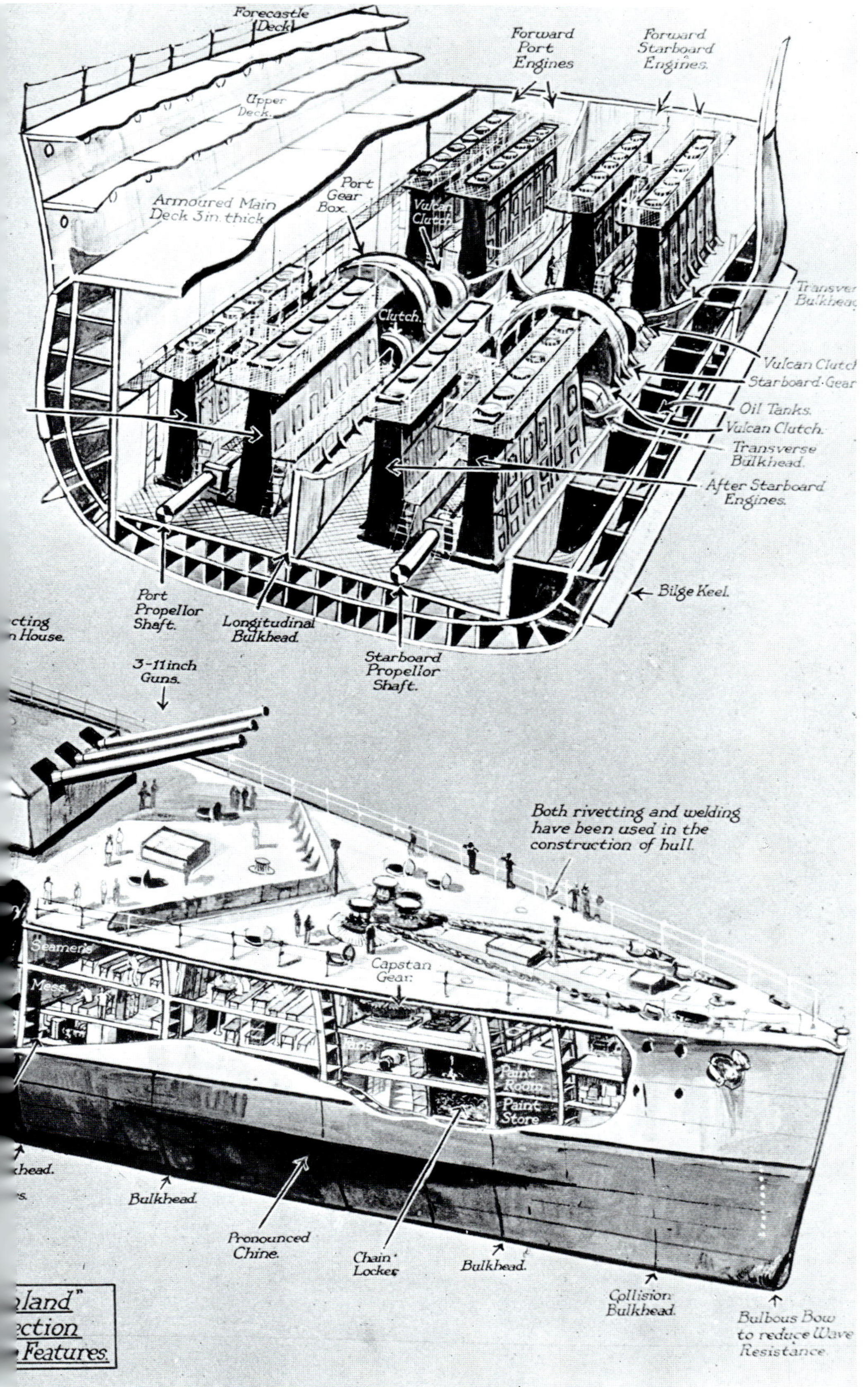

Die deutsche Marine ging aus dem Ersten Weltkrieg unbesiegt hervor, aber die Nation hatte den Krieg verloren. Die Flotte mußte gemäß dem Vertrag von Versailles bis auf einige veraltete Schiffe an die Siegermächte übergeben werden. Am 21. Juni 1919 liefen 50 deutsche Schiffe in Scapa Flow ein. Plötzlich hißten sie unter Befehl von Konteradmiral Ludwig von Reuter die Reichskriegsflagge. Die Besatzungen öffneten die Flutventile, und wenig später war der Wunsch der Briten erfüllt, die deutsche Flotte zu ihren Füßen liegen zu sehen – allerdings auf dem Meeresgrund!
Als Verlierer war die Meinung Deutschlands während der Washington-Konferenz 1921/22 nicht gefragt. Es blieb bei den Versailler Einschränkungen, gemäß denen die Höchstgrenze für deutsche Schiffe bei 10 000 ts liegen und das Kaliber 28,0 cm nicht überschreiten durfte. Dabei mag man an ein ordentlich bewaffnetes, leidlich gepanzertes Küstenschiff gedacht haben. Der deutsche Erfindergeist präsentierte auf dieser Basis jedoch 1933, 1934 und 1936 die Panzerschiffe der Deutschland-Klasse: Deutschland, Admiral Scheer und Admiral Graf Spee. Diese waren schneller als jedes stärkere Schiff und stärker als jedes schnellere Schiff. Dieser Typ war ähnlich revolutionierend und spektakulär wie seinerzeit die Dreadnought der Engländer von 1906. Pocket battleships nannten die Engländer zunächst spöttisch diese deutschen Westentascheneinheiten, die ihnen als Handelsstörkreuzer aber bald gehörigen Respekt einflößen sollten.

Bild oben: In allen Einzelheiten stellten die Illustrated London News 1934 die Deutschland vor, ausgerüstet mit 56 000-PSe-Dieselmotoren von MAN, einem für Schiffe dieser Größe völlig neuen Antrieb, der eine Geschwindigkeit von 28,0 kn ermöglichte. Die Deutschland hatte einen enormen Fahrbereich von über 10 000 sm bei 20 kn. Die Bewaffnung bestand außer den 6 28-cm-Kanonen noch aus einer Mittelartillerie von 8 15-cm-Kanonen sowie verschiedener Flak. Die Länge über alles betrug 181,70 m, die Breite 20,70 m. 965 Mann Besatzung waren für den Einsatz erforderlich.

Unten: Seitenansicht des Panzerschiffes Admiral Graf Spee, zusammen mit der Admiral Scheer Schwesterschiff der Deutschland

der der Bismarck folgenden Tirpitz die größten jemals gebauten Schlachtschiffe der Welt – und gleichzeitig auch die stärksten. Aber nicht stark genug, um nicht das Opfer von US-Träger- und Bombenflugzeugen zu werden, jener Waffe, mit der man schon lange vor dem Bau dieser Schiffe rechnen mußte. Die Musashi erhält am 24. Oktober 1944 südlich von Luzon 11 Torpedotreffer und 19 Bomben, wobei ein Torpedo durch ein Loch einer vorausgegangenen Explosion in den Schiffskörper eindringt und in einem der Maschinenräume detoniert. Stunden später sinkt das Wrack. Die Yamato wird am 7. April 1945 in fünf Wellen von je 100 Flugzeugen angegriffen, ehe das bereits schwer havarierte Schiff durch einen Treffer in die Ruderanlage manövrierunfähig geworden und durch Detonationsgase unter der Wasserlinie an Backbord unter dem als Torpedoschott verlängerten Seitenpanzer aufgerissen wird, kentert und sinkt.
Mit den Atombomben auf die beiden japanischen Städte Hiroshima und Nagasaki bleiben nach dem Kriege widersprüchliche Auffassungen über die Rolle einer Marine im Atomzeitalter. Unter der Bezeichnung *»Operation Crossroad«* werden 5 Schlachtschiffe, 2 Flugzeugträger, 4 Kreuzer (darunter der deutsche Schwere Kreuzer Prinz Eugen), 16 Zerstörer und 8 U-Boote Überwasser- und Unterwasseratombombenexplosionen ausgesetzt. Es zeigt sich, daß zumindest Schlachtschiffe unter günstigen Voraussetzungen überleben können, aber unter weniger günstigen Voraussetzungen zerstört werden. Wie dem auch sei: Schlachtschiffe gleichen nur noch mittelalterlichen Ritterburgen. Sie haben an Bedeutung verloren. An ihre Stelle sind die Flugzeugträger getreten, deren Vorrang aber immer mehr von Raketen-Unterwasserschiffen streitig gemacht wird.

Kreuzer – Mädchen für alles

Der Kreuzer wird von Historikern häufig als Nachfolger der Segelfregatte charakterisiert. Genausogut könnte man sagen, das Flugzeug sei der Nachfolger des Ballons. Generell unterscheiden sich die modernen, dampfbetriebenen Kreuzer in zwei Haupt-

Die durch das Washingtoner Flottenabkommen von 1922 vereinbarten Begrenzungen der Schlachtschiffgrößen führten zu einer um so größeren Aktivität in jenen Bereichen, die vom Abkommen stückzahlmäßig nicht berührt waren. Hierzu zählte auch der Kreuzer, jenes schnelle, wendige Schiff mit vielfältigen Aufgaben von Aufklärung über Handelskrieg, Sicherung von Geleitzügen bis in unsere Zeit zum Schutz von Flugzeugträgern gegen Luftangriffe.

Links: Der moderne italienische Lenkwaffenkreuzer Andrea Doria, der 1964 in Dienst gestellt wurde und 5 273/6 426 ts Wasserverdrängung aufweist. Die Bewaffnung besteht aus 8 7,6-cm-Flak und 2 Terrier/Avoc-FK, 6 U-Boot-Abwehr-Torpedorohren und 4 Hubschraubern. Die Andrea Doria läuft 31,0 kn.

Rechts: Der niederländische Lenkwaffenkreuzer De Zeven Provinciën (9529/12 250 ts) bei einer Flottenschau der NATO 1970 in Spithead. Das 32,3 kn schnelle Schiff ist mit 4 15,2-cm-, 6 5,7-cm- und 4 4,0-cm-Kanonen sowie 2 Terrier-FK ausgerüstet.

gruppen: in den in der Wasserlinie oder nur an Deck gepanzerten Kreuzer und den ungeschützten Typ dieser Klasse. Hier entwickeln die einzelnen Nationen ihre eigenen Charakteristika, die Briten zum Beispiel mit Kreuzern der 1. Klasse (im Gürtel gepanzert), der 2. Klasse (ohne oder mit nur geringer Panzerung des Decks) und der 3. Klasse, die, vornehmlich kleine Schiffe, ebenfalls meist einen Deckpanzer hat. Ähnlich ist die Typisierung bei anderen Nationen. In Deutschland liegt die Betonung zunächst auf den Kleinen, den Leichten und Großen Kreuzern.
Über die Jahrzehnte hinweg führt der Weg dann generell zu den Leichten und den Schweren Kreuzern bis hin zu den modernen Raketenkreuzern nach dem Zweiten Weltkrieg.
Die taktischen Aufgaben der Kreuzer sind seit eh und je äußerst vielseitig. So gibt es Aufklärungskreuzer, Torpedokreuzer, Minenkreuzer und andere. Ein besonderer Typ ist der deutsche Panzerkreuzer nach dem Ersten Weltkrieg, nachdem der sogenannte Washington-Kreuzertyp die Tonnage aller Kreuzer auf 10 000 ts begrenzte. Es handelt sich bei der deutschen »Verlegenheits«-Entwicklung um die im Ausland *»pocket battleships«* genannten Panzerschiffe der Deutschland-Klasse, mit je 6 28-cm-Kanonen als schwerer Artillerie bestückt. Sie waren mit Dieselmotorantrieb und großem Aktionsradius wohl als Handelszerstörer die interessantesten Kreuzertypen aller Zeiten, besonders, wenn man an die Admiral Scheer denkt, die 1940/41 Handelskrieg bis in den Indischen Ozean führte und nach einer sechsmonatigen Fahrt allen gegnerischen, groß angelegten Suchoperationen zum Trotz wieder in Kiel einlief.
Die Zahl der Kreuzertypen und -variationen sowie deren taktische Aufgaben sind so groß, daß sie hier nur gestreift werden konnten. Etwas ausführlicher sei daher nachfolgend nur auf die Entwicklung des Panzerkreuzers um die Jahrhundertwende eingegangen.
Um die achtziger Jahre, als man mit der Verbesserung des die großen Panzerschiffe bedrohenden Torpedos auch die ersten Torpedoboote baut, die eine neue Waffe im Seekrieg darstellen und für deren Abwehr kleinere, aber schnelle Abwehrwaffen notwendig werden, ist es 1882 der Brite Armstrong, der argumentiert: »Für den Preis eines Panzerschiffes kann man drei Panzerdeckschiffe bauen, die in ihrer Zahl dem einen Panzerschiff und auch sonst überlegen sind. Da kleiner, sind sie auch schwerer zu treffen. Auch wird die größere Geschwindigkeit und Manövrierfähigkeit die Verwendung von Torpedos begünstigen. Wenn daher Panzerschiffe nicht unbedingt erforderlich sind, um Panzerschiffe zu bekämpfen, so fragt man sich, zu welchem Zweck diese überhaupt noch notwendig sind.«
Diese Überlegung ist zwar interessant und auch bedingt richtig. Sie mag vielleicht auch den französischen Marineminister Admiral H. T. L. Aube und seine mit soviel Eifer betriebene *»jeune école«* beeinflußt haben, denn die Franzosen vernachlässigen den Bau der Linienschiffe, der *cuirassés d'escadres* genannten Schlachtschiffe, in starkem Maße. Die Franzosen glauben, die maritime Überlegenheit oder wenigstens Balance am ehesten durch die Zerstörung des britischen Handels erreichen zu können, und entwickeln (da die neuartigen Harvey- und Krupp-Panzer Gewicht sparen helfen und auch einen Gürtelpanzer für kleinere Schiffe als die Panzer-Linienschiffe erlauben) dementsprechend Panzerdeckkreuzer mit mäßigem Gürtelpanzer und ähnlicher Armierung, so den 1890 erbauten Panzerkreuzer Dupuy de Lôme (6780 ts mit 110-mm-Gürtelpanzer) und seine Nachfolger. Darunter ist auch die 1899 erbaute, 11 270 ts große Jeanne d'Arc, ein demonstrativ imposantes, am Gürtel 150 mm dick gepanzertes Schiff mit seinen beiden Dreiergruppen an Schornsteinen mittschiffs vorn und mittschiffs achtern, außerdem die 12 550 ts große, 22 Knoten schnelle Victor Hugo oder die gleichgroße Léon Gambetta. Die Briten antworten mit zum Teil bis zu 14 300 ts großen Panzerkreuzern. Unter diesen Einheiten sind die bei den Briten so guten und verpflichtenden Namen wie Drake, Good Hope, King Alfred, Leviathan.
Panzerkreuzer bauen auch die anderen Nationen, so Deutschland und Österreich, wieder andere geben solche Schiffe in Auftrag, zum Beispiel die Chilenen, denen Armstrong in Elswick 1896 den vielfach irrtümlich als Geschützten Kreuzer bewerteten Panzerkreuzer Esmeralda liefert, der, 7100 t groß und 23 kn schnell, das damals schnellste Kriegsschiff der Welt ist.
Deutschland verfügt bis 1905 über sieben Einheiten, beginnend 1897 mit der 10 700 t großen Fürst Bismarck (Gürtelpanzer 200 mm, Kommandoturm 200 mm und

Deck 50 mm). Österreich dagegen gibt nur drei Schiffe dieser Art in Auftrag, beginnend mit der KAISERIN UND KÖNIGIN MARIA THERESIA 1893.
Die modernen Panzerkreuzer sind an sich die Fortsetzung der früheren Panzerschiffe II. Klasse, den eigentlich die Russen als besonderen Schiffstyp Ende der 1860er Jahre entwickelt hatten, nämlich mit den für Ostasien entworfenen als Vollschiff getakelten GENERAL ADMIRAL und HERZOG EDINBURSKI. Zusammenfassend bleibt zu sagen, daß sich die den Schlachtschiffen nicht unähnlichen großen Panzerschiffe als recht unökonomisch erweisen: Sie verbrauchen fast die gleiche Menge Kohlen, und ihre Besatzungen sind teils über 700 Mann stark. Viele der Aufgaben, die an sich den Panzerkreuzern zugedacht worden waren, werden daher den Geschützten Kreuzern übertragen. Die Panzerkreuzer verlieren zudem an Bedeutung, als die Schlachtkreuzer aufkommen.
Bei den unter den Begriff Leichte Überwasserfahrzeuge fallenden Kreuzern aller Typen mündet die weitere Entwicklung zunächst in den maximal 10 000 ts großen Washington-Kreuzer ein, dessen schwere Artillerie auf maximal 20,3 cm Kaliber beschränkt bleibt.
Die Leichten Kreuzer bewegen sich zwischen 6000 und 8000 ts und haben als schwere Artillerie 15,2-cm-Kanonen. Auch später, nach dem deutsch-britischen Flottenvertrag, werden diese beiden Typen nur geringfügig größer, artilleristisch aber nicht stärker, eine Ausnahme bilden die deutschen Schweren Kreuzer vom Typ der ADMIRAL HIPPER, die bis zu maximal 18 000 ts groß werden, obwohl sie als Neubauten offiziell mit 10 000 ts angezeigt wurden.
Nach dem Zweiten Weltkrieg vergrößern einige Seemächte die Schweren Kreuzer, so zum Beispiel die USA mit der 17 000/21 500 ts großen NEWPORT-NEWS-Klasse, deren Kaliber aber mit 20,3 cm als schwere Artillerie der des bisherigen Typs entspricht. Die Artillerie-Kreuzer werden indessen bald schon durch Lenkwaffen-Kreuzer abgelöst. Die amerikanische BAINBRIDGE (7600/8600 ts) wird nicht nur der erste Lenkwaffen-Kreuzer, sondern auch die erste nuklearbetriebene Einheit dieser Klasse. Lenkwaffen-Kreuzer bauen auch die Russen, Italiener, Niederländer und Franzosen, nicht aber Großbritannien. Den Schwerpunkt der »kleineren« Überwassereinheiten legt man indessen allgemein auf Lenkwaffen-Zerstörer und auf Lenkwaffen-Fregatten, mit denen auch die Einheiten der Marine der Bundeswehr ausgerüstet werden.

Von Torpedos, Minen und Unterseebooten

Der Torpedo hat vom Prinzip her eine lange Geschichte, die wohl bereits 1420 mit dem von Professor Fontanas von der Universität Padua konstruierten Schwimmkörper mit Sprengsatz sowie 1620 mit der schwimmenden Explosivmaschine des Holländers Cornelius Drebbel beginnt. Ihren ersten Höhepunkt findet die Geschichte des Torpedos in dem 1868 in Triest von dem österreichischen Fregattenkapitän Luppis und dem Engländer R. Whitehead konstruierten Luppis-Whitehead-Torpedo. Es handelt sich um einen spindelförmigen, nach vorn und achtern spitz zulaufenden Körper mit einem Durchmesser von 350 mm und einer Sprengladung von 8,1 kg im Kopf. Bei eigenem Antrieb entwickelt er eine Geschwindigkeit von 6 kn bei einer Reichweite von mehreren hundert Metern, ein Unterwassergeschoß also, das erstaunlich schnell immer mehr verbessert wird. Da aber die österreichische Regierung eine Finanzierung ablehnt, gehen die Produktionsrechte 1870 nach England. Sie werden aber auch von Deutschland erworben. 1872 kommt der inzwischen durch einen Tiefenregulator in Form einer Ausgleichskammer, durch ein waagerechtes, automatisch korrigiertes Pendelruder und gegenläufige Propeller verbesserte Torpedo von Whitehead als »Fischtorpedo« in den Handel. Im selben Jahr werden in den USA der Howell-Torpedo und der Bliss-Leavitt-Torpedo erfunden. Einen ähnlichen Torpedo konstruiert der Deutsche Schwartzkopff. Louis Brennan und Sim Edison erfinden den ersten drahtgelenkten elektrischen Torpedo, dessen elektrische Antriebskraft eine an Land aufgestellte Dampfmaschine über einen Dynamo entwickelt. Nach dem Ersten Weltkrieg wird man sich dieser nun elektrischen Methode erneut, und zwar von einem Mutterschiff aus, bedienen.
Die Erfindung eines Gradlaufapparates durch den Österreicher Orby ermöglicht eine erste Erhöhung der Schußweite. Der Torpedo im modernen Sinne ist ein 1200 bis 1600 kg schweres, zigarrenförmiges Unterwassergeschoß mit eigener Antriebsanlage. Anfangs verwendet man hierzu Preßluft, die aber eine verräterische Blasenbahn an der Wasseroberfläche hinterläßt. Später, im Zweiten Weltkrieg, wird der Torpedo über Akkumulatoren elektrisch angetrieben, mit selbsttätigen Apparaten für einen Gerade- und Tiefenlauf.
Der Torpedo ist vorn mit einem »Gefechtskopf« versehen, dessen Sprengladung beim Auftreffen auf das Ziel detoniert.
Geschwindigkeit und Laufstrecke des Torpedos werden im Laufe der Jahre durch Verbrennen von Öl in der Druckluft immer mehr verstärkt. Die Torpedos sind jetzt vom Kaliber 45 cm, etwa 40 kn schnell und erzielen bis zu 3000 m Reichweite. Zu Beginn des Zweiten Weltkrieges wird in Deutschland ein mit Heißluftdampf betriebener, 53,3 cm kaliberstarker Torpedo mit 14 000 m Reichweite und ein elektrischer Torpedo mit 6000 m Reichweite eingesetzt. Inzwischen ist auch der anfangs nicht problemlose magnetische Zündmechanismus perfektioniert worden. Die weitere deutsche Entwicklung der Programmsteuerung erlaubt bald auch einen Winkelschuß von 90°, und der neue FAT (flächenabsuchende Torpedo) wie auch der LUT (lagenunabhängige Torpedo) kann ab Mitte des Zweiten Weltkrieges in engen oder weiten Schleifen oder im Zickzacklauf den Kurs eines Geleitzuges mit praktisch tödlicher Sicherheit kreuzen. Ein anderer neuer Typ ist der sogenannte »Zaunkönig«. Er steuert sich auf die Schraubengeräusche des angegriffenen Schiffes ein, ein System, das die Alliierten raffinierterweise sehr schnell schon mit einer hinterhergeschleppten »Rabatzboje« unwirksam machen. Viele der von den U-Boot-Kommandanten in gutem Glauben genannten Versenkungen sind »Rabatzbojen-Detonationen«, aber keine Treffer am Schiff. Viel schlimmer sind die U-Boote selbst betroffen, da die Alliierten ebenfalls mit einem

Torpedos wurden nach einer langen Entwicklungsphase ab der Mitte des 19. Jahrhunderts zu einer gefürchteten und wirkungsvollen Waffe im maritimen Kriegseinsatz. Parallel dazu verlief die Entwicklung spezieller Schiffe zum Abschießen der schwimmenden Bombe, der Torpedoboote.

Rechte Seite oben: Darstellung des Baus von Torpedobooten in der Werft von Yarbow and Co. in Poplar aus dem Jahre 1886

Rechte Seite unten: Ein englischer MK 8-Torpedo wird nach einem Übungseinsatz an Bord eines Torpedobootes gehievt.

TRAINING THE HULL.

PUTTING A SKIN PLATING AT THE BOW.

SHEARING A SKIN PLATING.

FORGING STEEL SCREW PROPELLER.

BORING OUT SCREW PROPELLER.

VIEW OF MESSRS. YARROW AND CO.'S WORKS FROM THE RIVER THAMES.

VIEW OF BOW, SHOWING WHITEHEAD TORPEDO BEING DISCHARGED.

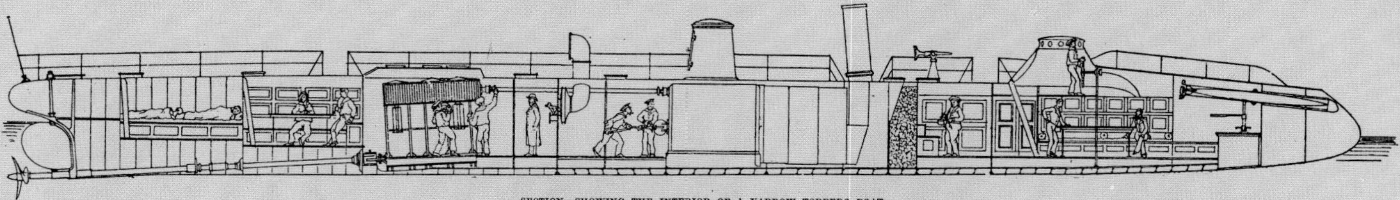

SECTION, SHOWING THE INTERIOR OF A YARROW TORPEDO-BOAT.

HOW A TORPEDO-BOAT IS BUILT AT MESSRS. YARROW AND CO.'S WORKS, POPLAR.

Geräuschtorpedo aufwarten, den sie den tauchenden U-Booten aus der Luft nachwerfen.
Die Briten haben sich übrigens mit flüssigem Sauerstoff als Torpedo-Antriebsmittel versucht, das aber bald wieder abgeschrieben wird, weil es ihnen zu gefährlich ist. Die Japaner haben diese Experimente trotzdem weitergeführt und bereits 1933 ihren Long-Lance-Typ von 600 mm Durchmesser und einem Sprengkopf von 450 kg produziert. Er erzielte 36 kn für eine Laufstrecke von 22 sm oder von 49 kn für 11 sm Reichweite. Die deutschen, vielversprechenden Versuche des Professors H. Walter, Torpedos mit einer »Wasserstoffsuperoxid-Anlage« zu betreiben, kamen nicht mehr zum serienreifen Abschluß.
Eine Seitenentwicklung des Torpedos soll an dieser Stelle erwähnt werden, die der berittenen oder bemannten Torpedos. Es sind zuerst die Italiener, die mit einer Waffe überraschen, die in der Bordterminologie *maiale* (das Schwein) geheißen wird. Es handelt sich um ein Unterwasserfahrzeug, auf dem zwei Taucher reiten, um es unter dem Kiel eines Zielschiffes zu stoppen und eine mit Zeitzünder versehene Haftladung anzubringen. Einen besonderen Erfolg erzielen sie 1941 im Hafen von Alexandria, wo die britischen Schlachtschiffe QUEEN ELIZABETH und VALIANT schwer beschädigt werden. Die Briten konstruieren ein ähnliches Gerät, das sie *chariot* (= Kriegswagen) nennen, und die Deutschen entwickeln in der Schlußphase des Krieges Kleinst-U-Boote, z.B. vom Typ HECHT und SEEHUND, HECHT mit einem G-7-Torpedo unter dem Rumpf und einer Mine im Kopfstück, SEEHUND mit zwei G 7 unter dem Rumpf, beide mit je zwei Mann Besatzung. Bemannte Torpedos aber sind Sonderentwicklungen oder verzweifelte Maßnahmen wie die der deutschen Marineführung, noch eine Wende herbeizuführen. Der wirksame und ökonomische Einsatz des Torpedos kann letztlich jedoch nur von speziell dafür konstruierten Schiffen kommen.
Die ersten Einheiten vom Typ der Torpedoboote sind kleine, von Dampfmaschinen getriebene Boote, die einen Harvey-Torpedo hinter sich herschleppen. Oder sie sind mit einem Spierentorpedo ausgerüstet, bei dem eine lange Stange, eben die Spiere, vorn über das Boot hinausragt. An ihrer Spitze ist eine Sprengladung befestigt, die durch einen Rammstoß gegen die Seite des Zielschiffes unterhalb der Wasserlinie zur Detonation gebracht wird. Dieser Typ wird im Amerikanischen Bürgerkrieg von beiden Seiten erfolgreich eingesetzt.
In den frühen siebziger Jahren kommt es dann auch zu deutschen Entwicklungen: Devrient in Danzig baut 1871/1872 drei 20,30 m lange, 34 ts große Spierentorpedoboote. Waltjen & Co., Bremen, baut 1871 drei kleine, nur 14,60 m lange, 24 ts große Torpedoboote mit 7 bis 8 kn Geschwindigkeit und einem 17 kg schweren Sprengkörper an der Spiere. 1872–1874 bereits folgt der Stettiner Vulcan mit den drei Torpedodampfern NOTUS (308 ts), ZEPHIR (131 ts) und RIVAL (131 ts). 1875 bauen Möller und Hollberg in Stettin den 36,00 m langen, 437 ts großen Hochsee-Torpedo-Schleppdampfer ULAN, bei dem ein Taucher den Torpedo anbringen muß. Beim Angriff soll die Besatzung in Schußweite aussteigen und sich bei Erfolg auf ein mitgeschlepptes Rettungsfloß retten – oder bei einem Fehlschuß wieder an der langausgestreckten Schleppleine an Bord verholen.

Oben: Modell eines 1906 in England für die rumänische Regierung gebauten Torpedobootes, das nicht nur seitlich je einen Whitehead-Torpedo trägt, sondern auch noch vorne mit jenem merkwürdigen Spierentorpedo ausgerüstet ist, der Angreifer wie Angegriffenen nahezu in gleichem Maße gefährdete

Links: Ähnlich den Versuchen der deutschen Luftwaffe mit einer bemannten fliegenden Bombe (V1) operiert auch die Kriegsmarine am Ende des Zweiten Weltkrieges mit verzweifelten Konstruktionen, die dem Krieg noch eine Wende geben sollten. Der bemannte Trägertorpedo MARDER (5,5 t) sollte von einem Fahrer möglichst nahe an das feindliche Schiff gelenkt werden, um den darunter befestigten Torpedo zielsicher auslösen zu können.

1877 baut die Schichau-Werft in Elbing für die russische Marine ein 18,00 m langes und 3,00 m breites Torpedoboot, das ebenfalls noch mit Spierentorpedos ausgerüstet ist. Es läuft fünf volle Stunden mit 16 kn. Hier bei Schichau sind besonders glückliche Vorbedingungen für einen solchen schnellen Typ gegeben: Die Schichauschen Dampfmaschinen sind nicht nur aus bestem Material, sie sind auch relativ leicht, so daß es möglich ist, auf kleinstem Schiffsraum viel Antriebskraft zu deponieren. Der Bau befriedigt die Russen, die bereits 1878 zehn weitere, etwas größere Boote in Elbing bestellen.
Nun löst der mit Eigenantrieb ausgerüstete Whitehead-Torpedo den Spierentorpedo ab. Anfangs ist der echte Torpedoträger ein noch mehr oder weniger kleines Boot, von dem das Geschoß nun aus einem Lancierrohr (mit Pulvergasen, Druckluft oder Druckkolben) ausgestoßen und ins Wasser befördert wird.
1877 bauen die Franzosen ihr Torpedoboot Nr. 1 mit je einem Lancierrohr am Bug und am Heck, kleine Kanonen kommen noch hinzu. Die Lancierrohre sind sogar schwenkbar. Die Deutschen folgen Anfang der achtziger Jahre mit den sieben 31,50 m langen Einheiten der SCHÜTZE-Klasse der A.G. »Weser« in Bremen. Es sind sogenannte Torpedoboote I. Klasse mit 2 35-cm-Torpedos an Bord, die fast alle als Schulboote Verwendung finden.
Während die Briten diese Waffe zunächst nicht ernstnehmen und sie als Kampfmittel für kleinere Seemächte verachten, sehen neben den Russen vor allem die Franzosen unter ihrem *»jeune école«*-Admiral Aube hier die geeignete Waffe für den von ihnen vertretenen klassischen Handelskrieg.
Aube reduziert sogar das Schlachtschiffbauprogramm. Er gibt neben 14 Kreuzern 34 Torpedoboote in Auftrag und richtet eine Torpedoschule ein.
1883, in dem Jahr, in dem der deutsche Marineminister von Caprivi dem Kapitän zur See A. Tirpitz die Bearbeitung des Torpedoboot- und Torpedoressorts überträgt, ist das neue Programm »nicht eine Rennmaschine, sondern ein außerordentlich seefähiges, starkes Boot mit den höchst erreichbaren Geschwindigkeiten ...«. Schichau liefert 1884 22 Einheiten, alle mit

mehr als 22 kn. 1886 folgt eine weitere Serie von 30 Booten. 1899 läuft mit der S 90 das erste große Torpedoboot für Hochseeverwendung von Stapel. 1900 baut Schichau für die deutsche Marine das hundertste Torpedoboot.

Torpedoeinrichtungen werden nicht nur auf speziellen Booten gefahren, sondern bald auch auf allen größeren Schiffen, auch auf den Schlachtschiffen installiert oder nachträglich eingebaut. Nach den Torpedobooten wird der Torpedo die klassische Waffe der Zerstörer und der Schnellboote, vor allem aber der U-Boote, die mit dieser für sie prädestinierten Waffe mit Abstand die größten Erfolge erzielen.

In der Praxis wird das Torpedoboot für ein möglichst unbemerktes Heranbringen der Waffe vornehmlich während der Nachtzeit eingesetzt, in Deutschland aber auch bei Tag als Druckmittel auf die feindlichen Linien. Den Topedodurchbruch durch die Kiellinie der Schlachtschiffe zu üben, ist ein ebenso imposantes wie auch riskantes seemännisches Manöver.

England, wo man anfänglich nur wenige Torpedoboote baut, geht noch einen anderen Weg: Hier, wo man von den schnellen französischen und auch deutschen Torpedobooten 1890 gelernt hat, entwickelt die Admiralität ab 1895 zunächst die Torpedokanonenboote RATTLESNAKE (550 ts), die der 556 ts großen GRASSHOPPER-Klasse und der 735 ts großen SHARPESHOOTER-Klasse und weitere. Diesen folgt von der Yarrow-Werft mit der HAVOCK und der HORNET der Typ eines 27 kn schnellen Torpedoboot-Zerstörers. Aus diesem, von dem die Briten bis 1907 allein 145 Einheiten bauen, geht einmal der Typ des klassischen Zerstörers hervor.

Torpedobootjäger und Torpedoboot-Zerstörer bauen selbstverständlich auch andere Marinen, darunter auch die Franzosen erstmals mit ihrer 296 ts großen DURANDAL-Klasse, die Italiener mit der nach englischen Plänen 1898 vom Stapel gelaufenen, 293 ts großen FULMINANTE mit 4728 PSi für 24 kn, ehe sie zusammen mit Thornycroft mit der 1902 vom Stapel gelaufenen NEMBO (330 ts) mit 5350 PSi 30,2 kn erreichen.

In Deutschland werden zum Beispiel bei Schichau Torpedobootjäger und Torpedoboot-Zerstörer auch für fremde Nationen gebaut, so 1897 vier für China, die mit 36,7 kn Weltrekord laufen.

Die Mine als Waffe anzuwenden, die Versuche, mit Sprengstoff gefüllte Behälter unter dem Kiel von Schiffen anzubringen, sind so alt nicht, wenn man an Bushnells *»kegs«* (1776), an Robert Fultons Versuche

Die Entwicklung des Torpedobootes:

Linke Seite oben: Deutsche Torpedoboote im Dock Anfang der achtziger Jahre des vorigen Jahrhunderts

Linke Seite unten: Um die Torpedos als Waffe wirkungsvoll einsetzen zu können, muß das Torpedoboot möglichst nahe an das Ziel heransteuern, um dem feindlichen Schiff ein Ausweichen zu erschweren. Ein ebenso imposantes wie riskantes Manöver zu diesem Zweck ist der Durchbruch der schnellen Torpedoboote durch die Kiellinie der feindlichen Schlachtschiffe, wie hier von Großen Torpedobooten vor dem Ersten Weltkrieg mit Schlachtschiffen der NASSAU-Klasse geübt.

Diese Seite oben: Die in England gebaute japanische OBORO, ein 363 ts großes Torpedoboot, das erfolgreich in der Schlacht von Tsushima eingesetzt wurde. In diesem russisch-japanischen Konflikt kamen Torpedoboote zum ersten Mal zum massiven Einsatz.

Diese Seite unten: Das 225 ts große Schnellboot NERZ der ZOBEL-Klasse der Deutschen Bundesmarine. Das 42,50 m lange und 7,20 m breite Boot entwickelt 40,5 kn und ist mit maximal 4 drahtgelenkten Torpedos ausgestattet.

Nächste Doppelseite: Zerstörer sind heute der am meisten verbreitete, universell einsetzbare Kriegsschifftyp. Ursprünglich für die Jagd auf Torpedoboote konzipiert, hat der Zerstörer im Laufe der Zeit immer vielfältigere Aufgaben erhalten. Der moderne Zerstörer wird nicht nur zur U-Boot-Bekämpfung eingesetzt, sondern auch zur Beschießung von See- oder Küstenzielen, kann Minen legen, deckt Landeoperationen und sichert Geleitzüge. Die neuzeitlichsten Typen sind mit Lenkwaffen ausgerüstet, so wie hier die britischen Zerstörer FIFE und KENT, 1965 beziehungsweise 1963 in Dienst gestellt, die mit 5440/6200 ts für Zerstörer eine beachtliche Größe aufweisen, 159,00 m lang, 16,50 m breit sind, 470 Mann Besatzung tragen und 32,5 kn laufen können.

Oben: Minensuchboot M 39 der Deutschen Reichsmarine, erbaut 1916 beim Bremer Vulkan. Das Boot hatte 525 t Wasserverdrängung, war 59,41 m lang und 7,30 m breit, hatte zwei 3fach-Expansionsmaschinen mit je 800 PSi für eine Geschwindigkeit von 12 kn und 2 8,8-cm-Kanonen.

Unten: Zum Schutz gegen Magnetminen werden moderne Minensuchboote häufig aus Glasfiber gebaut, wie hier das erste dieser Art, die englische WILTON*, 1973 in Dienst gestellt mit 400/450 ts Wasserverdrängung, 46,60 m Länge und 8,70 m Breite. Auf hohe Geschwindigkeit kommt es ja bei Minensuchern nicht an, und so fährt die* WILTON *mit ihren 3000 PSe nur 16 kn.*

Rechte Seite: Sicher ebenso alt wie der Traum vom Fliegen ist der Wunsch, auf den Grund des Meeres zu gelangen. Frühe Versuche unternahm angeblich schon Alexander der Große (356–323 v. Chr.) mit einem der Taucherglocke ähnlichen Gerät (Bild), um die wundersamen Lebewesen dort unten zu beobachten. Aber er erkannte auch schon den militärischen Wert einer Taucherglocke und wendete sie bei der Belagerung von Tyrus an.

(1804/1805), an die ferngezündeten Minen von Colt (1829) oder an die elektrisch gezündeten Minen des Physikers Himly im Krieg Schleswig-Holsteins mit Dänemark (1849–1852) denkt. Als erste echte Seemine könnte man das mit einem Detonationszünder ausgestattete Pulverfaß bezeichnen, das die Konföderierten im Amerikanischen Bürgerkrieg auf und unter der Wasseroberfläche zur Verteidigung ihrer Häfen verwandten, so auch in der Bucht von Mobile, wo die Unionisten ihren 2100 ts großen Monitor TECUMSEH 1864 nach einer solchen Pulverfaßexplosion verlieren.
Gegen Ende des 19. Jahrhunderts wird die Wirkung dieser Minen verstärkt, indem man nunmehr stählerne Hohlkugeln mit hochexplosiven Sprengstoffen füllt. Die »Kontaktminen« genannten Sprengkörper kommen, an Ankertauen hängend und auf vorgesehene Tiefen eingestellt, dadurch zur Explosion, daß ein chemischer Zünder durch Berühren eines der Hörner am oberen Außenteil der Minen bei Kontakt mit einem Schiff ausgelöst wird. Die auf dem Meeresboden im Küstenvorfeld oder in der Hafeneinfahrt verlegten »Grundminen« werden von Land aus elektrisch gezündet. Ursprünglich als reine Verteidigungswaffe gedacht, wird die Mine erstmals im Russisch-Japanischen Krieg 1904–1905 offensiv verwendet. Japanische Torpedoboote legen zunächst ein Minenfeld außerhalb der russischen Flottenbasis von Port Arthur an, in das die russische Flotte bei ihrem Angriffsversuch prompt hineinläuft. Insgesamt sinken hier elf Schiffe nach Minenexplosionen. Das ist ein unerhörter Erfolg. Daneben aber steht das Problem: Wie können die kriegsbedingt minenverseuchten Seegebiete nach Friedenseintritt der Schiffahrt wieder nutzbar gemacht werden? Gesetze und Vorschriften scheinen notwendig.
Anno 1907 wird das Legen von unterseeischen Minen mit Rücksicht auf die neutrale Schiffahrt durch das siebte Haager Abkommen völkerrechtlich beschränkt. Die Verwendung von Treibminen wird völlig ausgeschlossen, die Selbstzerstörung losgerissener Ankertauminen vorgeschrieben. Da später während der verschiedenen Seekriege jedoch viele Minenfelder derart breit angelegt werden, muß sich die Schifffahrt wohl oder übel auf festgelegte, kontrollierte und geräumte Zwangswege beschränken.
Neben den Ankertauminen wird man später im Zweiten Weltkrieg Minen entwickeln, die, auf dem Grund relativ flacher Gewässer liegend, auf das Magnetfeld eines Schiffes aus Eisen oder Stahl anspre-

chen. Andere Minen sind die auf akustische Einwirkungen empfindlichen Sprengkörper oder Druckminen für sehr flache Gewässer.
Ihre dominierende Rolle bekräftigen die Minen in den beiden Weltkriegen. Im Ersten Weltkrieg werden in zeitraubenden und risikoreichen Unternehmen von Schiffen der verschiedensten Typen 250 000 Seeminen ausgelegt. Während des Zweiten Weltkrieges wird der Mineneinsatz erheblich verstärkt, nicht zuletzt dadurch, daß Minen jetzt auch von Flugzeugen aus »gelegt« werden können. Insgesamt kommen etwa 900 000 Minen zum Einsatz, davon rund 300 000 von den Achsenmächten und 600 000 von den Alliierten. Die Verluste sind zwar zahlenmäßig nicht entsprechend, aber mit 2 500 Einheiten der Kriegs- und Handelsmarinen hoch genug, ganz zu schweigen von den sekundären Behinderungen.
Minen werden von speziellen Minenlegern ausgebracht, von Streuminendampfern, Torpedobooten, Schnellbooten oder auch U-Booten oder Minenkreuzern oder von Handelsschiffen als Handelsstörkreuzer. Auch eigens für das Legen von Minen umgebaute schnelle Handelsschiffe finden Verwendung.
Wie immer, wenn eine neue Waffe zum Einsatz kommt, dauert es nur eine geraume Zeit, bis ein Abwehrmittel gefunden wird. In diesem Fall in Gestalt von M-Böcken genannten Minensuchbooten für tiefere Gewässer und von Minenräumbooten für flache See- bzw. Küstengebiete. In Deutschland findet man den Weg zu diesem Typ erst zu Beginn des Ersten Weltkrieges, dann aber baut man Minensucher gleich in großen Serien. Sonst setzt man auch Minensuchdampfer ein oder dienstverpflichtete Fischdampfer, von denen im Ersten Weltkrieg 3300 im Minensuchdienst und zur U-Boot-Abwehr Verwendung finden.
Beim Räumen von Ankertauminen, die man später raffinierterweise durch Reiß- und Sprengbojen schützt, werden über ein ausfahrbares Buggerät Schneideapparate oder Sprengkörper gegen die Ankertaue eingesetzt. Die danach aufschwimmenden Minen werden auf Distanz abgeschossen.
Die im Zweiten Weltkrieg aufkommenden Magnetminen, für deren Räumung am Ende nur noch hölzerne Räumboote und neuerdings auch solche aus verstärktem Kunststoff eingesetzt werden können, werden durch elektromagnetische Geräte, die akustischen Minen durch Geräuschbojen zur Detonation gebracht. Die Versuche, Magnetminen über Flugzeuge zu räumen,

haben sich – von Hubschraubereinsätzen abgesehen – als nicht sehr wirksam erwiesen. Außerdem erhalten mit dem Aufkommen der Magnetminen bald schon alle lebenswichtigen Schiffe rund um den Schiffskörper eine MES-Einrichtung, den sogenannten magnetischen Eigenschutz, der ein Detonieren der Magnetminen am oder unter dem Schiff verhindern soll.
Die heute verbreiteten Induktionsminen sind durch die herkömmlichen Minensucher eigentlich überhaupt nicht mehr räumbar. Man kann sie nur noch auf elektronischem Wege lokalisieren. Dann müssen Minentaucher in die See steigen, um diese teuflischen Sprengkörper zu entschärfen oder zu zerstören.
Kommen wir nun von den Minen zu den U-Booten. Der Traum des Menschen, sich unsichtbar zu machen, ist so alt wie der Mensch selbst. Die ersten Versuche, einige Zeit auf dem Meeresgrund zu verbringen, werden Alexander dem Großen (356–323 v. Chr.) in einer gläsernen Taucherkugel zugeschrieben. Auch erwähnen der Grieche Herodot um 460 v. Chr. und der Römer Plinius d. Ä. um 77 n. Chr. Tauchgeräte.
Der erste nachweisbare ernsthafte Versuch, ein lenkbares Tauchboot zu bauen, geht auf den holländischen Physiker und Ingenieur Cornelius Drebbel zurück, der sein Boot 1620 von Stapel ließ. Bei H. J. Lawrenz ist nachzulesen: »Das hölzerne U-Boot war mit gefettetem Ziegenleder überzogen, vermochte eine Tauchtiefe von 12 bis 15 ft (ca. 3,50–4,50 m) zu erreichen und wurde angetrieben durch zwölf Ruderer.« Daneben war – auch das noch – die Mitnahme von Passagieren möglich. Die Durchführungen für die Ruder dichteten Ledermanschetten ab. Drebbel nutzte seine geheimgehaltene Entdeckung einer Flüssigkeit dazu aus, die im Boot eingeschlossene Luft schneller zu erneuern, damit sie wieder geraume Zeit für die Atmung brauchbar wurde. Drebbel nannte die Chemikalie »quinta essentia«, die Quintessenz (der Luft).
Es versuchen sich in den folgenden Jahrzehnten zahlreiche Erfinder mit Tauchbooten, darunter der Franzose Denis Papin (1692), der englische Mathematiker Edmund Halley (1690), der Russe Nikanow (1720) und der Schweizer Daniel Bernoulli (1752). Vor allem aber der Amerikaner David Bushnell, der während des Amerikanischen Unabhängigkeitskrieges sein auf Poverty Island im Connecticut River in der Nähe des heutigen Westbrook erbautes Unterseeboot dem Vizeadmiral Shuldham zum Antransport einer Haftmine anbietet. Dieses TURTLE genannte, aus Eichenholz gebaute und mit Teer überzogene, auch Maine-Torpedo genannte Boot gleicht äußerlich zwei Schildkrötenschalen mit einem Längsschnitt von 2,50 m Durchmesser. Der Luftvorrat ist für den einen Mann Besatzung auf eine halbe Stunde berechnet. Seine Stabilität erhält das Boot durch ein mitten im Tauchtank angeordnetes Bleigewicht, das auch, da »abspillbar«, das Tauchmanöver unterstützen kann, Anker-

manövern dient und notfalls schnelles Auftauchen durch Abwerfen ermöglicht. Die Fortbewegung soll entweder durch einen Handpropeller oder durch das zum Wriggen benutzbare Ruder erfolgen. Indessen hätte es bei der verlangten Energie der eines Supermannes bedurft, um das Boot in einer nächtlichen Angriffsfahrt in der Upper Bay mit ihren Gezeiten und Strömungsverhältnissen zu bewegen und eine Mine an einem Feindschiff zu befestigen.
Die Berichte über den Einsatz der TURTLE gegen das in der Upper Bay ankernde Flaggschiff EAGLE des Admirals Richard Howe dürften phantasiereich übertrieben sein. Sicher ist wohl, daß es dem Kommandanten Ezra Lee nicht gelungen ist, seine Mine an der EAGLE zu befestigen, »da die Bohrer versagten, denn die EAGLE hatte, was man nicht bedachte, einen Kupferbeschlag«. Ob es überhaupt zu diesem Versuch gekommen ist, bleibt strittig.
Bushnell, der in der Literatur *»the father of submarine warfare«* gefeiert wird, übergibt 1799 dem amerikanischen Gesandten in Paris, Jefferson, eine verbesserte, technisch einwandfreie Projektbeschreibung eines Tauchbootes. Offenbar wertet Robert Fulton diese Pläne für sein 1800 im Auftrag von Napoleon gebautes, 6,50 m langes zigarrenförmiges U-Boot NAUTILUS aus.
Mit Bushnells erstem Tauchboot und seiner Haftladung beginnt übrigens auch die Entwicklung der Seemine.
Ein Meilenstein ist der 8 m lange, aus Eisenblech gefertigte BRANDTAUCHER des aus Dillingen in Bayern stammenden Wilhelm Bauer, den dieser 1850 als Unteroffizier der Armee Schleswig-Holsteins bauen läßt, um damit die dänische Flotte vor Kiel anzugreifen. Der BRANDTAUCHER soll über die wasserdichten Gummihandschuhe an den Bulleys des Kommandoturms eine Mine am Kiel eines feindlichen Schiffes befestigen und diese aus der Ferne über ein Kabel elektrisch zünden. Das Boot geht nach anfänglich erfolgversprechenden Versuchen verloren, »weil eine Marinekommission wegen fehlender Haushaltmittel die von Bauer verlangten Regelzellen gestrichen und die errechnete Stärke der Eisenblechbeplankung auf 6 Millimeter verringert hatte«. Noch heute kündigt eine Bronzetafel in Kiel vom Stapellauf des »ersten deutschen U-Bootes«.
Der BRANDTAUCHER fuhr nie an den Feind, aber allein seine Existenz als Gerücht genügte, die Dänen mit ihrer Flotte ankerauf gehen zu lassen.
1855 wird auf Einladung des russischen Großfürsten Konstantin ein nach Bauers Plänen in Petersburg gebautes 16 m langes Tauchboot getauft, das übersetzt SEETEUFEL heißt und eine von zwölf Personen bewegte Schraube hat. Vom BRANDTAUCHER unterscheidet sich das Boot durch eine Schleusenkammer für einen Taucher. Vorn trägt das Boot Minen mit 500 Pfund Pulver. Ihre Anbringung am Feindschiff soll wieder über zwei Öffnungen am Kommandokopf und die hier angebrachten wasserdichten Handschuhe geschehen. Am 26. Mai 1856 ist es soweit. Nach Kronstadt geschleppt, durchbricht das Boot die Hafensperren unter Wasser, taucht auf und fährt zum Schrecken der Schildwache in den Hafen ein. Wilhelm Bauer, der mit an Bord ist, führt eine Reihe von Tauchversuchen vor. Nach Fluten von fünf Liter Wasser versinkt es langsam. Nach Ausdrücken von zehn Liter Regelwasser beginnt das Boot wieder zu steigen. Bauers Erfolge rufen Gegner und Intriganten auf den Plan. Im Oktober 1857, vor dem Versuch einer Minensprengung, kommt es durch Seegras, das sich in die Schraube verwickelt hat, zu einem ungewöhnlichen Tauchunfall. Es war der 134. und zugleich letzte Versuch.
In einem neuen Vertrag wird Wilhelm Bauer kräftig überfahren. Und zur Hebung der SEETEUFEL wird nichts Positives unternommen. Die unterseeische Korvette, die er für Konstantin entwirft, wird nie gebaut. Schließlich kehrt er nach München und Lindau zurück. Bauer erkennt, daß man mit einer »Tretmaschine« nicht weiterkommt. 1864 entwirft er einen KÜSTENBRANDER für Unterwasserfahrt, und ehe Lenoire (1860), Otto (1876), Benz (1879) und Daimler (1883) ihre Verbrennungskraftmaschinen entwickeln, liegen bereits die Entwürfe Bauers für eine Wärmekraftmaschine (Motionskraft) vor. Von 1860 bis 1873 entstehen Projekte seiner Antriebsmaschinen bis zur Dampfturbine, wobei die für den KÜSTENBRANDER geplante Motionsmaschine mit 100 PS die interessanteste ist. Wilhelm Bauer hat sich auch ein erstaunlich wirklichkeitsnahes Verfahren zum Erzeugen von Wärmeenergie unter Luftabschluß ausgedacht. Dabei sollte bei Unterwasserfahrt des Bootes nach elektrischer Zündung Petroleum als Energieträger mit durch Elektrolyse gewonnenem Sauerstoff verbrannt werden.
1859 soll der Spanier Monturiol mit der ICTINEO erstmals ein Zweihüllenboot gebaut haben. Dann bringt der von der Außenluft unabhängige elektrische Antrieb durch Akkubatterien das U-Boot-Problem seinem Endziel schnell entgegen.
Weitere Versuche unternehmen später, 1885, der Schwede Torsten Nordenfelts und der Techniker Garrett mit einem 19,50 m langen U-Boot aus weichem Stahl. Der Typ hat für die Überwasserfahrt eine 100-PSi-Compoundmaschine an Bord.
Unter Wasser wird der Propeller mit dem vorher gewonnenen überhitzten Dampf aus besonderen Behältern betrieben. Das Boot funktioniert, wenn auch mit Schwächen und Nachteilen, vor allem für einen vorgesehenen Kriegseinsatz. Die nächsten zwei Boote (1886) sind mit 30 m größer und besser. Sie sind auch mit zwei an Deck übereinander montierten Whitehead-Torpedos und zwei Kanonen bewaffnet. Sie gehen in die Türkei, und die Türken und Deutschen versuchen später sogar das Kuriosum, diese Boote im Ersten Weltkrieg einsatzfähig zu machen.
Wichtig ist auch das 1885 vom französischen Ingenieur Goubet im Auftrag von Admiral Aube erbaute Kleinst-U-Boot SOUS-MARIN GOUBET No. 1, das Akkumulatoren für die Unterwasserfahrt hat. Auch andere Franzosen entwickeln unter Admiral Aube weitere Typen: 1888 baut Gustave Zedé sein 18 m langes, 29,30 ts großes, mit Torpedos ausgestattetes Tauchboot GYMNOTE mit elektrischem 52-PSe-Motor als alleinigem Antrieb. Die Luft für die Unterwasserfahrt reicht für vier Stunden, wenig genug, so daß man es nur für »das Lancieren der Torpedos« verwenden kann.
Die Entwicklung eines auch unter Wasser sicher fahrenden Tauchbootes scheitert wohl in erster Linie zunächst noch an der Antriebskraft für die Überwasserfahrt. Ein

Im Jahre 1797 unterbreitete der Amerikaner Robert Fulton in Paris dem französischen Marineministerium den Plan eines zigarrenförmigen U-Bootes, das er NAUTILUS nannte. Eine Kommission von Sachverständigen verfaßte einen Bericht, in dem am 5. September 1798 auch die Konstruktionszeichnung des Bootes enthalten war. Sie zeigt unter anderem das Segel für Überwasserfahrten sowie den Handantrieb für die Unterwasserfahrt. Der Rumpf wurde aus Kupfer gefertigt und war 6,48 m lang und im Durchmesser 1,94 m breit. Am 3. Juni 1801 konnte Robert Fulton seine NAUTILUS vorführen und ein altes Schiff sprengen. Ein zweiter Versuch mit einer Tauchzeit von 6 Stunden vor der Reede von Le Havre war ebenfalls erfolgreich, dennoch zeigten weder die Franzosen noch die Engländer weiteres Interesse an dem U-Boot-Gedanken.

Unten: Der in Dillingen in Bayern geborene Wilhelm Bauer (1822–1875) leistet mit der Entwicklung des BRANDTAUCHER die entscheidende Pionierarbeit für das funktionsfähige U-Boot. Unsere Abbildung zeigt die Konstruktion des Gerätes, mit dem Wilhelm Bauer am 1. Februar 1851 im Kieler Hafen eine Probefahrt unternahm, bei der das Boot allerdings sank. Später baute er in Rußland ein weiteres U-Boot, die SEETEUFEL, die am 26. Mai 1856 in Kronstadt erfolgreiche Versuche absolvierte.

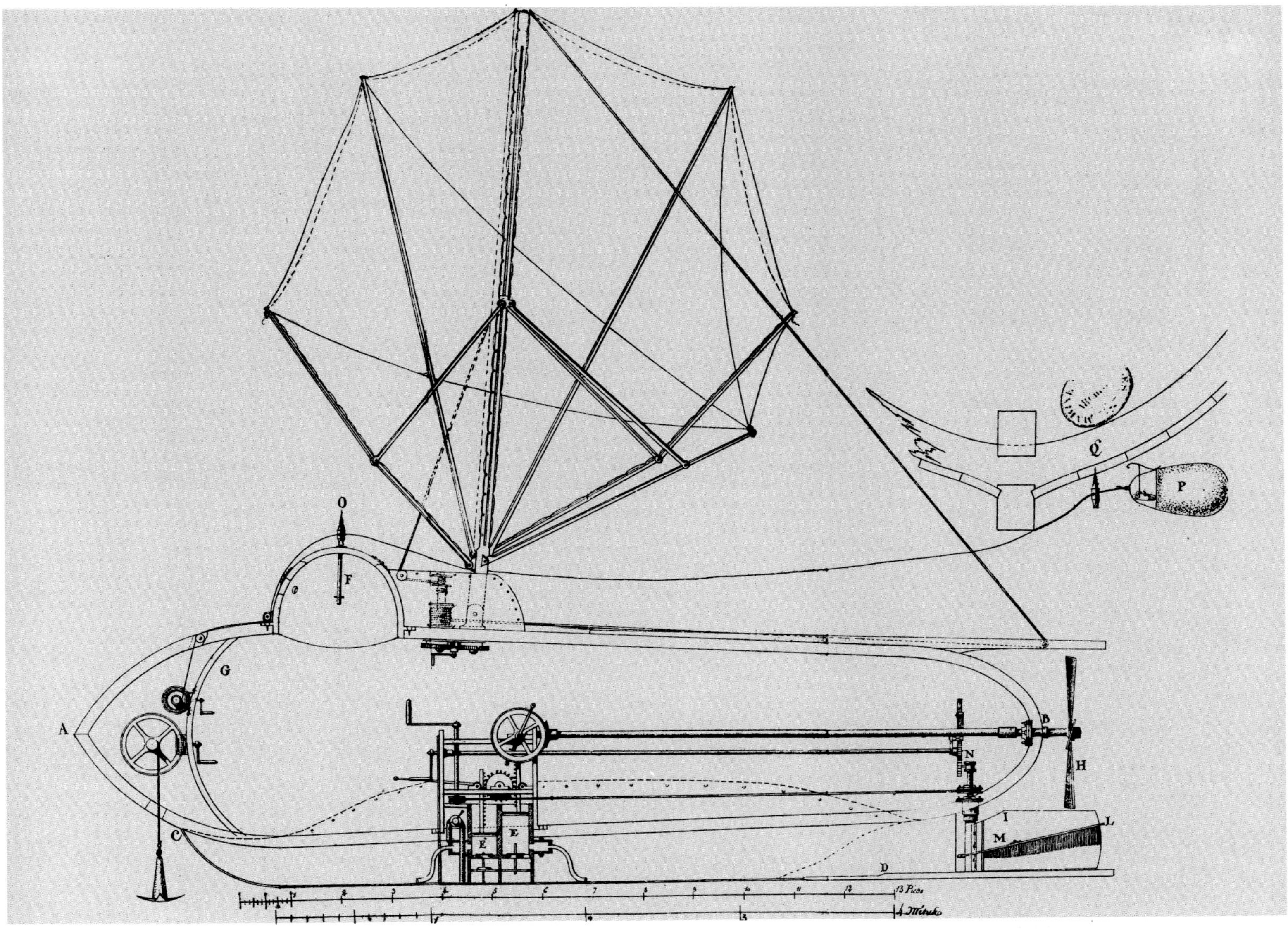
A
G
O
F
B
N
H
I
L
M
C
E
E
D
Q
P

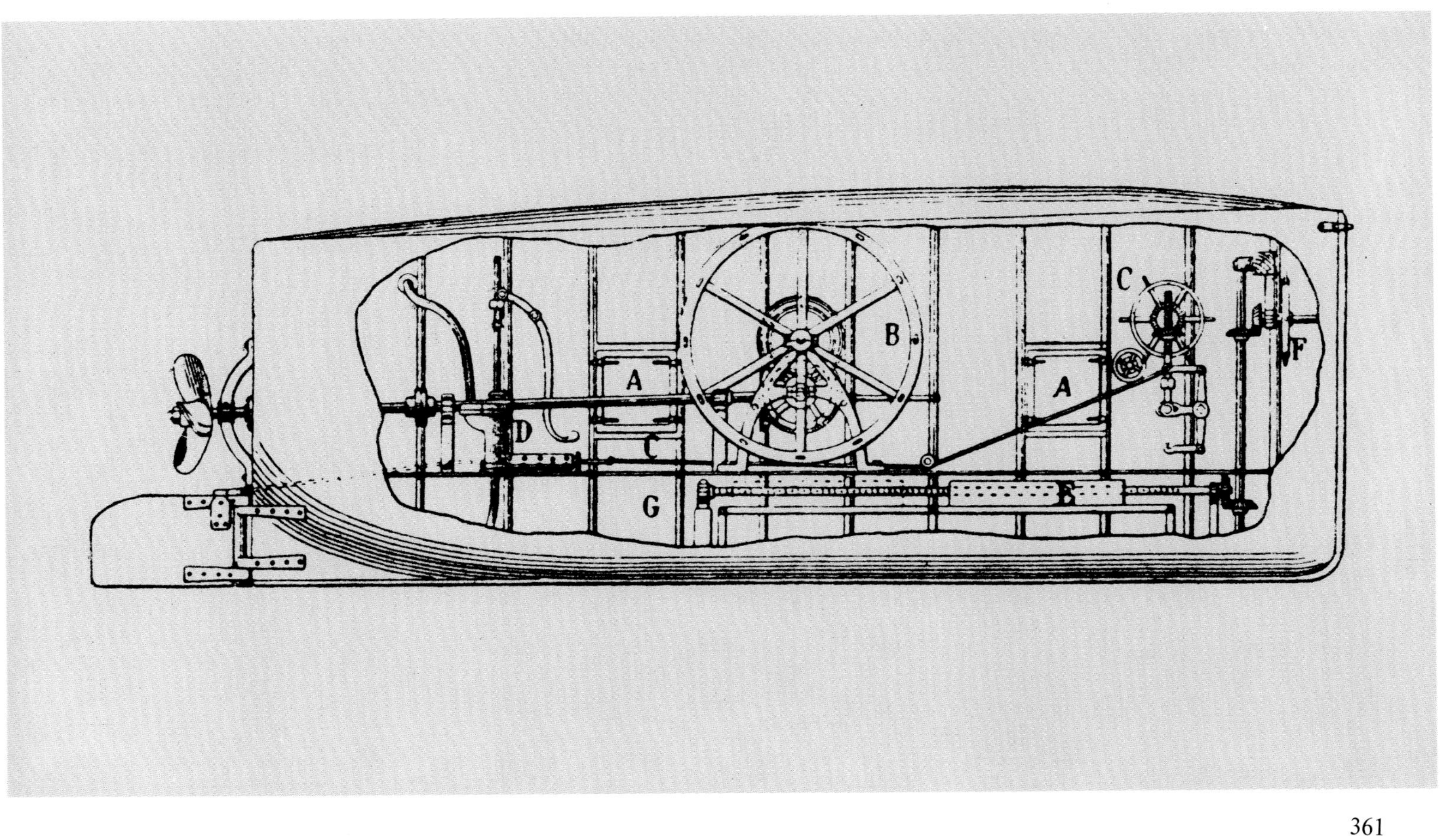
C
B
F
A
A
D
C
G
E

Benzinmotor wird als nicht genügend betriebssicher angesehen, was auch viele Unfälle durch Explosionen beweisen. Sie kosten Menschenleben, viel Geld und bringen das U-Boot als brauchbare Waffe in Verruf.
Der in Irland geborene Neuamerikaner John Philip Holland bekommt 1897 15 000 Dollar für ein Boot, das, auf dem Crescent Shipyard in Elizabethport, New Jersey, erbaut, zum ersten brauchbaren Tauchboot mit einem Verbrennungsmotor für die Überwasser- und einem Elektromotor für die Unterwasserfahrt und gleichzeitig zum Urtyp der späteren HOLLAND-Klasse wird. Es ist 16,30 m lang, hat einen Durchmesser von 3,12 m, eine Überwasserverdrängung von 64 ts und eine Unterwasserverdrängung von 74,4 ts. Bei 6 kn hat es einen Fahrbereich von 2000 sm. Als Antrieb dient für die Überwasserfahrt eine 150-PS-Otto-Gasmaschine, für die Unterwasserfahrt verfügt es über eine elektrische Doppelkommutatormaschine von 100 PS. Das Boot hat 4 bis 6 Mann Besatzung. An Bewaffnung führt es ein Bug-Torpedorohr zum Ausstoß von drei mitzuführenden Whiteheads. Die Probefahrten werden ein voller Erfolg, jedoch ist das Unternehmen pleite. Nach Verkauf von Patenten wird es in die noch heute existierende Electric Boat Company umgewandelt, wo 1954 das erste Atom-U-Boot, die NAUTILUS, vom Stapel läuft. Kurzum: Die Briten bestellen von dem nach und nach verbesserten Holland-Boot bis 1907 40 Einheiten, alle mit Gasolinmaschinen und Elektromotoren. Andere Nationen folgen.
Ein anderes bemerkenswertes U-Boot dieser Zeit ist die von Simon Lake 1897 erbaute ARGONAUTE II, die durch einen Benzinmotor in Über- wie auch in Unterwasserfahrt angetrieben wird. Die Luftzufuhr wie die Abfuhr der Abgase wird durch zwei bei der Tauchfahrt über der Wasseroberfläche herausragende Rohrmasten geregelt. Eine Verbindung zu der späteren Idee des deutschen Schnorchels ist nicht nachzuweisen.
Während für den U-Boot-Bau in der Regel die Regierungen federführend sind, wendet sich die französische Marine auch an die Privatwirtschaft. Das 1899 bei Schneider & Creusot nach Plänen des Schiffbauingenieurs Laubeuf erbaute U-Boot NARVAL wird nicht nur ein voller Erfolg, es wird als das erste echte Zweihüllen-Hochsee-

Oben: 1859 konstruiert der Spanier Narciso Monturiol das erste echte Doppelhüllenboot, die ICTINEO, mit dem er sehr erfolgreiche Versuche durchführt. Die Tauchtanks sind um den eigentlichen Schiffsrumpf herum angeordnet, und die Form des Bootes mutet schon sehr modern an.

Links: 1885 baut der französische Ingenieur Goubet ein kleines U-Boot. Es hat bereits elektrischen Antrieb mittels Akkumulatoren.

Rechte Seite oben: Erste Innenaufnahme eines U-Bootes, veröffentlicht in den Illustrated London News im November 1906

Rechte Seite unten: Das französische U-Boot MEDUSE mit zwei auf dem Deck montierten Torpedos und einem im Rumpf

THE FIRST PHOTOGRAPH EVER TAKEN INSIDE A SUBMARINE.

OVERHEAD is the commanding officer's platform, and the steering-wheel. To the right is the inside tiller-wheel and below it the driving-wheel to deflect the rudders. In the middle background is the flywheel, and behind it are the submarine's engines. On the left is the indicator which shows the depth beneath the surface and the vessel's deflection from the horizontal. The question of escape from sunken submarines is seriously engaging the attention of engineers, and also that of communication with the surface. The presence of a disabled boat can be revealed by the detachable buoy connected with the vessel by a reel of wire. It also establishes telephone connection. This apparatus is now being fitted to the U.S. submarine *Plunger*.

U-Boot (mit Ballast- und Treibstofftanks außerhalb des widerstandsfähigen Druckkörpers) zum Urbild der Tauchboote aller Marinen: zu einem Boot mit großer Seefähigkeit und langer Fahrtdauer.

In Deutschland beginnt man nach dem BRANDTAUCHER mit dem U-Boot-Bau erst wieder 1902, das heißt, anfangs mit Konstruktionsplänen nach den Unterlagen des Franzosen d'Equevilley. Zunächst erzielt man bei der Germaniawerft, Kiel, mit dem unter der Tarnbezeichnung LEUCHTBOJE, später FORELLE genannten Boot ganz brauchbare Probefahrterfolge. Am 4. April 1904 beauftragt Tirpitz, Staatssekretär im Reichsmarineamt, den Marineingenieur Gustav Berling, ein U-Boot für deutsche Verwendung zu bauen. Noch wenige Jahre zuvor, 1899, war die Schiffbautechnische Gesellschaft des Lobes voll, daß sich die Kaiserliche Marine auf so kostspielige und langwierige Versuche mit U-Booten nicht eingelassen habe. Und Berling selbst bekennt, über den Auftrag gar nicht glücklich zu sein, »... denn ich hatte bisher das U-Boot-Wesen für einen großen Unsinn gehalten. Freunde rieten mir ab ...« Das aber ist nun nicht mehr aufzuhalten: 1905 wird ein 1,5-Millionen-Etat für das Spezialgebiet des U-Boot-Baues zur Verfügung gestellt. 1906 kommt das erste deutsche U-Boot U 1 als Zweihüllenboot zu Wasser und wird auf 30 m Tauchtiefe und auch sonst intensiv monatelang erprobt.

U 1 übersteht auch eine achtzehntägige Reise um das berüchtigte Kap Skagen,

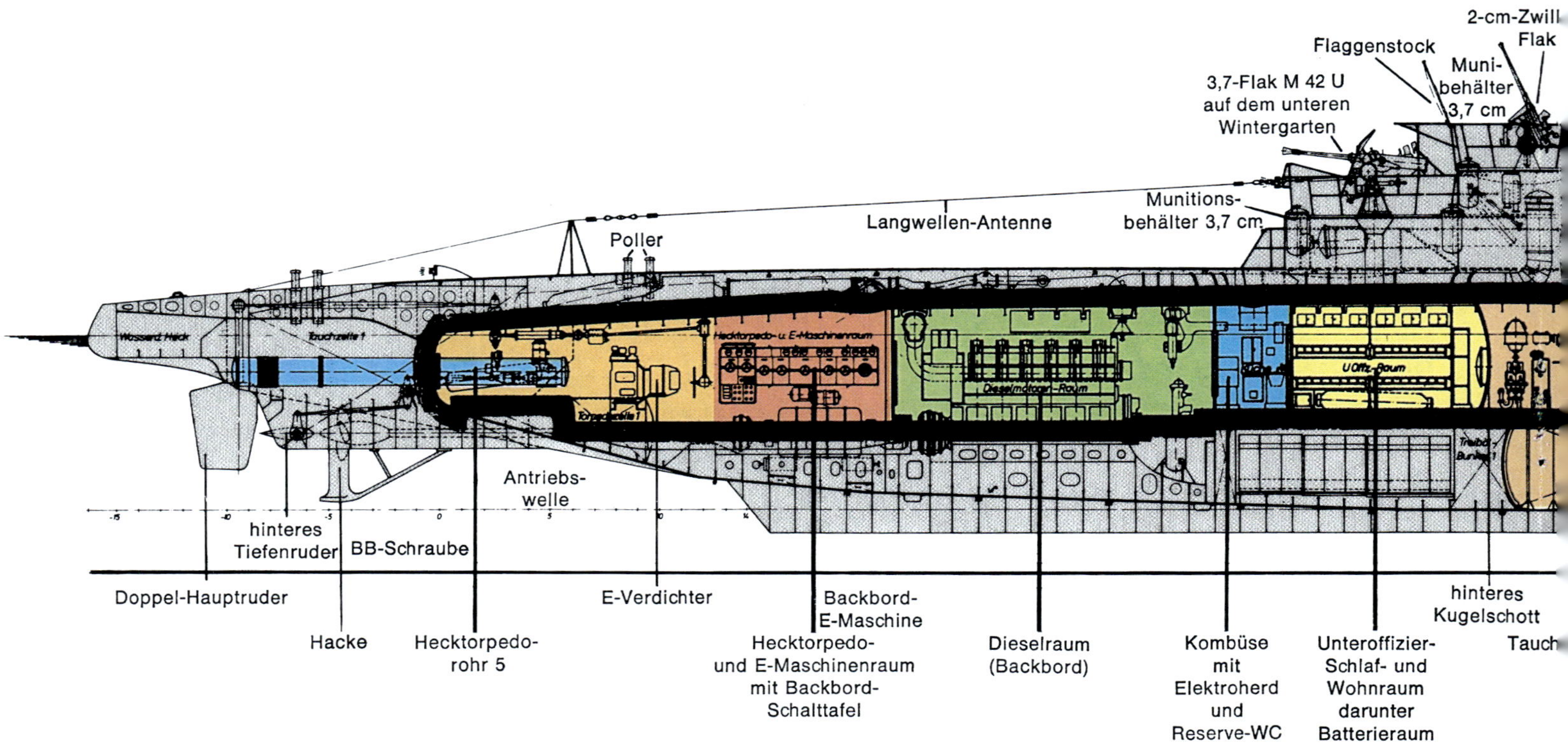

während andere Marinen mit ihren Booten höchstens elf aufeinanderfolgende Seetage schaffen. 1908 folgt nach den Plänen von Berling das 1906 begonnene U 2, bei dem auf höhere Überwassergeschwindigkeit Wert gelegt wird (13,2 statt 10,8 kn). Das gegenüber U 1 wesentlich verbesserte Boot erhält erst Körting- und dann Daimler-Motoren. Die Boote U 3 und U 4 sind bedeutend betriebssicherer, aber erst die ab 1908 nach den Plänen von Hans Techel (mit 170 U-Booten wohl der bekannteste deutsche U-Boot-Konstrukteur) bei der Germaniawerft erbauten U 5 bis U 8 sind als die ersten wirklich vollwertigen deutschen Tauchboote zu bezeichnen. Sie sind zwar noch mit Körting-Petrolmotoren ausgerüstet, aber allen ihren ausländischen Konkurrenten überlegen.
Der gängige U-Boot-Typ, der vor den Atom-U-Booten die Meere befuhr, hatte einen wasserdichten, mehrfach unterteilten röhrenförmigen Rumpf als Druckkörper mit Festigkeitswerten bis zu 200 m Wassertiefe. Zum Herstellen des Tauch- und Schwebezustandes wird Wasser in die Tauchtanks eingelassen, zum Auftauchen wird es mit Preßluft wieder ausgedrückt. Hohe Gewichtsstabilität ist für eine sichere Unterwasserfahrt unerläßlich. Als Antrieb dienen für die Überwasserfahrt frischluftverbrauchende Dieselmotoren, für die Unterwasserfahrt Elektromotoren, die ihre Energie aus den Akkumulatoren im Kielraum des Bootes entnehmen. Die vorgesehene Tauchtiefe besorgen und kontrollieren paarweise vorn und achtern angebrachte Tiefenruder. Trimmtanks vorn und achtern gleichen die Lastigkeit des Bootes aus. Ein kleinerer Tank, der Reglertank in der Mitte, gleicht kleinere Gewichtsveränderungen aus. Das Öl für die Dieselmotoren wird, weil es sich nicht mit Wasser vermischt, »freiflutend« gefahren, so daß das Gewicht des Bootes automatisch durch hinzufließendes Wasser beim Ölverbrauch stabil gehalten werden kann.
Abgesehen von dem Versuch, die noch relativ langsam wegtauchenden U-Boote zu rammen oder, wenn sie über Wasser rechtzeitig entdeckt werden, mit Artillerie zu beschießen, wird die Wasserbombe das wirkungsvollste U-Boot-Vernichtungsmittel. Sie ist ein mit Sprengstoff gefüllter Stahlkörper. Sein Zündmechanismus wirkt entweder auf den Wasserdruck der am Zünder eingestellten Wassertiefe durch ein hydrostatisches Ventil oder durch Zeitzünder.
Die Wasserbombe kann über das Heck des ein U-Boot jagenden Schiffes im Wasser abgerollt werden, später wird man sie auch aus einer Art Mörser in die See schießen. Ihre Wirkung ist durch die Druckwelle der Explosion für ein U-Boot im Umkreis von 25 m meist vernichtend. Eine Wasserbombe in so unmittelbarer Nähe eines georteten U-Bootes (die Ortung erfolgt durch Horchpeilung, später elektronisch) so wirksam zu plazieren, ist schwierig. Daher werden gewöhnlich gleich mehrere Bomben mit beiden Methoden und verschiedenen Tiefeneinstellungen gleichzeitig eingesetzt.
Daneben sind noch die Torpedos beim Unterwasserkrieg U-Boot gegen U-Boot zu nennen, wofür es einige dramatische Beispiele gibt.
Neben der Vervollkommnung drahtgesteuerter Systeme bei den heutigen modernen U-Boot-Abwehrtorpedos kommt es den Amerikanern um die sechziger Jahre bei den Torpedos vor allem auf geringere Gewichte an, um sie auch mit Hubschraubern befördern zu können. Das jedoch ist ein besonderes Gebiet mit nach außen hin vielen Unbekannten.

Flugzeugträger

Das Luftschiffwesen wie auch die Seefliegerei interessieren in einem Buch zur Geschichte der Schiffahrt nur am Rande. Es muß aber vermerkt werden, daß die Jahre 1910 und 1911 als die Geburtsstunde der späteren Flugzeugträger, jener heute atombetriebenen Giganten der Meere, bezeichnet werden dürfen, als der Amerikaner Eugene B. Ely auf dem Panzerkreuzer Pennsylvania am 18. Januar 1911 mit einem Curtiss-Flugzeug seine erste, durch Seile abgebremste Decklandung vorführt, nachdem er ein Jahr vorher von einer auf dem Bug des Leichten Kreuzers Birmingham montierten Plattform einen Flugzeugstart riskiert hatte.
Doch werden E. B. Elys erste Start- und Landeversuche, von einem höflichen Dankesbrief des Sekretärs der US-Navy abgesehen, schnell wieder vergessen. Man setzt sicherheitshalber auf Wasserflugzeuge.
Gelungene Experimente auch in England, so 1912 von Leutnant Charles Samson mit einem Doppeldecker von der Back des Linienschiffes Africa, von Bord der Linienschiffe Hibernia und London. Die ersten Maschinen hatten Räder wie auch Luftsäcke zum Wassern. Bei solchen mit hölzernen Schwimmern benutzt man zum Deckstart eine abwerfbare Laufkatze. Im Ersten Weltkrieg rüstet man einige Passagierdampfer mit Wasser- und auch mit Landflugzeugen aus, so die 12 950 BRT große Campania, die 1914 bei Cammell, Laird & Co. in Birkenhead für den Start von Flugzeugen ein Startdeck aufgebaut erhält. Der 1898 gebaute britische Geschützte Kreuzer Hermes (5700 t) wird noch vor dem Ersten Weltkrieg zum Flugzeug-Mutterschiff umgebaut (und im Oktober 1914 von U 27 versenkt). Auch in

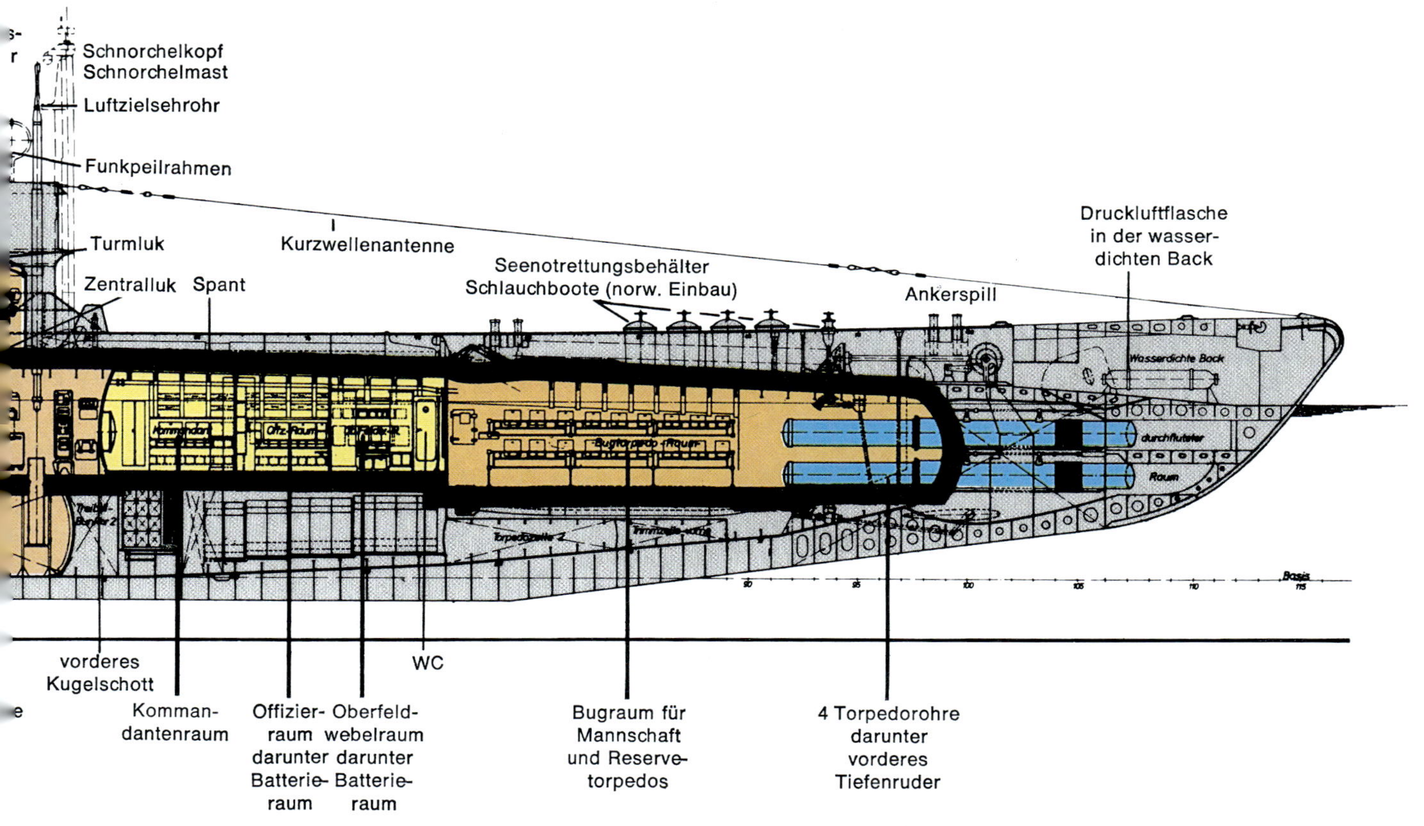

Oben: Schnittzeichnung eines deutschen U-Bootes vom Typ VII-C, das das Standardboot der Atlantikschlacht wurde

Rechts: Sehrohrstand in der Zentrale eines VII-C-U-Bootes. Links außen der rote Radansatz der Entlüftung der Tauchzelle I, rechts außen der Tiefenmesser für Maximalbereiche, in der Mitte unter dem Sehrohr in Alusilber die Kalipatronenbatterie, unten die Bank für die Seitenrudergänger, darüber die Knopfsteuerung, Kreiselkompaß und (rot) der Maschinentelegraf der Backbordmaschine.
Insgesamt wurden von diesem Typ in verschiedenen Variationen 702 Einheiten in Dienst gestellt, und er darf damit als der meistgebaute Kriegsschifftyp der Welt gelten.
Die deutsche U-Boot-Waffe war andererseits aber auch jene Einheit, die durch die immer stärker werdende feindliche Abwehr die höchste Verlustquote zu verzeichnen hatte. Verzweifelt versuchte die deutsche Marineführung, durch die Entwicklung neuer U-Boot-Typen dem Krieg noch eine Wende zu geben. Ein allerdings viel zu kleiner Stab befaßte sich mit dem schon 1934 vorgeschlagenen »Walter«-U-Boot. Dieses Boot könnte ohne zusätzlichen Sauerstoff, der ja bei Otto- und Dieselmotoren benötigt wird, unter Wasser hohe Geschwindigkeiten fahren. Es handelt sich um einen Turbinenantrieb mit sehr hohem Wirkungsgrad, für den der Heißdampf aus der gelenkten Katalyse von hochexplosivem Wasserstoffsuperoxid beim Zerfall in Sauerstoff und Wasserdampf gewonnen wird. Die Entwicklung steckt aber noch immer in den Kinderschuhen, als die Alliierten im Mai 1943 massiert alle ihre neuen U-Boot-Abwehrmittel einsetzen. Was Dönitz bleibt, ist die Hoffnung auf die neuen »Elektro-Boote« vom Typ XXI und XXIII. Der Typ XXI, ein regelrechtes U-Schiff, verdankt seinen Entwicklungsweg an sich den nunmehr auf das Experimentiergleis abgeschobenen Walter-U-Booten. Statt der bei jenem Typ benötigten zusätzlichen Tanks für das Wasserstoffsuperoxid bringt man bei den Elektrobooten eine vergrößerte Batteriekapazität unter, um damit wie beim Walter-Antrieb unabhängig von der Außenluft vollgetaucht mit dem E-Motor schneller unter Wasser fahren zu können. Die Boote vom Typ XXI und jene vom kleineren Typ XXIII stellen eine reale Hoffnung dar, doch alle Bemühungen kommen zu spät.

Nicht sehr alt ist die Geschichte des Flugzeugträgers, denn sie konnte ja erst mit der Entwicklung des Flugzeuges selbst beginnen. Heute sind Flugzeugträger die mit Abstand größten Kriegsschiffe der Welt (die amerikanische Nimitz verdrängt voll ausgerüstet 91 400 ts und hat weit über 5000 Mann Besatzung). Ihre Aufgabe ist es, Kampfflugzeuge in die Nähe des Einsatzgebietes zu bringen, sie zu warten und Starts und Landungen zu ermöglichen.

Links: 1912 unternimmt der englische Leutnant Charles Samson erfolgreiche Starts mit einem Doppeldecker von der Back der Hibernia aus. Unser Bild zeigt dieses erste englische Wasserflugzeug, das nach der Wasserung an Bord der Hibernia zurückgehievt wird.

Mitte links: Die als Panzerkreuzer konzipierte, aber sofort nach dem Stapellauf zu einem Flugzeugträger umgebaute Furious, von der aus im Juli 1918 sieben Radflugzeuge den deutschen Luftstützpunkt Tondern erfolgreich angreifen. Unser Bild entstand im November 1918.

Mitte rechts: Die mittschiffs angebrachten Aufbauten der Furious erzeugen gefährliche Turbulenzen. Ab 1921 wird sie daher erneut umgebaut und präsentiert sich danach mit einem leicht schrägen, ununterbrochenen Flugdeck.

Ganz unten: Die britische Eagle (22 600 ts), ein ursprünglich für Chile als Almirante Cochrane gebautes Schlachtschiff, wird 1921 bis 1924 in einen Träger umgebaut und erhält dabei erstmals Brücke und Schornstein seitlich als »Insel« angeordnet. Damit wird ein durchgehendes Flugdeck unter weitgehender Ausschaltung der gefährlichen Luftwirbel geschaffen.

Deutschland setzt man Flugzeug-Mutterschiffe ein, so nach Beginn des Krieges die für diesen Zweck umgebauten Frachtdampfer ANSWALD und SANTA ELENA, auf deren Vor- und Achterschiff je eine Schutzhalle für ein größeres oder zwei kleinere Flugzeuge steht. Ein Ladebaum bringt die Flugzeuge zu Wasser. Übrigens ist bei der Skagerrakschlacht erstmals bei einer Seekriegshandlung ein solches Flugzeug-Mutterschiff dabei, nämlich der für den Start von Wasserflugzeugen umgebaute Handelsdampfer ENGADINE, von dem während der Eröffnungsphase der Seeschlacht der erste Erkundungsflug durchgeführt wird.

Erstmals wird mit der als Panzerkreuzer 1915/17 gebauten FURIOUS 1917/18 ein reguläres Kriegsschiff zu einem Flugzeugträger umgebaut. Man entfernt den vorderen Turm und konstruiert ein schräges, 70 m langes Deck mit einem Hangar darunter. An sich ist der Träger dafür bestimmt, daß die von ihm gestarteten Radflugzeuge nur an Land niedergehen. Commander Dunning experimentiert aber auch mit Landungen und kommt beim zweiten Versuch um, als die Maschine über die Seite hinausschießt. Man entfernt nun den achteren Turm für ein langes Landedeck, aber die noch immer mittschiffs plazierten Brückenaufbauten erzeugen am Heck gefährliche Turbulenzen. Es gibt viele Abstürze. Es gibt aber auch Erfolge: So bombardieren im Juli 1918 sieben Radflugzeuge der FURIOUS den Luftschiffstützpunkt Tondern, wo sie die Luftschiffe L 54 und L 60 vernichten. 1918 wird die ARGUS, ursprünglich als italienischer Passagierdampfer CONTE ROSSO begonnen (14450 ts), mit einem durchgehenden Flugdeck ausgestattet. Wegen der fehlenden Masten und Schornsteine sowie der Veränderungen an Bug und Heck nennt man sie *»the flat iron«* (= Plätteisen).

Deutscherseits zögert man lange. Erst im Frühjahr 1918 erhält ein Kriegsschiff, der Kleine Kreuzer KARLSRUHE, Hallen für zwei Wasserflugzeuge. Die Absicht, den Panzerkreuzer ROON mit sechs Flugzeugen auszurüsten, kommt nicht mehr zur Ausführung. Inzwischen ist die für Chile begonnene und 1917 von England übernommene, mehrfach umgebaute HMS EAGLE (22600/26660 ts) in Dienst gekommen. Sie hat ein durchgehendes Flugdeck und erstmals Brücke und Schornstein als »Insel« seitlich.

Mittlerweile haben auch die Amerikaner und die Japaner an diesem Typ Interesse. 1920/21 bauen die USA einen 14470 BRT großen Handelsdampfer als Flugzeugschiff um, das auch sechs Fesselballone aufnehmen kann. Noch im gleichen Jahr beginnen sie mit dem Umbau des Kohlendampfers JUPITER in den Flugzeugträger (später Mutterschiff) LANGLEY mit einem 165,00 m langen und 19,80 m breiten Flugdeck für 34 Seeflugzeuge. Japan hat zunächst einen Marine-Transportdampfer mit zwei Masten und Ladebäumen gebaut, die 7720 ts große WAKAMIJA, um von hier aus Flugzeuge ein- und aussetzen zu können. 1919 aber beginnt man mit einem Flugzeugträger, mit der 7470 ts großen HOSYO, die 21 Flugzeuge an Bord hat und deren Besonderheit die 1923 dann ausgebaute konventionelle Brücke und die drei zur Seite ausklappbaren Schornsteine sind.

Der Washingtoner Vertrag von 1922 sieht an Flugzeugträgern vor: für England und die USA je 135000 ts, für Japan 81000 ts und für Frankreich und Italien je 60000 ts. England baut nun die Schwesterschiffe der FURIOUS, COURAGEOUS und GLORIOUS, zu Inselträgern für je 48 Maschinen um und gibt erst 1935 die 22600 ts große ARK ROYAL für 60 Flugzeuge in Bau. Nach Auslaufen des Washingtoner Vertrages folgen (auf Stapel 1939) vier weitere Einheiten der 23000 ts großen ILLUSTRIOUS-Klasse (erst 36, dann 60 Flugzeuge).

Die USA bauen 1925 die 33000 ts großen Träger LEXINGTON und SARATOGA (je 90 Flugzeuge) mit Hallen und Flugdeck. Diesen folgt 1933 die 14500 ts große und viel zu lange RANGER (50 Flugzeuge), dieser die 19900 ts großen ENTERPRISE und YORKTOWN (80 Flugzeuge), dann 1939 die 20000 ts große WASP (85 Flugzeuge), ehe es nach dem Krieg mit Japan zu ganzen Serienproduktionen kommt.

Frankreich folgt ziemlich spät. Erst 1922 entscheidet man sich zum Umbau des unvollendeten, 1914 begonnenen Linienschiffes BÉARN, das, 22146 ts groß, 1927 als Inselträger für 40 Flugzeuge in Dienst kommt. 1938 werden die 18000 ts großen JOFFRE und PAINLEVÉ auf Stapel gelegt, aber nicht fertiggestellt.

Respekt vor den vorausschauenden Japanern, die nach Abschluß des Washington-Abkommens sofort den Bau ihrer beiden 26900 ts großen Schlachtkreuzer AMAGI und AKAGI einstellen und diese zu Flugzeugträgern umbauen, wobei die AMAGI 1923 durch ein Erdbeben zerstört und durch das unvollendete 1920 begonnene Schlachtschiff KAGA (26900 ts) ersetzt wird. Jedes der 1927 und 1928 fertiggestellten Schiffe kann bei einem dreistufenförmigen, von vorn nach achtern abgesetzten Flugdeck 60 Flugzeuge abfertigen. Taktisch von besonderem Interesse hinsichtlich der künftigen japanischen Seekriegskonzeption ist, daß die Japaner erstmals Operationen im 4-Trägerverband mit Flugzeugträgern zu planen scheinen, so haben die Träger AKAGI und HIRYU die Aufbauten an Backbord, die SORYU und die KAGA an Steuerbord. Es ist offenkundig, daß die Japaner in Zukunft im Flugzeugträger die Hauptangriffswaffe einer Flotte sehen, während für die USA, England und die anderen Seemächte noch immer das Schlachtschiff das Rückgrat der Flotte bildet.

Der Verlauf des Krieges im Pazifik beweist die überragende Bedeutung der Flugzeugträger, so daß beide Parteien, die Japaner wie die Amerikaner, höchste Anstrengungen machen, den Bestand an diesem Typ zu erhöhen, zum Teil auch durch Umbauten von Kreuzern und Schlachtschiffen. Hierzu dient in den USA die INDEPENDENCE-Klasse, während Japan das unvollendete Schlachtschiff SHINANO umbaut, das der damals größte Träger der Welt ist, der aber bei der Überführungsfahrt 1944 von einem U-Boot versenkt wird. Umgebaut werden auch der Schwere Kreuzer IBUKI, die Seeflugzeugträger CHITOSE und CHIYODA oder ein U-Boot zum Leichten Träger RYUHO (13360 ts).

Einmal in ihrem Wert für eine Seemacht erkannt, widmen sich die USA (im Gegensatz zu den Sowjets) vor allem dem Bau weiterer Flugzeugträger, die schließlich in Große Träger mit 70 bis zu 130 Flugzeugen, Leichte Träger mit etwa 50 Flugzeugen und Hubschrauber-Träger klassifiziert werden. Die Träger der USA (die letzten, die CARL VINSON, die DWIGHT D. EISENHOWER, die NIMITZ und die ENTERPRISE, haben nuklearen Antrieb) sind mit bis zu 91400 ts Wasserverdrängung die größten Kriegsschiffe der Welt. In stark gesicherten Kampfgruppen zusammengefaßt, stellen sie eine massierte, auf die Sekunde abwehrbereite Atom-Seemacht dar, deren Gefährdung durch die moderne Raketentechnik jedoch nicht zu übersehen ist.

Nach wie vor beschränken sich die Sowjets bei den Trägern, von denen sie bislang nur zwei Flugzeugträger (MINSK und KIEW, 32000 und 37000 ts) sowie zwei kleinere Hubschrauberträger in Dienst haben.

Flugzeugträger contra Schlachtschiff

Die prophetische Warnung luftfahrttechnischer und militärischer Kapazitäten vor einer Bedrohung der *capital ships* aus der Luft findet auf See erstmals ihre Bestäti-

R 97
D626
D631

gung bei der Bismarck-Unternehmung. Hier wird von Torpedoflugzeugen des britischen Trägers Ark Royal am 26. Mai 1941 die Ruderanlage des nach Brest marschierenden Schlachtschiffes getroffen, was am Ende zur Vernichtung dieses mächtigen Großkampfschiffes führt.
Am 10. Dezember 1941 kommt es zum nächsten Fall. Japanische Torpedobomber versenken 50 Seemeilen vor der malayischen Küste – drei Tage nach Ausbruch des Krieges in Fernost – das britische Schlachtschiff Prince of Wales und den britischen Schlachtkreuzer Repulse. Am überzeugendsten beweisen die Flugzeuge ihre Überlegenheit schließlich bei der Vernichtung der nunmehr größten Großkampfschiffe der Welt, der als unsinkbar apostrophierten japanischen Schlachtschiffe Yamato und Musashi. Eine nicht geringe Anzahl von Großkampfschiffen wird aus der Luft – und zwar von Trägerflugzeugen – in Häfen oder auf anderen Liegeplätzen angegriffen, vernichtet oder ausgeschaltet, so zum Beispiel die Conte di Cavour 1940 im Hafen von Tarent, die Arizona, Oklahoma, West Virginia, Nevada und California am 7. Dezember 1941 in Pearl Harbor, die Gneisenau am 26. und 27. Februar 1943 in Kiel oder die Tirpitz am 12. November 1944 auf der Reede von Tromsø.

Nach den entscheidenden Erfolgen der amerikanischen Flugzeugträger im pazifischen Krieg gegen Japan sehen die USA im großen Flugzeugträger die Zukunft in der Seekriegsstrategie. Im Gegensatz zu den Sowjets bauen sie nun riesige Einheiten, wobei der neue, atomare Antrieb entsprechende Größenordnungen und Fahrbereiche erst möglich macht.

Oben: Der erste nuklear angetriebene Flugzeugträger der Welt ist die am 24. September 1960 vom Stapel gelaufene Enterprise mit 75 700/89 600 ts Verdrängung, 342,00 m Länge, 78,30 m größter Breite und 11,30 m Tiefgang, ein wahrhaft schwimmender Riese. Im Einsatz sind 5730 Mann Besatzung erforderlich, um die 90 Flugzeuge zu warten und das Schiff selbst in Fahrt zu bringen. Die 8 Reaktoren wirken auf 16 Turbinen und erzeugen 280 000 PS. Der Atomantrieb erlaubt dem Schiff einen nahezu unbegrenzten Fahrbereich von über 400 000 sm.

Unten: Französischer Flottenbesuch im April 1964 in Hamburg. Links im Bild der Kreuzer Jeanne d'Arc (10 000/12 370 ts) als Träger für acht Hubschrauber vom Typ Super Frelon, flankiert von vier Zerstörern.

Die deutsche Marine

Während die erste deutsche Flotte, die Bundesflotte, 1853 versteigert werden mußte, entwickelt sich die preußische Marine konsequent und stetig.
Bedeutsam ist die von der kleinen Marine vertretene »repräsentative Machterweiterung« durch überseeische Fahrten, so jene in den Jahren 1859 bis 1862 mit der Korvette Arcona, der Segelfregatte Thetis, dem Schoner Frauenlob und dem Transportschiff Elbe, bei denen man unter anderem den preußischen Gesandten Graf zu Eulenburg nach Yokohama für einen Staatsbesuch anlandet und auch in China und Siam diplomatische und wirtschaftliche Kontakte aufnimmt. Die Reise verläuft nicht ohne Zwischenfälle, denn vor Japan geht der Schoner Frauenlob in einem Taifun verloren, der auch die anderen Schiffe gefährdet. Das Schiff bleibt mit der gesamten Besatzung verschollen.
1863 wird ein neues preußisches Flottenprogramm entworfen, das 6 Panzerfregatten, 6 Dampfavisos und 4 Transporter vorsieht. Dann gibt es Krieg mit Dänemark, das heißt: Preußen und Österreich greifen ein, nachdem die Dänen ein zugunsten der Sache Schleswig-Holsteins abgefertigtes Ultimatum abgelehnt haben. Die preußische Marine übernimmt nach Beginn der Kampfhandlungen zu Lande die Flankendeckung. Dabei verfügen die Preußen über 79 Fahrzeuge mit 384 Kanonen und die Dänen über 12 Segelschiffe, 50 Ruderboote und 31 Dampfschiffe (darunter zwei moderne Panzerschiffe) mit 286 Kanonen.
Unter den verschiedenen mehr oder weniger bedeutungsvollen Gefechten ist auch jenes vom 9. Mai 1854 vor Helgoland zu nennen. Hier treffen die von Österreich beigesteuerte Flottenabteilung unter Kommodore von Tegetthoff, nämlich die Dampffregatte Schwarzenberg und die Dampfkorvette Radetzky, sowie der preußische Aviso Preussischer Adler und die Kanonenboote Basilisk und Blitz auf die dänischen Dampffregatten Niels Juel und Jylland sowie die Dampfkorvette Heimdal. Die Schwarzenberg mit ihrer tapfer kämpfenden österreichischen Besatzung gerät in Brand, aber die Dänen laufen ab. Damit ist die von den Dänen blockierte Elbmündung wieder frei. Dieser Erfolg wiegt.
1867 wird mit der in Kraft tretenden Verfassung des Norddeutschen Bundes die preußische Marine zur Bundesmarine unter preußischem Oberbefehl mit Kiel und Wilhelmshaven als Kriegshäfen.
Am 1. Januar 1872 wird der ehemalige Generalleutnant von Stosch der erste Chef des in eine Kaiserliche Admiralität umgewandelten Marineministeriums.
Das neue Flottenbauprogramm von über 90 Schiffen wird vom Reichstag am 7. März 1873 bewilligt. Während der elf Jahre, die von Stosch Chef der Kaiserlichen Admiralität ist, mausert sich die kleine deutsche Marine zu einer der stärksten Flotten der Welt, allerdings zu einer Flotte nach landmilitärischem Denken mit Schiffen zur »lebendigen heimischen Küstenverteidigung«. Meinungsverschiedenheiten mit Reichskanzler von Bismarck bedingen allerdings den Rücktritt von Stoschs.
Generalleutnant Graf von Caprivi, der nach von Stosch 1883 als Chef der Admiralität eingesetzt wird, sieht seine Hauptaufgabe im Küstenschutz. Er versucht, die Marine auf einen Zweifrontenkrieg gegen Frankreich und Rußland auszurichten. Statt den Bau einer Hochseeflotte anzustreben, fördert er den Bau von (Küsten-) Panzerschiffen, vor allem der IV. Klasse vom Typ Siegfried (4770 t), und der Torpedoboote als Defensivstreitkräfte. Er wird 1888 seines Amtes enthoben.
Nachfolger von Caprivi wird Vizeadmiral Graf von Monts als Vertreter des Chefs der Admiralität. In seine kurze Amtszeit fällt die Entwicklung der vier Linienschiffe der 10 000 t großen Brandenburg-Klasse, der ersten echten deutschen Linienschiffe, die 1893/94 in Dienst gestellt werden, und die Weiterentwicklung der Klasse der Kleinen Kreuzer vom Typ der 5115 t großen Irene.
1889 wird die Admiralität in das Oberkommando der Kaiserlichen Marine unter Freiherr von der Goltz und das Reichsmarineamt unter Konteradmiral Heusner unterteilt. Der Ausbau der Hochseeflotte und des Küstenschutzes werden fast zu stark beschleunigt.
Es laufen Panzerschiffe, Große und Kleine Kreuzer vom Stapel. Ein Ereignis ist dabei der Große Geschützte Kreuzer Kaiserin Augusta (6056 t), der gleichzeitig das erste deutsche Dreischraubenschiff ist. Es folgt eine große Anzahl Torpedoboote. Die ersten Versuche mit Tauchbooten werden angestellt.
1897 wird Alfred von Tirpitz Staatssekretär im Reichsmarineamt. Ein Jahr später vollzieht Kaiser Wilhelm II. (»Bitter not ist uns eine starke Flotte«) das von Tirpitz eingebrachte Flottengesetz mit einer Sollstärke von 17 Linienschiffen, dazu 2 in Reserve;

8 Küstenpanzerschiffen; 9 Großen Kreuzern, dazu 3 in Reserve; 26 Kleinen Kreuzern, dazu 4 in Reserve.
Wenige Monate später wird der Deutsche Flottenverein gegründet. Die Flottenbegeisterung schlägt besonders hohe Wellen. Und diese Begeisterung gilt nun keineswegs nur der Kaiserlichen Marine allein, der »schwimmenden Wehr« mit ihren Dickschiffe genannten Großkampfschiffen, schnellen Kreuzern und noch schnelleren Torpedobooten, sondern auch den Schiffen der Handelsschiffahrt, von denen einige in der Nordatlantikfahrt auf der Blauen-Band-Route zur Weltspitze vordrängen.
1900, im Jahr der Boxerunruhen in China, vollzieht Wilhelm II. das zweite Flottengesetz. Es sieht eine Verdoppelung der Sollzahl der Linienschiffe und eine Erhöhung der Zahl der Kreuzer vor. Der auch noch heute umstrittene Begriff der Risikoflotte führt sich ein: Ein Angriff auf die deutsche Flotte soll auch der stärksten Seemacht als ein gewagtes Unternehmen erscheinen.
So laufen denn nach der BRANDENBURG- und der KAISER-Klasse die Programme für die Linienschiffe der WITTELSBACH-, der BRAUNSCHWEIG- und der DEUTSCHLAND-Klasse an, alles Schiffe mit stärkster Panzerung, aber mit einer schweren Artillerie, die mit ihren ebenfalls nur vier Kanonen der SA (28,0 bzw. 24,0 cm) unter den 30,5 cm der Briten und der anderen großen Seemächte liegt. Dieses kleinere Kaliber zeigt aber respektable Leistungen, und dafür steht ein Name: Krupp. 1892 erzielt man bei Schießversuchen durch Geschoßverlängerung und erhöhte Anfangsgeschwindigkeit höhere Geschützleistungen. 1896: Krupp führt die Panzergranate mit weicher Stahlkappe ein; 1902 vervollkommnet Krupp die elektrische Abfeuerung schwerer Geschütze. So erlaubt denn ein kleineres Kaliber durch Gewichtseinsparung Verbesserungen für die Schiffssicherheit und die Schiffbetriebstechnik.
Der Tätigkeitsbereich der Schiffe der Kaiserlichen Marine erstreckt sich um die Jahrhundertwende, nicht zuletzt durch weitere deutsche koloniale Bestrebungen, praktisch über alle Meere der Welt. Die deutsche Flotte rückt nach der Vernichtung der russischen Flotte durch die Japaner im Jahre 1905 mit dem Linienschiff KAISER WILHELM II. als Flottenflaggschiff nach Großbritannien und Frankreich auf den dritten Platz der Seemächte vor. Von grundsätzlicher Bedeutung ist das Jahr 1908. Am 7. März läuft als Antwort auf die

Linke Seite: Das Linienschiff Deutschland von 1904 (16 000/18 500 t, 18,5 kn, 4 28-cm-, 14 17-cm- und 20 8,8-cm-Kanonen), rechts, im Sommer 1910 mit dem Kleinen Kreuzer Hela in Norwegen

Oben: Der Kleine Geschützte Kreuzer Königsberg (Stapellauf 1905, 3390/3814 t, 24,1 kn, 10 10,5-cm-Kanonen, 322 Mann Besatzung) wurde 1914 nach Deutsch-Ostafrika abgestellt und 1915 im Rufiji-Delta von englischen Kriegsschiffen so schwer beschädigt, daß der Besatzung nur noch die Selbstversenkung blieb.

Unten: Als Antwort auf die englische Dreadnought wurde in Deutschland die Nassau-Klasse konzipiert (18 873/20 535 t, 12 28-cm-, 12 15-cm-, 16 8,8-cm-Kanonen, 6 Torpedorohre, in Dienst 1909/10), allerdings mit 20,3 kn etwas langsamer als die Dreadnought. Im Bild die Posen.

Nächste Doppelseite: Die Bundesmarine verfügt mit der 1963 in Dienst gestellten Deutschland (4880/5400 ts) über ein Schulschiff, das eine Ausbildung an neuzeitlichen Waffensystemen ermöglicht.

legendäre, »unbesiegbare« britische Dreadnought mit der SMS Nassau (18 900 t) das erste deutsche Großlinienschiff vom Stapel. Während dieser Zeitphase sind britische wie deutsche Zeitungen voller chauvinistischer Forderungen nach immer stärkerer Aufrüstung zur See. Die Briten machen sich als Antwort die Forderung zu eigen: »Zwei Kiele für einen.« Ganz gleich, um welches deutsche Bauprogramm es sich handelt, England will und wird das Doppelte davon bauen, obwohl Außenminister Gray mahnt: »England wird sich bei diesem Rüstungswettlauf im Frieden zu Tode bluten.«

Das Bautempo der Großkampfschiffe zwischen England und Deutschland wird zum Dreadnought-Race. Ein 2 : 1 ist für die Deutschen unannehmbar. Tirpitz am 26. September 1911 an den Kaiser: »Das Verhältnis 3 : 2 ist tatsächlich erforderlich zur Existenzberechtigung der Flottenpolitik ...«

Nach der Flottennovelle von 1912 ist für die Kaiserliche Marine der Sollbestand der aktiven Flotte festgelegt auf: 1 Flottenflaggschiff, 3 Geschwader zu je 8 Linienschiffen, 8 Große und 18 Kleine Kreuzer, ferner Torpedoboote, Kanonenboote, U-Boote und andere. Als Auslandskreuzer sind zusätzlich 8 Große und 10 Kleine Kreuzer geplant. Die deutsche Flotte dieser Zeit ist unter der Regie von Großadmiral Tirpitz zur zweitstärksten Flotte der Welt aufgerückt. Als der Erste Weltkrieg ausbricht, verfügt Deutschland über eine gegenüber England zahlenmäßig und bei den Großkampfschiffen auch kalibermäßig tiefgestapelte Hochseeflotte, die aber auf stärkere Standfestigkeit und Sinksicherheit ihrer technisch vorzüglichen Schiffe rechnen darf.

Nach dem Zweiten Weltkrieg wird am 6. März 1956 Vizeadmiral Friedrich Ruge, ehedem Chef des Konstruktionsamtes der Marinerüstung im Oberkommando der Marine, mit dem Aufbau der Bundesmarine beauftragt. Vorgesehen sind bis in die Mitte der neunziger Jahre neben den Flugkörper-Zerstörern (DG), den Lenkwaffenfregatten, normalen Fregatten, Küsten-U-Booten vom Typ 205 und 206 der neue Typ 208 mit einem vollkommen außenluftunabhängigen Antrieb, mit neuen Torpedos und See-Zielflugkörpern; außerdem 59 Minensucher verschiedener Typen, 63 kleine Kampfschiffe, 48 Landungsfahrzeuge, 62 Hilfsfahrzeuge, das Schulschiff Deutschland und das Segelschulschiff Gorch Fock; ferner weitere Schulschiffe, Meßboote, Versuchsschiffe, ein Wehrforschungsschiff, ein Vermessungsschiff, Fischereischutz- und -forschungsschiffe.

A59

mehr als 22 kn. 1886 folgt eine weitere Serie von 30 Booten. 1899 läuft mit der S 90 das erste große Torpedoboot für Hochseeverwendung von Stapel. 1900 baut Schichau für die deutsche Marine das hundertste Torpedoboot.
Torpedoeinrichtungen werden nicht nur auf speziellen Booten gefahren, sondern bald auch auf allen größeren Schiffen, auch auf den Schlachtschiffen installiert oder nachträglich eingebaut. Nach den Torpedobooten wird der Torpedo die klassische Waffe der Zerstörer und der Schnellboote, vor allem aber der U-Boote, die mit dieser für sie prädestinierten Waffe mit Abstand die größten Erfolge erzielen.
In der Praxis wird das Torpedoboot für ein möglichst unbemerktes Heranbringen der Waffe vornehmlich während der Nachtzeit eingesetzt, in Deutschland aber auch bei Tag als Druckmittel auf die feindlichen Linien. Den Topedodurchbruch durch die Kiellinie der Schlachtschiffe zu üben, ist ein ebenso imposantes wie auch riskantes seemännisches Manöver.
England, wo man anfänglich nur wenige Torpedoboote baut, geht noch einen anderen Weg: Hier, wo man von den schnellen französischen und auch deutschen Torpedobooten 1890 gelernt hat, entwickelt die Admiralität ab 1895 zunächst die Torpedokanonenboote RATTLESNAKE (550 ts), die der 556 ts großen GRASSHOPPER-Klasse und der 735 ts großen SHARPESHOOTER-Klasse und weitere. Diesen folgt von der Yarrow-Werft mit der HAVOCK und der HORNET der Typ eines 27 kn schnellen Torpedoboot-Zerstörers. Aus diesem, von dem die Briten bis 1907 allein 145 Einheiten bauen, geht einmal der Typ des klassischen Zerstörers hervor.
Torpedobootjäger und Torpedoboot-Zerstörer bauen selbstverständlich auch andere Marinen, darunter auch die Franzosen erstmals mit ihrer 296 ts großen DURANDAL-Klasse, die Italiener mit der nach englischen Plänen 1898 vom Stapel gelaufenen, 293 ts großen FULMINANTE mit 4728 PSi für 24 kn, ehe sie zusammen mit Thornycroft mit der 1902 vom Stapel gelaufenen NEMBO (330 ts) mit 5350 PSi 30,2 kn erreichen.
In Deutschland werden zum Beispiel bei Schichau Torpedobootjäger und Torpedoboot-Zerstörer auch für fremde Nationen gebaut, so 1897 vier für China, die mit 36,7 kn Weltrekord laufen.
Die Mine als Waffe anzuwenden, die Versuche, mit Sprengstoff gefüllte Behälter unter dem Kiel von Schiffen anzubringen, sind so alt nicht, wenn man an Bushnells *»kegs«* (1776), an Robert Fultons Versuche

Die Entwicklung des Torpedobootes:

Linke Seite oben: Deutsche Torpedoboote im Dock Anfang der achtziger Jahre des vorigen Jahrhunderts

Linke Seite unten: Um die Torpedos als Waffe wirkungsvoll einsetzen zu können, muß das Torpedoboot möglichst nahe an das Ziel heransteuern, um dem feindlichen Schiff ein Ausweichen zu erschweren. Ein ebenso imposantes wie riskantes Manöver zu diesem Zweck ist der Durchbruch der schnellen Torpedoboote durch die Kiellinie der feindlichen Schlachtschiffe, wie hier von Großen Torpedobooten vor dem Ersten Weltkrieg mit Schlachtschiffen der NASSAU-Klasse geübt.

Diese Seite oben: Die in England gebaute japanische OBORO, ein 363 ts großes Torpedoboot, das erfolgreich in der Schlacht von Tsushima eingesetzt wurde. In diesem russisch-japanischen Konflikt kamen Torpedoboote zum ersten Mal zum massiven Einsatz.

Diese Seite unten: Das 225 ts große Schnellboot NERZ der ZOBEL-Klasse der Deutschen Bundesmarine. Das 42,50 m lange und 7,20 m breite Boot entwickelt 40,5 kn und ist mit maximal 4 drahtgelenkten Torpedos ausgestattet.

Nächste Doppelseite: Zerstörer sind heute der am meisten verbreitete, universell einsetzbare Kriegsschifftyp. Ursprünglich für die Jagd auf Torpedoboote konzipiert, hat der Zerstörer im Laufe der Zeit immer vielfältigere Aufgaben erhalten. Der moderne Zerstörer wird nicht nur zur U-Boot-Bekämpfung eingesetzt, sondern auch zur Beschießung von See- oder Küstenzielen, kann Minen legen, deckt Landeoperationen und sichert Geleitzüge. Die neuzeitlichsten Typen sind mit Lenkwaffen ausgerüstet, so wie hier die britischen Zerstörer FIFE und KENT, 1965 beziehungsweise 1963 in Dienst gestellt, die mit 5440/6200 ts für Zerstörer eine beachtliche Größe aufweisen, 159,00 m lang, 16,50 m breit sind, 470 Mann Besatzung tragen und 32,5 kn laufen können.

A 59

Die Seekriege im 20. Jahrhundert

Der Russisch-Japanische Krieg und die Schlacht bei Tsushima

Als die Russen Port Arthur als Pachtgebiet von China übernehmen, wachsen die Spannungen mit der aufsteigenden Großmacht Japan. Die Seeherrschaft im Gelben Meer ist von gravierender Bedeutung für Korea und die Mandschurei. Hier, in Ostasien, zieht nun das zaristische Rußland Anfang des 20. Jahrhunderts starke Seestreitkräfte zusammen, und im Februar 1904 liegt das Gros des russischen 1. Pazifischen Geschwaders vor Port Arthur auf Reede.

Am 5. Februar legt der Befehlshaber der japanischen Flotte, Admiral Togo, anläßlich einer Lagebesprechung an Bord seines 15 000-Tonnen-Flaggschiffes MIKASA wegen der russischen Politik kalkulierbarer Provokationen sein blankes Samuraischwert auf den Tisch. Das bedeutet Krieg – Krieg mit Rußland. Zur Verfügung haben: an Linienschiffen Japan 6 und Rußland 7, an Panzerkreuzern Japan 6 und Rußland 4, an Kreuzern Japan 12 und Rußland 6, an Zerstörern Japan 19 und Rußland 27. Japan hat außerdem noch 4 alte und 2 von Argentinien gekaufte und in Italien gebaute Panzerschiffe in Dienst, Rußland dagegen – weit entfernt in der Ostsee – einige neue und einige ältere Linienschiffe. In der Nacht vom 8. zum 9. Februar 1904 greifen die Japaner die vor Port Arthur liegenden Russen mit Zerstörern und Torpedos an und schalten dabei zwei Linienschiffe und einen Kreuzer aus.

Beim Kampf um Port Arthur laufen zwei russische Linienschiffe auf japanische Minen, mit ihnen der russische Vizeadmiral Makaroff mit seinem Flaggschiff POBJEDA. Knapp einen Monat später gehen zwei japanische Linienschiffe auf russischen Minensperren verloren. Das sind überraschende Erfolge mit der neuen Minenwaffe. Mehrfache Versuche der Japaner, die Hafeneinfahrt von Port Arthur zu blockieren, scheitern. Es scheitern aber auch die Ausbruchversuche des jetzt unter Konteradmiral Witthöft stehenden Russengeschwaders, um sich nach Wladiwostok durchzuschlagen.

Ein neuer Versuch im August 1904: In der sich entwickelnden Seeschlacht beim südlich von Port Arthur gelegenen Kap Shantung, bei der das russische Geschwader von der Flotte Togos auf 800 bis 900 m Distanz bekämpft wird, tötet eine Granate den Admiral und das gesamte Brückenpersonal auf dem russischen Flaggschiff. Unruhe überkommt die Russen. Die Masse der Schiffe nimmt Kurs auf Port Arthur, wobei sie – es ist inzwischen dunkel geworden – erfolglos von japanischen Zerstörern angegriffen werden. Einige Schiffe schlagen sich nach Tsingtau, Shanghai und Saigon durch und werden dort interniert. Die Japaner dagegen erhalten sich ihre Formation.

Vier Tage später, am 14. August, gibt es ein Gefecht in der Koreastraße zwischen vornehmlich je drei Panzerkreuzern und zwei zusätzlichen japanischen Kreuzern, das die Russen die RURIK kostet, während die anderen russischen Schiffe, weil nicht energisch genug verfolgt, entkommen. Nun herrschen, zumindest vorerst, die Japaner im Gelben Meer.

Die Russen brauchen Verstärkung, dazu werden auch einige noch im Bau befindliche Linienschiffe im Ostseeraum beschleunigt fertiggestellt. Im Oktober ist es soweit: Unter Vizeadmiral Rojestwensky setzt sich das 2. Pazifische Geschwader mit Kurs Wladiwostok in Marsch. Flaggschiff ist das brandneue Linienschiff KNJAS SUVOROFF. Dazu kommen weitere Großkampfschiffe, alles Einheiten ohne Zwischenkaliber, ferner Panzerkreuzer und Kreuzer, Torpedoboote, ein Hilfskreuzer, Werkstattschiffe für die lange Fahrt und Lazarettschiffe. Von der HAPAG sind 62 mit einer halben Million Tonnen Kohle beladene Frachter gechartert worden, um das Geschwader zu versorgen. Der Marsch der Kriegsschiffe und ihrer Hilfsschiffe

Linke Seite: Zu Beginn des Jahres 1904 entladen sich die Spannungen zwischen Rußland und Japan mit dem japanischen Überfall auf Port Arthur am 8. und 9. Februar. Beide Seiten setzen Minen ein, zum erstenmal auch als Offensivwaffe. Die Japaner sind dabei überraschend erfolgreich, doch auch sie verlieren durch Auflaufen auf russische Minen zwei Linienschiffe, eines davon ist die hier abgebildete HATSUSE.

wird zu einem kräftezehrenden Abenteuer, zu einer Höllenstrapaze, als die Schiffe in tropische Zonen kommen, bekohlt und überholt werden müssen.
Schon kurz nach dem Auslaufen ist man derart nervös und strapaziert, daß man die Erkennungssignale britischer Fischdampfer für japanische Signale anspricht und das Feuer eröffnet, wobei man sich obendrein sogar noch gegenseitig beschießt. Ein britisches Fischerboot sinkt, zwei Mann kommen um, um diese Zeit schon ein solider Grund für einen Krieg.
In der Tat mobilisieren die Briten 28 Linienschiffe und die Festung Gibraltar. In Vigo gewähren die Spanier den Russen nur 24 Stunden Aufenthalt. Und als sie wieder in See gehen, werden sie draußen von den Scheinwerfern der Royal Navy beleuchtet. Die Entscheidung hängt an einem hauchdünnen Faden. Proteste, Erklärungen, Entschuldigungen. Die Briten, Seeleute genug, respektieren den Irrtum, und die russische Flotte kann ihre beschwerliche Reise fortsetzen. Die älteren und langsameren Schiffe quälen sich durch den Suezkanal und durchs Rote Meer, die anderen nehmen Kurs um Südafrika. Nördlich von Madagaskar trifft man wieder zusammen und vor Indochina auf ein nachgesandtes Geschwader einiger Küstenpanzer. Gemeinsam marschiert der so verstärkte Verband weiter nach Nordosten.
Endlich, nach sieben Monaten, erreicht man das Gebiet südlich Korea und dreht mit Nordostkurs in die Tsushimastraße ein. Hier, südlich der Insel Tsushima, lauert Togo auf die strapazierten Russen. Auf etwa 8000 m Distanz eröffnen die Schiffe beider Seiten am 27. Mai 1904 das Feuer. Bei wechselnden Situationen müssen die Russen die ersten schweren Verluste hinnehmen und den Ausfall ihres Admirals, der auf dem bewegungslos zusammengeschossenen Linienschiff KNJAS SUVOROFF schwer verwundet worden ist, beklagen. In der Nacht greifen die japanischen Zerstörer gleich mehrmals und mit Erfolg an. Am Morgen, an dem der den Admiral Rojestwensky vertretende Konteradmiral Nebogatow nur noch über zwei Linienschiffe, zwei Küstenpanzer und einen Kreuzer verfügt, geben die Russen auf. Nebogatow, ein vernünftiger, realistisch und menschlich zugleich denkender Seeoffizier, läßt angesichts der absolut aussichtslosen Lage die weiße Flagge setzen. Versenkungen auf einzelnen Schiffen werden versucht, aber nicht durchgeführt, nur der Kreuzer ISUMRUD dreht und läuft ab, strandet aber später. Vernichtet wird noch der nachfolgend auftauchende Panzerkreuzer ADMIRAL USCHAKOFF, dessen Kommandant eine Übergabe verweigert und der kämpfend untergeht. Auch der alte Panzerkreuzer DIMITRI DONSKIO wehrt sich – übersteht das Gefecht, muß aber am nächsten Tag von seiner Besatzung selbst versenkt werden.
Rojestwensky, der unglückliche Admiral, der mit Schiffen in den Kampf gehen mußte, die schlechthin als werftreif zu bezeichnen waren, gerät an Bord eines Torpedoboots, das auf den Befehl seines Stabschefs aufgegeben wird, in Gefangenschaft.
Die Verluste der Russen sind erschütternd:
6 von 8 Linienschiffen sind gesunken,
2 der Linienschiffe sind genommen worden,
1 Küstenpanzer ist gesunken, 2 sind genommen, 3 Panzerkreuzer sind gesunken, von 6 Kreuzern sind 2 gesunken, 2 sind interniert und nur 2 erreichen Wladiwostok, von 9 Zerstörern sind 5 gesunken, einer ist genommen, einer wird interniert, und zwei erreichen Wladiwostok.

Diese Seite oben: Am 10. August 1904 treffen japanische und russische Kriegsschiffe bei Kap Shantung südlich von Port Arthur erneut aufeinander. Unser Bild zeigt das russische Linienschiff CESAREVICH *(13 200 t) nach der Auseinandersetzung, in der es von den Japanern schwer beschädigt wurde.*

Diese Seite unten: Japanische Darstellung eines feuernden Geschützes während der Schlacht von Tsushima am 27. und 28. Mai 1905. In der Tat war die japanische schwere Artillerie der russischen Armierung so überlegen, daß es fast zur vollständigen Vernichtung der russischen Flotte mit sehr hohen Menschenverlusten kam. Die Japaner hingegen registrierten vergleichweise geringe Schäden.

Rechts oben: Am 23. Januar 1915 läuft ein deutscher Flottenverband unter Admiral Hipper zur Doggerbank aus, um die Lage in diesem Seegebiet zu erkunden. In London erfährt man am Nachmittag vom Vorhaben der Deutschen, und ein Geschwader unter Admiral Beatty begibt sich ebenfalls zur Doggerbank. Am Morgen des 24. Januar 1915 kommt es zum Gefecht zwischen beiden Gruppen, in deren Verlauf der Panzerkreuzer Blücher (Bild) schwer beschädigt und schließlich versenkt wird. Die Blücher (15 800 t, 12 21-cm-, 8 15-cm- und 16 8,8-cm-Kanonen) war mit ihren 25,8 kn einfach zu langsam, um den schnellen und starken englischen Schiffen wirkungsvoll genug begegnen zu können.

Rechts unten: Der Fahrbereich der deutschen Kriegsschiffe war zu gering, um die Fernblokkade der Engländer brechen zu können. Auch zahlenmäßig konnte sich die deutsche Flotte einen atlantischen Zufuhrkrieg nicht leisten. Man kam daher auf den Gedanken, mit eigens konstruierten Handels-U-Booten die Blockade der Engländer zu untertauchen. U 155, die Deutschland, war ein solches Boot (1575/ 1680 t). Unser Bild zeigt sie 1916 beim Einlaufen in Bremen nach glücklicher Heimkehr aus Nordamerika. Der Frachtraum (791 NRT) solcher Konstruktionen war freilich ein Tropfen auf einen heißen Stein, und so verschwand das Handels-U-Boot bald wieder in der Versenkung.

Die Russen haben 5000 Tote, 500 Gefangene und 6000 Verwundete zu beklagen, die Japaner registrieren nur 600 Tote und Verwundete bei dem Verlust von 3 Torpedobooten. 2 Kreuzer sind beschädigt worden. Die Hauptlast dieser Seeschlacht, die als eine der wenigen bis zum bitteren Ende durchgefochten worden ist, trug die schwere Artillerie der turmbestückten Großkampfschiffe auf Distanzen zwischen 7000 und 4000 m, Beweis genug, daß das Geschützfeuer großen Kalibers dem Feuer vieler gemischter Kaliber überlegen war. Zerstörer und Torpedoboote sind in diesem Krieg erstmals massiert aufgetreten; ebenso kam es zum ersten nennenswerten Einsatz von Minen, für die nun Minenleger und Minensucher gebaut werden. Erstmals wurde auch mit Erfolg Funktelegrafie im Seekrieg eingesetzt.
Das Fazit: Rußland verpflichtet sich 1905 im Frieden von Portsmouth zur Räumung der Mandschurei und erkennt die japanische Vorherrschaft in Korea an. Japan erhält Port Arthur und Süd-Sachalin.
Im selben Jahr wird erstmals auf einem Großkampfschiff eine rote Flagge gesetzt: auf dem russischen Linienschiff Potemkin während einer Meuterei im Schwarzmeerstützpunkt Odessa, weltweit berühmt geworden durch die realistische Verfilmung des russischen Regisseurs Sergej Michailowitsch Eisenstein im Jahr 1925.

Der Erste Weltkrieg

Als die Ermordung des österreichischen Thronfolgers am 28. Juni 1914 in Sarajewo zu überstürzten Ultimaten führt und schließlich überhastete Mobilmachungen den Ersten Weltkrieg auslösen, liegt für die deutsche Heeresleitung weder ein gesamtstrategisches Konzept für die Land- noch für die Seekriegführung vor. Was das letztere angeht, so ist von der ursprünglich eingeplanten Entscheidungsschlacht zur See jetzt gar keine Rede mehr, schon deshalb, weil die Hochseeflotte nicht fertiggebaut werden konnte. Einer Kraftprobe mit der Royal Navy ist die deutsche Flotte, die bar jeder Kriegserfahrung oder Kriegserprobung ist, nicht gewachsen.
Bei Kriegsausbruch stehen sich gegenüber:

	Mittelmächte				Entente				
	Deutschland	Österreich/ Ungarn	Türkei	Zusammen	Großbritannien	Frankreich	Rußland	Italien	Zusammen
Großlinienschiffe	15	3	0	**18**	21	4	0	4	**29**
alte Linienschiffe	22	12	3	**37**	40	18	8	8	**74**
Schlachtkreuzer	5	0	0	**5**	9	0	0	0	**9**
Panzerkreuzer	11	3	0	**14**	34	18	8	10	**70**
Kreuzer	33	7	3	**43**	63	9	8	8	**88**
Zerstörer und Große Torpedoboote	90	70	12	**172**	250	80	100	30	**460**

Jeder Vergleich zwischen den technischen Kriegsschiffkonstruktionen wie auch den Gefechtswerten ist schwierig, wenn auch die Gegenüberstellung von 800 000 t Großkampfschiffen der Entente gegenüber 400 000 t der Mittelmächte deutlich und für den Unterlegenen erschreckend genug ist. Mit ins Kalkül zu ziehen ist jedoch der überlegene Ausbildungsstand der Offiziere und Mannschaften der deutschen Flotte, den der Exerziermeister der Flotte, Großadmiral Hans von Koester, erreicht hat. Statt der erwarteten engen Blockade der auf überseeische Rohstoffe angewiesenen Mittelmächte stützt sich der deutsche Gegner auf eine viel wirksamere Fernblokkade mit zudem geringstem Risiko, denn er weiß, daß sich die deutsche Marine einen wirksamen atlantischen Zufuhrkrieg

gar nicht erlauben kann. So bleibt als reales Ziel der deutschen Seekriegführung in der Nordsee die Schwächung des Gegners durch eine U-Boot- und Minenoffensive. Am 24. Januar 1915 kommt es zur Schlacht an der Doggerbank zwischen Admiral Hippers 3 schnellen Schlachtkreuzern und dem viel zu langsamen Panzerkreuzer BLÜCHER, 4 kleineren Kreuzern und 18 Zerstörern einerseits und Vizeadmiral Beattys Flotte mit 5 Schlachtkreuzern, 7 Kleinen Kreuzern und 33 Zerstörern andererseits. Bei dem Seegefecht muß die schwer getroffene BLÜCHER zurückgelassen werden, während der britische Schlachtkreuzer LION manövrierunfähig ausscheren muß. Die Briten begnügen sich mit der Versenkung der BLÜCHER, während sich die anderen deutschen Schiffe absetzen.
Zählbare deutsche Erfolge bringt nur der U-Boot-Krieg. Als der Krieg begann, verfügten Deutschland und Österreich/Ungarn über 34 U-Boote, von denen ein Teil für Schulungszwecke abgezogen werden mußte. Das Vertrauen in die junge Waffe ist recht geteilt, denn unter einer Seemacht wird auch in Deutschland eine starke Schlachtschiff-Flotte verstanden. Diese Einstellung ändert sich auch nicht nach den ersten, überraschenden Erfolgen, welche die U-Boote haben.
Als im Februar 1915 der warnungslose

Handelskrieg mit U-Booten als Gegenmaßnahme gegen die Wirtschaftsblockade um die Gewässer von Großbritannien und Irland eingeleitet wird, kann man ganze zwei U-Boote (U 16 und U 30) gegen 11 328 über 100 BRT große britische Schiffe mit insgesamt 21 045 049 BRT ansetzen. Wenig, viel zu wenig für eine Hoffnung auf Erfolg, zuviel aber bereits, weil der Gegner von nun an seine Anstrengungen für Abwehrmaßnahmen verstärkt.
Während der Folgemonate werden in dem fraglichen warnungsfreien Gebiet beachtliche Erfolge erzielt. U-Boot-Opfer werden auch einige Passagierdampfer, darunter die LUSITANIA. Scharfer Notenwechsel mit den USA ist die Folge, und Deutschland stellt zunächst den uneingeschränkten U-Boot-Krieg ein. Im Atlantik wird nur noch nach Prisenordnung verfahren, dann aber, ab 23. Februar 1916, wieder uneingeschränkt operiert. Nach dem SUSSEX-Fall (französischer Postdampfer mit Amerikanern unter den 300 Passagieren) gibt es erneute Proteste der USA, und der Handelskrieg mit U-Booten wird wieder auf Operationen laut Prisenordnung eingeschränkt. Doch nicht lange, denn trotz der Gefahr einer kriegerischen Kollision mit den USA ruft die deutsche Reichsregierung am 1. Februar 1917 den uneingeschränkten U-Boot-Krieg erneut aus, intern begründet auf einer verfehlten, praxisfernen Prognose von monatlich mindestens 600 000 BRT versenkter Tonnage. Zwar sind die Erfolge der sich mehrenden Zahl an Front-U-Booten vor allem unter Amerikas Küsten außerordentlich und für die Briten und deren Versorgung äußerst bedrohlich, was auch nach dem Kriegseintritt der USA im April 1917 anhält. Im April und Juni wird die 600 000-Tonnen-Prognose überschritten, dann aber sinkt ab August die Versenkungsquote von Handelsschifftonnage ziemlich rapide ab. Inzwischen hat man nämlich bei den Entente-Mächten das Konvoisystem eingeführt. Die Gefahr scheint gebannt, die Zufuhr zu den kontinentalen Kriegsschauplätzen trotz Verlusten gesichert.
Insgesamt versenkten die 374 in Dienst gestellten deutschen U-Boote verschiedenster Typen 6 394 Schiffe mit 11 948 702 BRT, wozu noch eine Anzahl Kriegsschiffe hinzuzuzählen ist. Dafür, daß die U-Boot-Waffe bei Kriegsbeginn praktisch noch im Aufbau war, ist dieser Erfolg beachtlich. Ob ein rechtzeitiges Mehr an Booten den Krieg zugunsten der Deutschen entschieden oder günstig beeinflußt haben würde, ist schwer zu beurteilen, denn auch der Gegner hätte einer gezielten Bedrohung nicht untätig zugesehen.

Von den bei Kriegsbeginn in Übersee stehenden deutschen Überwasserstreitkräften gehen alle Einheiten bei ihrer Aufgabe, Handelskrieg zu führen, verloren, darunter das deutsche Kreuzergeschwader in Ostasien unter Admiral Graf Spee, das Anfang November 1914 vor Coronel einen britischen Panzerkreuzer- und Kreuzerverband besiegt, das aber am 8. Dezember 1914 bei dem Versuch, Port Stanley auf den Falklands anzugreifen, überlegenen britischen Einheiten unterliegt. Fast alle deutschen Schiffe gehen verloren, und zwar der Panzerkreuzer SCHARNHORST (keine Überlebenden), der Panzerkreuzer GNEISENAU (187 Mann werden gerettet), der Kleine Kreuzer LEIPZIG (18 Mann werden gerettet), der Kleine Kreuzer NÜRNBERG (10 Mann werden gerettet) und die zwei Troßschiffe BADEN und ISABEL. Nur der Kleine Kreuzer DRESDEN entkommt.
Die Erfolge der zu Hilfskreuzern umgebauten Passagier- und Handelsschiffe sind bei erheblichen Verlusten dennoch bemerkens-

Wie sich die Bilder gleichen! Rechts ein englisches Propagandaplakat, das nach der warnungslosen Versenkung der LUSITANIA am 7. Mai 1915 die Iren zu Rache und zum sofortigen Eintritt in ein irisches Regiment auffordert. Der LUSITANIA-Fall löste auf englischer und amerikanischer Seite eine ungeheure Welle der Empörung aus, fanden doch 1198 Menschen den Tod. Die Deutschen rechtfertigten die Torpedierung durch U 20 unter Walther Schwieder mit der inzwischen erwiesenen Beförderung von 4343 Kisten Munition, die trotz aller Warnungen in New York zugeladen wurden.

Links: Die Blockade der Alliierten brachte im Verlaufe des Krieges eine immer spürbarere Verknappung von Rohstoffen und Lebensmitteln mit sich, und in Deutschland sah man den einzigen Weg der Blockadebrechung in einem uneingeschränkten Einsatz der U-Boot-Waffe. Die Bevölkerung wurde durch Propagandaplakate systematisch darauf vorbereitet, wie hier auf dem Titelblatt der »Illustrirten Zeitung« vom Juli 1917.

wert, vor allem die der MÖWE und der WOLF, unvergessen über all den Verlusten und Opfern bleibt Felix Graf Luckners Vollschiff SEEADLER, mit dem der Graf einen Handelskrieg eigener Art führte, ehe er bei der Insel Mopeha vor den Gesellschaftsinseln strandete und sich danach Taten und Husarenstückchen leistete, die ihm Achtung und Bewunderung auch beim Gegner einbrachten, wie überhaupt der Hilfskreuzerkrieg ein ritterlich zu nennender Orlog war.

Die bedeutendste Kriegshandlung zur See im Ersten Weltkrieg ist die Schlacht vor dem Skagerrak. Am 31. Mai 1916 dämmert der Tag herauf, der die wohl größte Seeschlacht zwischen Großkampfschiffen sehen wird. Die *Grand Fleet* dampft unter Admiral Jellicoe mit 151 Schiffen mit insgesamt 1 250 000 t und 60 000 Offizieren und Mannschaften an Bord auf, die deutsche Hochseeflotte unter Vizeadmiral Scheer mit nur 99 Schiffen mit 660 000 t und 36 000 Mann.

An größeren Einheiten sind beteiligt:

	Briten	Deutsche
Großlinienschiffe	28	16
alte Linienschiffe	7	6
Schlachtkreuzer/ Panzerkreuzer	17	5
Kleine Kreuzer	26	11
Torpedoboote	77	61

Die Schlacht vor dem Skagerrak beginnt bei etwas diesigem Wetter. Wenig später,

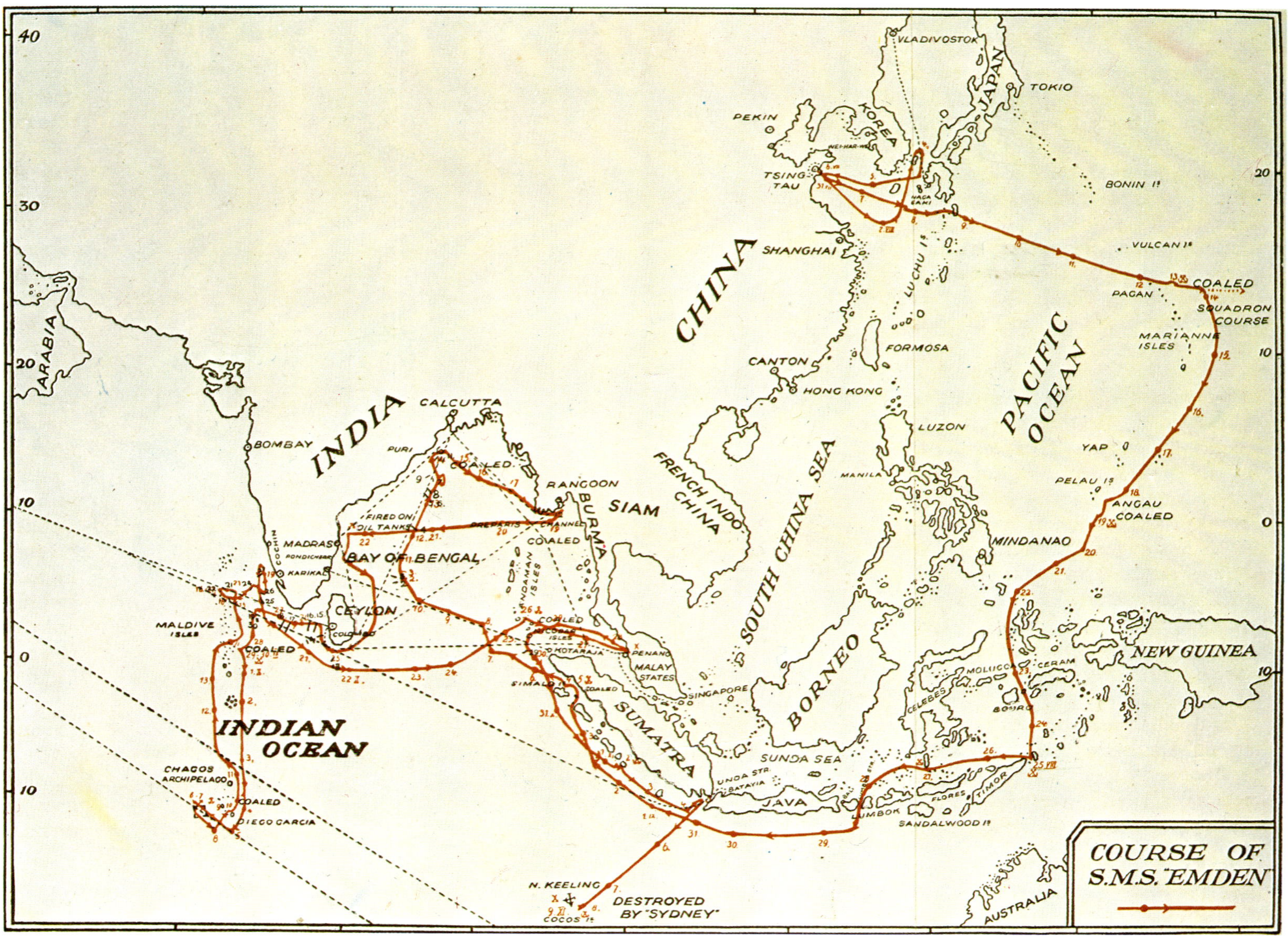
COURSE OF S.M.S. "EMDEN"
VLADIVOSTOK
TOKIO
JAPAN
KOREA
PEKIN
TSING TAU
BONIN Is
SHANGHAI
VULCAN Is
CHINA
LUCHU Is
PAGAN
COALED
SQUADRON COURSE
MARIANNE ISLES
FORMOSA
CANTON
HONG KONG
PACIFIC OCEAN
ARABIA
CALCUTTA
INDIA
LUZON
BOMBAY
YAP
PELAU Is
ANGAU COALED
PURI
RANGOON
BURMA
SIAM
FRENCH INDO CHINA
MANILA
SOUTH CHINA SEA
MADRAS
BAY OF BENGAL
COALED
MINDANAO
CEYLON
MALDIVE ISLES
ANDAMAN ISLES
PENANG
MALAY STATES
NEW GUINEA
BORNEO
SINGAPORE
SUMATRA
CELEBES
MOLUCCA
CERAM
INDIAN OCEAN
CHAGOS ARCHIPELAGO
COALED
DIEGO GARCIA
SUNDA SEA
JAVA
LOMBOK
FLORES
TIMOR
SANDALWOOD Is
N. KEELING
COCOS Is
DESTROYED BY "SYDNEY"
AUSTRALIA

nach der Begegnung der Aufklärer, kommen die Schlachtkreuzergruppen ins Gefecht. Der Führer der deutschen Gruppe, Vizeadmiral Hipper, dreht auf Gegenkurs, um das englische Gros auf die deutsche Hochseeflotte zu ziehen. Auf parallelem Kurs liegend, eröffnen die Schlachtkreuzer, die Briten mit 6, die Deutschen mit 5. Kurz nach 17 Uhr wird die INDEFATIGABLE von der VON DER TANN versenkt. 17 Uhr 11 greifen von Norden Vizeadmiral Beattys 4 Großlinienschiffe in den Kampf ein. Das ist der Augenblick, da die Schlachtkreuzer DERFFLINGER und SEYDLITZ den Schlachtkreuzer QUEEN MARY vernichten und die SEYDLITZ einen Torpedotreffer erhält, aber weiterkämpfen kann. Jetzt, 17 Uhr 46 dampft, von Südosten kommend, auch das deutsche Gros auf, das um etwa 18 Uhr das Feuer durch die Spitzenschiffe eröffnet. Die erste Runde der Schlacht geht eindeutig an die Deutschen. Beatty schwenkt um 180° auf Gegenkurs, überholt die deutschen Schiffe mit Ostkurs und leitet somit bei nunmehr noch diesiger gewordenem Wetter die zweite Phase ein. Dabei gerät der Kleine Kreuzer WIESBADEN zwischen die Linien, wird zusammengeschossen und sinkt in der Nacht, mit ihm Johann Kienau, genannt Gorch Fock. Bei den Briten geht der Panzerkreuzer DEFENCE verloren, das Linienschiff WARRIOR wird schwer beschädigt. Es sinkt am nächsten Tag. Schwer beschädigt wird auch das Großlinienschiff WARSPITE, das die Linie verlassen muß.

Um 19 Uhr 30 entschließt sich Scheer angesichts der bedrohenden Umklammerung durch die britische Schlachtflotte, das 19 Uhr 35 erreichte *Crossing the »T«* zu einer Gefechtskehrtwendung, die, da oft genug geübt, problemlos klappt. Inzwischen explodiert im Feuer der LÜTZOW und der DERFFLINGER der britische Schlachtkreuzer INVINCIBLE nach schweren Treffern. Die deutschen Schiffe vermögen nur langsam aus dem massierten Wirkungsbereich der britischen Schlachtflotte zu dampfen. Die LÜTZOW schert schwer beschädigt aus der Linie aus und sinkt in der Nacht. Das britische Linienschiff MARLBOROUGH wird torpediert, sinkt aber nicht. 19 Uhr 55 läßt Scheer eine erneute Kehrtwendung gegen die britische Schlachtflotte vollziehen, die 20 Uhr 15 auf ihrem Umklammerungsmarsch durch einen Torpedobootangriff zum Abdrehen in südöstliche Richtung gezwungen wird, während Scheer erneut auf Gegenkurs geht. Damit ist an sich der Kampf der Hauptflotten beendet. Die Nachtgefechte bringen zwar noch Verluste auf beiden Seiten, aber keine Begegnung der Schlachtflotten mehr.

Die Verluste der Schlacht betragen auf britischer Seite: 14 Einheiten mit 170000 t (3 Schlachtkreuzer, 3 Panzerkreuzer, 8 Torpedoboote bzw. Torpedobootzerstörer), 6094 Gefallene. Auf deutscher Seite: 11 Einheiten mit 61000 t (1 Linienschiff, 1 Panzerkreuzer, 4 Kleine Kreuzer, 5 Torpedoboote), 2551 Gefallene sind zu beklagen. Nun stellt sich die Frage nach dem Nutzen der Schlacht mit Milliardenaufwand: An der Kriegslage im Westen ändert sich nichts, wohl aber im Osten insofern, als die von Lord Fisher geplante Unterstützung der russischen Front durch die Ostsee unterbleibt, so daß die Deutschen wenig-

Linke Seite oben: Der Kleine Geschützte Kreuzer EMDEN lief am 26. Mai 1908 bei der Kaiserlichen Werft in Danzig vom Stapel, war 3664/4268 t groß, mit 12 10,5-cm-Kanonen, hatte 361 Mann Besatzung und lief 24,1 kn. Die EMDEN wurde durch ihre tolldreisten Abenteuer im ostasiatischen Kaperkrieg zu einer kleinen Berühmtheit. Unter ihrem Kommandanten Karl von Müller vernichtete sie von August bis November 1914 23 englische Frachter, beschoß die Öllager von Madras, schickte am 28. Oktober 1914 den sich stellenden russischen Kleinen Kreuzer SCHEMTSCHUG auf den Meeresgrund, ebenso den französischen Zerstörer MOUSQUET. Die Stunde der EMDEN schlägt aber schließlich doch, als ein Landungstrupp der Besatzung am 9. November 1914 versucht, die Funkstation auf der zu den Cocosinseln zählenden Insel Keeling im Pazifik zu zerstören, aber der Funker dort noch einen Notruf absenden kann. Der australische Geschützte Kreuzer SYDNEY eilt zu Hilfe und kann die EMDEN so schwer beschädigen, daß sie von ihrem Kommandanten auf ein Riff gesetzt wird.

Linke Seite unten: Die Kapriolen der EMDEN bewegten die englische Öffentlichkeit stark, und einer englischen Publikation entnahmen wir diese Zeichnung der abenteuerlichen Reise des Kleinen Kreuzers.

Rechts: Englische Schlachtschiffe in doppelter Kiellinie auf dem Marsch zum Skagerrak

Rechts unten: Die deutsche Flotte läuft zur Skagerrakschlacht aus, aufgenommen von Bord des Großlinienschiffes OSTFRIESLAND.

Oben: Im Gefecht bei der Doggerbank am 24. Januar 1915 wird der Panzerkreuzer SEYDLITZ, das Flaggschiff von Vizeadmiral Franz von Hipper, schwer beschädigt und muß Wilhelmshaven anlaufen.
Rechts: Am 21. Juni 1919 versenkt sich die in der Bucht von Scapa Flow auf den Orkneyinseln internierte deutsche Flotte unter Konteradmiral von Reuter selbst. Unser Bild zeigt die Besatzung des Kleinen Kreuzers NÜRNBERG in einem Rettungsboot.
Rechte Seite: In den zwanziger Jahren heben die Engländer fast alle selbstversenkten Schiffe in der Bucht von Scapa Flow, um sie abzuwracken. Unser Bild zeigt die SEYDLITZ, die kieloben zur Werft von Rosyth in Schottland geschleppt wird, auf dem Titelblatt einer englischen Zeitschrift.
Nächste Doppelseite: Eines der wenigen russischen Kriegsschiffe, die der Schlacht von Tsushima 1905 entkamen, ist der Große Kreuzer AURORA. Dieses 6800 t große Kriegsschiff wird durch die Ereignisse in der Oktoberrevolution 1917 zu einer Berühmtheit. Die meuternde Besatzung gab in der Nacht zum 26. Oktober aus einer der 15-cm-Kanonen den Signalschuß für den Generalangriff auf das Winterpalais. Heute liegt die AURORA als Symbol für den Sieg der Oktoberrevolution auf der Newa in Leningrad.

stens im Osten eine Entscheidung herbeiführen können. Die kriegswichtige Fernblockade aber bleibt. Hier können nur noch, und das deckt sich auch mit den Überlegungen von Scheer, U-Boote nützen, denn keines der deutschen Großkampfschiffe hat einen genügend großen Fahrbereich, um an den Schlagadern der Versorgungswege im Atlantik operieren zu können, keines hat Ölfeuerung, und somit bleiben alle schweren Einheiten in das »nasse Dreieck« verbannt.
Auch im Mittelmeer herrscht Seekrieg, und Anfang August 1914 beschießen der Panzerkreuzer GOEBEN und der Kleine Kreuzer BRESLAU algerische Häfen, bevor die Schiffe als YAVUZ SULTAN SELIM und MIDILLI der Türkei übergeben werden.
Ende Oktober 1914 beschießt die türkische Flotte russische Häfen im Schwarzen Meer, legt Minen und versenkt Frachtschiffe und ein Kanonenboot. Die Türkei tritt an der Seite der Mittelmächte in den Krieg ein.
Die ungeheueren Anstrengungen der Entente, sich 1915 der Dardanellen und der Halbinsel Gallipoli zu bemächtigen, enden

THE SPHERE
The Empire's Illustrated Weekly
With which is incorporated BLACK & WHITE
Volume CXVII. No. 1530 Price One Shilling. Postage { Inland, 2d.; Canada and Newfoundland, 1½d.; Foreign, 3½d. } London, May 18, 1929

HE GERMAN WARSHIP "SEYDLITZ," SALVAGED A DECADE AFTER SHE WAS SCUTTLED: The ironclad moves slowly along the Firth of Forth to Rosyth

mit schweren Verlusten zu Lande und zur See. Vier Großkampfschiffe geraten in die türkischen Minenfelder der Dardanellen, nur ein Schiff überlebt.
Das türkische Torpedoboot MUAVENET mit deutschem Kommandanten versenkt 1915 das britische Linienschiff GOLIATH, zwei andere Linienschiffe, die TRIUMPH und die MAJESTIC, werden 1915 hintereinander von U 21 unter Kapitänleutnant Hersing torpediert, wofür sich die Briten mit der Versenkung der HEIREDDIN BARBAROSSA ex KURFÜRST FRIEDRICH WILHELM durch das U-Boot E 21 revanchieren.
Ein Ereignis besonderer Art ist der österreich-ungarische Sabotageanschlag auf das italienische Schlachtschiff BENEDETTO BRIN, das am 27. September 1915 explodiert. Ein gleiches Schicksal erleidet das italienische Großlinienschiff LEONARDO DA VINCI am 2. August 1916. Beachtung verdient die Versenkung des französischen U-Bootes FOUCAULT in der Adria durch Bomben zweier österreich-ungarischer Seeflugzeuge. Das ist der erste U-Boot-Verlust aus der Luft, ein alarmierender Anfang, der in den Turbulenzen des Krieges jedoch untergeht und später bei der Weiterentwicklung nicht die gebotenen Konsequenzen auslöst.
Für Ende Oktober 1918 plant Admiral Scheer eine Großoperation der Hochseeflotte »zur Entlastung der schweren Kämpfe an der Landfront im Westen«. Ziel des Planes ist das in den ostschottischen Häfen vermutete Gros der britischen Flotte. Schlimmstenfalls, so wird eingeschränkt und argumentiert, könnte die deutsche Flotte unterliegen, wenn aber, dann nur unter ungeheuren Einbußen auf der britischen Seite. Es bleibt jedoch bei einem Wunschdenken, denn bei der seit der Skagerrakschlacht untätigen deutschen Hochseeflotte kommt es Anfang November zu Meutereien mit revolutionärem Ausmaß. Am 11. November 1918 endet dann der Krieg mit dem Abschluß des Waffenstillstandes im Wald von Compiègne. Am 18. Januar 1919 beginnen in Versailles die Friedensverhandlungen der Siegermächte, ohne Beteiligung der Verlierer, denen die Bedingungen diktiert werden.

Der Zweite Weltkrieg

Als der Zweite Weltkrieg beginnt, verfügt die deutsche Marine, von der Admiral Raeder Hitler noch vor Tagen auf dem Obersalzberg in Gegenwart aller Befehlshaber berichtet hatte: »Die Marine kann nur kämpfen und in Ehren untergehen«, über:
2 Schlachtschiffe – die schnellen Einheiten SCHARNHORST (34 841/38 900 ts) und GNEISENAU (31 850 ts), mit ihren 9 28-cm-Kanonen als schwere Artillerie mehr Schlachtkreuzer als Schlachtschiffe nach klassischer Typisierung;
3 Panzerkreuzer – die DEUTSCHLAND und die ADMIRAL SCHEER (11 700/15 900 ts) sowie die ADMIRAL GRAF SPEE (12 100/16 200 ts), drei Schiffe mit je zweimal 3 28-cm-Kanonen als schwere Artillerie, die an sich laut Washington-Vertrag nur 10 000 ts groß sein durften, aber insgeheim überzogen worden waren;
2 Schwere Kreuzer – die ADMIRAL HIPPER und die BLÜCHER, beide 14 050/18 200 ts mit je 8 20,3-cm-Kanonen;
2 alte Linienschiffe – die SCHLESIEN und die SCHLESWIG-HOLSTEIN, beides beinahe

werftreife Vorkriegsschiffe, Baubeginn 1904 und 1905;
außerdem sind einsatzbereit 6 Leichte Kreuzer, 34 Zerstörer und Torpedoboote, 20 Schnellboote, 13 Minensucher, 10 Geleitfahrzeuge, 40 Minenräumboote sowie verschiedene andere Einheiten wie Minenleger, Troßschiffe und kleinere Fahrzeuge. Hinzu kommen 51 einsatzbereite U-Boote, abzüglich der Schulboote sind aber nur 23 ozeangängig. Weitere Einheiten sind in Bau und treten im Laufe des Krieges, in dem sich der Bau von U-Booten explosionsartig ausdehnt, hinzu. Unter den noch fertiggebauten Überwassereinheiten sind hier zu nennen: die beiden Schlachtschiffe BISMARCK (41700/50900 ts) und TIRPITZ (42900/52600 ts) mit 8 38,1-cm-Kanonen als schwere Artillerie (beide Schiffe sind für kurze Zeit die größten und auch stärksten *capital ships* der Welt), ferner der Schwere Kreuzer PRINZ EUGEN (16230/18400 ts) mit 8 20,3-cm-Kanonen als schwere Artillerie, während der fünfte schwere Kreuzer dieser Klasse, die SEYDLITZ, nicht mehr fertiggebaut wird und auch sein Umbau zum Flugzeugträger gestoppt wird. Gestoppt werden auch die Bauarbeiten an den bereits begonnenen 68000-ts-Schlachtschiffen H und J wie an dem zu 85 Prozent fertigen Träger GRAF ZEPPELIN.
Schon vor Beginn des Krieges hatte Raeder einige Kriegsschiffe prophylaktisch in See geschickt und auf Positionen gelegt, die eindeutig gegen die Briten und Franzosen gerichtet waren – Beweis genug, wie skeptisch er innerlich den Versicherungen Hitlers gegenüberstand: er, der Führer, würde es nie und nimmer zu einem Krieg mit England kommen lassen. Jedenfalls zeigt sich der Großadmiral trotz seiner kleinen Flotte energisch und aktiv, als er die dieselmotorbetriebenen Panzerschiffe ADMIRAL GRAF SPEE in den Südatlantik und die

Oben: Das schon 1906 bei der Germaniawerft in Kiel vom Stapel gelaufene Linienschiff SCHLESWIG-HOLSTEIN (13200 t) beschießt am 1. September 1939 die Westernplatte vor Danzig. Damit beginnt der Zweite Weltkrieg.

Unten: Die ADMIRAL GRAF SPEE muß am 13. Dezember 1939 nach einem Gefecht mit britischen Einheiten Montevideo zur Reparatur anlaufen. Das Schiff erhält nur drei Tage Zeit. Inzwischen täuschen die Engländer eine überlegene Streitmacht vor der La-Plata-Mündung vor, angesichts derer sich Kapitän zur See Hans Langsdorf zur Selbstversenkung der ADMIRAL GRAF SPEE und er selbst sich zum Freitod entschließt.

Rechte Seite oben: Ein deutsches U-Boot bei der Torpedoübernahme

Rechte Seite unten: Deutsche U-Boote im Verband im Atlantik

DEUTSCHLAND in den Nordatlantik südlich von Grönland auf Position legt. Außerdem schickt er 16 der 23 hochseegängigen U-Boote auf Wartepositionen östlich der Britischen Inseln in den Nordatlantik. Sie treten sofort in Aktion, als eintritt, was Raeder aus besserer Kenntnis der britischen Mentalität erwartet hat: Krieg mit den Briten – und den Franzosen. Die GRAF SPEE muß nach einem Gefecht mit drei britischen Kreuzern Montevideo als Reparaturhafen anlaufen, wo dem deutschen Kommandanten, Kapitän zur See Hans Langsdorf, nicht mehr als drei Tage Frist gewährt werden. Der deutsche Kommandant läßt sein Schiff angesichts vorgetäuschter Nachrichten, der Gegner sei vor dem La Plata mit schweren und schwersten Einheiten aufmarschiert und erwarte die GRAF SPEE, auf dem La Plata sprengen und selbstversenken.
Das andere Panzerschiff, die DEUTSCHLAND, wird in LÜTZOW umbenannt, denn Hitler möchte kein Schiff mit dem Namen DEUTSCHLAND verlieren. Außerdem werden von den schweren Einheiten die GNEISENAU und SCHARNHORST südlich von Island eingesetzt.
Der U-Boot-Krieg läuft wie im Ersten Weltkrieg wegen der nur wenigen Kampf-U-Boote (ein Teil wird ja dringend für Schulungszwecke benötigt) relativ langsam an. Am Anfang aller Versenkungen steht ein verhängnisvoller Irrtum: U 30 unter Oberleutnant zur See Fritz-Julius Lemp torpediert am 3. September 1939 warnungslos den in der Nacht abgeblendet und zickzack fahrenden britischen Passagierdampfer ATHENIA, den er als Hilfskreuzer oder Truppentransporter anspricht. Einschränkende Weisungen für den Handelskrieg sind die Folge. Ansonsten wird der U-Boot-Krieg (zu dem auch die oft sehr schwierigen, aber auch erfolgreichen Minenoperationen mit U-Booten zu zählen sind) nach Prisenordnung geführt.
Als die Briten für den lebenswichtigen Transatlantikverkehr wieder das Konvoisystem einführen, kann Dönitz noch nicht mit der bereits erprobten Rudeltaktik antworten. Es fehlt auf den mehr oder weniger älteren bzw. noch nicht umgebauten Booten an modernen funktechnischen Anlagen für die vorgesehene Fernführung der Boote, es fehlt aber auch an Booten selbst. Man begnügt sich daher, wenn möglich, mit Gruppenoperationen.
Dennoch bringen es die wenigen Front-U-Boote bis Ende 1939 auf 541 820 BRT = 141 Schiffe versenkter Handelsschifftonnage bei nur 9 Eigenverlusten. Bis Ende März 1940 kommen 130 Schiffe mit

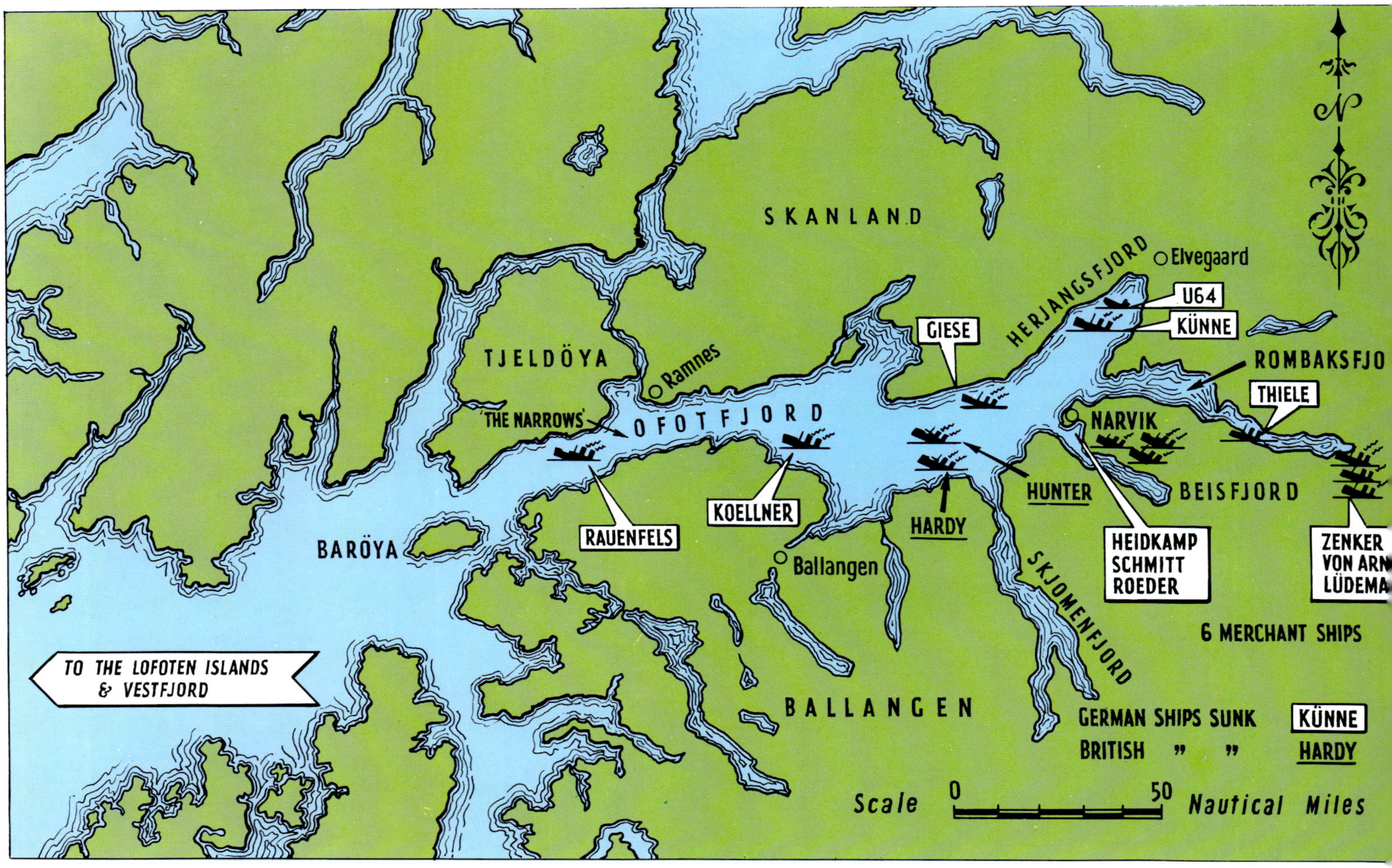

Am 7. April 1940 beginnt die blitzartige Besetzung Dänemarks und Norwegens unter dem Decknamen »Weserübung«. Damit kommen die Deutschen den Alliierten um einen Tag zuvor, denn diese hatten genau dieselben Pläne. Deutschland brauchte für seine Rüstungsindustrie die Rohstoffe aus den schwedischen Erzlagerstätten um Kiruna, die im Winter nur über den eisfreien norwegischen Hafen Narvik verschifft werden können. Es kommt zu erbitterten Gefechten, die sich auf den Ofotfjord und Narvik konzentrieren und schließlich zu Verlust oder Ausschaltung aller deutschen Zerstörer und Troßschiffe führen. Auch die Schlachtschiffe Scharnhorst und Gneisenau werden in der Auseinandersetzung um Norwegen, in der auch die Engländer erhebliche Verluste haben, werftreif geschossen, ebenso die Lützow, die bis zum November 1939 noch das altbekannte pocket battleship Deutschland war, aber auf Befehl Hitlers umgetauft wurde, da dieser kein Schiff mit dem Namen des Reiches verlieren wollte. Die Kartenskizze zeigt eine englische Darstellung der Gefechte um Narvik Mitte April 1940.

429080 BRT hinzu, Kriegsschiffe ausgenommen. Hier sei lediglich auf die ungewöhnliche seemännische und navigatorische Leistung von Kapitänleutnant Günther Prien verwiesen, der mit U 47 in Scapa Flow, den Tresor der britischen Flotte, eindringt. Hier kann er allerdings nur das Schlachtschiff Royal Oak versenken, weil die Briten kurz zuvor ausgelaufen waren.

Im April gelingt der deutschen Marine in Verbindung mit zahllosen Truppentransportern dank hervorragender logistischer Vorbereitung die Unternehmung »Weserübung« als Überraschungsaktion, nämlich die fast blitzartige Besetzung von Dänemark und Norwegen. Die Deutschen kommen damit einer gleichgearteten Aktion der Alliierten zuvor, die sich die europäische Nordflanke sichern und Deutschland für die Zeit der Wintermonate, wo die Ostsee und damit der Zugang zum schwedischen Hafen Lulea zugefroren ist, von dem Seetransportweg der Kiruna-Erze abschneiden wollen. Narvik wird daher bei den Kämpfen um Norwegen zum eigentlichen Schwerpunkt der militärischen Auseinandersetzungen. Deutscherseits gehen hier alle Zerstörer und Troßschiffe verloren, ehe die Entscheidung fällt. Schwere Schäden durch Artillerie- und einen Torpedotreffer trägt im April der Schwere Kreuzer Lützow davon, im Juni erhalten erst die Scharnhorst und später die Gneisenau einen Torpedotreffer, welche die Schiffe werftreif machen.

Auch die Alliierten erleiden Verluste, aber die große Panne deutscherseits war, daß alle von den U-Booten geschossenen neuen Magnettorpedos, in die die Marine so große Hoffnungen gesetzt hatte, versagten.

In der Zwischenzeit ist der Krieg gegen den feindlichen Frachtschiffraum intensiviert worden. Hier sind zwar Aufbringungen und Versenkungen spektakuläre Erfolge, die Presse und Wochenschauen groß und gewichtig aufmachen. Weitaus nachhaltiger sind aber die »stillen« Erfolge, etwa, wenn Geleitzüge wegen eines Handelsstörkreuzers zurückgehalten werden, wobei lebens- und kriegswichtige Güter sich stapeln und für Tage oder gar für Wochen liegenbleiben.

Diesem Seekriegsrezept von Großadmiral Raeder sind im Hinblick auf seine Miniflotte ungeheuere Erfolge beschieden. Seiner mutigen Konzeption entsprechen auch die weiteren inzwischen angelaufenen Maßnahmen. Hier ist zunächst der Einsatz

von Hilfskreuzern zu nennen, die als Handelsstörkreuzer auf allen sieben Weltmeeren wechselvoll operieren.
Eingesetzt wurden ab März 1940 fünf Hilfskreuzer der ersten Welle, der ab Januar 1942 fünf der zweiten Welle folgten. Die Hilfskreuzer der ersten Welle, die alle durch die wetterlaunische Dänemarkstraße in den freien Atlantik ausbrechen, entzogen dem Gegner 572 916 BRT Handelsschiffraum. Ferner wurde der Leichte Kreuzer SYDNEY versenkt. Dabei sind drei eigene Verluste zu registrieren.
Die Hilfskreuzer der zweiten Welle hatten infolge der inzwischen verstärkten gegnerischen Abwehr weniger Erfolge und versenkten lediglich 154 710 BRT. Von den 5 Einheiten kam kein Schiff wieder zurück, 4 gingen in See verloren, 1 Schiff wurde zusammen mit dem Versorgungsschiff UCKERMARK in Yokohama bei einer Explosion vernichtet. Nicht alle aufgebrachten Feindschiffe wurden versenkt, 30 davon – vor allem Tanker und Frachter mit besonders wertvollen Gütern und ausreichenden Betriebsmitteln – wurden als Prisen in die Heimat entlassen. Die meisten erreichten ihr Ziel, vor allem 3 große Walkochereien, die zusammen mit 11 Walfangbooten vom Hilfskreuzer PINGUIN ex DDG-Hansa-Frachtmotorschiff KANDELFELS (7766 BRT) ohne einen Schuß und ohne ein Opfer geentert und gekapert wurden. Unter Kapitän zur See Ernst Felix Krüder erzielte der Hilfskreuzer PINGUIN 20 Erfolge mit 136 642 BRT, zu denen noch 4 Schiffe mit 18 068 BRT durch Minenverluste hinzuzuzählen sind. Ungewöhnlich ist auch die Unternehmung des Hilfskreuzers ATLANTIS ex DDG-Hansa-Frachtmotorschiff GOLDENFELS (7862 BRT) unter Kapitän zur See Bernhard Rogge, der 22 Schiffe mit 145 968 BRT aufbrachte und dessen Besatzung mit 627 Tagen ununterbrochener See- und Feindfahrt die wohl längste Seereise aller Zeiten durchstand. Während Ernst Felix Krüder mit seinem Schiff und dem größten Teil seiner Besatzung im Gefecht mit dem britischen Schweren Kreuzer CORNWALL im Indik umkam, konnte sich Rogge (später zum Vizeadmiral ernannt) nach der Versenkung durch den britischen Schweren Kreuzer DEVONSHIRE auf in der Nähe stehende deutsche Einheiten retten.
Zurück in das Jahr 1940:
Der Krieg gegen die Niederlande, Belgien und Frankreich bringt nach seinem für die Deutschen erfolgreichen Verlauf der Marine neue Aufgaben. Es stehen neue Häfen zur Verfügung, neue Versorgungs- und Sicherungseinsätze sind notwendig, aber auch gravierende Vorteile ergeben sich für den Zufuhrkrieg. Atlantische Stützpunkte für die U-Boote, die nun nicht mehr um England herum marschieren müssen, um im Nordatlantik zu operieren, und Stützpunkte auch für die schweren Überwasserstreitkräfte.
Ein alliierter Sieg mit für die Deutschen später schweren Nachteilen ist die Operation »Dynamo«. In acht Tagen transportieren die Alliierten auf 848 Schiffen 338 000 Mann von Dünkirchen nach England, die einmal zur Kerntruppe des Invasionsheeres werden. Möglich war das nur, weil die deutschen Kräfte sich vor Dünkirchen unverständlicherweise zurückhielten.
Das nach dem Frankreichfeldzug angelaufene und für den Herbst 1940 geplante Unternehmen »Seelöwe«, die mit Schiffen und Booten aller Art konzipierte Landung auf den Britischen Inseln, muß wegen Dezimierung der Luftwaffe und der Tatsache, daß nur die ADMIRAL HIPPER und drei Leichte Kreuzer neben den kleineren Einheiten einsetzbar sind, abgesetzt werden. Das ist die erste große, wenn auch noch stille Niederlage.
Nächst den Hilfskreuzern sieht Raeder nunmehr, gestützt auf technisch vollendet ausgerüstete, besonders schnelle Troßschiffe, verfügbare große Einheiten für den Zufuhrkrieg im Atlantik vor. Zunächst führt der dieselmotorbetriebene Schwere Kreuzer ADMIRAL SCHEER ab Oktober 1940 Handelskrieg vom Nordatlantik bis in die südwestliche Ecke des Indischen Ozeans. Die ADMIRAL SCHEER greift im Nordatlantik den durch einen Hilfskreuzer nur schwach gesicherten Halifax-England-Konvoi HX 84 an, zerstreut diesen und versenkt Hilfskreuzer, Frachter und Tanker. Das Schiff kehrt schließlich nach sechsmonatiger Feindfahrt am 1. April 1941 in den Heimathafen Kiel zurück. Der Schwere Kreuzer hat dem Gegner 113 000 BRT Schiffsraum weggenommen, darunter auch das größte Kühlschiff der Welt, die 8651 BRT große britische DUQUESA mit 6000 Tonnen Gefrier- und Konsumfleisch und 14 Millionen argentinischen Eiern an Bord. Inzwischen führt der Schwere Kreuzer ADMIRAL HIPPER Handelskrieg im Nordatlantik mit nunmehr Brest als Stützpunkt. Es folgen die schnellen Schlachtkreuzer SCHARNHORST und GNEISENAU, die nach 115 622 BRT versenkter oder aufgebrachter Feindtonnage ebenfalls Brest aufsuchen.
Raeder setzt ab 18. Mai 1941 nun unter dem Tarnnamen »Unternehmen Rheinübung« das brandneue Schlachtschiff BISMARCK, Krönung des deutschen Schiffbaues, und den neuen Schweren Kreuzer PRINZ EUGEN im nordatlantischen Zufuhrkrieg ein. Eine Beigabe des ebenfalls brandneuen Schlachtschiffes TIRPITZ, dessen Kommandant, Kapitän zur See Karl Topp, sich zur Unterstützung der Unternehmung anbietet, obwohl die TIRPITZ noch nicht voll einsatzfähig ist, lehnt Raeder ab, während die Briten, und das scheint der Betonung wert, später das noch nicht voll kampffähige, neue Schlachtschiff PRINCE OF WALES, das sogar noch Werftpersonal an Bord hat, zur Jagd auf die unter dem Befehl von Admiral G. Lütjens als Flottenchef stehende Kampfgruppe BISMARCK und PRINZ EUGEN ansetzen.
Nach Passieren der Dänemarkstraße kommt es zum Gefecht mit der von achtern auflaufenden Kampfgruppe des Vizeadmirals Holland, mit dem Schlachtkreuzer HOOD, mächtigster Schlachtkreuzer der Welt, und dem Schlachtschiff PRINCE OF WALES, bei dem die HOOD nach einem steil einfallenden, ausgesprochenen Zufallstreffer in die Munitionskammer explodiert und die PRINCE OF WALES so schwer beschädigt wird, daß sie abläuft. Admiral Lütjens folgt der PRINCE OF WALES nicht, obwohl er sie mit Sicherheit hätte versenken können. Er hält trotz des Rates seines Vorgängers als Flottenchef, Admiral Marschall, konsequent an dem Operationsbefehl der Seekriegsleitung (Hauptziel ist der Handelskrieg) fest und läuft mit der BISMARCK und der PRINZ EUGEN ab. Er sieht sich dann aber wegen eigener Gefechtsschäden (Fahrtverminderung durch Treffer von 30,5 auf etwa 28 kn) gezwungen, St. Nazaire als Reparaturhafen anzulaufen. Die PRINZ EUGEN wird für den selbständigen Kreuzerkrieg entlassen. Auf dem Weg nach Brest wird die BISMARCK von einem Catalina-Flugboot gesichtet und dann von alten, müden Doppeldeckern des Trägers ARK ROYAL angegriffen, wobei das Schlachtschiff einen unglücklichen Zufallstreffer in die Ruderanlage erhält. Die BISMARCK, die sich zwar noch mühsam mit den drei Schrauben steuern kann, ist praktisch manövrierunfähig. Um sich in der aus West laufenden Sturmsee halten zu können, dampft sie dem nachdrängenden Feind in nordwestlicher Richtung entgegen, immer in der Hoffnung, durch U-Boote und Flugzeuge gesichert und geschützt zu werden, was sich aber nicht erfüllt. Statt dessen kommt es in den Morgenstunden des 27. Mai 1941 zum Gefecht mit den britischen Schlachtschiffen RODNEY und KING GEORGE V, wobei die gefechtstaktisch behinderte BISMARCK in 90 Minuten an Oberdeck zum Wrack

geschossen wird, aber erst nach Einleiten der Selbstversenkung sinkt. Von 800 Mann, die von den 2400 Mann Besatzung noch lebend ins Wasser kamen, retteten die Engländer nur 110. Fünf weitere Seeleute werden von einem deutschen U-Boot und dem Wetterdampfer SACHSENWALD geborgen, dessen tapferer Kapitän W. Schütte vierkant durch die britischen Linien fuhr.
Das Ende der BISMARCK, Höhepunkt und Wende in der Schlachtschiffsstrategie zugleich, ist für den seefremden Adolf Hitler endgültig der Anlaß, den Handelskrieg mit Überwasserschiffen im freien Nordatlantik zu verbieten. Die PRINZ EUGEN läuft später in Brest ein, wobei sie das große Glück hatte, daß der Kapitän ihres V-Schiffes, Otto Kölschbach, ein so mutiger und umsichtiger Seemann war, der buchstäblich in der allerletzten Minute mit Treibstoff zur Stelle war, während die Masse der anderen Versorger gestellt und versenkt wurde.
Inzwischen ist Brest in die Reichweite der alliierten Bomber geraten. Es gibt Bombenschäden an den Schiffen und Docks. Am 12. Februar 1942 glückt der GNEISENAU, der SCHARNHORST und der PRINZ EUGEN der vom Gegner viel zu spät bemerkte Durchbruch durch den Englischen Kanal in Richtung Heimat.
Inzwischen haben die auf See hart bedrängten Alliierten ihre U-Boot-Abwehrmaßnahmen verstärkt. Sie setzen im Küstenbereich immer weiter reichende Flugzeuge ein. Und sie haben *killer groups* gebildet, die, von ungewöhnlich cleveren Kommandanten gelenkt, in den Hauptoperationsgebieten der U-Boote arbeiten. Mit dem ASV-I-Gerät haben die Briten ein von den deutschen Elektronikfachleuten als Utopie bezeichnetes Flugzeugradar im Einsatz, mit dem sie aus dichter Wolkendecke und während der Nacht U-Boote orten und angreifen können, bis man deutscherseits mit einem Funkmeßbeobachtungsgerät die Radarortung rechtzeitig anmessen und auf Tiefe gehen kann.
Daß die Briten am 4. Mai 1941 mit U 110 (Lemp) lautlos auch die ganz geheime Schlüsselmaschine »M« erbeutet hatten, erfährt man in der Welt erst zehn Jahre nach dem Krieg. Allerdings wird heute dieser erste Einbruch in den deutschen Funkcode weit wichtiger hingestellt, als er es in Wirklichkeit war. Die Briten können die deutschen Funksprüche zunächst nur bis zum Juli 1941 mitlesen, danach bekommen sie zwar Handhaben für weitere Entschlüsselungen, meist aber mit einer bis zu 40- und 50stündigen Verspätung. Erst ab 1943 haben die Alliierten über ihre neuartigen Rechenverfahren (den Vorläufern der heutigen EDV-Anlagen) Mittel und Wege, die deutschen Funksprüche mitzulesen.
Viel gefährlicher für die Deutschen ist das vollautomatische Peilgerät Huff/Duff, mit dem nun auch die Kurzsignale, wie die von Dönitz verlangten, für seine Fernführung notwendigen Positionsmeldungen, eingepeilt werden können.
Trotzdem mehren sich die deutschen Erfolge. 1941 werden von U-Booten 445 Frachter mit 2 171 840 BRT versenkt. 1942, im Jahr der großen Rudelschlachten, sind es allein im November 118 Schiffe mit 743 321 BRT und insgesamt 1222 Schiffe mit 5 819 065 BRT, die meisten davon im Bereich des *Black Pit,* jenes Seegebietes, das die alliierte Luftwaffe noch immer nicht kontrollieren kann.
Anfang 1943 gibt es im OKM einen Wechsel. Raeder bittet um seinen Rücktritt, Dönitz übernimmt die Führung der Marine. Er läßt den Schwerpunkt aller Marineneubauten auf den U-Boot-Bau legen, wie auch auf die Förderung der Walter-U-Boote, die unter Raeder nur schleppend betrieben worden war, und vor allem auf die neuartigen U-Boote vom Typ XXI und XXIII.
Die Katastrophe kommt jedoch schneller als geahnt, nämlich nach der größten Geleitzugschlacht, quasi als Krönung der Rudelschlacht schlechthin, als im März 1943 44 U-Boote in mehreren Rudeln zwei Geleitzüge mit 91 Frachtschiffen und einer Unzahl an Bewachern angreifen und daraus 21 Schiffe mit 142 465 BRT versenken – das zu einer Zeit, da die Alliierten sich einig sind, die U-Boote als den Feind Nummer eins mit allen zu Gebote stehenden Mitteln zu bekämpfen (Atlantic-Convoy-Conference in Casablanca).
Im Mai 1943 setzt der Gegner zum Gegenschlag an, mit den verschiedensten neuen Waffen und Geräten gleichzeitig. In diesem Mai gehen im Nordatlantik 22 U-Boote verloren, im Juni sind es 17, im Juli sogar 39. Die Ursachen sind in verschiedenen Faktoren zu sehen:
im bereits erwähnten und inzwischen bewährten Huff/Duff-Panoramapeilgerät; in der Dechiffrierung der durch den Marineschlüssel »M« codierten FT's;

Rechts unten: Am 24. Mai 1941 starten Swordfish-Torpedo-Flugzeuge des Trägers VICTORIOUS zu einem Angriff auf die BISMARCK. Es war das erste Mal in der Geschichte, daß Bordflugzeuge gegen ein Schlachtschiff eingesetzt werden. Die Swordfishs konnten jedoch keinen wirkungsvollen Treffer anbringen. Besser machten es die Piloten des Trägers ARK ROYAL, die in den Abendstunden des 26. Mai durch einen Torpedotreffer in die Ruderanlage die BISMARCK praktisch manövrierunfähig machten.

Rechte Seite oben: Dieses Gemälde von Claus Bergen zeigt den schicksalhaften Kampf der BISMARCK am 27. Mai 1941. Das deutsche Schlachtschiff ist durch einen Treffer in die Ruderanlage stark manövrierbehindert und hat gegen die englischen Schlachtschiffe RODNEY und KING GEORGE V. keine Chance. Dennoch feuert die BISMARCK bis zum bitteren Ende.

Rechte Seite Mitte: Das englische Schlachtschiff KING GEORGE V., das maßgeblich an der Vernichtung der BISMARCK beteiligt war

in den *support groups* mit Zerstörern von besonders großem Fahrbereich und den durch sie gesicherten Geleitflugzeugträgern, in den speziellen VLR-*(Very Long Range-)*Bombern;
in der Kontrolle des bisher von der Luftüberwachung nicht erreichbaren *Air Gap* als der U-Boote fetteste Weide;
in den zu U-Boot-Jagdzwecken umgebauten Liberator-Flugzeugen;
und vor allem im neuen 9-cm-Radar, einem Panoramagerät, dessen Peilstrahlen (noch) nicht erfaßt werden können.
Hinzu kommen als Abwehrmittel noch der Hedgehog-Wasserbomben-Mehrfachwerfer, die Torpex-Tiefenwasserbomben und die Flugzeugraketengeschosse, die inzwischen auch in den USA entwickelt worden sind.
Für die deutschen U-Boote und damit auch für die deutsche Marine ist die Schlacht im Atlantik verloren. Und mit der Schlacht im Atlantik praktisch bereits der Krieg. Der Atlantik wird zur mehr oder weniger kaum noch gefährdeten oder behinderten Hauptschlagader für den unaufhörlichen, immer breiter werdenden Strom an lebens- und kriegswichtigen Gütern für die Russen und für alle Invasionen auf dem Kontinent, die den Anfang vom absoluten Ende bringen werden.
Im Englischen Kanal leitet am 6. Juni 1944 die wohl bisher größte Landungsflotte der Welt die Invasion in der Normandie ein. Weder der legendäre Atlantikwall Hitlers noch die wenigen deutschen Marineeinheiten vermögen die Invasionswellen der ersten fünf Divisionen der Landungsflotte zu stoppen, und die Luftwaffe ist bei den

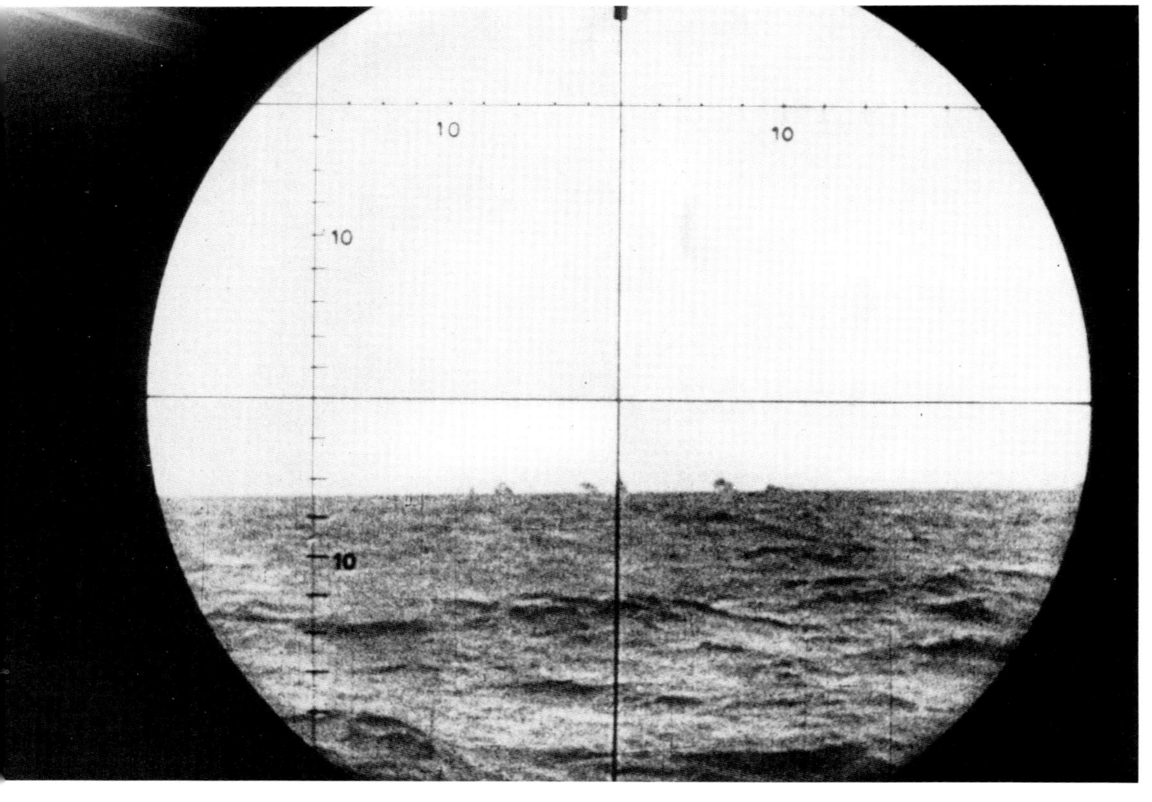

Oben: Das deutsche Schlachtschiff TIRPITZ lief 1939 vom Stapel und war mit 42 900/52 600 ts das größte jemals in Deutschland gebaute Kriegsschiff. Das Schwesterschiff BISMARCK verdrängte 41 700/50 900 ts, beide waren 241,50/251,00 m lang, 36,00 m breit und fast 31 kn schnell. Die schwere Artillerie bestand aus 8 38-cm-Kanonen, außerdem trugen sie 12 15-cm-, 16 10,5-cm-, 16 3,7-cm- und 12 2,0-cm-Kanonen als Mittelartillerie beziehungsweise zur Flugabwehr. Die Besatzungen bestanden aus 2250 Mann. Die TIRPITZ wurde im November 1944 im Sandesund bei Tromsø von britischen Flugzeugen vernichtet.

Mitte: Durch das Sehrohr eines deutschen U-Bootes erkennt der Kommandant einen feindlichen Geleitzug. Obwohl die Alliierten, durch die U-Boote stark geschädigt, fieberhaft und mit zunehmendem Erfolg an Abwehrsystemen arbeiten, können deutsche U-Boote im Jahr 1941, in dem diese Aufnahme entstand, 445 feindliche Frachter mit 2 171 840 BRT versenken, 1942 sind es sogar 1222 Schiffe mit 5 819 065 BRT.

Unten: Die Alliierten setzen alles daran, die so gefürchtete U-Boot-Waffe der Deutschen auszuschalten. Mit dem zunehmenden Gewinn der Lufthoheit werden ab 1942 auch verstärkt die deutschen U-Boot-Basen bombardiert, was wiederum den Bau aufwendiger Bunker notwendig macht. Auf unserem Bild kehrt ein U-Boot nach Feindfahrt in seine Basis zurück.

Rechte Seite oben: Im Morgengrauen des 7. Dezember 1941 überfielen die Japaner den amerikanischen Flottenstützpunkt Pearl Harbor auf Hawaii, um die dort liegende pazifische Schlachtflotte der USA zu vernichten. 420 japanische Flugzeuge bombardieren in mehreren Wellen die Schiffe der Amerikaner, die heiß ersehnten Flugzeugträger der USA jedoch sind zu diesem Zeitpunkt nicht in Pearl Harbor, und dies sollte sich später für die Japaner verhängnisvoll auswirken. Noch aber scheint der Schlag gegen die USA zu sitzen, denn um 7 Uhr 49 funkt der Befehlshaber der Luftstreitkräfte, Fregattenkapitän Fushida, seinem Vorgesetzten, Vizeadmiral Nagumo, auf der AKAGI »Tora, Tora, Tora« (Tiger, Tiger, Tiger), den verabredeten Code für die vollkommene Überraschung der Amerikaner. Gleichzeitig beginnt der größte Seekrieg aller Zeiten.

12 800 Flugzeugen der Alliierten praktisch ausgeschaltet.
Die voll eingesetzte deutsche U-Boot-Waffe und die aus dem Atlantik und aus Norwegen herangeführten weiteren Einheiten werden von einer überaus massierten alliierten U-Boot-Abwehr bekämpft. Viele Boote gehen verloren, andere werden schwer beschädigt – spektakuläre Erfolge hat eigentlich kein einziges Boot. Was sie versenken, behindert die Invasion nicht.
Auf den Nebenkriegsschauplätzen ist der U-Boot-Einsatz nicht weniger entmutigend. Zwar können mit dem neuartigen Schnorchel, einem Luftmast, versehene U-Boote konventioneller Typen nach und nach den U-Boot-Krieg im Nordatlantik noch einmal beleben, einzelbootweise, nicht mehr in *»wolf packs«,* der Rudeltaktik. Ansonsten hofft man auf die neuartigen Boote der Typen XXI (ozeangängig) und XXIII (küsteneinsatzfähig), die über ganz Deutschland verteilt für die Sektions- und Schubbauweise vorfabriziert und an der Küste in Bunkern serienweise zusammengebaut werden. Ihre vervielfachte Batteriekapazität und der ortungsfreie Schnorchel für Unterwasser-Dieselfahrt erweitern ihren Aktionsradius bei Tauchfahrt derartig, daß man damals schon von echten Unter-See-Schiffen spricht. Sie sind außerdem erheblich schneller und haben ein neues Torpedosystem. Trotz Bomben werden täglich neue Boote fertiggestellt, jedoch zu spät: Nur eines kommt noch unter Addi Schnee vor Norwegen an die Front – am Tag der Kapitulation. Das letzte alliierte Frachtschiff ist bereits im August 1944 von einem deutschen U-Boot versenkt worden.
Noch immer behaupten sich um diese Zeit See- und Marinehäfen der französischen Kanalküste als schier uneinnehmbare Stützpunkte. In Norwegen, wo Hitler eigentlich den invasorischen Flankenangriff der Alliierten erwartete, besteht weiterhin ein Nebenkriegsschauplatz, der für die so wichtigen Erztransporte aus Narvik bedeutsam bleibt. Aber auch hier sind schwere Opfer zu verzeichnen: Das Schlachtschiff SCHARNHORST wird am 26. Dezember 1943 durch das für die Deutschen unerwartete, radargelenkte Artilleriefeuer schwerer englischer Einheiten versenkt. Auch die TIRPITZ, das größte Schlachtschiff, das Deutschland je besaß, wird mehrfach angegriffen und schließlich im November 1944 durch Spezialbomben britischer Flugzeuge im Sandesund bei Tromsø versenkt.
In der Ostsee verdichtet sich 1945 noch einmal der Seekrieg. Was an großen und kleinen Einheiten noch existiert (die Schweren Kreuzer ADMIRAL HIPPER,

ADMIRAL SCHEER und PRINZ EUGEN, Leichte Kreuzer, Zerstörer, Torpedoboote, Schnell-, Minensuch- und Räumboote u.a.), wird eingesetzt, um die Abwehr- und Rückzugskämpfe des Heeres zu unterstützen und die Flüchtlingstransporte auf Handelsschiffen zu decken. Nach Abriegelung der östlichen deutschen Ostseeprovinzen und des Raumes Danzig durch die Sowjets bei Köslin beteiligt sich auch die Kriegsmarine mit allen verfügbaren Kräften an der Evakuierung von Flüchtlingen, Verwundeten und schließlich auch von Soldaten aus dem Osten – 2,5 Millionen insgesamt. Dabei sind prozentual zwar niedrige Verluste zu beklagen, aber eben doch rund 15 000 Menschenleben, unter anderem durch die Versenkungen der WILHELM GUSTLOFF, der GOYA und der STEUBEN.
Als am 7. und 9. Mai 1945 die bedingungslose Kapitulation der Deutschen Wehrmacht unterzeichnet wird, haben von den großen Kriegsschiffen nur die PRINZ EUGEN, die NÜRNBERG und die KÖLN das Kriegsende überstanden, sonst neben einigen Zerstörern und kleineren Einheiten die Masse der neuen, nicht mehr zum Einsatz gekommenen U-Boote der Typen XXI und XXIII. Von 250 000 Gefallenen der Kriegsmarine trägt die U-Boot-Waffe mit über 70% Verlusten ihrer Besatzungen das schwerste Opfer. Von 1174 U-Booten gingen 728 verloren.

Der Krieg im Pazifik

Seit 1937 führt Japan Krieg gegen China, der die japanische Wirtschaft erhebliche Mittel, insbesondere Rohstoffe kostet und das Land in politische Schwierigkeiten bringt. Die Amerikaner stellen die für Japan wichtigen Rohstofflieferungen ein. Japan will in erster Linie mangels eigener Versorgungsquellen für Zinn, Gummi, Öl fremde in seine Hand bringen und zum anderen seine Flanken gegen Angriffe anderer Mächte ausbauen.

Das Kräfteverhältnis im Pazifik im Jahre 1941 zeigt die Gegenüberstellung:

	Japan	USA
Schlachtschiffe	10	9
Flugzeugträger	10	3
Schwere Kreuzer	18	12
Leichte Kreuzer	20	9
Zerstörer	102	67
U-Boote	64	28

Im Morgengrauen des 7. Dezember 1941 nähert sich ein japanischer Flottenverband unter Vizeadmiral Nagumo mit 6 Flugzeugträgern (420 Flugzeugen), 2 Schlachtschiffen, 3 Schweren Kreuzern und 9 Zerstörern bis auf 275 sm nordwestlich des amerikanischen Flottenstützpunkts Pearl Harbor auf der Insel Oahu im Pazifischen Ozean. Dort liegt im Hafen fast die gesamte pazifische Schlachtflotte der USA (8 Schlachtschiffe, 2 Schwere Kreuzer, 5 Leichte Kreuzer, eine Vielzahl von Zerstörern und anderen Kriegsschiffen), jedoch ohne die von den Japanern erhofften Flugzeugträger. Mit dem Startbefehl für die japanischen Flugzeuge von ihren schwimmenden Flugbasen aus beginnt der größte Seekrieg aller Zeiten. Unvorstellbar weit entfernt – Tausende von Meilen von Japan oder Amerika – liegen die Kriegsschauplätze, die fast ausschließlich mit Schiffen, sei es mit Kriegs- oder Versorgungsschiffen und Truppentransportern, angegriffen, geschützt oder versorgt werden müssen. Flugzeug, Torpedo, Kamikazeflieger und Radar sind die Kampfmittel. Die Anstrengungen der Amerikaner im Neubauprogramm von Kriegsschiffen sind erheblich und enden mit dem Einsatz der Atombombe auf die japanischen Städte Hiroshima und Nagasaki im Jahre 1945.
Die Amerikaner waren 1941 auf eine Auseinandersetzung nicht ganz unvorbereitet, doch sie erkannten die unmittelbar bevorstehende Bedrohung eines gegen sie gerichteten Vorgehens nicht.
An diesem 7. Dezember 1941 starten 190

japanische Flugzeuge der ersten Welle, ihnen folgt die zweite Welle mit 160 Flugzeugen. Die Überraschung des japanischen Angriffes auf die im Hafen liegenden amerikanischen Schiffe - zudem an einem Sonntag - ist vollständig. Die Torpedo- und Sturzkampfbomber greifen die Schiffe an und erzielen Treffererfolge, drei Schlachtschiffe sinken auf Grund, zwei weitere werden für immer außer Gefecht gesetzt. Ein Zielschiff kentert, zwei Kreuzer werden schwer getroffen, ebenfalls zwei Zerstörer. Die Flugplätze sowie andere militärische Einrichtungen werden erfolgreich angegriffen, unbeschädigt bleiben jedoch die Werftanlagen, die über kurz oder lang die beschädigten Schiffe reparieren können. Die Japaner verlieren 29 Flugzeuge und fünf in den Hafen von Pearl Harbor eindringende Kleinst-U-Boote, die nicht zum Erfolg beitragen können. Der japanische Verband läuft unentdeckt nach Nordwesten ab.

Am 8. Dezember 1941 landen japanische Truppen an der malaiischen Ostküste. Am 10. Dezember 1941 kommt es bei Kuantan zwischen japanischen, bei Saigon gestarteten Flugzeugen und einer britischen Kampfgruppe unter Konteradmiral Phillips mit dem Schlachtschiff Prince of Wales und dem Schlachtkreuzer Repulse sowie vier Zerstörern, die die japanischen Landungsangriffe stören will, zu einer See- und Luftschlacht, in deren Verlauf die beiden Großkampfschiffe durch Torpedos und Bomben versenkt werden.

Im Laufe des Monats Dezember landen die Japaner in Nord-Luzon, auf Süd-Luzon und Wake und in Hongkong. Im Januar 1942 folgen Celebes, Rabaul und Kavieng, im Februar Singapur, Palembang auf Sumatra, Bali und die Bantam-Bay auf West-Java.

Am 1. Februar 1942 greift eine US-Kampfflotte mit 2 Flugzeugträgern, 5 Kreuzern und 10 Zerstörern den japanischen Stützpunkt auf den Marshall-Inseln mit Bomben und Schiffsartillerie an, was zwar nur einen geringen Erfolg bringt; doch die gelungene Überraschung stärkt die Moral der US-Marine merklich.

Am 5. April 1942 stößt ein japanischer Trägerverband unter Vizeadmiral Nagumo mit 5 Flugzeugträgern, als Deckung 4 Schlachtschiffe, 4 Kreuzer und 8 Zerstörer, in den Indischen Ozean vor. Trägerflugzeuge greifen den Hafen von Colombo auf der Insel Ceylon an, den Liegeplatz der britischen Eastern Fleet, und zerstören Hafeneinrichtungen und Werftanlagen. Am gleichen Tage werden die britischen Kreuzer Cornwall und Dorsetshire auf offener See von 50 japanischen Trägerflugzeugen angegriffen und versenkt. Der Hafen von Trinkomali ist am 9. April Angriffsziel der Trägerflugzeuge, die dabei den auslaufenden britischen Flugzeugträger Hermes versenken.

Am 18. April erlebt die Stadt Tokio den ersten Luftangriff. Vom Flugzeugträger Hornet startende US-Heeresbomber fliegen den Angriff auf die Stadt.

Anfang Mai 1942 kommt es zwischen der japanischen und der amerikanischen Flotte zur ersten Seeschlacht im Korallenmeer. Am 7. Mai entdecken sich die gegnerischen Verbände durch ihre Aufklärungsflugzeuge. Am 8. Mai kommt es zum erstenmal zu einem Seegefecht zwischen den gegnerischen Flotten, ohne daß sie Sichtkontakt haben. Die bisher konventionelle Angriffswaffe, die Schiffsartillerie der schweren Kriegsschiffe, wird durch das Flugzeug als weitreichende Angriffswaffe abgelöst.

80 amerikanische Flugzeuge von den Trägern Lexington und Yorktown und 90 japanische Flugzeuge von den Trägern Shokaku und Zuikaku starten fast gleichzeitig nach Sichtung des Gegners durch ihre jeweiligen Luftaufklärer. Die Shokaku erhält drei Bombentreffer. Die japanischen Torpedoflugzeuge sind wirkungsvoller: Die Lexington erhält zwei Treffer, wird durch Benzinexplosionen außer Gefecht gesetzt und sinkt. Die Yorktown erhält einen schweren Treffer.

Admiral Yamamoto, Befehlshaber der vereinigten japanischen Flotte, geht mit fast der gesamten japanischen Seestreitmacht in See, um den amerikanischen Flottenstützpunkt auf der Insel Midway anzugreifen und zu besetzen. Midway, die westlichste Insel der Hawaii-Gruppe, ist seit 1859 in amerikanischem Besitz. Yamamotos Strategie ist es, neben dem Angriff auf Midway einen Ablenkungsangriff gegen die Inseln Attu, Kiska und Adak zu führen mit gleichzeitigem Trägerangriff auf den amerikanischen Stützpunkt Dutch Harbor der Aleuten-Inselgruppe. Er hofft, die US-Flotte zum Eingreifen zu veranlassen und diese mit der Hauptmacht seiner Träger- und Kampfgruppe zu vernichten.

Am 3. Juni 1942 starten in der Morgendämmerung von den 170 sm südwestlich von Dutch Harbor stehenden zwei japanischen Trägern Bomber und Jäger zum Angriff auf den amerikanischen Stützpunkt, erzielen aber nur Teilerfolge. Um 9.00 Uhr sichten amerikanische Flugboote auf Westsüdwest Teile der Midway-Angriffsgruppe.

Yamamoto schickt als Verstärkung der Aleuten-Angriffsgruppe vier Schlachtschiffe und zwei Kreuzer seiner Hauptflotte. Am 4. Juni greifen erneut japanische Flugzeuge Dutch Harbor an. Die Amerikaner ihrerseits entdecken die japanischen Träger und greifen sie mit Flugzeugen erfolglos an.

Möglicherweise hätte der pazifische Krieg zwischen Japan und den USA anders geendet, zumindest wäre er anders verlaufen, hätten die Japaner bei ihrem Angriff auf Pearl Harbor am 7. Dezember 1941 auch die amerikanischen Flugzeugträger Lexington und Enterprise vorgefunden. Rasch erkannten die Amerikaner in dieser Situation den ungeheuren Wert von Flugzeugträgern und rüsteten diesen Schiffstyp fieberhaft auf. Gegen Ende des Krieges beherrschten die Amerikaner mit ihren Trägerflugzeugen den Luftraum im Pazifik nahezu total. Daran konnten auch die selbstmörderischen Kamikaze-Flieger der Japaner nichts mehr ändern, die sich Jinrai Butai (Göttlicher Blitz) nannten und von denen sich insgesamt 2519 Piloten mit ihren Maschinen opferten. Unser Bild zeigt die 33. US-Flotte mit zwei Flugzeugträgern an der Spitze im Februar 1945.

Um 5.45 Uhr am 4. Juni 1942 sichten amerikanische Aufklärer von Midway zwei Flugzeugträger von Nagumos Trägergruppe sowie feindliche Flugzeuge im Anflug auf Midway.

Die frühzeitig alarmierten Amerikaner lassen die Jäger zum Angriff auf den feindlichen Kampfverband starten, die Bomber auf den Trägerverband. Die amerikanischen Jäger werden von dem technisch überlegenen japanischen Jagdschutz stark bedrängt und verlieren 17 Flugzeuge, neun kehren schwer beschädigt nach Midway zurück. Der japanische Kampfverband erreicht etwa um 6.30 Uhr die Insel und kann erhebliche Trefferwirkungen an militärischen Einrichtungen verbuchen, jedoch bleibt die Landebahn des Flugplatzes verschont. Die Japaner verlieren durch die Jäger und die starke Flugabwehr auf Midway fast 20 Bomber.

Für die Amerikaner beginnt der Angriff auf die japanischen Träger unheilvoll: 35 Flugzeuge der Hornet finden ihr Ziel nicht und versuchen aus Spritmangel Midway zu erreichen, wobei die meisten Jäger wassern müssen. Die 15 Torpedoflugzeuge der Hornet, die um 9.30 Uhr den japanischen Trägerverband sichten, greifen ihn

an, werden aber sämtlich abgeschossen. Auch 14 Torpedoflugzeuge der ENTERPRISE treffen ohne Jägersicherung am Kampfplatz ein und können trotz selbstlosen Einsatzes keinen Torpedo ins Ziel bringen, und nur vier Flugzeuge entkommen der japanischen Abwehr. Auch die eine halbe Stunde später angreifenden zwölf Torpedoflugzeuge, von sechs Jägern begleitet, bleiben gegen die Träger erfolglos, fünf von ihnen werden abgeschossen sowie drei Jäger.
Auf den Decks der japanischen Träger werden in aller Eile Flugzeuge betankt und munitioniert, sie stehen ab 10.24 Uhr mit Bomben, Torpedos usw. ausgerüstet zum Gegenangriff bereit.
Um 10.30 Uhr sichten 37 Sturzkampfbomber der ENTERPRISE den feindlichen Verband aus fast 6000 m Höhe.
Der aus zwei Staffeln bestehende Verband teilt sich auf die ihm am nächsten stehenden japanischen Träger KAGA und AGAKI auf und greift sie im Sturzflug mit 450- und 250-kg-Bomben an. Kurz hintereinander wird der Träger AGAKI von drei 450-kg-Bomben getroffen und bildet in wenigen Minuten eine lodernde Fackel.
Zur gleichen Zeit greift die zweite Staffel den Träger KAGA an und erzielt vier Bombentreffer, auch hier verheerende Brände vom Bug bis zum Heck. Um 19.25 Uhr ereignen sich dann zwei heftige Explosionen, worauf der Träger sinkt. 800 Mann verlieren ihr Leben.
Die SORYU wird währenddessen von Sturzkampfbombern der YORKTOWN angegriffen. Als der Träger zum Start seiner Jäger in den Wind drehen will, erhält er innerhalb weniger Minuten drei 450-kg-Bombentreffer und wird in ein Flammenmeer gehüllt. Nach einer Stunde lassen die Brände nach, so daß die Japaner versuchen, das Schiff in Schlepp zu nehmen. Heftige Brände sind erneut die Folge, als das unweit stehende amerikanische U-Boot NAUTILUS drei Torpedotreffer erzielen kann. Um 19 Uhr ereignet sich dann eine heftige Benzinexplosion, die das Schiff auseinanderreißt. Es versinkt, 700 Mann Besatzung kommen dabei um.
Die Amerikaner haben in nur 15 Minuten die Kampfkraft der japanischen Träger auf ein Viertel reduziert. Der weit voraus fahrende Träger HIRYU wird von den Amerikanern wegen schlechter Sichtverhältnisse nicht erfaßt.
Um 11 Uhr gelingt es den Japanern, den Standort des amerikanischen Flugzeugträgers YORKTOWN auszumachen, und es starten 18 Sturzkampfbomber und 6 Jäger als erste Angriffswelle gegen das Ziel.
Das amerikanische Radar macht anfliegende feindliche Flugzeuge aus. Einige Jäger können noch starten und fangen den Gegner ab, doch acht Sturzkampfbomber kommen durch und treffen die YORKTOWN mit drei Bomben, die das Radargerät zerstören, unter Deck Brände entfachen und vier der sechs Kessel außer Betrieb setzen. Um 14.40 Uhr erreicht die zweite Welle die YORKTOWN und greift dicht über Wasser an, zwei Torpedos werden ausmanövriert, zwei treffen den Träger an der Backbordseite und verklemmen das Ruder; schnell erhält das Schiff Schlagseite und wird um 15 Uhr von seiner Besatzung verlassen.
Am 5. Juni 1942 morgens 3 Uhr entschließt sich Yamamoto nach Kenntnis der großen Niederlage seiner Trägergruppe, den Rückzug anzutreten.
Eine Stunde später sichtet ein amerikanisches U-Boot vier Schwere Kreuzer der Midway-Unterstützungsgruppe und wird dabei selbst entdeckt. Die in Kiellinie marschierenden Kreuzer drehen hart ab, dabei kollidieren die MOGAMI und die MIKUMA. Die MOGAMI wird am Bug schwer beschädigt und kann nur noch 16 kn laufen, zwei Zerstörer bleiben als Sicherung bei ihr.
Am 6. Juni entdeckt die amerikanische Morgenaufklärung die beiden Kreuzer-Havaristen. 81 Sturzkampfbomber, 5 Torpedoflugzeuge und 28 Jäger starten in drei Wellen zum Angriff auf die Kreuzer. Die MIKUMA wird schwer getroffen und bleibt gestoppt liegen, ihre Besatzung wird von den beiden Zerstörern aufgenommen, der Kreuzer sinkt in der folgenden Nacht.
Auch die MOGAMI und die Zerstörer erhalten schwere Treffer, können aber heimatliche Gewässer erreichen.
Die Japaner erleiden in der Seeschlacht bei Midway ihre erste große Niederlage. Sie verlieren innerhalb weniger Stunden gegen die ihnen zahlenmäßig weit unterlegene amerikanische Flotte vier Flugzeugträger,

einen Schweren Kreuzer, ein Schwerer Kreuzer und zwei Zerstörer werden beschädigt, 322 Flugzeuge werden abgeschossen, und über 3500 Mann finden den Tod.
Die Amerikaner verlieren einen Flugzeugträger, einen Zerstörer, zwei Flugzeugträger werden beschädigt, 150 Flugzeuge werden abgeschossen, und 307 Mann verlieren ihr Leben. Das Blatt wendet sich. Nun werden die Amerikaner offensiv und landen am 7. August 1942 Truppen auf Guadalcanal und Tulagi. Schwere Kriegsschiffe und Flugzeugträger geben Artillerie- und Luftunterstützung. Ein japanischer Schiffsverband überrascht in der Nacht vom 7. auf 8. August einen amerikanischen Deckungsverband der Landeoperation und versenkt daraus vier Kreuzer und beschädigt einen schwer. Auf der eigenen Seite wird ein Kreuzer schwer getroffen und beim Rückzug des Verbandes ein weiterer von einem U-Boot versenkt.
Am 24. und 25. August bekämpfen sich amerikanische und japanische Trägerverbände in der Seeschlacht bei den Salomonen, wobei die Japaner einen Träger und einen Zerstörer verlieren, bei den Amerikanern wird ein Träger beschädigt. Während die Amerikaner 20 Flugzeuge verlieren, ist der Verlust von 90 Trägerflugzeugen für die Japaner ein empfindlicher Schlag.
Um Guadalcanal werden auf beiden Seiten große Anstrengungen unternommen. Die Amerikaner erwarten in der Nacht vom 12. zum 13. November 1942 mit fünf Kreuzern und acht Zerstörern die mit zwei Schlachtschiffen, einem Kreuzer und elf Zerstörern andampfenden Japaner. Zwischen dem 13. und 15. November kommt es wiederholt zu Nachtgefechten im Raum zwischen Guadalcanal und der Insel Savo, während der die Japaner mit schweren Schiffseinheiten den Luftstützpunkt Henderson Field auf Guadalcanal angreifen. Schwere Verluste erhalten beide Kampfverbände bei Gefechten auf kurze Entfernung, die Japaner verlieren zwei Zerstörer und ein Schlachtschiff, die Amerikaner zwei Kreuzer. Beim abermaligen Beschuß des amerikanischen Stützpunktes am 14. November versenken amerikanische Trägerflugzeuge einen japanischen Kreuzer, im weiteren Verlauf werden noch ein japanisches Schlachtschiff und ein Zerstörer vernichtet. Die Amerikaner wehren den Angriff ab, nur ein Schlachtschiff ist beschädigt.
Auch Anfang 1943 geht der Krieg im Pazifik unbarmherzig weiter. Zwischen dem 2. und 5. März 1943 wird ein japanischer Truppentransport (acht Transporter) nach Neu-Guinea durch Heeresbomber in der Bismarck-See angegriffen und versenkt. Eine ganze japanische Division geht dabei verloren.
Admiral Yamamoto wird am 18. April bei einem Inspektionsflug westlich der Salomonen von US-Jägern abgeschossen, Admiral Koga wird sein Nachfolger.
Am 11. Mai wird die Insel Attu von den Amerikanern zurückerobert, Ende Juni landen sie auf Rendova, und die Insel Kiska wird am 15. August zurückerobert.
Am 5. und 11. November fliegen amerikanische Trägerflugzeuge Angriffe auf die im Hafen von Rabaul liegenden japanischen Kriegsschiffe, wobei sie sechs japanische Kreuzer beschädigen und einen Zerstörer versenken. Zehn amerikanische Flugzeuge werden abgeschossen. Im Gegenangriff der Japaner auf die amerikanischen Kriegsschiffe erzielen sie nur geringe Erfolge. Für die Japaner wird der Stützpunkt Rabaul zur Gefahrenzone.
Ab 1943 und in den folgenden Kriegsjahren werden von den Amerikanern neue Schiffe in Dienst gestellt, große Flugzeugträger, die bis zu 90 Flugzeuge aufnehmen, Leichte Träger für 40 bis 50 Flugzeuge sowie Schlachtschiffe, Kreuzer, Zerstörer und Landungsschiffe verstärken die Schlagkraft der US-Marine erheblich. Bei den Japanern kommen nur wenige neue Schiffe an die Front, die Gründe dafür sind vor allem Rohstoffmangel und fehlende Arbeitskräfte in der Werftindustrie und anderen Rüstungsbereichen. Zusätzlich fehlen gut ausgebildete Piloten für die auf den Trägern eingesetzten Flugzeuge, denn seit Pearl Harbor und speziell im Jahr 1943 hat die japanische Flotte sehr hohe Verluste hinnehmen müssen.
Die Amerikaner landen am 15. Juni 1944 auf Saipan. Zum Entsatz der auf Saipan schwer bedrängten Inselbesatzung operiert ein japanischer Verband etwa 600 sm westlich der Insel, er zählt 5 Flugzeugträger, 4 Leichte Träger (430 Flugzeuge), 5 Schlachtschiffe, 11 Schwere Kreuzer, 2 Leichte Kreuzer und 28 Zerstörer.
Am 18. Juni wird die amerikanische Trägerflotte von den Japanern entdeckt. Der erste japanische Angriff auf die US-Flotte erfolgt am 19. Juni in den frühen Morgenstunden von auf Guam stationierten Flugzeugen, die aber von amerikanischen Jagdflugzeugen abgefangen werden. In den Mittagsstunden greifen dann japanische Trägerflugzeuge in vier Wellen die amerikanische Flotte an, können aber wegen starker Jägerabwehr nur geringen Erfolg erzielen. Nach dem Start der japanischen Flugzeuge von ihren schwimmenden Basen erzielt ein amerikanisches U-Boot einen Torpedotreffer auf der TAIHO. Nach mehreren Stunden sinkt der Träger durch die infolge des Treffers ausströmenden Benzindämpfe, die eine riesige Explosion auslösen. Am Mittag greift ein anderes amerikanisches U-Boot den Träger SHOKAKU an und erzielt drei Torpedotreffer, auch dieser Träger sinkt drei Stunden später. Am Nachmittag des darauffolgenden Tages starten amerikanische Flugzeuge in den frühen Abendstunden und versenken den Flugzeugträger HIYO und zwei Tanker; zwei Flugzeugträger, ein Schlachtschiff und ein Kreuzer werden beschädigt. Den Japanern bleibt darauf nur der Rückzug. Um jegliches Risiko zu vermeiden, geben die Amerikaner die Verfolgung auf.
In der Seeschlacht in der Philippinen-See verlieren die Japaner 3 Flugzeugträger sowie 400 Trägerflugzeuge und 50 auf Guam stationierte Maschinen, die Amerikaner dagegen insgesamt 130 Flugzeuge. Die Japaner rechnen mit einer Landung der Amerikaner auf den Philippinen, ihrer wichtigsten Rohstoffquelle für das für die Kriegsmaschinerie unentbehrliche Erdöl. Für eine mögliche Invasion auf die Inselgruppen erarbeiten die Marinestäbe im Sommer 1944 mehrere Gegenpläne nach der in der japanischen Marine vorherrschenden Strategie: die gegnerischen Kräfte teilen, Ablenkungsangriffe durchführen und durch Überraschungsangriffe den Gegner vernichten – wie bei Midway versucht.

Oben: Die Schlacht vor Midway vom 4. bis 6. Juni 1942 wird zum Wendepunkt im pazifischen Krieg zwischen Japan und den USA. Der Mythos der Unbesiegbarkeit der japanischen Flotte wird in nur 15 Minuten von den Amerikanern zerstört. In dieser Zeit vernichten ihre Flugzeuge drei der großen japanischen Träger, ein Verlust, von dem sich die Japaner nie mehr erholen. Ihre eigenen Erfolge in dieser Schlacht sind bescheiden, auch wenn es ihnen gelingt, den amerikanischen Träger YORKTOWN durch Bomben und Torpedos zum Kentern zu bringen.

Unten: Am 5. Juni 1942 entdecken vier Schwere Kreuzer der Japaner ein feindliches U-Boot. Sie drehen so hart ab, daß die MOGAMI und die MIKUMA kollidieren und die MOGAMI dabei so schwer beschädigt wird, daß sie nur noch 16 kn laufen kann. Am 6. Juni machen amerikanische Aufklärungsflugzeuge die Havaristen aus, und über 100 Kampfmaschinen setzen den beiden Kreuzern schwer zu, die MOGAMI (Bild) kann aber heimatliche Gewässer erreichen, während die MIKUMA sinkt.

Amerikanische Pläne sahen den Dezember für eine Invasion vor, unerwartet schwache japanische Gegenwehr bei Luftangriffen auf die mittleren Philippinen veranlassen die Amerikaner jedoch zur Vorverlegung auf Oktober 1944.
Am 20. Oktober nähert sich eine aus 300 Schiffen bestehende Landungsflotte der Philippinen-Insel Leyte und setzt mit Feuerunterstützung durch Schlachtschiffe, Kreuzer und Zerstörer bei Tacloban Truppen an Land. Bereits am 17. Oktober erhalten die Japaner Meldung von der Annäherung feindlicher Streitkräfte an den Leyte-Golf.
Darauf verlassen einen Tag später nach vorgefaßtem Plan japanische Flottenverbände ihre Stützpunkte und Seepositionen und nehmen Kurs auf die Philippinen. Die japanische Trägergruppe (4 Flugzeugträger, 116 Flugzeuge, 2 Schlachtschiffe, 3 Leichte Kreuzer, 9 Zerstörer) unter Vizeadmiral Ozawa soll östlich der Insel Luzon die US-Hauptflotte (3. Flotte) nach Norden locken, um der von Westen durch die San-Bernardino-Straße anmarschierenden Schlachtflotte (5 Schlachtschiffe, 10 Schwere Kreuzer, 2 Leichte Kreuzer, 15 Zerstörer) unter Vizeadmiral Kurita den Weg zum Angriff auf die östlich Leyte stehende 7. US-Flotte frei zu machen. Gleichfalls zum Angriff laufen die zwei Kampfgruppen unter den Vizeadmiralen Nishimura und Shima (2 Schlachtschiffe, 3 Schwere Kreuzer, 1 Leichter Kreuzer, 11 Zerstörer), jedoch via Surigao-Straße. Die östlich der philippinischen Inseln operierenden US-Verbände, gebildet aus der 3. Flotte unter Admiral Halsey in vier gleich großen Kampfgruppen (8 Flottenträger, 8 Leichte Träger mit 1000 Flugzeugen, 6 Schlachtschiffe, 6 Schwere Kreuzer, 9 Leichte Kreuzer, 60 Zerstörer) und der 7. Flotte unter Vizeadmiral Kinkaid mit der Support Force (6 Schlachtschiffe, 4 Schwere Kreuzer, 5 Leichte Kreuzer, 30 Zerstörer) unter Konteradmiral Oldendorf und der Trägergruppe der 7. Flotte (18 Geleitträger mit 400 Flugzeugen, 21 Zerstörer) unter Konteradmiral Sprague decken die Landeoperationen.
Am 23. Oktober 1944 ist Kuritas Verband entdeckt, zwei amerikanische U-Boote greifen nördlich von Palawan Kuritas Schlachtflotte an und versenken zwei Schwere Kreuzer und beschädigen einen weiteren, dabei geht ein U-Boot verloren.
Am Morgen des 24. Oktober greifen japanische Flugzeuge von Luzon aus die östlich dieser Insel stehenden amerikanischen Teilstreitkräfte an und erzielen Treffer auf einem leichten Träger, der infolge einer späteren Explosion sinkt.
Die in der Sibuyan-See mit Kurs auf die San-Bernardino-Straße marschierende japanische Schlachtflotte wird den ganzen Tag über in vier Wellen von amerikanischen Trägerflugzeugen hart attackiert. Das Superschlachtschiff MUSASHI (62 3159/ 69 910 ts) wird von 11 Torpedos und 19 Bomben getroffen und sinkt, das Schwesterschiff YAMATO wird beschädigt. Halsey glaubt den japanischen Verband vernichtet und läuft dem von Norden her anlaufenden japanischen Trägerverband entgegen. Doch Kurita, der nur kurzzeitig während der Angriffe Gegenkurs steuert, geht wieder auf Generalkurs zurück und erreicht in der Nacht zum 25. Oktober unbehelligt die San-Bernardino-Straße.
Die schweren Streitkräfte der 7. Flotte stehen am Ausgang der Surigao-Straße und erwarten die zwei japanischen Kampfgruppen. Am 25. Oktober greifen die Amerikaner in den frühen Morgenstunden die Verbände mit Torpedos und massiertem Artilleriefeuer an und versenken zwei Schlachtschiffe und drei Zerstörer.
Gleichfalls am Morgen des 25. Oktober stößt Kuritas Verband auf eine Geleitträgergruppe der 7. Flotte und greift die völlig überraschten Amerikaner mit Artilleriefeuer an. Gegenangriffe mit Flugzeugen des bedrängten Verbandes und von zwei weiteren Trägergruppen erzielen Treffer auf japanischen Schiffen, drei Schwere Kreuzer werden so sehr beschädigt, daß sie zurückgelassen und von den Japanern selbst versenkt werden müssen. Kurita tritt mit seinem Verband den Rückzug an.
Während des Schlachtverlaufes greifen erstmals Kamikaze-Flugzeuge die amerikanischen Träger an und beschädigen zwei.
Halseys Trägerflotte hat inzwischen den von Norden her andampfenden japanischen Trägerverband entdeckt und läßt ihn mit seinen Flugzeugen in sechs Angriffswellen mit 527 Flugzeugen angreifen. Diesem massierten Angriff fallen alle vier Flugzeugträger der japanischen Trägergruppe zum Opfer, darauf muß auch Ozawa den Rückzug antreten.
Mit der bislang letzten klassischen Schlacht in der Seekriegsgeschichte ist die japanische Flotte ausgeschaltet.
Noch im Dezember 1944 landen die Amerikaner Truppen auf Mindoro, im Januar 1945 auf Luzon und Manila, weitere Landungen folgen auf Iwo Jima und Okinawa.
Die Atombomben auf Hiroshima und Nagasaki am 6. und 9. August 1945 machen Japan kapitulationsbereit. Am 16. August befiehlt der Tenno die Feuereinstellung, und am 2. September wird die Kapitulation auf dem Schlachtschiff MISSOURI in der Tokiobucht unterzeichnet.

Oben: Die Yamato *war neben ihrem Schwesterschiff* Musashi *das größte Schlachtschiff, das je gebaut wurde. Es verdrängte voll ausgerüstet 69 910 ts, war 263,00 m lang, 39,00 m breit, lief 27 kn und trug 2500 Mann Besatzung. Geradezu furchterregend war die Bewaffnung: 9 46,0-cm-, 6 15,5-cm-, und 24 12,7-cm-Kanonen. Hinzu kamen nicht weniger als 150 2,5-cm-Flugabwehrkanonen, die aber auch nicht verhindern konnten, daß die* Yamato *am 7. April 1945 in fünf Wellen von je 100 amerikanischen Flugzeugen angegriffen und versenkt wurde.*

Unten: Die Amerikaner beginnen Mitte Oktober 1944 mit der Invasion der Philippinen. Am 16. Oktober bewegt sich eine riesige Armada von 700 Schiffen auf die Insel Leyte zu, darunter auch jenes mit General McArthur an Bord, der sich später erinnert: »Überall befanden sich Schiffe, vorne, hinten, links und rechts, soweit das Auge reichte.«

Friedliche Schiffahrt im 20. Jahrhundert

Die Passagierschiffahrt

In der internationalen Passagierschiffahrt ist seit der Jahrhundertwende zu unterscheiden zwischen den reinen Passagierschiffen mit sehr wenig, praktisch gar keiner Fremdfracht, die als Schnelldampfer vornehmlich im Nordatlantikdienst eingesetzt werden, und jenen Passagierschiffen, die neben Fahrgästen auch eine Ladung fahren und auf allen Standardrouten zu den einzelnen Kontinenten zu finden sind. Nachfolgend wird im Detail nur auf die reinen Passagierschiffe eingegangen.
Am Anfang des Jahrhunderts dominieren die Deutschen auf der Nordatlantikroute. Neben den Rekordjagden um das Blaue Band ist aber zunehmend Komfort und Bequemlichkeit gefragt. Hochkarätiger Luxus und dezente Eleganz in nie für realisierbar gehaltenen Größenordnungen sind die neuen Ziele.
1911 blättert die White-Star-Line die angestrebte neue, prunkbetonte Seite in der relativ langen Geschichte der nordatlantischen Passagierschiffahrt auf. Während ein *»Blue Ribbon Liner«* immer nur ein Einzelstar am atlantischen Rekordhimmel ist, ist bei den in der Planung befindlichen Luxus-Linern der White-Star buchungsmäßig eine breitere Basis für alle jene gegeben, die »betont standesbewußt« und »außergewöhnlich elitär« über den Atlantik reisen wollen oder vom beruflichen Renommee her so reisen müssen. Klug und geschäftstüchtig ist die Kalkulation der White-Star durchdacht: Eine Reise mit einem Blauen-Band-Schiff läßt sich nur noch als sportliches Optimum werten, eine Reise mit einem der neuen Luxus-Liner dagegen ist echte Repräsentation. 1911 tritt dann die unter diesem Aspekt erbaute 45 324 BRT große OLYMPIC als das größte Schiff der Welt ihre Jungfernreise auf der klassischen Renommierstrecke an. 1912 folgt ihr die mit 46 329 BRT etwas größere, aber so unglückselige Schwester TITANIC. Sicherheit ist bei diesem neuen Schiff oberstes Gebot der Schiffbauer gewesen. 15 Schotte teilen das Schiff in 16 wasserdichte Abteilungen, die von der Brücke aus hydraulisch verschließbar sind. Und mannshoch sind die Doppelböden.
1914 folgt als dritte im Bunde die BRITANNIC, allerdings nun nicht mehr superlativ, denn sie ist mit 48 158 BRT zwar größer als die gesunkene TITANIC, aber doch erheblich kleiner als die inzwischen angetretenen Deutschen.
Diese Deutschen erschrecken mit den für die HAPAG nach den persönlichen Weisungen des Reedereichefs Albert Ballin konzipierten Dreischornsteinern der IMPERATOR-Klasse. Der erste dieser pompösen Giganten, der Namengeber IMPERATOR, wird am 23. Mai 1913 in Dienst gestellt.

Mit 51 969 BRT ist er, von den gereizten Briten abwertend als »teutonisches Monstrum« bezeichnet, mit Abstand das größte Schiff der Welt.
Am 29. April 1914 folgt die Schwester VATERLAND mit sogar 54 282 BRT und am 20. Juni 1914 die Schwester BISMARCK, die nach ihrer kriegsbedingten Fertigstellung erst im Jahre 1922, mit 56 551 BRT vermessen, als die britische MAJESTIC in Dienst gestellt wird.
Alle diese Schiffe sind Wunderwerke ihrer Zeit. Theatralisch prunkhaft dokumentieren sie auf bunten Plakaten die Faszination, die von ihnen ausgeht – oder, dem Wunsch der Reeder entsprechend, von ihnen ausgehen soll. Und an Überflüssigem und Überschuß gibt es an Bord, z. B. der IMPERATOR, mehr als genug: Die großen Gesellschaftsräume glänzen im französischen Stil des 18. Jahrhunderts. Der Rauchsalon ist einem altenglischen Tudorhaus nachempfunden. Die protzige Schwimmhalle schmücken Marmor und pompejanische Säulen, und den Bug ziert ein pompöser Kaiseradler in Bronze, den die See, welch ein düsteres Omen, auf der Jungfernreise während einer Sturmphase herunterschlägt.
Der Erste Weltkrieg unterbricht das friedliche, aber ebenso heftige wie kostenintensive Wettrüsten auf der Nordatlantikroute und im Passagierverkehr. Ein Teil der großen, schnellen Passagierschiffe findet hüben und drüben – wie in einigen Fällen bereits zu Friedenszeiten geplant – als Hilfskriegsschiff, das heißt als Hilfskreuzer oder als Lazarettschiff Verwendung.
Andere werden als Truppentransporter eingesetzt, was ausschließlich den Schiffen der Entente vorbehalten und möglich ist, da der überseeische Passagierverkehr der Mittelmächte Deutschland und Österreich-Ungarn eingestellt werden muß und Truppentransporte über See zudem nicht notwendig sind.
Die nichtkriegführenden Schiffahrtnationen halten den Passagierverkehr aufrecht, soweit es die Lage und die in Frage kommenden Seegebiete erlauben, insbesondere, nachdem Deutschland am 1. Februar 1917 den uneingeschränkten U-Boot-Krieg ausgerufen hat.
Schlagzeilen der Empörung und des Abscheus auf der einen Seite und der Genugtuung und stolzen Bestätigung der Wirksamkeit einer neuen Waffe auf der anderen Seite löst vor allem die am 7. Mai 1915 unter Irlands Küste erfolgte warnungslose Versenkung des 31 550 BRT großen Cunard-Liners LUSITANIA durch das deutsche U-Boot U 20 unter Kapitänleutnant Walther Schwieger aus. Der Vierschornsteiner hatte allen Einwänden und Warnungen zum Trotz, die in den USA von den verschiedensten Stellen erhoben wurden, New York am 3. Mai 1915 mit 1959 Menschen an Bord – unter diesen 440 Frauen und 129 Kinder – mit Kurs Liverpool verlassen. Das Schiff hatte aber auch noch – und das ist, obwohl jahrzehntelang hartnäckig bestritten, heute aktenkundig belegt – 4343 Kisten Munition an Bord, die es als militärisches Transportschiff und damit als Ziel für eine gerechtfertigte warnungslose Versenkung klassifizierten. Die LUSITANIA wird am 7. Mai querab von Old Head of Kinsale torpediert und sinkt innerhalb von 20 Minuten über den Vordersteven. 1198 Menschen kommen um. Für die hohe Zahl der Opfer und das relativ schnelle Ende dieses vielfach unterschotteten Riesenschiffes macht man deutscherseits die an Bord befindliche Munition verantwortlich, denn an Bord wurde nach dem Torpedotreffer wenig später eine zweite Explosion beobachtet.
Nach dem Kriege, bei dessen Ende Deutschland von 4,6 Millionen Handelsschifftonnage 1,2 Millionen BRT durch Kriegsverluste verloren hat und 1,5 Millionen durch Beschlagnahme gemäß Versailler Vertrag einbüßt (darunter die gesamte Passagierflotte) und nur noch etwa 500 000 BRT mit 1600 BRT als maximale Größe der Schiffe behalten darf, baut man oder läßt man von den Giganten noch fertigbauen, was vorher begonnen worden war. Ansonsten sieht man inzwischen allerorts ein, daß künftig jede weitere Zeitersparnis in der Atlantikfahrt, bei der die geforderten technischen Gegebenheiten nur mit erheb-

Nach der Jahrhundertwende erlebt die transatlantische Passagierschiffahrt einen ungeheuren Aufschwung. Aber nicht nur immer mehr Menschen reisen in die Neue Welt, nach Südamerika oder gar Fernost, auch ständig höhere Ansprüche an Komfort und Bequemlichkeit fordert diese Zeit. Die großen Linien übertreffen sich gegenseitig in der luxuriösen Ausstattung ihrer Schiffe. Auf der linken Seite sehen wir den Musiksalon auf der MEDINA (12 350 BRT) der P & O Line, die ihre Jungfernreise am 11. November 1911 als königliche Yacht antrat. Nebenstehend ein Blick in das Erste-Klasse-Restaurant des italienischen Passagierschiffes CARIBIA, die als VULCANIA 1926 in Triest vom Stapel lief (23 970 BRT).

BREMEN

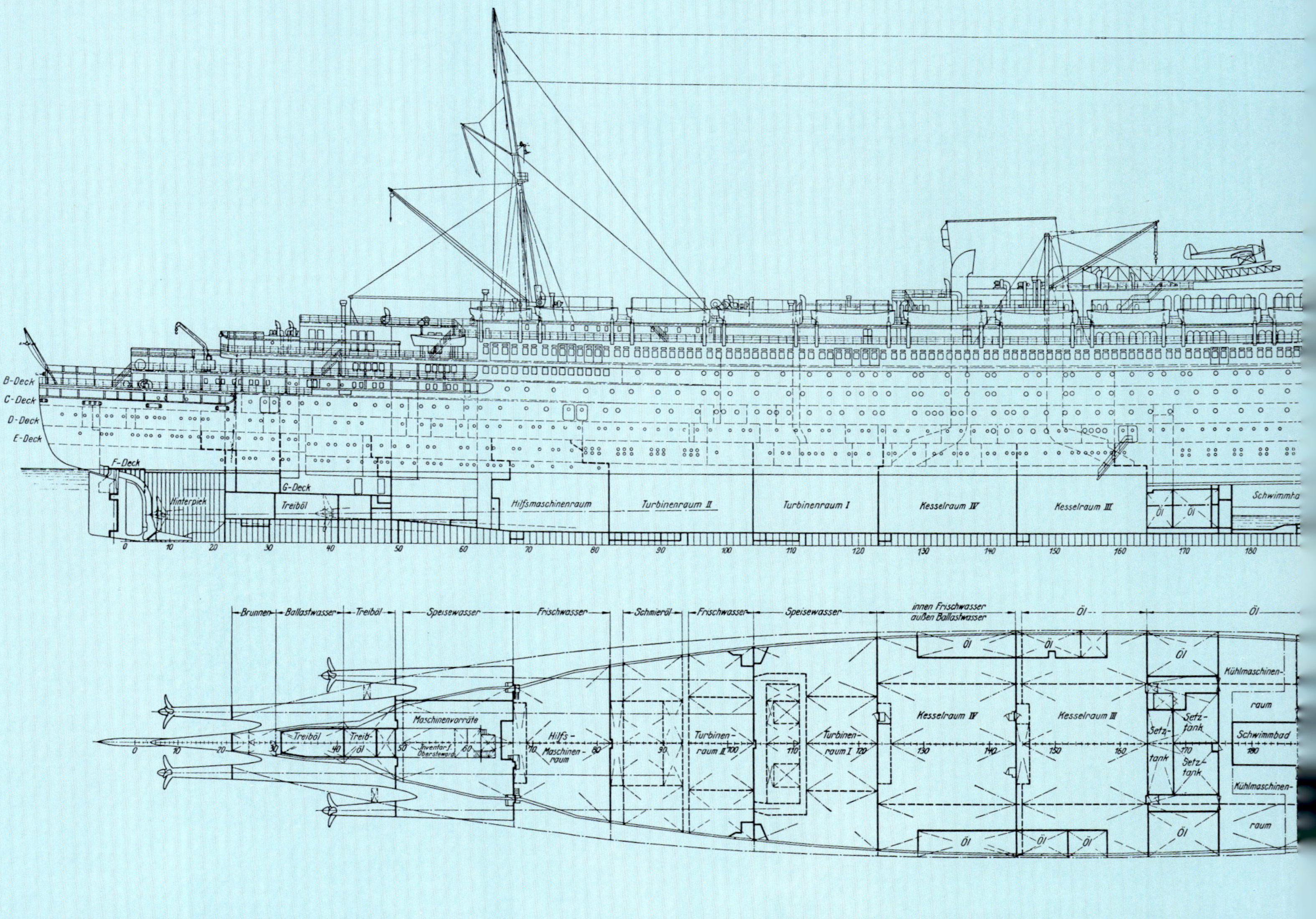
B-Deck
C-Deck
D-Deck
E-Deck
F-Deck
G-Deck
Treiböl
Hilfsmaschinenraum
Turbinenraum II
Turbinenraum I
Kesselraum IV
Kesselraum III
Brunnen
Ballastwasser
Treiböl
Speisewasser
Frischwasser
Schmieröl
Frischwasser
Speisewasser
innen Frischwasser außen Ballastwasser
Öl
Kühlmaschinenraum
Maschinenvorräte
Hilfs-Maschinenraum
Turbinenraum II
Turbinenraum I
Kesselraum IV
Kesselraum III
Setztank
Schwimmbad

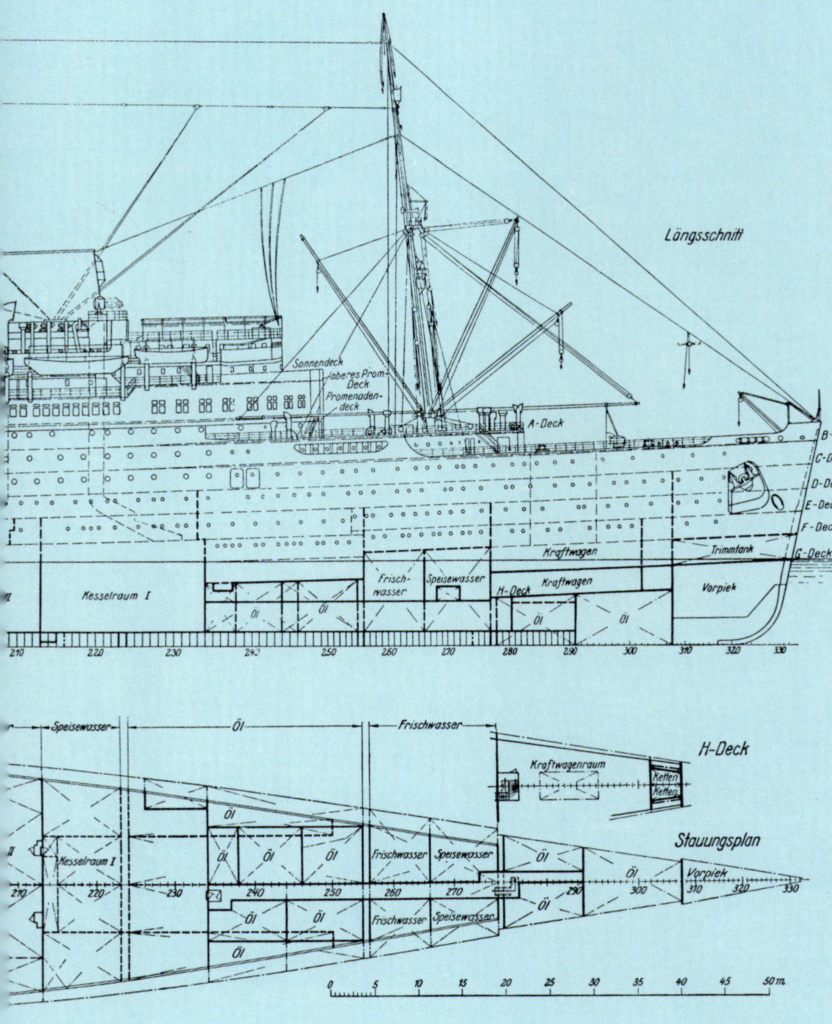

Einer der schönsten je gebauten Passagier-Liner von bestechender Eleganz war zweifellos die Bremen, die am 16. August 1928 bei der Deschimag A.G. »Weser« in Bremen für den NDL vom Stapel lief. Sie war 51 656 BRT groß, 286,10 m lang, 31,10 m breit, 28,5 kn schnell und bot 811 Passagieren der 1. Klasse, 500 der 2. Klasse, 617 der 3. Klasse und 300 in der Touristenklasse Platz. Hinzu kamen noch knapp 1000 Besatzungsmitglieder. Auf Anhieb schafft die Bremen auf der Jungfernreise am 16. Juli 1929 von Bremerhaven abgehend das Blaue Band. Nach einigen Abenteuern während der Kriegsjahre kommt am 16. März 1941 das jähe Ende des stolzen Schiffes: Ein Schiffsjunge, der sich für eine Ohrfeige rächen will, legt Feuer in der Bremen, die total ausbrennt und verschrottet werden muß.

lichen Mitteln erkauft und erzwungen werden können, unökonomisch ist. Außerdem dämpfen die US-amerikanischen Einwanderungsbeschränkungen alle diesbezügliche Dynamik und Initiativen.
Neue Impulse erhält die Nordatlantikfahrt erst ab 1926/1927 mit dem französischen Dreischornsteiner ILE DE FRANCE (43 153 BRT) und den italienischen Linern ROMA (32 583 BRT) und AUGUSTUS (32 650 BRT) sowie mit zwei Passagierschiffneubauten des in der Nordatlantikfahrt bestens vertrauten NDL in Bremen, mit dem 1928 bei der Deschimag A.G. »Weser«, Bremen, vom Stapel gelaufenen und 1929 in Dienst gestellten Zweischornsteiner BREMEN mit seinen 51 656 BRT und der 1928 bei Blohm & Voss vom Stapel gelaufenen und wegen eines Großfeuers erst 1930 in Dienst gestellten EUROPA.
Die neue BREMEN ist, und darin ist sich die internationale Schiffahrtswelt neidlos einig, mit 28,5 kn nicht nur ein schnelles Schiff, ein Expreß-Liner kühnster Träume, sie ist, was ihre Formen und Linien angeht, auch ein ästhetisch schönes Schiff von bezwingender Eleganz. Dieses Schiff ist in seiner gesamten Inneneinrichtung modern und vornehm im Sinne von unaufdringlichem Luxus.
1929, auf ihrer Jungfernfahrt, holt sich die BREMEN das Blaue Band. Die Weltpresse widmet dem Schiff als neuem Rekordinhaber ganze Seiten. 1930 muß die BREMEN den Thron des schnellsten Liners in der Transatlantikfahrt räumen und an das jetzt endlich in Dienst gestellte Schwesterschiff EUROPA abtreten. Die EUROPA mit ihren elf Decks ist mit 49 746 BRT etwas kleiner als die BREMEN.
Über die anderen großen Liner dieser Zeit wurde schon im Zusammenhang mit dem Blauen Band berichtet. Leider zerstört der Zweite Weltkrieg nun erneut den Frieden und die Freiheit auf den Meeren, und wieder werden viele Passagierschiffe zum Kriegsdienst verwendet als Hilfskreuzer, Truppentransporter, Hilfsflugzeugträger, Lazarettschiffe oder als Wohn- und Kasernenschiffe.
Die BREMEN, Deutschlands Stolz, wird 1940 wie die EUROPA und andere Liner für die Invasion in England vorbereitet. Am 16. März 1941 legt der Schiffsjunge Schmidt im ehemaligen Separatspeiseraum für Könige, Fürsten und andere Größen Feuer, aus Rache für eine angeblich von einem Matrosen erhaltene Ohrfeige. Die BREMEN brennt restlos aus. Der Schiffsjunge, obwohl erst knapp 17 Jahre alt, wird hingerichtet.
1945 erfahren die noch vorhandenen Passagierschiffe ihre größte Bewährung: Was noch fahrbereit ist, wird zum Abtransport der deutschen Kurlandarmee und der flüchtenden Bewohner aus dem von den Sowjets abgeriegelten Ostpreußen, zum Teil auch aus pommerschen Enklaven, zusammen mit Frachtern, Fischdampfern,

Rechte Seite: Das größte je gebaute Passagierschiff war die QUEEN ELIZABETH, die am 27. September 1938 in Clydebank vom Stapel läuft und mit 83 673 BRT vermessen wird. Der Gigant ist 313,50 m lang, 36,10 m breit und läuft 28,5 kn. 2283 Passagiere und 1296 Besatzungsmitglieder kann das Schiff aufnehmen. Als Passagierschiff jedoch kommt die QUEEN ELIZABETH zunächst nicht zum Einsatz, denn die Kriegsereignisse lassen sie zum Truppentransporter werden. Erst am 16. Oktober 1946 läuft sie zur friedlichen Jungfernreise von Southampton nach New York aus. Ende der sechziger Jahre muß auch die QUEEN ELIZABETH den veränderten Verkehrsverhältnissen Tribut zollen und wird als schwimmendes Kongreßzentrum verwendet, 1970 aber schon an den chinesischen Reeder C. Y. Tung verkauft, der sie nun in SEAWISE UNIVERSITY umtauft und zur schwimmenden Universität und für Kreuzfahrten in Hongkong umrüsten läßt (Bild oben). Dabei gerät das Schiff am 9. Januar 1972 in Brand und wird restlos zerstört (Bild unten).

Diese Seite unten: Der Name QUEEN ELIZABETH ist für die Engländer verpflichtend, und sie bauen 1967 den hochmodernen, in bauhausähnlichem Design konzipierten Luxusliner QUEEN ELIZABETH 2 (65 863 BRT), der nach einigen Schwierigkeiten am 2. Mai 1969 seine Jungfernreise antritt.

Nächste Doppelseite: Das russische Passagierschiff M. URITSKIY im nächtlichen Hafen von Hongkong im Februar 1966. Die M. URITSKIY wurde 1959 in der DDR bei der VEB Mathias Thesen Werft in Wismar gebaut, ist 4871 BRT groß, 122,22 m lang, 15,85 m breit, und seine zwei 6-Zylinder-MAN-Dieselmotoren bringen es auf 18 kn Fahrt.

QUEEN ELIZABETH

ORIENT OVERSEAS LINE

Kuttern und Kriegsschiffen aller Art eingesetzt.
Nach Kriegsende erholt sich der Transatlantikverkehr nur langsam. Auch kommen wieder Schiffe unter deutscher Flagge im Nordatlantik in Fahrt, keine Renner, aber zum Teil solche mit gutem Namen wie BREMEN, BERLIN und HANSEATIC. Bemerkenswert sind bei den Neubauten die Aktivitäten der Italiener, die mit neuen, ungewöhnlich schönen Passagierschiffen im Südamerikadienst und auf der Nordatlantikroute Aufsehen erregen. Die 1960 für den Dienst Genua - New York erbaute, 33 340 BRT große, vornehme LEONARDO DA VINCI ist eine dieser typischen italienischen Schöpfungen. Zu den Großen zählt auch die 1959 erbaute, 38 645 BRT große ROTTERDAM, übrigens das größte je für die niederländische Flagge gebaute Passagierschiff.
1961 stellen die Franzosen einen ausgewogenen, architektonisch schönen und zudem extrem langen Neubau vor. Er heißt, wie könnte es bei seinen 66348 BRT anders sein, FRANCE, ist mit 315,50 m das längste Passagierschiff der Welt und macht 1962, angetrieben durch 160000 PSw für 34,13 kn, seine Jungfernreise nach New York. 1972 ist diese FRANCE, die unter dem Druck des zunehmenden Luftpassagierverkehrs Europa - USA ins Kreuzfahrergeschäft ausweicht, sogar das größte Passagierschiff der Welt. Als es 1974 außer Dienst gestellt wird, weil die französische Regierung zu keinen Subventionen mehr bereit ist, ahnt in Schiffahrtskreisen niemand, am allerwenigsten die Franzosen, daß dieses innen so exquisit eingerichtete Schiff - auf dem oberen Deck haben die Franzosen sogar ein Hundeauslaufdeck mit Pariser Straßenlaternen eingerichtet - 1979 von den Norwegern gekauft und nach einem fast dramatischen Abschied aus Le Havre in Bremerhaven im NDL-Dock zum 70 219 BRT großen Kreuzfahrerschiff NORWAY umgerüstet wird.
Noch immer glauben die Italiener an das rentable Passagegeschäft im Nordatlantikdienst von Genua nach New York: Die 1965 gebauten Liner MICHELANGELO (45 911 BRT) und RAFFAELO (45 933 BRT) sind ebenfalls bewunderswerte Meisterleistungen in der Schiffsarchitektur mit gitterumkleideten Schornsteinen ganz eigenwilliger Konstruktion - mit dem Erfolg: kein Rauch an Deck.
Als 1969 die auf der Werft als »Schiff 04« getarnte, in bauhausähnlichem Design ausgefallene QUEEN ELIZABETH 2 (66 852 BRT) durch die Cunard Line ihre Jungfernreise von Southampton nach New York antritt,

Am 10. Januar 1900 läuft beim Stettiner Vulcan die 16 502 BRT große DEUTSCHLAND für die HAPAG vom Stapel. Bei der Jungfernreise Anfang Juli 1900 holt sich das Schiff das Blaue Band, offenbart aber diverse Schwächen in der Maschinenanlage und weist störende Vibrationen auf. So wird es 1910/11, auf 16 703 BRT vergrößert, in VICTORIA LUISE umbenannt und nur noch als luxuriöser Kreuzfahrer verwendet.

Nächste Doppelseite: Wenn auch die strahlgetriebenen Flugzeuge den regelmäßigen Linienverkehr auf fast allen Schiffahrtsrouten der Welt zum Erliegen brachten, so können die schnellen, modern-nüchternen Jets doch eines nicht: die Romantik und den Luxus einer Seereise ersetzen. Die großen Liner finden daher heute genügend Beschäftigung als Kreuzfahrer in der Karibik und anderen Paradiesen. Unser Bild zeigt die OCEANIC (27 644 BRT) vor der Skyline von New York.

ist die Agonie der Transatlantik-Liner durch nichts mehr aufzuhalten.
Als die UNITED STATES 1969 aus der Nordatlantikfahrt gezogen und aufgelegt wird, endet der Kampf um das Blaue Band wie überhaupt die reguläre transatlantische Linienfahrt Europa - Nordamerika. Was bleibt, sind Gelegenheitsfahrten, denn den fahrplanmäßigen Transatlantikdienst versehen jetzt düsengetriebene Großflugzeuge.
Zum Abschluß eine Übersicht der bis dato zehn größten Passagierschiffe der Welt:

Name des Schiffes	Fertigstellung	Größe
QUEEN ELIZABETH (brit.)	1940	83673 BRT
NORMANDIE (franz.)	1935	79280 BRT
nach Umbauten	1936	83423 BRT
QUEEN MARY (brit.)	1936	81235 BRT
FRANCE (franz.)	1961	66348 BRT
jetzt NORWAY norw.)	1980	70219 BRT
QUEEN ELIZABETH 2 (brit.)	1969	65863 BRT
BISMARCK (dt.)	1914	56551 BRT
später MAJESTIC (brit.) fertig	1922	56551 BRT
VATERLAND (dt.)	1914	54282 BRT
später LEVIATHAN (amer.)		
nach Umbauten	1923	59957 BRT
nach Umbauten	1931	48943 BRT
UNITED STATES (amer.)	1952	53329 BRT
IMPERATOR (dt.)	1913	51969 BRT
später BERENGARIA (brit.)		
nach Umbauten	1922	52226 BRT
BREMEN (dt.)	1929	51656 BRT

Die Kreuzfahrer

Viele der ehemaligen und nun von Arbeitslosigkeit bedrohten Passagierschiffe flüchten ins Kreuzfahrergeschäft. Kreuzfahrten mit Passagierschiffen gab es allerdings schon früher. Albert Ballin, Generaldirektor der HAPAG, der damals größten Reederei der Welt, fand eine solche Nutzung sehr schnell heraus, um gewisse Schwachzeiten im Liniendienst ökonomisch zu nutzen. Einige seiner Liner setzt er zu entsprechend exquisiten Passagekosten im Geiste dieser Zeit für sogenannte Vergnügungsreisen in Norwegens Fjorden, nach Spitzbergen oder in die heute so beliebte kobaltblaue Karibik ein.
Die DEUTSCHLAND, ein 16502 BRT großer Stettiner-Vulcan-Bau, der diverse Schwächen und Tücken im Streß des New-York-Törns offenbart, wird 1910/1911 in Stettin zum 16703 BRT großen Luxus-Liner ausschließlich für Kreuzfahrten umgebaut, in VICTORIA LUISE umbenannt und mit nur 487 First-Class-Passagieren ins Hochseevergnügen entlassen.
Als erste speziell erbaute Kreuzfahrerschiffe dürfen die von der DAF (das war im Dritten Reich die Deutsche Arbeits-Front als Ersatzorganisation für die verbotenen Gewerkschaften) kreierten KdF-Schiffe WILHELM GUSTLOFF und ROBERT LEY gelten. Diese Kraft-durch-Freude-Schiffe sollten den »Werktätigen der Stirn und der Faust« auf Einklasseschiffen mit Billigstpassagen auch Hochsee-Vergnügungsreisen bieten.
Die bei Blohm & Voss erbaute 25484 BRT große WILHELM GUSTLOFF kam 1938 als frachtraumloser Passagierdampfer in Dienst. Die Fahrgastkapazität lag bei 1465 Personen mit 426 Mann Besatzung.
Die 27288 BRT große, bei den Hamburger Howaldtswerken erbaute ROBERT LEY hatte Platz für 1774 Einklasse-Touristen bei nur 435 Mann Besatzung.
Der heute interessanteste und größte Kreuzfahrer ist die 70219 BRT große NORWAY ex FRANCE. Sie verfügt als Zweiklassenschiff über 980 Kammern für maximal 2200 Passagiere bei 800 Besatzungsmitgliedern, und es darf auch neben seiner Zweckbestimmung als Karibik-Kreuz-Liner als die größte schwimmende Gemäldegalerie der Welt bezeichnet werden. 100 Gemälde, 50 Gobelins, 1400 Graphiken und 200 auserlesene Plakate beleben und schmücken die Aufenthaltsräume. Auch die superschnelle UNITED STATES kommt als Kreuz-Liner wieder in Fahrt. Für sie ist der riesige Pazifik als Revier vorgesehen.

Katastrophen auf See

Die im Frieden bisher größte Katastrophe auf See - und sie wird es hoffentlich auch bleiben - ist der Untergang der TITANIC. Mit dem nicht voll ausgebuchten Schiff haben 1502 Menschen ihr Leben verloren. Über den TITANIC-Fall sind viele Bücher, Aufsätze und Reportagen geschrieben worden - die meisten mehr oder weniger sensationell aufgemacht, so daß es sich erübrigt, auf die unglücklichen und entsetzlichen Geschehen an Bord des Giganten im Detail einzugehen.
Wichtig erscheint allerdings eine bislang allgemein noch unbekannte - oder bewußt verschwiegene - Tatsache: Dem Kapitän des britischen Frachters CALIFORNIAN, Stanley Lord, hat man selbst noch über seinen Tod hinaus und auch in einem Film vorgeworfen, nicht rechtzeitig Rettungsmaßnahmen eingeleitet zu haben. Stanley Lord ist jedoch mit Sicherheit unschuldig, denn nicht die Topplichter der CALIFORNIAN waren es, die man von der sinkenden TITANIC aus sah, sondern die eines anderen Schiffes, des DAPG-Tankers NIAGARA.
Die 46329 BRT große, 269,10 m lange und 28,20 m breite TITANIC war von Harland & Wolff in Belfast erbaut und am 2. April 1912 als das damals größte Schiff der Welt an die White Star Line, Liverpool, abgeliefert worden. Am 10. April lief sie aus Southampton mit 1308 (statt mit möglichen 2603) Passagieren und 898 Besatzungsmitgliedern zu ihrer Jungfernreise nach New York aus. Es wurde behauptet, die Schiffsführung habe unter dem Druck des (übrigens an Bord befindlichen) Generaldirektors der White Star Line, J. Bruce Ismay, gestanden, das Schiff müsse unter allen Umständen das Blaue Band erringen. Doch die Behauptung ist falsch. Das Dreischraubenschiff war mit seinen 51000 PSi für nur maximal 23 kn ausgelegt, während die Höchstgeschwindigkeit des 1907 erbauten Rekordhalters MAURETANIA bei 27 kn lag. Die TITANIC wurde daher gar nicht als das schnellste, als vielmehr das komfortabelste und vor allem sicherste Schiff ihrer Zeit gefeiert: Sie hat einen Doppelboden über die gesamte Länge, ein massives Kollisionsschott vorn und 16 wasserdichte Abteilungen dahinter. Sie gilt theoretisch als unsinkbar. Zumindest können im Fall der Fälle fünf Abteilungen unbedenklich vollaufen. Offenbar nimmt man daher die Gefahren, die in dem berüchtigten Gebiet südlich vom *»Tail of the Grand Banks«*, dem um 43° Nord und 50° West gelegenen Südzipfel der Neufundlandbänke, um diese Jahreszeit durch Eisberge drohen, nicht sonderlich ernst, denn nach den ersten Eismeldungen durch verschiedene Schiffe funkt die in der Nähe stehende CALIFORNIAN um 23.00 Uhr bei rapide fallenden Außentemperaturen warnend: *»We are stuck in ice«*. Der Bordfunker der TITANIC weist die CALIFORNIAN zurecht: *»Keep out, you are jamming my signals«*. Der Funker auf der CALIFORNIAN, der als alleiniger FT-Offizier seine Wache ohnehin um 24.00 Uhr beendet, schaltet sein Gerät daraufhin resigniert ab und geht schlafen. Schlafen geht aber auch der Funker des in der Nähe stehenden Anglo-American-Oil-Tankers IROQUOIS, der einen privaten Krach mit seinem Kapitän hatte und daher nicht, wie sonst üblich, zwischen 23.30 Uhr und 2.00 Uhr morgens die Funkpresse für seinen Kapitän abhört.

So kostet denn der Streit zwischen zwei ausgewachsenen Männern viele Hunderte von Menschen das Leben. Emotionen auf einer Kommandobrücke in See sind so gefährlich wie Kesselexplosionen. Auf der TITANIC, die trotz Eiswarnungen mit voller, unverminderter Fahrt in eine fast windstille, mondlose Nacht hineinstürmt, meldet um 23.40 Uhr der Mastausguck im Vortopp, Frederik Fleet, steuerbord voraus einen Eisberg. Der wachhabende Erste Offizier, William Murdoch, reagiert schnell, als er befiehlt: »Ruder hart Backbord. Backbordmaschine äußerste Kraft zurück.« Mit diesem Manöver erreicht er, daß der Bug des Schiffes an dem Eisberg vorbeidreht. Der Erste wähnt die Gefahr bereits gebannt – als eine scharfe Kante des Eisbergs die vordere Steuerbordseite des Rumpfes unterhalb der Wasserlinie auf einer Länge von 90 m aufschlitzt. Die Wucht der Kollision ist dennoch so gedämpft, daß von den noch wachen Personen an Bord außer einem scharf kratzenden Geräusch nichts vernommen wird. Nur einige Ingenieure und Heizer kennen zunächst den wahren Sachverhalt, der für das »unsinkbare Schiff« tödlich sein kann, denn Wasser dringt mit Macht in mehr als fünf, nämlich in sechs Abteilungen ein. Fünf Minuten nach Mitternacht (der Erste Offizier hat inzwischen die Maschinen stoppen lassen) befiehlt Captain E. J. Smith, dem die tödliche Situation für das Schiff klargeworden ist: »Rettungsboote klarmachen und fieren.«
Daß später die ersten Boote (es sind ohnehin viel zu wenig) nur halb besetzt ablegen, hat seinen Grund wohl darin, daß man den Alarm wegen einer befürchteten Panik als Rettungsmanöver tarnt und anfangs nicht sonderlich ernst nimmt. Um 0.09 Uhr erhält der Funker Phillips den Befehl, den Notruf CQD *(come quick danger)* und das erst kürzlich eingeführte SOS zu funken. 0.10 Uhr geht das erste Not-FT in den Äther. Die Hilferufe werden sofort von verschiedenen Schiffen quittiert. Danach steht die britische CARPATHIA der TITANIC mit 58 sm am nächsten, während man auf der im Augenblick der Kollision nur eine Dampferstunde entfernten CALIFORNIAN unter Kapitän Stanley Lord von der Katastrophe erst nach Beendigung der Hundewache, also nach 4.00 Uhr morgens, erfährt. Die anderen Lichter aber, die man auf der TITANIC gesehen haben will, waren kein Phantasieprodukt, sie waren wirklich da. Sie gehörten dem in Flensburg erbauten Tanker NIAGARA, ohne FT an Bord.

Die nicht durch Kriegshandlungen verursachte größte Katastrophe auf See ist der Untergang der Titanic am 15. April 1912. 1502 Menschen kommen ums Leben. Der Fall hat die Medien mit Schlagzeilen gefüllt, und auch heute – rund 70 Jahre später – ist es um das Wrack noch immer nicht ruhig geworden. Irgendwo im Südzipfel der Neufundlandbänke liegt der Gigant auf dem Meeresboden, und seine genaue Position ist offiziell noch immer nicht bekannt, wenngleich sich die Experten einig sind, daß die modernen, atomgetriebenen U-Boote der Supermächte das Schiff längst geortet haben. Die Auffindung oder gar Bergung der Titanic könnte in der Tat ein lohnendes Geschäft sein, denn außer den Rechten für Presse, Film und Fernsehen würde man wahrscheinlich auch handfestere Pfründe finden. Nicht weniger als 57 Millionäre machten die Jungfernreise der Titanic mit, und dies sicher nicht mit leeren Händen! In den Tresoren des Schiffes wurden Diamanten der Firma De Beers im Wert von über 500 Millionen Mark befördert. Eine mit Juwelen beschlagene Ausgabe der Gedichtsammlung des persischen Poeten Omar Chaijam war an Bord – ein nahezu unschätzbar wertvolles Kunstwerk.

Auf der Titanic beginnt man um 0.45 Uhr Notraketen abzufeuern. Diese sind aber weiß und nicht, wie bei Gefahr üblich, rot. Sie werden deshalb auf der Californian und auf der Niagara nicht als Notsignale, sondern als festliches Mitternachtsfeuerwerk auf dem Liner angesprochen. Beide Schiffe ändern daher ihren Kurs nicht. Auf der Niagara hat der Erste Offizier die Hundewache. Später, in Hamburg, wo die Besatzung über die Titanic-Katastrophe erfährt, wird er in das Journal nachtragen, im fraglichen Gebiet »einen Personendampfer und dessen viele Lichter gesehen zu haben, ... der mit sehr schneller Fahrt am Horizont verschwand. Wir konnten uns aber nicht um das westliche Fahrwasser kümmern, sondern hatten in der Eisbergzone, in der wir uns befanden, scharf Ausguck voraus zu halten. Ein flüchtiger Blick schräg nach achtern ließ uns aber noch immer die beiden hell leuchtenden Topplaternen erkennen, die nun bereits in der Kimm verschwanden, aber sonderbarerweise noch immer in derselben Peilung lagen. (Die Titanic hatte ja gestoppt!) Merkwürdig wirkte es gerade jetzt, daß sich die vordere Topplaterne immer tiefer in die Kimm senkte, während die achterliche Topplaterne höher und höher stieg. Sollte das Schiff vielleicht sinken, durchzuckte es uns einen Augenblick. Das alles war von sehr kurzer Dauer. Dann verschwand die ganze Beleuchtung plötzlich – und nur noch vereinzelt sah man Raketen aufsteigen. Ein Passagierdampfer, der ein Fest feiert und dabei Raketen aufsteigen läßt, das ist nichts Besonderes. Nach unserer Schätzung mußten wir nunmehr mindestens 15 sm entfernt gewesen sein und hielten es auch nicht für nötig, Näheres zu erkunden, da uns der Gedanke eines Unglücks nicht ernstlich gekommen ist ...«

Zurück zur Titanic: Hier eröffnet der Generaldirektor der Bauwerft des Schiffes, Mister Andrews, um 0.45 Uhr dem Kapitän, daß das Schiff verloren ist und nach seiner Ansicht in einer, höchstens in anderthalb Stunden sinken wird. Noch immer kann der tapfere, unermüdliche Erste Offizier Dampf im Maschinenraum halten. Die Generatoren laufen störungsfrei weiter, so daß wenigstens noch die Beleuchtung in Betrieb gehalten werden kann.

1.40 Uhr: Die letzte Notrakete wird abgefeuert. 1.45 Uhr: Seewasser spült bereits über den Bug des stark nach Backbord überkrängenden Schiffes.

1600 Menschen sind noch an Bord. Sie sammeln sich an Steuerbord. Captain Smith befiehlt den Funkern, den FT-Betrieb einzustellen und ebenfalls das Schiff zu verlassen.
2.15 Uhr: Das ist die Zeit, da das letzte Boot - auch dieses nach der Weisung: »Frauen und Kinder zuerst« - ablegt. Die See überspült bereits die Brücke, während sich die restlichen Menschen an Bord am Heck zusammendrängen. 2.18 Uhr: Alle Lichter verlöschen, nur die mit Petroleum betriebene Lampe im Großtopp brennt noch. 2.20 Uhr: Die TITANIC steht jetzt, das Heck hoch in den nächtlichen Himmel gereckt, senkrecht im Wasser. Mit lautem Getöse brechen die 29 Kessel aus ihren Fundamenten. Fast gleichzeitig versinkt die »unsinkbare« TITANIC auf 41.16 Nord und 50.14 West. Danach herrscht Totenstille. Es ist die Stille einer unversöhnlichen, mitleidlosen Nacht.
Die zu Hilfe eilende CARPATHIA, die um 3.20 Uhr, eine Stunde nach dem Ende der TITANIC, in Sicht kommt, beginnt um 4.10 Uhr als erstes Schiff mit dem Rettungswerk. 705 Überlebende, hauptsächlich Frauen und Kinder, werden geborgen. 1502 Menschen kommen um. Gerettet wird unter anderem auch der Generaldirektor der White Star Line, Bruce Ismay, während Mister Andrews, der als Generaldirektor der Werft Harland & Wolff für den Bau der unsinkbaren TITANIC verantwortlich ist, zuletzt, betäubt von dem Unglück, im Rauchsalon gesehen worden ist. Captain Smith bleibt bis zum Ende auf seiner Kommandobrücke.
Als die später so ungerecht, aber erbittert befehdete CALIFORNIAN um 8.40 Uhr eintrifft, kann sie sich nur noch an der allerdings vergeblichen weiteren Suchaktion beteiligen. Für die noch später anlaufenden Schiffe bleibt nichts mehr zu tun.
Das Schlechte, das Böse oder Tragische hat aber oft auch eine gute Seite. Drei Schritte werden nach der TITANIC-Katastrophe eingeleitet, um eine Wiederholung eines solchen Unglücks zu vermeiden - oder zumindest die Wahrscheinlichkeit zu vermindern:

1. Neue Bestimmungen des britischen Handelsministeriums und die anderer Nationen sehen vor, daß die Schiffe Rettungsboote oder -flöße für die maximale Zahl an Passagieren und Besatzungsmitgliedern an Bord haben müssen.
2. Es wird ein internationaler Eismeldedienst ins Leben gerufen.
3. Für Schiffe, die nicht genügend Funker an Bord haben, um die Anlage 24 Stunden besetzt zu halten, wird eine automatische Alarmanlage entwickelt, die auf einen Funknotruf hin eine Glocke auf der Brücke betätigt.

Zwar bleibt die TITANIC-Katastrophe in Friedenszeiten das größte und folgenschwerste Unglück, über den beinahe ähnlich schweren Seeunfall der EMPRESS OF IRELAND im Jahre 1914 wird merkwürdigerweise aber kaum einmal gesprochen.
Das war geschehen: Die 1906 für die Canadian Pacific Railway Co. bei der Fairfield Co. in Glasgow erbaute, 14189 BRT große, 20 kn schnelle EMPRESS OF IRELAND war am 29. Mai 1914, zwei Monate vor Kriegsausbruch, um 16.30 Uhr mit 1477 Passagieren und Besatzungsmitgliedern an Bord zur Fahrt von Kanada nach England ausgelaufen. Die heraufkommende Nacht war abwechselnd sternenklar, dann aber wieder durch Nebelbänke sichtbehindert. Captain Kendall hatte nachts auf dem St.-Lorenz-Strom bei Father Point den Lotsen abgesetzt, geriet dann aber wieder in dichten Nebel hinein. Als Kendall unterhalb von Rimouski den Kurs änderte, beobachtete und meldete der Ausguckposten die Positionslampen eines anderen, den Fluß stromaufwärts kommenden Dampfers, der die EMPRESS OF IRELAND normalerweise an Steuerbordseite passieren müßte. In diesem Augenblick wurde der Nebel noch dichter und nahm dem einen Schiff die Sicht auf das andere. Kendall ließ sofort die Maschinen stoppen und legte den Telegraphen auf Rückwärtsfahrt. Gleichzeitig gab die EMPRESS OF IRELAND drei warnende

Linke Seite oben: Am 31. Mai 1911 läuft bei Harland & Wolff in Belfast ein Schiff vom Stapel, das die Welt wie kein anderes in Atem halten wird und dessen Name auch heute noch fast jedem Kind geläufig ist: TITANIC. 46 329 BRT war sie groß, 269,10 m lang, 28,20 m breit und mit maximal 23 kn gar nicht mal so schnell, auf jeden Fall für einen Rekord um das Blaue Band nicht schnell genug. Die Behauptung vieler Kritiker, die Katastrophe der TITANIC am 14./15. April 1912 wäre auf die rücksichtslose Jagd nach dem Blauen Band zurückzuführen, ist falsch.

Linke Seite unten: Die CARPATHIA empfängt um 00 Uhr 15 am 15. April 1912 den SOS-Ruf der TITANIC und eilt zur 60 sm entfernten Unfallstelle, wo sie noch 705 Menschen retten kann.

Rechts: Funkraum der TITANIC. Hier lag einer der Ausgangspunkte für die Katastrophe, denn durch zahlreiche Privatdepeschen der Passagiere war der Funker überlastet, nahm die ständig einlaufenden Eismeldungen nur so nebenbei zur Kenntnis und wurde gegen die ganz in der Nähe stehende CALIFORNIAN sogar grob, als diese gegen 23 Uhr erneut Treibeis meldete: »Keep out, you are jamming my signals«, jagte ihn der Bordfunker der TITANIC barsch aus dem Äther. Der Funker der CALIFORNIAN schaltete um Mitternacht sein Gerät resignierend ab und ging schlafen, so daß er den nur eine Viertelstunde später ausgesandten SOS-Ruf der TITANIC nicht hören konnte. Da die CALIFORNIAN nur 10 sm entfernt, also in Sichtweite der TITANIC lag, hätten viele hundert Menschenleben gerettet werden können.

Töne mit der Dampfpfeife. Der Nebel wurde noch dichter. Plötzlich löste sich der schemenhafte Bug eines riesig groß scheinenden Schiffes an Steuerbord aus den Nebelschwaden heraus und bohrte sich – es war genau 1.55 Uhr – der EMPRESS OF IRELAND krachend, schrill knirschend und lärmend in die Seite. Das fremde Schiff war die norwegische STORSTAD, ein unter dem Kommando von Captain Anderson stehender 6 028-Tonner der Reederei A/S-Maritim in Norwegen. Der Liner war zwischen den beiden Schornsteinen getroffen worden. Hier hatte der Bug der STORSTAD in Höhe der Wasserlinie ein riesiges Leck im Rumpf aufgebrochen, das sich an der Seite vom Maschinenraum nach achtern hinzog. Wasser brach mit solcher Macht ein, daß die Kesselräume erschreckend schnell volliefen. Die wasserdichten Schotte hielten dem Wasserdruck nicht stand. Sie erwiesen sich als nutzlos. Captain Kendall hatte zwar der Schiffsführung der STORSTAD sofort zugerufen, man möge voll vorausgehen, um zu erreichen, daß der Kollisionsbug im Leck wie ein Pfropfen wirken sollte, aber der Bug der STORSTAD war durch die Wucht des Aufpralls regelrecht zerknittert und zusammengefaltet worden, so daß die STORSTAD vom Leck abglitt und achteraus getrieben wurde. Das Wasser konnte nun ungehindert in die verwundete EMPRESS OF IRELAND einströmen. Innerhalb von nur 15 Minuten kenterte der Canadian Pacific Liner und versank, fünf Meilen östlich von Father Point, auf 19 Faden Wassertiefe. Da es etwa eine Stunde nach Mitternacht war, hatten sich alle Passagiere bereits schlafen gelegt. So kam es, daß nur wenige den Weg zum Oberdeck fanden.
Ein Glück war es, daß die bei der Father-Point-Werft noch unter Dampf liegenden Frachtschiffe EUREKA und LADY EVELYN sofort auslaufen konnten, um den Überlebenden zu helfen. So kam es, daß die Katastrophe nicht noch größer wurde, denn einige hundert Menschen wurden von diesen Schiffen, viele andere von der STORSTAD aus dem Wasser geborgen. Obwohl dadurch 463 Menschen gerettet werden konnten – und das trotz des Nebels in dunkler Nacht –, war das Ausmaß der Katastrophe schrecklich genug, denn 1024

kamen um, unter diesen auch Captain Kendall.
In der zivilen, oder besser gesagt friedlichen Seefahrt hat es Seeunfälle in der Größenordnung von über 1000 Opfern glücklicherweise nie wieder gegeben.
Unter den grausig-entsetzlichen, direkt oder indirekt durch Krieg verursachten Verlusten seien nur einige genannt:
1915 der von U 20 torpedierte vollbesetzte und widerrechtlich mit Munitionskisten beladene Cunard Liner LUSITANIA mit 1198 Toten.
1940 die britische LANCASTRIA (16243 BRT), die, ebenfalls ein Cunard Liner, in St. Nazaire in ihrer kriegsbedingten Eigenschaft als Truppentransporter mit offiziell 5500 Menschen an Bord zerbombt wird. Etwa 3000 Soldaten und Besatzungsmitglieder werden bei den Explosionen der vier Bombenvolltreffer getötet oder ertrinken, als das Schiff nach 20 Minuten sinkt.
1945, bei der Rückführung der vor dem Ansturm der Roten Armee zurückflutenden deutschen Soldaten und der geflohenen, dann aber auf dem Weg nach Westen abgeschnittenen Zivilbevölkerung kommt es zu den wohl bisher größten Katastrophen im Seetransport. Bei dieser Aktion gehen verloren:
Das ehemalige Kraft-durch-Freude-Schiff WILHELM GUSTLOFF (25484 BRT) am 30. Januar mit mindestens 6100 Menschen an Bord, meist Frauen, Kindern, alten Menschen, aber auch einiger bevorzugter Prominenz. Nur 904 werden gerettet.
Am 10. Februar der NDL-Passagierdampfer STEUBEN, zum Teil mit Verwundeten an Bord, nur 300 von 3000 werden gerettet.
Am 16. April der Frachter GOYA (5230 BRT), auf dem von 6385 eingeschifften Menschen nur 165 überleben.
Ein Fall eigener Tragik ist die CAP ARCONA der HSDG (27561 BRT) mit über 6000 KZ-Häftlingen an Bord, von denen über 5000 mitsamt Bewachungspersonal und Besatzungsmitgliedern umkommen, als das Schiff zusammen mit dem ähnlich »beladenen« Frachter THIELBEK (2815 BRT) in der Neustädter Bucht von den Bomben britischer Typhoons versenkt wird.
Eine der Hauptursachen für Schiffsverluste oder Schwerstschäden mit Verschrottungsgebot ist Feuer an Bord, besonders auf Passagierschiffen. Dabei ist der Brand der britischen 11520 BRT großen MORROCASTLE vom 8. September 1934 vor der Küste von New Jersey mit 133 Toten besonders schwer, ebenso der Brand auf dem Italiener ORAZIO (11669 BRT) am 21. Januar 1940 im Mittelmeer mit 106 Toten. Am 9. Februar 1942 gerät die in New York liegende, beschlagnahmte ex NORMANDIE (83423 BRT) als nunmehr LAFAYETTE in Brand, sie kentert, weil durch das viele Löschwasser topplastig geworden, am Hudson-Pier.
Von besonderem Interesse ist die Havarie der britischen REPUBLIC (15378 BRT) ex COLUMBUS, die 1909 im Nebel mit dem italienischen Dampfer FLORIDA beim Nantucket-Feuerschiff kollidierte. Damals wurde erstmals ein funktelegraphischer Notruf gesandt, dem 2000 Menschen ihr Leben verdanken.
Tragisch ist auch der Fall des japanischen Diplomatenschiffes AWA MARU (11249 BRT), das trotz international vereinbarten Grünanstrichs und weithin leuchtender weißer Kreuze von dem amerikanischen U-Boot QUEENFISH am 1. Februar 1945 versenkt wird. Von über 2000 Menschen überlebt nur ein einziger.
Eine Rarität in der Liste der Seeunfälle ist die Kollision des 81235 BRT großen Cunard-Liners QUEEN MARY anno 1942 auf der Reise von den USA zum Clyde. Bei einem U-Boot-Alarmmanöver rammt der berühmte Liner mit dem Blauen Band den als Flakkreuzer beigegebenen Leichten Kreuzer CURAÇAO und schneidet das 4290 ts große Schiff mitten durch. Nur 26 von 364 Mann können gerettet werden.
Ein besonderes Kapitel müßte den spezifischen Frachtpassagierdampfern gewidmet werden, deutscherseits etwa jenen von der HSDG (der Hamburg-Südamerikanischen Dampfschiffahrtsgesellschaft), der verschiedenen Afrika-Linien und anderen. Hier ist die Unfallbilanz um die Zeit vor und nach der Jahrhundertwende bestürzend. Allein von den 29 in der Zeit von 1880 bis 1895 in Dienst gestellten Dampfern der deutschen Afrika-Linien gehen verloren: 9 durch Strandungen, 1 durch Kollision, 6 durch Krieg, und 3 werden als verschollen registriert – eine Seeunfallquote, die auch bei anderen Reedereien nachzuweisen ist, sich aber von Jahrzehnt zu Jahrzehnt verringert.
Auch heute noch, trotz Funkpeiler, trotz Eis- und Nebelwarnungen, trotz genauester Vermessungen der Gewässer und Küstengebiete, trotz Kenntnis der verschiedensten Strömungen, trotz Kreiselkompasse, die keine Deklination und Deviation kennen, und trotz Radar vor allem – Schiffe verschwinden spurlos. Auch heute noch kommt es zu folgenschweren Kollisionen, bei denen die See dem einen oder beiden Partnern zum Grab wird. Feuer und Explosionen sind noch immer nicht gebannt, und nicht selten die Fälle, da die gnadenlose See es ist, die ein Schiff zerschlägt, wie die stolze Viermastbark PAMIR in der Randzone eines Hurrikans oder, wie 1979, das 37134 BRT große, hochmoderne Containerschiff MÜNCHEN, das, 1972 erbaut, mitsamt seiner ganzen Besatzung während einer besonders schweren Sturmperiode im Nordatlantik spurlos verschwindet.
Obwohl die Sicherheitseinrichtungen laufend verbessert werden, sind die Verluste in jüngster Zeit bedenklich. Im Jahre 1978 gehen 473 Schiffe mit 1,71 Millionen BRT verloren. Das ist die höchste Verlustquote, die bis dahin in Friedenszeiten verzeichnet wird. Das größte Schiff dabei war der 109700 BRT große Tanker AMOCO CADIZ. Das Jahr 1979 bringt eine weitere Steigerung der Verlustquote mit 2,3 Millionen BRT. Es müssen allein fünf Schiffe mit über 200000 tdw abgeschrieben werden, genausoviel wie in den vergangenen zehn Jahren zusammen. Unter diesen ist als einer der schwersten Fälle der 321186 tdw große ULCC ENERGIE DETERMINATION des Hongkong-Großreeders C. Y. Tung, der in Ballastfahrt Weihnachten 1979 vor der Küste von Oman einfach auseinanderbricht.
Erfreulicherweise gibt es in Verbindung mit den vielen Schiffskatastrophen – gleich, welcher Ursache sie sind – auch viele ungewöhnliche Rettungstaten. Sie sind gekennzeichnet durch außerordentlichen Mut, bewegt und gestärkt durch seemännisches Ethos eigener Art, durch die Maxime einer den Elementen in jeder Stunde und Lage ausgesetzten Berufsgruppe. Hilfe im Seenotfall ist für alle Kapitäne und die Besatzungen von Schiffen, die in der Nähe stehen, oberstes, ungeschriebenes Gesetz. Es ist alles, aber auch alles zu tun und einzusetzen, um das Leben einer in Seenot befindlichen Besatzung wie auch der Passagiere zu retten. Wehe dem Kapitän, der bei Kenntnis eines Seenotfalles das Gut seiner oder der ihm anvertrauten Ladung höher einschätzt als das Leben der bedrohten Besatzung eines havarierten Schiffes.

Die Frachtschiffahrt

Nun, die Seefahrt besteht nicht nur aus Renommierschiffen, nicht nur aus schwimmenden Luxuspalästen. Die eigentlichen braven und nimmermüden Arbeitspferde sind die Frachtschiffe, die wir in solche in der Linienfahrt, die vornehmlich Stückgüter befördern, und jene in der Trampschiffahrt unterteilen müssen.
Die Tramper, meist Schiffe für Massen-

Originalfoto des Londoner Frachthafens im Jahre 1856. Gegenüber der frühen Periode der Hanse scheint sich nicht viel geändert zu haben. Erst um die Mitte des 19. Jahrhunderts beginnt der Wandel.

Nächste Doppelseite: Die PENMOUNT, im Jahre 1900 gebaut, 2314 BRT groß, 92,05 m lang und 9 kn schnell, war eines der frühen »Dreiinselschiffe« mit drei optisch wirksamen Aufbauten.

fracht und mit relativ einfachem Ladegeschirr, suchen und nehmen ihre Fracht, wo und wann sie solche am vorteilhaftesten finden. Die Dispositionslücken überbrükken sie durch Ballastreisen oder Liegezeiten. Dazu kommen noch Spezialschiffe, deren Typen sich immer stärker profilieren. Und eines ist für die frühe Zeit unbestritten, eine vergnügliche Seereise ist die Tätigkeit an Bord dieser Schiffe nicht.
Wer aber Verantwortung sucht, hier an Bord findet er sie. Auch bereits als »kleiner Seemann vor dem Mast«.
Die Offiziere und Maschinisten wohnen oft in engen, dürftig möblierten Außenkammern neben heißen Betriebsgängen zu den Maschinenräumen, und das auch noch bei der Fahrt in tropische Klimazonen. Die Seeleute und die Kameraden von der anderen, technischen Fakultät, die Heizer und Trimmer, hausen meist unter der Back, auf den frühen Schiffen dem sich sinnvollerweise für einen solchen Zweck anbietenden Raum auf dem vordersten Teil des Schiffes. Auf späteren, moderneren Schiffen wird das Logis in die Hütte oder in die Deckshäuser verlegt.
An Steuerbord ist das Logis für die Seeleute, an Backbord jenes für die Heizer. Bei der damals nicht geringen Zahl an Besatzungsmitgliedern bietet ein solcher Raum infolge seiner eingebauten Kojen natürlich erbärmlich wenig Platz. Ein paar Spinde gibt es auch, kaum ausreichend für das bißchen privates Eigentum, das in einen Seesack paßt. Die Koje ist das eigentliche Privatissimum. In ihr wird aufbewahrt, was wertvoll scheint. In sie zieht man sich zurück, um auch einmal allein und für sich zu sein.
Und da ist noch eine Back für alle, ein Tisch ohne Tischtuch, einfach aus Holz, das der Moses – und wehe dem, wenn er versagt – pfleglichst zu putzen und zu scheuern hat. Elektrisches Licht ist lange unbekannt. Petroleumfunzeln vermischen ihren penetranten Gestank mit Düften, Gerüchen und Ausdünstungen aller Art zu dem, was man an Land unter Mief versteht. Duschen oder Bäder, jene von überkommenden Seen beim Sturm ausgenommen, gibt es nicht. An Ventilatoren in tropischen Zonen ist für den »kleinen Mann« an Bord überhaupt nicht zu denken. Aber die Zeit ist nicht sehr fern, da sich die Unterkünfte für Besatzungsmitglieder ändern werden, und heute gibt es bereits Schiffe, auf denen sogar jeder Mann seine eigene vollklimatisierte Kammer hat.
Aber das Essen war gut, wenn die Reederei gut war, damals und heute. Jede gute Reederei weiß, was sie an einer guten Besatzung hat, denn ein Irrtum im Dienst kann Millionen kosten.
Die Flotte der Weltschiffahrt, an deren Spitze die Handelsflotte von Großbritan-

PENMOUNT
SS" PENMOU

nien steht, gefolgt mit großem Abstand von den USA und Deutschland, verfügt um die Jahrhundertwende über

Nation	Tonnage
1. Großbritannien	14 262 000 BRT
2. USA	2 750 000 BRT
3. Deutschland	2 650 000 BRT
4. Norwegen	1 641 000 BRT
5. Frankreich	1 351 000 BRT
6. Italien	984 000 BRT
7. Spanien	695 000 BRT
8. Schweden	637 000 BRT
9. Niederlande	530 000 BRT
10. Dänemark	519 000 BRT
11. Japan	488 000 BRT
Sonstige Länder	5 100 000 BRT

Im Bereich der Frachtschiffahrt gibt es Anfang des 20. Jahrhunderts größenmäßig wie auch antriebstechnisch zunächst keine Sensationen. Von einigen Ausnahmen um 10 000 BRT abgesehen, bewegen sich die BRT-Zahlen der Schiffe im allgemeinen in der Stückgut-, Massengut- und Tankerfahrt um erst 2000 bis 3000 BRT, ab 1910 auch um 3000 bis 5000 BRT. Daß die Größenentwicklung trotz des steigenden Tonnagebedarfs bei den Frachtschiffen so langsam vor sich geht, ist nicht nur schiffbautechnisch bedingt, es hat noch einen anderen plausiblen Grund: Im Gegensatz zu den Passagierschiffen müssen die Frachter in der Linien- wie in der Trampschiffahrt auch kleine und kleinste Häfen bedienen, die oftmals nur aus einer Reede bestehen. Oft auch solche, bei denen lange Flußfahrten notwendig sind. Hier sind die Wassertiefen der natürliche Regulator.
Von der äußeren Form her gesehen, entwickeln sich immer mehr Volldecker mit drei optisch wirksamen Aufbauten, nämlich mit der Back vorn, der Brücke mittschiffs und der Poop achtern. Diese Schiffe werden bald als Dreiinselschiffe bekannt, ein Name, der seinen Ursprung darin hat, daß diese drei Aufbauten auf See wie Inseln zuerst an der Kimm auftauchen.
Typisch für diese Zeitphase ist der Zusammenschluß zu großen Dampfergesellschaften. 1903 gibt es zum Beispiel dreimal mehr Gesellschaften mit mehr als 50 000 BRT als noch ein Jahrzehnt zuvor.
In New York haben im Jahre 1902 nordamerikanische Milliardäre des Stahltrusts unter Leitung des Bankiers J. P. Morgan den Morgan-Schiffahrtstrust (die sogenannte North Atlantic Combine) als das größte Schiffahrtsunternehmen dieser Art gegründet. Zu Spekulationszwecken haben sie europäische Schiffahrtsaktien aufgekauft und englische und amerikanische Dampfergesellschaften erworben.
Um eine Einflußnahme auf die wichtige Cunard Line zu verhüten, kontert die britische Regierung damit, daß sie der Cunard Line eine in der Geschichte der Dampfschiffahrt beispiellose Staatsbeihilfe in Form eines Darlehens zum Bau von zwei Atlantik-Schnelldampfern größter Geschwindigkeit, verzinsbar und rückzahlbar in kleinen Raten, gewährt. Dies kommt praktisch einem Geschenk von zwei Dampfern im Wert von umgerechnet etwa 40 Millionen Mark gleich.
Den beiden großen deutschen Gesellschaften, der HAPAG und dem NDL, gelingt es zwar, einen drohenden Ankauf einer Aktienmehrheit abzuwenden, sie müssen aber ein Abkommen mit dem Morgan-Trust treffen, wonach sie einen Anteil ihres Reingewinns auszahlen müssen, während ihnen der Morgan-Trust auf den gleichen Betrag 6% Zinsen vergütet. In der Definition dieser Zeit heißt das: »Diese Vereinbarung des Morgan-Trusts mit den beiden großen deutschen Gesellschaften soll ein Schutz- und Trutzbündnis gegen fremden Wettbewerb sein. Sie bezweckt aber auch, die Passagepreise für die Überfahrten Europa - USA so hoch wie nur möglich zu halten.«
Andererseits kommt es zu ersten sozialen Konflikten. Es gibt Streiks und Solidaritätsbestrebungen auch innerhalb der seefahrtlichen Berufe. Wegweiser für eine Entspannung scheint hier die britische Shipping Federation, die nach einer langen Serie von Lohnkämpfen in England bereits 1890 ins Leben gerufen worden ist und der es glückt, sich unter den hier organisierten Matrosen, Heizern und Hafenarbeitern Ansehen und Geltung zu verschaffen.
Dennoch und trotz der Beweise zeitnaher Sozialpolitik der deutschen Reeder schon lange vor Bismarcks von der Praxis oft als schiffahrtsfremd empfundenen Sozialgesetzgebung und -politik wird in der deutschen Seefahrt die Kluft zwischen Arbeitgebern und den klassenkämpferischen Arbeitnehmern immer größer. 1906 gibt es Streiks in Hamburg, Posen und Stettin. Der Ruf nach einem »neuen Solidaritätsgefühl« findet auch bei Kapitänen und Schiffsoffizieren ein Echo. Über die unternehmerischen Risiken hinaus droht, besonders nach der Seemannsordnung im Jahre 1902, über den im Reichstag gefaßten Gedanken eines »Reichsschiffahrtsamtes« die Sorge, daß es zu einer staatlichen Aufsicht in der deutschen Schiffahrt kommen könnte.
Diese Situation führt 1907, in dem Jahr, als die nordatlantische Passagierschiffahrt über Monate hinweg bis zur Unrentabilität absinkt, zum Zusammenschluß aller Reeder in den Zentralverein Deutscher Reeder. Der Verein kümmert sich »im Rahmen der Förderung der gemeinschaftlichen Interessen der deutschen Reedereien« um die Regelung der Arbeitsverhältnisse, die gemeinsame Bearbeitung von Lohn- und sonstigen Arbeiterfragen und natürlich auch um die Beschaffung notwendiger Mittel, um seine Mitglieder bei sozialen Kämpfen zu unterstützen.
Der nächste Schritt ist die 1909 gegründete International Shipping Federation, in der Deutschlands Reeder einen der Präsidenten stellen. Bei allem Für und Wider: Im historischen Rückblick wird man ihren größten Wert wohl darin sehen müssen, daß hier eine auf Freiwilligkeit aufgebaute Organisation über die nationalen Grenzen hinweg wirkte und die Reeder veranlaßte, das soziale Leben auf See unter internationalen Aspekten zu betrachten. Damit wurden bis zum Weltkrieg wichtige Voraussetzungen für die späteren Bemühungen des Völkerbundes und der Internationalen Arbeitsorganisation um ein soziales Ordnungswerk geschaffen.
Der Erste Weltkrieg beendet die deutsche Handelsschiffahrt abrupt, die dürftige Ostseefahrt ausgenommen. Bis Kriegsende büßt Deutschland (wo übrigens jetzt auch Frauen an Bord als Heizerinnen tätig sind) 1,2 Millionen BRT durch Kriegshandlungen und 1,5 Millionen BRT durch Beschlagnahme (Auslieferung aller Schiffe über 1600 BRT) ein. Es gibt fast nur noch Reeder und Seeleute ohne Schiffe.
Der Fragen um den Wiederaufbau der deutschen Seeschiffahrt nimmt sich im Dezember 1918 zunächst der freiwillige »Deutsche Seefahrtausschuß« an, der bereits am nächsten Tag den ersten Tarifvertrag zwischen Reedern und Seeleuten zustande bringt. Die Improvisation verlangt nur eines: Schiffe, Schiffe und nochmals Schiffe. Ein »Schiffserneuerungsfonds« von 50 Millionen Mark soll auch der Werftindustrie nutzen, denn zur Erhaltung der Flotte sind jährlich mindestens 200 000 BRT an Neubauten notwendig.
1927 ist die Flotte auf 3,2 Millionen BRT angewachsen, 7 Prozent sind jetzt Motorschiffe, 80 Prozent aller Schiffe stehen in der Linienfahrt. 1929, als es im Herbst zum Börsenkrach kommt, steht die deutsche Handelsflotte knapp unterhalb der 4-Millionen-Marke. Die neuen wirtschaftlichen Verhältnisse sind chaotisch, sie machen jede Kalkulation unmöglich. 1932 wird der tiefste Punkt der Konjunktur erreicht. Die Häfen der Welt gleichen Schiffsfriedhöfen.

Oben: Zeichnung des geplanten neuen Hafens von Manchester, veröffentlicht in den Illustrated London News am 3. Februar 1883

Links: Löschen des Frachters Caland im Rotterdamer Hafen 1880

Die noch intakte Welttonnage beträgt mit 14,2 Millionen BRT nur noch ein Fünftel des Gesamtbestandes. Staatskredite helfen nur bedingt, denn sie müssen ja zurückgezahlt werden. Die Abwrackaktion von 400 000 BRT (20 Jahre und ältere Schiffe) bringt wenigstens den Werften Arbeit. 1933 sind noch immer 13,4 Millionen BRT (20%) der Welttonnage aus der Fahrt gezogen. »Was wir brauchen, ist ein Aufschwung in der Welt - und Vertrauen.« In Deutschland erhofft man ihn 1933 durch Adolf Hitler. Aber: Mit der nationalsozialistischen Machtübernahme und der damit verbundenen Wirtschaftsankurbelung verschlechtert sich zunächst das Erwerbsleben der deutschen Seeschiffahrt. Aus dem Reederverband wird im Rahmen der neuen Reichsverkehrsgruppe Seeschiffahrt die Frachtgruppe Reeder, beide vom Tankreeder John Essberger geleitet, einem unerschrockenen Hamburger, dem es zu verdanken ist, daß sich die moralische Position der deutschen Seefahrt in der internationalen Schiffahrtsgemeinschaft behaupten und ihren alten Grundsätzen treu bleiben kann.

Erst 1936 zeigt sich für die kleiner und auch älter gewordene Flotte erstmals ein Aufschwung, und die von der Zahl her unzulänglichen Neubauten können den Nachholbedarf nicht decken. Außerdem erschweren Stahlkontingentierungen und die sich mehrenden Kriegsmarinebauten das Neubauprogramm. Engpässe gibt es auch beim Nachwuchs, zumal die Kriegsmarine viele junge Nautiker anzieht, viele andere sind während der Arbeitslosigkeit der Schiffe inzwischen in andere Berufe abgewandert.

1939, als die Welttonnage 68,5 Millionen BRT umfaßt, rangiert die deutsche Handelsflotte mit 1400 Schiffen mit 4 458 668 BRT nach Großbritannien, den USA, Japan und Norwegen an fünfter Stelle.

Der am 1. September 1939 ausbrechende Zweite Weltkrieg unterscheidet sich für die deutsche Seeschiffahrt recht wesentlich von seinem Vorgänger: Abgesehen von dem wiederum notwendigen Marineeinsatz eines Teils der Handelsschiffe, den Internierungen, den relativ vielen Selbstversenkungen von Handelsschiffen bei ihrem Durchbruchversuch in einen heimatlichen Hafen, finden nun nicht mehr auf Geschwindigkeit getrimmte große Passagier-Liner als Hilfskreuzer Verwendung, sondern vielmehr möglichst unauffällige Frachtschiffe. Handelsschiffe werden bei der »Norwegenaktion« beansprucht und auch weiterhin in der Nachschubversorgung Dänemarks und Norwegens, aber auch in der kriegswichtigen Erzfahrt nach Narvik, die ständigen Bedrohungen und Gefahren unterliegt. Das Bündnis mit Japan fordert weiträumige, nachgerade abenteuerliche Blockadebrecherfahrten mit tarnenden Stoppzeiten in eisbedrohten antarktischen Gewässern.

Als der schreckliche Krieg endlich sein Ende findet und im Juli 1945 der alte, bewährte Verband Deutscher Reeder anstelle der aufgelösten Reichsverkehrsgruppe Seeschiffahrt wieder ins Leben gerufen werden kann, wird von der pauschalen Verurteilung des großdeutschen Reiches Adolf Hitlers auch die deutsche Handelsschiffahrt betroffen. Als der Alliierte Kontrollrat im März 1946 in seinem Industrieplan feststellt, daß der Bau seegehender Handelsschiffe nicht zu den Aufgaben der deutschen Nachkriegswirtschaft gehören dürfe, sieht das Fazit wie folgt aus: Die Gesamtverluste der deutschen Handelsflotte belaufen sich auf 1247 Schiffe mit 4 365 000 BRT. Was bleibt, sind 123 Schiffe mit 78 442 BRT als Reedereieigentum, keines größer als 1500 BRT, die Hälfte davon werftreif.

Keine Fahrt ohne Lizenz, das ist strikteste Vorschrift, aber auch keine Lizenz ohne Lizenzformular. Und kein Lizenzformular ohne ausdrückliche Druckgenehmigung. Die deutschen Reeder und ihr dynamischer Verband finden sich im Interesse der deutschen Volkswirtschaft und des Wiederaufbaus mit dieser Art Einschränkungen nicht ab. Im Herter-Report für das US-amerikanische Repräsentantenhaus heißt es, daß dieser völlige Ausschluß Deutschlands aus dem internationalen Seeverkehr nicht in Übereinstimmung mit irgendwelchen Hoffnungen gebracht werden kann, daß sich Deutschland jemals selbst erholen kann. Der Einsatz lohnt sich. Die Siegermächte bauen ihre Beschränkungen Schritt für Schritt ab. Auch die Linienfahrt erlauben sie im abgegrenzten Gebiet wieder, später auch nach Holland und England.

Ende 1950 verfügt das westliche Deutschland wieder über 582 000 BRT. Erstmals fahren deutsche Schiffe wieder nach Übersee, im Dezember passiert der erste Trokkenfrachter den Suezkanal zur Linienfahrt in den Persischen Golf. Auch der Schiffbau kommt in Gang, ohne Beschränkungen zunächst der Exportschiffbau.

Mit dem Wiederaufbau ist auch die bisher größte Tarifanhebung mit dem Mantel- und Heuertarif von 1956 verbunden. Die sozialen Bedingungen der Seeleute werden dem internationalen Standard angeglichen, übertreffen ihn zum Teil bereits sogar. Dennoch gibt es Nachwuchssorgen. Allerdings ist mit dem Meer als »Träger der Seefahrt« kein sozialer Friede zu schließen. Es hat seine eigenen Gesetze.

Die positive Entwicklung setzt sich fort. Bis 1965 erhöht sich die deutsche Tonnage auf 5 232 673 BRT. 1968 sind bei zunehmenden Schiffsgrößen vor allem bei den Tankern und Massengutfrachtern 6 489 765 BRT in Fahrt, unter diesen als größtes deutsches Schiff der 95 836 BRT große Tanker MYRINA der Deutschen Shell AG, Hamburg. Das gleiche Jahr zeichnet sich auch noch durch ein anderes Ereignis aus: Mit der 13 385 BRT großen WESER EXPRESS des HAPAG-Lloyd beginnt die Container-Revolution auch in der deutschen Schiffahrt.

Wenn die gegenüber dem Deutschen Reich viel kleinere Bundesrepublik 1977 mit 2241 Seeschiffen und 9 740 553 BRT über die bisher größte Handelsflotte Deutschlands verfügt, das heißt fast doppelt so groß ist wie in der Erfolgsphase kurz vor dem Ersten Weltkrieg, dann ist das kein spezifisch deutsches Phänomen. Das hat vielerlei Ursachen, so die Entkolonialisierung und die damit verbundenen neuen Staaten mit eigener Schiffahrt und eigenen Häfen, also mit einem vermehrten internationalen Seeverkehr; die weltweite Industrialisierung mit ihrem bereits ungesunden Rohstoffbedarf, der beim kostbaren Rohöl anfängt und beim raren Wolframerz aufhört; der mit der allgemeinen Bevölkerungszunahme ständig wachsende Bedarf an Nahrungsmitteln aller Art. Dies und viele andere Faktoren verlangen immer mehr, immer größere und auch immer schnellere Tonnage.

Durch die Ölkrisen der Jahre 1973 und 1978 bedingt, fällt die Erfolgskurve jedoch

Massengutfrachter NOWSHERA im abendlichen Licht der Sonne im Westindien-Dock in London

Nächste Doppelseite: Am 24. März 1979 wurde von der Werft Bremer Vulkan AG. das größte RoRo-Schiff der Welt, die LILLOOET, abgeliefert. Mit RoRo (Roll-on/Roll-off) kennzeichnet man Schiffe, bei denen die Güter mit Gabelstaplern, Lastkraftwagen oder in Containern auf Eisenbahnwaggons auf die Ladedecks gerollt werden. Die Lade- und Löschzeiten vermindern sich dadurch erheblich. Die LILLOOET ist 22 094 BRT groß, 229,50 m lang, 32,26 m breit und geht 10,95 m tief. Sie kann maximal 1745 Container und 160 Pkw laden.

P A D

wieder ab. Auch das zunehmende Problem der Billigflaggenländer wie Panama, Liberia oder Singapur wirkt sich aus.
Hierfür sind vielerlei Ursachen verantwortlich zu machen wie Arbeitskostensteigerungen, Frachtratenverfall, Aufwertung der D-Mark, die unabdingbaren Bemannungsvorschriften der zuständigen Sicherheitsbehörden und anderes. Beinahe 50 Prozent der von deutschen Reedereien betriebenen Tanker, Massengut- und Trampschiffe fahren Anfang 1980 unter einer Billigflagge. Eine Statistik über die größten Handelsflotten mit Stand vom 1. Juli 1979 zeigt deutlich die ungesunde Verschiebung der Tonnagen zugunsten der Billigflaggenländer:

Nation	Tonnage
1. Liberia	81 500 000 BRT
2. Japan	40 000 000 BRT
3. Griechenland	37 400 000 BRT
4. Großbritannien	28 000 000 BRT
5. UdSSR	22 900 000 BRT
6. Norwegen	22 300 000 BRT
7. Panama	22 300 000 BRT
8. USA	17 500 000 BRT
9. Frankreich	11 900 000 BRT
10. Italien	11 700 000 BRT
11. BR Deutschland	8 600 000 BRT

Tanker

Am 27. August 1859 wird bei Titusville in Pennsylvanien Edwin Laurentine Drake bei einer seiner Bohrungen fündig. In 22 Meter Tiefe stößt man auf Öl, das nun, dem Gesetz des artesischen Brunnens gehorchend, in dickem Strahl aus der Erde herausbricht. Mit dieser Tat stößt Drake ein Tor in eine Welt auf, die weder er noch seine Auftraggeber ahnen.
Das Problem Nummer eins ist von Anbeginn an der Weitertransport der ersten Derivate über See, des Petroleums vor allem. Versucht man es anfangs in Barrels (Fässern) als Teilladung in Segelschiffen, so nimmt man bald schon eine volle Ladung an Bord, deren erste 1861 mit der 224 tdw großen Brigg ELIZABETH WATTS von Amerika nach London geschleppt wird, nämlich 901 Barrels Petroleum aus Erdöl und 428 Barrels mit noch aus Kohle gewonnenem Öl. In Hamburg kommt die erste Vollfracht mit mehr als 3000 Barrels Petroleum im April 1862 mit der Bark DONAU ein, in Geestemünde im Dezember des gleichen Jahres mit der ANDOVER 2350 Barrels. In Geestemünde ist es ein gewisser Wilhelm Anton Riedemann, der das Petroleumgeschäft an sich reißt, der mit ökonomischem Spürsinn für den

Linke Seite: Das amerikanische Container-Schiff AMERICAN ASTRONAUT (18 876 BRT) mit einer Ladekapazität von 1212 Containern à 20 Fuß und 88 Containern à 40 Fuß. Der Container-Verkehr ist äußerst rationell, da die Frachtbehälter weltweit genormt sind (stets 8 Fuß hoch und zwischen 20 und 40 Fuß lang). In den Häfen wurden spezielle Container-Terminals angelegt. Das Laden und Löschen geschieht mit schiffseigenen Portalkränen oder mit Ladebrücken am Kai. Bis zu 6 Container werden unter Deck übereinander gestapelt, bis zu 3 Container über Deck. Kühlcontainer haben Stromanschlüsse, so daß die Kühlkette auch auf See lückenlos erhalten bleibt.

Oben: Container-Terminal mit Ladebrücken in Southampton

Unten: Container-Terminal in Hongkong

Nächste Doppelseite: Blick auf den Hamburger Hafen, den größten Seehafen der Bundesrepublik Deutschland

BRASIL Terminal

Bedarf der nahen Zukunft bald seine eigene Petroleumsegler-Reederei betreibt. Er sucht – wie auch andere Reeder in der Petroleum- und Ölfahrt – nach einer Lösung, dieses gefährliche Produkt in *bulk*, also in einem einzigen großen Tank, zu verschiffen. Gefährlich, weil es flüssig ist und dadurch bei einem Schiff die Stabilität gefährdet. Es dehnt sich bei Wärme aus und entwickelt dann hochexplosive Gase. Den ersten praktischen Schritt geht der Schwede Alfred Nobel, der an der Erdölförderung im Raum des russischen Baku beteiligt ist und Petroleum über das

Oben: Der rührige Reeder Wilhelm Anton Riedemann aus Geestemünde wünscht für den Öltransport ein Schiff, bei dem Schiffsboden wie auch Seitenwände und das Deck die unmittelbare Begrenzung für die Ölladung sein sollen. Zu einer Zeit, in der man das Öl noch in Fässern transportiert, ist dies eine revolutionäre und gefährliche Idee. Alle deutschen Werften lehnen den Bau eines solchen Schiffes ab. Am 25. November 1885 wird in Newcastle dann doch der Kiel für einen Petroleumtanker gestreckt, wie er nach Riedemanns Vorstellung auf dem Zeichenbrett von Oberst Henry F. Swan im Detail entstand. Der Bau kommt gut, aber nicht schnell voran, denn die neuartige Konstruktion dieses Dampfertyps, der einschließlich des für die Kohle bestimmten Raums 3000 t Tragfähigkeit haben soll, bereitet der schiffbautechnisch erfahrenen Werft einiges Kopfzerbrechen. So geschieht es, daß das Schiff erst am 16. Juni 1886 vom Stapel läuft und auf den so hoffnungsvollen Namen GLÜCKAUF getauft werden kann. Noch ein Monat geht mit der Ausrüstung dahin. Am 9. Juli geht die Besatzung an Bord. Kurz vorher hatten Handwerker ein riesiges »R« am Schornstein des Schiffes befestigt, das in der Neubautenliste des Bureau Véritas als Tankdampfer klassifiziert wird. Das ist von dieser Sicherheitsbehörde, der man gewiß allergrößte Akribie nachsagen kann, ein mutiger Schritt nach vorn. Er ist es um so mehr, wenn man weiß, daß sich der Germanische Lloyd wie auch Lloyds Register weigerten, »ein Schiff mit Öl an der Außenhaut« zu klassifizieren.
Die Daten des Neubaues sind: für die Länge 97,00 m, für die Breite 11,40 m und für den Tiefgang 5,80 m. Die Konstruktionsmerkmale der durch ein Mittellängsschott unterteilten, 2145 BRT/1656 NRT/3000 tdw großen GLÜCKAUF, die fortan den Tankerbau bestimmen, sind:

1. *Kein Doppelboden – das Öl ergießt sich nach jeder Richtung bis an Außenhaut und Deck.*
2. *Gesonderte Ausdehnungstanks, also Tanks mit einem Expansionsschacht, sind in angemessener Weise angeordnet, die den Einbau von Sommer- oder Zwischendecktanks ermöglichen.*
3. *Haupttanks als Ballasttanks – die Haupttanks werden auf der Rückreise als Ballasttanks benutzt.*
4. *Die Versteifungen, die Rahmenversteifungen, sind im Innern der Tanks rundum horizontal angeordnet. Sie unterteilen die eng gesetzten Vertikalversteifungen in mehrere Spannweiten. Die Längsspanten sind an den Schotten abgeschnitten und mit Knieblechen an den öldichten Schotten befestigt. Versenknieten sind an allen öldichten Teilen verwendet.*
5. *Hauptölleitung und Pumpenraum – die Hauptölleitung läuft direkt durch die Tanks auf den Bodenstücken entlang und ist in jedem Tank mit Expansionsstücken versehen. Der Pumpenraum befindet sich hinter dem achtersten Laderaum in einem besonders großen Raum unter Deck. Für die Hauptölleitung sind Saugventile vorgesehen, die von Deck aus bedient werden. Diese Ölleitung wird für Lade- und Löschzwecke benutzt.*
6. *Entgasungsrohre – auf jedem Ausdehnungstank sind Entgasungsrohre mit Ausdehnungsbogen angebracht.*

Am 10. Juli 1886 geht die GLÜCKAUF auf Probefahrt. Sie ist der erste hochseegängige Tankdampfer in der atlantischen Überseefahrt.

Rechts: Farbige Zeichnung des dänischen Tankers CHRISTINE, der 1890 von der Werft Burmeister & Wain für die Danske Petroleum AG in Aarhus gebaut wurde. Die CHRISTINE erhielt die höchste Klasse vom Bureau Véritas, da sie außer dem üblichen Längsschott und den Querschotten noch zusätzlich 6 Raumspanten als Verstärkungen und außerdem eine Anzahl Längsversteifungen hatte.

Kaspische Meer und die Wolga in kleinen Binnenseedampfern verfrachtet, die er zuerst als Tank-im-Tank-Schiffe konstruieren und bauen läßt, dann – erstmals mit der MOSES – als Einhüllentanker, das heißt mit dem Eisenrumpf als Außenhaut, wobei er bereits die oberste Sprosse der Wunschleiter in diesem speziellen Transportsystem erklommen hat.

Da immer mehr Petroleumsegler aller Typen wie auch abgedankte Clipper mit ihrer übelriechenden, explosiven Fracht in mehr oder weniger lecken Fässern kreuzen, wobei so manches Schiff spurlos verlorengeht, plagt nicht nur Wilhelm Anton Riedemann das Problem, ob man dieses Petroleum nicht doch als Pumpgut und damit billiger und bequemer in *bulk* über See transportieren könne. Auch hier kommt es zu den verschiedensten Versuchen. Jedenfalls läßt Riedemann das Vollschiff ANDROMEDA bei Tecklenborg vom Faßschiff zum Tankschiff umwandeln. Dabei werden insgesamt 72 Tanks eingebaut. Statt 12 000 Barrels kann nun Petroleum für 17 000 Barrels lose geladen werden. Es gibt keine leeren Fässer mehr, die umständlich und zeitraubend zurücktransportiert werden müssen. Überhaupt: Laden und Löschen sind vereinfacht. Der Erfolg des Segeltankers ANDROMEDA macht Schule. Der Wunsch nach einem Tankdampfer wird jedoch immer stärker, je mehr die Dampfer ins Geschäft kommen. Auch hier, wo im Hinblick auf die Kesselfeuer Angst wegen der vermeintlich höheren Explosionsgefahr die Entschlußkraft und den Unternehmergeist hemmt, wird zunächst versucht und experimentiert. So etwa mit dem Zweihüllentankdampfer SVEAT oder dem umgebauten Frachter FERGUSON. Und auf den Reißbrettern von

Henry F. Swan, dem Chefkonstrukteur bei Armstrong, Mitchel & Co. in Newcastle in England, entstehen erstmals von Lloyds respektierte Risse für ein Einhüllenschiff zum Transport von Petroleum in *bulk*. W. A. Riedemann, der mit seinem Plan, den nackten Laderaum ohne zusätzliche Einbauten als Tankraum zu nutzen, bei den deutschen Werften vor verschlossenen Türen steht, weicht daher zu Armstrong, Mitchel & Co. aus. Einfluß auf diese Entwicklung hat zweifellos auch S. Almquist, der Cheftechniker der schwedischen Motala-Lindholmen-Werft, welche mit der einhülligen MOSES die nicht wegzudiskutierende Urgroßmutter des klassischen Tankschifftyps erbaut hatte und nun den Einhüllentanker PETROLEA auf dem Helgen hat. Bei Armstrong, Mitchel & Co. entsteht wenig später im Auftrag von Wilhelm Anton Riedemann der Tankdampfer GLÜCKAUF. Er ist 97,00 m lang und 11,40 m breit und 2145 BRT/1656 NRT groß. Er darf als der erste echt gefahrene Einhüllentankdampfer gelten, denn die zwar früher begonnene PETROLEA wird erst später fertig.
Der erste in Deutschland erbaute Tanker ist die 1893 beim Stettiner Vulcan entstehende 5350 tdw/3700 BRT große DEUTSCHLAND. Sie ist für die von W. A. Riedemann zusammen mit seinem neuen Bremer Partner Schütte und der Standard Oil (Esso) gegründete Deutsch-Amerikanische Petroleumgesellschaft (DAPG) in Bremen bestimmt.
An Besonderheiten sind bis zum Ersten Weltkrieg zu erwähnen: Das erste Tankmotorschiff, die 4665 BRT große EMANUEL NOBEL aus den Jahren 1909/10, und der erste deutsche Motortanker, die 8220 tdw/5460 BRT große HAGEN, die von der Germaniawerft in Kiel 1912 erbaut wird. Im Mittel sind die Tanker bis 1914 etwa zwischen 5000 und 6000 BRT groß. Es gibt auch Ausnahmen, eine ist die 1914 bei den Howaldtswerken in Kiel für die DAPG erbaute JUPITER (17280 tdw/10073 BRT), die vorübergehend sogar das größte Tankschiff der Welt ist. Bei den Tankern ist erstmalig ein echter Superlativ zu verzeichnen, als die für die Imperial Oil beim Bremer Vulkan 1928 erbaute C. O. STILLMAN mit 23078 tdw/16436 BRT nicht nur als der größte Tanker, sondern auch als das größte Motorschiff der Welt vom Stapel läuft.
Ein Charakteristikum der Zeitphase zwischen den Kriegen ist der erhöhte, permanent zunehmende Bedarf an Heizöl und Treiböl. Nicht nur an Land setzt sich die ölbefeuerte Heizung durch, auch an Bord führt sie sich immer mehr statt der raumfressenden Kohle ein. Der Bedarf an Treiböl für Dieselmotoren wächst mit der zunehmenden Zahl der Motorschiffe. Dazu kommen Schmieröle und andere Derivate, deren Importe ebenfalls zunehmen. Die aufblühende wirtschaftliche Bedeutung der Tankschiffahrt spiegelt sich drastisch in den Weltjahresablieferungen an Tankertonnage wider:

1923	169 690 BRT
1934	248 578 BRT
1935	313 795 BRT
1936	600 896 BRT

Nach den düsteren Jahren während und nach dem Zweiten Weltkrieg erlebt die Weltwirtschaft einen allgemeinen, starken Aufschwung. Nun nimmt der Bedarf nach Ölprodukten nahezu explosiv zu, was sich für die Schiffahrt in immer größeren Tankern widerspiegelt. Von den fünfziger Jahren an ist auch die deutsche Werftindustrie wieder konkurrenzfähig, und ein erster Markstein wird 1953 gesetzt. Es ist der 25. Juli, ein Sonnabend, ein Tag, der für Hamburg zum Volksfest wird. Die Hamburger sind rein aus dem Häuschen. Wer keinen Platz auf dem Gelände der Howaldtswerke gefunden hat, säumt die Kais und die Höfe. So viele Menschen hat der Hamburger Hafen seit Jahrzehnten nicht mehr bei einem Stapellauf gesehen, denn die Howaldtswerke haben gewagt, wofür es kein Vorbild gibt: den Bau eines Turbinentankers von einer Tragfähigkeit, wie der griechische Reeder Onassis sie bei seiner Auftragsvergabe forderte: »etwa zwischen 40000 und 45000 tdw«.
Der technische Stab der Werft war sich klar darüber, daß diese Forderung einen gewaltigen Schritt über die vorhandenen Erfahrungswerte hinaus ist, daß sie aber auch einer weltweit bedeutungsvollen Pionierarbeit gleichzusetzen ist. Atemlose Stille auf der Werft, wo bunte Flaggen im Wind flattern, als des Reeders fünf Jahre alter Sohn Alexander das Zeichen zum Lösen der Stopper gibt, zum *let go* für genau 12656 t Schiffbaustahl.
Welch ein Bild: Der Welt größtes Tankschiff, das zugleich der Superlativ aller Frachtschiffe ist, kommt mit der Eleganz und Beschwingtheit einer Yacht zu Wasser. Eine leichte, fast nur angedeutete Verbeugung – der Riese schwimmt.
Fertiggebaut und ausgerüstet, stellt sich die TINA ONASSIS mit 45242 tdw/25010 BRT vor. Die Vorteile überzeugen sofort: Dieser 45000-Tonner braucht für eine dreieinhalbmal größere Transportleistung nur etwa acht bis zehn Mann mehr an Besatzung als ein T2-Tanker, ein amerikanischer Standardtyp des Zweiten Weltkriegs. Bei 17 kn Geschwindigkeit verbraucht die TINA ONASSIS 95 t Brennstoff am Tag, ein nur 14,5 kn schneller T2-Tanker benötigt 50 t. Proportional zur Größe müßte der Verbrauch bei der TINA ONASSIS 170 t betragen. Der Kapitalaufwand für den Riesen liegt je Tonne Tragfähigkeit um etwa 30 Prozent niedriger als der für Tanker, die dem T2-Typ entsprechen.
Mit der Indienststellung der TINA ONASSIS, auf der jeder Seemann – auch der Moses – seine eigene Kammer hat, beginnt nicht nur für die Tankschiffahrt eine neue Ära. Der Trend zum größeren Schiff und zum Spezialschiff zugleich beginnt. Eine Wandlung im Schiffbau, wo die Reedereien mit ihrer Forderung nach Senkung der Transportkosten auch weiterhin Impulsgeber bleiben, bahnt sich an. Aber: Größere Schiffe bedingen für die Häfen erhebliche Investitionen – größere Wassertiefen, größere Kailängen, größeren Tanklagerraum. Eine Lawine kommt in Bewegung.
Die weltweite Motorisierung und die neuartige, riesige Petrochemie, als ein Mädchen für alles, für ein Leben in Fortschritt und Wohlstand und Bequemlichkeit, fordern Tribut. Immer höhere Löhne sind die Folge, um das Wohlstandsdenken und -leben zu befriedigen. Seit dem Weltwunder TINA ONASSIS und dem Beginn des ersten Nahostkonflikts (1954–1956) schlägt die nasse Fracht viele unternehmerische Kräfte in ihren Bann. Dem Seeverkehr mit Crude-Oil beladenen Tankern werden für die nächste und künftige Zeit Traumchancen in den kaufmännischen Kalkulationen eingeräumt. Tanker von 45000 bis 50000 tdw gehören jetzt zum normalen Bauprogramm vieler Werften.
1959 ist der Hunderttausender kein wilder Traum mehr. In Japan kommt die UNIVERSE APOLLO mit 106190 tdw in Dienst. Bis hierher und nicht weiter – das resümieren hochangesehene Fachzeitschriften. Einhunderttausend Tonnen gelten als die absolute Endstufe.
1965: Die neue, japanische NISSHO MARU ist 132334 tdw groß, sie kann sofort und ohne Einschränkung zwischen dem Land der aufgehenden Sonne und dem Persischen Golf eingesetzt werden. 1966 überschreiten die Japaner mit der 153685 tdw großen TOKYO MARU erstmals die 300-Meter-Grenze in der Schiffslänge, mit genau 306,50 m.
Nun aber verkünden auch die Japaner: »Mit 150000 Tonnen hat die Größenentwicklung ihren Abschluß gefunden.« Doch zur gleichen Zeit bauen sie insgeheim nicht nur ein Dock für 200000-Tonner, auch der erste VLCC *(Very Large*

Crude Carrier) dieser Größe steht ja nicht mehr bloß auf dem Papier. Und 1966 ist er da: die 213 360 tdw große IDEMITSU MARU. Und wieder sagen die Fachleute zu den ersten 200 000-Tonnern: Das ist nun wirklich das eben noch schiffbautechnisch zu verantwortende Nonplusultra.

In der Tat hat man mit den ersten 200 000-Tonnern schwere technische, ja dramatische Probleme durch gefährliche Schub- und Beulkräfte im Schiff, denen man anfangs durch Verstärkungen der Verbände und später durch die neuen gewichteinsparenden hochfesten Stähle (HF-Stähle) für die Verbände begegnen kann.

Während nun (ausgelöst durch die erzwungene Europafahrt ums Kap der Guten Hoffnung wegen des Krieges zwischen Ägypten und Israel und der daraus resultierenden Sperrung des Suezkanals) 200 000- bis 250 000-Tonner am laufenden Band in Dienst kommen (darunter auch der hervorragende 255 000 tdw große Kap-Typ der AG »Weser«, Bremen), erblicken neue Superlative das Licht dieser hektischen Welt: 1968 die UNIVERSE IRELAND in der Serie von 326 000-tdw-Tankern der amerikanischen Gulf Oil und 1971 die 372 698 tdw große NISSEKI MARU aus Japan. »Über 400 000 tdw gibt es eine schiffbautechnische Katastrophe«, so beschwört die Presse, so orakeln die Exper-

Eines der nicht wenigen Probleme von Großtankern über 200 000 tdw ist der große Tiefgang, und so waren beispielsweise im Jahre 1968 erst neun Häfen in der Welt so ausgebaut, daß sie diese Tankerriesen aufnehmen konnten. Man baut daher außerhalb der Häfen künstliche Inseln oder Ladebojen, wie hier am Beispiel des großen Tanker-Terminals vor der Insel Kharg im Persischen Golf verwirklicht.

ten, die außerdem warnen, daß es, abgesehen von Bau- und Antriebsproblemen, gar nicht genügend Großdocks für Reparaturen geben würde, daß der Aufwand für Sicherheit gegen Feuer, Explosionen, Kollisionen, Grundberührungen immer größer, die Begehung der Tanks immer schwieriger würde.

Keine der düsteren Prophezeiungen trifft ein, nachdem man 1973 in Japan den neuen Ultra-Superlativ GLOBTIK TOKYO mit 483 664 tdw/238 232 BRT in Dienst gestellt hat und sogar von einem 600 000 Tonner spricht und auch die Millionengrenze in Japan bereits als unproblematisch durchgerechnet hat. Der Mensch versuche die Götter nicht: Dieses Ungetüm soll 492 m lang und 88 m breit werden, eine Seitenhöhe von 45 m und einen Tiefgang von 35 m, aber nur zweimal 45 000 PSw haben. All das geschieht 1973, als es zum Jom-Kippur-Krieg und zur bisher größten Ölkrise für die erdölverbrauchenden Länder kommt. Die sich wie selten einigen Araber (der Suezkanal wird nach Kriegsende wieder in Betrieb genommen und vertieft) drosseln die Erdölexporte und schalten sich nun selbst ins Raffinerie- und Tankergeschäft ein. Der gesamte Tankermarkt gerät angesichts des an sich schon lange drohenden Überangebots an Tankertonnage ins Wanken. Bauaufträge von VLCCs und ULCCs werden storniert, Supertanker werden aus der Fahrt gezogen. Einige werden umgebaut. Viele werden aufgelegt. Ältere Tanker werden vorzeitig abgewrackt. Das *slow steaming,* ein kalkulatorischer Kaugummi, kommt in Mode, und kleinere Typen sind wieder *in,* jene vor allem, die auch den noch nicht vertieften Suez benutzen können.

Die Tankerreedereien segeln am schmalen Grat der Unwirtschaftlichkeit entlang. Weniger die Multis, es trifft mehr die Freien. Konkurse bleiben nicht aus. Dennoch wird ein nicht geringer Teil von VLCCs und ULCCs weiter- und fertiggebaut. Einige werden dabei im Baustadium oder auch als für den Auftrag-

geber unrentabel gewordener Fertigbau von den Arabern angekauft, andere von diesen direkt bestellt.
Quasi als provozierende Krönung folgen noch einige Halbmillionentonner, zwei mit 508 731 tdw für die Exxon, vier für die Shell. An der Spitze der Mammut-ULCCs steht die französische PRAIRAL mit 555 000 tdw. Während bei den Werften Massenentlassungen nicht ausbleiben, machen die Reeder, von denen in Deutschland nicht wenige ihre Schiffe im billigeren Ausland ordern, um existenzfähig zu bleiben, auch von den »billigen Flaggen« Gebrauch. Diese setzen sich über die kostenintensiven Vorschriften der Schiffsbemannung im eigenen Lande durch Personaleinsparungen einfach hinweg. Ein anderes Problem sind die Unterbietungen der Frachtraten durch die sozialistischen Staaten mit ihren staatseigenen Reedereien. Unter den billigen Flaggen fahren auch Schiffe hochangesehener Reeder, aber in manchen Ländern auch genug andere, nur auf Spekulation bedachte Unternehmer, hier und dort mit Kapitänen auf der Brücke, die ihr Kapitänspatent zum Beispiel in Panama über einen vorgelegten (meist auch noch käuflich erworbenen) Motorbootführerschein eingehandelt haben und deren Schiffe Mängel über Mängel aufweisen. Das mit dem Erfolg, daß sich die Unfälle auf See meh-

Am 8. Oktober 1975 wird bei der Howaldtswerke/Deutsche Werft AG in Kiel der Tanker HEINRICH ESSBERGER fertiggestellt, der mit 73 918 BRT/144 150 tdw größenmäßig allerdings nur zur Mittelklasse der Tanker zählt. Immerhin hat die deutsche Werftindustrie bewiesen, daß sie ohne weiteres in der Lage ist, leistungsfähige Tanker zu bauen, und die Voraussetzungen selbst für Giganten mit 700 000 tdw sind vorhanden, aber die veränderten wirtschaftlichen Verhältnisse und Anforderungen der achtziger Jahre blockieren diesen Markt vorerst. Der interessanteste und gelungenste Typ ist der EUROPA-Tanker der AG »Weser«, Bremen, etwa 392 000 tdw große Schiffe mit günstigster L/B-Relation für relativ geringen Tiefgang und als Einschraubenschiffe mit ausgereifter Wirtschaftlichkeit.

ren, statt abzunehmen. Und das trotz verfeinerter Techniken in der Navigation und im Schiffsbetrieb, trotz Kontrolleinrichtungen und Sicherheitsvorschriften.
Daß die Tanker nicht immer ideale Transportbehälter für die Seefahrt sind, beweisen die vielen Unfälle: die Explosionen, die entsetzlichen Brände, die Kollisionen und Strandungen randvoll mit Öl beladener Schiffe, oft mit katastrophalen Folgen für die Umwelt. Einer der letzten besonders schweren Unfälle war die Strandung der AMOCO CADIZ vor der Bretagne. Fast ausschließlich waren – und das muß einmal gesagt werden – Tanker zweiter oder dritter Garnitur (auch was die Schiffsführungen und die Besatzungen angeht) daran beteiligt, meist solche unter Billigflaggen, Schiffe, die Reeder der Multis im Ölgeschäft oder andere renommierte Unternehmen auch bei einem noch so großen Tankschiffraumbedarf auf keinen Fall gechartert haben würden.
Neben den Tankern und deren verschiedenen Variationen gibt es noch eine große Palette von Spezialschiffen aller Art und für jeden Zweck. Es gibt Fährschiffe, Kühlschiffe, die verschiedenen Schiffstypen der Fischereiwirtschaft, Containerschiffe, Bergungsschiffe und noch viele andere, auf die im Rahmen dieser Arbeit nicht detailliert eingegangen werden kann.

Links: In den siebziger Jahren explodiert der Tankerbau geradezu. Starke Überkapazitäten sind die Folge. Deshalb wollen auch Gerüchte nicht verstummen, daß der nagelneue Supertanker OLYMPIC BRAVERY seine Jungfernreise und sein Leben am 24. Januar 1976 nach nur 35 sm nicht ganz ohne menschliches Zutun an einem Felsen vor der Küste von Brest beendete.

Oben rechts: 1976 kommt die BATILLUS mit 273 550 BRT/553 662 tdw in Dienst, gebaut bei Chantiers de l'Atlantique in St. Nazaire. Zur Zeit (Anfang 1982) ist die SEAWISE GIANT mit 563 000 tdw der größte Tanker der Welt.

Rechts unten: Schemazeichnung der GLOBTIK TOKYO, die im Februar 1973 ihre Probefahrt antritt und mit 483 664 tdw die Türe zu damals unvorstellbaren Größenordnungen aufstößt.

BATILLUS
FOS-SUR-MER

GLOBTIK TANKERS
0
50
100
FEET

TARRAGONA

Die Zeit des empirischen Schiffbaus, basierend ausschließlich auf Erfahrung und Überlieferung, ist längst vorbei. Ohne wissenschaftliche Methoden, ausgewertet in Großrechnern, wäre es heute keiner Werft mehr möglich, konkurrenzfähige Schiffe zu bauen. Einer der ersten, der durch Modellversuche zur optimalen Schiffsform zu finden suchte, war der Engländer William Froude (1810–1879), der unter anderem 1872 auch ein Gerät entwickelte, mit dem man den Konstruktionszeichnungen entsprechende Wachsmodelle herstellen konnte. In Schleppversuchen konnte der Wellenwiderstand (Froudesche Zahl) ermittelt werden und somit die erforderliche Antriebsleistung für das zu bauende Schiff (linke Seite unten).

Die optimale Schiffsform hängt von vielen Faktoren ab. So ist von Bedeutung, zu welchem Zweck das Schiff einmal eingesetzt werden soll, seine Größe, Tragfähigkeit, erwünschte Geschwindigkeit und anderes. Bevorzugte man bis in die sechziger Jahre beispielsweise bei Frachtern noch scharfe Bugformen (rechts), so haben sich heute – vor allem bei Tankern – volle, runde Formen durchgesetzt (links), meist in Verbindung mit einem nasenähnlichen Vorsprung in Höhe der Wasserlinie, dem Bugwulst.

Technik rund ums Schiff

Schiffbau gestern und heute

Allgemein hat sich im Laufe des 19. Jahrhunderts das eiserne bzw. stählerne Dampfschiff gegenüber dem Holzschiffbau, der allenfalls noch bei kleineren Segelschiffen und in den USA bei den großen Schonern bevorzugt wird, endgültig durchgesetzt.
Der Schiffbau ist auf jeden Fall zur echten Wissenschaft geworden, die lehrt, ein Schiff nach mathematischen, mechanischen und physikalischen Grundsätzen zu bauen. Für den Entwurf, der meist von der Bauwerft angefertigt wird, hat der Reeder als Auftraggeber und Kostenträger klare Vorstellungen für ein Schiff, das für den beabsichtigten Verwendungszweck, das Fahrgebiet und den Ladungsanfall den optimalen Basiswerten entspricht. Zu den Reedereiforderungen sind unter anderem zu zählen:
die Schwimmfähigkeit nach den von Archimedes formulierten Prinzipien;
die Festigkeit des Schiffskörpers;
die Standfestigkeit, die heute als Stabilität bezeichnet wird.
Außerdem sind von Wichtigkeit die gute Seefähigkeit, die Schiffsgröße, die Tragfähigkeit, die Geschwindigkeit, die Einrichtungen für besondere Arten der Ladung und der Passagiere und anderes mehr.
Die Schiffsform wurde bisher nach den Erfahrungen früher gebauter Schiffe bestimmt, so zum Beispiel nach den Normandschen Formeln. Um die Zeit der Jahrhundertwende bedient man sich bereits der Modellschleppversuche.
Der nächste Schritt ist das Zeichnen der Risse, zu denen zu zählen sind:

1. der Wasserlinienriß (Schnittebenen, die parallel zur Schwimmwasserlinie liegen),
2. der Seitenriß (Schnittlinien vertikaler Ebenen parallel zur Längsachse der Rumpffläche),
3. die Senten (die durch Schrägschnitt entstehen und dem wirklichen Stromlinienverlauf am nächsten kommen),
4. das Straken (das beim Erarbeiten des Linienrisses erforderliche Zuordnen jedes einzelnen Punktes der in den Schnittlinien dargestellten Schiffsoberfläche).

Die Raumaufteilung des Schiffes ist dem Generalplan zu entnehmen. In ihm sind die einzelnen Decks mit ihrer Einrichtung dargestellt. Die Grundlage für die Ausführung der Konstruktion ist dann die Hauptspantzeichnung. Diese ist von einer Klassifikationsgesellschaft zu genehmigen.
Der nächste Schritt führt auf den Schnürboden. Hier wird der Linienriß aufgezeichnet, von dem alle Maße der Schiffsform entnommen werden. Nach traditioneller Methode wird der Spantenriß in natürlicher Größe in den Holzboden eingeritzt, werden Maßlatten und Holzmodelle für das Anzeichnen und Verformen der Platten angefertigt. In der Anzeichnerei werden danach die Bleche und die Profile für die Bearbeitung ausgezeichnet. Die Bleche werden zu den Bearbeitungshallen transportiert und zunächst die Schneidarbeiten mit Tafelscheren oder Brennschneidemaschinen ausgeführt. Die geschnittenen Platten werden sodann den Pressen zur Kalt- oder Warmverformung zugeführt, die Spantprofile werden entweder im »Boxer« kalt oder im Glühofen warm verformt.
Zusammengebaut werden die fertig bearbeiteten Profile und Platten auf der Helling. Eine solche Helling ist beidseitig mit gitterartigen Stahlgerüsten versehen, die mit fahrbaren Kränen oder ganzen Kransystemen ausgerüstet sind, denn noch muß Teil für Teil – kleine, kleinste sowie große und schwere – in den Neubau eingesetzt werden.

Links: Während der eigentliche Schiffskörper im Dock oder auf der Helling entsteht, werden heutzutage andere Teile, wie zum Beispiel das Deckshaus, auf speziellen Montageplätzen fertiggestellt und sofort nach dem Ausdocken beziehungsweise dem Stapellauf mit Hilfe von Schwimmkränen an Deck gesetzt.

Rechte Seite: Auf der Helling (ein aus dem Niederländischen stammendes Wort, das soviel wie Schräge bedeutet), jenem zum Wasser geneigten Bauplatz für Schiffe, werden die Flach- und Volumensektionen des Rumpfes montiert. Ist die Montage abgeschlossen, folgt die maschinenbauliche Ausrüstung mit Pumpen, Rohrleitungen, Ventilen, Hilfsmaschinen und Zubehör.

Nächste Doppelseite: Trotz aller statischen Berechnungen und Absicherungen ist der Stapellauf eines Schiffes noch immer ein aufregender Moment und Höhepunkt des Schiffbaus schlechthin, treten hierbei doch enorme Belastungen am Schiffskörper auf. Im allgemeinen gleitet das Schiff mit dem Heck voraus in sein Element, um eine stärkere Abbremsung zu erzielen.

Beim normalen Stapellauf, also mit dem Heck voraus, erfährt das Schiff die stärkste Belastung in dem Augenblick, in dem das Heck auf das Wasser aufsetzt und das Vorschiff noch auf dem Helgen ruht. Die Durchbiegungskräfte bei diesem *»sagging moment«* sind enorm.
Es ist aber auch möglich, Schiffe in flutbaren Docks zu bauen. Hier vollzieht sich der »Stapellauf« ohne Probleme, denn man läßt den Neubau nach dem Fluten des Docks einfach aufschwimmen. Allerdings wird das Schiff hierbei nicht dem Kriterium des Heckstapellaufs und damit einer extremen Belastungsprüfung ausgesetzt.
Um die Zeit vor dem Ersten Weltkrieg war der Bau eines Ozeanriesen ein aufregendes Erlebnis. Wenn man nur beispielsweise an die 51969 BRT große IMPERATOR denkt, die 1912 bei der Hamburger Schwester des Stettiner Vulcan in den ortsüblichen Nieselhimmel hineinwächst: ein 277,10 m langes und 29,90 m breites Stahlgerüst mit grammweise berechneten Verstärkungen im Inneren, die Wrangen, Spanten, Decksbalken, Mittelträger, Seitenträger, Seitenstringer, Längsschotte, Kollisionsschotte usw. geheißen werden. Wer sich auf dem Neubau aufhält, im schmerzhaften Lärm der Preßluftbohrer und Preßlufthämmer, der muß sich über das Geschlinge und Gewirr von Luftschläuchen und Zuleitungen hinwegtasten, durch ein scheinbar irres, in Wirklichkeit aber wohldurchdachtes und geordnetes Durcheinander. Zweieinhalb Millionen Nietlöcher sind beim ersten Liner der IMPERATOR-Klasse in die Stahlplatten zu bohren. Die gleiche Zahl an glühend gemachten Nieten ist zu schlagen. Rund 50 laufende Kilometer an Nähten und Stößen der Platten sind auf Wasserdichtigkeit zu stemmen. Das sind nur einige Zahlen aus der Rumpffertigung, während einer langen Zeit auf der Helling, in der das Schiff in vielen kleinen Montagevorgängen entsteht.
Nach dem Stapellauf, der um diese Zeit noch immer eine festliche, ja feierliche Attraktion vor höchsten Würdenträgern ist, wird das Schiff an den Ausrüstungskai gelegt. Hier werden nun die maschinellen Anlagen und die sonstigen Einrichtungen eingebaut.
Auf der Werftprobefahrt wird das Schiff dem Reeder und seinen Gästen vorgeführt, gleichzeitig testen Fachleute alle Funktionen. Werden die Erwartungen erfüllt, so steht der Übergabe und der Indienststellung nichts mehr im Wege. Nur in seltenen Fällen müssen noch Nachkorrekturen vorgenommen werden. Soviel bis zum Ersten Weltkrieg.
Im Prinzip ändert sich im Laufe der Jahrzehnte im Helling- oder Dockbau der Schiffe nach dem Ersten Weltkrieg nur wenig. Später, nach dem Zweiten Weltkrieg, wird man auf die Hellinggerüste verzichten und die Docks mit verfahrbaren Schwergutkränen, sogenannten Portalkränen, für Gewichte bis 750 t und mehr ausrüsten. Hand in Hand geht hier der Schiffbau selbst, bei dem nun nach der Kiellegung nicht mehr Bodenwrange an Bodenwrange, Spant an Spant und Platte an Platte gefügt wird, sondern bei dem zuerst Teile und später ganze Sektionen »an Land« und hier in einer vom Wetter unabhängigen Schiffbauhalle bequemer, leichter, zuverlässiger und darum kostengünstiger vorgefertigt und auf der Helling bzw. im Dock angepaßt oder aufgesetzt werden.
Schließlich und endlich wird aus der Sektionsbauweise der Volumenbau für noch größere, ebenfalls in Hallen vorgefertigte Baukörper. Hier wächst das Schiff sozusagen in Raten zusammen. Eine Kiellegung gibt es nicht mehr. Hier wird auch der Zusammenbau der Volumenteile in Hallen vollzogen, um noch schneller und rationeller zu sein. Bei solchen in Scheiben gebauten Schiffen kann das Vorschiff in dem einen Dock, das Achterschiff in einem anderen gebaut und das Schiff sogar im Wasser zusammengefügt werden.
Eine der Voraussetzungen für diesen Teilebau ist neben dem immer »sauberer« werdenden Brennschneiden das moderne Lichtbogenschweißen, das auch das Vernieten der Außenhautplatten überflüssig macht.
Auch in der Aufbereitung der zu verarbeitenden Teile setzen sich Neuerungen durch, so daß man bald auf den Schnürboden verzichten kann, auf dem einst das Netz der Spanten durch Schnurschlag aufgerissen und in dieses der Linienriß, die Steven, die Spanten usw. in natürlicher Größe auf den als Zeichenfläche dienenden Boden eingesetzt wurden. Heute werden die Daten der vorberechneten Schiffteile in vollautomatische Brennschneidemaschinen eingegeben, welche die Schiffbauplatten in die verlangten Formen zuschneiden, um in Verbindung mit den tragenden Elementen zu ganzen Schiffsteilen zusammengeschweißt zu werden.
Eine besondere Rolle spielt bei der Fertigung eines modernen Schiffes die Netzplan-

LADY CLIO

CHR. KOLKEN
CHR. KOLKEN
CHR. KOLKEN

Oben: Ein buntes und lebendiges Bild, nicht ohne einen Hauch von Romantik, zeigt die historische Aufnahme aus dem September 1907 auf dem Tyne vor Newcastle. Der berühmte Schnelldampfer MAURETANIA läuft zur Probefahrt aus, nachdem er am 20. September 1906 auf der Werft von Swan, Hunter & Wigham Richardson vom Stapel kam. Mit 31 938 BRT war die MAURETANIA zu ihrer Zeit das größte Schiff der Welt und gleichzeitig mit dem Schwesterschiff LUSITANIA das größte, in das Turbinen mit Direktantrieb eingebaut wurden. Die 78 000 PSw verhalfen der MAURETANIA nach ihrer Jungfernreise am 16. November 1907 von Liverpool ausgehend mehrfach zum Blauen Band, zunächst im Wechsel mit der LUSITANIA, ab 1909 jedoch mit 26,06 kn in Ost-West-Richtung unangefochten für zwei Jahrzehnte. Erst 1929 ist mit der BREMEN des Norddeutschen Lloyd ein anderes Schiff auf der klassischen Nordatlantikroute schneller.

Links: Zunächst war es schwierig, die hohen Umdrehungszahlen der Turbine mit den vor allem in der Frachtschiffahrt oft notwendigen langsamen Propellergeschwindigkeiten in Einklang zu bringen. 1910 gelingt es Charles Algernon Parsons, ein Rädergetriebe zwischenzuschalten, womit die Turbine auch dem Gebiet kleiner Leistungen erschlossen werden kann.

technik und das, was man unter praktischer Wertanalyse versteht. Die hochmodernen Computergeräte haben den Schiffbau um weitere Schritte modernisiert, ebenso das neue Codesystem. Heute kann jeder Schiffstyp mit einer solchen Anlage bis ins Detail im voraus berechnet werden.

Antriebsmittel

Bereits aus den 1870er Jahren sind Versuche mit flüssigem Brennstoff als Heizmittel, das heißt mit Öl, bekannt. Die Kohle behauptet sich gegenüber dem sich Anfang des 20. Jahrhunderts nur zögernd einführenden Heizöl, trotz dessen großer Vorteile, als da sind: anderthalbfacher Heizwert, leichtere Unterbringung auch in sonst nicht nutzbaren Räumen, wie etwa in Doppelböden, der Fortfall des Kohlentrimmers und des Aschehievens, der wesentlich größere Aktionsradius und anderes.
Es vergehen noch Jahre, ehe sich das gegenüber der Kohle billigere Heizöl als Heizmaterial in Verbindung mit einer gesicherten weltweiten Versorgung auf den verschiedenen Dampfertypen einführt und nach dem Zweiten Weltkrieg praktisch ausschließlich genutzt wird.
Doch bald schon wird das Erdöl krisenhaft überschattet, erstmals 1973, dann aber 1979 nach der islamischen Revolution im Iran, einem der Hauptlieferanten für das begehrte und lebensnotwendige Erdöl. Das ohnehin nur noch für einige Jahrzehnte lieferbare Erdöl wird zum Politikum und wirtschaftlichen Kriterium. Kostete Schweröl 1970 in Rotterdam noch zehn Dollar pro Barrel (rund 159 Liter), so werden 1979 145 Dollar gefordert. Der Dieselölpreis steigt von 20 Dollar im Jahre 1970 auf 345 anno 1979.
Nach der Iran-Krise steht die Frage mehr denn je im Raum: Wie wird das Schiff von morgen angetrieben? Realistisch denkende Fachleute erwarten bei allen spekulativen Hoffnungen auf Kohle- oder gar Segelantrieb und vor allem auf die Kernenergie keine revolutionären Veränderungen im Schiffsantrieb. Die Schiffsmotorenindustrie stellt sich auf immer schlechtere Brennstoffqualitäten ein.
Der Dieselmotor (insbesondere angesichts des geringen Anteils am Gesamtölverbrauch) wird wohl bis zum Ende dieses Jahrhunderts die dominierende Schiffsantriebsart bleiben.
Kernenergie scheint für die überwiegende Mehrzahl der Schiffe keine Alternative, einfach deshalb, weil der Aufwand für die Sicherheits- und Abschirmeinrichtungen auch bei weiter steigenden Ölpreisen noch immer zu hoch ist.
Kommt das Segelschiff wieder in Fahrt? Im Gespräch ist es zumindest. In Deutschland lehnen erfahrene Kap Hoorniers und andere Kreise das mechanisierte Prölls-modell, das »Dynaschiff«, ab, weil echte Zweifel bestehen, ob die weitgehend mechanische Segelsetz- und Segeleinholvorrichtung auch unter extremen Sturmbelastungen einwandfrei funktioniert. Die Sowjets legten inzwischen Entwürfe für einen 60 000-Tonnen-Segler mit 75 m hohen Masten vor, Geschwindigkeit 23 kn. In Japan macht man bereits Versuche mit dem 83 BRT großen Experimentierschiff MINI DIEGO mit mechanischer Besegelung, das als Modell für den angeblich 1980 beschlossenen Bau eines 25 000-Tonners gilt. In den USA experimentieren Ingenieure des Massachusetts-Instituts mit riesigen Doppelrumpfseglern auf den Reißbrettern. Und der amerikanische Neubau JOHN F. LEWITT, ein vom Typ her konventioneller Küstensegler des Schiffseigners Ned Ackerman, ging 1979, bei der ersten Ausreise von 1500 Zuschauern umjubelt (»Jeder sagte am Anfang, ich sei verrückt, aber die Treibstoffpreise werden nicht sinken.«), im Sturm verloren, aber die Besatzung kam wenigstens davon. Vielleicht liegt die Lösung, wie so oft, in der Mitte.
Im Augenblick steht alles, auch die Seefahrt, unter dem Stichwort »Energieeinsparung«. Dabei können Dank des technischen Fortschritts heute erheblich niedrigere Verbrauchswerte für Dieselmotoren als vor Jahren angegeben werden.
Eines aber steht fest: Das vielbesungene *»slow steaming«* bringt trotz aller Rechenkunststücke nichts, denn verminderte Geschwindigkeit mit geminderter Transportleistung bringt mit längerer Reisedauer zusätzliche Tageskosten.

Die Schiffbetriebstechniken

Die laufenden Verbesserungen der Kolbendampfmaschinen haben im 19. Jahrhundert den Betrieb von Dampfern so rentabel und billig werden lassen, daß sie gegenüber Segelschiffen nun auch auf langen Strecken konkurrieren können. Zu diesem Status haben auch die höheren Dampfdrücke beigetragen, die seit der Entwicklung der Oval- und der späteren Zylinderkessel nunmehr möglich sind. Während die GREAT EASTERN noch mit 1,4 atü fuhr, sind um 1880 schon etwa 5 atü und um 1900 bereits 15 atü üblich. Bei den Zylinderkesseln hat sich der »schottische Kessel« so durchgesetzt, daß er während mehrerer Jahrzehnte hindurch als Schiffkessel schlechthin bezeichnet wird. In der Zeit zwischen 1900 und 1910 (also etwa 100 Jahre nach dem Bau der ersten Schiffsdampfmaschine) erreichen die Kolbendampfmaschinen mit den großen Expansionsmaschinen mit Dampfdrücken um 15 atü bei den großen Schnelldampfern ihren absoluten Höhepunkt. Der Dampf wird in einem Überhitzer schwach überhitzt, an sich nur getrocknet. Weitere Fortschritte bringt der in England entwickelte Turbinenantrieb. Diese Technik hat sich inzwischen auch auf Schiffen eingeführt.
Ab März 1905 macht die 10 635 BRT große VICTORIAN der Allan Line von sich reden, ist sie doch nicht nur das erste Dreischraubenschiff, sondern auch das erste Turbinenschiff in der Nordatlantikfahrt.
Die Vorteile der Turbine sind überzeugend: Fortfall der Erschütterungen durch die hin- und hergehenden Bewegungen von schweren Maschinenteilen der konventionellen Kolbenmaschinen; größere Einfachheit der Bauart und weniger störende Lage im Maschinenraum; leichtere und vereinfachte Wartung, sparsamerer Kohlenverbrauch.

Links: Moderne Hochdruckturbine einer 36 000-PS-Turbineneinheit für Schiffsantrieb

Rechte Seite: Modell einer Gasturbine von Thomson Houston, wie sie 1951 in den 8221 BRT großen Shell-Tanker Auris eingebaut wurde. Die Auris kam ursprünglich als dieselelektrisches Schiff zur Welt. Einer der vier Dieselmotoren wurde ausgebaut und durch eine Gasturbine der British Thomson Houston Co., Rugby gleicher Stärke ersetzt. Noch im gleichen Jahr verläßt die so ausgerüstete Auris Hebburn mit dem Ziel Port Arthur. Auf dieser 5000 sm langen Reise wird das Schiff mit einer Durchschnittsgeschwindigkeit von 9,21 kn gefahren. Diese Werte werden dann mit der ursprünglichen maximalen Geschwindigkeit von 12,85 kn verglichen. Die Gasturbine bleibt fünf Jahre, und zwar 20 150 Stunden, in Betrieb. 1952 überquert die Auris den Atlantik sogar nur mit dieser neuartigen Antriebskraft. Sie ist somit der Welt erstes Schiff, das eine ozeanische Reise mit einer Gasturbine macht.

Nächste Doppelseite: Die Finnjet, am 28. März 1976 auf der Wärtsilä-Werft in Helsinki ausgedockt, ist das interessanteste Schiff mit Gasturbinenantrieb. Das 24 605 BRT große Fährschiff hat Pratt & Whitney Gasturbinen mit 75 000 PSw installiert und schafft die Strecke Travemünde – Helsinki in 22 Stunden, was einer Durchschnittsgeschwindigkeit von 30,5 kn entspricht. Unser Bild zeigt die Finnjet bei Überholungsarbeiten im Dock der Howaldtswerke/Deutsche Werft AG in Kiel.

Allerdings: Turbinengegner gibt es genug, denn dieses System bietet nicht nur Vorteile, wie zum Beispiel 1909 der NDL resümiert. Hier räumt man nicht einmal Schnelldampfern Chancen ein. In der NDL-Schrift »Die Fortschritte des deutschen Schiffbaues« heißt es:
»Wenn die Dampfturbine in der deutschen Handelsschiffahrt nur sehr langsam an Boden gewinnt, so sind die Gründe dafür teils technischer, teils wirtschaftlicher Art. Die technischen Gründe sind darin zu suchen, daß von einer Überlegenheit in vermindertem Kohleverbrauch selbst bei der größten Maschinenleistung gegenüber Kolbenmaschinen noch nicht die Rede sein kann, bei verminderter Maschinenleistung aber, wie sie im Nebel manchmal tagelang unterhalten werden muß, der Kohleverbrauch der Dampfturbine ganz unverhältnismäßig steigt. Dazu kommt, daß der Übergang aus der Vorwärts- in die Rückwärtsfahrt nicht nur starken Dampfverbrauch nötig macht, sondern sich nur durch den Einbau großer Gewichte überhaupt ermöglichen läßt. Außerdem hat sich der erhoffte Gewinn an Raum und Gewicht noch nicht eingestellt.«
In England, dieser vom Meer so abhängigen Nation, werden 1907 – von der britischen Regierung voll subventioniert – das der Cunard Line gehörende 31 550 BRT große Turbinenschiff Lusitania und anderthalb Monate später die mit 31 938 BRT etwas größere Schwester Mauretania in Dienst gestellt. Beide Schiffe sind und bleiben die größten Schiffe, bei denen der Direktantrieb für Turbinen angewendet worden ist.
Daß man in Deutschland den Turbinenantrieb auf transatlantischen Schnelldampfern nicht forciert, hat seinen guten Grund: Der Einbau des von Ernst Otto Schlick 1903 nach ihm benannten Schiffskreisels zur Dämpfung der Schlingerbewegungen hat auch die Folgeerscheinungen der Hin- und Herbewegungen der Kolbendampfmaschinen gemildert, so daß man deren noch unbestrittene Vorzüge gegenüber noch nicht beseitigten Nachteilen des Turbinenantriebes voll nutzen kann.
Inzwischen drängt die weitere Entwicklung auf Untersetzungsgetriebe hin, um den Turbinenantrieb auch der Frachtschiffahrt nutzbar zu machen. 1910 baut Parsons eine Rädergetriebe-Turbinenanlage, die es erlaubt, relativ hohen Turbinengeschwindigkeiten auch langsame Propellergeschwindigkeiten mit günstigem Wirkungsgrad zuzuordnen. Diese Anlage wird noch im gleichen Jahr in den kleinen Frachtdampfer Vespasian eingebaut. Sie bringt einen durchschlagenden Erfolg, denn von jetzt an kann der Turbine auch das Gebiet kleiner Leistungen erschlossen werden. Trotz der Erfolge der Vespasian meint man, daß Turbinen im harten Dienst eines Handelsschiffes viel zu empfindlich sind. Außerdem weist die Turbine im Hinblick auf ein schnelles Umsteuern sowie in der Rückwärtsleistung keine so gute Manövrierfähigkeit wie die Kolbenmaschine auf. Das bessert sich wesentlich durch die Entwicklung des hydrodynamischen Getriebes nach Föttinger. Mit diesem von Professor Hermann Föttinger bereits 1905 erfundenen, aber erst später genutzten Föttinger-Turbo-Transformator ist es gelungen, eine organische Vereinigung von Primär- und Sekundärturbinen zu schaffen. Sie hat einen so hohen Wirkungsgrad, daß die Verwendung von schnellaufenden Dampfturbinen und langsam laufenden Propellern trotz der unvermeidlichen Verluste des zwischengeschalteten »Transformators« gegenüber dem direkten Betrieb noch wesentliche Vorteile bietet.

Der Föttinger-Trafo ist ein Schritt nach vorn, den indessen das wenige Zeit später ausgereifte Zahnradgetriebe überholen wird. Um diese Zeit wird übrigens auch das turboelektrische Verfahren volljährig. Bei ihm werden die Schiffsschrauben durch Elektromotoren angetrieben, die ihrerseits über dampfturbinengetriebene Generatoren mit Strom versorgt werden. Von der Zeit nach dem Ersten Weltkrieg an aber werden nicht nur die Turbinen, die nunmehr nur noch als Getriebeturbinen in Dienst kommen, sondern auch die verschiedensten Kesselsysteme laufend verbessert. Mit zunehmender Erfahrung im Kesselbau, der Verwendung hochwertiger Werkstoffe, verbunden mit einer sorgfältigen Überwachung, nimmt auch die Zahl der verheerenden Kesselexplosionen ab.
In der Beheizung der Dampfkessel – inzwischen hat sich der Wasserrohrkessel eingeführt – ist vor allem der in die Zeit nach dem Ersten Weltkrieg fallende Übergang von der Kohle zum Heizöl bemerkenswert. Im Wettstreit mit dem Motorenantrieb ist man in den letzten Jahrzehnten bemüht, die Schiffsdampfanlagen weiter zu verbessern, wobei das Problem hier mehr in der wärmetechnischen Verknüpfung von Kessel und Turbine zu suchen ist. Zu den Verbesserungen zählen auch die vollständig geschweißten Kessel. Hier sind alle Kesselwände gekühlt, so daß der Kessel nicht mehr ausgemauert zu werden braucht. Die Dampfturbinenbauer versprechen weitere technische Novitäten zur sparsameren Nutzung der Brennstoffe bis zu 15 Prozent, so durch Erhöhung des Dampfdrucks, durch Vorerhitzung des Kesselspeisewassers und dergleichen.
Mehr Wirtschaftlichkeit ist im Zeichen der Ölkrise oberstes Gebot. Dazu zählt auch die weiter verbesserte Zwischenüberhitzung. Hierbei wird der Dampf, der sich in der Hochdruckturbine entspannt hat, nochmals in den Kessel geleitet und dort wieder auf die ursprüngliche Temperatur aufgeheizt.
Obwohl in der Bundesrepublik Deutschland und in Italien seit 1978 zugunsten der Dieselmotoren keine Schiffsdampfanlagen mehr in Neubauten eingebaut worden sind, so wertet man in der internationalen Schiffahrt die Dampfanlage nach wie vor als wettbewerbsfähige Alternative gegenüber dem vordrängenden Dieselmotor. Für den Wirtschaftlichkeitsvergleich mit anderen Antriebssystemen sind ja nicht nur die reinen Brennstoffkosten, sondern die gesamten Betriebskosten maßgebend. Die Überlegung, daß die drastische Verschlechterung der Brennstofflage zur Wiedereinführung der Kohle als Kraftstoff für die Schiffahrt und damit wieder zu einem verstärkten Bedarf an Dampfanlagen hinführen wird, kontern die Motorenbauer, indem sie versprechen, in Zukunft Motoren auch mit Brennstoffen minderer und somit billigerer Qualitäten betreiben zu können.
Hier noch eine Anmerkung zu einem Spezialantrieb, zur Gasturbine. Von dieser Turbine hat man sich vor allem wegen des geringen Raumbedarfs und der hohen Leistung nach den ersten Versuchen mit dem Shell-Dampfer AURIS (1951) hohen Nutzen versprochen. Diese Turbinen sind inzwischen jedoch bei der Handelsschiffahrt für Neubauten völlig vom Dieselmotor verdrängt worden. Die Gasturbine hat allerdings für bestimmte Kriegsschifftypen noch Bedeutung, vor allem auch neben Marschmotoren als Anlagen für Höchstfahrstufen.
Interessantestes Schiff unter den Handelsschiffen mit Gasturbinen ist die finnische Ostseefähre FINNJET, die mit ihren 30,5 kn und 24 605 BRT die Verbindung zwischen Helsinki und Travemünde für 1500 Passagiere, 30 Lkw und 220 Pkw auf nur noch 22 Stunden zusammenschrumpfen läßt.

Der Dieselmotorantrieb

Ab 1910 führt sich der 1892 von Rudolf Diesel patentierte Dieselmotor nach Versuchen auf Kriegsschiffen und kleineren Tankern auch auf Handelsschiffen ein. Für die U-Boot-Entwicklung ist dieser Stand in der Antriebstechnik für die Überwasserfahrt ein Meilenstein, denn erst der Dieselmotor macht aus der bisherigen Defensivwaffe eine Offensivwaffe.
Von besonderem Interesse aber ist die 1909 von der Marine bei der MAN bestellte erste Dieselmaschine für 12 000 PSe als die bisher größte Anlage dieser Art. Vorausgegangen war eine am 12. August 1909 von der MAN an das Reichsmarineamt gerichtete Anfrage, ob das Amt Interesse am Einbau von Dieselmaschinen in Kriegsschiffe habe. Das Reichsmarineamt ging auf diese Anregung ein. In einer Besprechung, die schon am 25. September 1909 in Nürnberg stattfand, führte es zur Frage der benötigten Motorleistung aus, daß nach Ansicht der Marineleitung für den Antrieb von Kriegsschiffen nur Großdieselmaschinen mit Zylinderleistungen von 2000 PSe in Frage kämen. MAN erklärte sich zum Bau eines Sechszylindermotors von 12 000 PS bereit. Die MAN hatte für diesen Großmotor das Zweitaktverfahren und als Zylinderabmessungen einen Durchmesser von 850 mm und einen Hub von 1050 mm vorgesehen.
Am 26. März 1911, also nach einer Bauzeit von einem Jahr, wird ein Dreizylinderaggregat in Betrieb genommen. Es treten die verschiedensten Komplikationen auf. Kolben fressen fest, Zylinder wie auch Kolben zeigen Wärmerisse, nachdem es gelungen ist, die Leistung des Motors auf über 3000 PSe zu bringen. Schließlich wird der neue Sechszylindermotor gebaut und am 23. Februar 1914 in Betrieb genommen. Der Krieg behindert nicht nur den Fortgang der Arbeiten, denn die Verbrennung läßt noch immer zu wünschen übrig, er verlangt auch eine Umstellung auf Teerölbetrieb, da das für den Großmotor benötigte »Gasöl« nicht mehr zu beschaffen ist.
Der Sechszylindermotor wird auf Teeröl umgestellt. Im Januar 1916 erbringt eine 500-Betriebsstunden-Prüfung den Beweis, daß sich die Nürnberger Kühlring-Konstruktion sehr gut bewährt, denn der Zylinder zeigt weder Risse noch Ansätze dazu. Die Umsteuerversuche verlaufen einwandfrei, der Motor ist zum Einbau fertig. Eingesetzt wird der Großmotor jedoch nicht, da das Schlachtschiff PRINZREGENT LUITPOLD zum Einbau der Anlage nicht aus der Front zurückgezogen werden kann. So muß

HDW
FINNJET

HDW-DOCK 2

Oben: Nach jahrelangem Kampf hat es Rudolf Diesel endlich geschafft: Sein neuartiger Motor tritt um die Jahrhundertwende den Siegeszug um die technische Welt an. Der Erfinder erlebt noch den Einsatz seines Motors im ersten hochseegängigen Schiff mit dem neuen Antrieb. Es ist die dänische SELANDIA, die am 22. Februar 1912 ihre Jungfernreise unternimmt und dabei von zwei Viertakt-Dieselmotoren von je 1250 PS angetrieben wird. Der Frachter war bis zum Jahre 1942 im Einsatz und legte 1,2 Millionen sm mit derselben Maschinenanlage (Querschnitt oben links eingeklinkt) zurück.

Links: MAN baute 1904 den ersten Vierzylinder-Viertakt-Schiffsdieselmotor mit einer Leistung von 140 PS bei 400 U/min, Zylinderdurchmesser 280 mm, Kolbenhub 300 mm. Mit diesem Motor experimentierte die Kaiserliche Werft in Kiel.

denn der Großdieselmotor 1918 auf Befehl der Siegermächte verschrottet werden.
Was die Anwendung von Dieselmotoren für die Handelsschiffahrt betrifft, so steht die MAN auch hier in vorderster Front. In Zusammenarbeit mit Blohm & Voss in Hamburg werden nach den guten Erfahrungen mit großen, liegenden, ortsfesten Motoren nunmehr stehende Zweitakter gebaut, und zwar einfach wie auch doppelt wirkende Maschinen für 1000 bis 2000 PSe. Bei den ersten Handelsschiffen arbeitet der langsam laufende, reversible Dieselmotor unmittelbar auf die Schraubenwelle. Das macht ein System für die Geschwindigkeitsumsetzung überflüssig. Eine Umkehr der Marschrichtung wird dadurch erreicht, daß der Motor angehalten und umgesteuert, das heißt, in entgegengesetzter Richtung wieder in Betrieb genommen wird. Den neuen Start besorgt komprimierte Luft.
Nach dem Ersten Weltkrieg versprechen sich verschiedene Reedereien in Deutschland Vorteile von der Anwendung des Dieselmotors in der Handelsschiffahrt, unter diesen auch die HAPAG, die 1920/21 bei Blohm & Voss eine 6000 BRT große Länderklasse mit Dieselmotorbetrieb ordert. Der NDL folgt 1924 mit den ersten Motorschiffen, etwa der 9422 BRT großen FULDA. Übrigens hat man inzwischen, 1920, die von der MAN patentierte Umkehrspulung bei Zweitaktmotoren zu einer revolutionierenden Vereinfachung geführt. 1925 wird ein solcher Vierzylindermotor von 1500 PSe erstmals auf einem Schiff, der 3184 BRT großen FRIDA HORN, eingebaut. Da das Verfahren aber auch auf doppelt wirkende Zweitakter angewendet werden kann, wird der erste doppeltwirkende Zweitakt-Dieselmotor im gleichen Jahr in Lizenz von MAN bei Blohm & Voss auf dem 6128 BRT großen Dampfer MAGDEBURG montiert.
Trotz verschiedener Anwendungserfolge: Eine Entscheidung, ob der Motor- oder Turbinenantrieb günstiger ist, kann nicht mit einem definitiven Ja oder Nein beantwortet werden. Sie ist überdies vom Brennstoffverbrauch her allein nicht zu fällen. Kapitalaufwand, Schiffstyp, Leistung und Wartungskosten sind schließlich weitere Bestimmungsgrößen.
Es kristallisieren sich allerdings auch Länder heraus, deren Reeder eindeutig zu Motoranlagen tendieren, so etwa Schweden und Norwegen, während andere, so die USA, Turbinenanlagen bevorzugen.
Hervorragend bewährt hat sich der Diesel bereits bei den um die dreißiger Jahre in Deutschland entwickelten Panzerschiffen DEUTSCHLAND, ADMIRAL GRAF SPEE und ADMIRAL SCHEER. Hier wirken MAN-Zweitaktdiesel mit rund 50 000 PSe durch Getriebekupplungen auf zwei Schrauben für maximal 28 kn ein.
Bereits die ersten Erfahrungen und Erfolge mit Dieselmotoren als Antrieb für größere Kriegsschiffe machen der deutschen Marine Mut. Dieselantrieb wird ausschließlich für die dem Z-Plan zuzuordnenden neuen großen Schlachtschiffe und Schlachtkreuzer vorgesehen, nämlich für die sechs noch 1939 mit zwei Einheiten (H und J) begonnenen 68 000/56 200 ts großen Schlachtschiffe mit 165 000 PSe auf vier Schrauben für 30 kn, aber auch für die drei umstrittenen Amtsentwürfe von 1941, für die Riesenschlachtschiffe H 42, H 43 und H 44, für die 275 000 PSe auf vier Schrauben für maximal 32,2 kn vorgesehen sind. Wenn man nur die 165 000 PSe der H-Klasse zugrunde legt, kommt man auf einen Wert je Schraube von über 40 000 PSe, also auf mehr, als man für die noch zu erwähnende, viel bewunderte norwegische BERGE-KING-Klasse genau 30 Jahre später schafft.
Nach dem Zweiten Weltkrieg verschwinden die alten braven Kolbendampfmaschinen bis auf wenige Oldtimer und kleinere Neubauten für etwa 2000 PSi mit 3fach-Expansions- oder Verbundmaschinen. Die bisher ausgesprochen ungleiche Relation des Diesels zur Turbine verbessert sich mit

Vor allem in Deutschland, dem Geburtsland seines Erfinders, wurde der Entwicklung des Dieselmotors, auch als Schiffsantrieb, große Aufmerksamkeit gewidmet. Heute drängt der Dieselmotor, in dem man für die Zukunft so gut wie alles zu verbrennen verspricht, unaufhaltsam vor, ist er doch relativ umweltfreundlich und energiesparend.

Oben: Doppeltwirkender Neunzylinder-Zweitakt-Schiffsdieselmotor in leichter Bauart (Stahlkonstruktion geschweißt M9Zu42 58), 1933. Zylinderdurchmesser 420 mm, Kolbenhub 580 mm, Leistung 7100 PSe bei 450 U/min.
Er war die Hauptantriebsmaschine für die Motorenanlage der berühmten Panzerschiffe DEUTSCHLAND, ADMIRAL SCHEER, ADMIRAL GRAF SPEE. Acht Motoren von je 7100 PSe, von denen je vier über Vulcan-Kupplungen und Getriebe arbeiteten, dienten als Hauptantrieb. Vier Fünfzylinder-Motoren gleicher Bauart waren für den Antrieb von Pumpen und Gebläsen bestimmt. Die Gesamtschraubenleistung war 56 000 PSe, die Gesamt-Bordleistung 71 000 PS. Diese Motorenanlage war zu dieser Zeit die stärkste der Welt.

Unten: Moderner Sechszylinder-MAN-Zweitakt-Schiffsdieselmotor, 13 470 PS/9900 kW bei 132 U/min mit elektronisch geregelter Kraftstoffeinspritzung auf dem Prüfstand.

den neuen Typen zum Motor hin. Bei Neubauaufträgen um die Mitte der sechziger Jahre von Schiffen bis zu 150 000 tdw überwiegt der Diesel als Antrieb, ab 170 000 tdw jedoch noch immer die Turbine. Die Schiffahrtswelt erlebt in diesen Supergrößen jedoch bald schon eine Sensation: 1970 ist einer der VLCC's dieser Zeit ein Motorschiff, nämlich die bei der Chiba-Werft gebaute BERGE KING, die mit 280 420 tdw der größte Motortanker der Welt und zugleich das größte Schiff Norwegens ist. Es wird von einem 9-Zylinder-Großdiesel vom Typ K 98 FF mit 34 000 PSe angetrieben. Trotz aller Anstrengungen seitens der am Diesel als Schiffsantrieb interessierten Kreise triumphiert bei großen Schiffen jedoch nach wie vor die Turbine, da man Turbinen ja auch für die neue Energiequelle, die gebändigte nukleare Spaltung, braucht. Ansonsten aber drängt der Dieselmotor, in dem man so gut wie alles in der Zukunft zu verbrennen verspricht, nach den Energiekrisen unaufhaltsam nach vorn.

Nukleare Energie

Obwohl es sich noch um ein recht junges Gebiet der Schiffbetriebstechnik handelt, sind Bau- und Funktionsweise von Dampfgeneratoren, die mit einer von kontrollierter Kettenreaktion erzeugten Wärme arbeiten, für Kriegsschiffe heute bereits sehr weit entwickelt. Wann und ob solche Anlagen jedoch auch für die Handelsschiffahrt in größerem Umfang wirtschaftlich werden, ist noch nicht abzusehen. Technisch ist das kein Problem, aber wie das krisenträchtige Erdöl, so sind auch die Reserven an Uranerzen begrenzt.
Der Reaktor für Schiffahrtszwecke stellt zudem ganz andere Anforderungen als für Installationen auf festem Boden. Er muß optimal abgeschirmt werden, um Strahlungen einzudämmen, andererseits muß er imstande sein, die Wärme dem zirkulierenden Druckwasser zuzuführen. Die Erfahrungen mit Reaktoren an Land führten schließlich bei der zur Debatte stehenden Schiffbetriebstechnik zur Wahl eines Druckwasserreaktors für das erste nuklear betriebene U-Boot. 1952 ist es soweit: Bei General Electric Dynamo wird das erste atombetriebene U-Boot, das erste Nuklearschiff der Welt überhaupt, in Bau genommen. Das Boot läuft, auf den Namen NAUTILUS getauft, am 21. Januar 1954 vom Stapel und wird im April 1955 in den Dienst der US-Navy gestellt. Mit 3530/4040 ts Wasserverdrängung stellt sich die NAUTILUS als ein 98,00 m langes und 8,50 m breites Schiff mit einem mehr oder weniger konventionellen U-Boot-Rumpf vor. Es wird von zwei Schrauben angetrieben und erzielt bei 15 000 PSw ein Maximum von 20 kn. Ausgerüstet ist die NAUTILUS mit sechs 53,30-cm-Bugtorpedos. Die Besatzung umfaßt 109 Mann. Im Mai 1955 unternimmt das Boot eine 2400 km lange Reise von New London nach San Juan in Puerto Rico, die es ausschließlich unter Wasser in 84 Stunden bei durchschnittlich 16 kn Geschwindigkeit bewältigt. Das ist eine echte Sensation. Die nächste wird jedoch noch überzeugender: 1958 untertaucht die NAUTILUS das Polareis und den geographischen Nordpol. Den alten deutschen U-Boot-Assen und allen Männern im grauen Lederpäckchen verschlägt es den Atem. Der Traum vom echten Unterwasserschiff ist nüchterne Realität geworden.
Ab 1958 laufen auch in der UdSSR nach dem nuklear betriebenen Eisbrecher LENIN die ersten atomgetriebenen U-Boote vom Stapel, die 4200/5000 ts großen Einheiten der NOVEMBER-Klasse, die alle mit einem Druckwasserreaktor ausgerüstet sind.
Ziemlich spät, erst 1967, kommt das erste Atom-U-Boot der Franzosen, die LE REDOUTABLE, zu Wasser, ein 7500/9000 ts großes Boot.
Inzwischen hat man in den USA und Großbritannien erwogen, auch andere Kriegsschiffe mit Kernenergie zu betreiben. 1959 läuft der Lenkwaffenkreuzer LONG BEACH (14 200/17 350 ts) vom Stapel. Das 1961 in Dienst gestellte Schiff hat vier Reaktoren für 80 000 PSw und 33 kn Geschwindigkeit an Bord. Ein anderes Anwendungsfeld atomarer Energie bieten die inzwischen bis ins Gigantische angewachsenen Flugzeugträger an, als erster die 1958 begonnene und 1961 fertiggestellte, 75 700/89 600 ts große ENTERPRISE mit acht Reaktoren von zusammen 280 000 PSw für 36 kn Geschwindigkeit. Die Kosten für solche Schiffe sind unheimlich hoch, die für die 1975 in Dienst gekommene NIMITZ (71 000/91 400 ts) liegen bei einem Dollar-Zeitwert von 594 Millionen, dafür aber verfügt das Schiff bei Ausnutzung seiner maximalen Geschwindigkeit von 30 kn über einen Fahrbereich von 400 000 sm, der bei sparsamerer Fahrt auf 800 000 sm ausgedehnt werden kann. Diese Angaben muß man zweimal lesen, um ihren ungeheuren Wert zu begreifen, Schließlich entfällt das häufige Bunkern und mit diesem das ganze System von Vorratslagern und Bunkerservice.
Als erstes Handelsschiff ist der wenn auch in erster Linie der sowjetischen Kriegsmarine nützliche Eisbrecher LENIN mit 15 940/19 240 ts Wasserverdrängung zu bezeichnen, der 1957 vom Stapel gelaufen ist. Das 1959 in Dienst gestellte Schiff hat drei Druckwasserreaktoren und erzielt bei 56 000 PSw 18 kn.
1975 und 1976 folgen dann die beiden 19 300/23 460 ts großen Eisbrecher ARKTIKA und SIBIRSK mit 75 000 PSw für 21 kn. Eine echte Sensation wird der »Durchbruch« der ARKTIKA durch bis zu fünf Meter dickes Polareis, wobei der geographische Nordpol erreicht wird, eine unerhörte Leistung, die in der westlichen Presse bedauerlicherweise kaum oder zumindest nur beiläufige Beachtung findet.
Erst zwei Jahre nach dem Baubeginn der LENIN, also 1958, wagt man sich in den USA nach dem seit 1954 laufenden Planungsauftrag der US-Navy bei der Newport News Shipbuilding and Dry Dock Company an den Bau eines nuklear betriebenen Handelsschiffes. In Camden, wo am 22. Mai 1778 auf der Schiffswerft von Donald McKay mit dem Schoner SAVANNAH einer der ersten Marinebauten der jungen Vereinigten Staaten von Amerika vom Stapel lief, wird 1959 der Kiel für das erste Atomfrachtschiff der Welt gelegt und 1962 auf den traditionellen Namen in Dienst gestellt.
Die NS SAVANNAH ist ein 181,50 m langes und 23,77 m breites, 13 599 BRT großes Einschrauben-Handelsschiff. Der Shelterdecker hat eine Besatzung von 110 Mann, Platz für 60 Passagiere und Raum für (nur) 9400 t Ladung. Die raumfressende Antriebsanlage befindet sich mittschiffs und unter dem stromlinienförmigen Brückenhaus. Oberstes Gebot waren bei der Konstruktion des Schiffes die Sicherheit und der Schutz des Reaktors.
In der Bundesrepublik, wo sich die Deutschen nächst den Atomgiganten USA und Rußland Hoffnungen auf frühzeitigen und beträchtlichen Erfahrungsvorsprung machen, hat man sich auf ein besonderes Reaktorsystem konzentriert, das sich, so meint man, besser an die Möglichkeiten eines wettbewerbsfähigen Handelsschiffes anpassen sollte. Das System hat einen Einweg-Kessel, der einen gewissen Grad von Überhitzung erzeugt. Der Dampfgenerator befindet sich innerhalb des Druckwassergehäuses. Es gibt daher keinen externen Druckwasserkreislauf. Ein solcher schwerer Reaktor, der sein Druckwasser selbst erzeugt und eine Brennstoffladung von 2,95 t Uran-Dioxid umschließt, wird in das 16 870 BRT große Massengutfrachtschiff OTTO HAHN mit einer Tragfähigkeit von nur 14 040 t eingebaut. 1964 läuft das bei den Kieler Howaldtswerken georderte

Rechts: Am 21. Januar 1954 beginnt ein neues Zeitalter für den Schiffsantrieb: Das erste atomgetriebene Schiff, das amerikanische U-Boot NAUTILUS, läuft vom Stapel. Das 3530/4040 ts große Boot wird von zwei Turbinen mit zusammen 15 000 PSw angetrieben und hat einen Fahrbereich von 41 000 sm. 1958 untertaucht die NAUTILUS das Polareis und den geographischen Nordpol. Eine echte Sensation!

Unten: 1962 wird das erste atomgetriebene Frachtschiff, die amerikanische SAVANNAH, in Dienst gestellt. Unser Bild zeigt das 13 599 BRT große Schiff im Hafen von New York.

Rechte Seite oben: Der russische Eisbrecher SIBIRSK, 19 300/23 460 ts groß, atomgetrieben, mit 75 000 PSw Leistung.

Rechte Seite unten: Maschinenraum des atomgetriebenen russischen Eisbrechers ARKTIKA, der 1978 durch bis zu fünf Meter dickes Polareis zum geographischen Nordpol durchbricht.

Atomschiff vom Stapel. Nach befriedigenden Probefahrten in der Ostsee wird die OTTO HAHN – sie ist 172,05 m lang und 23,40 m breit – am 1. Februar 1968 offiziell in Dienst gestellt. Ein 190 t schwerer Stahlkessel sowie halbmeterdicke Betonmauern schirmen die 73 Mann Besatzung und die mitreisenden 35 Atomwissenschaftler gegen die Strahlung der »gebremsten Bombe« ab. Der Druckbehälter ist auf 85 atm und 300° C ausgelegt. Ein zweifacher Doppelboden im Schiffsrumpf soll den Reaktor bei Havarie vor Schaden bewahren. Wenn das Schiff wirklich sinken sollte, würde der Sicherheitsbehälter automatisch geflutet, damit er nicht vom Wasserdruck eingedrückt würde. Die Sicherheitsbestimmungen werden sehr ernst genommen. Die Vorschriften über den Dienst an Bord füllen einen einige Kilo schweren Wälzer. Ob das Risiko nicht erheblich steigen würde, wenn dutzend- und hundertweise Atomschiffe die Meere befahren würden und das auch unter Billigflaggen, ist nicht abzusehen. Selbst der bestgewarteten und -überwachten OTTO HAHN versagen viele Häfen aus Sicherheitsgründen die Einfahrt, so der Erzhafen Narvik nach Protesten der Fischereiverbände. Das Anlaufen nordamerikanischer Häfen scheitert an den irreal hohen Haftpflichtdeckungssummen, und Häfen, die sich dem Schiff öffnen, wie Rotterdam, Southampton, Lissabon oder Buenos Aires, verlangen Risikosummen von durchschnittlich 500 Millionen DM, 25- bis 30mal soviel wie für einen normalen Massengutfrachter. Hinzu kommt, daß ein Atomfrachter wie die OTTO HAHN erst wirtschaftlich fahren würde, wenn – nach dem Preisniveau von 1978 – bei gleichbleibenden Kosten für die Uranbrennstäbe der Ölpreis auf das Vierfache steigen würde. So kommt es, daß die OTTO HAHN – als unter normalen Betriebsbedingungen fahrendes Versuchsschiff konzipiert – nach zehnjährigem Einsatz und

СИБИРЬ

600000 sm Fahrstrecke ohne Störungen in der Reaktoranlage außer Dienst gestellt wurde.
Inzwischen zeigte sich auch Japan an einem Frachter vom NS-Typ *(Nuclear Ship)* interessiert. 1974 wird die MUTSU fertiggestellt. Eine Undichtigkeit an einem Verbindungsstück der Reaktoranlage macht die vorzeitige Stillegung des Reaktors notwendig. Japanische Fischer blockieren die Häfen für den Atomfrachter, denn die Katastrophen vor dreißig Jahren sind ebensowenig vergessen wie die entsetzlichen Nachfolgeschäden. Die MUTSU bleibt auch weiterhin an der Kette, obwohl man das Leck dichten kann.

Die moderne Navigation

Die Navigation ist das Herzblut der Seefahrt. Das Wort kommt aus dem Lateinischen und bedeutet nicht mehr und nicht weniger als »Schiffahrt«. Generell wird unter Navigation aber die Bestimmung des Standortes sowie die Wahl und Kontrolle des Weges eines Schiffes verstanden. Nach wie vor haben wir zu unterscheiden

1. die terrestrische Navigation, welche die Sicht von Land- und Seezeichen voraussetzt und so alt ist wie die Seefahrt in Küstenbereichen selbst, und
2. die astronomische Navigation, deren Ansätze im Mittelalter zu suchen sind, für deren Längenbestimmung aber genau arbeitende Chronometer und Sextanten erst seit dem 18. Jahrhundert zur Verfügung stehen.

Zu den festen und schwimmenden Seezeichen zählen neben den Leuchttürmen und Feuerschiffen auch Baken, Dalben, Prikken, Bojen und Tonnen aller Art. Zur Unterscheidung werden Toppzeichen und Aufschriften verwendet. Bei den Leuchtfeuern bedient man sich unterschiedlicher Kennungen. Alle spezifischen Angaben findet der Nautiker in den Seehandbüchern der einzelnen Meere, Meeresteile und Reviere. Diese Seehandbücher unterrichten über geographische, ozeanographische und navigatorische Besonderheiten; sie enthalten Verzeichnisse der Leuchtfeuer-, Signal-, Funk- und Radarstellen – ferner über alle sonstigen Seezeichen, Ansteuerungen, Lotsenwesen, Ankerplätze, Anweisungen für den Wetter- und nautischen Funkdienst, über Eis-, Strom- und Windverhältnisse und anderes. Ausgenommen sind aber beispielsweise die Befeuerungen, das heißt die Kennungen, die den Leuchtfeuerverzeichnissen zu entnehmen sind.
Auf dem großen Gebiet der Seezeichen hat sich in jüngster Zeit durch die Einführung neuer Techniken eine grundlegende Wandlung vollzogen, so zunächst durch Funkfeuer und Landradaranlagen. Auch die Einführung der Fernwirktechnik für die Fernsteuerung und Fernüberwachung der Schiffahrtzeichen gehört dazu. Die Landradaranlagen ermöglichen heute über Radarketten, vom Seelotsen unterstützt und vom Radarlotsen beraten, einen reibungslosen, schnellen und sicheren Schiffsverkehr von und zu den Häfen auch bei verminderter Sicht. Man darf wohl sagen, daß die Bundesrepublik Deutschland in der Technik und im Betrieb der Landradaranlagen führend in der Welt ist. Indessen: Nicht die Einführung der Radartechnik an Bord in den fünfziger Jahren minderte die Unfallgefahr auf See. Oftmals gaukelten die leuchtenden Spuren auf dem Radarschirm nur eine trügerische Sicherheit vor und verleiteten den Kapitän dazu, trotz Nebel die Fahrt nicht herabzusetzen. Erst der neutrale Radarbeobachter an Land erkannte vermöge seiner größeren Übersicht die Gefahr »Vorsicht vor einem 250000-Tonnen-Tanker einkommend auf der Jade«. Erst über diesen Landkontakt ließ sich die Anzahl der Kollisionen auf den Revieren drastisch senken.
Die steigenden Personalkosten zwingen auch auf diesem Gebiet zur Rationalisierung. Neben der vollen Automatisierung der Leuchttürme führt dies vor allem zum Ersatz der Feuerschiffe durch Leuchttürme oder durch andere unbemannte schwim-

Linke Seite: Blick in den Steuerraum eines alten Raddampfers. Wir erkennen unter anderem Handrad, Maschinentelegraph und Kompaßhaus mit Magnetkompaß. Trotz des modernen Kreiselkompasses, der von der störenden Deviation und Mißweisung durch einen mit 20 000 U/min elektrisch angetriebenen Kreisel befreit wird, muß jedes Schiff auch heute noch zusätzlich den altbewährten Magnetkompaß führen. Die Magnetfelder des Schiffes mit seinen eisernen oder stählernen Teilen bewirken die sogenannte Deviation, eine Störung der Magnetnadel. Durch das Anbringen von Weicheisenteilen am Kompaß, wie hier durch Korrekturkugeln, wird dieser Erscheinung weitgehend entgegengewirkt.

Rechte Seite oben: Blick in den Navigationsraum mit moderner Radaranlage im Brückenhaus des 45 270 BRT großen Kreuzfahrers CANBERRA, der am 16. März 1960 vom Stapel lief

Unten: Mit Hilfe des Echolots werden ausgesandte Ultraschallimpulse ausgewertet, und der Navigator erhält ständige Informationen über den Abstand des Schiffbodens zum Meeresgrund.

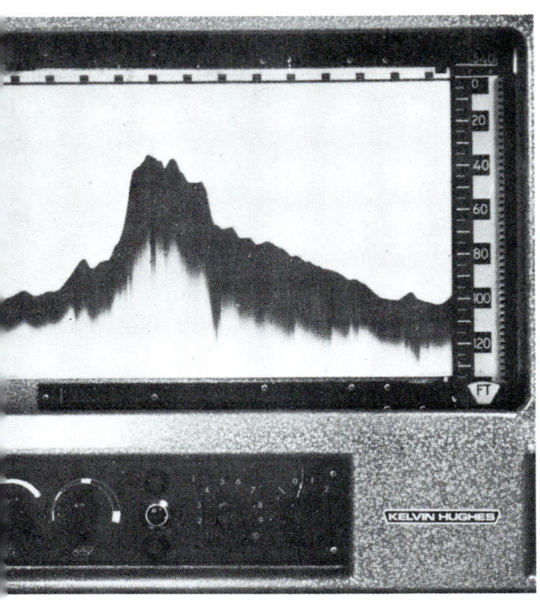

mende Systeme, die man vorerst unprosaisch und nüchtern einfach »Großtonnen« nennt und mit deren Einsatz das Licht auf den letzten Feuerschiffen erlöschen wird. Eine Ära der »roten Wächter« vor den Küsten findet ihr Ende, eine Zeitepoche, die nicht frei von Romantik, aber auch erfüllt war mit Entsagungen, hoher Verantwortung und Gefahr. Einst waren die »roten Schiffe« letzter Gruß der Heimat vor der großen Reise – und erster bei der Heimkehr aus fernen Landen.
Doch begeben wir uns zunächst einige Schritte zurück in die Geschichte der Navigation: Der Franzose Fresnel leitet am Anfang des 19. Jahrhunderts die entscheidende künftige Entwicklung der weitreichenden und daher optimal wirksamen Leuchtfeuertechnik ein. Der französische Physiker erfand die sogenannten Gürtel- und Zonenlinsen, bei denen eine kleine Mittellinse von mehreren optischen Ringen umgeben ist. Nach diesem Prinzip kann man beliebig große Linsen bauen, ohne zu einer übermäßigen Stärke im Glas gezwungen zu sein. Bei einem der ersten Leuchttürme mit dem Fresnelsystem, dem 63 m hohen Turm von Cordouan an der Girondemündung, wird das Linsensystem von acht Zonenlinsen im Rahmen von 2 m Durchmesser gebildet, in dessen Mittelpunkt die Lampe brennt, die nach acht Seiten hin intensive, das heißt optisch verstärkte und gerichtete Lichtstrahlen aussendet. Ein Uhrwerk dreht den Apparat in acht Minuten einmal herum, das heißt: In jeder Minute wird (das ist hier die Kennung) ein langsam abnehmender intensiver Lichtstrahl sichtbar, der durch einen darüber angeordneten kleineren Linsenapparat in horizontale Richtung gelenkt wird.
Neben diesem System hat sich auch jenes mit Parabolspiegeln eingeführt. Auch heute noch sind Fresnels »Gürtellinsen«, die erstmals in Preußen 1846 auf dem Leuchtturm Brüsterort bei Königsberg verwendet wurden, im Gebrauch.
Was die Leuchttürme angeht, so werden sie in aller Welt nach und nach automatisiert. An den deutschen Küsten gibt es bereits seit 1973 keinen bemannten Leuchtturm mehr.
Und eine jener modernen, 3 Millionen Mark teuren Großtonnen, die heute ein Feuerschiff und seine meist 24 Seeleute ersetzen, ist ein schwimmendes Gebilde massierter elektronischer Heinzelmännchentechnik. Hier sind neben einer Haupt- und einer Nebenlampe installiert: elektronisch gesteuerte Luft-Nebel-Schallsender, Radarreflektoren, Funkfeuerantennen, Standortüberwachungsantennen, UHF-Antennen, Radarantwortbaken, Windmeßgeräte und vieles andere.
Die astronomische Navigation als Standortbestimmung aus Gestirnsbeobachtungen hat für ihre klassische Methode nach wie vor den Sextanten und den Chronometer zur Verfügung, diese in Verbindung mit den in der Nautik erforderlichen Tabellen bzw. nautischen Tafeln und dem nautischen Jahrbuch mit Angaben für jeden Tag des Jahres. Heute rechnet man Länge und Breite nicht mehr getrennt. Man macht eine Kreuzpeilung nach zwei »himmlischen Leuchtfeuern«, zwei Sternen also. Dieses klassische Verfahren ist durch die Funknavigation und schließlich durch die hochmoderne Satellitennavigation abgelöst worden. Unter der Funknavigation sind als

Links: Funkraum eines modernen Frachtschiffes

Rechte Seite: Wetterschiffe und schwimmende Wetterstationen sind heute auf allen Meeren positioniert, um mit ständigen Informationen über Winde, Seegang, Strömungen, Eisbildung und anderes zur Wettervorhersage beizutragen. Auch dies gehört zu den vielseitigen Aufgaben, die heute Schiffe im Dienst der Forschung absolvieren.

grundsätzliche Verfahren der Standortbestimmung zu verstehen, a) wenn zwei Richtungen durch Funkpeilung bekannt sind, b) wenn zwei Entfernungen durch Funkmeßverfahren vorliegen, c) wenn eine Richtung und eine Entfernung bekannt sind und d) wenn die Hyperbelnavigation angewandt wird (Hyperbel als Ort gleicher Entfernungsunterschiede vom Empfänger).
Zu den Hilfsinstrumenten der technischen Navigation gehören nach wie vor der Kompaß, das Lot und das Log. Obwohl der moderne Kreiselkompaß so gut wie nicht mehr störanfällig ist, muß noch immer ein kompensierter Magnetkompaß als ein vom elektrischen Strom unabhängiger Richtungsweiser gefahren werden. Der Kompaß gilt nach wie vor als das zuverlässigste Grundgerät der Navigation.
Wichtig bleibt, daß der Nautiker auch in Zukunft eine gründliche Kenntnis des Magnetkompasses und der Deviationstheorie haben muß.
Das Lot ist wohl das älteste navigatorische Hilfsmittel überhaupt, ein Bleigewicht an einer Hanfleine in seiner einfachsten Form. Moderner schon ist die Thomsonsche Lotmaschine mit einem Bleilot an einem dünnen Draht. Das Bleilot liegt in einer Messinghülse mit einer gläsernen Kapillarröhre, in die, je nach dem Druck der Wassertiefe, Wasser eindringt. An einem angebrachten Meßstab kann die Tiefe abgelesen werden. Schließlich wird 1920 das erste Echolot eingesetzt. Es arbeitet als Echogeber zunächst mit Knallpatronen, mit Unterwassermikrophon und Kurzzeitmesser.
Nach dem Schlagsender oder Membransender als Schallgeber geht man zum Ultraschallsender mit über 20 000 Hz über (mit Magnetostriktion oder Piezoeffekt).
Auch die Anzeigegeräte werden verbessert, so daß ein fast kontinuierliches Ablesen der Wassertiefe möglich ist. Auch gibt es Vorrichtungen, über die ein Unterschreiten einer vorher eingestellten Wassertiefe akustisch angezeigt wird. Echographen erlauben die nachträgliche Kontrolle überfahrener Wassertiefen.
Auch der Fischerei sind die Echolote von Nutzen: Über sie können leicht Fischschwärme auf dem Braunschen Rohr geortet werden.
Das Log mit Logleine und Logscheit ist ein Instrument zur Messung der Geschwindigkeit eines Schiffes. Früher warf man das Logscheit, ein Brett, an dem eine lange Leine befestigt war, ins Wasser und maß aufgrund der Abspulgeschwindigkeit mit Hilfe der an der Leine in regelmäßigen Abständen angebrachten Knoten die Fahrt des Schiffes. Daraus hat sich übrigens auch der Begriff Knoten (kn) für die Schiffsgeschwindigkeit abgeleitet. Heute werden fest eingebaute Fahrtmesser verwendet.
Schwierig wird die Navigation bei diesigem Wetter in Küstennähe. Hier half, wenn man das Luftnebelhorn des Feuerschiffes oder des Hafens nicht hörte, zunächst auch der um die Jahrhundertwende aufgekommene beiderseitige Unterwasser-Schallempfänger, um die Unterwasserglocke und später den Membransender des Feuerschiffes einzupeilen. Durch sinnvolle Kombination von Funk- und Unterwassersignalen konnte man den Abstand bestimmen.
Danach, etwa ab 1929, kommen gleichzeitig mit den ersten Funkfeuern an den Küsten und auf Feuerschiffen die ersten richtempfindlichen Antennen als Telefunken-Drehrahmenpeiler in Gebrauch. Nach dem Zweiten Weltkrieg folgt man in Deutschland unter anderem der Marconi-Entwicklung des Goniometer-Peilers, bei dem die Antennen als feste Längs- und Querschleife verspannt sind und die Richtungsbestimmung in einem mit den Antennenschleifen verbundenen Spulensystem im Anzeigegerät erfolgt. Ein neuer Weg ist dann der Leuchtstrich auf einem Braunschen Rohr als Richtungsanzeiger.
Der Schiffssicherheitsvertrag von 1948 schreibt schließlich allen Schiffen über 1600 BRT einen Funkpeiler vor. In einem Seenotfall ist die Funkpeilung oft das einzige Mittel, um den Havaristen zu orten. In diesem Zusammenhang sind die Richtfunkfeuer zu nennen, die nach dem Kriege als Consolfunkfeuer bekannt werden, indessen aber nur Schiffen auf kleiner Fahrt und der Fischerei nutzen.
Das Neueste vom Neuen sind die Navigationssatelliten für mobile Systeme wie Schiffahrt, Flugverkehr, Raketenflüge usw. So gibt der in Deutschland hergestellte Satelliten-Navigator MX 1142 eine komplette Navigationsinformation: überall, bei jedem Wetter, zu jeder Zeit.
Der wesentliche Vorteil dieser Navigation ist die große Genauigkeit. Ab 1986 werden, so verspricht man sich, die militärischen Stellen in den USA ein Navigationsverfahren benutzen, das in der Positionsbestimmung eine extreme Genauigkeit bis auf einen Meter ermöglicht.
Ein weiteres Gerät auch für die Funknavigation ist das Radar (das bei der deutschen Marine bereits Anfang der dreißiger Jahre als Funkmeßgerät ausgebaut wurde).
Schiffsradargeräte arbeiten als Panoramageräte, das heißt als Rundsuchanlagen.
Trotz Radar sind indessen Kollisionen nicht auszuschließen. Man bedenke, daß die Schiffe größer und auch schneller geworden sind. Bei unsichtigem Wetter

müßte heute jedoch die Schiffahrt ohne Radar fast zum Erliegen kommen, oder die Zahl und Schwere der Kollisionen würde sich multiplizieren. Zweifelsohne verlangte und erwartete man anfangs zu viel vom Radar. Sicher war auch anfangs die Kenntnis in der Bedienung der Geräte nicht überall an Bord ausreichend gründlich. Hier hat sich inzwischen vieles zum Besseren geändert. Vor allem lassen die Plotter in Zukunft weniger Kollisionen erhoffen. Sie dienen der Konstruktion von Zeit-Weg-Diagrammen in landkartenmäßigen Darstellungen. Ein Plotter ermittelt die Zeitspanne, nach der bestimmte Objekte passiert werden, sowie die zu erwartende kürzeste Entfernung zur Bestimmung der auf die Erdoberfläche bezogenen Kurse und Geschwindigkeiten des eigenen Fahrzeuges und der angemessenen Objekte. Ohne Plotter kann nur die Relativbewegung der angemessenen Objekte in bezug auf das eigene Fahrwasser gemessen werden, was das Erkennen von Kollisionsgefahren und Festzielen erschwert. Plotter werden in Zukunft durch ihre auf das Radar und den Eigenkurs gestützten Vorausberechnungen von Gefahrensituationen auch akustisch und optisch warnen. Die rasante Entwicklung der Computertechnik im Zusammenwirken mit den Navigationssatelliten NAVSTAR, von denen mehrere gleichzeitig direkt vom Schiff aus angepeilt werden können, wird von etwa 1984 an den Schiffsbetrieb so gut wie frei von Kollisionen gestalten.

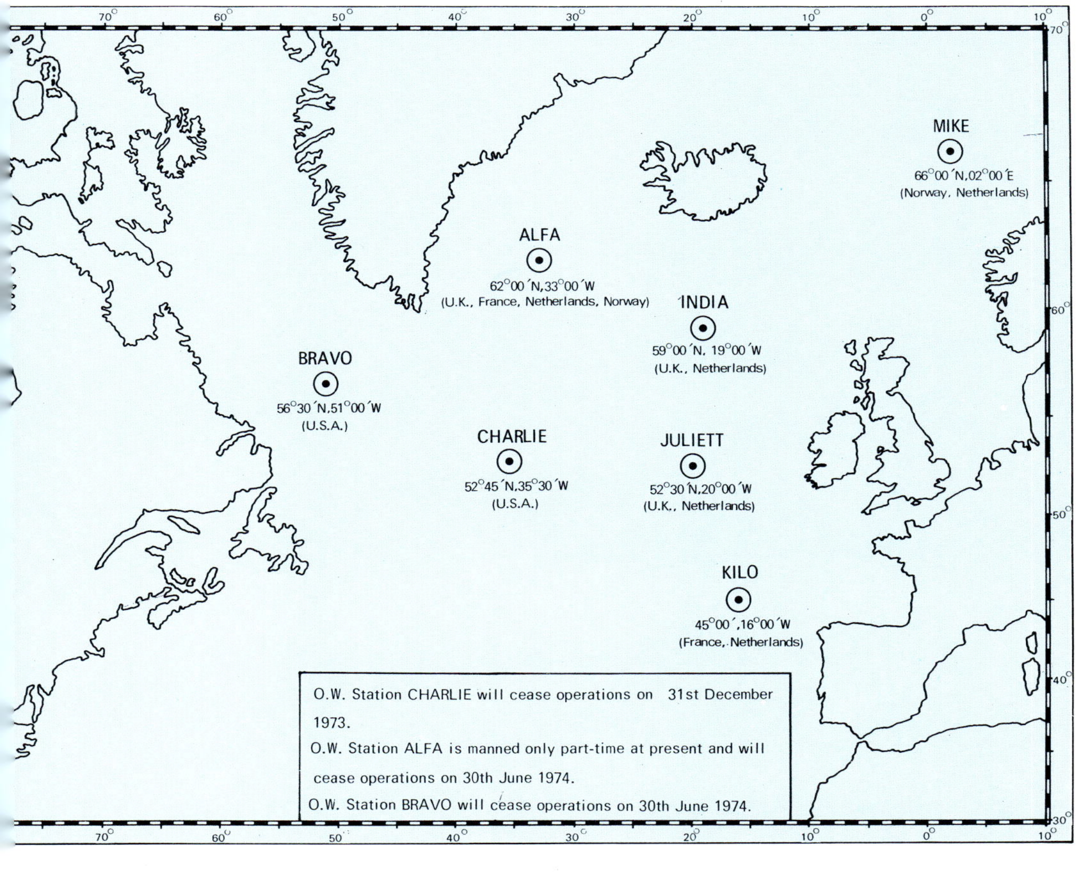

Meeresforschung

Auf der Suche nach dem Geburtsjahr der systematischen Meeresforschung stößt man auf das Jahr 1853, in dem es dem erfahrenen und tüchtigen, 1806 geborenen amerikanischen Seeoffizier Matthew Fontaine Maury gelang, an einer internationalen Konferenz in Brüssel die Vertreter der wichtigsten seefahrenden Staaten davon zu überzeugen, daß es notwendig sei, ozeanische Beobachtungsdaten systematisch zu sammeln und auszuwerten. Nach einem allgemeinen Plan begannen nun die Kapitäne und Steuerleute, die Kommandanten und Offiziere seegehender Schiffe auf freiwilliger Basis regelmäßige Beobachtungen über Wind, Wetter, Seegang, Strömungen und Eis anzustellen. Sie trugen die Daten in Schiffstagebücher ein, woraus sie später zusammengefaßt und statistisch bearbeitet wurden. Sie fanden ihren Niederschlag auch in Seehandbüchern, Monatskarten und Seeatlanten.
Der Nutzen solcher Kenntnisse über die Naturverhältnisse für die Sicherheit der Seereisen war erheblich. Damit war ein wichtiger, allgemein zugänglicher Dienst für die Seeschiffahrt geschaffen, der auch noch heute besteht, in der Bundesrepublik Deutschland als das DHI (Deutsches Hydrografisches Institut) in Hamburg. Nach der Entwicklung der erforderlichen Nachrichtenmittel wurde er entscheidend erweitert durch regelmäßige Berichte über die aktuelle Wetterlage und ihre voraussichtliche Entwicklung sowie über die aktuellen und zu erwartenden Eis- und Seegangsbedingungen. Dies alles war indessen nur der Anfang einer neuen Entwicklung, im wesentlichen abgestellt auf die Erscheinungen an der Meeresoberfläche.
Die eigentliche wissenschaftliche Meeresforschung unter Einbeziehung auch der Tiefsee begann erst vor etwas mehr als 100 Jahren, als im Dezember 1872 die englische Dampfkorvette CHALLENGER von Portsmouth aus eine erdumspannende Forschungsreise antrat. Sie dauerte 1274 Tage und führte das mit dem damals verfügbaren Instrumentarium für ozeanographische, geophysikalische und biologische Arbeiten ausgerüstete Schiff über 69 000 sm in alle Ozeane. Außer der Kartierung der Wassertiefen und der Erkundung der Schichtung und der Bewegung der Wassermassen war es eine der Hauptaufgaben, das Leben der Tiefsee zu erforschen, wurde doch noch bis dahin von dem Darwin-Schüler E. Forbes die These vertreten, das Leben im Meer beschränke sich

auf die oberste Wasserschicht von 500 m und die Tiefsee sei ohne Leben.
Das Ergebnis der Forschungsreise fand seinen Niederschlag in 50 dicken Bänden, unbestritten ein monumentales Werk – gemessen an der Größe der Ozeane aber erst der Versuch der Zusammenfassung von stichwortähnlichen Daten, um ein abgeschlossenes Bild von der Natur der Ozeane zu erhalten.
Diese erste von CHALLENGER eröffnete Phase der wissenschaftlichen Meeresforschung dauerte etwa bis zum Ersten Weltkrieg.
Die zweite Phase beginnt erst einige Jahre nach diesem Krieg, und sie leitet zugleich eine neue Epoche ein. 1925 bis 1927 untersucht das Forschungs- und Vermessungsschiff der deutschen Reichsmarine, die METEOR, systematisch den Südatlantik, und zwar die Gestalt des Meeresbodens unter Einsatz des neuen Echolots, die Temperatur-, Feuchte- und Windverteilung in der Atmosphäre und die Schichtung und Zirkulation der Wassermassen. Auch das Leben im Meer und die Beschaffenheit des Meeresbodens werden studiert. Die bahnbrechende Forschungsarbeit der METEOR findet schnell Nachfolger in anderen seefahrttreibenden Ländern.
Es folgt dann die dritte Phase, also die gemeinschaftliche Aktion von mehreren Forschungsschiffen, die nach einem abgesprochenen Plan möglichst gleichzeitig an bestimmten Positionen Messungen über längere Zeiträume hinweg anstellen. Ein solches Unternehmen kann von einer Nation allein kaum durchgeführt werden. Dieser Zwang zur Kooperation führt zu den berühmten Overflow-Expeditionen, diese wiederum ebnen den Weg zur weltweiten Zusammenarbeit. In den Jahren 1959 bis 1965 untersuchen 40 Forschungsschiffe aus 23 Staaten gemeinsam den Indik, der durch den Wechsel der Monsune eine Sonderstellung unter den Weltmeeren einnimmt. Diese internationale Zusammenarbeit koordiniert sich in der IOC (Intergovernmental Oceanographic Commission der UNESCO) in Paris, der inzwischen über 90 Staaten angehören.
Man weiß heute, daß das Meer für die Menschheit ungeheure Schätze der verschiedensten Art birgt. Nicht nur die vermuteten großen Erdöl- und Erdgasvorkommen unter der Meeresoberfläche machen das Meer für die Zukunft zu einem immer wichtigeren Betätigungsfeld für Forschung und Technik, auch Mineralien, Metalle und andere Rohstoffe aller Art sind in reichlichem Maße vorhanden, aber eben nicht einfach zu gewinnen. Ob die Ausnutzung der Gezeitenbewegungen des Meeres durch entsprechende Kraftwerke in nennenswertem Umfang möglich sein wird, wird die Zukunft weisen. Außer Frage aber steht, daß das Meer für die immer stärker anwachsende Weltbevölkerung eine unentbehrliche Nahrungsquelle darstellt. Die systematische Entwicklung des Fischereiwesens, der Aufbau von marinen Aquakulturen, die Eiweißgewinnung aus Meeresalgen und anderes sind für die künftige Existenz der Menschheit von entscheidender Bedeutung.
Für all diese Pläne, Forschungsvorhaben und Versuche werden Schiffe und Wasserfahrzeuge aller nur erdenklichen Art benötigt. Und deshalb endet dieses Buch über die Geschichte der Schiffahrt mit derselben Erkenntnis, mit der es begann und die auch für unsere weitere Zukunft Gültigkeit haben wird: Das Meer ist die Mutter aller Dinge.

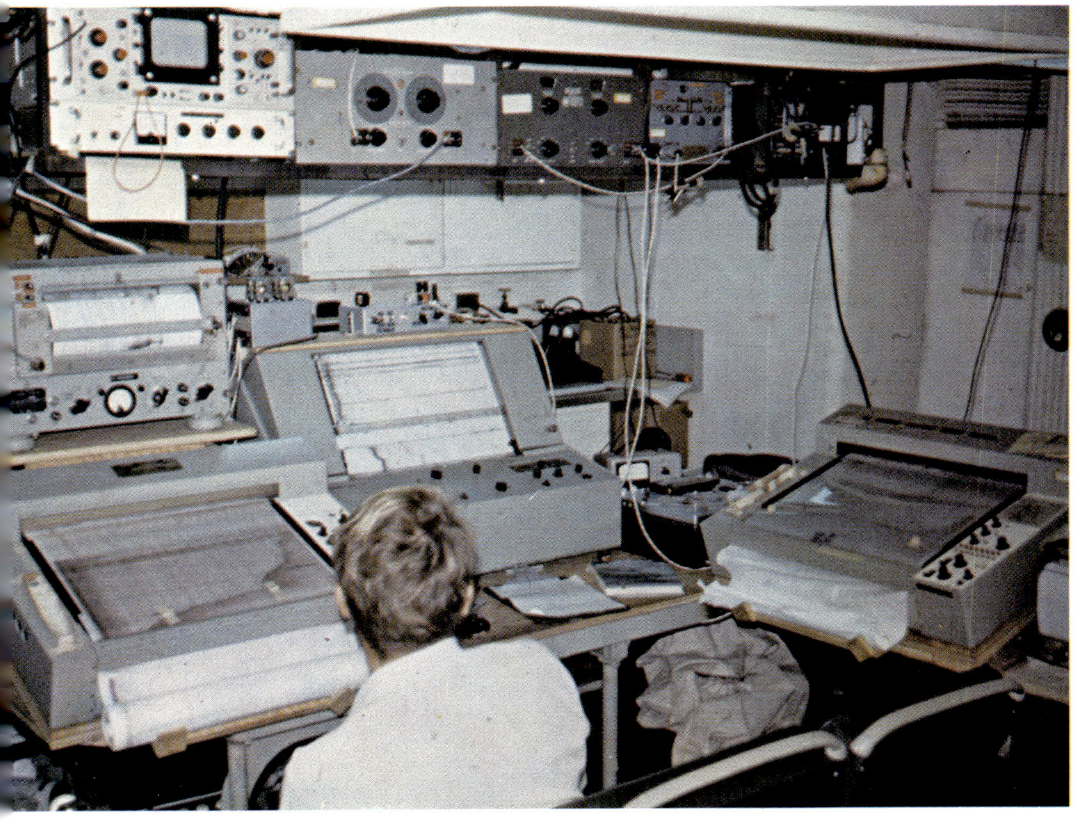

Siebzig Prozent der Erdoberfläche werden von Wasser bedeckt. Es ist unschwer vorstellbar, daß im gleichen Verhältnis im Meer und auf dem Meeresboden Rohstoffe, Mineralien, aber auch Nahrungsmittel und die Energieträger enthalten sind. Nur ein winziger Bruchteil davon ist heute erforscht oder wird genutzt. Riesige Aufgaben stehen uns bevor, da diese Schätze naturgemäß nur schwer zugänglich sind. Der Schiffahrt kommt hierbei eine überragende Rolle zu, und die Meeresforschung wird sicher zu einem der wichtigsten Themen für die Zukunft des Menschen, zumal systematische Arbeiten auf diesem Gebiet kaum älter als hundert Jahre sind.

Linke Seite oben: Tiefseebeobachtungskammer aus dem Jahre 1930

Linke Seite unten: Bathythermograph zur Messung von Temperaturen in großen Tiefen

Rechte Seite oben: Modernes amerikanisches Forschungsschiff ARGO

Rechte Seite unten: Ohne den Einsatz großer Computeranlagen wäre eine sinnvolle Auswertung der zahlreichen Daten, die die vielen Meß- und Forschungsinstrumente eines wissenschaftlichen Schiffes liefern, nicht denkbar. Unser Bild zeigt den Auswertungsraum der ARGO.

Nächste Doppelseite: Das englische Forschungsschiff JOHN BISCO in der Marguerite Bay/Grahamland in der Antarktis. Dieser südlichste und zugleich kälteste Teil unserer Erde ist eines der bevorzugten Forschungsgebiete der Gegenwart. Durch die absolut bakterienfreie, noch kaum umweltgeschädigte Atmosphäre dieser Region sind dort wichtige Erkenntnisse vor allem über das Leben im Meer, unter vollkommen naturgemäßen Bedingungen, zu gewinnen. Und auch in der Antarktis bestätigt sich die alte Weisheit des Thales von Milet: Das Meer ist die Mutter aller Dinge!

JOHN BISCOE

Nächste Doppelseite: Wo immer heute noch Großsegler auftauchen wie hier bei der Windjammerparade als Abschluß der olympischen Segelwettbewerbe 1972 in Kiel, wecken sie Erinnerungen an die Zeiten, als sie die Meere beherrschten. Doch bei allen wehmütigen Gedanken an vergangene Seemannsromantik wird oft vergessen, daß die Arbeit an Bord und in den Wanten größte Härte verlangte und der Kampf gegen die Gewalt des Stumes und der See unendlich viele Opfer forderte. Im Bild die kolumbianische Bark GLORIA mit 1300 ts und 1400 qm Segelfläche, gebaut 1968.

Dankwort

Joachim Ringelnatz hat einmal gesagt, daß es so viel »Dankes« gar nicht gäbe, wie er brauchte, um sich für alle Freundschaftsbeweise zu bedanken. Hier bei diesem Werk kann auch ich nur resignieren, da es praktisch nicht möglich ist, im Rahmen eines solchen Buches all die Namen der staatlichen, firmeneigenen und privaten Institutionen, Gesellschaften und der vielen Persönlichkeiten im einzelnen aufzuführen. Die Recherchen für dieses Buch sind praktisch ein Lebenswerk. Sie ziehen sich über Jahrzehnte hin; zum Teil sind es ganze Passagen, die ich übernahm, zum Teil Äußerungen, oft wertvolle Anregungen, Kritiken, Ergänzungen oder Analysen, die in der Basis verwertet worden sind. Mein Dank gilt allen, denen ich meine Kenntnisse auf dem Gebiet zur Geschichte der Schiffahrt und Marine zu verdanken habe. Mein Dank gilt aber auch den Kapitänen und Nautikern der Handelsschiffahrt, die meine Ausbilder und meine Vorbilder waren, und mein Dank gilt insbesondere den Persönlichkeiten in der Kriegsmarine und all meinen Kameraden auf Segelschiffen, Dampfern und den vielen verschiedenen Einheiten der Kriegsmarine. Dank auch den engeren Mitarbeitern an diesem Buch und Dank den Mitgliedern und Mitarbeitern des Internationalen Forschungsinstituts für die Geschichte der Schiffahrt und Marine, Ozeanographie und Meereskunde, dessen Leitung mir obliegt, und Dank insbesondere Herrn Rudolf Werk von der Sigloch Edition in Künzelsau für die Abfassung eines Großteils der Bildtexte und für die Erstellung des Registers und für seine Geduld, weil so vieles an der bisherigen Ausdeutung geschichtlicher Fakten so zeitraubend berichtigt werden mußte, und Dank für diese hervorragende, vom Layout, Druck und der Auswahl der zum großen Teil unbekannten Bilder her einmalige Produktion.

Jochen Brennecke

Bildquellen

E. C. Abranson 253, 460 u., 461 o., 461 u. (A. Jones)
ADN/Jürgens 377 u., 382 u., 386 o., 387 u., 392 M., 392 u.
R. Adshead 70, 356/357, 358 u., 404, 405 o.
A.G. »Weser« 309, 440, 441, 442/443
Alte Pinakothek, München 58 u.
Barnaby's Picture Library 269 u., 368 o., 454 o.
Bayerische Staatsbibliothek, München 107
Rafael Berenguer y Moreno de Guerra 146/147, 226/227
Biblioteca Nazionale, Florenz 91
Bibliothèque Nationale, Paris 26, 39, 86 , 198/199
Bildarchiv Preußischer Kulturbesitz/Jürgens 378, 382 o., 387 o., 391 o., 395
Bremer Vulkan 308, 310 u., 358 o., 424/425, 446
British Museum, London 24/25, 67, 135, 202 (2)
Charles E. Brown 366 M. r.
Richard Brown Collection 191 o., 246 (2)
Brunel University Library 272
Bulloz 359
Burmeister & Wain 450/451 o.
Peter Carmichael 68/69 u., 71
Chliché Musées Nationaux, Paris 220
Colección Casa de Alba, Madrid 94 u.
Controllers of HMSO 459 (2)
Thos Cook & Sons 293
A. Crisp 401, 410/411, 423
E. Cowin 427 o.
Crown Copyright 351 u.
Collin Denny Collection 258/259
Department of the Navy, Washington 397 (2)
Deutsche Botschaft, London 355 u.
Deutsche Luftbild 321, 428/429, 434/435, 448/449 (freigeg. Kiel Nr. 584/80)
Deutsches Museum, München 175
Deutsches Schiffahrtsmuseum, Bremerhaven 60/61, 108/109 (2)
L. Dunn Collection 306 u., 325, 326/327, 352, 366 u., 376/377 o., 380 o., 408, 414 o. (Harland & Wolff), 418/419, 421 u., 426, 430/431 u., 438 o., 439, 444/445 o., 454 u.
J. Eastland 298/299, 328/329, 456
Mary Evans Picture Library 65 o. (Bodleian Library, Cambridge), 181, 187, 233 u. r. (Lords Commissioners of the Admiralty), 236 l.
F. Fenwick Collection 18 u.
K. Fenwick 171
John Freeman & Co. 241
Focke-Museum, Bremen 178
Daniel Forster 466/467
Fürstlich zu Waldburg-Wolfeggsche Hauptverwaltung 99 (2)
Dr. Georg Gerster 16, 43 u. (Gotlands Fornsal, Visby), 46/47, 68 o., 69 o.
A. Greenway 300, 349, 368 u., 406/407, 458
Dr. Haeberlin-Friesen-Museum, Wyk auf Föhr 294/295
Hapag-Lloyd 273, 274 l. (2), 276, 277, 311, 323 o., 402/403
Heinz Hartmann 82/83 o.
P. D. Hawkes 233 u. l., 250, 305
V. Hayes 292
High Commissionar for New Zeeland, London 301
J. C. G. Hill 269 o.
Michael Holford Library 48/49 (Musée de la Reine Mathilde, Bayeux)
Hong Kong Government Information Services 405 u., 427 u.
Kelvin Hughes Division of Smiths Industries Ltd. 457 (2)
Illustrated London News 165, 269 M., 296, 306 o., 317, 320, 324, 334, 336 u., 337, 344 o., 345, 346/347 o., 351 o., 366 M. l., 374, 381 o., 390/391 u., 412/413, 414 u., 415, 421 o., 460 o.
Imperial War Museum 371 o., 392 o., 399 o.
B. S. Ireland 346 u., 430 o., 437 u.
Italian Embassy, London 348
Bildarchiv Jürgens 27, 36, 43 o. (Museum der Wikingerschiffe, Oslo), 103 (Staatsarchiv der Freien und Hansestadt Hamburg), 212/213, 377 u. und 378 (Archiv für Kunst und Geschichte, Berlin), 384/385
Kronborg-Museum, Helsingør 57, 193 u., 204 u., 205, 275, 303 l.
Kurzbach GmbH Techn. Dokumentation und Grafik 32, 44/45, 53, 100/101, 149, 197, 221, 228 (2), 232, 278/279 (20), 280/281, 316, 338/339 (3)
laenderpress/E. Lessing 14/15
Franz Lazi 11 o.
Lloyds of London 314 (2)
Sergio Lorrain 313
Magnum Photos 20 u.
M.A.N. 450 u., 452 (2)
Mansell Collection 21 (British Museum, London), 82 l.
Marinemuseum, Paris 138, 219
Marineschule Mürwik/Deutsches Schiffahrtsmuseum, Bremerhaven 194/195
Robert F. Marx 40, 95
A. McKee 137, 156
A. Morrison 11 u.
M. Muir Collection 375 u.
Museo Marítimo, Barcelona 63
Museo Naval, Madrid 122 l., 168/169
Museo Nazionale, Neapel 33 u.
Museu de Marinha, Lissabon 20 o., 23, 56, 58 o.
Museum der Wikingerschiffe, Oslo 302
Museum für hamburgische Geschichte, Hamburg 238/239
Museum für Kunst und Kulturgeschichte der Freien und Hansestadt Lübeck / Herbert Jäger 161
National Maritime Museum, Haifa 12/13, 17, 18/19 o., 22 u., 28, 30/31 o., 42
National Maritime Museum, London 80, 129, 133, 150/151, 159, 170, 191 u., 206, 216/217, 220, 222/223, 224 (Macpherson Collection), 225, 229, 233 o., 234/235, 236/237, 248/249, 286/287, 304, 336 o., 342/343
National Portrait Gallery 128
New English Library 104/105, 162
J. Newman 462/463
Orlogsmuseet, Kopenhagen 256/257 o., 303 r.
Österreichische Nationalbibliothek, Wien 54/55
The Parker Gallery 139, 335
P & O Company 400
Paul Popper Ltd 190, 370/371 u.
Port of London Authority 417
Prinz Franz Joseph 380 u.
M. Pucciarelli 2, 29 (Museu de Marinha, Lissabon), 30 u. (Museo Navale, La Spezia), 65 u. (Biblioteca Marciana, Venedig), 75 (Bibliothèque Nationale, Paris), 81 (Museo Navale, Genua), 84/85, 87, 89 (Bibliothèque Nationale, Paris), 90 und 93 (Museo Navale, Genua), 94 o., 117, 121 (Uffici, Florenz), 122/123 (J. C. Brown Library, Providence), 124 (Akademie der Wissenschaften, Lissabon), 141 o. (Gallerie delle Carte Geografiche, Vatikan), 144 l., 152 (Museo Navale, La Spezia), 166/167, 193 o., 200 (Museo Navale, Genua), 201, 204 o., 207, 214, 242, 260 (Museo Navale, Genua), 283, 333 (Museo Navale, Genua)
Radio Times Hulton Picture Library 218
R. Richardson 372/373
Royal Scottish Museum, Edinburgh 106, 136, 154
Royal Swedish Embassy, London 173 o.
Royal Viking Line 41
D. Rudkin 78/79 (Bibliothèque Nationale, Paris), 126 (British Museum), 163 (Science Museum, London), 188 (Hudson's Bay Co Ltd), 208 l. (Trinity House, London), 256 u. (National Maritime Museum, Greenwich), 261 und 264 u. (Science Museum, London), 268 u. und 289 (Science Museum, London), 332 (National Maritime Museum, London), 353 (Science Museum, London), 379 (Imperial War Museum), 438 u. und 444 u. (Science Museum, London), 447 (Science Museum, London)
H. Sadler 340/341 o.
Saint Martins Press 244
Salmer 33 (Casa dei Vetti, Pompeji), 34 (Musei Vaticani, Vatikan), 37 und 38 (Biblioteca Nacional, Madrid), 77 (Museo de Historia et Sciencias, Florenz), 96/97 (Museo Naval, Madrid), 113 (Biblioteca Nacional, Madrid), 120 (Archivo de Indias, Sevilla), 142/143 (Alcázar de Sevilla), 144 r. und 147 (Gallerie delle Carte Geografiche, Vatikan), 153 (Museo Marítimo, Barcelona), 184/185 (National Maritime Museum, Greenwich), 203 (Museo Marítimo, Barcelona), 209 (Palazzo Pitti, Florenz), 230/231 (Musée du Louvre, Paris), 254/255, 331 (Musée Palais de Versailles), 362/363 o. (Museo Marítimo, Barcelona)
Science Museum Collection, London 72 (2), 130, 141 u. (2), 245, 252, 262, 264 o., 265 (7), 266, 267, 268 o., 270/271 (6), 307, 315, 340 u.
Hermann E. Sieger 114/115
B. P. Singer Features Inc. 297
Sirius/Edmond van Hoorick 4/5
Sjöhistoriska Museum, Stockholm 172, 173 M., 173 u., 247
The Sphere 344 M. und u., 366 o., 375 o., 383
Staatsarchiv der Freien und Hansestadt Hamburg 51, 110/111
Tass/Jürgens 211, 455 (2)
US Embassy, London 393 o.
US Navy 399 u.
Verlagsarchiv 263
Vickers Ltd. 391 M.
Victoria and Albert Museum, London 174
J. Watney 288
R. Westwood 251, 284, 318/319
P. M. Wood 189, 290/291
Yarrow & Co. Ltd. 355 o.

Register der Schiffsnamen

AARON MANBY 266
ABERDEEN 311
ACADIA 330
ADMIRAL GRAF SPEE (1936) 343 f, **347,** 383, 386 f, **386,** 451, **452**
ADMIRAL HIPPER 343, 350, 383, 389
ADMIRAL SCHEER (1934) 343 f, **347,** 348, 383, 389, 451, **452**
ADMIRAL USCHAKOFF 375
ADRIATIC (Bark) 312
ADRIATIC (Dampfer) 324, 330
ADVENTURE 241
ADVENTURES 257
AFRICA 364
AGAMEMNON (18. Jh.) 237
AGAMEMNON (1852) 272, 332, **333**
AGINCOURT 334
AKAGI 367, **392,** 395
ALASKA 330
ALECTO **264**
ALFRED 224
ALICE MANDELL **245**
ALMIRANTE COCHRANE 341, **366**
AMAGI 367
AMAZON 312 f
AMELIA 179
AMERICA 330
AMERICAN ASTRONAUT **427**
AMERIGO VESPUCCI **282**
AMOCO CADIZ 416, 436
ANDORINHA **177**
ANDOVER 426
ANDREA DORIA **348**
ANDREW DORIA 221, 224
ANDROMEDA 431
ANNE GALLANT 134 f
ANN MCKIM 282
ANSWALD 367
ANUNCIATA 156
ARCHIMEDES 268, **268**
ARCONA 369
ARCTIC 312
ARETHUSA 259
ARGO **460**
ARGONAUTE II 362
ARGUS 367
ARGYLE 282
ARIZONA (1879) 324, 330
ARIZONA (1915) 369
ARK ROYAL (16. Jh.) 157
ARK ROYAL (1937) 367, 369, **390**
ARKTIKA 453, **454**
ASIA 330
ATHENIA 387
ATLANTIS 389
AUGUSTA VICTORIA **310,** 311
AUGUSTUS 404
AURIS **446,** 447
AURORA **382**
AURORE-Klasse (18. Jh.) 257
AUSTRIA 312
AWA MARU 416

BADEN 378
BAINBRIDGE 350
BALTIC 324, 330
BARBAROSSA-Klasse 311
BARFLEUR 224
BASILISK 369
BATILLUS **436**
BÉARN 367
BEAVER 221
BELLE POULE 257
BENEDETTO BRIN 383
BERGE KING 453
BERGE-KING-Klasse 451
BERIO 88
BERLIN 408
BIRMINGHAM 364
BISMARCK (Passagierschiff) 401, 409
BISMARCK (Schlachtschiff) 345, 347, 369, 386, 389 f, **390**
BISMARCK-Klasse 345
BLAA HEYERAN **256**
BLACK PRINCE (1861) 304, 333
BLITZ 369
BLÜCHER (1908) **376,** 377
BLÜCHER (1937) 383
BONA CONFIDENTIA 125
BONA ESPERANZA 125
BONAVENTURE 129
BOREAS 237
BORUSSIA 275, 308
BOUNTY **206,** 242
BRANDENBURG-Klasse 369 f
BRANDTAUCHER 309, 360, **360,** 363
BRAUNSCHWEIG-Klasse 370
BREMEN (1858) **322**
BREMEN (1928) 326, 330, **403,** 404, 409, **444**
BREMEN (1959) 408
BRESLAU 382
BRIGHTON **293**
BRILLIANT 257
BRITANNIA 268, 270, **288,** 330
BRITANNIC 330, 400
BRITISH QUEEN 270
BUCENTAURE **229,** 236
BUCINTORO 229, **229**
BUCKINGHAM **247**
BUENOS AIREAN 307
BUNTE KUH 104

CABOT 224
ÇA IRA 303
CAIRNGORM 285
CALAND **420**
CALEDONIA 263
CALIFORNIA 369
CALIFORNIAN 409, 412 ff, **415**
CAMPANIA 330, 364
CANBERRA **457**
CAP ARCONA 416
CAPTAIN (18. Jh.) 228, 237
CAPTAIN (19. Jh.) 334, **336**
CARIBIA **401**
CARLETON 307
CARL VINSON 367
CARMAGNOLE 303
CARMANIA 308
CAROLUS II 195
CARPATHIA 412, 414, **415**
CENTURION 215, 296
CERBERUS 334
CESAREVICH **375**
CHALLENGER 459 f
CHARENTE 133
CHARLOTTE DUNDAS **260,** 262
CHITOSE 367
CHIYODA 367
CHRISTIAN RADICH **297**
CHRISTINE **430**
CHRISTOPHER 73, 128
CHRISTOPHER OF THE TOWER 74
CHURPRINZ **195,** 196
CIMBRIA 312
CITY OF BERLIN 324, 330
CITY OF BRUSSELS 324, 330
CITY OF GLASGOW 312
CITY OF NEW YORK 330
CITY OF PARIS I 324, **324,** 330
CITY OF PARIS II 326, 330
CITY OF PHILADELPHIA 312
CIVETTA 263
CLERMONT 262
COBRA 308
COLLINGWOOD (1887) 335
COLUMBIA 330
COLUMBUS (18. Jh.) 224
COLUMBUS (1824) 265
COLUMBUS (1903) 416
COMET 285
CONCEPCIÓN 121
CONDOR 276
CONSTITUTION **256,** 257, 259
CONTE DI CAVOUR 369
CONTE ROSSO 367
CORNWALL 389, 394
C. O. STILLMAN 432
COUNTY OF PEEBLES 288
COURAGEOUS 367
COURONNE (1860) 333
CRATHIE 312, 314
CURAÇAO **330,** 416
CUTTY SARK 285, **288,** 301, 304

DANDALO 335, **336**
DANEBROG 211
DANTE ALIGHIERI 337
DARTMOUTH 221
DEFENCE 381
DE GULDEN LEUW 244
DEI GRATIA 313
DELAWARE-Klasse 337
DEMOLOGUS 263
DE NEDERLAND 266
DERFFLINGER 381
DER KOURIER 263
DEUTSCHLAND (1848) 274, **275**
DEUTSCHLAND (1872) **306**
DEUTSCHLAND (1893) 432
DEUTSCHLAND (1900) 312, 326, 330, **408,** 409
DEUTSCHLAND (1904) **371**
DEUTSCHLAND-Klasse (1904) 370
DEUTSCHLAND (Handels-U-Boot) **376**
DEUTSCHLAND (1931) **347,** 383, 451, **452**
DEUTSCHLAND-Klasse (1931) 344, **347,** 348, 387, **388**
DEUTSCHLAND (1963) 371, **371**
DEVASTATION 332
DEVONSHIRE (19. Jh.) 276
DEVONSHIRE (1927) 389
DE ZEVEN PROVINCIËN 183, **348**
DIE DIEVENOW 309
DIE WESER 263
DIMITRI DONSKIO 375
DISCO **193**
DISCOVERY (17. Jh.) 188
DISCOVERY (18. Jh.) 242
DISDAIN 157
DITTON 288
DOM FERNANDO II. E GLORIA **177**
DONALD MCKAY 282
DONAU 426
DORSETSHIRE 394
DRAKE 348
DREADNOUGHT (1906) 336 f, **339,** 341, **341,** 371, **371**
DRESDEN 378
DUILIO 335

Duncan 272
Dunkerque (1935) 344, **344**
Dunkerque-Klasse (1935) 344 f, **344**
Dupuy de Lôme 348
Duquesa 389
Durandal-Klasse 355
Dwight D. Eisenhower 367

E 21 383
Eagle 360, **366,** 367
Earl of Balcarass 175
Earl of Pembroke 241
Edmund 312
Edward 73
Edward Bonaventure 125, 127
Eendragt 183, 187
Elbe 311 f, 314, 369
Eleanor 221
Elefant 138, **138**
Elise 263
Elizabeth 128
Elizabeth Watts 426
Ellen Rodger **285**
Emanuel Nobel 432
Emden **381**
Emilia 244
Emmy **309**
Empress of Ireland 414 f
Endeavour **240,** 241 f
Energie Determination 416
Engadine 367
Engel 163
Enterprise (1825) 266
Enterprise (1936) 367, **369, 394,** 395
Enterprise (1960) 453
Erzherzog Ferdinand Max 332, **333**
Esmeralda 348
Etruria 330
Eureka 415
Europa 327, 330, 404

Falster **303**
Fels-Klasse 323
Ferguson 431
Fife **355**
Finnjet **446,** 447
Firebrand 271
Flor de la Mar **177**
Florence **288**
Florida 416
Flying Cloud 282, **282**
Forelle 363
Formidable 219, 225
Foucault 383
France 408 f
France I. 289
Francis Smith 268
Franklin 312
Frauenlob 369
Frederick Billings 289
Frida Horn 451
Friedrich der Grosse (1877) 309, **310**
Friedrich Wilhelm III. König von Preussen 273
Fuchs 196
Fulda 451
Fulminante 355
Fulton the First 263
Furious **366,** 367
Fürst Bismarck 348

Garry Owens 266
Garthwray 296
General Admiral 350
Germanic 330

Giuseppe d'Abundo 296
Glasgow 259
Glatton **335**
Globtik Tokyo 434, **436**
Gloria **464**
Glorious 367
Gloucester 218
Glückauf **430,** 432
Gneisenau (1906) 337, 378
Gneisenau (1936) 369, 383, 387 ff, **388,** 390
Goeben 382
Goldener Teufel 171, **171**
Goldenfels 389
Golden Hind 128 f, **128**
Goliath 383
Gomer 271
Good Hope 348
Gorch Fock **297, 301,** 371
Gorgon 271
Goubet **362**
Goya 343, 416
Graf Waldersee **277**
Graf Zeppelin 386
Grande Nef d'Ecosse 138
Grand Mistress 134 f
Grasshopper-Klasse 355
Great Britain **268,** 270, **271**
Great Eastern 270 f, **271 f,** 445
Great Harry 134 f, 137, **138**
Great Michael 134, 136 f, **137 f**
Great Western **268,** 270, 307
Grosser Adler von Lübeck 59, **161,** 163
Grosser Kurfürst (1878) 309, **310**
Guerrière **256,** 259
Gymnote 360

Haddon Hall 296
Hagen 432
Half-Moon 188, **189**
Hammonia 275
Hannah 221
Hanseatic 408
Hart **135**
Harwich 172
Hatsuse **375**
Havock 355
Hecht 352
Heimdal 369
Heinrich Essberger **435**
Heireddin Barbarossa 383
Hela **371**
Helena Sloman 274 f
Henry 183
Henry Grâce à Dieu 134, 137, **138**
Her Majesty 312
Hermann **178**
Hermes 364, 394
Heros 219
Herzog Edinburski 350
Hibernia (19. Jh.) 330
Hibernia (1905) 364, 366
High Flyer **327**
Hinchinbrook 237
Hiryu 367, 395
Hiyo 396
Holland-Klasse 362
Hood 389
Hoorn 188
Hopeful 188
Hornet (1895) 355
Hornet (1941) 394
Hoseander 192
Hosyo 367
Hungarian 312

Ibuki 367
Ictineo 360, **362**
Ida Ziegler 285
Idemitsu Maru 433
Ile de France 404
Illustrious-Klasse 367
Imperator 401, 409, 440
Imperator-Klasse 400, 440
Indefatigable 381
Independence-Klasse 367
Indomitable 341
Inflexible (1876) 335, **336**
Inflexible (1907) 341
Invincible (18. Jh.) 252
Invincible (1860) 333
Invincible (1907) 341, 381
Irene 369
Iris 307
Iron Sides 266
Iroquois 409
Isabel 378
Isumrud 375

James Monroe 273
James Watt 266
Janos 237
Jean-Bart-Klasse 337
Jeanne d'Arc 348, **369**
Joffre 367
Johanna 312
John Bisco **460**
John F. Lewitt 445
John Gilpin 282
Josef und Teresia 238
Josua 163
Jupiter (1912) 367
Jupiter (1914) 432
Jyland 369

Kaga 367, 395
Kaiser (1872) **306**
Kaiser (österreichisch) 332
Kaiser-Klasse 370
Kaiserin Augusta 369
Kaiserin und Königin Maria Theresia 350
Kaiser Leopold I. 194
Kaiser Wilhelm II. (1897) 370
Kaiser Wilhelm II. (1902) 307, 312, 326, 330
Kaiser Wilhelm der Grosse 311 f, 326, **327,** 330
Kandelfels 389
Karlsruhe 367
Kent (19. Jh.) 257
Kent (1963) **355**
Kiew 367
King Alfred 348
King Edward 308
King George V. 389, **390**
King-George-V.-Klasse 345
Knight of Michael 289
Knjas Suvoroff 374 f
Köln 343
König David 179
Königsberg **371**
Kurfürst Friedrich Wilhelm 383
Küstenbrander 360

La Couronne (1638) 169, 171
La Couronne (1794) 303
La Dauphine 124
Lady Adams 282
Lady Evelyn 415
Lafayette 416
La Flore 257
La Gloire 333 f

La Grande Françoise 138
La Grande Hermine 125
Lahn 311
L'Aigle 317, **317**
Lancastria 416
Langley 367
Latina 59, **177**
Lave 332
Le Bon 165
Lebre **177**
Leipzig 378
Lenin 453
Leonardo da Vinci (1911) 383
Leonardo da Vinci (1958) 408
Léon Gambetta 348
Leopard 194
Leopoldus Primus 194, **239**
Le Redoutable 453
Le Royal Louis 169
Leuchtboje 363
Leviathan 348, 409
Lexington (1916) 341
Lexington (1925) 367, 394, **394**
Libertad **297**
Liffey 259
Lightning 285
Lillooet **422**
L'Invention 265
Lion (16. Jh.) 129
Lion (1910) 377
Lion-Klasse (1941) 345
Lion Couronne 165
Littorio **344**
London (18. Jh.) 224
London (1899) 364
Long Beach 453
L'Orient 229
Louis **260**
Lowestoft 237, **314**
Lucania 330
Lusitania 326, 330, 378, **379**, 401, 416, **444**, 446
Lützow (1913) 381
Lützow (1931, ex Deutschland) 387, 388, **388**
Lyonnais 312

Madre de Dios 168
Magdala 334
Magdeburg 451
Majestic (1895) 337, 383
Majestic (1914/1922) 401, 409
Makelös 163
Marder **352**
Margery 263
Maria 128
Maria Rickmers 289
Maria Teresa **177**
Marie de la Cordelière 134
Marlborough (1855) 271
Marlborough (1912) 381
Mars 232
Mary Celeste 313 f
Mary Fortune 53, 134
Mary Gold 128
Mary Rose 135, 137, **137**
Matthew 97
Mauretania 330, 409, **444**, 446
Mayflower 188, **190**
Medina **401**
Meduse **362**
Melissa 285
Mentor 276
Mercury 307
Mermerus 288
Merrimac **335**
Meteor 460
Michelangelo 408
Michigan-Klasse 337
Midilli 382
Mikasa 374
Mikuma 395, **396**
Mini Diego 445
Minotaur 334
Minsk 367
Mogami 395, **396**
Mohrian 194, **195**, 196
Monarch (1866) 334
Monarch (1911) **341**
Monitor 334, **335 f**
Morian 163
Morocastle 416
Moses 431 f
Mousquet **381**
Muavenet 383
München 416
M. Uritskiy **404**
Musashi 345, 347, 369, 398, **399**
Mutsu 456
Myrina 422

Namur 257
Nancy 224
Napoléon 272, 332
Narval 362
Naseby 303
Nassau 337, 370, **371**
Nassau-Klasse **355**
Nautilus (1800) 262, 360, **360**
Nautilus (1929) 395
Nautilus (1954) 362, 453, **454**
Nave Quadra 59
Nelson 344 f, **344**
Nembo 355
Nerz **355**
Nevada 369
Nevada-Klasse 337
Newport-News-Klasse 350
Niagara 409, 413
Niels Juel 369
Nierstein 311
Nimitz **366**, 453
Niña 91 f, **94**, 95
Nisseki Maru 433
Nissho Maru 432
Nonpareil 156
Normandie 324, 327, **330**, 333, 409, 416
Northumberland 334
Norway 408 f
Nossa Senhora do bom Sucesso **177**
Nossa Senhora de Conceicão **177**
Notus 352
Novelty 263, **264**
November-Klasse 453
Nowshera **422**
Nuestra Senhora 53
Nuestra Señora de la Concepción 128
Nuestra Señora de Rosa 157
Nuestra Señora de Rosario 156 f
Nürnberg 343, 378, **382**
Nya Vassav 172

Oboro **355**
Oceanic **408**
Oklahoma 369
Oleander **259**
Olympic 400
Olympic Bravery **436**
Orazio 416
Oregon 326, 330
Original 206
Orion-Klasse **341**
Orjol 210
Orlando 272
Ormen Lange 43
Ostfriesland 344, **381**
Otto Hahn 453 f, 456

Pacific 312, 330
Painlevé 367
Palestro 332
Pallas 257
Pamir **297**, 416
Pandora 243
Pelican 128, **128**
Penmount **417**
Pennsylvania 364
Perseverance 262
Persia 324, 330
Peter van Rosseel 54, **62**
Peter von Danzig 54, 59, **62**, 107
Petrolea 432
Philipp and Mary 127
Pierre de la Rochelle 54, **62**, 107
Pinguin 389
Pinmore 289
Pinta 91 f, 95
Pobjeda 374
Poltawa **211**
Posen (1902, ex Preussen) 296
Posen (1908) **371**
Potemkin 376
Potosi 289
Prairal 435
President (1800) 257
President (1840) 270, 312
Président Paul Doumer 327
Preussen (1876) 309, **310**
Preussen (1885) 322
Preussen (1902) **293**, 296
Preussischer Adler 266, 273, 369
Prince 169, 171
Prince of Wales 369, 389, 394
Prince Royal 303
Princeton 271
Principium 210
Prins Karl 212
Prinzessin Charlotte von Preussen 263
Prinz Eugen 343, 347, 386, 389 f
Prinzregent Luitpold 447
Pudel 309

Queen 308
Queen-Elizabeth-Klasse (1913) 337, **341**, 352
Queen Elizabeth (1938) **404**, 409
Queen Elizabeth 2 404, 408
Queenfish 416
Queen Mary (1912) 381
Queen Mary (1934) 324, 327, 330, **330**, 409, 416

Radetzky 369
Raffaelo 408
Ranger (18. Jh.) 301
Ranger (1933) 367
Rappahannock 289
Rattler 263, **264**
Rattlesnake 355
Red Dragon 190, 192
Re di Portogallo 332
Re d'Italia 332, **333**
Redonda **177**
Redoutable 236
Regent 134
Regina Maris **293**
Republic 416
Repulse 369, 394
Resolution (17. Jh.) 182

Resolution (18. Jh.) 241
Revenge (1577) 250
Revenge (1915) **382**
Rex 327, 330
Richelieu-Klasse 345
Richesse 73
Rickmers **177**
Robert Ley 409
Roccaforte 64
Rodney (1888) 335, **336**
Rodney (1925) 344, **344**, 389, **390**
Roma 404
Roon 367
Rotterdam 408
Royal Adelaide 312
Royal Charles 186, **186**
Royal Oak 388
Royal Prince 183
Royal Sovereign (18. Jh.) 215
Royal Sovereign (1864) 334
Royal Sovereign (Trafalgar) 236
Rugia 309, 321
Rurik 374
Russia **324**, 330
Ryuho 367

Sachsen-Klasse 335
Sachsenwald 390
Sagres **177**
Saint Louis 168, 170
San Carlo 238
San José 228
San Michele 238
San Nicolas 228
Santa Ana (spanisch, 16. Jh.) 157
Santana (spanisch, 1784) 236
Santa Anna (maltesisch) 138, **142**, 144
Santa Catalina 124
Santa Elena 367
Santa Elisabetta 238
Santa Maria 62, 91 f, **92**, **94**, 95
Santa Teresa 169, **177**
Santiago 121
Santísima Trinidad **226**, 228, 236, 303
Santo Antonio **177**
São Gabriel 62, 88, **177**
São João 138
São Raphael 88
Saratoga (1916) 341
Saratoga (1925) 367
Savannah (1818) 266, **266**, 453
Savannah (1959) 453, **454**
Savior 98
Scharnhorst (1906) 337, 378
Scharnhorst (1936) 383, 387 ff, **388**, 390, 393
Scharnhorst-Klasse (1936) 345
Schemtschug **381**
Schlesien 383
Schleswig-Holstein 383, **386**
Schomberg 285
Schütze-Klasse 353
Schwarzenberg 369
Scotia 324, 330
Seawise Giant **436**
Seawise University **404**
Seeadler 379
Seehund 352
Seeteufel 360
Selandia **450**
Serenissima 53
Servia 324, 330
Seydlitz (1912) 381, **382**
Seydlitz (1939) 386
Sharpeshooter-Klasse 355
Shenandoah 289, 312
Shinano 345, 367
Shokaku 394, 396
Sibirsk 453, **454**
Siegfried 369
Soleil Royal 197, 220
Soryu 367, 395
Sous-Marin Goubet Nr. 1 360
Sovereign of the Seas (1637) 168 f, 170 f, **171**, 250, 303
Sovereign of the Seas (Clipper) 282
Stettin 322
Steuben 343, 416
St. Gabriel 242
Storstad 415
St. Paul 210
St. Peter 210
Stuart Hahnemann 288
Sultan 312
Superbe (17. Jh.) 172
Superbe (18. Jh.) 219
Susanna 293
Sussex 378
Sveat 431
Swan 128
Sweepstake 134
Swiftsure 183
Sydney **381**, 389
Syren 244

Taiho 396
Tecumseh 358
Tempest 312
Teutonic 330
The Defiance 263
Thermopylae 285
Thésée 220
Thetis 369
Thielbek 416
Thomas 73 f
Thomas W. Lawson **288**
Timbotta Nef 59
Tina Onassis 432
Tirpitz 345, 347, 369, 386, 389, **392**, 393
Titanic **314**, 316, 326, 400, 409, 412 ff, **413**, **415**
Tokyo Maru 432
Tonnante 332
Torbay 220
Trinidad 121, 123
Troubadour 282
Triumph (16. Jh.) 156
Triumph (1903) 383
Turbinia **306**, 308
Turtle 359 f
Tweed 282
Tweedsdale 289

U 1 363
U 2 364
U 3 364
U 4 364
U 5 364
U 8 364
U 16 378
U 20 **379**, 416
U 21 383
U 27 364
U 30 378, 387
U 47 388
U 155 **376**
Uckermark 389
Ulan 352
Umbria 330
Uncas 245
United Kingdom 312
United States (18. Jh.) 257
United States (1952) 324, 327, 330, 409
Universe Apollo 432
Universe Ireland 433
Utopia 312

Valiant 352
Vasco da Gama **177**
Vaterland 401, 409
Venedig Nef 59
Vespasian 446
Victor Hugo 348
Victoria (16. Jh.) 121, 123 f
Victoria (1859) 272
Victoria and Albert 307
Victoria Luise **408**, 409
Victorian 308, 445
Victorious **390**
Victory 228, **232**, 236, 250, **250**, 252, **252**, **304**
Ville de Paris 224 f, 257
Viper 308
Virginia 276
Virginian 308
Vittorio Veneto **344**
Von der Tann (1849) 309
Von der Tann (1909) 341, 381
Vulcania **401**

Wakamija 367
Wappen von Hamburg **239**
Warrior (1860) 304, 333
Warrior (1905) 381
Warspite **341**, 381
Wasa (1628) 169, 172 f, **173**
Wasa (1788) **247**
Washington 344
Wasp (1939) 367
Weser Express 422
West Virginia 369
White Bear 302
Wiesbaden 381
Wilhelm Gustloff 343, 409, 416
Wilton **358**
Wittelsbach-Klasse 370

Yamato 345, 347, 369, 398, **399**
Yavuz Sultan Selim 382
Yorktown 367, 394 f, **396**

Zephir 352
Zobel-Klasse **355**
Zuikaku 394

Personen- und Sachregister

Aachen, Friede von 219
Aben Assafar 76
Aberdeen-Clipper 284
Aboukir 229, **229**, 237
d'Abreu 124
Académie de Sciences 171, 247
Académie Française 171, 263
Acapulco 127, 218, 322
Achaier 19, 21
Achterdeck 112, 253
Ackerman, Ned 445
Actium 13, 32, **32**, 34
Adak 394
Aden 323
Adler-Linie 322
Admirality-Modelle 171
Admiralswerk 164
Afrikanische Dampfschiffs-Actiengesellschaft 323
Ägäis 140
Agathokles 31
Agrippa, Marcus Vipsanius **30**, 32, **32**, 34
AG »Weser«, Bremen 309, **309**, 353, 433
Ägypter 10, 12 f, **13**, 17, **17**, 19, **19**, 21
Ahapa 212
Ahrenkiel, Reederei 322
Air Gap 391
Alaja 34
Alalia (Aleria auf Korsika) 31
Alamainas 124
Ålandinseln 211, **278**, 331
Alaska 242
d'Alava, Don Ignatius Maria 232
Alba, Herzog 154
Albrecht, König von Schweden 104
d'Albuquerque, Alfonso 118 f, **118**, 121, **177**
Alcaçovas, Friede von 88
Al Dschesirelis 140
Aleppo 155
Aleuten 242, 394
Alexander VI., Papst 95
Alexander der Große 36, **358**, 359
Alexandria 25, **26**, 36, 38, 145, **200**, 229, 317, 322, 352
Alexei Michailowitsch, Zarewitsch 210
Alfons X., König 76, 80
Alfonsinische Tafeln 76, **76**, 80
Alfonso IV., König 76
Alfred der Große 42
Algarve 302
Algier 140, 144 f, **177**, 182
Alhidade 204
Ali Pascha 148 f
Allan and States Line, Glasgow 307 f, 445
Allerheiligenstraße 122
Alliierter Kontrollrat 422
Almagest 76, **200**
Almagro, Diego de 116
Almanach **88**, 90
Almanach Perpetuum 80
d'Almeida, Don Francisco 118
d'Almeida, Lourenço 118
Almonde, Admiral 215
Almquist, S. 432
Alsen 194
Altona 240
Amalfi 48, 140
Amazonas 98
Amboina 192
Ambrakugel 112
Ambrose Light 327, 330
Amiens, Frieden von 232, **232**
Amoy 277
Amsterdam **163**, 188, 192, 243
Anadyr 189, 210
Anchédira 118
Anchor Line, London 312
Ancona 238
Anderson, Captain 415
Andrews 413 f
Ango, Jean 134
Ankerspill **339**
d'Annebaut, Admiral 135
Anson, George 215, **218**, 252
Antarktis **122**, **245**, 293, **460**
Antillen, Große 125
Antillen, Kleine 96, 125, 189
Antonius **32**, 34
Antwerpen 162, 164, 179
Anwar al Sadat 317
Apostis 165
Appianus 117
Aquakultur 460
Äquatortaufe **324**
Aquitanien 133
Araber 23, **37 f**, 40, 48, 67, 76, 80, **80**, 88, 118 f
Arana, Diego de 95
Arbuthnot, Konteradmiral 224
d'Arc, Jeanne 74
Arcano del Mare 202
Archangelsk 127, 180, 210, 239
Arche Noah 91
Archimedes 263, 268, **268**, 439
archimedische Schraube 268
Architectura Navalis 202
Architectura navalis mercatoria **247**
Arellano, Diego Ramirez de **122**
Argentinien 164, 276, 322
Argo Reederei Richard Adler & Söhne, Bremen 322
Argos 140
Arguin 196
Aristoteles 84
Arkadien 215
Arkebusiere 149
Arkona, Seeschlacht bei 211
Arktis 174, **175**, 190, 243, **245**
Armada, spanische 125, 129, **130**, 132, 154 ff, **154**, **159**, 164, 250
Armada von Kantabrien 131
Ärmelkanal 66, 73 f, 107
Armstrong 348
Armstrong, Mitchel & Co., Newcastle 432
Arö 106
arte de navegar, El 202
Artemisia, Fürstin 29
Artemonmast 56
Arthur Sewall & Co., Bath 289
Arudsch 140
A/S-Maritim 415
Asow 210 f, **211**
Asowsches Meer **211**
Assyrer 19, 31
Astrachan 210
Astrolabium 76, **76**, 88, **204**, 210
Astronomie 76, **76**, 80, 82, 98, 121, **141**, **200**, 204, **204**, 241, 456 f
ASV-1-Gerät 390
Atjim 192
Atlantic-Convoy-Conference 390
Atlantikwall 391
Atlantis 19
Atlas de Colbert 171
Atlas Miller **116**, **118**
Atombombe 347, 393, 398
Attu 394, 396
Aube, H.T.L., Admiral 348, 353, 360
Audenet 333
August der Starke 211
Augusta, Schlacht bei **186**, 187
Auslegerboot **36**
Australien 242, 276, 322 f, 324
Austria, Don Juan de 145, **147**, 148 ff, 155, 165
Auswanderer 273 ff, 277, **277**, 312, 322, **324**, 326 f, **417**
Auxiron, Graf 262
Avila, Don Pedro Arias de 119
Aviso 369
Avisyachten 183
Ayllón, Vásquez de 119
Ayscue, Admiral 183
Azamur 121
Azarquiel 76, 80
Azincourt, Schlacht bei 74
Azoren 85 f, 95, 130 f, 244, **297**
Azteken 124, 131

Baader, Josef von 262
Back 171, 253, 302, 364, **366**, 417, **417**, 420
Backsdeck 250
Backstagsbrise 236, 322
Baffin, William 188
Baffin-Bay 188
Bagge, Jacob 163
Bahia 117
Bahio dos Vaqueiros 87
Baienfahrt 107
Bajesid, Sultan 140
Baken 314, 456
Baker, James 134
Balboa, Vasco Nuñes de 119
Baku 210, 430
balance of power 215
Balearen 140
Bali 394
Ballestas 293
Ballin, Albert 322, 400, 409
Baltimore 322
Baltimore-Clipper 178, 259, **279**, 282
Baltimore-Schoner 178, 259, 282
baltische Reichsflotte 102
Banks, J. 241
Bantam-Bay 394
Barbaresken 239
Barbarigo 148 f
Barbetteschiffe 334 f, **339**
Barca **19**, 178
Barcelona 66, 219
barchetta 202
Barclay, Curle & Co. 288 f
Bäreninsel 131
Barents, Willem 131
Barentssee 131
Barge 178
Barjot, Admiral 44
Bark 174, **177**, 178, 188, **190**, 210, **211**, 247, 257, 259 f, **259 f**, 265, 271, 276, **278**, 288 f, **297**, 307, 309, 312, 426
Barkantinen 178, 257, **293**
Barke 59
Barlow, Roger 98
Barque 59
Bart, Jean **186**, 198, **198**, 200
Bartling & Sons 282
Barton, Andrew 136
Basel, Frieden von 228
Basken 66, 243 f, **245**
Batavia 192, **240**

Bath **288**
Bathythermograph **460**
Batterieschiff 334
Baubesteck 247
Bauer, Wilhelm 309, 360, **360**
Bayeux, Teppich von 48, **48**, 302
Bayonne 74
Bayonne, Schiff von 54
Beachy Head 181, 196
Beatty, Admiral **376**, 377, 381
Beaufort, John 74
Beautemps-Beaupré, Charles F. 204
Behaim, Martin 76, 83, 87
Belgrad 238
Belisar 38
Belle Isle 125
Belmonte 117
Belt 102, 160, 162
Beneke, Paul **62**, 107
Bengalen 220, 238
Benstarin 118
Bentham, Sir Samuel 266
Benz, Carl 360
Berardi, Handelshaus 98
bergantino 202
Bergen 52, **56**, 102, 104, 106, 162, 183
Bergen, Claus **390**
Beriberi 296
Bering, Vitus 242
Beringstraße 189, 210, 242, 276
Berkley, Vizeadmiral 183
Berlin 196, 263
Berling, Gustav 363 f
Bermego, Juan Rodriguez 92
Bernoulli, Daniel 171, 247, 261, 359
Besanmarssegel 170
Besanmast 54 f, **62**, **105**, **107**, 170 f, 175, 178, 247, 257, **259**, 260, 289
Besansegel 171, 174
Bessemerstahl 266, 307
Best, Thomas 192
Béthancourt, Jean de 76
Bezout 247
Biblioteca Nazionale, Venedig 165
Bilgen 253
Billigflaggen 426, 435 f, 454
Binkes, Admiral 186
Bireme **21 f**, 22 f, **26**, **30**, 31 f, 56
Bishop's Rock 327, 330, **330**
Biskaya 106, 180, 186, 219, 243, **336**
Bismarck, Otto von 369, 420
Bismarck-See 396
Björkeboot 35
Black Pit 390
Blake, Robert 180 ff, **181**
Blaues Band 312, 324, **324**, 326 f, **327**, 330, **330**, 370, 400, **403**, 404, **408**, 409, **415**, 416, **444**
Bligh, William **206**, 242 f
Blinde 55
Bliss-Leavitt-Torpedo 350
Blöcke 253
Blohm & Voss, Hamburg 309, 311, 341, 382, 404, 409, 451
Blonck, Kapitän 195
Blüsen 314
Board of Longitude **206**
Board of Supervising Inspectors 315
Board of Trade 315 f
Bobadilla 96
Bocanegra, Ambrosio 74
Boccaccio 76
Bock, Adolf **62**
Bogotá 125
Bojer 174, **178**, **278**, 456
Bolingbroke 74
Bolivien 322 f
Bolten, August 275
Bombay 183, 189, 192
Bombenlancha **177**
Bonaventuramast 55, 171
Bonaventura-Kreuzmast 137
Bond 137
Bootsmannspfeife 134
Borda, J. Ch. 204, 247
Bordeaux 74, 102, 265
Bordes, A.D., Dünkirchen 289
Borja, Rodrigo de 95
Borneo 124
Bornholm 106, 160 f, 163, 194
Boscawen, Admiral 220
Bosporus 140, 145, 211
Boston 102, 221, 270, 282, 285
Botany-Bay 241, 242
Bouguer, Pierre 247
Boulogne 73, 232, **232**, 263
Bourne, William 202
Boxeraufstand 370
Boyle, Pater 96
Bragadius 145
Bramah, Joseph 263
Bramsegel 171, 247
Bramstengen 137
Brand 210
Brandenburg 160, 194 ff, **195**
Brandenburgisch-Afrikanische Compagnie, Berlin **195**, 196
Brander 157 f, **159**, 179 f, 182 f, 186 f, 194 f, 197, **212**, **221**
Brasilia 118
Brasilien 98, 117, 164, 193, 215, 244, 273, 322
Bratspill **108**
Braunsches Rohr 458
Breda, Friede von 186, **186**
Bremen 50, 52, 56, **108**, 164, 273 ff, **277**, 282, **376**
Bremerhaven 273, 308, **309**, **401**, 408
Bremer Kogge 52 f, **108**, 109, 112
Bremer Vulkan Schiffbau und Maschinenfabrik AG., Bremen **309 f**, **358**, **422**, 432
Brennan, Louis 350
Brest 197, 219, **224**, 228, 389 f, **436**
Bretagne 131, **202**
Bretonen 50
Breve Compendio de la Sphera y del Arte de navegar con nuevos instrumentos y Reglas 202
Breydenbach, Bernhard von **141**
Bridgewater, Herzog von 262
Briel 154
Brigantine 175, 198, 257, **278**, 313
Brigg 174 f, **177 f**, 224, 237, 247, **279**, 282, **309**, 313 f, 324, 331, 426
Briggs, B. S. 313
Bristol 98, **268**
Britisches Museum, London 201
British & American Steam Navigation Company 270
British and North American Royal Steamship Company 270
British India, London 321
Brockhaus **208**
Brömsebro, Friede von 179
Brown, John **330**
Brueys, Admiral 229
Brügge 53, 102, 104, 107, **107**, 157, 162
Brunel, Isambard K. **268**, 270 f, **271**
Brüsterort (Leuchtturm) 457
Bruyère, Court de la 218
Brygandine, Robert 137
Buache, Philippe 204
Buenos Aires 124, 215, 454
Bugspriet 55
Bugsprietmast 247, 266
Bulkhead Committee 314, 316
Bundesflotte (19. Jh.) 369
Bundesmarine (19. Jh.) 369
Bundesmarine (Gegenwart) **297**, 350, **355**, **371**
Bureau Véritas 307, **430**
Bürgerkrieg, Amerikanischer 307, **335**
Burgh, Hubert de 73
Bürgi, Jost **206**
Burma 323
Burmeister & Wain **430**
Burn 301
Bushnell, David 355, 359
Bute 220
Bylot, Robert 188
Byng, Admiral 219
Byron, Admiral 224
Byzanz 23, 38, 40, 42, **45**, 48, 50, 65, 140, 210

Cabot, John 96 ff, **97**
Cabot, Ludovico 97
Cabot, Sebastiano 97 f
Cabot, Snazio 97
Cabral, Pedro Alvares 87, 98, 117 f
Cabrera, Andreas 91
Cabrillo 125
Cádiz 64, 66, 96, 98, 119, 129 ff, 156, 182, 196, 201, **226**, 228, 232, **232**
Caesar, Julius 32, **32**, 34
Caesarion 34
Calais 73 f, 157, 183
Calder, Admiral 232
Calicut 88, 117 f
Callao 128, 293
Calypso, Nymphe 21
Cambrai, Frieden von 141
Caminha, Pedro Vaz de 117
Cammell, Laird & Co., Birkenhead 364
Campbell 204
Canadian Pacific Railway Co. 414 f
Cananore 117 f
Candia 155
Cão, Diego 83, 86
capital ships 250, 336 f, 344, 367, 386
Capitana 149
Caprivi, Graf von 353, 369
Caracas 62
Caravazil, J. de 125
Caravella redonda 91 f
Caravellas 117
Cardiff 296
Carmarthen, Admiral 210
Cartagena 128, 131, 144, 218
Cartagena, J. de 121
Cartier, Jacques 125, 188
Casa de la Contratación 119, **121**, 131
Catalina-Flugboot 389
Cebu 123
Celebes **128**, 129, **193**, 394
Cell 206
Cellarius, Andreas **200**
Cerda, Don Luis de la 74, 90
Ceuta 67, 76, 82, **215**
Ceylon 119, 189, 192, 232, 323, 394
Chaijam, Omar **413**
Chaireddin 140 f, **142**, 144, **145**
champagne au large 197
Champlain, Samuel de 125, 188
Chancellor, Richard 125, 127
Chandernagore 220
Chantiers de l'Atlantique, St. Nazaire **436**
Chapman, Frederic Hendric af 247, **247**
chariot 352

chassée-marée 198
Chatham 128, **186,** 250
Chauken 34 f
chef de l'escadre 200
Cheopsschiff 12
Cherbourg 197, **197,** 330, 333
Chesapeake-Bay 224
Chesney, Captain 317
Chiba-Werft 453
Chibcha 125
Chile 128, 164, 296, 322 f
China 192, **193, 275,** 277, 284, **288,** 323, 369
Chincha 116, 293
Chioggia, Seeschlacht von 64, **65**
Chios 155,
Christian II., König von Dänemark 160
Christian III., König von Dänemark 162
Christian IV., König von Dänemark 179
Christian von Holstein 161
Christus-Orden 84
Chroniques **74**
Chronometer **200,** 204, **206,** 313, 456 f
Churchill, Sir Winston 337, **341**
Cinque Ports 50, 56, 73
Cipango 97 f
Cisneros, Don Baltasar Hidalgo de **226**
Clan Line, London 322
Claussen, Georg W. **293**
Cleopatra **32,** 34
Clermont, Synode von 48
Cleveley, John **250**
Clipper 178, 188, 198, **264,** 266, 282, **282,** 284 f, **285, 288,** 289, 303 f
Clive 220
Cobb, David **288**
Cochin 117 f
Cocosinseln **381**
Cœur, Jacques 67
Coghen 50
cog nordique 53
cog ronde 53
Coignet, Michael 202
Colbert, Jean Baptiste 171, 196 f, **197,** 218
Coles, Captain 334, **336**
Collam 118
collier 260
Collingwood 228, 236
Collins Line 312
Coloma, Juan de 91
Colombo 394
Colon 322
Colón, Christobal 90 ff
Colonna, Admiral 149
Colt 358
Columbus, Bartolomeo **90**
Columbus, Christoph 62, **66,** 76, 80, **80,** 88, 90 ff, **90, 92,** 94 ff, **94, 97 f,** 98, 121
Comitu 151
Commercial Advertiser 273
Compagnie de Marine 196
Compagnie Générale Transatlantique, Le Havre 322, 327
Compagnie Universelle du Canal Interocéanique 321
Compiègne, Waffenstillstand von 383
Compositbauweise **264,** 266, 284 f
Concejo de las Indias 116
Condorcet 247
Conflans, Comte de 219, **221**
Consolfunkfeuer 458
Consulado del Mar 202
Container 422, **422, 427,** 436
Contarini, Andrea 64
Conti, Nicolo de **85**
Continental-Fleet 224
Cook, James 125, 204, **206, 240,** 241 f, **242,** 260
Cope, Th. P. 273
Coracle 10
corbita 32
Córdoba, Don José de **226,** 228
Cornaro, Caterina 64
Cornwallis, General 224
Coro 113, 116
Corone 378
Correction of Certain Errors in Navigation, The 202
Corsia 165
Cort 263
Cortereal, Gaspar 98, 119
Cortes, Martin 202
Cortez, Hernando 98, 124, 131
corvus 31 f
Cosa, Juan de la 92, **97**
Cotentin 181, 197
Cordouan (Leuchtturm) 457
court 238
CQD 412
Crescent Shipyard, Elizabethport 362
Cresques, Abraham **76,** 80, 83
Cresques, Jacobus 83
Crispus 38
Cromwell, Oliver 164, 180 ff, 219, 303
Crossing the T 381
Cucari, Attilio 53
Cufa (Guffa) 10
cuirassés d'escadres 348
Cumberland, Earl of 190
Cumberland, J. 247
Cunard, Samuel 270, 293
Cunard Steamship Co., Liverpool 308, 324, **324,** 326 f, **330,** 401, 408, 416, 420, 446
Cunha, Tristão da 118 f
Curtiss 364

DAF (Deutsche Arbeits-Front) 409
Dagö 211
Daimler, Gottlieb 360
Dair Al Bahri 13
Dalben 456
Dalfinger, Ambrosius 113, 116, 125
Damasithymos, König 29
Damme 73
Dampfmaschine 262 f, **266,** 272, 307 f, 321, 352 f
Dampfschiffahrt **260,** 261 ff, **263 f,** 266, 268, 271 f, **271,** 274, 277, 282, 285, 288 f, **288,** 293, **293,** 301, 308, 312, 316 f, 321 ff, 324, **324,** 326 f, **326,** 330, **330,** 439
Dampier, William 189
Dänisch Asiatische Compagnie 193, **193**
Danske Petroleum AG, Aarhus **430**
Danti, Egnazio **141**
Danzig **51,** 52, 107, 109, 112, 133, 160, 194, 238 f, 308
Dardanellen 140 f, 382 f
Dareios I. 25, 36, 317
Dartmouth 74
Darwin, Charles 459
Dassié 171
Davies 155
Davis, John 202
Davisstraße 244
Davit 244, 316
De Beers **413**
Decemreme 32
Decksbalken **13,** 247, 266, 440
Declaration of Independence of the United States of America 221
Dekhan 220
Deklination 416
Delagoa-Bucht 238
Delaware 262
Delisle 263
Delisle, Guillaume **200,** 202
Dendrochronologie 109
Deptford 129, **190, 250**
Descharges **130,** 133 f
Deschnjew, Semjon 189, 210
Deutsch-Amerikanische Petroleum-Gesellschaft (DAPG), Geestemünde 322, 409, 432
Deutsch-Australische Dampfschiffahrtsgesellschaft, Hamburg 322 f
Deutsche Brücke, Die 164
Deutsche Dampfschiffahrtsgesellschaft, Hamburg 323
Deutsche Dampfschifffahrts-Gesellschaft »Hansa«, Bremen (DDG) 311, 322 f, 389
Deutsche Dampfschiffs-Rhederei 323
Deutsche Levante-Linie, Hamburg 322
Deutsche Ost-Afrika-Linie, Hamburg 322 f
Deutsche Schiff- und Maschinenbau AG (Deschimag) **309, 403,** 404
Deutsche Shell AG 422
Deutscher Flottenverein 370
Deutscher Orden 102, 104
Deutscher Seefahrtausschuß 420
Deutsches Hydrografisches Institut, Hamburg 459
Deutsches Schiffahrtsmuseum, Bremerhaven **10, 108,** 109
Deviation 416, **457,** 458
Devrient, Danzig 352
Deza, Fray Diego de 91
Diaz, Bartholomeo 86 ff, 117
Diaz, Diniz 86
Diebsinseln 123
Dieppe 131, 134
Diesel, Rudolf 447, **450,** 452
Dieselantrieb 344, **347,** 348, 364, 386, 389, **404,** 445, **446,** 447, **450,** 451, **452,** 453
Directeur de Matériel 332
Djerba 144
Dnjepr 212
Doggerbank **376,** 377, **382**
Dokkum 105
Dole, Sir Thomas 192
Dolguruki, Fürst Jakob 210
Dolmen 10
Dominica 220, 225
Dominus orbis 95
Don **211**
Dönitz, Karl **365,** 387, 390
Donnaconna 125
Doria, Andrea **66,** 140 f, 144
Doria, Gianandrea 144, 148 f
Doria, Oberto 64
Doria, Pagano 64
Dorpat 52, 162
Dover 56, 180
Downeaster 293
Downs 157, 179, 181
Drachenboote 42 f
Drake, Edwin Laurentine 426
Drake, Sir Francis **127,** 128 ff, **128,** 132, 155 ff
Drebbel, Cornelius 350, 359
Drehrahmenpeiler 458
Dreiinselschiffe **417,** 420
Dreißigjähriger Krieg 164, 172, 179
Dromone 32, 38, 40, 50, 56
Drusus 34
Dschabal At Tarik **215**
Dschunke 67, 69 f, **70,** 72, **72**
Duchten 151
Dudleo, Roberto 202
Duguay-Trouin 198, 215
Dulcert, Angelino 80

Dumanoir 236
Duncan & Co., Robert, Greenock 268
Dundas, Admiral 331
Dundas, Lord **260,** 262
Dungeness, Seeschlacht von 181
Dünkirchen 157, 162, 182 f, 198, **198,** 200, 215, 219 f, 389
Dunning, Commander 367
Dupuy de Lôme **26,** 272, 333
Durfoorth, Cornelius 125
Dutch Harbor 394
Dwarslinie 148, 187
Dwina 127
Dynamo (Operation) 389
Dynaschiff 445

Eannes, Gils 85 f
East India Company 175
East Indiaman 175, 259, **264**
Ebstorfer Weltkarte 80, 84
Echograph 458
Echolot **457,** 458, 460
Eddystone 157, 206, **208**
Edinburgh **260**
Edison, Sim 350
Eduard III., englischer König 73 f, **304**
Eduard IV. 108, 127
Eduard VI. 98, 155
Ehrensvaerd, Admiral 212
Einbaum 10
Eisenzeit 10
Ekuador 124, 322 f
Elbe **108,** 194, 232, 274, 312
Elbing **51,** 52, 194, 211
Elbinger Dampfschiffahrtsgesellschaft 308
Elcano, Juan Sebastián 123
Elder, John 285
Elder Dempster & Co., Liverpool 321
El Dorado 125, 130
Electric Boat Company 362
Eleonore von Aquitanien 74
El Ferrol **226,** 232
Elisabeth, Zarin von Rußland 219
Elizabeth I., Königin von England 128, 130 f, **130,** 134, **135,** 148, 155 ff, **157,** 162, **164,** 190, **190,** 302
Ellis, J. 206
Ely, Eugene B. 364
Emden 196, 243
E-Modul 265
Ems 162
enbolon 19
Ennere 32
Enterbrücke 152
Enterkampf 25, **30,** 30, 73 f, 134, **147,** 149, 152, 155 ff, 156, 163, 168, 182 f, **186,** 253
Enternetze 170
Ephemeriden 80
d'Equevilley 363
Erbfolgekrieg, Österreichischer 218
Erbfolgekrieg, Spanischer 214, **215,** 238, 257
Eredia, Godinho de 188
Ericsson, John 263, **264,** 271, **335**
Erik der Rote 42, **45**
Erik XIV., König von Schweden 162
Erikson, Leif 42, **45**
Erste Deutsche Grönlandfahrer-Compagnie 243
Erster Seelord 229, 336 f, 341, **341**
Escovedo, Rodrigo de 92
Esefjord **371**
Eselshäupter 257
Eskimos 188
Española, La 94, **94,** 132
l'Espine, Vizeadmiral 238
Espiritu Santo 122
Essberger, John 422
Essex, Earl of 130
Estland 162, 211
Esumersiel 105
Etrusker **28,** 31, 38
Eugen, Prinz von Savoyen 215, 238
Eugénie, Kaiserin 317
Eulenburg, Graf zu 369
Euler, Leonhard 247
Eustach der Mönch 73
Evans, Oliver 262
Evertsen d. Ä., Admiral 183
Exxon 435

Fabriano, Gentile de **58**
fabricated ships 266
Fairfield Co., Glasgow 414
Falero, Ruy 121
Falkland-Inseln **268,** 378
Falköping 104
Falmouth 266
Falster 106
Famagusta 145
Farnese, Alexander 156
FAT (flächenabsuchender Torpedo) 350
Father Point 414 f
Fayal 130
Federmann, Nikolaus 125
Fehmarn 179
Fehrbellin 194
Felbinger, J. I. von 204
Felucke **279**
Ferdinand II., Kaiser 179
Ferdinand von Aragonien 88, 90 f, 95 f, 98, 133
Fernández, Alejo **121**
Fernandez, Alvaro 86
Fernandina 94
Feuerland 116, 122, **122,** 188, **313**
Feuerschiff 206, 314, 456 ff
Fiesco **66**
filucca 202
Fincati, Admiral **153**
Finnischer Meerbusen 211, 212
Firth of Forth 262
first rate ship 170, 250
Fischtorpedo 350
Fisher, Sir John 336 f, **341,** 381
Fitch, John 262
Fitzwilliam, Sir William 137
Fiume 238
Flamm, Professor 315
Flandern, Graf von 73
Fleet, Frederik 412
fleet in being 196
Flekkefjord 200
Flensburg 240
Flensburger Schiffsbau-Gesellschaft 309
Flensburger Schiffsparten-Vereinigung 323
Fletcher, Christian 243
Fleury, Jean 131
Fleute 174, **175,** 178, 259, **278**
Flinders, Matthew 242, 247
Florenz 196
Florida 119, **124,** 220
Floridastrom 124
Floß 9
Flotas 131 f
Flottenvertrag, deutsch-englischer 350
Flottenvertrag, Londoner 344
Flottenvertrag, Washingtoner 341, **344, 347 f,** 367, 383
Flugzeugträger 341, 345, 347, **348,** 364, **366,** 367, **369,** 386, 389, **390, 392,** 393 ff, **394, 396,** 398
Fockemuseum, Bremen **178**
Fockmast 54 f, **107, 147,** 174, **177,** 288, **293**
Folkestone 74
Fonseca, Bischof von Burgos 121
Fontanas, Professor 350
Forbes, E. 459
Forbin 215
Forenede Dampfskibs, Det, Kopenhagen 322
Forth and Clyde-Kanal **260,** 262
Fort Orange 221
Fortuna Primigenia **35**
Föttinger, Hermann 446 f
Frachtgruppe Reeder 422
Francispolis 138
Franklin, Benjamin 124, 206, 220
Franz I., König von Frankreich 125, 135, 138, 141
Freetraders 175
Fregatte 173, 175, **177,** 178, 181, 194 ff, **195,** 210 ff, 224, 228 f, 236 ff, 247, **256,** 257, 259 f, 263, 266, 271, 276, **279,** 303, **306,** 331 f, **333,** 334, 347, 350, 369, 371
Freibord 313 f, 316, **317, 336**
Fresnel, Auguste Jean 457
Friedrich I., Kaiser 56
Friedrich von Schleswig-Holstein, Herzog 160
Friedrich I. von Jütland 160
Friedrich I., König von Preußen 196, 219 f
Friedrich II., Kaiser 52, 64
Friedrich II. der Große, König von Preußen 238 ff
Friedrich III., Kaiser 113
Friedrich Wilhelm von Brandenburg (Großer Kurfürst) 169, 194, **195,** 196, 238
Friesen 34 f, 40, 42, 104 f, **200,** 244
Frisches Haff 164, 194
Frobisher, Sir Martin 127, 130, 155
Froissart, Jean **74**
Froude, William **439**
Froudesche Zahl **439**
Fugger, Anton 116
Fugger, Georg 108
Fugger, Handelshaus 98, 113, 116, 119
Fugger, Jacob 108, 113
Fugger, Ulrich 108
Fu Hsi 67
Fukien 72
Fulton, Robert **260,** 263, 266, 355, 360, **360**
Funes, Don Juan de 138
Funkpeilung 458
Fürchtenicht & Brock, Stettin 309
Furttenbach, Joseph 202
Fushida, Fregattenkapitän **392**
Fusta 56, 165
Futschou 277
Futschou-Dschunke 72, **72**

Gaffelbesan 247
Gaffelsegel 175, 260, 266
Gaffeltoppsegel 257
Galeasse 134 f, 148 f, **148, 150,** 152 f, 157, 164 f, 175, **177**
Galeere **21,** 23, 50, 56, 64, **66,** 67, 76, **130,** 131, 134 f, 140, **141,** 145, **147,** 148 ff, **148, 150, 153, 164,** 165, 168, **178,** 210 ff, **211,** 238, 261, 302
Galeerensklaven 134, 150 f, 261
Galeone 50, 127 f, **130,** 134 f, **135, 137,** 153, 155, 157 f, **164,** 168, **169,** 170, 174 f, **177,** 182, 188, 215, **215,** 218, 252, **278,** 302
galeos **178**
galeotes **178**
galia sottil 56
Galion 168 f, **169,** 172, 178, 257, 260
Galionsfigur **35,** 168, 301 ff, **301, 303 f**
Galiote 149 f, 174 f, **178,** 206

Gallerie delle Carte Geografiche **148**
Galles, Jacob Friedrich 276
Galleyas 178
Galli, Elisa **239**
Gallipoli 140, 382
Gama, Vasco da 55, 62, **65,** 76, 87 f, **87,** 118, **141, 177**
Gambia-Fluß 189
Ganges 238
Garrett 360
Gaspé-Halbinsel 125
Gebrüder Schürenstedt, Bardenfleth 308
Geesthacht **108**
Gefechtsrolle 137
Gehrckens, H. M., Hamburg 323
Geiserich 38
Geitau 17, **17**
Gelbes Meer 374
General Electric Dynamo 453
Generalstaaten 179, 192
Gent 73
Genua 23, 38, 48, 50, 53, 56, 59, 64, 66 f, **65 f,** 72 f, 76, 88, 90, **90,** 140 f, 145, 232, **260,** 313 f, 327, 408
Genuesische Weltkarte **85,** 86
genuine frigate 257
Geographike hyphegesis **200**
Georg III., König von England 220
Georg V., König von England **341**
Georg, Prinz von Hessen-Darmstadt 215, **215**
Germanen 10, 21, 35, 40
Germaniawerft, Kiel 309, 363 f, **371, 386,** 432
Germanicus 35
Germanicus, Nicolaus **200**
Germanischer Lloyd 307, 314 ff, **317, 430**
Gerüstboot 9, **10**
Gesellschaftsinseln 242, 379
Gezeiten 460
Ghana 84
Gibraltar 17, **21,** 56, 155, 183, 215, **215,** 219, 232, 313 f, 327, 375
Gilbert 268
Gilde 50
gildhalla civium de Colonia 52
Gioja, Flavio **80,** 82
Glasgow 285, 312
Glattdeck 171, 247
Glorious First of June, The **224**
Glückstadt 179
Gnomon 80
Goa 118 f, 121
Godeffroy, J. C. 276
Gokstad-Schiff **40,** 43 f, **43,** 53
Golfstrom 124, 206
Golf von Guinea 117
Golf von Korinth 148, **148**
Golf von Patrai 148
Goltz, Freiherr von der 369
Gomez 122, 124
Goniometer 458
Goodwin Sands 207
Gorch Fock 381
Gording 17, **17**
Gorée 220
Göteborg 322
Goten 23, 38
Gotland 163 f, 179
Gotländer Bildsteine 42, **43,** 44
Gotländer Genossenschaft 52, 102
Goubet 360, **362**
Gradlaufapparat 350
Grager, Kurt 59, 140
Granada 148
Grand Cross of the Star of India 317
Grand Fleet 379
Grangemouth 296
Grasse, Comte Paul de 224 f
Grätingsdach 170
Graves, Admiral 224 f
Gravesend 186, 188
Gravina, Don Frederico 232, 236
Gray 371
Greathead **314**
Greathead, Henry 206
Great Ship Company 271
Great Western Steamship Company 270
Green, Ch. 241
Greenock 285
Greetsiel 196
Grenada, Seeschlacht bei 224
Griechen 19, 21, 23, 25, **26, 28,** 29, 119, 144, **145, 212, 239,** 302 f
Griechisches Feuer 32, **37 f,** 40
Grillo, Simone 64
Grimani, Antonio 140
Grönland 98, 180, 188, 210, 239, 244
Große Haager Allianz 214
Großer Nordischer Krieg 168, 212, 238
Groß-Friedrichsburg 196
Großmast 54 f, **58,** 59, **62, 107,** 137, 174 f, **177,** 288 f
Großtonnen 457
Großtopp **161,** 171, 288, 414
Großtoppsegel 55
Grytviken **247**
Guadalcanal 396
Guadeloupe 220
Guajira 98
Guam 396
Guanahani 94
Guanape 293
Guano 188, 276, 293
Guaviare 125
Guayana 131, 189, 193, 322
Guevara, Antonio de 132
Gugel 112
Guilthall 107
Guinea 180, 183, 193
Guinea-Inseln 86
Guion Line 324, 326
Guiscard, Robert 48
Gulf Oil 433
Gürtellinsen 457
Gustav II. Adolf, König von Schweden **173,** 179
Gustav I. Wasa, König von Schweden 138, **138,** 160 ff
Guyot de Provins 82
Guzmán, Don Enrique de 90
Gwynn 260

Haager Abkommen 358
Hadley, G. 204
Hadley, John **204**
Haiti 94, 96, 119, 132, 322
Halbdeck 171, 174, 259
Hales, H. K. 324, 327
Halifax 327
Hall, Alexander 285
Hall, Samuel 268
Hall & Sons 285
Halley, Edmund 359
Halsey, Admiral 398
Hälsingborg 102, 104
hamac 94
Hamburg 52, 102, **102,** 104, 160, 162, 164, 238 ff, **239,** 273 ff, 277, 308, 413, 420, **427,** 432
Hamburg-Amerikanische Packetfahrt-Actien-Gesellschaft (HAPAG) **272,** 274 f, **275, 277,** 309, **310,** 311 f, 321 ff, 326, 374, 400, **408,** 409, 420, 422, 451
Hamburg-Bremer Afrika-Linie 323
Hamburg-Calcutta-Linie 323
Hamburger Kultur 35
Hamburger Schiffsrecht 112
Hamburger Stadtrecht **102**
Hamburg-Pacific-Dampfschiffahrts-Linie 323
Hamburg-Südamerikanische-Dampfschiffahrts-gesellschaft (HSDG), Hamburg 322 f, 416
Hamelin, Admiral 331
Handels-U-Boot 376
Hängematte 112
Hangö 211
Hannibal 31
Hanno 31
Hansa Linie, Bremen 322
Hanse 50, 52 f, **62,** 64, 66, 102, 104 ff, **105, 108,** 109, 112 f, 125, 155, 160 ff, **161, 163,** 172, 179 f, 194, 238, 240, 244, 273
Hansekogge 50, 52, **105, 108,** 109, 112 f, 155
Hansetag 102, 162, 179
hanseurs 50
Hansson, Söfring 172
Hard, Thomas 236
Harderwijk 52
Harfleur 102
Harland & Wolff Ltd., Belfast 330, 409, 414, **415, 457**
Harman, Vizeadmiral 183
Haro, Diego de 113
Harold II. 48
harpago **30,** 32
Harpune 244
Harrison, John **80, 200,** 204, **206**
Harrison Line, Liverpool 322
Harvey 348
Harvey-Torpedo 352
Hastings 74
Hastings, Schlacht bei 48
Hatschepsut, Königin 13, **13,** 23
Havanna 124, 220, **226,** 322
Havel 263
Havelberg 196
Hawaii 242 f, **242, 392,** 394
Hawke, Admiral 219, **221**
Hawkins, John 155
Haws 293
Hebburn **446**
Heckruder 50, 52 ff, 56, 59, 70, 109
Heckschaufler 262, **263**
Hedgehog 391
Heemskerk, Jacob van 131
Heilige Liga 133, 145, 148, **148,** 150, **150**
Heinrich II. 74
Heinrich III. 76
Heinrich IV. 74
Heinrich V. 54, 74
Heinrich VII. 97, 135
Heinrich VIII., König von England 98, **130,** 133 f, 135 ff, **135, 137 f,** 302
Heinrich der Löwe 52
Heinrich der Seefahrer 59, 76, 82 ff, **82,** 88, 177
Hekkaidekere 32
Helgen 282, 285, 288, 309, 326, 440
Helgoland 369
Helling **309,** 439 f, **440**
Helsingör 106, 160
Helsinki **446,** 447
Hendekere 32
Henderson & Patrick, Glasgow 289
Hennig, Professor 35
Henriot, E. 53
Henrique, Pater 117
Herbert, Admiral 196, 198
Heringsfang 107, **163,** 180
Herkules **215**

Hermandad de las Villas de
Marina de Castilla 66
Herodot **21**, 25, 359
Hersing, Kapitänleutnant 383
Herter-Report 422
Hethiter 10
Heusner, Konteradmiral 369
Hexere 31 f
Hilfskreuzer **327**, 378 f, 387, 389, 401, 404, 422
Hille, Oberst 194
Himly 358
Hipper, Franz von **376**, 377, 381, **382**
Hipponax 25
Hiroshima 347, 393, 398
Hitler, Adolf 345, 383, 386 f, 388, 390 f, 393, 422
Hjörter, O. P. 204
Hjortspringboot 35
Hoang-Ti **204**
Hochlega 125
Hogland, Seeschlacht von 212
Hohermuth, Georg 124
Hojeda, Alonso de **97**, 98, 118
Hokkaido 242
Holk 50, 53, 59, 62, **105**, 128, 160
Holland, Vizeadmiral 389
Holland, John Philip 362
Holstein 160, 179
Holt Line, Liverpool 322
Homem, Lopo **116**
Homer 19, 21, 25, **25**
Honduras 98
Honfleur 102
Hongkong 277, 285, 394, **404**, **427**
Hood, Admiral 224 f, 228, 237
Hoogly 192
Horchpeilung 364
Hörl, Veit 116
Hormos 67, **69**, 118
Horn, Clas 163
Horn-Linie 322
Horn, H. C., Reederei 322
Horoskop 80
Horseley Iron Works 266
Hosenbandorden **304**
Hosenboje 206
Hoste 171
Howaldt, August Ferdinand 309
Howaldtswerke – Deutsche Werft Aktiengesellschaft, Hamburg und Kiel 309, 409, 432, **435**, **446**, 453
Howard, Lord of Effingham 129 f, 133 f, **137**, 157
Howe, Admiral **224**, 228
Howe, Richard 360
Howell-Torpedo 350
Hubertusburg, Frieden von 220
Hudson, Henry 188, **189**
Hudson, John 188
Hudson-Bay 188, **189**, 215
Hudson Bay Company **189**
Hudson-River **189**
Hudsonstraße **189**
Huff/Duff 390
Hugenotten 130, 151, 154
Huje, Vizekönig von Kusch **17**
Huker **278**
Hull 102, 274
Hulls, Jonathan **263**
Humabon 123
Humboldt, Alexander von 92
Humphrey, Joshua 257, 263
Hundertjähriger Krieg 72 ff
Hundewache 412 f
Huronen 125
Hutten, Philipp von 124 f
Hutten, Ulrich von 124

Hybertsson, Henrik 172, **173**
Hyères 218

Iberer 17
Idrisi 80
Igor von Kiew 40
Ildefonso, Vertrag von 228
Ilias 21
Illustrated London News **347**, **362**, **421**
Illustrirte Zeitung **277**, **379**
Imperial Oil 432
Inder 35
Indonesien 243
Induskultur 35
Infantes, Jean 88
Ingenieur constructeur de la marine 172
Ingermanland 211
Inkas 124
Inman & International Steamship Company 312, 324, **324**, 326
Innozenz VIII., Papst 91
Inquisition 155
Inseln unter dem Wind 237
Institution of Engineers and Shipbuilders of Scotland, The 307
Institution of Naval Architects 307
Inter caetera divinal 95
Intergovernmental Oceanographic Commission (IOC) 460
International Shipping Federation 420
Ionische Inseln 229
Iquique 296
Irische See 180
Irokesen 125
Isabella von Kastilien 88, 90 f, 95 f
Isla de Gracia 96
Isla de la Vera Cruz 117
Island 162, 201, 302
Islas Especieirias 121
Ismay, J. Bruce 409, 414
Isobathen 204
Isoklinenkarte 204
Italia Line 327
Iwan der Schreckliche 127
Iwangorod 211
Iwan III., Zar von Rußland 108, 162, 210
Iwo Jima 398

Jackson, Gordan & Co., Liverpool 266
Jade 456
Jakob I., König von England 130 f, 192, 303
Jakob II., König von England 196 f
Jakob IV., König von Schottland 134 ff
Jakob von Kurland, Herzog 189
Jakobiner 225
Jakobsfurt 189
Jakobstab 80
Jakutsk 210
Jamaika 96, 182, 189, 237
James-Bay 188
Janitscharen 140, 149
Jão I., König 76
Japan 323
Japanische See 244
Jassy, Frieden von 212
Java 118, 192, **193**, 394
Jebsen, M., Apenrade 323
Jefferson 360
Jefferson, Thomas 221
Jellicoe, Admiral 379
Jerusalem 67, 80, 84
Jervis, John 228 f, 237
Jesajas 90
jeune école 348, 353
Jigger 288

Jinrai Butai **394**
jock junk 72
Johann, König von Dänemark 160, 163
Johann (ohne Land), König von England 180
Johann II., König von Portugal 80, 90 f
Johann III., König von Schweden 164
Johann Albrecht, Herzog 165
Johannes, Großpriester 82 ff, 87
Johanniterorden 140, 145, **145**, 148, **150**
Jom-Kippur-Krieg 434
Jonas und der Walfisch 243, **245**
Jonge, Jean Pieter de 244
Josef 76
Joseph II., Kaiser 277
Josuah Dewis Yard, Spencer Island 313
Jouffroy, Marquis C. de 262
Juan Fernández 215
Julius II., Papst 133
Jütland 179

Kaag 42
Kairo 317
Kaiserkanal, chinesischer 67
Kaiserliche Marine **327**, 363, **370 f**
Kaiserliche Werft, Danzig 381
Kaiserliche Werft, Kiel **310**, **450**
Kaiserliche Werft, Wilhelmshaven 309, **310**
Kaiser-Wilhelm-Kanal 301, **321**
Kalifornien 124, 155, 282, **330**
Kalkutta 192, 266
Kallinikos **38**, 40
Kalmar 160
Kalmarer Union 160
Kamikazeflieger 393, **394**, 398
Kamtschatka 242
Kanaanäer 21
Kanal, Englischer 157 f, **159**, 179 ff, 186, 196 f, **197**, 204, 207, **208**, 218, 232, 266, **301**, 390 f
Kanarische Inseln 83, 92, 113, 132
Kanonenboot 371, 382
Kanton **275**, 277
Kanu 10
Kap Barfleur, Seeschlacht bei 197, **197**
Kap Blanco 86, 196
Kap Bojador 84 ff
Kap Bonavista 125
Kap Cod 124, 189 f
Kap de las Virgenes 122
Kap der drei Spitzen 195 f, **195**
Kap der Guten Hoffnung 86, **87**, 129, 179, 189 f 192, **193**, **245**, 276, 289, 317, 433
Kap der Stürme 87
Kaperwesen **62**, 74, 107, 128 ff, 134, 155, 160, 162, 182, **186**, 192, 194 f, 197 f, **198**, 218, **218**, 221, 224, 238, 332, **381**, 389
Kap Finisterre 232, 334
Kap Hatteras 98
Kap Henry 224 f
Kap Hoorn 54, 122, **128**, 132, 188, 204, 215, 242, 244, 276, 282, 284, 293, 296, 321, 323
Kap Kaliakra 212
Kap Katarina 86
Kap Matapán 168, 177
Kap Noun 76
Kap Paria 98
Kap Sagres **82**, 83
Kap Shantung 374, **375**
Kap Skagen 363
Kap Skropha 148
Kapstadt 88, 189, **193**, 296, 323
Kap St. Vincent 131
Kap Verde 86, 117, 128
Kap Wrath 158
Karacke 55, **58**, 59, 62, **65 f**, 91, **92**, **107**, 124 f, 131, 134 ff, 138, **142**, 144, 158, 168, 174, **177**, 302

Karavelle 53, **53,** 56, 59, 62, 83, 88, 90 ff, **92,** 131, **177, 278**
Kardinals-Riffe **221**
Karelien 211
Karibik 132
Karl I., König von England 98, **171,** 180, 196, 303
Karl II., König von England 172, 183, 186, 196
Karl IV., Kaiser 104
Karl V., Kaiser 98, 113, 116, 121, 125, 140 f, **142,** 144, 160, 162, 164
Karl VI., Kaiser 238
Karl III. von Habsburg 215
Karl V., der Weise 74
Karl VI., der Wahnsinnige 74
Karl VII. 67, 74
Karl, Erzherzog von Österreich 238
Karl XII., König von Schweden 211
Karl von Anjou 64
Karlsberg 194
Karlskrona 212, 266
Karlowitz, Frieden von **164**
Karpfanger, B. J. 194
Karronaden 156, 253
Karsten 210
Karthager 21, 23, 31 f
Karthago 21, 31 f, 38, 40
Kartographie 80, 116, **116, 122, 124, 127, 200,** 202, **202**
Kasemattschiff **306**
Kaspisches Meer 210, 431
Kastdeck 112
Kastell 37, 50, 52 f, 56, **56,** 59, **62,** 109, 112, 138, 155, 168, 174, 302
Kastilien 66 f, 90
Katalanen 67, 80
Katalanischer Atlas **76,** 80
Katamaran 9, **36,** 37, 262, **263,** 445
Katarakt 84
Katharina II., Zarin von Rußland 212, **212**
Kathei 67, 94, 97 f, 125, 127
Katholische Könige 88, 90 f, 95 f
Katt 257
Katwyk 182
Kauffahrer 154, 163, 178 f, 180, 182 f, 187, 194, 197 f
Kavieng 394
Kazevini **38**
KdF (Kraft durch Freude) 416
Kealakekua-Bay **242**
keftion 13
Kendall, Captain 414 ff
Kendall, Larcum **206**
Kent, Herzog von 183
Kentish Knock, Seeschlacht vor 181, **181**
kepen 13
Kerenski **382**
Kertsch 212
Ketsch 278
Kettenkasten 339
Kexholz 211
Kharg **433**
Kiel 51, 263, 348, 369, 389
Kiellinie 163, 182 f, 218, 334 f, 355, **355, 381,** 395
Kienau, Johann 381
Kiew 210
killer groups 390
Kimbern 34
Kimmgang 311
Kinburn, Fort 332, **335**
Kingsin-Linie 323
Kinkaid, Vizeadmiral 398
Kirkehyllinge-Kirche 56
Kiruna **388**
Kiska 394, 396
Kjögebucht, Seeschlacht in der 211
Klawitter, Johann Wilhelm 308
Klinkerbau 50, 53 f, **53,** 59, **62,** 109, 137
Klüver 247, 266
Kluza 140
Knebel, Friedrich 163
Knivett, Sir Thomas 134
Knorre 44
Knossos 17
Knoten 458
Knut der Große 44, 48
Koalitionskriege 238
Koga, Admiral 396
Kogge 42, 50, 52 f, 55, 56, **58,** 59, 73 f, 104, **108,** 109, 112 f
Kohlenwinsch **339**
Koje 417
Kolberg 196
Kolderstock 247
Köln 50, 52, 102, 104, 107, 186
Kölner Föderation 102, 104
Kölschbach, Otto 390
Kolumbien 322
Kompaß 80, **80,** 82 ff, **82,** 92, **204,** 247, **339, 365,** 416, **457,** 458
Kongo 86
Königlich-Preußische Seehandlung 273, 276
Konrad von Jungingen 104, 164
Konstans II., byzantinischer Kaiser 40
Konstantin, Kaiser 38
Konstantin, russischer Großfürst 360
Konstantinopel **37 f,** 38, 40, 67, 86, **87,** 140 f, 145, 155, 331
Kontinentalsperre 240, **309**
Kontribution 202
Konvoi **62,** 106, 131, 164, 174, 180 ff, 186, 197, 225, 228, 238 f, **239,** 242, 250, 272, 378, 387, 389
Kopenhagen 102, 104, 106, 160 f, 202, 263
Kopenhagen, Schlacht bei **236,** 237
Kopernikus 76
Korakesion 34
Korallenmeer 394
Korea 374 f
Koreastraße 374
Korfu 148
Korinther 23, 25
Koromandelküste 192
Koron 140, **141**
Korsaren **66,** 131 f, 134, 140, 144, **142,** 182
Körting-Motoren 364
Korvette **177,** 332, 335, 360, 369, 459
Kosmographie 80, 94, **141**
Kosmos Linie, Hamburg 322
Koester, Hans von 376
Kraeck, W. A. **107**
Krähennest 244
Kralboot 42
Kraweelbau 53 f, **53,** 56, **58,** 59, **62,** 70, 109, 137 f
Kreisteilmaschine 204
Kreta 145, **164,** 301
Kreter 10, 12, 17, **19,** 21
Kreuzbramsegel 171, 250, 260
Kreuzbramstenge 260
Kreuzer 307, **330,** 337, 341, **341,** 343, 347 f, **348,** 350, 353, 359, 364, 367, 369 ff, **371,** 374, 376 ff, **376,** 381 ff, **381 f,** 386, 388 f, 393 ff, **396,** 398, 416
Kreuzmarssegel 171
Kreuzmast 137, 288
Kreuzroyal 260
Kreuzsegel 250
Kreuzzüge 50, 53, **55,** 56, **56, 58, 66,** 83, 145, 148
Krim 212
Krimkrieg 259, 331 f, **335**
Kristen, Adolph, Reederei 323
Kronstadt 212, 360
Krüder, Ernst Felix 389
Krupp 348, 370
Kuantan 394
Kuba 94, 96, 124, **124,** 220, 225, **226**
Kublai Chan 67
Kuff 174, 178, **279**
Kuhl 59, 257
Kurilen 189
Kurita, Vizeadmiral 398
Kurland 162
Kurlandarmee 404
Kurz, Sebastian 98
Kutter 178, **279**
Kyrenia 145

Laaland 179
Labrador 97, 125, 241
La Coruña 157
Ladebaum **339**
Ladebrücke **427**
Ladogakanal **211**
Ladogasee 211
Ladrillos, J. 127
Ladronen 123
Laeisz, F. L., Reederei, Hamburg 309
La Galissonière, Admiral 219
Lagos 196, 219
La Goulette **142,** 144
La Habana 124
La Hague 181
Lahn, Werner **108,** 109
La Hougue 197, **197 f**
Laird & Co., Birkenhead 266
Lake, Simon 362
La Moine d'Iberville 189
Lancaster, Sir James 190, 192
Lancaster-Sund 188, 190
Lancierrohr 353
Landström, Björn 53, 56, 59, 168
Lane 59
Lange, Johann 308, **309**
Längenproblem **206,** 456
Langobarden **200**
Langsdorf, Hans **386,** 387
Längsfestigkeit 42, 155, 247, 265
La Père 317
La Pérouse, Jean François de Galaup 242
Laplace, P. S. de 206
Larisch-Moennich, Franz Graf von 296
La Rochelle 74, 102
Lateinsegel 37, 50, 53, 55 f, **58,** 59, 62, **62,** 92, **105,** 137, **147,** 151, 153, **153,** 170, **177,** 178
Laubeuf, M. 362
La Valetta 145
Lawrenz, H. J. 359
Lawson, Vizeadmiral 182
Lazaro, Luis **124**
Lee, Ezra 360
Leesegel 175
Legazpi 127
Le Havre 138, 157, **360,** 408
Leichter 178
Leipziger Illustrierte 274
Le Maire, Jacob 188
Le-Maire-Straße 188
Lemnos 140
Lemp, Fritz-Julius 387, 390
Lena 210
Lenin **382**
Lenkwaffen **348,** 350, **355,** 371, 453
Lenoir, Etienne 360
León, Ponce de 119
Lepanto 140
Lepanto, Schlacht von 140, **147 f,** 148 ff, **150,** 155 f, **164,** 165

Lesseps, Ferdinand de 317, 321
Leuchtfeuer 25, **26,** 206, 314
Leuchtturm 25, **26,** 206, **208,** 456 f
Levant Company 155
Levante 64, **65,** 67, 155
Levi ben Gerson 80
Leyland Line, Liverpool 321
Leys e Ordinacions de Actes maritims mercantivals 202
Lex Rhodia 202
Leyte 398, **399**
Libau 210
Liberator-Flugzeuge 391
Liberia 426
Libros del Saber de Astronomia 76
Liburne 32
Licinius, Kaiser 38
Lilienbanner **66**
Likendeeler 104
Lima 276
Linienschiff 163, 170, 173, 180, 186, 196 f, **197,** 211 f, 214 f, **215,** 218 ff, **221,** 225, 228, 236 ff, 250, 252 f, **252, 256,** 257, 272, 303, 331 ff, 341, 344, 348, 364, 367, 369 ff, 374 ff, **375,** 379, 381, 383, **386**
Linton, Hercules **288**
Liparitgestein 10
Lisle, Lord 135
Lissa, Seeschlacht von 331 f, **333,** 334, **336**
Lissabon 64, 87 f, 90, 107, 117 f, 155 ff, 162, 164, 239, 285, 454
liude 202
Liverpool 266, 270, 285, 296, 312, 327, 401, **444**
Liverpool & Great Western Steamship Co. 324
Livingstone 262
Livland 160, 162, 164, 211
Livorno **208**
Lloyd, Edward **314**
Lloyds of London 266, 307, 314, **314, 430,** 432
Lobos 293
Lofoten 127
Log 458
Logger 178
Loire 219
Lomellini 66
London 52, 102, 107, 126, 135, 164, 190, **190, 206,** 225, 243, 276 f, 284 f, 308, 324, 332, **417,** 422
Longarden 172
Long Beach **330**
Long Island 312
Lord High Admiral 135
Lord, Stanley 409
Lorichs, Melchior **108**
Lot 458
Lotse 201, 321, 414, 456
Lougre 178
Louisbourg 220
Lourenço Marques 88
Lourenço, V. 124
Louis, franz. Dauphin 73
Louisiana 189, 220
Louvois, Marquis de 196
Lowestoft, Schlacht bei 183
Lübeck 50, **51,** 52, 102, 104 f, 108, 133, 160 ff, **161,** 179, 238, **297**
Lucca 232
Luckner, Felix Graf 379
Ludwig IX. 53
Ludwig XIV., König von Frankreich 165, 183, **186,** 187, 196 f, **197,** 200, 210, 214 f
Ludwig XVI., König von Frankreich 225
Ludwig von Bourbon 59
Lugger 178, 198, **278**
Lulea 388
Lulis, König **21,** 23
Lumbus 204
Lüneburg 52, 106, 160
Luppis, Fregattenkapitän 350
Luppis-Whitehead-Torpedo 350
LUT (lagenunabhängiger Torpedo) 350
Lütjens, Admiral G. 389
Luzon 347, 394, 398
Lyttleton, William 263

Maas 162, 182
Macao 218
Madagaskar 119, 192, 375
Madeira 86, 215
Madariaga, Salvador de 90, 92
Madras 189, 192, **381**
Madrid, Frieden von 140
Magellan, Fernando de 76, 166, 118 f, 121 ff, **121 f**
Magellanstraße 127 f, **128,** 132, 190, 192, 293, 322 f
Maglemose-Kultur 35
Magna Charta Maritima 180
Magnetostriktion 458
Magnus VI. Lagaboetir 43
Mahmud, Sultan 331
Mahomet Siloc 149
maiale 352
Mailand 125
Maine-Torpedo 359
Makaroff, Vizeadmiral 374
Malabarküste 87 f, 117 f, 238
Malaga, Seeschlacht von 215, 253
Malakka 118, 121, **177**
Mali 84
Malmö 160 f
Malta 140, 145, **145, 177,** 196, 229, 232
Malteserritter 138
Manchester **421**
Mandschurei 242, 374
Manila 127, 220, 398
Manila-Galeone 218, **218**
Mangrovensümpfe **321**
Manley, John 221
Mans, Michel du 73
Manuel der Große 87 f, 117 f, 121, **177,**
Maori 241, **301**
Marchese, Enrico 73
Marconi, Guglielmo 458
Mare Balticum 238
Margarete, Königin von Dänemark 104
Marguerite Bay **460**
Maria die Katholische 127, 155
Maria Theresia, Kaiserin 218 f
Mariners Mirrour, The **127,** 201, **202**
Marine Steam Turbine Co. 308
Markgraf von Baden 262
Marley, Admiral 73
Marmarameer 140
Marokko 238
Marquese von Santa Cruz 132, 155 f
Marryat, Frederick 207
Mars 59, 74, **107,** 257, 339
Marschall, Admiral 389
Marshall-Inseln 394
Marseille 67, 73, 141, **259,** 323
Marssegel 55, 155, 260
Marsstengen 137
Martinique 96, 220, 224 f
Marx, Robert F. **94**
Masa-allah 76
Mascarenhas 119
Maschinenfabrik Augsburg - Nürnberg, (MAN) 347, **404,** 447, **450,** 451, **452**
Massachusetts 189, **190**
Matan 123
Mataró-Schiff 59, **62**
Matthews, Admiral 218 f
Mauel, K. 261
Mauren 88, 90, 118, 121, 130, 140, 145, **215**
Mauritius 119,
Maury, Matthew Fontaine 459
Maximilian I., Kaiser 160
Maximilian I., König 113, 164
Mayer, Johann Tobias d. Ä. 204
Mayer, Johann Tobias d. J. 204
Maynard, Robert 301
McArthur, General **399**
McKay, Donald 282, **282,** 453
McNabb, Captain **430**
Mecklenburg 179
Mecklenburg, Herzöge von 104
Medici 80
Medina, Pedro de 202
Medina Sidonia, Herzog von 90, 96, 132, 156 ff
Medinaceli, Herzog von 90
Medinet Habu **19**
Medway 128, 186
Megalithgrab 10
Mehemet Scirocco 149
Mehmed II. 86, **87,** 140
Mekka 84
Melbourne 285, 323, 334
Melemo Cána 88
Melfi, Synode von 48
Melinda 88, 117
Melkart, die Säulen des **21**
Mellum-Platte 312
Memel 165
Memling, Hans **58**
Mendoza, L. de 121
Menezes, J. de 124
Menorca 215, 220
Menorca, Seeschlacht bei 219
Menzalasee 317
Mercator, Gerhard 127, 202
Merchant Adventurers 98, 106, 108, 125, 127, 162
Merchant Shipping Act 315
Merkantilismus 160, 162, 179, 190, 196, 238
Messageries Maritimes, Marseille 322
Messina 148, **202**
Meteorologie 202
Methuen-Vertrag 215
Mexiko 124 f, 128, 131, 218, 322
Michels, Godecke 104 f
Midway, Schlacht um 345, 394 ff, **396**
Milanesier 21
Miller, Patrick 262
Mindoro 398
Minen **339,** 348, 352, 355, **355,** 358 ff, **358,** 374, **375,** 376 f, 382 f, 387, 389
Minenleger **358,** 359, 376, 386
Minenräumer 343, **358,** 359, 386
Minensucher 343, **358,** 359, 371, 376, 386
Ming-Dynastie 67
Mississippi 124, 189, 220, 262
Mobile 358
Moçambique 88, 118 f, **177**
Modellschleppversuche 439, **439**
Modon 140, **141**
Mohammedaner 64, 67, 118
Mohammed, Prophet 38
Mohammed Said 317
Möller & Hollberg, Stettin 352
Molukken 98, 124, 129
Mombasa 88
Mön 106, 160, 194
Mona-Passage 132
monarch of the seas 293

Monardes 116
Monere **22,** 32
Monitor 263, 334, **335,** 358
Monk, George 181 ff, **183,** 186, **186**
Montevideo 296, **386,** 387
Montezuma 124
Montreal 125, 220
Monts, Graf von 369
Mont St. Michel 74, 125
Monturiol, Narciso 360, **362**
Mopeha 379
Morea 140
Morehouse 313 f
Morgan, J. P. 420
Morgan, Sir Piers 134
Morisken 145, 148
Morosini, Admiral 64
Morosini, Francesco **164**
Moses 417, 432
Moskau 127, 210
Moskwitin, Iwan 210
Mosselbai 87 f
Motala-Lindholmen-Werft 432
Müller, Johannes 80
Müller, Karl von **381**
Münchner Staatsbibliothek 80
Münster 186
Murad II. 140
Murdoch, William 412
Murphy 289
Muscovy Company 127, 155, 188
Museo Marítimo, Barcelona **147, 153**
Museo Navale, La Spezia **30**
Museum Santa Cruz, Toledo 147
Mykener 23
Mylae 32

Nachimov, Vizeadmiral 331
Nadelkap 289, 293, 321
Nagasaki 347, 393, 398
Nagumo, Vizeadmiral **392,** 393
Não **58,** 59, 62
Napier, Robert, Glasgow 324
Napoleon Bonaparte **218,** 228 f, **229,** 232, **232,** 237, 240, 273, 303, **309,** 317
Napoleon III. **335**
Narvik 388, **388,** 393, 422, 454
Narwa 162, 164, 211
Nasaris, Admiral 40
Nassau-Siegen, Prinz von 212
NATO **348**
Nau **58,** 59, 62, 88, **177**
Naulochus, Schlacht von **30,** 32
Naumachie **32**
Naupaktos 140
Nautical Almanac 204
Navarino, Seeschlacht von **331**
Nave **58,** 59
Navigacione Generale Italiana, Genua 321
Navigation **127, 200,** 201, 204, **204, 206,** 293, 436, 456 ff
Navigationsakte 74, 180, 182, 186, 228, 276 f, 282
Navis **58,** 59
Navy Board 135, 155
Neapel 125, 141, 145, 150, 155, 232, 238
Nearchos 36
Nebogatow, Konteradmiral 375
Nebukadnezar 35
Necho II., Pharao 17
Needles **327,** 330
Nef 59, 135
Negroponte 140
Nelson, Sir Horatio 168, 207, 228 f, **229,** 232, **232,** 236 f, **236,** 250, **250, 304, 309**
Nepea, Ossip 127
Neptun 303
Netzplantechnik 440, 444
Neu-Amsterdam 179, 186, **189,** 193
Neue Hebriden 242
Neufundland 97 f, 125, 160, 215, 241, 243, 326, 409, 413
Neu-Guinea 124, 396
Neuseeland **240,** 242, 276
Newa 211, **382**
New Albion 129
Newcastle 238, 285, **430,** 432, **444**
Newcomensche Dampfmaschine **263**
New Jersey 416
New London 453
New Orleans 273, 322
Newport News Shipbuilding and Dry Dock Company 453
New South Wales 243
Newton, Isaac 204, **204,** 247
New York 124, 179, **189,** 224, **224,** 263, 271, **272,** 274 ff, 282, 312, 322 ff, 327, 330, **379,** 401, **404,** 408 f, **408,** 416
New York & Havre Steam Navigation Co. 312
Nicolo, Pre Theodoro 165
Niedrige Inseln 188
Nikanow **211,** 359
Niketas Oryphas 40
Nikobaren 192, 238
Nikolajew 332, **335**
Nikolaus I., Zar von Rußland 331
Nikosia 145
Nikosthenes **22**
Nile and Burnham Thorpe, Earl of the 229
Nimwegen, Friede von 187
Ningpo 277
Nippon Yusen Kabush Kaisha, Tokio 322
Nishimura, Vizeadmiral 398
Nobel, Alfred 430
Nodal, Garcia de **122**
Nogat 194
Nombre de Dios 128, 131
Nonius 202, 204
Nootka Sound 242
Norddeutscher Bund 322, 369
Norddeutscher Lloyd, Bremen (NDL) **272, 277,** 311 f, 321 ff, **322,** 326, **403,** 404, 408, 416, 420, 446, 451
Nordenfelt, Torsten 360
Nord-Ostsee-Kanal 301, **321**
Norman, Robert 202
Normandie 131
Normandsche Formeln 439
Normannen 21, 23, 40, **40,** 42, 48, 302
North Atlantic Combine 420
North-Ferriby-Boot 35
North Foreland 157, 182, 186
Norwich 102
Nöteborg 211
Nova, João de 118 f
Nova Scotia 188, 282, 312
Nowaja Semlja 131
Nowgorod 50, 52, 102, 104, 108, 162, 210
Nubien 301
Nuklearantrieb 350, 364, 367, **369,** 445, 453 f, **454,** 456

Oberblinde 170, 247
Ochotsk 242
Octavia 34
Octavian 32, **32,** 34
Oder 194
Odessa 259, 273
Odyssee 21, 25, **25**
Odysseus 21 f, 25
Ofotfjord **388**
Okinawa 398
Oktant 204, **204**
Oktoberrevolution **382**
Oktore 32
Öland 163, 212
Olbia (Nikolajewsk) 21
Oldenburg 105
Oldendorf, Konteradmiral 398
Old Head of Kinsale 401
Oliva, Juan **202**
Oliva, Frieden von 194
Oliveira, Fernando 62
Omaijaden 40
Oman 416
Omar, Kalif 48
Onassis, Alexander 432
Onassis, Aristoteles 432
Operation Crossroad 347
Ophir 21
Oquendo, Admiral 179
Orby 350
Orientalische Handlungs-Compagnie, Wien 194
Orinoco 96
Orlopdeck **252**
Oseberg-Schiff 43, **43, 303**
Ösel 179, 194, 211
Osiris **17**
Osman, Khan 140
Osmanen 140
Osman Pascha 331
Ostender Compagnie 238
Osterinsel 242
Osterlinge 164
Österreichischer Lloyd 268
Österreichischer Lloyd, Triest 322
Ostindische Compagnie, dänische 192
Ostindische Compagnie, englische 189 f, **190,** 192
Ostindische Compagnie, französische 192
Ostindische Compagnie, holländische 188 f, 192 f, **193,** 210
Ottawa River 125
Otto, Nikolaus August 360, 362
Out-and-out-Clipper 282
Overflow-Expedition 460
Oxenham, John 132
Ozawa, Vizeadmiral 398
Ozeanographie 202, 460
Ozoria, Jerónimo 59, **177**

Pacific Mail Steam Ship Company 322
Pacific Steam Nav. Co., Liverpool 322
Packetschiffe 273 f, 276, 285
Padrão 88
paeso 123
Pagensand **108**
Pagenwarder **108**
Paita 218
Paixhans 331
Palawan 398
Palazzo Pitti, Florenz **208**
Palembang 394
Palma de Mallorca 80
Panama 218, 321, 426, 435
Panamakanal 293, 317, 321 f, **321**
Panzerschiff **306,** 309 f, 331 ff, **333,** 335, **341,** 344 f, **347,** 350, **366,** 367, 369 f, 374, 451, **452**
Panzerung 138, **142,** 144, **339**
Papin, Denis 261, 359
Papyrusboot 10, 12
Paracelsus 116
Paraguay 276, 322
Pardies 247
Pardunen 288
Paris, Frieden von 220, 332

Parker, Hyde **236,** 237
Parma, Herzog von 156 f
Parmentier, J. 124
Parmentier, R. 124
Parsons, Charles Algernon **306,** 307 f, 341, **444,** 446
Passatwinde 132
Patagonien 128, 215
Paucton, Jean P. 263
Pawest, Bernt **62,** 107
Pearl Harbor 369, 374, **375,** 376, **392,** 393 f, **394,** 396
Peine, Johann 161
Peloponnes 140, **331**
Pelusium 13, **17, 19**
Pembroke, Graf 74
Pemsel 183
Pendelruder 350
Peninsular and Oriental, London 321
Penn, John **266,** 268, 272, 334
Penn, Vizeadmiral 181 f
Penn, William 277
Pennsylvania-Compagnie 277
Pentekaidekere 32
Pentekontoren 32
Pentere (Quinquereme) 25, 31 f
Perejaslawl Salesskij 210
Perestrello, Felipe Muniz de 90
Pérez, Juan 91
perichable cargo 178
Périer, J. C. 262
Periplus Eritraei 37
Perlfluß **275**
Pernambuco 117, 121
Pernau 211
Perpignan 145
Persano, Admiral 332, **333**
Perser 17, 29, 36, 210
Persischer Golf 118, 140, 422, **433**
Peru 124, 128, 322 f
Pessagno, Manuel 66
Peter der Große, Zar von Rußland 169, 210 f, **211**
Petschil-Dschunke 70
Pett, Peter 170, **171**
Pett, Phineas 170, **171**
Pfahlmast **70**
Pforte, türkische 140
Phäaken 22
Pharos, Leuchtturm 25, **26**
Philadelphia 257, 262
Philadelphia Packet Line 273
Philipp II. 73, 127, 145, 150, 154 ff, 164
Philipp III., der Gute **55**
Philipp IV., der Schöne 73
Philipp VI. 73
Philipp, Arthur 242
Philipp von Anjou 214
Philippa von Lancaster 76
Philippinen 123, 125, 127, 155, 218, 220, 396, 398, **399**
Philippinen-See, Seeschlacht in der 396
Philister 13, **19**
Phillips, Konteradmiral 394
Phokaier 31
Phönizier 10, 13, 19, **19,** 21 ff, **21,** 76, **215,** 243, **245,** 302
Piali Pascha 144 f
piatta 202
Picket, Francis 266
Piemont 232
Piezoeffekt 458
Pigafetta, Antonio 121
Pikeniere 149
Pillau 194 ff, 210, 308
Pinasse 128, 157, 175, **175, 278**
Pineda, A. A. de 119, 124
Pink 178
pink storned 178
Pinque 178
Pinzón, Martin Alfonso 91 f, 94 f
Pinzón, Vicente Yánez 92, 98, 118 f
Piri Reis 96
Pisa 23, 38, 42, 48, 53, 64, 88
Pisani, Nicolo 64
Pit 155
Pitcairn 243
Pitsligo Bay 127
Pitt, William d. Ä. 219 f
Piura, S. Miguel de 124
Pius V., Papst 145
Pizarro, Admiral 215
Pizarro, Francisco 116, 124
Plassey 220
Plimsoll, Samuel 313, **317**
Plimsoll-Akte 313 f, 316, **317**
Plinius **26,** 37
Plotter 459
Plymouth 128, **128,** 180, 189, **190, 208,** 219, 242
P & O Line **401**
pocket battleship **347,** 348, **388**
Pola 332
polacca 202
Polacka 178
Polo, Marco 37, 64, 67, **69,** 76, 119
Polymeren **26,** 31
Pommern 179, 195, 240
Pompadour 219
Pompeji **32**
Pompejus **30,** 32, 34
Pomponius Mela 117
Pondicherry 189, 220
Pontchatrin 197
ponto 32
Poop 174, 259, **417,** 420
Popham, Sir Home 207
Porsmoguer, Sieur 134
Portalkran **427,** 440
Port Arthur 358, **446**
Port Dundas **260**
Portenband 192
Port Hobart 296
Port Mahon 215, 219
Porto Bello 218
Portolani 83
Port Said 317
Port Seguro 117
Portsmouth 74, 135, 459
Port Stanley **268,** 378
Poseidon **324**
Posen 420
Pozzuoli **32**
Prähme 156 f, 232
Pratt & Whitney **446**
Praue 118
Preble, G. H. 312
Prevesa, Schlacht von 144
Prien, Günther 388
Prisenordnung 378, 387
Prunberger, Hans 98
Psammetich I. 35
Ptolemaios Philadelphos 25, **26**
Ptolemäus, Claudius 37, 76, **76,** 84, **98,** 116 f, **200,** 202
Puddelstahl 263, 266, 307
Puerto Rico 96, 132, 453
Punier 19, 31 f, 34, 76
Punische Kriege 31 f, 34, 156
Punt 13, **13**
Punta Marroqui 330
Pytheas von Massilia 35

Quadrant 80
Quadrireme 32
Quarterdeck 70, 72, **107,** 250, **252**
Quebec 125, 188, 220, **221,** 241, 312
Queenstown 324, 327
Querini 238
Queseda 121
Quessant, Seeschlacht vor 224
Quiberon, Sturmschlacht von 220, **221,** 253
Quilimane 88
Quilsa 118
Quinquereme 32
Quirós, Pedro de 188

Ra, ägyptischer Gott 302
Rabatzboje 350
Rabaul 394, 396
Radar 391, 393, 395, 456 ff
Raddampfer 263, **264,** 265 f, **266,** 268, 270 f, **313,** 324, 330, 332, **457**
Raeder, Erich 383, 387 ff
raggle-taggle-fleet 221
Rahsegel 12, **13, 17, 19,** 23, 25, **28, 30,** 32, 37, 42, **43,** 50, 53, 55 f, **58,** 59, 62, **62,** 88, 91, **161,** 170, 175, **177,** 178, 257, 266, 288 f
Raleigh, Sir Walter 129 ff, 180
Rammsteven 13, 19, **21 f,** 23, 25, **30,** 50, 138, 168, 302, **333,** 334, **336**
Ramsden, Jesse 204
Ramses III., Pharao 13, **17,** 19, **19**
Rasin, Stenka 210
Raule, Benjamin 194 ff
Reale **147,** 148 f, 165, 168
Recalde, Admiral de 157
Recco, N. da 76
Reformation 154
Regimentos 80
Regiomontanus 80
regular sailing 273
Reichenbach, Georg von 262
Reichsmarine, Deutsche **358**
Reichspostdampfer-Subventions-Gesetz 322
Reichsverkehrsgruppe Seeschiffahrt 422
Reiherstieg-Werft 309
Reinel, Pedro **116**
Relingslog 82
Renault 171
Rendova 396
Ressel, Josef 263
Rettungsboot 314
Réunion 119
Reuter, Ludwig von **347, 382**
Reval 52, 160, 211 f
Rhein 162
Rheinübung (Operation) 389
Rhodos 140, **141**
Rhomäer 38
Ribeiro, Diego 116, **116**
Richard II. 74
Richard Löwenherz 50, 202
Richelieu, Kardinal 154, 170 f
Rickmers, R. C., Bremerhaven 308
Rickmers Rhederei A.G., Hamburg 322 f
Rickmers-Werft, Bremerhaven 285, 289
Riebeeck, Jan van 189, **193**
Riedemann, Wilhelm Anton 426, 430 ff, **430**
Riedemann, W. A., Bremerhaven 322
Riga 52, 102, 162, 211
Rijp, Jan Cornelisz 131
Rijswik, Frieden von 197, 214
Ringmann, Mathias 116
Rio de Janeiro 118, 121

Rio de la Plata 98, 119, 121, 124, 322, **386,** 387
Rio dos bon Signaes 88
Rio Magdalena 113
Rochambeau 224
Rochefort 102, 232
Roderich 40, 76
Rodney 183, 225
Roger I. 48
Roger II. 48
Rogge 73
Rogge, Bernhard 389
Roggeveen, Admiral 242
Rojestwensky, Vizeadmiral 374 f
Roles d'Oleron 112, 202
Rom **28, 30,** 31 f, **32,** 34 f, **35,** 37 f, 119, 156, **239** 302 f
Romanow, russisches Fürstengeschlecht 212
Romanow, Nikita 210
Röntgen, Gerhard Moritz 266
Roof 112
Rooke, Sir George 197, 214 f, **215**
RoRo-Schiff **422**
Roscoff **202**
Rostichello 67
Rostock 102, 104, 179
Rostow 273
Rotes Meer 375
Rotterdam 308, **421,** 454
Rouen 73
Royal Mail Line 312
Royal Navy **130,** 221, 224, 228 f, 242, 263, 303 f, 375 f
Royals 171, 247
Royal Society 241 f
Roy, de 179
Rud 163
Ruderbarken 134 f
Rudolf II., Kaiser 194
Rufiji-Delta **371**
Ruge, Friedrich 371
Rügen 102, 163, 194, 211
Rügenwalde 196
Rumsay 261, 263
Rundheck 174, **175,** 178, **250,** 257
Rupert, Prinz 183
Ruprecht, Prinz von der Pfalz 261
Rurik 210
Rus **37,** 210
Russel, Admiral 197
Russell & Co., Glasgow 289
Russisch-Japanischer Krieg 336, **355,** 358
russisch-türkische Kriege 168, 210, **211 f,** 212, 238
rute antenna 59
Ruyter, Michael de 179 f, 182 f, **183,** 186 f, **186,** 198
Rye 74

Saavedra 124
Saba 21
Sabäer 35
Sable Island 276
Sachalin 189, 242, 376
Sachsen **200**
Sagan 179
sagging moment 440
Saguenay 125
Saigon 374
Saintes 257
Saint Thomas 196
Saipan 396
Salamis, Schlacht von 13, **26,** 29, 207, 236
Salentiny 98, 129
Salle, G. de la 76
Salle, René Robert de la 189
Salomon, König 21, 35
Salomonen 396
Salpeter 188, 276, 293
Samoa 242, 322
Samson, Charles 364, **366**
Samsun 212
Samuda Brothers, Poplar **306**
San-Bernardino-Straße 398
Sánchez, Rodrigo 92
Sandesund **392,** 393
Sanduhr 80, **80,** 82, **200**
Sandwich-Inseln 124, 242
Sandy Hook 327, **327**
San Francisco 117, 129, 282, 284, 322 f
Sanherib, König **21**
San Juan 453
San Juan de Ulua 128
San Julián 121, 128
Sanlúcar de Barrameda 96, 119, 121, 131
San Miguel 119
San Salvador **94**
Santa Catalina 122
Santa Catarina 215
Santa Cruz 132, 182
Santa Lucia 96
Santa Maria de la Antigua del Darién 119
Santángel, Luis de 91
Santiago 218
Santo Domingo 182
Saône 262
Sarazenen 23, 38, 40, 50, 64
Sardinien 215
Sargon, König 12
Saunders, Charles **221**
Sauvage 263
Savo 396
Saxo Grammaticus 52
Scandia-Linie 322
Scapa Flow **347,** 382, 388
Schadewald, Professor Dr. Hans 84
Schaluppe 174, 212, 232
Schanghai 277
Schanzkleid 171, 257, 296, 331
Schären 168, 211 f
Schebecke 178, **279**
Scheer, Reinhard 379, 381 ff
Scheergang 311
Schelde 162
Schelekesch (Sikeler) 19
Schichau, Ferdinand, Elbing 308, 311, 353, 355
Schiffahrtsmuseum Lissabon 59
Schiffbautechnische Gesellschaft, Berlin 307, 363
Schiffserneuerungsfonds 420
Schiffsgräber **45**
Schiffskreisel 446
Schirdanas (Sardinier) 19
Schirokko 84
Schlachtschiff 332, 335, **366,** 367, 369, **371,** 377, **381,** 383, 386, 388 ff, **390, 392,** 393 f, 396, 398, 447
Schleswig 179, 240
Schlick, Ernst Otto 446
Schlüsselburg 211
Schlüsselmaschine M 390
Schmidt, Schiffsjunge 404
Schnaue 175
Schnee, Addi 343
Schneider & Creusot 362
Schnellboot 343, 355, 359, 386
Schnorchel 343
Schnürboden 439
Schonen 104
Schoner 175, **177,** 178, 221, 237, 257, 259, **279,** 369, 439, 453
Schonerbark 274
Schonerbrigg 175, 178, 276, **278**
Schonergaliot 178
Schonersegel 288
Schoneryacht 178, 196
Schooneveldt 186
Schott 70, 257, 266, 271, 314 ff, 347, 400, 409, 415, **430,** 440
Schouten, van 131
Schouten, Willem Cornelius 188
Schratsegel 37, 53
Schraubendampfer 263, **264,** 265, 268, **268,** 271 f, 275, 285, 312, 330, 332, **333**
Schulschiff **177, 282, 297,** 301, 371, **371**
Schürenstedt, Gebrüder, Bardenfleth 308
Schuten 178
Schütte 432
Schütte, W. 390
Schwartzkopff 350
Schwarzer Prinz 74
Schwarzes Meer 140, 211 f, **212,** 273, 323, 331 f, **335,** 382
Schweffel, Johann 309
Schweffel & Howaldt 309
Schwieger, Walther **379,** 401
Schwimmdock 308
Science Museum, London 171, 262, **266**
Scott, Greenock 285
Scott, Sir Percy 341, **341, 344**
Seaman's Secret, The 202
Sechstagekrieg 317, **317**
second rate ship 170
Seebeck, Diedrich Georg **309**
Seeberufsgenossenschaft (SBG) 314 ff
Seegeusen 154
Seeland 154, 157, 161
Seelöwe (Operation) 389
Seemannsordnung 420
Seeräuber 102, 104 ff, 112, 136, 145, **145,** 148, 180, 187, 192, 196 f, **239,** 243, 301
Seerecht von Mallorca 202
Seerecht von Marseille 202
Seerecht von Ocri 202
Seerecht von Pisa 202
Seerecht von Riga 202
Seerecht von Rom 202
Seerecht von Wisby 202
Seevölker 13, **19**
Seine 263, 266
Seissenhofer, Hans 116
Seitenriß 439
seket 13
Sektionsbauweise 440
Selander 50
Senegal 196
Senegambien 220
Senten 439
Seppings, Robert 266
Septireme 32
Serrano, J. 121
Sewastopol 212, 331 f, **333**
Sextant 204, **204,** 313, 456 f
Sevilla 119, **142**
Seymour, Lord 157
Shang-Dynastie 67
Shanghai 374
Shell 435, **446,** 447
Shelterdecker 453
Shima, Vizeadmiral 398
Shipping Federation 420
Shoreham, Schlacht von 135
Shorter, E. 263
Shovel, Admiral 215
Shrividschaja, Königreich **36,** 37
Shuldham, Vizeadmiral 359

Siam 118, 192, 369
Sibirien 242
Sibuyan-See 398
Sidonier 19
Siebenjähriger Krieg 220, 224, 238 f, 277
Siegel **50 f,** 56, **56,** 59, 102, 112
Siemens-Martin-Stahl 266, 307
Sierra Leone 86
Silva, Nuño da 128
Simon von Utrecht 104
Singapur 394, 426
Sinope 212, 331
Sirene **25**
Sixtus V., Papst 155
Sizilien 64, 67, 125, 145, **150,** 186
Skagerrakschlacht 367, 379, 381 ff, **381 f**
Skamstrup-Schiff 53, **56**
Skeide 43
Skorbut 87 f, 123, 125, 130, 189, 192, **193,** 220, 242, 296
Skylax 36
Skysegel 257, 285
Slade, Sir Thomas 250
Sloman, Robert Miles 274
Sloman & Co., Robert M., Hamburg 322 f
Sloop 128, 271, 301
slow steaming 434, 445
Sluis, Schlacht bei 73 f, **74**
Smeaton, J. 206, **208**
Smidt, Johann 273
Smith, E. J. 412, 414
Smith, Francis Pettit 263, 268, **268**
Smyrna 155, 186
Snofru, Pharao 12
Soame, Sir Stephen 190
Soares, Fernando 119
Society of Naval Architects and Marine Engineers, The 307
Socorro 215
Sofala 118
Solander, D. 241
Solebay, Seeschlacht in der 186
Solent 157
Solis, Juan Diaz de 119
Sonnendeck 259
Sonnendeklination 80
Sorel, Agnes 67
SOS 412, **415**
Southampton 271, **404,** 408 f, **427,** 454
Spantenriß 165, 439
Spardecker 311
Spee, Admiral Graf 378
Spiegelheck **105,** 174, **175**
Spiegelkreis 204
Spieghel der Zeevaerdt, De **127,** 201, **202**
Spiekeroog 312
Spiere 59, 175, 288, 352
Spieren-Torpedo 352, **352,** 353
Spithead 135, 137, **137,** 157, 172, 218, **218, 306,** 307 f, **341, 348**
Spitzbergen 131, 243 f, 409
Sprague, Konteradmiral 398
Sprengtau 12, **13**
square stern bark 260
Stadacone 125
Stade 194
Stagen 288
Stagsegel 247, 266
Stalhof, London 107, 164
Standard Oil 432
St.-Andreas-Insel 189
St. Angelo 145
Steinheil 204
St. Elmo 145
Stengen 155, 175, 260, 293
Stettin 194, 211, 238, 322, 420
Stettin, Frieden von 163
Stettiner Maschinenbau A.G. Vulcan 307, 309, **310,** 311, 322, 326, **327,** 330, 352, **408,** 432, 440
Stevens, John C. 263
St. Germain, Frieden von 195
St. Helena 88, 119, 182
St.-James-Fight 186
St. Kitts 225
St.-Lorenz-Golf 97, 125
St.-Lorenz-Strom 125, 241, 414
St. Malo 74, 125, 198, 200, **202**
St. Maura 150
St. Michel 145
St. Nazaire 389, 416
St. Nikolaus 127
Stockfisch 160, 162
Stockholm 52, 104, 160, 211
Stolbowo, Frieden von 210
St. Omer 50
Storck, Abraham **183**
Störtebeker, Klaus 104
Stosch, General von 309, **310,** 369
St. Petersburg 211, **211,** 308, 360
Straken 439
Stralsund **51,** 102, 106, 179, 194, 211, 266
Straßburg 197
Straße der 11000 Jungfrauen 122
Stringer 311, 440
Stromboli, Seeschlacht bei 187
St. Thomas 322
Stuart, Arabella 130
Stuart, Maria 155
Stückpforten **130,** 133, **137,** 156, 168, 171 f, **173,** 192
Stülcken-Werft, Hamburg 308
Sturmdeck 311
Sturzkampfbomber 393, 395
St. Vincent, Schlacht bei **226,** 228, **229,** 237
Suckling, Maurice 237
Südgeorgien **247**
Suezkanal 289, 293, 317, **317,** 321, 375, 422, 433 f
Suez-Kanal-Gesellschaft 317, **317**
Suleiman, Sultan 141
Sumatra 118, 124, 192, **193,** 394
Sumerer 10, 12, 21
Sund 102, 104, 107, 160 f, 179 f, 182
Sunderland 285
support groups 391
Surate 192
Surigao-Straße 398
Surinam 98
Svensksund 212
Swan, Henry F. **430,** 432
Swan, Hunter & Wigham Richardson, Newcastle **444**
Swan River 276
Swordfish-Flugzeuge **390**
Sydney 241, 323
Symington, William **260,** 262
synoptische Karten 204
Syntaxis mathematike 76
Syrer 38

T2-Tanker 432
Tacitus 35
Tacloban 398
Tafelbai 192
Taganrog 273
Tahiti 188, **240,** 241 ff
Takelage 55, 59, **105,** 137, **138,** 151, 153, **154,** 155, 171, 173 ff, 178, **178,** 183, 253, 257, 259 f, **259,** 266, 270 f, 282, 288 f, 296, 301, **306, 310,** 321, 324, 333 f, **336,** 350
Talavera, Fray Hernando de 90
Taljen 253
Tam o'Shenter 301
Tampico 119, 322
Tanger 183
Tanker 309, 317, 389, 396, 409, 416, 420, 422, 426, 430 ff, **430, 433, 435 f, 439,** 447, 453, 456
Tarik 40, **215**
Tarrat, Jacques 137
tartana 202
Tartessos 17, 19, **21,** 31, **215**
Tasman, Abel Janszoon 189
Tasmanien 189
Tataren 67
Tatarenkhanate 210
Teach, Edward 301
Teasdel, William **314**
Techel, Hans 364
Tecklenborg, Johann C., Geestemünde 289, **293,** 309, 431
Tegetthoff, Konteradmiral 332, **336,** 369
Teggio de Corbizz, A. del 76
Tejo 164, **177**
Telefunken 458
Templerorden 83
Teneriffa 337
Tenochtitlán 124
Teredo navalis 173, 284
terra australis 84, **200,** 242
Terra de prima vista 97
Terra de Santa Cruz 117
terra remotae 84
Tetrere (Quadrireme) 25, 31
Texel, Schlacht bei 182, 186, **186**
Thales von Milet 9, **460**
Themistokles 25, 29, 207, 236
Themse 125, 128, 135, 181 f, 186, 188, 190, 206, **314**
Thévenard 247
Thibault 265
third rate ship 170
Thomson Houston Co., Rugby **446**
Thomsonsche Lotmaschine 458
Thorne 98
Thornycroft 355
Throgmorton, Elizabeth 130
Thukydides 23, 25
Tiberius 34
Tidore 123
Tiefenruder 364
Tierre Firme 132
Tilly 179
Timmermann, Franz 210
Timor 243
Tirpitz, Alfred von 311, 353, 363, 369, 371
Titusville 244, 426
Tjalk 178
Tobago 186, 189
Togo, Admiral 374 f
Tokio 394
Toledanische Tafeln 80
Toledo 145
Tondern **366,** 367
Tonga-Inseln 243, 322
Topographie 204
Topp, Karl 389
Toppnanten 59
Toppsegel 175
Toppzeichen 456
Tordesillas, Vertrag von 95, 97 f, 113, 117
Torpedo 336, **339** 343, 347 f, 351 ff, **351 f,** 355, **355,** 358 ff, **358,** 364, 371, **371,** 381, **386,** 388, **390,** 393 ff, **396,** 398, 401, 453
Torpedoboot 307 f, 343, 348, **350,** 352 ff, **352, 355,** 358 f, 369 ff, 375 f, 379, 381, 383, 386

Torpex 391
Torres, Luis de 94
Torres, Louis Vaz de 188
Torresstraße 188
Toscanelli, Paolo da Pozzo 80, 90 f
Toskana 182
Touches, des, Kommandant 224
Toulon 144, 215, 218 f, **218**, 228, 232, **232**, 333
Toulouse, Graf von 215
Tourville, Graf 196 f, **197**
Trafalgar, Schlacht von 158, **226**, **229**, 232, **232**, 237, 250, **250**, 257, **304**, **309**
Traité de navire 247
Trampschiffahrt 240, 276, 285, 416, 426
Tranquebar 194
Travemünde **446**, 447
Treideln 67, **69**, 321
Tresoor der Zeevaerdt 201
Tretmühle **107**, **260**
Triana, Rodrigo de 92, 95
Triere (Trireme) 23, 25, **26**, **30**, 32, 35, 56, 152 f
Triest 238, 263, 322, 351, **401**
Triester Ostindische Handlungs-Compagnie 238
Trikontoren 32
Trinidad 96, 232
Trinkomali 394
Tripolis 144 f, 182
Triquetium 80
Triskaidekere 32
Tristão, Nunho 86
Trockendock 308, **309**, 311
Trojaner 19
Trojanischer Krieg 19, 21
Trolle, Herluf 163
Tromp d. Ä., Marten 179 ff, **181**
Tromp d. J., Vizeadmiral 183, 186
Tromsø 369, **392**, 393
Tscheschme-Bucht, Schlacht in der 168, 212, **212**
Tschitschagoff, Admiral 212
Tschuktschenhalbinsel 242
Tsingtau 374
Tsushima, Schlacht von **355**, 375 f, **375**, **382**
Tsushimastraße 375
Tudors 137, 302, 401
Tulagi 396
Tulla, Johann Gottfried 262
Tumbez 124
Tung, C.Y. **404**, 416
Tunis 40, 50, **142**, 144 f, 162, 182
Turbine **306**, 307 f, 312, 337, **339**, 341, **341**, **365**, 445 ff, **446**, 453, **454**
Türken 64, 67, 86, 88, 118, 140 f, **142**, 144 f, **145**, 148 ff, **148**, **150**, **164**, **177**, 182, 194, 210, **211 f**, 212, 238, 331 f, 360, 382 f
Turmschiff 334 f, **336**
Turner, Joseph Mallord William **232**
Turuschas (Tyrrhenier) 19
Tyne 296
Typhoon-Flugzeuge 416
Tyrus **358**

U-Boot **211**, 326, 341, 343, 347, 350, 352, **352**, 355, **355**, 359 f, **360**, 362 f, **362**, 364, **365**, 367, 371, **371**, 377 f, **379**, 382 f, 386 ff, **386**, **392**, 393, 395 f, **396**, 398, 401, **413**, 416, 447, 453
ULCC-Tanker 317, 416, 434 f
Ulfila 50
Ulloa, A. da 204
Ulrichs, Hermann Friedrich 308, **309**
Uluch Ali 149 f
Umiak 10
Unabhängigkeitskrieg, Amerikanischer 221, **224**, 225, 244, 253, 257
Underwriters **314**
Union Castle Line, London 321
United States Lines, Newport News 327
Universalis Cosmographia 116
Upper Bay 360
Urban II., Papst 48, 50
Uruguay 276, 322
US Navy 224, 364, 396, 453
Utrecht, Frieden von 107, 215, **215**

Vadianus, Joachim 117
Váldez, Pedro 157
Valenciennes 50
Valera, Diego de 92
Valetta, Jean de la 145, **145**
Valladolid **90**, 121
Valladolid, Vertrag von 121
Valparaiso 128, 273, 276, 296
Vancouver 296
Vancouver, George 242
Vancouver Island 242
Vandalen 38
Vandiemensland 189
Varanger-Halbinsel 127
Vardø 127
Varna 331, **333**
Vatikan 196
Vauban, Marschall 198
VEB Mathias Thesen Werft, Wismar **404**
Venedig 23, 38, 48, 50, 53, 56, 59, 64, **65 f**, 67, 72, 76, 88, 102, 133, 140 f, **141**, 145, 149 f, **150**, 153, 155, **164**, 180, 182, 229, **229**, 238
Veneter 34, 50
Venezuela 125, 127, 164, 322
Venice Company 155
Veracruz 124, 131, 273, 322
Verband Deutscher Reeder 422
Vermeyen, Juan Cornelio **142**
Vernon, Admiral 215, 218
Verrazzano, G. 124
Versailles, Vertrag von 341, **347**, 383, 401
Vesconte, Pietro 80
Vespucci, Amerigo **97 f**, 98, 116, 119, 204
Victoria 296, 334
Victoria, Königin von England 317
Viertageschlacht 183, **183**
Vigo 215, **215**, 375
Viktualienbrüder 104 ff
Villa de la Navidad 95 f
Villani, Giovanni 56
Villeneuve, Konteradmiral 229, **229**, 232, **232**
Villiers, Alan **190**
Vis **333**
Vivaldi, Ugolino 76
Vivaldi, Vadino 76
VLCC-Tanker 317, 432, 434, 453
Vlieland 186
VLR-Bomber 391
Vlyj 174
Volldecker 311, 420
Vollschiff 174, 178, **178**, 224, 247, 265 f, **266**, **275**, **279**, 282, 285, 288, **288**, 293, **293**, **306**, 333, 350, 379, 431
Volumenbau 440, **440**
Vordingborg, Frieden von 107
Vortopp 137, 171, 412
Vries, de, Vizeadmiral 183, **186**, 189, 200

Waghenaer, Lucas Janszoon **127**, 201, **202**
Waghy, de 179
Wake 394
Waldemar IV., dänischer König 102
Waldemar, holländischer Prinz 210
Waldseemüller, Martin **98**, 116
Walfang 174, **175**, 196, 243 ff, **245**, **247**, 276, 389
Wallenstein 179
Wallis, Samuel 204
Walter, Helmuth 352
Walter-U-Boot **365**, 390
Waltjen & Leonhard, Bremen 309, 352
Waräger **37**, 40, 42, **45**
Wärtsilä-Werft, Helsinki **446**
Washington, George 224
Wassenaer, Obdam van 183
Wasserbombe 364
Wasserbussole **80**, 82
Wasserlinienriß 439
Watling Island 94, **94**
Watt, James 262 f, **266**
Weichsel 194
Weißes Meer 210
Welser, Handelshaus 113, 116, **116**, 119, 124, f, 127, 164
Welser V., Bartholomäus 113
Wencke, B., Bremerhaven 308, **309**
Wenden 52, 102, 160
Weser 194, 263, 274
Weserübung 388, **388**
Westernplatte (Danzig) **386**
Westfälischer Friede 179
West Indiaman 175
Westindische Compagnie, holländische 193
Westminster, Friede zu 182, 186
Whampoa 277
Whiston, William 204
Whitehead, R. 350
Whitehead-Torpedo **352**, 353, 360, 362
White Star Line, Liverpool 321, 324, 326, 400, 409, 414
White, W. H. 307
whooling 332
Wiborg 211 f
Wiedemann, E. 80
Wiener Kongreß **331**
Wigerinck, Georg 108 f
Wight 157, 196
Wikinger 40, **40**, 42 ff, **43**, 45, 52, 56, **56**, 76, 109, 302, **303**
Wilhelm der Eroberer 48, **48**
Wilhelm II., Kaiser 369 ff
Wilhelm von Oranien 154
Wilhelm II. von Oranien 180
Wilhelm III. von Oranien 196
Wilhelmshaven 369
Wilkinson, J. 247
Willoughby, Sir Hugh 125, 127
Wilson Line, Hull 322
Winchester, J. H. 313
Windau 189
Winstanley, H. 206
Wisby 102, 112, 160
Wismar **51**, 52, 102, 104, 179, 211
Witt, de, Admiral 180 f, **181**, 186
Witt, Jan de 183
Wittenborg, Johann 102, 104
Witthöft, Konteradmiral 374
Wittow 194
Wladiwostok 374 f
Woermann Linie, Hamburg 322 f
Wolfram von Eschenbach 52
Wolga 431
Wolgast 179, 194
Wologda 127
Wood, Peter **282**, 288
Woolwich **171**
Woronesch 210
Wright, Benjamin 201
Wright, Edward 202

Wullenweber, Jürgen 160, 162
Wuthenau, von 96

Xerxes, König 29

Yacht 175, 210, 257, **278, 303,** 307, **401,** 432
Yamamoto, Admiral 394 ff
Yarbow & Co., Poplar 350
Yarmouth 74
Yarrow-Werft 355
Yk, van 202
Yokohama 369, 389
York 102
York, Herzog von 183
Yorktown 224 f
Ystad 266
Yucatán 98, 119

Zacharia, Benedetto 64, 73
Zacuto 80, 88
Zedé, Gustave 360
Zentralverein Deutscher Reeder 420
Zerssen & Co., Rendsburg 322
Zerstörer 308, 343 f, 347 f, 350, 355, **355, 369,** 371, 374 ff, 386, 388, **388,** 391, 393 ff, 398
Zierikzee, Schlacht von 73
Zimmerling, Dieter 112
Zitadellenschiff 335
zona torrida 85
Zonenlinsen 457
Zorzi, Alessandro **90**
Zuider See 201
Zwijndregt, Schiffbaudynastie von 247
Zypern 145, **150**
Zyprer 19